国家科学技术学术著作出版基金资助出版

海相优质烃源岩

秦建中　申宝剑　付小东 等　著

科学出版社

北　京

内 容 简 介

本书从形成海相优质烃源岩的台盆、潟湖及海侵湖泊等特殊沉积环境开始，以中国南方海相和塔里木盆地为实例，以生物→沉积生物碎屑→石油及天然气→资源潜力为主线，利用超显微有机岩石学等原位微区技术、地层孔隙等热压模拟实验技术和高演化海相优质烃源岩的评价方法，对海相优质烃源岩的显微颗粒——硅质骨壳碎屑、钙质骨壳碎屑、有机骨壁壳碎屑和含“油”等脂类物质进行了系统剖析，从本质上弄清了生物碎屑或干酪根的成因和石油天然气的原始物质来源；对海相优质烃源岩的有机质丰度、成烃生物组合、生物矿物或岩性组合、再生优质烃源岩生烃能力等品质进行了评价；并对海相优质烃源岩的生烃演化、油气溯源、资源评价参数的选取和资源潜力等进行了研究。

本书可供广大石油地质、油气地球化学、油田勘探工作者和科研人员以及大专院校有关师生参考。

审图号：GS 京(2024)0416 号

图书在版编目(CIP)数据

海相优质烃源岩 / 秦建中等著. —北京：科学出版社，2024. 2
ISBN 978-7-03-074249-0

Ⅰ. ①海…　Ⅱ. ①秦…　Ⅲ. ①海相生油-烃源岩-研究-中国
Ⅳ. ①P618. 130. 2

中国版本图书馆 CIP 数据核字（2022）第 237244 号

责任编辑：王　运　韩　鹏　柴良木 / 责任校对：何艳萍
责任印制：肖　兴 / 封面设计：图阅盛世

科 学 出 版 社 出版
北京东黄城根北街 16 号
邮政编码：100717
http://www.sciencep.com

北京中科印刷有限公司 印刷
科学出版社发行　各地新华书店经销
*
2024 年 2 月第　一　版　开本：889×1194　1/16
2024 年 2 月第一次印刷　印张：33 1/2
字数：1 060 000

定价：488. 00 元

（如有印装质量问题，我社负责调换）

本书主要作者名单

秦建中　申宝剑　付小东　陶国亮　腾格尔

郑伦举　邱楠生　潘长春　蒋启贵　卢龙飞

张志荣　仰云峰　王　杰　陶　成　张　渠

饶　丹　张美珍　陈彦鄂

前　言

石油的生成起源，石油的运移轨迹，石油的聚集保存场所始终是历代石油人孜孜不倦、永无止境的探索目标。无论探索的道路怎样艰难坎坷，都动摇不了中国石油人追求科学、尊重客观、逼近真相、振兴中国油气事业的决心。地矿部无锡石油地质中心实验室成立于 1962 年（上海），经过多次变更，2000 年划归中国石油化工集团有限公司（简称中国石化），现更名为中国石化石油勘探开发研究院无锡石油地质研究所实验地质研究中心（简称无锡实验室）。经过半个多世纪建设、开拓和创新的发展历程，尤其是自 2001 年以来，无锡实验室组建了近 60 人的研究、研发和技术创新团队，始终奉行以油气地质基础理论和勘探研究为先导，以新技术方法研究为手段，以新型科学仪器引进和自主研发为依托，以油气地质实验和样品分析为服务的四位一体协调发展理念，现已成为国际一流的油气实验地质创新基地。

近十年来，无锡实验室先后承担了国家项目 20 项次（包括国际合作、国家 973 计划课题、国家科技重大专项、国家自然科学基金重大项目、国务院国资委课题等）、中国石化部级项目 25 项次（科技部和油田部）和局级项目 25 项次（油田、院及基础前瞻等），油气地质成烃成藏基础理论、实验新技术新方法和仪器研发等创新成果持续涌现：①海相优质烃源岩评价技术在油气资源参数研究、海相碳酸盐层系多元生排烃研究、高演化烃源岩古地温古埋深热演化史恢复技术研究、超显微有机岩石学及分析技术研发等方面取得突破性进展；②油气包裹体分析技术尤其是在油气单体包裹体（激光微区等）成分色谱质谱分析及古压力古温度定年与成藏过程等方面取得创新成果，处于国际领先地位；③油气地球化学定量分析技术在岩石吸附气酸解气（C_1 ~ C_4单体）定量、轻烃（C_5 ~ C_{12}单体）定量、沥青“A”（饱和烃、芳烃、生物标志物、含氮化合物、含氧化合物及高分子蜡等$>C_{12}$单体）色谱质谱定量等系列定量分析技术研究方面，在高演化油气源分析技术研究方面与国际接轨；④成烃生物识别技术在底栖藻类、细菌真菌等成烃生物识别技术研发方面，在单体成烃生物热裂解（激光微区等）成分色谱质谱分析和单体碳同位素分析技术研发方面，在成烃生物环境、有机质类型和油源判识等研究方面取得突出成果；⑤油气地质物理模拟实验技术在烃源岩 DK 地层孔隙热压实验生排烃模拟技术、储层溶蚀物理模拟实验技术研发方面，在石油资源、油气热裂解转化等参数及机理研究方面，在碳酸盐溶蚀机理等方面取得显著进展；⑥油气泥岩盖层与保存条件评价技术在盖层岩石韧性分析方法研发、盖层岩石脆延转化分析技术研究、盖层动态评价研究方面走在了世界前列；⑦碳酸盐岩储层评价技术在碳酸盐岩储层形成机理与研究方法、高演化碳酸盐岩储层判别标志和预测等方面取得重要进展。

为理论创新做好支撑的实验新技术方法的研究更具活力，近些年来，围绕中国石化核心技术和特色技术的发展需求，积极开展突出自身优势的实验新技术方法的创新，先后创建了轻烃定量分析技术、生物标志化合物定量技术、包裹体分析技术、储盖层测试技术、同位素分析技术和模拟实验分析技术等独具特色的实验系列新技术方法 30 多项，得到了国内外专家的认可。

新型仪器的自主研发为理论和技术创新提供了强有力的保障。为了解决理论和方法研究中的关键问题，在国内外没有现成仪器的情况下，大胆思考，精心设计，勇于实践，先后研发了单体包裹体成分分析仪、突破压力测定仪、韧性检测仪、扩散系数分析仪、稀有气体定量分离仪、孔径测定仪、轻烃抽提仪、地层孔隙热压生烃模拟仪、地层条件下油气水互溶度测定仪、水岩反应模拟实验仪等 20 多台（套），确保了理论和技术研究的顺利进行，同时为理论研究和技术方法的开拓取得新的突破奠定了基础。

油气地质成烃成藏基础理论、实验新技术新方法和仪器研发等创新成果持续涌现在中国石化科技部组织的专家评审中，先后有 9 项成果获评“整体达到国际领先水平”，6 项成果获得“整体达到国际先进水平”的高度评价，已经获得国家技术发明奖二等奖 1 次，中国石油化工集团有限公司技术发明奖一等奖 2 次，中国石油化工集团有限公司前瞻性基础性研究科学一等奖 1 次，中国石化石油勘探开发研究院技术发明奖一等奖 3 次、科技进步奖一等奖 12 次，授权发明专利 20 项，发表核心期刊论文 300 多篇。

一系列攻关项目的研究，丰富了油气实验地质的新理论、新方法，形成的创新认识和方法技术、发明专利等在科研生产中发挥了积极作用。为了进一步展示和总结这些研究成果，通过对第一手资料客观细致地归纳总结和高度凝练，拟出版《海相优质烃源岩》《油气地球化学定量分析技术》等专著奉献给各位同行和读者，分享我们石油人自己创造的科学问题的研究思路和解读方法。

本书以“中国海相碳酸盐岩层系生烃条件与生烃史分析”创新成果为主线，它是对“中国海相烃源岩生、排烃机制研究”和“南方海相层系烃源转化过程与生气潜力研究”创新成果的继承、完善和发展，也是对《中国烃源岩》一书的继续完善和发展。本书在查阅国内外 600 余篇相关文献，采取 2500 多块样品，建立 70 个分析项目，进行 13000 项次分析测试，整理原始数据约 15 万个，编制图件 289 张，采集数据表 95 个的基础上，针对和围绕海相优质烃源岩评价及多元生烃理论，尤其是对硅质（生屑）型页岩生排油气理论和模式、油气烃源转化过程新技术新方法的开发和实验分析方法的遴选等进行了系统论述。

全书由秦建中执笔统编，申宝剑、张志荣、张美珍、陈彦鄂统校。前言由秦建中执笔。第一章阐述了海相优质烃源岩的形成环境与分布特征，主要由秦建中、付小东、申宝剑、腾格尔等执笔。第二章对优质烃源岩成烃生物细胞构成和分子构成等进行了系统剖析，弄清了浮游生物体内的油脂、脂肪和类脂物质是石油的原始来源，主要由秦建中、陶国亮、申宝剑执笔。第三章对海相优质烃源岩超显微生物碎屑的构成与演化进行了系统研究，弄清了生物骨壁壳有机碎屑、生物硅质碎屑、生物钙质碎屑和自生黏土矿物等是优质烃源岩的主要原始来源成分，主要由秦建中、申宝剑、卢龙飞、仰云峰执笔。第四章对海相优质烃源岩的品质特征进行了系统剖析，通过地层孔隙热压模拟实验、常规热压模拟实验等技术和自然演化剖面相结合，建立了不同有机质类型或不同成烃生物组合、不同生物矿物或岩性组合和不同原油密度或再生优质烃源的生排油气模式及其评价技术，主要由秦建中、郑伦举、腾格尔、付小东、申宝剑、张渠执笔。第五章对海相优质烃源岩的成熟度、成烃成藏过程及二次生烃过程进行了研究，结合我国南方和塔里木盆地实例分析筛选出一套适用于高演化海相碳酸盐岩层系的有效古温标、最大剥蚀厚度及热史与生烃史的有效恢复等评价方法和技术，主要由秦建中、邱楠生、蒋启贵、付小东、腾格尔、申宝剑、饶丹执笔。第六章针对我国南方和塔里木盆地海相油气高演化特殊性，建立了一套适用于海相碳酸盐岩层系的油气–源对比方法与技术，主要由秦建中、申宝剑、王杰、潘长春、蒋启贵、陶成、张渠执笔。第七章为优质烃源岩的资源评价与参数研究，也是对海相优质烃源岩尤其是高演化海相优质烃源岩的综合评价、资源量估算及勘探潜力的分析和结论，主要由秦建中、付小东、申宝剑、腾格尔、郑伦举等执笔。

本书在研究、编写和出版过程中得到中国石化科技部、中国石化石油勘探开发研究院和无锡石油地质研究所的支持和帮助。对上述参与“海相碳酸盐岩层系烃源演化与评价技术”、“中国海相碳酸盐岩层系生烃条件与生烃史分析”、“南方海相层系烃源转化过程与生气潜力研究”和“中国海相烃源岩生、排烃机制研究”等专题、课题和项目的全体人员和无锡石油地质研究所实验地质研究中心全体人员表示深深的感谢。

目　　录

第一章　海相优质烃源岩的形成环境与分布特征

优质烃源岩（excellent source rock，也称富烃源岩或很好烃源岩），是指在缺氧环境下形成的高有机质丰度、以浮游生物和底栖生物及真菌细菌类为主体的且已经成熟的黑色页岩或很好-极好烃源岩（秦建中等，2005）。

海相优质烃源岩不但有机质丰度高而且单位总有机碳（TOC）油气产率也高，综合生油气能力强。成烃生物组合以浮游藻类、底栖宏观藻类和真菌细菌类为主体，干酪根类型一般为Ⅰ～Ⅱ型（秦建中等，2010c）。海相优质烃源岩是由不同成分的粉砂级颗粒和黏土级混合物颗粒组成，成分主要为硅质或硅化生物碎屑、钙质或钙化生物碎屑、黏土矿物、有机生物碎屑、铁质或黄铁矿化生物碎屑、磷质生物碎屑、火山灰、风飘浮或水体漂浮搬运的石英、自生石英、长石等（秦建中等，2015）；颜色多为黑色、黑灰色、深灰色、灰褐色、浅黄色、黑白褐页理间互色、黑白黄页理间互色等；多为页岩，页理发育，它往往周期性或非周期性间互沉积，具有特殊沉积水体、特殊沉积相和全球及大面积缺氧事件等特殊环境形成的黑色页岩段（秦建中等，2005）。

第一节　海相优质烃源岩的沉积环境

一、海相优质烃源岩的有利沉积相带

（一）台内盆地、陆内盆地、台地凹陷（拗陷或洼槽）是形成海相优质烃源岩最有利的、最常见的沉积相带

有利于形成海相优质烃源层的沉积相带，主要有台内盆地（图 1.1a）、陆内盆地、台地凹陷（图 1.1b）或台地拗陷或台地洼槽（梁狄刚等，2009b；秦建中等，2009）。一般来说，台内盆地泛指碳酸盐台地内的一级沉陷单元；陆内盆地泛指大陆架或陆棚内的沉陷单元（以碎屑岩沉积为主）；台地凹陷或台地拗陷或台地洼槽泛指碳酸盐台地内的次一级或再次一级沉陷单元，一般盆地范围相对大一些，拗陷或凹陷为盆地的次一级沉陷单元，洼槽则为最小次级沉陷单元。它们的沉积水体稳定且相对较深，浮游生物（浮游藻类为主）和底栖生物（底栖藻类为主）发育，水体底部或沉积界面以下往往处于还原-强还原甚至 H_2S 环境，底栖生物根系可以造成局部氧化而形成黄铁矿等。岩石颜色多为黑色、灰黑色、深灰色、灰色、棕黄色等；矿物颗粒多为钙质生物碎屑、硅质生物碎屑、铁质磷质等生物残留碎屑、有机生物碎屑或生物残留物、蒙脱石/高岭石/绿泥石等黏土颗粒；岩石类型主要是钙质生屑页岩、硅质生屑页岩（图 1.1）、钙质生屑薄层页岩、含钙质生屑薄层页岩、硅质生屑薄层页岩、含硅质生屑薄层页岩、页岩、泥灰岩等。

例如，我国南方上扬子地区二叠系龙潭组-大隆组（P_2l—P_2d）优质烃源岩就是台内拗陷沉积（图 1.2），上奥陶统五峰组—下志留统龙马溪组（O_3w—S_1l）和寒武系牛蹄塘组（ϵ_1n）优质烃源岩就是碳酸盐台内盆地沉积（图 1.3，图 1.4）。

南方海相 P_2l—P_2d 优质烃源层的沉积相分布见图 1.2，在四川盆地北部—东北部存在一个面积 1 万 km^2 以上的台内拗陷，它们的沉积水体稳定且相对较深，浮游生物（浮游藻类为主）、底栖生物（底栖藻类为主）、真菌细菌类及水生植物发育，其水体底部处于强还原-H_2S 环境，黄铁矿发育，钙质生物碎

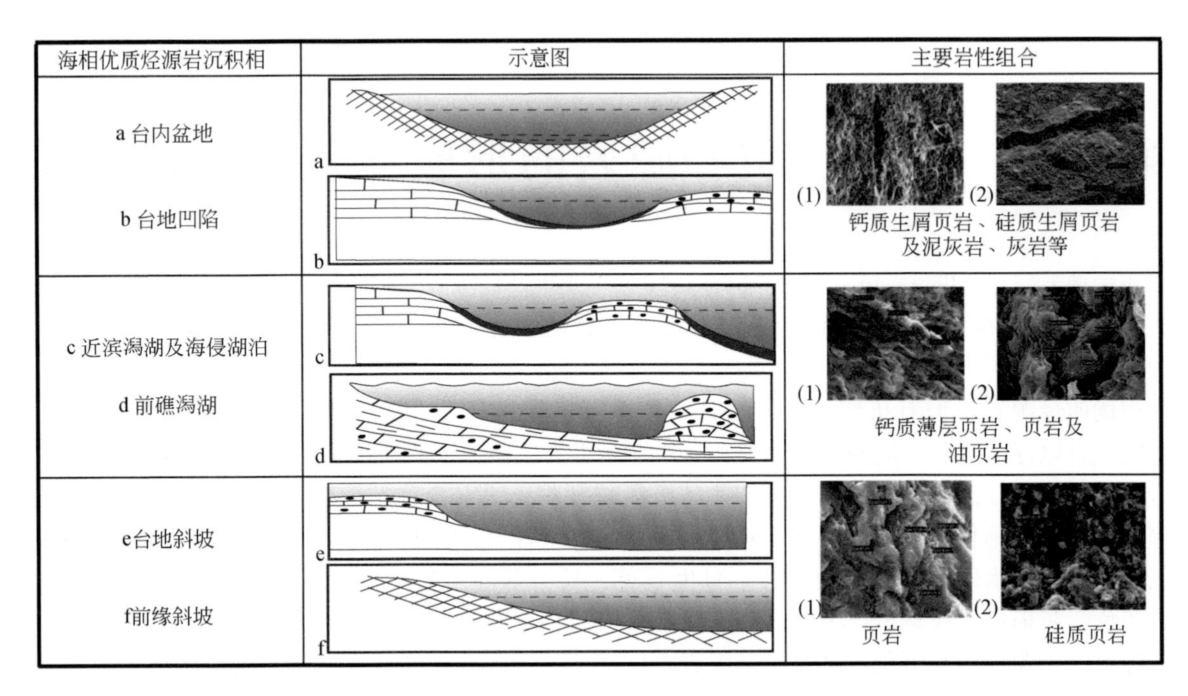

图 1.1　海相优质烃源岩的沉积相及与岩性组合示意图

屑颗粒含硫量高，岩石颜色多为黑色/灰黑色，矿物颗粒多为钙质生物碎屑、硅质生物碎屑、有机生物碎屑、黏土颗粒等，岩石类型主要是钙质生屑页岩或钙质生屑薄层页岩，含硅质生屑钙质生屑页岩、硅质生屑钙质生屑页岩、钙质生屑泥灰岩等。河坝 1 井上二叠统优质烃源岩共厚约 56m，其中约 40m 为硅质生屑页岩，约 16m 为钙质生屑页岩，无黏土质型优质烃源岩；广元矿山梁剖面大隆组优质烃源岩厚约 18m，其中约 10m 为硅质生屑页岩，约 8m 为钙质生屑页岩。台地相或台地相向台内拗陷过渡环境下形成的优质烃源岩主要为钙质型，如元坝 3 井优质烃源岩厚度约 53m，底部 10m 为硅质生屑页岩，其上约 40m 主要为钙质生屑页岩。

在台内拗陷的四周，北部、东部、东南部为碳酸盐浅水台地，西部可能与海相连，远离陆源，南部由碳酸盐浅水台地逐渐过渡到三角洲-海陆沼泽沉积，P_2l 煤层和煤系泥岩发育（图 1.2），主要发育黏土质的煤系烃源岩。

南方海相 O_3w—S_1l 优质烃源层沉积相分布见图 1.3，在中东部存在一个面积 2.5 万 km^{2}以上的台内深水盆地，沉积水体稳定且较深，浮游生物发育，水体底部处于还原-强还原环境，岩石颜色多为黑色/灰黑色，矿物颗粒多为硅质生物碎屑、有机生物碎屑、黏土颗粒及钙质生物碎屑等，岩石类型主要是硅质生屑页岩、含钙硅质生屑页岩、页岩等。在深水台盆区，优质烃源岩几乎全为硅质生屑页岩，城口双河、巫溪徐家坝、石柱漆辽剖面厚度分别可达到 25m、50m、115m，且五峰组优质烃源岩几乎都为高总有机碳（TOC）的硅质生屑页岩。在浅水台盆、碳酸盐台地或浅水台盆与深水台盆过渡带环境下形成的烃源岩，则含有较高的钙质生屑，黏土类矿物，如华蓥李子垭、綦江观音桥剖面泥页岩中方解石等钙质矿物含量较高，主要为钙质生屑页岩；旺苍双汇、古蔺铁索桥剖面泥页岩中黏土矿物含量较高，主要为黏土质的优质烃源岩。

南方海相$\epsilon_1 n$ 优质烃源岩沉积相分布见图 1.4，在北部—中东部、东南部—西南部存在一个面积 6 万 km^{2}以上的深水台内盆地，其东南部还发育一个约 1.75 万 km^{2}的台盆热液（或热水）区，沉积水体稳定且较深，浮游生物、底栖藻类及细菌类发育，水体底部处于还原-强还原环境，岩石颜色多为黑色/灰黑色，矿物颗粒多为硅质生物碎屑、有机生物碎屑、钙质生物碎屑及黏土颗粒等，岩石类型主要是硅质生屑页岩、钙硅质生屑页岩、钙质生屑页岩及页岩等。热水影响（黑烟囱等深部热流体）的地区往往还发育高有机质丰度的硅质生屑页岩。在深水台盆区的巫溪田坝剖面，优质烃源岩厚度在 100m 左右，全为

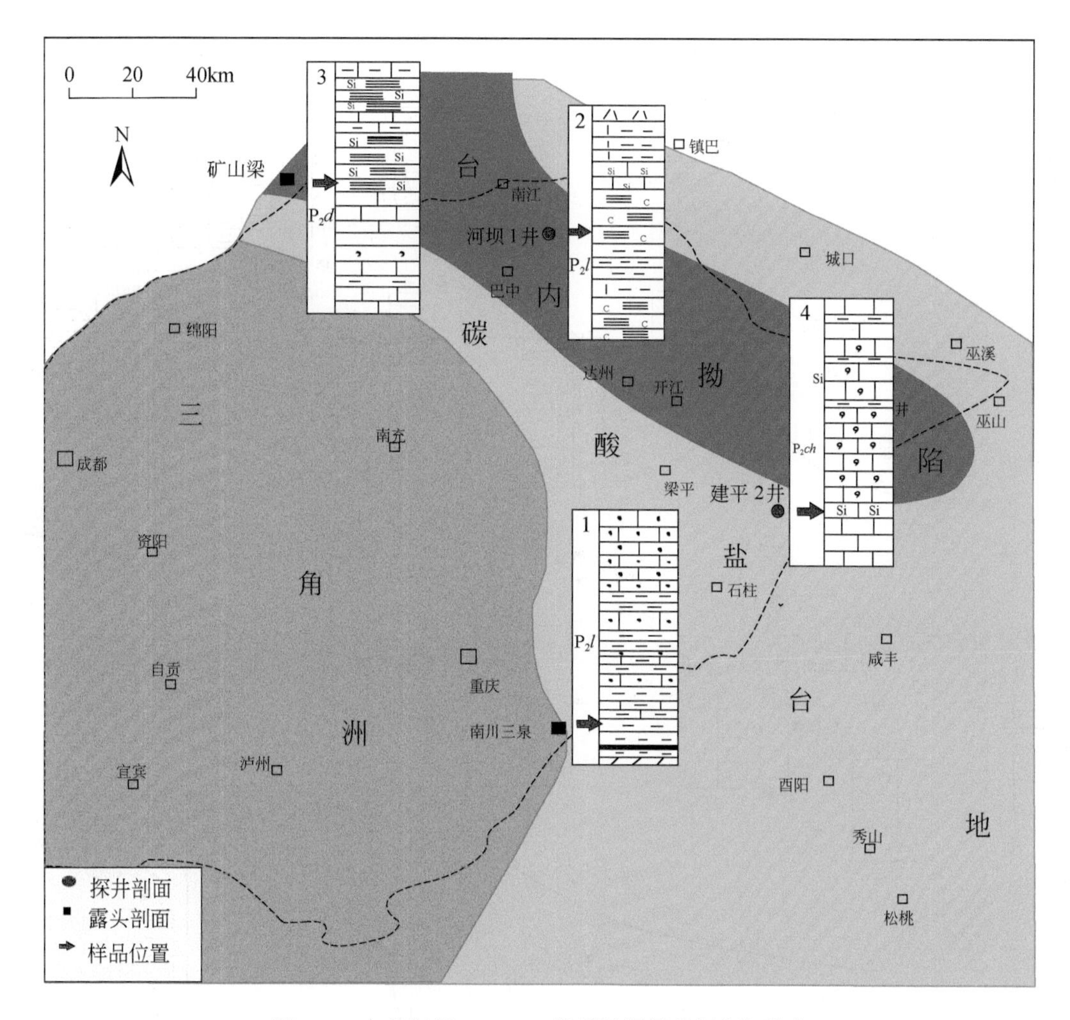

图 1.2　南方海相 P_2l—P_2d 优质烃源层的沉积相分布

1. 重庆南川，P_2l，QJ-6，黑色泥页岩，TOC=5.79%，R_b=2.09%；2. 河坝1井 HB1-7-4，P_2l，5643.21m，硅质页岩，TOC=4.71%，R_b=4.59%；3. 广元上寺 GY-07-11，P_2d，钙质泥页岩，TOC=5.95%，R_o=0.65%；4. 建平2井 JP2-23，25，29，P_2ch，3903.6m，3906m，3912m，硅质页岩。R_b 为沥青反射率，R_o 为镜质组反射率

硅质生屑页岩；麻江羊跳剖面优质烃源岩厚约70m，也全为硅质生屑页岩；遵义松林剖面优质烃源岩厚度约25m，皆为硅质生屑页岩。而在浅水台盆相环境下形成的烃源岩则多为钙质生屑或黏土质的页岩，优质烃源岩厚度相对薄一些，如城口龙田-庙坝剖面钙质生屑页岩厚度在100m左右；旺苍双汇剖面优质烃源岩厚约20m，其中约10m为硅质生屑页岩，10m为钙质生屑页岩；凯里南皋剖面优质烃源岩厚度约75m，其中黏土质的页岩约厚45m，硅质生屑页岩约厚10m，钙质生屑页岩约厚10m。

实际上，中东的侏罗系和白垩系优质烃源层，墨西哥湾的侏罗系优质烃源层，美国的石炭系—下二叠统优质烃源层等也是陆棚内盆地或台地凹陷沉积形成的。海相台内盆地或海相陆内盆地、台地凹陷等碳酸盐岩沉积系统往往拥有自己的一套或多套优质烃源岩，常常与储集岩和封闭岩类处在同一层位。

（二）海相近滨潟湖、海侵湖泊及前礁潟湖是形成海相优质烃源岩最好的常见沉积相带

海相近滨潟湖、海侵湖泊（图1.1c）及前礁潟湖（图1.1d）等沉积系统也往往拥有与海相台内盆地（凹陷）等碳酸盐岩沉积系统相似的一套或多套优质烃源岩（傅强等，2007），常常与储集岩和封闭岩类处在同一层位形成大型油气田，尤其海侵湖泊优质烃源岩（富有机质页岩）是中国陆相湖盆最主要的烃源岩，其发育程度控制着陆相湖盆大型油田的形成和规模（翟光明和徐凤银，1999；黄第藩等，2003；

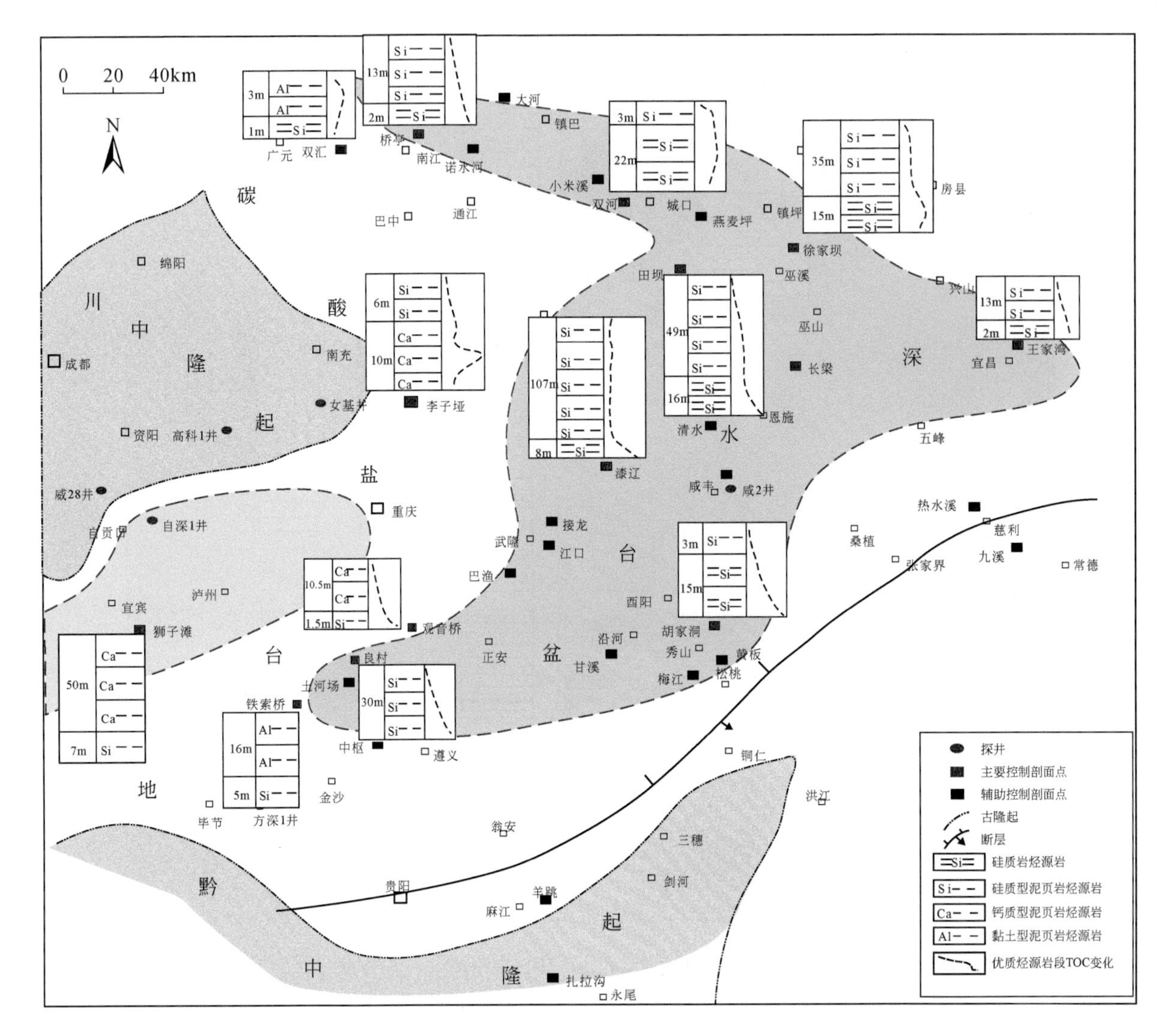

图 1.3　南方海相 O_3w—S_1l 优质烃源层沉积相分布

秦建中等，2005）。中国渤海湾盆地古近系沙河街组优质烃源岩（如 $Es_1^{下}$ 段等富有机质页岩）、松辽盆地上白垩统优质烃源岩（如青山口一段等富有机质页岩）、鄂尔多斯盆地上三叠统延长组优质烃源岩（如长 7 段等富有机质页岩）、准噶尔盆地上二叠统优质烃源岩（富有机质页岩段）及冀北地区新元古界下马岭组和洪水庄组优质烃源岩（富有机质页岩段）等属大型淡水湖泊与近滨潟湖（海侵）频繁交替的海侵湖泊沉积的钙质生屑薄层—有机质薄层—黏土薄层交替的页岩［图 1. 1cd（1）］、硅钙质生屑薄层—有机质薄层—黏土薄层交替的页岩和富有机质页岩或油页岩［图 1. 1cd（2）］。

中国东部新近纪和白垩纪海侵大中型湖泊相优质烃源岩的形成曾多次受到不同程度海水进侵的影响（徐钦琦和林和茂，1993；裘松余和卢兵力，1994a，1994b；孙镇城等，1996；冯晓杰和渠永宏，1999），它们是在近海海侵湖泊或海陆过渡环境条件下形成的，并非典型的淡水湖泊沉积。

颗石类及非颗石类的钙质超微化石在新近纪海侵湖盆特殊岩性段的钙质页岩（或油页岩）中常常见到，它是来自海相地层中的。钙质超微化石均产自海侵湖盆特殊岩性段的钙质页岩（或油页岩）中，钙质页岩呈夹层出现，一般厚几十厘米。根据页岩的成分和纹层发育程度可分为浅灰色钙质页岩、褐灰色含钙页岩（或劣质油页岩）和绿灰色含钙页岩，它们在沉积构造方面的显著特征是发育有明显的季节性韵律层理（图 1. 5a）。韵律纹层呈水平状，每层均由暗色层和淡色层组成，暗色层为深灰色、灰褐色或灰绿色，成分以黏土（伊利石、部分蒙脱石）为主，淡色层多为灰白色，主要由钙质超微化石和结晶方解

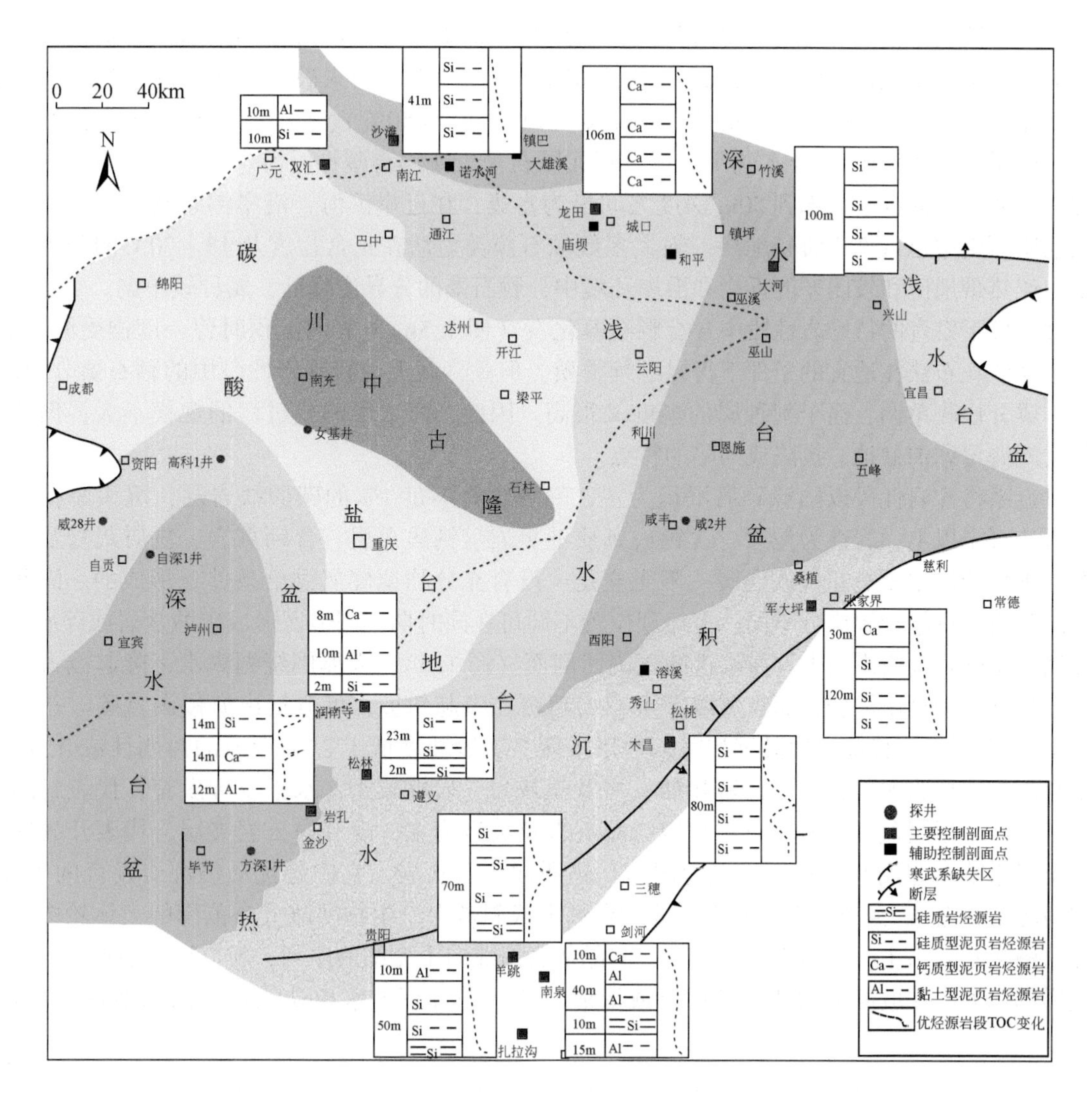

图 1.4　南方海相$\epsilon_1 n$优质烃源岩沉积相分布

石微粒组成（秦建中等，2005）。钙质超微化石一般呈分散的个体杂乱堆积成层，有时也可见完整的颗球，单个纹层一般厚0.1～0.5mm。韵律纹层发育好者，淡色层多而厚，发育差者淡色层少而薄。一般认为淡色层石在夏季形成，这是因为夏季光合浮游生物的吸收作用强烈且蒸发作用增强，有利于生物成因碳酸盐的沉淀。颗石藻系喜暖性的浮游生物，在夏季大量繁殖，产生的大量颗石可以堆积成层（图1.5b）。

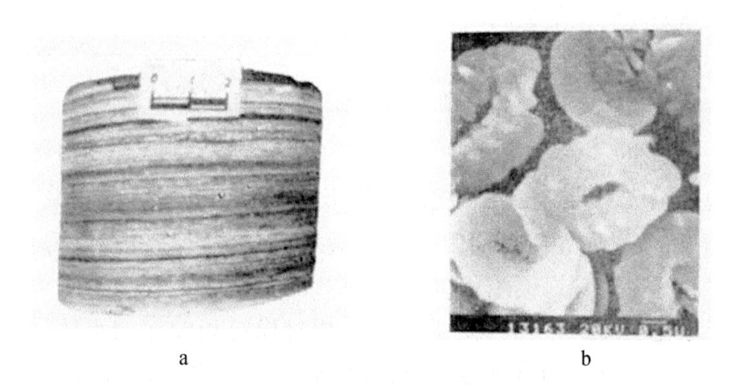

图 1.5　渤海湾盆地新近纪海侵湖盆特殊岩性段富烃钙质页岩及颗石藻化石照片

a. 含钙质超微化石的富烃钙质页岩，具韵律层理，沙一段下部；b. 颗石藻（*Reticulofenestra* sp.），沙一段下部，电镜扫描照片

良好的季节性韵律纹层发育表明当时的沉积盆地为一受限制性近海海侵湖泊盆地、拗陷或凹陷，呈强还原环境，甚至遭受硫化氢的污染，致使底栖动物群不能生存，而未破坏已形成的层理，因此韵律层理得以完整保存。现代黑海韵律层理的淡色层主要由颗石藻（<50%）、硅藻及 20～30μm 长的方解石颗粒组成，暗色层由碎屑物质-黏土矿物等组成。现代颗石藻为海洋喜暖性浮游生物，主要生活在广海浅层的透光带中，从海平面以下数米到50m 深度之间最为富集，在近岸滨海、沿岸潟湖及河口湾环境中也有分布。在地质历史中也只见于海相地层。绝大多数颗石藻类生活在正常盐度及 18～30℃的暖水中，在盐度不正常、亚热带地区和较闭塞的近岸和沿岸环境中，颗石藻的分异度降低，属种较单调。

在水进条件下发育的特殊岩性段中含有颗石藻化石（图 1.5b），表明沉积时曾一度遭受海水的影响，从广海中带来的颗石藻在适宜的条件下得以继续繁殖。但是，新近纪特殊岩性段中的颗石藻分异度较低，属种不多，成分比较单调，而个别种属的丰度又很高。因此，海水影响或进侵的规模不大，仍基本保持着受限制近海海侵湖泊盆地、拗陷或凹陷的特点。

我国古近系特殊岩性段以陆源碎屑沉积为主，一般含有不足 1% 的碳酸盐岩层，沉积厚度一般几十米，部分可达百米以上，岩性为泥岩、含钙或钙质油页岩、钙质页岩、含钙页岩、粒屑灰岩及白云岩和泥灰岩等。碳酸盐岩主要是在气候温暖、阳光充足、没有充分陆源碎屑供给条件下形成的。因此，在同一拗陷或凹陷内，供给物源成分不同、古地理位置不同可在同时期不同地区形成碳酸盐岩或碎屑岩。

海侵湖盆特殊岩性段纵向上均属水进的正旋回剖面（图 1.6），大体围绕湖内水下隆起或古岛周围发育，水下隆起顶部为钙质泥岩，而粒屑滩等沉积均超覆在隆起斜坡，可概括出海侵湖盆碳酸盐岩相模式图（图 1.7）。海侵湖盆特殊岩性段沉积时，地形平缓，一般坡度低于 2°为近海的封闭性或开阔性湖盆。潟湖和半封闭湾主要为泥岩、泥白云岩和油页岩及泥灰岩，岩性致密，水平纹理发育，代表封闭条件下的产物。开阔性海侵湖盆以泥岩、泥晶灰岩、泥灰岩及页岩为主，没有白云岩夹层，代表开放性流水环境。泥坪位于水下隆起的高部位，岩性为泥岩、钙质泥岩及页岩。它们是优质烃源岩发育的主要场所。岛斜坡或岛坪生物鲕滩-鲕滩分布于水下延伸的台坪上或斜坡上，生物鲕滩分布范围的大体轮廓似一多边形，岩性以鲕粒灰岩为主，并与内碎屑灰岩、泥晶灰岩组成向上变细的序列，粒屑层一般厚 5～15cm，富集在古地形凹沟处、在坡度突然变陡处加厚或形成于浅水条件下湖水搅动能量较高的地带（秦建中等，2005）。

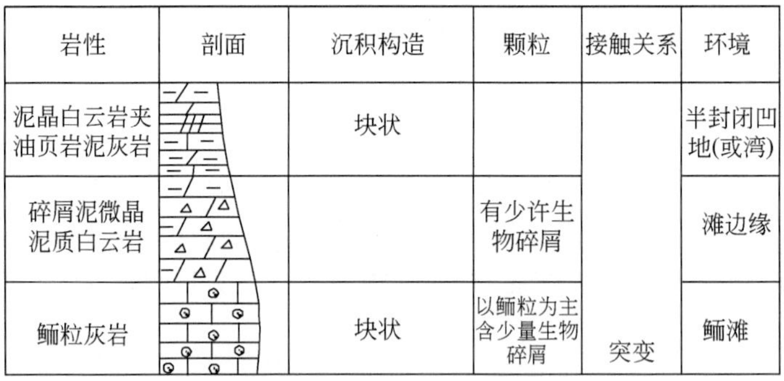

岩性	剖面	沉积构造	颗粒	接触关系	环境
泥晶白云岩夹油页岩泥灰岩		块状			半封闭凹地(或湾)
碎屑泥微晶泥质白云岩			有少许生物碎屑		滩边缘
鲕粒灰岩		块状	以鲕粒为主含少量生物碎屑	突变	鲕滩

图 1.6　海侵湖盆半封闭洼地鲕滩垂向层序

中国渤海湾盆地冀中拗陷饶阳凹陷古近系沙河街组 $Es_1^{下}$ 段富有机质页岩的含盐度在 5‰左右（留 404 井），就属于海侵湖相沉积。$Es_1^{下}$ 段沉积时期曾发生大规模海侵，也是古近系海侵古湖发展的全盛时期，海侵时湖水面积最广，多为浅—较深海侵湖相沉积（图 1.8），古盐度在 2.4‰～5.5‰之间。短时期的海侵使沉积水体呈咸化—半咸化，浮游生物和藻类发育，相对稳定和较深的水体、强还原环境和不同时期的环境变化，在凹陷西部的主要生油洼槽和蠡县斜坡形成了一套页理极发育的富有机质页岩、鲕灰岩、泥质白云岩、暗色泥岩和砂岩组成的“特殊岩性段”，但是沉积厚度不大。特别是在高阳—西柳地区（任西洼槽）古近系，发育有 $Es_1^{下}$ 段一套处于未熟晚期—低熟早期的优质烃源层，具有强还原、海侵咸化—

剖面	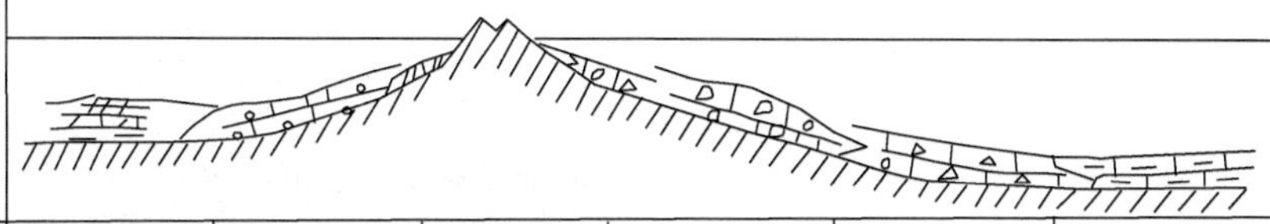					
相	1	2	湖内岛或水下隆起	3	4	5
亚环境	潟湖或半封闭湾	高能鲕滩 低能鲕滩	侵蚀区 高地泥坪	高能粒屑滩	滩边缘	开阔性碳酸盐湖盆
岩性	泥岩、泥白云岩、油页岩及泥灰岩	亮晶鲕灰岩为主及含生物碎屑灰岩，生物碎屑灰岩	无沉积水下隆起为钙质泥岩	亮晶生物鲕灰岩，生物灰岩鲕灰岩，生物碎屑灰岩	生物碎屑，含鲕的泥晶灰岩	泥灰岩，钙质泥岩及泥岩
颜色	浅灰色、深灰色	浅灰色	深灰色	浅灰色	灰色、深灰色	深灰色、灰色
颗粒大小/μm 分选性	<0.1	0.5~1 好 0.1左右 中		0.1~0.5 好	0.1左右 中	<0.1
含陆源碎屑	泥	含石英、长石，为鲕粒核心		含石英长石岩屑，为鲕粒核心；生物鲕粒以贝壳碎片为鲕粒核心	含粉砂级石英、长石	泥
生物	无或很少	螺、介形类碎片		螺、介形虫完整个体	介形虫藻螺等碎片	生物丰富
沉积构造	块状	冲刷面 波纹面 块状		冲刷面 波纹面 块状	块状	块状 水平纹理

图 1.7　海侵湖盆碳酸盐岩相模式图

半咸化水体沉积、Ⅰ～$Ⅱ_1$ 型有机质、可溶有机质-生物残留烃类相对丰富等特征。

冀北地区新元古界下马岭组富有机质页岩（优质烃源岩）属海相近滨潟湖沉积，在下马岭组早期冀北地区再次开始下沉，海水较浅，中后期地壳继续下沉，海水不断加深，形成面积不大的内陆海湾或近滨咸化潟湖，海底还原条件加强，具强还原条件，富有机质页岩分布于近滨潟湖大部分地区。岩性以黑色、深灰色粉砂质生屑页岩为主。冀北拗陷钻探的双洞 1 井，在下马岭组页岩井段中连续见石油出现，属原生页岩油，表明下马岭组页岩具有较好的生油气潜力和形成页岩油气能力。实际上，冀北地区中元古界洪水庄组富有机质页岩也属以海湾潟湖沉积环境为主的海相近滨潟湖沉积，黑色及黑绿色页岩发育，具有好的生油气潜力和形成页岩油气能力。

（三）台地斜坡和前缘斜坡是形成具规模海相优质烃源岩分布的沉积相带

台地斜坡（图 1.1e）和前缘斜坡（图 1.1f）等系统以向斜坡下方颗粒逐渐变小和泥逐渐增加为特征（冯增昭等，1993）。实际上，它也可以视为台内盆地（图 1.1a）或陆内盆地的半边，泛指碳酸盐台地内或大陆架或陆棚内的向海方向的沉陷单元。它们的沉积水体稳定且相对较深，水体深度一般为 30～200m，不超过 300m，浮游生物（浮游藻类为主）和底栖生物（底栖藻类为主）发育，水体底部或沉积界面以下往往处于还原-强还原环境，底栖生物根系可以造成局部氧化而形成黄铁矿等。岩石颜色多为黑色/灰黑

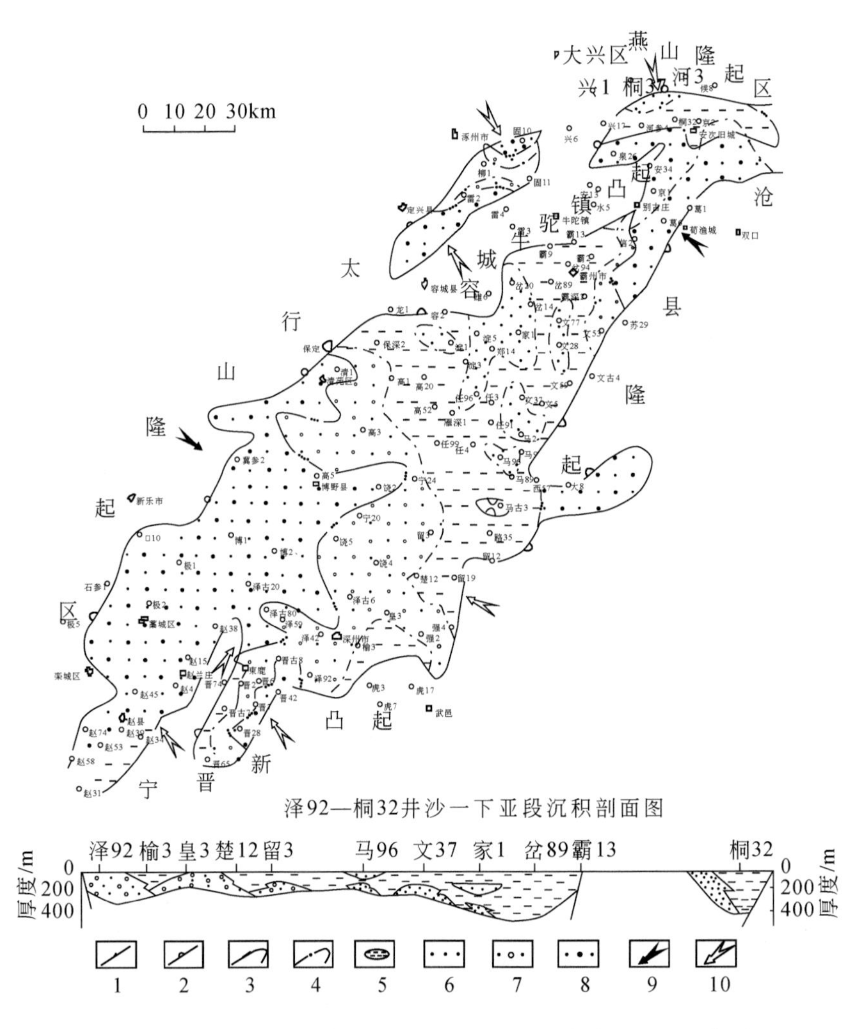

图 1.8　冀中拗陷古近纪渐新世沙一段早期海侵湖盆沉积环境图

1. 断层线；2. 底层缺失线；3. 湖岸线；4. 相界线；5. 滨浅湖亚相；6. 滨浅湖滩砂；7. 辫状河三角洲前缘亚相；8. 辫状河三角洲平原亚相；9. 主要物源方向；10. 次要物源方向

色/深灰色/灰色/棕黄色等；矿物颗粒多为蒙脱石/高岭石/绿泥石等黏土颗粒、硅质生物碎屑、铁质磷质等生物残留碎屑、钙质生物碎屑、有机生物碎屑或生物残留物等；岩石类型主要是页岩、硅质页岩、硅质生屑薄层页岩、含硅质生屑薄层页岩、钙质生屑页岩、钙质生屑薄层页岩、含钙质生屑薄层页岩、泥灰岩等。例如，我国南方扬子地区北部（秦岭山脉）和塔里木盆地东北部下寒武统下部（牛蹄塘组或玉尔吐斯组）优质烃源岩就属台地斜坡。沉积物的类型有硅质沉积、礁麓堆积、灰质沙滩、泥堆、泥丘和向斜坡下方的塔礁，主要取决于台地斜坡的坡度和台地边缘的性质。

总之，全球与碳酸盐岩沉积体系相伴随的优质烃源岩多沉积在广阔的陆棚内盆地、台地凹陷、潟湖或台地斜坡中，这种特殊的形成环境也表明其沉积厚度不会太大，一般只有几十米，趋向于形成一个自然填积、前积（海进）和退积（海退）的碳酸盐岩沉积系统或生-储-盖三位一体的含油气系统（秦建中等，2005）。一些动荡水体沉积的生屑灰岩或颗粒灰岩、礁灰岩等一般不能形成好的或优质烃源岩，化学沉积形成的硅质岩及碳酸盐岩等一般也不能形成好的或优质烃源岩，海湖沼泽以高等植物或线叶植物残屑为主的煤、碳质泥岩及泥岩等一般也不能形成优质烃源岩。

二、沉积水体

（一）形成海相优质烃源岩的沉积水体深度一般在30~300m之间

沉积水体酸碱度一般为中性或弱碱性；氧化-还原界面一定在泥水分界面之上，海底处于强还原-H_2S环境中，沉积物内部总是强还原的。

陆内盆地、台内盆地或凹陷或潟湖的一般水体深度应与沉积区域面积呈适当比例，以厌氧沉积环境和缺少无机矿物稀释为特征，水体深度一般在30~300m之间，才能形成优质烃源岩（秦建中等，2005）。古水体深度范围为30~400m，平均深度约200m（Pedersen and Calvert，1990）。中东鲁莱斯坦内陆盆地上侏罗统Hanifa重要的优质烃源岩的古水体深度在30~200m（Murris，1980）。事实上，当盆地增大（或水体加深）时，沉积区域面积按平方增加，而水体体积和其氧含量按立方增加（图1.9a）。在其他因素相等的条件下，随着盆地的增大，就沉积水体的含氧量而言，将最终从一个原始厌氧盆地转变成为一个氧化盆地。这就是碳酸盐岩油气田中的优质烃源岩多位于内陆盆地的原因。但是，在地质时期中，并不是所有的内陆盆地都是优质烃源岩沉积的场所，因为并非所有的内陆架盆地都是以厌氧沉积环境和缺少无机矿物稀释为特征的。

海相优质烃源岩沉积时形成于浪基面以下，不受波浪干扰的海底，为静水环境。陆内盆地、台内盆地或凹陷沉积时水体有时具有“温度分层”现象，这是由于水的密度在4℃时最大，从而沉降到海底，形成表层水与底层水的地球化学条件的差别，底层水可形成还原、强还原环境及H_2S环境，有利于表层沉积有机质的保存（图1.9b）。潟湖或台内盆地沉积时水体有时也出现“盐度分层”现象，有时由于河流淡水输入或降雨量远大于蒸发量，有时蒸发量远大于降雨量形成表层水与底层水的盐度等差别，底层水可形成还原、强还原环境及H_2S环境，也有利于表层沉积有机质的保存。因此，海水的盐度偏咸或变化大、沉积水体温度较高均有利于海相优质烃源层的形成。

氧化-还原界面为隔开氧化环境与还原环境的平面，它可以在沉积物与水的界面之上或之下，也可以与该分界面相符。但是，优质烃源岩一定形成在氧化-还原界面处于泥水分界面之上，海底处于强还原-H_2S环境中，沉积物内部总是强还原的，这种活动因缺氧受到的抑制有利于有机质的保存，有助于黑色页岩及有关沉积物的形成（图1.9e）。

海相优质烃源岩一般形成于沉积水体处于中性或弱碱性的酸碱度中，pH多在7.0~7.8之间（图1.9c）（秦建中等，2005）。酸碱度是决定某些矿物能否沉淀下来的一个重要因素。例如，在$pH<7.0$的酸性环境中，方解石沉淀完全停止，不会沉积出碳酸盐；在较弱碱性环境中（pH在7.0~7.8之间），只发育较少的碳酸盐副矿物；在$pH\geq 7.8$时，方解石可以自由沉淀。另外，氧化硅溶解于碱性环境和沉淀于酸性环境中。

（二）最有利于形成海相优质烃源岩的沉积速率变化在20~80m/Ma之间

海相台内（或陆内）盆地、台地凹陷及近滨潟湖、台地斜坡、前缘斜坡及前礁等沉积速率太慢，不能形成水体底部的缺氧环境，有机质逐渐被消耗；而沉积速率太快则会造成大量无机颗粒的稀释作用，TOC随沉积速率的变化先是增加后是减少，当通过有机质保存界限，TOC的增加主要由于有机质耗量迅速减少和无机颗粒稀释连续减弱（Lynne and Ibach，1982；Murris，1980）。沉积速率在20~80m/Ma之间最有利于优质烃源层的形成（图1.9d）。例如，南方海相P_2l—P_2d、O_3w—S_1l和ϵ_1n优质烃源岩等沉积速率就在20~80m/Ma之间。

烃源岩沉积时底部水体深度对富有机质沉积物的发育不是唯一条件，保存条件主要取决于水体底部的含氧量，而水体的含氧量取决于水体深度、沉积速率、沉积物原始有机质丰度、底层水的扰动程度及水体的局限程度等多种因素（秦建中等，2005）。优质烃源岩是典型的缺少生物扰动痕迹细粒薄层沉积

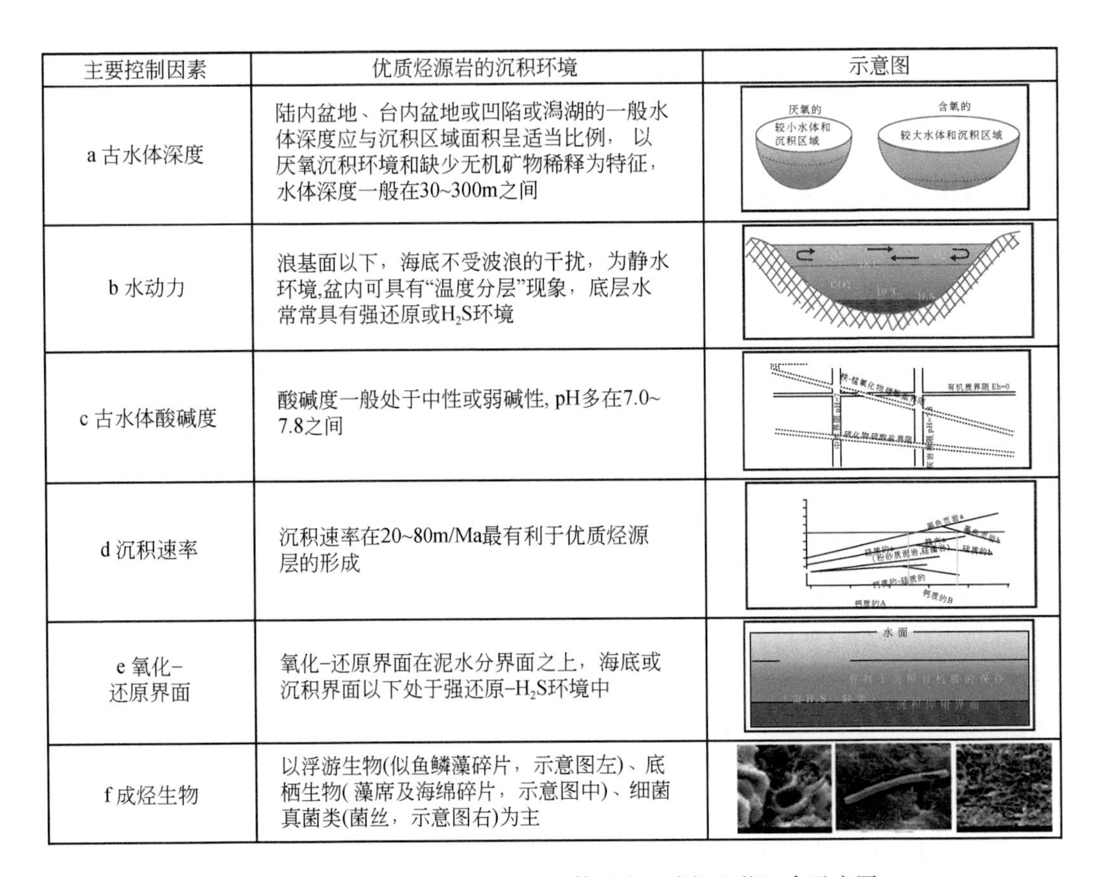

主要控制因素	优质烃源岩的沉积环境	示意图
a 古水体深度	陆内盆地、台内盆地或凹陷或潟湖的一般水体深度应与沉积区域面积呈适当比例，以厌氧沉积环境和缺少无机矿物稀释为特征，水体深度一般在30~300m之间	
b 水动力	浪基面以下，海底不受波浪的干扰，为静水环境,盆内可具有“温度分层”现象，底层水常常具有强还原或H_2S环境	
c 古水体酸碱度	酸碱度一般处于中性或弱碱性, pH多在7.0~7.8之间	
d 沉积速率	沉积速率在20~80m/Ma最有利于优质烃源层的形成	
e 氧化-还原界面	氧化-还原界面在泥水分界面之上，海底或沉积界面以下处于强还原-H_2S环境中	
f 成烃生物	以浮游生物(似鱼鳞藻碎片，示意图左)、底栖生物(藻席及海绵碎片，示意图中)、细菌真菌类(菌丝，示意图右)为主	

图 1.9　海相优质烃源岩的沉积水体及主要成烃生物组合示意图

岩，它与水体底部正常氧化条件下发育的强烈生物扰动泥岩、泥灰岩和碳酸盐泥呈鲜明的对比。

（三）海相优质烃源岩沉积水体中的成烃生物以浮游生物为主体，底栖藻类、真菌细菌类广泛分布，水生植物等也有分布

海相优质烃源岩的成烃生物可以分为浮游生物、底栖生物、真菌细菌类和水生高等植物等四大类，详见第二章。

（1）浮游生物是海洋生物的主体，浮游生物主要为浮游植物和浮游动物。浮游藻类等浮游植物光合作用产生的有机碳的总量约为高等植物的 7 倍。现存的浮游植物数量与浮游动物相比，在热带海洋中约为 20 倍，在寒带海洋中约为 10 倍。浮游动物有孔虫钙质软泥约覆盖了 35% 的海洋底面，放射虫硅质软泥分布面积占现代海底软泥面积的 2%~3%，几丁质甲壳类等节肢动物类约占动物界的 85%。

在海洋或深湖里，浮游生物栖息在不同深度的水层中。浮游植物要进行光合作用，只能分布在有光照的上层（0~200m）。由于需要的光照强度不同，蓝藻一般分布在较浅水体，而硅藻则分布在光照层的不同水层。浮游动物各个水层都有分布，不过种类和数量在各个水层显然不同。例如，原生动物、轮虫、水母类、枝角类、浮游腹足类及浮游幼体一般分布在上层，其他各类在上、中、下层都有分布。

浮游生物的种类和数量随空间和时间而变。一般来说，寒带浮游生物的种类少，每种的数量大；热带浮游生物相反，种类多而每种的数量少；温带浮游生物则介于两者之间。温度显然是这个现象的主要因子。浮游生物的水平分布与寒流和暖流密切相关，因而有些种类常可作为寒流和暖流的指示种。此外，一般近海浮游生物属广盐性种类，分布较广，而外海浮游生物则属狭盐性种类，分布较窄，营养盐丰富的近海水域，浮游植物的数量较大。

沉积体原始有机物质（浮游藻类等浮游生物）丰富或突发生长不仅有利于增加烃源岩的有机质含量，而且过剩有机质的还原作用可以造成水体底部的缺氧环境，有利于有机质的保存，如我国南方海相$\epsilon_1 n$、

S_1l—O_3w 优质烃源岩中的疑源类（似鱼鳞藻残片，图 1.9f 左）。

（2）海洋底栖生物以底栖藻类及水生植物为主，尽管在有氧且动荡的浅水环境中更有利于其生长，但是在较深的水体中，如水体深度在 20～200m 之间，底栖藻类及水生植物也很发育，可形成“海底森林”，巨大的宏观藻类可长达几米到几十米，延伸到含氧水体中吸收养分，其水体底部或沉积界面之下就可能为还原-强还原，其根系带来局部微氧化环境可以形成黄铁矿，原地或经过短距离的“位移”沉积在相对较稳定的缺氧环境中，形成以Ⅱ型干酪根为主体的海相优质烃源岩。例如，我国南方海相$€_1n$、S_1l—O_3w 和 P_2优质烃源岩中的宏观藻残片、藻席及海绵类等（图 1.9f 中）就可能发育丰富的底栖藻类及水生植物等。

（3）真菌细菌类主要为海相浮游或底栖生物的附生生物，其生长环境变化大，可浮游也可底栖，南方海相 P_2d 优质烃源岩中常见钙质真菌菌丝（图 1.9f 右）；海洋底栖生物和浮游生物在各种细菌作用下均可腐烂或腐泥化，同时也残留大量各种细菌类残体，可以形成以Ⅱ干酪根为主体的海相优质烃源岩。南方海相优质烃源岩常见的细菌类有：硫（或铁硫）细菌，多为黏土质（主要为 P_2）；硅质细菌，含有机质（主要为$€_1n$ 和 P_2）；铁细菌，含有机质（S_1l）；纳米钙质细菌（D_2）。

（4）水生植物在海相优质烃源岩中也有分布，陆生植物碎屑经过一定距离搬运也可能出现在富有机质黏土质页岩中，其含量一般不高，如果其含量大于有机质碎屑的 50%，就不属优质烃源岩了，应属煤系Ⅲ型干酪根。

我国渤海湾盆地古近系沙河街组（$Es_1^{下}$ 段）海侵湖相沉积的以Ⅰ～$Ⅱ_1$型干酪根为主体富有机质页岩，古气候为温和湿润的亚热带气候，伴有大规模的海侵，水体较浅，以碳酸盐生物滩、沙滩发育为特色，一般页岩硼/镓为 5.0～8.5（大于 4.5 时为海相水介质偏咸），水质偏咸，而咸湖期短。水生浮游藻类钙质超微化石（颗石类及非颗石类）、沟鞭藻（甲藻门）、疑源藻、棒球藻、繁棒藻、棒条藻、薄球藻等比较发育，可以占有机显微组分的 27% 以上，沿页岩层理面分布。疑源藻类多为海相类型，渤海藻科及疑源藻类多为半咸水类型，此外腹足类化石多属产于半咸水-微咸水环境的肥水螺、渤海螺、微黑螺等，在任 803 井的 $Es_1^{下}$ 段灰色泥质灰岩中还见到了有孔虫化石，均证实了该层段确系海侵湖相。

三、缺氧事件

在地球历史上的某些特定时期，海洋、气候系统和碳循环发生了重大变动，导致大量有机碳在海洋沉积物中以黑色页岩形式保存下来，这一区域性的或全球性的地质事件被地球科学界称为大洋缺氧事件（Oceanic Anoxic Events，OAEs）。大洋缺氧事件可以发生在陆棚海、陆内盆地、台内盆地或凹陷、潟湖、大陆斜坡和大洋盆地等各种环境中，其发生和演化机理主要有以下几种。

（一）生物暴发、突然死亡和灭绝事件是海相优质烃源岩形成的有利环境

（1）海洋中生物大暴发（全球性、洲际性）或海盆（及湖盆）水体中生物突然暴发。例如，欧洲空间局（ESA）的环境卫星（Envisat）在 2011 年 12 月 2 日拍摄的图像显示，位于南美洲马尔维纳斯群岛以东大约 600km 的大西洋洋面上，海洋深处富含矿物质的海水被洋流卷起，上升至海面附近，造成南美大西洋浮游生物暴发呈现巨大“8”字（图 1.10a1），从太空看起来，这里的水面上呈现出巨大的蓝绿色图案，不同种类的浮游生物叶绿素性质差异会显示出不同的颜色。中国江苏太湖 2007 年 5～6 月之间由于气候（东南季风、持续高热）和营养过剩（污染）等造成蓝藻突然暴发（图 1.10a2），蓝藻大量堆积，厌氧分解过程中产生了大量的 NH_3、硫醇、硫醚以及硫化氢等异味物质。

当全球海平面处于上升阶段时，底层洋流活动，在沿岸带形成上升流和表层回流（印度洋西北部海域上升流见图 1.10b），为海洋表层水体带来丰富的营养，使浮游生物等突然暴发和生产力加强（图 1.10a2），海水表层浮游生物（如浮游藻类）死亡之后的有机体在下沉过程中的氧化分解作用消耗了水中大量的氧，同时，上升洋流也分解有机质，极易在海底形成缺氧的还原环境并有利于有机质大量保

主要控制因素	优质烃源岩的沉积环境	示意图
生物暴发、突然死亡与灭绝	海洋洋流（南美大西洋浮游生物暴发，图1.10a1）、气候系统变化（冰川融化等）、热事件（火山喷发等）及宇宙尘等带来的营养物质造成海洋生物大暴发（全球性、洲际性）或海盆（及湖盆）水体中生物突然暴发（如太湖蓝藻突然暴发，图1.10a2）	 a1 a2
上升洋流的活动	当全球海平面处于上升阶段时，底层洋流活动，在沿岸带形成上升流和表层回流（如印度洋西北部海域上升流，图1.10b），给海洋表层水体带来丰富的营养，使浮游生物等突然暴发和生产力加强（图1.10a1，b）	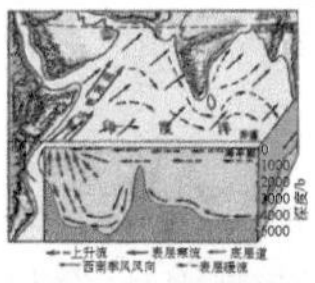 b
海侵事件	地壳构造运动或冰川融化造成海平面大规模上升，湖→海或潟湖（海平面上升66m后的中国东部消失，图1.10c），给海水带来陆地上丰富的营养，生物大量繁殖并伴随大批死亡	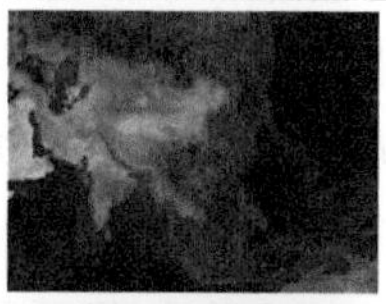 c
火山喷发	全球性剧烈的火山喷发（火山灰，图1.10d海底火山爆发）是地球深部的大量还原性气体进入大气圈，从而破坏了原先建立的大气圈—水圈—生物圈之间的平衡关系	 d
全球热事件	全球变暖是地球自然规律的一部分，可能与地质构造板块运动（扩张、俯冲或剪切等）、岩浆活动、火山喷发、黑（白）烟囱等热事件有关（如关岛附近NW Rota-1喷发岩浆和毒气的海底活火山，图1.10e）	 e
外来物质碰撞	地外成因陨星、陨石和大的宇宙尘使地球大气层遭到严重破坏（图1.10f），可造成长时间的“无阳光”，自然生态系统平衡遭到严重破坏，导致生物突然死亡、灭绝甚至大灭绝，产生缺氧环境	 f
缺氧事件	生物暴发—突然死亡和灭绝—规模的海平面上升—上升洋流的活动—火山喷发—全球热事件—外来物质碰撞等诸多因素反复交替多次出现，海洋生态系统、气候系统和碳循环发生了重大变动	g  P_2　S_1l—O_3w　$Є_1n$

图 1.10　海相优质烃源岩与缺氧事件、突发事件的关系示意图

存下来。

这些浮游生物突然暴发并大批突然死亡或灭绝，其遗骸在水体下沉过程中的氧化分解作用大大消耗水体中溶解的有限浓度的 O_2，造成水体发“臭”并且水体下部和底部严重缺氧，形成强还原环境甚至 H_2S还原环境，有利于未受氧化分解掉的有机质大量保存下来，形成黑色页岩。

（2）生物大灭绝事件，常常与全球性或区域系缺氧事件即黑色页岩相伴生。地球共发生 5 次大规模的生物大绝灭事件：

第一次生物大灭绝是在距今约 435Ma 的奥陶纪末期，可能是全球气候变冷造成的，即现在的撒哈拉陆地位于南极，造成厚厚的积冰，使洋流和大气环流变冷，整个地球的温度下降了，冰川锁住了水，海平面也降低了，原先丰富的沿海生物圈被破坏了，导致了 85% 的物种灭绝，也有人认为在奥陶系—志留系的界线层中，一是存在铱的正异常，这种正异常与地外事件有关，也可能是这次地外事件导致了奥陶纪末的生物大灭绝，二是发育含钾质斑脱岩的黏土岩层，边界附近可能发生过火山活动，与奥陶纪末的生物灭绝有关。

第二次生物大灭绝是在距今约 365Ma 的泥盆纪后期，历经两个高峰，中间间隔 100 万年，海洋生物

遭到重创。

第三次生物大灭绝是在距今约250Ma的二叠纪末期，是地球史上最大也是最严重的物种灭绝事件。地球上有96%的物种灭绝，其中90%的海洋生物和70%的陆地脊椎动物灭绝，可能是大陆漂移和海平面下降造成的。当时所有的大陆聚集成了一个联合的古大陆，富饶的海岸线急剧减少，大陆架也缩小了，生态系统受到了严重的破坏，很多物种的灭绝是因为失去了生存空间，随着联合古陆的漂离，气温升高，海平面上升，又使许多陆地生物遭到灭顶之灾。

第四次生物大灭绝是在距今195Ma的三叠纪末期，估计有76%的物种灭绝（主要是海洋生物），这一次灾难并没有特别明显的标志，只发现海平面下降之后又上升，出现大面积缺氧的海水。

第五次生物大灭绝是在距今65Ma白垩纪末期，75%～80%的物种灭绝，这一次灾难来自地外空间和火山喷发，即一次或多次陨星雨和火山喷发造成了全球生态系统的崩溃，撞击使大量的气体和灰尘进入大气层，以至于阳光不能穿透，全球温度急剧下降，黑云遮蔽地球长达数年，植物不能从阳光中获得能量，海洋中的藻类和成片的森林逐渐死亡，食物链的基础环节被破坏，大批的动物因饥饿而死，其中就有恐龙。

这五次全球生物大灭绝事件均为全球性的缺氧事件（包括海洋），均涉及海平面的下降和上升或来自地外空间的一次或多次陨星雨以及火山喷发造成了全球生态系统的崩溃（每次造成75%以上的物种灭绝）和缺氧地带，并都与环境突然变化有密切关系，与全球性的富含有机质的页岩或优质烃源岩层段相伴随。

（二）大规模海侵事件是海相优质烃源岩形成的主要时期

大规模的海侵事件造成海平面上升（地壳的构造运动或冰川融化），湖变为海或潟湖（海平面上升66m后的中国东部消失，图1.10c），给海水带来陆地上丰富的营养，生物大量繁殖并伴随大批死亡，形成严重缺氧的还原环境和有机质的大量埋藏——黑色页岩。例如，松辽盆地白垩纪出现多期缺氧地质事件，它与全球白垩纪的地质事件相对应。青山口组一段及嫩江组一段出现较明显的缺氧地质事件，表现为有机质丰度高的源岩沉积。可溶有机质具有较低的姥植比，生物标志物出现了28,30-双降藿烷及保存了相对较为完整的C_{34}或C_{35}藿烷、重排甾烷的含量很低、有伽马蜡烷的存在等特征。松辽盆地在白垩纪时存在缺氧事件和海侵事件，缺氧事件造成了这些地层中富含并具有高度分散性区域特征的生物化石的组合，形成了层序地层学上的密集段；缺氧事件反作用于底栖生物，导致了松辽盆地古生物演化史上的生物灭绝事件。松辽盆地以持续沉降为主，湖盆水域迅速扩大，水体加深，近岸湖水表层生物生产率提高，底层水循环不畅导致了湖水底层水体缺氧，引发了古湖泊缺氧事件。在松辽盆地的缺氧事件中形成了青山口组一段及嫩江组一段的黑色泥岩（部分地区发育页岩），成为松辽盆地的主力油源层，为大庆油田的形成奠定了良好的物质基础。

（三）火山喷发、全球热事件及外来物质碰撞事件可以造成海相优质烃源岩形成的有利环境

（1）火山喷发。全球性的大洋缺氧事件之初，常常伴随剧烈的火山喷发（火山灰，图1.10d），地球深部的大量还原性气体进入大气圈，破坏了原先建立的大气圈—水圈—生物圈之间的平衡关系。一方面火山喷发的火山灰物质等带来了地球深部丰富的“营养”（生物所需的微量元素等），极易使水圈内某种生物（如放射虫等硅质浮游生物）大量繁殖或暴发，大批死亡后产生强还原环境，易于有机质的保存；另一方面火山喷发的大量还原性气体或有毒气体进入大气圈，改变了气候系统，可造成无阳光的毒气体系统，产生缺氧环境，使得生物突然大批死亡或局部种类灭绝，极易于有机质的保存。

例如，扬子地台内奥陶系顶部的五峰组到志留系底部的龙马溪组间存在着多个可能为钾质斑脱岩黏土岩层——火山喷发的凝灰质物质在海相环境沉积、蚀变的产物。钾质斑脱岩（变斑脱岩或蚀变火山灰层或界线黏土岩）被认为是地质历史时期火山喷发产生的沉凝物质在海相碱性环境下经沉积成岩作用及蚀变作用产生的一种富钾质的黏土岩。矿物学研究表明上述岩石除了含有黏土矿物外，还含有石英、长石、黑云母、磷灰石、锆石等中酸性岩浆岩中的常见矿物，属典型的钾质斑脱岩。微量元素特征显示多

数样品具有典型的岛弧火山岩的特征，可能与北面早古生代秦岭洋的闭合过程中的板块俯冲或东南缘外侧古老洋壳向华南板块的俯冲有关。而扬子地台 O_3w—S_1l 正是优质烃源层发育层段。实际上，在华南震旦系—寒武系界线（张勤文和徐道一，1994）和二叠系—三叠系界线（殷鸿福和黄思骥，1989）这两个层位也存在钾质斑脱岩，也发育优质烃源层段。鄂尔多斯盆地延长组火山灰沉积物分布广泛，富含晶屑、玻屑等火山物质，整体蚀变强烈，包括空降型和水携两种形成机制，以伊利石、伊蒙混层等黏土矿物为主，火山喷发代表了一次关键的地质事件。鄂尔多斯盆地晚三叠世延长组火山灰沉积物与优质烃源岩互层发育，对优质烃源岩的形成具有重要意义（张文正等，2009）。考虑到我国华南地区，以及欧洲、北美洲等地区均出现大规模晚奥陶世—早侏罗世钾质斑脱岩，奥陶纪—志留纪边界的火山事件是具有全球规模的，所喷发的岩石多是富含挥发分的中酸性岩，对大气圈和生物圈具有十分重要的影响，其火山活动很可能是造成晚奥陶世的生物大灭绝事件和冈瓦纳冰川的主要诱导因素。

（2）全球热事件。地球历史上曾出现过多次大幅度的冷-热变化，地质历史过程中的全球热事件（或全球变暖）是地球自然规律的一部分，可能与地质构造板块运动（扩张、俯冲或剪切等）——岩浆活动、火山喷发、黑（白）烟囱等热事件有关（如关岛附近 NW Rota-1 喷发岩浆和毒气的海底活火山及生物，图 1. 10e）。全球变暖或热事件可以使全球降水量重新分配，冰川和冻土消融，海平面上升，导致全球发生大面积海侵，陆地（湖泊）面积大幅度减少，海或潟湖面积大幅度增加，自然生态系统平衡遭到破坏，更易于海相生物（浮游藻类、底栖藻类等）的快速生长或暴发—突然死亡、强还原或 H_2S 环境—形成黑色页岩。

例如，寒武纪早期，陆地下沉，北半球大部分被海水淹没，生物群以无脊椎动物为主，植物中红藻、绿藻等开始繁盛，出现了生物大暴发。这可能与地球深部地幔柱活动（火山喷发、黑烟囱）的大陆重组、放射性强度高和有机物含量高的小天体闯入地球，使生物物种及生物总量都急剧增加、富营养化，某种藻类（如鱼鳞藻等）突然暴发—死亡—水体底部缺氧产生强还原环境、地表和大气环境的变化、生物的多次辐射、暴发和灭绝等缺氧事件反复交替多次出现等有关。在我国南方寒武系下部牛蹄塘组黑色页岩中发现了丰富的宏观藻类及疑源类化石，它可指示出在海侵引起的缺氧环境背景下曾发生过一次短暂的海洋充氧期，其间生物非常繁盛。黑色岩系底部赋存有一层富 Ni-Mo 多金属元素的硫化物矿层，很可能就是以海底热液占主导。塔里木盆地下寒武统的玉尔吐斯组底部黑色页岩的微量元素、稀土元素和铂族元素证明，具有来自地球富铁镁质的深部物源存在，而且岩石圈具有幕式拉张作用的特点。碳和氧同位素值也说明在进入寒武纪前气候明显变冷，海平面下降，下寒武统底部发育时古气候迅速变暖，海平面大幅度上升，古气候显著波动、海平面升高且频繁变化等。富营养的底层缺氧水团向上贯穿运动导致生物大量灭绝可能出现，这种海洋水体分层（较深水层为贫 ^{13}C 的缺氧水）贯穿事件初期的磷酸盐和黑色页岩沉积过程。此外，在印度小喜马拉雅、巴基斯坦北部、伊朗、法国南部、英国英格兰、阿曼北部、俄罗斯、哈萨克斯坦南部及蒙古国、澳大利亚南部、加拿大等地，下寒武统底部广泛发育一套黑色页岩夹硅质岩的优质烃源岩石组合，在海盆中形成了全球性的黑色页岩——优质烃源岩，层位十分稳定。

（3）地球历史上曾多次出现地外成因的陨星、陨石和大的宇宙尘（图 1. 10f），使地球大气层遭到严重破坏，可造成长时间的无阳光，自然生态系统平衡遭到严重破坏，导致生物突然死亡、灭绝甚至大灭绝，产生缺氧环境。之后，新生态系统、新物种在过剩“营养”环境中，极易大量繁殖或暴发，突然死亡后，再次形成缺氧环境，易于有机质的保存，形成黑色页岩。例如，华南海相二叠系—三叠系界线附近的多层黏土岩层可能是火山灰沉积经成岩改造，同时又可能有陨星撞击参与的产物。沉积物能遍及整个华南甚至更大面积，这样大规模的火山活动，很可能是陨星撞击诱发的。二叠纪末的生物大绝灭可能也有撞击的附加作用。

（四）海相优质烃源岩或黑色页岩均是缺氧事件的产物

黑色页岩这一缺氧事件是在地球历史上的某些特定时期，由于生物暴发、突然死亡和灭绝、大规模的海平面上升、上升洋流的活动、火山喷发、全球热事件、外来物质碰撞等诸多因素或两个以上因素反复交替多次出现，海洋生态系统、气候系统和碳循环发生了重大变动，导致大量生物残骸或有机质在海洋沉积物中以缺氧的黑色页岩形式保存下来。其沉积物以黏土、钙质（钙化）生屑、硅质（硅化）生屑和有机生屑等细粒薄层或超显微互薄层的富含有机质黑色（或黑白互层或灰色或褐黄色等）页岩为主。

例如，中国南方海相早寒武世初期牛蹄塘期、晚奥陶世五峰期至早志留世初期龙马溪期和晚二叠世是扬子地区区域性优质烃源岩（图 1. 10g）的发育时期。早寒武世初期正处于全球范围最大的海侵期和生物大暴发期，伴随广泛的缺氧事件（姜月华和岳文哲，1994），我国南方广泛沉积了一套富含有机质的黑色页岩系（李胜荣和高振敏，2000）。晚奥陶世五峰期至早志留世初期龙马溪期在全球性海平面下降和海域萎缩的背景上，区内形成了滞留、低能、缺氧环境（陈旭等，2015）。晚二叠世也是南方海相一个大规模的海侵期、生物大暴发期和大灭绝期，台地凹陷内龙潭组—大隆组接受了一套富含有机质的黑色页岩系沉积。

第二节　优质烃源岩有机质丰度评价技术

优质烃源岩有机质丰度或烃源岩中有机质含量的评价及分析方法主要有：①残余总有机碳含量（TOC,%）；②沥青“A”（%）或总烃含量（10^{-6}）；③热解生烃潜量（S_1+S_2，mg/g）；④有机岩石学（有机质颗粒含量,%）；⑤超显微有机岩石学（有机质含量,%）；⑥热压模拟油气产率（kg/t_C）等。优质烃源岩有机质丰度与生油气潜力主要受沉积环境（包括成烃生物组合或有机质类型及岩性组合）和有机质成熟度等主控因素的制约。

一、动态评价

（一）有机质丰度评价是动态变化的——TOC 及有机质含量各成熟阶段均适用；沥青“A”和 S_1+S_2 及生油气量只有在未成熟—低成熟阶段适用

（1）残余总有机碳含量。岩石中残余的总有机碳含量（TOC,%）是定性、定量评价烃源岩尤其是优质烃源岩的基础指标之一。它主要受沉积相及岩性组合、有机质类型及成烃生物组合、成岩阶段及有机质成熟度等因素的控制。优质烃源岩有机质丰度评价参数见表 1. 1。处于未成熟—低成熟阶段，沉积环境为强还原的湖泊相或海侵湖泊相，以浮游生物（浮游藻类）及其细菌类（无定形）为主体（>90%）的Ⅰ型干酪根烃源岩，TOC>2. 0%时即为优质烃源岩（以蒙脱石为主的黏土型及钙质型）；相同类型的成熟—高成熟烃源岩 TOC 将随油气的排出而有所降低，逐渐从 TOC>2. 0%降低到 TOC>1. 5%，均为优质烃源岩；而相同类型的过成熟烃源岩 TOC>1. 5%即为优质烃源岩。

表 1. 1　优质烃源岩有机质丰度评价参数

演化阶段	有机质类型	主要相带与岩性组合	有机质丰度评价参数						
			TOC/%	岩石有机质含量（镜下体积分数）/%	沥青“A”/%	总烃含量/10^{-6}	S_1+S_2/(mg/g)	热压模拟生油潜力/(mg/g)	热压模拟生烃气潜力/(mg/g)
未成熟—低成熟	Ⅰ	强还原湖泊、海侵湖泊黏土（蒙脱石为主）型及钙质型	>2. 0	>2. 5±	>0. 25	>1000	>10	>10	>6
	Ⅱ	强还原台盆（火山灰）台凹、潟湖硅质型、钙质型、黏土型	>2. 0	>3. 0±	>0. 25	>1000	>10	>10	>6

续表

演化阶段	有机质类型	主要相带与岩性组合	有机质丰度评价参数						
			TOC/%	岩石有机质含量（镜下体积分数）/%	沥青"A"/%	总烃含量/10^{-6}	S_1+S_2/(mg/g)	热压模拟生油潜力/(mg/g)	热压模拟生烃气潜力/(mg/g)
成熟—高成熟	Ⅰ	强还原湖泊、海侵湖泊黏土（伊蒙混层为主）型及钙质型	>2.0→>1.5	>2.5±→>2.0±	>0.25→低	>1000→低	>10→低	>10→很低	>6→低
	Ⅱ	强还原台盆（火山灰）台凹、潟湖硅质型、钙质型、黏土型	>2.0	>3.0±→>2.5±	>0.25→低	>1000→低	>10→低	>10→很低	>6→低
过成熟	Ⅰ	强还原湖泊、海侵湖泊黏土（伊利石）型及钙质型	>1.5	>2.0±	很低	很低	很低	很低	很低
	Ⅱ	强还原台盆（火山灰）台凹、潟湖钙质型、硅质型、黏土型	>2.0	>2.5±	很低	很低	很低	很低	很低

处于未成熟—成熟阶段，沉积环境为强还原的台盆、台凹或潟湖相，以浮游生物（浮游藻类）、底栖生物（底栖藻类）、细菌和真菌类及部分植物等成烃生物组合为主的Ⅱ型干酪根烃源岩，TOC>2.0%为优质烃源岩（多为与火山活动有关的硅质型、钙质型及以蒙脱石为主的黏土型）。

（2）岩石中有机质含量（有机岩石学或超显微有机岩石学方法）。岩石中的有机质含量（体积分数,%）可以通过普通透射、反射显微镜、荧光显微镜、共聚焦激光显微镜下识别（主要是有机颗粒或含有机质基质）等有机岩石学方法和通过扫描电镜+能谱、电子探针、微米CT（计算机断层扫描）、纳米CT、聚焦离子束（FIB）等超显微有机岩石学方法（$C_{有机}$含量）获得（见本书第三章）。显微镜下岩石中有机质含量主要是指优质烃源岩中不溶有机质含量。与TOC一样，岩石中有机质含量也主要受沉积相及岩性组合、有机质类型及成烃生物组合、成岩阶段及有机质成熟度等因素的控制。优质烃源岩显微镜下的有机质丰度评价参数见表1.1，处于未成熟—低成熟阶段，沉积环境为强还原的湖泊相或海侵湖泊相，以浮游生物（浮游藻类）及其细菌类（无定形）为主体（>90%）的Ⅰ型干酪根烃源岩，一般显微镜下有机质体积分数大于2.5%时属优质烃源岩；而相同类型的过成熟烃源岩显微镜下有机质体积分数大于2.0%时就应属优质烃源岩（表1.1）。

处于未成熟—低成熟阶段，沉积环境为强还原的台盆、台凹或潟湖相，以浮游生物（浮游藻类）、底栖生物（底栖藻类）、细菌和真菌类及部分植物等成烃生物组合为主的Ⅱ型干酪根烃源岩，一般显微镜下有机质体积分数应大于3.0%才属于优质烃源岩（表1.1）。

（3）沥青"A"含量和总烃含量。沥青"A"含量和总烃含量是岩石中的可溶有机质含量，也是定性、定量评价未成熟—成熟阶段优质烃源岩有机质丰度的常规指标。一般沥青"A"含量大于0.25%或总烃含量高于1000×10^{6}就属优质烃源岩，Ⅰ型或Ⅱ型干酪根均是同一标准（表1.1），它代表了已经生烃并残留在烃源岩的沥青"A"和总烃含量。在成熟晚期—高成熟阶段，由于优质烃源岩生成的可溶有机质不断排出烃源岩形成"原油"，部分残留在烃源岩内的可溶有机质随温度的升高逐渐热裂解成为"烃气"，导致沥青"A"和总烃含量逐渐降低，用于评价烃源岩有机质丰度时代表性变差；到过成熟阶段，沥青"A"和总烃含量已很低，不能作为评价优质烃源岩的指标。

（4）岩石热解生烃潜量（S_1+S_2）。岩石热解生烃潜量（S_1+S_2）是岩石（或优质烃源岩）在热解过程中的热解烃总和，包括残留在优质烃源岩中的可溶烃（烃气+轻烃+沥青"A"$=S_1+$部分S_2）和干酪根热裂解烃（大部分S_2）。热解生烃潜量也是定性、定量评价未成熟—成熟阶段优质烃源岩有机质丰度的常规指标，一般$S_1+S_2>10$mg/g就属优质烃源岩（表1.1），Ⅰ型和Ⅱ型干酪根烃源岩采用同一标准，它代表了优质烃源岩的生烃潜力。与沥青"A"含量和总烃含量随烃源岩成熟度增加而降低类似，在成熟晚期—高成熟阶段，烃源岩热解S_1+S_2逐渐降低，代表性逐渐变弱；到过成熟时已很低，不能再作为评价优质烃源岩的指标。

（5）烃源岩热压模拟实验生油生气潜力（或生油气量）。烃源岩热压模拟实验生油潜力或生油量（一般模拟温度<375℃，相当于 R_o<1.2%）、生烃气潜力或生烃气量（一般模拟温度>450℃，相当于 R_o>2.0%）是定性、定量评价未成熟—成熟阶段优质烃源岩的一项直接、可靠、具代表性的非常规指标。一般生油潜力或生油量大于 10mg/g、生烃气潜力或生烃气量大于 6mg/g 的烃源岩就属于优质烃源岩，Ⅰ型或Ⅱ型干酪根烃源岩采用同一标准（表 1.1），它代表了烃源岩的最高生油量和最高生烃气量。在成熟晚期—高成熟阶段，烃源岩的生油潜力和生烃气潜力均随成熟度增加而逐渐降低，生油潜力到高成熟时就已很低，生烃气潜力到过成熟时也已很低，均无代表性，已不能再作为评价优质烃源岩的指标。

上述优质烃源岩评价指标及标准与通常油气资源评价中按生烃强度划分生油凹陷类别基本一致。国内很多石油地质专家把生烃强度>400×10^4t/km^2的划分为一类生油凹陷，这恰好与优质烃源岩相对应。从表 1.1 中可以看出，残余总有机碳含量、岩石中显微镜下有机质体积分数是定性、定量评价未成熟—过成熟整个热演化阶段中优质烃源岩最基础、全面、可靠、实用和具代表性的两个指标。

（二）优质烃源岩有机质丰度、生排油气能力和 TOC 评价标准均是动态变化的，其生排油气率（单位 TOC）也随 TOC 或有机质丰度高低而变化

（1）不同有机质类型的生烃能力差别很大，如在相同的总有机碳含量、相同岩性和相似的成熟度情况下，Ⅰ型的生烃能力比Ⅲ型的生烃能力可以高几倍甚至几十倍，因此，Ⅲ型烃源岩不属“优质”烃源岩范畴。Ⅰ型优质烃源岩 TOC 下限略低于Ⅱ型烃源岩。烃源岩热解模拟实验显示：方解石+Ⅰ型烃源岩在 TOC 约为 1.5% 时，热解生烃潜量 S_1+S_2约为 10mg/g；方解石+Ⅱ$_2$型烃源岩在 TOC 达到 3.0% 时，S_1+S_2才达到 10mg/g（图 1.11a）；而方解石+Ⅲ型烃源岩在 TOC>5.0% 时，S_1+S_2才接近 10mg/g（秦建中等，2007c）。在生排烃能力相当时，随有机质类型变差（Ⅰ型→Ⅱ$_2$型→Ⅲ型），所需要的 TOC 值增大（图 1.11a）。也就是说，Ⅰ型碳酸盐岩优质烃源岩生烃潜力达到 10mg/g 时，对应的 TOC 下限约为 1.5%；Ⅱ$_2$型碳酸盐岩优质烃源岩生烃潜力达到 10mg/g 时，对应的 TOC 下限约为 3.0%；Ⅲ型碳酸盐岩烃源岩生烃潜力达到 10mg/g 时，对应的 TOC 下限为 5.0%，产物主要为烃气，它已经不属优质烃源岩范畴。

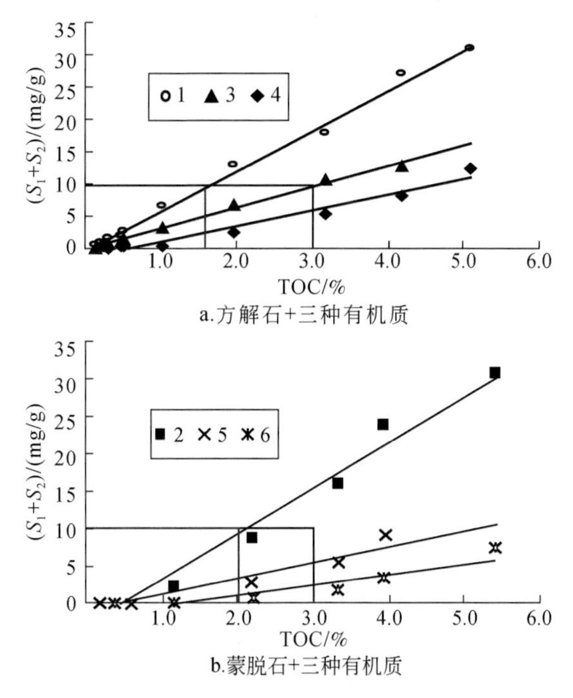

图 1.11　方解石、蒙脱石+约旦Ⅰ型泥灰岩、下马岭组页岩Ⅱ型干酪根、云南柯渡Ⅲ型褐煤（S_1+S_2）与 TOC 的关系

1. 方解石+Ⅰ型；2. 蒙脱石+Ⅰ型；3. 方解石+Ⅱ$_2$型；4. 方解石+Ⅲ型；5. 蒙脱石+Ⅱ$_2$型；6. 蒙脱石+Ⅲ型

Ⅰ型黏土质优质烃源岩在 TOC 约为 2.0% 时，S_1+S_2约为 10mg/g；Ⅱ型黏土质烃源岩在 TOC>4.0% 时，S_1+S_2才接近 10mg/g；而Ⅲ型黏土质烃源岩生烃潜力达到 10mg/g 时，对应的 TOC 下限值为 6.0%，后两者皆不属优质烃源岩的范畴（图 1.11b）。因此，未成熟—成熟Ⅰ型优质烃源岩 TOC 下限一般略低于Ⅱ型烃源岩。主要是因为Ⅰ型优质烃源岩在成熟阶段生排烃量高，一般变化在 100～600mg/g；而Ⅱ型优质烃源岩在成熟阶段生排烃量相对要低，一般变化在 70～350mg/g，后者生排烃量只相当于前者的 50%～60%。Ⅲ型烃源岩，甚至$Ⅱ_2$型黏土质烃源岩，即使有机质丰度很高，也不属优质烃源岩范畴。

（2）烃源岩的成烃生物组合、有机质生油气能力以及岩性组合或显微—超显微不同矿物薄层与其沉积环境或沉积相密切相关。湖相油页岩，海相页岩、钙质生屑页岩、硅质生屑页岩等不同岩性或矿物组合的烃源岩有机质类型、生烃排烃机理、岩石对烃类的吸附性存在差别，因此它们的评价方法及评价标准（特别是生排烃量）存在不同。碳酸盐岩（或硅质生屑）优质烃源岩 TOC 下限略低于黏土质泥页岩，常规热压生排烃模拟实验结果表明黏土矿物对烃类的吸附性比碳酸盐矿物要强（图 1.11～图 1.13）。一般来说，海相碳酸盐岩的烃吸附量在 0.35mg/g 左右，最大吸附量为 0.85mg/g；而海相黏土质泥岩或页岩烃吸附量平均为 1.5mg/g，变化在 0.4～2.7mg/g 之间。从烃源岩吸附烃含量来看，海相碳酸盐岩（或硅质型）优质烃源岩 TOC 下限值应略低于黏土质优质烃源岩（泥岩或页岩），一般黏土质优质烃源岩 TOC ≥2%，而碳酸盐岩优质烃源岩 TOC≥1.5% 时，它们的原始生排烃量相当（S_1+S_2约为 10mg/g），这已被上述烃源岩模拟实验结果所证实。

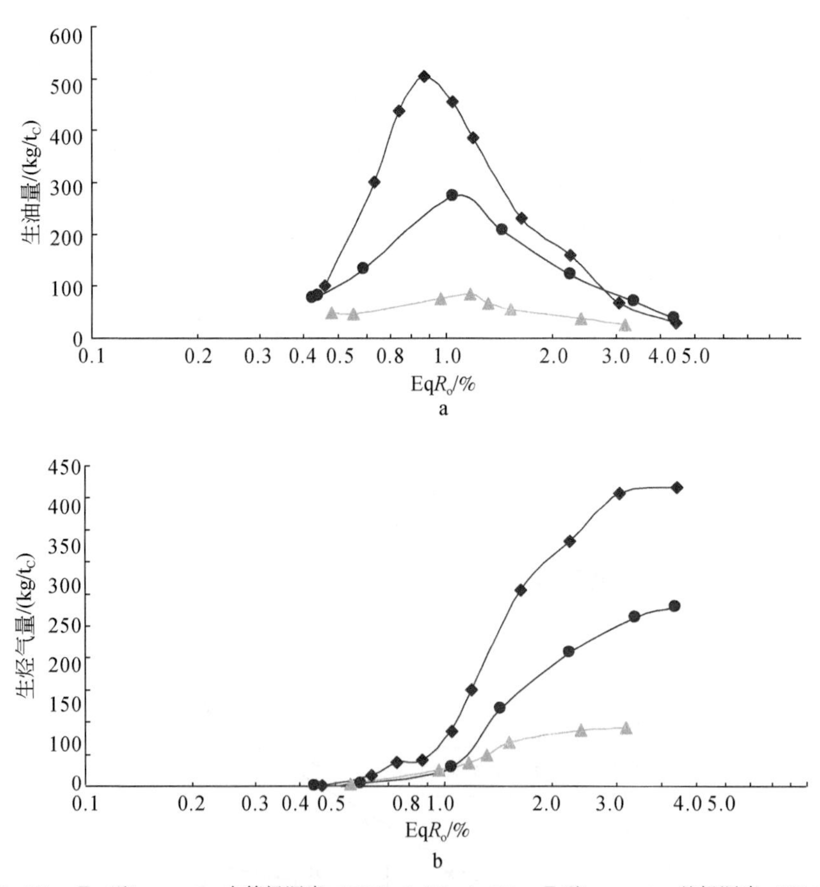

图 1.12　海相优质烃源岩（钙质页岩，Ⅱ型）、中等烃源岩（钙质泥岩，Ⅱ型）和差烃源岩（钙质泥岩，Ⅱ型）常规热压模拟实验生油气量的对比

a. 常规热压模拟实验生油量的对比；b. 常规热压模拟实验生烃气量的对比。EqR_o 为等效镜质组反射率

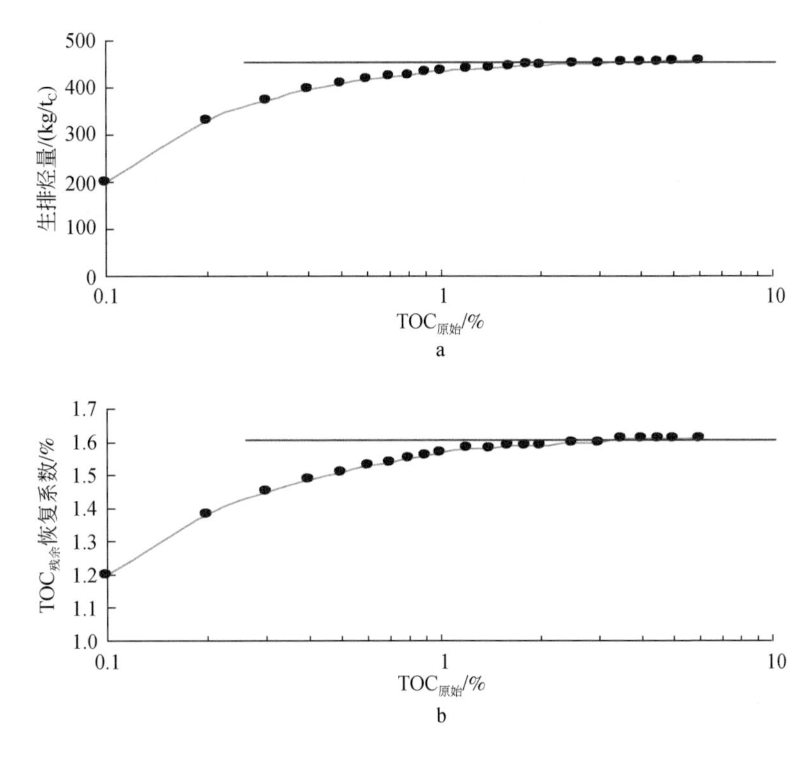

图 1.13　海相腐泥型烃源岩热压模拟实验生排烃量（a）和残余总有机碳恢复系数（b）随原始总有机碳含量增加变化趋势图

（3）优质烃源岩在成熟—高成熟阶段随着有机质成熟度或成岩作用（程度）的增高，油气不断生成和排出，源岩中的可溶与不溶有机质均呈不同程度减少（部分可溶有机质不断排出，不溶有机质或干酪根不断热裂解生成烃类）。尤其是可溶有机质在成熟中晚期—高成熟阶段降低明显，到高成熟后期阶段含量已很低。因此，过成熟优质烃源岩使用未成熟—低成熟优质烃源岩原始有机质丰度评价标准显然是不客观的。实际上，处于过成熟阶段的优质烃源岩已无生油能力，生烃气能力也很低，它的“优质”主要是指其在成熟阶段具备大量生油的能力。根据干酪根晚期生烃理论，优质烃源岩随着埋藏深度的增加，经受的地温越来越高，当达到生油门限温度时，干酪根开始热降解大量生排烃（图 1.12），由于油气的排出，有机质含量（TOC）不断降低（图 1.13）。对高成熟—过成熟优质烃源岩而言，Ⅰ型干酪根黏土质优质烃源岩在未成熟—低成熟阶段（R_o<0.75%），TOC 变化不大，这是由于排出油量相对于总有机碳含量尚微不足道。在成熟中晚期（0.75%<R_o<1.35%），$TOC_{残余}$随成熟度的增加明显减小，$TOC_{原始}$约降低了 40.6%（图 1.13a），这主要是干酪根大量热降解生成油气并排出所致。在高成熟—过成熟阶段（R_o>1.35%），$TOC_{残余}$随成熟度的增加变化已不明显，它是大量排油气之后的 $TOC_{残余}$。

（4）在地质演化过程中，海相优质烃源岩的生排油气能力始终都是动态变化的。随着海相优质烃源岩成熟度增加（低成熟→成熟→高成熟→过成熟），烃类也由重质油→原油→轻质气或凝析油气→干气（甲烷），烃源岩对烃类的吸附能力也逐渐减小。也可以说，成熟度对优质烃源岩的排烃和 $TOC_{残余}$、沥青“A”含量、总烃含量和岩石热解生烃潜量（S_1+S_2）等影响很大（表 1.2）。

未成熟、成熟早中期优质烃源岩：未成熟（硅质生屑页岩或钙质生屑页岩 R_o<0.45%，黏土质泥页岩 R_o<0.5%）优质烃源岩尚未开始大量热降解生成并排出原油，成熟早中期优质烃源岩正处于大量热降解生成并排出重质原油（硅质生屑页岩或钙质生屑页岩 0.45%<R_o<0.8%）—正常原油（硅质生屑页岩或钙质生屑页岩 0.7%<R_o<1.0%，黏土质泥页岩 0.7%<R_o<1.0%）阶段。在进行优质烃源岩评价和油气资源量预测时，好的评价指标主要为 TOC、沥青“A”、总烃含量和 S_1+S_2等，它们的评价结果基本一致。但是，优质烃源岩 TOC 和 S_1+S_2在成熟中期仍有所降低，S_1+S_2相对 TOC 降低更大一些；沥青“A”和总烃

含量在成熟早中期是随成熟度的增加而逐渐增加的，R_o为0.8%~1.0%时达到高峰（生油）。

表1.2　海相优质烃源岩有机质丰度动态评价数据

成熟度	有机质类型	钙质或硅质生屑页岩					黏土质泥页岩				
		TOC /%	S_1+S_2 /(mg/g)	沥青“A” /%	总烃含量 /10^6	已经生排油气率 /($kg_{烃}/t_C$)	TOC /%	S_1+S_2 /(mg/g)	沥青“A” /%	总烃含量 /10^6	已经生排油气率 /($kg_{烃}/t_C$)
未成熟早中期（R_o<0.5%）	Ⅰ型	>1.5	>10	>0.25	>1000	零或少量重质油	>2	>10	>0.25	>1000	零
	Ⅱ$_1$型	>2					>3				
	Ⅱ$_2$型										
成熟早中期（0.45%<R_o<1.0%）	Ⅰ型	>1.5	>10	>0.25	>1000	大量重质油及正常原油	>2	>10	>0.25	>1000	大量正常原油
	Ⅱ$_1$型	>2					>3				
	Ⅱ$_2$型					大量正常原油	—	—	—	—	轻质油气
成熟中晚期（R_o为0.8%~1.35%）	Ⅰ型	>1.5	↓	↓	↓	大量轻质油气	>2	↓	↓	↓	大量轻质油气
	Ⅱ$_1$型	>2					>3				
	Ⅱ$_2$型						—				
高成熟（R_o为1.3%~2.0%）	Ⅰ型	>1.2	低	低	低	凝析湿气	>1.5	低	低	低	凝析湿气
	Ⅱ$_1$型	>1.5					>2				
	Ⅱ$_2$型										
过成熟早中期（R_o为2.0%~4.3%）	Ⅰ型	>1.2	很低	很低	很低	天然气（甲烷）	>1.5	很低	很低	很低	天然气（甲烷）
	Ⅱ$_1$型	>1.5					>2				
	Ⅱ$_2$型										
过成熟晚期（R_o>4.3%）	Ⅰ型	>1.2	接近零	接近零	接近零	天然气（甲烷）	>1.5	接近零	接近零	接近零	天然气（甲烷）
	Ⅱ$_1$型	>1.5					>2				
	Ⅱ$_2$型										

成熟中晚期优质烃源岩：干酪根大量热降解生排轻质油气和早中期残留烃源岩中的沥青“A”及排出原油正处于大量热裂解生排轻质油气阶段（R_o为0.8%~1.35%）。在进行优质烃源岩评价时，好的有机质丰度评价指标主要为$TOC_{残余}$，较好的有机质丰度评价指标主要有沥青“A”、总烃含量和S_1+S_2等。此阶段，优质烃源岩随成熟度增加，沥青“A”、总烃含量和S_1+S_2均迅速降低，TOC也逐渐降低，但是，沥青“A”、总烃含量及S_1+S_2相对TOC降低更显著。沥青“A”和总烃含量在成熟晚期末（R_o约为1.3%）又降到与未成熟烃源岩接近，S_1+S_2降到约只有未成熟烃源岩的15%，$TOC_{残余}$降到约为未成熟—低成熟烃源岩$TOC_{原始}$的60%~70%。

此阶段在进行优质烃源岩油气资源量预测时，若用$TOC_{残余}$可能就会有所失真，进行原始TOC的恢复是必要的，但是$TOC_{残余}$恢复系数随成熟度变化是动态的，一般变化在1~1.7之间。成熟度越高，$TOC_{残余}$恢复系数越大；Ⅰ型优质烃源岩$TOC_{残余}$恢复系数≥Ⅱ型，硅质生屑或钙质生屑优质烃源岩$TOC_{残余}$恢复系数≥黏土质泥页岩。

高成熟—过成熟早中期（R_o在1.3%~4.3%之间）优质烃源岩：前者主要是烃源岩中残留沥青“A”大量热裂解（一次或多次）断“C—C链”生排凝析气（R_o为1.3%~2.0%）伴随热聚合（大分子芳环等）形成热演化固体沥青阶段。后者烃源岩产气率已经较低，主要是甲烷，并随成熟度的增加产气率逐渐降低且接近零（R_o约4.3%），碳酸盐烃源岩或煤质及Ⅲ型烃源岩在过成熟早中期（R_o在2.0%~4.3%之间）还是具备一定的产气能力（有的可占总生气量的20%以上），产气能力随烃源岩碳酸盐含量的增高或母质变差（Ⅰ→Ⅲ型）而增加。$TOC_{残余}$一般约为未成熟—低成熟烃源岩$TOC_{原始}$的58%~75%，使用优质烃源岩$TOC_{残余}$进行评价时，标准可根据干酪根类型、岩性等适当降低一些（表1.2）。因此，在进行优质烃源岩评价时，较好的有机质丰度评价指标主要为$TOC_{残余}$。沥青“A”、总烃含量和S_1+S_2等已经降到很低，不能再成为有效的评价指标，只能作为参考指标。

此阶段在进行优质烃源岩油气资源量预测时，若用$TOC_{残余}$估算就会有所失真，进行原始TOC的恢复是必要的，优质烃源岩$TOC_{残余}$恢复系数一般在1.35～1.7之间。Ⅰ型优质烃源岩$TOC_{残余}$恢复系数≥Ⅱ型，硅质生屑或钙质生屑优质烃源岩$TOC_{残余}$恢复系数≥黏土质泥页岩。

过成熟晚期（R_o>4.3%）优质烃源岩已经不具备任何生排烃的潜力和能力。可溶有机质几乎已经“消失”。此阶段优质烃源岩评价和油气资源量预测与高成熟—过成熟早中期相似，只能以$TOC_{残余}$为主，而且还需要恢复，恢复系数视优质烃源岩的干酪根类型及岩性而定。

因此，在地质演化过程中，海相优质烃源岩TOC及其生排油气能力始终都是动态变化的，高成熟—过成熟优质烃源岩利用$TOC_{残余}$进行油气资源量预测时，需要恢复原始TOC，Ⅰ型优质烃源岩$TOC_{残余}$恢复系数≥Ⅱ型，硅质生屑或钙质生屑优质烃源岩$TOC_{残余}$恢复系数≥黏土质泥页岩。此外，优质烃源岩抬升到地表受风化作用（氧化、水解、微生物、生物化学作用等）的影响，其有机质丰度与生油气潜力相对地下原始状态（钻井或地表新鲜样品）大大降低，其评价方法与标准也不完全一样。

（5）优质烃源岩生排油气潜力与有机质丰度成正比、生排油气率（单位TOC）也随有机质丰度变化呈曲线式变化。根据中国南方中三叠统—寒武系、青藏高原羌塘盆地侏罗系—三叠系、冀北中-新元古界等5000多块海相烃源岩样品筛选出的90余块不同类型典型未成熟—成熟烃源岩，以及不同碳酸盐含量烃源岩加不同类型有机质的人工配制样品常规生排烃热压模拟实验结果，经系统归纳、分析和综合研究可知：

烃源岩TOC越高，生排烃量增加越明显（图1.14a），尤其是海相页岩一旦形成运移通道，油气就会沿页理面呈网状以油相源源不断地运移出来，从而形成大油气田。当TOC很高时，即使厚度不大的优质烃源岩层也能生成大量的油气，如TOC为5.0%、厚度为10m的一套优质烃源岩，每平方千米的生排烃量可达52×10^4～100×10^4t，1000km^2的供烃范围内生排烃量可达5.2×10^4～1.0×10^9t，从而形成亿吨级大油气田。

当烃源岩TOC为0.1%时，生排油气量仅为0.2kg/t；而当TOC为0.3%时，生排油气量则为1.12kg/t，TOC仅增加了1倍，生排油气量则增加了4.6倍（图1.14a），即生排油气率（单位TOC的生排油气量）随TOC的增加呈线性猛增（图1.14b）。烃源岩TOC越低，生排油气率越低，这也是为何Ⅰ型有机质碳酸盐岩烃源岩TOC下限值一般在0.3%左右；当TOC从0.3%升到0.9%时，增加了2倍，生排油气量则从1.12kg/t增加到3.89kg/t，增加了近2.5倍，即单位有机碳的生排油气量随TOC的增加仍有增加，这属中等烃源岩范畴；当TOC从1.0%升到2.0%时，增加了1倍，生排油气量则从4.36kg/t增加到8.97kg/t，增加了1.05倍，即单位TOC的生排油气量随TOC的增加略有所增加，它们的生排油气能力已经很接近，属好烃源岩范围；当TOC>2.0%时，随TOC的增加，单位有机碳的生排油气能力几乎相等，即生排油气量只与TOC的高低有关，TOC越高，生排油气量按相同比例增加。因此TOC>2.0%的烃源岩均属优质烃源岩范围，与之相对应的生烃潜量S_1+S_2>10mg/g，沥青“A”>0.25%。但是，当Ⅱ型有机质海相优质烃源岩S_1+S_2>10mg/g、沥青“A”>0.25%时，其TOC要大于3.0%。

随TOC的变化，烃源岩的生排油气量、生排油气率均呈动态变化。从灰岩+不同含量Ⅰ型有机质的22个样品和钙质泥岩+不同含量Ⅰ型22个样品的常规热压（温度350℃，相当于R_o≈1.0%的生排油气高峰）生排烃模拟实验结果可以看出：烃源岩生排油气量随TOC的增加呈不同斜率直线式增加（图1.14a），即生排油气潜力与有机质丰度呈正比关系。直线斜率与干酪根类型、岩石类型及演化史等有关，直线截距为烃源岩中烃类排出最小吸附量。烃源岩的生排油气率随TOC变化也是动态变化的。随着烃源岩TOC的增加，单位TOC的生排油气量均呈非对称双曲线式增加（图1.14b），当$TOC_{原始}$从0.06%增加到0.5%时，生排油气率迅速增加，在$TOC_{原始}$>2.0%时，生排油气率略有增加并趋于一极限值，极限值与干酪根类型、岩石类型及演化史等密切相关。当$TOC_{原始}$<2.0%时，随烃源岩有机质丰度（或TOC）的降低，生排油气率呈抛物线式降低，TOC越低，生排油气量越低，生排油气率也越低。

根据未成熟—成熟烃源岩有机质丰度、生烃潜量（S_1+S_2）及常规模拟生排油气量、残留生油气量

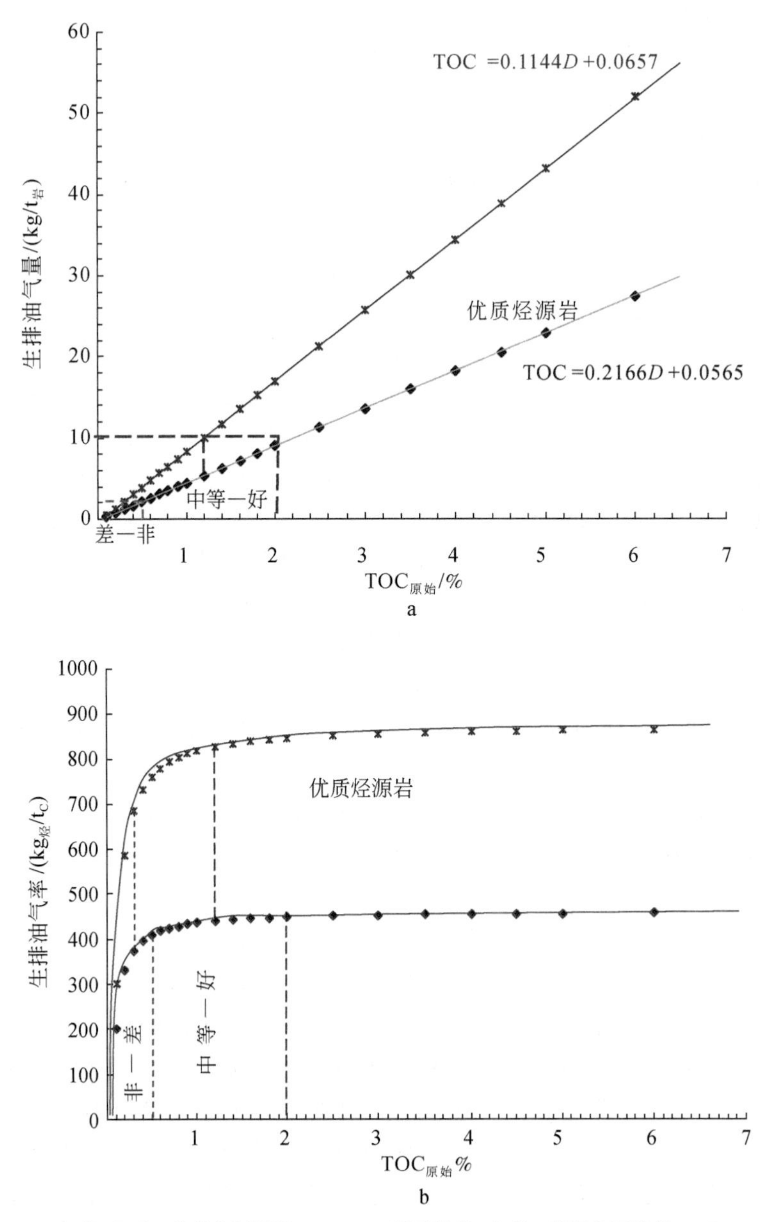

图1.14　人工配制不同有机质丰度烃源岩常规热压模拟350℃时（相当于 $R_o\approx1.0\%$）的生排油气量（a）和单位TOC生排油气量（b）随原始总有机碳含量（$TOC_{原始}$）的变化曲线

图中 D 为生排油气量

（沥青“A”及总烃含量）和生排油气率的高低，海相烃源岩可大致分为优质烃源岩、好-中等烃源岩、差-非烃源岩三大类，具体划分评价标准见表1.3。优质烃源岩一般TOC≥2%，单位生油气量高于同等有机质类型的中等烃源岩、远高于同等有机质类型的差烃源岩。当岩石的 $TOC_{原始}$<0.3%时，其生排油气量和生排油气率（单位TOC生排油气量）均已经很低或接近零，基本上可以忽略不计，属于非烃源岩。

同等条件下，优质烃源岩生排油气量及生排油气率远高于差烃源岩，相当于差及中等烃源岩有机质类型变差。典型海相Ⅱ型优质、中等和差烃源岩（以钙质泥页岩为例）常规热压模拟实验结果表明：优质烃源岩在低成熟阶段总产油率可达300kg/t_C，且多为重质油；在成熟阶段生油高峰期总产油率可达500kg/t_C，排出油量最高可达222kg/t_C（图1.12a），主要为正常原油；在过成熟阶段最高烃气产率约460kg/t_C（图1.12b）。处于低成熟阶段的优质烃源岩能排出一定量的重质油与钙质生屑（或硅质生屑及有机生屑）超显微薄层或页理发育有关，一般黏土质泥页岩不能排出重质原油。

海相中等烃源岩在低成熟阶段一般难以形成大量原油，产油率仅约 133kg/t_C，仅相当于同等有机质类型优质烃源岩的 45%；在成熟生油高峰期总产油率为 273.53kg/t_C，也仅相当于同等类型优质烃源岩的 55%左右（图 1.12a）；在高成熟—过成熟阶段最高总烃气产率为 278.56kg/t_C，相当于同等类型优质烃源岩的 60%左右（图 1.12b）。即海相中等烃源岩的产油气率仅相当于同等条件下优质烃源岩的约 1/2，相当于前者有机质类型变差（$Ⅱ_1$型→$Ⅱ_2$型）或黏土矿物含量增加（烃类吸附量增加）。主要原因可能与烃源岩对烃类的吸附作用有关，烃类随着原油极性变小最终到甲烷，被吸附能力越来越小。

表 1.3　不同母质类型、不同岩性和不同成熟度的优质烃源岩评价标准

演化阶段	有机质类型	岩性	参数指标	烃源岩类别：优质烃源岩	烃源岩类别：中等—好烃源岩	烃源岩类别：差—非烃源岩	烃源岩 HI/(mg/g)	干酪根 H/C 原子比
未成熟—成熟	Ⅰ（浮游及菌类生物为主）	黏土质泥页岩	TOC /%	>2	0.5～2	<0.5	>400	>1.25
		钙质生屑或硅质生屑页岩		>1.5	0.3～1.5	<0.3		
		黏土质泥页岩	S_1+S_2及生排油气量 /(mg/g)	>10	2～10	<2		
		钙质生屑或硅质生屑页岩						
		黏土质泥页岩	沥青“A” /%	>0.25	0.05～0.25	<0.05		
		钙质生屑或硅质生屑页岩						
		黏土质泥页岩	总烃含量 /10^{-6}	>1000	150～1000	<150		
		钙质生屑或硅质生屑页岩						
	Ⅱ（浮游底栖及菌类生物为主）	黏土质泥页岩	TOC /%	>3	1.0～3	<1	<400	<1.25
		钙质生屑或硅质生屑页岩		>2	0.5～2	<0.5		
		黏土质泥页岩	S_1+S_2及生排油气量 /(mg/g)	>10	2～10	<2		
		钙质生屑或硅质生屑页岩						
		黏土质泥页岩	沥青“A” /%	>0.25	0.05～0.25	<0.05		
		钙质生屑或硅质生屑页岩						
		黏土质泥页岩	总烃含量 /10^{-6}	>1000	150～1000	<150		
		钙质生屑或硅质生屑页岩						
高成熟—过成熟	Ⅰ	黏土质泥页岩	TOC /%	>1.5	0.3～1.5	<0.3	—	—
		钙质生屑或硅质生屑页岩						
	Ⅱ	黏土质泥页岩		>2	0.5～2	<0.5		
		钙质生屑或硅质生屑页岩						

注：HI 为氢指数，即 S_2/TOC×100%。

海相差烃源岩在低成熟阶段生油量很低，产油率不到60kg/t_C，仅相当于同等类型优质烃源岩的20%左右，中等烃源岩的45%左右。在成熟生油高峰期总产油率为85.21kg/t_C，也仅约相当于同等类型优质烃源岩的17%，中等烃源岩的31%（图1.12a）。在高成熟—过成熟阶段最高总烃气产率为90.52kg/t_C，约相当于同等类型优质烃源岩的20%，中等烃源岩的33%（图1.12b）。即海相差烃源岩的产油气率仅相当于同等条件下优质烃源岩的1/5左右，中等烃源岩的1/3左右，由优质→中等→差烃源岩的产烃率降低，相当于有机质类型由Ⅱ$_1$型→Ⅱ$_2$型→Ⅲ型逐渐变差或黏土含量增加（烃类吸附量增加）。

因此，烃源岩的有机质丰度不但控制着总生排油气量，而且对生排油气率也有明显控制作用。海相优质烃源岩在低成熟阶段的产油率明显高于相同类型的低有机质丰度烃源岩，特别是TOC<1.0%的差—中等烃源岩，随着有机质丰度的降低，产烃率逐渐减少。这对油气资源评价或盆地模拟过程中油气产率参数的选择至关重要，不管优质还是中等或差烃源岩，以前一直把干酪根类型相同的烃源岩油气产率均视为不变的（只要干酪根类型相同均使用同一产烃率曲线），存在过高估算差—中等烃源岩的油气资源量的情况，尤其是在碳酸盐岩层系中发育巨厚的差—中等烃源岩时，该问题就更加突出，即认为厚度可以补偿低有机质丰度的不足是存在问题的。

在烃源岩评价中，差—中等烃源岩，尽管在某些地区厚度很大，达到几百米，甚至上千米，但是其生油量对形成大型油气藏的贡献相对较低。主要存在三方面的原因：一是因为其产烃率低，同是Ⅱ$_1$型干酪根，优质烃源岩在成熟阶段最高产油率可达500kg/t_C，而差烃源岩只有85kg/t_C左右，即使过成熟阶段烃气产率也相差约5倍。此概念与以往资源评价过程中产烃率参数的选择不同，将使得巨厚的差—中等烃源岩生油量在整个烃源岩层生油量中所占比例大幅降低，而优质烃源岩生油量所占比重将大幅增加。二是巨厚的差—中等烃源岩往往体积大，生油气量分散，难以有效聚集成藏或难以形成大油气田，对大油气田的形成只是起到辅助作用。三是优质烃源岩形成的大量原油一旦形成运移通道，油气就会沿页理面呈网状以油相源源不断地运移出来，原油聚集效率高，容易形成大油气田。因此，含油气盆地中是否发育优质烃源岩，对大油气田的形成与勘探尤为重要。

从四川盆地川东北等地区典型剖面下寒武统牛蹄塘组、下志留统龙马溪组和二叠系的三套烃源岩的优质、中等、差三级烃源岩生烃气量占总生烃气量百分比（表1.4）可以看出，优质烃源岩的生烃量对总生烃气量起主要贡献，优质烃源岩生烃所占比例基本都在55%以上。在这三套优质烃源岩发育厚度中心地区，是形成大中型气田的有利区带。如寒武系优质烃源岩在川东北的城口、川中德阳—安岳、川南的泸州—宜宾、黔北瓮安—湘西吉首一带存在多个厚度中心，志留系优质烃源岩的厚度中心则在川东北的巫溪、川东石柱、川南泸州，二叠系优质烃源岩则主要分布在万州区—开州区—达州区—通江一带。

表1.4　四川盆地川东北等地区各典型剖面不同类型烃源岩生烃气量占总生烃气量百分比（单位:%）

层位	源岩类型	普光5井	毛坝3井	河坝1井	丁山1井	沙滩桥亭	建南	田坝	云安19井	庙坝双河	漆辽都会
二叠系	优质	54.9	65.2	60.7	55.9	81	74.6	79.6	77.7	27.8	68.6
	中等	38.26	33.8	36.8	40.7	19	25.4	20.5	18.8	61.8	25
	差	6.84	0.97	2.5	3.4	/	/	/	3.5	10.4	6.4
龙马溪组	优质	77.9	68.4	76.2	47.7	82	98.6	97.2	86.5	65.3	87.7
	中等	19.3	27.73	23.8	42.3	14.5	0.77	2.3	1.5	6.9	0.7
	差	2.8	3.87	/	9.4	3.5	0.64	0.4	/	27.7	11.6
牛蹄塘组	优质	84.1	/	81.1	49.1	85.3	/	75	82.4	82.4	/
	中等	13.2	/	18.9	31	12.2	/	25	17.6	17.6	10.1
	差	2.7	/		19.9	2.5	/	/	/	/	89.9

注：/表示该类烃源岩不发育或资料缺乏未计算。

计算结果表明，四川盆地东北部普光地区二叠系烃源层中优质烃源岩生烃气量一般占总生烃气量的55%~65%，中等烃源岩厚度是优质烃源岩的几倍，但生烃气量一般仅占总生烃气量的33%~38%，差烃源岩仅占总生烃气量的1.0%~7.0%。下志留统龙马溪组烃源岩层中优质烃源岩生烃气量占总生烃气量比例则更高，达68%~78%，而中等烃源岩生烃气量仅占总生烃气量的19%~28%。但在一些优质烃源岩不发育或欠发育的地区，也可能存在中等烃源岩或差烃源岩生烃占主体的情况。例如，在石柱地区寒武系牛蹄塘组烃源岩，优质烃源岩和中等烃源岩不发育，差烃源岩生烃气量占到了总生烃气量的90%，但其总生烃气量小，很难形成大中型油气田。

因此，海相优质烃源岩的总生排油气量和生排油气率远大于差—非及中等—好烃源岩，更容易形成大型油气田。在相同条件下进行油气资源评价时，优质、好—中等及差烃源岩不能使用同一生排油气率，以避免高估厚度巨大的差—中等烃源岩贡献生成的油气资源量。

二、影响因素

优质烃源岩原始有机质丰度变化的主要影响因素为成熟度、有机质类型或成烃生物组合、地表风化或污染、岩性等，必要时需要修正或恢复。

（一）高演化海相优质烃源岩的有机质丰度（TOC,%）需要恢复，恢复系数主要与有机质类型有关（地表风化样品除外）

烃源岩生油门限前未大量生烃、排烃时的有机质含量（总有机碳、生烃潜量等）称为原始有机质丰度，而现今所测得的通常是烃源岩在地质历史时期经历了生排烃作用后的残余有机质含量。根据干酪根生烃理论，热降解生烃反应主要发生在深成作用阶段（Tissot and Welte，1978；Tissot et al.，1987），随着烃源岩埋藏深度的不断增加，经受的地温越来越高，当达到生油门限温度时，干酪根开始热降解大量生排烃，由于油气的排出，有机质含量不断降低。对高成熟—过成熟优质烃源岩来说，若用残余总有机碳含量（$TOC_{残余}$）进行评价或预测油气资源量，可能就会失真，因此对其进行有机质丰度的恢复是必要的。

（1）Ⅰ型富有机质页岩（浮游藻类为主，黏土质）TOC恢复系数约为1.68。未成熟海相Ⅰ型富有机质含钙页岩（羌塘盆地上侏罗统页岩，TOC=28.6%）热压模拟试验结果（图1.15a）证实：①未成熟—低成熟阶段（R_o<0.75%，模拟温度<275℃，T_{max}<445℃）：烃源岩尚未开始大量生排油或处于生成未熟—低熟稠油阶段，排出产物主要为非烃+沥青质。排油量相对于TOC来说尚微不足道，其TOC随成熟的增加变化不大，变化在27.4%~30.5%之间，平均为28.6%。此阶段热解生烃潜量从262.5kg/t_C降到176.7kg/t_C，模拟实验生排油量从29.2kg/t_C增加到156.4kg/t_C，排出油并未使TOC减少太多，也可能与岩石体积的变化（体积相对缩小，密度相对增大等）有关。②成熟阶段中晚期：相当于R_o在0.75%~1.35%之间，T_{max}在445~470℃之间，模拟温度在275~375℃之间，该阶段是干酪根大量热降解生成油气并排出的阶段。其$TOC_{残余}$随成熟度的增加明显减小，TOC从R_o=0.75%时的28.6%左右降低到R_o=1.35%时的17%左右，$TOC_{原始}$约降低了40.6%。同时，该阶段热解生烃潜量也从175kg/t_C降到25kg/t_C，而模拟生排油气量则从156kg/t_C增加到约200kg/t_C，排出产物主要是轻质油和气，相对容易从烃源岩中排出，它们使岩石中的$TOC_{残余}$明显降低。即$TOC_{残余}$、热解生烃潜量明显减少，模拟生排轻质油和气量明显增加。③高成熟—过成熟阶段：相当于R_o>1.35%，T_{max}>470℃，模拟温度>375℃，此阶段主要产物为天然气，它是干酪根热降解及早期生成的液态产物再次大量裂解所形成。该阶段$TOC_{残余}$随成熟度的增加变化不明显，变化在16.5%~17.2%之间，平均17.0%；而相对应的热解生烃潜量均已很低，平均只有约3kg/t_C，而模拟生排油气量均在222kg/t_C左右，排出的气体产物也相对容易从烃源岩中排出，尽管这时岩石体积变化已经很小，但是有机质的聚合反应可能使$TOC_{残余}$并未出现减少，因此有的样品反而出现增加的趋势。④海相未成熟优质含钙页岩$TOC_{残余}$随成熟度的增加出现“三段式”的变化规律：未成熟—低成熟阶段、高成熟—过成熟阶段不变段和成熟阶段中晚期降低段。未成熟—低成熟阶段的不变段TOC是未开始大量排油气之前的$TOC_{原始}$；成熟阶段中晚期降低段的TOC则是干酪根大量热降解生成并排出油气时期$TOC_{残余}$的变化（减小）值；高成熟—过成熟阶段不变段的TOC是大量排出油气之后的$TOC_{残余}$，

TOC$_{原始}$在高成熟—过成熟阶段约降低了40.6%，此阶段TOC$_{残余}$最高恢复系数大致为1.68。

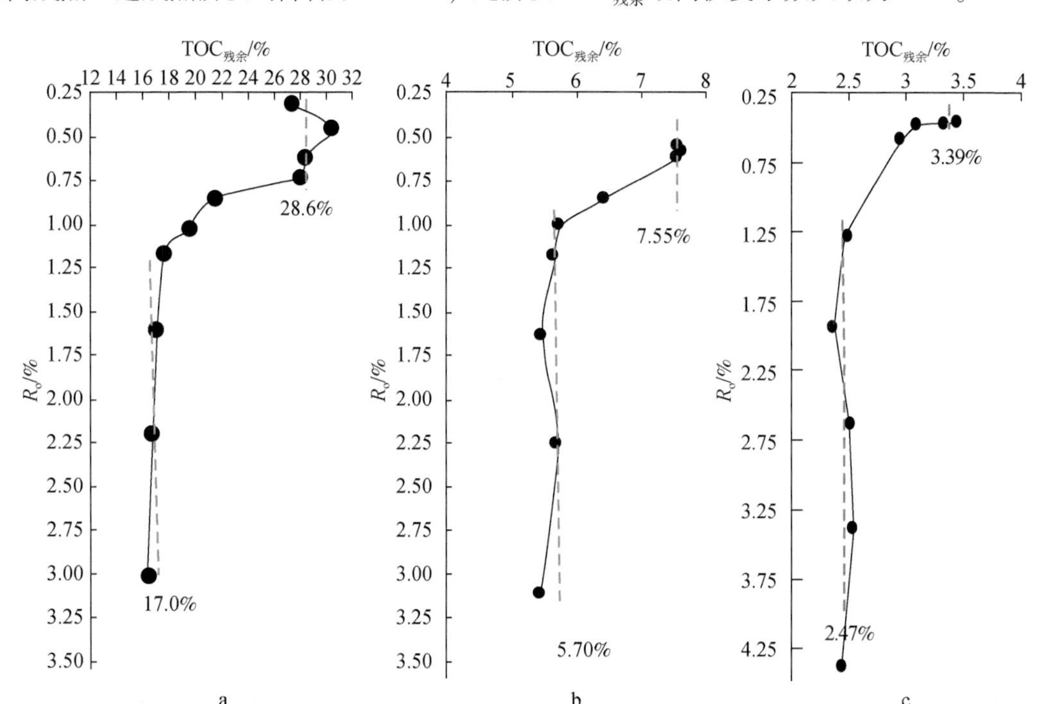

图1.15　海相优质烃源岩TOC$_{残余}$随成熟度（R_o）的变化规律

a. 页岩，Ⅰ型干酪根（浮游藻类为主），TOC降低40.6%，恢复系数1.68；b. 页岩，Ⅱ型干酪根（底栖藻类为主），TOC降低24%，恢复系数1.32；c. 泥灰岩，Ⅱ型干酪根（底栖藻类为主），TOC降低27%，恢复系数1.37

（2）Ⅱ型富有机质页岩（底栖藻类为主，黏土质）TOC$_{残余}$恢复系数约为1.32。低成熟阶段海相Ⅱ型富有机质页岩（冀北中-新元古界下马岭组页岩，R_o=0.54%，TOC=7.55%）热压模拟试验结果（图1.15b）表明：在低成熟阶段，TOC$_{残余}$随成熟度的增加变化在7.55%~7.63%之间，平均7.58%，变化不明显；在成熟阶段中晚期，TOC$_{残余}$随成熟度的增加从7.55%减少到5.70%，降低了24.5%，明显降低；在高成熟—过成熟阶段，TOC$_{残余}$随成熟度的增加变化也不明显，恢复系数约为1.32。也就是说，高演化阶段Ⅱ型富有机质页岩TOC$_{残余}$恢复系数均在1.32左右。

（3）Ⅱ型泥灰岩（底栖藻类为主，钙质）TOC$_{残余}$恢复系数约为1.37。低成熟阶段海相Ⅱ型富有机质泥灰岩（云南禄劝中泥盆统泥灰岩，R_o=0.46%，TOC=3.44%）热压模拟试验结果（图1.15c）显示出：在成熟阶段（低成熟—成熟中晚期），TOC$_{残余}$随成熟度的增加从3.39%减少到2.47%，降低了27%，明显减小；在高成熟—过成熟阶段，TOC$_{残余}$随成熟度的增加变化也不明显，均值在约2.70%，高演化的Ⅱ型干酪根泥灰岩TOC$_{残余}$恢复系数约为1.37，略高于Ⅱ型富有机质页岩（底栖藻类为主，黏土质）的1.32。这与其生排烃机理是一致的，即钙质烃源岩相对黏土质烃源岩容易排油，而且生排油高峰提前。值得注意的是，硅质烃源岩与钙质烃原岩生排烃机理相似，甚至硅质相对更容易排油一些，因此，海相高成熟—过成熟优质烃源岩TOC$_{残余}$恢复系数一般黏土质页岩略低于钙质页岩和硅质页岩。

（4）高成熟—过成熟优质烃源岩TOC$_{残余}$恢复系数一般在1.3~1.7。典型未成熟—低成熟海相优质烃源岩热压模拟实验表明：高成熟—过成熟的优质烃源岩TOC$_{残余}$恢复系数一般在1.3~1.7之间。从以底栖藻类为主的Ⅱ型富有机质页岩TOC$_{残余}$恢复系数1.32左右→以浮游藻类为主的Ⅰ型富有机质页岩TOC$_{残余}$恢复系数逐渐增大到1.68左右。即高成熟—过成熟优质烃源岩TOC$_{残余}$恢复系数主要受有机质类型的控制，Ⅰ型→Ⅱ型干酪根TOC$_{残余}$恢复系数一般由1.7降到1.3左右。此外，烃源岩岩石类型和矿物组成也略有影响，黏土质烃源岩TOC$_{残余}$恢复系数相对钙质或硅质烃源岩要略低，如Ⅱ型页岩比Ⅱ型泥灰岩TOC$_{残余}$恢复系数低了约不到4%（0.05/1.37），而优质烃源岩（不包括差、中、好烃源岩）有机质丰度的高低对恢复系数影响不明显。

尽管优质烃源岩热压模拟实验结果较好地揭示了 $TOC_{残余}$ 与成熟度之间的演化关系，但其与地质自然演化结果尚有一定的差异。差异之一是热压模拟实验无法模拟自然演化排油（量与性质）过程，高温点（模拟温度 450～550℃，即高成熟—过成熟）是样品从未成熟到低成熟连续加温的，尽管烃源岩样品经历成熟阶段（模拟温度 250～400℃）时在高压釜壁上留有一些排出油，但并未排出釜内，大部分与模拟样品一起演化成干气和固体沥青，烃源岩模拟样品的 $TOC_{残余}$ 也包括残留的固体沥青量。因此，优质烃源岩热压模拟实验结果 $TOC_{残余}$ 恢复系数要小于地质自然演化结果的 $TOC_{残余}$ 恢复系数，这在华北北部中-新元古界铁岭组海相灰岩和海相页岩 $TOC_{残余}$ 随成熟度 T_{max} 的自然演化剖面中得到证实。铁岭组海相灰岩（优质烃源岩，TOC>1.5%）$TOC_{残余}$ 在成熟阶段中晚期约降低 71%，恢复系数最高可达 3.5；下马岭组及洪水庄组海相页岩（优质烃源岩，TOC>2.0%）$TOC_{残余}$ 在成熟阶段中晚期约降低 58%，恢复系数最高可达 2.4（图 1.16）。海相灰岩 $TOC_{残余}$ 恢复系数高于海相页岩，这与模拟实验结果基本上是一致的；但相同岩性的高成熟—过成熟地质自然演化优质烃源岩 $TOC_{残余}$ 恢复系数要高于热压模拟实验结果，具体高出多少视实际地质条件分析而定。

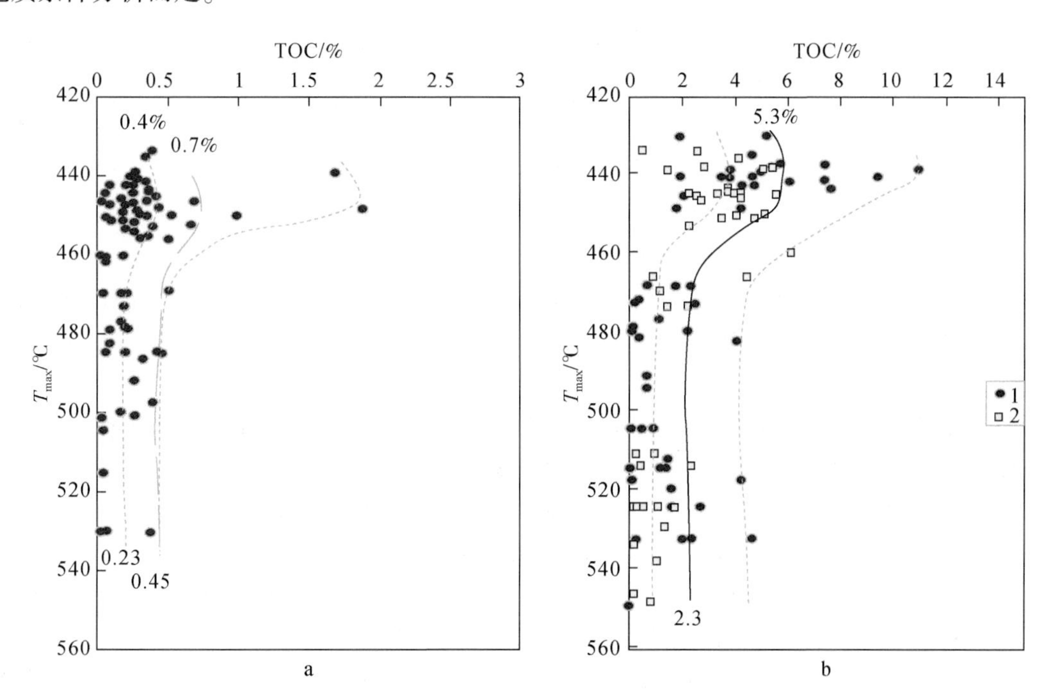

图 1.16　华北北部中-新元古界铁岭组海相灰岩和海相页岩 $TOC_{残余}$ 随成熟度（T_{max}）的演化剖面

a. 铁岭组海相灰岩；b. 页岩，1 为下马岭组，2 为洪水庄组

海相优质烃源岩地质自然演化剖面的建立，关键是在相同层段找到沉积环境、有机质类型以及岩性相似且现今成熟度不同的烃源岩，而华北北部中-新元古界铁岭组碳酸盐岩和下马岭组、洪水庄组页岩基本符合此地质条件。华北北部中-新元古界铁岭组碳酸盐岩属局限海台地相，沉积环境为潮坪和潮下带，以碳酸盐岩沉积为主，古气候温暖潮湿，浅海生物十分繁盛，沉积原始有机质比较丰富，有机质类型接近腐泥型（$Ⅱ_1$型），以云岩、灰岩为主，厚度一般在 100～300m 之间，夹有少量薄层状页岩。华北北部中-新元古界下马岭组页岩和洪水庄组页岩为一套闭塞的陆表海沉积，以潮下潟湖或潮间潟湖、还原或弱还原环境内形成的黑色页岩为主，富含有机质，残留有机质以藻类为主，属 $Ⅱ_1$ 型，也有含沥青的藻叠层白云岩。下马岭组页岩和洪水庄组页岩在冀北地区沉积环境相似，洪水庄组页岩厚度一般在40～100m 之间，下马岭组页岩厚度一般在 50～170m 之间。

（5）高成熟—过成熟中等—差烃源岩 $TOC_{残余}$ 恢复系数随有机质含量降低而变小。高成熟—过成熟中等—差烃源岩 $TOC_{残余}$ 恢复系数与优质烃源岩并不相同，中等—差烃源岩 $TOC_{残余}$ 恢复系数随有机质含量降低而变小，在 $TOC_{残余}\approx 0.3\%$ 时恢复系数接近 1。选自云南禄劝茂山 D_2 灰岩、冀北新元古界下马岭组（Qnx）含钙泥岩、羌塘盆地安多 114 道班侏罗系泥灰岩、措勤地区白垩系泥岩和云南桑龙潭剖面中泥盆统灰岩的海相Ⅱ型中等—差低成熟烃源岩样品的常规热压模拟实验结果揭示：海相Ⅱ型中等—差烃源岩 $TOC_{残余}$随成熟度的变化特征与优质烃源岩相似，在成熟阶段中晚期均随成熟度增加而减小，但是减小幅度明显变小（图 1.17）。

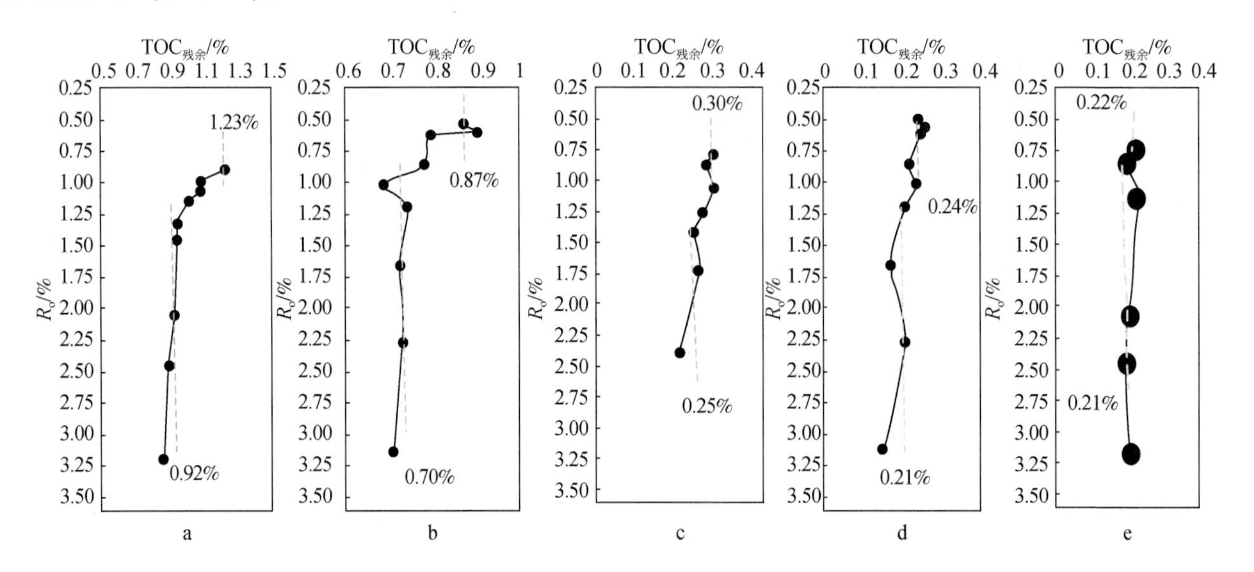

图 1.17　海相Ⅱ型不同类型烃源岩 $TOC_{残余}$随成熟度（R_o）的变化趋势

a. 灰岩，TOC 降低 25.2%，恢复系数 1.34；b. 泥岩，TOC 降低 20%，恢复系数 1.24；c. 泥灰岩，TOC 降低 16.7%，恢复系数 1.2；d. 含钙泥岩，TOC 降低 12.5%，恢复系数 1.14；e. 灰岩，TOC 降低 4.55%，恢复系数 1.05

无论是泥岩还是灰岩，随 TOC 变低，高成熟—过成熟阶段 $TOC_{残余}$减小幅度和恢复系数明显变小。例如，在成熟阶段中晚期，灰岩 TOC = 1.23%，降低 25.2%，恢复系数 1.34（图 1.17a）；泥岩 TOC = 0.87%，降低 20%，恢复系数 1.24（图 1.17b）；泥灰岩 TOC = 0.30%，降低 16.7%，恢复系数 1.2（图 1.17c）；含钙泥岩 TOC = 0.24%，只降低了 12.5%，恢复系数 1.14（图 1.17d）；灰岩 TOC = 0.22%，只降低了 4.55%，恢复系数 1.05，接近于 1（图 1.17e）。实际上，华北北部中-新元古界铁岭组碳酸盐岩好—差烃源岩 $TOC_{残余}$地质自然演化剖面也证实了这一点（图 1.15a）。

对于海相高成熟—过成熟中等—差烃源岩，当有机质丰度相似时，仍主要受烃源岩有机质类型的控制，从Ⅰ型→Ⅱ型 $TOC_{残余}$恢复系数逐渐降低，烃源岩类型或岩性也略有影响，黏土质成熟—过成熟页岩 $TOC_{残余}$恢复系数相对钙质或硅质略偏低。

（6）高成熟—过成熟极高有机质丰度（TOC>30%）烃源岩 $TOC_{残余}$不需要恢复。取自羌塘盆地侏罗系海相氧化固体沥青（R_o=0.33%，TOC=70.24%）、云南禄劝茂山剖面中泥盆统海相高有机质丰度页岩（R_o=0.46%，TOC=35.6%）和贵州凯里渔洞剖面二叠系龙潭组煤（R_o=0.86%，TOC=63.02%）的三个样品成熟度都相对较低，有机质丰度极高。热压模拟实验结果表明：固体沥青 $TOC_{残余}$随成熟度的增加首先出现略有降低的趋势（R_o在 0.3%~1.3% 之间），最高降低量不超过 12%；然后出现略有增加的趋势（R_o>1.3% 以后），最高增加量可达 7.0%。总的来看，固体沥青在热演化过程的各成熟阶段 $TOC_{残余}$变化不大，在高成熟—过成熟阶段的 $TOC_{残余}$与低成熟—成熟阶段相比降低并不明显（图 1.18a）。主要原因在于：①氧化固体沥青的生排油气量相对较低，只相当于$Ⅱ_2$型；②固体沥青在高成熟—过成熟阶段的聚合作用；③样品有机质体积分数已经大于 50%。

高有机质丰度（TOC>30%）页岩、碳质泥岩或煤 $TOC_{残余}$随成熟度的增加首先出现降低的趋势（R_o在 0.4%~1.3% 之间），最高降低量一般不超过 18%；然后出现增加的趋势（R_o>1.3% 以后）。在高成熟—过成熟阶段 $TOC_{残余}$出现增加的主要原因为：①样品有机质体积已大于 50%，在低成熟—成熟阶段排出的原油并没使有机质体积降低多少；②高温时的碳聚合作用和芳构化作用。因此，TOC>30%的烃源岩$TOC_{残余}$随成熟度的增加变化也不大，这与TOC<0.3%的非烃源岩有些相似，而与优质烃源岩明显不同，也不同于中等—差烃源岩，即海相高成熟—过成熟TOC>30%的烃源岩$TOC_{残余}$不需要恢复（图1.18b、c）。

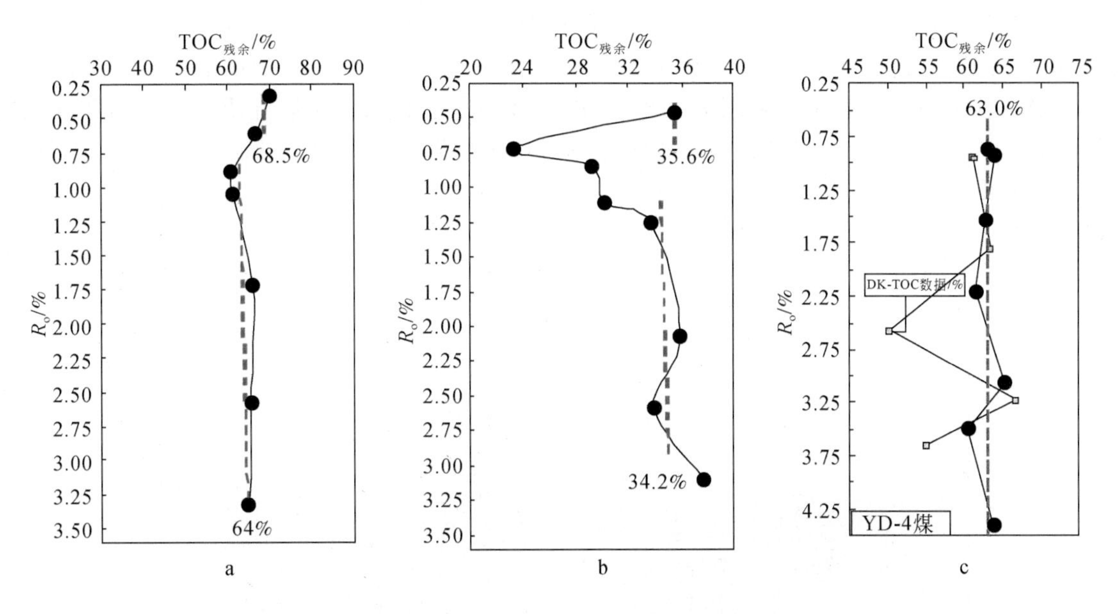

图1.18　固体沥青和高有机质页岩$TOC_{残余}$随成熟度（R_o）的变化

a. 固体沥青，TOC仅降低6%，恢复系数<1.07；b. 高有机质页岩，TOC仅降低4%，恢复系数<1.05；c. 煤，TOC几乎未降低，恢复系数为1左右

（二）海相优质烃源岩在地表一般易风化，有机质丰度变低，颜色变浅，校正难

（1）地表风化后的优质烃源岩相对地下未受风化的优质烃源岩有机质丰度明显变低，而且，富有机质硅质生屑页岩、富有机质钙质生屑页岩及煤等渗水性相对较好的富有机质页岩最容易风化，有机质损失最严重，颜色也由黑变黄；以黏土为主的富有机质泥页岩一般较容易风化，有机质尤其是可溶有机质损失严重；但是对于一些低演化富黏土富有机质的泥页岩如油页岩反而不易风化；对于碳酸盐岩一般风化程度相对较轻。可以从图1.19～图1.23，表1.5中得到证实。

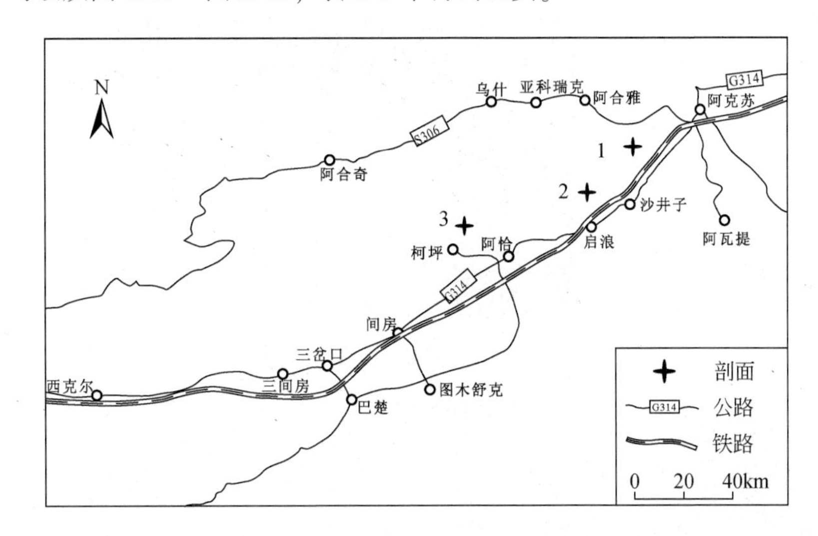

图1.19　塔里木柯坪—阿克苏东二沟剖面海相优质烃源岩野外剖面采样点示意图

塔里木盆地柯坪—阿克苏东二沟剖面下寒武统玉尔吐斯组下部富有机质硅质生屑页岩洞外同层在横向上不同风化程度的样品总有机碳含量（TOC）发生明显变化（图 1.19），从同层远离洞口 DEG-d-1 样品 TOC 只有 0.08%（最早出露地表）逐渐到同层洞口外附近 DEG-d-5 样品 TOC 达到 2.21%（较晚出露地表），再到同层洞内附近 DEG-d-6 样品 TOC 达到 10.36%（最晚出露地表），同层烃源岩样品 TOC 竟然从洞内的 10.36% 逐渐降低到远离洞口的 0.08%，所有有机质损失殆尽，从扫描电镜照片和风化前（黑色）后（浅黄—浅灰黄）颜色也得到证实（图 1.20）。实际上，该富有机质硅质生屑页岩段在纵向上从洞内底部向上逐渐到洞外（图 1.21），烃源岩样品 TOC 由平均值 9.67% 逐渐降到不足 3%，扫描电镜照片和洞内（黑色）洞口外（浅灰）颜色也得到证实（图 1.21）。这表明富有机质硅质生屑页岩最容易风化，有机质损失最严重，风化严重时有机质损失殆尽，颜色也由黑变黄。

图 1.20 塔里木柯坪—阿克苏东二沟剖面页岩样品点风化前后（或不同风化程度）洞外同层横向上总有机碳含量（TOC）的变化

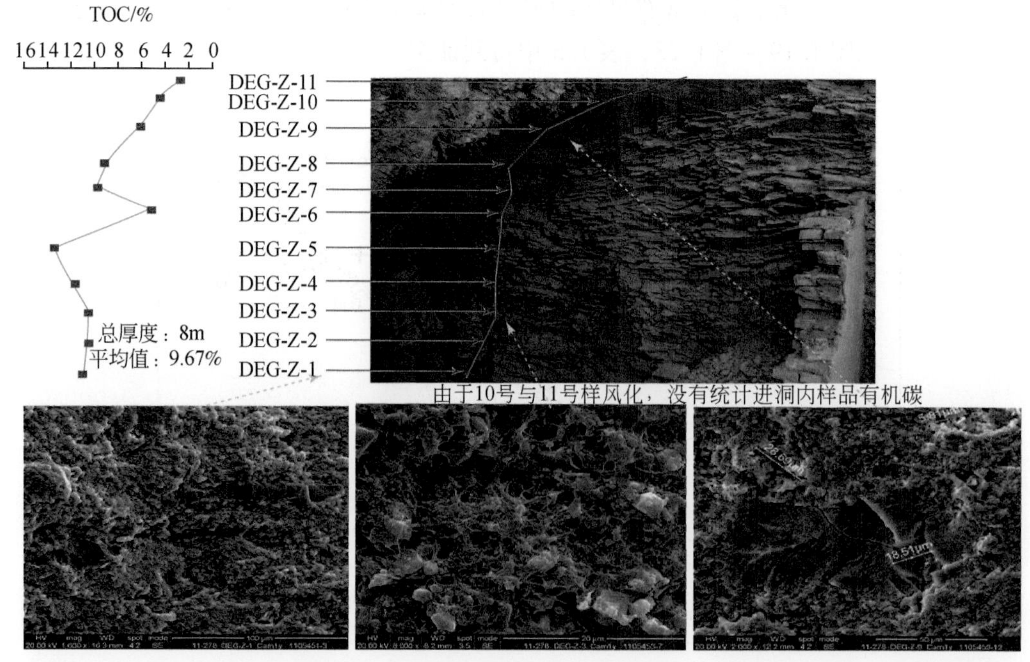

图 1.21 塔里木柯坪—阿克苏东二沟剖面页岩样品点风化前后（或不同风化程度）洞内纵向上总有机碳含量（TOC）的变化

表 1.5　地面与地下样品热解、总有机碳等有机质丰度参数对比数据

地区	层位	岩性	TOC/%			S_1+S_2/（mg/g）			沥青“A”/10^6			R_o/%		
			地下	地面	地下/地面	地下	地面	地下/地面	地下	地面	地下/地面	地下	地面	地下/地面
重庆北碚代家沟	P_2l	泥岩	15.38（1）	10.64（1）	1.45	11.51（1）	2.52（1）	4.57	3182（1）	161（1）	19.76			
羌塘盆地东部	J_2x	泥岩	0.38（3）	0.21（2）	1.86	0.14（4）	0.06（2）	2.33						
西宁盆地小峡地区	J_2	油页岩	20.61（1）	9.16（1）	2.25	111.98（1）	25.73（1）	4.35	7830（1）	5130（1）	1.53			
沁水盆地	C_3t	泥岩	2.69（21）	0.99（16）	2.72	1.29（50）	0.04（5）	30	310（20）	30（4）	10.33	1.94（7）	1.27（1）	1.53
		煤	70.86（63）	34.79（4）	2.04	50.34（62）	0.41（4）	122.8	2029（12）	26（2）	78.04	2.17（67）	1.27（2）	1.71

注：15.38（1）即数值（样品数）。

根据重庆北碚代家沟上二叠统龙潭组（P_2l）碳质泥岩、羌塘盆地东部 J_2x 泥岩、西宁盆地小峡地区 J_2油页岩和沁水盆地 C_3t 泥岩等地表到地下采集的泥质（黏土为主）烃源岩样品总有机碳、热解等有机地球化学分析（表 1.5）可知：出露地表的富有机质泥岩或油页岩（黏土为主）样品较容易风化，有机质丰度明显降低。尤其是可溶有机质（“A”和 S_1+S_2）更容易损失，损失程度明显高于 TOC（表 1.5）。一般 S_1+S_2的地下/地面值为 2～30 倍；“A”的地下/地面值为 1.5～20 倍；TOC 的地下/地面值为 1.5～2.7 倍。煤的地表风化可溶有机质损失更严重些。但是对于一些低演化富黏土富有机质的泥页岩如油页岩，其渗水性相对差，暴露地表后反而不易风化，如委内瑞拉油页岩（图 1.22）。

a

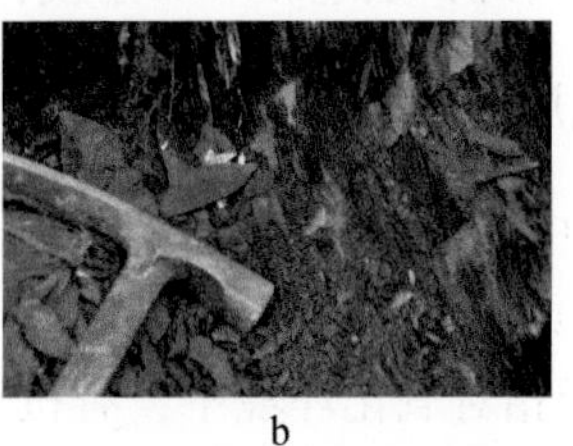
b

图 1.22　南美热带雨林中长期暴露在地表不易风化的委内瑞拉油页岩

羌塘盆地东部安多 114 道班 J_3s（PA86）样品为放炮修公路时开采出来的新鲜样品，对其中的一块直径约 40cm 的灰岩样品进行解剖，该样品中心为深灰色，两边 3～5cm 呈灰黄色，在风化程度不同的位置选取了 4 个样品（图 1.23）。其分析结果是：中心的灰岩样品有机质丰度最高，TOC＝0.76%，S_1+S_2＝2.13mg/g，向两边逐渐降低，右边（4 号）灰岩样品有机质丰度最低，TOC＝0.50%，S_1+S_2＝0.64mg/g。中心灰岩样品与右边（4 号）灰岩样品的 TOC 比值为 1.52，S_1+S_2比值为 4.26，风化作用明显。但是相对上述富有机质硅质生屑页岩、泥岩（黏土为主）要相对轻一些。

（2）优质烃源岩地表风化的主要影响因素如下：

与岩性的性质有关。不同岩石抗风化程度和脆延性质差异很大。当遇到地壳运动变形、地表水、风的冲刷、氧化作用和微生物活动时，一般泥岩、页岩、石膏和盐岩等相对较容易风化，灰岩、白云岩和砂岩等抗风化程度较强，一般随着泥质成分的增加，抗风化程度减弱。但是，泥页岩等非渗水岩石也可以抗风化。

与地表水、风的冲刷、氧化作用和微生物活动、构造运动及断裂发育程度有关。这些地质营力越活

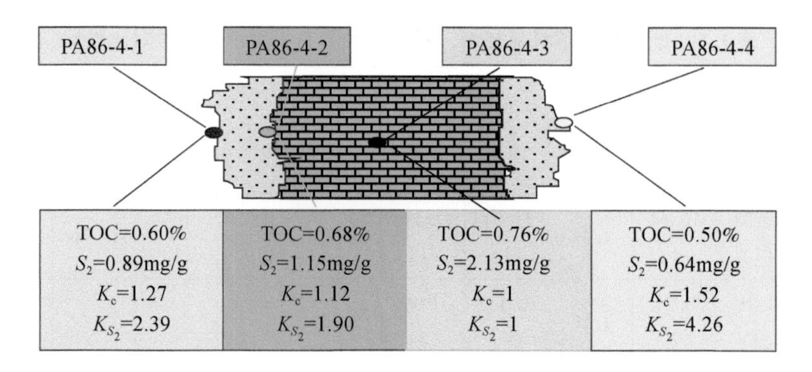

图 1.23　羌塘盆地安多 114 道班 J_3s 灰岩样品有机质风化作用影响示意图

K_c 为 TOC 恢复系数；K_{S_2} 为 S_2 恢复系数

跃的地方，一般风化越严重；越靠近地表或位于山顶的平缓部位，一般风化越严重。

地表植物、动物或人类的活动，特别是地表植物根系的有机酸等作用，有时可以使地表样品的有机质丰度增高，人类的有机污染也是地表样品分析数据可靠程度差的主要原因。

与暴露地表时间的长短有关。一般来说，时间越长，风化越严重。

与地表温度的高低特别是温差的变化幅度有关。地表温度和昼夜或冬夏温差的变化幅度越高，风化越严重。羌塘盆地白天太阳照射时，地表温度很高，夜间温度又极低，因此，羌塘盆地地表样品的风化作用可能较为严重。

有机质性质、丰度高低和有机质演化程度不同，其抗风化能力也有很大的差别。可溶有机质比不溶有机质容易风化，这可能是可溶有机质容易散失的缘故，因此，风化后的烃源岩样品，可溶有机质如沥青“A”和总烃含量不是评价烃源岩的好指标；有机质丰度高的样品比有机质丰度低的样品抗风化程度强一些；有机质演化程度高的样品比成熟度低的样品抗风化程度相对强一些，这可能是因为高成熟—过成熟样品可溶有机质含量低。因此，上述影响因素使得实际地表烃源岩样品的风化校正是极其困难的。

（三）海相碳酸盐有机质丰度一般低于页岩

尽管现代碳酸盐岩沉积中有机质含量比现代黏土沉积中的含量还略高一些，但是，海相沉积有机质在成岩过程中碳酸盐岩相对页岩丢失得比较多（图 1.24），这可能是因为碳酸盐岩一般要反复暴露于流水中（Gehman，1962）或处于相对氧化环境中，有机质的损失速度比页岩快，也可能是因为碳酸盐岩中主要含有蛋白质有机物，在重结晶过程中很容易水解（Degens，1967），因此，碳酸盐岩相对页岩有机质含量一般要低得多。

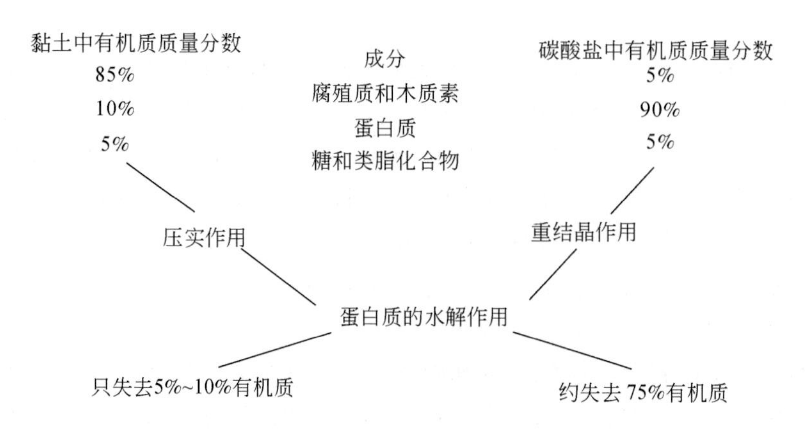

图 1.24　沉积物中有机质的损失

三、生排油气模式

海相烃源岩有机质类型一般变化不太明显，多为Ⅱ型（秦建中等，2008；梁狄刚等，2009a），但当$TOC_{原始}$<2.0%时，随烃源岩有机质丰度的降低，其生排油气量明显降低，这已经得到约旦高有机质丰度腐泥型泥灰岩配比热压模拟实验的证实（图1.14）。即烃源岩有机质丰度越低，不但生排烃量越低，而且生排烃率（单位总有机碳）也越低。根据海相烃源岩原始有机质丰度的高低，可将其大致分为四类：①优质烃源岩（$TOC_{原始}$>2.0%），其生排烃率和残余有机碳的恢复系数随有机碳的增加几乎不变；②中等烃源岩（0.5%<$TOC_{原始}$≤2.0%），其生排烃率和残余有机碳的恢复系数随原始有机碳含量的降低而逐渐降低，但是降低幅度不大；③差烃源岩（0.3%<$TOC_{原始}$≤0.5%），其生排烃率和残余有机碳的恢复系数随原始有机碳含量的降低而降低，降低幅度明显；④非烃源岩（$TOC_{原始}$≤0.3%），其生排烃率和残余有机碳的恢复系数随原始有机碳含量的降低而急剧降低，降低幅度很大。

根据对南方海相古生界等2500余块烃源岩（尤其是优质烃源岩）评价和综合研究，筛选出50余块不同有机质丰度、不同成烃生物或干酪根类型、不同岩性（超显微组分）和不同成熟度（主要是未成熟—低成熟）的烃源岩样品以及含不同密度原油储集岩样品，并进行了常规热压加水生排油气模拟实验。结合南方海相的实际地质条件，通过归纳分别建立了海相优质烃源岩、好—中等烃源岩和差烃源岩的生排烃模式，可以看出海相优质烃源岩生排烃模式中低成熟—成熟阶段的生油量、排油量及生排油气产率尤其生重质油量、排重质油量及生排重质油产率，高成熟—过成熟阶段的生排烃气量或产率及高演化固体沥青量或产率明显高于相同有机质类型、相似演化阶段的中等及差烃源岩。

1. 海相优质烃源岩（Ⅱ型）在成熟阶段是以生排油为主，而且低成熟阶段可以生排重质油，高成熟阶段是以凝析气+高演化固体沥青为主，过成熟阶段是以甲烷+高演化固体沥青为主

优质烃源岩生排油气模式——以钙质页岩为例。优质烃源岩（以海相钙质页岩为例，常规热压模拟实验）在低成熟—成熟阶段一般可以形成大量重质可溶有机质或重质油（秦建中等，2007c），在低成熟阶段的重质油总产率可在300kg/t_C以上，排出量可在40～80kg/t_C，排出比例可达到16%以上，它是后期形成固体沥青的主要来源，占高演化固体沥青的70%以上（图1.25，表1.6）。重质可溶有机质或重质油在高成熟—过成熟阶段烃气转化率最高不到270kg/t_C，而优质烃源岩中重质可溶有机质或重质油在过成熟阶段产烃气也只有80kg/t_C（图1.25b），仅占总烃气的17%左右。海相优质烃源岩在成熟阶段中期正常原油总产率可达500kg/t_C以上，排出量最高可达222kg/t_C，排出比例接近50%。最高总产油在过成熟阶段裂解烃气产率为236.2kg/t_C，约占总烃气的55%，固体沥青产率为244.21kg/t_C（图1.25c）。最高排出油在过成熟阶段裂解烃气产率为118kg/t_C左右，约占总烃气的26%，裂解形成的固体沥青占总固体沥青的37%左右（图1.25d）。海相优质烃源岩在低成熟—成熟阶段生成的重质油或原油密度以及排出油的比例可能与硅质型、钙质型、黏土质型、铁质型或它们的富有机质超显微薄层或页理发育有关。

海相优质烃源岩在高成熟—过成熟阶段干酪根（不溶有机质）和可溶有机质（原油）高温裂解产生大量烃气的同时，伴随碳的聚合形成固体沥青（不溶），它主要是由优质烃源岩中残余可溶有机质和储集岩中的原油高温裂解聚合而成。优质烃源岩在过成熟阶段固体沥青总产率一般在210～245kg/t_C之间，随成熟度增加而增加，储集岩中排出油产固体沥青率在34%～45%之间（图1.25，表1.6）。

海相优质烃源岩在过成熟阶段中晚期（R_o>3.0%，川东北地区相当于古最大埋藏深度大于8km，最高古地温大于185℃），烃气产率基本上稳定在460kg/t_C左右。过成熟中期阶段（3.0%<R_o≤4.5%），随成熟度增加略有增加，其中排出油热裂解生成的烃气约占总气体的25%，干酪根裂解烃气约占50%；在过成熟阶段早期（2.0%<R_o≤3%），烃气产率在400kg/t_C左右，随成熟度增加烃气产率约从350kg/t_C增加到450kg/t_C，干酪根裂解烃气约占烃气的40%；高成熟阶段（1.3%<R_o≤2.0%，川东北地区相当于古最大埋藏深度介于5.5～7km，最高古地温介于135～175℃之间）是烃气产生的主要时期，烃气产率从150kg/t_C左右快速增加至350kg/t_C左右。

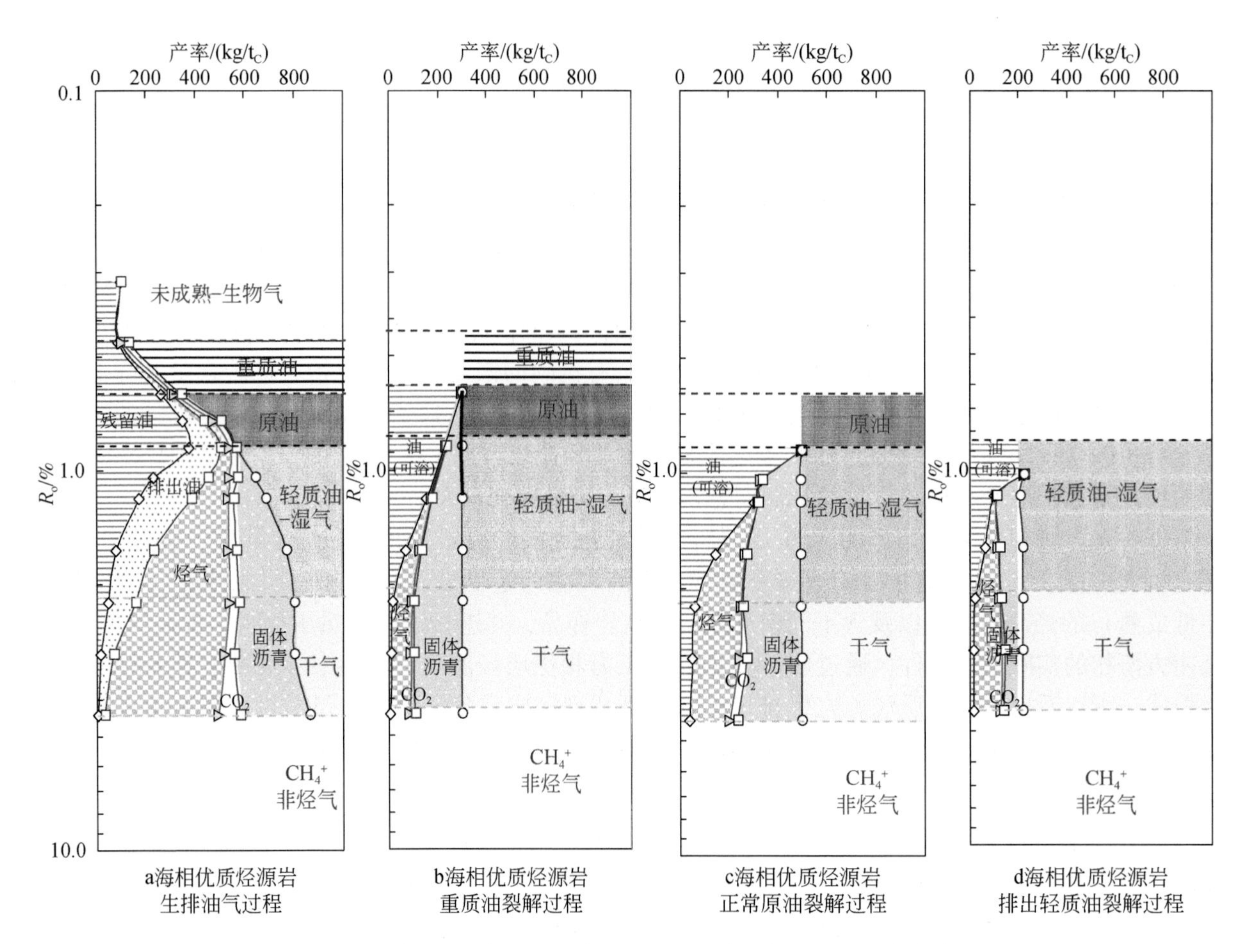

图 1.25 南方海相优质烃源岩（以钙质页岩为例）生排油气模式

表 1.6 南方海相优质烃源岩（钙质页岩）生排烃转化过程综合数据

岩性	有机质类型	TOC /%	R_o /%	烃源岩残留油 /(kg/t$_C$)	排出油 /(kg/t$_C$)	烃气 /(kg/t$_C$)	油产不溶固体沥青量 /(kg/t$_C$)	排出油裂解烃气比例 /%	干酪根产烃气比例 /%	重油固体沥青占总油比例/%	排出油固体沥青比例 /%
海相钙质页岩	Ⅱ$_1$	>1.5	0.46	88.95	12.13	0.50					
			0.63	257.93	41.99	16.01					
			0.74	349.39	87.35	36.81					
			0.87	377.19	125.73	39.80			100		
			1.04	231.44	222.37	85.51	64.60	0	99		
			1.19	172.99	211.44	150.23	121.29	8	91		
			1.63	80.46	149.43	305.40	166.71	10	52	100	
			2.23	47.61	111.10	382.16	214.70	27	40	92	45
			3.06	16.57	49.70	455.84	210.46	26	48	98	37
			4.42	7.49	22.46	465.8	244.21	24	58	81	34

从表 1.6 中可以看出海相优质烃源岩在过成熟阶段固体沥青碳总转化率约为 21%（244.21kg/t$_C$）。我国南方各层系海相优质烃源岩中固体沥青占总有机质的含量统计显示，上二叠统优质烃源岩固体沥青占有机质含量平均约为 12.6%，五峰组—龙马溪组优质烃源岩固体沥青占有机质含量平均约为 9.79%；下寒武统牛蹄塘组（或筇竹寺组）优质烃源岩固体沥青占有机质含量平均约为 10.6%（付小东等，2009）。

根据模拟实验结果和南方海相优质烃源岩自然样品固体沥青占有机质含量统计结果可大致估算，排出优质烃源岩的原油形成的固体沥青占优质烃源岩有机质含量的8%~11%，略低于优质烃源岩中残留的固体沥青。

2. 海相优质烃源岩生排烃模式中生排油量尤其生排重质油量（低成熟—成熟阶段）、生烃气量及高演化固体沥青量（高成熟—过成熟阶段）明显高于中等及差烃源岩（相同有机质类型、相似演化阶段）

与上述优质烃源岩有机质类型相似的中等及差烃源岩生排烃模式——以钙质泥岩为例。从我国南方海相上二叠统（P_2l—P_2d）、上奥陶统—下志留统（O_3w—S_1l）和下寒武统（$Є_1n$）三套区域性的烃源岩发育情况来看，在同一套烃源岩中，除了发育优质烃源岩外，还伴生发育厚度更大的中等及差烃源岩（梁狄刚等，2008；秦建中等，2008；腾格尔等，2006，2007；付小东等，2008），其 $TOC_{残余}$ 一般在0.3%~1.5%，干酪根类型与上述海相优质烃源岩相似，多为Ⅱ型，碳酸盐含量一般>15%，岩性多为钙质泥页岩。综合海相各类烃源岩热压模拟实验结果、南方海相有机地球化学与纵横向分布特征，其各演化阶段生排油、气及固体沥青产率与相互转化过程见表1.7、表1.8、图1.26和图1.27。

表1.7　南方海相中等烃源岩生排油气转化过程综合数据

岩性	有机质类型	TOC /%	R_o /%	烃源岩残留油 /(kg/t_C)	排出油 /(kg/t_C)	烃气 /(kg/t_C)	油固体沥青量 /(kg/t_C)	排出油裂解烃气比例 /%	干酪根产烃气比例 /%	排出油固体沥青比例 /%
海相中等烃源岩	$Ⅱ_1$	0.5~1.5	0.42	76.80						
			0.44	70.20	10.49	0.52				
			0.59	113.07	19.95	3.83				
			1.05	213.35	60.18	28.64			98	
			1.44	102.71	102.71	119.84	111.81	12	81	
			2.23	36.51	85.19	208.29	112.28	23	56	38
			3.38	17.55	52.65	262.38	104.71	21	54	32
			4.37	9.31	27.92	278.56	126.34	19	57	29

表1.8　海相差烃源岩生排油气转化过程综合数据

岩性	有机质类型	TOC /%	R_o /%	烃源岩残留油 /(kg/t_C)	排出油 /(kg/t_C)	烃气 /(kg/t_C)	油固体沥青量 /(kg/t_C)	排出油裂解烃气比例 /%	干酪根产烃气比例 /%	排出油固体沥青比例 /%
海相差烃源岩	Ⅱ	0.3~0.5	0.48	50.33						
			0.55	45.23	1.88	3.83				
			0.97	71.30	4.55	25.05			100	
			1.17	76.69	8.52	35.93			98	
			1.32	49.76	18.40	48.51	23.34		81	
			1.52	17.07	39.84	68.51	35.97	27	45	1
			2.40	9.26	27.77	87.21	34.56	24	47	10
			3.19	6.94	20.81	90.52	40.08	22	53	23

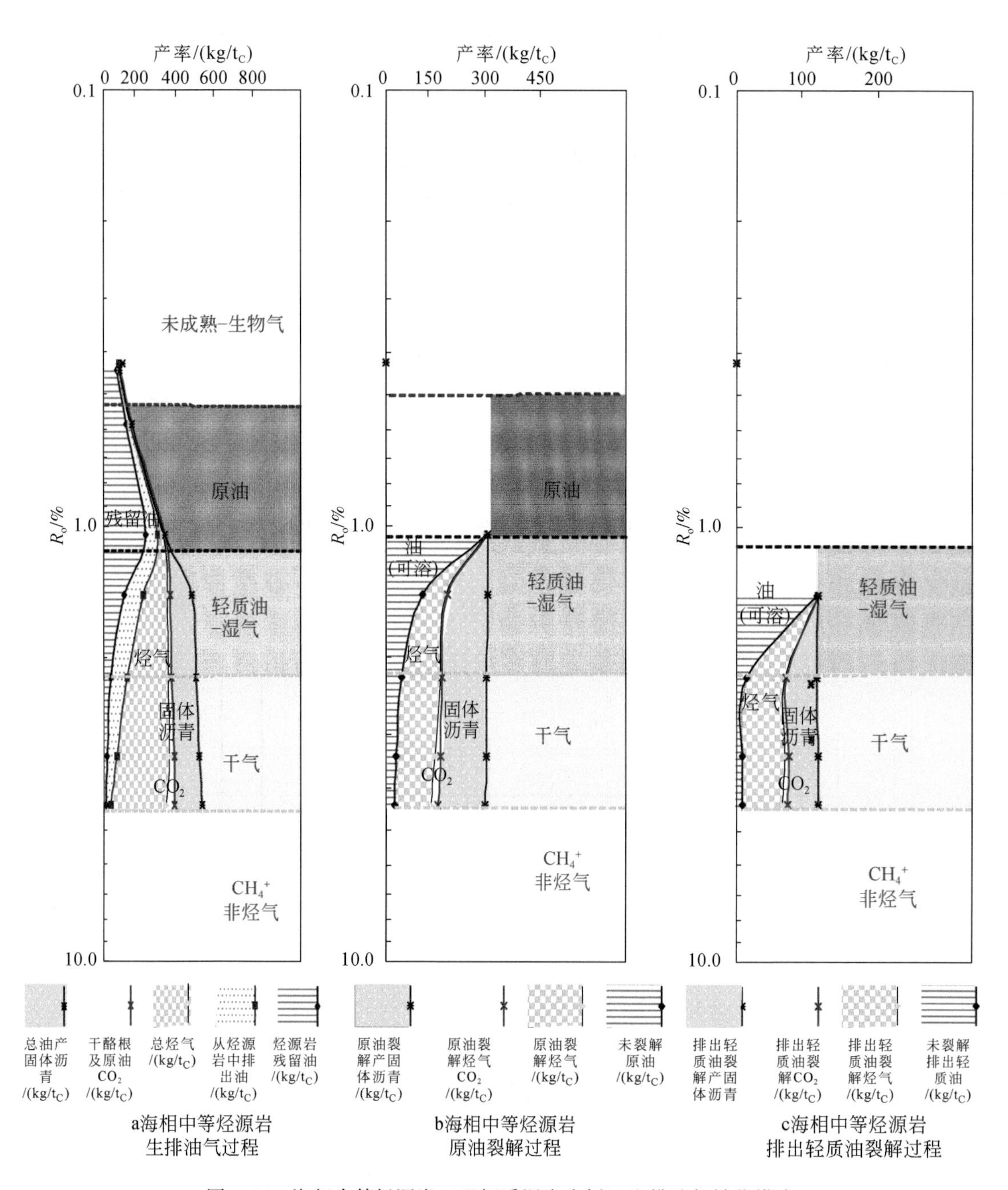

图 1.26　海相中等烃源岩（以钙质泥岩为例）生排油气转化模式

（1）中等烃源岩生排烃模式：海相中等烃源岩（0.5%<$TOC_{残余}$≤1.5%）在过成熟阶段中晚期，烃气产率基本稳定在 270kg/t_C 左右；过成熟中期（3.0%<R_o≤4.5%）随成熟度增加略有增加，其中排出油热裂解生成的烃气约占总气体的 20%，干酪根裂解烃气约占 55%；在过成熟阶段早期（2.0%<R_o≤3.0%），烃气产率在 230kg/t_C 左右，随成熟度增加，烃气产率从左右 200kg/t_C 增加至 260kg/t_C 左右；高成熟阶段是烃气产生的主要时期，烃气产率从约 50kg/t_C 快速增加至 200kg/t_C 左右（图 1.26a，表 1.7）。

海相中等烃源岩在低成熟阶段一般难以形成并排出大量重质油，但其在成熟阶段中期可以形成大量正常原油，最高总产率为 273.53kg/t_C，排出量最高可达 102.71kg/t_C，排出比例约 50%（表 1.7）。最高总产油在过成熟阶段裂解烃气产率为 129kg/t_C 左右，占总烃气的 50% 以上，固体沥青产率在 105kg/t_C 以上（图 1.26b）。最高排出油在过成熟阶段裂解烃气产率为 55kg/t_C 左右，约占总烃气的 20%，占固体沥青的 30% 左右（图 1.26c）。

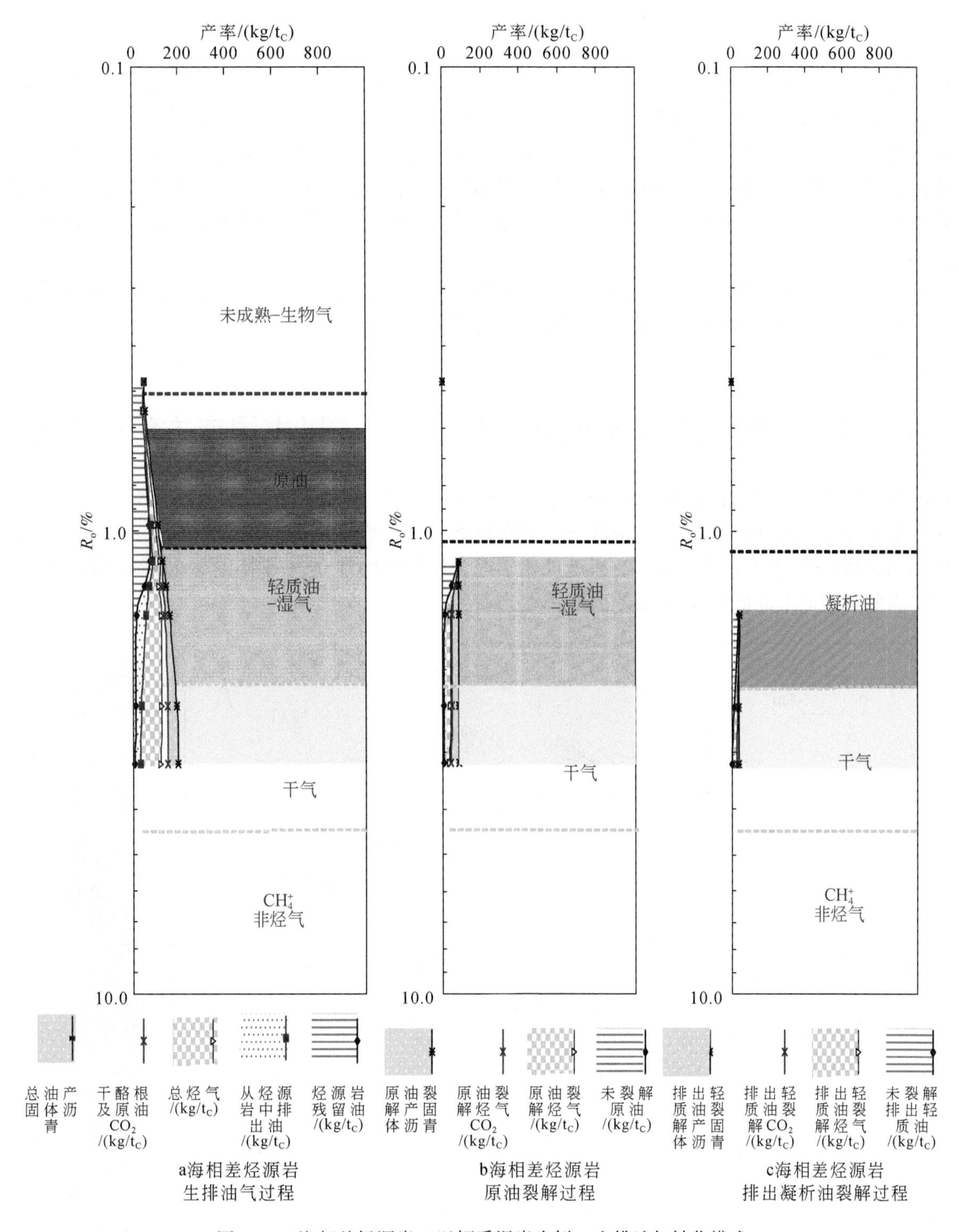

图 1.27 海相差烃源岩（以钙质泥岩为例）生排油气转化模式

海相中等烃源岩在高成熟—过成熟阶段干酪根和可溶有机质（原油）高温裂解产大量烃气的同时，后者还伴随碳的聚合形成不溶固体沥青，它主要由烃源岩中残余可溶有机质和储集岩中的原油高温裂解聚合而成。在过成熟阶段固体沥青总产率一般在 105 ~ 125kg/t_C 之间，随成熟度增加而增加，储集岩中排出油固体沥青率占 29%~32%（表 1.7）。因此，重质油的形成与源岩有机质含量密切相关，海相优质烃源岩的低成熟阶段的产油率及总生烃量明显高于相同有机质类型的低有机质丰度烃源岩，特别是 TOC 在 0.3%~1.0% 的海相烃源岩，随着有机质丰度的减小，产油率、生烃量逐渐减少，只有海相优质烃源岩在成熟早期才具备形成大量重质油的潜力。

（2）海相差烃源岩生排烃模式：海相差烃源岩（$0.3\% < TOC_{残余} \leq 0.5\%$）在过成熟阶段烃气产率相对较低，基本上稳定在 $90kg/t_C$ 左右，排出油热裂解烃气约占总气体的 25%，干酪根裂解烃气约占 50%；高成熟阶段也是烃气产生的主要时期，烃气产率从约 $40kg/t_C$ 增加至 $80kg/t_C$ 左右（图 1.27a，表 1.8）。

海相差烃源岩在成熟阶段中期可以形成一定量的正常原油，最高总产率为 $85.21kg/t_C$，排出量最高 $39.84kg/t_C$（表 1.8）。最高总产油在过成熟阶段裂解烃气产率仅不到 $40kg/t_C$，占总烃气的 45% 左右，固体沥青产率为 $40kg/t_C$ 左右（图 1.27b）。最高排出油在过成熟阶段裂解烃气产率仅为 $20kg/t_C$ 左右（图 1.27c）。

南方海相层系中除了发育达到烃源岩标准的烃源层外，厚度巨大的纯碳酸盐岩地层有机质丰度极低（$TOC_{残余} < 0.3\%$），属于非烃源岩范畴，其在过成熟阶段，烃气产率很低，在进行油气资源评价时基本上可以不参与计算。

第三节　海相优质烃源岩的分布特征——以中国南方海相为例

中国南方海相层系中发育有多套优质烃源岩，其时空分布、厚度规模直接制约着南方海相层系的油气勘探。中上扬子地区（四川盆地）是目前南方海相油气勘探成果最为显著的区域（图 1.28），通过对重要探井和典型露头剖面（图 1.29）有机地球化学综合柱状图的建立，基本上弄清该地区海相层系优质烃源岩在纵向和横向上的展布及有机质丰度平面分布特征。

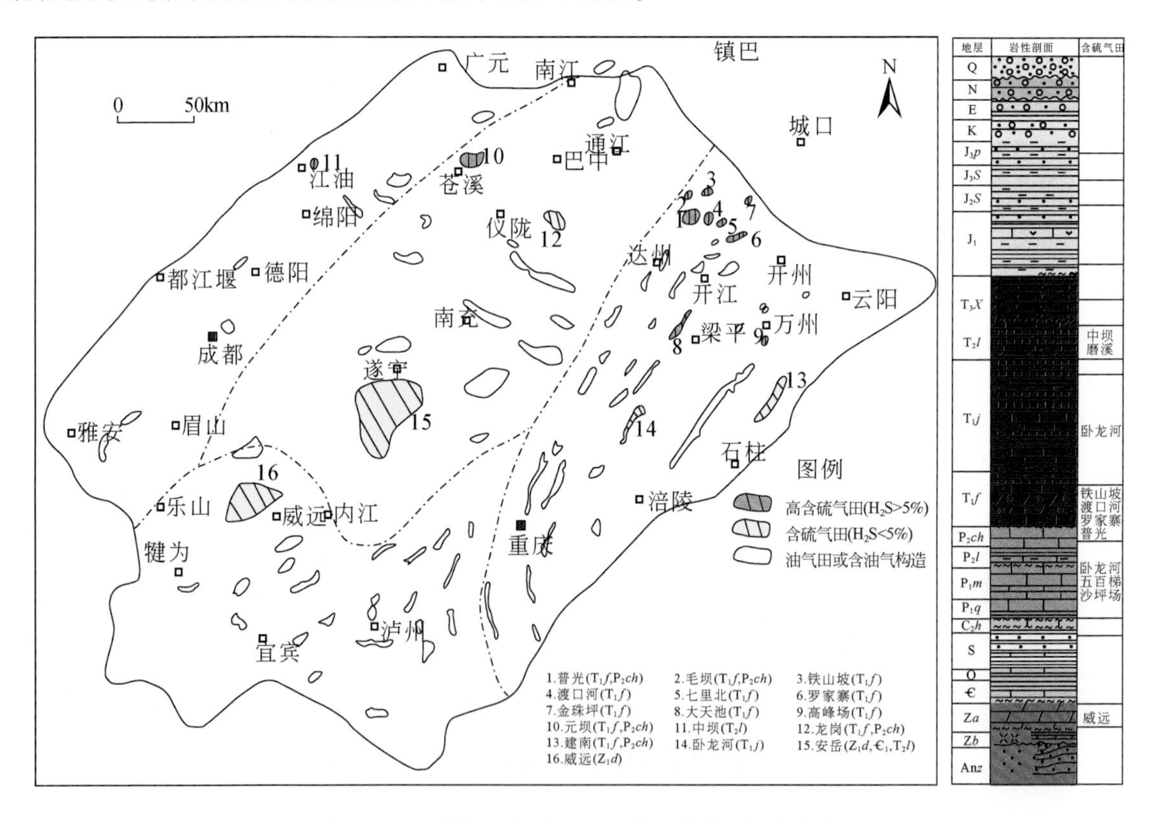

图 1.28　四川盆地主要气田（藏）及含气构造分布

中上扬子地区从震旦纪到三叠纪各个时期的海相地层发育较为齐全（图 1.28），其中区域性分布的黑色泥页岩主要发育在震旦系陡山沱组，下寒武统牛蹄塘组（或筇竹寺组、水井坨组），上奥陶统—下志留统的五峰组—龙马溪组，上二叠统龙潭组和大隆组等几个层位；震旦系灯影组，下寒武统麦地坪组，泥盆系，下二叠统茅口组、栖霞组仅在局部地区发育黑色泥页岩；其他层位则以低泥质含量的碳酸盐岩、

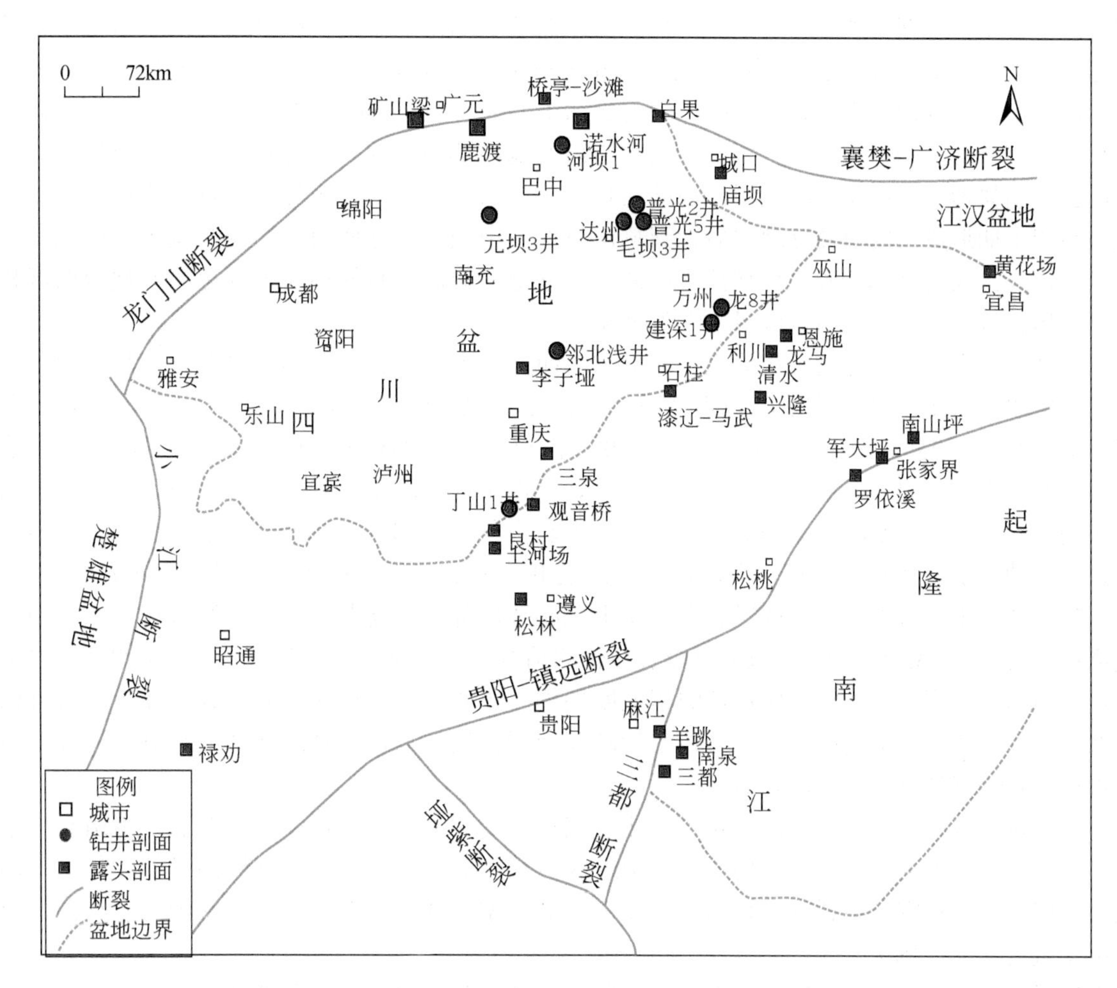

图 1.29　主要研究区域及采样剖面位置分布

砂岩和浅色泥页岩为主。泥盆系在中上扬子地区大多数剖面缺失，仅在川西北广元一带、黔东南三都一带和云南部分地区有泥盆系发育。石炭系因抬升剥蚀作用，残留地层在整个研究区厚度不大，多在数米至数十米间。此外震旦系灯影组与下寒武统牛蹄塘组之间、下二叠统茅口组与上二叠统龙潭组之间也都存在着不整合面。早志留世因乐山-龙女寺古隆起和黔中古隆起的影响，在川中与贵州部分地区下志留统缺失。

中上扬子地区海相层系在地质历史上经历了多期构造运动叠加，几期主要构造旋回在四川盆地、贵州地区、江汉地区具有不同的表现与影响，从而造成了各区海相优质烃源岩的差异性发育。付孝悦等①将构造运动对海相优质烃源岩发育的控制作用总结为三个层次：①板块运动史决定了烃源岩发育的时间，烃源岩只发育于特定的地史阶段；②板内构造运动和成盆作用决定了烃源岩发育的空间，即只有特定的盆地类型适合烃源岩的发育；③同生断裂和古隆起对烃源岩的发育在空间上给予具体的限定。多期构造运动作用的结果导致中上扬子地区海相层系优质烃源岩在时间分布上表现为发育多套，而在空间分布上表现为强烈的不均一性。

震旦纪前的晋宁运动造成地层褶皱回返，发生区域性变质作用，形成盆地基底，由地槽转入地台发展阶段。加里东旋回，上扬子海盆逐步发展形成，加里东期主要是隐伏的吕梁期基底断裂在志留纪末不均衡升降，第一次在盆地中部沉积盖层中出现走向北东东向的乐山—龙女寺大型古隆起及相邻拗陷，不同方向的断裂逐渐活跃起来，块断活动开始增强。在经历加里东运动之后，上扬子准地台整体抬升，除在川东拗陷和川西北龙门山地区有石炭系沉积外，普遍缺失泥盆系、石炭系，直至二叠纪时才沉没水下

① 付孝悦，梁狄刚，陈建平，等. 2006. 南方复杂构造区有效烃源岩评价. 中国石化勘探南方分公司内部报告。

继续接受沉积。受吕梁期、加里东期隐伏基底断裂和深断裂的活动影响，在早二叠世末出现水下基性火山岩（峨眉山玄武岩）的喷发，川西南广大地区和川东华蓥山地表、井下均见有玄武岩和辉绿岩发育于上二叠统底部。印支旋回，中三叠世末的早印支运动主要表现在东部隆起带（东侧包括江南古陆前缘），从震旦系至中三叠统的全部地层发生褶皱，但在四川盆地内部则主要表现为抬升活动；西侧龙门山一带上升幅度也日趋强烈，形成晚三叠世川西前陆盆地，湖盆边界显著向内侧缩小。燕山旋回，中生代陆相沉积盆地在印支期形成川西前陆盆地之后，到燕山早期、中期于盆地西南有抬升与剥蚀，而盆地东北部发展成山前拗陷，成为沉降中心。喜马拉雅旋回，古近纪、新近纪间的喜马拉雅运动使盆地内沉积盖层发生褶皱变形，从而形成了四川盆地现今构造面貌。

贵州地区加里东早期以连续沉积为主，加里东中期（早奥陶世）是贵州地区关键的抬升时期，形成了宽缓的黔中水下隆起，核部在麻江以西的毕节—织金地区，经中奥陶世、晚奥陶世至早志留世早期（龙马溪期）剥蚀，核部地区最大剥蚀量 150 ~ 300m，导致下奥陶统红花园组暴露地表出现大量溶蚀孔洞、裂缝，乃至发育暗河。自早志留世石牛栏期开始，再次接受沉积。海西期表现为沉积与频繁而短暂的抬升相间，除紫云运动及黔桂运动对北部地区影响较大外，大部分地区所受影响较小。早、晚二叠世之间的东吴运动，受吕梁期、加里东期隐伏基底断裂和深断裂活动的影响，峨眉山玄武岩类大量喷发，在滇东、黔西井下也见有玄武岩和辉绿岩发育于上二叠统底部。印支期主要为连续沉积，尤以中三叠世沉积速度最快（130m/Ma）。中三叠世末可能有短暂的抬升，但影响不大。燕山运动是贵州地区自加里东期之后最为强烈的地壳运动，除形成强烈的褶皱断裂外，还使得贵州整体抬升，其剥蚀幅度可自侏罗系至震旦系，最终铸成现今构造面貌。喜马拉雅运动及挽近构造运动使麻江地区继续抬升，全面改造、剥蚀，最终使得麻江背斜呈现今日地貌形态。

目前中上扬子区已发现的工业性海相气藏主要集中在四川盆地，在川中、川东北、川南和川东地区都发现了众多大中型天然气田或含气构造，川中地区更是已形成万亿立方米规模储量的大气区。四川盆地天然气产层众多，从震旦系到三叠系都有分布，气藏类型多样，有无硫化氢的气藏，也有低含硫化氢和高含硫化氢的气藏（图 1.28）。

中上扬子地区海相层系目前尚无具工业价值的古油藏发现，但在四川盆地北缘的广元、万源、城口地区，以及贵州地区和湘鄂西的雪峰山一带在古生代—中生代海相地层中均可见众多古油藏被破坏后残留下的固体沥青点与油苗点，反映该区海相层系曾具备形成大中型油气田的充足烃源条件。已有的勘探成果表明，中上扬子地区海相层系大致存在着三套生储盖组合（图 1.28）。第一套生储盖组合是以下寒武统牛蹄塘组（筇竹寺组）和震旦系陡山沱组泥页岩为主力烃源岩；震旦系灯影组、下寒武统龙王庙组丘滩相白云岩和奥陶系红花园组灰岩为主要储层，中-上寒武统泥质岩及致密碳酸盐岩夹膏盐、牛蹄塘组及志留系龙马溪组巨厚的泥质岩为主要盖层，代表性的油气田如川中安岳气田、川南的威远气田、黔中的麻江古油藏。第二套组合是以下志留统龙马溪组泥页岩为主要烃源岩，以石炭系黄龙组白云岩风化壳为主要储层，以上覆的二叠系巨厚灰岩以及三叠系膏盐层为主要盖层，代表性气藏如川东的五百梯气田、卧龙河气田等。第三套组合是以上二叠统泥质岩和下二叠统泥质灰岩为主要烃源岩，以上二叠统长兴组—下三叠统飞仙关组礁滩相白云岩为主要储层，以三叠系巨厚膏盐岩为主要盖层，代表性气藏如川东北普光、罗家寨、河坝、元坝、龙岗等气田。

1. 纵向上海相优质烃源层厚度一般不大，多发育在烃源层底部

通过对中国南方地区（主要是中、上扬子地区）数十个露头剖面和十余口钻井的海相层系进行系统采样和有机地球化学分析，建立典型剖面有机地球化学综合剖面图，揭示中国南方海相主要发育上二叠统龙潭组—大隆组、上奥陶统五峰组—下志留统龙马溪组和下寒武统牛蹄塘组（或筇竹寺组）三套区域性海相优质烃源岩，它们纵向上主要发育在各烃源层的底部或下部，一般厚度不大，具有近底部有机质丰度逐渐增高的趋势（秦建中等，2008；梁狄刚等，2008，2009a；腾格尔等，2006，2007，2008a，2008b，2010；付小东等，2008，2010，2013）。实际上，塔里木盆地奥陶系—寒武系和加拿大阿尔伯特盆地白垩系等海相优质烃源岩纵向上的分布具有如此特征。

（1）四川盆地东北部普光5井（中生界—上古生界）及城口下古生界剖面野外露头有机地球化学综合剖面。普光5井与毛坝3井处于四川盆地川东断褶带黄金口构造带，自上而下钻遇上侏罗统遂宁组（J_3s）至中志留统韩家店组（S_2h）。根据普光5井和毛坝3井钻遇地层所取岩心、岩屑样品的有机地球化学分析，建立了有机地球化学综合剖面（图1.30）以及烃源岩综合统计表（表1.9）。

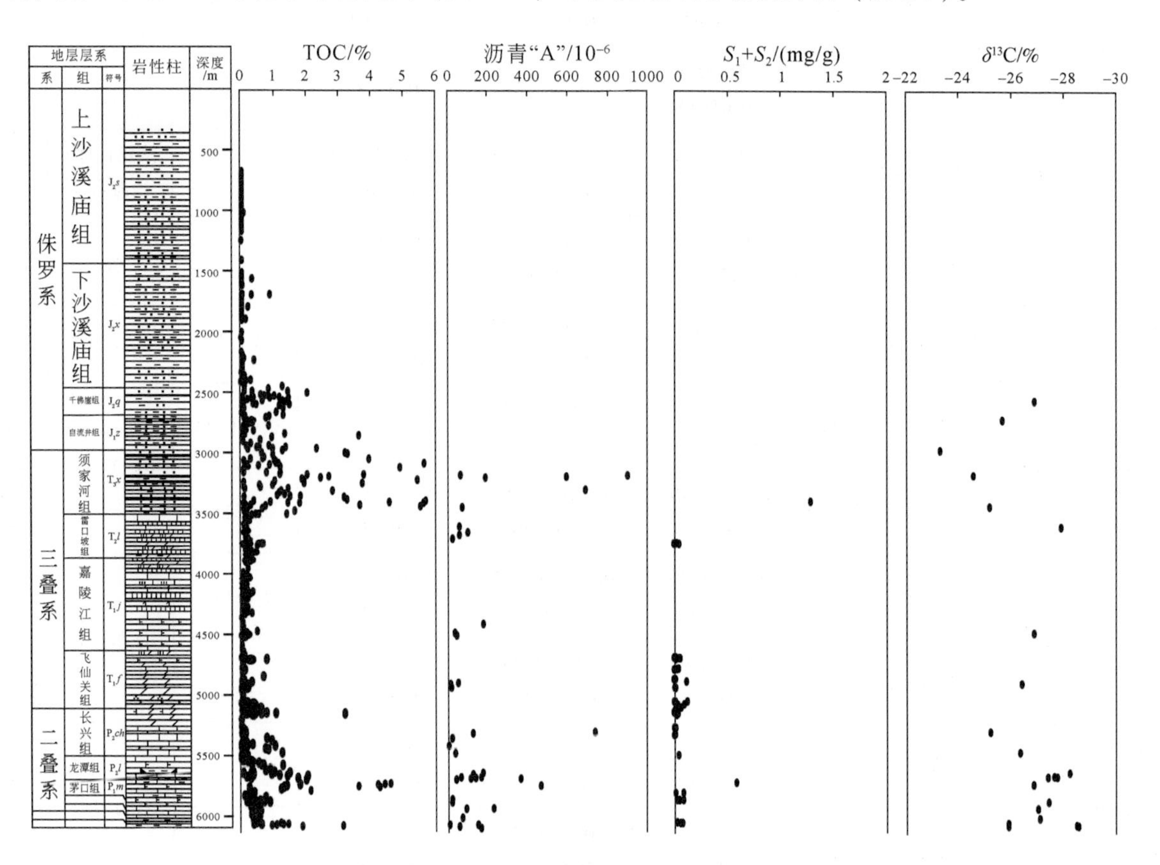

图1.30　四川盆地川东北地区普光5井（毛坝3井）有机地球化学综合剖面

表1.9　四川盆地川东北地区普光5井、毛坝3井烃源岩有机质丰度综合统计数据

地层	井深/m	地层厚度/m	岩性	厚度/m	TOC/%	总S/%	S/C原子比	S_1+S_2/(mg/g)	沉积环境	烃源岩综合评价
J_3s	660	660	红色泥岩	462					河流相	非烃源岩
J_2s	1187	527	红色泥岩	369	0.03~0.09/0.04(30)	0~0.06/0.002(30)	0~0.06/0.01(30)			
J_2x	1914	727	杂色泥岩	523	0.03~0.35/0.07(34)0.90(1)	0~0.183/0.015(33)	0~2.29/0.15(33)		河流相-浅湖相	
J_2q	2455	541	红色泥岩及粉砂	470	0.03~0.42/0.09(26)	0~0.233/0.014(27)	0~0.12/0.02(27)			
	2631	176	深灰色泥岩及煤屑	125	0.03~2.04/0.75(40)	0.002~0.309/0.093(38)	0~0.09/0.04(38)	0.07~1.35/0.50(3)	滨浅湖相	煤系差烃源岩
J_1z	2857	226	灰色泥岩	142	0.05~1.34/0.37(31)	0.001~0.239/0.042(27)	0~0.18/0.03(27)		滨浅湖相	非烃源岩
T_3x	3513	656	灰色泥页岩	416	0.07~10.91/1.50(107)	0.004~1.412/0.122(101)	0~5.63/0.14(101)	1.28(1)	河流沼泽相	煤系中等—好烃源岩

续表

地层	井深/m	地层厚度/m	岩性	厚度/m	TOC/%	总S/%	S/C原子比	S_1+S_2/(mg/g)	沉积环境	烃源岩综合评价
T_2l	3888	375	灰岩，泥灰岩	280	0.03~0.51/0.20(68)	0.080~1.155/0.394(69)	0.15~5.13/0.84(69)	0.02(6)	蒸发台地	非烃源岩
			页岩		0.52~0.70/0.61(3)	0.594(3)	0.36(3)			
T_1j	4651	763	灰岩，白云岩	566	0.03~0.48/0.13(71)	0.075~11.540/0.520(66)	0.09~21.64/1.9(66)		蒸发台地-浅海台地	
T_1f	5139	488	白云岩，灰岩	438	0.02~0.16/0.07(108)	0.014~8.831/0.365(105)	0.05~165.58/3.70(105)	0.01(22)	开阔台地浅滩-滩间沉积	
			砂屑白云岩	50	0.20~0.80/0.38(33)	0.034~2.670/0.347(30)	0.04~2.57/0.41(30)	0.04(12)		再生烃源岩
P_2c	5549	410	灰岩云灰岩	280	0.01~0.20/0.07(89)	0.007~0.547/0.088(88)	0.03~2.56/0.52(88)	0.01(12)	生物礁组合	非烃源岩
			白云岩	127.5	0.20~3.19/0.60(31)	0.035~0.760/0.243(30)	0.05~0.63/0.16(30)	0.02(8)		再生烃源岩
P_2l	5700	151	泥灰岩	119	0.03~1.49/0.58(20)	0.018~0.745/0.210(22)	0.06~0.76/0.17(22)	0.58(1)	台地凹陷	中等烃源岩
			灰黑色泥岩	32	0.67~2.04/1.28(13)	0.015~1.382/0.570(13)	0.08~0.25/0.16(13)			好烃源岩
	5790	90	碳质泥岩	35	3.62~10.7/6.85(7)	0.479~1.099/0.739(7)	0.03~0.09/0.05(7)		浅海台地	优质烃源岩
			泥灰岩	54	0.24~4.26/1.78(8)	0.094~0.885/0.563(8)	0.04~0.24/0.14(8)			好烃源岩
P_1m	5948	158	深灰色灰岩	40	0.10~0.24/0.18(12)	0.015~0.117/0.056(12)	0.04~0.22/0.11(12)	0.04(5)	浅海台地	非烃源岩
			泥灰岩	118	0.28~0.91/0.54(27)	0.055~0.363/0.170(27)	0.05~0.27/0.11(27)	0.08(4)		中等烃源岩
P_1q	6056.5	108.5	深灰色灰岩	108.5	0.31~1.21/0.51(10)	0.074~0.671/0.185(10)	0.05~0.36/0.13(10)			
P_1l	6062	5.5	泥岩	5.5					海沼泽沉积	
C_2h	6071	9	深灰色灰岩	9	0.39~0.45/0.42(4)	0.263~0.437/0.350(4)	0.25~0.38/0.31(4)	0.04(3)	浅海台地	
S_2h	6078	7	深灰色灰岩	6	0.94~1.46/1.18(4)	2.507~3.134/2.821(4)	0.80~1.00/0.90(4)		局限海	
			灰黑色泥岩	1	0.57~1.06/0.81(4)	2.541(4)	1.30(4)	0.07(3)		
	6095.59	17.59	灰黑色泥岩	18	1.87~3.14/2.51(2)	1.359(2)	0.21(2)			优质烃源岩

注：0.074~0.671/0.185(10)为最小值~最大值/平均值(样品数)，后文表中同类型写法含义与此相同。

结合普光5井和毛坝3井有机质丰度综合剖面来看，普光地区三叠系至中志留统的海相层系高有机质丰度优质烃源岩主要发育在上二叠统龙潭组，其中普光5井龙潭组优质烃源岩厚度约57m、毛坝3井处约

40m。龙潭组顶部的泥灰岩、灰岩 20 个样品残余有机碳含量在 0.03%～1.49% 之间，平均 0.58%。中部灰黑色泥岩 13 个样品总有机碳含量在 0.67%～2.04% 之间，平均 1.28%；7 个碳质泥岩样品总有机碳含量在 3.62%～10.76% 之间，平均 6.85%。底部泥灰岩 8 个样品在 0.24%～4.26% 之间，平均 1.78%。龙潭组烃源岩干酪根碳同位素在-29.24‰～-26.9‰之间，平均-27.8‰，干酪根类型主要为Ⅱ型。

川东北普光、罗家寨等气田上二叠统长兴组和下三叠统飞仙关组海相碳酸盐岩礁滩相储层中普遍存在着储层固体沥青。飞仙关组白云岩、灰岩 108 个样品总有机碳含量在 0.02%～0.16% 之间，平均 0.07%。砂屑白云岩、溶孔白云岩等 33 个样品总有机碳含量在 0.20%～0.80% 之间，平均 0.38%。长兴组灰岩、云质灰岩 89 个样品总有机碳含量在 0.01%～0.20% 之间，平均仅 0.07%。而 31 个白云岩样品总有机碳含量在 0.20%～3.19% 之间，平均 0.60%。从普光 5 井所钻遇的海相地层的沉积环境和生屑灰岩的有机质丰度来看（表 1.9、图 1.31），普光 5 井与毛坝 3 井飞仙关组 33 个砂屑白云岩和溶孔白云岩，长兴组 31 个白云岩的有机质丰度较高（表 1.9），岩石薄片镜下观察显示普遍发育储层固体沥青。普光 2 井 T_1f 鲕粒滩储层白云岩的晶间孔、晶间溶孔、残余鲕粒内溶孔、构造碎裂缝中均充填有固体沥青，固体沥青多呈环边状衬于孔隙的孔壁，沥青占孔隙的体积小，也可见收缩成小球状的固体沥青；固体沥青面孔含量为 1.11%～5.73%，均值 2.92%（图 1.31a）。普光 6 井 P_2ch 生物礁储层礁骨架岩的格架孔、生物体腔孔、白云岩溶蚀孔洞、构造碎裂缝及成岩缝合线中也均充填有固体沥青，固体沥青则多呈团块状或脉状充填满或部分充填各种孔隙，沥青占孔隙空间比例大，固体沥青面孔含量在 0.31%～11.72%，均值为 3.57%（图 1.31b）。罗家寨、渡口河、铁山坡等气田飞仙关储层中也富含固体沥青，平均面孔含量分别为 0.60%、0.54% 和 0.48%（谢增业等，2005）。可见，宣汉-达州区各气田飞仙关和长兴滩礁相白云岩中固体沥青的分布是普遍、稳定的，曾经存在着一个规模巨大的古油藏，是很好的再生优质气源。

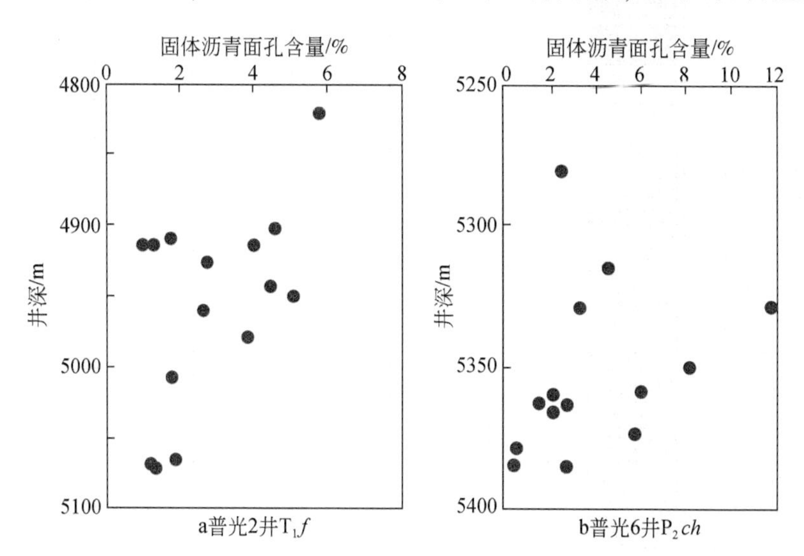

图 1.31　四川盆地川东北地区普光气田储层固体沥青面孔含量随储层深度的变化

雷口坡组、嘉陵江组灰岩与白云岩有机碳含量很低，明显达不到烃源岩标准，而其他海相地层有机质丰度则相对较高。茅口组深灰色灰岩 12 个样品有机碳含量在 0.10%～0.24% 之间，平均 0.18%；27 个泥灰岩样品在 0.28%～0.91% 之间，平均 0.54%。栖霞组 10 个深灰色灰岩有机碳含量在 0.31%～1.21% 之间，平均 0.51%。石炭系深灰色灰岩 4 个样品有机碳含量在 0.39%～0.45% 之间，平均 0.42%。中下志留统韩家店组 4 个深灰色灰岩样品有机碳含量在 0.94%～1.46% 之间，平均 1.18%；6 个灰黑色泥岩样品有机碳含量在 0.57%～3.14% 之间，其中两个样品有机碳含量在 1.5% 以上。

龙潭组（P_2l）除发育黑色泥岩、碳质泥岩外，还发育 130m 厚的灰黑色泥灰岩，茅口组（P_1m）也发育近 100m 厚的深灰泥灰岩，TOC 分析显示应属中等—好烃源岩。此外，志留系韩家店组（S_2h）钻遇灰黑色泥岩厚度 18m，8 个样品 TOC 平均 1.28%，也达到中等烃源岩标准。

须家河组（T_3x）和自流井组（J_1z）的灰黑色泥岩页具有很高的有机质丰度，须家河组灰色泥页岩 107 个样品有机碳含量在 0.07%～10.91% 之间，平均 1.5%，且大多数样品在 1.0% 之上。但为陆相沉积，含有较多煤线或煤层，有机质类型较差，主要为Ⅲ型干酪根，属于典型的煤系中等—好烃源岩。

城口野外露头下古生界有机地球化学综合剖面显示出主要发育 O_3w—S_1l 黑色页岩和$€_1n$ 黑色页岩两套海相优质烃源岩（表 1.10、图 1.32）。

表 1.10　四川盆地北部城口及南江、通江下古生界剖面页岩 $TOC_{残余}$ 数据表

层位	岩性	$TOC_{残余}$/%		
		城口	南江桥亭剖面	通江诺水河剖面
O_3w—S_1l	黑色页岩	0.84～6.02/3.38（10）	1.07～3.64/2.46（8）	3.57～4.23/3.86（3）
S_1	灰绿色页岩	0.08～0.11/0.09（3）	0.06～0.24/0.10（7）	
$€_1$	黑色页岩	0.78～6.25/2.17（13）	0.40～4.66/2.34（15）	3.19～5.77/4.45（2）
Z_bdn	黑色页岩	0.17～0.56/0.36（3）	0.51（1）	

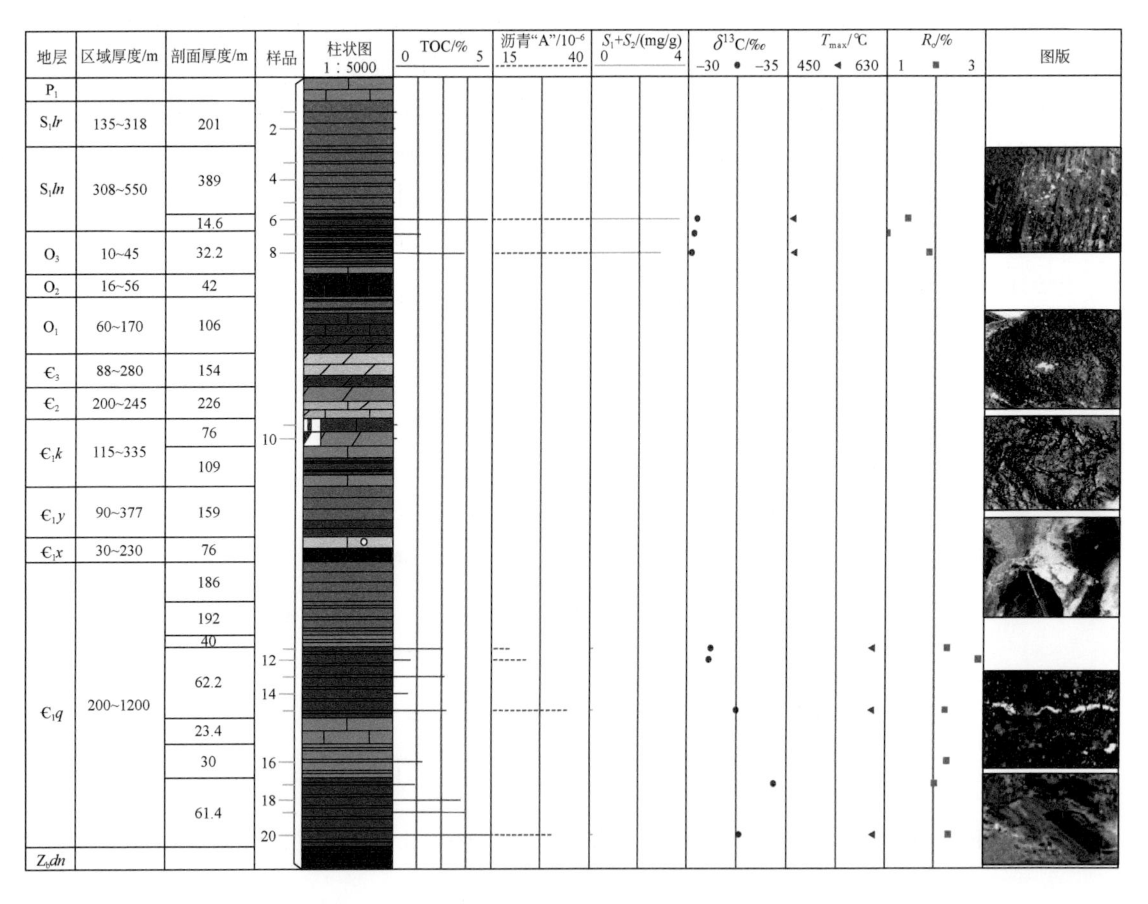

图 1.32　四川盆地城口地区下古生界有机地球化学综合剖面

城口剖面下寒武统黑色页岩 13 个样品的 TOC 在 0.78%～6.25%，平均 2.17%。

城口剖面五峰组—龙马溪组底部黑色页岩 10 个样品的 TOC 在 0.84%～6.02%，平均 3.38%；龙马溪组中上部灰绿色页岩 3 个样品的 TOC 为 0.08%～0.11%，都是非烃源岩。

因此，四川盆地东北部普光 5 井（中生界—上古生界）及城口野外露头（下古生界）有机地球化学综合剖面揭示出四川盆地东北部海相主要发育上二叠统龙潭组、上奥陶统五峰组—下志留统龙马溪组和下寒武统牛蹄塘组三套海相优质烃源岩及 T_1f—P_2ch 优质再生烃源岩，而且下古生界海相优质烃源岩纵向上主要发育在各烃源层的底部或下部，具有近底部有机质丰度逐渐增高的趋势。

（2）四川盆地北部元坝3井、河坝1井及南江等有机地球化学综合剖面。元坝3井位于四川省阆中市狮子乡，构造位置上处于四川盆地川北巴中低缓构造带元坝岩性圈闭西南翼，揭示地层从白垩系剑门关组至二叠系栖霞组。其有机质丰度综合剖面见图1.33、烃源岩有机质丰度综合统计数据见表1.11。

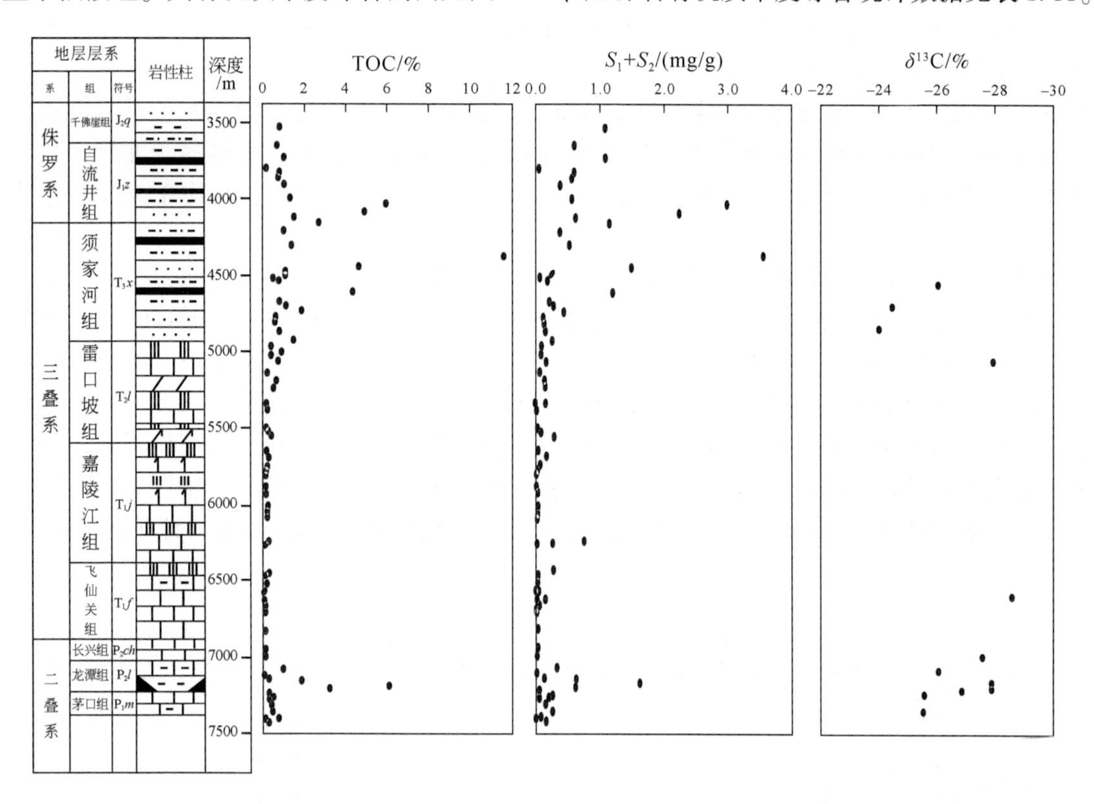

图1.33　四川盆地川北地区元坝3井有机质丰度综合剖面

表1.11　四川盆地川北地区元坝3井烃源岩有机质丰度综合统计数据

地层	地层厚度/m	样品井段/m	岩性	TOC/%	S_1+S_2/(mg/g)	烃源岩综合评价
剑门关组	399.5	138～198	暗红色泥岩	0.03～0.04/0.035（2）	0	非烃源岩
千佛崖组	292.5	3526～3646	深灰色泥岩	0.64～0.74/0.69（2）	0.61～1.08/0.85（2）	
自流井组	568	3799～3780	砂质泥岩	0.12（1）	0.06	
		3726～4211	深灰色泥岩	0.69～5.97/2.08（10）	0.38～2.98/1.06（10）	煤系烃源岩
须家河组	689	4299～4923	深灰色泥岩，碳质泥岩	0.46～11.65/2.06（16）	0.07～3.55/0.58（16）	
雷口坡组	694	4967～5236	灰色灰岩	0.18～0.84/0.49（7）	0.06～0.16/0.11（7）	差烃源岩
		5345～5557	灰色灰岩，白云岩	0.07～0.35/0.16（6）	0～0.28/0.1（6）	非烃源岩
嘉陵江组	752	5655～6274	灰色白云岩，灰岩	0.04～0.22/0.12（15）	0～0.27/0.05（14）	
飞仙关组	509	6451～6834	鲕粒白云岩，灰岩	0.01～0.23/0.05（16）	0～0.28/0.05（16）	
长兴组	150	6938～7017	深灰色灰岩	0.05～0.12/0.07（7）	0.01～0.03/0.02（7）	
龙潭组	182	7066～7099	深灰色灰岩	0.93（1）	0.32（1）	中等烃源岩
		7120～7146	生屑灰岩，灰岩	0.04～0.21/0.13（2）	0.01～0.12/0.07（2）	非烃源岩
		7146～7206	黑色泥岩，碳质泥岩	1.82～6.08/3.68（3）	0.62～1.61/0.95（3）	优质烃源岩
茅口组	167.5	7238～7371	灰色灰岩，生屑灰岩	0.21～0.52/0.36（9）	0.04～0.26/0.14（9）	差烃源岩
栖霞组	71.5（未穿）	7406	黑色硅质灰岩	0.71（1）	0.07（1）	中等烃源岩
		7408～7438	深色灰岩	0.05～0.25/0.14（4）	0～0.17/0.08（5）	非烃源岩

元坝 3 井钻遇海相层系仅上二叠统龙潭组发育优质烃源岩，厚度约 50m。龙潭组底部（7146 ~ 7206m 井段）黑色泥岩和碳质泥岩段 3 个样品残余 TOC 分布在 1.82%~6.08% 之间，平均 3.68%，干酪根碳同位素为-27.5‰，属于Ⅱ型有机质，为优质烃源岩。龙潭组上部 7066 ~ 7099m 井段处 1 个深灰色灰岩样品 TOC 达到 0.93%，属于中等烃源岩；而中部 7120 ~ 7146m 井段 2 个生屑灰岩、灰岩样品 TOC 在 0.04%~0.21% 之间，平均为 0.13%，属于非烃源岩。

栖霞组在 7406m 井段 1 个黑色硅质灰岩样品 TOC 达 0.71%，S_1+S_2 为 0.07mg/g，综合分析应属中等烃源岩。而 7408 ~ 7438m 井段的 4 个灰岩样品 TOC 在 0.05%~0.25% 之间，总体属于非烃源岩。茅口组 7238 ~ 7371m 井段 9 个灰色灰岩、生屑灰岩样品 TOC 在 0.21%~0.52% 之间，平均 0.36%，总体属于差烃源岩。

雷口坡组 4967 ~ 5236m 井段 7 个灰色灰岩样品 TOC 分布在 0.18%~0.84% 之间，平均 0.49%，总体上属于差烃源岩。而 5345 ~ 5557m 井段 6 个白云岩、灰色灰岩样品 TOC 在 0.07%~0.35% 之间，平均 0.16%，属于非烃源岩。嘉陵江组 15 个灰色白云岩、灰岩样品 TOC 分布在 0.04%~0.22% 之间，平均 0.12%；飞仙关组 16 个鲕粒白云岩、灰岩样品 TOC 分布在 0.01%~0.23% 之间，平均 0.05%；长兴组 7 个深灰色灰岩样品 TOC 分布在 0.05%~0.12% 之间，平均 0.07%。上述几个层系总体上烃源岩不发育。

河坝 1 井构造位置处于四川盆地北部通南巴构造带河坝场高点，钻遇地层为中侏罗统上沙溪庙组（J_2s）—中志留统韩家店组（S_2h）。其有机地球化学综合剖面见图 1.34，烃源岩评价综合统计结果见表 1.12。

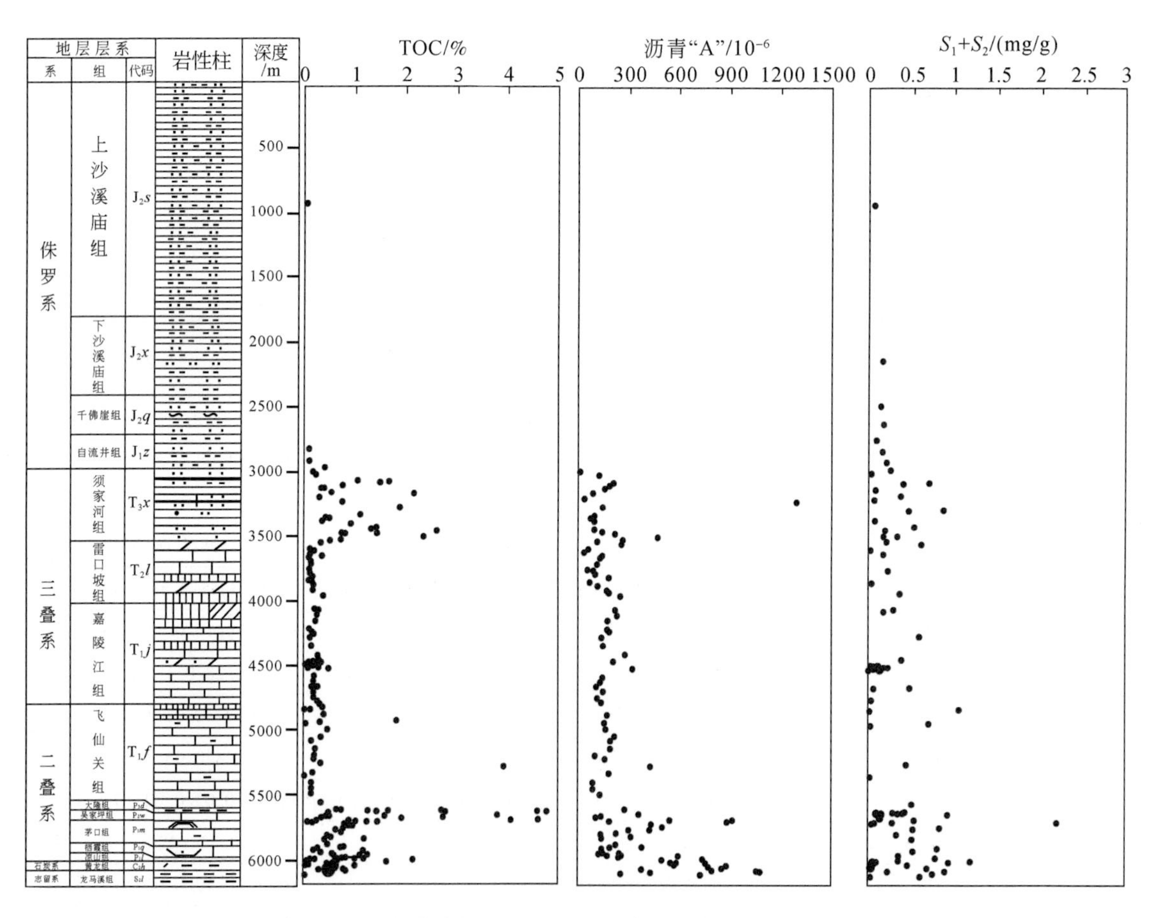

图 1.34　四川盆地川北地区河坝 1 井有机地球化学综合剖面

上二叠统（P_2）总厚度为 91m（包括吴家坪组与大隆组），其中灰黑色泥岩厚度约 59m。20 个灰黑色泥岩样品 TOC 平均达 2.29%，最高达 4.80%，最低为 0.64%，沥青“A”含量为 103×10^{-6} ~ 921×10^{-6}，平均含量达 316×10^{-6}，属于优质烃源岩，厚度总计约 56m。大隆组灰黑色泥岩干酪根碳同位素为

−27.9‰，有机岩石学油浸反射光照片中可见大量分散的过成熟有机颗粒（沥青）或裂缝充填沥青，镜质组少见，说明其原始有机质主要来自浮游藻类或动物有机残骸，应属Ⅱ型干酪根。

表 1.12　四川盆地川北地区河坝 1 井烃源岩评价综合统计数据

地层	底界/m	层段厚度/m	岩性	厚度/m	TOC/%	沥青“A”/10^6	S_1+S_2/(mg/g)	烃源岩综合评价
自流井组	3050	280	绿灰色泥岩	176	0.09~0.39/0.20（6）	20~131/76（2）	0.15（4）	非烃源岩
	3184	134	灰黑色泥岩、煤	78	0.34~2.14/1.04（8）	90~214/162（4）	0.38（4）	煤系烃源岩
须家河组	3553	369	灰黑色页岩、煤	121	0.30~5.93/1.39（22）	43~1292/257（12）	0.34（10）	
雷口坡组	4022	469	灰色灰岩	224	0.08~0.38/0.17（23）	41~261/129（18）	0.16（5）	非烃源岩
嘉陵江组	4795	773	灰岩	443	0.01~0.49/0.15（21）	110~326/186（15）	岩屑 0.26（8） 岩心 0.05（14）	
飞仙关组	5517	4795~5070 5230~5300	生屑灰岩、灰岩	345	0.29~3.94/0.92（岩屑 9） 0.01~0.13/0.05（岩心 16）	145~436/218（6）	岩屑 0.88（2） 岩心 0.01（11）	可能再生烃源岩
		5070~5230 5300~5517	灰岩	377	0.01~0.22/0.11（14）	90~199/146（8）	0.44（1）	非烃源岩
长兴组	5625	108	灰色灰岩	108	0.34（1）		0.50（1）	
吴家坪组—大隆组	5668.5	43.5	灰黑色泥岩 泥灰岩	37	0.64~4.80/2.22（13）	282~373/327（2）	岩屑 0.67（2） 岩心 0.24（5）	优质烃源岩
			硅质灰岩	4.5	0.49（1）			
	5716	47.5	灰黑色泥岩	17	0.90~4.62/2.41（7）	103~921/430（4）	0.32（2）	
			灰色灰岩	30.5	0.32~0.53/0.42（4）	138~187/157（3）	0.20（2）	差烃源岩
茅口组	5796	80	深灰色藻灰岩	80	0.65~1.44/0.93（岩屑 8） 0.09~0.20/0.14（岩心 6）	309~998/516（5）	岩屑 1.17（3） 岩心 0.04（3）	可能再生烃源岩
	5902	106	深灰色灰岩及含泥灰岩	106	0.39~1.19/0.64（7）	138~318/213（5）	0.41（2）	中等烃源岩
栖霞组	6006	104	生屑灰岩	104	0.20~1.27/0.72（15）	127~601/245（11）	0.60（4）	可能再生烃源岩
梁山组	6008.5	2.5	黑色碳质页岩	2.5	0.98~2.14/1.43（岩屑 3）/0.19（岩心 2）	746（1）	岩屑 0.76（2） 岩心 0.09（1）	煤系烃源岩

续表

地层	底界/m	层段厚度/m	岩性	厚度/m	TOC/%	沥青“A”/10^6	S_1+S_2/(mg/g)	烃源岩综合评价
韩家店组	6130	121.5	灰色泥岩	107	0.02～0.10/0.06（岩心30） 0.30～1.62/0.61（岩屑23）	258～1080/695（16）	岩屑0.64（7） 岩心0.02（15）	非烃源岩

茅口组（P_1m）约106m厚的深灰色灰岩及含泥灰岩7个样品TOC平均达0.64%，最高达1.19%，最低0.39%，属一套中等烃源岩。志留系韩家店组（S_2h）钻遇灰色泥岩厚度121.5m，30个岩心样品TOC平均只有0.06%，23个岩屑样品TOC平均达0.61%。从岩屑热解$S_1/(S_1+S_2)$及沥青“A”普遍高于T、P、J来看，可能有轻度污染，综合分析认为S_2h钻遇的灰色泥岩属非烃源岩。

须家河组（T_3x）和自流井组（J_1z）的灰黑色泥岩有机质丰度也很高（表1.10），但有机质类型较差，属于Ⅲ型干酪根，为煤系烃源岩。

河坝1井储层固体沥青可能主要发育在飞仙关组（T_1f）井深4795～5070m和5230～5300m的滩相中，9个岩屑样品TOC平均达0.92%，相当于固体沥青面孔含量平均在2.5%以上。但是16个岩心样品TOC平均只有0.05%，可能与沥青含量不均匀或岩屑不具代表性有关。此外，茅口组（P_1m）深灰色藻灰岩与栖霞组（P_1q）生屑灰岩TOC也较高，为可能再生气源。

南江及通江野外露头下古生界有机地球化学综合剖面显示出主要发育五峰组（O_3w）—马龙溪组（S_1l）黑色页岩和筇竹寺组（$Є_1n$）黑色页岩两套海相优质烃源岩（表1.10、图1.35）。

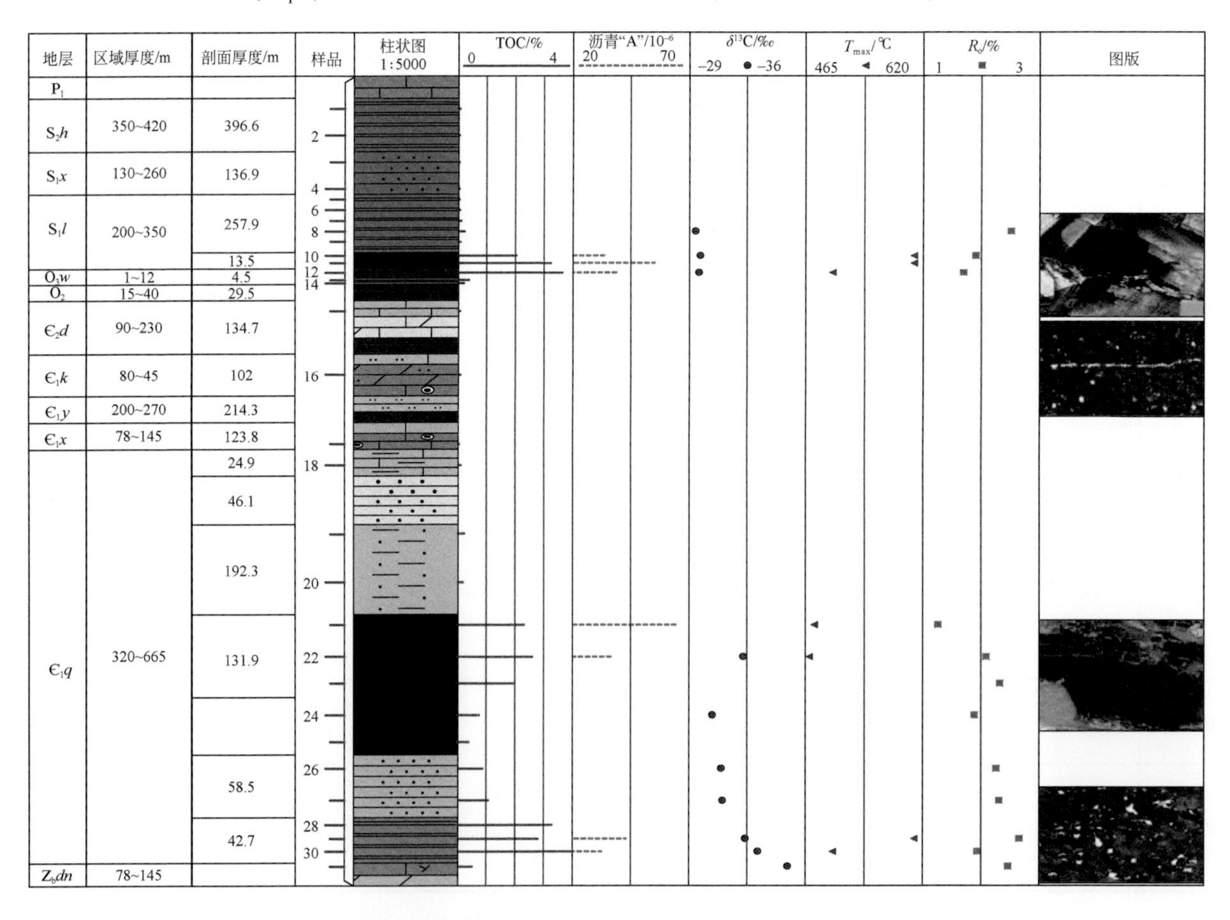

图1.35　四川盆地南江地区下古生界有机地球化学综合剖面

下寒武统黑色页岩在南江桥亭地区15个样品的TOC在0.40%~4.66%之间，平均为2.34%；而通江诺水河地区2个样品的TOC为3.19%~5.77%，平均4.45%。

五峰组—龙马溪组底部黑色页岩在南江地区8个样品的TOC在1.07%~3.64%之间，平均为2.48%；而通江诺水河地区3个样品为3.35%~4.23%，平均3.86%；龙马溪组中上部灰绿色页岩，在南江桥亭剖面7个样品的TOC分布在0.06%~0.24%。

因此，四川盆地北部元坝3井、河坝1井（中生界—上古生界）及南江通江野外露头（下古生界）有机地球化学综合剖面揭示出该地区主要发育上二叠统龙潭组—大隆组、上奥陶统五峰组—下志留统龙马溪组和下寒武统牛蹄塘组三套海相优质烃源岩，而且下古生界海相优质烃源岩纵向上主要发育在各烃源层的底部或下部，具有近底部有机质丰度逐渐增高的趋势。

（3）四川盆地西北部地区广元长江沟二叠系栖霞组—三叠系飞仙关组有机地球化学综合剖面。广元长江沟二叠系栖霞组—三叠系飞仙关组有机地球化学综合剖面见图1.36。该剖面上二叠统大隆组（P_2d）总厚度约39m，底部主要为灰黑色硅质灰岩，中上部主要为富含有机质的黑色含硅质泥岩。底部厚约20m的灰岩或硅质灰岩残余总有机碳基本小于0.3%，达不到烃源岩标准。中上部为硅质泥岩、硅质岩、硅质灰岩互层，残余总有机碳含量分布在0.79% ~13.52%之间，平均值为5.11%，属于一套海相优质烃源岩，厚度在18m左右。吴家坪组底部碳质页岩，有机质丰度也较高，最高可达10%以上，为优质烃源岩，但厚度仅数米。

此外，广元长江沟剖面寒武系—三叠系的各层位都可见大量储层沥青或液态油苗分布（图1.36），表明该地区曾存在古油藏，在合适的埋深和热演化程度条件下，可成为良好的再生气源。

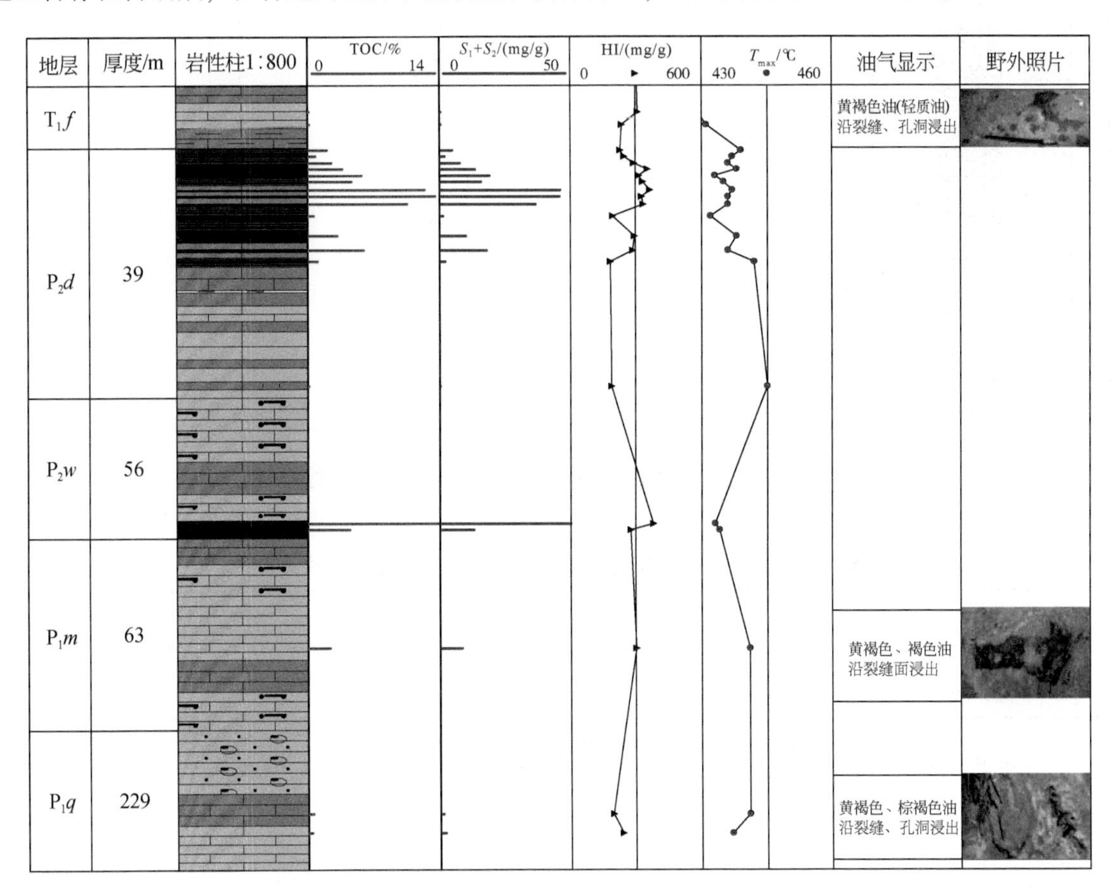

图1.36　四川盆地广元地区长江沟有机地球化学综合剖面

综上分析表明，广元地区上古生界海相地层中仅上二叠统龙潭组（吴家坪组）和大隆组发育海相优质烃源岩。

（4）四川盆地东南部丁山 1 井及华蓥山野外露头有机地球化学综合剖面。丁山 1 井位于重庆市綦江区石壕镇，构造上位于四川盆地川东南构造区丁山 NE 向背斜带，是酒店垭背斜北西翼齐岳山隐伏断裂下盘的一个潜高构造。丁山 1 井长兴组、茅口组、韩家店组、洞草沟组、石冷水组等地层的总有机碳含量都低于 0.2%，明显达不到烃源岩的标准（图 1.37、表 1.13）。有机质丰度较高的层位主要有上二叠统龙潭组，下志留统龙马溪组、石牛栏组，下寒武统牛蹄塘组等。

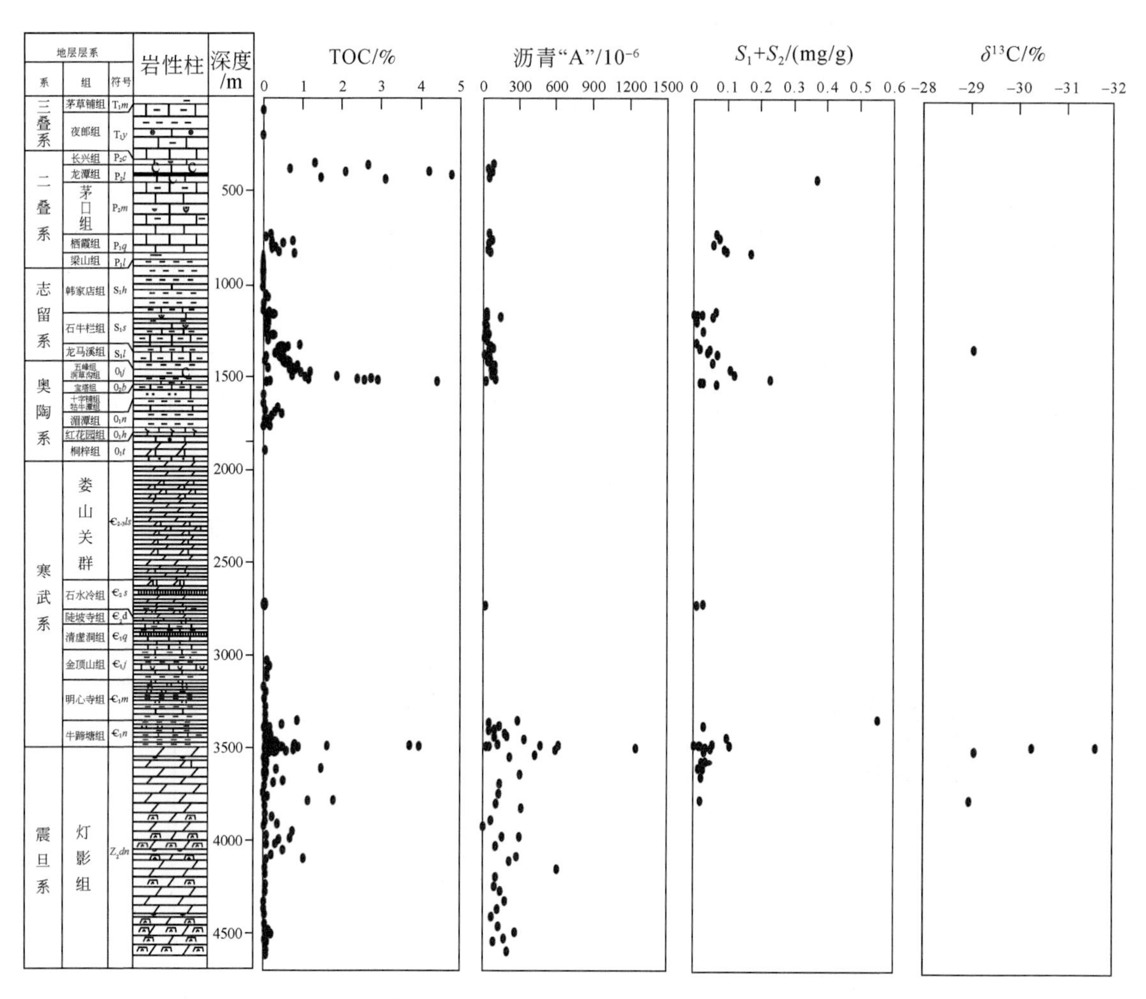

图 1.37　四川盆地川东南地区丁山 1 井综合有机地球化学综合剖面图

表 1.13　四川盆地东南部丁山 1 井有机质丰度综合统计数据

层位	岩性	TOC/%	沥青“A”/10⁻⁶	S_1+S_2 /(mg/g)	沥青面孔含量/%	综合评价
长兴组（P_2c）	生屑灰岩					非烃源岩
龙潭组（P_2l）	黑色碳质泥岩	1.30～14.36/4.91（9）	44～96/64（8）	0.32～1.97/1.04（4）		煤系烃源岩
	深灰色灰岩	0.68（1）	42（1）			
茅口组（P_1m）	灰岩					非烃源岩
栖霞组（P_1q）	灰色灰岩	0.06～0.19/0.13（3）	47～60/53（3）	0.09（1）		
	碳质生屑灰岩	0.21～0.79/0.37（12）	34～76/51（12）	0.06～0.17/0.1（5）		再生烃源

续表

层位	岩性	TOC/%	沥青“A”/10^{-6}	S_1+S_2 /(mg/g)	沥青面孔含量/%	综合评价
梁山组（P_1l）	深灰色泥岩	0.02（1）		0.01（1）		非烃源岩
韩家店组（S_2h）	灰色泥岩	0.002～0.17/0.03（13）	30（1）	0.01～0.11/0.05（12）		
石牛栏组（S_1s）	灰色灰岩	0.04～0.32/0.13（31）	11～143/41（12）	0.01～0.04/0.03（6）		
	灰黑色泥灰岩	0.37～0.93/0.49（18）	43～85/59（5）	0.05～0.14/0.09（3）	0.2～0.5/0.3（3）	差—中等烃源岩
龙马溪组（S_1l）	灰黑色灰质泥岩	0.06～0.90/0.55（25）	8～98/58（12）	0.03～0.11/0.07（6）	0.2（1）	
	灰黑色泥岩	0.64～1.90/1.14（13）	69～94/78（5）	0.12（1）		好烃源岩
	黑色碳质泥岩	1.13～4.41/2.70（6）	87～115/102（3）	0.23～0.38/0.31（2）		优质烃源岩
五峰组（O_3w）	深灰色页岩	0.22（1）		0.08（1）		非烃源岩
涧草沟组（O_3j）	深灰色泥灰岩	0.09～0.17/0.13（5）	23（1）	0.03（3）		
宝塔组（O_2b）	灰岩	0.05（2）		0.07（1）	0.03～2.5/1.09（14）	可能再生烃源
娄山关群（$€_{2\text{-}3}ls$）	白云岩				0.1～4/0.89（20）	可能再生烃源
石冷水组（$€_2s$）	膏质白云岩	0.02～0.10/0.05（6）	18（1）	0.05（1）	16（1）	非烃源岩
牛蹄塘组（$€_1n$）	深灰色泥岩	0.04～0.48/0.19（17）	30～1231/263（14）	0.03～0.55/0.25（8）		
	深灰色泥灰岩	0.02～0.21/0.14（5）	49～203/144（3）	0.10（1）		
	黑色碳质泥岩	0.31～3.95/0.71（29）	23～60/41（3）	0.16（1）		中等烃源岩
灯影组（Z_2dn）	藻屑白云岩	0.01～1.49/0.18（63）	131～8086/1627（6）	0.28～0.62/0.45（2）	0.2～5/1.94（63）	再生烃源
	白云岩	0.03～0.09/0.06（14）	6～302/121（5）	0.24（1）	57.5（1）	非烃源岩
	含沥青藻云岩	0.04～1.82/0.55（14）	106～394/208（4）	0.27～0.67/0.41（7）	0.2～5/1.86（47）	再生烃源
	白云岩	0.03～0.09/0.05（14）	71～602/174（10）	0.05～0.17/0.11（5）	0.1（1）	非烃源岩
	藻云岩	0.04～0.20/0.09（23）	174～256/208（3）	0.13～0.32/0.20（5）		

龙潭组岩性以深灰色灰岩、黑色碳质泥岩为主，并夹煤层。其中黑色碳质泥岩厚约20m，9个样品的TOC在1.30%～14.36%之间，平均4.91%，单纯从有机碳来看，已达到优质烃源岩标准。但录井资料显示龙潭组泥岩中夹有多层煤层，因而龙潭组泥岩可能总体上为有机质类型较差的煤系烃源岩。龙潭组深灰色灰岩1个样品的TOC为0.68%，属于中等烃源岩。

石牛栏组上部的灰色灰岩，31个样品的TOC在0.04%～0.32%之间，平均0.13%，为非烃源岩。底部约60m厚的灰黑色泥灰岩，18个样品的TOC在0.37%～0.93%之间，平均0.49%，属于差—中等烃源岩。

龙马溪组大致可分为三段：上段是灰黑色灰质泥岩，25个样品的TOC在0.06%～0.90%之间，平均0.55%，总体上为差—中等烃源岩。中段是厚度约33m的灰黑色泥岩，13个样品的TOC在0.64%～1.90%之间，平均1.14%，总体上属于好烃源岩。下段是厚度约17m的黑色碳质泥岩，6个样品的TOC在1.13%～4.41%之间，平均2.70%，总体上为一段海相优质烃源岩（图1.37、表1.13）。

牛蹄塘组在3346～3410m、3433～3477m井段约100m的深灰色泥岩17个样品的TOC在0.04%～0.48%之间，平均仅0.19%，总体上为非烃源岩。3410～3433m井段约20m的深灰色泥灰岩，5个样品的TOC在0.02%～0.21%之间，平均0.14%，也为非烃源岩。底部约10m厚的黑色碳质泥岩29个样品的TOC在0.31%～3.95%之间，平均0.71%，总体上为中等烃源岩，但其中底部有约2m的黑色页岩TOC>2.0%，为海相优质烃源岩，丁山1井牛蹄塘组优质烃源岩厚度极薄。

丁山1井在多个层位中可见固体沥青存在（表1.13），曾存在古油藏或富含可溶有机质。栖霞组碳质生屑灰岩12个样品的TOC在0.21%～0.79%之间，平均0.37%；沥青“A”范围为34×10^{6}～76×10^{-6}，平均51×10^{-6}，生屑灰岩中含固体沥青，沥青反射率平均2.69%，达到过成熟。宝塔组灰岩较低，为0.05%，但14个薄片样品沥青面孔含量在0.03%～2.5%之间，平均1.09%。娄山关群白云岩331个薄片样品中有20个含固体沥青，沥青面孔含量在0.1%～4%之间，平均0.89%。

灯影组3488～3700m井段的藻屑白云岩，63个样品的TOC在0.01%～1.49%之间，平均0.18%；200个薄片样品中有63个含固体沥青，沥青面孔含量在0.2%～5%之间，平均1.94%；沥青“A”范围在131×10^{-6}～8086×10^{-6}之间，平均达1627×10^{-6}，明显高于其他层段；沥青反射率平均5.86%，处于过成熟中期。3900～4100m井段的含沥青藻屑云岩14个样品的TOC在0.04%～1.82%之间，平均0.55%；100个薄片样品中有47个含固体沥青，沥青面孔含量在0.2%～5.0%之间，平均1.86%；沥青“A”含量在106×10^{-6}～394×10^{-6}之间，平均208×10^{-6}；沥青反射率5.93%，处于过成熟中期。

综上分析表明，川东南丁山1井处古生界海相层系优质烃源岩发育层位主要有下志留统龙马溪组底部黑色页岩；下寒武统牛蹄塘组在该地区优质烃源岩厚度很小；而上二叠统龙潭组则主要为煤系烃源岩，可能仅上部发育较薄的海相优质烃源岩。此外，在该井多个层位（灯影组、娄山关群及宝塔组与栖霞组）中可见固体沥青存在（表1.13），曾存在古油藏或富含可溶有机质，应曾为好的再生优质烃气源层。

华蓥山地区奥陶系桐梓组—二叠系茅口组样品采集自华蓥李子垭剖面，二叠系龙潭组样品采集于华蓥水洞探煤浅井。华蓥山地区下奥陶统桐梓组—上奥陶统临湘组共53个各类岩性的样品TOC分布在0.01%～0.37%之间，平均仅0.08%，这些层位都无烃源岩发育（图1.38）。

五峰组—龙马溪组底部约15m的黑色页岩段53个样品TOC分布在0.05%～6.53%之间，平均2.31%，且绝大部分样品TOC>2.0%，为优质烃源岩段，现今沥青反射率在2.03%～2.08%之间。龙马溪组中段约5m的页岩13个样品TOC分布在0.49%～1.89%之间，平均1.32%，总体上属于中等烃源岩。龙马溪组中上部灰绿色页岩—石炭系黄龙组，各层系共153个样品TOC分布在0.01%～0.98%之间，平均仅0.08%，基本都属于非烃源岩。栖霞组10个样品TOC分布在0.09%～1.07%之间，平均0.55%，凉山组14个样品中仅1个样品TOC>2.0%，其余皆小于1.5%，总体来说二者仅发育差烃源岩和中等烃源岩，无优质烃源岩段。

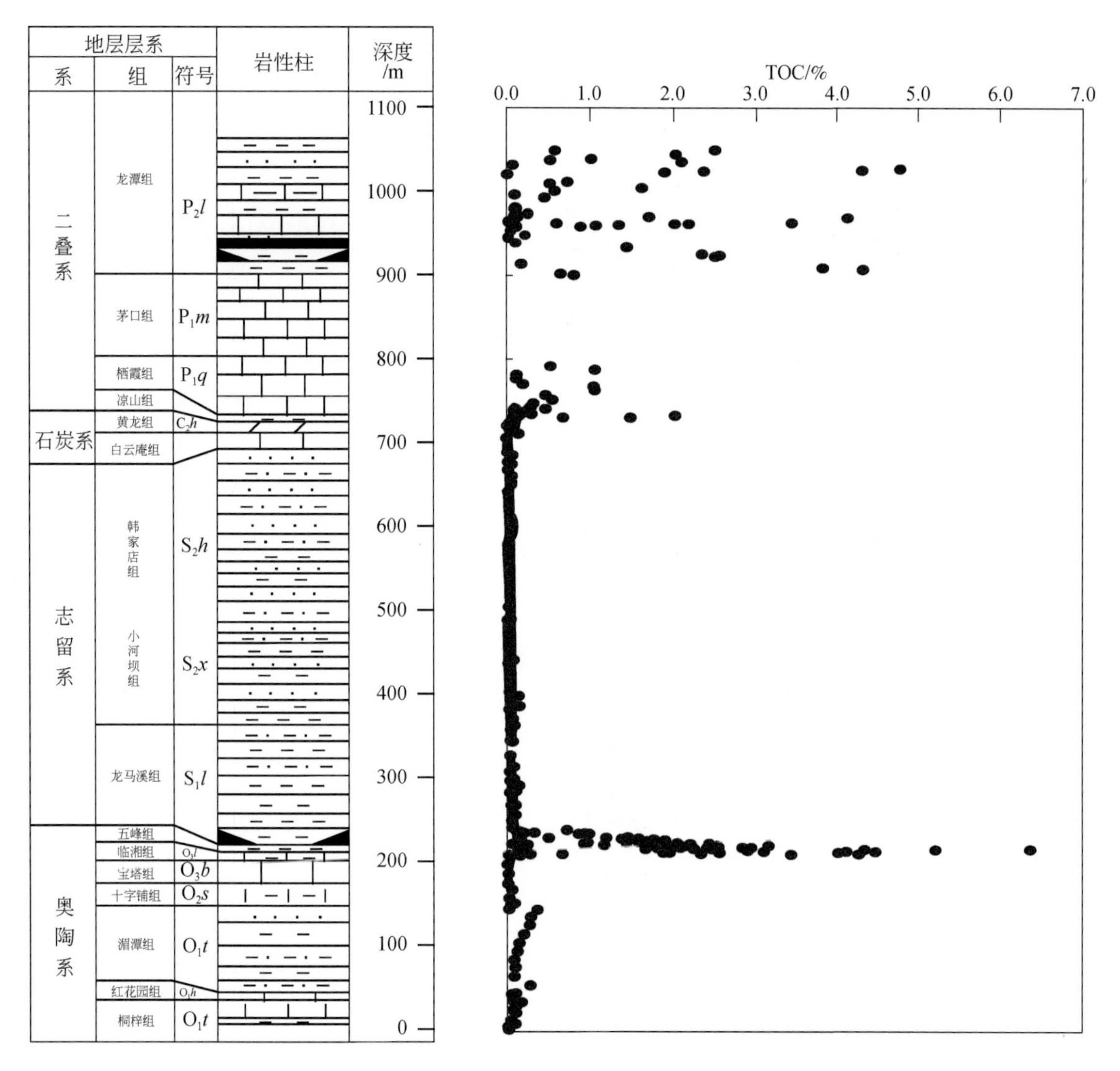

图 1.38　四川盆地东部华蓥山李子垭剖面总有机碳含量分布

龙潭组 22 个泥质岩 TOC 在 0.12%~4.78% 之间，平均为 2.3%，但下部泥岩段夹数层煤层，应为煤系烃源岩；上段约 10m 厚的泥页岩主要与灰岩互层，有机质类型可能较好，应为海相优质烃源岩。龙潭组 26 个灰岩样品 TOC 在 0.01%~2.03% 之间，但仅个别样品 TOC 较高，平均仅 0.45%，总体上属于差烃源岩。

（5）黔东南及黔中地区凯里—南皋、都匀及三都野外露头典型有机地球化学剖面。在黔东南及黔中地区重点建立了凯里—南皋震旦系—下三叠统，都匀寒武系—下三叠统，三都寒武系—下奥陶统三条有机地球化学综合剖面（图 1.39 ~ 图 1.41）。

从上述剖面图可以看出，残余总有机碳含量（TOC）≥0.5% 的层段（样品）自下而上主要发育在震旦系陡山沱组、下寒武统、中寒武统、上泥盆统和二叠系。而优质烃源层主要发育在震旦系陡山沱组黑色页岩、下寒武统下部厚近 100m 的黑色页岩、上泥盆统（D_3w）底部厚约 10m 的深灰色页岩及二叠系潟湖相或盆地相的黑色页岩。

震旦系陡山沱组：在扎拉沟和南皋剖面以黑色页岩夹白云岩为主。扎拉沟剖面上硅质组分或硅质岩增多，呈薄层状，水平层纹发育，厚度十几米至数十米，黑色页岩 TOC 在 1.76% ~2.81% 之间，平均为 2.29%（4 个样品），而在南皋剖面上黑色页岩 TOC 更高，为 6.86% ~7.79%，平均为 7.39%（3 个样品）。干酪根碳同位素组成（干酪根 $\delta^{13}C$）为−31.86‰ ~ −31.08‰，结合当时生物组成以菌藻类为主的特

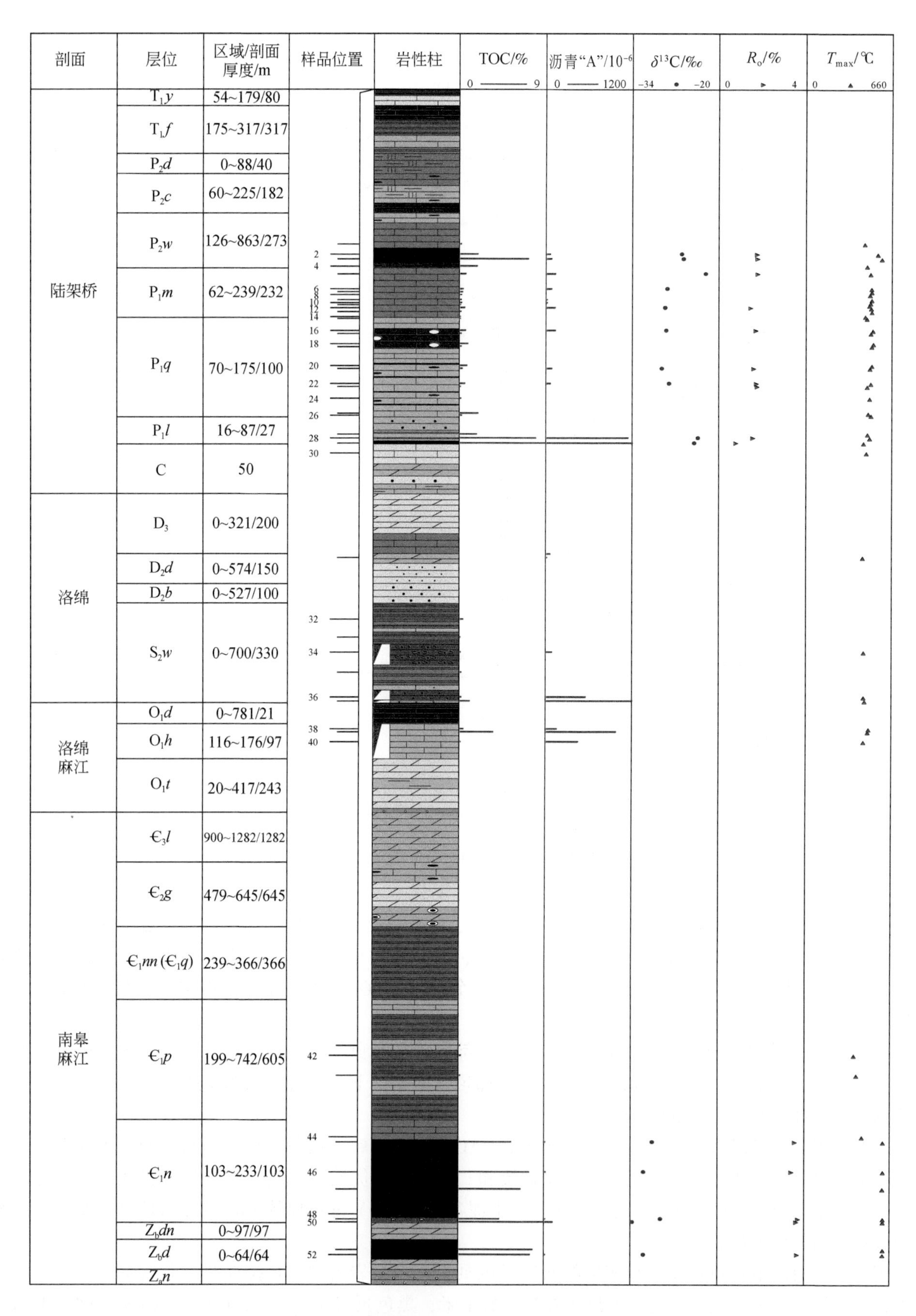

图 1.39　凯里—南皋震旦系—下三叠统有机地球化学综合剖面

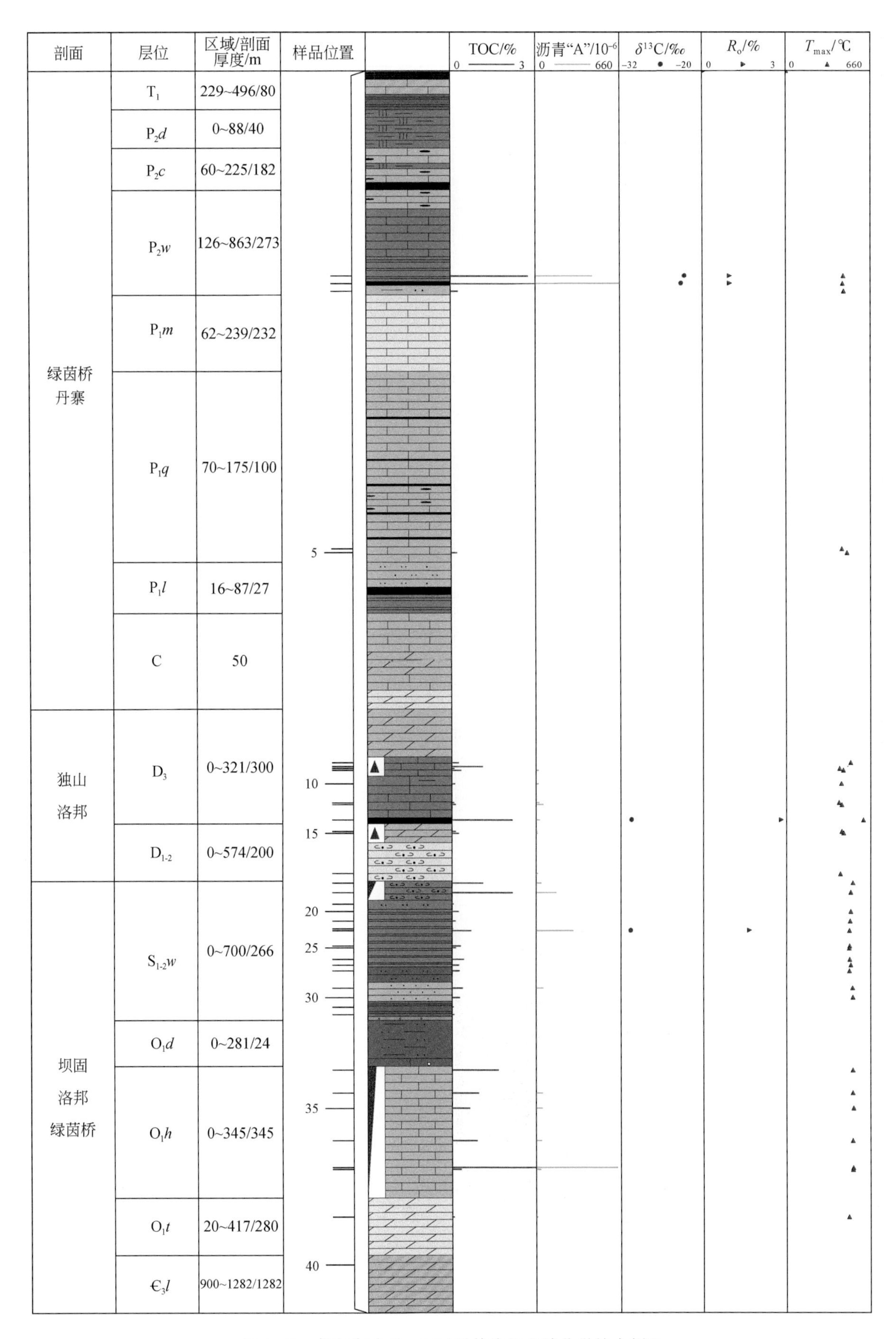

剖面
层位
区域/剖面厚度/m
样品位置
TOC/%
沥青“A”/10⁻⁶
δ¹³C/‰
R₀/%
T_max/℃
绿茵桥
丹寨
T₁
229~496/80
P₂d
0~88/40
P₂c
60~225/182
P₂w
126~863/273
P₁m
62~239/232
P₁q
70~175/100
P₁l
16~87/27
C
50
独山
洛邦
D₃
0~321/300
D₁₋₂
0~574/200
坝固
洛邦
绿茵桥
S₁₋₂w
0~700/266
O₁d
0~281/24
O₁h
0~345/345
O₁t
20~417/280
€₃l
900~1282/1282

图 1.40　都匀寒武系—下三叠统有机地球化学综合剖面

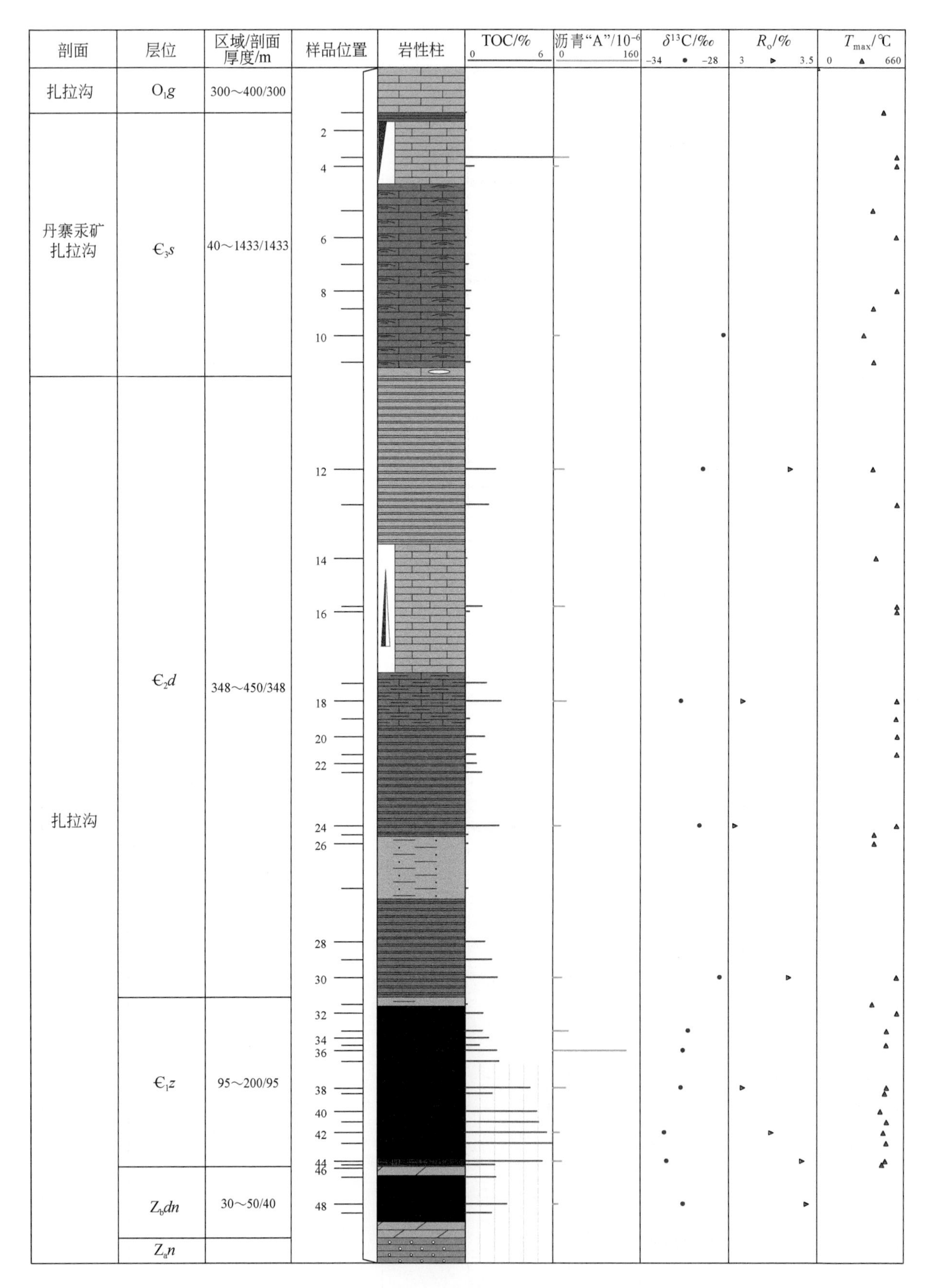

图 1.41　三都寒武系—下奥陶统有机地球化学综合剖面

点，有机质类型属偏腐泥型。烃源岩沥青反射率为3.44%～3.67%，热解峰温T_{max}达608℃，表明了有机质成熟度已达到过成熟阶段。

下寒武统：下寒武统下部发育一套黑色碳质页岩，其底部见有数米厚的黑色薄层硅质岩夹层状或结核状磷块岩（或含磷层）。该套黑色页岩系，在南皋-凯里-都匀地区称为牛蹄塘组（$\epsilon_1 n$），在南皋剖面上（图1.39），黑色页岩厚度达103m，TOC一般为4.25%～12.55%，最高达33.99%，平均为6.88%（6个样品）；干酪根$\delta^{13}C$为-33.66‰～-29.12‰，有机质类型也属偏腐泥型。下寒武统的其他层位总有机碳含量极低，为非烃源岩。而该套黑色页岩系在三都地区称为扎拉沟组（$\epsilon_1 z$），扎拉沟剖面上，黑色碳质页岩厚度为95m，15个样品TOC为1.94%～6.02%，平均为3.16%（图1.41）；干酪根$\delta^{13}C$为-32.36‰～-30.74‰，有机质类型属偏腐泥型。

此外，在三都地区的中寒武统（ϵ_2）为都柳江组（$\epsilon_2 d$），有黑色页岩和深灰色泥灰岩沉积，总厚度达300余米，TOC为0.15%～2.25%，平均为1.18%（17个样品），其中TOC≥1.00%者约占总样品数量的60%（图1.41）；干酪根$\delta^{13}C$为-31.24‰～-28.58‰，有机质类型也属偏腐泥型，总体上属于一套中等烃源岩，部分为优质烃源岩。在三都地区的上寒武统为三都组（$\epsilon_3 s$），主要由深灰色粉砂质（泥质）灰岩组成，其他地区主要为浅灰-灰色块状白云岩、灰岩，厚度巨大，其总有机碳含量在三都地区为0.05%～0.38%，平均为0.21%（8个样品），为非烃源岩。

中泥盆统：中泥盆统在独山地区以灰色灰岩为主（图1.40），顶部见厚约10m的深灰色、黑色页岩，残余总有机碳含量为2.17%，干酪根$\delta^{13}C$值为-30.44‰，有机质类型属于$Ⅱ_1$型干酪根，为海相优质烃源岩。热解峰温T_{max}值为425～438℃，平均为430℃，沥青反射率为0.45%～0.54%，尚处于未成熟—低成熟阶段。而在云南禄劝茂山剖面出露段（10m左右）以深灰色—灰黑色泥灰岩间黑色、深灰色钙质页岩，其中钙质页岩TOC为2.55%～5.8%，平均为4.1%（3个样品），生烃潜量（S_1+S_2）为8.79～21.37mg/g，平均值达14.26mg/g，为优质烃源岩；泥灰岩TOC为0.33%～4.55%，平均为1.95%（11个样品），生烃潜量（S_1+S_2）为1.76～21.31mg/g，平均值达7.91mg/g，也达到优质烃源岩标准。

二叠系梁山组（$P_1 l$）：梁山组以深灰色、灰黑色砂质页岩为主，夹薄煤层，厚度一般为20m左右（图1.39、图1.40）。页岩TOC为1.76%～7.88%，沥青“A”含量达1143.54×10^{-6}，干酪根$\delta^{13}C$、沥青和其他可溶组分碳同位素组成均为-25.4‰～-23.0‰，有机质类型属腐殖型，属于煤系烃源岩。镜质组反射率为1.58%，热解峰温T_{max}为474～492℃，表明热演化程度正处于高成熟（凝析油湿气）阶段。

二叠系栖霞组（$P_1 q$）：上部为灰色、深灰色中厚层至厚层致密灰岩，夹有薄层黑色页岩，中部见有十几米厚的眼球状灰岩，下部为深灰色、灰黑色薄层至中厚层致密灰岩，层间多见有黑色或褐色页岩夹层，常含有燧石结核或条带，厚度为70～175m。黑色页岩TOC为0.55%～1.89%，平均为0.93%（5个样品），属于中等烃源岩；灰岩TOC在0.06%～0.29%，平均为0.15%（7个样品），为非烃源岩。栖霞组烃源岩干酪根$\delta^{13}C$为-29.16‰～-28.03‰，有机质类型属偏腐泥型；镜质组反射率为1.61%～1.72%，热解峰温T_{max}为468～517℃，表明热演化处于高成熟（凝析油湿气）阶段。

茅口组（$P_1 m$）：总体上为灰色、深灰色中厚层至块状灰岩，含少量燧石结核，偶见页岩夹层，下部含白云岩团块，风化面似豹皮状，厚度为63～239m。灰岩TOC为0.02%～0.66%，平均为0.25%（12个样品），其中大于0.5%者仅占总样品数量的16%，沥青“A”含量为52.62×10^{-6}～126.76×10^{-6}，茅口组在该地区仅有差烃源岩发育。干酪根$\delta^{13}C$为-29.67‰～-28.31‰，有机质类型偏腐泥型，但顶部一个样品干酪根$\delta^{13}C$为-22.14‰，暗示陆源物质的混入；镜质组反射率为1.47%～1.79%，热解峰温T_{max}为454～507℃，表明热演化也处于高成熟阶段。

吴家坪组（$P_2 w$）：吴家坪组（或龙潭组）上部为灰色、深灰色灰岩，含泥质燧石团块或条带，下部为褐黄、褐灰色薄层含泥质硅质岩，夹砂质页岩及黑色碳质页岩，其中夹有一薄煤层，总厚度为126～863m，底部黑色硅质岩和页岩厚度约20m。黑色页岩、硅质岩TOC为1.82%～7.09%，平均为3.60%（3个样品），灰岩为0.17%，沥青“A”含量为52.30×10^{-6}～74.56×10^{-6}，干酪根$\delta^{13}C$为-25.99‰～-25.69‰，有机质类型比较差，属混合型（Ⅱ型），应属于煤系烃源岩；镜质组反射率为1.75%～

1.80%，热解峰温 T_{max} 为 450～584℃，表明热演化也处于高成熟阶段。该组在丹寨地区（太平煤矿）发育一套煤层，TOC 为 75.89%，沥青“A”含量高达 41707.46×10⁻⁶，干酪根 $\delta^{13}C$、沥青 $\delta^{13}C$ 为 −24.30‰～−23.11‰，腐殖型（Ⅲ型），镜煤反射率为 1.0%，热解峰温 T_{max} 为 448℃，表明热演化程度尚处于成熟阶段。

（6）鄂西渝东与湘鄂西地区建深 1 井及咸丰等野外露头有机地球化学综合剖面。建深 1 井构造位置处于鄂西渝东地区石柱复向斜中部建南构造；龙 8 井位于石柱复向斜龙驹坝构造。两口井的有机地球化学剖面揭示该地区三叠系巴东组—寒武系覃家庙组的海相地层主要在上二叠统吴家坪组、下二叠统茅口组和上奥陶统五峰组—下志留统龙马溪组三套层系中发育有优质烃源岩（图 1.42、表 1.14）。下奥陶统—中寒武统覃家庙组的样品 TOC 多在 0.3% 以下，为非烃源岩。

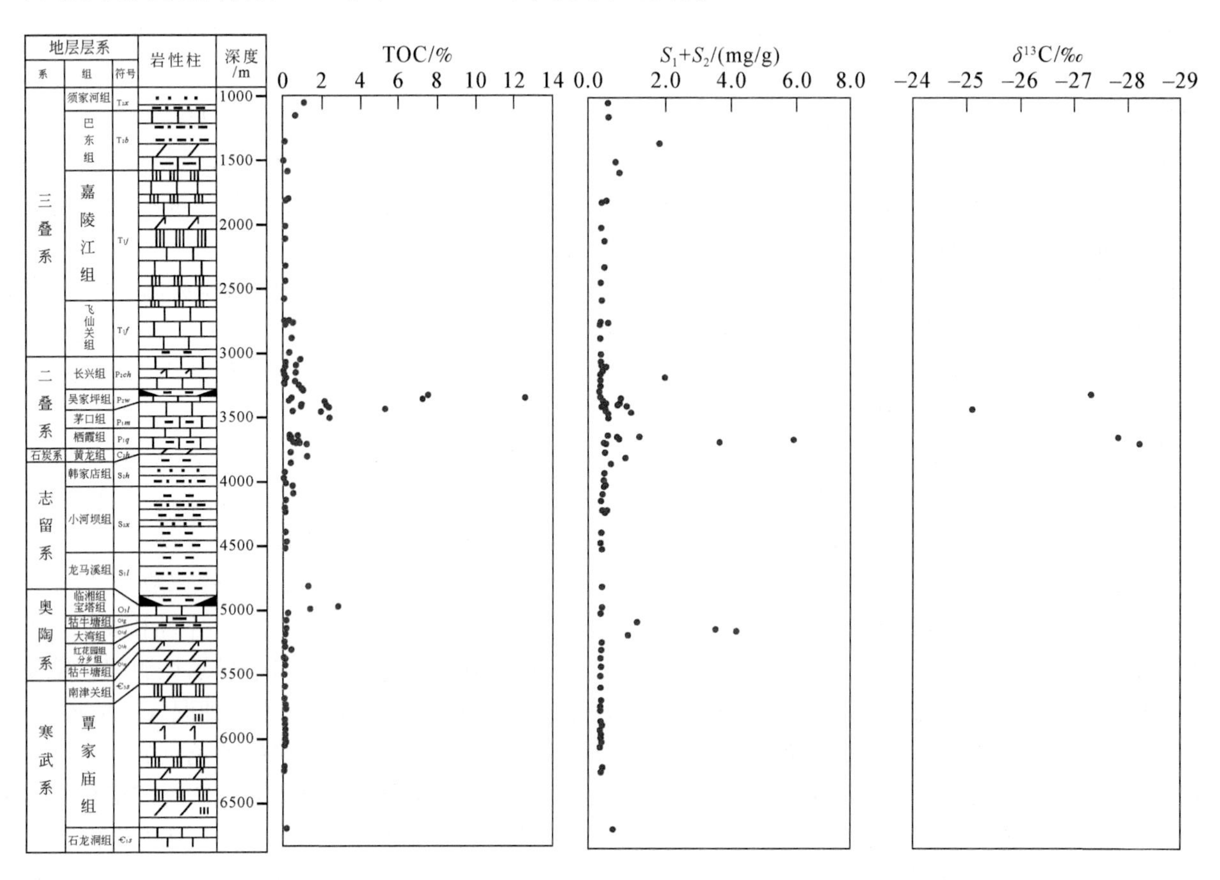

图 1.42　鄂西渝东地区建深 1 井（龙 8 井）综合有机地球化学综合柱状图

表 1.14　鄂西渝东地区建深 1 井与龙 8 井烃源岩评价综合统计数据

地层	井段底界/m	岩性	样品位置/m	TOC/%	沥青“A”/10⁻⁶	综合评价
自流井组	934	深灰色泥岩	330～740	0.3～1.48/0.71（5）		中等烃源岩
须家河组	1172	深灰色泥岩	940～950	1.06（1）		煤系烃源岩
巴东组	1662	灰色灰岩	1150～1155	0.63（1）		中等烃源岩
		灰色白云质泥岩，白云岩	1150～1585	0.04～0.22/0.1（3）		非烃源岩
嘉陵江组	2593	灰色白云岩，灰岩	1800～2585	0.04～0.26/0.1（7）		
飞仙关组	2998	砂屑白云岩，灰质白云岩		0.1～0.52/0.27（9）	41～128/86（4）	可能再生烃源
长兴组	3294	深灰色泥灰岩		0.28～1.03/0.73（4）		中等烃源岩
		云质灰岩，灰岩		0.03～0.11/0.06（9）	41～456/165（5）	非烃源岩

续表

地层	井段底界/m	岩性	样品位置/m	TOC/%	沥青“A”/10^{-6}	综合评价
吴家坪组	3331	碳质页岩、泥岩		7.55~12.58/10.1 (2)	310 (1)	优质烃源岩
茅口组	3585	灰岩		0.25~0.38/0.31 (3)	50.97 (1)	差烃源岩
		生屑灰岩，泥灰岩		0.44~7.28/2.58 (10)	104~155/130 (3)	优质烃源岩
栖霞组	3711	生屑灰岩		0.26~0.7/0.37 (7)	99~178/138 (2)	差烃源岩
		灰岩，泥灰岩		0.62~1.2/0.82 (5)	72~141/106 (2)	中等烃源岩
韩家店组	4056	灰色泥岩	3769~3856	0.34~0.21/0.63 (3)		中等烃源岩
		灰绿色泥岩	3930~4032	0.04~0.45/0.16 (4)		非烃源岩
小河坝组	4558	灰绿色砂质泥岩		0.04~0.5/0.13 (8)		
龙马溪组	4975	黑色泥岩	4808~4971	1.27~2.79/2.03 (2)	236 (1)	优质烃源岩
宝塔组		深色灰岩	4989~4990	1.32 (1)		中等烃源岩?
下奥陶统	5334	灰色泥岩，灰色灰岩	5207~5306	0.02~0.37/0.13 (8)	58 (1)	非烃源岩
三游洞组	5539	白云岩	5356~5502	0.01~0.06/0.04 (5)	46.85	
覃家庙组	6820	膏质白云岩	5592~6697	0.03~0.15/0.07 (21)	24~39/31 (33)	

吴家坪组在建深1井与龙8井处厚度不大，在40m左右，岩性以碳质页岩、泥岩为主，底部夹有煤线。两个碳质泥岩样品TOC在7.55%~12.58%之间，平均10.1%。

茅口组部分泥灰岩与生屑灰岩也具有较高的$TOC_{残余}$，10个样品TOC分布在0.44%~7.28%，平均2.58%，发育有海相优质烃源岩；但1个样品的干酪根同位素较重，为-25.1‰，显示有机质类型较差。

龙马溪组岩屑由于受到后期污染，可用于地球化学分析的样品很少，两个黑色泥岩样品TOC在1.27%~2.79%，平均2.03%，沥青“A”碳同位素为-27.4‰，结合该地区露头剖面黑色页岩出露情况，该地区龙马溪组发育有优质烃源岩段。

湘鄂西地区三叠系—震旦系海相地层主要发育上二叠统泥质岩、下二叠统泥质岩、五峰组—龙马溪组页岩，寒武系牛蹄塘组黑色页岩以及震旦系陡山沱组硅质岩等几套优质烃源岩（表1.15，图1.43、图1.44）。

表1.15 鄂西渝东-湘鄂西地区部分剖面海相烃源岩残余总有机碳含量数据

层位	岩性	$TOC_{残余}$/%				
		石柱马武	恩施	龙山—宜恩	张家界	宜昌
T_1	泥岩			0.04~0.11		
				0.06 (8)		
P_2	泥岩	4.78~8.51	10.1 (1)	8.57~22.62		
		6.65 (2)		15.62 (2)		
	灰岩	0.29~0.39	0.81 (1)	0.49 (1)		
		0.34 (2)				
P_1	泥岩			0.83~0.94		1.95~5.12
				0.89 (2)		3.64 (3)
	灰岩	0.24~4.32	0.37 (1)	0.19~0.30		0.12~0.34
		1.14 (6)		0.25 (2)		0.24 (3)
O_3w—S_1l底	黑色页岩	0.63~5.11	3.24 (1)	1.73~3.12		1.27~2.99
		2.13 (4)		2.83 (3)		2.15 (3)

续表

层位	岩性	$TOC_{残余}$/%				
		石柱马武	恩施	龙山—宣恩	张家界	宜昌
S_1	灰绿色页岩			0.11～0.28		0.12～0.13
				0.17（4）		0.13（2）
ϵ_1	黑色页岩			0.49～3.45	0.79～16.45	1.99～2.95
				1.01（9）	6.25（3）	2.07（2）
Zb*dn*	黑色页岩				0.13～0.51	0.82～2.77
					0.35（3）	1.64（3）
	硅质岩				2.00～2.05	
					2.03（2）	

注：6.65（2）为数值（样品数）。

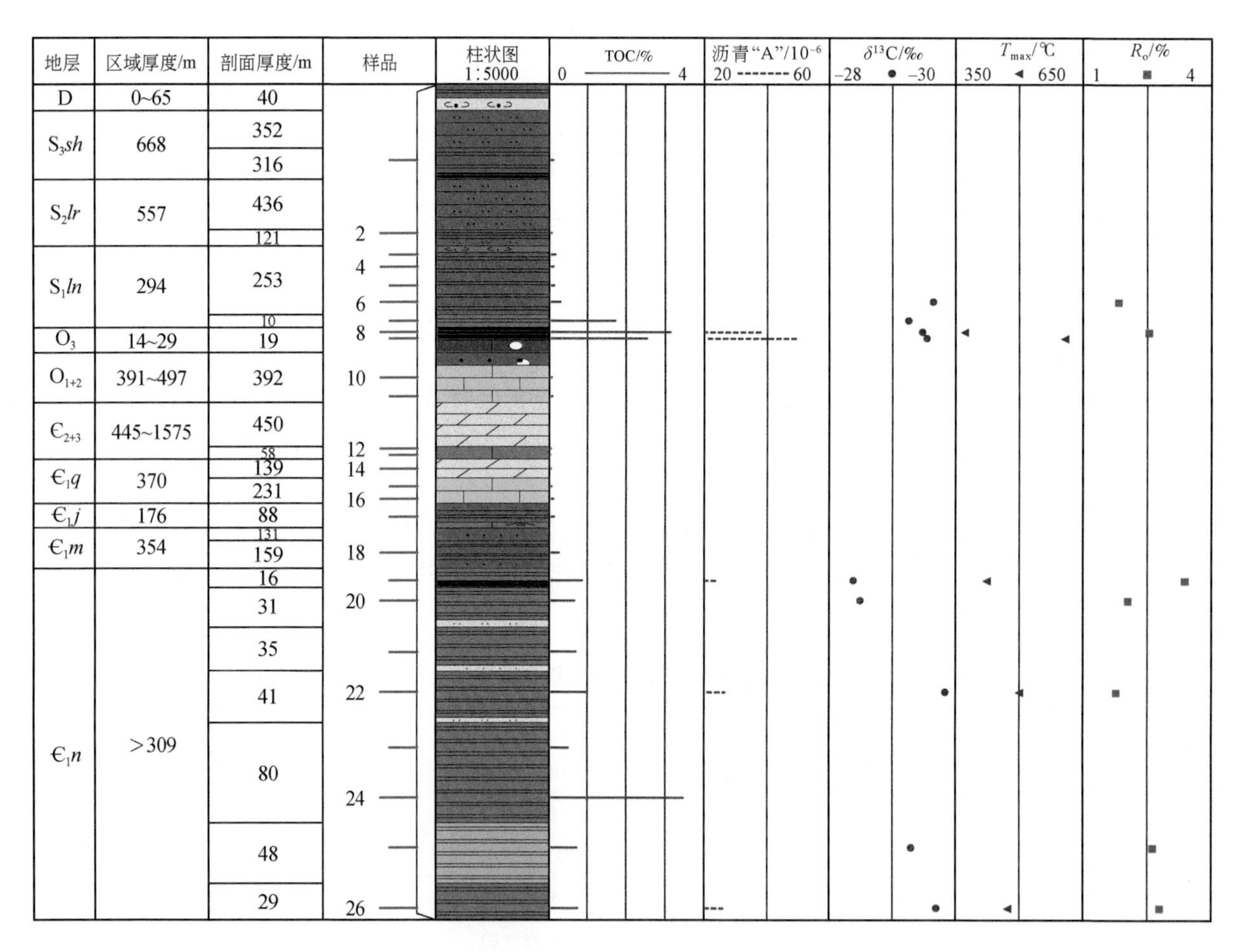

图 1.43　咸丰地区下古生界有机地球化学综合剖面

上二叠统泥质岩在石柱马武、龙山—宣恩、恩施等剖面有机质丰度都较高，5 个样品中 TOC 最低为 4.78%，均有优质烃源岩发育。下二叠统优质烃源岩则仅在宜昌剖面有发育，3 个样品 TOC 平均 3.64%。

五峰组—龙马溪组底部黑色页岩在石柱马武、恩施、龙山—宣恩、宜昌等地都有发育，TOC 均值都在 2.0% 以上，为优质烃源岩段。龙马溪组中上部、中志留统—上志留统巨厚的灰绿色页岩段有机质丰度极低，为非烃源岩（图 1.43）。

寒武系牛蹄塘组下部黑色页岩在张家界军大坪剖面有约 150m 厚的黑色页岩段 TOC>2.0%（图 1.44）。

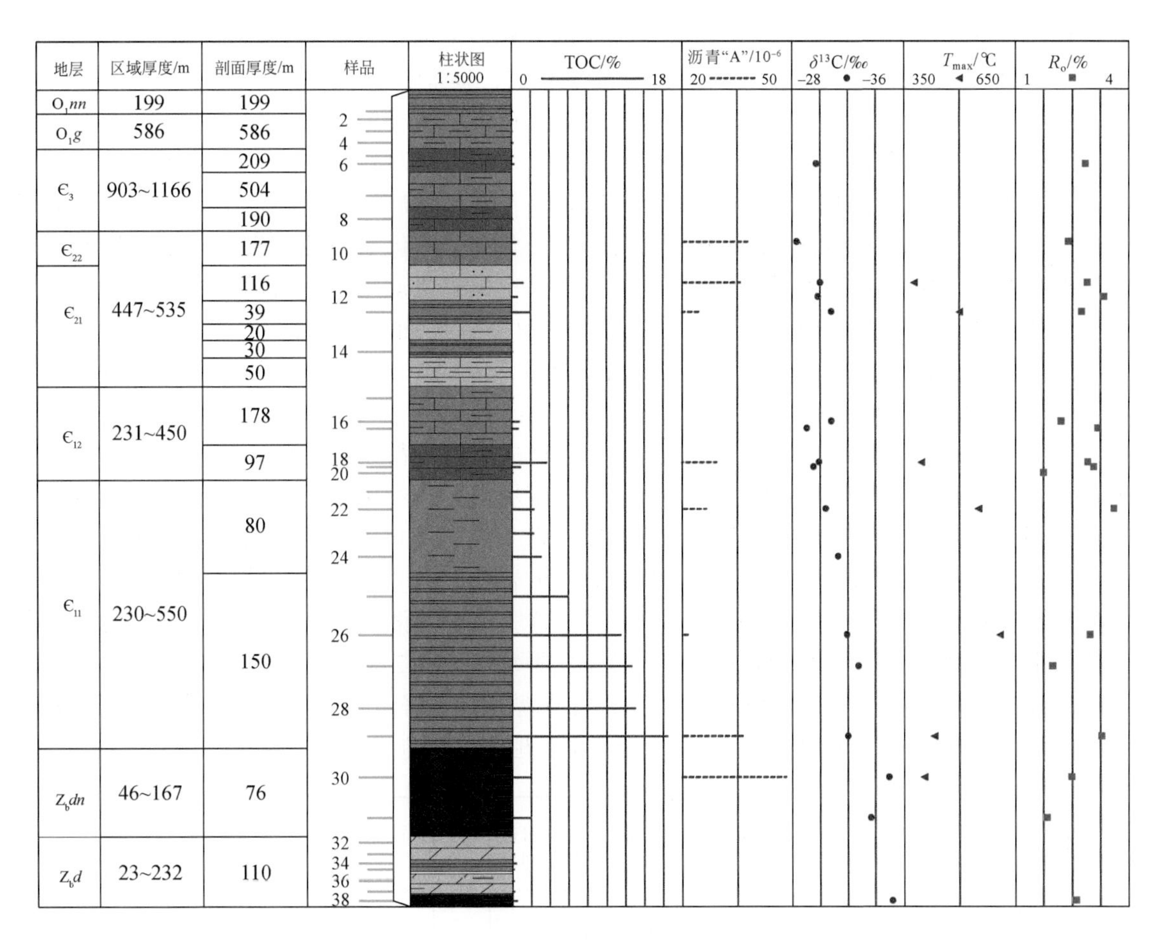

图 1.44　张家界地区下古生界有机地球化学综合剖面

在宜昌地区牛蹄塘组优质烃源岩也较发育，但在龙山—宣恩一带，牛蹄塘组页岩有机质丰度普遍较低，仅少部分样品 TOC>2.0%，说明在该剖面牛蹄塘组优质烃源岩厚度较小或不发育。

震旦系陡山沱组烃源岩分布较局限，仅在张家界地区和宜昌地区有见出露。在张家界地区陡山沱组黑色页岩有机质丰度并不高，平均仅 0.35%，为差烃源岩；但 2 个硅质岩样品的 TOC 却较高，平均 2.03%，为优质烃源岩。在宜昌地区，陡山沱组黑色页岩 TOC 在 0.82%~2.77% 之间，为中等-优质烃源岩。

（7）中上扬子地区海相优质烃源岩发育特征。上述系列的有机地球化学综合剖面表明，南方海相主要发育下寒武统牛蹄塘组、上奥陶统五峰组—下志留统龙马溪组和上二叠统龙潭组—大隆组三套区域性的优质烃源岩。优质烃源岩多发育在烃源层底部，一般厚度不大（多在数十米至近百米不等），具有近底部有机质丰度逐渐增高的趋势。

早寒武世初期正处于全球范围最大的海侵期和生物大暴发期（许靖华等，1986；Steiner et al., 2001），伴随广泛的缺氧事件（姜月华和岳文浙，1994），我国南方广泛沉积了一套富含有机质的黑色页岩系。早寒武世初期是最有利于烃源岩发育时期，下寒武统牛蹄塘组底部黑色页岩在多数剖面都为优质烃源岩，且厚度巨大。晚奥陶世—早志留世龙马溪期，扬子地块周围的古陆上升，华夏古陆急剧扩大（马力等，2004），扬子海盆开始收缩，扬子主体区为滞留、低能、缺氧受限的深水陆棚环境（严德天等，2008）。在五峰组—龙马溪组底部形成了分布范围广、厚度较大的富含微粒黄铁矿和笔石化石黑色页岩，有机质丰富，为一套区域性的优质烃源岩。晚二叠世早期中上扬子地区沉积相时空变化频繁，处于海陆交互相环境地区的龙潭组主要发育煤系烃源岩和煤层；而碳酸盐台地相的地区则主要发育吴家坪型的碳酸盐岩烃源岩，有机质丰度相对较低；台内凹陷等深水沉积环境则发育龙潭组高有机质丰度的泥页岩优质烃源岩；长兴期则在深水区沉积了以大隆组为代表的海相硅质岩、黑色页岩系，分布较为局限，但与下伏的龙潭组高有机质丰度泥页岩一起构成了一套厚度较大，分布较广的区域性优质烃源岩。

除上述三套区域性优质烃源岩外，中上扬子区泥盆系在黔东南都匀、云南禄劝少数剖面有优质烃源岩发育，空间上分布十分有限。早二叠世中上扬子区内接受了以深灰色灰岩为主夹泥页岩的栖霞组、茅口组碳酸盐岩沉积，部分剖面中泥页岩段有机质丰度较高，达到优质烃源岩的标准，但在区域上其分布范围较局部，且厚度不大。震旦纪的陡山沱期也是南方一个重要的优质烃源岩发育时期，研究区内主要沿上扬子东南缘发育，其中在川南、黔东南如三都—南皋一带有机质丰度相对较高，而向东至筒车坪—军大坪剖面上所见陡山沱组总有机碳含量并不高，在南山坪剖面上平均值仅为 0.23%（赵宗举等，2001），说明其发育较局限。灯影组三段和下寒武统麦地坪组在四川盆地川中地区也局部发育优质烃源岩（杜金虎等，2014；魏国齐等，2015）。

在纵向上，下寒武统牛蹄塘组和五峰组—龙马溪组优质烃源岩都发育在烃源层段的底部或下部，暗色泥页岩段并不代表优质烃源岩的厚度。如南江沙滩牛蹄塘组和华蓥山李子垭剖面的五峰组—龙马溪组烃源岩，仅底部的黑色岩段为优质烃源岩，而其上厚达数十米的暗色泥页岩有机质丰度很低（图 1.45）属于较差—非烃源岩。若将底部黑色页岩段与中上部泥页岩段混为一体，不仅贫化黑色页岩段的有机质丰度，降低烃源岩质量，而且造成烃源岩厚度的偏高。这一点可从湘鄂西的钻探统计资料得到证实：下志留统泥质岩平均厚度 733m，TOC 为 0.02%~4.47%，平均仅为 0.27%（89 个样品），整体达不到烃源岩标准，川南地区丁山 1 井也存在类似情况，这表明牛蹄塘组、五峰组—龙马溪组优质烃源岩主要发育在烃源层底部或下部的现象具有原始性和普遍性，而并不是地表风化造成的。

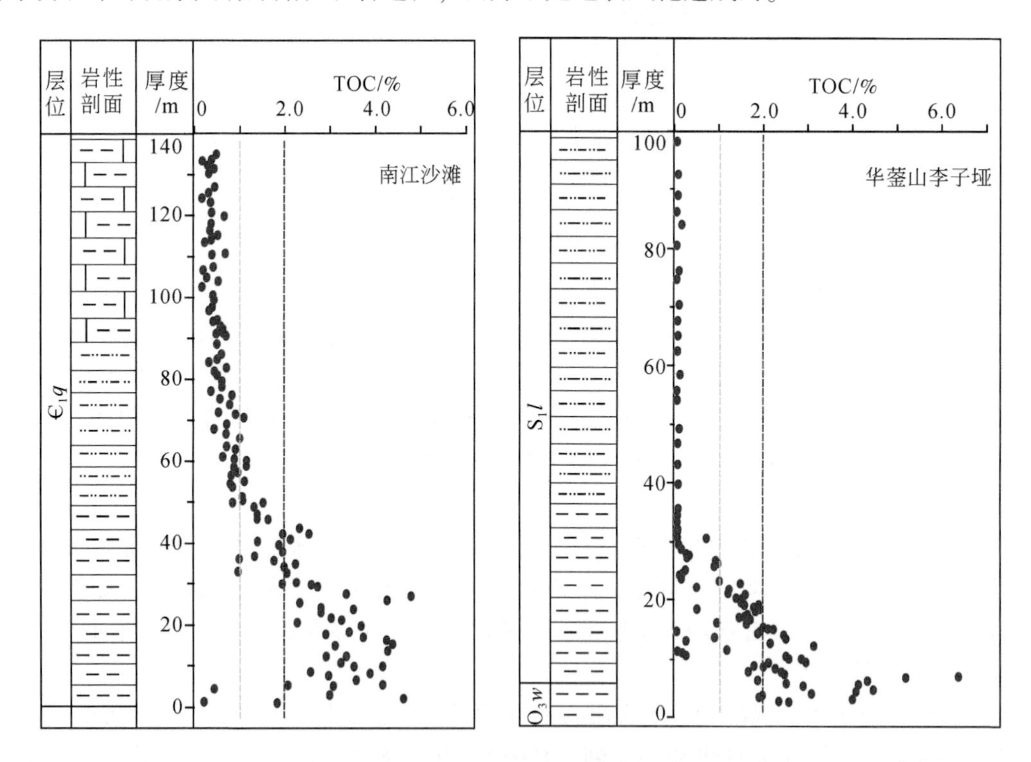

图 1.45　中上扬子地区牛蹄塘组、五峰组—龙马溪组优质烃源岩在纵向上的分布特征

因此，海相优质烃源岩纵向上一般发育在烃源岩发育层系或层段的下部或底部，越靠近下部或底部，有机质丰度（TOC）总体上具有明显增高的趋势，多呈“塔状”分布，TOC>2.0% 的优质烃源岩厚度一般几十米。例如，四川盆地川东南丁山 1 井志留系龙马溪组烃源岩总有机碳含量底部最高达 4.41%，TOC 大于 2.0% 的黑色页岩厚度 17m，向上逐渐降低成为好或中等烃源岩（图 1.46），这与沉积水体逐渐浅，由极强还原逐渐变为还原环境相一致。川东北普光 5 井二叠系龙潭组、川东北—湘鄂西大庸（张家界）

地区寒武系牛蹄塘组和加拿大阿尔伯特盆地石炭系层位海相优质烃源岩的纵向分布特征均与此相似（图 1.46b ~ d）。按照剖面上一定的等间距系统、连续测定的有机质丰度结合原始发育环境分析来划分烃源岩并确定其厚度更为合理有效，才不至于夸大或低估各级烃源岩的实际厚度，这对各烃源岩层位的生烃量和生烃强度的准确评价尤为重要。

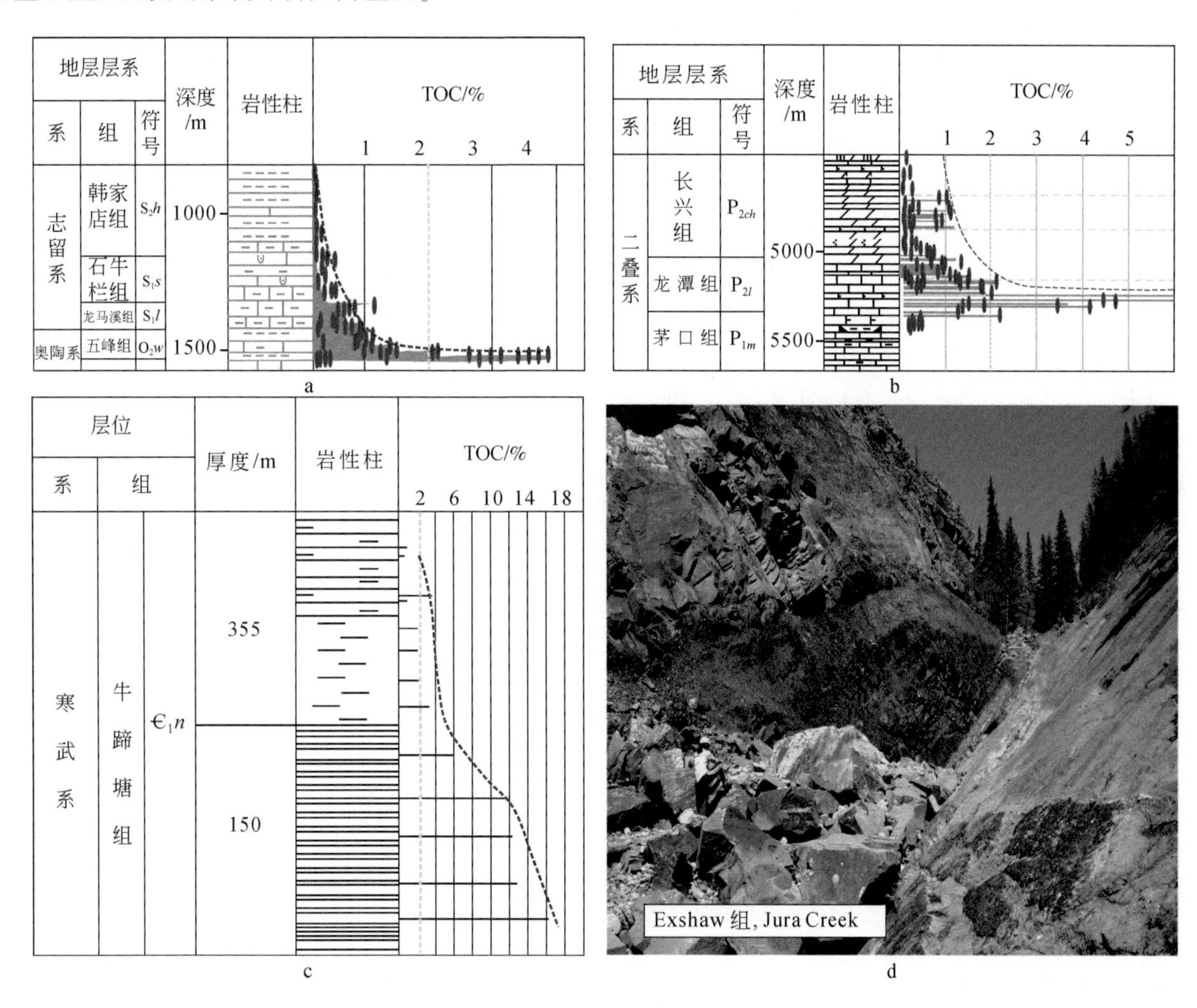

图 1.46　海相优质烃源岩总有机碳含量的纵向分布实例

a. 川东南丁山 1 井志留系龙马溪组底部；b. 川东北普光 5 井二叠系龙潭组下部；c. 川东北—湘鄂西大庸（张家界）地区寒武系牛蹄塘组下部；d. 加拿大阿尔伯特石炭系

2. 平面上中国南方海相优质烃源层多发育在台盆、台凹或潟湖的较深沉积水体中且具强还原弱碱性环境，一般越接近中心部位优质烃源岩厚度越大，有机质丰度越高

根据所建立的中上扬子地区一系列有机地球化学综合剖面，结合前人的研究成果（梁狄刚等，2007），以及区域地质报告和钻井资料等（中国石油西南油气田分公司勘探开发研究院、中国石化勘探南方分公司钻孔资料）。剖面重点研究了中上扬子区下寒武统牛蹄塘组（筇竹寺组）、上奥陶统—下志留统的五峰组—龙马溪组、上二叠统龙潭组（吴家坪组）—大隆组三套区域性优质烃源岩（$TOC_{残余} \geq 2\%$，部分高过成熟地区取 1.5%）的空间展布特征。总体上认为，海相优质烃源岩多发育在台盆、台凹、潟湖或有间歇性海侵湖泊的较深沉积水体中且具强还原弱碱性环境，一般越接近中心部位优质烃源岩厚度越大，有机质丰度越高。

（1）下寒武统优质烃源岩平面分布：中上扬子区下寒武统牛蹄塘组（筇竹寺组）在多数剖面优质烃源岩段厚度巨大（表 1.16），最新的勘探钻井揭示最大厚度在高石 17 井可达 160m，此外在张家界军大坪剖面也可达150m以上。下寒武统优质烃源岩在空间上存在着三个带状厚度中心（图1.47）。

表1.16 中上扬子区下寒武统牛蹄塘组（筇竹寺组）典型剖面各级烃源岩厚度数据

剖面位置	层位	地层厚度/m	地层TOC分布范围/%	烃源岩总厚度/m	不同品质烃源岩厚度/m			
					差（TOC≥0.3%）	中等（TOC≥0.5%）	好（TOC≥1.0%）	优质（TOC≥1.5%）
南江沙滩*	$\epsilon_1 q$	145	0.21～4.78	125	35	30	17	43
城口庙坝*	$\epsilon_1 q$	594	0.17～46.25	176	23	30	17	106
镇坪钟宝*	$\epsilon_1 sh$	506		320		200		120
高科1井*	$\epsilon_1 q$	117	0.96～44.43	117	37	40	10	30
高石17井	$\epsilon_1 q$	500	0.37～6.00	500	125	100	115	160
资4井	$\epsilon_1 q$	150	0.98～6.61	150	0	0	50	100
女基井	$\epsilon_1 q$	86	0.2～40.48	0				
窝深1井*	$\epsilon_1 q$	663	0.1～40.74	26		26	0	0
威28井*	$\epsilon_1 q$	354.5	0.09～42.15	70		50	10	10
自深1井	$\epsilon_1 q$	418.5	0.3～43.86	140		40	55	45
丁山1井	$\epsilon_1 n$	195	0.08～41.48	52	40	10	1	1
乐山范店*	$\epsilon_1 q$	258	0.1～43.32	15		13	0	2
石柱都会*	$\epsilon_1 n$	29	0.12～41.55	2			2	0
遵义松林	$\epsilon_1 n$	148	0.19～43.09	>50				25
遵义新土沟	$\epsilon_1 n$		0.10～6.12	24.3	0	1.8	9.5	13
金沙岩孔*	$\epsilon_1 n$	125.3	3.23～413.70	>100	60			>40
方深1井*	$\epsilon_1 n$	99	0.17～48.02	99	9	20	5	65
湄谭*	$\epsilon_1 n$	30.5		20		30	0	0
瓮安朵顶关*	$\epsilon_1 n$	130	0.61～48.43	120	5	5	5	105
凯里羊跳	$\epsilon_1 n$	>150	0.19～422.15	>120	>50			>70
三都县城	$\epsilon_1 z$	95	1.21～46.05	95	5	0	30	60
咸2井*	$\epsilon_1 sh$	670		200		200	0	0
咸丰-龙山	$\epsilon_1 n$	280	0.49～3.45	280	0	159	92	29
张家界	$\epsilon_1 n$	230	0.79～16.45	230	0	0	80	150
秀山溶溪*	$\epsilon_1 sh$	428	5.46～48.77	>220	>200			>20
松桃盘石*	$\epsilon_1 sh$	325	1.89～413.52	>50				>50
吉首默戎*	$\epsilon_1 sh$	225	0.63～47.95	195		25	130	40
织金毛稗冲	$\epsilon_1 n$	115						70
清镇青格	$\epsilon_1 n$	122	0.6～42.3	98.16	98.16	0	0	0

*数据源自梁狄刚等（2008）。

上扬子北缘优质烃源岩厚度中心。在上扬子北缘，优质烃源岩沿镇坪—城口—南江一带呈NW-SE方向展布，厚度中心在城口，最厚达106m，向东至宜昌、向南至万州区、向西至南江一带逐渐变薄为十几米至几米，其中南江沙滩剖面富含有机质的黑色页岩段相对较厚，在诺水河—沙滩剖面厚度可达30～40m。

中上扬子东南缘优质烃源岩厚度中心。在扬子东南缘，优质烃源岩发育范围广，总体沿张家界—吉首—铜仁—三都一带呈SW-NE方向带状分布，在张家界军大坪、松桃盘石和瓮安永合剖面厚度分别为150m、90m和105m。据丁山1井和龙山兴隆剖面的实际揭露，沿大陆边缘斜坡带发育的这一套下寒武统

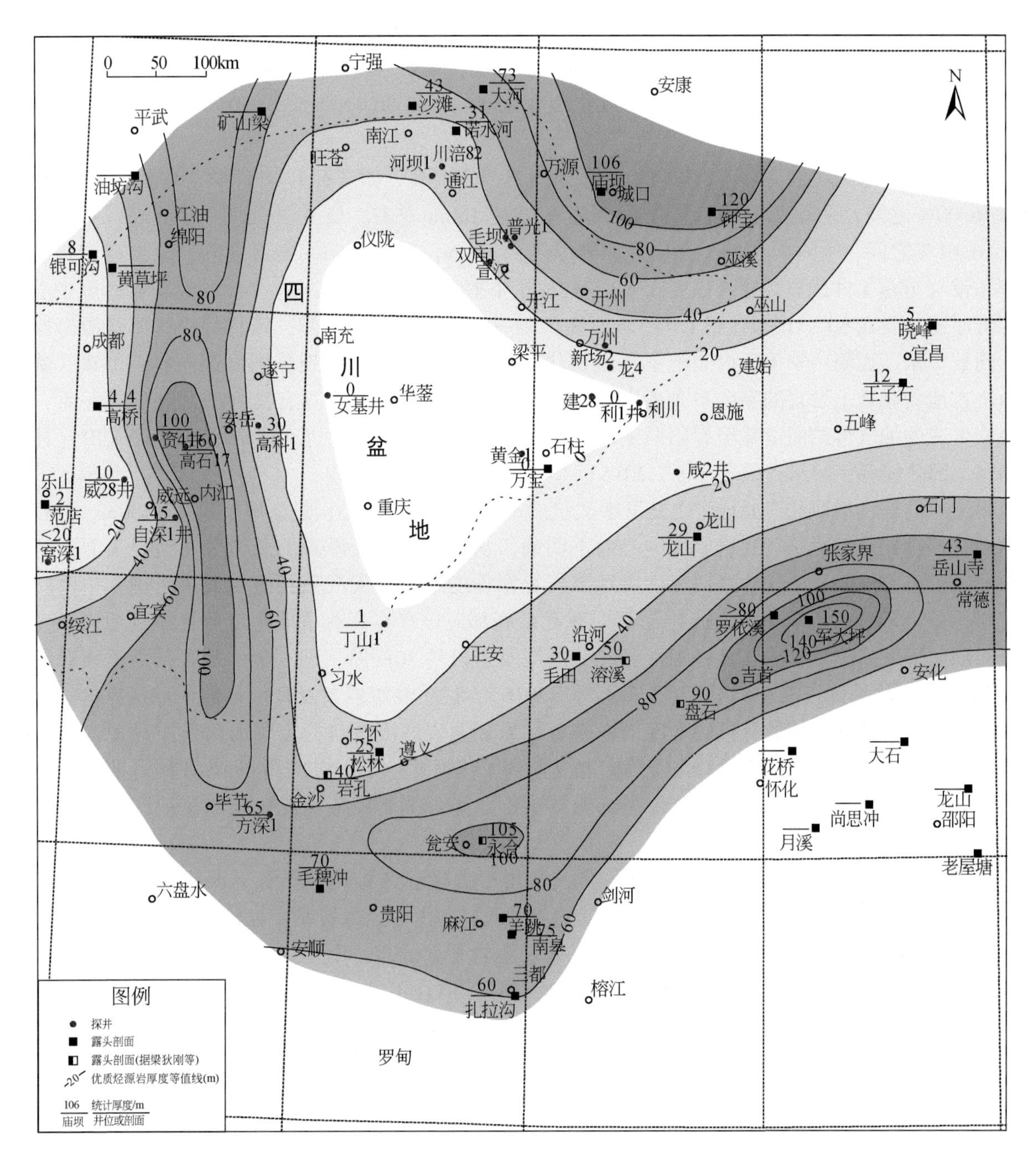

图 1.47　中上扬子区下寒武统优质烃源岩厚度分布

优质烃源向地台内部明显变薄，丁山 1 井处优质烃源岩厚度仅约 2m。在这些地区，尽管有黑色页岩系的形成，但其有机质丰度普遍较低，TOC 平均 1.0% 左右，这与北缘分布形式是一致的，指示当时不同地区古海洋沉积环境的差异性，在大陆边缘的斜坡地带，由于水体较深、上升洋流频繁、表层水高古生产力、底部水体缺氧等环境，以及在生物综合作用下建造了有利于有机质富集和保存的场所，使得富含有机质的黑色页岩系形成。而地台内部尽管在海侵作用下广大地区皆沉没水下接受沉积，且生物繁盛，但除了台内拗陷地带水体较深，底部水体低能、还原，有利于烃源岩发育（如龙山地区）以外，其他地区以水浅、高能、氧化环境为主，主要为纯碳酸盐岩沉积，不利于有机质保存。

川中古隆起德阳—安岳台内裂陷优质烃源岩厚度中心。近年经勘探实践及钻井证实，震旦纪—早寒武世早期，四川盆地内部在川中古隆起大背景下，沿德阳—安岳—长宁一带存在南北向台内裂陷（即德阳—安岳台内裂陷），在裂陷区发育巨厚的下寒武统筇竹寺组、麦地坪组泥页岩烃源岩（杜金虎等，

2014；魏国齐等，2015）。裂陷槽的发育控制了盆地内下寒武统烃源岩的分布，沿裂陷方向烃源岩厚度最大，厚度一般在300～350m，北部天1井区厚度超过350m，蜀南地区最大厚度超过450m。裂陷区两侧烃源岩厚度明显减薄，西侧威远—资阳地区厚度在200～300m，向西快速减薄至50～100m，东侧高石梯—磨溪地区厚度一般在120～150m。

台内裂陷区下寒武统烃源岩不但厚度巨大，且有机质丰度高，如高石17井筇竹寺组烃源岩TOC介于0.37%～6.00%之间，平均2.17%，优质烃源岩厚度达160m左右；资4井筇竹寺组样品的TOC介于0.98%～6.61%之间，平均2.18%，优质烃源岩厚度约100m。顺着德阳—安岳裂陷，至川南泸州、黔西北毕节一带（方深1井优质烃源岩厚度65m），构成了下寒武统筇竹寺组另一个优质烃源岩厚度中心，优质烃源岩厚度主要在60～160m（图1.47）。而在德阳—安岳裂陷东西两侧，筇竹寺组优质烃源岩厚度迅速减小到数十米。德阳—安岳台内裂陷下寒武统优质烃源岩厚度中心与裂陷两侧高石梯—磨溪、威远—资阳两个古地貌高地上发育的寒武系龙王庙组藻丘和颗粒滩相规模储层具有良好的源储配置关系，裂陷内烃源岩生成的油气可侧向运移至裂陷两侧的有利储集体中聚集成藏，进而形成了安岳大气田（杜金虎等，2014；邹才能等，2014；魏国齐等，2015）。

值得注意的是，川西北广元地区也是下寒武统的一个沉积厚度中心，最大厚度可达1400m，但目前该沉积中心是否存在一个优质烃源岩厚度中心尚不明确。从海相优质烃源岩的总体分布情况来看，特别是从绵阳地区银杏沟剖面、南江沙滩剖面优质烃源岩发育程度结合前人沉积相研究成果考虑，川西广元古油藏（矿山梁背斜和碾子坝鼻状构造）深部即寒武系底部应该存在高有机质丰度的优质烃源岩段。在什邡—金河剖面下寒武统清平组发育有TOC>2.0%的泥页岩段约30m厚，但江油—平武剖面下寒武统清平组TOC除个别样品外都在1.5%以下（王东燕等，2010），优质烃源岩欠发育。目前该地区完整揭示下寒武统的钻井极少，缺乏系统的有机质丰度剖面来对优质烃源岩厚度进行标定，因而优质烃源岩的实际厚度尚难准确评价，但是德阳—安岳台内裂陷向北延伸到了川西北一带，根据高石17井揭示的台内裂陷区筇竹寺组优质烃源岩发育厚度，结合该地区部分露头剖面黑色页岩发育情况，推测该地区下寒武统筇竹寺组优质烃源岩应该较发育。

四川盆地中东部的重庆—南充—万州区一带，受川中古隆起的影响，导致下寒武统在这一带基本无优质烃源岩发育（图1.47），即使低有机质丰度的差烃源岩和中等烃源岩厚度也较薄，但多在20m以下。

（2）上奥陶统五峰组—下志留统龙马溪组优质烃源岩平面分布：中上扬子区五峰组—龙马溪组优质烃源岩主要围绕乐山—龙女寺大型古隆起周围广泛发育，但在不同剖面优质烃源岩厚度呈现一定差异（表1.17）。优质烃源岩发育中心主要分布在乐山—龙女寺古隆起南缘宜宾—泸州、东缘石柱—黔江、巫溪等地区（图1.48）。总体沿宜宾—泸州—黔江—巫溪呈SE-NE方向展布，厚度一般变化在20～80m，最厚可达约110m，发育在江南古陆前缘拗陷带即黔江拗陷。川东及鄂西渝东地区建南气田等以石炭系、二叠系产层为主的天然气田就位于该厚度中心及周缘。

表1.17　中上扬子区各剖面五峰组—龙马溪组各级烃源岩厚度

剖面位置	层位	地层厚度/m	地层TOC分布范围/%	烃源岩总厚度/m	不同品质烃源岩厚度/m			
					差（TOC≥0.3%）	中等（TOC≥0.5%）	好（TOC≥1.0%）	优质（TOC≥1.5%）
华蓥李子垭	$O_3w—S_1l$	>150	0.05～6.35	25	0	5	4	16
巫溪田坝*	$O_3w—S_1l$	354	0.11～7.35	80	10		5	65
巫溪徐家坝	$O_3w—S_1l$	443	0.07～5.47	59	1	0	8	50
五科1井	$O_3w—S_1l$	300	2.59～6.13	>30		10		>20
城口双河	$O_3w—S_1l$	418	0.16～8.65	>47				>17
镇巴观音	$O_3w—S_1l$	292	0.10～2.74	140	10	70	42	18
宁强牢固关*	$O_3w—S_1l$		0.2～1.1	35	25	5	5	0

续表

剖面位置	层位	地层厚度/m	地层 TOC 分布范围/%	烃源岩总厚度/m	不同品质烃源岩厚度/m			
					差（TOC≥0.3%）	中等（TOC≥0.5%）	好（TOC≥1.0%）	优质（TOC≥1.5%）
南郑福成*	S_1l	300	0.12～5.01	25	5	2	10	8
南江桥亭	S_1l	315	0.08～3.94	38	18	5	2	13
旺苍正源	S_1l	677	0.09～4.56	10	2	1	2	5
利川毛坝	$O_3w—S_1l$	440	0.15～4.90	60	3	2	0	55
石柱漆辽*	$O_3w—S_1l$	656	0.29～6.67	120	0	5	0	115
秀山城西*	$O_3w—S_1l$	347	0.13～4.99	130	100	5	7	18
酉阳黑水*	$O_3w—S_1l$	470	0.15～6.10	120	80	10	10	20
来凤三胡*	$O_3w—S_1l$	412	2.79～4.73	>15				>15
彭水黑溪*	$O_3w—S_1l$		2.09～5.24	>5				>5
丁山 1 井	$O_3w—S_1l$	148	0.22～3.86	200	107	53	23	17
綦江观音桥	$O_3w—S_1l$	219	0.17～8.11	100	10	60	18	12
南川三泉*	$O_3w—S_1l$	263	0.21～1.03	145	65	80	0	0
习水良村*	$O_3w—S_1l$	90	0.41～8.28	85	5	40	10	30

*数据源自梁狄刚等（2008）。

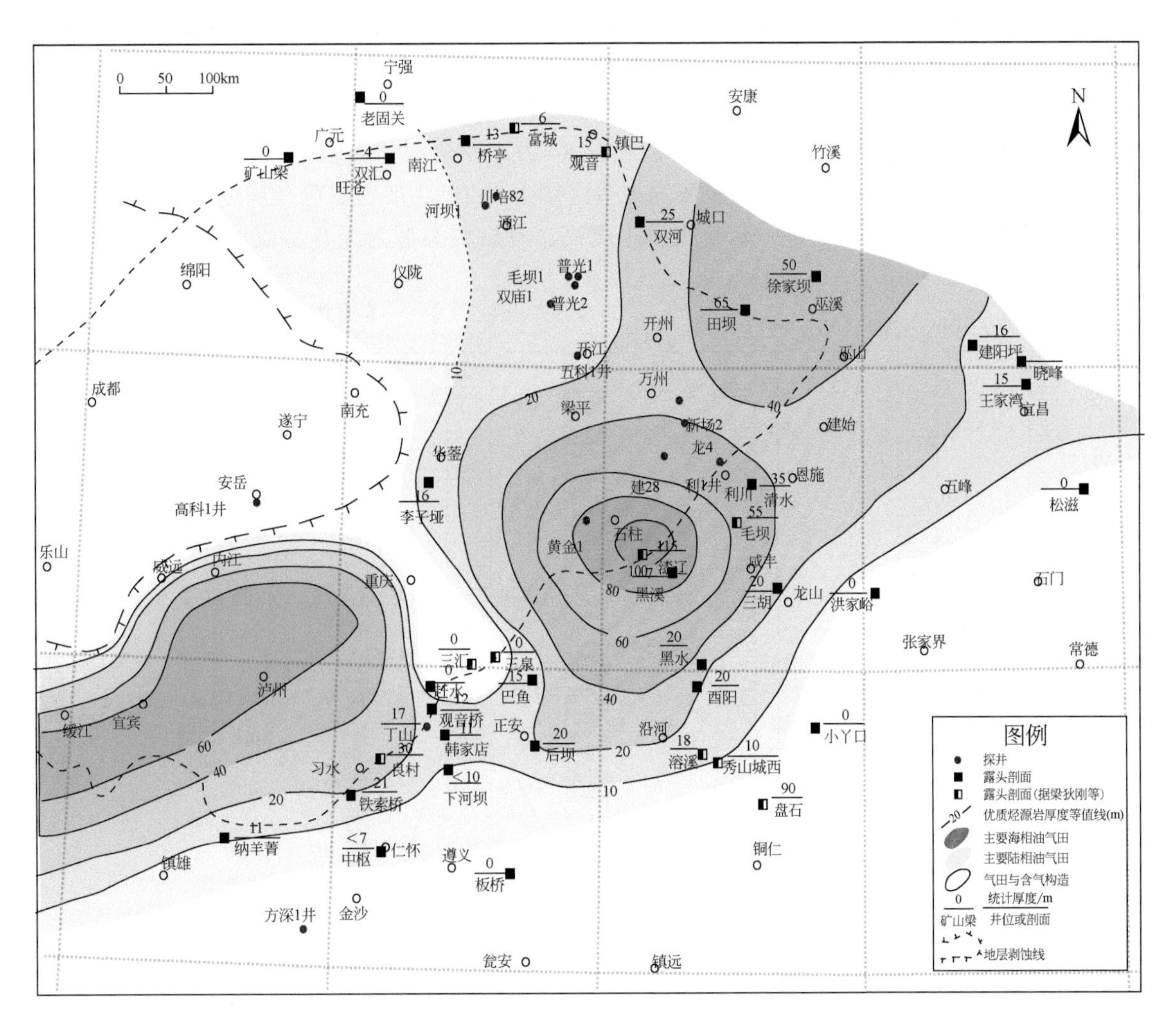

图 1.48　中上扬子区五峰组—龙马溪组优质烃源岩分布

川东北大部分地区志留系优质烃源岩厚度为几米至十几米，至川西广元地区完全消失。此外川东南处于石柱—潜江和泸州—宜宾两个厚度中心之间的重庆—綦江一带龙马溪组优质烃源岩也完全消失（图1.48）。例如，在綦江赶水坡剖面，龙马溪组主要为一套浅灰色的粉砂质页岩，底部未见黑色笔石页岩沉积。黔西北地区优质烃源岩厚度也不大，丁山1井和习水良村剖面优质烃源岩厚度都只在20m左右。

中上扬子区五峰组—龙马溪组优质烃源岩的空间展布明显受乐山龙女寺古隆起和四川盆地周缘的康滇古陆、南缘的黔中古隆起和东南边缘的江南古陆等综合控制作用。优质烃源岩主要发育在古隆起或古陆间的拗陷带，古隆起区优质烃源岩不发育。川西、川中大部分地区、川东南、黔中-黔东南等地区由于受古隆起与古陆的影响，优质烃源岩不发育。

（3）上二叠统优质烃源岩的空间展布特征：上扬子地区二叠系烃源岩发育情况较为复杂，这主要与二叠纪海平面和古地理环境多变有关，使得沉积环境在纵向、横向不稳定，表现为沉积相变化较大，造成有机质聚集和保存条件变化频繁，难以形成与下古生界一样的在扬子地区广覆式展布的优质烃源岩层。下二叠统茅口组与栖霞组虽然也有高有机质丰度的泥页岩存在，但在多数剖面厚度有限，且在空间上分布不连续；而厚度巨大的灰岩和泥灰岩有机质含量都较低，多为差—中等烃源岩。综合分析认为下二叠统优质烃源岩欠发育，在此重点讨论上二叠统龙潭组（吴家坪组）和大隆组优质烃源岩的空间展布情况。

龙潭组优质烃源岩分布。受钻井资料所限，以往认为四川盆地及中上扬子区龙潭组泥页岩总体上属于一套煤系地层，有机质类型一般较差，主要为Ⅲ型或偏Ⅲ型的有机质（黄籍中，1998）。近年来，川东北地区多口钻井完整揭示了龙潭组，通过大量钻井和剖面资料分析，发现龙潭组煤层在四川盆地的时空分布具有一定的规律性。在时间上，主要形成于龙潭期/吴家坪期初期，相应地，纵向上主要分布在龙潭组底部或下部，在横向上主要沿盆地边缘邻近物源区展布，形成海陆过渡相，可开采煤层则集中在南充—华蓥山以南地区，包括泥质岩部分，总厚度达80m以上。川东北开州区—万州区一带部分钻井龙潭组底部虽也有煤层分布，但厚度较小，基本不超过4m，且多局限于龙潭组底部。

川东北地区龙4井、河坝1井、普光5井、川岳84井、龙会4井等多口钻井龙潭组岩性对比表明，在这些井的龙潭组并不含煤或仅在底部含极薄的煤线（图1.49），主要为黑色、灰黑色泥页岩，间深灰色泥灰岩或者与深灰色泥灰岩互层，是一套有机质丰度高，有机质类型为混合型或偏腐泥型海相优质烃源

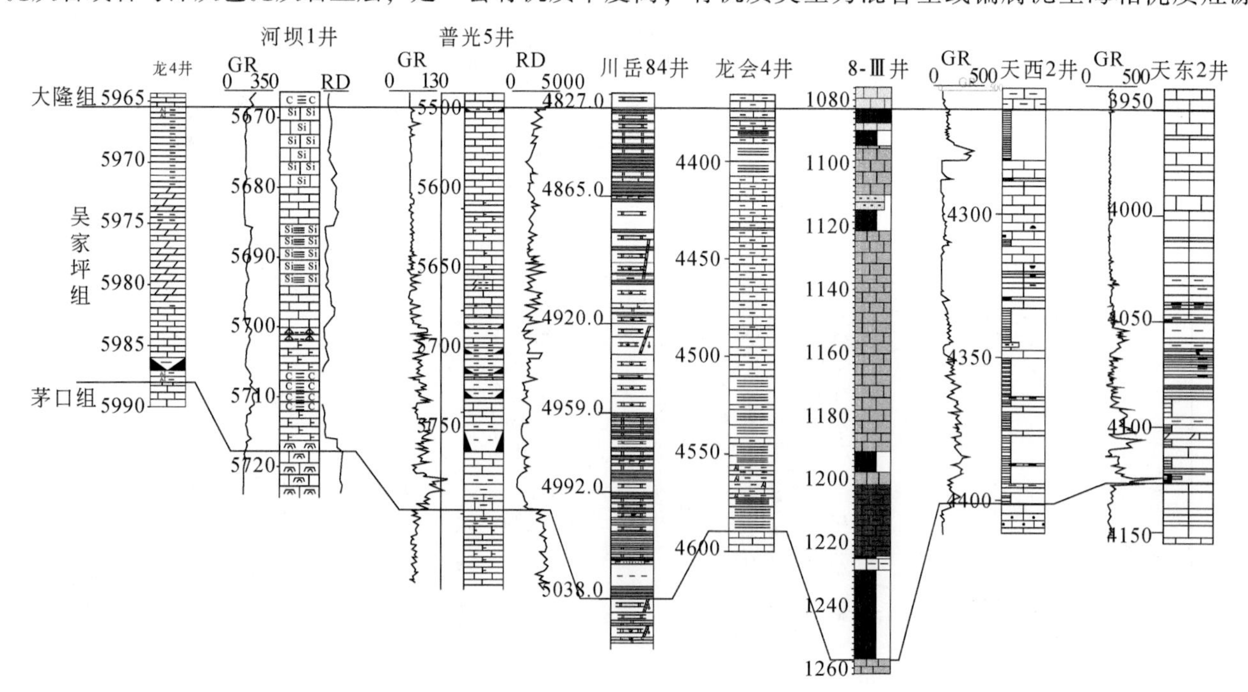

图1.49　川东北地区部分钻井龙潭组（吴家坪组）连井剖面岩性对比

纵向数据为深度（m）。GR为自然伽马（API），RD为深双侧向电阻率测井（Ω·m）

岩，其厚度在普光地区为40～60m（普光5井、毛坝3井）。云阳一带的云安19井等在龙潭组底部虽发育2～4m的煤层，但在其上部发育厚度超过150m的高有机质丰度的泥页岩和灰岩互层，总体上应属于有机质丰度类型较好的优质烃源岩。渝东建深1井，龙8井龙潭组厚约40m，局部夹煤线，有机质类型与川东北相比可能略差（表1.18）。

表1.18　川东北地区上二叠统龙潭组、大隆组部分钻井各级烃源岩厚度

剖面位置	层位	地层厚度/m	地层TOC分布范围/%	烃源岩总厚度/m	不同品质烃源岩厚度/m			
					差（TOC≥0.3%）	中等（TOC≥0.5%）	好（TOC≥1.0%）	优质（TOC≥1.5%）
元坝3井	P_2l	182	0.04～6.08	113	30	13	17	53
普光5井	P_2l	197	0.03～4.42	185	49	46	33	57
毛坝3井	P_2l	387	0.16～10.4	297	37	160	60	40
河坝1井	P_2l	47	0.43～4.62	47	17	0	4	26
云安19井*	P_2l	200		200	30	15	5	150
建深1井	P_2l	37		37	7	0		30
龙8井	P_2l	47	0.03～7.55	47	7	0		40
河坝1井	P_2d	44	0.64～4.62	44		4	10	30
龙4井	P_2d	59.4						>20
龙16井	P_2d	58		34				>20
广元矿山梁	P_2d	40	0.63～13.52	40		5	17	18

*数据源自梁狄刚等（2008）。

环绕上述钻井的广元（长江沟）—旺苍（双汇、立溪岩）—通江（诺水河）等剖面，龙潭组（吴家坪组）则主要在下段发育一套含煤线的王坡页岩段，中上段为碳酸盐岩沉积，有机质丰度较低，优质烃源岩厚度不大，多在10m以下。上述钻井往南，到邻水北的邻北8-Ⅲ探煤浅井揭示该地区龙一段发育煤层，累计厚度不足1m，向上相变为黑色页岩和深灰色泥灰岩，中段为含黄铁矿的深灰色灰岩，至上段为黑色页岩与深灰色灰岩互层，黑色页岩单层厚度可达5～7m。川南古蔺、黔西北毕节一带，龙潭组从龙一段至龙五段几乎都有煤层发育，煤层累计厚度最大可达近20m，这些地区是典型的煤系烃源岩发育区。

综合分析认为，龙潭期川东北地区形成了一套数十米到百余米厚的有机质类型较好、丰度高的海相优质烃源岩，主要分布在川东北的巴中—达州—云阳一带，云阳地区最厚可达150m左右，而普光气田一带厚度在40～60m（表1.18），向西到广元一带减薄至数米（图1.50）。而向南到南充—华蓥一带海相优质烃源岩逐渐向有机质类型差的煤系烃源岩过渡；海相优质烃源岩主要分布在龙潭组中上部，厚度逐渐减薄到10m左右。

龙潭组煤系烃源岩及煤分布。从川东北巴中—达州区地区往南，到华蓥三百梯、李子垭等剖面，龙潭组煤形成时代从龙潭组早期延至中期（P_2w中段），仅上部发育不含煤的页岩段可能为有机质类型较好的优质烃源岩。川南的古蔺三道水、珙县大水沟、黔西北毕节燕子口等剖面显示，龙潭组从早期到晚期都有煤层发育。

龙潭期，由于海平面的频繁升降，川中及川南和黔西北地区长期处于海陆交互相的沉积环境，这些地区龙潭组从而主要发育了有机质丰度高但有机质类型差的煤系泥页岩烃源岩，厚度变化范围大，TOC>0.5%的烃源岩厚度在20～120m之间（图1.51）。煤系烃源岩发育区，煤层在纵向和横向上都广泛分布，部分地区煤层累计厚度可达14～20m，是我国南方重要的工业产煤区以及煤层气的有利勘探区。

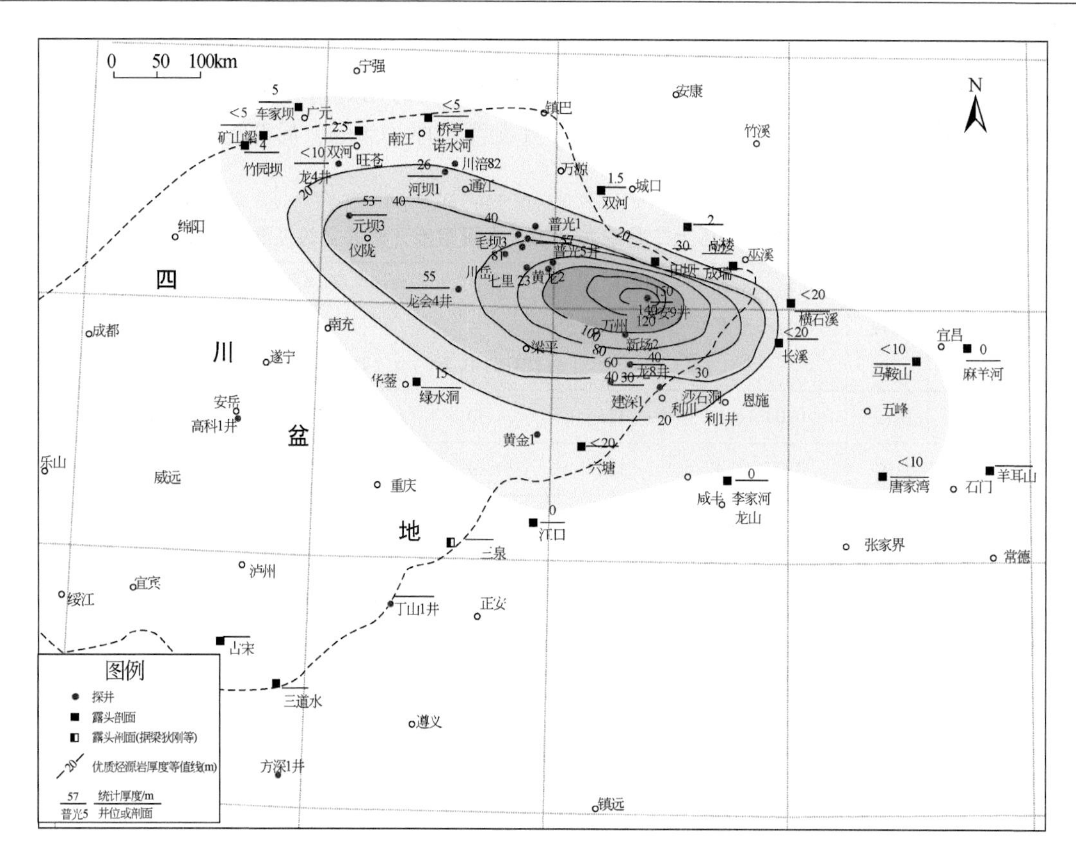

图 1.50　中上扬子地区上二叠统龙潭组优质烃源岩分布

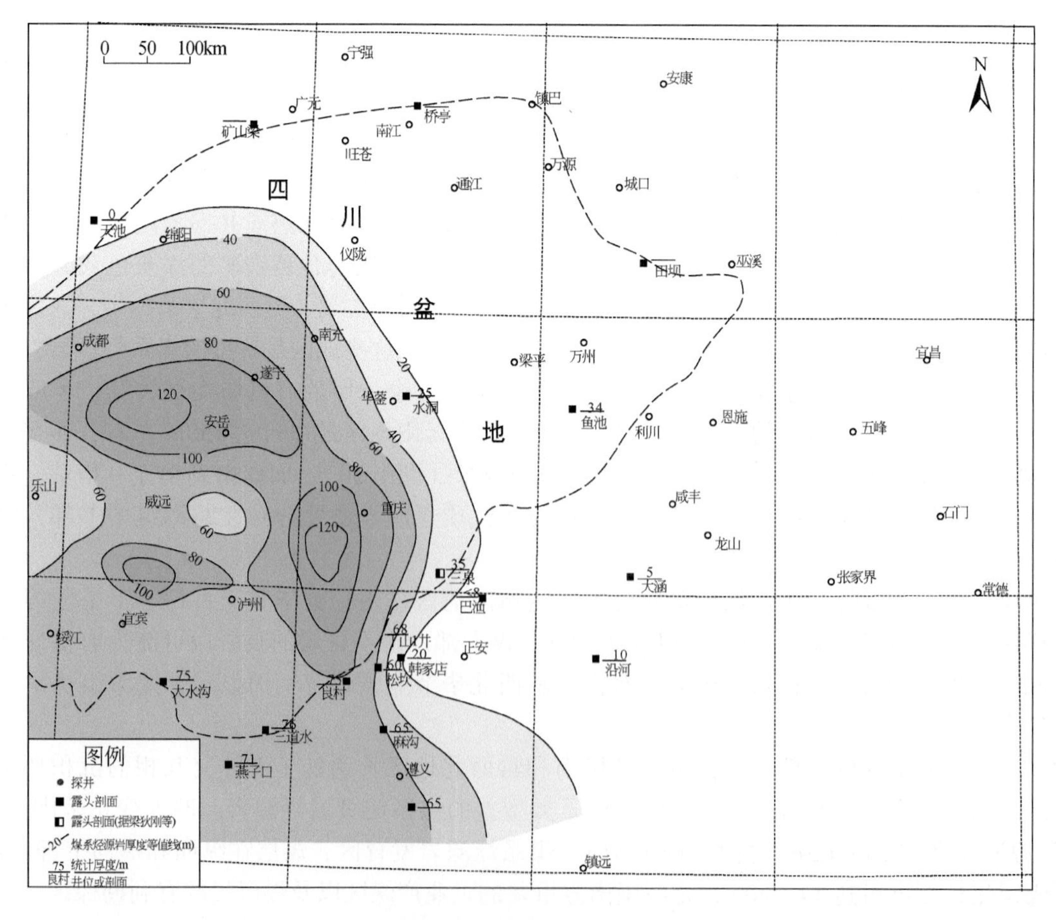

图 1.51　中上扬子区上二叠统龙潭组煤系烃源岩厚度分布（据梁狄刚等，2007 修改）

大隆组优质烃源岩分布。晚二叠世后期，海侵规模达到了最高潮，除川西南外，以长兴组为代表的浅海碳酸盐岩广泛分布。而沿龙门山、大巴山和江南古陆前缘，长兴组变为半深海相的硅泥质沉积，即大隆组（翟光明，1996）。在部分剖面，大隆组烃源岩与龙潭组（吴家坪组）烃源岩并不能被有效区分，在沉积上较为连续。

近年来，随着四川盆地二叠系—三叠系沉积相研究的深入，对大隆组有了新的认识，开江—梁平海槽区飞仙关组底部高自然伽马、低电阻层段是由含放射虫、腕足类、有孔虫等晚二叠世生物化石的硅质岩、硅质灰岩、硅质泥岩组成的，应划分为上二叠统大隆组（王一刚等，2006），如川岳84井飞仙关组底部就存在数十米厚的高有机质丰度的泥质岩，从而将富含有机质的大隆组硅质页岩相空间展布扩展到海相天然气富集带——川东北宣汉—达州地区（图1.52）。总体来说，大隆组优质烃源岩较其他层位优质烃源岩相比分布比较有限，主要分布于广元—达州、镇巴—城口以及建始—龙山三个地区呈条带状展布（图1.53）。

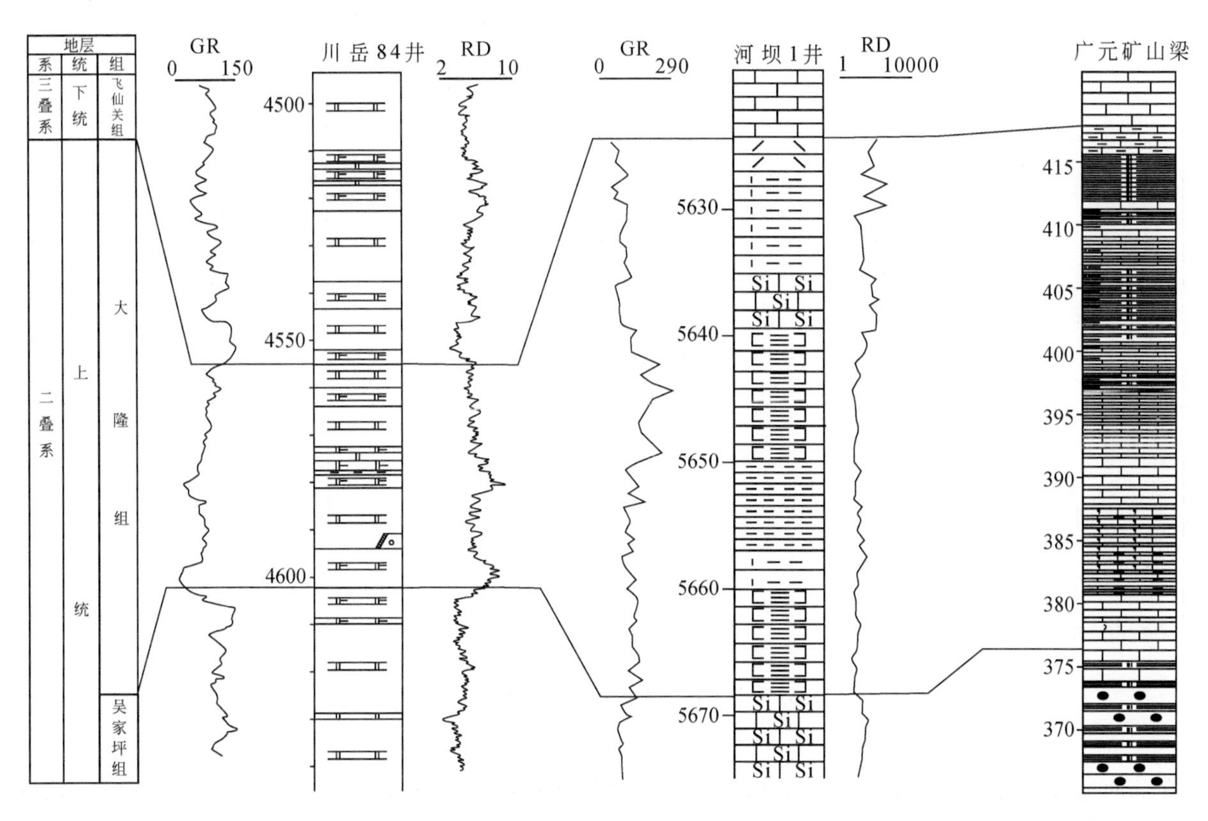

图1.52　川东北地区大隆组地层连井剖面对比
纵向数据为深度（m）

在广元—达州地区，岩性为含菊石、硅质放射虫的硅质泥页岩间硅质灰岩，横向西起广元矿山梁经旺苍双河、龙4井（59.2m，含碳酸盐岩层）、通南坝区块河坝1井、达州—宣汉区块川岳84井至云安8井，其分布长约350km，宽100km以上，呈一个相对狭窄的NW-SE向长条深水拗陷区展布，优质烃源岩厚度为20~30m，向南北两侧逐渐变薄，并相变为现今主要勘探目的层之一——长兴组台地边缘礁滩，如普光气田的长兴组生物礁。大隆组优质烃源岩尽管在空间分布呈条带状，不显规模，但与其下伏数十米厚的龙潭组优质烃源岩“合作”构成了上二叠统规模大、最邻近天然气藏的烃源岩层位，对普光气田等川东北大中型天然气田的形成具有重要意义。

大巴山前缘拗陷带即镇巴—城口—巫溪地区，大隆组优质烃源岩呈NW-SE向分布，在镇巴北部烧房沟一带最厚达30m，向南逐渐变薄至城口双河一带15m左右。总体来说，镇巴—城口—巫溪一带大隆组优质烃源岩厚度不大，多在10m以下（图1.53）。

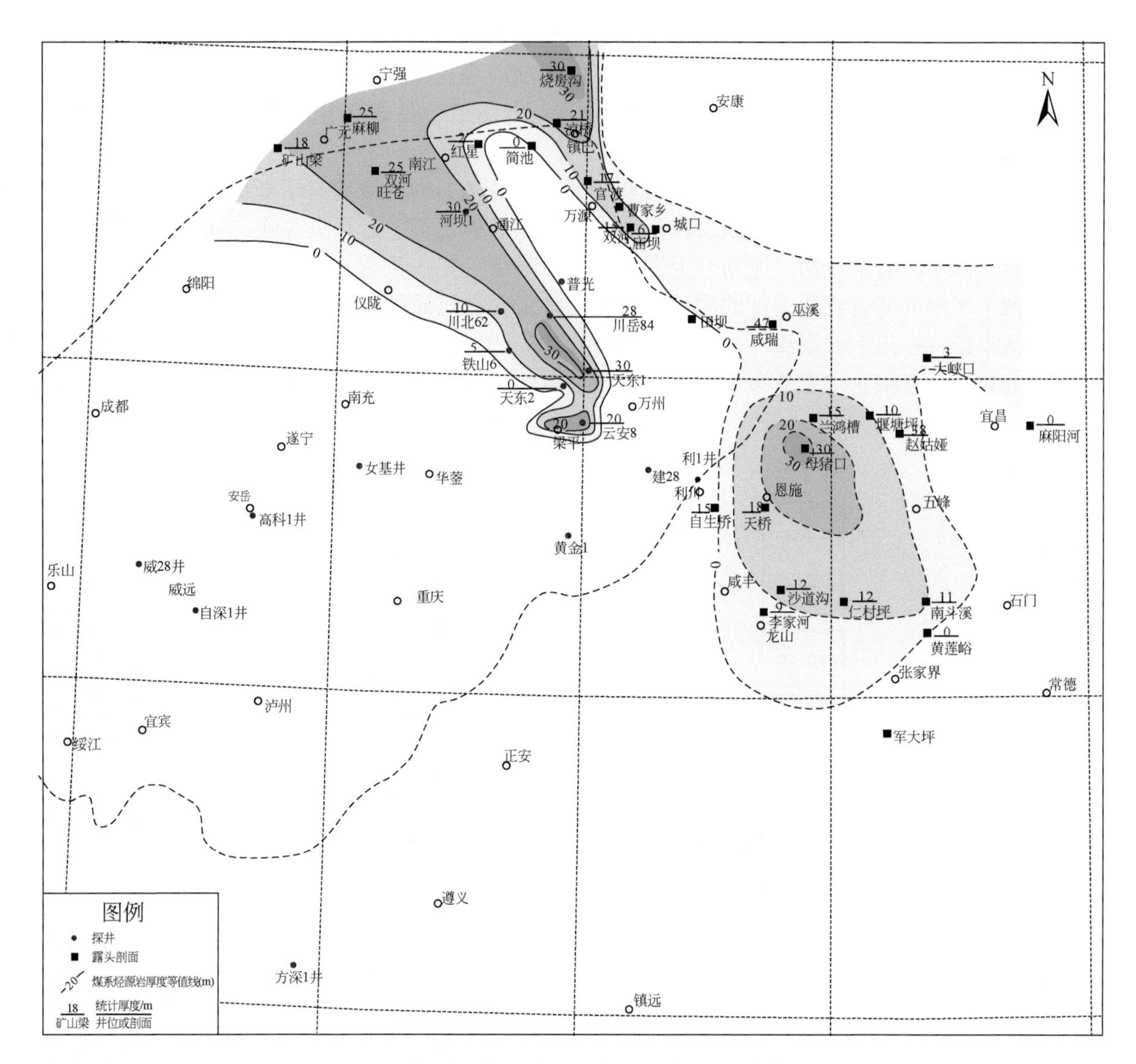

图 1.53　中上扬子地区大隆组优质烃源岩分布

在鄂西地区，吴家坪期末—长兴期初，受地壳地裂活动影响，在建始、巫山、恩施、宣恩、鹤峰一带形成鄂西盆地，台盆中沉积形成大隆组，厚度在 30～40m，下段发育层状硅质岩与硅质泥岩，富含放射虫等生物，表现为较深水的沉积特征。部分剖面厚度较大，如建始长梁、横厂坪、母猪口等剖面，区调资料显示厚度可达 60m 以上，岩性主要为碳质页岩、硅质岩、硅质页岩、泥质灰岩等互层，与广元长江沟剖面大隆组岩性组合类似。鄂西盆地西边是川东碳酸盐台地，台地边缘陡峭且边缘生物礁相发育，大隆组消失，如在利川鱼池坝剖面仅可见数米厚的硅质岩与硅质灰岩发育；鄂西盆地东斜坡相对较缓，秭归、长阳西部、石门一带为盆地边缘，大隆组沉积厚度 7～10m。

鄂西地区大隆组优质烃源岩的厚度规模，目前还缺乏较系统的 TOC 测试标定。但根据其岩性组合特征、沉积环境以及对比川东北地区大隆组烃源岩有机质丰度情况，推测该地区大隆组应发育有优质烃源岩，厚度可能主要在 10～20m 之间（图 1.53）。

（4）因此，海相优质烃源岩横向上主要发育在台内（或陆内）盆地、台地凹陷、台内裂陷、近滨潟湖或有间歇性海侵湖泊及台地斜坡、前缘斜坡及前礁相中等的稳定深水，处于强还原–极强还原沉积环境中；厚度一般向台内（或陆内）盆地、台地凹陷、近滨潟湖或有间歇性海侵湖泊及近滨潟湖中心增厚，或台地斜坡、前缘斜坡及前礁相向深水方向增厚。一般越接近沉积中心部位或深凹区优质烃源岩厚度越大，有机质丰度越高。

例如，上扬子地区下志留统优质烃源岩发育中心主要分布在川中隆起南缘宜宾—泸州、东缘石柱—黔江、巫溪等台内拗陷区，明显受川中古隆起及四川盆地周缘古陆包括西南边缘的康滇古陆、南缘的黔中古隆起和东南边缘的江南古陆的综合控制作用，岩性比较稳定，均为黑、灰黑色页岩，呈纹层状、薄层状，富含有机质、笔石和黄铁矿，反映了晚奥陶世五峰期—早志留世龙马溪期初期地壳活动比较平静，海洋环境属于滞留、安宁，底部水体处于缺氧状态。下寒武统优质烃源岩沿着扬子南北边缘分布，其发育明显受扬子古板块及其南、北被动大陆边缘控制。

第二章　含油生物的构成与演化

古代海洋或湖泊中生物所含的“油”或脂类（油脂、脂肪和类脂）在逐渐增加的地层温度和压力等作用下经过漫长的演化逐渐脱离（排出运移聚集）出来形成石油，类似植物种子——花生、大豆榨出食用油一样。也就是说，只有海洋或湖泊生物中含有“油”或脂类，才能形成石油。本章就是根据物质守恒定律来探讨含油生物、生物碎屑和石油的生成本质。

第一节　生物的细胞与分子构成

生物种类繁多，姿态万千，大小、结构、分子构成差异悬殊。迄今为止，所知生物有200多万种，其中动物约有150万种、植物约有50万种，微生物约有10万种。依据生物在生理功能、形态结构和分子构成及脂类含量等方面的特征，这里把海洋或湖泊中的生物划分为浮游生物（浮游藻类等浮游植物、浮游动物），底栖生物（底栖藻类、底栖动物），微生物（细菌、古细菌、真菌类）和高等植物（水生植物、陆生植物）等。但哪些生物中含有“油”或脂类呢？这要从生物的细胞和分子结构来分析。

一、生物的细胞构成

（一）生物都是由细胞构成的，植物可以含有“油滴”或油脂等脂类物质，动物也可以含有“脂肪粒”或脂肪等脂类物质

细胞是原核生物和真核生物的结构和功能的基本单位，即生物（除病毒外）都是由细胞构成的（图2.1），一些生命活动的基本过程，如物质代谢、能量转换、运动、发育、繁殖和遗传等，都是以细胞为结构基础来实现的。一切生物（除病毒外）均由细胞构成，根据细胞内核结构分化程度的不同，细胞可以分为原核细胞和真核细胞两大类型。不同种类的细胞大小悬殊，细菌细胞一般直径0.5～1.5μm，长1～5μm，种子植物的幼嫩细胞直径为5～25μm，成熟细胞直径为15～65μm。

无论是动物细胞，还是植物细胞，它们都有细胞膜、细胞核、细胞质这三种结构（图2.1）。生物细胞表面结构包括细胞膜和膜外物质层，又称质膜。动物细胞膜的成分是磷脂、胆固醇、蛋白质、糖类等，而植物细胞膜的组成成分是磷脂、蛋白质、糖类，它们的主要区别就是动物细胞膜有胆固醇而植物没有。细胞核由核膜、核质、核仁和染色质组成。细胞质内常含有许多代谢产物形成的颗粒，如淀粉粒、糊粉粒、“脂肪粒”或“油滴”、糖原粒等。细胞质中未分化的半透明胶态溶液称为基质，具有特殊功能的各种微细结构称为细胞器，如线粒体、质体、内质网、核糖体、高尔基体、溶酶体、中心体、微管、微丝以及鞭毛和纤毛等。

（1）植物细胞（图2.1右）由原生质体和细胞壁组成，原生质体是细胞内的生命物质，也是细胞壁内一切物质的总称，主要由细胞质和细胞核组成，在细胞质或细胞核中还有若干不同的细胞器，此外还有细胞液和后含物等。一些原生质体代谢活动所产生的后含物，如脂肪或“油滴”、色素、树脂、树胶、淀粉、蛋白质、无机盐晶体、单宁植物碱等，存在于液泡和细胞质中。植物细胞的形态多种多样，常见的有圆形、椭圆形、多面体、圆柱状和纺锤状。植物细胞大小差异很大，一般很小，通常直径为10～100μm，而柑橘果实中的汁囊也是一个细胞，肉眼可见，某些纤维细胞可长达50cm。

植物细胞的细胞质可分为膜（质膜及液泡膜）、透明质和细胞器（内质网、质体、线粒体、高尔基体

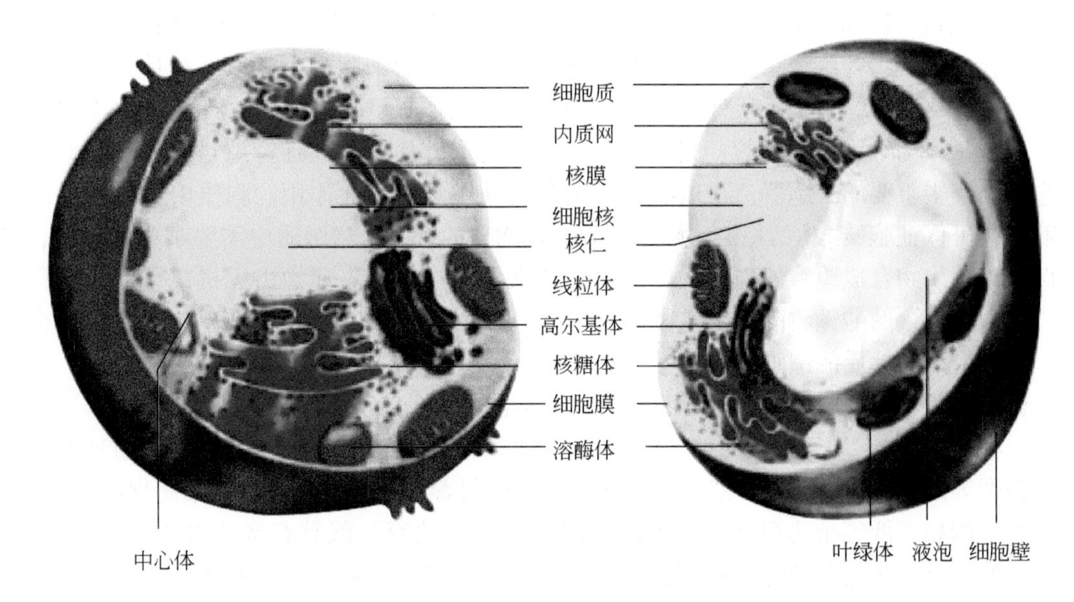

图 2.1　植物细胞（右）、动物细胞（左）结构示意图

和核糖体等）。

细胞质膜是细胞质的边界，紧贴细胞壁，细胞壁有许多小孔，因此相邻细胞的细胞质是互相贯通的。植物细胞膜主要成分是脂类和蛋白质，以及少量的多糖、微量的核酸、金属离子和水。在电子显微镜下，细胞膜具有明显的“暗-明-暗”三条平行的带，其内、外两层暗带由蛋白质分子组成，中间一层明带由双层脂类分子组成，三者的厚度分别约为 2.5nm、3.5nm 和 2.5nm。

透明质为细胞质的无定形可溶性部分，其中悬浮着细胞器及各种内含物。

内质网是散布在透明质内的一组有许多穿孔的膜，是核糖体的集中分布场，有人认为其对细胞壁形成也有一定作用。

质体是真核细胞所特有的细胞器，呈药片状、盘状或球形，表面有 2 层膜，其功能同能量代谢、营养贮存和植物的繁殖都有密切关系。质体通常由前质体直接或间接发育而来，前质体一般存在于胚或分生组织中，通常为双层膜，膜内含有比较均一的基质。质体大体可分三大类，即白色体、叶绿体和有色体。白色体由前质体发育而成，又可分为淀粉体、造油体、造蛋白体等。白色体一般存在于子叶、块根、块茎等不见光器官中。淀粉体也是无色的质体，主要功用是累积淀粉，存在于子叶、内胚乳和块根、块茎等贮藏组织中。淀粉体可由前质体形成，也可由叶绿素转化而成。造油体是质体内积累的植物油，主要存在于百合科、兰科的表皮细胞中。蛋白体是一种累积蛋白质的质体。叶绿体主要特征是含有叶绿素，还有叶黄素和胡萝卜素。有色体只含有类胡萝卜素和叶黄素，呈黄色、橙色或红色，常存在于果实、花瓣等部位，如胡萝卜的根、辣椒的果实、旱金莲的花瓣，使这些器官具有鲜艳的色彩。

线粒体为细胞质内另一重要的细胞器，是细胞呼吸作用的中心，多为不超过 5μm 的弯曲棒状，含有 1 个环状的 DNA 分子，可自我繁殖。

高尔基体长仅 1～3μm，在电子显微镜下才能看到。此外，细胞质中还含有核糖体、微管、微丝、溶酶体等。

液泡是植物细胞质中的泡状结构，也是植物细胞中的单层膜结构的细胞器，由细胞液和液泡膜构成，液泡膜位于细胞质和细胞液相接触的部位，与质膜形态结构基本相似。幼小的植物细胞（分生组织细胞），具有许多小而分散的液泡，在电子显微镜下才能看到。以后随着细胞的生长，液泡也长大，互相并合，最后在细胞中央形成一个大的中央液泡，它可占据细胞体积的 90% 以上。这时，细胞质的其余部分，连同细胞核一起，被挤成为紧贴细胞壁的一个薄层，有利于细胞内外物质的交换。有些细胞成熟时，也可以同时保留几个较大的液泡，这样细胞核就被液泡所分割成的细胞质索悬挂于细胞的中央。具有一个大的中央液泡是成熟的植物生活细胞的显著特征，也是植物细胞与动物细胞在结构上的明显区别之一。此外，液泡内含细胞液，叶绿体是光合作用的场所，绿色植物的细胞质内还有叶绿体，这就是使植物呈现绿色的物质结构。除叶绿体外，质体中还有白色体、有色体等。在植物中，许多蛋白需要在液泡内降解或激活。液泡是植物细胞中大型的、充满营养物质的囊泡结构，帮助维持植物细胞的形状，储存植物分子。液泡是一个很重要的细胞器，在植物细胞生命活动中具多方面作用。胞质中过剩的中间产物被液泡吸收和贮存，可保证胞质 pH 的稳定，解除部分有毒物质的毒害；当胞质中需要某些物质时，又能及时提供，对保持细胞生物合成原料的稳定供应有一定意义。液泡是汇集和输出无机离子的场所，也是一个磷酸盐库。液泡中所含的酸性磷酸酶等水解酶，参与物质贮存、分解以及细胞分化等重要生命活动。液泡也是一个具有溶酶体性质的细胞器。

液泡主要成分是水，不同种类细胞的液泡中含有不同的物质，如脂类、磷脂、有机酸、蛋白质、酶、树胶、色素、糖类、单宁、无机盐和生物碱等，可以达到很高的浓度。具体情况因植物种类、器官组织部位、成熟程度等的不同而有差异。液泡对细胞内的环境起着调节作用，可以使细胞保持一定的渗透压，保持膨胀状态。例如，低等植物单细胞浮游藻类液泡中的“油滴”就具有调节渗透、维持细胞渗透压、膨压和助漂浮的功能。液泡贮藏和消化细胞内的一些代谢产物，即贮藏各种物质，如某些浮游藻类的“油滴”就贮藏在液泡中，而许多种花的颜色就是色素在花瓣细胞的液泡中浓缩的结果。液泡中含有水解酶，它可以吞噬消化细胞内破坏的成分，并在植物细胞的自溶中也起一定的作用。此外，液泡还是植物代谢废物囤积的场所，这些废物以晶体的状态沉积于液泡中。植物油则含不饱和脂肪酸较多，在室温下呈液态。

细胞核包括核膜、核仁、染色质和核基质 4 个部分，细胞核多为球形，埋藏在细胞质中，外面有核膜包围，核膜内充满核液，核液中悬挂着染色质丝和核，染色质丝在细胞分裂时经多次缠绕和折叠，最后形成条状或短棒状的染色体，不同植物染色体数目不同，染色体功能主要是传递遗传信息。

植物细胞壁是植物细胞显著特征之一，由纤维素组成，质地坚硬，对细胞有保护作用。细胞壁为植物细胞的结构，具有保护原生质体、维持细胞一定形状的作用。细胞壁可分为胞间层、初生壁和次生壁。

胞间层基本上由果胶质组成，如果将植物组织中的果胶质用果胶酶分解掉，细胞就会离散。初生壁由水、半纤维素、纤维素、果胶质、蛋白质和脂类组成。构成细胞壁的成分中，90% 左右是多糖，10% 左右是蛋白质、酶类以及脂肪酸。细胞壁中的多糖主要是纤维素、半纤维素和果胶类，它们是由葡萄糖、阿拉伯糖、半乳糖醛酸等聚合而成。次生细胞壁中还有大量木质素。细胞壁的主要成分——纤维素形成的细胞壁框架，在电子显微镜下显示为由一层层纤维素微丝（简称微纤丝）组成，每一层微纤丝基本上是平行排列，每添加一层，微纤丝排列的方位就不同，因此层与层之间微纤丝的排列交错成网。微纤丝之间的空间通常被其他物质填充。此外，在一些植物表皮细胞壁中，常有蜡质、角质、木栓质。在一些成熟和加厚的细胞壁中，常沉积木质素。

（2）动物细胞（图 2. 1 左）是组成动物体的细胞，是动物体最基本的功能和结构单位。动物细胞有细胞核、细胞质和细胞膜，没有细胞壁，液泡不明显，含有溶酶体。细胞质包括细胞质基质和细胞器。动物细胞的细胞器包括内质网、线粒体、高尔基体、核糖体、溶酶体、中心体。

细胞膜是一层由蛋白质分子和磷脂双层分子组成的薄膜，水和氧气等小分子物质能够自由通过，而某些离子和大分子物质则不能自由通过。用电子显微镜观察，细胞膜主要由蛋白质分子和脂类分子构成，中间是磷脂双分子层，这是细胞膜的基本骨架。在磷脂双分子层的外侧和内侧，有许多球形的蛋白质分子，它们以不同深度镶嵌在磷脂分子层中，或者覆盖在磷脂分子层的表面。这些磷脂分子和蛋白质分子大都是可以流动的，可以说，细胞膜具有一定的流动性。细胞核为双层膜结构，包含由 DNA 和蛋白质构成的染色体。

脂肪是细胞内良好的储能物质，主要提供热能，保护内脏，维持体温，协助脂溶性维生素的吸收，参与机体各方面的代谢活动等。脂肪分为皮下脂肪和内脏脂肪。动物油脂是从动物体内取得的油脂，可分为陆生动物油脂和海生动物油脂。海生动物的油脂一般是液体的，主要成分为肉豆蔻酸、棕榈酸（又称软脂酸)、硬脂酸、油酸，还有含22～24个碳和4～6个双键的不饱和酸和含10～14个碳的不饱和酸，主要集中于皮下和肝脏内。陆生动物的油脂以含饱和脂肪酸甘油酯为多，在室温状态下一般是固体的，主要成分是棕榈酸、硬脂酸的甘油三酯，主要集中于脂肪组织和内脏中，也有以乳化状态存在于哺乳动物的乳内，还有少量存在于骨髓中，如骨油。组成甘油三酯的脂肪酸主要是油酸、软脂酸和硬脂酸。饱和脂肪酸甘油酯的含量一般比植物油脂多。

伸缩泡只能排出一部分代谢废物，主要是调节水分，伸缩泡广泛存在于淡水生活的原生动物。原生动物的食物泡、伸缩泡等均属于液泡。动物细胞没有液泡，这也是原生动物与动物的区别之一。不同原生动物液泡中也含有不同的物质，如脂类、磷脂、有机酸、蛋白质、酶、树胶、色素、糖类、单宁、无机盐和生物碱等，可以达到很高的浓度。具体情况因动物种类、器官组织部位、成熟程度等的不同而异。

有些原生动物还有由胶质、甲壳质、硅质构成的外壳或骨质构造。原生动物的体形结构具有多样性，有的身体裸露，有的分泌有保护性的外壳，或体内有骨骼。如肉足虫类的放射虫一般具硅质骨骼，身体呈放射状，在内、外质之间有一几丁质囊，称为中央囊，在囊内有一个或多个细胞核，在外质中有很多泡（含液态脂类)，增加虫体浮力，使其适于漂浮生活。有孔虫一般具有钙质或其他物质形成的外壳，壳多室或单室，形状多种多样，伪足根状，从壳口和壳上的小孔伸出，融合成网状。有孔虫是古老的动物，从寒武纪到现代都有它们的出现，而且数量非常大，现在的海底约有35%是被有孔虫的壳沉积的软泥所覆盖，有孔虫不但化石多，而且在地层中演变快，不同时期有不同的有孔虫。砂壳虫的壳是由分泌的胶质物混合以自然界中的小砂粒构成的，指状伪足由壳口伸出。表壳虫体形如表壳，壳由细胞本体分泌而成，为黄褐色，其上有花纹，壳口向下，指状伪足由壳口伸出进行运动。这两种动物都属于有壳目，在采到的浮游生物水样中经常看到，成为浮游生物的组成部分。

（3）细菌细胞（图2.2右）主要由细胞壁、细胞膜、胞质溶胶、核糖体、拟核、鞭毛、荚膜等构成，有的细菌还有荚膜、鞭毛、菌毛、纤毛等特殊结构。细菌没有叶绿体，也没有线粒体，多数不能进行光合作用。

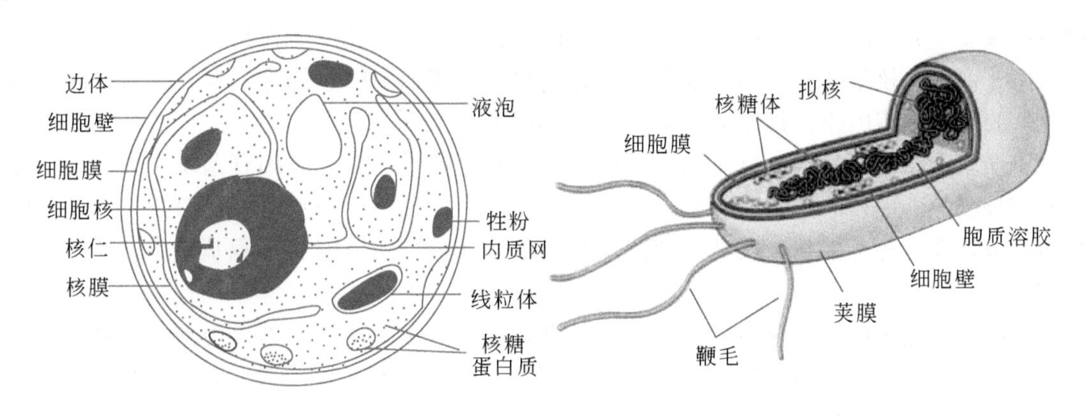

图2.2　真菌细胞（左)、细菌细胞（右）结构示意图

古细菌（又可叫作古生菌、古菌、古核生物的结构核细胞或原细菌）多生活在极端的生态环境中。古菌和细菌的细胞结构大体类似。古菌和细菌一样没有内膜系统和细胞器。古菌也和细菌一样在细胞膜之外还有一层细胞壁，它们同样具有一个或多个鞭毛结构，具有既不同于原核细胞也不同于真核细胞的特征，如细胞膜中的脂类是不可皂化的。古菌多是生活在缺氧湖底、盐水湖等极端环境中的原核生物。产甲烷菌是严格厌氧的生物，能利用CO_2使H_2氧化，生成甲烷，同时释放能量。

细菌细胞膜是典型的单位膜结构，厚8～10nm，外侧紧贴细胞壁，某些革兰氏阴性菌还具有细胞外膜。通常不形成内膜系统，除核糖体外，没有其他类似真核细胞的细胞器，呼吸和光合作用的电子传递链位于细胞膜上。某些进行光合作用的原核生物（蓝细菌和紫细菌)，质膜内褶形成结合有色素的内膜，与捕光反应有关。细菌和其他原核生物一样，没有核膜。

胞质颗粒是细胞质中的颗粒，起暂时贮存营养物质的作用，包括多糖、脂类、多磷酸盐等。细菌一般具有 1 ~ 4 个核质体，多的可达 20 余个。每个细菌细胞含 5000 ~ 50000 个核糖体，部分附着在细胞膜内侧，大部分游离于细胞质中。

细菌细胞壁主要成分是肽聚糖，又称黏肽。细胞壁的机械强度有赖于肽聚糖的存在。合成肽聚糖是原核生物特有的能力。肽聚糖是由 N-乙酰葡糖胺和 N-乙酰胞壁酸两种氨基糖经 β-1,4 糖苷键连接间隔排列形成的多糖支架。在 N-乙酰胞壁酸分子上连接四肽侧链，肽链之间再由肽桥或肽链联系起来，组成一个机械性很强的网状结构。各种细菌细胞壁的肽聚糖支架均相同，四肽侧链的组成及其连接方式随菌种而异。细胞壁厚度因细菌不同而异，一般为 15 ~ 30nm。革兰氏阳性菌细胞壁厚 20 ~ 80nm，有 15 ~ 50 层肽聚糖片层，每层厚 1nm，含 20%~40% 的磷壁酸，有的还具有少量蛋白质。革兰氏阴性菌细胞壁厚约 10nm，仅 2 ~ 3 层肽聚糖，其他成分较为复杂，由外向内依次为脂多糖、细菌外膜和脂蛋白。肽聚糖是革兰氏阳性菌细胞壁的主要成分，凡能破坏肽聚糖结构或抑制其合成的物质，都有抑菌或杀菌作用。

大多数古菌具有细胞壁，由表面层蛋白质组成，形成一个 S 层。S 层是蛋白质分子的刚性阵列，覆盖在细胞的外侧（如同锁子甲）。与细菌不同，古菌的细胞壁缺少肽聚糖。

许多细菌的最外表还覆盖着一层多糖类物质，边界明显的称为荚膜。荚膜对细菌的生存具有重要意义，细菌不仅可利用荚膜抵御不良环境，保护自身不受白细胞吞噬，而且能有选择地黏附到特定细胞的表面上。细菌荚膜的纤丝还能把细菌分泌的消化酶贮存起来，以备攻击靶细胞之用。

鞭毛是某些细菌的运动器官，由一种称为鞭毛蛋白的弹性蛋白构成，结构上不同于真核生物的鞭毛。古菌鞭毛类似细菌鞭毛，它们的长梗由在座部的“旋转马达”驱动。

菌毛是在某些细菌表面存在着的一种比鞭毛更细、更短而直硬的丝状物。

（4）真菌细胞（图 2.2 左）基本构造有细胞壁、细胞膜、细胞核、内质网、线粒体等。真菌是以吸收为主要营养方式的真核生物，有细胞壁。

细胞膜是所有细胞生物的重要细胞结构之一。真核细胞与原核细胞在其细胞膜的构造和功能上十分相似，两者的主要差异可能仅是构成膜的磷脂和蛋白质种类不同。此外，在化学组成中，真菌细胞的质膜中具有甾醇，而在原核生物的质膜中很少或没有甾醇。真核细胞中有细胞器存在，各种细胞器都有内膜包围，这些膜叫作细胞内膜，其化学组成与细胞膜相同。

真菌细胞质中的内质网是一个与细胞基质相隔离但彼此相通的囊腔和细管系统，由脂质双分子层围成，其内侧与核膜的外膜相通。核糖体又称核蛋白体，是存在于一切细胞中的无膜包裹的颗粒状细胞器，具有蛋白质合成功能。每个细胞含大量核糖体，核糖体除分布在内质网和细胞基质中，还分布于线粒体和叶绿体中。

细胞核是细胞内遗传信息（DNA）的储存、复制和转录的主要场所，外形为球状或椭圆体状。每个细胞通常只含一个核，有的含两个至多个，有时每个细胞内竟含 20 ~ 30 个核，占了细胞总体积的 20%~25%，而在真菌的菌丝顶端细胞中，常常找不到细胞核。真核生物的细胞核由核膜、染色质、核仁和核基质等构成。

高尔基体也是一种内膜结构，它是由许多小盘状的扁平双层膜和小泡所组成，其上无核糖体颗粒附着。线粒体是含有 DNA 的细胞器。它的构造较为复杂，外形囊状，由内外两层膜包裹，囊内充满液态的基质。

在真核细胞中还有含液体的或大或小的泡，这就是液泡。液泡中的液体叫作细胞液，主要成分是水，含有糖原、脂肪、多磷酸盐等贮藏物，精氨酸、鸟氨酸和谷氨酰胺等碱性氨基酸，以及蛋白酶、酸性和碱性磷酸酯酶、纤维素酶和核酸酶等各种酶类。真菌细胞中有各种内含物，不同种类真菌的内含物的种类也不相同，常见的有异染粒、淀粉粒、肝糖粒、脂肪粒等。它们多是贮藏的养料，当营养丰富时其内含物颗粒较多，当营养缺乏时，可因菌体的利用而消失。异染粒是真菌细胞中普遍存在的内含物，由偏磷酸及少量脂肪、蛋白质和核酸组成。最初在细胞质中形成，后来存在于液泡中。异染粒在老细胞中常形成较大的颗粒，折光性强。脂肪粒在真菌细胞中也是普遍存在的。

真菌细胞壁多含几丁质，也有含纤维素的真菌细胞，没有质体和光合色素。真菌细胞结构比细菌复杂，细胞壁缺乏构成细菌胞壁的肽聚糖，其坚韧性主要依赖于多聚 N-乙酰葡糖胺构成的甲壳质，并含葡聚糖、甘露聚糖、蛋白质，某些酵母菌还含类脂体。真菌细胞壁的主要成分是多糖，另有少量的蛋白质和脂类。不同的真菌细胞壁所含多糖的种类也不同，低等真菌以纤维素为主，酵母菌以葡聚糖为主，而高等陆生真菌则以几丁质为主。

（二）生物细胞构成的主体是蛋白质、核酸、糖类、脂类（油脂、脂肪和类脂）等有机化合物

生物细胞的化学成分主要是构成细胞的各种化合物（图 2.3），这些化合物包括有机物和无机物。含碳、氢的化合物及其衍生物等有机物还将进一步组成蛋白质、核酸、糖类、脂类等，它们是生物体生命活动的物质基础。蛋白质是生命活动的主要承担者，核酸是遗传信息的携带者，糖类是生物体主要的能源物质，脂类（油脂、脂肪和类脂）是主要储能物质。无机物主要是水、无机盐和气体单质。一般在生物体的活细胞中，含量从少到多的排序是：糖类和核酸（1%～1.5%）、无机盐（1%～1.6%）、脂类（1%～2%）、蛋白质（7%～10%）、水（85%～90%）。

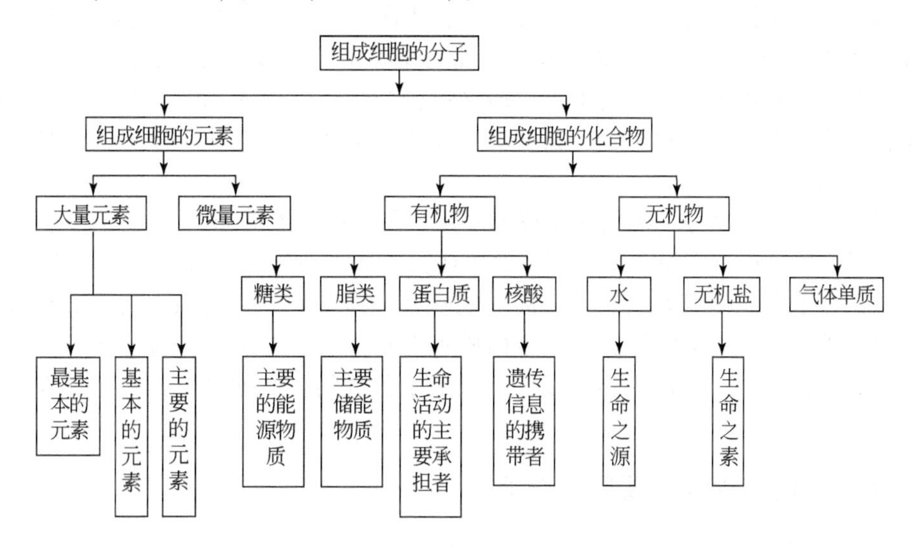

图 2.3　生物体中组成细胞分子的元素和化合物

在组成生物体的大量元素中，C 是最基本的元素，C、H、O、N、P、S 六种元素是组成原生质的主要元素，大约共占原生质总量的 95%。生物体的大部分有机物是由以上六种元素组成的。例如，油脂是由 C、H、O 等元素组成的，蛋白质是由 C、H、O、N 等元素组成的（表 2.1），而核酸是由 C、H、O、N、P 等元素组成的。

表 2.1　糖类、油脂和蛋白质代表物的化学组成

有机物		元素组成	代表物	代表物分子
糖类	单糖	C、H、O	葡萄糖、果糖	$C_6H_{12}O_6$
	双糖	C、H、O	蔗糖、麦芽糖	$C_{12}H_{22}O_{11}$
	多糖	C、H、O	淀粉、纤维素	$(C_6H_{10}O_5)_n$
油脂	油	C、H、O	植物油	不饱和高级脂肪酸甘油酯
	脂	C、H、O	动物脂肪	饱和高级脂肪酸甘油酯
蛋白质		C、H、O、N、S、P 等	酶、肌肉、毛发等	氨基酸连接成的高分子

生物体的生命活动都有共同的物质基础（蛋白质和核酸），但是，不同种类的生物体，在个体大小、形态结构和生理功能等方面都不相同，组成生物体的化学元素有二十多种，其中有些含量较多，有些含量很少。根据组成生物体的化学元素在生物体内含量的不同，分成两大类：一是大量元素即含量占生物体总重量的万分之一以上的元素，如C、H、O、N、P、S、K、Ca、Mg等；二是微量元素即通常指植物生活所必需，但是需要量却很少的一些元素，如Fe、Mn、Zn、Cu、B、Mo等。

地球生物圈中所有的生物具有多样性——动物、植物、微生物以及它们所拥有的基因和生存环境。它包含三个层次，即基因多样性、物种多样性、生态系统多样性。简单地说，物种多样性表现的是千千万万的生物种类，其生物体中的脂类或含油量等也差别很大。例如，海洋或湖泊中的单细胞浮游生物所含的“油”或脂类（油脂、脂肪和类脂）就相对高，而陆生高等植物所含的“油”或脂类（油脂、脂肪和类脂）就相对低。

二、生物的分子构成

从上述生物的基本物质构成及其与地下石油的关系可分为三大类：第一大类是各种脂类有机化合物，即油脂、脂肪和类脂或“油”的总称，也是地下石油的先驱物质；第二大类是各种蛋白质、各种碳水化合物和各种核酸等非脂类有机化合物，其中蛋白质又可分为活性蛋白质和非活性蛋白质，碳水化合物又可分为有效碳水化合物和无效碳水化合物；第三大类是水、无机盐、气体单质、硅质骨壳和钙质骨壳及其衍生物等各种无机化合物。

在生物死亡后，由于其生物分子构成存在较大差异，在沉积水体沉降→岩石固结的成岩变化过程中，其稳定性差异很大。生物体中的有机化合物哪些物质或分子属“油”或脂类（油脂、脂肪和类脂）并能够在优质烃源岩中保存下来演化成为地下“石油”呢？哪些物质或分子属稳定的不溶有机质（如纤维质等无效碳水化合物，骨壁壳、硬蛋白等非活性蛋白质骨壳）并能够在优质烃源岩中保存下来呢？哪些物质或分子属不稳定有机化合物（如活性蛋白质、有效碳水化合物、核酸等）而且未能在优质烃源岩中保存下来呢？

（一）生物脂类（油脂、脂肪、类脂）分子

脂类是由脂肪酸（多是4碳以上的长链一元羧酸）和醇（包括甘油醇、鞘氨醇、高级一元醇和固醇）作用生成的酯及其衍生物的统称，也是油脂、脂肪、类脂一类天然分子的总称。脂类在化学组成和结构上有很大差异，分子多种多样，但都有一个共同特性——主要由碳和氢两种元素以非极性的共价键连接组成，是机体内的一类有机小分子物质，不是聚合物。脂类或“油”不溶于水，而易溶于乙醚、氯仿等非极性溶剂。

根据脂类物质的分子构成可以把脂类分成油脂或脂肪（甘油三酯等）和类脂（磷脂、固醇类等）两大类。按不同组成又分为单纯脂、复合脂、萜类和类固醇及其衍生物、衍生脂、结合脂等五类。单纯脂是脂肪酸与醇脱水缩合形成的化合物，包括油脂或脂肪（甘油和三分子脂肪酸合成的甘油三酯）和蜡（高级脂肪酸和长链一羟基脂醇所形成的酯）；复合脂是单纯脂加上磷酸等基团产生的衍生物或复合脂质，主要指磷脂，包括甘油磷脂（卵磷脂、脑磷脂）和鞘磷脂（神经细胞中含量丰富）；萜类和类固醇及其衍生物是萜类和甾类及其衍生物，不含脂肪酸，都是异戊二烯的衍生物，包括胆固醇、麦角固醇、皮质甾醇、胆酸、维生素D、雄激素、雌激素、孕激素；衍生脂是脂的前体及衍生物或衍生脂质或脂类的水解产物，包括脂肪酸及其衍生物、甘油、固醇、鞘氨醇、前列腺素等；结合脂是脂与其他生物分子形成的复合物或不皂化脂类，包括糖脂（糖与脂类通过糖苷键连接起来的化合物）、鞘糖脂、脂蛋白等。

1. 生物体的单纯脂——油脂（“油”或脂肪，主要成分是甘油三酯）及蜡（脂肪酸酯）是自然界生物脂类的主体，也是烃的衍生物

（1）油脂或生物体中的“油”（图2.4）主要是甘油三酯或称为三酰甘油，即“油”和脂肪的统称，

自然界中的油脂是多种物质的混合物，其主要成分是一分子甘油与三分子高级脂肪酸脱水形成的酯，即甘油三酯，在化学成分上都是高级脂肪酸甘油酯，属于酯类（酸与醇起反应生成的一类有机化合物），油脂是烃的衍生物，它们都是高级脂肪酸甘油酯。

油脂均为混合物，无固定的熔沸点。一般将常温下呈液态的油脂称为“油”，是不饱和高级脂肪酸甘油酯，主要是植物油（图 2.4e）或藻类中的“油滴”（图 2.4f），而将其呈固态时称为脂肪，是饱和高级脂肪酸甘油酯，主要是动物脂肪或“脂肪粒”（图 2.4d）及动植物蜡（图 2.5）等。

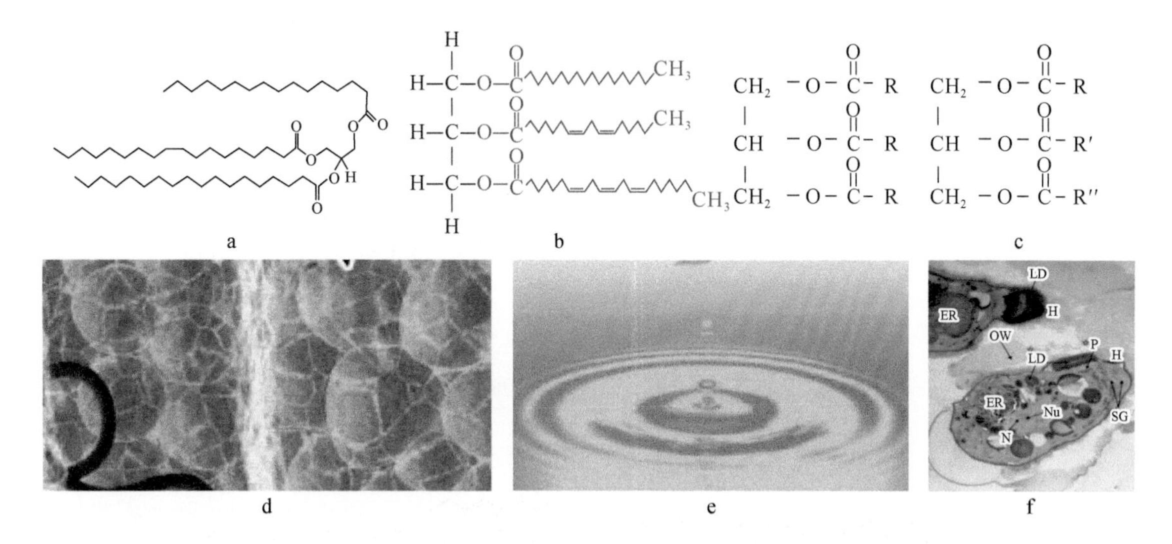

图 2.4　油脂类（油和脂肪）分子结构及固态动物脂肪、液态脂肪、浮游丛粒藻单细胞中的脂肪图片

a ~ c. 不同油脂的代表性分子结构。d. 固态动物脂肪。e. 液态油脂。f. 浮游丛粒藻单细胞中的“脂滴”或“油滴”、胞外烃颗粒等，其中 LD 为脂滴；H 为胞外烃颗粒；N 为细胞核；Nu 为核仁；ER 为内质网；OW 为细胞外壁；P 为质体小球；SG 为淀粉粒

油脂由 C、H、O 三种元素组成，是由甘油和脂肪酸合成的三酰甘油酯（图 2.4），其中甘油的分子比较简单，而脂肪酸的种类和长短却不相同。甘油酯可分为单甘油酯和混甘油酯，单甘油酯中的 3 个脂肪酸是相同的，混甘油酯所含的 3 个脂肪酸则不相同。自然界有 40 多种脂肪酸，因此可形成多种脂肪酸甘油三酯。三个酰基（无机或有机含氧酸除去羟基后所余下的原子团）一般是不同的，来源于碳十六、碳十八或其他脂肪酸。有双键的脂肪酸称为不饱和脂肪酸，没有双键的则称为饱和脂肪酸。

油脂（油和脂肪）分布十分广泛，各种植物体内及植物的种子、动物的组织和器官中都存有一定数量的油脂，特别是浮游藻类、油料作物的种子、浮游动物和动物皮下的脂肪组织，油脂含量丰富。在自然界中，浮游藻类等浮游生物体内的油脂平均占干重的 19%~24%。甘油酯（由高级脂肪酸与甘油合成）是自然界最多的脂类，也是构成脂类的主体成分。

（2）生物蜡（图 2.5）通常在狭义上是指脂肪酸、一价或二价的脂醇和熔点较高的油状物质，广义上通常是指具有某些类似性状的油脂等物质，即蜡是高级脂肪酸和长链一羟基脂醇所形成的酯（一羟基醇或固醇的脂肪酸酯）或者是高级脂肪酸和甾醇所形成的酯，也是不溶于水的固体。生物蜡是动物、植物所产生的油质，一般为幼植物体表覆盖物，叶面、动物体表覆盖物，同时也是蜂蜡的主要成分。常温下为固态，具有可塑性，易熔化，不溶于水，可溶于二硫化碳和苯，蜡的凝固点都比较高，在 38 ~ 90℃之间。

生物蜡的主要类型有植物蜡（或真蜡）和动物蜡（或固酯蜡）。真蜡是一类长链一元醇的脂肪酸酯或高分子一元醇的长链脂肪酸酯（图 2.5a），如蜂蜡的主要组分是长链一元醇（C_{26} ~ C_{36}）的棕榈酸酯；巴西棕榈植物蜡为酯蜡的混合物，化学式为 $CH_3(CH_2)_{n+1}COO(CH_2)_{n+1}CH_3$，$n=22 \sim 32$。固酯蜡是固醇与脂肪酸形成的酯，如维生素 A 乙酸酯、维生素 E 乙酸酯等（图 2.5b、c）。此外，石油中源于上述生物蜡的石油蜡（微晶蜡、石油膏）属微晶蜡，石油蜡是一种烷烃类的混合物，主要由 C_{26}以上的正构、异构和环烷烃组成，且碳原子的分布较宽，碳氢比在 1.85 左右。

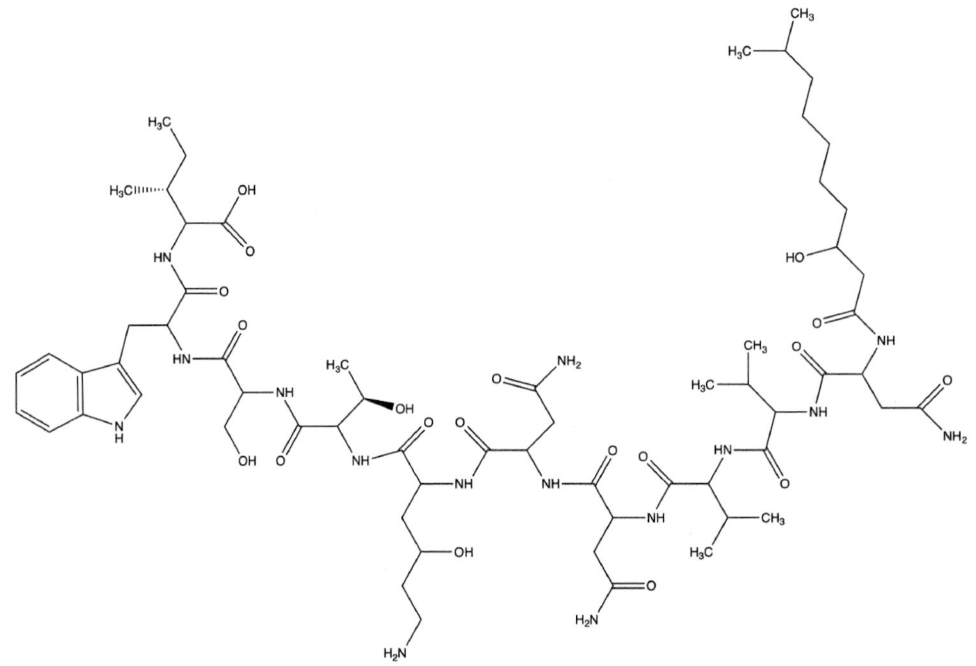

图 2.5　生物蜡代表性分子结构图片

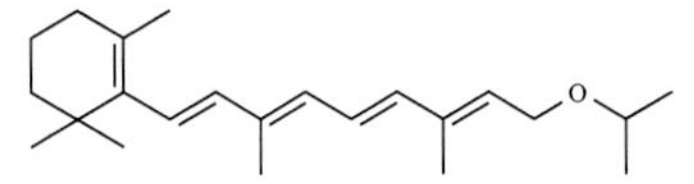

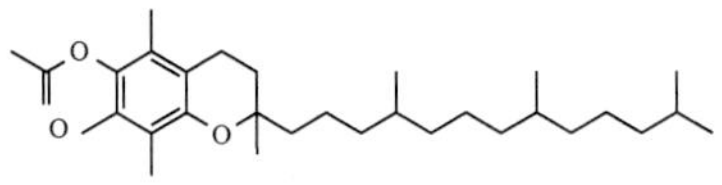

a. 真蜡；b. 维生素 A 乙酸酯（固酯蜡）；c. 维生素 E 乙酸酯（固酯蜡）

（3）油脂的前体及衍生物主要是脂肪酸和甘油（图 2.6）。天然油脂是各种高级脂肪酸的混甘油酯的混合物，此外还含有少量游离脂肪酸（图 2.6b、c）、高级醇（图 2.6a）、高级烃（一般是指 C 原子较多的烃，5 个以上）、维生素和色素等。

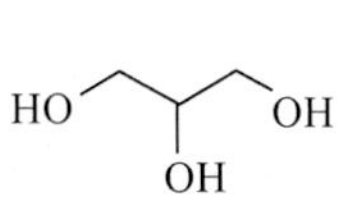

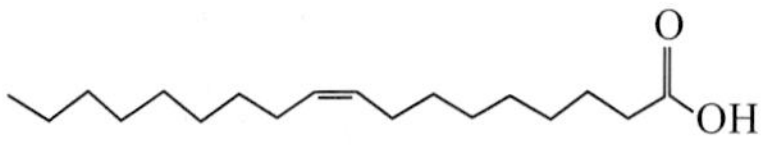

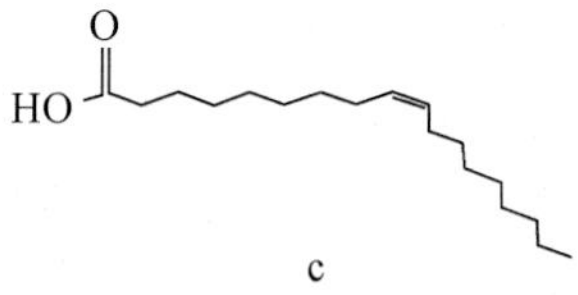

图 2.6　油脂的前体及衍生物的分子结构图片

a. 甘油（即丙三醇）；b. 不饱和脂肪酸代表性分子结构；c. 不饱和脂肪酸（反式）代表性分子结构

油脂中的脂肪酸大多是正构含偶数碳原子的饱和或不饱和高级直链羧酸（图 2.6b、c），其中尤以含 16 个和 18 个碳原子的羧酸分布最广。常见的有肉豆蔻酸（C_{14}）、软脂酸（C_{16}）、硬脂酸（C_{18}）等饱和酸，以及软脂烯酸（C_{16}，单烯）、油酸（C_{18}，单烯）、亚油酸（C_{18}，二烯）、亚麻酸（C_{18}，三烯）等不饱和酸（表 2.2）。脂肪酸一般由 4～24 个碳原子组成。油脂中除甘油三酯外，还含有少量游离脂肪酸、磷脂、甾醇、色素和维生素等。油脂在较高温度、有催化剂或有解脂酵素存在时，经水解而成脂肪酸和甘油。

表 2.2　油脂中常见的脂肪酸

类别	俗名	系统名称	结构式	熔点/℃
饱和脂肪酸	月桂酸	十二碳酸	$CH_3(CH_2)_{10}COOH$	43～44
	肉豆蔻酸	十四碳酸	$CH_3(CH_2)_{12}COOH$	54
	软脂酸	十六碳酸	$CH_3(CH_2)_{14}COOH$	62.5～62.9
	硬脂酸	十八碳酸	$CH_3(CH_2)_{16}COOH$	69～70
不饱和脂肪酸	软脂烯酸	9-十六碳烯酸	$CH_3(CH_2)_5CH=CH(CH_2)_7COOH$	33
	油酸	9-十八碳烯酸	$CH_3(CH_2)_7CH=CH(CH_2)_7COOH$	7
	亚油酸	9,12-十八碳二烯酸	$CH_3(CH_2)_5CH=CHCH_2CH=CH(CH_2)_7COOH$	-5
	亚麻酸	9,12,15-十八碳三烯酸	$CH_3(CH_2CH=CH)_3(CH_2)_7COOH$	-11
	花生四烯酸	5,8,11,14-二十碳四烯酸	$CH_3(CH_2)_4CH(CH=CHCH_2)_3CH=CH(CH_2)_3COOH$	-49.5

甘油即丙三醇（图 2.6a），无色、无臭、味甜，外观呈澄明黏稠液态，是一种有机物。丙三醇是甘油三酯分子的骨架成分。脂肪酸和甘油是衍生脂质或脂的前体，与钙、钾和钠的氢氧化物经皂化而成金属皂，并能发生其他许多化学反应如卤化、硫酸化、磺化、氧化、氢化、去氧、异构化、聚合、热解等。

2. 类脂是在结构或性质上与油脂相似的类固醇和固醇及其脂类（萜类和甾族化合物）、磷脂、鞘脂、糖脂、脂蛋白等标志性天然有机化合物，也是石油中生物标志物的主要来源

类脂主要是指在结构或性质上与油脂相似的天然化合物，是除含脂肪酸和醇外，尚有其他称为非脂分子的成分，即类似脂肪的意思，曾作为脂肪以外的溶于脂溶剂的天然化合物的总称来使用。类脂在动植物界中分布较广，种类也较多，主要包括类固醇和固醇（萜类和甾族化合物）及其酯、磷脂、鞘脂类、糖脂、脂蛋白类等。

（1）萜类化合物（萜烯、萜、类萜、异戊烯醇脂类或异戊烯脂质）是指存在于自然界中、分子式为异戊二烯单位的倍数的烃类及其含氧衍生物，是可以划分为若干异戊二烯结构单元的碳氢化合物，其分子式与异戊二烯有简单的倍数关系，通式可以写成 $(C_5H_8)_n$。

萜类化合物种类繁多，有链形的，环状的，又有饱和程度不同的烯键。两个异戊二烯单位头尾连接就形成单萜；含有 4 个、6 个和 8 个异戊二烯单位的萜类化合物分别称为双萜、三萜或四萜；超过 40 个碳的萜称为多萜。根据萜类化合物的结构不同可以将其分为半萜或半萜烯（$n=1$，C_5H_8，间异戊二烯），由一个异戊二烯单元构成。分子量较小的萜类化合物如单萜和倍半萜多为有特殊气味的挥发性油状液体，其沸点随分子量和双键数量的增加而提高；分子量较大的萜类如二萜、三萜多为固体结晶。萜类化合物大多具有苦味，有的还非常苦，但也有一些萜类化合物有极强的甜味，如一种以二萜为苷元的苷——甜菊苷就是比蔗糖甜 100 倍的甜味剂。大多数萜类化合物中含有大量不对称碳原子，因而具有旋光性，另外低分子萜类化合物大多有很高的折射率。

萜类化合物在自然界中广泛存在，几乎所有的植物、海洋生物、微生物以及昆虫等都有萜类成分存在。植物体内的萜烯和萜类天然来源于碳氢化合物，可从许多植物的花、果、叶、茎、根中得到有挥发性和香味的油状物。常见的萜类化合物主要有胡萝卜素类化合物、樟脑、松香酸、薄荷醇类、龙脑、维生素 A 等。它们多数是不溶于水、易挥发、具有香气的油状物质。萜烯是树脂以及由树脂而来的松节油的主要成分，一般为比水轻的无色液体，具有香气，不溶或微溶于水，易溶于乙醇。

萜类化合物主要是由植物产生的，尤其是裸子植物，除了在植物中大量存在萜类化合物外，在海洋生物体内也提取出了大量的萜类化合物。海洋生物产生的萜类主要来自海藻、海绵、腔肠动物和软体动物。与陆地天然萜类一样，它们的碳架可以看成是以异戊二烯的碳架为单元首尾相连而形成的。

海洋萜类与陆地萜类明显不同点是在陆地生物体中主要合成单萜，可产生很多常见的有香味的植物挥发油；在海洋生物体内主要生成分子量较高的萜类，特别是二萜、二倍半萜。海洋萜类分子中含有特殊的官能团，如卤素、异氰基（—N=C）和呋喃环，特别是环状萜类的分子结构特殊。这些表明海洋萜类的生物合成途径有卤素的作用，特别是卤素参与萜类的环化过程，生成各种各样的卤代萜类。

半萜（图 2.7a）由一个异戊二烯单元构成。异戊二烯本身被认为是半萜，但是它的一些含氧衍生物也被称为半萜，如异戊烯醇（图 2.7b）和异戊酸（图 2.7c）。

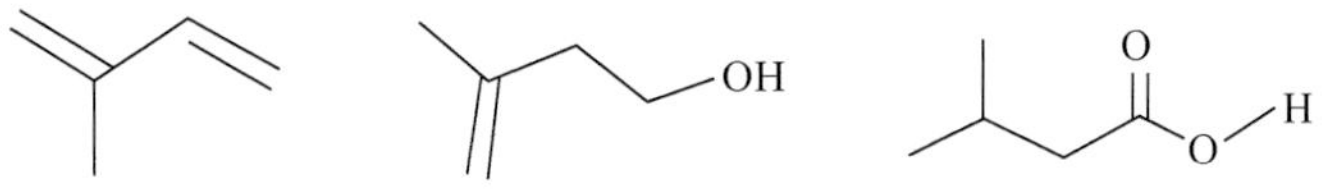

图 2.7　半萜及一些含氧衍生物分子结构图片

a. 异戊二烯（半萜）；b. 异戊烯醇；c. 异戊酸

单萜（图 2.8）或一萜烯由两个异戊二烯单元构成，通式为 $C_{10}H_{16}$，单萜是最常见的萜，有不少同分异构体。根据单萜分子中碳环的数目可分为无环（链状）单萜、单环单萜、双环单萜。无环（链状）单萜类型较少。有些天然单萜化合物的骨架结构，虽是从异戊二烯单元衍生过来的，由于发生了骨架重排，并不符合首尾相连的异戊二烯规则，被归为不规则的单萜化合物。

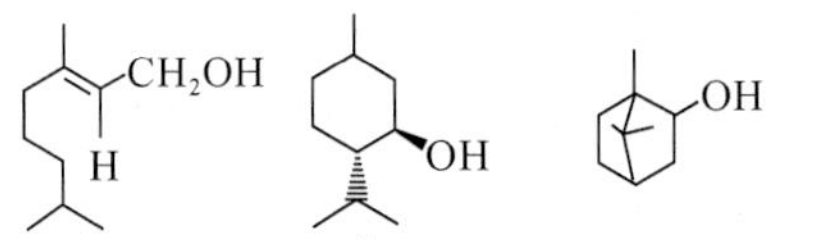

图 2.8　植物挥发油中的单萜代表性分子结构图片

a. 香叶醇（无环单萜）；b. 薄荷醇（单环单萜）；c. 龙脑（双环单萜）

在自然界中，单萜和倍半萜类是挥发油的主要成分。单萜类化合物广泛存在于高等植物中的分泌组织里，多数是挥发油中沸点较低部分的主要组成部分，其含氧衍生物沸点较高，多数具有较强的香气和生理活性。

无环单萜或链状单萜化合物（图 2.8a）可分为萜烯类（月桂烯、罗勒烯、别罗勒烯、二氢月桂烯等）、醇类（香茅醇、香叶醇、橙花醇、芳樟醇、薰衣草醇等）、醛类（柠檬醛、香茅醛、羟基香茅醛等）、酮类（万寿菊酮、二氢万寿菊酮等）。

单环单萜类（图 2.8b）是由链状单萜环合作用衍变而来，由于环合方式不同，产生不同的结构类型。包括萜烯类（柠檬烯、松油烯、异松油烯、水芹烯等）、醇类（薄荷醇、松油醇、香芹醇、紫苏醇、胡薄荷醇等）、醛酮类（水芹醛、紫苏醛、薄荷酮、香芹酮、二氢香芹酮等）。

双环单萜类（图 2.8c）的结构类型较多，有蒎烯型（蒎烯、松香芹醇、桃金娘烯醇、马鞭草烯醇等）、莰烯型（多以含氧衍生物存在，如松节油、樟脑、龙脑等）、蒈烯型（如蒈烯、4-羟基-2-蒈烯、4-乙酰基-2-蒈烯、3，4-环氧蒈烷等）和其他双环单萜化合物（主要有葑醇、桧烯、侧柏酮等）。其中以蒎烯型和莰烯型最稳定。

倍半萜或倍半萜烯（图 2.9）是由三个异戊二烯单元构成，由 3 分子异戊二烯聚合而成，分子中含有 15 个碳原子的天然萜类化合物，通式为 $C_{15}H_{24}$。倍半萜具有链状、环状等多种骨架结构，多按其结构的碳环数分类，如无环型、单环型、双环型、三环型和四环型，多为双环倍半萜和三环倍半萜。倍半萜类化合物较多，无论从数目上还是从结构骨架的类型上看，都是萜类化合物中最多的一支。

倍半萜多为液体，沸点较高，主要存在于植物的挥发油中。它们的醇、酮和内酯等含氧衍生物大多有较强的香气和生物活性。倍半萜与单萜一起构成了植物挥发油的主要成分。在自然界中，倍半萜类包括链状的金合欢醇、α-麝子油烯、没药醇、α-香附酮、异乌药内酯以及大牻牛儿酮、合欢醇、法尼醇、山道年、姜烯等。

海洋倍半萜为由三个异戊二烯单元首尾相连形成的化合物，通常其分子碳架含有 15 个碳原子。海洋

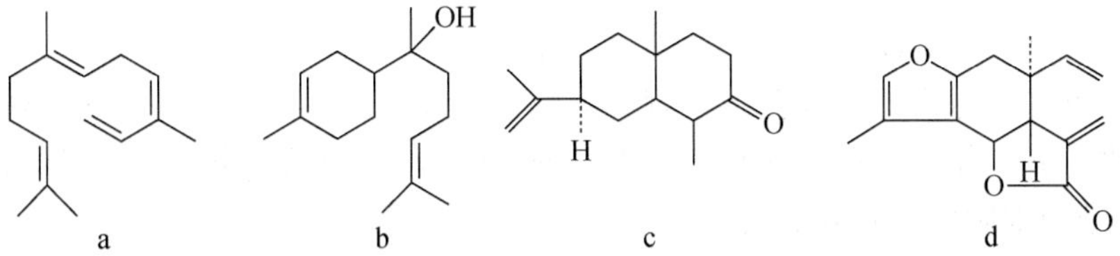

图 2.9　植物挥发油中的倍半萜类代表性分子结构图片（不含海洋倍半萜）
a. α-麝子油烯（无环倍半萜）；b. 没药醇（单环倍半萜）；c. α-香附酮（双环倍半萜）；d. 异乌药内酯（三环倍半萜）

倍半萜含有与碳原子共价结合的卤素，此外含有异氰基和呋喃环。已发现的含卤素萜类化合物大多是倍半萜。从海藻中已分离出多种倍半萜，其中红藻的最普通代谢物是含卤倍半萜，红藻中又以凹顶藻中含卤倍半萜最为丰富，几乎大多数卤化倍半萜品种都可在不同品种的凹顶藻中找到。

二萜或双萜或二萜烯（图 2.10）是由四个异戊二烯单元构成的萜类化合物，通式为 $C_{20}H_{32}$。二萜类化合物可以看成是由 4 分子异戊二烯聚合而成分子中含有 20 个碳原子的天然萜类化合物。植物成分中属于直链和单环的二萜较少，主要是二环和三环的二萜，尤其含氧衍生物的二萜数目比较多。二萜的分子量较大，挥发性较差，故大多数不能随水蒸气蒸馏，很少在挥发油中发现，个别挥发油中发现的二萜成分，也多是在高沸点馏分中发现的。

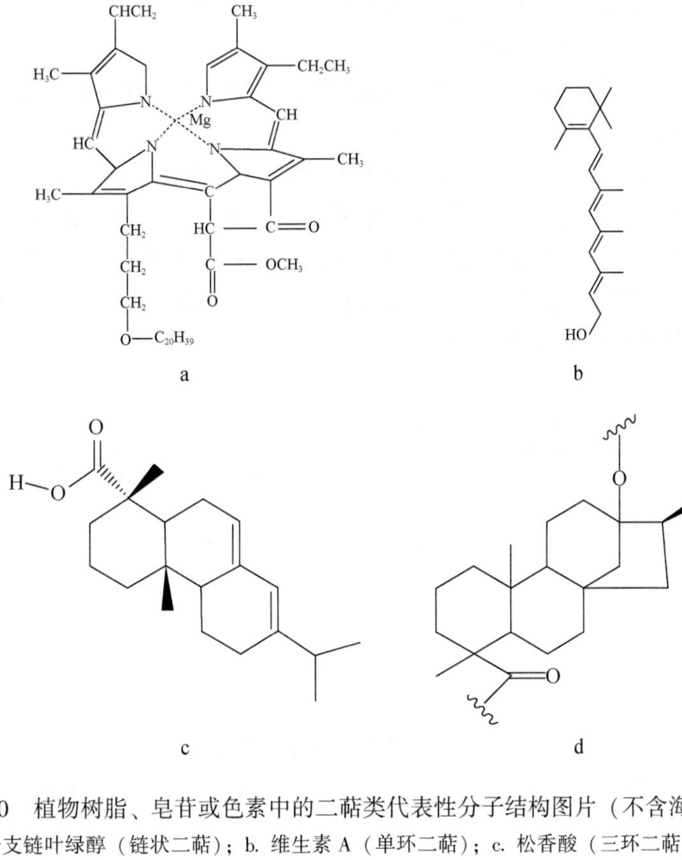

图 2.10　植物树脂、皂苷或色素中的二萜类代表性分子结构图片（不含海洋二萜）
a. 叶绿素及分子上一个支链叶绿醇（链状二萜）；b. 维生素 A（单环二萜）；c. 松香酸（三环二萜）；d. 甜菊苷（四环二萜）

在自然界中，二萜以上多为植物的树脂、皂苷或色素的主要成分。例如，链状二萜类的植物醇，也叫叶绿醇，是植物叶绿素分子上一个脂肪醇支链，叶绿素（图 2.10a）是植物中进行光合作用的主要色素，是一类含脂的色素家族，其分子是由核心部分的卟啉环和一个很长的脂肪烃侧链（叶绿醇）两部分组成的。单环二萜类的维生素 A（图 2.10b）又称视黄醇，是一个具有脂环的不饱和一元醇，包括动物性

食物来源的维生素 A_1、A_2两种，是一类具有视黄醇生物活性的物质。三环二萜类的有松香酸（图 2.10c）和雷公藤内酯。四环二萜类的有甜菊苷（图 2.10d）等。

植物含有几种类型的叶绿素，差别在于烃侧链不同。叶绿素 a 存在于能进行光合作用的真核生物和蓝细菌中，大多数能进行光合作用的物质含有叶绿素 b 或叶绿素 c，在高等植物和绿藻的细胞中含有叶绿素 b，而在其他一些类型的细胞中含有叶绿素 c。

藻胆素是藻类主要的光合色素，仅存在于红藻和蓝藻中。藻胆素与叶绿素类似，也是由 4 个吡咯环通过甲烯基连接，但连成直链，且不含镁原子。

脂溶性维生素 A 等并不是单一的化合物，而是一系列视黄醇（松香油）的衍生物，多存在于鱼肝油、动物肝脏、绿色蔬菜中。

海洋二萜分子碳架含有 20 个碳原子，为由 4 个异戊二烯单元首尾相连形成的化合物，是最常见的海洋萜类化合物，多数来自海藻、珊瑚，少数来自海绵。

海洋二萜与陆地生物的二萜有显著不同的结构特点。很多陆地二萜在生物体内的合成都是由链状的牻牛儿醇通过质子诱导以“反—反—反”的方式环化而成的，而海洋二萜只有少数例子遵循这一途径。常见的海洋二萜有以下几类特殊的化合物：降解二萜，由含 20 个碳原子的碳架在生物体内经某种途径失去一个或几个碳原子而形成，如含有 19 个或 18 个碳原子的链状降解二萜和环状降解二萜；还有在末端接有芳香母体或碳水化合物残基的链状二萜、复杂的环状二萜。

海洋二倍半萜为由 5 个异戊二烯单元首尾相连形成的化合物，通常其分子碳架含有 25 个碳原子。目前，海绵是自然界中二倍半萜最丰富的源泉，主要有链状的二倍半萜（其一端带有一个呋喃环，另一端带有特窗酸母体）和四环或五环二倍半萜两类。

三萜（图 2.11，图 2.12）是六个异戊二烯去掉羟基后首尾相连的单元构成，通式为 $C_{30}H_{48}$，大部分为 30 个碳原子，少部分含 27 个碳原子的萜类化合物。

三萜类成分在自然界分布很广。例如，鲨鱼油中所含的角鲨烯属开链三萜类化合物（图 2.11a），大量存在于鲨鱼肝油中。某些动物的维生素、激素等也属于萜类化合物，维生素 K（萘醌类，图 2.11b）是一系列萘醌的衍生物，维生素 K_1主要源于植物，维生素 K_2等来自动物，维生素 E（图 2.11c）则多存在于鱼类、植物油、鸡蛋和肝脏中。灵芝中的灵芝酸存在有五环萜和四环三萜（图 2.11d）。而属五环三萜类的甘草酸（图 2.11e）是甘草中最主要的成分。

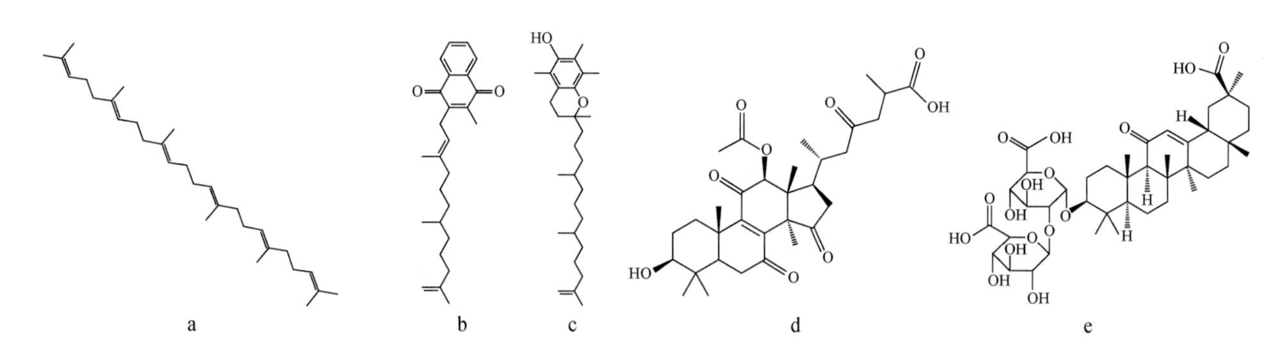

图 2.11　三萜类代表性分子结构图片

a. 角鲨烯（链状三萜）；b. 维生素 K_1；c. 维生素 E；d. 灵芝酸（四环三萜）；e. 甘草酸（五环三萜）

原核生物会合成聚异戊二烯醇（细菌萜醇），连接在氧原子上的终端异戊二烯是未饱和的。原核生物与真核生物的最大区别就是其细胞膜中一般不含胆固醇，而是含藿烷类化合物（图 2.12）。而动物产生的聚异戊二烯醇终端的异戊二烯已被还原。萜烯和类萜在动物及古菌中会通过甲羟戊酸途径，由乙酰辅酶 A 产生，而在植物和细菌中非甲羟戊酸途径则由丙酮酸及甘油醛 3-磷酸来产生。

主要反映原核微生物（细菌）输入的藿烷类化合物（五环三萜类，图 2.12）在自然界分布较广泛。藿烷（图 2.12b）不是由生物体直接合成的，而是由死亡生物体经地球化学过程演化而来的。在早期成岩作用过程中形成的饱和烃类藿烷在构型上均以生物构型（R 型）为主。在成岩过程中藿烷类化合物由生物构型逐渐转变为地质构型（S 型），最后达到 S 型与 R 型的平衡状态［S/(S+R) = 0.6］。

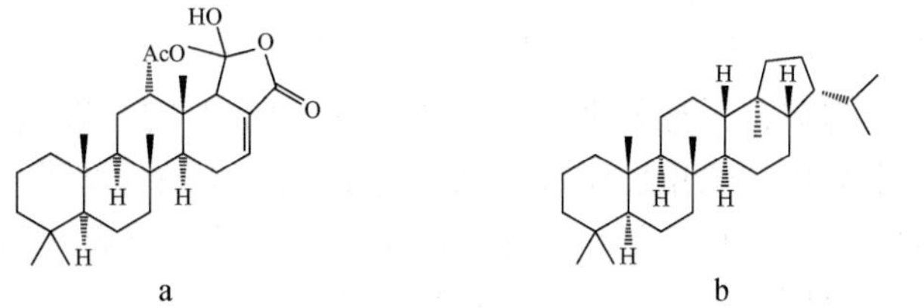

图 2.12　原核生物含有的细菌藿醇（或藿烷类化合物）等五环三萜类代表性分子结构图片

a. 五环三萜类；b. 藿烷类

四萜由八个异戊二烯单元构成，通式为 $C_{40}H_{56}$（图 2.13）。在自然界中，植物色素中的胡萝卜素类（$C_{40}H_{64}$）就是一种四萜，包括 α-胡萝卜素、β-胡萝卜素（图 2.13a）、γ-胡萝卜素、番茄红素（图 2.13c）、类胡萝卜素或叶黄素（图 2.13b）。叶黄素也叫胡萝卜醇、植物黄体素、核黄体、万寿菊花素及植物叶黄素等。

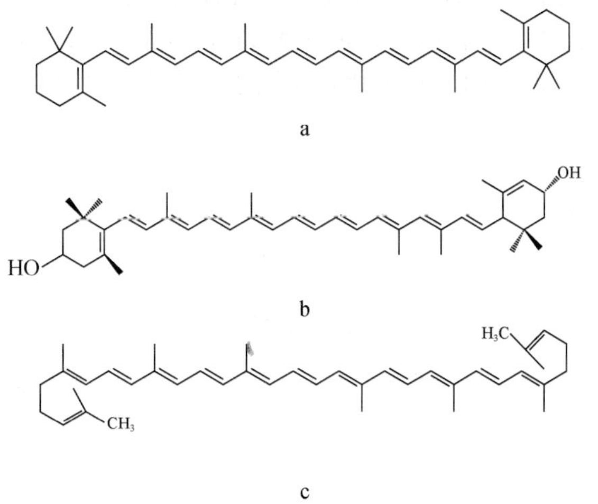

图 2.13　胡萝卜素类植物色素四萜类代表性分子结构图片

a. β-胡萝卜素；b. 叶黄素；c. 番茄红素

叶绿体中的类胡萝卜素是由异戊烯单元组成的四萜，主要有胡萝卜素（橙黄色）和叶黄素（黄色）两种色素。一般情况下，叶片中叶绿素与类胡萝卜素的比例约为 3∶1，所以正常的叶子呈现绿色。而在叶子衰老过程中，叶绿素较易降解，而类胡萝卜素比较稳定，所以叶片呈现黄色。

胡萝卜素的化学结构中央有相同的多烯链，胡萝卜素分子是包含 40 个碳原子的多不饱和烃，由 8 个五碳异戊二烯单元形成，分子式为 $C_{40}H_x$，包含的氢原子数随胡萝卜素的种类不同而不同，某些种类的胡萝卜素分子的一端或两端为烃环，种类有 α，β，γ，δ，ε，番茄红素等许多异构体。β-胡萝卜素（图 2.13a）在胡萝卜素中分布最广，含量最多。胡萝卜素由植物合成，动物不能制造。叶黄素（图 2.13b）一般在绿叶的蔬菜中可以找到，是构成玉米、蔬菜、水果、花卉等植物色素的主要组分，含于叶子的叶绿体中。番茄红素（图 2.13c）是一种源自番茄提取物的红色素，分子结构为除分子两端有连续单键之外，分子结构中间完全是单双键交替的规律结构。

叶黄素广泛存在于许多藻类的藻胆素（一类色素蛋白，具有较多的共轭双键，如藻红素和藻蓝素）、光合细菌中的细菌叶绿素、嗜盐菌中的一种类似视紫质的色素（11-顺-视黄醛）中。大部分藻类和高等植物的光合色素是类胡萝卜素和叶绿素 a、叶绿素 b。

此外，植物、动物和微生物的天然色素也属萜类，有卟啉类衍生物、异戊二烯衍生物、多酚类衍生物、酮类衍生物、醌类衍生物以及其他六大类。植物色素有绿叶中的叶绿素（绿色）、胡萝卜中的胡萝卜素（橙黄色）、番茄中的番茄红素（红色）等。动物色素有肌肉中的血红素（红色）、虾壳中的虾红素（红色）等。微生物色素有酱豆腐表面的红曲色素（红色）等8种。

多萜由多个异戊二烯单元构成，天然橡胶就是多萜，其中的双键是顺式结构，也有反式结构的，如杜仲胶、多聚萜（由八个以上异戊二烯单位组成）等。它们已经不属于脂类了。

（2）固醇类及其衍生物（图2.14）是环戊烷多氢菲的衍生物，又称类固醇、类甾体、甾族化合物，主要包括固醇（如胆固醇、羊毛固醇、谷甾醇、豆甾醇、麦角固醇），胆汁酸和胆汁醇，类固醇激素（如雄激素、雌激素、肾上腺皮质激素等），维生素D等。天然的类固醇分子中的双键数目和位置，取代基团的类型、数目和位置，取代基团与环状核之间的构型，环与环之间的构型各不相同，其化学结构是由三个六碳环己烷（A、B、C）和一个五碳环（D）组成的稠环和回环化合物。类固醇分子中的每个碳原子都按序编号，且不管任一位置有没有碳原子存在，在类固醇母体骨架结构中都保留该碳原子的编号。存在于自然界的类固醇分子中的六碳环A、B、C都呈“椅”式构象（环己烷结构），这也是最稳定的构象。唯一例外的是雌激素分子内的A环（芳香环）为平面构象。类固醇的A环和B环之间的接界可能是顺式构型，也可能是反式构型。

甾醇是广泛存在于生物体内的一种天然活性物质，可分为动物性甾醇、植物性甾醇和菌类甾醇。动物性甾醇以胆固醇（图2.14a）为主；植物性甾醇主要为谷甾醇（图2.14c）、豆甾醇和菜油甾醇等；而麦角固醇则属于真菌类甾醇（图2.14b）。这类化合物属于类异戊二烯物质，是由三萜环化再经分子内部重组和化学修饰而生成的。

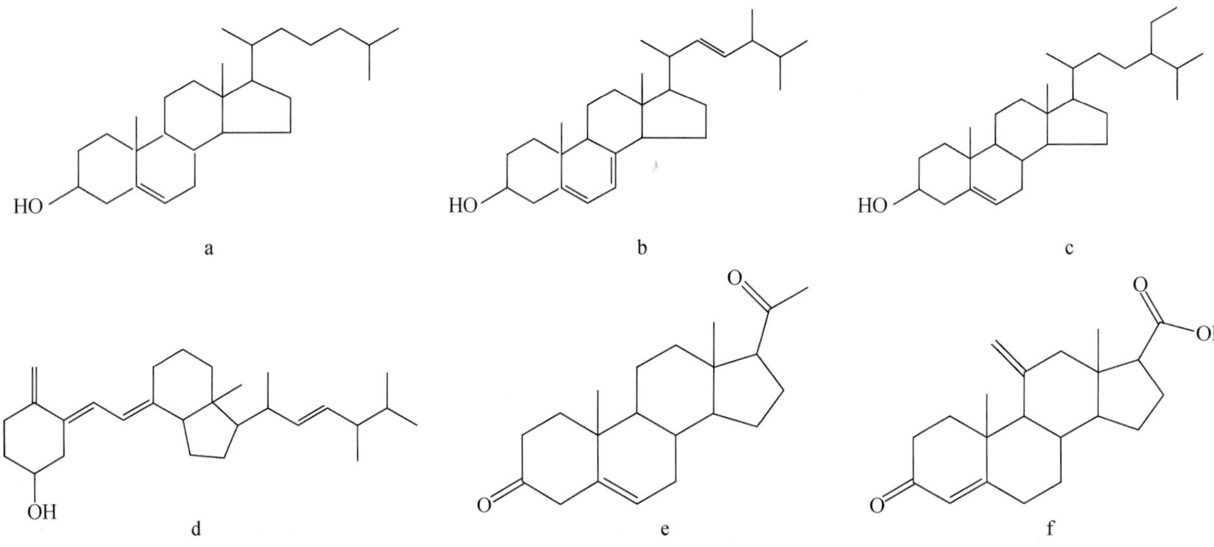

图2.14　类固醇代表性分子结构图片

a. 胆固醇（$C_{27}H_{46}O$）；b. 麦角固醇（$C_{28}H_{44}O$）；c. β-谷甾醇（植物甾醇）（$C_{29}H_{50}O$）；d. 维生素D_2（$C_{28}H_{44}O$）；e. 孕激素（$C_{21}H_{30}O_2$）；f. 类固醇激素

动物中的甾族化合物主要有胆固醇、类固醇激素（图2.14f）和胆汁酸，其中又以胆固醇最为重要，它是后两类化合物的前体。胆固醇分子的一端有羟基，为极性头（亲水）；另一端有烃链和环戊烷多氢菲环状结构，为非极性尾（疏水），故与磷脂同属极性脂类。胆固醇是动物组织中其他固醇类化合物如胆汁醇、性激素、肾上腺皮质激素、维生素D_3等的前体。

维生素D（钙化醇）是一组脂溶性类固醇化合物，主要存在于植物油或酵母中的麦角固醇，经日光或紫外线照射后生成维生素D_2（图2.14d）。

性激素（化学本质是脂类）是动物体的甾体激素。雌性动物分泌孕激素与独具苯环（A 环芳香化）结构的雌激素。孕激素（图 2. 14e）也称黄体酮，分布很广，如鸟类、鲨鱼、肺鱼、海星及墨鱼等非哺乳动物也含有孕激素。雄激素在动物界分布广泛，是 19 碳甾体化合物。

植物也有强效的蜕皮激素类似物，具有麦角甾烷和豆甾烷侧链结构。甲壳动物和昆虫的蜕皮激素是胆甾烷的衍生物，结构特点是 C_7-C_8间双键，C_6酮基，2β，3β，14α 羟基和侧链上 C_{22}和 C_{25}羟基。甲壳动物的 Y 器官和昆虫的前胸腺分泌蜕皮激素，为蜕皮和生长调控所必需的激素。

胆汁酸和胆汁醇是哺乳动物和其他脊椎动物体内胆固醇的降解产物。较高等的脊椎动物（哺乳类、鸟类、蛇）胆汁内都含 C_{24}胆汁酸，与牛磺酸或甘氨酸形成结合胆汁盐。低等原始脊椎动物的胆汁内含 C_{27}胆汁酸和/或 C_{26}或 C_{27}胆汁醇，有些与硫酸形成酯，也有些与牛磺酸形成结合胆汁盐。

植物性甾醇包括 β-谷甾醇、豆甾醇及菜籽固醇。菜籽固醇（5,22-二烯-24-β-甲基-3β-胆固醇）是一种由一些单细胞藻类（浮游植物）以及某些陆生植物（如油菜）合成的二十八碳固醇，是类异戊二烯角鲨烯到菜油甾醇的中间产物。这种化合物常被作为环境中存在着藻类的一种生物标记。表 2. 3 是不同藻类中检测到的菜籽固醇种类及含量。

表 2. 3　不同藻类中检测到的固醇种类及相对含量　（单位:%）

种属	A	B	C	D	E	F	G	H	其他
Gonyaulax sp. 膝沟藻	100	0	0	0	0	0	0	0	0
Peridinium foliaceum 多甲藻	100	0	0	0	0	0	0	0	0
Peridinium foliaceum 多甲藻	80	20	0	0	0	0	0	0	0
Gonyaulax diegensis 膝沟藻	39	0	0	0	0	0	0	29	32
Pyrocystis lunula 新月梨甲藻	76	6	0	2	1	0	0	0	15
Gonyaulax polygramma 膝沟藻	31	1	0	9	7	0	0	0	47
Gymnodinium wilczeki 裸甲藻	26	39	0	35	0	0	0	0	0
Glenodinium hallii 薄甲藻	8	50	0	0	0	42	0	0	0
Noctiluca milaris 夜光藻	0	1	1	5	73	0	6	0	14
Gymnodinium simplex 裸甲藻	0	0	0	0	53	0	0	0	47
Prorocentrum cordatum 原甲藻	7	0	0	0	5	0	63	0	25

注：A 为胆固醇；B 为菜油甾醇；C 为谷甾醇；D 为 22-dehydrocholesterol［（22E）-cholesta-5，22-dien-3β-ol，属菜籽固醇的一种，主要源于浮游藻类］；E 为 brassicasterol（菜籽固醇的一种，主要源于单细胞浮游藻类）；F 为 stigmasterol（豆甾醇）；G 为 24- methylene cholesterol（24-甲基胆固醇）；H 为 fucosterol（岩藻甾醇，源于褐藻）。

植物细胞膜含有豆甾醇及谷甾醇等，豆甾醇与胆固醇结构的不同在于 C_{22}和 C_{23}之间有一双键。植物甾醇分为无甲基甾醇、4-甲基甾醇和 4，4′-二甲基甾醇三类。无甲基甾醇主要有 β-谷甾醇、豆甾醇、菜油甾醇和菜籽甾醇等，主要存在于植物的种子中，不少植物中含 β-谷甾醇。植物甾醇广泛存在于植物的根、茎、叶、果实和种子中，植物种子油脂中都含有较高的甾醇，如玉米油。豆甾醇和谷甾醇都是豆甾烷的衍生物，比胆固醇多两个碳原子，在 C_{24}上有一个乙基。植物固醇不能被动物体吸收利用。

麦角固醇是酵母菌、麦角菌的主要固醇组分，含 28 个碳原子的类固醇化合物，经紫外光照射转化成为维生素 D_2。麦角固醇是微生物细胞膜的重要组成成分。真菌细胞膜中主要的固醇为麦角固醇，真菌含有菌固醇。固醇除细菌中缺少外，广泛存在于动植物的细胞及组织中。

（3）磷脂类（图 2. 15）是指含有磷酸的脂类，由 C、H、O、N、P 五种元素组成，为两性分子，一端为亲水的含氮或磷的头，另一端为疏水（亲油）的长烃基链，也称磷脂质，属于复合脂。

磷脂是两亲物质，分子亲水端相互靠近，疏水端也相互靠近，常与蛋白质、糖脂、胆固醇等其他分子共同构成脂双分子层，是生物膜的重要组分。磷脂分为甘油磷脂与鞘磷脂两大类：甘油磷脂是由甘油

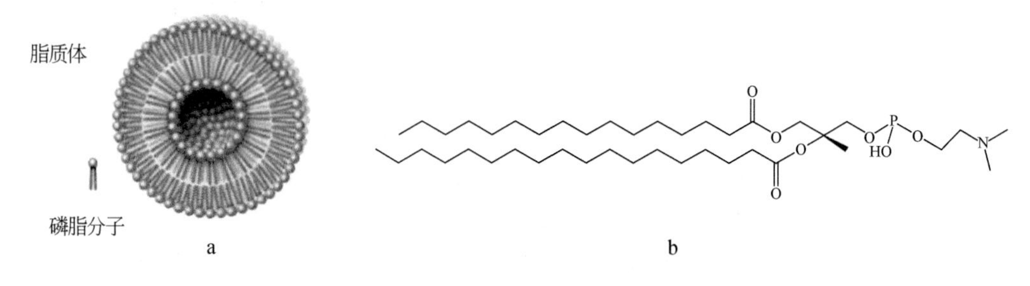

图 2.15　磷脂及其分子结构图片
a. 细胞膜中的磷脂；b. 磷脂的代表性分子结构

构成的磷脂；鞘磷脂是由神经鞘氨醇构成的磷脂，其特点是在水解后产生含有脂肪酸和磷酸的混合物。

生物膜是以含甘油磷脂为主，但也有一些没有甘油的脂类，如鞘磷脂、胆固醇。在高等植物及藻类中，缺少磷酸基的磺酸基异鼠李糖基二脂酰基甘油是叶绿体以及其他有关细胞器膜的主要成分，也是高等植物、藻类及一些细菌的光合组织中最丰富的脂类。植物的类囊体膜含有形成非双层膜的单半乳糖甘油二酯，且是其中比例最多的脂质，其中也有少量的磷脂。

至今，人们已发现磷脂几乎存在于所有有机体细胞中，在动植物体重要组织中都含有较多磷脂。植物磷脂主要存在于油料种子中，且大部分存在于胶体相内，并与蛋白质、糖类、脂肪酸、菌醇、维生素等物质以结合状态存在，是一类重要的油脂伴随物。动物磷脂主要来源于蛋黄、牛奶、动物体脑组织、肝脏、肾脏及肌肉组织部分。

鞘磷脂是含鞘氨醇或二氢鞘氨醇的磷脂，其分子不含甘油，有共同的鞘氨醇碱骨架，是一组复杂化合物的统称，是最简单、动物组织中最丰富的鞘脂。因含磷，也可归于磷脂类。动物细胞的大多数膜中都有鞘磷脂，某些神经细胞周围的髓鞘含鞘磷脂极丰富。哺乳类体内的鞘脂以鞘磷脂为主，昆虫体内则主要是神经酰胺磷酸乙醇胺，真菌体内有植物神经磷酸肌醇及含有甘露糖的鞘脂。

（4）糖脂类（图 2.16）是糖和脂质结合所形成的物质的总称，是脂肪酸直接连接到糖的骨架，由单糖取代了甘油酯和磷脂中甘油的骨架角色，产生和双层脂膜相容的结构。典型的脂质 A 分子有葡萄糖胺双糖，是加了七个脂肪酸链的衍生物。

糖脂类在生物体分布甚广，但含量较少，仅占脂质总量的一小部分。糖脂可分为糖基酰甘油和糖鞘脂两大类：糖基酰甘油结构与磷脂相类似，主链是甘油骨架，含有脂肪酸基，但不含磷及胆碱等。自然界存在的糖脂分子中的糖主要有葡萄糖、半乳糖，脂肪酸多为不饱和脂肪酸。糖鞘脂（也常称鞘糖脂）为脑苷脂，不含磷，也不带电荷，因其极性头基是中性，含有 1 个或更多个糖单位，含有 2 个、3 个或 4 个糖基的更复杂的脑苷脂，存在于细胞膜的外层，是构成细胞表面的重要组分。

（5）鞘脂类由一分子长链脂肪酸、一分子鞘氨醇或其衍生物及一分子极性头醇组成，即鞘脂类分子由 3 个基本结构成分组成：一是鞘氨醇，是长链的带有氨基的二醇，链长约 18 个碳原子；二是长链脂肪酸，链长 18～26 个碳原子，以酰胺键与鞘氨醇相结合，称为神经酰胺；三是极性基团的头部，通常连接在鞘氨醇第一个碳原子的羟基上。鞘氨醇是鞘脂中许多长链氨基醇的母体化合物，在哺乳动物中较丰富。鞘脂的极性头基与鞘氨醇的羟基结合，而脂肪酸部分则与其氨基形成酰胺键。因此，鞘脂具有 1 个极性头基和两个非极性尾（脂肪酸和鞘氨醇的长烃链），属极性脂类，是仅次于磷脂的第二大类膜脂。

（6）脂蛋白类是一类由富含固醇脂、甘油三酯的疏水性内核和由蛋白质、磷脂、胆固醇等组成的外壳构成的球状微粒。脂蛋白是与蛋白质结合在一起形成的脂质-蛋白质复合物。脂蛋白中脂质与蛋白质之间没有共价键结合，多数是通过脂质的非极性部分与蛋白质组分之间以疏水性相互作用而结合在一起。通常用溶解特性、离心沉降行为和化学组成来鉴定脂蛋白的特性。

藻红素和藻蓝素在藻类体内与可溶性蛋白质结合后分别称为藻红蛋白和藻蓝蛋白，总称藻胆蛋白，可溶于稀盐溶液中。每个藻胆蛋白至少有 8 个藻胆素分子。藻红蛋白主要存在红藻中，其吸收峰约在

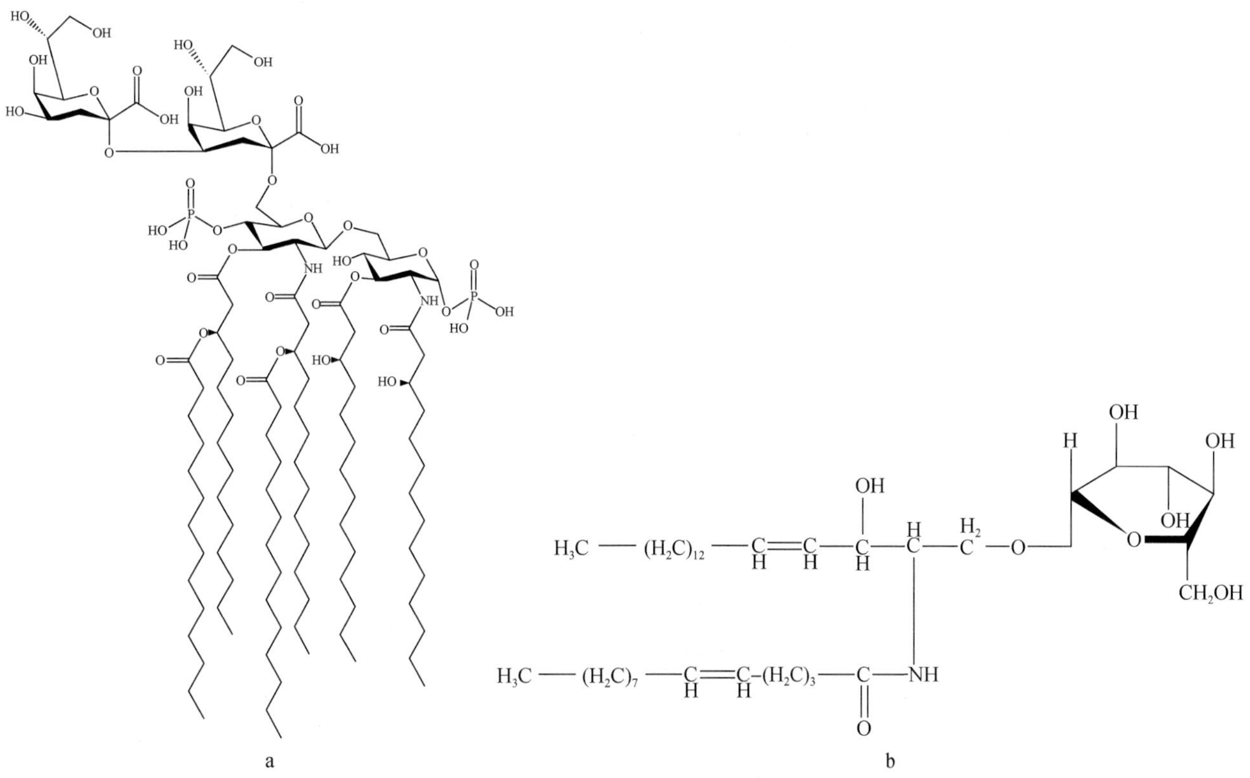

图 2.16　糖脂类分子结构图片

a. 糖脂分子结构；b. 鞘糖脂分子结构

565nm，藻红素主要吸收绿光，故显红色。藻蓝蛋白主要存在蓝藻中，其吸收峰约在620nm，藻蓝素主要吸收橙黄光，故显蓝色，它们能将所吸收的光能传递给叶绿素而用于光合作用。

3. 生物体中的脂类（油脂、脂肪、类脂）在厌氧环境下的沉积水体（早成岩阶段）要相对稳定，不易分解，容易保存下来，成为地下“石油”的原始物质成分

上述生物体中的脂类（油脂、脂肪、类脂）与地下“石油”的原始物质成分几乎相同，主要表现在：①它们都是“油”，生物油脂（植物油或“油滴”或动物脂肪）的甘油三酯（主要是不同碳原子的高级直链羧酸）与地下“石油”及其源岩（未成熟—成熟阶段的优质烃源岩）中的正构烷烃相对应，均为“油”的主体成分，甚至偶数（或奇数）碳优势或“蜡”含量都是对应的；②生物萜类、类固醇及其衍生物等类脂生物标志物在地下“石油”及其源岩（未成熟—成熟阶段的优质烃源岩）中几乎均可找到相对应的经成岩演变后的生物标志物，如萜类化合物中常见的胡萝卜素类化合物、一萜烯（无环、单环、双环）、倍半萜和二萜（植物挥发油中的双环倍半萜、三环倍半萜和二萜等）、叶绿素分子上的支链叶绿醇（链状二萜）、海洋倍半萜和二萜类、原核生物含有的细菌萜醇（或藿烷类化合物）等五环三萜类、β-胡萝卜素等四萜类、动物性胆固醇、植物性谷甾醇或豆甾醇或菜油甾醇和菌类麦角固醇等。在相同时代、相同沉积和成岩环境条件下形成的优质烃源岩及源于优质烃源岩的地下“石油”中均可找到上述相对应的经成岩演变后的生物标志物，如胆固醇→胆甾烷，谷甾醇或豆甾醇或菜油甾醇→豆甾烷或谷甾烷，麦角固醇→麦角甾烷等，甚至它们对应的碳数都相同。

生物体中的脂类（油脂、脂肪、类脂）在形成优质烃源岩的沉积和成岩环境（厌氧）条件下，其生物脂类有机化合物分子结构及其化学键能（表2.4，尤其是烃类物质相对更稳定）相对蛋白质、碳水化合物和核酸等生物大分子是稳定（热）的，而且不容易水解（不溶于水），相对容易被保存下来。未成熟—成熟阶段优质烃源岩中发荧光的颗粒或生物碎屑（荧光显微镜下）就是生物脂类（油脂、脂肪、类脂）组分，它们在成熟阶段，随成熟度（温度、时间和压力）的增加，脂类或“油”逐渐生成（脱离原始生物碎屑即干酪根）并部分运移出来聚集成藏，即地下“石油”就是源于优质烃源岩生物体中的脂类（油脂、脂肪和类脂之和）并经成岩演变运移聚集而成藏的。

表 2.4　生物脂类有机化合物化学键能数据对比

化学键	键能/(kJ/mol)	化学键	键能/(kJ/mol)	化学键	键能/(kJ/mol)
N—O	201	tC_4H_9—tC_4H_9	264	CH_3CO—CH_3	339
C—S	272	ArO—CH_2R	270	CH_3—CH_3	360
C—N	305	$ArCH_2$—CH_2R	271	$ArCH_2$—Ar	368
C—C	346	$ArCH_2$—CH_2R	271	H—tC_4H_9	373
S—H	347	$(CH_3)_3C$—$C(CH_3)_3$	285	Ar—CH_2CH_2R	375
C—O	358	CH_3CO—$C(CH_3)_3$	297	Ar—$C(CH_3)_3$	385
N—H	391	nC_4H_9—nC_4H_9	310	H—nC_4H_9	394
C—H（平均）	415	nC_3H_7—nC_3H_7	318	H—CH_3	431
S—O	498	CH_3CO—C_2H_5	322	H—C_2H_5	410
C═C	610	ArCRH—H	325	Ar—C_2H_5	414
C═O（醛）	736	C_2H_5—C_2H_5	335	Ar—CH_3	427
C═O（酮）	749				

（二）蛋白质、碳水化合物和核酸等非脂类生物大分子

1. 活性蛋白质易分解，稳定性差；而非活性蛋白（硬蛋白等）多为三螺旋结构，很难被分解，相对稳定

蛋白质（图 2.17）是由 α-氨基酸按一定顺序结合形成一条多肽链，再由一条或一条以上的多肽链按照其特定方式结合而成的高分子化合物，每一条多肽链有二十至数百个氨基酸残基（—R）不等。组成蛋白质的基本单位是 α-氨基酸，氨基酸是指既含有一个碱性氨基又含有一个酸性羧基的有机化合物，两个或两个以上的氨基酸化学聚合成肽，氨基酸通过脱水缩合连成肽链。由 m 个氨基酸，n 条肽链组成的蛋白质分子，至少含有 n 个—COOH，至少含有 n 个—NH_2，肽键 $m-n$ 个，O 原子 $m+n$ 个，设氨基酸的平均分子量为 a，蛋白质的分子量为 $ma-18(m-n)$。生物体内的各种蛋白质是由 20 种基本氨基酸构成的，除甘氨酸外均为 L-α-氨基酸，其结构通式为 $RCHNH_2COOH$（图 2.17，R 基为可变基团）。

蛋白质是由 C（50%）、H（7%）、O（23%）、N（16%）组成，一般可能还会含有 P、S（0～3%）、Fe、Zn、Cu、B、Mn、I、Mo 等，一切蛋白质都含 N 元素，且各种蛋白质的含氮量很接近，平均为 16%。生物细胞原生质的主要成分是蛋白质，就连细胞壁和细胞间的物质，主要也是蛋白质，蛋白质是构成细胞的基本有机物，是生命的物质基础。

在自然界中共有 300 多种氨基酸，其中 α-氨基酸 21 种，是肽和蛋白质的构件分子，也是构成生命大厦的基本砖石之一。蛋白质的分类（或种类）有很多，可按功能、结构、组成成分（或化学组成）、蛋白质分子的外形（或形状）、来源、所构成的氨基酸的种类与个数、溶解度、蛋白质的营养价值、所结合的辅基种类等分类，有几千种蛋白质。这里主要根据优质烃源岩成烃生物碎屑和地下“石油”构成分析和成因研究的需要，按生物体中的功能或活性（稳定性）把蛋白质分为活性蛋白质和非活性蛋白质两大类。

（1）活性蛋白质是蛋白质中一类具有生物活性的蛋白质，也是一类由多种氨基酸结合而成的长链高分子化合物，是蛋白质的主体。活性蛋白质具有两性解离、等电点、胶体性质、变性、沉淀和显色

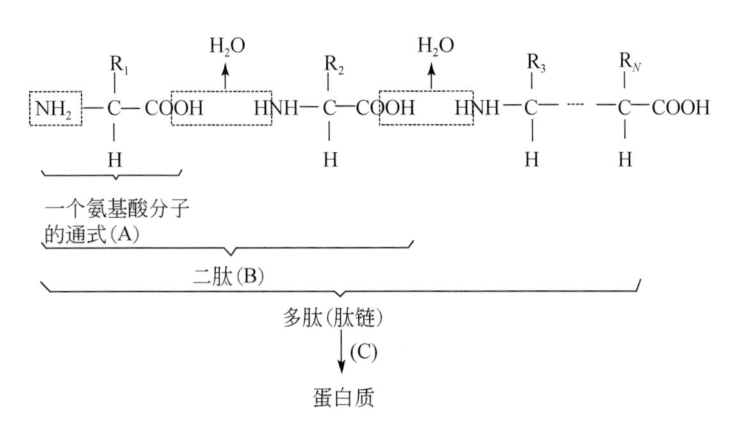

图 2.17　活性蛋白质的分子结构

反应等所有蛋白质的一般性质，具有水解反应和胶体性质两性物质，即活性蛋白质在酸、碱或酶的作用下发生水解反应，经过多肽，最后得到多种α-氨基酸。在热、酸、碱、重金属盐、紫外线等作用下，活性蛋白质会发生性质上的改变而凝结。这种凝结是不可逆的，不能再使它们恢复成原来的蛋白质。活性蛋白质的这种变化叫作变性。活性蛋白质变性之后，紫外线吸收、化学活性以及黏度都会上升，变得容易水解，但溶解度会下降。各种氨基酸在水中的溶解度差别很大，并能溶解于稀酸或稀碱中，但不能溶于有机溶剂。氨基酸氨分解代谢所产生的α-酮酸，随不同特性糖或脂类的代谢途径进行代谢。α-酮酸可再合成新的氨基酸，或转变为糖或脂肪，或进入三羧酸循环氧化分解成 CO_2 和 H_2O，并放出能量。

（2）非活性蛋白质是一类对生物体起保护或支持作用的结构蛋白质或硬蛋白或胶原蛋白等。硬蛋白等非活性蛋白质不同于一般活性蛋白质的双螺旋结构，而是三螺旋结构，就像是扭在一起的 3 股绳子，这种结构蛋白质很难被分解开，属胶原蛋白或纤维蛋白，也称硬蛋白，是具有白蛋白性质的纤维状的单纯蛋白质的总称。

非活性蛋白质主要种类有硬蛋白类（不溶于水、盐、稀酸或稀碱，消化酶对其不易水解的蛋白质，在动物体内作为结缔组织，是保护机体的功能蛋白，主要存在于各种软骨、腱、毛发、丝等组织中）、胶原蛋白（各种组织的支柱，如皮肤、肌腱、软骨及骨组织，哺乳动物皮肤的主要成分）、角蛋白（保护作用或加强机械强度）、不溶性蛋白质（不溶于水、盐溶液、稀酸、稀碱和有机溶剂）、弹性蛋白（支持与润滑作用）、纤维蛋白（外形呈棒状或纤维状，长轴和短轴之比大于 5，大多数不溶于水，是生物体重要的结构成分，或对生物体起保护作用）、结构蛋白（纤维状蛋白，由长的氨基酸肽链连接成为纤维状或蜷曲成盘状结构）、不完全蛋白质（不能提供全部必需氨基酸）、多聚蛋白（由数十个亚基，甚至数百个亚基聚合而成的超级多聚体蛋白）、网硬蛋白、丝蛋白等。常见的非活性蛋白有硬蛋白、胶原蛋白、角蛋白等。

骨胶原蛋白也称“骨胶原”（图 2.18），又叫构造蛋白质，是胶原蛋白的一种，是骨骼内的一种纤维状蛋白，含量能占到骨骼有机物的 90%，是一种生物性高分子物质，也是维持骨骼韧性和提供骨骼营养的重要物质。在骨中，骨胶原所组成的纤维网还起到类似黏合的固定作用。骨胶原（UC-Ⅱ）是由三条多肽链构成的螺旋分子结构，是胶原蛋白的主要成分，并构成了骨骼和软骨。骨中的钙是以羟基磷酸钙沉积的方式，以骨胶原为黏合剂而固定下来，羟基磷酸钙与骨胶原构成了骨骼的主体。

硬蛋白（质）为一类不溶于水、盐类水溶液、有机溶剂、稀酸和碱等的单纯蛋白质的总称。硬骨、真皮、肌腱、肌膜、软骨等含有的胶原蛋白，肌腱、动脉等的弹性硬蛋白，羊毛、毛发、羽毛、角、爪、蹄等的角蛋白，绢丝中的丝蛋白，海绵的海绵硬蛋白，珊瑚的珊瑚硬蛋白，贻贝壳的壳硬蛋白（表 2.5），动物的各种器官呈病态时形成的淀粉样蛋白，形成鱼鳞的鱼鳞硬蛋白等均属于这一类。硬蛋白可以看作是动物界中起保护作用的蛋白质，在植物界中则未见到，可能是以纤维素来替代，而起着同样的作用。

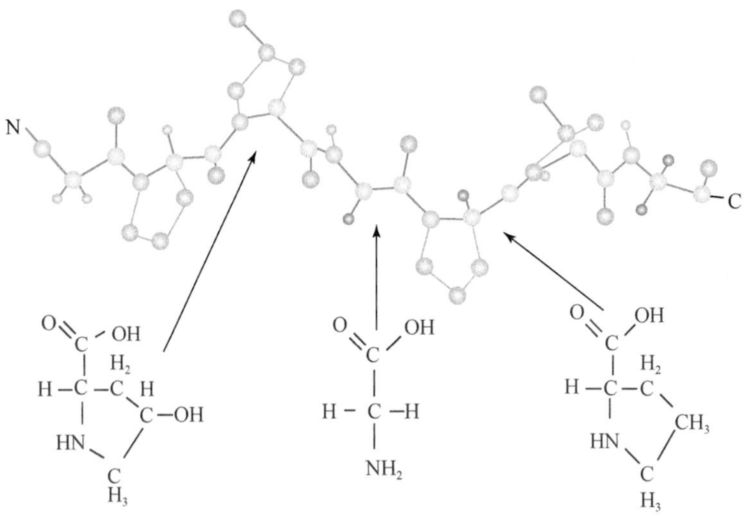

图 2.18 生物有机骨壁壳——骨胶原蛋白（Ⅱ型骨胶原）化学结构图片
下左：羟脯氨酸；下中：氨基乙酸；下右：脯氨酸

除胶原蛋白受胶原酶作用、弹性硬蛋白受弹性硬蛋白酶作用外，硬蛋白很难受其他蛋白酶的侵袭，是相当稳定的。硬蛋白的来源存在不同，构成和性质也有很大的差别。硬蛋白在动物机体中起着支持身体和保护身体耐受冲击的作用。硬蛋白具有极其重要的生理功能，如细胞与细胞之间充填着的是细胞间质，所谓“细胞间质”就是纤维胶原（胶原蛋白），就好比盖房子用的砖头和水泥之间的关系。一般可以将硬蛋白进一步划分为胶原蛋白和角蛋白两种类型。

表 2.5 生物体中各种硬蛋白的分布

分类	存在生物体或组织
壳硬蛋白	贻贝壳
珊瑚硬蛋白	珊瑚
海绵硬蛋白	海绵
角蛋白	毛发、指甲，动物的角、爪、蹄
胶原蛋白	硬骨、真皮、肌腱、肌膜、软骨
丝蛋白	绢丝、蜘蛛等分泌物（速凝、很强的不溶解性）
弹性硬蛋白	肌腱、动脉

角蛋白存在于毛发、指甲、羽毛、角等中。在氨基酸构成中，胱氨酸含量比较高。在所有溶剂中都不发生溶解，也不能被酶分解。

胶原蛋白（也称胶原）为生物高分子，是动物结缔组织中的主要成分，也是哺乳动物体内含量最多、分布最广的功能性蛋白。胶原蛋白是细胞外基质（ECM）的一种结构蛋白质，多糖蛋白，呈白色，是细胞外基质的主要成分，约占胶原纤维固体物的 85%。胶原蛋白是动物体中普遍存在的一种大分子蛋白，主要存在于动物的结缔组织（骨、软骨、皮肤、腱、韧带等）中，占哺乳动物体内蛋白质的 25%~30%，相当于体重的 6%。胶原蛋白根据其结构，可以分为纤维胶原、基膜胶原、微纤维胶原、锚定胶原、六边网状胶原、非纤维胶原、跨膜胶原等（蒋挺大和张春萍，2001）。胶原蛋白具有很强的延伸力，不溶于冷水、稀酸、稀碱溶液，具有良好的保水性和乳化性。胶原蛋白不易被一般的蛋白酶水解，但能被动物胶原酶断裂，断裂的碎片自动变性，可被普通蛋白酶水解。当环境 pH 低于中性时，胶原的变性温度为 40 ~ 41℃，当环境 pH 为酸性时，胶原的变性温度为 38 ~ 39℃。

（3）综上所述，各种蛋白质中的活性蛋白质是一类具有生物活性的蛋白质，广泛分布于各种生物体组织，如动植物组织、动物乳汁、植物种子等中，活性蛋白质在酸、碱或酶的作用下发生水解反应，经过多肽，最后得到多种 α-氨基酸，稳定性差（尤其是肽键—NH—CO—稳定性差，表 2.4）。

非活性蛋白质主要是一类对生物体起保护或支持作用的硬蛋白类或结构蛋白或纤维蛋白等，它们在动物体内作为结缔组织的重要组分而存在，是执行保护机体的功能蛋白（如皮肤、毛发、指甲和韧带等），不溶于水、盐、稀酸或稀碱。它们与活性蛋白质不同，尽管经历了不同长时间地质沉积成岩的演化，非活性蛋白的骨壳遗骸碎屑的主要成分及部分结构在还原或强还原，尤其是在水体分层的硫化环境下依然能够被保存在优质烃源岩中。

2. 淀粉、葡萄糖、果糖、蔗糖、糖原等有效碳水化合物易水解，稳定性差；纤维素、几丁质、肽聚糖、果胶、半纤维素、木质素等无效碳水化合物不易分解，相对稳定

碳水化合物（图 2.19）是含有多羟基的醛类或酮类的化合物或经水解转化成为多羟基醛类或酮类的化合物，由碳、氢和氧三种元素组成，所含氢、氧比例为 2∶1（和水一样），一般化学表达式为$C_6H_{12}O_6$，通式为 $C_m(H_2O)_n$。碳水化合物是一切生物体维持生命活动所需能量的主要来源，也是自然界最丰富的有机物。

碳水化合物有糖类、淀粉和纤维素三种类型，也可以根据聚合度分为单糖、双糖、寡糖和多糖等四类，这里根据碳水化合物能否被生物体消化吸收或稳定性，分为有效碳水化合物（可消化吸收）和无效碳水化合物（不可消化吸收）两种类型。

（1）有效碳水化合物是指能在生物体内被分解成小分子成分并被吸收的糖类（图 2.19、图 2.20），主要包括所有单糖，如葡萄糖、果糖、半乳糖等；所有双糖，如蔗糖、乳糖、麦芽糖等；多糖中的淀粉、糖原及糊精等。

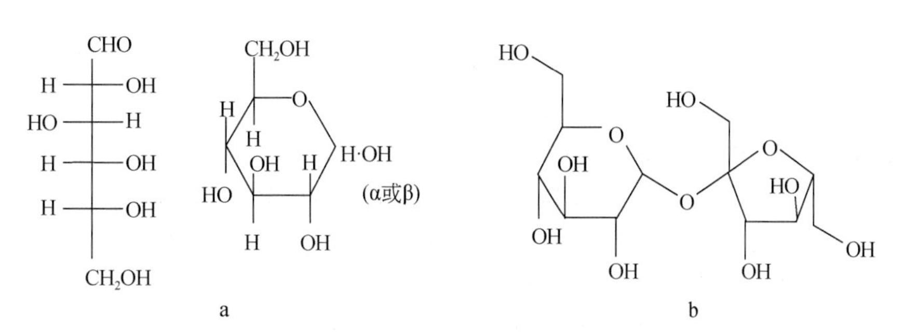

图 2.19　葡萄糖（a）和蔗糖（b）等有效碳水化合物分子结构图片

葡萄糖（图 2.19a）属单糖，化学名 2,3,4,5,6-五羟基己醛（多羟基醛），含五个羟基，一个醛基，具有多元醇和醛的性质，结构简式 CH_2OH—CHOH—CHOH—CHOH—CHOH—CHO，是自然界分布最广且最为重要的一种单糖。广泛存在于生物体内，为某些双糖（如蔗糖、麦芽糖等）和多糖（如淀粉、纤维素等）的组成成分。植物可通过光合作用产生葡萄糖。

葡萄糖在一定条件下可以分解成为水和二氧化碳。纯净的葡萄糖为无色晶体，有甜味但甜味不如蔗糖，易溶于水，微溶于乙醇，不溶于乙醚，在碱性条件下加热易分解，即葡萄糖稳定性差，易水解。

蔗糖（即食糖，图 2.19b）是由一分子葡萄糖的半缩醛羟基与一分子果糖的半缩醛羟基彼此缩合脱水而成，是双糖的一种。蔗糖几乎普遍存在于植物界的叶、花、茎、种子及果实中。

蔗糖极易溶于水，其溶解度随温度的升高而增大，溶于水后不导电。蔗糖还易溶于苯胺、吡啶、乙酸乙酯、乙酸戊酯、熔化的酚、液态氨、乙醇与水的混合物及丙酮与水的混合物，但不能溶于汽油、石油、无水乙醇、三氯甲烷、四氯化碳、二硫化碳和松节油等有机溶剂。蔗糖及蔗糖溶液在热、酸、碱、酵母等的作用下，会产生各种不同的化学反应。在潮湿的条件下，蔗糖于 100℃时分解，释出水分，色泽变黑。蔗糖溶液在常压下经长时间加热沸腾，溶解的蔗糖会缓慢分解为等量的葡萄糖及果糖，即发生转

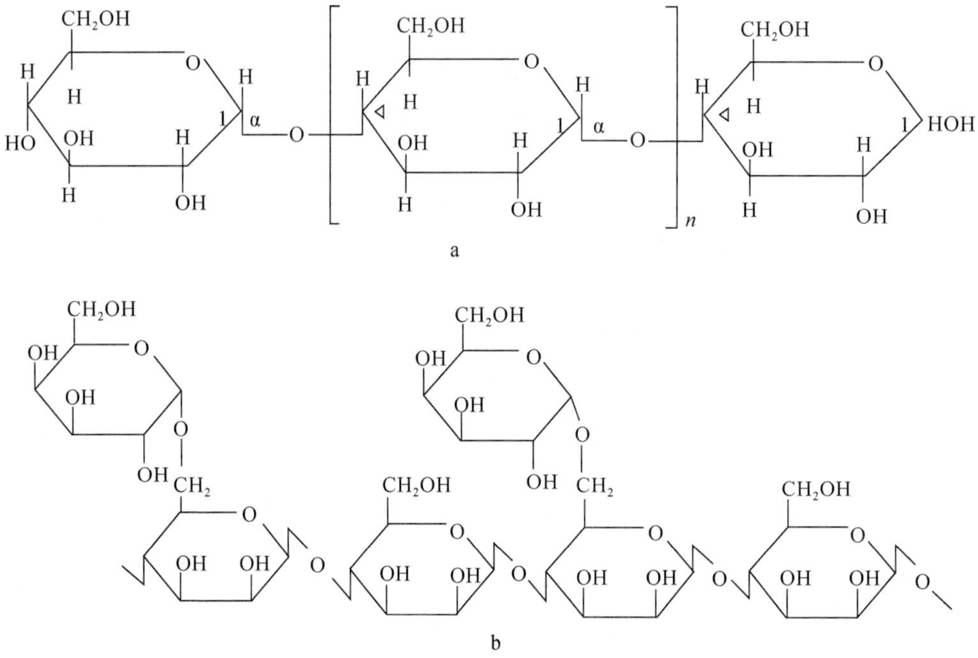

图 2. 20　直链淀粉（a）和支链淀粉（b）等有效碳水化合物分子结构图片

化作用。蔗糖溶液若加热至 108℃以上，则水解迅速，糖溶液浓度越大，水解作用越显著。

淀粉（图 2. 20）是葡萄糖分子聚合而成的，即葡萄糖的高聚体，水解到二糖阶段为麦芽糖，完全水解后得到单糖（葡萄糖）。淀粉是植物体中贮存的养分，贮存在种子和块茎中，各类植物中的淀粉含量都较高，淀粉也是细胞中碳水化合物最普遍的储藏形式。

淀粉有直链淀粉（图 2. 20a）和支链淀粉（图 2. 20b）两类。直链淀粉为无分支的螺旋结构，分子量较小，在 50000 左右，在天然淀粉中直链淀粉占 20%～26%，是可溶的。支链淀粉以 24～30 个葡萄糖残基以 α-1,4-糖苷键首尾相连而成，在支链处为 α-1，6-糖苷键，分子量在 60000 左右，在天然淀粉中，支链淀粉占 74%～80%，只能在热水中膨胀，不溶于热水。

淀粉的稳定性差，可以在稀酸或酶的催化下水解：$(C_6H_{10}O_5)_n$（淀粉）$+nH_2O \rightarrow nC_6H_{12}O_6$（葡萄糖）。在用酸处理淀粉的过程中，酸作用于糖苷键使淀粉分子水解，淀粉分子变小。

（2）无效碳水化合物是指生物体中不能消化的碳水化合物或不能被消化成小分子且不能被吸收的糖类。无效碳水化合物主要包括纤维素、半纤维素、果胶、木质素等多糖类；壳多糖（几丁质）、肽聚糖、棉子糖、水苏糖等构成生物骨壁壳的聚糖类；各种非胶原糖蛋白及胶原等结构糖蛋白类（细胞外基质中的不溶性大分子糖蛋白）。

纤维素（图 2. 21a、b）是由葡萄糖组成的大分子多糖，属不能消化的无效碳水化合物，不溶于水及一般有机溶剂，是植物细胞壁的主要成分。纤维素大分子的基环是 D-葡萄糖以 β-1,4-糖苷键组成的大分子多糖，其化学组成为碳 44. 44%、氢 6. 17%、氧 49. 39%。由于来源的不同，纤维素分子中葡萄糖残基的数目，即聚合度（DP）范围很宽。

纤维素分子之间存在氢键，在常温下比较稳定，柔顺性很差，是刚性的，分子有极性，分子链之间相互作用力很强。单糖聚合体间分别以共价键、氢键、醚键和酯键连接，它们与伸展蛋白、其他结构蛋白、壁酶、纤维素和果胶等构成具有一定硬度和弹性的细胞壁，因而呈现稳定的化学结构。纤维素与氧化剂发生化学反应，生成一系列与原来纤维素结构不同的物质，即纤维素氧化。纤维素加热到约 150℃时不发生显著变化，超过此温度会由于脱水而逐渐焦化。

纤维素是植物细胞壁的主要结构成分，是维管束植物、地衣植物以及一部分藻类细胞壁的主要成分。

在醋酸菌的荚膜以及尾索动物的被囊中也发现有纤维素的存在。完整的细胞壁是以纤维素为主，并粘连有半纤维素、果胶和木质素，约 40 条纤维素链相互间以氢键相连成纤维细丝，无数纤维细丝构成细胞壁完整的纤维骨架。

纤维素是自然界中分布最广、含量最多的一种多糖，占植物界碳含量的 50% 以上，占植物体总重量的 1/3 左右，也是自然界最丰富的有机物，地球上每年约生产 10^{11}t 纤维素。

半纤维素（图 2. 21c）是由几种不同类型的单糖构成的异质多聚体，这些糖是五碳糖和六碳糖，包括木糖、阿拉伯糖和半乳糖等。半纤维素木聚糖在高等植物木质组织中占总量的 50%，它结合在纤维素微纤维的表面，并且相互连接，这些纤维构成了坚硬的细胞相互连接的网络。

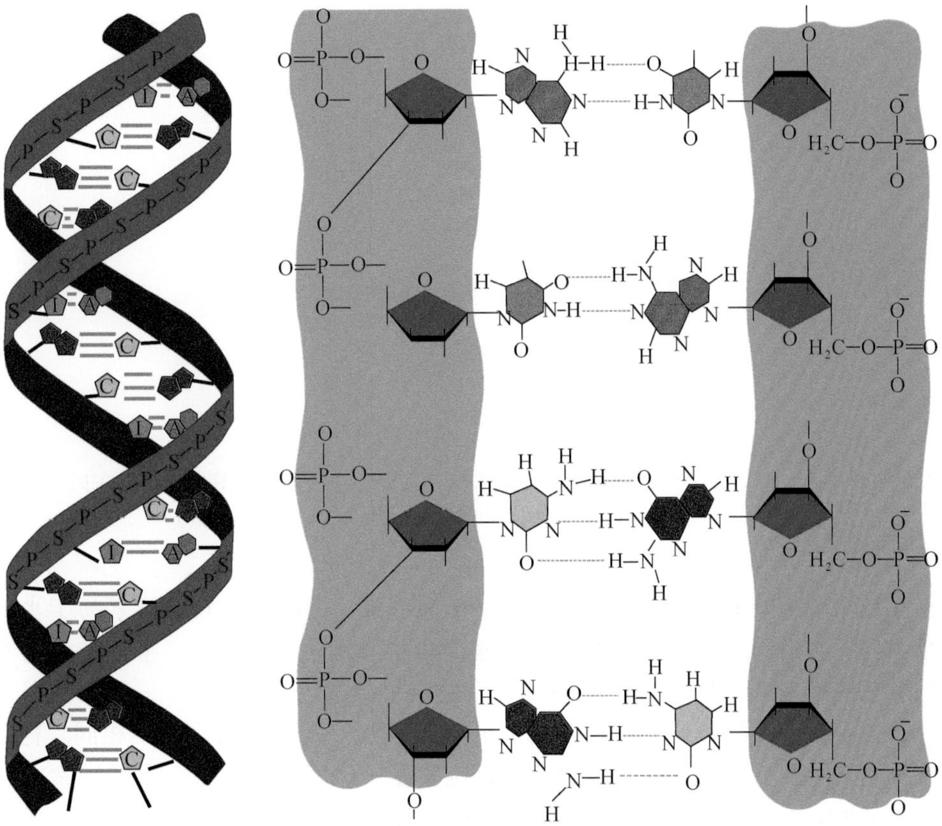

a

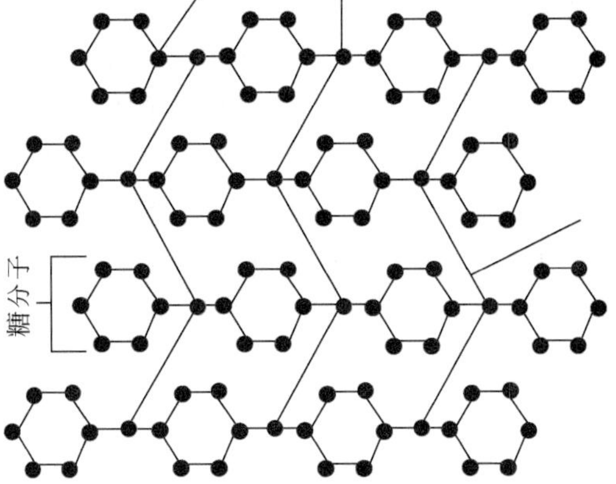

糖分子

b

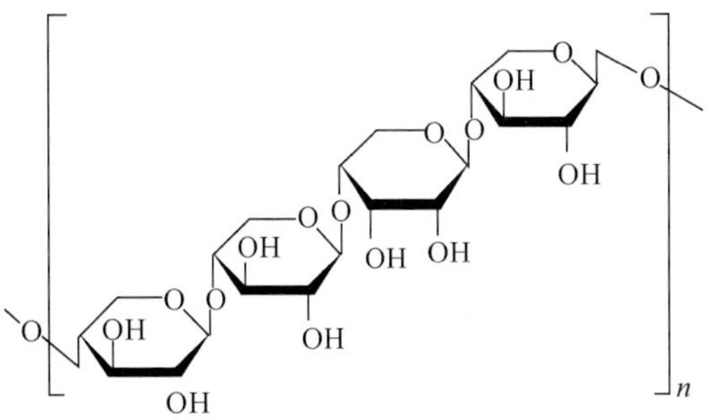

c

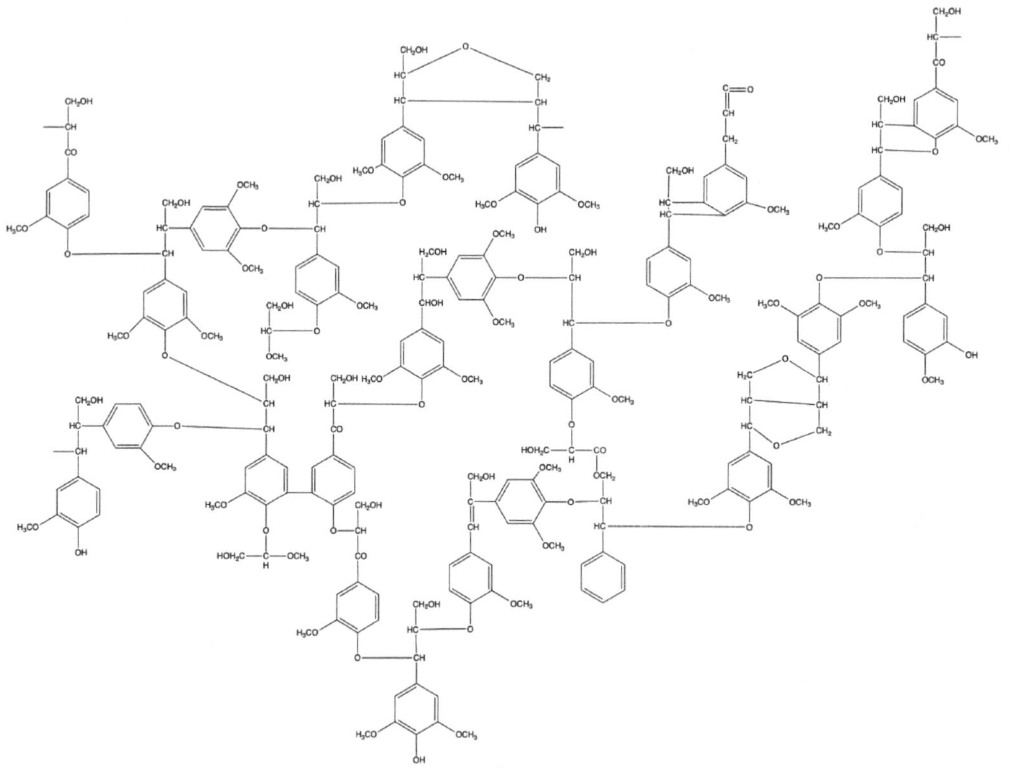

d

图 2.21　纤维素、半纤维素和木质素等无效碳水化合物代表性分子结构图（引自汪东风，2009）
a、b. 纤维素分子结构；c. 半纤维素分子结构；d. 木质素分子结构

半纤维素指在植物细胞壁中与纤维素共生、可溶于碱溶液，遇酸后远较纤维素易于水解的那部分植物多糖。半纤维素与纤维素间无化学键，相互间有氢键和范德瓦耳斯力存在。半纤维素与木质素之间可能以苯甲基醚的形式连接起来，形成木质素–碳水化合物的复合体。

一种植物往往含有几种由两种或三种糖基构成的半纤维素，其化学结构各不相同。树茎、树枝、树根和树皮的半纤维素含量和组成也不同。因此，半纤维素是一类物质的名称。半纤维素广泛存在于植物中，针叶材含 15%～20%，阔叶材和禾本科草类含 15%～35%，但其分布因植物种属、成熟程度、早晚材、细胞类型及其形态学部位的不同而有很大差异。

木质素（图 2.21d）是由聚合的芳香醇构成的一类物质。单体的分子结构是由四种醇单体（对香豆醇、松柏醇、5-羟基松柏醇、芥子醇）形成的一种复杂酚类聚合体。木质素存在于高等植物木质组织中，主要作用是通过形成交织网来硬化细胞壁。木质素主要位于纤维素纤维之间，起抗压作用。一般木材中，纤维素占 40%～50%，还有 10%～30% 的半纤维素和 20%～30% 的木质素。木质素是构成高等植物细胞壁的成分之一，具有使细胞相连的作用。木质素是一种含许多负电基团的多环高分子有机物。

木质素纤维在通常条件下是化学上非常稳定的物质，不被一般的溶剂、酸、碱腐蚀。纤维微观结构是带状弯曲的，凹凸不平的，多孔的，交叉处是扁平的，有良好的韧性、分散性和化学稳定性，吸水能力强，有非常优秀的增稠抗裂性能。有机纤维长度均<6mm，pH 为 7.0±0.5，吸油率不小于纤维自身质量的 5 倍，含水率<5%，耐热能力为 230℃，短时间可达 280℃。

几丁质（图 2.22a、b）又称甲壳素、甲壳质、壳多糖、明角质、聚乙酰氨基葡萄糖等，分子式为 $(C_8H_{13}O_5N)_n$，分子量 $(203.19)_n$，即 N-乙酰葡糖胺通过 β 连接聚合而成的结构同多糖。几丁质一般约含有 15% 的氨基（$—NH_2$）与 85% 的乙酰基（$—COCH_3$），不溶于一般的有机溶剂或弱无机酸，且不溶于碱液中，沉积保存下来可成为干酪根的主要成分。

几丁质是广泛存在于自然界的一种含氮多糖类生物高分子，即主要的来源为虾、蟹、昆虫等甲壳类

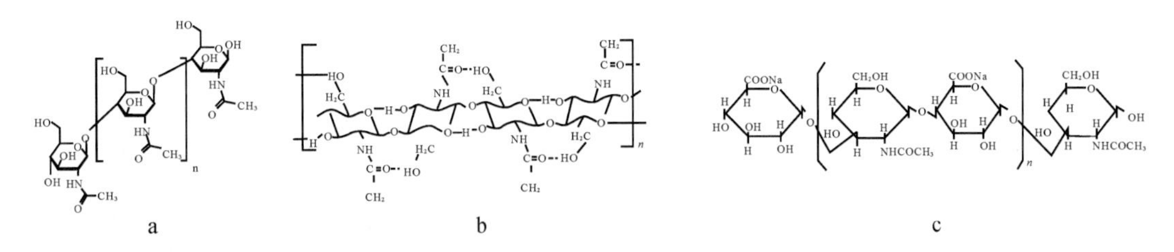

图 2.22　几丁质（a、b）、壳聚糖（c）等无效碳水化合物代表性分子结构示意图

动物的外壳、软体动物的器官（如乌贼的软骨）和真菌（酵母菌等）类的细胞壁中，也存在于一些绿藻中。几丁质主要是用来作为支撑身体骨架以及对身体起保护的作用。其蕴藏量在地球上的天然高分子中占第二位，估计每年自然界生物的合成量可达 1×10^{11}t，仅次于纤维素。

壳聚糖（图 2.22c）又称甲壳胺、脱乙酰甲壳素、聚葡萄糖胺（1-4）-2-氨基-β-D-葡萄糖，分子式为（$C_6H_{11}NO_4$）$_n$，由自然界广泛存在的几丁质经过脱乙酰作用得到。它是甲壳类动物（如虾、蟹）、昆虫和其他无脊椎动物外壳中的甲壳质，经脱乙酰化（提取）制得的一种天然高分子多糖体，是动物性的食物纤维。

肽聚糖又称黏肽、黏质复合物、胞壁质，是由乙酰氨基葡萄糖、乙酰胞壁酸与四到五个氨基酸短肽聚合而成的多层网状大分子结构（图 2.23a），或是由醛基和酮基通过苷键连接的高分子聚合物，为细菌细胞壁（张悦等，2007）所特有。

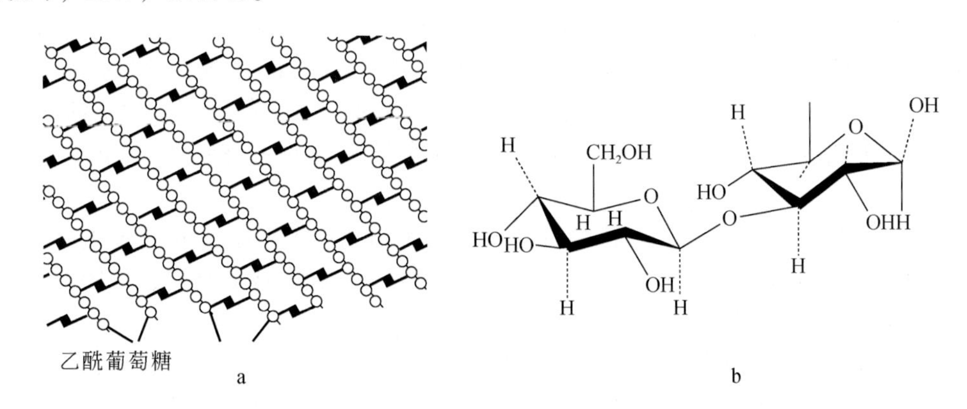

图 2.23　肽聚糖及葡聚糖等无效碳水化合物代表性分子结构图

a. 肽聚糖（细菌细胞壁）；b. 3-β 葡聚糖

细菌细胞壁占干重的比例较高，如革兰氏阳性菌细胞壁所含的肽聚糖占干重的 50%～80%，由 N-乙酰葡糖胺和 N-乙酰胞壁酸通过 β-1,4-糖苷键连接而成，糖链间由肽链交联，构成稳定的网状结构，肽链长短视细菌种类不同而异。而革兰氏阴性菌细胞壁所含的肽聚糖占干重的 5%～20%。只有少数细菌如嗜盐菌（细胞壁结构特殊）不含肽聚糖。

葡聚糖（图 2.23b），又称右旋糖酐，为一种多糖，具有较高的分子量。存在于某些微生物在生长过程中分泌的黏液中，随着微生物种类和生长条件的不同，其结构也有差别。

黏多糖又称蛋白多糖，是一类胞外生物高分子，为基质的主要成分，是动物体内蛋白多糖分子中的糖链部分，是多糖分子与蛋白质结合而成的黏稠凝胶质。众多的糖链通过共价键与核心蛋白相连。黏多糖的生物合成就是起始于核心蛋白，经过多种糖基转移酶和有关修饰酶的作用，形成有特定顺序的重复单位的线型分子。

果胶（图 2.24a）又称原果胶、果胶质，分子式为（$C_6H_{10}O_5$）$_n$，主要组成是由 D-半乳糖醛酸以 β-1,4-糖苷键相连形成的直链高分子化合物，是构成植物细胞间质的主要物质，是一种无定形的胶质，具强亲水性，黏着而柔软，可使相邻细胞粘连在一起或使多细胞植物的相邻细胞彼此粘连。

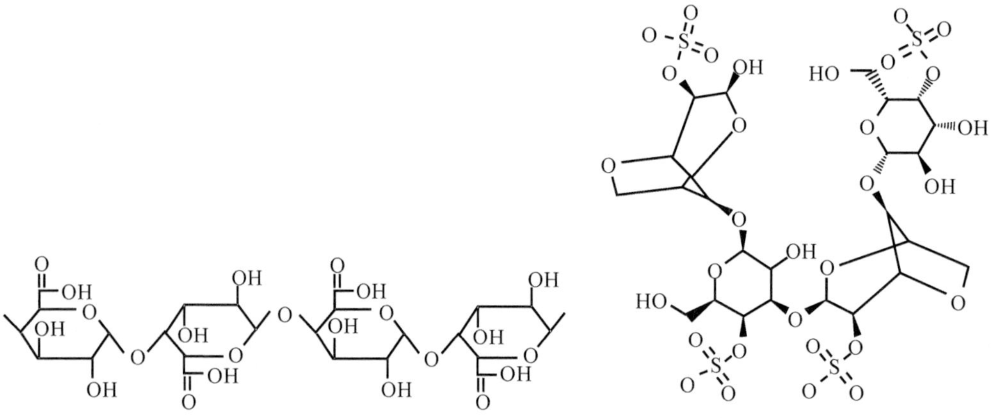

图 2.24　生物有机骨壁壳物质——果胶、卡拉胶分子结构示意图

a. 果胶分子结构；b. 卡拉胶分子结构

卡拉胶（图 2.24b）又称为麒麟菜胶、石花菜胶、鹿角菜胶、角叉菜胶，分子式为（$C_{12}H_{18}O_9$）$_n$或（$C_{24}H_{36}O_{25}S_2$）$_n$，分子量为 20 万以上，由硫酸基化的或非硫酸基化的半乳糖和 3,6-脱水半乳糖通过 α-1,3-糖苷键和 β-1,4-糖苷键交替连接而成。

琼脂，学名琼胶，又名洋菜、冻粉、燕菜精、洋粉、寒天，分子式为（$C_{12}H_{18}O_9$）$_n$，琼胶的结构是 β-D-半乳糖之间以 1，3-糖苷键形成链，在链的末端是以 1，4-糖苷键同 α-D-葡萄糖硫酸酯连接。琼脂由琼脂糖和琼脂果胶两部分组成，作为胶凝剂的琼脂糖是不含硫酸酯（盐）的非离子型多糖，是形成凝胶的组分；而琼脂果胶是非凝胶部分，是带有硫酸酯（盐）、葡萄糖醛酸和丙酮酸醛的复杂多糖（张锐和孙美榕，2006）。

琼胶是一种特殊的藻胶，主要来自石花菜及其他红藻类植物，为细胞壁的组成成分，具有凝固性、稳定性等。琼胶的性质及用途与骨胶有许多相似的地方，但是，从化学成分来看，琼胶与骨胶完全不同，骨胶的主要成分是蛋白质，而琼胶是一种糖类。

褐藻胶，通常指藻胶，主要成分为多聚甘露糖醛酸和多聚古罗糖醛酸所构成的高分子化合物，是广泛存在于各种褐藻中的一类多糖物质。褐藻胶广泛存在于巨藻、海带、昆布、鹿角菜、墨角藻和马尾藻等上百种褐藻的细胞壁中。

（3）综上所述，淀粉、葡萄糖、果糖、蔗糖、糖原等有效碳水化合物易水解，稳定性差，即使在强还原形成的优质烃源岩中也不能保存下来。而纤维素、几丁质、肽聚糖和果胶等无效碳水化合物（生物骨壁壳遗骸碎屑）不易分解，相对稳定，在还原、强还原尤其是在水体分层的 H_2S 沉积成岩环境形成的优质烃源岩中，尽管经历了长时间地质年代沉积成岩的演化与变化，但是其主要成分及部分结构相对更容易保存下来，它是不溶有机质的主要成分。

3. 核酸易分解，稳定性差

核酸也称多聚核苷酸，由含氮的碱基、核糖或脱氧核糖、磷酸三种分子连接而成，是由许多个（一般是几十万至几百万）核苷酸（图 2.25）聚合而成的生物大分子，可分为核糖核酸（RNA）和脱氧核糖核酸（DNA）。核酸广泛存在于所有动植物细胞、微生物体内，生物体内的核酸常与蛋白质结合形成核蛋白。

核酸易分解，稳定性差，主要表现在：①水解，在很低 pH 条件下 DNA 和 RNA 都会发生磷酸二酯键水解，并且碱基和核糖之间的糖苷键更易被水解，其中嘌呤碱的糖苷键比嘧啶碱的糖苷键对酸更不稳定，在高 pH 时，RNA 的磷酸酯键易被水解，而 DNA 的磷酸酯键不易被水解；②变性，一些化学物质能够使 DNA/RNA 在中性 pH 下变性，由堆积的疏水碱基形成的核酸二级结构在能量上的稳定性被削弱。因此，

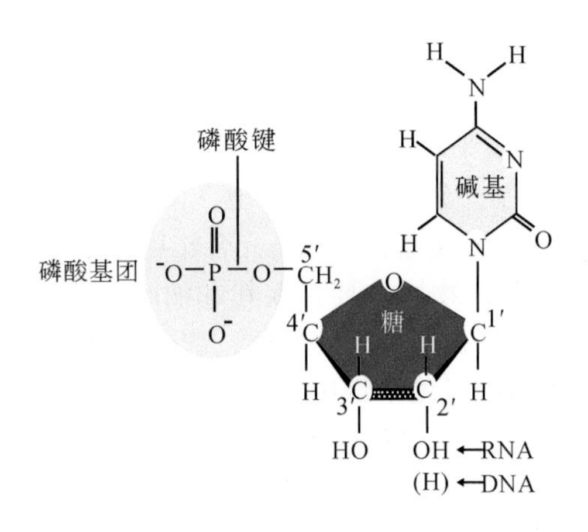

图2.25　核苷酸分子结构图片

生物核酸易水解（分解），稳定性相对差，在地质体及烃源层中难以保存下来。

第二节　含油的浮游生物

浮游生物无游泳能力或游泳能力弱，悬浮于水中随水流移动，即生活于水中而缺乏有效移动能力的漂流生物。为适应浮游生活，浮游生物体表常有复杂的突起或在体内贮存着大量的水、油滴、脂肪粒和气体等，有助于漂浮。浮游生物多数终生营浮游生活（永久性浮游生物）；少数某个阶段营浮游生活（阶段性浮游生物），如许多海洋动物的幼虫；也有些原非浮游生物，被水流冲荡而出现在浮游生物中（暂时性浮游生物），如某些低等甲壳类的介形类、涟虫类等。

浮游生物多种多样，一般分为浮游植物（如硅藻、甲藻等浮游藻类）和浮游动物（如放射虫、水母、腹足纲软体动物的翼足类、异足类、许多海洋动物的幼虫等）。浮游植物只能生活在有光的水层；浮游动物则不然，有的可以生活在千米以下的深水中，而且多数能在水中做垂直移动。

浮游生物按个体大小可分为超微型浮游生物（小于5μm，如细菌）、微型浮游生物（5～50μm，如甲藻、金藻）、小型浮游生物（0.05～1mm，如硅藻、蓝藻）、中型浮游生物（1～5mm，如小型水母、桡足类）、大型浮游生物（5～10mm，如大型桡足类、磷虾类）和巨型浮游生物（大于1cm，如海蜇）等六类。前三者多数是单细胞浮游生物，而后三者多数是多细胞浮游生物。

一、富含油（脂类）的浮游藻类及疑源类

浮游藻类及疑源类的藻体仅由一个细胞所组成，所以也称为海洋单细胞藻。这类生物是一群具有叶绿素，能够进行光合作用，并生产有机物的自养型生物。为适应浮游生活，浮游藻类在体内贮存着大量的水、“油滴”和气体等，有助于单细胞浮游藻类的漂浮，即浮游藻类是富含油或富含脂类的，其含量一般较高，平均变化在8%～40%之间。浮游藻类是海洋中最重要的初级生产者，身体直径一般只有千分之几毫米，只有在显微镜下才能看见它们的模样，其形状各有特色，几乎是一种一个样子。浮游藻的运动能力非常弱，只能随波逐流地漂浮或悬浮在水中做极微弱的浮动。它们有适应漂浮生活的各种各样的体形，使浮力增加。

浮游植物（浮游藻类）光合作用生产的有机碳的总量约为高等植物的7倍，每年约能固定1.7亿t的氮素，全球每年要产生大约1000亿t的二氧化碳，而陆生植物只吸收大约520亿t，剩下的大部分被浮游植物所吸收。它们死后，遗体会连同它们所固定的碳降下，长年累月地堆积在海底，形成海相优质烃源岩。

那么哪些浮游藻类的含油量较高呢？下面就简单讨论这个问题。

1. 丛粒藻等单细胞浮游绿藻油脂含量相对最高，一般占细胞干重的 5%~61%，平均达 24%

浮游绿藻（图 2.26）是单细胞水生光合真核生物，也有群体的，有细胞核、液泡、蛋白核等，特征是细胞体内的“油脂”或“油滴”含量平均达 24%，一般变化在 5%~61% 之间（表 2.6）。浮游绿藻主要漂浮在淡水湖泊中，不受水温的限制，分布在世界各地，但是在海水中没有浮游的绿藻，有的绿藻也可以寄生在动物体内，或者与真菌共生形成地衣。绿藻光合作用色素是叶绿素 a 和叶绿素 b、β 胡萝卜素及几种叶黄素，贮藏“食物”（或同化产物）主要是淀粉和油脂。例如，丛粒藻含烃或“油”量（同化产物）高达细胞干重的 80% 以上（Largeau et al., 1980），部分小球藻约有 50% 的成分为“藻油”（或“油脂”）（金洪波等，2015）。由于浮游绿藻单细胞体中的淀粉、活性蛋白质及蛋白核不稳定，易分解，保存下来的这些细胞内的油脂和含胡萝卜素等色素体及含固醇类细胞膜类脂等脂类（石油）可占总有机质的 90% 甚至 95% 以上，它们有可能为淡水—半咸水湖泊的石油形成提供母源物质（Ⅰ型干酪根），可成为淡水—半咸水湖相优质烃源岩或油页岩（Ⅰ型干酪根）的主要成烃生物，其只混有少部分很薄的纤维质细胞壁（无效碳水化合物）。

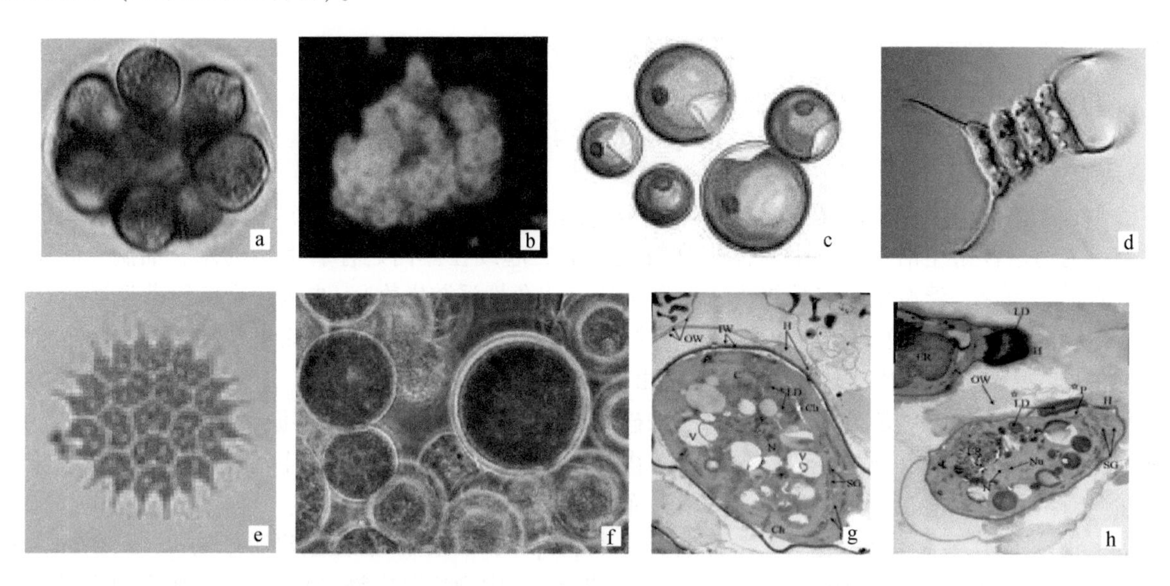

图 2.26　浮游绿藻——淡水湖泊中常见的丛粒藻（a、b）、小球藻（c）、珊藻（d）、盘星藻（e）、衣藻（f）显微图片和丛粒藻细胞透射电子显微镜照片（g、h）

g 为丛粒藻细胞内液泡具内含物透射电子显微镜照片；h 为丛粒藻细胞内脂滴与叶绿体膜或内质网透射电子显微镜照片，其中：LD—脂滴；C—细胞质；Ch—叶绿体；H—胞外烃颗粒；IW—细胞内壁；N—细胞核；OW—细胞外壁；P—质体小球；SG—淀粉粒；V—液泡；ER—内质网；G—高尔基体；Nu—核仁

表 2.6　浮游藻类及放射虫等浮游动物脂类含量对比表　　（单位：%）

门类脂类（干样）	范围	平均值
浮游淡水—半咸水湖泊绿藻	5 ~ 61（丛粒藻油脂最高达 86）	24
甲藻	8 ~ 35	19
硅藻	8 ~ 40	22
金藻	9 ~ 34	20
放射虫	0 ~ 47	24

绿藻是藻类植物中最大的一门，约有 350 个属，5000 ~ 8000 种。底栖海产种类约占 10%，淡水产种类约占 90%，以浮游绿藻为主体，常见的如单细胞的小球藻属、丛粒藻、群体的栅藻属等，它们都是淡

水中常见的产“油”浮游藻种类。

（1）丛粒藻（图2.26a、b、g、h），亦称葡萄藻或葡萄球藻、黄被藻、油藻，属于绿藻门葡萄藻科，淡水藻，大小为8~15μm，属单细胞、群体、自营型微体浮游藻类。丛粒藻细胞呈椭圆形、卵形或楔形，常2个或4个为一组；细胞质内含有油质和细胞分泌物，含叶绿素a、叶绿素b、α-胡萝卜素、β-胡萝卜素、叶黄素等色素，有1个裸露的蛋白核，同化产物为淀粉和脂类；具有一个杯状或叶状黄绿色的色素体和一个淀粉核。丛粒藻细胞囊状体内部为无色透明的薄壁细胞，大小为（30~36）μm×(43~73）μm；外面有一层不完全覆盖的含有色素体的小细胞，大小（2~5）μm×(3~7）μm；囊状体细胞壁厚30~36μm，分内外两层，内层由黏性多糖构成纤维状，外层由三层薄层形成鞘，常为2个或4个细胞组成一组，各个胶质漏斗在中央互相联合，所有的细胞都或多或少地呈辐射状排列，细胞靠近周围紧密相挤，群体大小可达50~100μm。

丛粒藻体特征是富含油脂，“油滴”分布在细胞质的基质中，贴近叶绿体和内质网的地方，一般为多个，“油滴”之间体积大小存在差异（图2.26g、h），有时在细胞外壁和内壁之间的间隙中也分布着体积不等的胞外烃颗粒。丛粒藻是一种世界性广泛分布的浮游藻类，其油脂（“油滴”）含量高达细胞干重的80%以上，最高可达86%（Wake and Hillen，1981），是目前油脂含量最高的藻种。而且，丛粒藻所产“油”的组成和结构与石油极其相似（胡章喜等，2012）。

（2）小球藻（图2.26c）属绿藻门绿球藻目小球藻科，单细胞藻类，常单生，大小在3~10μm之间，也常有多数细胞聚于一起，细胞多为球形、椭圆形，每个细胞内有1个周生、杯状或片状的叶绿体，具有1个蛋白核或缺如，1个细胞核，细胞壁通常很薄。细胞内的蛋白质、油脂和碳水化合物的含量都很高，又有多种维生素。光合作用色素是叶绿素，还有几种叶黄素、类胡萝卜素、β-胡萝卜素。细胞贮藏“食物”（或同化产物）主要是淀粉和油脂。每个细胞可以产生2个、4个、8个或16个似亲孢子，进行无性繁殖，还未发现小球藻的游动细胞和有性生殖。

小球藻因生长阶段不同，油脂含量变化大。在初期快速生长时，仅有约20%的成分为藻油，然而当受到环境压迫的情况下（如缺乏营养），油脂成分便开始提高，最高可达约50%的藻体成分为油脂（金洪波等，2015）。小球藻是目前最广为应用于生物油的藻种。

小球藻分布于全世界，多生活于较小的浅水区域，各种容器、潮湿土壤、岩石和树皮上，也有一些海产种类。小球藻能生活于其他动植物体内，是构成地衣的几种绿藻之一，又能生活在草履虫、水螅和一些海绵动物的体内。

（3）栅藻（图2.26d）体型比小球藻大，10~25μm，油脂含量变化在15%~40%之间，仅生活在淡水湖泊或河流中。因为其适应环境能力强、具备自营与异营的能力，所以栅藻也是通过处理废水来应用于生物油的藻种之一。

（4）盘星藻（图2.26e）属绿藻门，细胞内常有一个盘状的色素体、一个或多个蛋白核和一个细胞核，片状或圆盘状色素体周生，随细胞成长而扩散。盘星藻细胞壁光滑或具各种突出物，有的还具各种花纹。植物体为真性定形群体，由2个、4个、8个、16个、32个、64个、128个细胞的细胞壁彼此连接形成一层细胞厚的扁平盘状、星芒群体。盘星藻在国内外广泛分布在湖泊、池塘、水坑、水库、稻田和沼泽中。

（5）衣藻（图2.26f）属淡水藻，大小10~30μm，油脂含量大约是20%，具有两条长长的鞭毛，在细胞前端具有眼点。衣藻在水中可自由活动，部分种类可在低温环境生长。

2. 螺旋藻等蓝藻含油量也较高，一般占细胞干重的10%~20%，并富含胡萝卜素、类胡萝卜素、藻胆素及固醇等类脂化合物

蓝藻（图2.27）是能采收光能，固定CO_2，以水作为电子来源进行光合作用放出氧气的原核生物。蓝藻周质中有光合片层，含叶绿素a、藻胆素（藻蓝素、别藻蓝素、藻红素和藻红蓝素）及多种类胡萝卜素等色素，具完备的氨基酸和多种维生素，无叶绿体膜，不形成叶绿体；染色质主要由类囊体、藻胆体和糖原颗粒等所组成。蓝藻贮藏物质为蓝藻淀粉和油脂，螺旋藻（图2.27a、b）油脂含量一般为10%~

20%，蛋白质含量较高，一般为20%~25%，而活性蛋白质可占蛋白质的70%。螺旋藻单一个体就是螺旋状长条，大小约为0.5mm。可在淡水及咸水中生长，可进行自营及异营作用。

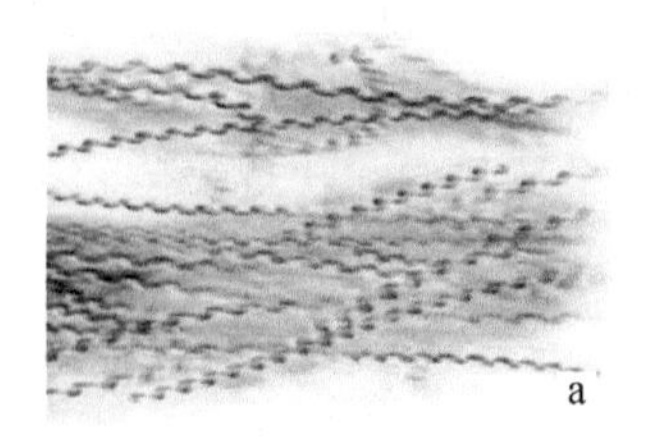

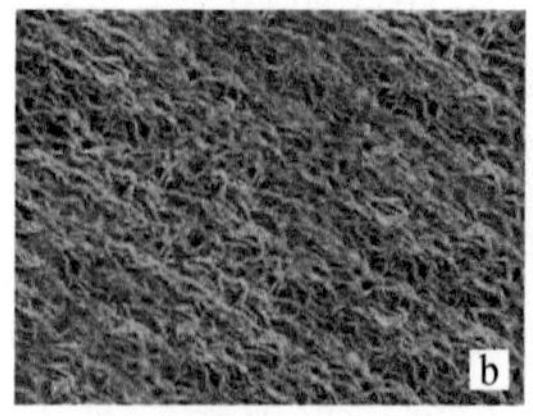

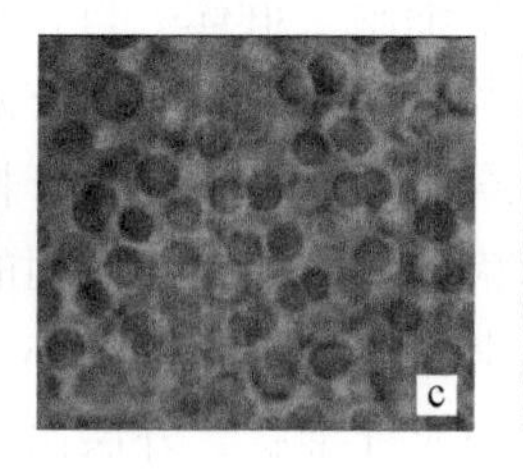

图 2.27　螺旋藻（a、b）和太湖蓝藻等（c、d）图片

蓝藻为单细胞、群体或丝状体，细胞内原生质体不分化为细胞质和细胞核，而分化成中心质和周质两部分。中心质相当于细胞核的位置，无核膜和核仁，但含有染色质，具有核的功能，故称原始核（原核）。蓝藻和细菌细胞构造相同，都没有真核，两者均属原核生物。周质位于中心质的四周，蓝藻细胞没有分化出载色体等细胞器。胞壁内有原生质膜，膜内原生质较稠，可分为两个主要区域，即周围的有光合色素的色质区和中央的无色的中心质区。

由于蓝藻细胞中的活性蛋白质、淀粉及核酸不稳定，易分解，而蓝藻细胞壁（主要成分是黏肽、果胶酸和黏多糖）很薄，因此，保存下来的这些细胞内的油脂和多种类胡萝卜素等色素体及含固醇类细胞膜类脂等脂类（石油）可占总有机质的90%以上，它们有可能为海洋或湖泊的石油形成提供母源物质，可成为优质烃源岩的主要成烃生物，只混有少部分很薄的纤维质细胞壁（无效碳水化合物）。

蓝藻在水体中过量增殖，往往形成“水华”。城市的池塘、湖泊、水沟中，含有较多的营养物质，特别是氮、磷，导致蓝藻的大量增殖，使水色蓝绿而浓浊；死亡分解时，散发出腐臭、腥臭气味，使水质变坏（如2007年中国江苏太湖蓝藻突然暴发，图2.27d）。有一些蓝藻水华的突变种甚至含有毒物质，如铜绿微囊藻的有毒突变种含有微囊藻毒素；水华鱼腥藻的有毒突变种含有鱼腥藻毒素；水华束丝藻的有毒突变种含有束丝藻毒素。

蓝藻在地球上已存在约30亿年，是最早的光合放氧生物，对地球表面从无氧的大气环境变为有氧环境起了巨大的作用。已知蓝藻约2000种，中国已有记录的约900种。蓝藻分布很广，有极大的适应性，在淡水和海水中、潮湿和干旱的土壤和岩石上、树干和树叶，以及温泉、冰雪，甚至在盐卤池、岩石缝等处都可生存，有些还可穿入钙质岩石或钙质皮壳中（如穿钙藻类）生活，具有极大的适应性。

3. 甲藻和沟鞭藻油脂平均含量占细胞干重的19%左右，一般变化在8%~35%之间，并具胡萝卜素、叶黄素，以及固醇等类脂化合物，特有多甲藻素

（1）甲藻（图2.28）多为具鞭毛的单细胞游动种类，少数为丝状或球状类型，在细胞腹面具与横沟垂直而向后端延伸的纵沟。甲藻细胞中贮藏物质为淀粉和“油滴”，油脂平均含量占细胞干重的19%左右，一般油脂含量变化在8%~35%之间。光合色素为叶绿素a和叶绿素c，β-胡萝卜素，以及叶黄素类（硅甲藻素、甲藻黄素、新叶黄素及甲藻所特有的多甲藻素）。色素体依种类而异，呈黄绿、黄褐色，罕为蓝色，少数种类无色素体。染色体在细胞分裂期间呈串珠状、密集。细胞分裂是普遍的繁殖方法，有时也产生动孢子、不动孢子或休眠孢子。甲藻在色素方面与硅藻相似，但同化产物和形态等构造明显不同，甲藻的构造与其他藻类区别较大，是一群自然的植物类群。

甲藻是重要的浮游藻类，但甲藻过量繁殖，常使水色变红，形成“赤潮”。形成赤潮时，水中甲藻细胞密度过大，藻体死亡后滋生大量腐生细菌，由于细菌的分解作用，水中的溶氧量急剧下降，并产生大量有毒物质，同时有的甲藻也分泌毒素，能使其他水生生物死亡。确凿的地质记录始于距今约两亿年的三叠纪，中生代晚期到新生代沟鞭藻迅速演化，不但数量丰富，而且属种分异度极高，不少属种具较短的地质历程及广泛的地理分布，成为划分对比地层、恢复古生态的重要化石，也是生成石油的重要物源。

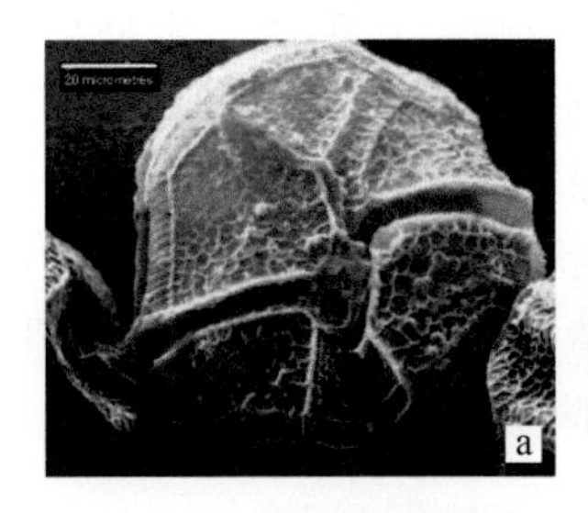

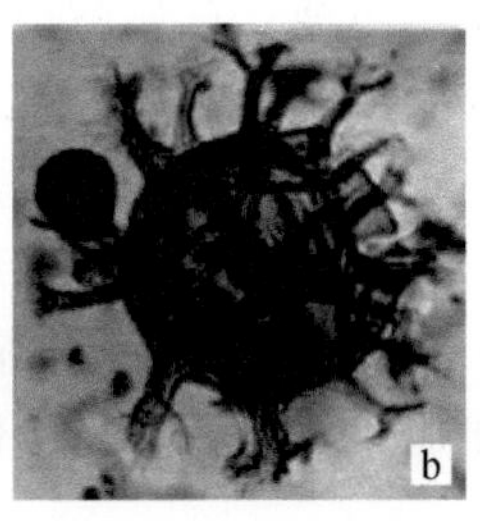

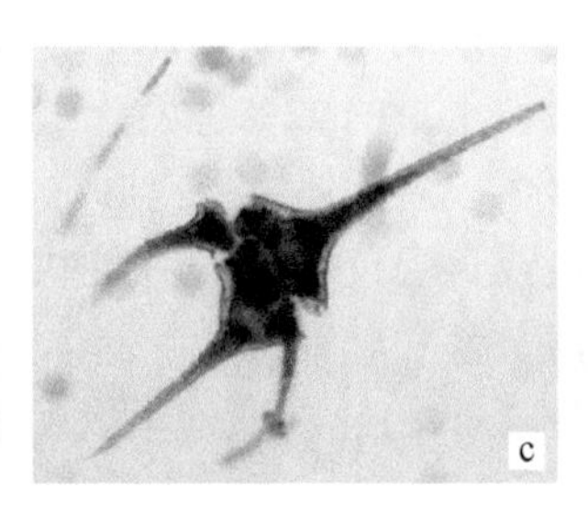

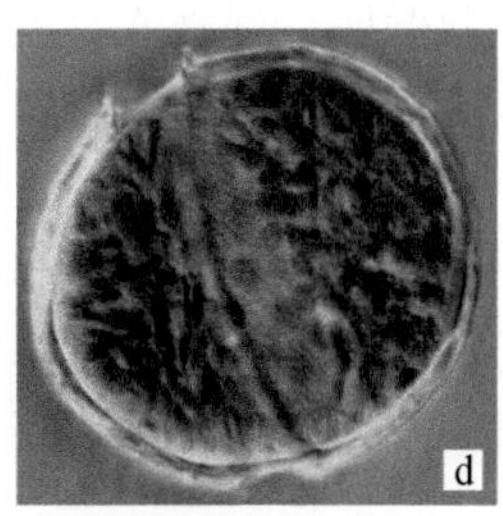

图2.28　常见的多甲藻（a）、沟鞭藻（b）、角藻（c）等甲藻类（d）显微照片

甲藻死亡后沉积海底，成为中、新生代地层中的主要化石，在石油勘探中常把甲藻化石作为依据（吴国芳，1992）。

甲藻和沟鞭藻细胞中的活性蛋白质、淀粉及核酸不稳定，易分解，但是易保存下来的主要成分是纤维素（无效碳水化合物），细胞壁（壳或甲片）相对较厚，它相对于保存下来的油脂和类脂等脂类占总有机质的比例有所增加，也就是说，这些甲藻类细胞内的油脂和具特有生物标志物的多甲藻素、硅甲藻素、甲藻黄素、新叶黄素、胡萝卜素和固醇等类脂化合物，在未成熟—成熟阶段早期优质烃源岩中，碳（脂类—石油）的转化率可在85%以上，相对上述淡水湖泊浮游绿藻和蓝藻相应的石油转化率要低一些，但仍属Ⅰ型有机质类型范畴。

甲藻类代表类型有：①多甲藻（图2.28a），单细胞、椭圆形、卵形或多角形，背腹扁，背面稍凸，腹面平或凹入，纵沟和横沟明显，细胞壁由多块板片组成，载色体多数，粒状，周生，黄褐色、黄绿色或褐红色，贮藏“食物”（或同化产物）是淀粉或油，本属约有200种，海产种类较多，淡水产较少；②角藻（图2.28c），单细胞，不对称形，本属约80种，主要为海产，少数生活于淡水。

（2）沟鞭藻（图2.28b）是一种原始的真核生物，浮游，以单细胞为主，细胞分背、腹面，中间腰部被环状或螺旋状的横沟分为上、下两部分，横沟的始、末端位于腹面，与纵向的纵沟相交，个体微小，一般为20～250μm，原属甲藻门沟鞭藻纲，现为沟鞭藻门。典型的沟鞭藻细胞有一个简单的、占细胞体比例很大、结构原始的细胞核，核内具核仁和染色体，染色体结构独特，主要由脱氧核糖核酸的小纤维组成，也可能包含核糖核酸和组蛋白。沟鞭藻细胞内含有一些液泡、收缩泡、造粉核，构成主要的食物储藏的“油”物质。色素的质体一般分布于细胞的周围，质体主要由β-胡萝卜素、叶绿素a和叶绿素c2等几种色素组成，没有叶绿素c1。这些细胞的内含物可能为石油的形成提供母源物质（郝诒纯和茅绍智，1993）。

沟鞭藻是构成现代海洋中食物链的重要基础部分（称为“海里的草”），也是主要的氧气制造者，海洋是沟鞭藻生活的“大本营”，除海洋外，沟鞭藻也在淡水和半咸水的湖泊等水体中存在。沟鞭藻的生存需要一定的溶解养料。在发育上涌洋流的地区浮游生物繁盛，富含重要的磷和氮元素，使沟鞭藻兴旺繁盛。赤潮即在海洋中产生高密集沟鞭藻，使海水呈红褐色或牛奶状的现象。

沟鞭藻最早的化石记录为晚三叠世，确凿化石记录始于晚三叠世瑞替克期。晚白垩世是沟鞭藻发育的鼎盛时期，化石的分异度和丰度均居首位。白垩纪末期，大量属种绝灭，至古近纪又获得了新的发展，出现了一些新的类型，新近纪末很多属种绝灭，绝大多数腔孢囊从海相地层中消失，刺孢囊和近似孢囊在组合中占主要地位。沟鞭藻化石可作为海相的标志，但随着时间的推移，沟鞭藻化石在非海相的沉积中产出不断被证实。海相和陆相沟鞭藻组合的面貌是存在差异的，非海相的半咸水和过渡相的沟鞭藻组合体现了典型海、陆相组合之间的过渡面貌。对现代海洋中的沟鞭藻研究证明，水体盐度、水温和水深或离岸的距离等环境因素影响着群居的组成，沟鞭藻似乎较其他微体化石更能忍受盐度的变化。

4. 硅藻细胞中油脂平均含量占干重的22%左右，并含有墨角藻黄素、硅藻黄素、硅甲黄素、胡萝卜素和固醇等类脂化合物，分布广泛，数量巨大，约占地球上有机物质来源的45%

硅藻（图2.29）属真核生物，多数为具有色素体的单细胞植物，常由几个或很多细胞个体连接成各式各样的群体。硅藻光合或同化产物主要是油脂和金藻昆布糖，在显微镜下观察，“油滴”常呈小球状，光亮透明，细胞油脂平均含量占干重的22%左右，一般变化在8%~40%之间（表2.6）。细胞内具有一个至数个金褐色的光合作用色素体，色素体主要有叶绿素a、叶绿素c1、叶绿素c2以及β-胡萝卜素、岩藻黄素、硅藻黄素等，呈黄绿色或黄褐色，形状有粒状、片状、叶状、分枝状或星状等。叶黄素类中主要含有墨角藻黄素，其次是硅藻黄素和硅甲黄素，藻体呈橙黄色、黄褐色。精子具鞭毛，为茸鞭型，具1个细胞核，常位于细胞中央（图2.29c），在液泡很大的细胞中，常被挤到一侧。

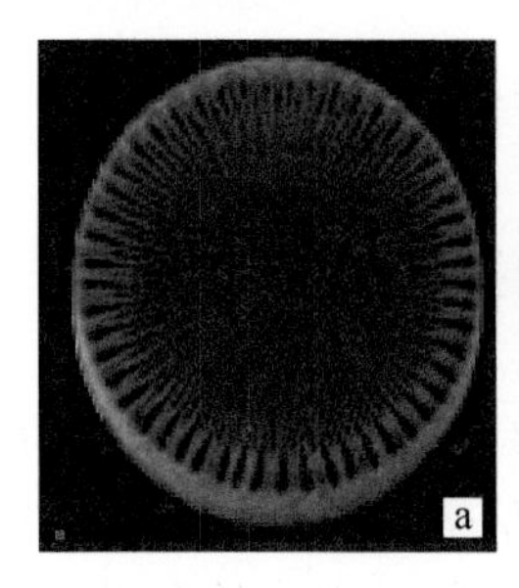

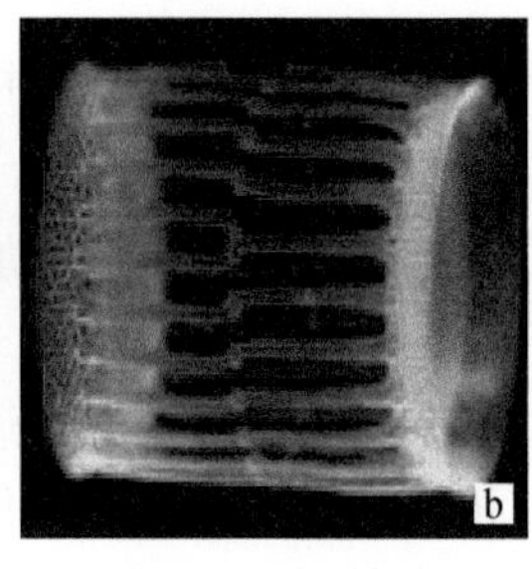

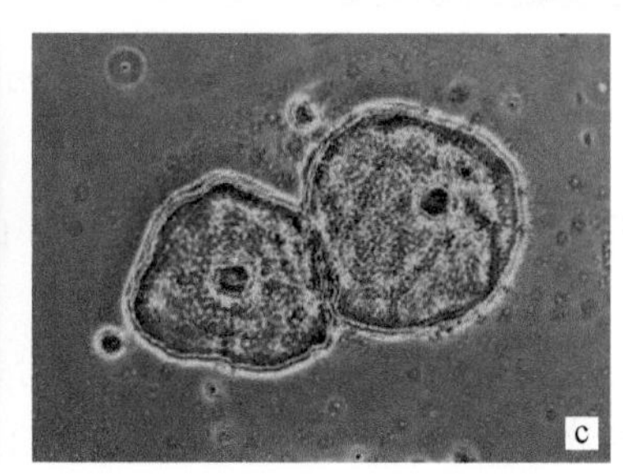

图2.29　现代硅藻图片

浮游硅藻是海洋中的主要的初级生产力。一般认为硅藻来源于鞭毛藻，为一个特殊的分支。硅藻能吸收太阳光的能量，将细胞中的水分解，使水分子上的一个氢原子分离出来，一部分游离的氢原子和二氧化碳化合，经过复杂的化学变化后就产生了糖和淀粉，这就是光合作用。这些物质再和细胞吸收的氮、磷、硫等物质进一步作用，氧就形成了蛋白质和脂肪等物质，游离出的部分氢原子每两个和一个氧原子结合形成了水，氧分子中的另一个氧原子就从细胞里出来溶解到水里或者到大气里去了。地球上有70%的氧气是浮游植物释放出来的，浮游生物每年制造的氧气就有360亿t，占地球大气氧含量的70%以上。硅藻数量占浮游生物数量的60%以上。

硅藻细胞中的活性蛋白质、淀粉及核酸不稳定，易分解，其细胞壁主要成分含有果胶质和硅质，不含纤维素，尽管也容易保存下来，但硅质（SiO_2）并非有机质，只有硅藻硅质壳中含有的果胶质为无效碳水化合物，它相对于保存下来的油脂和类脂等脂类占总有机质的比例有所减少。也就是说，这些硅藻类细胞内的油脂，以及含有墨角藻黄素、硅藻黄素、硅甲黄素、胡萝卜素和固醇等的类脂化合物等，在厌氧沉积环境下形成的黄色油页岩中或在未成熟—成熟阶段早期优质烃源岩中，碳（脂类—石油）的转化率可在95%以上，最高可达99%（表2.7），在荧光显微镜下发黄色荧光，相对上述甲藻、淡水湖泊浮游绿藻和蓝藻相应的石油转化率要高一些，属典型的Ⅰ型有机质类型。

表2.7　浮游生物（浮游藻类）为成烃生物的未成熟—成熟阶段中早期优质烃源岩（黄色油页岩）热解数据

井号或剖面	来样号	岩性	地质年代	位置	T_{max}/℃	S_2/(mg/g)	S_1+S_2/(mg/g)	碳的转化率(PC/TOC)/%	TOC/%	氢指数(HI)/(mg/g)	氧指数(OI)/(mg/g)	碳酸盐含量/%
中国吉林桦甸油页岩矿井	HD-4	黄色油页岩	E	矿井分层内4中	448	216.38	217.42	74	24.35	889	7	7.08
	HD-21	黄色油页岩	E	矿井分层外4	446	258.59	259.87	75	28.93	894	7	16.08
	HD-8	黄色油页岩	E	矿井分层5顶	442	157.99	158.42	94	14.04	1125	16	29.92
	HD-9	黄色油页岩	E	矿井分层5中	445	134.24	134.57	99	11.30	1188	11	17.42
	HD-10	黄色油页岩	E	矿井分层5底	443	149.17	149.66	98	12.67	1177	10	2.42
	HD-22	黄色油页岩，层理发育	E	矿井分层外5	444	233.15	233.9	98	19.85	1175	22	13.00
	HD-18	黄色油页岩	E	矿井分层6底	445	169.21	169.54	98	14.42	1173	11	15.25

续表

井号或剖面	来样号	岩性	地质年代	位置	T_{max} /℃	S_2 /(mg/g)	S_1+S_2 /(mg/g)	碳的转化率(PC/TOC)/%	TOC /%	氢指数(HI) /(mg/g)	氧指数(OI) /(mg/g)	碳酸盐含量/%
澳大利亚塔斯马尼亚油页岩矿坑	AUS-1	浅黄色粉砂质油页岩	P	矿坑外	438	111.70	114.57	80	12.02	929	10	1.42
	AUS-2	浅黄色粉砂质油页岩	P	矿坑外	440	59.84	60.88	78	6.58	909	9	0.83

5. 金藻细胞的油脂平均含量占干重的20%左右，胡萝卜素和固醇等类脂化合物与硅藻相似

金藻（图2.30）为单细胞，多数种类无细胞壁，或周质上有微小的硅质鳞片或钙质沉淀或原生质体外有坚固的囊壳，具眼点、有鞭毛，能运动，可以集成群体和分枝丝状体。金藻贮存物质为白糖素和脂肪或“油滴”，油脂平均含量占细胞干重的20%左右，一般变化在9%~34%之间。眼点在细胞前端载色体膜和外层类囊体膜之间，由一层“油滴”构成。金藻细胞内原生质呈透明的玻璃状，通常有1~2个载色体，少数种为多个。色素除叶绿素a、叶绿素c、β-胡萝卜素和叶黄素等以外，还有副色素，这些副色素总称为金藻素。不能运动的种类产生动孢子，有的可产生内壁孢子（静孢子），细胞呈球形或椭圆形，具两片硅质的壁，顶端开一小孔，孔口有一明显胶塞。多数金藻为裸露的运动个体，具两条鞭毛，个别具一条或三条鞭毛。具鞭毛的种类，鞭毛基部有1~2个伸缩泡。

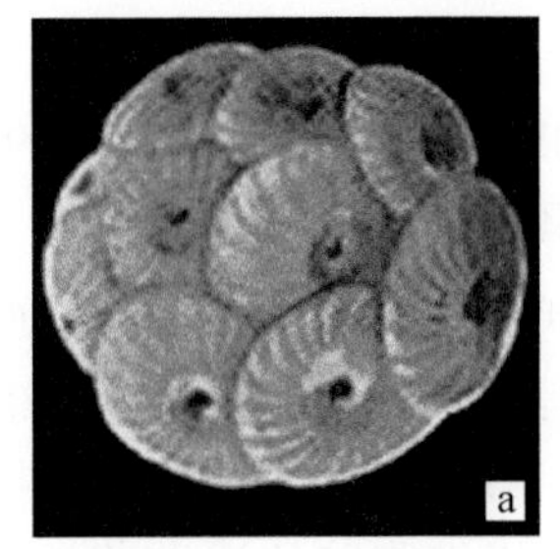

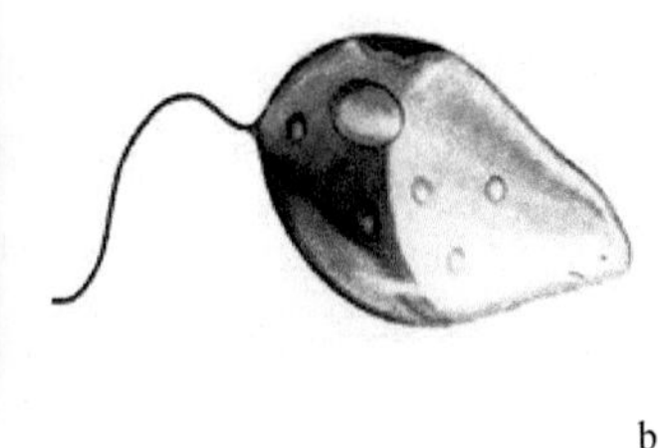

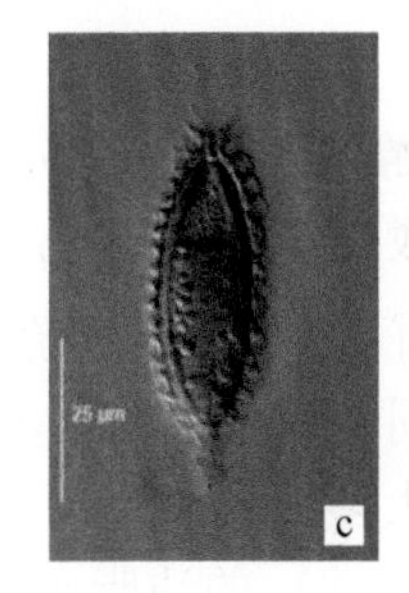

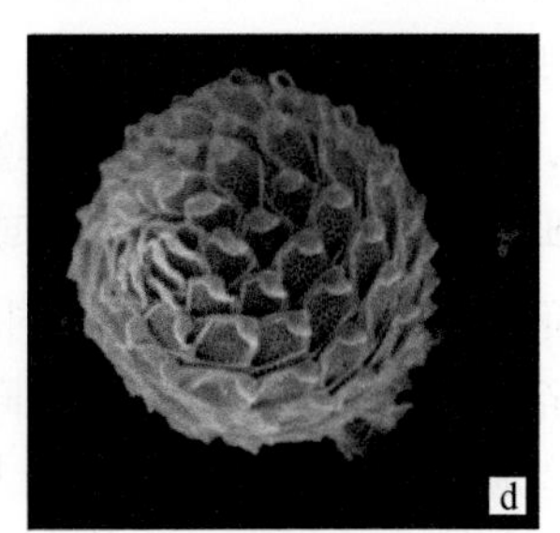

图2.30　金藻类图片

金藻主要分布在温度较低的清澈淡水中，在透明度大、温度较低、有机质含量少、pH为4~6的微酸性水、含钙质较少的软水中生活，多为浮游性种类，一般在较寒冷的冬季、晚秋和早春等季节生长旺盛。

金藻的油脂平均含量略低于硅藻，多数种类无细胞壁，外壳由纤维质的囊壳或果胶质的膜上镶嵌有硅质的小鳞片构成。有细胞壁的种类，细胞壁主要成分由纤维素和果胶质组成，容易保存下来的纤维素和果胶质组成的壁壳中无效碳水化合物也相对较低，在厌氧沉积环境下形成的未成熟—成熟阶段早期优质烃源岩中，其碳（脂类—石油）的转化率可在90%以上，可能与淡水湖泊浮游绿藻相当。

6. 颗石藻为喜暖性海生藻类，油脂的含量约占干重的33%，产量特丰富，约占整个大洋软泥的1%

颗石藻（图2.31）属原生生物定鞭藻门颗石藻纲，为单细胞生物，既具有一对黄褐色载色体，又可以制造营养，还有鞭毛（丝状结构）可以运动，油脂含量可达细胞干重的33%，油脂中富含二十碳五烯酸、二十二碳六烯酸等不饱和脂肪酸。颗石藻在细胞的外层分泌出颗石，并排列成球面状，形成颗石球，每个颗石藻所含颗石数量不等，最多可达200余枚，即使同一种的个体其颗石数量亦有一定幅度变化。

颗石藻与金藻的油脂含量相当，只不过颗石藻表面附着的分泌物主要成分是碳酸钙，而金藻、硅藻所分泌的主要成分是硅酸，颗石藻为喜暖性海生藻类，产量特丰富，热带和亚热带海底颗石藻软泥约占整个大洋的1%。容易保存下来的纤维素和果胶质组成的壁壳中无效碳水化合物也相对较低，在厌氧沉积环境下形成的未成熟—成熟阶段早期优质烃源岩中，其碳（脂类—石油）的转化率可在90%以上。

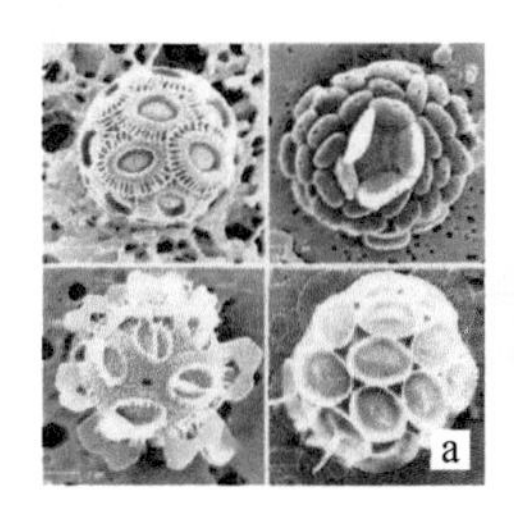
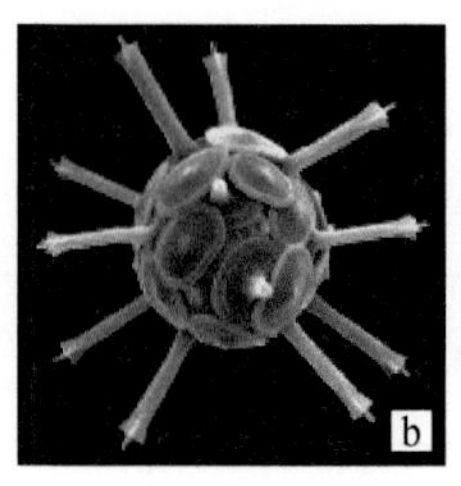

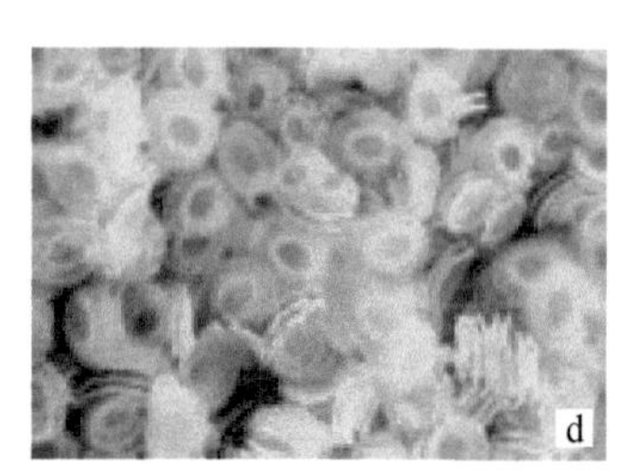

图 2.31　颗石藻图片

颗石藻是营光合作用的自养浮游植物，几乎全部生活于正常盐度的海水中，广泛分布于广海和远洋环境，且在广阔的大洋区域时常会形成较大规模的水华。颗石藻是喜暖性的生物，大多数种分布于 18 ~ 23℃的暖水中，如已绝灭的盘星石类。颗石藻主要分布在 10 ~ 200m 的水体中，尤其是水面以下数米或 10 ~ 20m（温带海洋）或至 50m（热带海洋）处最为繁盛。上升流及洋流带来的无机营养物质也可以使颗石藻及其他浮游植物繁殖。

颗石藻在海洋水体中的产量特别丰富，据统计，太平洋平均每升水中含颗石藻细胞或单个细胞800 ~ 5000 个，在大西洋热带区可达 300 万个，有的地方在某个季节可以达上千万个。当颗石藻死亡并形成化石后，约占整个大洋软泥的 1%。这种直径大小 2 ~ 25μm 的单细胞双鞭毛浮游藻类，其细胞体或表面会制造碳酸钙质外壳，形成大小 2 ~ 10μm 的钙片覆盖在细胞外表，多集结成球状的钙板球，每个钙板球平均约有 20 个钙片，广布于全球海洋表层约 200m 内的透光带，为光合作用提供其他与之共生的生物养分，是重要的海洋初级生产者。

7. 疑源类主要是一类似浮游单细胞藻类等浮游生物的、亲缘关系不明的或具有不同亲缘关系的、具有机细胞壁的、多源的集合体或微体化石类群，油脂含量应与沟鞭藻等浮游藻类相当

疑源类（图 2.32）是不同门类单细胞浮游藻类等浮游生物（不是一个单系群）的、具有机细胞壁的、亲缘关系不明的或具有不同亲缘关系的、多源的集合体或微体化石类群，如一些沟鞭藻（无沟鞭藻类的鉴别特征）和绿藻等，绝大多数为漂浮类型，可能还包括有藻类的孢子、原生动物的囊孢，甚至是动物的卵等。疑源类（微体化石类）的油脂含量应与沟鞭藻等具有单细胞有机细胞壁的浮游藻类相当，油脂含量约占细胞干重的 20%。

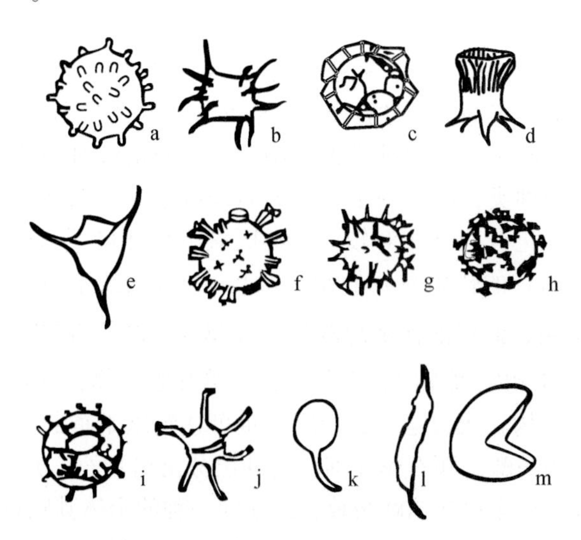

图 2.32　疑源类常见形态类型（据尹磊明，2006）

a. 瘤面球藻；b. 网面球藻；c. 光面球藻；d. 角球藻；e. 多叉藻；f. 塔胞藻；g. 扬子奥陶纪藻；h. 刺球藻；i. 别格球藻；j ~ m. 尚不清楚，暂未命名

疑源类的大小的变化范围极大，直径从小于10μm到大于1mm都有，大多数种类的直径在15～80μm之间。中央腔封闭或与外部相通，其对称性、形态、结构和纹饰等变化不一，以球形体和刺状体为主。它们的外形变化也很大，呈圆形、椭圆形、圆盘形、长形或多角形的中空壳体或中心体，在壳体表面还可能有突起、网脊、颗粒、翼、膜等外围修饰，有的种类外壳是多重的。有些疑源类的壳体上有开口或裂缝出现，开口的类型有多种，这可能是因为疑源类是单细胞原生生物的囊孢，原生生物原生质会通过开口从囊孢中溢出。

疑源类仅限于透光带，水体的温度、盐度、养料供给和浑浊度是控制疑源类生态的重要因素。某些特定形态的疑源类是某特定环境的指示者，特别是在元古宇和古生界中，疑源类有时是可找到的唯一化石；晚二叠世以后的疑源类出现于半咸水、淡水和超盐度的水体中。

常见的疑源类单细胞结构中膜壳中空，“中空”实际上是类似植物单细胞的疑源类生物的原生质体，保存下来的化石实际上是疑源类中的纤维质壳（或几丁质壳等），由于疑源类细胞中的活性蛋白质、淀粉等有效碳水化合物及核酸不稳定，在沉积成岩早期就已经通过水体、细菌和酶等各种生物化学作用分解，且细胞原生质体中保存下来的脂类（油脂、脂肪、类脂）在成熟阶段也可能转化为石油脱离（或运移）疑源类壳，显微镜下看到的是“膜壳中空”。许多疑源类具有休眠状态原生质体脱囊的证据，即脱囊结构，在膜壳壁上表现为各种形状的开口。突起是从膜壳表面突出的线性附生物，是疑源类分类、命名的重要形态特征，一般常见和较典型的突起都长于5μm。突起的大小、形状，与膜壳的连接样式，以及表面的雕饰等有很大变化，形态更是多种多样，如不分叉和简单分叉及多次分叉等。

在光学显微镜下鉴定的常见的疑源类形态类型（图2.32）如下。

a. 瘤面球藻：近球形，表面分布低矮、轮廓圆滑的瘤状突起纹饰，大小约100μm，不能观察到内部结构。

b. 网面球藻：球形或椭球形，膜壳表面具有网状纹饰形。

c. 光面球藻：球形或椭球形，表面光滑，内部均一无网孔。

d. 角球藻：椭球形，突起远端尖，其内部与膜壳腔自由连通，突起与膜壳壁间毫无分别。

e. 多叉藻：椭球形，具有简单分叉的尖端封闭的突起，壳壁光滑或微弱纹饰，壳体壁与突起壁一致，突起腔与壳体腔连通。

f. 塔胞藻：膜壳呈球形至亚球形，具有一明显颈状、远端封闭的延伸，膜壳壁单层、薄、光滑或有小的雕饰，不规则分布小的中空、异形突起，突起无尖端、平截或分叉，未见脱囊开口。

g. 扬子奥陶纪藻：球形膜壳，具有许多中空、刚硬的突起，与膜壳腔不连通，近远端削尖或多分叉，其间有少量简单突起；双层壁，突起发生自外层，且常与内层分离，并留下带边缘的疤痕或显露在内层的孔洞；膜壳壁较厚，光滑至微颗粒，在一些种的内壁层也有微颗粒；突起壁薄、透明，光滑或微颗粒；膜壳壁裂开的脱囊方式导致外壁与基质间有明显较细间隙（图2.33）。

h. 刺球藻：球形膜壳带有实心分叉突起，突起呈现规则二分叉，宽松、辐射分布。

i. 别格球藻：具有两同心壁层分布但形态不同的突起；外壁稀疏、均等地分布锥形突起，突起顶部尖出，中空，基部开放；内壁有细长、实心突起，它们连接和支撑外壁；内突起不与外突起相对应。

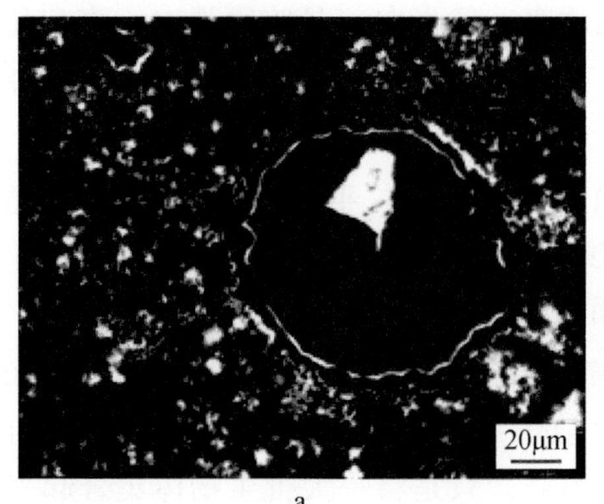

a

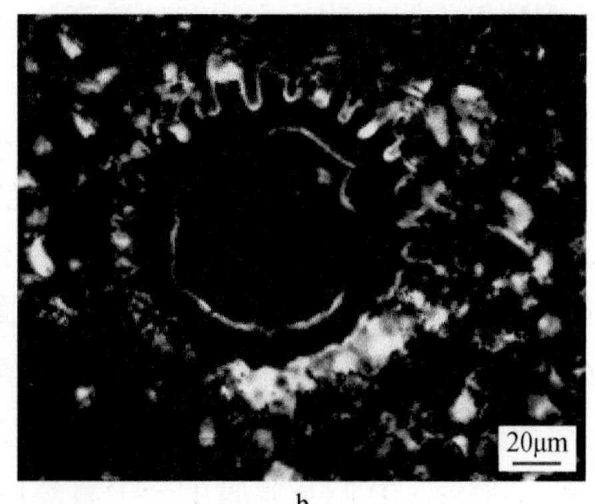

b

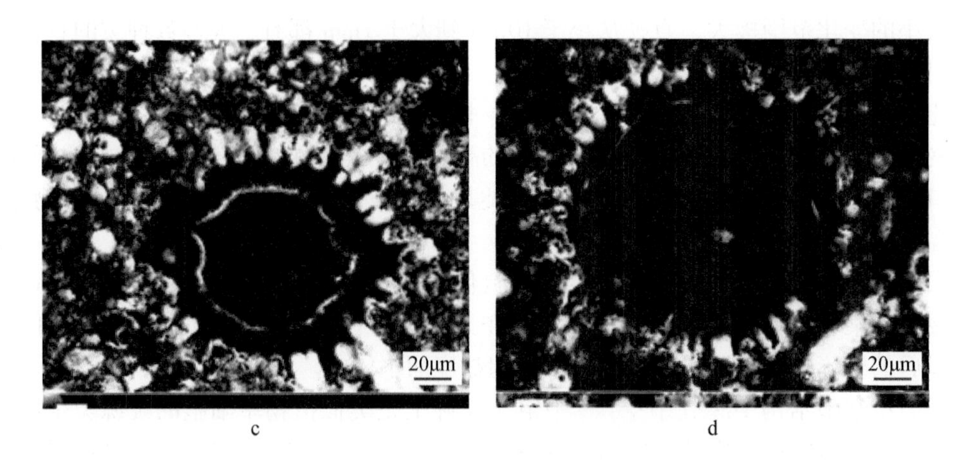

图 2. 33　涪陵地区龙马溪组单细胞藻类化石
a ~ d 均为扬子奥陶纪藻

j ~ m. 尚不清楚，暂未命名。

疑源类最早可能在 18 亿年前的古元古代出现，可确认的疑源类则出现于 15 亿年前的中元古代。新元古代时，疑源类快速分化，但在新元古代末期，疑源类可能经历了一次大灭绝。古生代早期疑源类的种类和数量不断增长，虽然在奥陶纪末期又经历了一次灭绝事件，但此后又快速增长。泥盆纪灭绝事件后，疑源类的种类和数量就一直处于很低的状态。古近纪—新近纪时，疑源类也处于消退状态，唯中新世有恢复。疑源类主要出现在海相沉积地层中，在湖相和河相地层中也有发现。

二、富含脂类的浮游单细胞原生动物和多细胞浮游动物

浮游动物是一类悬浮于水中的水生动物或浮游生活的无脊椎动物，缺乏发达的行动器官，不能像浮游植物一般进行自养生活，它们必须摄取其他生物，一般有原生动物、轮虫、枝角类和桡足类四大类。动物中除原生动物外，剩下的多细胞动物被称为后生动物。浮游动物有细胞膜、细胞质和细胞核，它们的主要成分也为活性蛋白质、脂类、有效碳水化合物和核酸，为适应浮游也在体内贮存着大量的水、脂肪粒或“油滴”及气体等。其脂类（脂肪粒或“油滴”）含量可以分为两大类，一类是富含脂类的浮游单细胞原生动物，脂类含量与浮游藻类相当，一般占细胞干重的 0 ~ 47%，平均可达 24%（放射虫）；另一类是多细胞浮游动物，脂类含量可能要低一些，一般占细胞干重的 0 ~ 15%，平均约 14%（亚热带水蚤）。浮游动物没有细胞壁，但是一般具有起保护或支持作用的硅质壳（如单细胞的放射虫）、钙质壳（如单细胞的有孔虫）、非活性蛋白质的胶原蛋白壳（如笔石）和无效碳水化合物的几丁质壳（如甲壳类）等，硅质壳和钙质壳中可能含有不等量的似骨胶原或壳多糖等非活性胶结物质。

当浮游动物死亡后其残骸在厌氧环境下沉积，如早成岩阶段的优质烃源岩，只有细胞体内的脂肪（或“油滴”）及固醇等类脂生物标志物和硅质壳、钙质壳、硬蛋白（骨胶原蛋白）壳和几丁质壳等相对稳定，不易分解，容易在优质烃源岩中被保存下来，而活性蛋白质、核酸及有效碳水化合物等不稳定，易分解（水解等），难以在优质烃源岩中被保存下来。

1. 放射虫、有孔虫等海洋浮游单细胞原生动物的脂类（脂肪）平均含量可占细胞干重的 24% 左右，且变化范围较大（0 ~ 47%）；浮游有孔虫钙质壳遗骸量极大，约占现代钙质软泥的 98%（海底面积的 35%）；放射虫硅质软泥仅次于有孔虫，占现代海底面积的 2%~ 3%

原生动物（图 2. 34）是最原始、最简单、最低等的单细胞浮游动物，细胞内有特化的各种细胞器，异养生活，能够运动，具有维持生命和延续后代所必需的一切功能，反映了动物界最早祖先类型的特点（刘凌云和郑光美，2003），它们并非属于一个自然的类群，只是将一大批生物体集合起来而已。有些原

生动物物种介于植物和动物之间，如眼虫，能进行光合作用，又能运动，并像真正的动物那样进食。

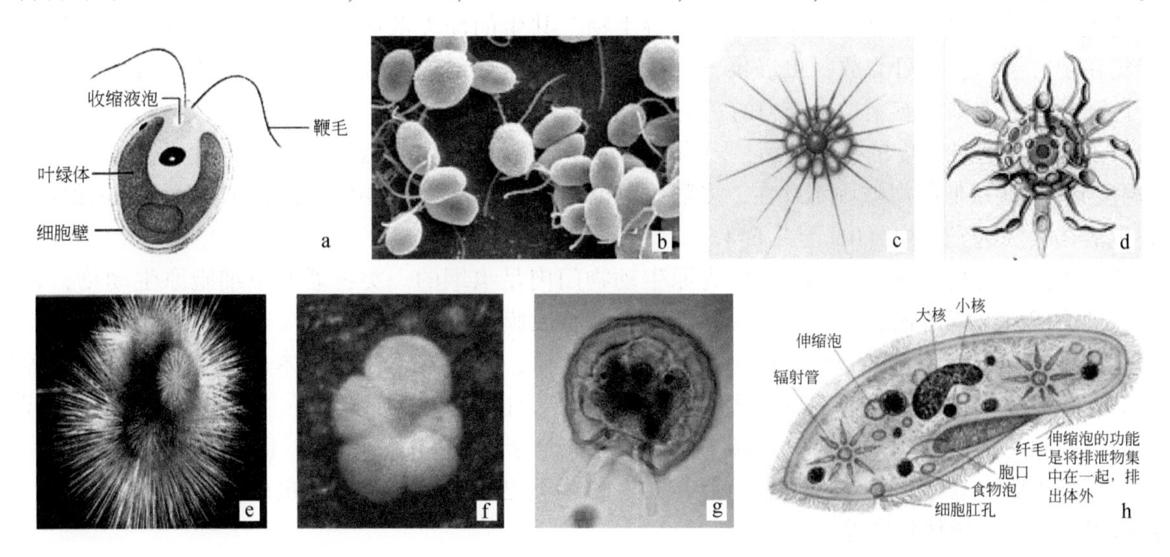

图2.34　鞭毛虫（a、b）、放射虫（c、d）、抱球虫（e、f）、肉足虫（g）及纤毛虫（h）等常见浮游原生动物图片

原生动物体细胞质中含有“油滴”、色素、淀粉、副淀粉等各种颗粒和线粒体、高尔基体、溶酶体等各种细胞器。脂类（油脂、类脂）含量变化大，现代放射虫的脂类（“油滴”或脂肪球、色素体、细胞膜等类脂）含量高，平均含量占细胞干重的24%左右，一般变化在0～47%之间。大部分植物性鞭毛虫具有与光合作用有关的色素体和红色的眼点。原生质体外面有一层细胞膜（主要由类脂构成）。细胞质中含有“油滴”、淀粉、副淀粉、色素等各种颗粒和线粒体、高尔基体、溶酶体等各种细胞器。根据染色质的构造可把细胞核分为泡状核和致密核两类，泡状核常见于肉足虫和鞭毛虫，致密核常见于纤毛虫的大核中。眼点由一个至多个红色小球（主要为“油滴”）构成。色素体有叶绿素、胡萝卜素、叶黄素和藻胆素等4类。

多数浮游原生动物体的体表除固有的细胞膜外，还有由原生质分泌物形成的外壳。例如，表壳虫的几丁质壳，有孔虫类的钙质壳，有的细胞质中还有骨骼，如放射虫体内的几丁质中央囊和硅质骨针等（姜云垒和冯江，2006）。细胞外的构造能支持和保护细胞器，如柄、壳、内外骨骼、孢囊、孢子等，这些结构是多细胞动物所没有的，属于内骨骼的如动鞭毛虫的轴杆、肋，放射虫辐射伸出的刺或骨针，裸口类纤毛虫口器内的咽篮、刺杆等，多半是起支持和保护的作用；属于外骨骼最常见的是在加厚的表膜外有一层保护的壳。壳有几丁质、硅质、硫酸锶等成分，有时还有石灰质沉淀；有的壳是整片的，有的是鳞片状的，有的有精美雕刻的图案。

原生动物最小的种类体长仅有2～3μm，大型的种类体长一般不超过7cm；漂浮生活的原生动物种类多呈球形，游泳生活的种类呈菱形。原生动物分布广，生活于海水、淡水及潮湿的土壤中，生活在淡水的原生动物有一个至多个伸缩泡，生活在海水中的和寄生的原生动物一般没有伸缩泡。原生动物种类有65000多种，其中一半以上为化石，一般可分为鞭毛纲（图2.34a、b）、肉足纲（图2.34c～g）、纤毛纲（图2.34h）和孢子纲（姜云垒和冯江，2006）。在优质烃源岩中常见的有抱球虫（图2.34e、f）、放射虫（图2.34c、d）、表壳虫和砂壳虫等肉足纲浮游原生动物，以及眼虫、盘藻、团藻和夜光虫等鞭毛纲浮游原生动物。

放射虫是具有轴伪足的海生单细胞浮游生物（图2.34c、d），属原生动物门肉足纲（或辐足纲），具有放射排列的线状伪足，多孔球状外形、钟罩形、叶状、梨形、圆盘形或不规则形，多种壳饰，在细胞质内有一个几丁质的中心囊，囊的表面包以角质膜，膜上有小孔，囊内质或囊外细胞质中常有许多赤色或黄色的“油滴”或脂肪球或脂肪粒和空泡（有利于漂浮生活），还有色素体、细胞核、结晶体、液泡等。向外伸展的伪足，囊外部被胶状物质，囊壁是一层多孔的假几丁质或类黏蛋白的膜，一般形体微小，单体直径为0.1～0.5mm，少数可超过1mm，群体直径1～50cm。

在透光带，放射虫主要靠伪足捕食各种浮游生物，共生的藻类散居在胶泡层中，也有在肉基质层附近或聚集在中心囊内，也可为放射虫提供营养。也就是说，放射虫可以共生大量微体浮游藻类，其生产力可以达到放射虫周围浮游藻类生产力的三倍。

放射虫适应在各种深度的海中生活，多为正常盐度的远洋生物（大洋环境），对盐度的反应较为灵敏（高于温度），含盐量低的海域则不存在。多数放射虫分布在温暖的海洋中，由赤道向两极数量很快减少。大多数生活在表层透光带内（0m至几百米）。

抱球虫等浮游有孔虫（图2.34e、f）为原生动物门肉足虫纲的一类古老的单细胞原生动物，整个细胞质团由钙质成分的壳体包裹着，体表仅有极薄的细胞质膜。原生质外质色浅透明，内质色深，有“油滴”或脂肪球、黄色素体、细胞核、环片、线粒体、微体、高尔基体、溶酶体、微管、共生体等各种细胞器。部分形态为内共生体的单细胞藻类，有多种多样的世系如绿藻、红藻、金藻、硅藻及沟鞭藻类；部分有孔虫门生物为盗食质体，保留摄取藻类的叶绿体进行光合作用；其脂类（“油滴”或脂肪球、色素体、细胞膜等类脂）含量可能与放射虫相似，共生的藻类也可成为浮游有孔虫的食物。也就是说，浮游有孔虫可以共生大量微体浮游藻类。

有孔虫能够分泌钙质或硅质，形成外壳，而且壳上有一个大孔或多个细孔，以便伸出伪足，主要食物为硅藻以及菌类、甲壳类幼虫等，个别种的食物是砂粒。有孔虫目动物主要生活于正常海洋环境中，有些种类能适应半咸水、沼泽或超高盐潟湖等变化剧烈的环境，淡水种极少。浮游性有孔虫种类较少如抱球虫超科，5亿多年前就产生在海洋中，繁盛至今。

抱球虫（图2.34e、f）为有孔虫门的一个常见群组，以浮游生物的姿态出现，其中一种最重要的属为抱球虫，大范围的海床被抱球虫软泥所覆盖，主要为浮游有孔虫的外壳。抱球虫软泥（球房虫软泥、有孔虫软泥）属钙质软泥，是远洋沉积物的一种，主要由浮游性有孔虫（尤以抱球虫）遗骸组成，浮游有孔虫亦含大量颗石藻片、放射虫、硅藻以及翼足虫等。这种软的、细粒的抱球虫钙质软泥遗骸量极大，几乎世界各海区均有分布，尤其在温带和热带海区更多，约占现代海底的35%，占现代钙质软泥的98%，是细菌之外分布最广的生物，今覆盖着约1.3亿km^2的海底，常见分布于赤道附近的海底，洋流属于上升流，将深海中的Ca、P、N带到表层为浮游的有孔虫提供了丰富的养分，死亡后其钙质介壳沉入海底形成钙质软泥，生物碎屑含量大于30%。抱球虫包括100多个属及400多个物种，其中30个物种存在于中石炭世至现代。

因此，当放射虫、抱球虫等原生动物死亡后其残骸在厌氧环境下沉积，如早成岩阶段的优质烃源岩中，保存下来的只有：①细胞质内的“油滴”或脂肪球、色素体及细胞膜的固醇等类脂化合物；②几丁质中心囊或假几丁质的囊壁；③硅质或钙质骨架或骨针及结晶体等，它们均相对稳定，不易分解。细胞质内的其他活性蛋白质、有效碳水化合物及核酸等不稳定，易分解（水解等），难以保存下来。其碳（脂类—石油）在优质烃源岩中的转化率或生石油能力主要取决于前二者及其比例，即原生动物体内的脂类（主要是指“油滴”）含量和几丁质中心囊或假几丁质囊壁的大小以及二者被保存下来的比例。在厌氧环境下形成的未成熟—成熟阶段早期优质烃源岩中，原生动物及其共生的浮游藻类等其碳（脂类—石油）的转化率可在90%以上。

2. 甲壳类、笔石等多细胞浮游动物脂类（脂肪）含量变化大与气候有关，一般热带亚热带脂肪含量较低（0～15%），寒带温带脂肪含量较高

（1）甲壳类等节肢浮游动物（图2.35）是两侧对称的无脊椎动物，外披几丁质外骨骼或体外覆盖着部分由几丁质组成的表皮。水蚤等甲壳类动物在冬季会在体内存储脂肪，纬度越高，脂肪含量就越多，个头就越大。例如，北冰洋腹地的水蚤体内脂肪含量高达74%，栖居于亚热带的水蚤体内脂肪含量只有14%，而热带的水蚤体内脂肪含量可能更低，一般变化在0～15%。水蚤和剑水蚤等一类甲壳类浮游生物在浮游动物中占重要地位，数量大，种类多。

甲壳类等节肢动物是动物界中最大的类别，占已知动物的85%，而昆虫占节肢动物总数的80%，甲

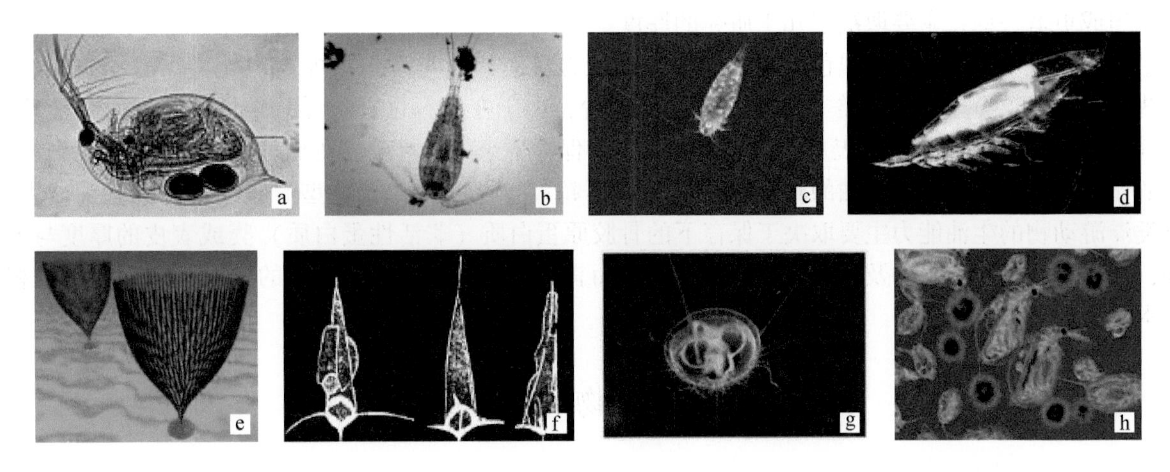

图2.35 水蚤剑水蚤等甲壳类（a~d）、笔石类（e、f）、轮虫类（g）等常见的多细胞浮游动物及幼虫（h）图片

虫又占昆虫的87%。甲壳类或桡足类在浮游生物中的重要性和地位与硅藻相比毫不逊色，它是海洋浮游动物群落中分布最广，种类最多，地位最重要的一个类群。甲壳类为小型甲壳动物，体长<3mm，营浮游与寄生生活，分布于海洋、淡水或半咸水中，多为各种淡水水域中最常见的浮游动物，以硅藻类水生生物为食，体小，呈卵圆形，左右侧扁，长仅1~3mm。

营漂浮生活的三叶虫（节肢动物门，已灭绝的三叶动物亚门）类型，可能与甲壳类浮游动物相当。昆虫类和甲壳类等的祖先在寒武纪时期已经发展健全。

（2）笔石类（图2.35e、f）是一类已灭绝的半索动物，具复杂的茎系构造、表皮纺锤层和外皮层等，与翼鳃类的杆壁虫非常相似，保存下来的化石为其硬壳。笔石动物可以与腕足动物和三叶虫等动物的化石共生，但是也有一些特定的环境里只有漂浮笔石而没有其他生物，或是仅有极少的浮游生物伴生。笔石均为海生，多为漂浮生活，生于浅海，分布极广，始于寒武纪中期，奥陶纪及志留纪最盛，泥盆纪晚期衰退，至石炭纪晚期全部灭绝。

（3）浮游幼虫（图2.35h）包括终生营浮游生活的各类动物的幼体和阶段性浮游生物，后者成体营底栖生活，而幼体是浮游的。浮游幼虫的种类多，数量大，是海洋浮游生物的重要组成部分。

例如，海蜇也有浮游幼虫阶段，终生以硅藻、桡足类、原生动物、浮游幼体和小鱼虾为食，其脂类含量并不高，每千克海蜇皮含蛋白质123g，脂肪1g，糖37g，无机盐650g，还有微量的维生素B_1、B_2和烟酸，脂肪含量仅占干重的0.13%左右。在优质烃源岩地质体中能保存下来的只有脂肪等脂类及无机盐等，蛋白质及糖不稳定，难以保存下来。

（4）轮虫类（图2.35g）是袋形动物门轮虫纲近2000种微小无脊椎动物的统称，躯干呈圆筒形，背腹扁宽，具刺或棘，外面有透明的角质甲腊（或称为兜甲的角质膜）。轮虫体微小，一般长0.04~0.5mm，与原生动物大小相似，数量极大，生产量很高（王金霞，2010）。浮游轮虫分布广，自由生活，有个体也有群体，海洋里的轮虫种类和数量都较少。

因此，在优质烃源岩中被保存下来的浮游动物残骸主要是脂类（脂肪、油脂及类脂）和浮游动物的外壳，其碳（脂类—石油）的转化率或生石油能力主要取决于：①浮游动物的脂类（主要是指脂肪粒或“油滴”）含量；②浮游动物是否具有有机外壳（主要是指几丁质壳或硬蛋白壳）及其有机外壳的厚度，而浮游动物的硅质外壳或钙质外壳仅含有非活性或无效的胶体物质；③前二者被保存下来的比例。

甲壳类浮游动物一般脂类（脂肪）含量也较高，变化大，在热带-亚热带可能偏低一些。但是，它们均具有较厚的几丁质外骨骼，在厌氧环境下形成的未成熟—成熟阶段早期优质烃源岩中也可以与甲壳类浮游动物体内的脂类一起保存下来，而甲壳类浮游动物体内的其他活性蛋白质、有效碳水化合物及核酸等不稳定，易分解（水解等），难以保存下来。其残留保存下来的有机质中，脂类（脂类+几丁质壳）所占比例决定地下石油的转化率或生油能力（有机质类型）。一般来说，甲壳类浮游动物的生油能力应与甲藻类相当或更低一些，主要取决于几丁质壳的厚度。

笔石在厌氧环境下形成的黑色页岩中，其生油能力（有机质类型）可能与甲壳类浮游动物相当或更低一些，主要是笔石体内的脂类（脂肪）含量不清楚，由于在笔石化石附近只常见到其硬壳或骨胶原蛋白质（非活性蛋白质）外皮或表皮层的存在，其残留保存下来的有机质（骨胶原白质壳+脂类）中，脂类所占的比例不会太高，地下石油的转化率可能一般不超过40%，相当于Ⅱ型有机质类型的生油能力，即笔石类浮游动物的生油能力主要取决于保存下的骨胶原蛋白质（非活性蛋白质）壳或表皮的厚度与数量。此外，就骨胶原蛋白质壳以及几丁质壳的生油能力而言，与镜质组相当，它们的结构与演化过程也相似，详见本书第三章。

三、浮游生物的生油能力

浮游生物多为单细胞生物，主要由原生质体（包括细胞膜、细胞质和细胞核等）和细胞壁（藻类）或起支撑和保护作用的壳（浮游动物）构成。原生质体主要成分是活性蛋白质、淀粉等有效碳水化合物、核酸和脂类，并且浮游生物为适应浮游生活，一般在体内贮存着大量的水、脂肪粒或“油滴”及气体等。当浮游生物死亡后其残骸在厌氧环境下沉积形成的早成岩阶段的优质烃源岩中，只有脂类（脂肪粒或“油滴”+类脂）相对稳定，不易分解，容易保存下来。而原生质体的其他主要成分即核酸、活性蛋白质和淀粉等有效碳水化合物不稳定，在水、细菌、酶、热等作用下易分解，难以保存下来。所以在早成岩的优质烃源岩中浮游生物原生质体能保存下来的主要是脂类，包括脂肪粒或“油滴”和类脂。

浮游生物的细胞壁（藻类）或壳（动物）主要成分有三种：一是有机壁壳（丛粒藻等浮游绿藻、蓝藻、甲藻和沟鞭藻、疑源类、鞭毛虫及纤毛虫等原生动物、笔石、甲壳类多细胞浮游动物），主要是由纤维素及果胶质等无效碳水化合物（大部分浮游藻类的细胞壁），或几丁质等无效碳水化合物（多数浮游动物）壳，或骨胶原等非活性蛋白质（笔石等部分多细胞浮游动物）壳构成，即有机壁壳主要是由起支撑和保护作用的、坚硬的纤维素、果胶、几丁质、多糖等无效碳水化合物，或骨胶原等非活性蛋白等相对稳定的、在厌氧环境下沉积形成的早成岩阶段的优质烃源岩中易保存下来的生物大分子构成；二是硅质壁壳（硅藻、放射虫等），主要是由硅质及果胶等无效碳水化合物构成，生物硅相对更稳定，在厌氧环境下沉积形成的早成岩阶段的优质烃源岩中更易保存下来，生物硅中也可以含部分有机质（主要是起黏结作用的果胶或骨胶原等）；三是钙质壁壳（颗石藻、抱球虫等），主要是由钙质及果胶等无效碳水化合物构成，钙质相对更稳定，在厌氧环境下沉积形成的早成岩阶段的优质烃源岩中更易保存下来，生物钙质碎屑中也可以含部分有机质（主要是起黏结作用的果胶类无效碳水化合物）。

因此，浮游生物在厌氧环境下形成的未成熟—成熟阶段早期优质烃源岩中的生油能力或地下石油的转化率（即有机质类型）主要取决于浮游生物本身脂类（油脂、脂肪、类脂）含量、壁壳（有机、硅质、钙质）厚薄和二者保存下来物质构成之间的比例。

根据浮游生物的结构和脂类含量可以将其分为超微型—小型单细胞浮游生物和中型以上的多细胞浮游动物两大类。

1. 超微型—小型单细胞浮游生物的脂类（油脂、脂肪、类脂）含量高，有机壁壳薄或无，在优质烃源岩中石油的转化率很高（≥85%，Ⅰ型）；中型以上多细胞浮游生物的脂类含量一般较低且变化大，有机壁壳较厚（Ⅱ型）

（1）超微型—小型单细胞浮游生物（主要是指浮游藻类、疑源类和浮游原生动物）为适应浮游生活，具有以下特征：

细胞内贮存着大量有助于单细胞浮游生物漂浮的水、“油滴”、脂肪粒和气体等，“油滴”或脂肪粒等脂类含量高，平均在19%~24%之间，一般变化在8%~40%之间（表2.6）。浮游绿藻“油脂”含量平均占细胞干重的24%，丛粒藻含“油脂”最高达细胞干重的86%，小球藻含“油脂”变化在20%~50%之间，栅藻的“油脂”含量在15%~40%之间，衣藻“油脂”含量在20%左右。放射虫等单细胞浮游原生动物的脂类平均含量占细胞干重的24%左右，与绿藻相当，只是变化范围（0～47%）更大一些，并且常与大量微体浮游藻（黄虫藻等）类共生，抱球虫等单细胞浮游有孔虫（原生动物）也是如此。硅藻、金藻等的“油脂”平均含量占细胞干重的22%和20%，前者（硅藻）“油脂”含量变化在8%～40%之间，后者（金藻）变化在9%～34%之间。甲藻“油脂”平均含量占细胞干重的19%，最高可达35%。蓝藻的螺旋藻“油脂”含量在10%～20%之间。此外，来自中国南海的浮游藻经过热压模拟实验，其最高产油量约占浮游藻干重的40%，也在上述分布范围。

有机细胞壁壳常常很薄，占细胞干重的比例极低。绿藻、蓝藻、黄藻等单细胞浮游藻类一般具极薄的纤维质细胞壁。甲藻、沟鞭藻等单细胞浮游藻类和疑源类的纤维质细胞壁也较薄（相对前者稍厚一些）。超微型—小型单细胞浮游原生动物的几丁质壳可能相对稍厚一些。纤维质细胞壁或几丁质壳均为无效碳水化合物，它们相对有效碳水化合物、活性蛋白质及核酸要稳定，可以在优质烃源岩中保存下来。

此外，超微型—小型单细胞浮游生物还有以硅质、钙质等无机成分为主体的壁壳或无细胞壁壳（裸藻等），主要包括硅藻、金藻、颗石藻、抱球虫等浮游有孔虫、放射虫等单细胞浮游生物。它们只含有少量的起连接作用的果胶或骨胶原等无效碳水化合物或非活性蛋白质。

浮游超微型—小型单细胞生物体的“油滴”或脂肪粒等脂类含量远远大于其有机细胞壁壳的量，二者比例与细胞壁壳构成及薄厚有关。

硅藻、金藻等硅质壁壳的浮游藻类，放射虫等硅质骨壳的浮游原生生物，颗石藻等钙质壁壳的浮游藻类，抱球虫等钙质骨壳的浮游原生生物，以及裸藻等无细胞壁的浮游藻类，其单细胞生物体的“油滴”或脂肪粒等脂类含量高（平均占细胞干重的20%～24%），而其硅质壁壳或钙质壁壳中具有连接作用的几丁质或纤维质无效碳水化合物或骨胶原等非活性蛋白质含量极低，可能只有其脂类含量的0～1/7。这可以在桦甸黄色油页岩（硅藻为主体）中得到证实（表2.7，图2.36a～d），其热解氢指数可以高达1188$mg_{烃}/g_C$，脂类（烃类）含量可以占有机质的98.6%。

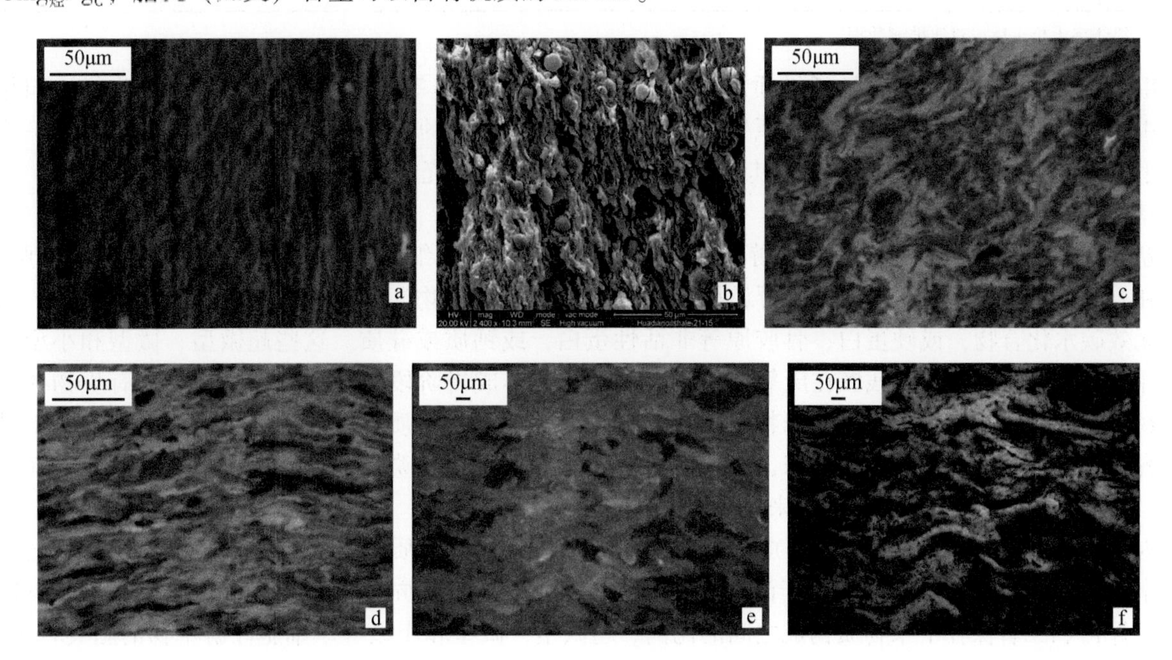

图2.36　浮游藻类为成烃生物的未成熟—成熟阶段中早期优质烃源岩（黄色油页岩）照片

a. 中国吉林桦甸油页岩矿井HD-21黄色油页岩，成烃生物主要是硅藻及丛粒藻，光薄片反射荧光；b. 中国吉林桦甸油页岩矿井HD-21黄色油页岩，成烃生物主要是硅藻及丛粒藻，扫描电镜照片；c. 中国吉林桦甸油页岩矿井HD-10黄色油页岩，成烃生物主要是硅藻及丛粒藻，光薄片反射荧光；d. 中国吉林桦甸油页岩矿井HD-22黄色油页岩，成烃生物主要是硅藻及丛粒藻，光薄片反射荧光；e. 澳大利亚塔斯马尼亚油页岩矿坑AUS-1，浅黄色粉砂质油页岩，塔斯马尼亚藻，光薄片反射荧光；f. 澳大利亚塔斯马尼亚油页岩矿坑AUS-1，浅黄色粉砂质油页岩，塔斯马尼亚藻，光薄片透射光

浮游绿藻、蓝藻、黄藻等具极薄纤维质细胞壁的浮游藻类，细胞体中脂类含量相对最高（表2.6），平均约占细胞干重的24%，而其极薄的纤维质细胞壁（无效碳水化合物）量很低，可能只有其脂类含量的1/10～1/5。这可以从南海浮游藻常规热压模拟实验结果的最高总油产率为1151.81kg/t_C（表2.8），相当于油脂（脂类）含量可以占有机质的95.6%，以及澳大利亚塔斯马尼亚油页岩矿坑浅黄色粉砂质油页岩（塔斯马尼亚藻）（表2.7，图2.36e、f）得到证实，其热解氢指数较低的为909$mg_{烃}$/g_C，烃类可以占有机质的78%。

表2.8　现代南海浮游藻（Ⅰ型，TOC=45.7%）常规热压模拟实验数据表

模拟温度/℃	校正后 R_o/%	残留油/(kg/t_C)	排出油/(kg/t_C)	总油产率/(kg/t_C)	烃气/(kg/t_C)	总烃/(kg/t_C)	排出油/总油/%	碳质沥青/(kg/t_C)	氢气/(m^3/t_C)	CO_2气/(m^3/t_C)
原样	*0.29*	44.3	0.00	44.31	0.00	44.31			0.0	0.0
150	*0.32*	510.8	5.99	663.94	1.96	665.90	0.90		0.4	59.4
200	*0.47*	722.8	43.42	1151.81	3.40	1155.21	3.77		1.0	128.1
250	*0.72*	458.9	119.58	987.55	12.52	1000.06	12.11		4.3	242.8
275	*0.80*	407.8	217.61	1049.34	22.04	1071.36	20.74	0.00	9.4	252.0
300	*1.04*	154.3	313.69	904.86	49.83	1059.41	34.67	104.73	61.6	202.5
350	*1.37*	4.3	428.87	631.86	135.58	1055.95	67.87	288.50	59.2	269.1
400	*2.06*	0.5	222.40	327.98	400.69	1049.37	67.81	320.70	81.4	281.5
500	*2.66*	0.1	113.52	251.10	465.80	1070.29	45.21	353.40	146.5	347.6

注：斜体字为校正后或对比推测数据。

甲藻、沟鞭藻及疑源类等具纤维质细胞壁（相对绿藻、蓝藻等具较厚细胞壁）的浮游藻类和超微型—小型具几丁质骨壳的单细胞浮游原生动物，其单细胞生物体的“油滴”或脂肪粒等脂类含量平均占细胞干重的19%～20%（表2.6），而其纤维质细胞壁或几丁质骨壳量低（相对绿藻、蓝藻等要高），可能约为其脂类含量的1/5～1/3。

超微型、微型和小型等单细胞浮游生物的细胞膜、细胞质和细胞核主要成分是活性蛋白质、脂类、核酸和有效碳水化合物，而细胞壁（浮游植物）或骨壳（浮游动物）主要成分是纤维质、几丁质、果胶质等无效碳水化合物，或硬蛋白、骨胶原等非活性蛋白，或钙质或硅质。这些超微型、微型和小型等单细胞浮游生物死亡后，在其残骸在厌氧环境下沉积形成的早成岩阶段的优质烃源岩中，只有生物体及其衍生物中的脂类和细胞壁，或浮游动物的几丁质、非活性胶原蛋白质、钙质和硅质壳相对稳定，不易分解，容易在优质烃源岩中被保存下来，而活性蛋白质、核酸及有效碳水化合物等不稳定，易分解（水解等），难以在优质烃源岩中被保存下来。

因此，浮游生物在厌氧环境下形成的未成熟—成熟阶段早期优质烃源岩中的生油能力或地下石油的转化率（即有机质类型）主要取决于浮游生物本身脂类（油脂、脂肪、类脂）含量、壁壳（有机、硅质、钙质）厚薄和二者保存下来物质构成之间的比例。超微型、微型和小型等单细胞浮游生物的脂类含量高，平均占细胞干重的19%～24%，有机细胞壁壳常常很薄或无有机细胞壁壳（硅质、钙质等细胞壁骨壳），其油滴或脂肪粒等脂类含量远远大于其有机细胞壁壳的量，二者比例一般变化在1∶10～1∶5之间，均属Ⅰ型有机质类型。这可以从未成熟—低成熟优质烃源岩（中国吉林桦甸油页岩、澳大利亚塔斯马尼亚油页岩）中的热解氢指数和显微（黄色荧光是含芳香烃的“油”）照片中得到证实。在优质烃源岩中被保存下来的浮游藻类主要是脂类（油），可以占到90%以上（油的转化率），未成熟—成熟阶段中早期优质烃源岩浮游藻类在荧光显微镜下发黄色荧光（图2.36），热解氢指数可以达1000mg/g以上，一般在900～1150mg/g之间（表2.7）。当脂类物质含量占保存下来有机质总量（用TOC代表）的700$mg_{油}$/g_C以上，或地下石油的转化率（即 PC/TOC）大于60%，相当于热解氢指数（HI）大于650$mg_{烃}/g_C$，属Ⅰ型有机质类型。而在上述优质烃源岩中被保存下来的硅藻、塔斯马尼亚藻等超微型—小型浮游生物主要是脂类，石油的转换率可以占到保存下来有机质的90%以上，有机质类型属典型的Ⅰ型。

（2）中型以上的多细胞浮游动物（甲壳类、笔石类等）是具厚的外壳或表皮的多细胞浮游动物，主要包括甲壳类、笔石类等。主要特征是：

脂肪粒等脂类含量不高且变化大，一般可能变化在0.6%～15%，多与种类、空间分布有关，一般热带亚热带含量低，寒带温带含量高。例如，水蚤等甲壳类多细胞中型浮游动物体内脂肪含量在亚热带为14%，热带可能更低（小于15%），只有在北冰洋才高达74%。海蜇等水母类多细胞大型浮游动物的海蜇皮中脂肪含量仅占有机质干重（蛋白质+糖+脂肪）的0.6%。此外，轮虫类（袋形动物）等小微型多细胞浮游动物体外面有透明的角质甲蜡，含有较厚的角质膜，电镜下，角质层细胞内充满密集平行的角蛋白张力细丝浸埋在无定形物质中，主要为透明角质所含的富组氨酸的蛋白质，细胞膜内面附有一层厚约12nm的不溶性蛋白质（非活性蛋白质），故细胞膜增厚而坚固。细胞膜表面间隙中充满角质小体颗粒释放的脂类物质。角质是一种含16～18个碳的羟基脂肪酸。角质层常分两层，紧靠表皮细胞外壁是由角质和纤维素组成的角化层，细胞壁外面是一层较薄的由角质或与蜡质混合组成的角质层。角质层的厚度受环境影响较大，在干旱、阳光充足条件下生长的叶片，角质层较厚，含蜡质也较多，而生长在水中或阴湿环境中则较薄，甚至完全没有。因此，中型以上的多细胞浮游动物（甲壳类、笔石类等）的脂类含量并不高，一般可能不超过干重（蛋白质+糖+脂肪）15%，甚至不到1%，并随海（湖）水温度逐渐升高而降低。

甲壳类、笔石等中型以上的多细胞浮游动物具有厚的几丁质壳（无效碳水化合物）或骨胶原壳（非活性蛋白质）。在厌氧环境下形成的优质烃源岩中保存下来的这些几丁质壳或骨胶原壳常见，甚至肉眼都可看到，无效碳水化合物碎屑或非活性蛋白质碎屑含量明显可见，或所占保存下来有机质总量的百分比一般要大于50%，最多可能大于85%。

甲壳类、笔石等多细胞浮游动物有机外壳重量相对单细胞浮游生物所占比例明显增大，而且体内脂肪在热带、亚热带含量也不高或明显减少，其在优质烃源岩中被保存下来的脂类——石油转换率可能不到保存下来有机质的50%。当脂类物质含量占保存下来有机质总量的200～700$mg_{油}/g_C$，或地下石油的转化率（即PC/TOC）变化在15%～60%之间，相当于热解氢指数HI变化在150～650$mg_{烃}/g_C$之间，属Ⅱ型有机质类型（详见第四章）。

尽管中型以上的多细胞浮游动物（甲壳类、笔石类等）也属浮游生物，但是不属Ⅰ型有机质类型，仅属Ⅱ型有机质类型，如果绝大部分（>85%）是笔石类的骨胶原壳或甲壳类的几丁质壳，其有机质类型将过渡到Ⅲ型。

2. 海相浮游藻类热压模拟实验证实，最高产油率可达1000$kg_{重质油}/t_C$以上，总有机碳的重质油转化率可以达到85%以上

现代海相浮游藻类常规热压模拟实验（方法见第四章）生排烃模式（图2.37，表2.8）特征为：

原始浮游藻残留油为44.3kg/t_C，当模拟温度在150～200℃时（相当于R_o在0.32%～0.47%之间），总油产率达到663.94～1151.81kg/t_C，有56%～95%的浮游藻转变为可溶有机质；当模拟温度在250～275℃时（相当于R_o在0.72%～0.80%之间），总油产率为987.55～1049.34kg/t_C，有83%～95%浮游藻成为重质油。浮游藻具有极强的生成重质油能力，大部分成烃物质可能无须生成干酪根，在较低温度下（相当于R_o为0.66%左右）就可以直接热降解生成大量重质油，有机碳转化率可达85%以上，即可能只有纤维质的细胞壁壳不能转化为重质油。

随着热演化的进一步加剧，重质油一部分热裂解生成大量烃气（有机碳最高转化率为35%～43%）和小分子的无机气体（CO_2、H_2、N_2、H_2S等），另外一部分稠环芳烃杂原子基团进一步缩聚成更复杂、更稳定的含杂原子化合物即碳质沥青或固体沥青。

原始浮游藻早期产物主要是沥青质和非烃。浮游藻原样可溶有机质（沥青“A”）为1.1034%，主要

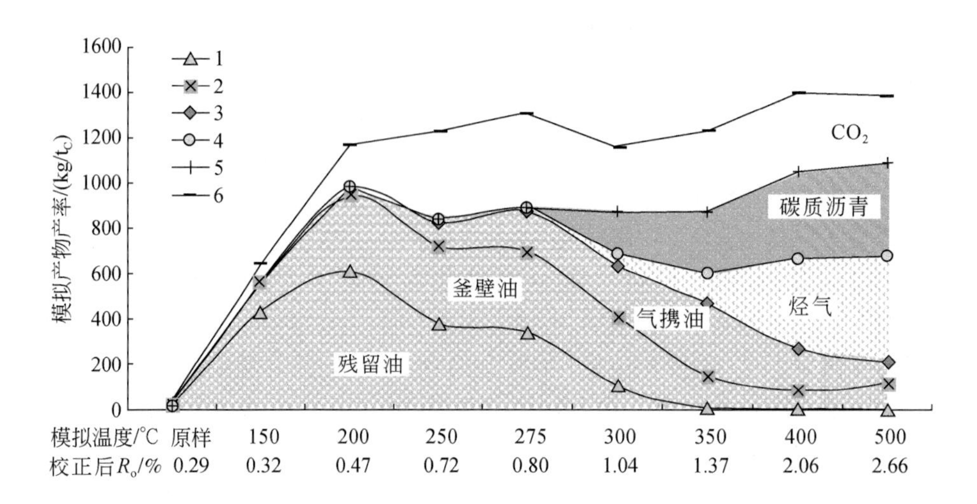

图 2.37　海相浮游藻类（常规热压模拟实验）生排油气和碳质沥青模式

1. 残留油；2. 釜壁油+残留油；3. 气携油+釜壁油+残留油 = 总油；4. 烃气+气携油+釜壁油+残留油 = 总烃；5. 碳质沥青+总烃；6. CO_2+碳质沥青+总烃

由沥青质 60.8% 和非烃 35.4% 组成，饱和烃只有 3.8%，芳烃几乎为零。即使模拟温度为 150～200℃时，沥青“A”含量猛增到 45%～64%，仍由沥青质 81.09% 和非烃 18.41% 组成，饱和烃和芳烃几乎均为零，形成的可溶有机质难以排出。如果在烃源岩中可能部分与矿物基质相结合形成“干酪根”，同时伴随着 CO_2、H_2、N_2、H_2S 等无机气体的形成，烃气产率很低。当模拟温度为 250℃时，沥青“A”和总油有所降低，仍主要由沥青质 59.59% 和非烃 40.41% 组成，同时伴随着 CO_2 成倍增加，说明有脱羧脱羰基反应发生。当模拟温度为 275℃时，总油再次增加，主要是气携油及釜壁油增加所致，残留沥青“A”有所降低，沥青质 62.9%，非烃 37.1%，它是带氧、氮、硫等长链烃类基团键断裂的产物，生成以沥青质+非烃为主的重质油。当模拟温度大于 350℃时，烃气开始大量生成，它是前期形成重质油中非烃、沥青质及不溶有机质中含烷基侧链高分子有机质裂解的产物，但远未达到芳环断裂的能量。

海相浮游藻具有明显的生油双峰特征：在模拟温度 200℃出现第一个生油高峰，可能与生物体中氧、氮、硫等杂原子基团的断裂有关，生成的产物并非重质油，而是氯仿可溶有机质；模拟温度 275℃出现次生油最高峰，可能与含杂原子长链烃基团的进一步键断裂有关，生成的为重质油。

海相浮游藻在模拟温度为 500℃的过成熟阶段（相当于 R_o = 2.66%）烃气产率最高达 466kg/t_C 左右，主要为油裂解烃气，同时也伴随碳聚合形成碳质沥青，其总产率最高达 353kg/t_C 左右，它们均随成熟度增加而增加。实际上，早期生成的重质油在过成熟阶段部分碳（约 35%）裂解成烃气，部分碳（40% 以上）聚合形成碳质沥青，后者多于前者。

因此，现代海洋浮游藻常规热压模拟实验在低成熟阶段最高生油产率可达到 1000kg/t_C 以上，早期可以生成大量以非烃+沥青质为主的重质油，总有机碳的重质油转化率可以达到 85% 以上，属典型的Ⅰ型有机质类型。

第三节　底栖藻类等底栖生物、菌类等微生物和高等植物

底栖藻类（不含水生底栖高等植物）、底栖动物类、细菌类和真菌类等细胞体结构与组成共同的特征是脂类含量不高，变化大，一般不超过 15%。关键是在厌氧环境下形成的优质烃源岩中它们的有机骨壁壳（无效碳水化合物或非活性蛋白质）碎屑含量明显高于脂类，脂类所占保存下来有机质总量的百分比变化在 15%～60% 之间，一般在 25%～50% 之间，属典型的Ⅱ型有机质类型。

高等植物的脂类含量相对较低，一般不超过干重的 5%，远低于纤维素、木质素等无效碳水化合物，属典型的Ⅲ型有机质类型。

一、底栖（宏观）藻类及底栖动物类

底栖藻类是栖息在海（湖）底的多细胞藻类，根据颜色分为褐藻类、红藻类和底栖绿藻类等三大类。底栖藻类多系暖温性种类，潮间带以底栖绿藻为主，潮下带则以褐藻和红藻为主。底栖藻类一般肉眼可见，小的只有几厘米长，长的可达200～300m。底栖动物是指生活史的全部或大部分时间生活于水体底部的水生动物群，多为无脊椎动物。

1. 褐藻、红藻、绿藻等多细胞底栖藻类脂类含量一般不高，褐藻（干重的10%左右）相对红藻及底栖绿藻要高一些；其纤维质+果胶质细胞壁（无效碳水化合物）量要大于脂类含量

（1）褐藻（图2.38a～d）为多细胞藻类，是简单的由单列细胞组成的分枝丝状体，进化出的种类有类似根茎叶的分化，甚至具有气囊构造，内部构造有表皮、皮层和髓部组织的分化，甚至有类似筛管的构造。

图2.38 褐藻（a～d）、红藻（e、f）、底栖绿藻（g、h）代表性图片

褐藻细胞光合作用积累的贮藏营养物质为褐藻淀粉、甘露醇（一种溶解状态的有效碳水化合物，可占干重的5%～35%）和脂类（精油或油类）等。细胞内具有形态不一的载色体（一个至多个粒状或小盘状），载色体含有叶绿素a和叶绿素c、β-胡萝卜素和6种叶黄素，叶黄素中含有大量墨角藻黄素，掩盖了叶绿素，使藻体呈褐色。除此之外，褐藻细胞内的脂类还存在于载色体膜、内质网膜、核膜、运动细胞眼点（由40～80个“油滴”组成）、精子和游动孢子等。

褐藻细胞壁分两层，内层由纤维素组成，外层由褐藻胶组成，细胞壁富含藻胶物质，具有胶状或浓稠的特性。

也就是说，褐藻体内具有一定量的脂类或“油脂”（或称“精油”“油类”“油滴”），中国南海现代褐藻常规热压模拟实验结果最高总油量占干重的10%左右就证实了这一点。褐藻细胞体中的有效碳水化合物（褐藻淀粉、甘露醇等）、活性蛋白质和核酸等在藻体内含量相当大，占干重的35%以上。而丝状体、叶状体、囊状体和皮壳状体等纤维素+藻胶物质（褐藻糖胶）等无效碳水化合物构成的细胞壁含量要大于脂类，如中国南海现代褐藻常规热压模拟实验结果细胞壁量约占干重的12%。也就是说，褐藻在厌氧环境下形成的优质烃源岩中，碳（脂类—石油）的转化率一般不超过50%。

褐藻是一群较高级的藻类，约有250个属、1500个种，绝大部分生活在海水中，营固着生活，充气的气囊使叶状体的光合部分浮于或接近水表，主要分布在寒带和温带海洋，低潮带和潮下带，产于淡水的仅有10个种左右。藻类颜色取决于体内褐色素（墨角藻黄素）与绿色素（叶绿素）的比例，二者比例由高到低，则呈现颜色从暗褐色到橄榄绿色。褐藻体型普遍较为粗大，可长至60多米，大量繁殖时形成海洋森林或藻海（图2.38c、d），距海平面30m深处是构成海底“森林”的主要类群，如长达几十米的巨藻。

（2）红藻（图 2.38e、f）多数是多细胞，少数是单细胞，有些为群体。红藻体多为丝状体、叶状体或枝状体，叶状体有丝状、分枝状、羽状或片状，细胞间连以纤细的原生质丝，也有形成假薄壁组织的叶状体或枝状体。

红藻细胞体内具有颗粒状的一个至多个载色体，均含有叶绿素 a、叶绿素 d、叶黄素和胡萝卜素等色素体，呈星芒状、带状、纽带状或双凸状等。除此之外，还有载色体膜、类囊体膜、核膜、果胞和果孢子等。与褐藻不同的是红藻细胞体内贮藏养分为红藻淀粉或红藻糖（呈红色或紫红色），不含或很少含“油脂”（或脂类），其色素体中大量的藻红蛋白和藻蓝蛋白不溶于脂肪而溶于水，即红藻的“油脂”（或脂类）含量要低于褐藻。

红藻细胞壁分两层，内层由纤维素组成，外层为果胶质组成，含琼胶、海萝胶等红藻所特有的果胶化合物。

红藻类绝大部分生长于海洋中，分布广，种类多，约有 760 个属、4410 余个种，见于热带和亚热带海岸附近，底栖，常附着于其他植物，从海滨到海水深 100m 都有分布，可在深水中生活，有的种在深达 200m 处，藻体一般较小，高 10cm 左右，少数可超过 1m。

红藻是一类古老的植物，大约生长在 13 亿到 14 亿年前的海洋里，形状如叶片，它的化石是在志留纪和泥盆纪的地层中发现的。红藻和蓝藻植物有相同的特征，但是也有显著的差别，它们的亲缘关系暂时是不清楚的。

（3）底栖绿藻（图 2.38g、h），大部分为多细胞物种，有丝状体、叶状体、管状多核体等各种类型，底栖绿藻的细胞与高等植物相似，也有细胞核和叶绿体，有相似的色素、贮藏养分及细胞壁的成分。

底栖绿藻色素在细胞质体中，质体形状因种类而异，色素中以叶绿素 a、叶绿素 b 最多，还有叶黄素和胡萝卜素，故呈绿色。几乎所有的底栖绿藻都拥有叶绿体、线粒体和一个中央液泡以及成堆的类囊体，叶绿体内有一个至数个淀粉核。食物以淀粉的形式储存于质体内的蛋白核中。即底栖绿藻的“油脂”（或脂类）含量要低于或远低于褐藻，也可能低于红藻，可能与高等植物相近或略高于高等植物。

底栖绿藻的细胞壁由两层纤维素和果胶质组成。

绿藻是藻类植物中最大的一门，约有 350 个属，5000～8000 个种，淡水产种类约占 90%，海产种类约占 10%，志留纪首次登上陆地，最早始于前寒武纪。

2. 海绵、三叶虫等多细胞底栖动物体内的脂肪等脂类含量一般不高，可能与底栖藻类相当或更低一些，其几丁质或骨胶原骨壳量要大于前者

底栖动物（图 2.39）多在水体基底营固着生活，有的产生大量浮浪幼虫，遇到合适的基底就固着下来，多是无脊椎动物，是一个庞杂的生态类群，所包括的种类及其生活方式较浮游动物复杂得多，主要包括甲壳类、三叶虫类等节肢动物（占动物界 85%）、软体动物及环节动物等。

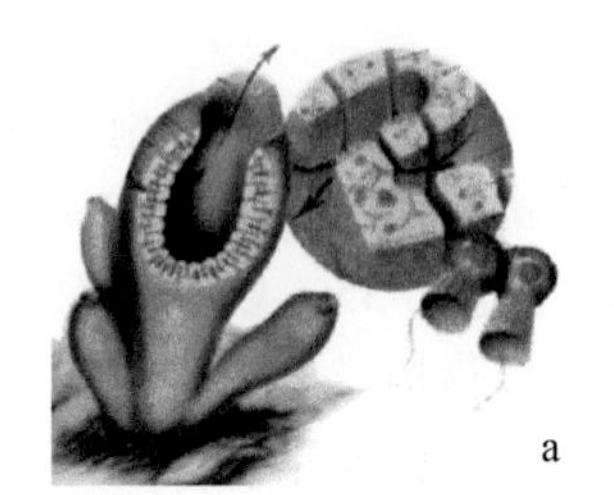

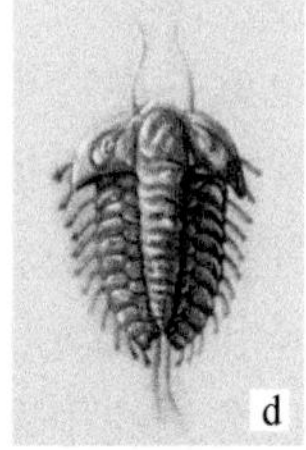

图 2.39　海绵（a）、甲壳类（b、c）、三叶虫类（d）等底栖动物（b～d）代表性图片

底栖动物体内也含脂肪（或油脂）、类胡萝卜素等色素体及细胞膜的胆固醇（如海绵动物的痕量 24-异丙基胆甾烷）等脂类物质，但是脂类含量变化大。甲壳类、三叶虫类及海绵类等底栖动物的骨壳较厚，多为几丁质或骨胶原骨壳，主要成分是由无效碳水化合物或非活性蛋白质构成，其含量要大于或远大于

其脂类含量。

（1）海绵动物（图2.39a）是生活在水中的最原始的多细胞后生动物，在海洋中营固着生活，单体或群体。海绵动物细胞中含类胡萝卜素等色素体及痕量24-异丙基胆甾烷，它是海绵脂类物质降解所产生的特定生物标志物，年代至少可追溯到635Ma之前（Cavalier，2009）。

海绵动物的结构都十分相似，两层细胞构成的体壁包括表皮（上皮）、连接（连合）组织和多种类型的细胞。还有支持和保护身体的骨骼（骨针和海绵丝）散布在中胶层内，或突出到体表，或构成网架状。其内骨骼是由坚硬的含硅或含钙、杆状或星状的骨针和/或网状蛋白质纤维即海绵硬蛋白所组成的。

也就是说，海绵动物体内的类脂含量较低，其海绵丝等非活性蛋白质（硬蛋白）构成的体壁或骨骼含量要远大于脂类。

在地质历史中硅质海绵早在寒武纪之前就已经出现，与目前发现最早的海绵骨架化石记录为630～542Ma（Nichols and Wörheide，2005）基本一致。

（2）虾等甲壳类底栖节肢动物（图2.39b、c）也含脂类，如虾体中一般脂肪总量占干重的0.8%～2.4%，胆固醇、维生素A、维生素E等类脂含量0.2%～0.35%，脂类总量一般占干重的1%～3%。活性蛋白质、有效碳水化合物和核酸等是可食部分的主体，占干重的40%以上。体外不可食的几丁质（甲壳素）表皮或壳（无效碳水化合物）约占干重的不到10%，即虾的甲壳素（无效碳水化合物）壳或骨骼含量要远大于脂类含量。

（3）三叶虫类底栖节肢动物（图2.39d）是最有代表性的远古动物，在距今5.6亿年的寒武纪就出现，距今5亿～4.3亿年发展到高峰，至距今2.4亿年的二叠纪完全灭绝，前后在地球上生存了3.2亿多年。其脂类含量不高，应与虾蟹等甲壳类底栖节肢动物相当。

3. 褐藻等多细胞底栖生物脂类含量一般不高且变化大，其纤维质或几丁质或骨胶原壁骨壳量要大于前者，有机质类型属Ⅱ型

（1）一般底栖生物的脂类含量相对浮游生物要低得多。例如，褐藻最高产油量约占褐藻干重的9.13%（TOC＝22.08%，最高总油产率＝497.96kg/t_C，占干重的百分比＝22.08%×497.96×0.083＝9.13%），不到浮游藻的1/4。其脂类主要贮藏精油、叶绿素、胡萝卜素、类胡萝卜素、叶黄素，以及精子、孢子及眼点、细胞膜等含有的类脂。虾体等甲壳类底栖动物的脂类含量也较低，一般仅占干重的1%～3%，低于中型以上多细胞浮游动物（甲壳类等）的脂类含量（0.6%～15%），远低于微型—小型单细胞浮游生物脂类含量（一般变化在8%～40%之间）。即褐藻、红藻、绿藻等多细胞底栖藻类及海绵、三叶虫等多细胞底栖动物类脂类（油脂、脂肪、类脂）含量一般不高且变化大（多变化在0～15%之间）。

褐藻、红藻、绿藻等多细胞底栖藻类及海绵、三叶虫等多细胞底栖动物类具厚的纤维质或几丁质壁壳（无效碳水化合物）或骨胶原骨壳（非活性蛋白质），而且在厌氧环境下形成的优质烃源岩中保存下来的这些无效碳水化合物或非活性蛋白质的骨壁壳含量要大于或远大于其脂类含量。例如，褐藻的纤维质细胞壁壳量约占干重的12%，大于其脂类含量（9.13%）；而虾体的不可食几丁质（甲壳素）表皮壳约占干重的10%，远大于其脂类含量（1%～3%）。即多细胞底栖生物的无效碳水化合物碎屑或非活性蛋白质碎屑含量要大于或远大于其脂类含量。此外，中国吉林桦甸油页岩（未成熟）就是以底栖藻类为主体的未成熟优质烃源岩，其纤维质（无效碳水化合物）壁壳含量高，荧光显微镜下几乎不发光或发弱的黄色荧光（图2.40），弱的黄色荧光表明其所含脂类（类脂、油脂）相对较低；其热解HI一般变化在289～588mg/g之间，PC一般变化在24%～49%之间（表2.9）；即无效碳水化合物的纤维质或几丁质壁壳或非活性蛋白质的骨胶原骨壳的不溶有机质占保存下来有机质总量的百分比较高，一般大于50%，属典型的Ⅱ型有机质类型。实际上，中国南方海相云南禄劝茂山中泥盆统野外露头剖面低成熟优质烃源岩（泥灰岩）也是如此（表2.9），以底栖藻类或底栖动物碎屑为主体。

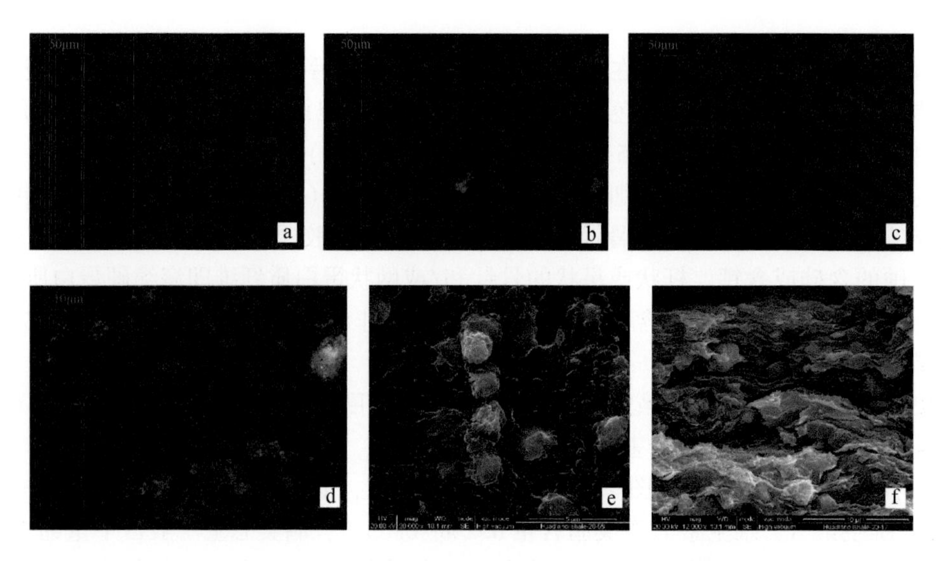

图 2.40　底栖藻类等为主要成烃生物的未成熟优质烃源岩显微照片

a ~ c. 中国吉林桦甸油页岩矿井 HD-20 黑色油页岩，成烃生物主要是底栖藻类等，光薄片反射荧光；d. 中国吉林桦甸油页岩矿井 HD-20 黑色油页岩，成烃生物主要是底栖藻类等，对应 a 的光薄片透射光；e. 中国吉林桦甸油页岩矿井 HD-20 黑色油页岩，成烃生物主要是底栖藻类（藻孢子）等，扫描电镜照片；f. 中国吉林桦甸油页岩矿井 HD-20 黑色油页岩，成烃生物主要是底栖藻类等，中间为细胞壁壳，扫描电镜照片

表 2.9　底栖藻类为主要成烃生物的未成熟—成熟阶段中早期优质烃源岩热解数据

井号或剖面	采样号	岩性	地质年代	位置	T_{max} /℃	S_2 /(mg/g)	S_1+S_2 /(mg/g)	PC/TOC /%	TOC /%	HI /(mg/g)	OI /(mg/g)	碳酸盐含量/%
中国吉林桦甸油页岩矿井	HD-1	黑色泥岩	E	矿井分层 4 之上	439	28.05	28.13	43	5.37	522	20	5.33
	HD-20	黑色油页岩	E	矿井分层外 6	436	193.98	194.93	40	40.56	478	21	20.83
	HD-5	黑色油页岩	E	矿井分层 4 底	432	96.11	96.47	30	26.87	358	28	12.08
	HD-6	黑色泥岩	E	矿井分层 4 ~ 5 之间（距底 1.2m）	437	6.13	6.14	24	2.12	289	25	1.17
	HD-7	黑色粉砂泥岩	E	矿井分层 4 ~ 5 之间（距底 0.5m）	439	25.39	25.43	49	4.32	588	13	1.67
中国南方海相云南禄劝茂山野外露头	LQ-1	钙质页岩	D_2d	尖庄剖面	429	8.25	8.79	29	2.55	324	29	47.67
	LQ-2	泥灰岩	D_2d	尖庄剖面	429	13.58	14.66	35	3.44	395	18	45.25
	LQ-3	生物灰岩	D_2d	尖庄剖面	433	9.48	10.45	35	2.50	379	24	42.00
	LQ-4	生物灰岩	D_2d	尖庄剖面	434	19.53	21.31	39	4.55	429	15	43.25
	LQ-5-1	生物灰岩	D_2d	尖庄剖面	430	7.37	8.15	32	2.12	348	27	48.67
	LQ-5-2	钙质页岩	D_2d	尖庄剖面	426	19.91	21.37	31	5.80	343	15	47.83
	LQ-6	灰岩	D_2d	尖庄剖面	428	10.26	11.31	32	2.91	353	23	49.92
	LQ-7	钙质页岩	D_2d	尖庄剖面	425	11.82	12.62	27	3.95	299	28	45.33

（2）来自南海现代海相底栖褐藻常规热压模拟生排烃模拟实验结果（图 2.41，表 2.10）就证实了褐藻等多细胞底栖藻类及多细胞底栖动物属典型的Ⅱ型有机质类型。

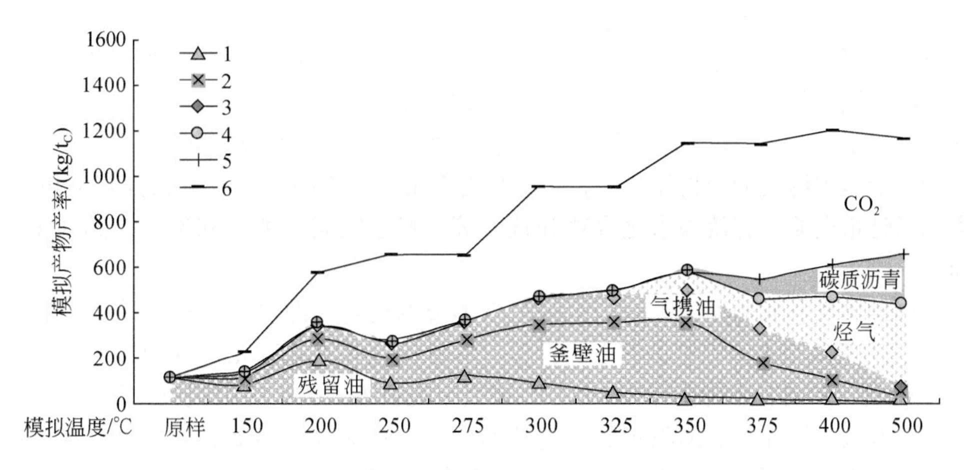

图 2.41　现代海相底栖褐藻常规热压模拟实验结果的生排烃模式

1. 残留油；2. 釜壁油+残留油；3. 气携油+釜壁油+残留油=总油；

4. 烃气+气携油+釜壁油+残留油=总烃；5. 碳质沥青+总烃；6. CO_2+碳质沥青+总烃

表 2.10　海相现代底栖褐藻（Ⅱ型，TOC=22.08%）常规热压模拟实验结果数据表

模拟温度/℃	校正后 R_o/%	残留油/(kg/t$_C$)	排出油/(kg/t$_C$)	总油产率/(kg/t$_C$)	烃气产率/(kg/t$_C$)	总烃产率/(kg/t$_C$)	排出油/总油%	碳质沥青产率/(kg/t$_C$)	氢气/(m^3/t$_C$)	CO_2/(m^3/t$_C$)
原样	*0.29*	109.79		109.79	0.00	109.79				
150	*0.32*	86.54	18.18	135.88	1.33	137.21	13.38		6.61	107.50
200	*0.47*	191.64	55.50	343.79	1.48	345.27	16.14		18.79	261.57
250	*0.72*	91.03	67.94	263.60	6.62	270.22	25.78		93.09	331.37
275	*0.8*	125.80	81.96	359.95	7.11	367.07	22.77		240.60	244.93
300	*1.04*	91.63	112.49	458.48	13.87	472.35	24.54		133.17	351.68
325	*1.21*	50.61	108.42	461.30	31.63	492.94	23.50		224.76	337.36
350	*1.37*	27.69	137.98	497.96	86.12	584.09	27.71	0.00	284.21	399.91
375	*1.72*	20.84	149.51	333.40	129.26	462.66	44.84	83.95	237.85	452.28
400	*2.06*	9.69	117.72	225.08	244.23	469.31	52.30	139.19	282.91	483.21
500	*2.66*	2.81	43.33	65.33	370.24	435.57	66.32	220.66	414.78	545.23

注：斜体字为校正后或对比推测数据。

现代海相底栖褐藻总生油量远小于浮游藻，最高生油量约相当于浮游藻的35%~50%。原始可溶有机质含量为109.79kg/t$_C$，还高于浮游藻。在模拟温度为150~200℃时，只有11%~30%的底栖藻变为可溶有机质，总油产率为135.88~343.79kg/t$_C$，仅相当于浮游藻对应温度段的20%~30%。当模拟温度为250~275℃时，总油产率为263.60~359.95kg/t$_C$，也只有浮游藻对应温度段的26%~35%。

生油高峰提前，约为模拟温度275℃，相当于R_o为0.80%左右，相对底栖藻模拟温度要提前75℃左右。底栖藻热压模拟生油高峰与浮游藻明显不同，在350℃才出现生油最高峰。但在模拟温度为200℃时出现一个生油次高峰，生成的并非重质油，只是可溶有机质。

烃气产率最高为370.24kg/t$_C$，模拟温度>375℃或R_o>1.72%之后，烃气产率急剧增加，油裂解烃气与不溶有机质（或干酪根）生成的烃气约相当，各占50%左右。

碳质沥青产率参照原油热裂解模拟实验由最高产油量估算，最高产率约为220.66kg/t$_C$，也是在模拟温度>375℃或R_o>1.3%之后，碳质沥青产率急剧增加，它主要是原油裂解生气后的残余物。

（3）底栖藻类中以褐藻含脂类或“油脂”（“精油”）量相对较高，可达细胞干重的10%左右，红藻、底栖绿藻的脂类含量要低，其细胞体内贮藏养分中主要为淀粉，“油脂”含量很低或无。其有效碳水化合物（淀粉等）、活性蛋白质和核酸等在藻体内含量相当大，占干重的35%以上。而丝状体、叶状体、囊状体和皮壳状体等纤维素+果胶等无效碳水化合物构成的细胞壁含量要大于脂类。

海绵、三叶虫等多细胞底栖动物体内的脂肪等脂类含量一般不高，可能与底栖藻类相当或更低一些，而三叶虫体中的活性蛋白质、有效碳水化合物和核酸等不稳定物质早就无踪迹了，其几丁质或骨胶原骨壳量要大于前者。

也就是说，底栖藻类和底栖动物类在厌氧环境下形成的优质烃源岩中，碳（脂类—石油）的转化率一般不超过50%，有机质类型属典型的Ⅱ型，甚至其纤维质或几丁质壁壳（无效碳水化合物）或骨胶原骨壳（非活性蛋白质）碎屑含量为主体（>85%，相当于镜质组）时，可以过渡到Ⅲ型。

因此，褐藻、红藻、绿藻等多细胞底栖藻类及海绵、三叶虫等多细胞底栖动物属典型的Ⅱ型有机质类型。其纤维质或几丁质壁壳（无效碳水化合物）或骨胶原骨壳（非活性蛋白质）碎屑含量>85%时，有机质类型可以过渡到Ⅲ型。

二、古细菌、细菌类和真菌类等微生物

微生物个体微小，一般<0.1mm，构造简单，有单细胞的，简单多细胞的，非细胞的，是包括细菌、病毒、真菌以及一些小型的原生生物、显微藻类等在内的一大类生物群体。微生物千姿百态，非常小，必须通过显微镜放大约1000倍才能看到，一滴牛奶中可能含有50亿个细菌。

古细菌、细菌类和真菌类等微生物细胞体中的脂类含量不高，主要是细胞膜的脂类物质，某些酵母菌还含类脂体，绝大多数细菌的细胞膜中的脂类主要由甘油酯组成，古细菌的膜脂由甘油醚构成。细菌细胞壁的主要成分是肽聚糖，古细菌细胞壁则主要由非活性蛋白质或杂多糖或类似于肽聚糖构成，真菌细胞壁多为几丁质或纤维质，它们均属无效碳水化合物。

1. 细菌类细胞体中的脂类含量不高，其肽聚糖等细胞壁含量要远大于脂类

（1）古细菌（图2.42）是最古老的生命体，是生活于缺氧湖底、盐碱水湖等极端环境中的微生物。古细菌具有一些独特的生化性质，如膜脂由醚键而不是酯键连接的。古细菌细胞体中的脂类包括细胞膜所含的类脂和细胞内积累的甘油氨基酸等小分子极性物质。细胞膜所含脂类与细菌所含的很不同，细菌的脂类是甘油脂肪酸酯，而古细菌的脂类是非皂化性甘油二醚的磷脂和糖脂的衍生物。

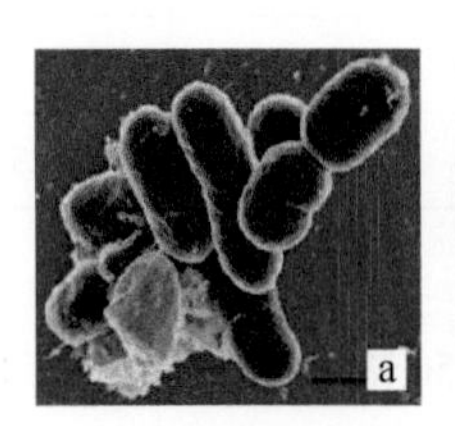

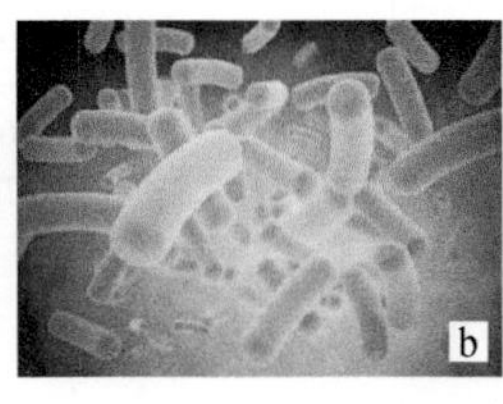

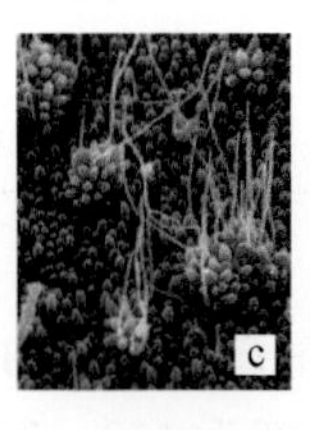

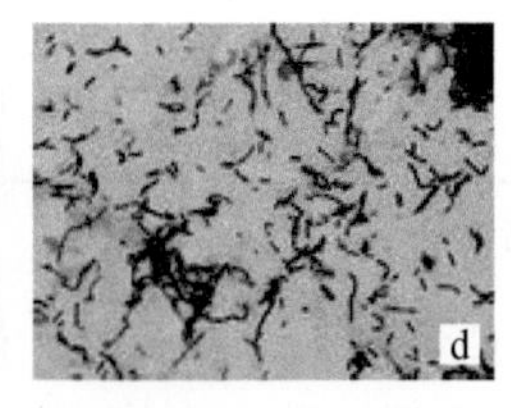

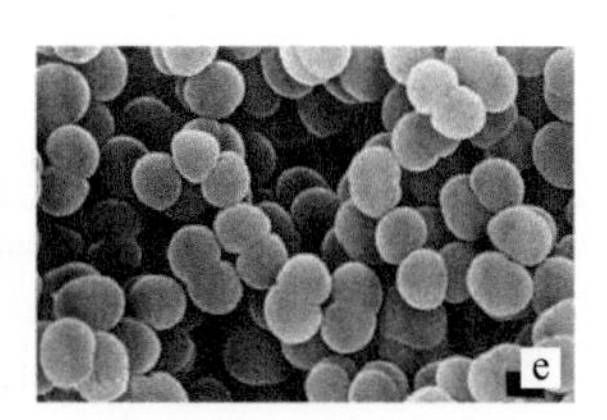

图2.42 代表性古细菌显微图片

a. 厌氧菌；b. 甲烷细菌；c. 硫化细菌；d. 嗜热嗜酸菌；e. 嗜盐细菌

古细菌的细胞壁不含肽聚糖，有的以蛋白质为主，有的含杂多糖，有的类似于肽聚糖，但都不含胞壁酸、D型氨基酸和二氨基庚二酸。

古细菌单个细胞直径在0.1～15μm之间，细胞形态有球形、杆状、螺旋形、耳垂形、盘状、不规则形状、多形态，有的以单个细胞存在，有的呈丝状体或团聚体。

古细菌在很多方面接近其他原核生物，然而在基因转录未明显表现出细菌的特征，反而非常接近真核生物。古细菌多生活在极端的生态环境中，一些生存在极高的温度（经常在100℃以上）下，如间歇泉或者海底黑烟囱中。还有的生存在很冷的环境或者高盐、强酸或强碱性的水中。古细菌具有既不同于原

核细胞也不同于真核细胞的特征，如细胞膜中的脂类是不可皂化的。

厌氧菌（图2.42a）是一类在无氧环境中比在有氧环境中生长好的古细菌，这类细菌缺乏完整的代谢酶体系，其能量代谢以无氧发酵的方式进行。在无氧环境中才能生长繁殖的细菌是专性厌氧菌，它是只能在没有游离氧存在的环境中生存的微生物。甲烷菌（或沼气）属此类细菌，在低氧压（约5%）下生长最好，氧浓度>10%对其有抑制作用。

甲烷细菌（图2.42b）是严格厌氧的微生物，是一类能够经过发酵产生甲烷的厌氧性细菌，即能利用CO_2使H_2氧化，生成甲烷，同时释放能量，$CO_2+4H_2 \rightarrow CH_4+2H_2O$+能量。甲烷细菌在自然界中分布极为广泛，在与氧气隔绝的环境都有甲烷细菌生长，海底沉积物、河湖淤泥、沼泽地，甚至在动植物体内都有甲烷细菌存在。马氏甲烷球菌、甲烷八叠球菌、反刍甲烷杆菌等都是不生孢子的专性厌氧细菌，在脂质种类、细胞壁成分和核蛋白体RNA碱基顺序方面与一般细菌有不同处，它们能按下式过程直接由氢还原二氧化碳生成甲烷$CO_2+4H_2 \longrightarrow CH_4+2H_2O$，也能利用甲酸、甲醇和乙酸（$CH_3COOH \longrightarrow CH_4+CO_2$）等，可能有两三种辅酶参与了反应。

硫化细菌（图2.42c）或硫酸盐还原菌是一种厌氧微生物，广泛存在于海水、湖水等缺氧环境中，氧化还原态硫化物（H_2S、$S_2O_3^{2-}$）或单质硫为硫酸，菌体内无硫颗粒，专性化能自养。硫化细菌氧化硫化物时获得能量，同化二氧化碳，其中的氧化亚铁硫杆菌，不仅能氧化元素硫和还原态硫化物，还能在氧化亚铁为高铁的过程中获得能量。

嗜热细菌俗称高温菌，广泛分布在地下、海底火山地区等，只有在高温下才能良好地生长，最适宜生长温度在50～65℃之间，专性嗜热细菌最适宜生长温度则在65～70℃之间，甚至在高达113℃也能增殖。营自养生活的嗜热细菌主要包括产甲烷细菌和硫化细菌。嗜热细菌对pH的要求，有两个截然不同的范围，嗜酸嗜热类群的最适pH范围为1.5～4，而另一类群pH范围都是5.8～8.5。嗜热嗜酸菌（图2.42d）能生活在pH为1以下的环境中，往往也是嗜高温菌，生活在火山地区的酸性热水中，能氧化硫，将硫酸作为代谢产物排出体外。

嗜热细菌细胞质膜的化学成分中，随环境温度的升高不仅类脂总含量增加，而且细胞中的高熔点饱和脂肪酸也增加，即长链饱和脂肪酸增加，不饱和脂肪酸减少。脂肪酸熔点的高低和热稳定性呈如下顺序：直链饱和脂肪酸>带支链饱和脂肪酸>不饱和脂肪酸。另外，饱和脂肪酸比不饱和脂肪酸能形成更多的疏水键，从而进一步增加膜的稳定性。细胞膜由双层类脂构成，但古细菌中嗜热细菌的双层类脂进行了共价交联，成为两面都是水基的单层脂，并且保持了完整的疏水层，这种结构极大地增强了其耐热性，可进行重要代谢产物的迅速再合成。

嗜盐细菌（图2.42e）是生活在高盐度环境中的一类古细菌，能在极端的高盐环境下生长和繁殖，特别是在天然盐湖和太阳蒸发盐池中生存，一般生活在10%～30%的高盐度环境中，如死海和盐湖中。

嗜盐甲烷菌是在胞内积累大量的小分子极性物质，如甘油、单糖、氨基酸（谷氨酸、脯氨酸和甘氨酸等）及它们的衍生物，细胞膜有紫膜膜片组织，约占全膜的50%，由25%的脂类和75%的蛋白质组成，紫膜中含有的菌视紫素是由菌视蛋白与类胡萝卜素类的色素以1∶1结合组成的。

（2）细菌（真细菌，即狭义的细菌，图2.43）是单细胞原核微生物，多以二分裂方式繁殖，水生性强，是在自然界分布最广、个体数量最多的有机体，分布在温暖，潮湿和富含有机质的地方，是大自然物质循环的主要参与者，直径一般为0.5～1μm，大约于37亿年前出现；有细胞膜、细胞壁、细胞质、核质，还有荚膜、鞭毛、菌毛、芽孢特殊结构，形状细短，有球形，杆形，螺旋形；所含脂类包括细胞贮存的营养物质（脂类、多糖、多磷酸盐等胞质颗粒）和细胞膜（厚8～10nm，蓝细菌和紫细菌质膜内有色素内膜）。

细菌结构简单，胞壁坚韧，细胞壁由肽聚糖组成。荚膜是一层多糖类物质，鞭毛是由一种称为鞭毛蛋白的弹性蛋白构成，菌毛是一种比鞭毛更细更短而直硬的丝状物，芽孢细胞壁及皮质由肽聚糖组成，芽孢外壳（由类角蛋白组成）质地坚韧致密。

常见的主要细菌类型有球菌（图2.43a），直径一般为0.5～1μm；杆菌（图2.43b）直径与球菌相

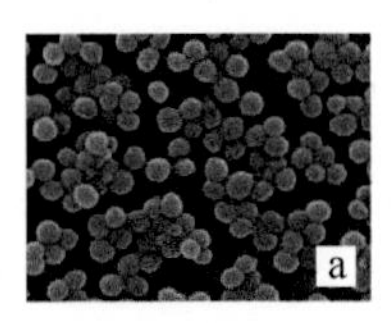
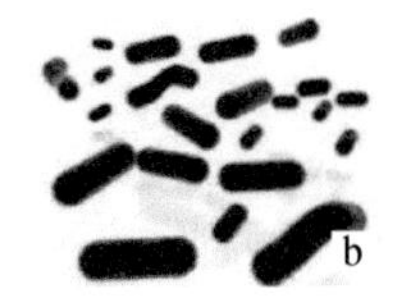
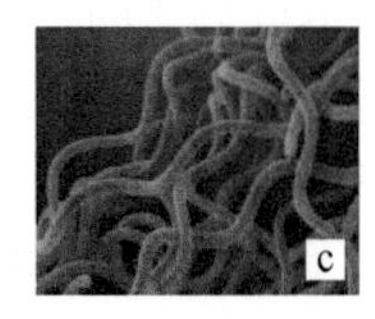
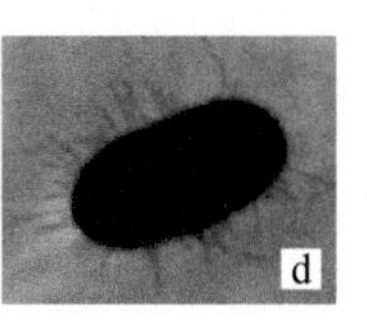
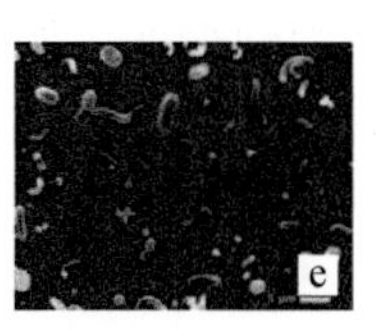
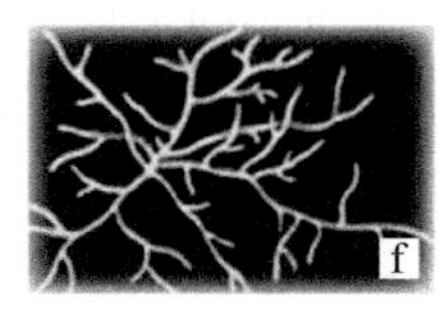

图 2.43　代表性细菌（真细菌）图片

a. 球菌；b. 杆菌；c. 螺旋菌；d. 兼性厌氧菌；e. 浮游细菌；f. 放线菌

似；螺旋菌（图 2.43c）长 3 ~ 500μm；兼性厌氧菌（在有氧或无氧环境中均能生长繁殖的微生物，图 2.43d）可在有氧（O_2）或缺氧条件下，通过不同的氧化方式获得能量，兼有需氧呼吸和无氧发酵两种功能；浮游细菌（水体中营浮游生活的原核生物类群，图 2.43e）个体大小只有 0.2 ~ 2μm；放线菌（菌丝状生长和以孢子繁殖的陆生性较强的原核生物，图 2.43f）主要由菌丝组成，包括基内菌丝和气生菌丝等。

（3）古细菌和真细菌的脂类含量不高且变化较大，主要是细胞膜所含的类脂和细胞内的脂类营养或极性物质。真细菌细胞膜中的脂类是甘油脂肪酸酯，而古细菌则是由甘油醚构成或是非皂化性甘油二醚的磷脂和糖脂的衍生物，即古细菌膜含醚而不是酯，其中甘油以醚键连接长链碳氢化合物异戊二烯，而不是以酯键同脂肪酸相连。真细菌细胞质中的胞质颗粒可贮存不等量的脂类营养物质，而古细菌尤其是嗜盐细菌细胞体中积累有甘油氨基酸等小分子极性物质。

古细菌和真细菌均有细胞壁，但细胞壁的成分差异较大，多数真细菌具肽聚糖细胞壁，而古细菌缺少肽聚糖细胞壁，有的类似于肽聚糖，有的含杂多糖，有的以非活性蛋白质为主。

因此，古细菌和真细菌的脂类含量不高，其肽聚糖或类似于肽聚糖或杂多糖或非活性蛋白质的细胞壁量要大于前者，属典型的Ⅱ型有机质类型。

2. 真菌脂类含量不高，主要是细胞内含物中所含的脂体及各种孢子等所含的脂类和细胞膜所含的类脂；细胞壁或菌丝由壳多糖（几丁质）构成，其含量要大于或远大于脂类

真菌（图 2.44）是一种丝状的多细胞真核生物，大多数由菌丝的微型构造所构成，这些菌丝有真核生物的细胞核，不进行光合作用，经由腐化并吸收周围物质来获取食物，不含叶绿体，也没有质体，跟动物很亲近，属单鞭毛腐生生物，两者同属后鞭毛生物，植物是双鞭毛生物。

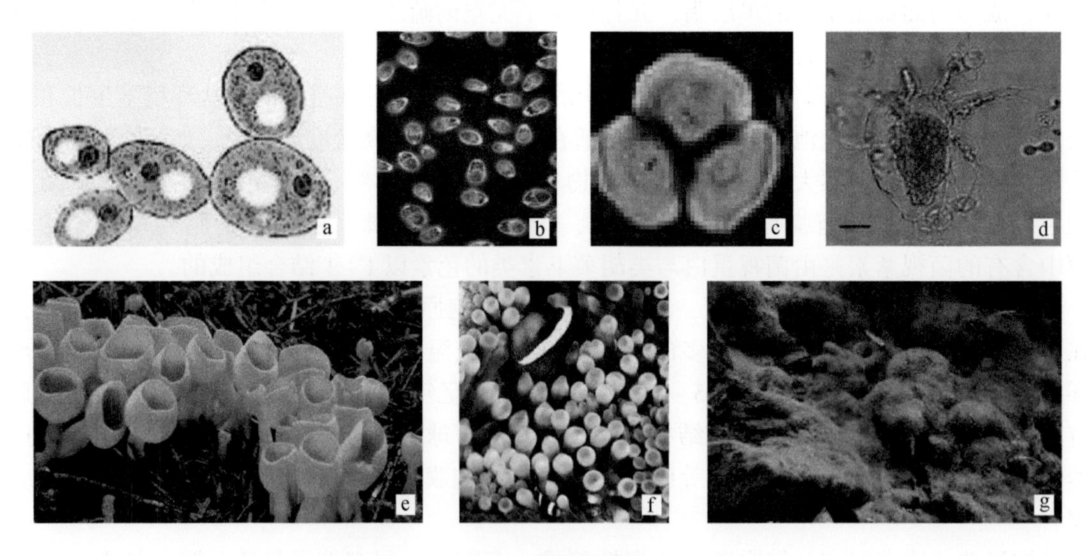

图 2.44　真菌类图片

a. 酵母菌；b. 霉菌；c. 霉菌孢子；d. 壶菌；e. 子囊菌；f. 海洋真菌；g. 地衣

真菌细胞中常见的内含物有肝糖、晶体和脂体等，不同种类内含物也不相同，常见的有异染粒、淀粉粒、肝糖粒、脂肪粒等。它们多是贮藏的养料，当营养丰富时其内含物颗粒较多，当营养缺乏时，可因菌体的利用而消失。脂肪粒在真菌细胞中也是普遍存在的。异染粒是真菌细胞中普遍存在的内含物，由偏磷酸及少量脂肪、蛋白质和核酸组成。液泡在真核细胞中或大或小，主要成分是水，含有糖原、脂肪、多磷酸盐等贮藏物，精氨酸、鸟氨酸和谷氨酰胺等碱性氨基酸，以及蛋白酶、酸性和碱性磷酸酯酶、纤维素酶和核酸酶等各种酶类。细胞膜是所有细胞生物的重要细胞结构之一，其质膜中具有甾醇，而在原核生物的质膜中很少或没有甾醇。各种细胞器都有内膜包围，这些膜叫作细胞内膜，其化学组成与细胞膜相同。内质网由脂质双分子层围成。真菌的繁殖体包括无性繁殖形成的无性孢子和有性生殖产生的有性孢子。无性孢子直接由菌丝分化产生，常见的有游动孢子、孢囊孢子和分生孢子。有性孢子包括卵孢子、接合孢子、子囊孢子和担孢子。此外，有些低等真菌产生的有性孢子是一种由游动配子结合成合子，再由合子发育而成的厚壁的休眠孢子。

真菌细胞壁多含几丁质，也有的含纤维素，细胞壁缺乏构成细菌胞壁的肽聚糖，其坚韧性主要依赖于多聚 N-乙酰基葡萄糖构成的甲壳质，并含葡聚糖、甘露聚糖及蛋白质，某些酵母菌还含类脂体。

常见的真菌有：酵母菌（图 2.44a）是一种单细胞真菌微生物，属于高等微生物的真菌类，在有氧和无氧环境下都能生存，属于兼性厌氧菌。它和高等植物的细胞一样，有细胞核、细胞膜、细胞壁、线粒体、相同的酵素和代谢途经。形态通常有球形、卵圆形、腊肠形、椭圆形、柠檬形或藕节形等，比细菌的单细胞个体要大得多，一般为 1～5μm 或 5～20μm。酵母菌细胞壁中还含有少量脂类和几丁质（芽痕）。酵母菌的菌落与细菌有些相似，但较细菌菌落大而厚，一般呈油脂状或蜡脂状，表面光滑、湿润，呈乳白色或红色。真菌像细菌和微生物一样都是分解者，就是一些分解死亡生物的有机物的生物。

霉菌（图 2.44b）或丝状真菌的俗称，构成霉菌体的基本单位称为菌丝，呈长管状，宽度 2～10μm，可不断自前端生长并分枝，具 1 个至多个细胞核。在自然界中，霉菌可以产生形形色色的无性或有性孢子，霉菌孢子（图 2.44c）有点像植物的种子，不过数量特别多，特别小，常见的有节孢子、厚垣孢子、孢囊孢子和分生孢子。

壶菌（图 2.44d）属单毛真菌类，可以在后端生有一根尾形鞭毛及产生游走子和配子，缺乏或有少量菌丝，有全实性的，也有分实性的。无性生殖产生游走子，多具有明显的“油滴”。有性生殖为同型配子接合、配子雌雄分化的异型接合，以及发展到精子和卵子分化的卵型接合，共有 110 个属，575 个种。大多数在淡水中寄生或腐生，少数在海中生活。

子囊菌（图 2.44e）主要特征是营养体均为有隔菌丝构成的菌丝体，是产生子囊的菌类的总称，也是真菌门中最大的一亚门，结构复杂，为高等真菌，具有子囊孢子等，细胞壁由几丁质构成。

海洋真菌（图 2.44f）是生活在海洋中的能形成孢子且有真核结构的微生物，一般寄生于海藻和海生动物或者腐生于浸沉在海水中的木材上，也可生长在含盐的湿地和栲树沼泽中。

地衣（图 2.44g）是真菌类和藻类的共生体，植物界中最特殊的类型。地衣是真菌和光合生物（绿藻或蓝细菌）之间稳定而又互利的共生联合体，真菌是主要成员，其形态及后代的繁殖均依靠真菌。也就是说地衣是一类专化性的特殊真菌。共生体由藻类进行光合作用制造营养物质供给全体，而菌类主要吸收水分和无机盐。地衣主要由菌丝体组成，以子囊菌最多；藻类多分布在地衣表面以下的一层至数层，以绿藻或蓝藻为多。

3. 古细菌、细菌和真菌类微生物脂类（类脂及油脂）含量变化大，一般不高，细胞壁较厚，也属典型的Ⅱ型有机质类型

（1）古细菌、细菌和真菌类微生物自然界分布最广、数量最多，分布在温暖、潮湿和富含有机质的地方，是大自然物质循环的主要参与者，主要为一大类细胞核无核膜包裹的单细胞原核生物。其细胞体中的脂类主要是：①真细菌细胞质中的胞质颗粒可贮存不等量的脂类营养物质，而古细菌尤其是嗜盐细菌细胞体中积累有甘油氨基酸等小分子极性物质。真菌的内含物中可含有脂体或脂肪粒或异染粒，液泡等贮藏物中可含少量脂肪等，各种无性孢子和有性孢子也含有一定量的脂类。②真细菌的细胞膜脂类主要成分是甘油脂肪酸酯，膜中一般不含胆固醇，而是含有分布较广泛的藿烷类化合物，主要反映原核微生物（细菌）的输入；古细菌细胞膜所含脂质是非皂化性甘油二醚的磷脂和糖脂的衍生物。真菌细胞膜主要由不同种类的磷脂和蛋白质构成，质膜中具有甾醇。

细菌、古细菌和真菌类微生物的细胞壁（无效碳水化合物）主要由肽聚糖（真细菌）、几丁质及纤维素（真菌）、杂多糖（古细菌）等构成，真菌的菌丝体也是典型的无效碳水化合物。真菌细胞壁厚100～250nm，它占细胞干物质的30%。

细菌、古细菌和真菌类微生物无效碳水化合物的壁丝含量要大于或远大于其脂类含量，在厌氧环境下形成的优质烃源岩中，它们保存下来的细胞壁（无效碳水化合物）碎屑含量明显高于脂类，脂类所占保存下来有机质总量的百分比与底栖藻类等底栖生物相似，一般不超过50%，初步估算细菌、古细菌类微生物保存下来的脂类物质可以占到其保存下来总有机物质的20%～50%，而真菌类微生物保存下来的脂类物质可以占到其保存下来总有机物质的10%～50%，应属Ⅱ型有机质类型。微生物（包括病毒）细胞体中的核酸最易分解，蛋白质分子热稳定性相对较差，碳水化合物等糖类易水解，它们在厌氧环境的地质体尤其是在优质烃源岩中难以保存下来。

（2）细菌、古细菌和真菌类微生物一般很小，直径为0.5～1.5μm，其脂类含量并未取得实验数据，在优质烃源岩中由于其颗粒太小且常常与藻类等其他生物碎屑伴生，很难单独分离和识别。从四川盆地西北部广元P_2黑色泥岩中以真菌类菌丝体（图2.45a、b）为主体的低成熟优质烃源岩来看，其菌丝体（无效碳水化合物）含量高，荧光显微镜下几乎不发光或仅发弱的黄色荧光（图2.45c、d），弱的黄色荧光表明其所含脂类（类脂、油脂）相对较低；其热解氢指数（HI）变化在231～365mg/g之间，PC/TOC变化在21%～31%之间（表2.11）。即无效碳水化合物的肽聚糖或几丁质或纤维质或多糖细胞壁的不溶有机质占保存下来有机质总量的百分比较高，一般大于50%～75%，属典型的Ⅱ型有机质类型。因此，细菌、古细菌和真菌类微生物属典型的Ⅱ型有机质类型，其菌丝体碎屑含量>85%时，有机质类型可以过渡到Ⅲ型。

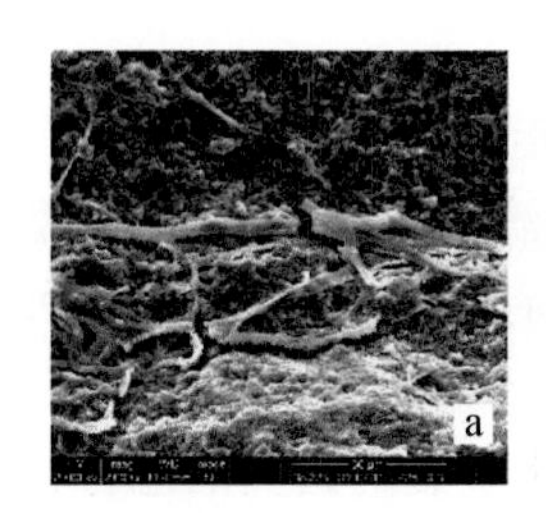

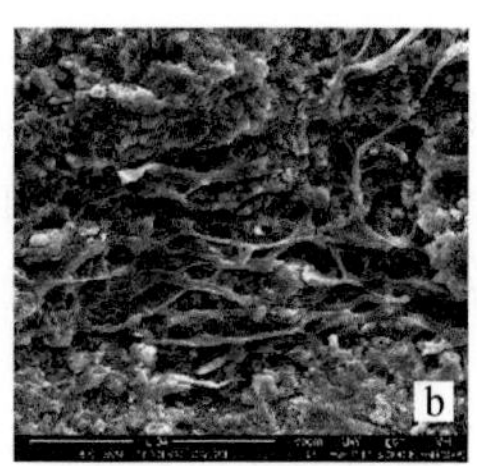

图2.45　真菌及底栖藻类等为主要成烃生物的低成熟优质烃源岩显微照片

a、b. 四川盆地西北部广元上二叠统大隆组剖面GY-07-11黑色泥页岩，成烃生物主要是真菌菌丝体及底栖藻类，扫描电镜照片；c、d. 四川盆地西北部广元上二叠统大隆组剖面GY-07-16黑色泥页岩，成烃生物主要是底栖藻类及真菌类（难以识别），光薄片反射荧光

在厌氧环境下形成的优质烃源岩中，它们保存下来的细胞壁（无效碳水化合物或非活性蛋白质）碎屑含量明显高于脂类，脂类所占保存下来有机质总量的百分比与底栖藻类等底栖生物相似，一般不超过50%，应属Ⅱ型有机质类型。

三、水生、陆生高等植物

高等植物的主体成分是构成细胞壁的纤维素，占植物体总重量的1/3左右，木质素占25%，还有半纤维素和粘连果胶等无效碳水化合物，其脂类含量远小于纤维素、木质素半纤维素和果胶等无效碳水化合物量。

高等植物是苔藓植物、蕨类植物和种子植物合称的多细胞植物，有生殖器官，有在母体内发育成胚的合子，构造有组织分化，形态上有根、茎、叶分化，有中柱。在志留纪绿藻首次登陆，进化为蕨类植物，石炭纪蕨类植物繁盛，三叠纪裸子植物兴起，白垩纪始被子植物从裸子植物分化出来，从而形成陆地生活的陆生高等植物。水生高等植物是一部分或全部永久地或一年中数月沉没于水中或漂浮于水面上的高等植物类群，也是除藻类以外所有的水生植物类群，包括海洋底栖水生红树植物、海草及水草等。

表 2.11 真菌及底栖藻类为主要成烃生物的未成熟—成熟阶段中早期优质烃源岩热解数据

井号或剖面	采样号	岩性	地质年代	T_{max} /℃	S_2 /(mg/g)	S_1+S_2 /(mg/g)	PC/TOC /%	TOC /%	HI /(mg/g)	OI /(mg/g)	碳酸盐含量/%
中国南方海相四川盆地西北部广元上二叠统大隆组野外露头	GY-07-11	黑色泥岩	P_2d	436	17.21	18.01	26	5.95	289	10	4.16
	GY-07-12	黑色泥岩	P_2d	438	9.22	10.02	27	3.11	296	9	4.47
	GY-07-14	黑色泥岩	P_2d	436	35.39	36.70	29	10.53	336	6	2.84
	GY-07-15	黑色泥岩	P_2d	435	15.52	15.89	29	4.64	334	7	2.85
	GY-07-16	黑色泥岩	P_2d	433	17.91	19.32	29	5.67	316	6	5.37
	GY-07-17	黑色泥岩	P_2d	438	13.11	13.72	31	3.67	357	4	2.76
	GY-07-18	黑色泥岩	P_2d	436	7.32	7.71	27	2.50	293	39	2.35
	GY-07-20	黑色泥岩	P_2d	439	4.60	4.87	21	1.99	231	26	2.34
	GY-07-33	黑色泥岩	P_2d	436	44.45	45.95	29	13.52	329	9	2.46
	GY-07-35	黑色泥岩	P_2d	437	45.15	46.07	31	12.38	365	9	1.27

1. 高等植物是以纤维素、木质素、半纤维素和果胶等无效碳水化合物为主体，占到植物体干重量的60%以上；脂类含量相对较低，一般不超过干重的5%，远低于前者

高等植物体中脂类物质含量很低，一般不超过植物体干重的5%。例如，贵州凯里鱼洞煤矿上二叠统龙潭组（P_2l）的煤岩常规热压模拟实验结果（表2.12）中总油（脂类）最高含量只占有机质干重的2.25%。从植物细胞结构和组织来分析其脂类物质主要如下。

表 2.12 高等植物形成的煤岩（镜质组为主体）常规热压模拟实验综合数据

岩性	有机质类型	TOC/%	模拟温度/℃	R_o /%	总油产率 /(kg/t$_C$)	烃气产率 /(kg/t$_C$)	总烃产率 /(kg/t$_C$)
P_2l煤（YD-4），常规热压模拟实验	Ⅲ	63.02	原样	0.86	17.45		17.45
			300	0.93	26.81	1.73	28.54
			350	1.23	22.02	21.15	43.18
			400	1.98	13.40	72.47	85.87
			450	2.76	4.09	110.00	114.09
			500	3.50	3.16	116.58	119.74
			550	4.42	1.28	121.34	122.61

（1）高等植物细胞结构中所含的脂类主要有：①植物细胞后含物（常见的有淀粉、蛋白质、油和脂肪等）中所含的油和脂肪。在植物细胞中，油和脂肪是由造油体合成的重要的储藏物质，在一些油料植物种子或果实内，子叶、花粉等细胞内可能大量存在，每个细胞内仅有极少量存在，呈小"油滴"或固体状。②植物细胞质中叶绿体、白色体、有色体、液泡、圆球体等所含的脂类。例如，叶绿体内部富含的脂质、质体醌和基质的质体颗粒以及结构精细的内膜系统；白色体（淀粉体、造蛋白体和造油体）中所贮存的造油体；有色体（可见于部分植物的花瓣、成熟的果实、胡萝卜的贮藏根以及衰老的叶片）中所含的类胡萝卜素，包括黄色的叶黄素和红色的胡萝卜素的质体；液泡（可以储藏糖、脂肪、蛋白质等）

中所含的脂肪等；圆球体（由单层膜围成的细胞器，含有脂肪酶和水解酶）中所积累的脂肪等。③细胞膜（蛋白质和类脂以及少量的多糖、微量的核酸、金属离子和水）的类脂。

此外，从高等植物组织来看，所含脂类主要有：①初生保护组织（细胞壁外面的纤维素+表皮角质层）所含的蜡膜等，免于风、雨、病原微生物和虫害等伤害，主要分布于幼嫩的根、茎、叶、花、果实和种子的表面；②次生保护组织（木栓层即细胞壁较厚并高度栓化的细胞腔）中所含的树脂和单宁等，抗御逆境的能力强于表皮，存在于裸子植物、双子叶植物的老根、老茎外表；③储藏组织（淀粉、蛋白质、脂肪以及某些特殊物质如单宁、橡胶等）中所含的脂肪及单宁等，主要分布于块根、块茎、果实、种子以及根茎的某些结构中，如花生种子的子叶细胞储藏“油滴”，甘薯块根、马铃薯块茎的薄壁细胞储藏淀粉粒，蓖麻种子的胚乳细胞储藏糊粉粒等；④同化组织（利用水和CO_2进行光合作用制造的叶肉等绿色部位）的叶绿体和液泡中的脂类；⑤异细胞（单独分散于其他各种组织中的含特殊分泌物的细胞）中所含的挥发油、树脂和单宁等，由薄壁细胞特化而来，其细胞壁稍厚、细胞体积较大，细胞中的内含物种类很多；⑥分泌结构（一般由分泌细胞和其他薄壁细胞所组成）分泌物（如糖类、挥发油、有机酸、乳汁、蜜汁、单宁、树脂、生物碱、抗生素等）中所含的挥发油、有机酸、单宁、树脂等。

（2）构成高等植物细胞壁（图2.46）的成分中，90%左右是多糖（纤维素、木质素、半纤维素和粘连果胶等无效碳水化合物），10%左右是蛋白质、酶类以及脂肪酸。纤维素是植物细胞壁的主要成分，也是自然界中分布最广、含量最多（占植物界碳含量的50%以上）的由葡萄糖组成的大分子多糖。

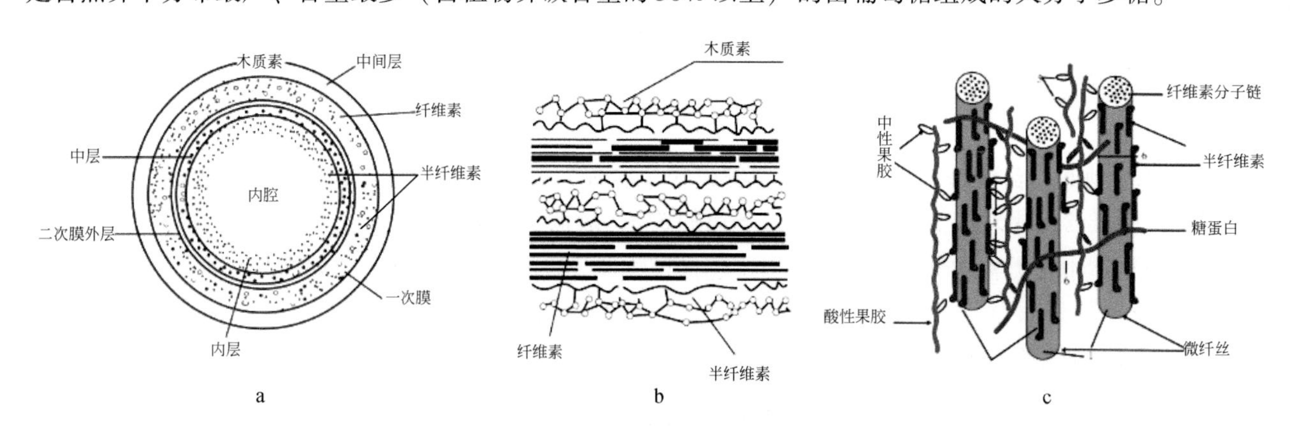

图2.46　高等植物代表性细胞壁的构成

高等植物细胞壁主要成分是纤维素和果胶，纤维素占植物体总重量的1/3左右，并粘连有半纤维素、果胶和木质素（占25%），由胞间层、初生壁和次生壁三部分组成。胞间层又称中胶层，主要成分为果胶质，将相邻细胞粘连在一起。初生壁是所有活的植物细胞最初由原生质体分泌形成的细胞壁，位于胞间层内侧，通常较薄，为1～3μm，主要成分为纤维素、半纤维素，并有结构蛋白存在。次生壁是在停止生长后部分植物细胞在初生壁内侧继续积累的细胞壁层（位于质膜和初生壁之间），主要成分为纤维素，并常有木质素存在，通常较厚，为5～10μm，而且坚硬，主要是通过形成交织网来硬化细胞壁，起抗压支撑作用。

（3）水生和陆生高等植物常见的类型有：水草（图2.47a），一般是指可以生长在水中的草本植物，在生理上依附于水环境，至少部分生殖周期发生在水中或水表面的植物类群。水草在分类群上由多个植物门类组成，包括最高级的维管束植物——种子植物；低级维管束植物，如蕨类；非维管束植物，如苔藓类植物。主要是维管束植物，其中被子植物占绝大多数，典型的水生植物多为被子植物中的单个叶植物。

水草有挺水、浮叶、湿生和沉水等生活型。不同产地的水草对水温要求也不相同，热带型水草对水温要求较高。比如铁皇冠的适合水温是20～28℃，黄菊花草的适合水温是24～28℃，海带草的适合水温是22～28℃。温带型水草要求相对较低，像水蕴草适宜水温为14～22℃，虎耳草适宜水温为16～24℃，

图 2.47　水生高等植物与陆生高等植物图片

a. 水草；b. 海草；c. 红树植物——海洋高等植物；d. 苔藓植物；e. 蕨类植物；f. 种子植物（裸子植物和被子植物）

小慈姑在 4℃以上的水温可以安全过冬。所以总体来说水温在 20～24℃对水草生长较为适宜。对于热带水草，在过冬时水温约不可低于 15℃。

海草（图 2.47b）是生活在热带和温带海域沿海浅水中的单子叶植物，属海洋高等植物，生物生产力在热带海洋中是最高的，也是重要的初级生产者。海洋绿色植物从海水中吸收养料，在太阳光的照射下，通过光合作用，合成有机物质（糖、淀粉等），以满足海洋植物生活的需要。光合作用必须有阳光，阳光只能透入海水表层，这使得海草仅能生活在浅海中或大洋的表层，大的海草只能生活在海边及水深几十米以内的海底。

海草还含有包括糖脂和磷脂等极性脂类。糖脂主要有单半乳糖基二脂酰甘油、二半乳糖基二脂酰甘油及磺酸基异鼠李糖基二脂酰甘油。磷脂主要有卵磷脂、脑磷脂及 N-脂酰基磷脂酸乙醇胺等。组成糖脂及磷脂的脂肪酸主要有：十八碳多不饱和脂肪酸，包括亚油酸和 α-亚麻酸；十六碳三烯酸及大于或等于二十碳的长链饱和脂肪酸。

海草是指生长于温带、热带近海水下的被子植物，是一类生活在温带海域沿岸浅水中的单子叶草本植物，往往沿着潮下带形成海上草场，尤其是热带海洋更为突出，海草场的腐殖质多，浮游生物甚丰。它在演化上被认为是再次下海植物，具有发达匍匐根状茎，叶柔软，带状或线状，内有气腔，雌、雄蕊高出花冠，花粉是念珠形且黏结成链状等一些适应海水中生活的特殊形态构造。

红树植物（图 2.47c）是热带和亚热带海滩上特有的木本植物（高矮不同的乔木和灌木），它们常常形成红树林，一般分布于高潮线与低潮线之间的潮间带，淤泥沉积的热带、亚热带海岸和海湾，或河流出口处的冲击盐土或盐砂壤土，适于红树林生长和发展。红树植物在皮层中有丰富的通气组织，外围有较厚的木栓层。叶片角质层加厚，气孔下陷，并局限于叶片下面部位，有贮水组织，叶脉尖端扩大成为贮水的管胞。树皮富含单宁，高者可达 20%～30%，以增强抗拒海水侵蚀的能力。

苔藓植物（图 2.47d）多数生长在阴湿的环境中，植物体矮小，一般高仅数毫米；有单细胞或多细胞构成的假根、茎、叶的分化，无维管束及中柱；其含有配子体（藏卵器雌配子或藏精器雄配子，精子具有鞭毛，能游动于水中）、孢子体、假根、茎、叶等。苔藓植物通常分为苔纲和藓纲，种类分布约 23000 种，遍布世界各地，多数生长在阴湿的环境中，如林下土壤表面、树木枝干上，沼泽地带和水溪旁、墙角背阴处等，尤以森林地区生长繁茂，常聚集成片。常见种类有葫芦藓、地钱、泥炭藓等。

蕨类植物（图 2.47e）喜阴湿温暖的环境，具有维管束并以孢子繁殖，茎多为根状茎，常有鳞片或鳞毛，内部构造具有中柱，有小型叶和大型叶两类，孢子囊常集生成孢子囊群（堆）；其含有配子体、孢子体、孢子囊群、叶、假根、根状茎、中柱等。蕨类植物现存种类约 12000 种，广泛分布在世界各地，大多为土生、石生或附生，少数为湿生或水生，喜阴湿温暖的环境。高山、平原、森林、草地、溪沟、岩隙和沼泽中，都有蕨类植物生活，尤以热带、亚热带地区种类繁多。一般将蕨类植物分成5个亚门，即松叶蕨亚门、楔叶蕨亚门、石松亚门、水韭亚门和真蕨亚门。

种子植物（图2.47f）即裸子植物和被子植物，包括乔木、灌木、木质藤本、草本等；具有更为发达的孢子体，以种子繁殖，根、茎和叶都很发达；内部构造有更完善的输导束，由管胞演化成导管，由筛细胞演化成筛管并具有伴胞；具有真正中柱或散生中柱；其含有孢子体、种子繁殖体（种皮、胚和胚乳，含有“油”和“淀粉”）、叶、根、茎和中柱；由管胞演化成输导束，由筛细胞演化成筛管并具有伴胞。种子植物是植物界中最进化和最繁茂的类群。

2. 高等植物尤其是陆生高等植物在厌氧环境下形成的优质烃源岩中保存下来的生物碎屑含量一般较低，保存下来的高等植物生物碎屑中纤维质等无效碳水化合物含量要远远大于脂类含量，但是在优质烃源岩中保存下来的纤维质等不溶有机质在高演化阶段也可以生成烃气

（1）水生、陆生高等植物类等细胞体结构和成分组成共同的特征是脂类含量低，在厌氧环境下形成的优质烃源岩中，一是优质烃源岩的形成环境不适合高等植物尤其是陆生高等植物的发育，除非经过一定距离的搬运，陆生高等植物碎屑才能在优质烃源岩中保存。二是高等植物是以纤维素、木质素、半纤维素和果胶等无效碳水化合物为主体，纤维素占植物体总重量的1/3左右，并粘连有半纤维素、果胶和木质素；木质素占25%，它们占到高等植物体总重量的60%以上。一般高等植物类（尤其是陆生高等植物碎屑）在厌氧环境下形成的优质烃源岩中保存下来的生物碎屑含量一般较低。更重要的是水生高等植物及陆生高等植物尽管在初生和次生保护组织的表层、储藏组织、同化组织、液泡、异细胞和分泌结构中或在细胞后含物、细胞质和细胞膜中存在着一些脂肪、树脂、单宁、挥发油、有机酸、类胡萝卜素、叶黄素和胡萝卜素等脂类，但是其脂类含量很低，一般不超过植物体干重的5%，贵州凯里 P_2l 煤岩中脂类（总油）最高含量只占有机质干重的2.25%（表2.12）也证实了这一点。高等植物细胞体中的碳水化合物等糖类易水解，核酸最易分解、蛋白质分子热稳定性相对较差，它们在厌氧环境的地质体，尤其是在优质烃源岩中难以保存下来。因此，高等植物纤维素、木质素、半纤维素和果胶等无效碳水化合物含量远远高于脂类含量，在厌氧环境的地质体，尤其是在优质烃源岩中保存下来的脂类物质含量相对纤维素等无效碳水化合物很低，初步估算水生高等植物及陆生高等植物碎屑保存下来的脂类物质仅可以占到其保存下来总有机物质的2%~5%之间，几乎不具备生油能力。

（2）优质烃源岩中的镜质组（源于高等植物纤维素、果胶等无效碳水化合物并经过凝胶化）在高成熟—过成熟阶段还是具有一定的生烃气能力，总烃气的最高转化率一般不超过15%。这可以从大量的未成熟—低成熟煤系烃源岩评价和热压模拟实验得到证实（秦建中，2000，2005；王玉华等，2004），属典型的Ⅲ型有机质类型。

热压模拟实验证实海相优质烃源岩中保存下来的生物骨壁壳有机碎屑在成熟—高成熟阶段一般只具备生成一些凝析气或轻质油气的能力，甚至在过成熟阶段早期仍可生成烃气（甲烷），主要生油气期是在高成熟—过成熟阶段早期，最大生油气能力一般不超过150kg/t_C，属典型的Ⅲ型—$Ⅱ_2$型干酪根。

例如，贵州凯里鱼洞煤矿上二叠统龙潭组（P_2l）以均质镜质组（86.7%）为主的煤（表2.12，原始样品TOC=63.02%，碳酸盐含量<5%，R_o为0.86%）常规热压模拟实验结果显示：①以生烃气（主要为甲烷）为主，在过成熟阶段烃气（甲烷）产率约为120kg/t_C，主要是均质镜质组（或干酪根）直接热降解｛［121.34-（26.81-1.28）×0.45］/121.34=90.53%｝产生的；壳质组（5%）在成熟阶段生成的可溶有机质（沥青“A”）在过成熟阶段最高烃气产率也只有（26.81-1.28）×0.45=11.49kg/t_C，仅占总烃气量不到10%；而惰质组（8%）产生的烃气甚微。②烃气主要产生在高成熟—过成熟阶段，占总烃气量的81%以上，过成熟阶段占总烃气量的38%以上，均质镜质组主要生烃气阶段是在过成熟早期阶段（R_o为2%~4%），而壳质组（5%）在高成熟—过成熟阶段可溶有机质（沥青“A”）热裂解生成的烃气和碳质沥青产率均很低。其生排烃模式见图2.48。

也就是说，由纤维质骨架（+果胶）经凝胶化形成的均质镜质组在成熟—过成熟阶段早期是生烃气

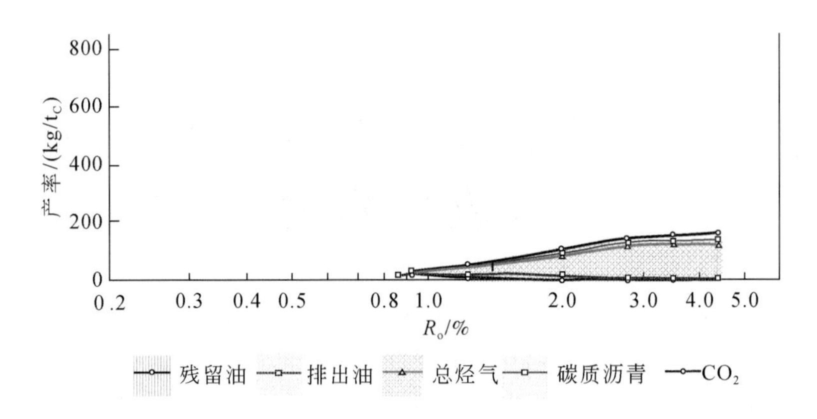

图2.48 海沼相均质镜质组为主体的煤（Ⅲ型）常规热压模拟生排烃模式

的，最高烃气产率约120kg/t_C，主要生烃气时期是在高成熟—过成熟阶段早期，相当于Ⅲ型干酪根。实际上，基质镜质组或由纤维质+藻胶等构成的细胞壁壳或经细菌凝胶化形成的海相镜状体化学结构和成分与均质镜质组相似，只是可能掺杂了或细胞壁中或细菌中含“油”或“烃”稍高一些，生烃气能力可能高于均质镜质组，最高烃气产率可达200kg/t_C或更高一些，相当于$Ⅱ_2$型干酪根。但是，遭受氧化或炭化的惰质组或丝质体生烃气能力很差，部分在过成熟阶段生成少量烃气，最高烃气产率均小于100kg/t_C，相当于$Ⅲ_2$型干酪根。

第三章　海相优质烃源岩超显微生物碎屑的构成与演化

长期以来，对烃源岩尤其是优质烃源岩的碎屑颗粒成分或岩石类型研究较少，随着扫描电镜、FIB 等超显微有机岩石学新技术新方法的开发和应用，对优质烃源岩的碎屑颗粒成分和来源的认识有了本质的飞跃，认为优质烃源岩主要由生物钙质碎屑、生物硅质碎屑、生物骨壁壳有机碎屑和黏土等颗粒构成（秦建中等，2010c；秦建中等，2015），而生物骨壁壳有机碎屑就是不溶有机质的主体。

第一节　生物体到超显微生物碎屑的沉积成岩变化与成因类型

海洋和湖泊生物（或近海洋或湖泊陆生生物）死亡后，其生物体及其衍生物随着时间的推移要发生物理、化学和生物的变化：一是在水体沉降过程中的变化，主要是生物体再循环（其他生物营养物质）、腐烂（微生物化）、溶解和氧化分解等变化；二是在水体沉积物表面或沉积物早成岩阶段的变化，主要是残存下来的生物碎屑或生物体腐烂（微生物化）分解的变化；三是指沉积物沉积后至岩石固结，在深埋环境下直到变质作用之前发生的物理、化学变化（包括石油、天然气及碳质沥青的生成），以及埋藏后岩石又被抬升至地表或接近地表的环境中所发生的一切物理、化学变化。当成岩物质被覆盖，由于厌氧细菌的作用，有机质尤其是生物体及其衍生物中的活性蛋白质、有效碳水化合物和核酸等更容易腐烂分解，产生 H_2S、CH_4、NH_3 和 CO_2 等气体，促使碳酸基矿物溶解成重碳酸盐，高价氧化物还原成低价硫化物，酸性氧化环境变为碱性还原环境。此时沉积物质发生重新分配、组合，胶体矿物脱水陈化、压缩胶结，最终固结为岩石（厌氧环境为优质烃源岩）。

一、海洋（或湖泊）生态系统与生物碎屑物质

全球海洋及湖泊是一个大生态系统，包含许多不同等级的次级生态系统。每个次级生态系统占据一定的空间，由相互作用的生物和非生物，通过能量流和物质流形成具有一定结构和功能的统一体。海洋生态系统按生物群落划分，一般分为藻类生态系统、珊瑚礁生态系统、红树林生态系统等；按海区划分，一般可分为上升流生态系统、大洋生态系统、沿岸生态系统等。海洋生态系统由海洋生物群落和海洋环境两大部分组成，每一部分又包括自养生物、异养生物、分解者、有机碎屑物质、参加物质循环的无机物质和水文物理状况，如温度、海流等众多的要素。海水含盐量比陆地水高，约为 35‰，且比较稳定。海平面下 200m 以上称为浅海区，大型藻类以及浮游植物能进行光合作用，构成这个复杂生态系统的基础。小型的浮游动物以这些生产者为食物，而一些小型的甲壳类、节肢动物又以这些浮游动物为食。在深度超过 200m 甚至最深可达 4000m 的深海区，生物都有着独特的生存方式，阳光无法射入，阳光越少温度也越低，压力也会随之增加，一些藻类也无法生存。形成海洋（或湖泊）优质烃源岩的生物群落和海洋环境主控因素有以下两个方面。

1. 海洋（或湖泊）生态系统生物群落的发育环境之间的差异等控制着沉积有机质性质；各种生物的分解者主要是异养的细菌和真菌，生物分解的催化剂是酶

（1）在水体（海洋和湖泊）中，控制生命的重要因素首先是光，其次是有效养分的供给。太阳光线在水中的穿透能力比在空气中小得多，日光射入海水以后，衰减比较快，在海洋中，只有在最上层海水才能有足够强的光照保证植物正常进行光合作用。补偿深度是光照的强度减弱到可使植物光合作用生产

的有机物质仅能补偿其自身的呼吸作用消耗的深度。在补偿深度以上的水层被称为真光层，真光层的深度主要取决于海域的纬度、季节和海水的浑浊度。在某些透明度较大的热带海区，深度可达200m以上；在比较浑浊的近岸水域，深度有时仅有数米。

海水的比热容比空气大得多，导热性能差。因此，海洋中海水温度的年变化范围不大。两极海域全年温度变化幅度约为5℃，热带海区小于5℃，温带海区一般为10～15℃。在热带海区和温带海区的温暖季节，表层水温较高，但往下到达一定深度时，水温急剧下降，很快达到深层的低温，这一水层被称为温跃层。温跃层以上叫作混合层，因为这一层的海水可以上下混合。温跃层以下的海水则十分稳定。

在海洋或湖泊中，大部分有机物通常产于潮湿温带和较高的纬度地区，其有机物高产率区主要限于透光带，这个厚度是不等的，在开阔海洋中可达200m，在潟湖或湖泊中可能仅几米，主要取决于悬浮物中有机颗粒及悬浮矿物浓度。

（2）造山运动、风化作用等地质环境所起的重要性十分明显，它决定了海盆或湖盆中碎屑物的供应、浑浊度及肥力等。地史上最有利于有机物产生的是在海侵或湖侵的主要时期，相反海退或湖退时期有机物的产量低。海洋或湖泊中生命主要依靠硝酸盐、磷酸盐等营养性盐分的供应，浮游生物的发育与营养性盐分的存在密切相关。

（3）上升流生态系统是在上升流海域由特定的生物及周围的环境构成，食物链较短、生产力很高的生态系统。上升流是从表层以下沿直线上升的海流，是表层流场产生水平辐散所造成。因表层流场的水平辐散，表层以下的海水呈铅直上升流动。相反，因表层流场的水平辐合，海水由海面呈铅直下降流动，称为下降流。上升流和下降流合称为升降流，是海洋环流的重要组成部分，它和水平流动一起构成海洋（总）环流。大洋环流和水团结构是海洋的一个重要特性，是决定某海域状况的主要因素。由此形成各海域的温度分布带——热带、亚热带、温带、近极区（亚极区）和极区等海域，暖流和寒流海域，水团的混合，水团的垂直分布和移动，上升流海域等，都对海洋生物的组成、分布和数量有重要影响。

（4）生产者——自养生物，主要指那些具有绿色素的自养植物，包括生活在真光层的浮游藻类、浅海区的底栖藻类和海洋种子植物，还有能进行光合作用的细菌。浮游植物最能适应海洋环境，它们直接从海水中摄取无机营养物质；有不下沉或减缓下沉的功能，可停留在真光层内进行光合作用；有快速的繁殖能力和很低的代谢消耗，以保证种群的数量和生存。海洋中的自养性细菌，包括利用光能和化学能的许多种类，也是生产者。

海洋中的初级生产者——海洋植物，很大部分不是直接被植食性动物所食用，而是死亡后被细菌分解为碎屑，然后再为某些动物所利用。

（5）消费者——异养生物，主要是一些异养的动物，包括各类海洋浅海珊瑚动物。以营养层次划分，可分为一级、二级、三级消费者等。

初级消费者，又称一级消费者，即植食性动物。如同大多数初级生产者一样，大多数初级消费者的体型也不大，而且也多是营浮游生活的。这些浮游动物多数属于小型浅海珊瑚浮游生物，体型都在1mm左右或以下，如一些小型甲壳动物、小型被囊动物和一些海洋动物的幼体。有一些初级消费者属于微型浮游生物，如一些很小的原生动物。初级消费者与初级生产者同居在上层海水中，它们之间有较高的转换效率，一般初级消费者和初级生产者的生物量往往属于同一数量级。

次级消费者，包括二级、三级消费者等，即肉食性动物，它们包含较多的营养层次。较低层的次级消费者一般体型很小，为数毫米至数厘米，大多营浮游生活。不过，它们的分布已不限于上层海水，许多种类可以栖息在较深处，并且往往具有昼夜垂直移动的习性，如一些较大型的甲壳动物、箭虫、水母和栉水母等。较高层的次级消费者，如鱼类，则具有较强的游泳动力，属于另一生态群——游泳动物，垂直分布范围更广，从表层到最深海都有一些种类生活。在海洋次级消费者中，还包括一些杂食性浮游动物（兼食浮游植物和小浮游动物），它们有调节初级生产者和初级消费者数量变动的作用。

（6）在海洋（或湖泊）生态系统中各种生物种群的食物关系——食物链（图3.1）和食物金字塔（图3.2）。在海洋（大型湖泊）生物群落中，从植物、细菌或有机物开始，经植食性动物至各级肉食性动物，依次形成摄食者与被食者的营养关系称为食物链，亦称为“营养链”。食物网是食物链的扩大与复杂化，它表示在各种生物的营养层次多变情况下，形成的错综复杂的网络状营养关系。物质和能量经过海洋食物链和食物网的各个环节所进行的转换与流动，是海洋生态系中物质循环和能量流动的一个基本过程。

图 3.1　海洋（大型湖泊）的食物链

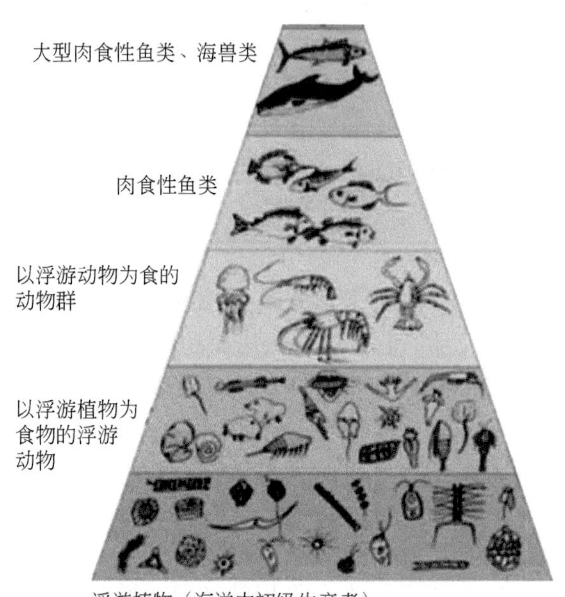

图 3.2　海洋（大型湖泊）食物金字塔分布

在海洋中各种生物种群的食物关系呈食物金字塔的形式。处在这座食物金字塔底部的是各种浮游藻类，如硅藻类，它们是海洋中的单细胞植物，其数量非常大。如果食物金字塔底部的浮游藻类是454kg，在这一层的上边微小的海洋食草类动物（浮游动物），以浮游藻类为食而获取热量，需食用45.4kg浮游藻类维持其正常生活。那么，再上一层鲱鱼类为获取热量维持生命，需食用4.54kg的浮游动物。当然，鲱鱼的存在又为鳕鱼提供食物，显然，鳕鱼又是更上一层动物的食物了。不难看出，每上升一级，食物以10%的几何级数减少；相反，每下降一级，其食物量又以10%几何数增加，呈一个下大上小的金字塔形（图3.2）。通过海洋食物网建起的金字塔，经过四至五级的能量依次转移，维持各生命群体之间的平衡。当接近海洋食物金字塔的顶端时，生物的数目比起底部来说，变得非常少。因此，海洋（及湖泊）中的浮游生物（包括浮游藻类和浮游动物）是海洋生物的主体。

除了在生物死亡后释放的化学组分外，生物活动产生的分泌物和排泄物等有机物质在某些情况下也能起重要作用。例如，硅藻在它们的生命期间释放了超过它们干重10%的类脂物；一些藻类能分泌出大量的含有多酚、蛋白质和碳水化合物类的物质；浮游植物能将它光合作用产物的5%~10%分泌出来，分泌物中含有简单的氨基酸和糖等组分；粪便更是有机物重要的甚至是主要的来源，在一些热带湖泊中就是如此。

食物链有三种：第一种是以浮游植物和底栖植物等绿色植物为起点的植食食物链或牧食食物链或放牧食物链。例如，小型浮游微藻转换到浮游动物或者较大的植食性动物中，食物链的顶端主要是肉食性鱼类，即从浮游植物类等转换到放牧的食草动物中，并以食活的植物为生，顶端是以食肉生物为最后的终点。

第二种是以碎屑为起点的碎屑食物链或腐败食物链或腐质食物链。这一食物的转移方式是从碎屑，包括死亡的有机物、动物粪便、小型原生动物和细菌等开始，到微生物和以摄食腐质的生物为生的捕食者如取食碎屑的小螃蟹、小鱼，以较大的食肉动物如大鱼、海鸟等为终点。海洋（大型湖泊）中无生命的有机物质除以碎屑形式存在外，还有大量的溶解有机物，其数量比碎屑有机物还要多好几倍。它们在一定条件下可形成聚集物，成为碎屑有机物，而为某些动物所利用。所以，在海洋（大型湖泊）生态系的物质循环和能量流动中，碎屑食物链的作用不一定低于植食食物链。

第三种是以细菌为基础的食物链，称为腐食食物链，海洋（大型湖泊）中异养的细菌和真菌等各种生物种群的分解者，它们能分解生物尸体内的各种复杂物质，成为可供生产者和消费者吸收、利用的有机物和无机物，它们本身也是许多动物的直接食物。海洋中的微生物多数是分解者，但有一部分是生产者，因而具有双重的重要性，参与海洋物质分解和转化的全过程，其中包括分解有机含氮化合物、明胶、鱼蛋白、蛋白胨、多肽、氨基酸、含硫蛋白质以及尿素等的微生物。利用碳水化合物类者有主要利用各种糖类、淀粉、纤维素、琼脂、褐藻酸、几丁质以及木质素等的微生物。此外，还有降解烃类化合物以及利用芳香族化合物如酚等的微生物。海洋微生物分解有机物质的终极产物如氨、硝酸盐、磷酸盐以及二氧化碳等都直接或间接地为海洋植物提供主要营养。海洋细菌是海洋生态系统中的重要环节，作为分解者，它促进了物质循环，在海洋沉积成岩及海底成油成气过程中，都起了重要作用。

实际上，在海洋（大型湖泊）中，这种类型的食物链之间，是相互连接的；有时也不是必须按某种特定方式来进行，而是有交叉，有连接，多种方式混合方式进行的。

生态系统的分解是死亡生物（有机物质）的逐步降解过程，它由多种生物共同完成。分解过程比较复杂，大致分为三个阶段：一是机械作用阶段，由于物理的和生物的作用，动植物遗体被分解成为颗粒和碎屑，即碎裂。二是生物异化作用阶段，腐生生物在酶的作用下，把有机物碎屑转变成为腐殖酸和其他可溶性有机物，即从聚合体变成单体，然后腐殖酸和其他可溶性有机物缓慢分解，逐步变成生产者可以重新利用的无机物。三是淋溶过程，可溶性物质被水淋洗出来，进入水体。在自然界中，这三个过程是交叉进行、相互影响的。有机残体进入水体，被分解者开始分解后，物理的和生物的分解复杂性一般随时间的推移而增加，分解者生物的多样性也增加，随分解过程的进展，分解速度逐渐降低，待分解的有机物的多样性也降低，直到最后都还原成为无机物。

酶作为一种催化剂可降低生化反应的反应活化能，能提高化学反应的速率，使反应更易进行，而且理论上酶在反应前后是不被消耗的。酶是海洋（湖泊）生物分解的催化剂，是具有生物催化功能的高分子物质，是由活细胞产生的具有催化作用的有机物，大部分为蛋白质，也有极少部分为RNA（核酶），即酶是具有催化功能的蛋白质（吴诗光和周琳，2002）。酶都含有C、H、O、N四种元素，是一类生物催化剂。生物体内含有数千种酶，它们支配着生物的新陈代谢、营养和能量转换等许多催化过程，与生命过程关系密切的反应大多是酶催化反应。它们或是溶解于细胞质中，或是与各种膜结构结合在一起，或是位于细胞内其他结构的特定位置上（是细胞的一种产物），只有在被需要时才被激活，这些酶统称胞内酶；另外，还有一些在细胞内合成后再分泌至细胞外的酶——胞外酶。酶催化化学反应的能力叫酶活力（或称酶活性）。酶活力可受多种因素的调节控制，从而使生物体能适应外界条件的变化，维持生命活动。没有酶的参与，新陈代谢几乎不能完成，生命活动就根本无法维持。

2. 海洋（或湖泊）各种生物分解后的有机碎屑物质量很大，甚至比浮游植物现存量还要多一个数量级，主要包括生物残体有机碎屑、颗粒有机碎屑或其聚集物或胞外多聚物和大量溶解有机物等

海洋（或湖泊）生态系统中各种生物分解（细菌和真菌等各种生物种群的分解、酶的催化分解、生物代谢以及生物体与海水环境间发生的生物化学、水解等）后的有机碎屑物质主要包括生物死亡后分解成的有机碎屑以及大量溶解有机物和其聚集物或胞外多聚物等（图3.3）。

（1）海洋（大型湖泊）中有机碎屑物质的量很大，一般要比浮游植物现存量多一个数量级，所起的作用也很大。有机碎屑物质来源于生物体死亡后被细菌分解过程中的中间产物，未完全被摄食和消化的食物残余，浮游植物在光合作用过程中产生的分泌在细胞外的颗粒性有机物（不排除有部分陆地生态系

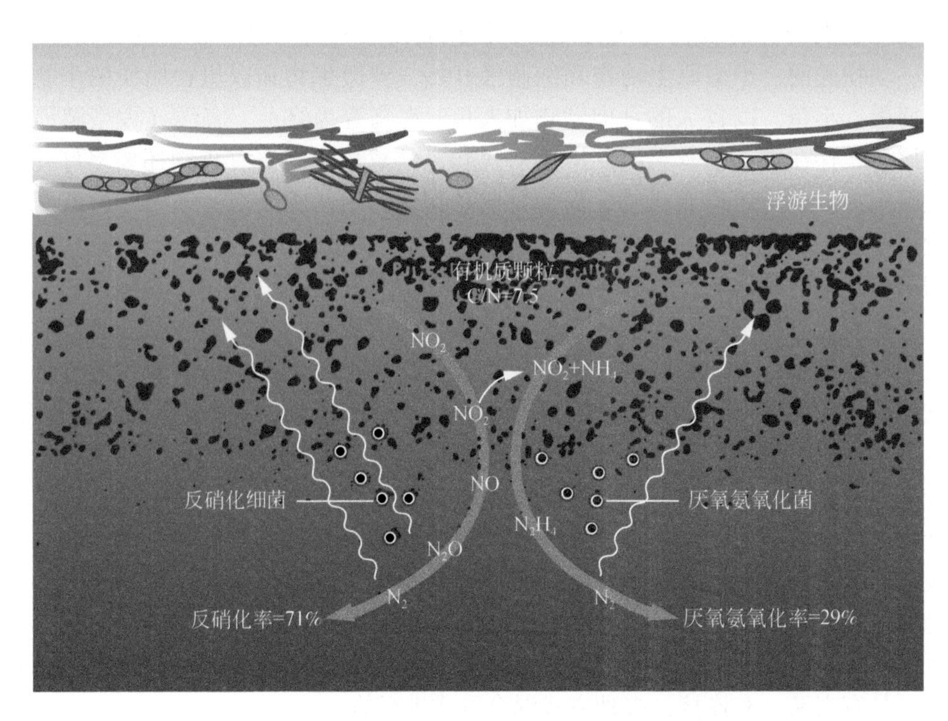

图 3.3　海洋（大型湖泊）水体中的有机碎屑颗粒分布示意图

统输入的颗粒性有机物）。因此，在海洋（大型湖泊）生态系统中，除了一个以初级生产者为起点的植食食物链和食物网以外，还存在一个以有机碎屑为起点的碎屑食物链和食物网，后者的作用不亚于前者，它们是联结生物和非生物之间的一项要素。

海洋有机碎屑物质是海水悬浮颗粒物的一个组成部分，以颗粒有机碳的形式存在，含叶绿素、类胡萝卜素等成分。它主要来源于海洋环境中自生的物质，部分由河流或经大气搬运而进入海洋的陆源物质。碎屑中含有许多种类的细屑，包括浮游植物细胞、浮游动物外骨骼碎片和排泄的粪粒，近岸碎屑尚有海绵骨针和海草等。碎屑的化学成分有叶绿素、类胡萝卜素、维生素 B_{12}、单糖和氨基酸。碎屑的含量与分布有很大的水平和垂直的空间变化与时间变化。它在近岸带的含量变化明显，真光带以下，含量随深度的增加而减小，但降低率较为恒定。碎屑颗粒的大小也随深度的增加而减小。海洋（大型湖泊）中还有比颗粒有机物多好几倍的有机溶解物及其聚集物等。

（2）海洋（大型湖泊）中的有机碎屑物质尤其是大量溶解有机物要经历海洋（大型湖泊）生物代谢以及生物体与海水环境间发生的生物化学、水解等过程而被循环利用和消耗。海水中除含有足够的氧和二氧化碳外，还含有生物生长必需的氮、磷、硅等营养盐类和各种微量元素，为有机物的发生和海洋生物的生长提供了必需的物质条件。浮游植物是海洋生物生产力的初级生产者，它们接受日光能，利用海洋中的水、二氧化碳和营养盐类合成基本的有机物（Duursma and Dawson，1981）。

在生物体内光合成对呼吸引起的生物体的分解的比值，在大洋中大致保持一定。浮游植物每年固定的碳量，如以每平方米 100g 计算，则大洋中浮游植物每年的净初生产量约为 3.6×10^{10}t 碳。浮游植物既是植食性动物的饵料，同时经分泌、排泄和分解又向海水提供大量的糖类、蛋白质、氨基酸、脂肪酸、维生素、甾醇等溶解有机物，以及残骸碎屑等颗粒有机物。这些有机物在海洋中的循环，成为食物链中各营养级次的养料（图 3.4）。海洋生物经细菌分解，释放出的大部分氮成为铵离子，然后被细菌氧化为亚硝酸盐，继而形成硝酸盐，这过程在表层水中主要依靠光化学氧化进行。而浮游植物消耗硝酸盐和磷酸盐，致使海水中的氮/磷值大致保持恒定。生物残骸经微生物分解成氨、磷酸等物质，释放到海水中，又为浮游生物所利用。细菌还能使海水和沉积物中的高分子有机物（如纤维素、烃类和生物排泄物）分解成二氧化碳，使硫化氢氧化成硫酸盐；在缺氧条件下，又能使硫酸盐还原为硫化氢。对海底铁锰氧化物凝结体（锰结核）的形成，细菌亦起着积极的生化作用。

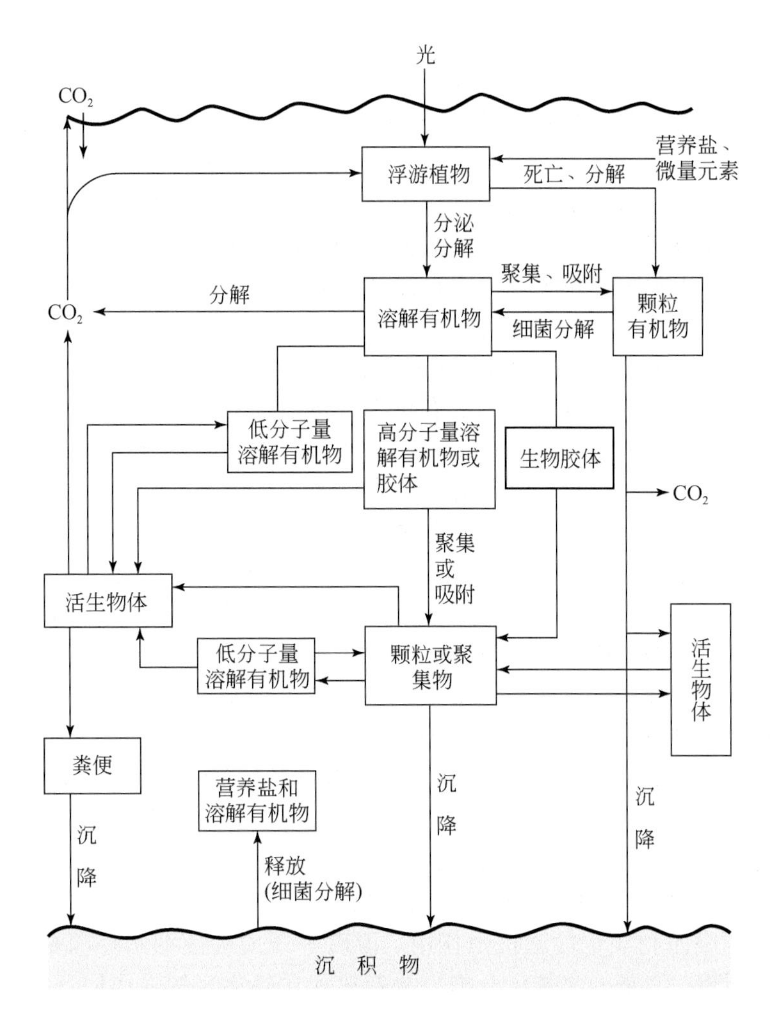

图 3.4　海洋（大型湖泊）中有机质沉降示意图

海洋生物的代谢原理与途径，如光合作用、呼吸作用、能量代谢，以及一级代谢物（蛋白质、核酸、脂肪等），基本上与陆地生物相似，但各种代谢细节，特别是次级代谢，则有着明显的差异，生成了陆地上所没有的多样化的次级代谢物。海洋生物因其特殊的生理需要，能从海水中吸收并浓缩无机金属离子和非金属离子，其浓度可比周围海水高出几千倍甚至几万倍。被吸收的离子参与细胞质、色素、酶、血液、蛋白质、多糖、维生素等的合成与代谢，或构成其中的成分。海洋动物中含有某些糖蛋白、多肽、甾醇、酮基化合物等激素，以协调个体内的各细胞，保持全个体的统一，控制生物体的各种机能。

海洋生物的光合作用与陆地植物一样，除主要依靠叶绿素 a 外，还有叶绿素 b 和叶绿素 c、色素蛋白(藻胆素)、类胡萝卜素、叶黄素类等辅助色素。不少海洋动物和细菌能发光，这是一种酶的反应，由发光蛋白质被氧化而发生。在两极低温海区生存的鱼体内的某种糖蛋白，是有效的抗冻组分。海洋生物物种系统发育的差别能反映到生物体内的各种代谢物上，如色素、多糖和各种次级代谢物结构的差异上，这些差异为海洋生物的分类（如科、属、种的划分）提供了化学依据。

湖泊水体中的生物化学及水解作用与海洋相似，湖水中也含有足够的氧、二氧化碳和生物生长必需的氮、磷、硅等营养盐类和各种微量元素及陆源有机碎屑物质等，为有机物的发生和湖泊淡水生物的生长提供了必需的物质条件。浮游植物也是湖泊生物生产力的初级生产者，它们接受日光能，利用湖泊中的水、二氧化碳和营养盐类合成基本的有机物。

（3）海洋（大型湖泊）水体中生物死亡分解后的悬浮颗粒有机物或颗粒有机碳（生物有机碎屑）、有机溶解物的聚集物或胞外多聚物（extracellular polymeric substances，EPS）以及生物有机残体、生物粪便等有机碎屑物质可以与生物硅质碎屑、生物钙质碎屑及黏土物质等一起发生沉降，在厌氧环境下的沉积水体底部形成优质烃源岩最早的沉积物（图3.4）。

胞外聚合物是在一定环境条件下由微生物，主要是细菌，分泌于体外的一些高分子聚合物。主要成分与微生物的胞内成分相似，是一些高分子物质，包括荚膜、黏液层以及其他表面物质，如多糖、蛋白质和核酸等聚合物。主要来源于细菌的分泌、细菌表面物质的脱落、细菌溶解以及对周围环境物质的吸附。附着在细菌表面或围绕在细菌周围，水道、孔隙穿通其间，形成蘑菇状膜结构，用于自我保护和相互黏附的天然有机物。EPS 由荚膜、黏液层及其他表面物质组成，其有机部分包括多糖、蛋白质、核酸、磷脂、褐藻酸、腐质酸等，主要是多糖和蛋白质；其无机部分占总量的10%~20%。

胞外多聚物（EPS）分泌于细胞表面的大分子物质，有利于微生物细胞凝聚，在形成与稳定生物膜和厌氧颗粒污泥中起到重要的作用。胞外多聚物的有机组分可以改变细菌絮体的表面特性和颗粒污泥的物理特性，促进细胞间的凝聚和结构的稳定。EPS 在细菌微生物群体中广泛存在，在细菌的黏附聚集、空间构型、细菌间信息交流及细菌与外界物质的吸附、沉降、絮凝、脱水等各方面，都起着重要作用。

除了上述 EPS 细菌外，藻类的原生质体能够分泌出一层果胶质的被膜（高等植物也能够分泌出果胶质），这些胶质体均起到黏接的作用，将相邻细胞、组织甚至骨架黏接在一起使颗粒增大并逐渐下沉，直到沉积或被消耗。在烃源岩中，当细菌等生物死亡后，生物残体及其碎片也能够被类胶质体黏接包裹，藻类死亡后则被黏接起来，甚至形成连片状的藻席。

有机质也可在一系列环境保护下而不受分解。缺氧条件可限制氧化作用及阻止喜氧生物的繁殖，如分解木质素的真菌在缺氧条件下不能生长。在湖泊环境中，由于它们的水层是相对静止的，常常出现多层水层，有机质浓度会很高，通常超过5%。缺少含氮化合物对许多微生物来说是养分上的限制因素，相反，含氮化合物和营养盐太丰富会使封闭湖盆中水体的其他养分也大大增加，表层浮游生物的激增，为深水有机质提供了重要来源，导致了溶解氧的消耗殆尽及硫化氢厌氧环境发育，有利于保存有机质。大批有机体的新陈代谢有毒产物排入周围环境中可以抑制某些细菌发育，在还原环境中，硫化氢的存在使缺氧增加了毒性，大量的腐殖物质也能起抗菌作用。温度和压力会使细菌在深水中的活动减弱。因此，相对静止的深湖—较深湖相、丰富的含氮化合物、营养盐和含硫化氢的强还原环境有利于表层浮游生物的发育和保持。

实际上，海洋（大型湖泊）生物的代谢除有机物质循环外，对于优质烃源岩而言，更重要的是生物残体（含粪便）及其有机碎屑颗粒（颗粒有机物）和颗粒或聚集物的沉降（图3.4），它们主要是各种生物分解后的生物碎屑物质，包括生物死亡后分解成的生物有机碎屑、生物硅质碎屑和生物钙质碎屑等。生物有机碎屑主要包括生物有机残体、活生物体产生的粪便等代谢有机产物、水体中生物死亡分解后的悬浮颗粒有机物或颗粒有机碳和各种聚集物颗粒或胞外多聚物等。生物硅质碎屑主要包括生物钙质骨壳残体和钙质骨壳碎屑颗粒及生物硅质产物。生物钙质碎屑等主要包括生物硅质骨壳残体、硅质骨壳碎屑颗粒和生物的钙质产物。

二、生物碎屑物质的成岩变化

海洋（或湖泊）水体中的生物碎屑物质主要包括生物有机碎屑、生物硅质碎屑和生物钙质碎屑等。它们在厌氧环境，以及微生物、压实和埋藏、温度、流体和黏土、催化剂等长时间沉积成岩作用下，均会发生生物化学、物理化学或有机化学的复杂变化。即有机物从生物遗体及其排泄物到结合进沉积物期间，均受到一系列物理、化学及生物因素的影响，使其化学结构和分布发生变化（蒂索和维尔特，1982）。

1. 海洋（或湖泊）的生物残体及其有机碎屑物质在沉积成岩作用下，残留下来的主要是脂类（可溶有机质或“石油”）、生物骨壁壳有机碎屑物质（包括纤维质等无效碳水化合物和硬蛋白等非活性蛋白质等不溶有机质）和无机生物碎屑物质（包括硅质生屑、钙质生屑、无机盐等）

在海洋（或湖泊）水体表层或者上层浮游生物死亡后，随着沉积水体中生物碎屑物质的不断沉降

(图3.3、图3.4),在厌氧环境的水体沉积物表面或沉积物之下的早成岩阶段到沉积后固结成岩这一长时间的变化过程,由于埋藏深度或温度的变化、微生物或催化剂的变化、空间和流体环境(相对封闭)的变化、压力(颗粒骨架压力和孔隙流体压力)的变化和时间作用等,构成生物有机基本物质的各种脂类、蛋白质、碳水化合物和核酸等稳定性差异很大。所经历的生物化学作用、水溶解作用、酶的生物分解催化作用、厌氧细菌作用、压实作用、胶结作用、石化作用和结晶作用等所发生的一切生物、物理和化学变化也有所不同。

有的生物体被其他生物吃掉或再利用,有的在沉积水体上部被氧化或被浮游微生物或酶分解,有的在水体沉降过程中被海水溶解或溶于水中,有的在沉积水体界面——近沉积水体界面的沉积物中遭受厌氧微生物的作用而腐烂分解,残留下来的各种生物残屑物质及其衍生物质在早成岩—成岩(温度、压力、孔隙水的变化)过程中均要经历压实脱水、厌氧微生物的生物化学、胶结、石化、缩聚、脱羧、溶蚀、结晶和生烃等作用后,生物碎屑物质已经面目全非。

一部分稳定性强的生物碎屑物质可以保存下来。例如,生物体中的脂类(油脂、脂肪和类脂)物质和生物骨壁壳有机碎屑(包括各种脂类和纤维质、几丁质、肽聚糖等无效碳水化合物及骨胶原等非活性蛋白质的骨壁壳有机碎屑),生物硅质骨壳格架及硅质碎屑,生物钙质骨壳格架及钙质碎屑等。一部分稳定性较强的生物碎屑物质可以保存其生物碎屑物质格架,部分被其他元素所交代。而大部分生物残体及生物碎屑物质尤其是有机残体则被消耗。它们保存下来的比例与水体的沉积环境、沉积水体界面—表层沉积物的厌氧环境强弱(强还原—H_2S环境有利保存)、早成岩—成岩环境和生物体残屑基本物质的相对稳定性(骨骼、脂类等稳定性相对较强)有关。例如,沉积水体相对稳定、分层、水体不太深和浮游生物茂盛的环境有利于生物碎屑的保存;沉积水体下部—表层沉积物的厌氧环境越强,如强还原—H_2S环境,越有利于生物有机碎屑的保存;早成岩—成岩作用过程中交代作用或硅化作用或钙化或白云岩化越弱越有利于生物坚硬的蜂巢状立体结构骨骼骨架、生物骨骼碎屑颗粒内孔隙及有机质的保存;生物残体及其有机碎屑物质中的骨骼皮壳及壁和脂类等稳定组分更容易保存下来。

从第二章中可知,构成海洋(或湖泊)生物体的基本物质是各种脂类(油脂、脂肪、类脂)、各种碳水化合物(包括有效碳水化合物和无效碳水化合物)、各种蛋白质(包括活性蛋白质和非活性蛋白质)、各种核酸和各种无机化合物(包括水、无机盐、气体单质、硅质骨壳和钙质骨壳及其衍生物等)。从生物的基本物质构成和地下石油的关系可分为各种脂类有机化合物(地下石油的先驱物质)、各种非脂类有机化合物(包括各种活性和非活性蛋白质、各种有效碳和无效水化合物、各种核酸等)和各种无机化合物(包括水、无机盐、气体单质、硅质骨壳和钙质骨壳及其衍生物等)等三大类。

(1)第一大类是海洋(或湖泊)生物体的各种脂类(油脂、脂肪、类脂)物质,包括蜡、脂肪酸、脂类及其衍生物、鞘脂类、糖脂类、聚酮类、固醇类、异戊烯醇脂类、磷脂等。它是优质烃源岩中脂类组分、可溶有机质或者"石油"、烃类+固体沥青的"先驱"或"前身",其分子结构相对稳定(详见第二章)。

海洋(或湖泊)生物体的脂类(油脂、脂肪和类脂)物质是优质烃源岩中脂类组分+可溶有机质或"石油"、"烃类"和"碳质沥青"的先驱物质。生物体中的脂类(油脂、脂肪、类脂)相对活性蛋白质、有效碳水化合物和核酸等生物大分子在厌氧环境下的沉积水体——早成岩阶段要稳定得多,尤其是C—C键,C—C键的断裂需要相当高的能量,即生物脂类物质通常不容易分解,而且相对容易被保存下来,成为地下"石油"的原始物质成分。

(2)第二大类是海洋(或湖泊)生物体的各种非脂类有机化合物,包括无效碳水化合物、非活性蛋白质、有效碳水化合物、活性蛋白质和核酸等。

无效碳水化合物主要是指对生物体起保护或支持作用的纤维质(也包括半纤维、木质)及果胶、几丁质(壳多糖)、肽聚糖等生物骨壁壳及其有机碎屑,包括浮游藻类(及疑源类)和底栖藻类的纤维质及果胶质细胞壁壳;甲壳类等浮游动物及底栖动物的几丁质骨壳;真菌类的几丁质(壳多糖)细胞壁壳;细菌类的肽聚糖(或杂多糖、类似肽聚糖等)的细胞壁壳;高等植物的纤维质、半纤维质、木质及果胶骨壁壳。它们均属无效碳水化合物，分子结构均相对稳定，在厌氧环境下的沉积水体——成岩阶段不容易分解，而且相对容易被保存下来，成为地下不溶有机质或“干酪根”的原始组分，或演变为镜质组、丝质体等组分。它们在高成熟—过成熟早期可以生成一些烃类气体。

对生物体起保护或支持作用的分子结构相对稳定的硬蛋白类或结构蛋白或纤维蛋白或胶原蛋白等非活性蛋白质，主要是指笔石、甲壳类等浮游动物、底栖动物及部分细菌类的壳骨壁及其有机碎屑。它们在厌氧环境下的沉积水体——成岩阶段不容易分解，而且相对容易被保存下来，成为地下不溶有机质或“干酪根”的原始组分或演变为海相镜状体等组分。它们在高成熟—过成熟早期也可以生成一些烃类气体。

生物可以吸收利用或易水解的有效碳水化合物，主要包括单糖、双糖和糖原、葡萄糖、含糖的复合物或复合碳水化合物淀粉等可消化吸收利用或易水解的多糖。有效碳水化合物容易被许多酶作用分解成单糖，由于它们的易分解性，这些结构经过地球化学变化后几乎全部消失。糖类有效碳水化合物在沉积岩中通常很少，只在特别封闭保存的环境下才偶尔存在。

具有生物活性的活性蛋白质是蛋白质的主体，如胰岛素等调节蛋白、肌球蛋白等收缩蛋白、免疫球蛋白等抗体蛋白和奥古蛋白等一类具有生物活性的蛋白质。蛋白质是由多种氨基酸结合而成的长链高分子化合物。最易分解的化合物首先是活性蛋白质，很容易被酶分解转化为氨基酸，然后被矿化。由于活性蛋白质的易分解性，这些物质及其分子结构经过地球化学变化后几乎全部消失。氨基酸在沉积岩中通常很少，只在特别封闭保存的环境下才偶尔存在。

各种核酸，如DNA、RNA、核苷酸、碱基、核糖或脱氧核糖或五碳醛糖、嘌呤和嘧啶的衍生物、磷酸等。核酸稳定性相对最差，最易分解（水解），在烃源岩中难以保存下来。实际上核酸的组成成分中也含有糖类化合物——核糖和脱氧核糖，它也属有效碳水化合物。

（3）第三大类是海洋（或湖泊）生物所产生的硅质骨壳和钙质骨壳及其衍生物、无机盐、气体单质和水等各种无机化合物，生物产生的水和气体单质等将会融入海洋（或湖泊）水体中或逸散，这里尤其是指对生物体起保护或支持作用的硅质、钙质等无机骨壳及硅质衍生物和无机盐等，它们相对稳定，容易沉降并保存下来。硅质生屑和钙质生屑及硅质衍生物中多含有起连接作用的骨胶原、几丁质或果胶等有机成分，主要包括硅藻、金藻及某些疑源类等浮游藻类的硅质壁壳及硅质衍生物并含有起连接作用的果胶等有机成分；放射虫及某些有孔虫等浮游动物的硅质骨壳及硅质衍生物并含有起连接作用的骨胶原或几丁质等有机成分；海绵等多细胞底栖动物的硅质骨针及硅质衍生物并含有起连接作用的骨胶原或几丁质等有机成分；颗石藻及某些疑源类等浮游藻类的钙质壁壳及钙质衍生物并含有起连接作用的果胶等有机成分；有孔虫等浮游动物及某些底栖动物的钙质骨壳及钙质衍生物并含有起连接作用的骨胶原或几丁质等有机成分等。它们均属生物的骨壳并含有起连接作用的骨胶原、几丁质或果胶等有机成分，相对稳定而且不易分解，容易被保存下来，成为地下生物硅或硅质生屑和生物钙或钙质生屑的原始组分或演变为硅化生屑或钙化生屑。含有有机质的硅质生屑和钙质生屑在高成熟—过成熟早期也可能生成少量烃类气体。

（4）因此，在优质烃源岩中决定生油能力或有机质类型的是能够保存下来的成烃生物脂类及其含量和比例。首先“油”、脂肪、类脂等脂类生物碎屑含量越高，骨壁壳有机生物碎屑含量越低，其生油能力越高或有机质类型越好（Ⅰ型）。例如，特殊厌氧沉积底部水体环境或特殊浮游藻（如蓝藻等）突然暴发或突发浮游生物大量死亡等保存下来的浮游生物残屑就属Ⅰ型有机质类型，一是其“油”等脂类含量可达总有机质含量的90%以上；二是其总有机质含量也很高，一般2%<TOC<30%；三是骨壁壳有机生物碎屑含量一般不超过10%，但是硅质碎屑（如放射虫、硅藻等生物骨壁壳）含量或钙质碎屑（如有孔虫、颗石藻等生物骨壁壳）含量可以很高，甚至可以成为优质烃源岩的主要组成颗粒——硅质生屑页岩或钙质生屑页岩。

其次，“油”、脂肪、类脂等脂类生物碎屑含量高，骨壁壳有机生物碎屑含量也高，其生油能力高，有机质类型属Ⅱ型。例如，台内盆地或台内凹陷或潟湖或海侵湖泊沉积环境形成的多数海相优质烃源岩就属这种类型，一是其脂类含量一般占总有机碳含量的15%~70%；二是其总有机碳含量一般也为2%~30%，生物有机骨壁壳碎屑含量一般占总有机碳含量的30%~85%，有机质主要是浮游生物、底栖生物、细菌类、真菌类及水生植物的“油”、脂肪、类脂等脂类生物碎屑和生物有机骨壁壳碎屑的混合体。浮游生物的比例或底栖生物的比例、真菌类细菌类的比例或水生植物的比例不同，则生油能力有所不同；前者比例越高，生油能力相对越高（$Ⅱ_1$型），后者（水生植物）比例越高，生油能力相对越低（$Ⅱ_2$型）。此外，硅质碎屑（如放射虫、硅藻等生物骨壁壳）含量或钙质碎屑（如有孔虫、颗石藻等生物骨壁壳）含量也可以很高，甚至可以成为优质烃源岩的主要组成颗粒——硅质生屑页岩或钙质生屑页岩。

最后，“油”、脂肪、类脂等脂类生物碎屑含量低，骨壁壳有机生物碎屑含量很高，其生油能力很低或不具生油能力，有机质类型属Ⅲ型。例如，三角洲沼泽沉积环境形成的烃源岩或煤系烃源岩（非优质烃源岩）就属这种类型，一是其脂类含量一般占总有机碳含量小于15%；二是其总有机碳含量变化很大，生物有机骨壁壳碎屑含量可以大于总有机碳含量的85%。有机质主要是高等植物、细菌类及真菌类的生物有机骨壁壳碎屑和脂类生物碎屑的混合体。此外，硅质碎屑（生物骨壁壳）含量或钙质碎屑（生物骨壁壳）含量较低。

2. 海洋（或湖泊）生物碎屑等沉积物在成岩过程中所经历的生物、化学和物理等复杂变化主要有沉积压实脱水作用、生物化学作用、胶结作用、石化作用、热压有机生屑脱氮氢氧易挥发分作用、有机质聚合（干酪根）作用、脱羧作用和生烃作用等

成岩作用是指使松散沉积物固结形成沉积岩石的作用，一般包括沉积物的压实作用、胶结作用、交代作用、结晶作用、淋滤作用、水合作用和生物化学作用等，这些作用通常是在压力、温度作用下的地壳表层发生的。

（1）压实作用是指沉积物沉积后，由于上覆沉积物不断加厚，在重荷压力下所发生的作用。不同岩性的压实特征不同，碳酸盐岩容易发生胶结作用，压实作用影响较小；压实早期对泥岩的影响较对砂岩的更显重要。通过压实作用，沉积物发生脱水，孔隙度降低，体积缩小，密度增大，松软的沉积物变成固结的岩石。例如，一般碎屑沉积物在300m深处受压实作用影响，其所含75%以上的水已被排出，石英砂岩由40%左右的原始孔隙降低至10%~30%。

对于某一岩层，当其中的流体压力为静水压力时，我们称为压实平衡。如果在这样一个已达到压实平衡的层序之上又新沉积了一套薄沉积层，新沉积物的负荷会使下伏地层进一步压实，此时颗粒紧缩排列，孔隙体积缩小。就在这些变化的瞬间，孔隙流体承受部分上覆负荷压力，使孔隙流体产生了超过静水压力的剩余压力。正是在剩余压力作用下，孔隙流体得以排出；当排出一定量后，孔隙流体压力又恢复为静水压力。随着上覆地层的不断增加，孔隙流体压力持续出现瞬间剩余压力与正常压力的交替变化，从而不断把孔隙中流体排出，孔隙体积不断减小。压实流体在垂向上由深部向浅部运移，在横向上由较厚的点向较薄的点运移。这种厚度变化现象常出现在由盆地中心向盆地边缘的过渡带。因此，压实流体通常从盆地中心向盆地边缘运移。

（2）胶结作用是指从孔隙溶液中沉淀出的矿物质，将松散的沉积物固结起来的作用。即沉积物的松散碎屑被胶结成坚硬岩石的作用，也是沉积物在成岩过程中的一种变化。其胶结物的成分不同，也可以和碎屑物成分相同，常见的胶结物有泥质的、钙质的、硅质的和铁质的等。

（3）岩化作用是新近沉积的未固结沉积物转变为岩石的复杂的过程。岩化作用可发生在沉积物沉积的时候或者是在沉积之后。胶结作用是一种主要的岩化作用。此外，在沉积物内各种矿物之间以及矿物与孔隙中的液体之间要发生各种反应，这些反应称为自生作用，可以在沉积物中形成新的矿物，或者是加入其他已经存在的矿物中去。矿物可以被溶解，并被重新分配到团块及其他结核中去，而且矿物溶解后，流到其他地区的沉积物中，或沉积下来，或与已经存在的矿物发生反应。沉积物在压力下由于颗粒的重新排列而被压实，减少孔隙空间，排出隙间流体。

（4）石化作用是有机组织被矿物取代，逐渐变成化石的过程，即是将古代生物遗体、遗迹保存成化石的各种作用，主要包括过矿化作用或浸染作用，置换作用或石化作用，炭化作用。

过矿化作用或浸染作用指生物硬体内的空隙为地下水中所含矿物质填充的过程。生物硬体中的有机物常在埋藏以后散失殆尽，使原来硬体变得疏松多孔，这些孔隙随后被溶于水中的矿物质充填，使硬体构造得以保存，并增加了重量。

置换作用或石化作用指埋藏于沉积物中的生物遗体被溶于地下水中的矿物质所填充或交代变成石质，由于溶解和填充速度相等，并以分子相互交换，所以虽然化石的化学组成改变了，但仍保存生物原有构造的作用。主要的置换矿物是方解石（钙化）、石英（硅化）和黄铁矿（黄铁矿化）等。另外，赤铁矿、褐铁矿、菱铁矿，甚至硅酸盐和磷酸盐矿物等也可能成为置换矿物。

木质素、几丁质骨骼和骨胶原蛋白（或钙化的胶原纤维型骨骼）均属以有机质为主要成分的骨骼，在沉积水体——早成岩阶段也是相对稳定的。木质素等通常不容易分解，其含有酚—丙烯基醇的聚合物和共聚物，它们只有在特殊有机体（分解木质素的真菌）作用下才会很慢地分解。其遗骸碎屑骨架及结构可以被保存下来。但是在成岩阶段随着脱羧等作用，几丁质骨骼、骨胶原蛋白（或钙化的胶原纤维型骨骼）、木质素（植物的木质化）以及生物硅质碎屑物质（SiO_2）和生物钙质碎屑物质［$CaCO_3$或$Ca_3(PO_4)_2$］中的有机成分（几丁质或胶原蛋白）发生改变，有的也可能只剩下含碳膜骼架，有的被硅化或钙化或白云岩化或黄铁矿化等。

炭化作用：生物遗体易于挥发的成分如氮、氢、氧等被溶解或挥发逸去，仅留下碳质薄膜保存为化石的作用。

硅化作用简称硅化，是石化作用的一种，是有机组织被矿物取代，逐渐变成化石的过程，一般指生物硬体原来的成分（如碳酸钙、磷酸钙、硅酸、几丁质、纤维素等物质）被二氧化硅所交代的作用，交代物质为石英、玉髓或蛋白石等，如硅化木。硅化木可在陆地和淡水沉积，诸如沙或淤泥里发现。正在风化的火山灰常常提供了硅，继而逐渐渗入部分腐坏的木头里。硅化木的细胞结构不是保存得很好，然而铁和其他矿物质的渗入往往会产生十分美丽的颜色。

生物硅的早期成岩作用对其在沉积物中的保存具有关键性影响，也是海洋硅循环和重新分配或硅化作用的重要环节。随着生物硅埋藏深度和沉积年龄的增加，在温度和压力的作用下，生物硅的结构会发生变化（秦亚超，2010），溶解度和含水率逐渐降低、密度逐渐增大。在埋藏深度数百米、相应温度为35～50℃时，无定形蛋白石A开始向蛋白石CT（一维堆垛无序形态所构成的超显微结晶质）转化，在某些特殊沉积环境中，温度可降低至17～21℃，甚至0～4℃。蛋白石CT向燧石（微晶石英）的转变与温度和时间密切相关。在200℃时，蛋白石CT向燧石的转变需要几十年的时间；在100℃时，蛋白石CT向燧石的转变需要4万年的时间；在50℃时，蛋白石CT向燧石的转变约需要400万年的时间；而在20℃时，蛋白石CT向燧石的转变约需要20万亿年的时间。

此外，岩石在热液作用下，产生含有石英、玉髓、蛋白石、似碧玉等蚀变矿物的作用，从高温到低温热液条件下，各种岩石都可发生硅化作用。低温热液所生成的硅化岩石，常由细粒石英或隐晶质的玉髓以及非晶质的蛋白石、似碧玉等组成。高、中温热液生成的硅化岩石，主要由石英组成，分别称为玉髓化、蛋白石化和似碧玉化。在火山岩地区，硅化岩石（含高铝矿物，如刚玉、红柱石等）称为次生石英岩。沿着断裂带，常发育规模巨大的硅化带。

（5）脱羧就是有机化学中把有机物中的羧基以二氧化碳或碳酸根的形式脱去的一类反应。一般情况下，羧酸中的羧基较为稳定，不易发生脱羧反应，但在特殊条件下，羧酸能脱去羧基（失去二氧化碳）而生成烃。最常用的脱羧方法是将羧酸的钠盐与碱石灰（CaO+NaOH）或固体氢氧化钠加热。当羧酸的α碳上有强吸电子基时，也会使脱羧反应更容易进行，如乙酰乙酸加热即可脱羧，生成更稳定的乙酸，而且有助于岩石的溶蚀作用。

（6）有机质的缩聚作用：生物有机碎屑物质的变化会释放出分子量比它先质更小的、或多或少分解了的化合物，甚至像酚、氨基酸、单糖、脂肪酸等单分子物质。它们相互作用形成复杂的结构，如含有碳链和官能团（—COOH，—OCH_3，—NH_2，—OH等）的聚缩核的腐殖物质，并且由杂原子键（羰基、羧基、硫、醚等）或C—C键连接起来。实际上，它是一种缩聚作用，取决于所有有机单元的反复反应以及环境的物理、化学和生物条件。生物先质的性质及介质环境对表层中有机质结构的影响，可以通过研究腐殖质的物理、化学性质来确定。其缩聚产物就是干酪根，干酪根是沉积物中不溶于非氧化的无机酸、碱和有机溶剂的一切有机质，有固定的化学成分，主要由 C、H、O 和少量 S、N 组成，没有固定的分子式和结构模型。沉积物（岩）中分散的有机质（包括生物有机碎屑物质、钙质和硅质等生物碎屑物质中的有机质部分）在沉积物（岩）中经历了上述复杂的生物化学、化学变化及物理变化，通过腐泥化及腐殖化过程形成干酪根。实际上，上述分类的生物体的骨壁壳及其碎屑物质（第二大类）与生物体的各种脂类物质（第一大类）的缩聚产物就是干酪根，但是，按干酪根是不溶有机质的定义应该主要是指生物体的骨壁壳及其碎屑物质（第二大类），也是本章要讨论的核心。

三、海相优质烃源岩中超显微生物碎屑的成因类型

海相优质烃源岩超显微有机岩石学是在常规普通显微镜分析或有机岩石学研究的基础上，针对优质烃源岩（或富有机质页岩）超显微（介于普通显微镜与原子力显微镜之间）结构和成分组成不明的特点，利用扫描电子显微镜（SEM）+能谱仪（EDS）、电子探针（EPMA）、纳米 CT 或微米 CT、FIB 等岩石原位微区分析及全岩 X 射线衍射分析等实验新技术新方法进行综合分析和成因类型研究，对优质烃源岩的超显微颗粒构成、来源等方面的研究成果突破了传统石油地质学对泥页岩的认识。

1. 优质烃源岩超显微有机岩石学分析新技术——扫描电子显微镜+能谱仪、页岩 CT 扫描三维可视化、FIB-SEM 三维结构分析、电子探针-波谱-能谱仪分析等

（1）扫描电子显微镜+能谱仪：扫描电子显微镜（SEM）是用聚焦得很细的电子束照射被检测的试样表面，产生二次电子或背散射电子进行形貌观察。SEM 以观察试样形貌特征为主，电子光学系统的设计注重图像质量、图像的分辨率最高可达 3nm、景深大、试样制备简单、分析速度快、保真度好以及不破坏原样等。

能谱仪是接收 X 射线并检测 X 射线能量强度的仪器，它是用聚焦得很细的电子束照射被检测的试样表面，用 X 射线能谱仪测量电子与试样相互作用所产生的特征 X 射线的强度、波长与能量，从而对微区所含元素进行定性或定量分析。能谱电子束作用范围（即点大小）与元素、电压和电子束倾角等有关。例如，Si 在电压为 20kV 时电子束直射的条件下电子束作用范围即测点大小约为 3.5μm 的 2/3 球体（图 3.5），也可以测面（方块）或线的元素成分，它们由多个点组合而成，Si、O、Na、Mg、Al、S、K、Cl、Ca、Ti、Fe、Zn、V 等非金属和金属元素均可分析。理论上只有质量数小于 4 的 H、He 等元素不能测定，但是某些元素如 C 元素很难定量测定，本书通过方法实验只能测定相对定量值，而且多偏高。例如，方法实验中磨光钢标样测定的数据显示：C 小于 1% 时可高出真值 5 倍以上，C 介于 1%～3% 时可高出真值 2～5 倍，C 大于 3% 时相对接近真值，因此，C 元素含量数据仅供参考。

扫描电子显微镜+能谱仪具有成分分析功能：SEM 与 EDS 组合后，不但可以进行微观结构分析和准确的成分分析，而且一般都具有很强的图像分析和图像处理功能。本书海相优质页岩中的石英（包括硅质或硅铝质）、黏土、长石、方解石（包括钙质或硅钙质）、有机体（包括藻类、菌类等生物残骸或残余物）、黄铁矿等均是通过扫描电子显微镜+能谱仪分析的。

本书中海相富有机质页岩中的石英、长石、方解石与粉砂岩或搬运沉积的石英、长石、方解石或自生晶体等并非完全一致，主要差别是前者多含一定量的有机质，形状不规则，有的具明显的生物屑特征，元素组成多复杂，常含其他少量或微量元素和表面光滑程度或颜色深浅变化大。例如，本书优质页岩中的石英几乎均为集合体，形状不规则，常呈他形致密块状，表面相对光滑细腻，常具贝壳状断口，多含有机质及 Al、Mg、Na、K、Ti、Fe 等其他杂元素（分析工作主要由张庆珍完成）。

（2）页岩 CT 扫描三维可视化技术：仪器采用德国菲尼克斯 X 射线（Phoenix | X-ray）180kV 纳米焦点工业 CT——nanotom©CT，最高加速电压为 180kV，最大功率为 15W。由于 CT 扫描结果的分辨率与样品尺寸大小有密切关系，页岩样品尺寸为 3mm 或 10mm 时尽可能使用纳米-CT 进行扫描观察，页岩样品

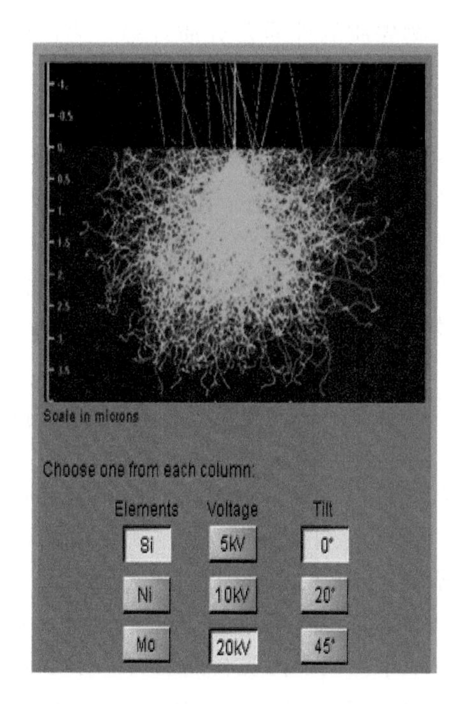

图 3.5　扫描电子显微镜图像点能谱元素分析电子束作用范围示意图

尺寸为 15mm 或 25mm 时尽可能使用微米-CT 进行扫描观察分析。

利用微米-CT 扫描技术或纳米-CT 扫描技术可获得富有机质页岩的颗粒矿物、层理发育、脉、裂缝、不均一性等特征，即对富有机质页岩三维孔隙结构和不同颗粒成分进行分析和研究。

（3）FIB-SEM 三维结构分析技术：该技术需要同时应用 FIB 和 SEM 进行实验测试。用于 SEM 分析的样品是在空气中自然干燥的，然后利用 RES101 型 Ar 离子减薄机对泥岩表面进行抛光处理。实验中离子束和电子束同步聚焦在样品表面的一个点上，电子束为垂直方向，离子束与垂直方向呈 52°角。样品与离子束垂直放置，这样离子减薄机就能够切出一个平面，该平面的图像可以马上被高分辨率的扫描电子显微镜记录下来而无须移动样品。通过不断切取新的平面和记录平面上的信息，这样一个“边切边记录”的技术就能够使用 FIB-SEM 仪器获得样品的三维信息。

FIB-SEM 联合分析仪可以有效地分析泥岩的三维立体结构，并且可以通过数字处理获得富有机质页岩的不同矿物颗粒、基质、孔隙度、孔径分布、渗透率、孔隙弯曲度和连通性等参数。

使用图形处理软件 Fiji，对获得的多个二次电子图像进行拼接处理可得到三维结构图。根据二次电子图像和背散射图像中的灰度对比，可将孔隙、方解石、大的泥质或石英颗粒等以及黏土基质分割开。通过计算三维图像中的孔隙体积占总体积的比例可以直接获得样品的孔隙度。FIB-SEM 能检测到的最小孔径约为 10nm，孔径分布的优势区域为 10 ~ 50nm。

通过 Avizo 软件中的相关算法，将每个孔隙或矿物颗粒简化为一条线，然后通过这些“骨骼化”的线建立三维的结构图像。因此，通过 FIB-SEM 分析，可以获得矿物颗粒或孔隙通道方向性、弯曲度、通道长度等孔隙特征，并可以利用赤平投影对这些数值的空间分布进行分析。

（4）电子探针-波谱-能谱仪（EPMA-WDS-EDS）分析技术：电子探针分析从一开始就以原位微区、微粒微量、快速简便以及能同时进行成分、形态、结构、物性等多方面的分析，受到人们普遍的关注。经过五十多年的发展，在地质学等领域得到了广泛的应用，其常量元素的较好分析精度已在各种应用上得到证实，已经成为微区主元素成分分析的主要手段。近年来该技术在低含量、微量元素，甚至痕量元素定量分析应用中也越来越得到重视（周剑雄等，2002；郭国林等，2005）。

（5）电感耦合等离子体质谱（ICP-MS）分析技术：ICP-MS 分析技术是 20 世纪 80 年代初分析化学领域最成功的创举。从 1983 年第一台商品仪器问世起，立即以其卓越的分析性能和强大的分析能力引起全世界各个分析领域的关注。该技术以其原位、实时、在线、快速的分析优势以及较高灵敏度，较好的空间分辨率（<10μm），多元素同时测定并可提供同位素比值信息检测能力在岩石矿物等样品的微区痕量元素分析中有很大的优势，在岩石矿物的微区微量元素、包裹体和同位素以及锆石微区定年等的分析中得到了迅速的发展（Cottingham，2004；Günther et al.，2005；Chen et al.，2011）。

（6）单体有机质分析技术：优质烃源岩中单体有机质显微组分激光微区分析装置是由中国石化石油勘探开发研究院无锡石油地质所实验研究中心自行研发并具有知识产权的分析装置及技术，既能对岩石样品中不同的有机显微组分分别进行激光剥蚀同位素分析，有效地避免不同岩石组成成分同位素的混合，为油气地质勘探提供更有针对性的有机地球化学信息，又能观察岩石光片中的各种有机显微组分，明显提高了地质解释精度，真正实现了有机显微组分成分分析和碳同位素组成的独立研究，使有机显微组分以及相对应的成烃生物研究价值得到了突破性提升。该技术是一项跨学科的分析技术，采用有机岩石学的方法观察样品，对样品中的不同类型有机显微组分定性；采用激光微区分析方法对选定的有机显微组分定位并使其发生热裂解，采用有机地球化学在线分析的方法对裂解产物进行组分分析，最后得到不同类型有机显微组分裂解产物的分子组成和同位素信息。该有机质显微组分激光微区分析装置，到目前已完成了百余件岩石样品中的有机成分分析测定，获取所需的大量测试数据精确可靠。

（7）激光共聚焦分析技术：该技术可以对优质烃源岩中单体有机显微组分进行三维显微结构研究。有机显微组分本身是发荧光的，利用激光共聚焦完全可以获得它的三维形貌。

（8）显微傅里叶红外光谱（Micro-FTIR）技术：该技术是一项将显微镜观察技术与红外光谱测定技术相结合的新型的微区分析方法。Micro-FTIR的出现使红外光谱分析走上了新阶段，利用了FTIR的分辨率高、重复性好及数字化后便于数学处理的特点。显微傅里叶红外光谱可应用于岩石有机质及矿物组成的分析研究中，从而使岩石矿物的研究从传统的显微级研究进入超显微级或分子级研究水平。

（9）拉曼光谱分析技术：该技术作为一种分子光谱微区分析技术得到了迅速发展，利用激光拉曼光谱可对物质分子进行结构分析和定性鉴定，其空间分辨率也达到2μm（Bernard et al.，2010）。拉曼光谱可以单独或与其他技术（如X射线衍射谱、红外吸收光谱、中子散射等）结合起来应用，方便地确定离子、分子种类和物质结构。其应用主要是对各种固态、液态、气态物质的分子组成、结构及相对含量等进行分析，实现对物质的鉴别与定性。拉曼光谱成为对沉积岩和变质沉积岩中碳质微粒研究的有效方法（Jehlicka et al.，2003）。拉曼光谱指标是有机质在热演化过程中结构变化的直接反映指标，因此有机质激光拉曼光谱在指示高成熟度有机质中具有巨大的潜力（Quirico et al.，2005）。与其他成熟度指标相比，拉曼光谱具有相对准确、测试简便的优点（Potgieter-Vermaak et al.，2011；Beyssac et al.，2002）。

（10）页岩X射线衍射分析：页岩中的黏土、石英、长石、方解石等矿物含量数据均是由Bruker AXS D8型X射线衍射仪分析的。该设备由X射线管发射出来的X射线照射到试样上产生衍射效应，用辐射探测仪接受X射线光子，经测量电路放大处理后在记录装置上给出精确的衍射峰位置、强度和线型等衍射物质的物相分析、晶体结构分析、结晶度等测定。

海相优质烃源岩超显微有机岩石学分析方法——岩石原位微区分析主要具有以下两方面的功能：一是对优质烃源岩或页岩或致密储层的微观结构及图像分析，如样品的非均质性、矿物结构、微裂缝及纳米孔隙等的分析，从扫描电子显微镜（SEM）→微米-CT或纳米-CT→FIB-SEM，微观结构图像从微米级→纳米级分辨率越来越高；二是对微米—纳米级的矿物颗粒或生物碎屑物质或胶结物的成分、微量元素及同位素分析，从扫描电子显微镜（SEM）+能谱元素→电子探针→电感耦合等离子体质谱（ICP-MS）（无机）→单体有机质显微组分激光微区色谱质谱、碳同位素分析（有机）等，成分及微量元素分析精确度越来越高。

2. 海相优质烃源岩中常常以生物碎屑颗粒为主体

关于海相优质烃源岩超显微颗粒及矿物的来源和成因，由于组成页岩或泥岩的颗粒太小和显微识别技术等研究程度的限制，尚未弄清楚或存在争议。沉积岩石学传统的观点认为页岩或泥岩中的黏土级

(<3.9μm) 颗粒主要为“外来搬运”(河流、湖泊及海洋流体或风搬运) 而来。而本书通过海相 (或海侵湖泊) 优质烃源岩 (富有机质页岩) 的野外及井下岩心观察、全岩有机岩石学显微照片、扫描电子显微镜照片+能谱仪数据和 X 射线衍射分析等微观矿物成分数据综合研究认为，海相优质烃源岩 (页岩) 中的颗粒并非均为黏土级颗粒，而是以粉砂级 (0.0039～0.0625mm) 的生物碎屑或与生物成因有关的碎屑颗粒为主体 (秦建中等，2015)。

(1) 海相优质烃源岩中的生物及其衍生物碎屑以粉砂级 (0.0039～0.0625mm) 颗粒为主体。

海相优质烃源岩多看起来相对较“粗”，不规则的粉砂级颗粒含量可以在 50% 以上。对海相优质烃源岩的野外及井下岩心、岩屑观察 (眼睛看) 可以看出，海相 (或海侵湖泊) 富有机质页岩并不像传统观点认为的那样均很“细”和很“黑”，而是相对较“粗”且一般颜色较浅 (灰黄) 或“黑白”相间 (图 3.6)。

图 3.6　海相 (海侵湖泊) 优质烃源岩样品照片

a. 中国东营凹陷牛页 1 井 E_S 岩心照片 3495～3497m；b. 中国綦江观音桥剖面五峰组—龙马溪组含笔石的硅质生屑页岩；c. 中国准噶尔天池三工乡二叠系剖面；d. 澳大利亚塔斯马尼亚二叠系油页岩；e. 中国塔里木盆地柯坪奥陶系剖面；f. 加拿大阿尔伯特盆地石炭系剖面

通过优质烃源岩的全岩有机岩石学显微照片 (反射荧光、透射光，一般放大 100～800 倍) 也可以看出海相 (或海侵湖泊) 富有机质页岩岩石颗粒大部分是由粉砂级 (0.0039～0.0625mm) 生物碎屑构成，照片中常常发现生物碎屑结构明显，粉砂级 (0.0039～0.0625mm) 生物碎屑物质含量一般在 50% 以上 (图 3.7)。例如，普光 5 井 P_2l 钻井黑色页岩岩屑 (5735～5740m) 全岩油浸反射光显微照片中0.05～

0.0039mm 的颗粒（照片中放大 512 倍，相当于 2mm÷512≈0.0039mm～25mm÷512≈0.049mm）占体积的 50% 以上。

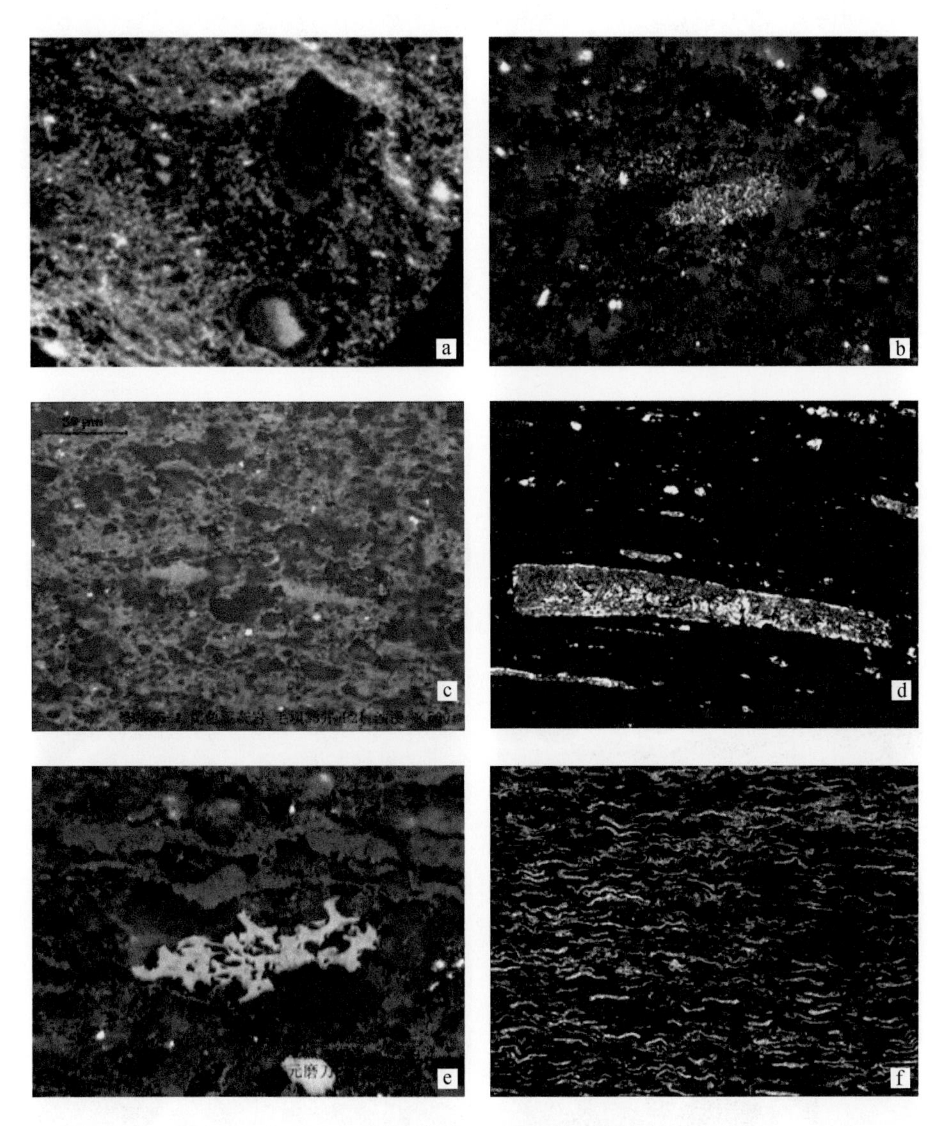

图 3.7　海相优质页岩微观结构照片

a. 中国川东北普光 5 井钻井岩屑 P_2l，5735～5740m，黑色页岩，全岩光片反射光显微照片，油浸，×512；b. 中国川东北河坝 1 井黑色页岩（岩心），P_2l，5637.01m，全岩光片反射光显微照片，油浸，×800；c. 中国川东北毛坝 3 井，MB3-26-1，黑色页岩（岩心），P_2l，全岩光薄片反射光显微照片，油浸，×500；d. 中国川东北毛坝 3 井，MB3-26-1，黑色页岩（岩心），P_2l，全岩光薄片透射光显微照片，×200；e. 中国广元长江沟磨刀崖剖面（地面露头），P_2d，全岩光片反射光显微照片，油浸，×800；f. 澳大利亚塔斯马尼亚（地面露头），P_2，全岩光薄片透射光显微照片，×200

通过优质烃源岩的全岩超显微有机岩石学扫描电镜照片（放大 500～7000 倍）也可以看出海相（或海侵湖泊）富有机质页岩岩石颗粒不但部分由粉砂级（0.0039～0.0625mm）生物碎屑构成（一般>50%），而且黏土级（<3.9μm）颗粒也主要由生物碎屑和黏土矿物等构成（图 3.8）。例如，河坝 1 井等黑色页岩扫描电子显微镜微观结构照片中 0.0039～0.05mm 的生物碎屑物质占 50% 以上。

海相优质烃源岩中粉砂级颗粒的主要成分为生物碎屑，包括生物钙质碎屑、生物硅质碎屑、生物骨壁壳有机碎屑等。除此之外，粉砂级颗粒还发育有非生物组分碎屑，主要包括火山灰碎屑、自生矿物及远洋陆源碎屑（少见）等。

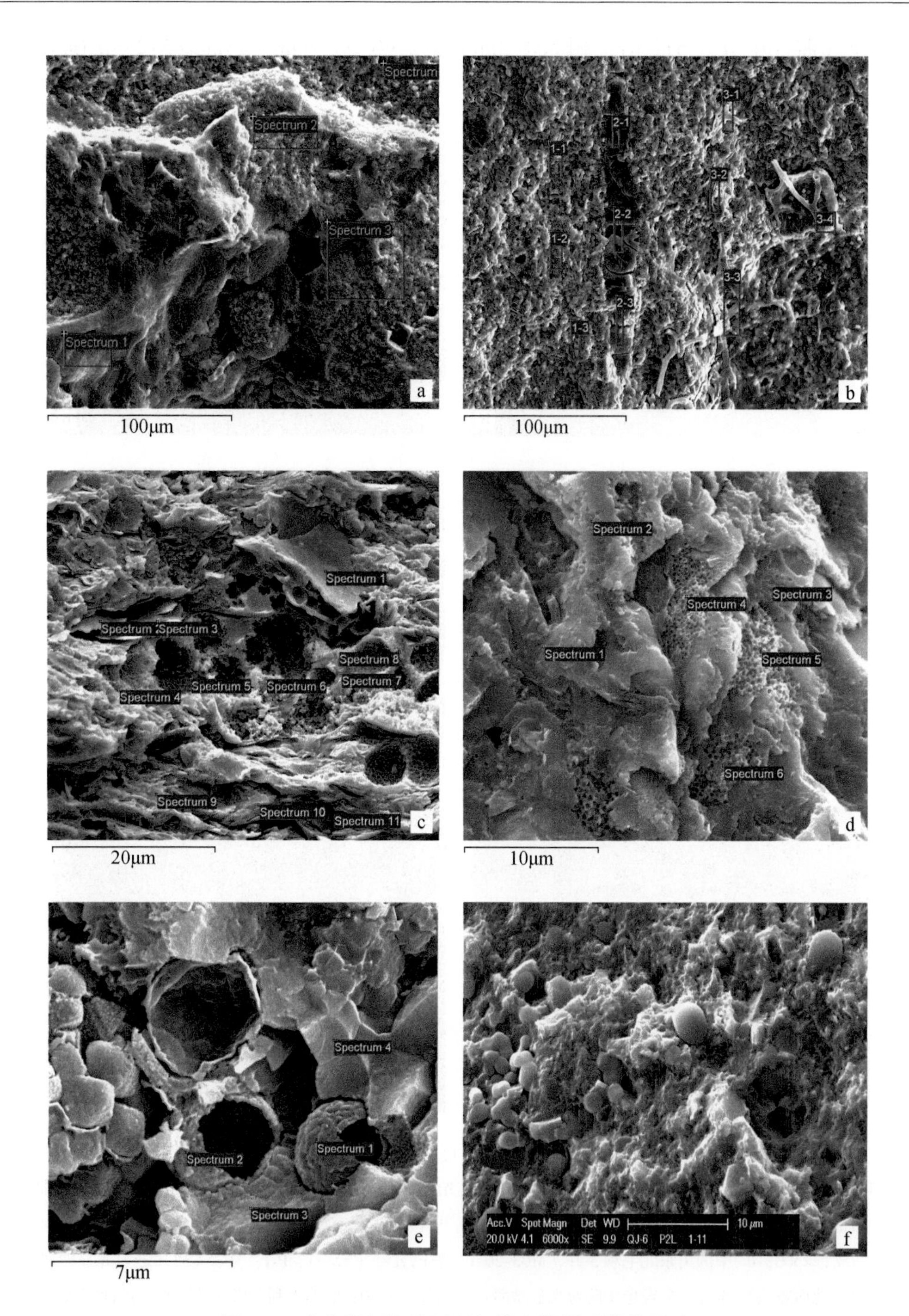

图 3.8　南方海相优质页岩扫描电镜微观结构照片

a. 川东北河坝1井 HB1-7-4，P_2l，5643.21m，2-2、2-4，黑色页岩，垂直页理自然面；b. 广元长江沟磨刀崖剖面，GY-07-11，P_2d，RE3-1、RE3-4，黑色钙质泥页岩，垂直页理自然面；c. 川东北通江剖面，TJ-07-115，5-11，S_1l，黑色页岩，垂直页理自然面；d. 川东北通江剖面，TJ-07-64，6-008，$\mathrm{Є}_1n$，黑色页岩，垂直页理自然面；e. 贵州遵义剖面，$\mathrm{Є}_1n$，黑色硅质页岩，SL-12，12～13，垂直页理自然面扫描电子显微镜微观结构照片；f. 重庆南川 QJ-6，P_2l，黑色泥页岩，微观结构照片，垂直页理自然面扫描电子显微镜照片（硫细菌）

海相优质烃源岩中粉砂级的生物碎屑泛指生物死后残留保存下来的骨骼、有机成分及其衍生物等一系列生物碎屑，形成软泥，后与沉积物一起成岩。软泥主要是指来自浮游生物等的遗骸物质，含量在30%以上的远海性沉积物，即微细颗粒的软质淤泥，也称有机质软泥。来源于生物的主要物质属未被分解而残存的骨骼等石灰质和硅质。含碳酸钙50%以上者称为石灰质软泥，现今以大西洋和印度洋居多。根据石灰质遗骸的主要种类而区分为有孔虫软泥和翼足类软泥，前者又分为球房虫属软泥和 *Globorotalia* 软泥等。含硅质较多的硅质软泥有南极海域较多的硅藻软泥和印度洋、热带太平洋部分地区较多的放射虫软泥等。

生物钙质碎屑物质是古代的钙质生物如有孔虫、抱球虫、颗石藻、翼足虫等死亡后残留保存下来的骨骼、蛤壳、蛋壳、珍珠、珊瑚和一些生物的壳体等碎屑及其钙质衍生物碎屑等。通常指原地生成的粉砂级微体化石残体碳酸盐颗粒或钙质软泥。钙质软泥是海洋（或深海）生物软泥的一类，即海洋中钙质生物含量大于30%或50%的沉积物，主要分布在海山、海岭的碳酸盐补偿深度之上。根据所含钙质生物，分别称为有孔虫软泥或抱球虫软泥或颗石藻软泥、翼足虫软泥等。

生物硅质碎屑是古代的硅质生物如海绵、放射虫和硅藻等死亡后残留保存下来的骨针碎屑、介壳碎屑和遗体碎屑及其硅质衍生物碎屑等。其中 SiO_2 矿物（蛋白石、玉髓和自生石英等）不是来自外来搬运石英碎屑，而是来自生物的硅质骨骼、壳体或碎片，由化学作用直接沉淀或交代作用而产生。

生物骨壁壳有机碎屑指优质烃源岩中成烃生物（包括浮游生物——浮游藻类、浮游动物等，底栖生物——底栖藻类、水生植物、底栖植物等，真菌类、细菌类或微生物及病毒等）死后残留保存下来的有机成分及其有机衍生物等，后与沉积物一起成岩。

（2）优质烃源岩中的生物碎屑特征如下：

生物碎屑物质一般均含不等量的 $C_{有机}$ 或有机质，$C_{有机}$ 一般变化在5%~80%之间。生物碎屑多为浮游生物残屑，具有高的生油气能力。硅质或生物钙质碎屑只有少部分自生石英、蛋白石、燧石，或自生长石，或自生方解石、白云石等，不含 $C_{有机}$。

生物碎屑物质粒级多为粉砂级（0.0039~0.0625mm），并非黏土（<0.0039mm）。这可以从野外及井下岩心、岩屑观察结果（图3.6）、全岩有机岩石学显微照片及鉴定结果（图3.7）和全岩超显微有机岩石学扫描电镜照片（图3.8）及鉴定结果粉砂级生物碎屑物质一般>50%中得到证实。

生物碎屑物质形状不规则，利用显微镜、扫描电子显微镜（SEM）等新技术放大后有的可以发现粉砂级颗粒内的生物结构（图3.7、图3.8）。

生物骨壁壳有机碎屑物质中含 $S_{有机}$ 相对较高，$S_{有机}$ 与 $C_{有机}$ 含量成正比；生物硅质碎屑物质中含 $S_{有机}$ 相对较低，多数几乎不含 $S_{有机}$，$S_{有机}$ 与生物硅含量成反比。颗粒中也含有或见到生物所需的铁（Fe）等微量元素含量一般相对较低，部分也含钒（V）、锌（Zn）、钛（Ti）等微量元素。生物硅质碎屑物质中生物所需的铁（Fe）、磷（P）等微量元素含量一般相对较低，相对高含量可能与生物的特定种类或特定的沉积环境有关。生物硅质碎屑物质中钛（Ti）、钒（V）、锌（Zn）等微量元素含量相对更低，扫描能谱分析一般难以检测出来。

生物碎屑物质常常顺页理面（或纹层面）分布集中呈带状或超微薄层状分布，其厚度一般在20~100μm之间。

生物硅质碎屑物质早成岩阶段为蛋白石，胶结物溶解后可发育5~10nm的孔隙，即相对较大的硅质或钙质生屑粉砂级颗粒内也可能发育5~10nm的孔隙。其硅质或钙质有机生屑粉砂级颗粒在高成熟油裂解气阶段有机质（残留颗粒内的可溶有机质）也可以产生气（甲烷）形成孔隙。除此之外，硅质或生物钙质碎屑物质以非晶质 SiO_2（蛋白石）或 $CaCO_3$ 为主要矿物成分，呈脆性，在构造应力作用下容易产生超微裂缝。因此，油气更容易排出来（顺层，甚至从颗粒中排出）。

生物钙质碎屑中的碳酸盐（$CaCO_3$）对干酪根（有机质）生油具有一定的“催化作用”，也可能是干酪根（有机质）中 $S_{有机}$ 含量高活化能相对较低的缘故；生物硅质碎屑物质中的 SiO_2 对有机质转化油气也具有一定的“催化作用”或“氧化还原反应”，尤其是对“油”裂解“气”的“催化作用”相对碳酸盐岩更为明显，这已经被模拟实验所证实。

富有机质生物硅质碎屑形成的环境为远离海岸的台内盆地、台地凹陷或台地坳陷或台地洼槽中心位置，它们的沉积水体稳定且相对较深，浮游生物（尤其是海绵、放射虫、硅藻等硅质浮游生物）及底栖生物发育，水体底部或沉积界面以下往往处于还原—强还原甚至 H_2S 环境等，海洋上升流、火山喷发、黑（白）烟囱等热液区也有助于硅质生物的发育，硅质生物不断吸收海洋中的“硅”，而海洋上升流、火山喷发、黑（白）烟囱和整个大洋水体所接触的各种风化和溶蚀作用不断向海洋水体中提供“硅”，从而保持浓度平衡。

富有机质生物钙质碎屑沉积于远离大河入海（湖）口的安静海盆、台内盆地、台地凹陷或台地坳陷或台地洼槽中心位或湖盆。常呈黑色、黑白（或黄）互纹层色、深灰色、灰色、黄色等。按重量碳酸盐成分占30%～70%，矿物主要为方解石，白云石、文石少见，菱铁矿更少。含有机质碎屑，它们的沉积水体稳定且相对较深，浮游生物（浮游藻类为主）和底栖生物（底栖藻类为主）发育，水体底部或沉积界面以下往往处于还原—强还原甚至 H_2S 环境等。

火山灰碎屑由火山活动产生，就是细微的火山碎屑物，由岩石、矿物、火山玻璃质碎片组成，直径小于2mm，其中极细微的火山灰称为火山尘。在爆发性的火山运动中，固体石块和熔浆被分解成细微的粒子而形成火山灰。在火山的固态及液态喷出物中，火山灰的量最多，常呈超显微薄层状，分布最广，它们常呈深灰、黄、白等色，堆积压紧后成为凝灰质页岩。

3. 海相优质烃源岩超显微生物碎屑含油性分类方案：生物无机碎屑（硅质生屑和钙质生屑等）、骨壁壳有机碎屑、脂类碎屑及其次生沥青

海洋沉积物尤其是海相优质烃源岩由生物组分（钙质、硅质和有机质）及非生物组分（自生、陆源、火山及宇宙尘埃）组成，它们的相对丰度是大洋沉积物尤其是海相优质烃源岩超显微碎屑分类命名的基础。

本书中的海相优质烃源岩超显微碎屑颗粒成因分类是以海相优质烃源岩中的生物及其衍生物碎屑超显微有机岩石学特征及前人烃源岩有机显微组分分类方案为基础，按生物类型含油性、生物分子结构及稳定性、沉积成岩变化和生油生烃气特征划分为生物无机碎屑（硅质生屑、钙质生屑及无机盐等）、生物骨壁壳有机碎屑、脂类（油脂、脂肪及类脂）碎屑及脂类次生沥青等四种成因类型（表3.1）。

表3.1　优质烃源岩超显微生物碎屑及其衍生物组分成因类型

<table>
<tr><th>成因类型</th><th>主要显微组分</th><th>未成熟—成熟优质烃源岩中分布</th><th>高成熟—过成熟优质烃源岩中分布</th><th>主要来源</th></tr>
<tr><td rowspan="7">生物无机碎屑</td><td rowspan="3">生物硅：
硅质生屑——放射虫、海绵等硅质骨（针）壳及其碎屑，硅藻等硅质壁壳及其碎屑；
生物矿物——蛋白石、玉髓、石英；
硅化生屑等，常含有机质</td><td colspan="2">常见（页岩中其体积>50%为硅质生屑页岩或硅质页岩）</td><td rowspan="3">生物硅主要源于：①放射虫、海绵等动物的蛋白石或硅质骨（针）壳及其碎屑；②硅藻、金藻等浮游藻类的蛋白石或硅质壁壳及其碎屑；③生物硅中常含不等量的骨胶原或几丁质或果胶等具有粘连作用的有机质
石英、蛋白石等主要源于早成岩阶段溶解的生物硅</td></tr>
<tr><td>石英常见</td><td>石英常见，无蛋白石</td></tr>
<tr><td colspan="2">常见（页岩中其体积>50%为硅质页岩或硅质岩）</td></tr>
<tr><td rowspan="3">生物钙：
钙质生屑——有孔虫等钙质骨壳及其碎屑、颗石藻等钙质壁壳及其碎屑；
生物矿物——文石、方解石；
钙化生屑等，常含有机质</td><td colspan="2">常见（页岩中其体积>50%为钙质生屑页岩）</td><td rowspan="3">生物钙主要源于：①有孔虫等原生动物软体动物及腔肠动物的钙质骨壳及其碎屑；②颗石藻等钙质壁壳及其碎屑；③生物钙中常含不等量的骨胶原或几丁质或果胶等有机质
方解石、文石等主要源于早成岩阶段溶解的生物钙</td></tr>
<tr><td>方解石常见</td><td>方解石常见，无文石</td></tr>
<tr><td colspan="2">常见，优质烃源岩中体积>50%为泥灰岩、灰岩</td></tr>
<tr><td>其他矿化生物碎屑——黄铁矿化生物碎屑、磷质化生物碎屑和无机盐等生物矿物，常含有机质</td><td>黄铁矿常见
无机盐难识别</td><td>黄铁矿常见
无机盐难识别</td><td>主要源于一些富铁生物或富磷生物及其碎屑或源于生物体中的无机盐等矿物</td></tr>
</table>

续表

成因类型	主要显微组分	未成熟—成熟优质烃源岩中分布	高成熟—过成熟优质烃源岩中分布	主要来源
生物骨壁壳有机碎屑	纤维质+果胶或肽聚糖等壁壳及其碎屑，几丁质丝壁壳及其碎屑，硬蛋白或骨胶原等骨壳及其碎屑，凝胶化镜状体、炭化菌类体等，几乎不含“油”	常见，几乎不能生油	常见，可生成烃气（转化率<15%），相当于Ⅲ型	主要源于：①甲壳类三叶虫笔石等动物由几丁质或骨胶原构成的骨壳及其碎屑，凝胶化形成镜状体；②底栖藻类浮游藻类真菌细菌类由纤维质+果胶或几丁质或肽聚糖等构成的壁壳及其碎屑，凝胶化形成镜状体
	纤维质或半纤维质或木质+果胶等骨壁壳及其碎屑，镜质组、惰性体、粗粒体等，几乎不含“油”	少见，几乎不能生油	少见，可生成一些烃气	主要源于水生陆生高等植物由纤维质半纤维质木质+果胶构成的壁骨壳及其碎屑，纤维素+果胶凝胶化形成镜质组，木质素炭化形成惰性体
脂类（油脂、脂肪及类脂）碎屑	超微型—小型单细胞浮游生物的大量“油滴”“脂肪球”等油脂及细胞膜等含类脂碎屑	常见，生油主体，相当于Ⅰ型（页岩中其体积>15%或TOC>8%油页岩）	脂类已演化或裂解为固体沥青+烃气（转化率>45%）	主要源于超微型、微型和小型单细胞浮游生物；生物细胞体含“油”量一般占干重的8%~40%，脂类含量占优质烃源岩中保存下来有机质的95%~80%
	中型以上的多细胞浮游动物的脂肪及含类脂碎屑	常见，可以生油，相当于Ⅱ型（与单细胞浮游生物一起可以形成油页岩）	脂类已演化（或裂解）为固体沥青+烃气	主要源于甲壳类、笔石等中型以上的多细胞浮游动物；生物体含“油”量一般占干重的1%~15%，脂类占优质烃源岩中保存下来有机质的15%~60%
	底栖藻类、底栖动物的少量油脂或脂肪、含类脂碎屑及底栖藻类的各种孢子等	常见，可以生油，相当于Ⅱ型（与浮游生物一起可以形成油页岩）		主要源于：①褐藻红藻绿藻等底栖藻类；②海绵、三叶虫等底栖动物，其生物体含“油”量一般不超过干重的12%，脂类占优质烃源岩中保存下来有机质的15%~60%
	真菌类、细菌类微生物的少量油脂、含类脂碎屑及各种真菌孢子等	一般难识别，可以生油，相当于Ⅱ型		主要源于真菌、古细菌、细菌等微生物；其细胞体脂类含量一般占优质烃源岩中保存下来有机质的15%~50%
	水生陆生高等植物的各种孢子体、角质体、木栓质体、树脂体、种子及其他含脂类碎屑	少见	少量烃气	主要源于水生陆生苔藓、蕨类、种子等高等植物；植物体含“油”量一般不超过生物体干重的5%
脂类次生沥青	可溶沥青（可溶有机质）；运移沥青或渗出沥青体	常见，就是石油前身	演化为固体沥青+烃气，烃气转化率>45%	次生沥青均源于脂类 渗出沥青体也是上述成烃生物脂类组热降解的烃类产物，多发育在生物碎屑内生裂隙中或生物腔孔中；微粒体是脂类组分或可溶有机质热裂解缩聚反应的残余微粒状产物；氧化固体沥青则是“运移沥青”氧化或生物降解后的残余产物；原沥青（原地早期沥青）源于动物“脂肪”或浮游生物的“油滴”原地变化残余产物（轻烃丢失）
	高演化固体沥青或微粒体	无	常见	
	氧化固体沥青	少见	少见，少量烃气	
	原沥青（原地早期沥青）	不确定	不确定	
	沥青包裹体	不确定	可见气+固体沥青边	
	再循环固体沥青	少见	少见	

（1）生物无机碎屑是指优质烃源岩中由生物的坚硬非有机部分组成（硅质、钙质等）或是在沉积当地生物排泄的沉淀物或是生物体中的无机盐等在生物死亡后分解并在成岩阶段保存下来所形成的生物矿物。常见的主要有硅质生物碎屑（生物硅）、钙质生物碎屑（生物钙）、无机盐和黄铁矿等。

生物硅或硅质生物碎屑（简称硅质生屑）或硅质骨壳生屑是生物骨壁壳碎屑，化学成分主要是由SiO_2组成，主要源于放射虫、海绵等动物的蛋白石或硅质骨（针）壳及其碎屑，硅藻、金藻等浮游藻类的蛋白石或硅质壁壳及其碎屑。生物硅质骨壳的原始成分多为蛋白石（二氧化硅的水合物，主要通过二氧化硅的胶体沉淀形成），随着沉积成岩逐渐从蛋白石 A（无定形）演化为蛋白石 CT（一维堆垛无序形态）、燧石（微晶石英）、玉髓（含水石英的隐性晶体）和自生石英。硅质骨壳生屑多数还含不等量的有机质（硬蛋白或果胶质）及其他杂质，用来黏结生物分子结构的骨骼或外壁壳，但是其不含油，在成熟阶段不能生油，到高成熟—过成熟阶段其所含的硬蛋白或果胶质等有机质只可能生成少量的烃气。

生物钙或钙质生物碎屑（简称钙质生屑）或钙质骨壳生屑是生物骨壁壳碎屑，化学成分主要是由$CaCO_3$组成，主要源于有孔虫等原生动物软体动物及腔肠动物的钙质骨壳及其碎屑，颗石藻等钙质壁壳及其碎屑等。生物钙质骨壳的原始成分多为文石（斜方晶系，与三方晶系的方解石同质多象）。在自然界，文石远少于方解石，作为生物化学作用的产物，见于许多动物的贝壳或骨骸中，珍珠的主要构成物也是文石，海水中也可以直接形成；文石不稳定，常转变为方解石。钙质骨壳生屑多数含不等量的有机质（果胶质或纤维质或几丁质或胶原蛋白）及锰和铁等其他杂质，用来黏结生物分子结构的骨骼或外壁壳，与生物硅相似，不含油，在成熟阶段也不能生油，到高成熟—过成熟阶段其所含的果胶质或纤维质或几丁质或胶原蛋白等有机质只可能生成少量的烃气。

其他矿化生物碎屑，包括黄铁矿、磷质生物碎屑等在海相优质烃源岩中也常见，主要源于一些富铁生物或富磷生物及其碎屑，它们也常常含少量有机质，黄铁矿往往可以与“油”或沥青相伴生，即形成黄铁矿的原生物体可能是含油的，但黄铁矿本身不含油。生物产生的无机盐往往难识别是生物的还是非生物的。

（2）生物骨壁壳有机碎屑（简称有机生屑）：优质烃源岩中的生物骨壁壳有机碎屑主要是指来源于具有坚硬外骨骼或壳或细胞壁生物死亡后分解并在成岩阶段能保存下来其骨骼壁壳原生结构的碎屑物质。需要强调的是，生物骨壁壳有机碎屑均是在强还原—还原厌氧条件下的海或湖底沉积时才能部分保存下来。在氧化条件下，生物骨壁壳有机碎屑以及硅质生屑和钙质生屑中的有机质部分很难保存下来。这里所论述的均是优质烃源岩的沉积环境，其他非优质烃源岩沉积环境并不能参照。

生物骨壁壳有机碎屑按生物种类和分子结构大致可以分为三类：

几丁质丝壁壳及其碎屑或骨胶原（硬蛋白等）等构成的骨壳及其碎屑，凝胶化后可以形成镜状体，它们主要源于甲壳、三叶虫、笔石等动物类的骨壳。

纤维质+果胶壁壳及其碎屑或肽聚糖壁壳或几丁质丝壁壳及其碎屑，凝胶化可以形成镜状体，炭化后也可以形成菌类体等，它们主要源于底栖藻类、浮游藻类、真菌类和细菌类等低等植物的细胞壁壳。

无论是几丁质丝壁壳及其碎屑、骨胶原（硬蛋白等）等构成的骨壳及其碎屑、纤维质+果胶壁壳及其碎屑、肽聚糖壁壳、几丁质丝壁壳及其碎屑，还是它们凝胶化形成的镜状体，甚至炭化的菌类体等，在优质烃源岩中均常见，它们几乎不含油，但是生烃气能力与镜质组相似，高成熟—过成熟早中期还可能生成一些烃气（CH_4），其烃气转化率一般不超过 10%，可以为页岩气做出贡献。

纤维质（或半纤维质或木质）+果胶等骨壁壳及其碎屑，凝胶化形成的镜质组，炭化形成的惰性体及粗粒体等，主要源于水生陆生高等植物的纤维质、半纤维质、木质和果胶构成的骨壁壳及其碎屑。它们是煤系烃源岩的主体成分，几乎不含油，高成熟—过成熟早中期可生成烃气，其烃气转化率<15%，但是一般在优质烃源岩中并不常见。

生物骨壁壳有机碎屑，几乎均不含油，其生烃气能力以镜质组为代表（或相似），在高成熟—过成熟早中期可能生成一些烃气（CH_4），其烃气转化率一般不超过 10%，均属Ⅲ型有机质类型，可以为页岩气做出贡献。

此外，海相优质烃源岩中生物碎屑（硅质生物碎屑、钙质生物碎屑和生物骨壁壳有机碎屑）物质成分很复杂，主要为 SiO_2、$CaCO_3$和有机质，根据它们的含量（体积>50% 为 ** [①]碎屑，25%~50% 为 **

① ** 指代前面所说的 SiO_2、$CaCO_3$ 和有机质，如 SiO_2 含量在 25%~50% 为硅质，在 5%~25% 为含硅碎屑。

质，5%~25%为含**）不同还可以细分为含有机质硅质生屑颗粒、有机质硅质生屑颗粒、含有机质含钙硅质生屑颗粒、含钙硅质生屑颗粒、钙质硅质生屑颗粒、硅质生屑颗粒、硅化生屑颗粒（石英成分>95%）等；含有机质钙质生屑颗粒、有机质钙质生屑颗粒、含有机质含硅钙质生屑颗粒、含硅钙质生屑颗粒、硅质钙质生屑颗粒、钙质生屑颗粒、钙化生屑颗粒（方解石成分>95%）、云化生屑颗粒（白云石成分>95%）等；含硅有机生屑颗粒、含钙有机生屑颗粒、含硅钙有机生屑颗粒、硅质有机生屑颗粒、钙质有机生屑颗粒、含钙硅质有机生屑颗粒、含硅钙质有机生屑颗粒、有机生屑颗粒（有机质体积>95%，有机质重量>90%）等。此外，还有黄铁矿化生屑颗粒等。

例如，黑色页岩中生物硅质碎屑物质的主要类型、划分原则及特征为硅质有机生屑颗粒：$C_{有机}$>25%（重量，相当于$C_{有机}$体积>50%）且SiO_2>50%（重量，相当于SiO_2体积>25%或Si重量>20%）。特点是以有机质为主体（体积），颗粒中SiO_2重量大于50%，它可能是有机质和生物硅的复合体：硅质有机生屑颗粒（由于生物硅质碎屑多为浮游生物残屑）具有高的生油气能力；硅质生物骨壁壳有机碎屑颗粒中的SiO_2对有机质转化油气具有一定的“催化作用”或“氧化还原反应”，尤其是对“油”裂解“气”“催化作用”相对碳酸盐岩更为明显，这已经被模拟实验所证实；SiO_2对可溶有机质的吸附作用相对有机质、黏土矿物等要低许多；硅质早成岩阶段为蛋白石，胶结物溶解后可发育5~10nm的孔隙，在高成熟油裂解气阶段有机质（残留颗粒内的可溶有机质）也可以产生气（甲烷）形成孔隙，即硅质有机生屑颗粒内也可能发育5~10nm的孔隙；硅质有机生屑颗粒以SiO_2重量占优势，呈脆性，颗粒常常不规则且大（多为粉砂级），在构造应力作用下容易产生超微裂缝。因此，在高成熟—过成熟阶段由可溶有机质（或“油”）所热裂解的气更容易从硅质有机生屑颗粒中排出来。

硅质有机生屑颗粒还包括含钙质或含云质或含铁质等硅质有机生屑颗粒。有机质硅质生屑颗粒：SiO_2>70%（重量，相当于SiO_2体积>50%或Si重量>30%）且12%<$C_{有机}$≤25%（重量，相当于25%<$C_{有机}$体积≤50%）。特点是以SiO_2（蛋白石、玉髓等）为主体，颗粒中有机质体积变化在25%~50%之间，它也是有机质和生物硅的复合体。

有机质硅质生屑颗粒还包含了含钙质或含云质或含铁质等有机质硅质生屑颗粒及有机质硅钙质等生屑颗粒。含有机质硅质生屑颗粒：SiO_2>85%（重量，相当于SiO_2体积>75%或Si重量>35%）且2%≤$C_{有机}$<13%（重量，相当于5%<$C_{有机}$体积≤25%）。特点是以SiO_2（蛋白石、玉髓等）为主体，颗粒中有机质体积变化在5%~25%之间，它也应是有机质和生物硅的复合体。

含有机质硅质生屑颗粒还包含了含钙质或含云质或含铁质等含有机质硅质生屑颗粒及含有机质硅钙质等生屑颗粒。硅质生屑颗粒：$C_{有机}$<2%（重量，相当于$C_{有机}$体积<5%）且SiO_2>95%（重量，相当于SiO_2体积>90%或Si重量>42%）。特点是以SiO_2为主体，颗粒中微含有机质，有机质体积小于5%，它主要是生物硅（蛋白石、玉髓等）。其硅质生屑颗粒基本已经不具有生油气能力，对“油”裂解“气”仍具有“催化作用”，对油气的吸附能力低；硅质生屑颗粒中仍有可能发育5~10nm的孔隙，脆性更明显，更容易产生超微裂缝，有利于油气运移。

硅质生屑颗粒还包含了含钙质或含云质或含铁质等硅质生屑颗粒及硅钙质等生屑颗粒。硅化生屑颗粒形状往往呈生物碎屑不规则状，部分含$C_{有机}$，颗粒主要是SiO_2。它主要是生物生屑硅化后的自生石英颗粒，非外来或经搬运的石英颗粒。硅化生屑颗粒对油气的吸附能力低，脆性更明显，有利于油气运移。

硅化生屑颗粒还包括自生石英颗粒、有机质自生石英颗粒、含有机质自生石英颗粒等，甚至硅钙化生屑颗粒等。它们的性质与硅化生屑颗粒相似。

（3）脂类（油脂、脂肪及类脂）碎屑主要是指来源于含有具脂类的生物死亡后分解并在成岩阶段或成熟阶段能保存下来且对形成石油具有贡献的脂类碎屑。根据含油性和生油能力可划分为以下三种类型。

超微型—小型单细胞浮游生物的“油滴”、脂肪球等油脂及细胞膜等含类脂碎屑，它们主要源于超微型、微型和小型单细胞浮游生物，包括：①甲藻、沟鞭藻、颗石藻（属金藻门）、硅藻、绿藻（丛粒藻、小球藻、栅藻、盘星藻、衣藻等）、蓝藻（如螺旋藻等）、黄藻、裸藻及鞭毛藻类等单细胞浮游藻类；②放射虫、甲壳类、表壳虫、太阳虫、翼足虫和鞭毛类等超微型、微型和小型单细胞浮游动物。这些超微型、微型和小型单细胞浮游生物的含“油”量一般占生物细胞体干重的8%~40%，脂类占优质烃源岩中保存下来有机质的80%~95%，是地下石油在成熟阶段优质烃源岩生油的主体，相当于Ⅰ型有机质类型的生油能力。

未成熟—成熟阶段优质烃源岩中这些“油滴”、脂肪球等油脂及含类脂碎屑或超微型—小型单细胞浮游生物是常见的，而且荧光显微镜下发黄色荧光，使用透射电子显微镜、FIB、纳米CT和扫描电子显微镜等新技术可以识别。此外，在未成熟—低成熟阶段优质烃源岩（页岩）中，其体积>15%或TOC>8%时就称为油页岩，如果这些超微型—小型单细胞浮游生物相对富集时则为黄色油页岩。

高成熟—过成熟阶段的优质烃源岩中这些“油滴”、脂肪球等油脂及含类脂碎屑或超微型—小型单细胞浮游生物已经消失无踪了，原来的脂类或可溶沥青或油已经演化或裂解成为固体沥青+烃气，脂类或可溶沥青或油裂解成为烃气的转化率一般>45%，视油的密度而定，密度越轻转化率越高，轻质油或凝析油烃气的转化率可达55%以上。

中型以上的多细胞浮游动物的脂肪及含类脂碎屑，底栖藻类和底栖动物的少量油脂或脂肪、含类脂碎屑及底栖藻类的各种孢子等，真菌类和细菌类微生物的少量油脂、含类脂碎屑及各种真菌孢子等，它们主要源于：①甲壳类、笔石等中型以上的多细胞浮游动物，其生物体中含“油”量一般占干重的1%~15%，脂类占优质烃源岩中保存下来有机质的15%~60%；②褐藻、红藻、绿藻等底栖藻类和海绵、三叶虫等底栖动物，其生物体含“油”量一般不超过干重的12%，脂类占优质烃源岩中保存下来有机质的15%~60%；③真菌类、古细菌类、细菌类等微生物，其细胞体脂类含量一般占优质烃源岩中保存下来有机质的15%~50%。它们生物体的含“油”量变化大，比超微型—小型单细胞浮游生物的含油量要低得多，一般变化在干重的1%~10%之间；脂类常常占优质烃源岩中保存下来有机质的15%~50%；在成熟阶段也可以生油，相当于Ⅱ型有机质类型的生油能力。

未成熟—成熟阶段优质烃源岩中这些少量油脂或脂肪等油脂、含类脂碎屑及各种孢子或中型以上的多细胞浮游动物碎屑、底栖藻类和底栖动物碎屑是常见的，而且在荧光显微镜下发黄色荧光；而真菌类和细菌类微生物一般难以识别，可以利用透射电子显微镜、FIB、纳米CT和扫描电子显微镜等新技术进行研究。此外，未成熟—低成熟阶段优质烃源岩（页岩）中与浮游生物一起也可以形成油页岩，其体积>15%或TOC>8%时，一般为黑色或褐色油页岩。

高成熟—过成熟阶段的优质烃源岩中的少量油脂及含类脂碎屑多已经消失，演化或裂解成为固体沥青+烃气，但是，它们的骨壁壳碎屑及各种孢子还可以见到。

水生陆生高等植物的各种孢子体、角质体、木栓质体、树脂体、种子及其他含脂类碎屑，它们主要源于水生及陆生苔藓、蕨类、种子等高等植物；其植物体含“油”量一般不超过生物体干重的5%，一般在优质烃源岩中难以见到，而且在成熟阶段几乎不能生油。水生陆生高等植物碎屑是煤系烃源岩（煤、碳质泥岩及煤系泥岩）的主要显微组分。

（4）脂类次生沥青是烃源岩尤其是优质烃源岩中，沉积有机质埋藏之后在成岩压实或热压成熟演化作用下，由脂类（油脂、脂肪和类脂）形成的次生沥青，其结构、形态及产状等方面特征完全不同于脂类（油脂、脂肪和类脂）或含脂类的原生显微组分。次生沥青主要包括可溶沥青（可溶有机质）、运移沥青或渗出沥青体、高演化固体沥青（碳质沥青）或微粒体、氧化固体沥青、原沥青（原地早期沥青）、沥青包裹体及再循环固体沥青（表3.1）。

可溶沥青（可溶有机质）包括烃源岩尤其是优质烃源岩中的可溶有机质或沥青“A”、页岩油或油页岩中的“油”、页岩气中的“烃气”，或吸附烃气、游离烃气、酸解烃气等。可溶有机质或“油”在未成熟—成熟阶段优质烃源岩尤其是在成熟中期优质烃源岩中最常见，也就是石油的前身，在荧光显微镜下发黄色荧光。在高成熟—过成熟阶段优质烃源岩中，这些可溶有机质已经演化或裂解成为碳质沥青+烃气，烃气转化率与可溶有机质或油的密度相关，密度越小转化率越高，轻质油或凝析油烃气的转化率可达55%以上，一般可溶有机质或原油烃气的转化率>45%。

运移沥青是相对烃源岩尤其是优质烃源岩中的可溶有机质发生距离不等运移的“原油”（一般指储集

岩中）或“可溶有机质”（一般指烃源岩中），主要充填于脉、裂隙及孔隙中（图3.9c）。运移沥青在未成熟—成熟阶段的优质烃源岩或储集岩或运移通道中最常见，储集岩中也就是石油，荧光显微镜下发黄色荧光。无论是优质烃源岩还是储集岩中，在高成熟—过成熟阶段这些“可溶有机质”或“原油”均已经演化或裂解成为碳质沥青+烃气。

渗出沥青体指优质烃源岩中显微组分内生裂隙中发荧光的运移烃类或生物腔孔中形成的渗出沥青体，实际上也是运移沥青的一种特殊形式（最短距离运移）。渗出沥青组指源岩显微组分内生裂隙中发荧光的运移烃类及生物腔孔中脂肪形成的渗出沥青体。渗出沥青体主要指赋存于源岩生物碎屑腔孔边缘或生物碎屑表面的沥青，形态依生物腔孔形态或呈块状。

高演化碳质沥青是“原油”或“可溶有机质”进一步埋深、温压升高进入高成熟—过成熟阶段后发生热裂解缩聚反应产生的缩聚产物——高演化碳质沥青或残炭沥青（图3.9a、b、d），荧光显微镜下不发荧光，而热裂解烃类产物主要是甲烷。

微粒体是优质烃源岩中脂类进入高成熟—过成熟阶段后生烃残余物（图3.9a），主要是在源岩中基质状的沥青质体、腐泥无定形体及藻类体等生烃过程中形成的，它的存在表明源岩发生过生烃作用（成熟晚期—过成熟阶段，不发荧光）。在海相碳酸盐岩中微粒体分布相当普遍，粒径在1～2μm，常呈微粒集合体产出。

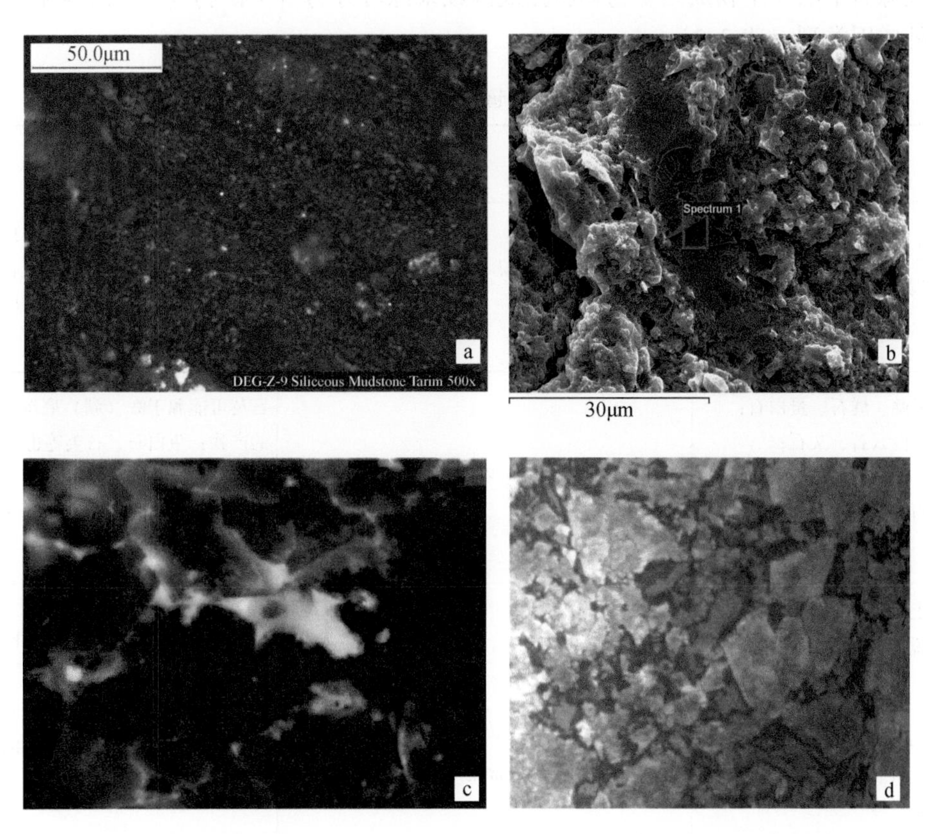

图3.9 优质烃源岩（或优质再生源岩）中常见次生沥青组分显微照片

a. 新疆塔里木盆地东二沟剖面$Є_1y$硅质泥岩DEG-Z-9，固体沥青多以微粒体产出，×500；b. 新疆塔里木盆地东二沟剖面$Є_1y$硅质泥岩DEG-Z-9，固体沥青，扫描电子显微镜照片，×5000；c. 青藏高原羌塘盆地隆鄂尼西T_2b白云岩（优质再生源岩），LP28C2，中右下侧蓝黑色部位为固体沥青，沿晶隙发淡蓝色光为轻质油，荧光照片，×75；d. 川东北普光2井台地蒸发岩蒸发坪亚相白云岩（过成熟优质再生源岩），PG2-3，4820.48m，沿粒间孔边缘充填沥青，×40

氧化固体沥青是“原油”或“运移沥青”抬升到地表或接近地表或与地表相通，经过轻烃散失、氧化或细菌作用等形成的固体沥青。

原沥青（原地早期沥青）多是动物“脂肪”或原生浮游生物的“油滴”成为石油的过渡产物（早成

岩阶段)，一般形成于原地，较少发生运移，可能经过不同程度的细菌作用或轻烃散失等，形态上看既有圆球状、颗粒状及块状，亦有短的条块状，表面较均一。原沥青形成于成熟前，是生物体脂类成为原油的过渡产物，一般形成于原地，较少发生运移，形态上看既有圆球状、颗粒状及块状，亦有短的条块状，表面较均一，主要赋存在矿物岩石基质之中。

氧化固体沥青或原沥青（原地早期沥青）在未成熟—成熟阶段的优质烃源岩中并不常见，在高成熟—过成熟阶段主要演化成为碳质沥青及部分烃气，其烃气转化率一般小于 15%。

沥青包裹体是优质烃源岩热演化过程中被矿物包裹的可溶有机质，主要指包裹在晶体中的有机质。

再循环固体沥青，较少见，产状与裂隙、孔隙无关，顺层分布，显示原始沉积特征，一般呈次圆状，边缘有氧化环，显示再搬运的痕迹。再循环沥青主要产出于泥质烃源层中，在碳酸盐岩中较少见，产状与裂隙、孔隙无关，顺层分布，显示原始沉积特征，一般呈次圆状，边缘有氧化环，显示再搬运的痕迹。再循环沥青的热演化在很大程度上取决于早期的热演化，其反射率一般高于原沥青，不能作为成熟度指标。

4. 海相优质烃源岩中的非生物碎屑可分为自生矿物、次生矿物及他生矿物等三类，以自生黏土矿物为主体

海相优质烃源岩中的非生物成因矿物颗粒按成因或来源可分为自生矿物（或原生矿物）、次生矿物和他生矿物等三种成因类型（表 3.2）。

表 3.2　优质烃源岩中常见的超显微非生物矿物碎屑及其成因类型

<table>
<tr><th>成因类型</th><th>主要显微组分</th><th>未成熟—成熟优质烃源岩中分布</th><th>高成熟—过成熟优质烃源岩中分布</th><th>主要来源</th></tr>
<tr><td rowspan="2">自生矿物</td><td>自生黏土矿物——蒙脱石、高岭石、伊/蒙混层、伊利石、绿泥石等</td><td>蒙脱石、伊/蒙混层常见</td><td>伊利石、伊/蒙混层常见</td><td>自生黏土矿物是在沉积“当地”形成的黏土矿物——海（湖）底沉积的火山灰分解后的产物常常为蒙脱石（低碱性沉积环境中常见）、绿泥石等</td></tr>
<tr><td>石英、玉髓、燧石、蛋白石；
方解石、白云石、文石；
黄铁矿、菱铁矿等；
长石、石膏、磷灰石、海绿石、白云母、硬锰矿等</td><td colspan="2">石英、方解石、白云石、黄铁矿常见</td><td>石英可能源于海（湖）底沉积的火山灰分解后的产物；蛋白石、石英等也可能源于早成岩阶段溶解的生物硅；
方解石、文石等主要可能源于早成岩阶段溶解的钙或生物钙</td></tr>
<tr><td rowspan="2">次生矿物</td><td>次生黏土矿物——高岭石、伊利石、蒙脱石、伊/蒙混层、绿泥石等</td><td>伊/蒙混层常见</td><td>伊利石、伊/蒙混层常见</td><td rowspan="2">次生黏土矿物主要是成岩—晚成岩阶段蚀变或交代作用形成的；
其他常见次生矿物也主要是成岩—晚成岩阶段或成岩—晚成岩—表生阶段的交代作用或热液蚀变作用而形成的</td></tr>
<tr><td>其他常见次生矿物——石英、长石、方解石、白云石、石膏、硬石膏、盐岩等</td><td colspan="2">常见</td></tr>
<tr><td>他生矿物</td><td>他生黏土矿物——伊利石、高岭石、绿泥石、蒙脱石、伊/蒙混层等；
其他常见他生碎屑颗粒矿物——石英、长石、方解石、白云石、陆源有机质颗粒等（黏土粒级）</td><td colspan="2">可见</td><td>优质烃源岩中有时可见伊利石、高岭石等远洋黏土；偶尔可见到石英、长石、方解石、白云石、陆源有机质等超显微黏土粒级碎屑颗粒</td></tr>
</table>

自生矿物。优质烃源岩中的自生矿物是沉积物在沉积时或其后在沉积物内“当地”所形成的矿物，形成要素为温度、压力、离子浓度、pH 及 Eh。自生矿物与他生矿物、生物矿物均相异，生物矿物由生物的坚硬部分组成或在沉积原地由生物排泄的沉淀物形成。优质烃源岩中常见的自生黏土矿物有蒙脱石（图 3. 10a）、伊利石（图 3. 10b）、伊蒙混层等。

图 3. 10　优质烃源岩中常见的自生矿物颗粒照片

a. 东北桦甸 E，HD-21000300-7，黑色页岩，5、6、7 为自生蒙脱石（含不等有机质泥化的囊果包被），2、4 为硅化果孢子群，1 为黄铁矿化果孢子群，3 为长石化果孢子群；b. 川东北通江剖面，$\epsilon_1 n$，TJ-07-64，黑色页岩，片状伊利石+硅质生屑；c. 川东北河坝 1 井 $HB1_{-6}$ 1000233-61，$P_2 d$ 黑色页岩，2 为球状黄铁矿化的疑源类，3 为石英晶体，4 为有机生屑，5 为硅质生屑基质；d. 塔里木盆地肖尔布拉克东 2 沟剖面，下寒武统玉尔吐斯组，石英（可能与火山灰有关），真菌菌丝；e. 南方海相 $Q4_{-5}$1000290-10，2 为长石，3 为白云石晶体，1 为孢子；f. 川东北河坝 1 井 $P_2 d$ 黑色页岩，7 为方解石，其他为硅质（硅化）生屑

蒙脱石是由颗粒极细的含水铝硅酸盐构成的层状矿物，分子式为$(Al,Mg)_2[Si_4O_{10}](OH)_2 \cdot nH_2O$，中间为铝氧八面体，上下为硅氧四面体所组成的三层片状结构的八面体蒙脱石微粒，在晶体构造层间含水及一些交换阳离子，有较高的离子交换容量，具有较高的吸水膨胀能力，是重要的黏土矿物，也属于蒙皂石族矿物之一。蒙脱石晶体属单斜晶系的含水层状结构硅酸盐矿物，颗粒细小，0.2～1μm，具胶体分散特性，通常都呈块状或土状集合体产出。蒙脱石在电子显微镜下可见到片状的晶体，当温度达到100～200℃时，蒙脱石中的水分子会逐渐跑掉，失水后的蒙脱石还可以重新吸收水分子或其他极性分子。

蒙脱石主要是海（湖）底碱性沉积环境中形成的或海（湖）底沉积的火山灰分解后的产物，或由基性火成岩在碱性环境中风化而成，即是碱性介质中形成的外生矿物，是构成优质烃源岩和斑脱岩的主要成分。蒙脱石在未成熟优质烃源岩中最常见，在成熟阶段逐渐向伊/蒙混层转化，在高成熟—过成熟阶段逐渐演化为伊利石。

伊利石是一种富钾的硅酸盐云母类黏土矿物，也是优质烃源岩尤其是高成熟—过成熟烃源岩中常见的一种黏土矿物，它常是形成其他黏土矿物的中间过渡性矿物。伊利石是单斜晶系，晶体细小，其粒径通常在1～2μm以下，肉眼不易观察。在电子显微镜下常呈不规则的鳞片状集合体，类似蒙脱石。伊利石的成因有长石和云母风化分解、蒙脱石受钾的交代、热液蚀变、胶体沉积的再结晶和在别处形成后被搬至另一处沉积的他生等很多种，但是优质烃源岩中的伊利石主要成因是后四者，即胶体沉积的再结晶或热演化过程、蒙脱石受钾的交代、热液蚀变和在别处形成后被搬至另一处沉积的他生等。

高岭石是长石和其他硅酸盐矿物天然蚀变的产物，是一种含水的铝硅酸盐黏土矿物，主要由富铝硅酸盐在酸性介质条件下，经风化作用或低温热液交代变化的产物。例如，煤系烃源岩沉积环境就有利于高岭石的形成。

自生石英、玉髓、燧石、蛋白石等由二氧化硅（SiO_2）组成的矿物（图3.10c、d），其成因主要有三种：一是沉积—成岩早期由溶解的生物硅经生物化学作用形成的；二是来自火山灰，它是沉积在海、湖中改造而成的一种特殊的硅质矿物；三是由化学沉积或交代碳酸盐或其他矿物的燧石，其质地坚硬，含有机碳常呈黑色。自生石英（玉髓、燧石）在优质烃源岩中成熟的各个阶段均常见，蛋白石只有在未成熟阶段或成岩早期可以见到。

方解石、文石（霰石）及白云石等自生碳酸盐矿物（图3.10e、f）中，最普遍的自生矿物为方解石及白云石。优质烃源岩中的方解石大部分来源于文石（霰石），大部分的白云石由方解石的化学蚀变作用所形成。主要是生物成因的，产于某些贝壳中，也产于近代海底沉积或黏土中。

黄铁矿、菱铁矿等自生铁质矿物（图3.10a、c）。在优质烃源岩中常常含自生黄铁矿及白铁矿，也是在海（湖）底强还原沉积环境中常见的自生矿物。黄铁矿（FeS_2）在氧化带不稳定，易分解形成氢氧化铁，如针铁矿、纤铁矿等，经脱水作用，可形成稳定的褐铁矿，且往往依黄铁矿成假象。黄铁矿是优质烃源岩中分布最广的硫化物。

菱铁矿在煤系烃源岩沉积环境中常见。菱铁矿是一种分布比较广泛的矿物，它的成分是碳酸亚铁，一般为晶体粒状或不显出晶体的致密块状、球状、凝胶状，常呈薄薄一层与页岩、黏土或煤在一起。

长石（图3.10e）、石膏、硬石膏、石盐、磷灰石、重晶石、海绿石、白云母、硬锰矿、软锰矿等自生硅酸盐和磷酸盐矿物。

次生矿物是在岩石或矿石形成之后，其中的矿物遭受化学变化而改造成的新生矿物，其化学组成和构造都经过改变而不同于原生矿物。次生矿物在化学成分上与原生矿物间有一定的继承关系，如伊/蒙混层在化学成分上就继承了蒙脱石（原生矿物），而伊利石在化学成分上就继承了伊/蒙混层及蒙脱石，一般不包括变质作用所形成的新生矿物。此外，有人将热液蚀变形成的矿物称为蚀变矿物以区别于表生成因的次生矿物。

他生矿物是在别处形成后被搬至另一处沉积所形成的矿物，这里的“另一处沉积”即是在优质烃源岩沉积时，有时可见伊利石、高岭石等远洋黏土；偶尔可见到石英、长石、方解石、白云石、陆源有机质等超显微黏土粒级碎屑颗粒。

第二节 生物骨壁壳碎屑及其来源

生物骨壁壳碎屑主要是指对生物体起支持或保护作用的骨骼、细胞壁和外壳及其衍生物所形成的碎屑，主要有两大类：第一类是无效碳水化合物和非活性蛋白质的有机生屑（生物骨壁壳有机碎屑），包括：①纤维质+果胶质、几丁质、肽聚糖等无效碳水化合物构成的骨壁壳及其碎屑；②硬蛋白、结构蛋白、纤维蛋白或胶原蛋白等非活性蛋白质构成的骨壁壳及其碎屑。第二类是生物硅质和钙质等无机骨壳及其碎屑，主要包括：①硅质生屑（生物硅质骨壳及其碎屑），并含有起连接作用的骨胶原、几丁质或果胶等有机成分；②钙质生屑（生物钙质骨壳及其碎屑），也含有起连接作用的骨胶原、几丁质或果胶等有机成分。即生物骨壁壳碎屑主要是指生物骨壁壳的有机生屑、硅质生屑和钙质生屑。

一、生物骨壁壳有机碎屑（有机生屑）

生物有机骨壁壳的主要化学成分是纤维素、半纤维素、木质素、果胶、几丁质、肽聚糖等无效碳水化合物和胶原蛋白或硬蛋白或纤维蛋白或结构蛋白等非活性蛋白质的生物高分子（详见第二章）。生物高分子（大分子）指的是作为生物体内主要活性成分的各种分子量达到上万或更多的有机分子。生物高分子是构成生命的基础物质，包括非活性蛋白质和无效碳水化合物等。它们的化学结构相对稳定，在优质烃源岩形成演化过程中易保存下来。

1. 生物有机骨壁壳的主体成分均是由纤维素、几丁质等无效碳水化合物或硬蛋白等非活性蛋白质等非脂类生物高分子构成的，它们的化学结构相对稳定，在优质烃源岩形成演化过程中易保存下来

（1）甲壳类、三叶虫等节肢动物的骨壳及其碎屑主体成分是几丁质；笔石类等半索动物的壳及其碎屑主体成分是骨胶原（以往视为几丁质壳）；原生动物的外壳及其碎屑主体成分是纤维素，部分为几丁质或硫酸锶等，这些源于海洋（或海侵湖泊）动物的有机骨骼或有机外壳及其碎屑在优质烃源岩中常见（图3.11），其形态和结构等在优质烃源岩的不同成熟阶段均可识别，其元素构成在硅化或钙化不明显的条件下，一般也可判识，而且可以经过细菌凝胶化过程失去生物有机骨壳原始结构，形成镜状体或海相惰质体。

甲壳类及三叶虫类等节肢动物的骨壳多为几丁质，有时在优质烃源岩中普通显微镜下甚至肉眼就可以见到（图3.11d、e）。节肢动物身体表面有由几丁质生成的坚厚的外骨骼，一般每个体节上都有着一对分节的附肢（又叫节肢）。身体两侧对称，具有异型体节（如头、胸、腹）和分节的附肢，体表有几丁质、石灰质构成的外骨骼，体腔不发达，肌肉分离为肌束，循环系为开管型。体壁坚硬，对环境的适应力特强，可提供保护，亦作为外骨骼之用，由于体壁坚硬，妨碍生长，节肢动物需要在生长期蜕皮多次。

桡足类是节肢动物门中的一个重要的纲。甲壳纲已知的种类超过了3万种，多数动物水生，具有两对触角，三对摄食用的附肢。甲壳动物体外披几丁质外骨骼，故称甲壳类。甲壳纲中的桡足类在浮游生物中的重要性和地位与硅藻相比毫不逊色，它是海洋浮游动物群落中分布最广、种类最多、地位最重要的一个类群。相比于海洋中的桡足类，淡水水域中最重要的类群为枝角类。

三叶虫体外包有一层外壳，坚硬的外壳为背壳及其向腹面延伸的腹部边缘，腹面的节肢为几丁质，其他部分都被柔软的薄膜所掩盖。三叶虫与珊瑚、海百合、腕足动物、头足动物等动物共生，大多适应于浅海底栖爬行或以半游泳生活，还有一些在远洋中游泳或漂浮生活。它们以原生动物、海绵动物、腔肠动物、腕足动物的动物尸体或海藻等细小生物为食。在漫长的时间长河中，它们演化出繁多的种类，有的长达70cm，有的只有2mm。

笔石类等半索动物的骨壳视为骨胶原（硬蛋白），以往视为几丁质，一般保存为化石的是其硬壳，在优质烃源岩中肉眼就可以见到（图3.11a、b），但是其结构只有在扫描电子显微镜、纳米CT、FIB、透射电子显微镜等超显微技术下才能识别（图3.11c）。笔石虫体所分泌的骨骼，称为笔石体。笔石体一般长

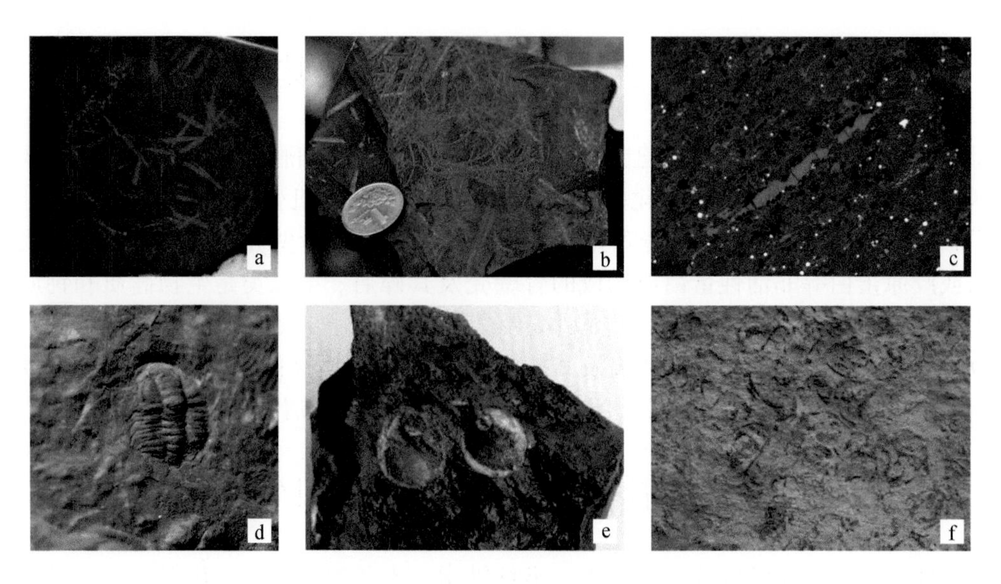

图 3.11　动物类有机骨壳碎屑化石图片

a. 涪陵地区钻井取心 S_1l—O_3w，笔石壳屑；b. 利川清水 S_1l—O_3w 笔石壳屑；c. 川东南丁页 1 井 S_1l，笔石壳屑，FIB-SEM 照片，×10000；d. 三叶虫等骨壳碎屑；e. 底栖软体动物壳屑；f. 底栖节肢动物骨壳碎屑

几厘米或几十厘米，较大的可达 70cm 或更长。笔石骨骼中不含几丁质，但有甘氨酸、丙氨酸等多种氨基酸，这些氨基酸可能来源于硬蛋白，透射电子显微镜下所显示的骨骼超微结构有蛋白骨胶原的外表，很可能其物质成分为骨胶原。因此，笔石体的成分似乎是一个非几丁质的有机物。

笔石通常保存在黑色页岩中，究其原因一种可能是当时的沉积环境海水较为平静，海底还原作用强，氧气不足，含有较多的硫化氢，不适宜底栖生物生存，但是在这样的环境里营漂浮生活的笔石可以在表层水体中生活，死后尸体沉入水底变成化石；另一种则可能是当笔石从正常的水体漂浮到这种不宜生存的水体中时，便大量死亡并沉入海底，而海底底栖动物稀少，没有将这些笔石尸体消灭掉，它们就大量保存下来并变成了化石。除了页岩之外，在细砂岩、粉砂岩或灰岩中也能发现一些笔石化石。

原生动物的外壳除有硅质、钙质外，还有纤维质、几丁质、硫酸锶等。有些鞭毛虫、肉足虫、纤毛虫有硅质、钙质、纤维质的外壳，这些外壳的基质是在细胞内形成后再移到表膜外的。原生动物形体微小，最小的种类体长仅有 2 ~ 3μm，一般单体直径为 0.1 ~ 0.5mm，其有机外壳及碎屑多数只有在扫描电子显微镜、纳米 CT、FIB、透射电子显微镜等超显微技术下才能识别。支持和保护胞器是细胞外的构造，如柄、壳、内外骨骼、孢囊、孢子等，这些结构是多细胞动物所没有的。属于内骨骼的如动鞭毛虫的轴杆、肋，放射虫辐射伸出的刺或骨针，裸口类纤毛虫口器内的咽篮、刺杆等，多半是起支持和保护的作用。例如，等辐骨放射虫利用硫酸锶（$SrSO_4$）来制造骨骼。属于外骨骼最常见的是在加厚的表膜外有一层保护的壳。壳有几丁质、硅质、硫酸锶等成分，有时还有石灰质沉淀。有的壳是整片的，有的是鳞片状的，有的有精美雕刻的图案。原生动物还能自体内射出各种突出质，用以进行防卫、攻击和取食。

在放射虫、海绵等原生动物的硅质骨骼碎屑中和在有孔虫等钙质动物骨壳碎屑中，多数也含有几丁质或胶原蛋白或黏多糖等（与动物有机骨壳成分相同的）用来黏结生物分子结构的有机质。这部分有机质含量和生烃能力以前未进行研究和受到重视，在中国南方海相等硅质生屑或钙质生屑优质烃源岩中通过扫描电子显微镜+能谱分析等已经得到证实，其含量及对有机质类型的评价不可忽视。

此外，还有脊索动物类，其被囊（甲壳）由纤维素组成，固着或浮游的被囊动物属小型海洋动物，早期没有化石纪录。

上述甲壳类、三叶虫等节肢动物的几丁质骨壳、笔石类等半索动物的骨胶原壳和原生动物的纤维质壳等动物有机骨壳碎屑经细菌凝胶化作用可形成镜状体或海相镜状体，也可以直接演化成为碳膜，或称为海相惰性组。镜状体往往与介形类在浅滩相中同时发育，说明它们均可能在高能条件下由稳定的浅海区搬运而来，二者之间在成因上存在着必然的联系。镜状体主要特征为棱角状、轮廓清晰，一些样品中见边缘有磨蚀现象，表面均一。成熟度较低时，在干酪根薄片及岩石薄片中均有类似镜质组的颜色，无荧光。常分布于基质镜状体中的粗粒体、微粒体等属海相碎屑惰质体，形态不规则，有时归属难定。也见海相惰质组或碳膜即海相丝质体或海相半丝质体等。

（2）褐藻等底栖藻类的细胞壁（或丝壁）及其碎屑主体成分是纤维素+藻胶；真菌及地衣类的细胞壁（或丝壁或菌丝）及其碎屑主体成分是几丁质或纤维素；细菌类（真细菌）细胞壁的主体成分是肽聚糖，古细菌类细胞壁的主体成分类似于肽聚糖或是杂多糖；浮游藻类（包括疑源类）细胞壁的主体成分是纤维素（也有几丁质及肽聚糖）+果胶，这些源于海洋（或海侵湖泊）低等植物的细胞壁（或丝壁或菌丝）及其碎屑在优质烃源岩中常见（图 3.12 ~ 图 3.15），但是真菌、细菌、古细菌、浮游藻类等由于形体一般微小，单体直径多变化在 0.1 ~ 1mm 之间，只有在扫描电子显微镜、纳米 CT、FIB、透射电子显微镜等超显微技术下才能识别。此外，这些低等植物的细胞壁也可以凝胶化形成镜状体，菌丝或丝壁可成为菌丝体。

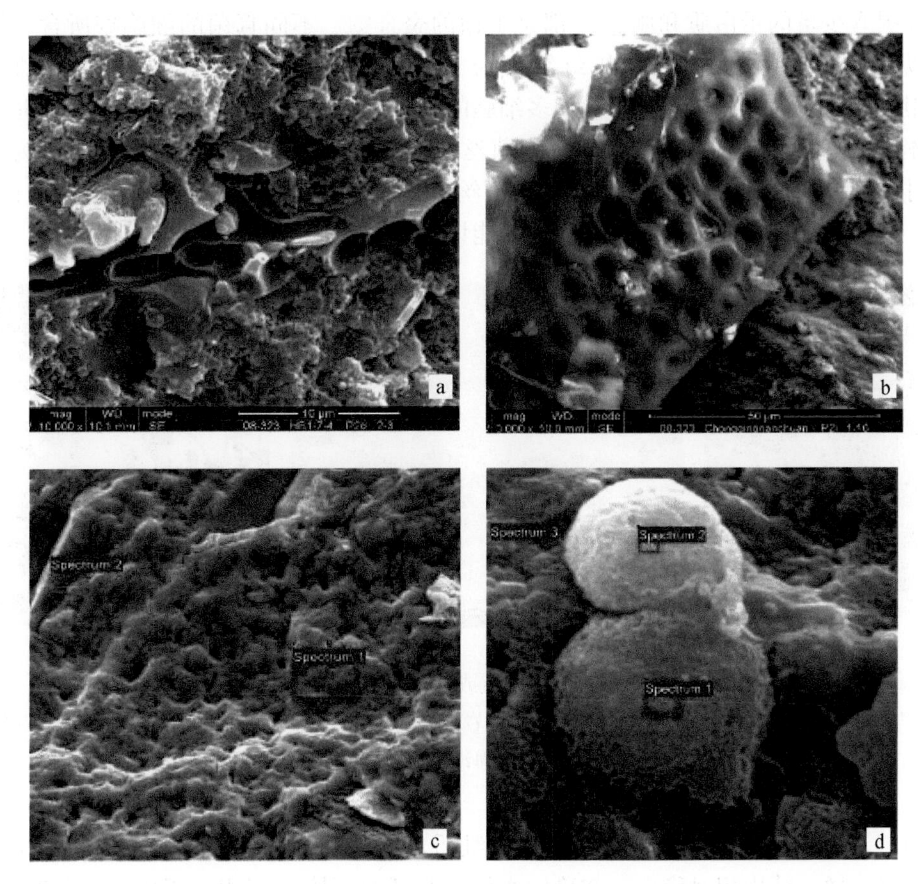

图 3.12　优质烃源岩中底栖藻类丝壁碎屑扫描电镜照片

a. 河坝 1 井 P_2l 宏观底栖藻丝体残片；b. 重庆南川，P_2l 底栖红藻，见纹孔；c. 贵州遵义，Є_1n，富钡藻席，示网眼和丝；d. 贵州遵义，Є_1n，底栖藻孢子和藻席

源于海洋（或海侵湖泊）底栖藻类的细胞壁或丝壁及其碎屑是由纤维素+卡拉胶或琼胶或褐藻胶等藻胶共同构成的，其结构相对稳定，在稳定水体（强还原环境）沉积过程中，容易保存下来。其宏观藻类细胞壁或丝壁及其碎屑尤其是在细菌及其胞外聚合物的共同作用下，可以形成藻席，在普通显微镜下可以观察和识别优质烃源岩不同成熟阶段的形态，但是其结构多需要在扫描电子显微镜、纳米 CT、FIB、透射电子显微镜等超显微技术下才能识别（图 3.12）。例如，优质烃源岩中常见的底栖藻类细胞壁或丝壁及其碎屑主要有：①底栖红藻的丝质体残片和丝壁碎屑；②藻席和底栖藻孢子等。

褐藻细胞壁分为两层，内层是纤维素（化学成分和维管植物一样），外层是藻胶，同时在细胞壁内还含有褐藻糖胶（一种无效碳水化合物），能使褐藻形成黏液质，退潮时，黏液质可使暴露在外面的藻体免于干燥。褐藻为多细胞植物体，多生长在寒带和温带海洋，低潮带和潮下带底栖，可能是单细胞不等鞭毛藻进化来的。褐藻可具有分枝的丝状体或由分枝的丝状体互相紧密结合形成假薄壁组织或是有组织分化的植物体。

红藻细胞壁也分两层，内层为纤维素，外壁是由琼胶和卡拉胶等果胶组成，因种类而异。细胞内的原生质具有高度的黏滞性，并且牢固地黏附在细胞壁上，对强质壁分离剂是敏感的。植物体外形多样，除少数是单细胞或群体外，绝大多数为多细胞体，其中有简单的单列细胞或多列细胞组成的丝状体，或由许多藻丝组成的圆柱状、亚圆柱状、叶状、囊状或壳状，分枝或不分枝的宏观藻体，其中有少数钙化。

此外，底栖宏观藻—褐藻等“茎枝”丝炭化可以形成海相丝质体或半丝质体；藻类细胞分泌物形成的分泌体也可能属一种海相惰质体。褐藻等底栖藻类的纤维质+藻胶细胞壁也可以凝胶化形成镜状体。

真菌细胞壁和菌丝体主要成分为几丁质（又叫甲壳素、壳多糖），也有纤维素、葡聚糖、甘露聚糖等，这些多糖（另含少量的蛋白质和脂类）都是单糖的聚合物。不同真菌的细胞壁所含多糖的种类也不同，高等真菌以几丁质为主，低等真菌以纤维素为主，酵母菌则以葡聚糖为主。真菌细胞壁厚 100 ~ 250nm，它占细胞干物质的 30%，常为丝状和多细胞的有机体。绝大多数真菌的营养体都是可分枝的丝状体，单根丝状体称为菌丝，许多菌丝在一起统称菌丝体，菌丝体在基质上生长的形态称为菌落。菌丝在显微镜下观察时呈管状，具有细胞壁和细胞质。菌丝直径一般为 2 ~ 30μm，多需要在扫描电子显微镜、纳米 CT、FIB、透射电子显微镜等超显微技术下才能识别（图 3. 13）。

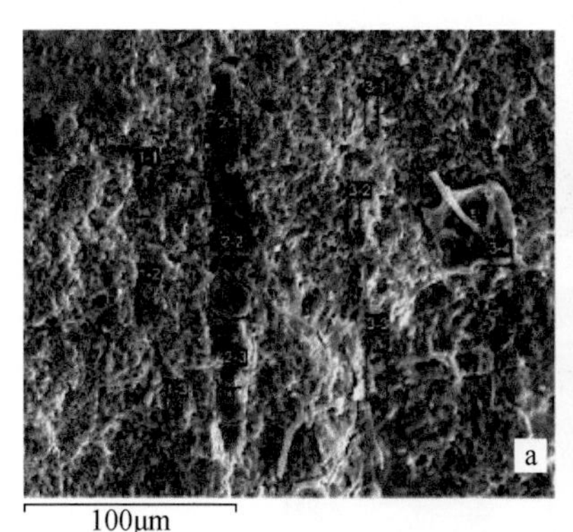

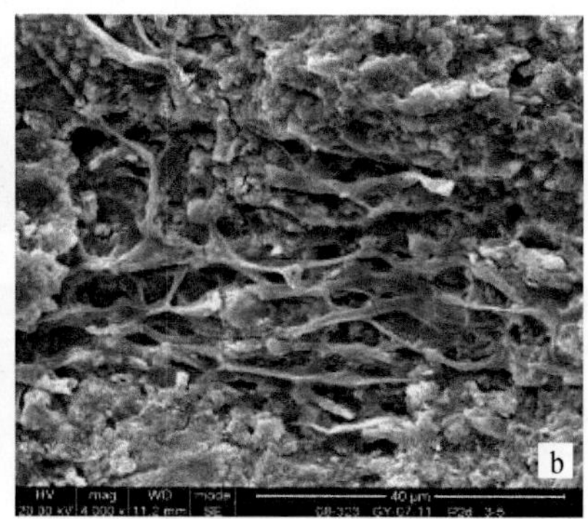

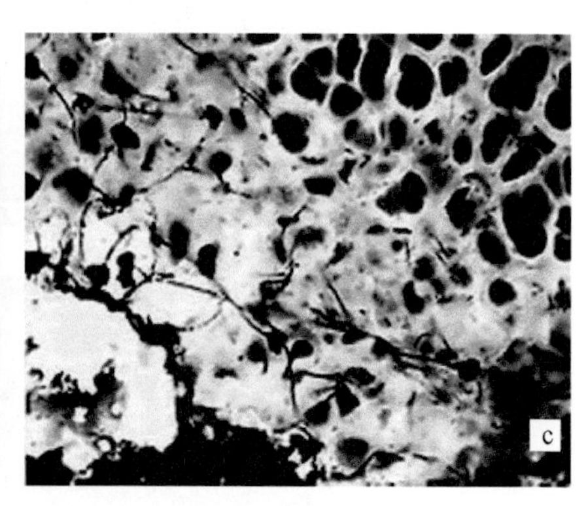

图 3. 13　真菌地衣类的几丁质或纤维质丝壁碎屑扫描电镜照片

a、b. 四川广元长江沟磨刀崖剖面 P_2d，GY -07-11，黑色页岩，真菌菌丝体，扫描电镜照片，×4000；c. 地衣与藻共生体，3 亿年前海洋地衣化石

海洋（或海侵湖泊）真菌地衣类的几丁质或纤维质丝壁碎屑，与动物的几丁质外壳碎屑和底栖藻类的纤维质丝壁碎屑一样，结构相对稳定，在稳定水体（强还原环境）沉积过程中，也相对容易保存下来。这些真菌地衣类的几丁质或纤维质丝壁碎屑在细菌及其胞外聚合物的共同作用下，可以形成菌丝体（图 3. 13）。

酵母菌细胞壁主要由 D-葡聚糖和 D-甘露聚糖两类多糖组成，厚度为 0. 1 ~ 0. 3μm，重量占细胞干重的 18%~30%，大约等量的葡聚糖和甘露聚糖占细胞壁干重的 85%。当细胞衰老后，细胞壁重量会增加一倍。霉菌细胞壁分为三层，外层是无定形的 β 葡聚糖（87nm），中层是糖蛋白，内层是几丁质微纤维。构成霉菌营养体的基本单位是菌丝，菌丝是一种管状的细丝，把它放在显微镜下观察，很像一根透明胶管，它的直径一般为 3 ~ 10μm，比细菌和放线菌的细胞粗几倍到几十倍。子囊菌细胞壁由几丁质构成，水生或陆生，腐生在多种多样的基物上或寄生在很多种的动植物上，也有许多子囊菌可与藻类共生形成地衣。地衣主要由菌丝体组成，以子囊菌最多，藻类多分布在表面以下的一层至数层，以绿藻或蓝藻为多。此外，真菌遗体形成的真菌体可以是一种海相惰质组。

细菌类（这里指真细菌类）细胞壁的成分多为肽聚糖，而古细菌细胞壁的成分以非活性蛋白质为主，有的含杂多糖，有的类似于肽聚糖，尤其是细菌类分泌物形成的胞外聚合物，它们的结构相对较稳定，在厌氧条件下，这些细菌类肽聚糖的壁壳可以单独保存下来，也可以与其分泌物一起形成胞外聚合物，也可以与其他相对稳定的有机生屑一起保存下来。由于细菌、古细菌类微生物一般很小，直径为0.5～1.5μm，只有通过扫描电子显微镜、纳米CT、FIB、透射电子显微镜等超显微技术才能识别（图3.14）。细菌细胞壁具有2～50层肽聚糖片，像胶合板一样，黏合成多层，每层厚1nm，含20%～40%的磷壁酸，细胞壁厚一般为15～30nm，机械强度有赖于肽聚糖的存在，肽聚糖是由N-乙酰葡萄糖胺和N-乙酰胞壁酸两种氨基糖经β-1.4糖苷键连接间隔排列形成的多糖支架，在N-乙酰胞壁酸分子上连接四肽侧链，肽链之间再由肽桥或肽链联系起来，组成一个机械性很强的网状结构。

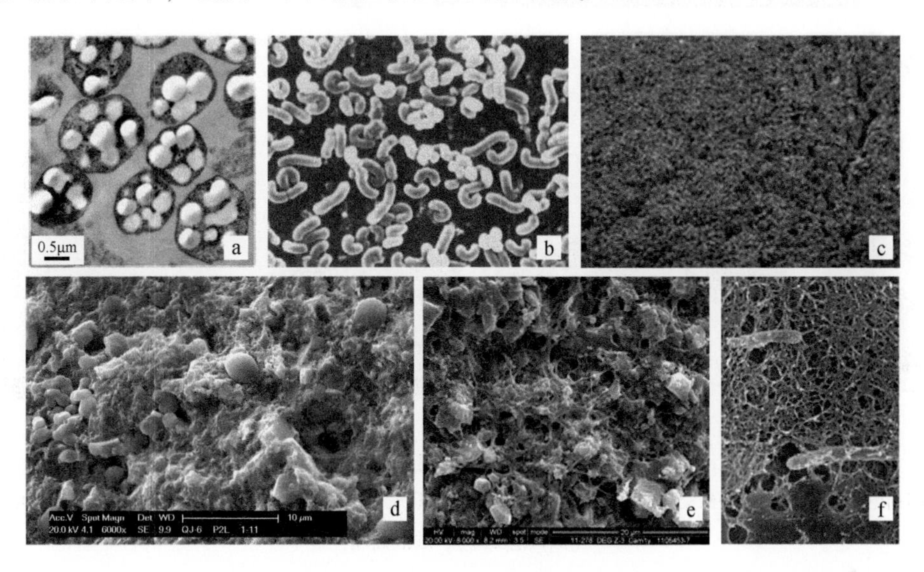

图3.14　古细菌和细菌类肽聚糖的壁壳及其分泌物形成的胞外聚合物图片

a. 古细菌；b. 厌氧菌；c. 兼性厌氧菌；d. QJ-6，硫细菌；e. 胞外聚合物（EPS）；f. 地下微生物

古细菌细胞壁不含肽聚糖，革兰氏阳性古菌细胞壁含有各种复杂的多聚体，如产甲烷菌的细胞壁含假肽聚糖，甲烷八叠球菌和盐球菌不含假肽聚糖，而含复杂聚多糖。

浮游藻类的细胞壁主要成分是纤维素+果胶，细胞壁的外层是果胶质，内层是纤维质，刚毛藻属、鞘藻属和毛鞘藻属的细胞壁还有几丁质，松藻目细胞壁的最内层由胼胝质构成；疑源类的细胞壁主要成分也是纤维素，也有果胶质、几丁质及肽聚糖等无效碳水化合物。这些源于海洋（或海侵湖泊）浮游藻类和疑源类的细胞壁壳及其碎屑结构相对稳定，在稳定水体（强还原环境）沉积过程中，常常可以与“油滴”类脂等脂类物质一起保存下来，但是相对保存下来的脂类物质来说其量所占比例很低，一般不超过15%。这些细胞壁碎屑+“油滴”类脂等脂类可以在细菌及其胞外聚合物的共同作用下，形成具有荧光的组分，但是细胞壁壳在未成熟—低成熟阶段是不具荧光的，只有在高成熟—过成熟阶段，通过扫描电子显微镜、纳米CT、FIB、透射电子显微镜等超显微技术下才能识别其原始形态（图3.15）。实际上，正是由于部分浮游藻类和疑源类纤维质细胞壁的保存在高成熟—过成熟阶段优质烃源岩中才能识别，而此阶段的“油滴”类脂等脂类物质已经裂解和缩聚为甲烷和碳质沥青了。

甲藻类除少数裸型种类外，都具有厚的主要由纤维素组成的细胞壁（也称为壳），由许多具有花纹的甲片相连而成。壳又分上壳和下壳两部分，在这两部分之间有一横沟，与横沟垂直的还有一条纵沟，在两沟相遇之处生出横、直不等长的两条鞭毛。纵裂甲藻纲的细胞壁由2片组成，横裂甲藻纲由横沟或称“腰带”把细胞分成上、下两部分，上部的称为上锥部（具板片的种类，或称上壳），下部的称为下锥部（具板片的种类，或称下壳）。壳体或为整块，但多数系由若干多角形的板片组成，板片的数目和排列方式是分类的主要依据。

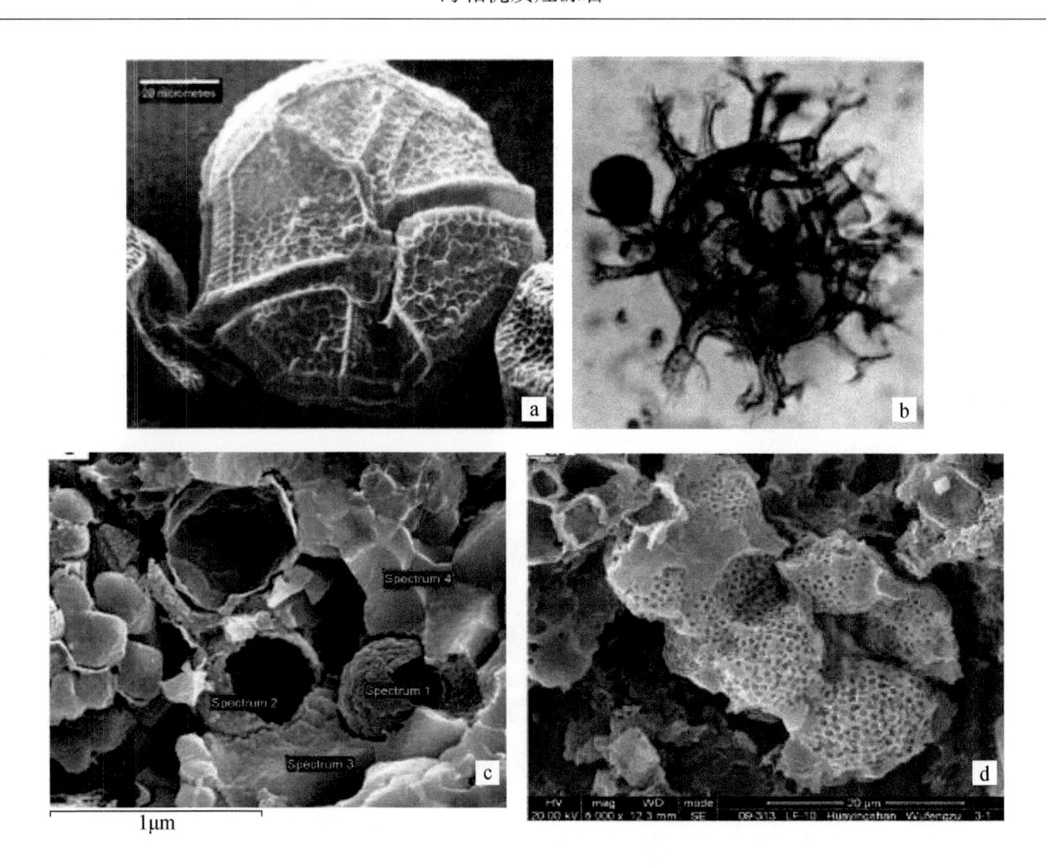

图 3.15　浮游藻类和疑源类纤维质细胞壁及其碎屑扫描电镜照片

a. 多甲藻扫描电镜照片；b. 沟鞭藻类化石；c. 贵州遵义，$\epsilon_1 n$，具瘤面的疑源类（光面球藻）；d. 华蓥山，$O_3 w$，疑源类（似鱼鳞藻片），酸液处理

沟鞭藻类大多数具抗酸性外壁甲（少数具甲），甲由纤维素组成，外裹细胞内含物。甲由许多多角状的甲片构成，相邻甲片之间的连接线称缝线或缝合线。由于相邻甲片以倾斜的面叠覆连接，缝线在甲片内表面与外表面的位置并不一致，动甲被横沟分成两部分，横沟以上部分称为上甲，以下部分称为下甲。上、下甲和横沟均可由若干块多角形的板片构成。这些板片形状规则，排列有一定的规律。上甲的末端为顶，下甲的末端则为底。甲片从顶至底可划分为顶系、沟前系、横沟系、沟后系和底系五个基本系列。附加系列不构成环——有前间系、后间系和纵沟系。

蓝藻细胞壁的主要成分是黏肽，在细胞壁的外面有由果胶酸和黏多糖构成的胶质鞘包围。有的群体被公共的胶质鞘所包被。蓝藻细胞壁主要由两层组成，内层为肽聚糖层，外层为脂蛋白层，两层之间为周质空间，含有脂多糖和降解酶，胞壁外往往包有多糖构成的黏质胶鞘或胶被。

鞭毛藻及不等鞭毛藻有细胞壁的种属细胞壁组成物质主要为果胶。此外，黄藻类细胞壁多数为果胶质，单细胞和群体的个体细胞壁是两个“凵”形半片套合组成的，丝状体的细胞壁是两个“H”形的半片套合而成。化学成分主要是果胶，有些种的细胞壁内沉积有二氧化硅。只有无隔藻属和黄丝藻属的细胞壁是由纤维素组成。

此外，硅藻类细胞壁由两个瓣片套合而成，其成分含有果胶质和硅质，而不含纤维素。隐藻细胞不具纤维素细胞壁，细胞外有一层周质体，柔软或坚固。

疑源类是具有机细胞壁的，由单一或多层有机成分的壁包封的中央腔组成。即疑源类可能包括海生杂色藻、绿藻和单细胞原生物的石化有机质壁囊胞，以及一些真菌孢型、高等生物的卵及其他非海相形态类型。

（3）高等植物（陆生和水生）的细胞壁的主要成分是纤维素+果胶或纤维素+木质素+半纤维素+果胶，而细胞骨架的主要成分是蛋白质纤维（非活性蛋白）。这些骨壁碎屑结构稳定，在形成优质烃源岩的稳定水体（强还原环境）沉积环境中可以保存下来，但是水体沉积环境不利于高等植物的发育，尤其是陆源高等植物骨壁碎屑只有靠长距离的搬运（水体或风）才能到达。因此，优质烃源岩中的陆源高等植物骨壁碎屑一般较低。这些高等植物骨壁碎屑可以为丝质体（惰质体），也可以在细菌凝胶化作用下形成镜质体。

水生（高等）植物细胞壁和细胞骨架（图 3.16）主要成分也是纤维素+果胶，由于水生高等植物四周都是水，不需要厚厚的表皮，来减少水分的散失，所以表皮变得极薄，可以直接从水中吸收水分和养分，如此一来，根也就失去原有的功能，从而水生高等植物的根不发达。

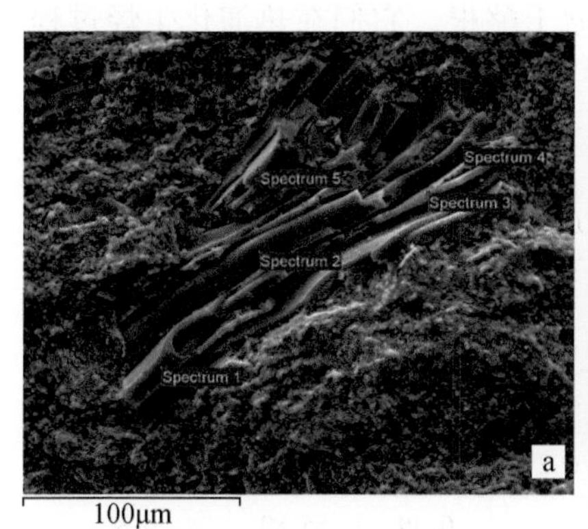

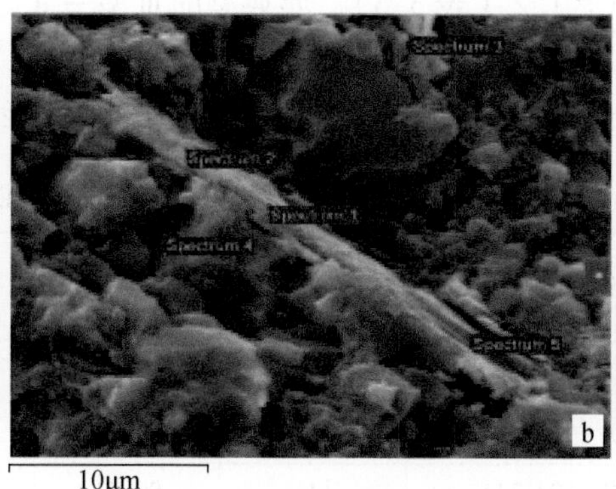

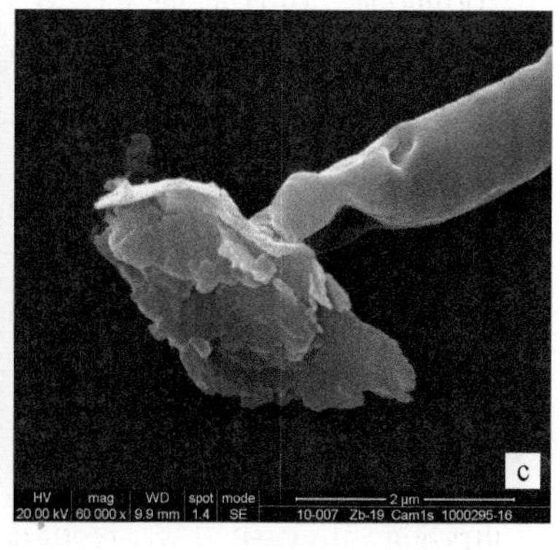

图 3.16 水生高等植物纤维质细胞骨架壁碎屑化石

a. 广元长江沟 P_2d（大隆组）水生植物；b. 城口龙田$Є_1n$ 原始水生植物；c. 城口龙田$Є_1n$ 水生植物，根状物-附着器

高等植物的细胞壁主要由胞间层、初生壁和次生壁三部分组成：胞间层位于两个相邻细胞之间，为两相邻细胞所共有的一层膜，主要成分为果胶质；初生壁位于胞间层内侧，通常较薄为 1～3μm，主要成分为纤维素、半纤维素，并有结构蛋白（非活性蛋白）存在；次生壁位于质膜和初生壁之间，主要成分为纤维素，并常有木质存在，通常较厚，为 5～10μm，而且坚硬，使细胞壁具有很大的机械强度，木质素主要是通过形成交织网来硬化细胞壁，位于纤维素纤维之间，起抗压支撑作用。细胞壁内填充和附加了木质素，可使细胞壁的硬度增加，细胞群的机械力增加。这样的填充木质素的过程就叫木质化。

高等植物的细胞骨架是细胞质内蛋白质纤维（非活性蛋白）网架系统，包括微丝系统、微管系统和中间纤维系统。微丝主要由近球形的肌动蛋白组成，直径 6～8nm；微管主要由微管蛋白和少量微管结合蛋白组成；中间纤维是中空的骨状结构，直径约为 10nm，是由长的、杆状的蛋白质装配的一种坚韧、耐久的蛋白质纤维（非活性蛋白）。这三类骨架系统分别由不同非活性蛋白质分子以不同方式装配成不同直径的纤维，然后靠许多连接蛋白相互连接形成既有柔韧性又有刚性的三维网架。

2. 海相优质烃源岩中常见的生物骨壁壳有机碎屑在成熟阶段不具备生油能力，在高成熟—过成熟阶段可以生成一些烃气，相当于Ⅲ型

从上述骨壁壳有机碎屑纤维质、几丁质、骨胶原、肽聚糖和胶质等生物高分子的化学结构和稳定性来看，一是它们在沉积水体稳定的强还原环境条件下相对容易保存下来；二是经过早期成岩变化和成熟后，不具备生油能力或生油能力很低，高成熟—过成熟早期可具有一定的生烃气能力，与显微组分镜质组或基质镜质组的生烃能力相当，一般烃气的转化率低于 15%。

（1）从上述纤维质、几丁质、骨胶原、肽聚糖和胶质等生物骨壁壳有机碎屑的化学结构和化学成分来看，除了结构相对稳定并容易保存下来之外，一是它们并非“石油”，即使成岩脱水热变化后其化学成分仍与石油成分不一致；二是它们的某些（芳）环上还带有甲基或乙基等，在高成熟—过成熟阶段它们不同程度上能够生成一些天然气，这些芳环上的甲基或乙基等（碳数多小于 4）相对更稳定，需要更多的能量才能热裂解下来；三是尽管它们并非“石油”，有的细胞壁有时含有少许脂类（蜡、脂肪等），在高成熟—过成熟阶段也能够热裂解生成一些天然气。因此，其生烃潜力相当于显微组分镜质组或基质镜质组，一般烃气的总转化率低于15%，相当于Ⅲ型有机质类型的生烃潜力。

（2）在海相优质烃源岩中保存下来的生物骨壁壳有机碎屑（纤维质、几丁质、骨胶原、肽聚糖和胶质等生物有机高分子）多为动物类有机骨壳碎屑（图3.11），如笔石壳屑镜状体等、底栖藻类丝壁碎屑（图3.12）、浮游藻类和疑源类纤维质细胞壁及其碎屑（图3.15）、真菌地衣类的几丁质或纤维质丝壁碎屑（图3.13）、细菌类肽聚糖的壁壳及其分泌物形成的胞外聚合物（图3.14）、水生高等植物纤维质细胞骨架壁碎屑（图3.16）以及镜状体、镜质组、丝质体等，它们在低成熟—成熟阶段的热解氢指数一般小于200mg/g，其H/C原子比多小于1.2（表3.3），属典型的Ⅲ型—$Ⅱ_2$型干酪根。它们在热演化生烃过程中，主要特征是热解氢指数在高成熟—过成熟阶段早期相对迅速降低，即海相优质烃源岩中保存下来的生物骨壁壳有机碎屑在高成熟—过成熟阶段早期仍具有一定的生烃气能力。

表3.3 不同生物骨壁壳有机碎屑有机显微组分的纯度和特征

地区	层位	分离样品名称（含量/%）	HI /(mg/g)	S_1+S_2 /(mg/g)	T_{max} /℃	R_o /%	TOC /%	H/C 原子比
城口庙坝	S_1l	笔石壳屑（为主，干酪根）	85	75.54	456		71.34	
石柱漆辽	S_1l	笔石壳屑（为主，干酪根）	1	1.11	602		69.78	
山西浑源	C—P	均质镜质组（94.74）	144	99.74		0.49	65.89	0.80
山西浑源	C—P	惰质体（82.95）	78	54.31		0.49	65.99	0.64

（3）热压模拟实验证实海相优质烃源岩中保存下来的生物骨壁壳有机碎屑在成熟—高成熟阶段一般只具备生成一些凝析气或轻质油气的能力，甚至在过成熟阶段早期仍可生成烃气（甲烷），主要生油气期是在高成熟—过成熟阶段早期，最大生油气能力一般不超过150kg/t_C，属典型的Ⅲ型。

二、生物硅质碎屑（硅质生屑或生物硅）

生物硅质碎屑（硅质生屑）主要是指具有硅质骨骼或硅质骨针或硅质壁壳的生物体或硅质衍生物在优质烃源岩中保存下来的生物硅质矿物或生物硅或蛋白石（成岩早期，二氧化硅的水合物），到成岩晚期逐渐演化为燧石（微晶石英）和自生石英（SiO_2）等。

1. 海相优质烃源岩中常见的生物硅质碎屑主要是放射虫等原生动物的硅质骨骼及其碎屑、海绵动物的硅质骨针及其碎屑、硅藻的硅质壁壳及其碎屑、金藻及某些似鱼鳞藻疑源类等浮游藻类的硅质壁壳及其碎屑

（1）放射虫等原生动物的硅质骨骼及其碎屑（或放射虫岩）主要由放射虫硅质骨骼或骨针组成（或介壳），骨骼成分主要为Si和O，还有少量的Mg、Ca、Na、Pb等元素，总量不超过4%，其骨骼成分相当稳定，化石都是蛋白石质，具有质轻硬度小的特点，骨骼清晰透明，透射光下呈玻璃状，硬且脆，无弹性。由放射虫球状体堆积而成的放射虫硅质页岩（图3.17）又可分两大类，一类是地槽型放射虫硅质页岩，与深海洋壳型蛇绿岩、混杂岩共生；另一类是地台型放射虫硅质页岩，与浅海碳酸盐岩和碎屑岩共生，出现在地台的裂陷带。

放射虫多具有硅质骨骼或骨针，身体呈放射状，在内、外质之间有一几丁质的中央囊，在囊内有一个或多个细胞核，在外质中有很多泡，可以增加虫体浮力，使虫体适应于漂浮生活，如等辐骨虫。放射虫是古老的动物类群，当虫体死亡之后，其骨骼能形成海底沉积。例如，多囊虫目为非晶硅质（蛋白石质），褐囊虫目为有机质和蛋白石混合成分，会在沉积过程中被分解，无法形成化石，在海底表层沉积物中偶见。棘刺虫为硫酸锶（天青石），从未发现化石。

放射虫骨骼的保存与沉积环境有关：0～1000m深度海洋贫硅水体易保存；火山活动有利于放射虫的

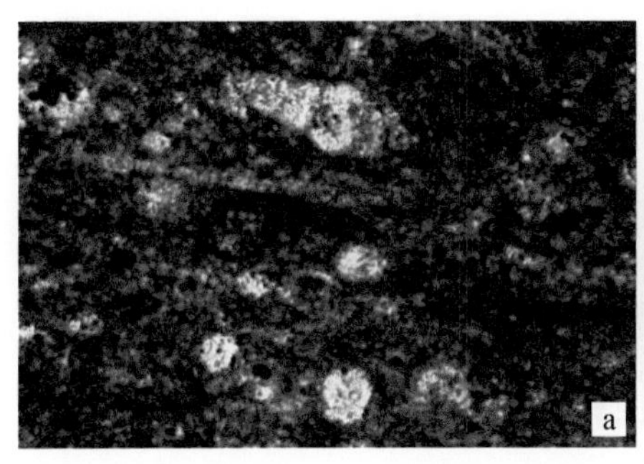

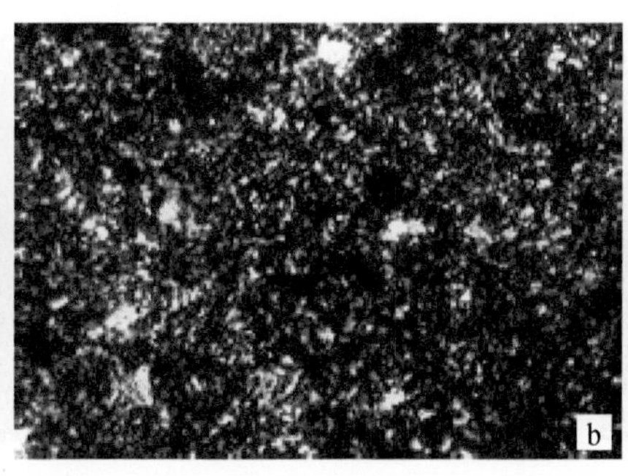

图 3.17 海相优质烃源岩中典型放射虫硅质骨骼及其碎屑超显微照片

a. 河坝 1 井 $HB1_{-6}$，P_2l，黑色泥灰岩（岩心），放射虫硅质碎屑+有孔虫钙质碎屑，反射光显微照片，×200；b. 放射虫硅质骨骼及其碎屑；c. 黑色页岩中的硅质条带，主要由放射虫硅质骨骼及其碎屑构成

生活和保存；有机组分沉积速率高的地方易保存。CCD［碳酸盐补偿深度，即海洋中生物钙质壳（碳酸钙）输入海底的补给速率与溶解速率相等的深度面，海水表层碳酸钙是饱和的，随着水深增大，由于温度降低，CO_2含量增加，碳酸钙溶解度增大，至某一临界深度，溶解量与补给量相抵平衡，这一临界深度就是碳酸钙补偿深度］面以下，放射虫骨骼常成为沉积物的主要成分。放射虫软泥主要分布于热带太平洋和印度洋深海底。与放射虫骨骼本身的结构有关，骨骼纤细的种类更易溶解。因此，放射虫可成为海洋环境的指示生物，淡水环境绝无生存。通过放射虫组分的变化即丰度、分异度变化可推断相应的温度波动，可反映古气候。水团可恢复古洋流体系，不少学者指出放射虫的分布与水团的边界相对应，某些放射虫成为某些水团的地方种。放射虫软泥可推测古沉积深度（CCD 面）。冷水种放射虫可指示其生活在 40°N 附近。暖水种可反映其生活在赤道及暖流区。在大陆架地区观察它们的数量变化规律可以探究该地区海进与海退的演替。

放射虫软泥等成岩后可形成海相层状硅质岩、海相黑色页岩、海相石灰岩和海相泥岩中的钙质结核等。放射虫硅质岩是最常见的远洋深水沉积类型，野外呈规则的薄层状露头，可见少量泥质、锰质或磷质夹层或结核。沉积构造环境所含生物化石以具硅质骨骼的浮游型放射虫为主，有时也可见牙形石、海绵骨针等共生，一般代表海洋深部碳酸盐溶解面（CCD 面）以下的深水环境。整个前寒武纪以后的各地质年代中均有许多种存在，特别是易溶解的石灰性陆源性物质供给不足的深海海底只残存着放射虫类，所以近年来把它作为标准化石的意义更大了。

放射虫分布广泛，遍及所有海域。温带地区，尤其是赤道地区放射虫最为丰富。放射虫种类多，目前已知化石放射虫 2000 种以上，现生放射虫 6000 种以上，数量大，死亡后沉积海底所形成的软泥占现代海底面积的 2%~3%（仅次于有孔虫），放射虫软泥广泛分布于现代热带海洋沉积中。放射虫岩主要由硅质放射虫介壳组成，具有质轻硬度小的特点。坚硬的放射虫岩中的放射虫介壳完全被氧化硅胶结。放射虫在寒武纪至现代均有分布，繁盛于泥盆纪后期到石炭纪，现代为极盛。

此外，还有其他原生动物也具硅质骨骼或硅质外壳，如有孔虫可以分泌硅质外壳。砂壳虫能伸出片状或叶状的伪足，整个原生质包在一个混合砂粒所构成的硬壳内。

（2）海绵硅质骨骼碎屑（图 3.18）主要由海绵动物的骨架与支撑的玻璃纤维状硅质骨针或海绵丝及其碎屑构成，硅质骨针矿物成分主要为蛋白石，海绵丝是一种纤维状骨骼，它是由硬蛋白组成。骨骼有骨针及海绵丝两种类型，它们或散布在中胶层内，或突出到体表，或构成网架状。骨骼具有支持及保护身体的功能。骨针的成分或是硅质骨针，或是由碳酸钙组成钙质骨针，其中还都可能包括微量的铜、镁、锌等离子。海绵丝是一种纤维状骨骼，由硬蛋白（非活性蛋白质）组成，它们或单独存在于海绵动物体壁内，或与硅质骨针同时存在。许多小的硅质骨针埋在海绵丝中，形成有效的支持物。

以海绵硅质骨骼碎屑为主体形成的海相优质烃源岩或海绵岩或海绵硅质页岩，主要由海绵硅质骨针堆积并由生物化学沉淀的 SiO_2胶结，其外貌为细粒状，呈黑色，疏松的胶结程度较差，其中夹有黏土和

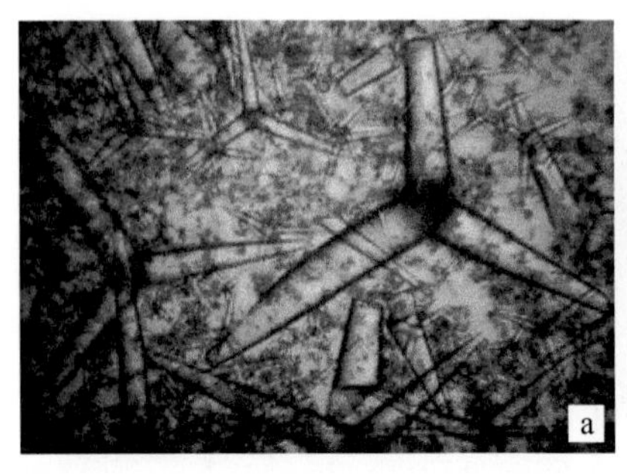

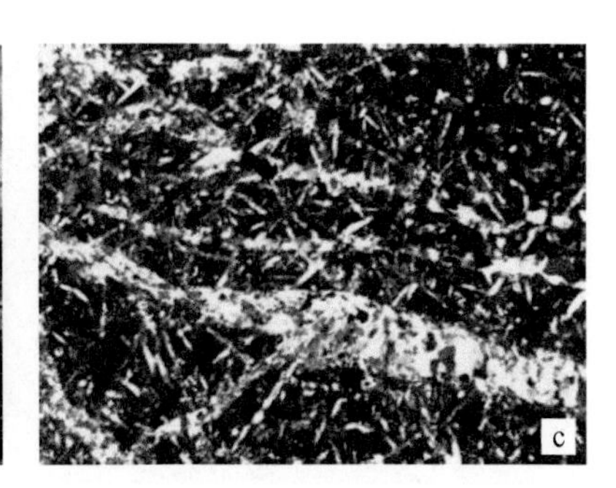

图 3.18　海相优质烃源岩中典型海绵硅质骨针及其碎屑超显微照片

a、b. 海绵硅质骨针；c. 二叠纪海绵骨针

砂。坚硬的海绵岩内的骨针被蛋白石、玉髓等硅质矿物所胶结，以海相成因为主。

在全球所有的海洋中，海绵动物的数量巨大，种数达 10000 多种，约有 5000 个物种，分为 790 个属，80 个科，占现代海洋动物的 1/15。在坚硬的基质上，它们更是多得惊人，相对而言，极少海绵动物能适应不稳定的沙地或泥沼的生存环境。它们的垂直生活领域从潮汐效应时水岸的最低处，向下延伸至 8600m 深的海洋深渊；硅质海绵中的淡水海绵科甚至能在全球的淡水湖泊和河流中生存。栖息于潮间的海绵动物通常只局限于海岸的一部分区域，即在空气中暴露时间较短的那部分海岸。有些海绵也在高于海岸一点的地方出现，但仅限于栖息在被遮蔽的地方或背向太阳的岩石上。有些海绵动物一旦暴露在空气中时间略长就会死去，因此在大陆架的浅水域中，海绵的物种和个体数量都达到最大。巨穴海绵常是更小动物的栖息处，这些小动物中的一部分对海绵动物无害，而另一部分则是寄生动物。许多海绵动物含有能进行光合作用的单细胞藻类（虫绿藻）、蓝绿藻和可为海绵动物提供营养的共生细菌。海蛞蝓（海兔）、石鳖、海星（尤其是南极洲的）、海龟和部分热带鱼都以海绵动物为食。在那些暴露在水体中而不是躲藏在岩石下的热带海绵物种中，通常超过一半的都对鱼类有毒。

硅质海绵起源于 5.7 亿 ~5 亿年前的寒武纪，其中 390 个属已被确认源自白垩纪（1.35 亿 ~0.65 亿年前）。

（3）硅藻硅质壁壳碎屑或层状硅藻土（蛋白土）是由单细胞硅藻类死亡以后的硅酸盐遗骸形成的，或主要源于硅藻的坚硬细胞壁硅质外层（内层为果胶质），矿物成分是含水的非晶质 SiO_2，主要由棱角状或球粒状蛋白石质点组成，具有典型的硅藻生物结构，具有微细的纹理，硅藻体具有众多的壳体孔洞，使硅藻土具多孔质构造或多数具有微孔构造（图 3.19）。在海底沉积下来逐渐形成硅酸盐遗骸的硅藻土，由黏土质充填或混杂胶结而成。这种硅藻的独特性能在于能吸收水中的游离硅形成其骨骸，当其生命结束后沉积，在一定的地质条件下形成硅藻土。

硅藻是最早在地球上出现的原生生物之一，一般认为硅藻来源于鞭毛藻，为一个特殊的分支。硅藻生存在海水或者湖水中，是海洋中主要的初级生产力。地球上有机物质中的 3/4 是通过硅藻和藻类的光合作用产生的。在世界大洋中，只要有水的地方，一般都有硅藻的踪迹，尤其是在温带和热带海区。因为硅藻种类多、数量大，所以被称为海洋的“草原”。硅藻普遍分布于淡水、海水中和湿土上，大多水生，几乎在所有的水体里都生长，只有极少数生活在陆地潮湿处。硅藻现代数量极大，占现代有机物质的 45% 以上，属大陆湖泊沉积。硅藻死后，它们坚固多孔的外壳——细胞壁也不会分解，而会沉于水底，遗留的细胞壁沉积经过亿万年的积累和地质变迁成为硅藻土和硅质生屑页岩。

硅藻是形成海底生物性沉积物的重要组成部分，经过漫长的地质年代，那些在海底沉积下来的以硅藻为主要成分的沉积层，逐渐形成了硅藻土。大部分古代硅藻和现代的相似。硅藻化石在侏罗纪早期开始出现，白垩纪较为丰富，大量繁茂期在新近纪及第四纪。

（4）金藻、硅鞭藻及疑源类等单细胞浮游藻类的硅质壁壳碎屑（图 3.20）主要是金藻的二片硅质壁或硅质化鳞片、小刺或囊壳；硅鞭藻（甲藻门沟鞭藻纲）的硅质坚硬骨骼和一些前古生代的疑源类或鞭

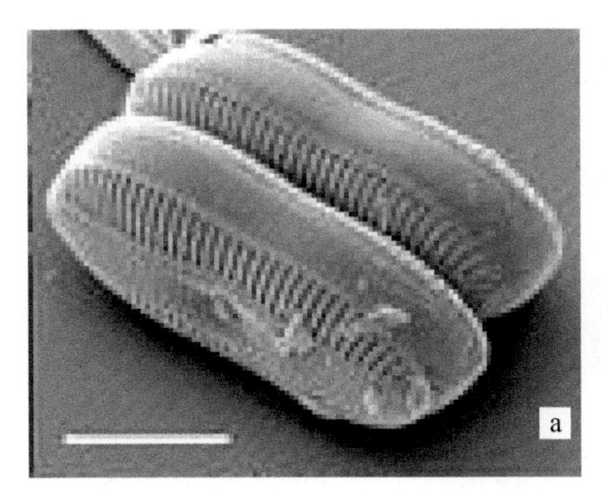

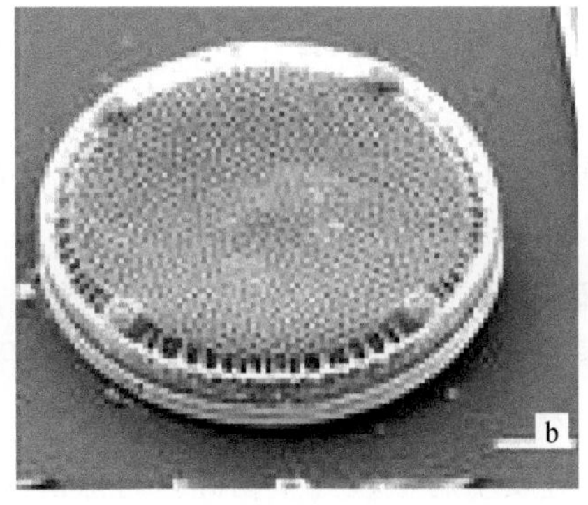

图 3.19　海相优质烃源岩中硅藻的典型硅质壁壳及其碎屑超显微照片

a、b. 不同类型硅藻化石；c. 桦甸 E 油页岩硅藻化石扫描电镜照片

毛藻类或某些浮游藻类等单细胞原生生物的硅质壁壳等构成，主要成分是含水的非晶质 SiO_2，是由这些金藻、硅鞭藻及疑源类等单细胞浮游藻类死亡以后的硅酸盐遗骸形成的。

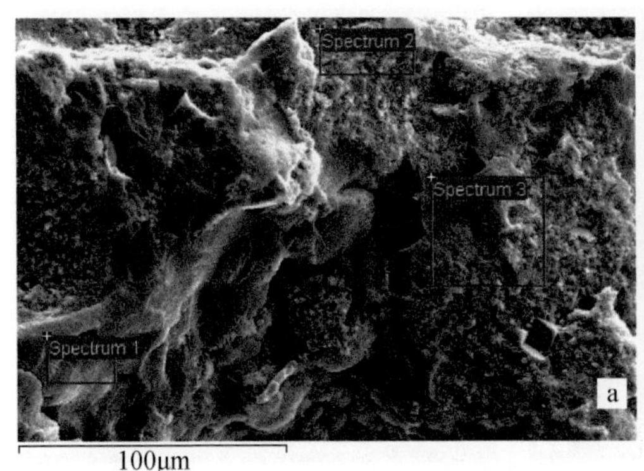

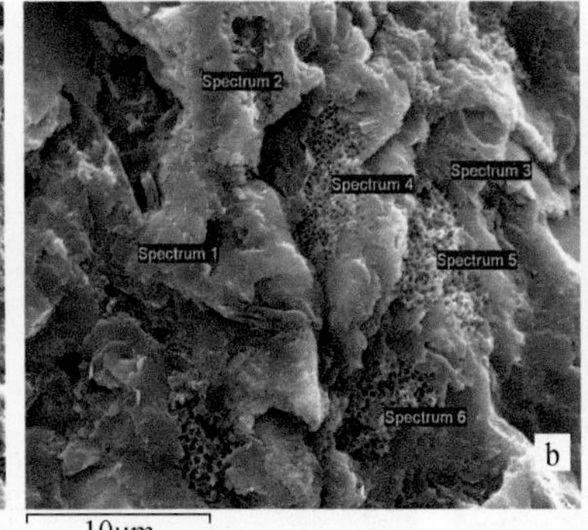

图 3.20　海相优质烃源岩中典型疑源类（似鱼鳞藻）硅质壁壳及其碎屑超显微照片

a. 川东北河坝1井，P_2l，5643.21m，黑色页岩，硅质生屑，扫描电子显微镜照片，×1500；b. 通江剖面 TJ_{-07-64}，$€_1n$，硅质疑源类（似鱼鳞藻），扫描电子显微镜微观结构照片；c. 华蓥山 LF_{-10}，O_3w，硅质疑源类（似鱼鳞藻），酸液处理，扫描电子显微镜微观结构照片

有细胞壁的金藻种类有金球藻目和金枝藻目，有的种可由原生质体分泌纤维素构成囊壳，或有分泌果胶质的膜，其上镶嵌有硅质的小鳞片。有些种类在表质上具有硅质化鳞片，小刺或囊壳。有些种类含有许多硅质、钙质，有的硅质可特化成类似骨骼的构造。单细胞种类的繁殖，常为细胞纵分成两个子细胞群体，以群体断裂成两个或更多的小片，每个小片长成一个新的群体，或以细胞从群体中脱离而发育成一个新群体。不能运动的种类产生动孢子，有的可产生内壁孢子（静孢子），这是金藻特有的生殖细胞，细胞呈球形或椭圆形，具两片硅质的壁，顶端开一小孔，孔口有一明显胶塞。静孢子的壁硅质化，由两片构成，顶端开一小孔。细胞裸露或在表质上具有硅质化鳞片、小刺或囊壳。例如，金胞藻属金藻门金藻纲的一个目（金胞藻目），其细胞裸露或外具硅质、钙质的鳞片或囊壳。鱼鳞藻也属金藻门鱼鳞藻科的代表性植物，其原生质体分泌一层果胶质的被膜，外有呈覆瓦状或螺旋状排列的硅质、钙质鳞片，随种不同而异。许多种的鳞片有硬刺。

甲藻门沟鞭藻纲的硅鞭藻也具硅质坚硬骨骼。硅鞭藻为单细胞球形，前端有一条鞭毛，细胞内有硅质骨骼，外面被原生质包裹，原生质内含有许多金褐色的叶绿体。骨骼坚硬，分为基环、基支柱和中心柱。基环呈正方形或菱形，没角有一放射棘。基环每边近中央处有基支柱伸出，并与中心柱连接，形成四个基窗。根据支持棘和顶棘的有无，本种分为四个变种。小等刺硅鞭藻是世界性种类，有活体细胞和化石。硅鞭藻纲大多数种类生于软水或山间的冷水山溪和池塘中，海洋种类主要是硅鞭藻科和球石藻科的藻类。

一些前古生代的疑源类或某些浮游藻类等原生生物种类也具有硅质壁壳，其硅质碎屑可以被保存下来，但是无法识别其种类，应划分到疑源类。例如，中国南方海相寒武系、奥陶系及志留系优质烃源岩中就发现了大量的无法识别的硅质疑源类，类似鱼鳞藻类。此外，最早出现的原生生物鞭毛藻类也可以含有硅质和果胶质等。

2. 海相优质烃源岩生物硅质碎屑可部分保留生物结构的原始孔，成为页岩油（成熟）和页岩气的有利储集空间；而这些生物硅质碎屑颗粒中常常含不等量的有机质（果胶或硬蛋白），高成熟—过成熟阶段可生成一些烃气（相当于Ⅲ型），为页岩气的重要气源之一

（1）在海相优质烃源岩中，硅质生屑颗粒（生物硅）可保留或部分保留大小不等的生物结构及大小不等的原始孔（平均直径一般在5～10nm，图3.21），这些原始孔在成熟阶段硅质可成为页岩油的有利储集场所，一是生物硅对油的吸附作用远低于蒙脱石等黏土矿物；二是脆性易压裂加上颗粒保留下来的原始孔更有利于页岩油的排出，而在高成熟—过成熟阶段，可成为页岩气的有利储集场所，因为其所含的有机质（果胶或硬蛋白）在此阶段可生成一些烃气。但是，在硅化程度相对强的成岩环境中，这些生物硅的原始孔很难或很少被保存下来。

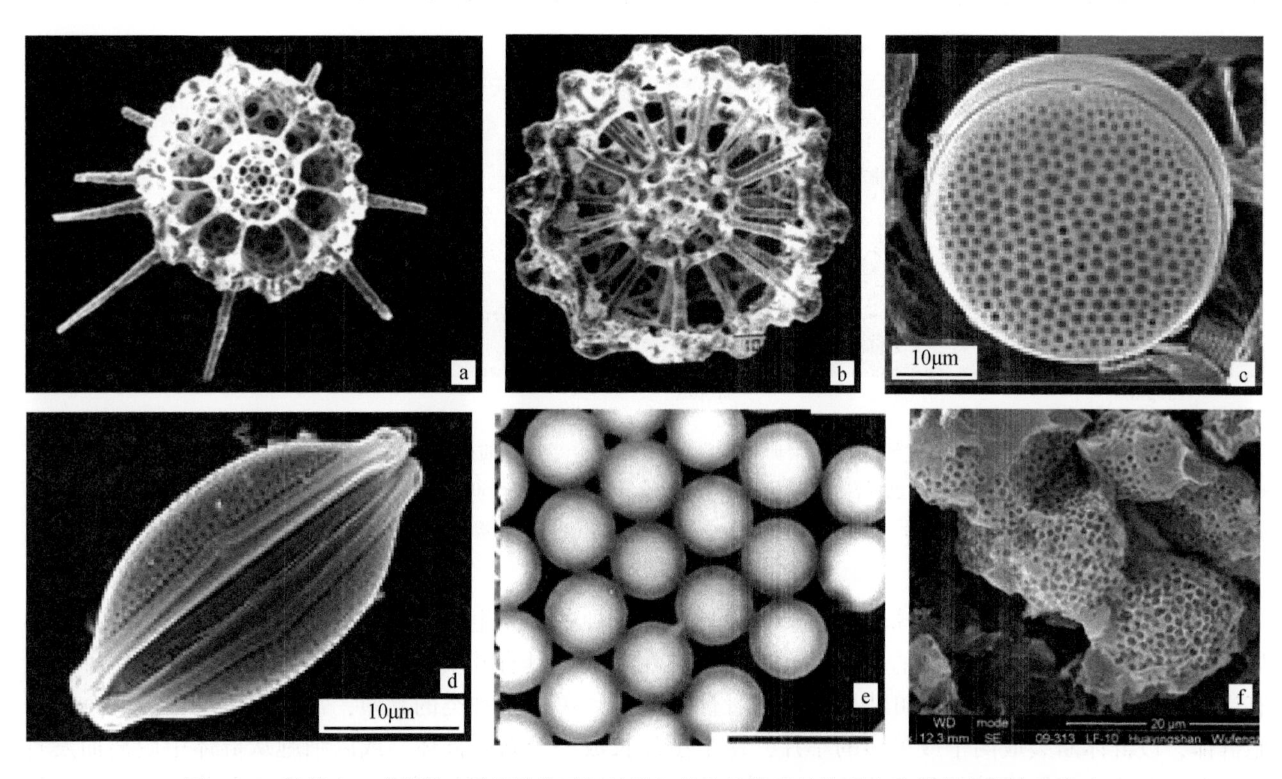

图3.21　放射虫、硅藻等硅质骨骼化石超显微扫描电镜微观结构照片及其发育的纳米孔隙

a、b. 不同类型放射虫化石；c、d. 不同类型硅藻化石；e. 生物硅的蛋白石结构；f. 疑源类（似鱼鳞藻）

放射虫骨骼为互不连接或接合不坚实的杆、骨针及刺的松散结构，呈网格状，孔的大小和形状是重要的鉴定特征，细短的小棒在三维空间上的连接呈海绵状；致密均匀，可见稀疏、大小不等的孔呈孔板状（图3.21a、b）。泡沫虫类骨骼形态呈球形，有多个同心球壳构成，球壳之间有放射状小梁相连，放射状刺从球体表面伸出，分为髓壳和皮壳。壳的大小为40～50nm至数毫米不等，形态主要为球形、椭圆形、钓钟形，具有细长的针状骨骼。内骨骼与外骨骼以中心囊为界线，而其中间有中骨骼。从中心囊往里有核，其外侧有原生质层，通过伪足从外界获取营养。壳为硅酸质，有时为有机质或偶有硫酸锶所形成的网眼状壳，在软泥中也有的具有骨片。罩笼虫类骨骼形态呈轴对称或两侧对称。阿尔拜虫类呈两侧对称，壳壁多为无孔板状。

放射虫硅质骨骼由原生质分泌而形成或直接由伪足和原生质网的化学成分变质而形成，可能是在细胞质分界面上发生的物理-化学过程而形成的网状膜或形成于活的原生质膜内。在个体发育的不同阶段，骨骼的形态和结构发生了一系列的变化，在成年以后，骨骼还具有次生生长现象，表现为翼膜和附加骨骼网。

硅藻体具有众多的壳体孔洞，使硅藻土具多孔质构造（图3.21c、d）。在电子显微镜下可以观察到天然硅藻土的特殊多孔的构造，这种微孔结构是硅藻土具有特征理化性质的原因。硅藻土的氧化硅多数是非晶体，碱中可溶性硅酸含量为50%~80%。硅藻细胞壁上都具排列规则的花纹，主要有：点纹，为普通显微镜下可分辨的细小孔点（图3.21c、d），单独或成条（点条纹）；线纹，由硅质壁上许多小孔点紧密或稀疏排列而成，在超显微镜下观察时可以分辨出是一条直线状；孔纹，硅质壁上粗的孔腔，中心硅藻纲的孔纹基本为六角形，其结构很复杂；肋纹，硅质壁上的管状通道，内由隔膜分成小室或壁上因硅质大量沉积而增厚。硅藻骨骼微粒为4.5~5mm（图3.21e）。

硅藻土的密度为1.9~2.3g/cm^3，松散密度为0.34~0.65g/cm^3，莫氏硬度为1~1.5，比表面积为40~65m^2/g，孔体积为0.45~0.98m^3/g，吸水率是自身体积的2~4倍，熔点为1650~1750℃；化学稳定性高，除溶于氢氟酸以外，不溶于任何强酸，但能溶于强碱溶液中。其质软而轻，孔隙度大，具有明显的层理，有很强的吸收性能，易破碎（易压裂产生超微裂缝）。

实际上，金藻、疑源类等单细胞浮游藻类的硅质鳞片、硅质小刺、硅质骨骼、硅质小片等也可能发育一些小孔或群体孔（图3.21f）。

（2）动物类硅质生屑的原始成分多为蛋白石+硬蛋白，而硅藻等低等植物类硅质生屑的原始成分多为硅质+果胶，硬蛋白和果胶均是有机质（非活性蛋白质或无效碳水化合物），沉积埋藏成岩后多为含不同程度有机质（由非活性蛋白质或无效碳水化合物演化而来）的硅质（隐晶石英、燧石）生屑颗粒，大小多粉砂粒级，部分集合体仍保留有明显的生物结构（卢龙飞等，2016）。

海绵硅质骨针可与海绵丝同时存在，许多小的硅质骨针埋在海绵丝中，它们或单独存在于海绵动物体壁内，形成有效的支持物，海绵丝是一种纤维状骨骼，由硬蛋白（非活性蛋白质）组成，许多大型群体海绵常同时存在着这两种骨骼。

硅藻细胞壁含果胶和二氧化硅，质坚硬，外层为硅质，内层为果胶质（无效碳水化合物）。细胞壁由两个瓣片套合而成，上面具有花纹，常由套合的两瓣组成，并有呈辐射对称（辐射硅藻目）或左右对称（羽纹硅藻目）排列的花纹。细胞壁的构造像一个盒子，套在外面的较大，为上壳；套在里面的较小，为下壳。硅藻细胞表面有向外伸展的多种多样的突出物，有突起、刺、毛、胶质线等，多是无效碳水化合物。

最早出现的原生生物鞭毛藻类也可以含有硅质的果胶质等。实际上，一些前古生代的浮游藻等原生生物种类中无法识别和分类的疑源类（如似鱼鳞藻），也可以具有硅质的壁壳，其遗骸碎屑被保存下来。

这些优质烃源岩硅质生屑颗粒中所含的硬蛋白和果胶等有机质均为非活性蛋白质或无效碳水化合物，不含“油”，在成熟阶段不具备生油能力，在高成熟—过成熟阶段可以生成一些烃气，与显微组分镜质组或基质镜质组的生烃能力相当，一般烃气的转化率低于15%，相当于Ⅲ型。

（3）由生物化学作用形成的以二氧化硅为主要造岩成分的沉积岩（硅质页岩），一般SiO_2含量在80%以上，常可达95%以上。其中SiO_2矿物不是来自碎屑，而是来自生物的硅质骨骼、壳体或碎片，由生物化学作用直接沉淀或交代作用产生。火山活动可提高海洋中的硅质含量，也是硅质岩中硅的主要物源。硅质页岩中主要矿物是蛋白石、玉髓和自生石英。硅质页岩有两大类结构：一类是生物结构，在显微镜下可看到放射虫、硅藻或硅质交代残留的钙藻等，它们均不同程度含有一定量的有机质；另一类是非生物的沉淀结构，原生沉淀的硅质碎屑一般是非晶质结构，但是经过成岩作用，非晶质蛋白石转变为结晶质玉髓和石英，成为结晶质结构，多不含有机质。硅质页岩分为层状和结核状，以及不规则交代的硅质页岩等构造。硅质页岩有由硅质壳生物堆积的、生物化学沉淀的、成岩结核化的和硅质交代碳酸盐岩的等数种成因，但是海水中硅质的富集往往与火山活动带来的硅质有联系。

三、生物钙质碎屑（钙质生屑）

生物钙质碎屑（钙质生屑）主要是指具有钙质骨骼或钙质骨针或钙质壁壳的生物体或钙质衍生物在优质烃源岩中保存下来的生物钙质矿物或文石（成岩早期）等。生物钙质骨壳的原始成分多为文石（斜方晶系，与三方晶系的方解石同质多象），常见于许多动物的贝壳或骨骸中，文石不稳定，常转变为方解石。生物钙质碎屑或生物钙质软泥（或颗粒）或生物钙是海洋（或深海）生物软泥的一类，即海洋中钙质生物含量大于30%或50%的沉积物，主要分布在海山、海岭的碳酸盐补偿深度之上。

1. 海相优质烃源岩中常见的生物钙质碎屑主要是有孔虫等动物的钙质骨壳及其碎屑、颗石藻等浮游藻类或疑源类的钙质遗骸碎屑

（1）海相优质烃源岩中的动物钙质骨壳及其碎屑主要是由海洋单细胞原生动物的浮游抱球虫（图3.22）构成。

有孔虫多分泌为钙质外壳（内卷虫、䗴、小粟虫和轮虫等），也有硅质或几丁质外壳，壳上有一个大孔或多个细孔（小孔），由此溢出许多丝状的假足，能够分泌钙质或硅质，形成外壳。有孔虫是海洋食物链的一个环节，它的主要食物为硅藻以及菌类、甲壳类幼虫等，个别种的食物是砂粒，也是大多数海洋生物的重要的食物来源。死去的浮游抱球虫不断大量地向海床落下，它们蕴含丰富矿物的外壳以化石的形态在沉积物中被保留着，其钙质遗骸沉降海底形成软泥状沉积。这种软的、细粒的、被称为抱球虫软泥的钙质物质，今覆盖着面积约1.3亿km^2的海底，即海底约有35%被有孔虫的壳沉积的软泥所覆盖，钙质软泥是大洋沉积物主体，分布也最广泛，而浮游有孔虫软泥是钙质软泥的主体，约占钙质软泥的98%。在地质时代（寒武纪—现代）也有与此相似的沉积，但已变成优质烃源岩或厚层的白垩和石灰岩。

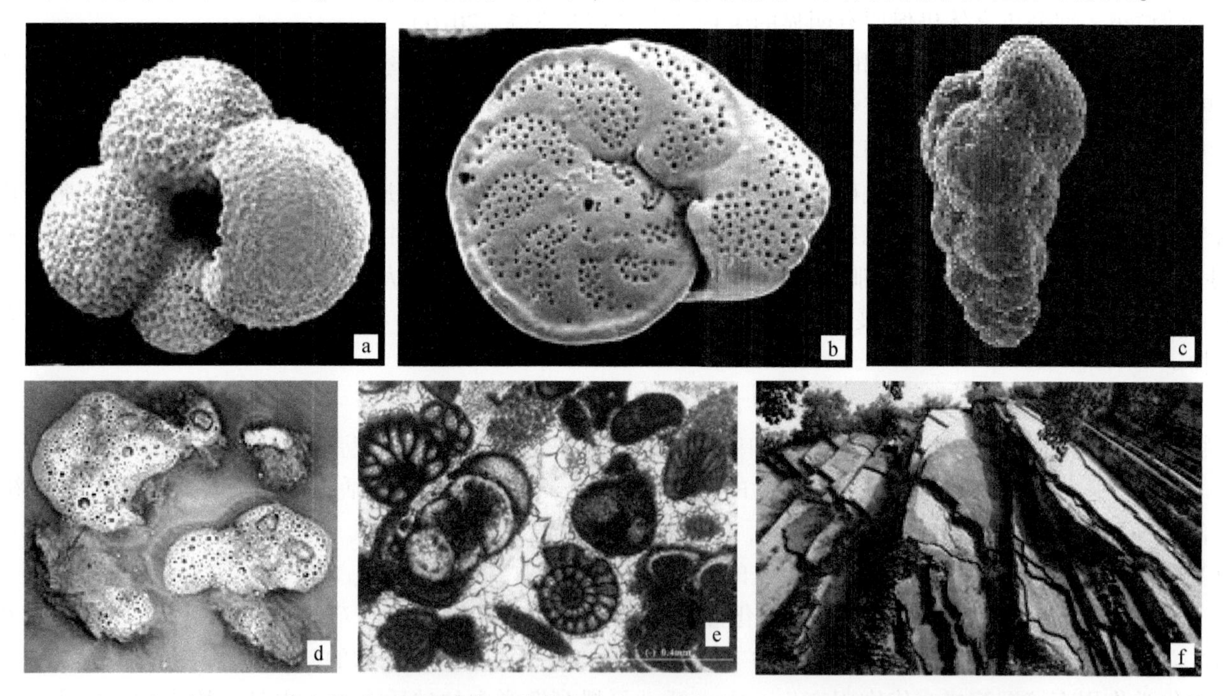

图3.22　海相优质烃源岩中代表性的有孔虫（浮游抱球虫）钙质骨壳化石及其碎屑

a～c. 有孔虫（浮游抱球虫）钙质骨壳化石扫描电子显微镜照片；d、e. 有孔虫（浮游抱球虫）钙质骨壳碎屑化石扫描电子显微镜照片；f. 主要由有孔虫钙质骨壳碎屑组成的钙质生屑页岩

有孔虫或许是海洋中除了细菌之外最丰富的海洋生物。大多数有孔虫拥有碳酸钙制成的复杂的壳（图3.22），海水表层碳酸钙是饱和的，随着水深增大，由于温度降低，CO_2含量增加，碳酸钙溶解度增大，至某一临界深度，溶解量与补给量相抵平衡，这一临界深度就是碳酸钙补偿深度。

翼足虫类等动物的钙质骨壳及其碎屑（图 3. 23）也是海相优质烃源岩中动物钙质骨壳及其碎屑之一。翼足虫等分布广泛的软体动物，大多数分泌有钙质贝壳（图 3. 23a ~ d），一般左右对称，是动物界仅次于节肢动物的第二大门，如双壳类（从寒武纪到现代地球上的海洋和淡水里一直都有双壳纲动物的分布）、喙壳类（已经绝灭了的古生物，只生活在寒武纪到奥陶纪）、头足类（从寒武纪直到现代）、竹节石类（从奥陶纪到泥盆纪）、掘足类（从奥陶纪出现，一直延续到现代）、腹足类（软体动物门中最大的一个纲，外壳在个体发育过程中发生扭转，呈单螺旋的形态，遍布于海洋、淡水及陆地，以海生最多，从进化历史来看，水生早于陆生，海水生又早于淡水生，最早的腹足类可能出现于早寒武世最早期，至中、晚寒武世，始渐繁盛，早奥陶世大量辐射进化，石炭纪大量发展，分别进入淡水及陆地环境）等。例如，翼足虫类主要分布在热带和亚热带海底，大西洋赤道一带分布尤多，分布面积约占整个大洋的 1%，水体深度分布限于 1500 ~ 3000m，比抱球虫软泥分布的水深浅得多，而且多出现于珊瑚岛附近和海底高地近岸附近。

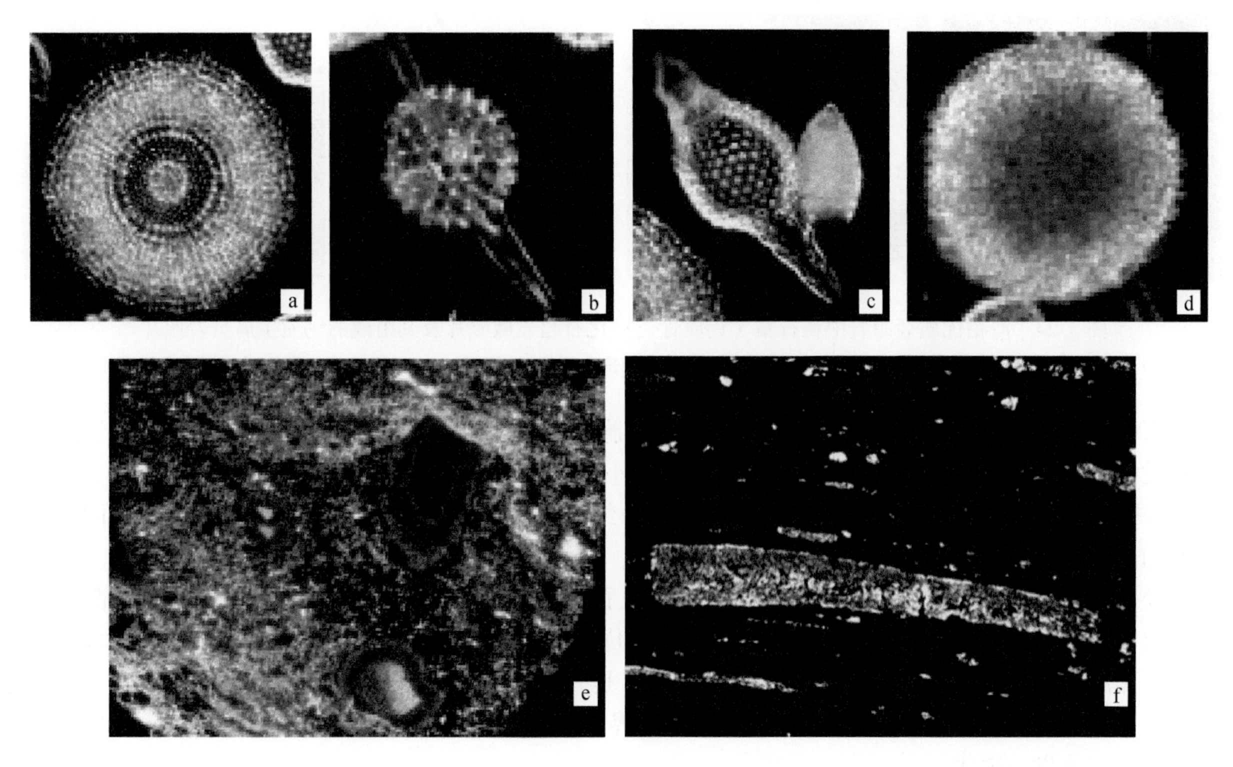

图 3. 23　海相优质烃源岩中常见的翼足虫类等动物的钙质骨壳及其碎屑显微照片

a ~ d. 翼足虫类软体动物钙质贝壳，扫描电子显微镜照片（引自《地球科学大辞典：基础学科卷》，2006 年）；e. 川东北普光 5 井，P_2l，5735m，黑色页岩（岩屑），钙质生屑，反射光显微照片，×512；f. 川东北毛坝 3 井，P_2l，MB3-26-1，黑色页岩（岩心），钙质生屑，反射光显微照片，×200

珊瑚虫外胚层细胞所分泌的石灰质物质便是珊瑚虫死后留下的外骨骼，珊瑚虫类多群体底栖浅海暖水，为多类生物的统称，珊瑚虫外胚层细胞所分泌的石灰质物质便是珊瑚虫死后留下的外骨骼，珊瑚虫生长在温度高于 20℃的赤道及其附近的热带、亚热带地区，适宜温度为 22 ~ 32℃，如果温度低于 18℃则不能生存，水深 50m 以内，从古生代初期开始繁衍，一直延续至今。珊瑚礁就是由珊瑚的骨骼形成，大量的珊瑚骨骼可堆积成岛屿。

某些海绵动物的骨针是钙质的，在优质烃源岩中也常见。海绵动物的单轴钙质骨针是由一个造骨细胞分泌形成，骨针形成时，造骨细胞核先分裂，并在双核细胞的中心出现一个有机质的细丝，然后围绕这一细丝沉积碳酸钙，随着骨针的逐渐增长，双核细胞也分成两个细胞，并分别加长骨针的两端，最后形成一个单轴骨针。同样，三轴骨针是由三个造骨细胞聚集在一起，每个细胞也随着有机质细丝的形成而分裂一次，形成六个细胞，碳酸钙围绕有机质细丝沉积愈合的结果形成了一个三轴骨针。

（2）单细胞浮游球藻类或疑源类的钙质遗骸是构成海相优质烃源岩最重要的组成部分，尤其是颗石藻的钙质颗石（图3.24）更常见。

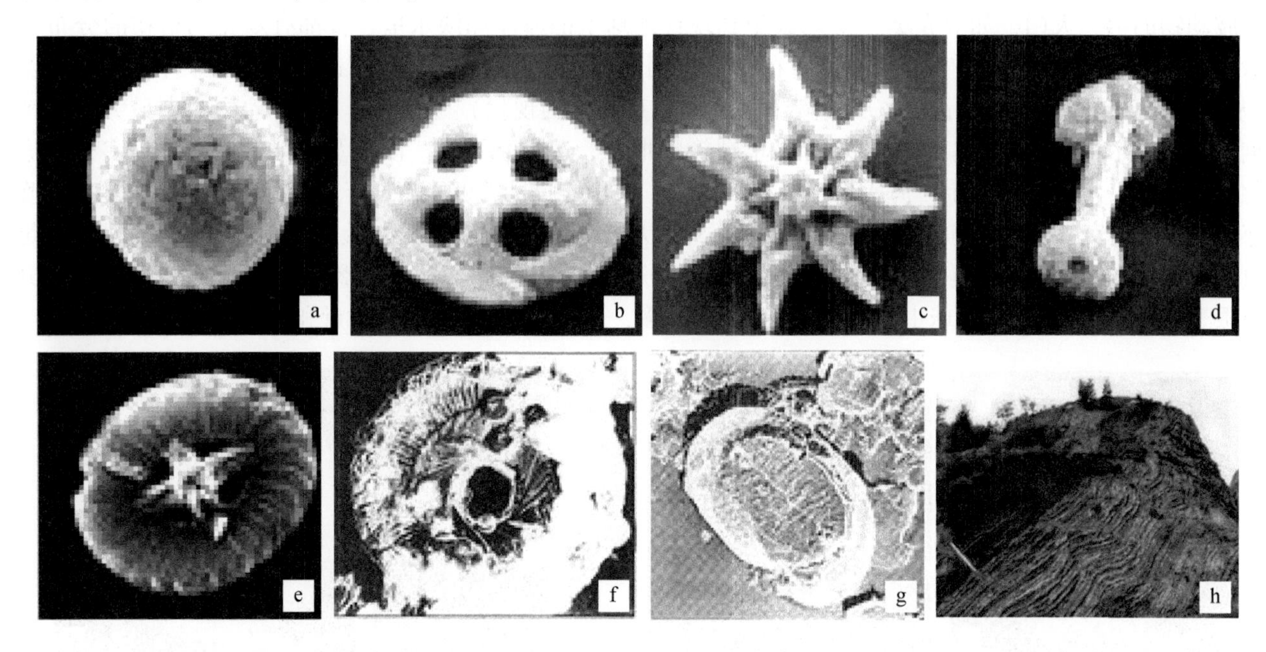

图3.24　海相优质烃源岩中颗石藻（钙质骨壳）化石超显微照片及其组成的钙质生屑页岩照片

a～g. 具代表性的不同类型的颗石藻（钙质骨壳）化石，扫描电子显微镜照片；h. 主要由颗石藻组成的钙质生屑页岩

颗石藻分泌出颗石形成钙质外壳，即颗石藻在细胞膜外包有黏胶质外层，内侧分布着直径约1μm的非矿物质鳞片，在胶质层中或其表面分布有一些细小的钙质圆粒（颗石），平均约有20个，大小2～10μm，具有一个孔洞的钙片（方解石晶体）。每一个细胞上，颗石的数目因不同属种而不尽相同，一个细胞上的所有颗石组成近于球形至卵形的“外骨骼”，称为颗石球（图3.24a～g），颗石数量极多、个体小，直径一般1～15μm，颗石可以产生数十个甚至几百个钙质小片，这些钙质小片脱离母体，散落于海底下，成为海洋沉积物的组成部分，有的就形成海相优质烃源岩或海洋沉积中的钙质超微化石软泥。

颗石藻属海洋单细胞浮游原生生物的钙质藻类，是一类营漂浮生活的海生藻类，喜暖性，多分布于18～23℃，水深10～200m环境中，至今还生存于世界各大洋中，它是海洋生物链中的一个重要成分，时代分布为晚三叠世—现代。

海相优质烃源岩或超微化石钙质生物软泥（图3.24h）是海洋深水沉积物的一种，主要由颗石藻等钙质超微化石组成，故又可直接以生物名命名为颗石藻软泥。它是个体直径仅1～35μm的一些钙质小片或碳酸钙质化石，人们通常称为钙质超微化石，由于研究这些钙质小片必须借助于高倍偏光显微镜、相差显微镜和扫描电子显微镜，它与传统的微体古生物学的研究方法不尽相同。它包括颗石藻类所产生的颗石及与其相似的化石，也包括与颗石化石共生并且大小相近，但形状不同，归属不明的绝灭类别如白垩纪的微锥石类与古近纪—新近纪的盘星石类等。

在电子显微镜下观察，颗石由许多细小的方解石晶体排列而成。按晶体形状颗石可分两大类：一类全由形状、大小相似的晶体构成，称为同晶颗石；另一类由不同类型的晶体配合而成，称为异晶颗石。有时，同一种颗石藻可以产生这两种颗石，如远洋颗石是异晶颗石，属非活动期的产物；而其活动期则产生同晶颗石，同晶颗石易于溶解散失，虽然自中生代以来的地层中均有发现，但相当少见，通常在钙质超微化石群中出现的多属异晶颗石。其基本构造系由一圈细小的晶体联结成环，由一个或数个同心环联结成盾。通常的颗石由上、下两个盾相叠而成，在中央由中心管相连。贴近细胞的盾往往内凹，称近极盾；靠外的盾常外凸，称远极盾。在显微镜正交偏光下观察，颗石的盾显示出四条消光带，其位置随载物台的旋转而移动。由于各种颗石形状不一，盾的数目、形状、厚度、晶体的排列方式、数目、形状不同，加以颗石中央可以有桥、十字或筛状等不同的构造，可以根据颗石在正交偏光下的干涉图像和在单偏光下的透视图像进行比较，作出鉴定。

单细胞浮游球藻或疑源类的钙质遗骸碎屑（图3.25）是一种微细的碳酸钙的沉积物，即一种疏松的方解石或石灰石，主要化学成分是$CaCO_3$，主要矿物成分是生物泥晶方解石，常含石英、长石、黏土矿物及海绿石等杂质。

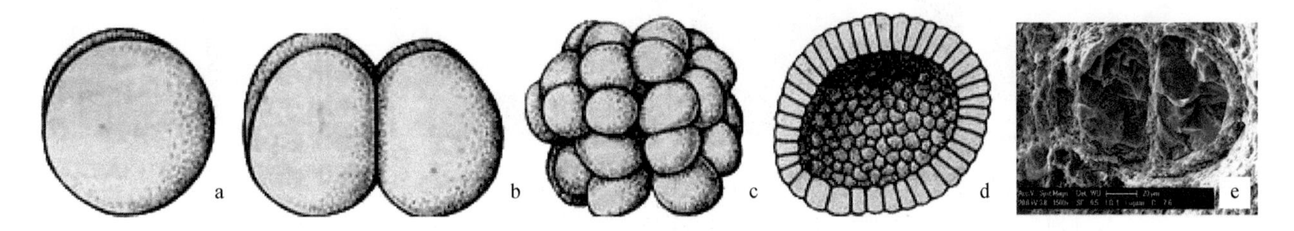

图3.25　海相优质烃源岩中单细胞浮游球藻或疑源类的钙质遗骸图片

a～d. 单细胞浮游球藻（多胚孔类）或疑源类的钙质遗骸图片；

e. 云南禄劝尖山LQ_{-1}，D_2，黑色页岩，钙质生屑（蓝藻类钙质壁壳?），扫描电子显微镜照片，×1500

颗石藻及单细胞浮游球藻或疑源类死亡以后，其颗石或钙质遗骸碎屑以0.15m/d的速度下沉。如在18℃的水体中每秒钟沉降1.6μm，亦即每年沉降约50m，按这个速度推算，下沉到5000m的深海底部就需近百年。随着水深增加，压力随之增大，温度随之下降，使海水的碳酸盐溶解度增高，颗石或钙质遗骸碎屑就会逐渐溶解。据Honjo（1976）的研究，大部分颗石是包裹在吞食它的浮游生物的粪团中进行下沉的。粪团的保护作用可以使纤细的颗石免受深海碳酸盐不饱和海水的溶解，这种粪团从海水上层下降到数千米的深海底仅需7天时间，故现代颗石和沉积物中的颗石类型有较多的一致性。到达海底后的这种粪粒，因细菌作用而散开，包裹在其内的颗石就开始了溶解作用。一般在3～4km的溶跃层之下颗石开始遭到破坏，在5000m左右的补偿深度以下颗石几乎全部溶解。因此，深海沉积中通常完全缺失钙质超微化石或无优质烃源岩。

超微和微体古生物学是一门极富生命力的学科，它在地质学和古海洋学的基础研究和能源勘探中均居于十分重要的地位，特别是在古海洋学的研究中，超微和微体古生物的综合研究可以提供较多的重要信息，而近海油气资源的勘探和远景评价均有赖于古海洋学的深入研究和掌握成油时期的古环境信息。

此外，轮藻类植物体外有大量钙质，所以又有石草之称，广布于淡水或半咸水中，也可以产生一些钙质碎屑。

2. 海相优质烃源岩生物钙质碎屑也可部分保留生物结构的原始孔，成为页岩油（成熟）和页岩气的有利储集空间；而这些生物钙质碎屑颗粒中也常常含不等量的有机质，高成熟—过成熟阶段可生成一些烃气（相当于Ⅲ型）

（1）在海相优质烃源岩中，钙质生屑颗粒（生物钙）与生物硅一样，也可以保留一部分大小不等的生物结构及大小不等的原始孔（图3.26），在成熟阶段钙质生屑颗粒对油的吸附作用远低于蒙脱石等黏土矿物，也为脆性易压裂并有利于页岩油的排出，也可成为页岩油的有利储集场所；在高成熟—过成熟阶段，也可成为页岩气的有利储集场所。

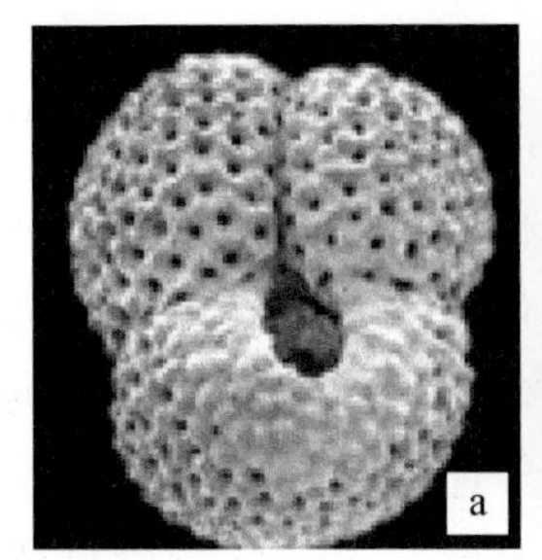

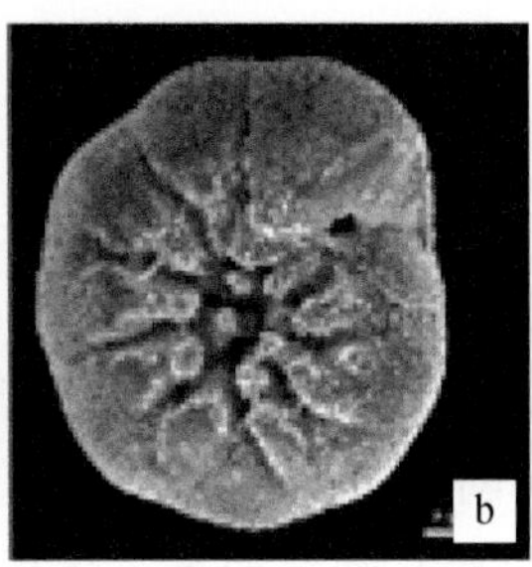

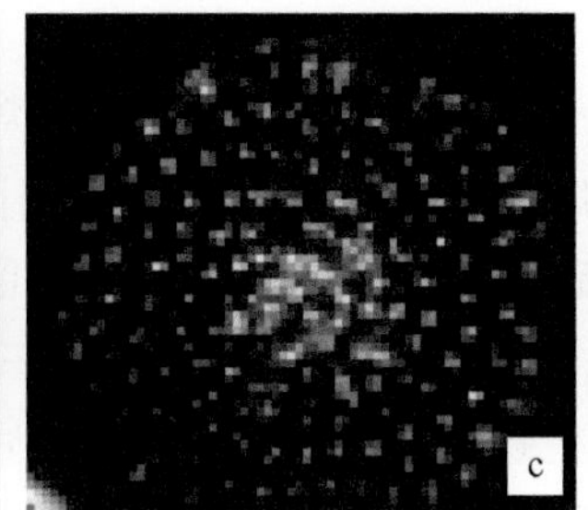

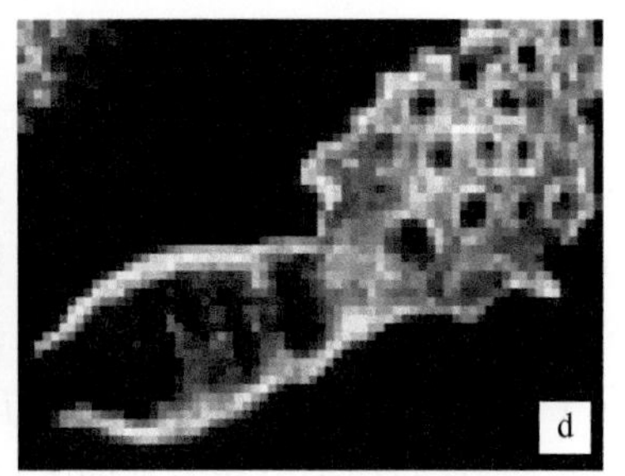

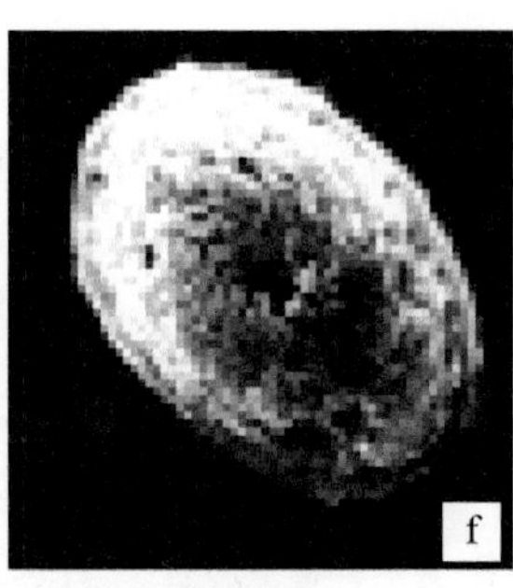

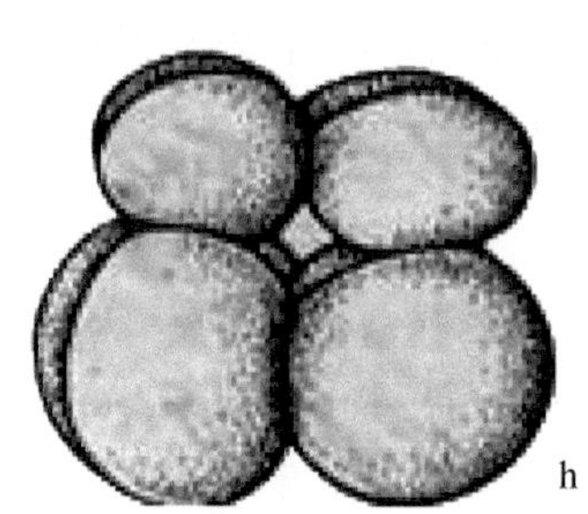

图 3.26　浮游有孔虫（抱球虫）、颗石藻等钙质骨壳化石超显微扫描电子显微镜微观结构照片及其发育的纳米孔隙

a、b. 不同类型抱球虫钙质壳化石；c、d. 翼足虫等软体动物钙质壳化石；e ~ g. 颗石；h. 疑源类钙质壳化石

海相优质烃源岩中最常见的动物钙质生屑颗粒是海洋单细胞原生动物的浮游有孔虫（抱球虫）钙质壳及其碎屑，其钙质壳较长，为不规则螺旋形，由许多球状房组成，由小而大，口在壳的末端，壳壁双层，薄而透明多孔（图 3.26a、b），也可在钙质壳上有一个大孔或多个细孔（小孔），钙质壳分为许多小的内格，由一些微孔或孔状接缝所串通。

此外，翼足虫等软体动物的钙质贝壳也常常发育一些原始孔（图 3.26c、d）。

在构成海相优质烃源岩最重要组成部分的颗石藻等单细胞浮游球藻类或疑源类的超显微钙质遗骸中也可见到一些原始孔或粒间孔（图 3.26e ~ h），但是发育程度远不如硅质生屑。

生物钙质碎屑的显微结构具有从低等生物钙质碎屑的粒状结构→腔肠动物、节肢动物、轮藻藏卵器等生物钙质碎屑的纤（柱）状结构→软体动物、腕足类、苔藓虫和蠕虫栖管等生物钙质碎屑的片状结构→棘皮动物生物钙质碎屑的单晶结构的演化趋势。生物钙质碎屑物质的原生孔隙结构形成于沉积同生阶段，如粒间孔隙（包括由富藻纹层组成的球形包粒为藻包粒等）、遮蔽孔隙、体腔孔隙、生物钻孔、窗格和层状空洞等。次生孔隙形成于成岩及后生作用的溶解改造，如粒内孔、铸模孔、晶间孔及其他溶蚀孔隙。

（2）优质烃源岩中常见的钙质骨壳生屑与硅质生屑一样，多数含不等量的有机质及锰和铁等其他杂质，用来黏结生物分子结构的骨骼或外壁壳。所含的有机质原始成分多为果胶或硬蛋白或几丁质等，均是无效碳水化合物或非活性蛋白质，也不含“油”，在成熟阶段不具备生油能力，在高成熟—过成熟阶段可以生成一些烃气，相当于Ⅲ型。

生物钙质碎屑或钙质软泥是海洋中钙质生物含量大于 30% 或 50% 的沉积物，它们是形成海相优质烃源岩的主体，主要为浮游有孔虫软泥或抱球虫软泥或颗石藻软泥、翼足虫软泥等。浮游有孔虫软泥分布也最广泛，是钙质软泥的主体，约占钙质软泥的 98%。颗石藻软泥或超微化石钙质生物软泥是个体直径仅数微米至十多微米的一些钙质小片。翼足虫软泥是以文石质翼足虫介壳、变形虫介壳为主组成的钙质软泥，分布深度限于 1500 ~ 3000m，比抱球虫软泥分布的水深浅得多，而且多出现于珊瑚岛附近和海底高地近岸附近，主要分布在热带和亚热带海底，分布面积约占整个大洋的 1%，其演化由新生代的古新世开始。

第三节　中国南方海相优质烃源岩的超显微有机岩石学

中国南方主要发育 P_2、O_3w—S_1l 和 $€_1n$ 三套海相优质烃源岩或富有机质页岩，但是它们的热演化程度基本上已经达到过成熟阶段（局部早期古隆起例外），因此，在这三套过成熟海相优质烃源岩中除伊利石等黏土矿物和次生固体沥青（碳质沥青）等外，最后残留的生物碎屑颗粒主要有：①生物骨壁壳有机碎屑颗粒；②生物钙质碎屑颗粒；③生物硅质碎屑颗粒等三种类型。它们往往还含有机硫（$S_{有机}$）、有机磷（$P_{有机}$）、Ti、Fe、Zn、V 等与生物有关的非金属元素，后两者还均不同程度地含有机质（胶质、骨胶原等）。它们均是由非生油的生物高分子物质（骨壁壳有机物质）演化而来，在高成熟—过成熟阶段早期演化具有一些生烃气能力。

一、海相优质烃源岩样品的选取

海相优质烃源岩超显微有机岩石学典型样品的选取必须在烃源岩油气地球化学常规分析和综合研究的基础上进行，尽可能选取海相优质烃源岩的主要沉积环境和沉积相带、形成大油气田或各含油气系统的主要优质烃源岩发育层段或黑色页岩沉积层段和不同演化阶段或成熟阶段优质烃源岩的代表性样品。

1. 选取的超显微有机岩石学样品能够代表海相优质烃源岩形成的主要沉积环境和沉积相带

台内盆地或台地凹陷或台地斜坡及前缘斜坡是形成海相优质烃源岩最重要的沉积环境和相带，同时，碳酸盐台盆或台凹热液（或热水）区也是形成海相优质烃源岩的最有利相带。例如，本书中国南方古生界上二叠统龙潭组—大隆组（P_2l—P_2d）、中泥盆统（D_2）、上奥陶统五峰组—下志留统龙马溪组（O_3w—S_1l）和下寒武统牛蹄塘组下部（ϵ_1n）的海相优质烃源岩均属此环境，它们具有代表性的烃源岩类型、主要成烃生物组合和生排油气能力（腾格尔等，2006，2007，2008）。

三角洲海陆沼泽过渡相其烃源岩类型、主要成烃生物和形成环境并非形成优质烃源岩有利相带，这里选取的样品为重庆南川、华蓥山和贵州凯里 P_2l 等剖面（图 3.27）。

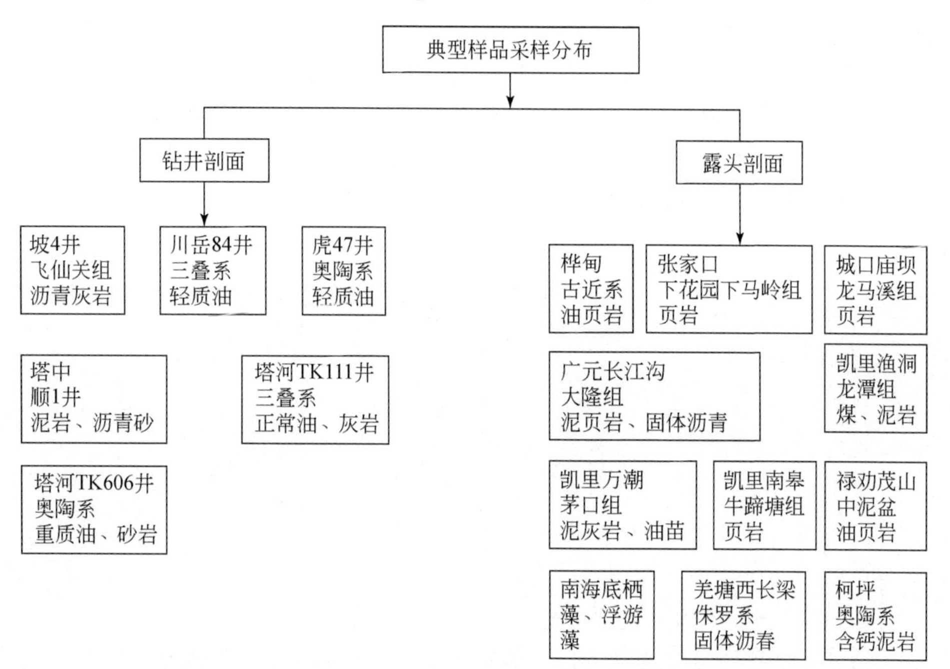

图 3.27　中国海相（及海侵湖泊）优质烃源岩超显微有机岩石学典型样品采样位置分布图

2. 超显微有机岩石学典型样品的选取在纵向地层年代分布上要能够代表各大油气田区或含油气系统的主要优质烃源岩发育沉积层段

下寒武统下部（ϵ_1）：中国南方海相牛蹄塘组（ϵ_1n）贵州遵义松林剖面、麻江羊跳剖面和通江诺水河剖面等；

上奥陶统五峰组—下志留统龙马溪组（O_3w—S_1l）：通江诺水河剖面；

中泥盆统（D_2）：云南禄劝尖山剖面；

上二叠统龙潭组及大隆组（P_2l—P_2d）：川东北河坝 1 井、毛坝 3 井、元坝 3 井、建平 2 井、广元长江沟磨刀崖剖面等。

3. 不同成熟度或不同热演化阶段的优质烃源岩超显微有机岩石学典型样品，尤其是未成熟—低成熟典型样品更为关键

同一样品由于有机质成熟度不同或成岩阶段不同，其孔隙结构、黏土等矿物成分、有机质生油气能力等将发生很大变化，甚至会发生质的变化，因此还要考虑到不同成熟度或不同热演化阶段的优质烃源岩超显微有机岩石学典型样品，尤其是未成熟—低成熟典型样品更为关键，它还关系到热压物理模拟实验的成败：①低成熟—成熟阶段，云南禄劝尖山中泥盆统（D_2）剖面；②成熟阶段，四川广元长江沟磨刀崖 P_2d 剖面及贵州鱼洞 P_2l 煤矿；③高成熟阶段，四川城口庙坝 O_3w—S_1l 剖面及重庆南川和华蓥山 P_2l 剖面等；④过成熟阶段，贵州遵义松林$Є_1n$ 剖面，麻江羊跳$Є_1n$ 剖面，四川通江诺水河 S_1l、$Є_1n$ 剖面，川东北河坝 1 井、毛坝 3 井、元坝 3 井及建平 2 井 P_2l—P_2d 等。

二、P_2 台地凹陷优质烃源岩

中国南方四川盆地川东北 P_2l—P_2d 台地凹陷典型优质烃源岩样品以凹陷内河坝 1 井 HB1-7-4（P_2l，5643.21m，2 号样品，TOC=4.71%，R_o=4.59%）、普光 5 井及毛坝 3 井等黑色页岩（过成熟阶段样品）和广元长江沟磨刀崖剖面 GY-07-11，（P_2d，3 号样品，TOC=5.95%，R_o=0.65%）等黑色页岩（成熟阶段样品）为代表，从其有机地球化学分析和全面系统的扫描电子显微镜微观结构观察和能谱元素分析可知：

1. 台地凹陷优质烃源岩主要由生物有机碎屑、生物钙质碎屑和生物硅质碎屑等组成

（1）从台地凹陷内河坝 1 井、普光 5 井和毛坝 3 井等代表性海相过成熟优质烃源岩样品的全岩光片反射光、全岩光薄片透射光及扫描电子显微镜微观结构照片中可以看出：它们主要是由粉砂级（含量可在 50% 以上）和黏土级生物壁壳有机碎屑、有孔虫等动物骨壳钙质碎屑和放射虫等硅质碎屑构成（图 3.28、图 3.29、图 3.31、图 3.33～图 3.37），放射虫等硅质碎屑颗粒及部分硅化钙质碎屑颗粒中或边缘孔隙或裂缝中见残炭固体沥青。此外，台地凹陷内河坝 1 井、普光 5 井和毛坝 3 井等代表性海相过成熟优质烃源岩样品中黏土少见，一般含量较低。

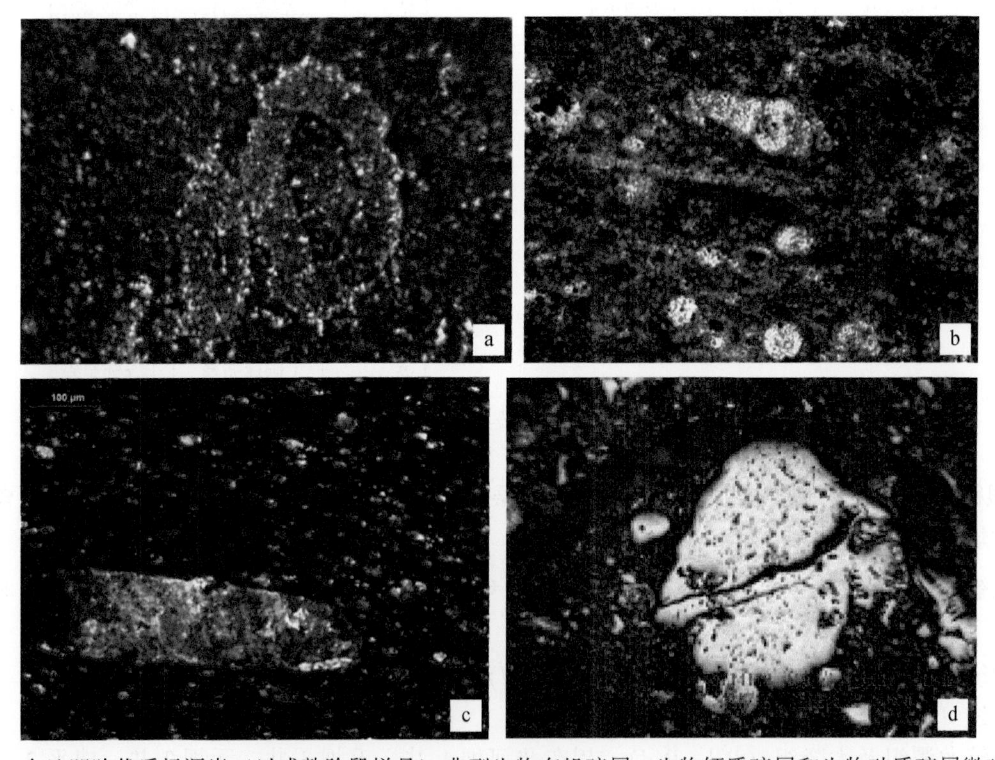

图 3.28　P_2 台地凹陷优质烃源岩（过成熟阶段样品）典型生物有机碎屑、生物钙质碎屑和生物硅质碎屑微观结构照片

a. 川东北普光 5 井钻井岩屑 P_2l，5735～5740m，黑色页岩，全岩光片反射光显微照片，疑源类壁壳有机碎屑（部分硅化），油浸，×800；b. 川东北河坝 1 井，黑色页岩（岩心），P_2，5643.91m，全岩光片反射光显微照片，放射虫等硅质碎屑，孔隙或某些放射虫硅质碎屑孔隙中见固体沥青，油浸；c. 川东北毛坝 3 井，MB3-26-1，黑色页岩（岩心），P_2l，全岩光薄片反射光显微照片，有孔虫等钙质碎屑，亮光部分硅质（少部分已经硅化），油浸；d. 川东北毛坝 3 井，P_2l，5184m，钙质泥岩，植物残屑，全岩光片反射光显微照片，油浸，×800

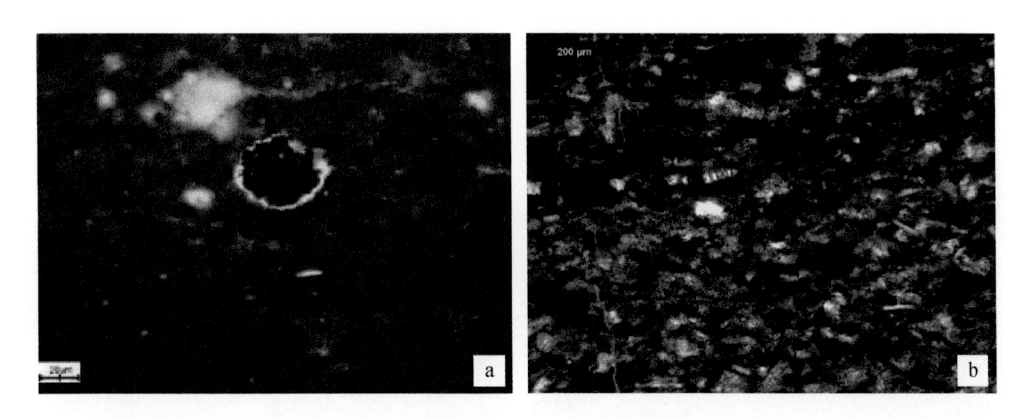

图 3.29　P_2 台地凹陷西缘（南侧）优质烃源岩（成熟阶段样品）典型生物有机碎屑、生物钙质碎屑等微观结构照片
a. 广元长江沟磨刀崖剖面地面露头，黑色页岩，P_2d，全岩反射显微荧光照片，疑源类细胞壁周边见黄色荧光（吸附可溶有机质或“油”，成熟阶段）；b. 广元长江沟磨刀崖剖面地面露头，黑色页岩，P_2d，全岩光片反射光显微照片，有孔虫等钙质碎屑中孔隙或裂缝充填沥青（可溶有机质或“油”）孔隙，油浸

实际上，台地凹陷西缘（南侧）广元长江沟磨刀崖（矿山梁）P_2d 剖面成熟优质烃源岩样品同样也是由粉砂级和黏土级生物壁壳有机碎屑、有孔虫等动物骨壳钙质碎屑及硅质碎屑构成（图 3.29）。但是，有孔虫等钙质碎屑之间孔隙或裂缝充填的为成熟阶段生成的“油”或可溶有机质即沥青“A”，它也可以侵染疑源类等植物细胞壁或动物有机骨壳，生物有机骨壳壁在成熟阶段是不能生油的，但是其周边可以吸附可溶有机质或“油”，见黄色荧光。该样品中黏土也少见，含量也较低。

（2）从台地凹陷内河坝 1 井 P_2l 黑色页岩（HB1-7-4，2-2～2-4）样品垂直页理自然面所有扫描电子显微镜微观结构照片（点或方块）中能谱元素分析 116 个数据（归一化）频率分布（图 3.30）和典型照片(图 3.31a、图 3.8a) 中 14 个能谱元素分析数据（表 3.4）可以看出：①该过成熟优质烃源岩样品主要由生物硅质碎屑构成（矿物成分为 SiO_2），其含量（重量）可达 80% 以上，一般占到无机矿物或无机元素的 85% 以上，生物硅质碎屑主要源于放射虫、海绵骨针等硅质生物，由于太破碎，显微镜下一般难以辨认，可以通过能谱元素分析判识；②优质烃源岩中生物骨壁壳有机碎屑 $C_{有机}$ 大于 30%（重量），$C_{有机}$ 体积应大于 50%，该样品生物骨壁壳有机碎屑含量平均在 6.5% 左右，最高 $C_{有机}$ 平均达 70.4%（8 个能谱元素分析数据，扣除无机碳），疑源类壁壳有机碎屑 $C_{有机}$ 平均达 48.3%（4 个能谱元素分析数据，扣除无机碳）；③优质烃源岩中生物钙质碎屑含量（碳酸盐或钙含量）不高，平均含量在 5% 左右（图 3.31、表 3.4）；④优质烃源岩的伊利石等黏土（或 Al 元素）含量较低，平均在 3% 左右。这与全岩 X 射线衍射分析的石英、方解石及黏土含量基本上是一致的，只是前二者偏低一些，黏土含量相对偏高一些。

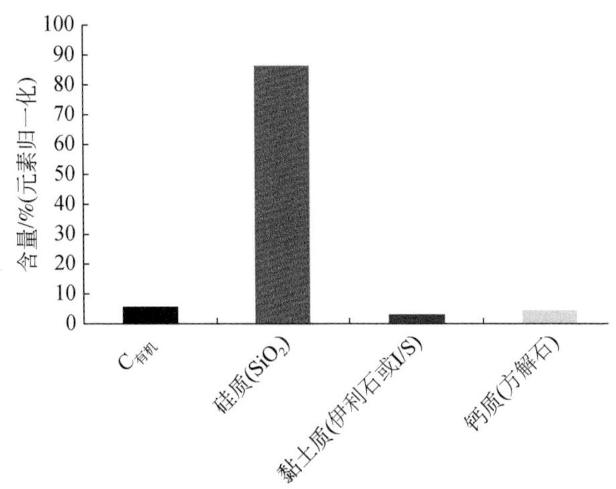

图 3.30　台地凹陷内河坝 1 井 P_2l 典型优质烃源岩样品扫描电子显微镜能谱元素分析 $C_{有机}$、硅质生屑、钙质生屑及黏土平均含量分布图

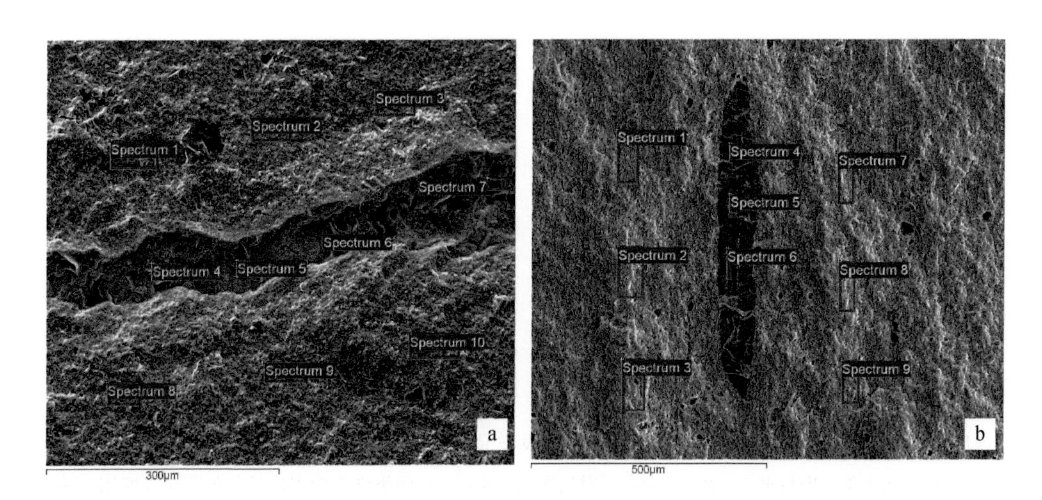

图 3.31　南方海相 P_2l—P_2d 台地凹陷内典型优质烃源岩样品扫描电镜微观结构照片

a. 川东北河坝 1 井 HB1-7-4，P_2l，5643.21m，2-2、2-4，黑色页岩，垂直页理自然面；b. 广元长江沟磨刀崖剖面，GY-07-11，P_2d，RE3-1、E3-4，黑色钙质泥页岩，垂直页理自然面

表 3.4　台地凹陷内河坝 1 井 P_2l 典型优质烃源岩样品对应扫描电子显微镜点（十字）或面（方块）+能谱元素分析

位置	Spectrum	扫描电子显微镜点（十字）或面（方块）能谱元素分析（归一化）/%															描述
		C	$C_{有机}$	O	Na	Mg	Al	Si	S	K	Cl	Ca	Ti	Fe	Zn	V	
图 3.31a	4 ~ 7	48.52	48.28	26.15	—	—	0.06	20.81	3.27	—	—	0.80	0.05	0.34	—	—	疑源类壁壳有机碎屑，硅化，略含硫
	1 ~ 3，8 ~ 10	12.21	12.15	48.88	—	—	0.27	37.07	0.73	—	—	0.22	0.02	0.60	—	—	生物硅质碎屑，含有机质
图 3.8a	1 ~ 3	35.40	35.27	26.89	—	—	—	35.71	1.43	—	—	0.40		0.20	—	—	疑源类壁壳有机碎屑，硅化，略含硫
	4	6.33	6.33	40.3	—	—	—	53.4	—	—	—	—	—	—	—	—	生物硅质碎屑，含有机质

因此，河坝 1 井 P_2l 优质烃源岩（页岩）中该样品是由生物硅质碎屑（>80%）、生物有机碎屑（>5%）和生物钙质碎屑（5%左右）及伊利石等黏土矿物（3%左右）颗粒构成。

（3）台地凹陷西缘（南侧）广元长江沟磨刀崖剖面 P_2d，GY-07-11 黑色钙质泥页岩垂直页理自然面所有样品 99 个能谱元素分析数据频率分布（图 3.32）和典型照片（图 3.31b、图 3.8b）数据中 19 个能谱元素分析（表 3.5）可以看出：

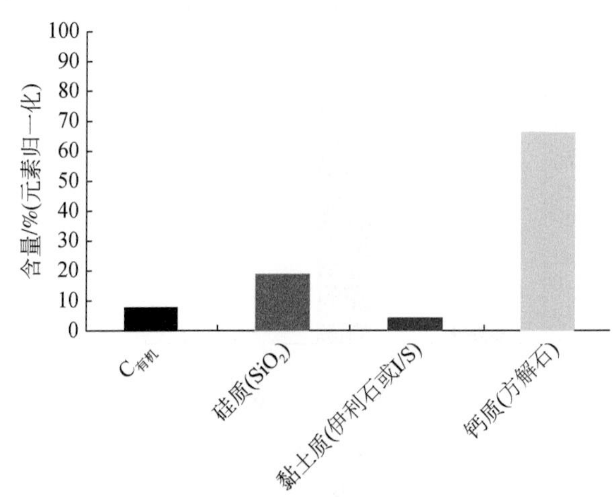

图 3.32　台地凹陷西缘（南侧）广元长江沟磨刀崖剖面 P_2d 典型优质烃源岩样品扫描电子显微镜能谱元素分析 $C_{有机}$、硅质生屑、钙质生屑及黏土平均含量分布

表 3.5　台地凹陷内广元长江沟磨刀崖剖面 P_2d 典型优质烃源岩样品对应扫描电子显微镜点（十字）或面（方块）+能谱元素分析

位置	Spectrum	扫描电子显微镜点（十字）或面（方块）能谱元素分析（归一化）/%															描述
		C	$C_{有机}$	O	Na	Mg	Al	Si	S	K	Cl	Ca	Ti	Fe	Zn	V	
图 3.31b	4～6	74.63	74.55	11.87	—	—	—	0.60	6.92	—	0.43	0.27	1.62	0.34	1.91	1.40	生物有机碎屑，含硫
	1～3，7～9	28.37	26.90	41.93	—	0.26	2.40	19.27	0.52	1.19	0.06	4.89	0.13	0.85	—	0.14	生物硅质碎屑+生物钙质碎屑，含有机质及含黏土
图 3.8b	2-1～3	68.06	67.35	25.64	—	0.13	0.22	0.65	2.49	—	—	2.35	0.13	0.33	—	—	生物有机碎屑，略含硫
	1-1～3	18.16	14.56	51.66	0.29	0.26	1.53	15.09	0.17	0.63		12.02	—	0.18	—	—	生物硅质碎屑+生物钙质碎屑，含有机质，微含黏土
	3-1～4	33.83	31.06	46.58	0.05	0.45	1.11	7.79	0.21	0.48		9.26	0.04	0.21	—	—	生物有机碎屑（菌丝类）

它们主要由生物钙质碎屑构成（矿物成分主要为 $CaCO_3$），其含量（重量）可达到65%以上。生物钙质碎屑中随 $C_{有机}$ 含量的降低钙质比例相对有所增高。在照片（图 3.31b、图 3.8b）中 19 个能谱元素分析数据中均发育有生物钙质物质，但是未找到典型的生物钙质碎屑。

生物硅质碎屑含量也较高，一般在 18% 以上（图 3.32），生物硅质碎屑可能主要源于放射虫等硅质生物。

生物骨壁壳有机碎屑也较高，一般在 7% 以上（图 3.32），有机碎屑 $C_{有机}$ 平均最高达 74.63%（3 个能谱元素分析数据，扣除无机碳），它们主要是一些宏观藻类碎屑、真菌类碎屑及浮游藻类碎屑等。

该样品中矿物成分中一般不含或微含黏土（由伊/蒙混层、伊利石及绿泥石组成）或 Al 元素，伊利石等黏土（或 Al 元素）含量也较低，平均小于 5%。

2. 台地凹陷优质烃源岩以底栖藻类壁壳碎屑、浮游藻类（疑源类）细胞壁壳碎屑和微生物类（真菌、细菌、古细菌）细胞壁碎屑及水生高等植物类骨壁壳碎屑等生物有机碎屑为主体

海相优质烃源岩中的有机碎屑一般为有机质含量（重量）大于 30% 或有机质含量（体积）大于 50%。按成因类型可分为原生（生物骨壁壳有机碎屑物质）和次生（沥青）两种（秦建中等，2014）。台地凹陷过成熟海相优质烃源岩（河坝 1 井等）中原生的生物有机碎屑主要为底栖藻类壁壳碎屑、浮游藻类（疑源类）细胞壁壳碎屑、微生物类（细菌、古细菌等）细胞壁碎屑和水生高等植物类骨壁壳碎屑等，它们主要来源于水生生物体及生物死亡后被细菌分解的中间产物或食物残余或分泌物以及陆地生态系统输入的有机物等。其次生沥青（或称为次生有机组分）主要是“油”或可溶有机质热裂解产生的次生碳质沥青。

尚处于成熟阶段的海相优质烃源岩中原生的生物有机碎屑主要为底栖藻类壁壳碎屑、微生物类（真菌、细菌、古细菌等）细胞壁碎屑和浮游藻类（疑源类）细胞壁壳碎屑及水生高等植物类骨壁壳碎屑等，它们主要来源于水生生物体及生物死亡后被细菌分解的中间产物或食物残余或分泌物以及陆地生态系统输入的有机物等。次生沥青则主要是充填于孔隙或裂缝或吸附于生物骨壁壳有机碎屑周围的可溶有机质或“油”。

南方 P_2 台地凹陷优质烃源岩常见到的生物骨壁壳有机碎屑主要如下。

（1）底栖藻类壁壳碎屑（图 3.33）。①宏观底栖藻丝体细胞壁或体腔壁碎屑在上二叠统龙潭组能见到，能谱元素分析宏观底栖藻壁有机碎屑多未被硅化或钙化或黄铁矿化等，碳含量相对高，碳含量一般在 60%～75% 之间；②宏观底栖藻丝体残片能谱元素分析藻丝体残片多已经硅化或钙化等，碳含量一般在 6%～60% 之间；③底栖藻孢子囊，能谱元素分析孢子囊多已经硅化或黄铁矿化等，碳含量一般在 7%～40% 之间。

（2）浮游藻类（疑源类）细胞壁壳碎屑。中国南方古生代分析的海相优质烃源岩样品中除禄劝尖山剖面中泥盆统、广元长江沟磨刀崖剖面上二叠统优质烃源岩处于成熟阶段外，均为过成熟阶段：①河坝 1

图 3.33　南方 P_2 台地凹陷过成熟优质烃源岩典型底栖藻类壁壳碎屑扫描电子显微镜微观结构照片

井海相过成熟优质烃源岩中的浮游藻类或疑源类（不能辨认或确定何种浮游藻类）只残留细胞壁壳，并且多已经硅化或黄铁矿化（图 3.34），疑源类的似蓝藻门的色球藻等已经硅化；②广元长江沟磨刀崖 P_2d 剖面成熟优质烃源岩样品（黑色页岩）中疑似塔斯马尼亚藻的浮游藻类细胞壁周边吸附了带黄色荧光的可溶有机质或“油”（图 3.34c）。

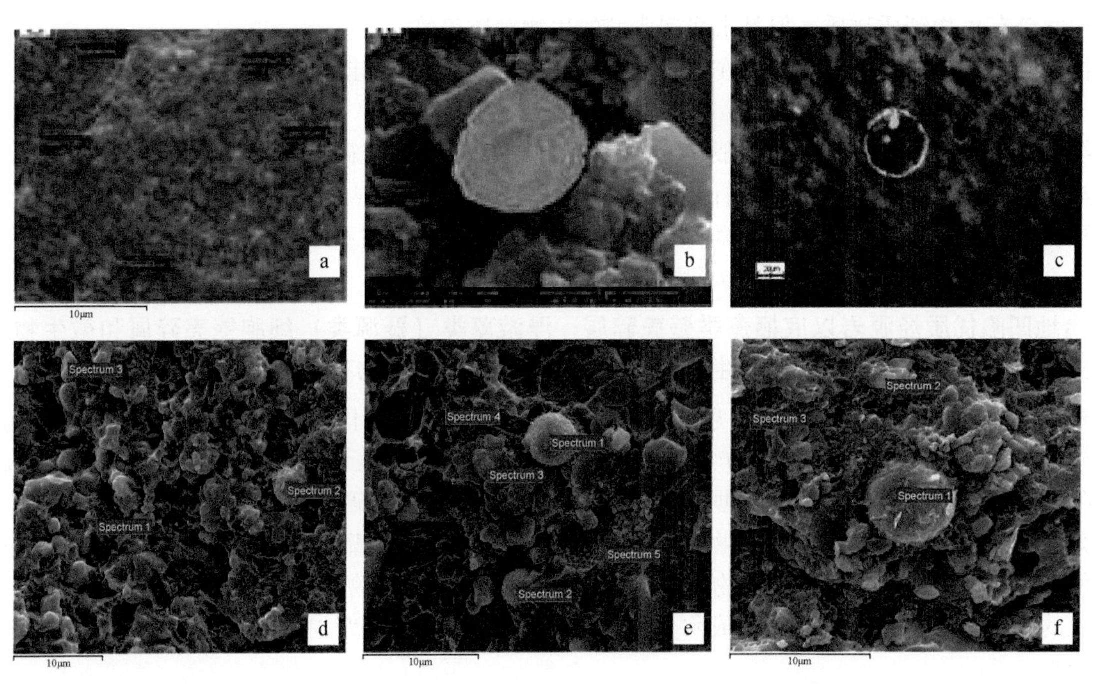

图 3.34　南方 P_2 台地凹陷优质烃源岩典型浮游藻类（疑源类）细胞壁壳碎屑化石图片

（3）细菌类细胞壁碎屑（图 3.35）。河坝 1 井上二叠统海相过成熟优质烃源岩（页岩）中见硫细菌（图 3.35a）和硅化细菌（图 3.35b）。硫细菌能谱元素分析细菌多已经硅化或黄铁矿化，有的不含有机

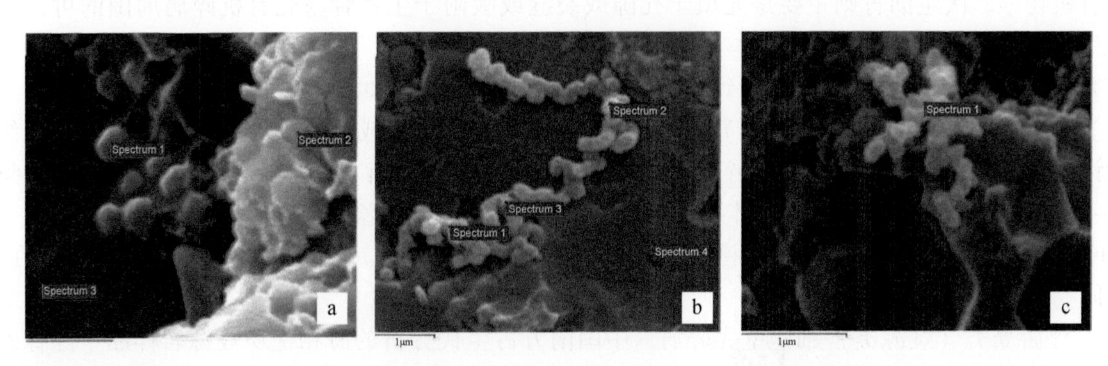

图 3.35　南方 P_2 台地凹陷过成熟优质烃源岩典型细菌类细胞壁碎屑扫描电子显微镜微观结构照片

质，一般碳含量在5%~25%之间。细菌（硅化）能谱元素分析细菌多已经硅化，一般碳含量在20%~40%之间，少数不含有机质。

（4）真菌类细胞壁及菌丝碎屑（图3.36）。在广元长江沟磨刀崖P_2d剖面成熟优质烃源岩样品（黑色页岩）中见到真菌菌丝，真菌一般生活在富有机质的基底上，真菌本身是腐生生物，是消耗有机质的。能谱元素分析真菌菌丝多已经钙化，碳含量（或有机质）一般在30%~35%之间。

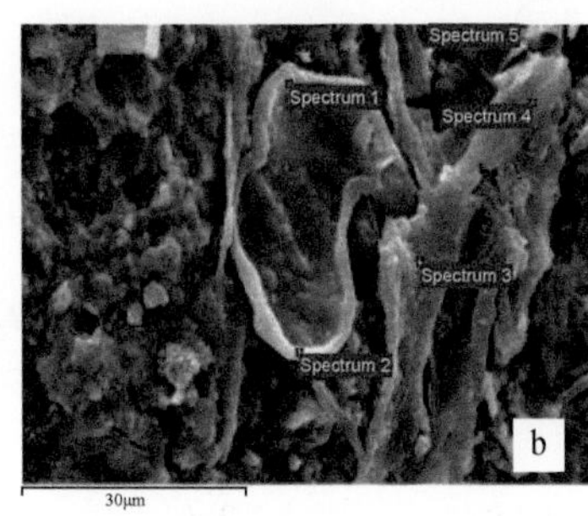

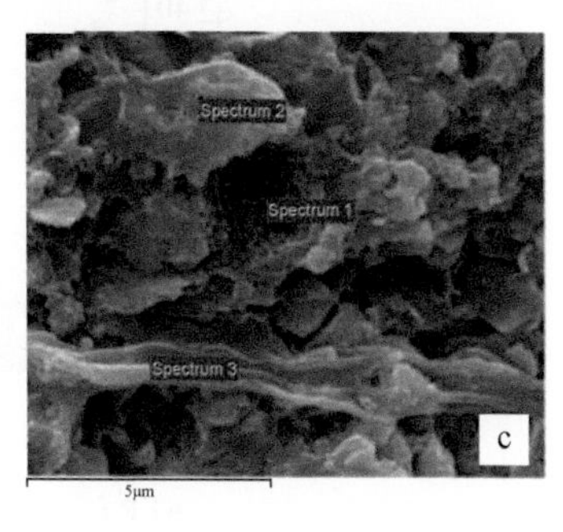

图3.36　南方海相广元长江沟磨刀崖P_2d剖面成熟优质烃源岩典型真菌菌丝碎屑等扫描电子显微镜微观结构照片

a. 真菌菌丝；b. 真菌菌丝（钙化）；c. 真菌菌丝（钙化）

（5）在南方海相P_2l优质烃源岩中也可以见到水生高等植物类骨壁壳碎屑（图3.37）。它们多为水生植物的残片，部分组织黏土化，部分钙化或硅化。

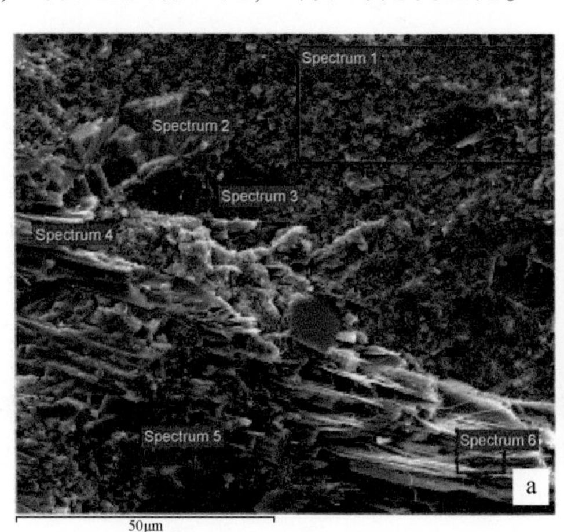

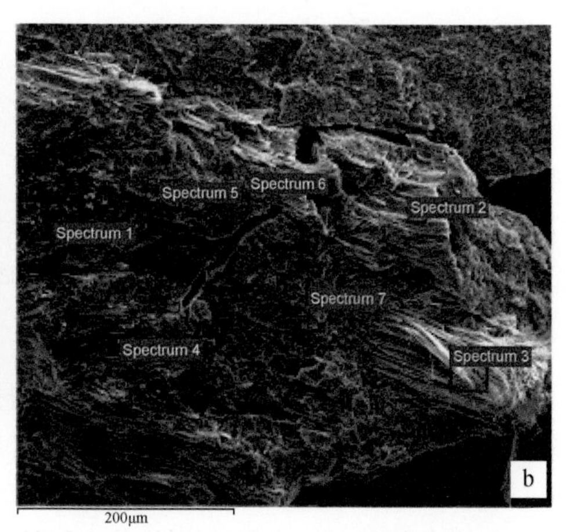

图3.37　南方P_2台地凹陷过成熟优质烃源岩典型水生植物碎屑等扫描电子显微镜微观结构照片

（6）南方海相P_2台地凹陷内过成熟优质烃源岩中（河坝1井、普光5井、毛坝3井、元坝3井等）常见到高演化碳质沥青，它是成烃生物中“油”或脂类热裂解的副产物（芳构化聚合反应），其含量可占有机组分的10%~50%（图3.30）。在台地凹陷西缘（南侧）广元长江沟磨刀崖剖面P_2d尚处于成熟阶段的优质烃源岩中可见次生可溶沥青（图3.29）。

3. 台地凹陷优质烃源岩中生物硅质碎屑和生物钙质碎屑具不同程度的有机质（$C_{有机}$）含量，有机质含量与生物硅质碎屑含量或生物钙质碎屑含量及有机硫（$S_{有机}$）等生物成因微量元素含量成正比，而且常常顺页理面（或纹层面）分布，与黏土等非生物成因含量成反比

（1）川东北P_2l—P_2d台地凹陷优质烃源岩主要由硅质及硅钙质+生物骨壁壳有机碎屑物质（或生物衍生物质——分泌液黏附物质及粪便等）颗粒组成，一般均含$C_{有机}$和$S_{有机}$，它们多呈正相关关系。生物钙质碎屑和生物硅质碎屑中$C_{有机}$变化很大，除部分生物钙质残片（4个）、石英矿物（3个）、硅质石膏（3个）、硫细菌（1个）不含$C_{有机}$外，其他均不同程度含$C_{有机}$。$S_{有机}$平均含量（3%左右）较高，变化也较大，随着平均$C_{有机}$含量的降低，$S_{有机}$平均值也降低（图3.38图中2号、3号样品）。

P_2l—P_2d台地凹陷优质烃源岩生物骨壁壳有机碎屑物质中$S_{有机}$含量相对较高，$S_{有机}$含量与生物残屑

$C_{有机}$含量密切相关，$C_{有机}$含量越高，$S_{有机}$含量越高，最高可达 14.2%，最低为零，$S_{有机}$与 $C_{有机}$含量成正比（图 3.38），它们均是生物或有机成因的。生物硅质碎屑物质中 $S_{有机}$含量相对较低，多数几乎不含 $S_{有机}$，$S_{有机}$含量与生物硅含量成反比。

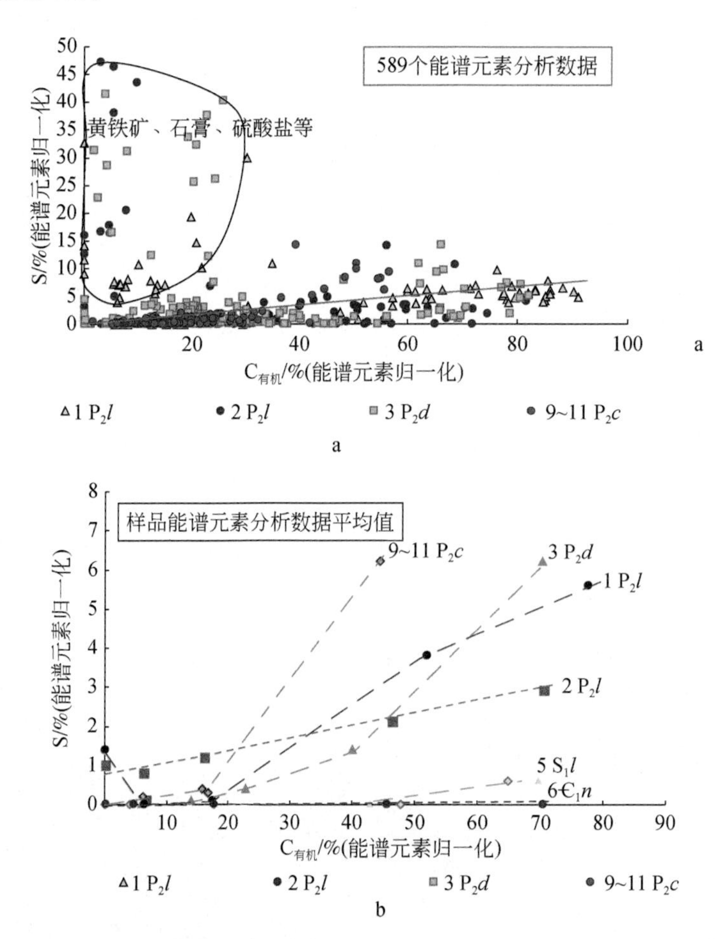

图 3.38　南方海相上二叠统、下志留统及下寒武统页岩扫描电子显微镜能谱元素分析 $C_{有机}$与 S 元素含量的关系

a. P_2 页岩 $C_{有机}$与 S 元素平均含量的关系；b. P_2、S_1l、ϵ_1n 页岩 $C_{有机}$与 S 元素平均含量的关系。1 P_2l 为重庆南川 QJ-6 黑色泥页岩；2 P_2l 为河坝 1 井 HB1-7-4 钙质泥页岩；3 P_2d 为广元长江沟磨刀崖剖面，GY-07-11 黑色钙质泥页岩；9～11 P_2c 为建平 2 井 JP2-23，JP2-25，JP2-29 黑色页岩；5 S_1l 为通江剖面 TJ-07-115 黑色页岩；6 ϵ_1n 为通江剖面 TJ-07-64 黑色页岩

生物钙质碎屑和生物硅质碎屑中也含有或见到生物所需的铁（Fe）等微量元素，含量一般相对较低，部分也含钒（V）、锌（Zn）、钛（Ti）等微量元素。生物硅质碎屑物质中也含有或见到生物所需的磷（P）、铁（Fe）等微量元素，含量一般相对较低，相对高含量可能与生物的特定种类或特定的沉积环境有关。这些钙质或硅钙质及藻类或菌类或浮游生物等碎屑残余格架中能谱元素分析均含有生物体中的一些微量元素，如 Ti、Fe、Zn 和 V 及 S 等（表 3.4）。生物硅质碎屑物质中钛（Ti）、钒（V）、锌（Zn）等微量元素含量相对更低，扫描能谱分析一般难以检测出来。

（2）生物硅质碎屑（或硅化生屑）中一般均含有一定量的有机质，在 P_2 台地凹陷内河坝 1 井黑色页岩（HB1-7-4）所有生物硅质碎屑（或硅化生屑）扫描电子显微镜点或方块能谱元素分析数据中，$C_{有机}$主要分布在 8%～30% 之间，占到样品分析总数的 48.7%；$C_{有机}$分布在 2%～8% 之间的占样品总数的 11.8%；而 $C_{有机} \leqslant 2\%$ 的仅占样品总数的 9.3%。这些有机质多是连接或胶结硅质骨针或硅质介壳中的几丁质或骨胶原蛋白等，或成熟阶段为硅质生屑孔隙中充填“油”或过成熟阶段为残炭固体沥青。它们几乎不含或微含黏土，硅质生屑主要由放射虫碎屑、海绵骨针碎片及一些疑源类硅质壳等组成，或是生物骨壁壳硅化后的残留物，可能多呈超微薄层顺层理分布。

形成这种高 $C_{有机}$含量以生物硅质碎屑为主体的优质烃源岩沉积环境：①海相台地凹陷（或台盆）内，

沉积水体深度相对浅水台地要深（一般>60m）；②离物源（或沼泽）区较远，黏土含量相对较低；③沉积水体为弱碱性（pH 介于 7.0～8.0 之间，有利于硅化物的形成），多分层，上部发育硅质或钙质水生生物，死亡后其残骸直接或以生物碎屑物质方式沉积到下部或底部的强还原（Eh<-0.2）或 H_2S 环境；④多伴生有火山喷发（火山灰等）或黑烟囱等热液活动，为大量生物硅或硅质生物活动或生物硅质碎屑沉积提供了硅元素；⑤这种优质烃源岩往往页理发育，沉积水体常常变化较大，如不同沉积时期台地水体海平面可以相对变浅或变深，或季节环境（盐碱度）变化，或上升流活动，或火山喷发，或黑烟囱热液活动等可使放射虫等一些浮游生物（硅质骨壳）突然暴发或死亡，沉积水体相对变浅时也可以发育有底栖生物（宏观藻、藻席等）及真菌、细菌等，底栖生物（宏观藻、藻席等）发育时，沉积界面附近及以下早成岩期也是强还原或 H_2S 环境。

（3）在 P_2 台地凹陷西缘（南侧）广元长江沟磨刀崖剖面 P_2d 生物钙质碎屑页岩扫描电子显微镜点或方块所有能谱元素分析数据中，以 Ca+O 或 Ca+Si+O 元素为主，一般在 65% 以上。

生物钙质碎屑中一般也均含有一定量的有机质，有机质含量变化较大，在能谱元素分析归一化 $C_{有机}$ 含量大于 30% 的生物残余带，格架组成也以 Ca+O 或 Ca+Si+O 为主。$C_{有机}$也主要分布在 8%～30% 之间，占到样品分析总数的 69.7%；$C_{有机}$分布在 2%～8% 之间的仅占样品总数的 4% 左右；而 $C_{有机}$ ≤2% 的仅占样品总数的3%左右。这些有机质多是连接或胶结碳酸盐骨骼或壳及分泌物（如蓝藻和红藻其黏液可以黏结其他碳酸盐组分形成黏结骨架）的骨胶原蛋白或胶质或几丁质或纤维质等，或成熟阶段为钙质生屑孔隙中充填“油”或吸附的“可溶有机质”，或过成熟阶段为残炭固体沥青。它们几乎不含或微含黏土，钙质生屑主要由有孔虫等碎屑及一些疑源类钙质壳等组成，或是生物骨壁壳钙化后的残留物。

南方海相 P_2 典型黑色页岩中 $C_{有机}$ 含量（有机质含量）随碳酸盐（方解石+白云石等）含量或生物钙质碎屑含量的增加而增加（图 3.39），这与传统的认识正相反。实际上，P_2 典型黑色页岩中 $C_{有机}$ 含量（有机质含量）也具有随硅质（石英等）含量或生物硅质碎屑含量的增加而增加的趋势。

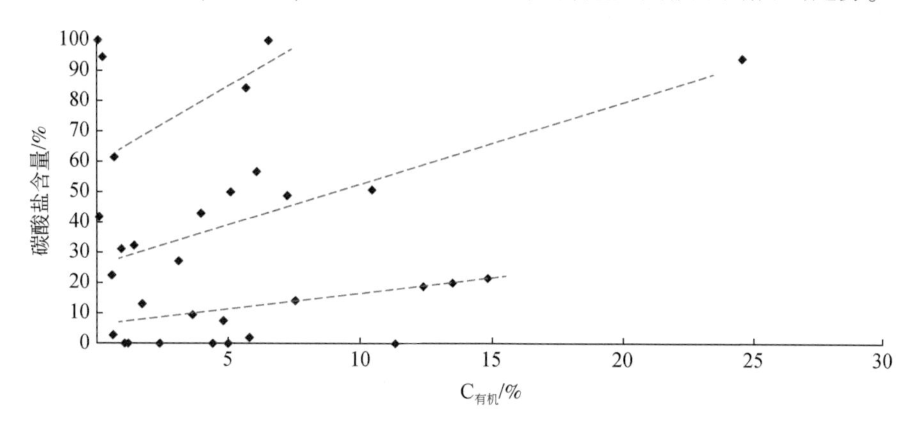

图 3.39 南方海相 P_2 台地凹陷典型页岩样品中碳酸盐（方解石+白云石等）含量随 $C_{有机}$的变化趋势

此外，钙质碎屑页岩中有机碎屑含量较高，生物有机碎屑 $C_{有机}$平均最高达 74.6%（3 个能谱元素分析数据，扣除无机碳），S 元素含量相当高，平均达 6.9%，随着 $C_{有机}$ 含量的降低，S 元素含量也逐渐降低到 0.1% 左右（图 3.38 图中 3 号样品）。它们主要是一些宏观藻类碎屑、真菌类碎屑及浮游藻类骨壁壳碎屑等。

（4）生物碎屑物质或生物硅质（或硅化）碎屑、生物钙质（或部分硅化）碎屑、生物骨壁壳有机碎屑（或部分硅化或钙化）常常顺页理面（或纹层面）分布，集中呈带状或超微薄层状分布，其厚度一般在 20～100μm 之间。河坝 1 井 P_2l 页岩等垂直页理自然面照片中常见到顺页理面（层）分布的硅质富有机质带或薄层，其厚度一般在 20～100μm 之间，能谱元素分析（归一化）有机碳含量一般大于 30%，常见藻或浮游生物残屑化石。

但是，台地凹陷内的优质烃源岩生物碎屑（或矿物）颗粒在纵向上和平面上均是变化的。一是在纵向上或剖面上，无论 $C_{有机}$含量高低，放射虫等生物硅质碎屑（SiO_2）均是变化的。例如，河坝 1 井 P_2l 页岩 SiO_2 含量可达 85% 以上，这只是河坝 1 井 P_2l 优质烃源岩纵向上 5643.21m 的一个岩心样品（点），其沉积时期沉积水体相对较深，放射虫等硅质生物发育，以有孔虫等生物钙质碎屑（方解石或碳酸盐）为主。而广元长江沟磨刀崖剖面 P_2d 优质烃源岩 GY-07-11 的一个野外露头新鲜样品（点），有孔虫等生物钙质碎屑或碳酸盐（$CaCO_3$）含量可达到65%以上。但是，它们多数为生物硅质（或硅化）碎屑、生物钙质（或部分硅化）碎屑、生物骨壁壳有机碎屑（或部分硅化或钙化）的混合体。二是在平面上，同一沉积时期，在水体相对较深、具有火山喷发或热液或上升流等影响下，放射虫等硅质生物发育；在水体相对较浅并无火山喷发或热液等影响的相带，可能有孔虫等钙质生物发育，其分布的范围和面积相对前者要大得多；可能最多的是前二者相互叠合，放射虫等硅质生物和有孔虫等钙质生物同时发育。它们的共同特征是远离物源区或海岸线，一般不含或微含黏土（由伊/蒙混层、伊利石及绿泥石组成）或 Al 元素。

海相优质烃源岩中硅质生屑等有机质残余物常常顺层分布。川东北通江剖面$Є_1n$ 黑色页岩（TJ-07-64，6-18）、S_1l 黑色页岩（TJ-07-115，5-7）及河坝1井 P_2l 黑色页岩（HB1-7-4，2-2、2-4）垂直页理自然面照片中均见到顺页理面（层）分布的硅质富有机质带或薄层，其厚度一般在 20～100μm 之间，能谱元素分析（归一化）有机碳含量一般大于30%（图3.31、表2.4），常见藻或浮游生物残余化石。

富有机质钙质或硅生物钙质碎屑超微薄层常常顺页理面（层）分布。在南方海相 P_2d、D_2 及 E 海侵优质钙质页岩中的富有机质钙质或硅生物钙质碎屑常常见到顺页理面（层）分布，其厚度一般在 20～90μm 之间（图3.39），能谱元素分析（归一化）有机碳含量一般大于50%，常见藻膜或浮游生物残余化石。

4. 台地凹陷优质烃源岩中黏土含量一般较低，而且其有机质含量常常与蒙脱石或伊利石等黏土非生物成因含量成反比；而近源海沼高有机质丰度烃源岩中高岭石等黏土含量一般较高

（1）南方海相 P_2 台地凹陷优质烃源岩中黏土含量一般不高，并随有机碳含量增高而降低（图3.40a），而黏土含量也具有随碳酸盐含量增加（图3.40b）而降低的趋势。上二叠统优质烃源岩中黏土含量相对较低，平均只有11.81%（矿物晶体归一化重量百分比含量），最高未超过40%，TOC 平均含量 8.45%，这样优质烃源岩中真正的黏土含量平均只有9%左右（全岩重量百分比）。

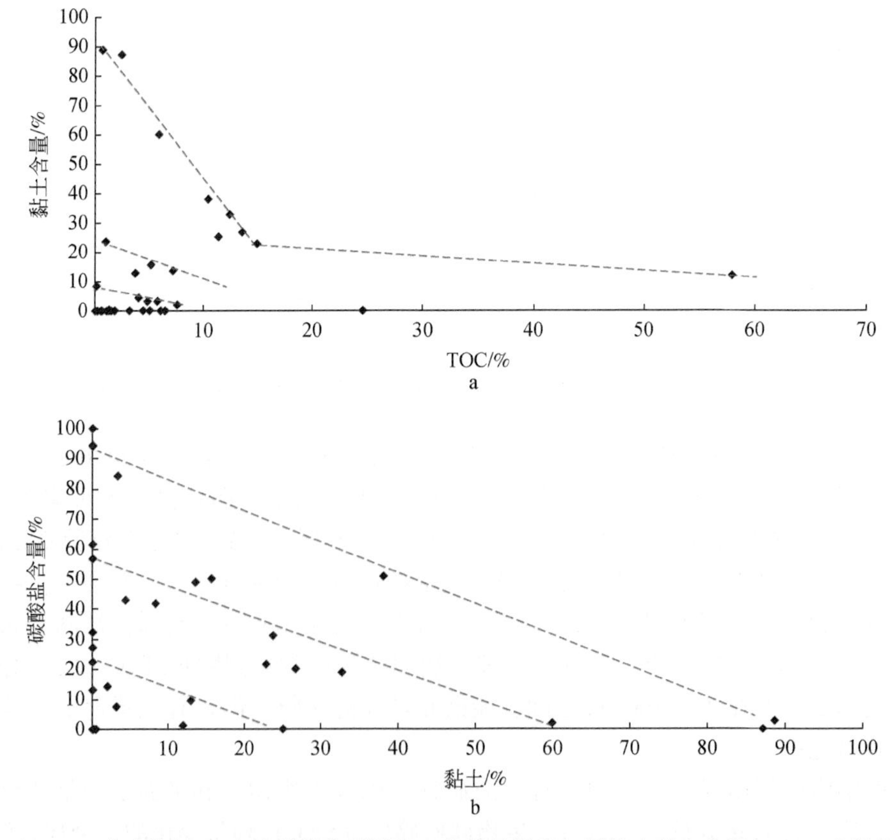

图3.40　南方海相 P_2 台地凹陷典型页岩（优质烃源岩）样品中黏土含量与TOC含量的关系（a）和黏土含量与碳酸盐含量的关系（b）

中国南方海相四川盆地北部上二叠统深水碳酸盐台地凹陷沉积的优质烃源岩中从黑色页岩（或黑色硅质页岩）TOC平均含量的9.63%（或5.69%）增加到钙质页岩TOC平均含量的12.1%，矿物晶体归一化重量百分比黏土含量却从黑色页岩的22.01%（或黑色硅质页岩的6.19%）减少到钙质页岩的1.1%。即中国南方海相四川盆地上二叠统烃源岩随有机碳含量的增加或碳酸盐（方解石+白云石等）含量的增加，黏土含量逐渐降低。例如，中国南方海相中泥盆统烃源岩中的黏土含量也有随有机碳含量的增加而逐渐降低的趋势，黏土含量从优质烃源岩——黑色泥灰岩（TOC平均含量为3.63%）的17.55%增加到中等烃源岩（TOC平均含量为1.28%）的22.9%。

P_2台地凹陷西缘（南侧）广元长江沟磨刀崖剖面P_2d生物钙质碎屑页岩全岩X射线衍射分析数据中黏土含量相对较低，一般小于3%，而长时间“搬运”或“漂浮”而来的石英、长石或碳酸盐颗粒很少见到，有的“粉砂”状或膜状生物屑颗粒多顺页理面分布，呈微薄“层状”，其颗粒大小变化较大，一般几微米到几百微米，有的较纯的不规则碳酸盐颗粒可能与生物化学成因有关（类似碳酸盐生物礁成因）或为自生矿物颗粒。因此，海相优质烃源岩（钙质页岩）中的主要成分大部分来自就地原生的生物格架碎屑或与生物化学活动有关。

（2）远岸台地凹陷或潟湖沉积形成的优质烃源岩中黏土含量相对较低，离海岸越近黏土含量一般越高。四川盆地上二叠统龙潭组海相烃源岩沉积相变化明显，由盆地西南部的三角洲相向北—东北方向逐渐过渡到碳酸盐台地，再到台内凹陷，再到碳酸盐台地，其烃源岩中黏土含量也从三角洲相的70%以上逐渐降低到台内凹陷亚相优质烃源岩中的不到10%，钙质页岩中黏土平均含量仅1.1%，硅质页岩中黏土平均含量仅6.2%。这是因为有利于海相优质烃源岩（页岩）形成的台盆或台地凹陷或礁前后潟湖稳定沉积环境不利于大量陆源碎屑黏土随水体搬运沉积，只有近岸的三角洲——海沼环境形成的煤系泥岩、碳质泥页岩才有利于陆源碎屑黏土的搬运和沉积，黏土含量才可能达到70%以上。例如，重庆南川P_2l海沼相沉积形成的黑色泥页岩黏土含量（主要是高岭石）就达到60%以上，最高可达88.7%，它是在弱酸性强还原（硫细菌发育）条件下形成的（图3.41）。

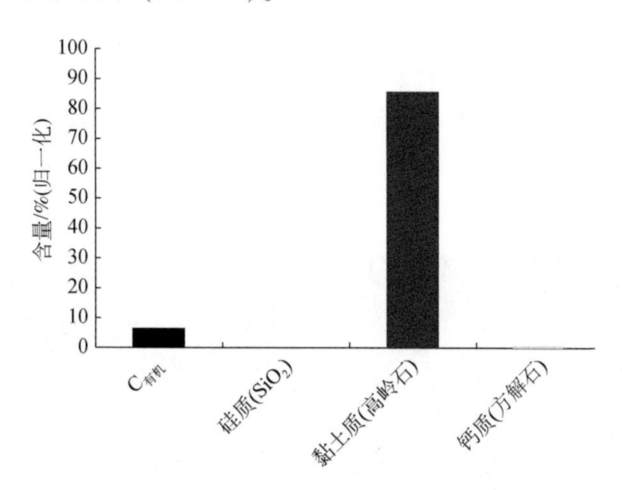

图3.41　南方重庆南川（QJ-6）上二叠统P_2l海沼相黑色泥页岩样品扫描电子显微镜能谱元素分析$C_{有机}$和高岭石等黏土碎屑平均含量分布

（3）海沼相煤系烃源岩主要由高等植物有机碎屑和高岭石等黏土碎屑组成。在上述台地凹陷外围西南部，重庆川南P_2l海沼泽——三角洲相沉积形成的煤系烃源岩与台地凹陷内优质烃源岩差别极明显：①首先，后者为台凹或台盆沉积，水深一般>60m，前者为海沼或湖沼或三角洲，水体相对较浅或分隔；②后者离物源区较远，黏土含量很低；前者近物源，黏土含量很高，可达60%以上（图3.41）；③重庆南川P_2l黑色泥页岩样品黏土以高岭石为主，特征是SiO_2/Al_2O_3值较低（1.37左右），硅铝含量几乎相当，呈层状，并见大量硫细菌（图3.42）；X射线衍射分析黏土含量占全岩无机矿物的60%，能谱元素分析按SiO_2/Al_2O_3值推算占全岩无机矿物的90%以上，其沉积水体为弱酸性，有利于高岭石等的形成，底部或沉积界面以下硫细菌发育。

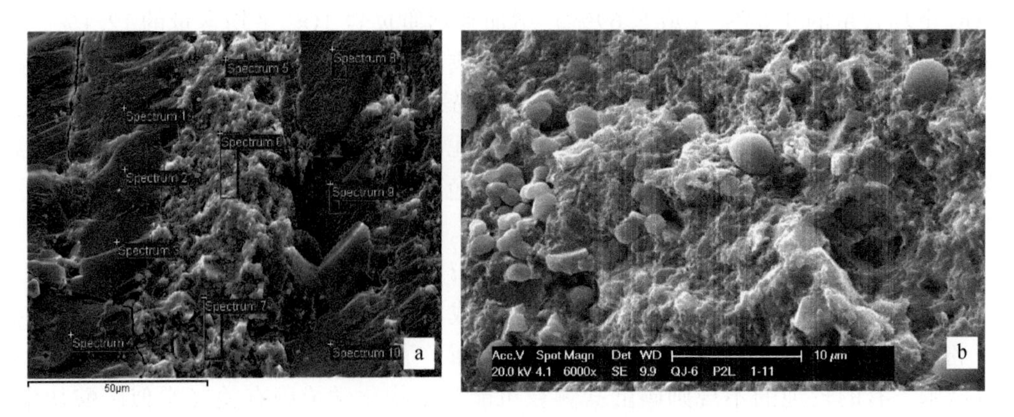

图 3.42　重庆南川 P_2l 海相黑色泥页岩微观结构照片

a. QJ-6，1-4 垂直页理自然面扫描电子显微镜照片；b. QJ-6，垂直页理自然面扫描电子显微镜照片

三、$€_1n$ 深水陆棚（+热水）优质烃源岩（硅质生屑页岩）

中国南方海相$€_1n$ 深水陆棚（+黑烟囱等热水作用）典型过成熟阶段优质烃源岩样品以贵州遵义松林剖面黑色硅质生屑页岩（SL-8、SL-9、SL-12）为代表。从其有机地球化学分析和全面系统的扫描电子显微镜微观结构观察和能谱元素分析可知：

1. 深水陆棚（+热水）优质烃源岩主要由生物硅质碎屑和生物有机碎屑等组成

（1）中国南方海相$€_1n$ 深水陆棚（+黑烟囱等热水作用）典型过成熟阶段优质烃源岩代表性样品——贵州遵义松林剖面黑色硅质生屑页岩（SL-8、SL-9、SL-12）的全岩光薄片透射光（图 3.43）和扫描电子显微镜微观结构照片（图 3.44）显示出它们主要是由生物壁壳有机碎屑和疑源类、海绵骨针及放射虫等硅质（或硅化）骨壁壳碎屑构成，碎屑颗粒边缘孔隙或裂缝中见残炭固体沥青。根据其所有扫描电子显微镜微观结构照片（点或方块）中能谱元素分析 155 个数据（归一化）频率分布（图 3.45）和典型能谱元素分析数据（表 3.6）可以看出：

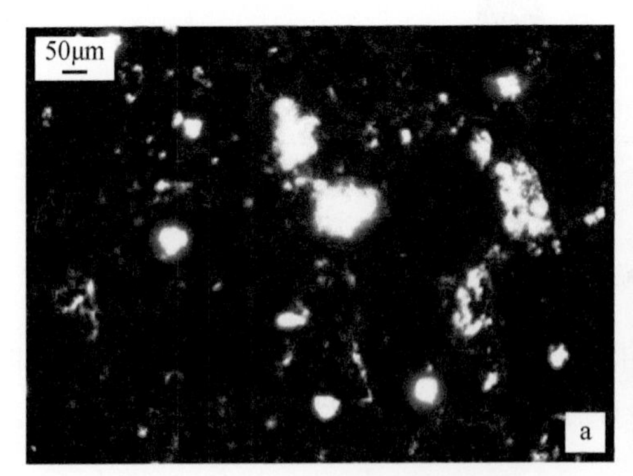

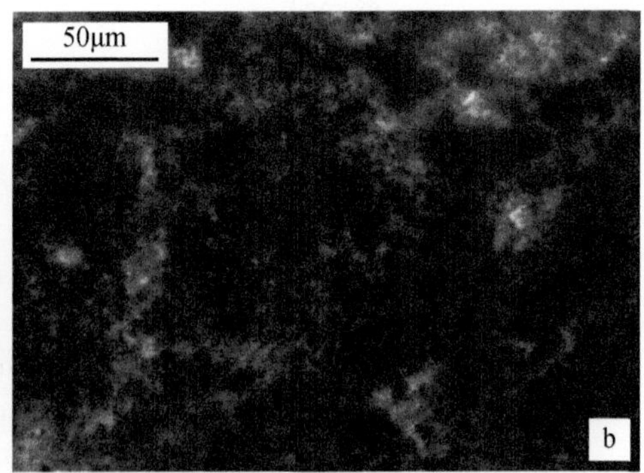

图 3.43　$€_1n$ 深水陆棚（+热水）优质烃源岩（过成熟阶段样品）典型生物有机碎屑和生物硅质碎屑微观结构照片

a. 贵州遵义松林剖面 SL-8，黑色硅质生屑页岩，全岩光薄片反射光显微照片，有机质含量为 15.19%，疑源类及放射虫等含有机质硅质碎屑，油浸；b. 贵州遵义松林剖面 SL-8，黑色硅质生屑页岩，全岩光薄片反射光显微照片，疑源类及放射虫等含有机质硅质碎屑，油浸

图 3.44 贵州遵义剖面$\epsilon_1 n$黑色硅质页岩垂直页理自然面扫描电子显微镜微观结构照片和能谱元素分析数据点或面（红方块内）位置

a、b. SL-8，8-90、8-17；c、d. SL-9，9-39、9-23；e、f. SL-12，12-13、12-3

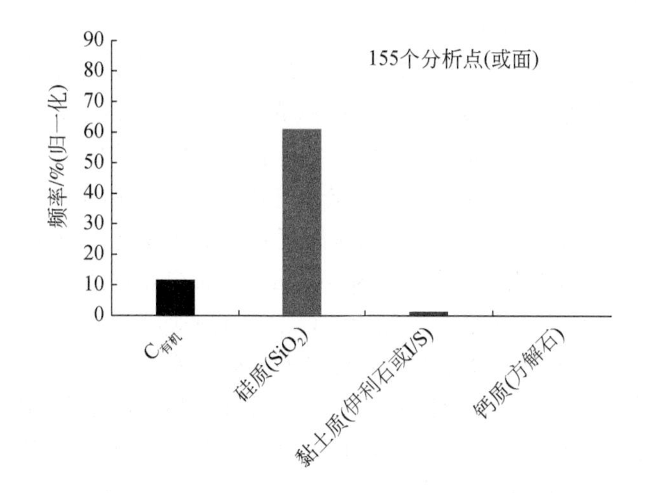

图 3.45 南方贵州遵义$\epsilon_1 n$海相优质烃源岩扫描电子显微镜能谱元素分析 $C_{有机}$、硅质、黏土质、钙质平均值频率分布

表 3.6 贵州遵义剖面$\epsilon_1 n$黑色硅质页岩（图 3.44）典型样品扫描电子显微镜+能谱元素分析数据（归一化）

（单位：%）

位置	Spectrum	C	O	Mg	Al	Si	S	K	P	Ca	Fe	V	备注
图 3.44a	1	52.6	30.5	—	—	16.9	—	—	—	—	—	—	疑源类（似鱼鳞藻，硅质壳或硅化）
图 3.44b	4	11.9	53.3	—	—	34.8	—	—	—	—	—	—	硅化生屑
	1，2，5，3	29.9	42.9	0.6	2.7	18.0	—	1.4	—	—	0	0.5	水生植物碎屑，硅化+黏土化

续表

位置	Spectrum	C	O	Mg	Al	Si	S	K	P	Ca	Fe	V	备注
图3.44c	1，3	14.7	47.0	—	0.6	36.1	1.6	—	—	—	—	—	疑源类硅质壳（原始硅藻）
	2，4	15.0	50.6	—	1.7	29.5	0.7	—	—	—	2.6	—	藻孢子囊，硅化+黄铁矿化
图3.44d	1	17.2	50.3	—	—	31.8	—	—	—	—	0.7	—	海绵骨针
	2	12.2	57.3	—	—	30.0	—	—	—	—	0.5	—	藻席，硅化
图3.44e	1，2	29.3	39.0	—	0.3	23.9	0.2	—	0.9	—	6.3	—	疑源类（光面球藻），硅化
	3，4	10.7	52.7	—	0.1	35.8	0.1	—	0.1	—	0.6	—	疑源类（球藻间硅质胶结物），硅化
图3.44f	1，3，5	77.8	19.4	—	0.4	1.0	0.8	—	—	0.4	0.2	—	生物体有机碎屑
	2，4，6，7	13.8	51.8	—	0.1	34.2	0.1	—	—	—	—	—	生物体腔充填物，硅化

该过成熟优质烃源岩样品主要由生物硅质碎屑构成（矿物成分为 SiO_2），其含量（重量）可达80%以上，生物硅质碎屑主要源于带原始硅壳（类似鱼鳞藻或硅藻等）的疑源类、海绵骨针及放射虫等硅质（或硅化）生物，由于太破碎显微镜下一般难以辨认，可以通过能谱元素分析判识。

贵州遵义剖面SL-8样品黑色硅质生屑页岩（图3.44a、b，表3.6）中超显微有机碎屑疑源类（似鱼鳞藻）$C_{有机}$含量为52.6%，其他成分为硅质（Si+O=47.4%），它可能源于似鱼鳞藻的壁壳或细胞壁硅化藻屑；能谱元素分析面4为石英超显微颗粒充填物，主要由Si和O（Si+O为88.1%）组成，$C_{有机}$含量为11.9%，可能与硅质生物活动有关，除此之外，还含有“陆源”水生植物碎屑（Spectrum 1，2，5，3），$C_{有机}$含量平均为29.9%，特征是已经部分硅化（SiO_2 约占38%）并含有黏土（约占28%），它可能确实与“陆源搬运”有关，距物源区并不太远。

贵州遵义剖面SL-9黑色硅质生屑页岩扫描电子显微镜图3.44c中超显微能谱元素分析面1，3可能为疑源类的原始硅藻类，$C_{有机}$含量平均为14.7%，硅质壁壳以 SiO_2（Si+O=83.1%）为主，含S元素，微含黏土（Al含量平均为0.6%）。Spectrum 2，4为藻类孢子囊（部分硅化），$C_{有机}$含量平均为15%，并含有一定量黏土（Al含量平均为1.7%）、Fe及S元素，它可能为藻类孢子囊在生长或沉积过程中的吸附物，只有底栖藻类才可能生长孢子囊，表明沉积水体深度并不太深或近底栖藻类生长区。图3.42d中超显微能谱元素分析(表3.6）Spectrum 2为硅化藻席，Spectrum 1为海绵硅质骨针，它们均主要由Si和O（Si+O平均为84.7%）组成，微含铁元素，几乎不含黏土，$C_{有机}$含量平均为14.7%，藻席与海绵骨针均为底栖生物残屑，可能沉积水体并不太深，不含黏土可能与热水活动有关。

贵州遵义剖面SL-12黑色硅质生屑页岩扫描电子显微镜图3.44e中超显微能谱元素分析Spectrum 1，2可能为疑源类的浮游光面球藻（硅化），$C_{有机}$含量平均为29.3%，以 SiO_2（Si+O=62.9%）为主，含Fe及P元素，微含S元素及黏土（Al含量平均为0.3%）；Spectrum 3，4为疑源类的球藻间硅质胶结物，$C_{有机}$含量平均为10.7%，特征也是以 SiO_2 为主（Si+O=88.5%），微含Fe、P、S元素及黏土（Al含量平均为0.1%），它们可能为球藻在生长或沉积过程中的硅质吸附或胶结物，沉积水体深度可能相对SL-9及SL-8深一些。图3.44f中超显微能谱元素分析Spectrum 1，3，5为生物体有机碎屑，$C_{有机}$含量很高，平均达77.8%，几乎全部为有机质，仅微含硅质、S、Ca、Fe元素及黏土（Al含量平均为0.4%），Spectrum 2，4，6，7为生物体腔硅质充填物，它们均主要由Si和O（Si+O平均为86%）组成，微含S元素及黏土（Al含量平均为0.1%），可能其沉积水体相对SL-9及SL-8深一些。

（2）从贵州遵义剖面SL-8、SL-9、SL-12三个黑色硅质生屑页岩样品扫描电子显微镜+能谱元素分析的部分典型生物碎屑的元素组成频率分布特征（图3.46）可以看出：

疑源类（似鱼鳞藻）、海绵骨针及放射虫等生屑 $C_{有机}$含量变化很大，随 $C_{有机}$含量的降低，Si和O元素或 SiO_2 含量相应增加，其他元素只是微量或检测不出来，也显示出它们确系硅质壁壳生屑。

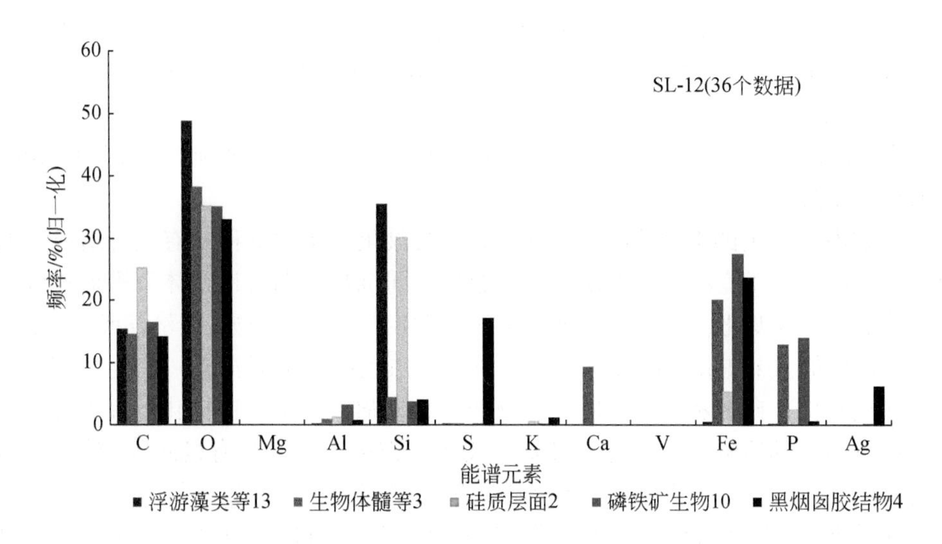

图 3.46　贵州遵义剖面$\epsilon_1 n$三个黑色硅质页岩样品扫描电子显微镜能谱元素组成频率分布特征

底栖藻类形成的藻席、藻孢子囊等底栖生物（及胚胎）碎屑 $C_{有机}$含量变化也较大，但是相对疑源类（似鱼鳞藻）要小，随$C_{有机}$含量平均值的减少，O 元素变化不明显，Si 元素相差较大，主要是黏土、铁、钴、钒、锌、铜、磷、锰、镍、钡、钙、硫等元素含量变化很大，显示出它们在硅化过程中可能吸附了大量稀有元素或黏土等。

水生植物碎屑等$C_{有机}$含量变化大，随$C_{有机}$含量平均值的降低，Si 和 O 元素或 SiO_2 含量相应增加，特征是均含有不等量的黏土含量（铝、钾、镁、铁、钒等），也显示出它们主要系硅化生屑并可能经“陆源”搬运过程吸附黏土等。

生物硅质（硅化）碎屑$C_{有机}$含量变化也较大，平均含量变化在 0.6%~21.4%之间，Si 和 O 元素或 SiO_2 含量变化也较大，与铁、硫及钾含量呈负相关，它们也显示为硅质生屑及其衍生物。实际上，石英或硅质碎屑$C_{有机}$含量一般相对较低，甚至为零，主要是 Si 和 O 元素，SiO_2，有的 Si 含量接近 70%，它们为石英或硅化生屑衍生物。

在$C_{有机}$含量相近（15%左右）时，不同类型生物碎屑如疑源类（浮游藻类）壁屑、生物体髓屑、硅质层面、含磷铁生屑和与黑烟囱热水或火山活动有关的生物胶结物等元素组成差别很大。疑源类（浮游藻类）壁屑无机矿物成分主要为 SiO_2，含吸附的微量黏土；硅质层面也主要为 SiO_2，吸附少量黏土、铁和磷元素；生物体髓等元素组成复杂，主要由铁、磷、钙、硅、铝等氧化物及$C_{有机}$组成；含磷铁生屑元素组成也很复杂，主要由铁、磷、硅、铝等氧化物及$C_{有机}$组成；与黑烟囱热水或火山活动有关的生物胶结物元素组成也较复杂，主要由铁、硫、银氧化物及黏土和$C_{有机}$等组成。

黑色硅质生屑页岩（优质烃源岩）段甚至几毫米厚的优质烃源岩，其成烃生物（浮游、底栖生物及细菌类）、沉积水体（深浅、海平面变化、盐碱度、热水或上升流活动等）、还原程度等沉积及早成岩环境常常变化很大，这可能是优质烃源岩（环境变化使得某种浮游或底栖生物突然暴发或死亡）形成页理面的主要原因之一。

（3）南方海相贵州遵义剖面位于$\epsilon_1 n$底部附近三个黑色硅质页岩样品为富有机质硅质超显微生屑，从 SL-8 到 SL-12 层位逐渐变新，从以上分析中可知：

它们的$C_{有机}$一般变化在 10%~30%之间（图 3.45、图 3.46），占到样品分析总数的 53.73%，SL-12 及 SL-9 生屑中微含$S_{有机}$元素，SL-8 水生植物碎屑中含 V 元素，它们均为生物或有机成因或生物硅化的产物。

无机矿物成分均以 SiO_2 为绝对优势，一般不含或微含黏土，生物碎屑以硅质或硅化为主并吸附不等量的稀有元素或黏土等，只有 SL-8 水生植物碎屑中含有约 28%的黏土，水生植物碎屑则也以硅化为主并吸附不等量的黏土，可能与“陆源”搬运有关。

沉积相带可能均位于台盆浅水—较深水区，SL-8 见水生植物碎屑（硅化），可能距物源区相对近一些；SL-9 见底栖藻席（硅化）与海绵骨针残屑，可能沉积水体并不太深（<60m）；SL-12 见疑源类的光面球藻类壁壳（硅化），未见典型底栖生物，有机物微含 $S_{有机}$，表明沉积水体趋于分层，下部为强还原环境，有利于浮游生物的保存，可能沉积水体相对较深一些，即$€_1n$ 从 SL-8 到 SL-12 层位逐渐变新的同时，沉积水体也逐渐相对变深一些。

见热水（或黑烟囱）有关的生物胶结物（铁、硫、银氧化物及黏土和 C 有机等组成）和海绵骨针及放射虫残屑等，其沉积水体环境常常变化较大，可能与不同沉积时期台地水体海平面深浅、黑烟囱等热水或火山活动、季节盐碱度变化、上升流活动等有关，可使某种浮游生物突然暴发或死亡，形成页理面。

（4）从$€_1n$ 深水陆棚（+热水）过成熟优质烃源岩（黑色硅质生屑页岩）的生物碎屑构成来看，其主要由生物硅质（或硅化）碎屑和生物有机（部分硅化）碎屑等组成，而硅化过程中硅的来源也主要是早期生物硅（蛋白石等）的溶解，常常与有机质（胶质、霉菌细菌等和有机酸等溶解有机质）相伴生；而真正的放射虫硅壳、海绵骨针、硅藻及原始硅质疑源类壁壳等生物硅质碎屑有机质主要为连接或胶结骨骼或壳的似骨胶原或几丁质等胶体有机质和成熟阶段为硅质生屑孔隙中充填“油”或吸附的“可溶有机质”或过成熟阶段为碳质沥青有机质。

上述南方海相 P_2 台地凹陷内河坝 1 井等代表性海相过成熟优质烃源岩生物碎屑主要由生物硅质（或硅化）碎屑和生物有机（部分硅化）碎屑构成。实际上，南方海相 S_1l—O_3w 底部十几米和$€_1n$ 底部以及塔里木盆地$€_1y$ 底部十几米到几十米在伴随有斑脱岩薄层或火山灰热水活动的层段发育的优质烃源岩，其生物碎屑均主要由生物硅质（或硅化）碎屑和生物有机（部分硅化）碎屑等组成，即为硅质型优质烃源岩。

2. 深水陆棚（+热水）过成熟优质烃源岩成烃生物以底栖藻类壁壳碎屑、疑源类（浮游藻类）细胞壁壳碎屑和微生物类（细菌、古细菌、真菌）细胞壁碎屑、动物类骨壳碎屑及水生植物类等生物有机碎屑为主体

南方海相深水陆棚（+热水）过成熟优质烃源岩——贵州遵义剖面位于$€_1n$ 底部附近三个黑色硅质页岩样品中 $C_{有机}$大于 30%（重量，相当于 $C_{有机}$体积大于 50%）的生物骨壁壳有机碎屑含量约占样品总数的 33.5%；$C_{有机}$大于 60% 的生物骨壁壳有机碎屑含量约占样品总数的 12.5%；最高生物体有机碎屑 $C_{有机}$ 含量平均高达 77.8%（图 3.46 ~ 图 3.49）。

（1）底栖藻类壁壳碎屑（图 3.47）。底栖藻类中：①宏观底栖藻丝体细胞壁或体腔壁碎屑，能谱元

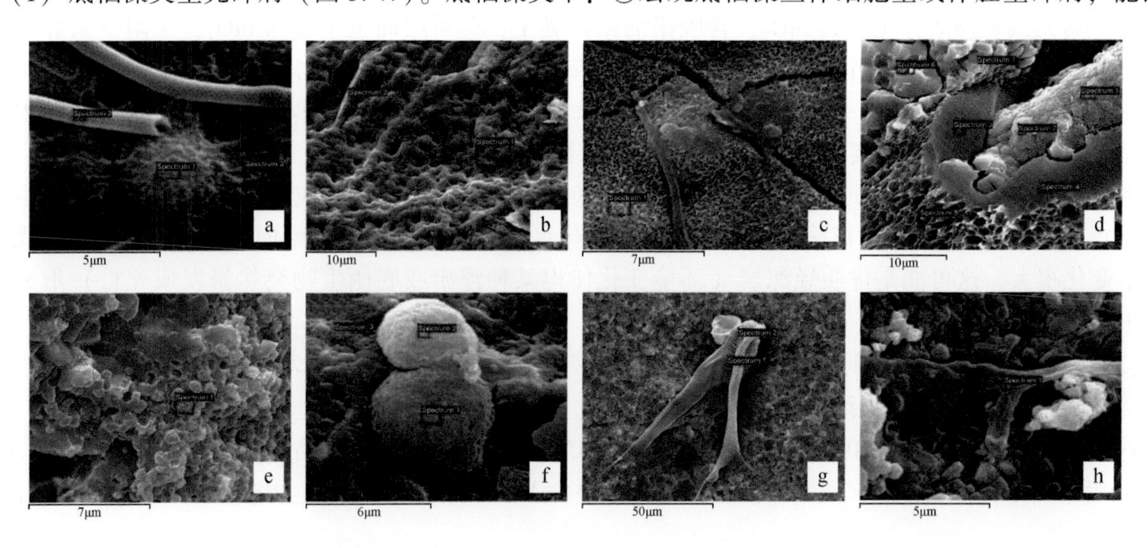

图 3.47　南方海相深水陆棚（+热水）过成熟优质烃源岩——贵州遵义剖面位于$€_1n$ 底部附近三个黑色硅质页岩中典型底栖藻类壁壳碎屑扫描电子显微镜微观结构照片

素分析宏观底栖藻壁有机碎屑多未被硅化或黄铁矿化等，碳含量相对最高，碳含量一般在60%～75%之间；②宏观底栖藻丝体残片，能谱元素分析多已经硅化，碳含量一般在6%～60%之间；③底栖藻孢子囊，能谱元素分析多已经硅化或黄铁矿化，碳含量一般在7%～40%之间；④藻席能谱元素分析多已经硅化（或富钡或富铁），碳含量一般在5%～15%之间。

（2）动物类骨壳碎屑（图3.47a）。硅质海绵骨针能谱元素分析碳含量一般在10%～20%之间，也可见节肢动物（甲壳类）的外骨骼，海相镜状体或原生固体沥青（经微生物改造后动物脂肪等）。

（3）细菌类细胞壁碎屑（图3.48）。细菌（硅化）能谱元素分析一般碳含量在20%～40%之间，少数不含有机质。

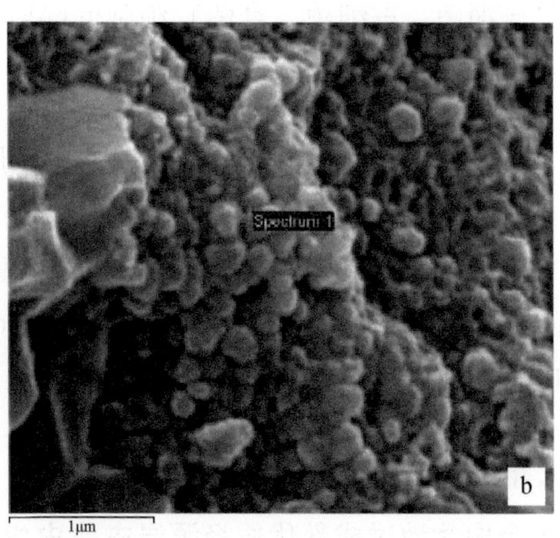

图3.48　南方海相深水陆棚（+热水）过成熟优质烃源岩——贵州遵义剖面位于Ꞓ$_1n$底部附近三个黑色硅质页岩中典型细菌类细胞壁碎屑扫描电子显微镜微观结构照片

细菌（硅化，细菌对藻席的改造）

（4）疑源类（浮游藻类）细胞壁壳碎屑（图3.49）。疑源类（似光面球藻类，多已经硅化），一般碳含量在25%～30%之间；疑源类（小刺藻）细胞壁似未硅化，碳含量高达81.1%，较纯；疑源类（类似于现代硅藻的早古生代原始硅质藻类）硅壳碳含量为15%左右；疑源类（疑似金藻门的鱼鳞藻类）硅壳，扫描电子显微镜下观察到似鱼鳞藻类的鳞片大小不一，具有大网眼的鳞片直径为20um左右，具有小网眼的鳞片直径为3～9μm（所谓大网眼是指直径为3～5μm的网眼，小网眼指直径为0.4～0.5μm的网眼）。在一个似鱼鳞藻的鳞片上，可以只发育一种类型的网眼，也可以在一个鳞片的不同部位发育大小不一的网眼。常见的似鱼鳞藻鳞片的保存是单一鳞片的保存，也可以看到若干个鳞片相互叠合保存在一起，似鱼鳞藻的鳞片往往以斑块状呈层形分布，一般碳含量在25%～40%之间。

图3.49　南方海相深水陆棚（+热水）过成熟优质烃源岩——贵州遵义剖面位于Ꞓ$_1n$底部附近三个黑色硅质页岩中典型疑源类（浮游藻类）细胞壁壳碎屑扫描电子显微镜微观结构照片

（5）原始水生植物类碎屑多已经黏土化，一般碳含量在40%左右。

（6）因此，从Є$_1n$深水陆棚（+热水）过成熟优质烃源岩（黑色硅质生屑页岩）成烃生物的构成来看，深水陆棚（+热水）过成熟优质烃源岩成烃生物以底栖藻类壁壳碎屑、疑源类（浮游藻类）细胞壁壳碎屑和微生物类（细菌、古细菌、真菌）细胞壁碎屑、动物类骨壳碎屑及水生植物类等生物有机碎屑为主体，其有机质类型为典型的Ⅱ型。

实际上，上述南方海相P_2台地凹陷内河坝1井等代表性海相过成熟优质烃源岩、南方海相S_1l—O_3w底部十几米和Є$_1n$底部以及塔里木盆地Є$_1y$底部十米到几十米在伴随有斑脱岩薄层或火山灰热水活动的层段发育的优质烃源岩，其成烃生物脂类也主要由以底栖藻类壁壳碎屑、疑源类（浮游藻类）细胞壁壳碎屑和微生物类（细菌、古细菌、真菌）细胞壁碎屑、动物类骨壳碎屑及水生植物类等生物有机碎屑构成，有机质类型为典型的Ⅱ型。

四、南方海相Є$_1n$和S_1l—O_3w近陆源台内盆地（或深水陆棚）优质烃源岩

中国南方海相Є$_1n$台内盆地（或深水陆棚）典型过成熟阶段优质烃源岩样品以贵州麻江（QJ-8，TOC=6.44%，R_o=3.24%）和S_1l—O_3w（TJ-07-64，TOC=6.34%，R_o=4.34%）黑色页岩（图1.4）为代表；S_1l—O_3w台内盆地典型过成熟阶段优质烃源岩样品以四川盆地北部通江诺水河剖面（TJ-07-115，TOC=3.93%，R_o=2.89%）黑色页岩（图1.3）为代表。从其有机地球化学分析和全面系统的扫描电子显微镜微观结构观察和能谱元素分析可知：

1. 近陆源台内盆地过成熟优质烃源岩主要由生物硅质碎屑、生物有机碎屑和伊利石等黏土矿物等组成；黏土含量一般较高，而且常常与有机质含量成反比

中国南方海相Є$_1n$和S_1l—O_3w近陆源台内盆地（或深水陆棚）典型过成熟阶段优质烃源岩代表性样品——四川盆地北部通江诺水河剖面和贵州麻江剖面等的全岩光薄片透射光（图3.50）和扫描电子显微镜微观结构照片（图3.51）显示出它们主要是由疑源类等生物壁壳有机碎屑、似鱼鳞藻硅质壁壳等硅质（或硅化）碎屑和伊利石等黏土矿物构成。

根据其所有扫描电镜微观结构照片（点或方块）中能谱元素分析32+60+53个数据（归一化）频率分布（图3.52a～c）及典型照片中能谱元素分析数据（表3.7）可以看出：Є$_1n$和S_1l—O_3w典型过成熟阶段优质烃源岩样品主要由生物硅质（矿物成分为SiO_2）碎屑+伊利石等片状黏土和生物有机碎屑（$C_{有机}\geq$30%）+伊利石等片状黏土构成，而纯伊利石等片状黏土或硅酸盐颗粒一般不含有机质。生物硅质碎屑含量（重量）多在20%～45%之间（图3.52），生物硅质碎屑主要源于带原始硅质壁壳（类似鱼鳞藻或硅藻等）的疑源类、海绵骨针及放射虫等硅质（或硅化）生物碎屑，一般含不等量的有机质，可以通过能谱元素分析判识。

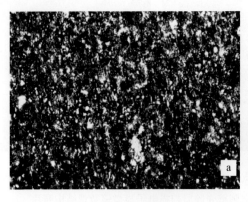

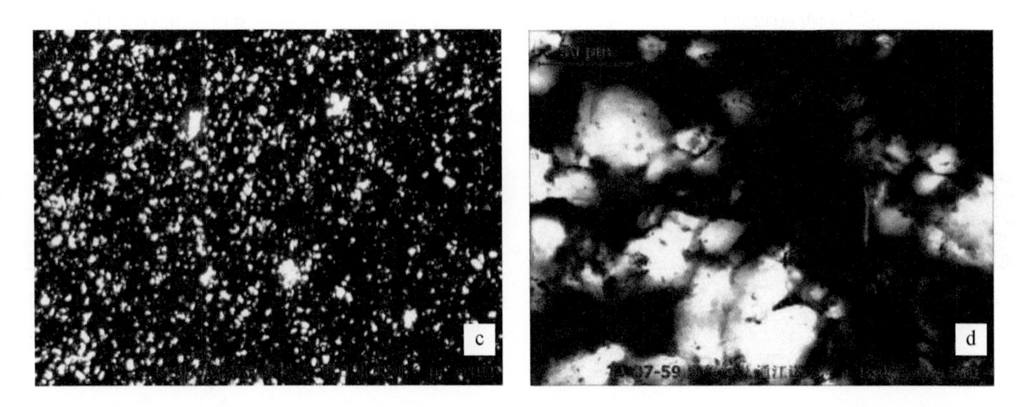

图 3.50　Є_1n 和 S_1l—O_3w 近陆源台内盆地过成熟优质烃源岩典型生物有机碎屑和生物硅质碎屑微观结构照片

a、b. 川北通江诺水河剖面 S_1l（TJ-07-115），黑色页岩，全岩光薄片反射光显微照片，有机质含量为 2.13%，笔石有机碎屑，疑源类及放射虫等含有机质硅质碎屑，见红藻囊果等底栖藻类碎屑及分布于裂隙中的残炭固体沥青，油浸；c、d. 川北通江诺水河剖面 Є_1n（TJ-07-64，TJ-07-59），黑色页岩，全岩光薄片反射光显微照片，有机质含量为 10.98%，疑源类及放射虫等含有机质硅质碎屑，见红藻囊果等底栖藻类碎屑及分布于裂隙中的残炭固体沥青，油浸

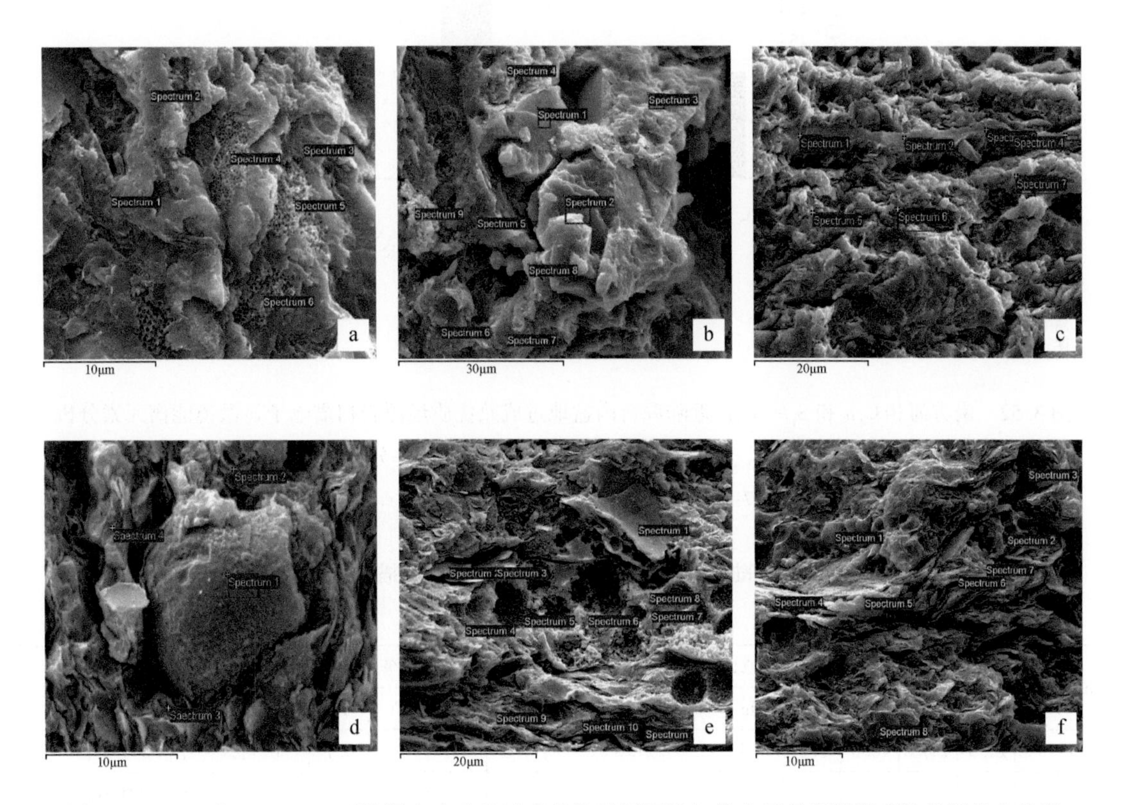

图 3.51　Є_1n 和 S_1l—O_3w 近陆源台内盆地过成熟优质烃源岩扫描电子显微镜微观结构照片和能谱元素分析数据点或面（红方块内）位置

a、b. 川东北通江剖面，TJ-07-64，6-008，6-006，Є_1n，黑色页岩，垂直页理自然面；c. 贵州麻江 QJ-8，4-3，Є_1n，黑色页岩，垂直页理自然面；d～f. 川东北通江剖面，TJ-07-115，5-3，5-11，5-12，S_1l，黑色页岩，垂直页理自然面

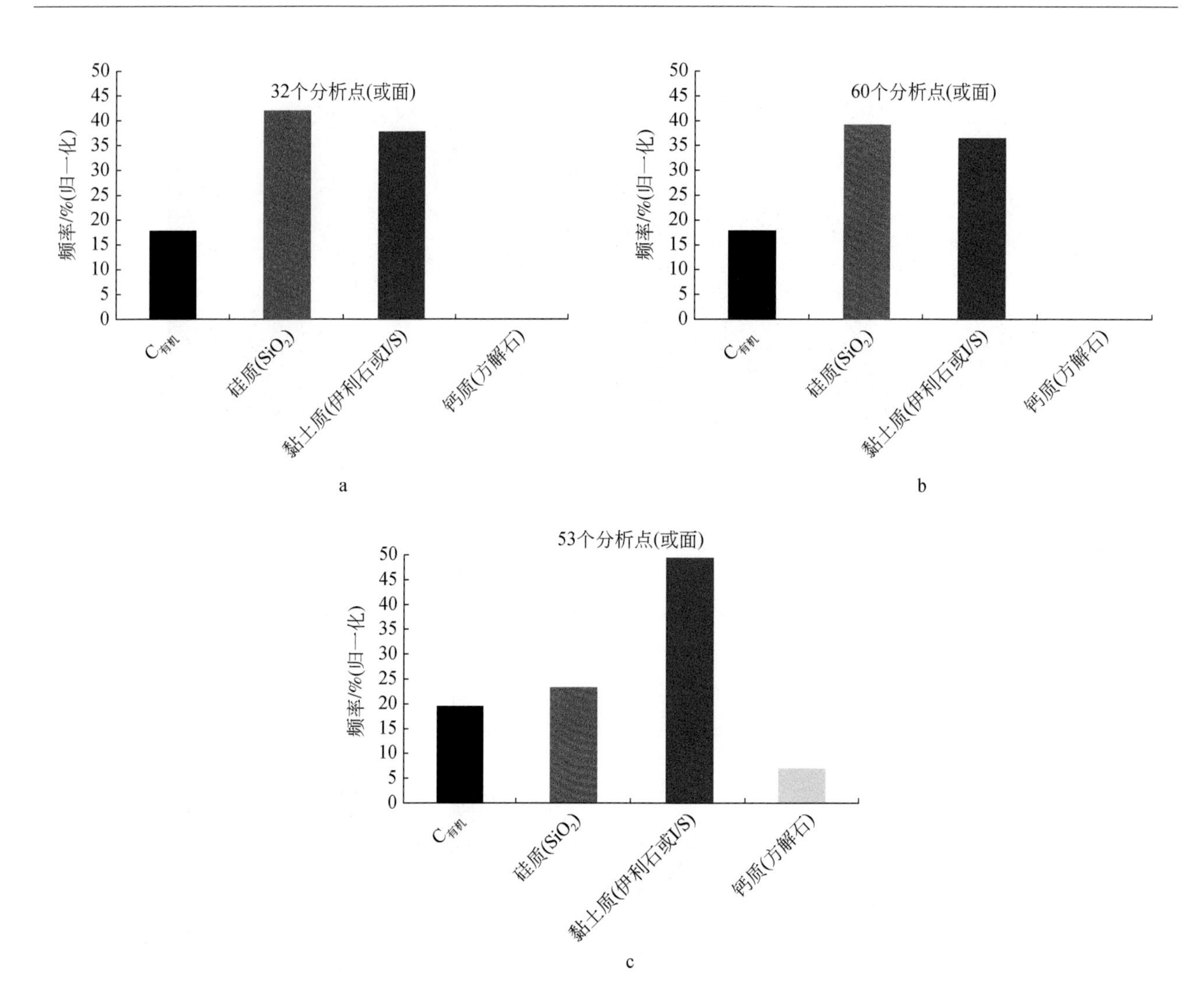

图 3.52　南方海相€$_1n$ 和 S_1l—O_3w 近陆源台内盆地过成熟优质烃源岩扫描电子显微镜能谱元素分析 $C_{有机}$、硅质、黏土质、钙质平均值频率分布

a. 通江剖面，S_1l，TJ-07-115；b. 通江剖面，€$_1n$，TJ-07-64；c. 贵州麻江，€$_1n$，QJ-8

表 3.7　€$_1n$ 和 S_1l—O_3w 近陆源台内盆地过成熟优质烃源岩扫描电子显微镜点（十字）或面（方块）能谱元素分析综合数据

位置	Spectrum	扫描电镜点（十字）或面（方块）+能谱元素分析（归一化）/%												描述
		C	$C_{有机}$	O	Na	Mg	Al	Si	S	K	Ca	Ti	Fe	
图 3.51a	1～3	21.9	21.9	46.5	1.3	0.4	5.7	21.6	—	1.8	—	—	0.7	伊利石（片状黏土矿物）+有机残屑
	4～6	38.6	38.6	38.4	0	0.5	2.9	17.5	—	1	—	—	1.1	疑源类硅质有机碎屑（似鱼鳞藻硅质残屑）
图 3.51b	4	15	15	57.6	0.8	—	2.6	22.8	—	0.9	—	—	0.3	伊利石（片状黏土矿物）+有机残屑
	1	—	—	62.4	—	0	6.8	23.3	—	7.5	—	—	—	钾长石
	2	3.6	3.6	58.7	—	0	6.8	23.2	—	7.5	—	—	0.2	钾长石+有机残屑
	3，5～9	18.6	18.6	48	—	0.3	3.8	20.9	—	2.7	—	0.1	5.5	伊利石等硅酸盐+有机残屑
图 3.51c	1～4	45.9	45.8	18.1	0.2	1	5.8	19.8	0.6	2.1	0.3	0.2	6.1	生物有机碎屑条带（微薄层，3～5μm，生物残屑，部分硅化）
	5～7	—	—	34.8	1.0	1	10.1	46.0	—	3.5	0.5	—	3	伊利石等黏土

续表

位置	Spectrum	扫描电镜点（十字）或面（方块）+能谱元素分析（归一化）/%												描述
		C	$C_{有机}$	O	Na	Mg	Al	Si	S	K	Ca	Ti	Fe	
图3.51d	1	42.6	40.7	35.3	—	1	2.1	2.7	—	1.7	6.4	5.1	3.2	生物有机残骸碎屑（部分钙化）
	2~4	—	—	35.6	—	0.6	6.0	52.8	—	3.5	0.4	0.6	0.6	伊利石等黏土
图3.51e	4~8	25	25	45.2	0.3	0.1	3.4	24.3	—	1.2	—	—	0.6	疑源类硅质碎屑（似鱼鳞藻硅质残屑）
	1，2	—	—	51.9	—	0.7	9.7	31.4	—	4.1	—	0.4	1.8	伊利石等黏土
	9，10	2.2	2.2	51.1	—	0.6	8.6	32.4	—	4	—	—	1.1	伊利石（片状黏土矿物）+少量有机残屑
	3，11	14.9	14.9	45.6	—	—	6.5	28.8	—	2.7	—	—	1.0	伊利石（片状黏土矿物）+有机残屑
图3.51f	1，2，8	21.8	21.8	41.5	—	—	—	36.8	—	—	—	—	—	石英（不规则颗粒）+有机质
	3	—	—	32.2	—	—	—	67.8	—	—	—	—	—	石英（不规则颗粒）
	4，6，7	—	—	50.9	—	0.4	10	33.1	—	4.4	—	—	1.3	伊利石等黏土
	5	11.5	11.5	47.8	—	—	9.6	26.1	—	4.0	—	—	1	伊利石（片状黏土矿物）+有机残屑

（1）$\epsilon_1 n$ 和 $S_1 l$ 过成熟优质烃源岩中的生物硅质碎屑+片状黏土和生物有机碎屑+黏土等复合体颗粒均含 $C_{有机}$，元素 $S_{有机}$ 含量低（图3.53）。通江、贵州麻江$\epsilon_1 n$ 和 $S_1 l$ 黑色页岩扫描电子显微镜典型照片中除少部分黏土、钾长石及石英颗粒不含 $C_{有机}$外，生物碎屑及复合体颗粒均含 $C_{有机}$，一般变化在10%~45%之间，最高生物体碎屑 $C_{有机}$平均为45.8%（表3.7）。但是，其 $S_{有机}$含量均不高，无或微量（<0.6%），这与 P_2 优质烃源岩有机质高含 $S_{有机}$明显不同。实际上，从南方海相优质烃源岩扫描电子显微镜所有能谱元素分析数据 $C_{有机}$含量与 $S_{有机}$含量相对分布关系（图3.53）可以看出：

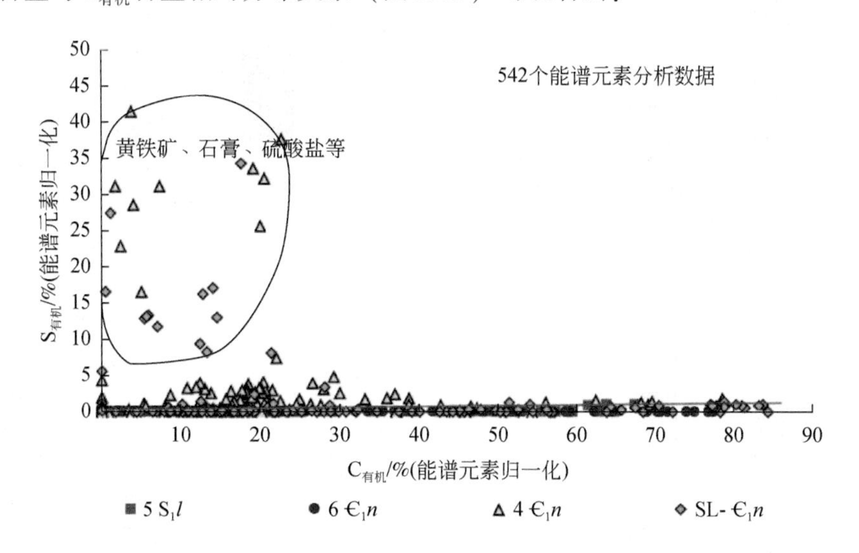

图3.53　南方海相$\epsilon_1 n$ 和 $S_1 l$—$O_3 w$ 页岩扫描电子显微镜能谱元素分析 $C_{有机}$含量与 $S_{有机}$含量相对分布关系

5 $S_1 l$ 为通江剖面TJ-07-115页岩；6 $\epsilon_1 n$ 为通江剖面TJ-07-64页岩；4 $\epsilon_1 n$ 为贵州麻江QJ-8黑色泥页岩；SL-$\epsilon_1 n$ 为贵州遵义硅质页岩

$\epsilon_1 n$ 及 $S_1 l$ 优质页岩中 $S_{有机}$含量均不高，一般均小于1%，而 P_2 优质烃源岩中 $S_{有机}$含量均很高，一般在2%~15%之间，D_2和 Es_4优质烃源岩 $S_{有机}$含量则处于它们之间，D_2相对接近 P_2 优质烃源岩。

$\epsilon_1 n$ 及 $S_1 l$ 优质烃源岩中随 $C_{有机}$含量的增加 $S_{有机}$含量增加不明显，而 P_2、D_2及 Es 优质烃源岩中随 $C_{有机}$含量增加 $S_{有机}$含量也相应较明显增加。

优质烃源岩 $S_{有机}$含量高低与地层时代及沉积环境有关，可能以地层时代 P_2 为中心S元素含量最高，一是石膏层相对最发育，二是其沉积水体及沉积有机物中S元素含量也相对最高，这也可能是优质烃源岩有机质中S元素含量高（包括其形成的高含硫油藏及高含 H_2S 烃类气藏）的主要原因。$\epsilon_1 n$ 及 $S_1 l$ 优质烃源岩沉积时期，一是石膏层不发育，二是其沉积水体及沉积有机物中 S 元素含量相对较低，这与沉积时代的整体背景环境和沉积环境有关。

（2）S_1l 和$Є_1n$ 黑色页岩中伊利石等片状黏土（纯黏土）矿物颗粒或超微薄层均不含有机质，但是，照片中含钙生物残骸有机质体（直径约 10μm）或硅质（或硅化）有机质生物残余物条带（3 ~ 5μm），有机碳含量平均>42%，它们并无相对固定的化合物分子式及元素组成。

片状黏土（这里主要是指伊利石、伊蒙混层等）矿物颗粒一般直径在 3 ~ 100μm 之间，厚度小于 1μm，在 10 ~ 100nm 之间，本身不含有机质，由于能谱电子束作用范围约为 3.5μm×2/3 的球体，即远大于片状黏土矿物颗粒的厚度，所以能谱元素分析点可以大于或穿透片状黏土矿物厚度，把颗粒之间包裹的似鱼鳞藻类或浮游生物等硅质有机物也囊括在内，因此片状黏土矿物的能谱元素分析也可以含有机质，在对 85 个片状黏土矿物颗粒质的能谱元素分析中，有约 70% 的点（十字）或面（方块）含有一定量的有机质，但是有机碳含量一般不超过 30%，平均在 14% 左右。

通江剖面 S_1l（TJ-07-115）黑色页岩超显微颗粒所有实测能谱元素数据综合分析研究显示，无论 $C_{有机}$ 含量高低，矿物成分（无机）均为硅质（O+Si 元素或 SiO_2）+黏土组成，约各占 50%，随 $C_{有机}$ 平均含量的增加，硅质含量相对明显增加，这可能是疑源类（似鱼鳞藻）等生物硅质碎屑常常与片状黏土相伴生，在沉积或早成岩时有机物及其黏液等吸附黏土而形成的层状复合体，$C_{有机}$ 平均含量即似鱼鳞藻等生物硅质碎屑含量越高，硅质含量相对越高，黏土含量相对越低（图 3.54）。通江剖面$Є_1n$（TJ-07-64）及贵州遵

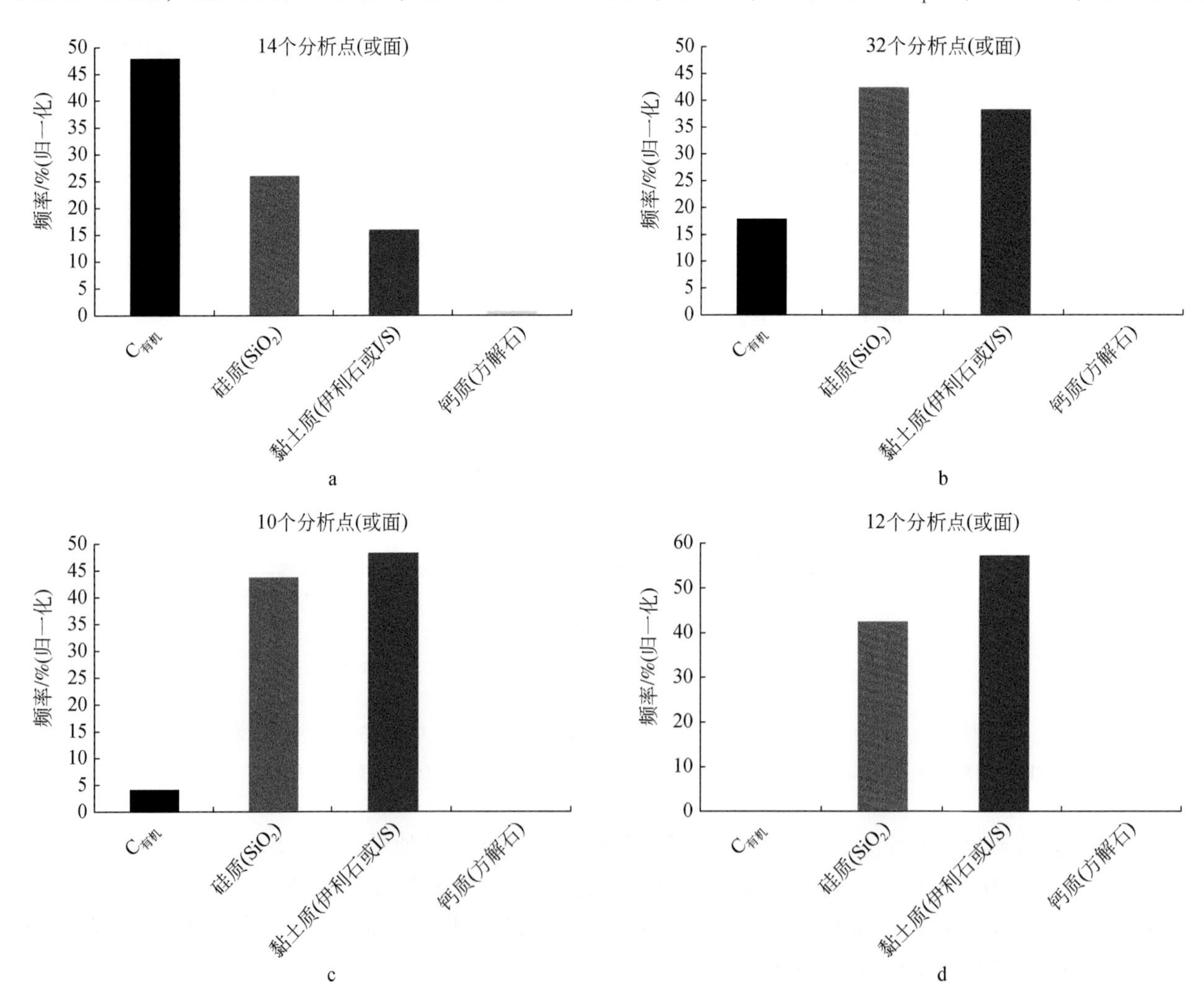

图 3.54 南方通江剖面海相下志留统龙马溪组过成熟优质烃源岩（TJ-07-115）扫描电子显微镜能谱元素分析 $C_{有机}$、硅质、黏土质、钙质平均值频率分布图

a. 30% ≤$C_{有机}$<60%；b. 8% ≤$C_{有机}$<30%；c. 2% ≤$C_{有机}$<8%；d. $C_{有机}$<2%

义剖面$\epsilon_1 n$（QJ-8）黑色页岩超显微颗粒所有实测能谱元素分析数据与$S_1 l$（TJ-07-115）相似，一是随$C_{有机}$平均含量的增加，硅质含量也相对明显增加，二是在$C_{有机}$平均含量相近时，硅质、黏土的含量及其相对比例接近，只是贵州遵义剖面$\epsilon_1 n$（QJ-8）页岩黏土含量相对高一些，可能距陆源更近一些。

（3）$\epsilon_1 n$黑色页岩中片状黏土矿物颗粒或超微薄层（图3.55）有43%的分析点不含有机质（表3.7、表3.8），14%的分析点微含有机质，43%的分析点含有机质，$C_{有机}$含量平均变化在11%~22%之间。常见到的似鱼鳞藻类残片的硅质有机质体，主要由$C_{有机}$、O、Si、Al等元素组成，生物残骸一般直径5~10μm，蜂窝斑点直径0.5~1μm，$C_{有机}$含量平均变化在24.97%~38.63%之间，硅质含量（Si+O）大于55%。除片状黏土矿物外，照片中还见到主要由Si、O元素组成的不规则状类似石英，颗粒直径约5μm或呈5~10μm厚的条带（超微薄层），多数（3/4）含有机质，有机碳含量平均达21.76%，少数（1/4）不含有机质，它们可能是某种生物残屑或原地自生矿物，无任何长时间或长距离“搬运”或“漂浮”特征。此外，还见到主要由O、Si、Al、K等元素组成的不规则状类似钾长石，颗粒直径10~30μm，两个颗粒中1个不含有机质，另1个稍含有机质，有机碳含量为3.6%（实际TOC含量可能偏高2倍左右），也可能也是某种生物残屑或原地自生矿物。

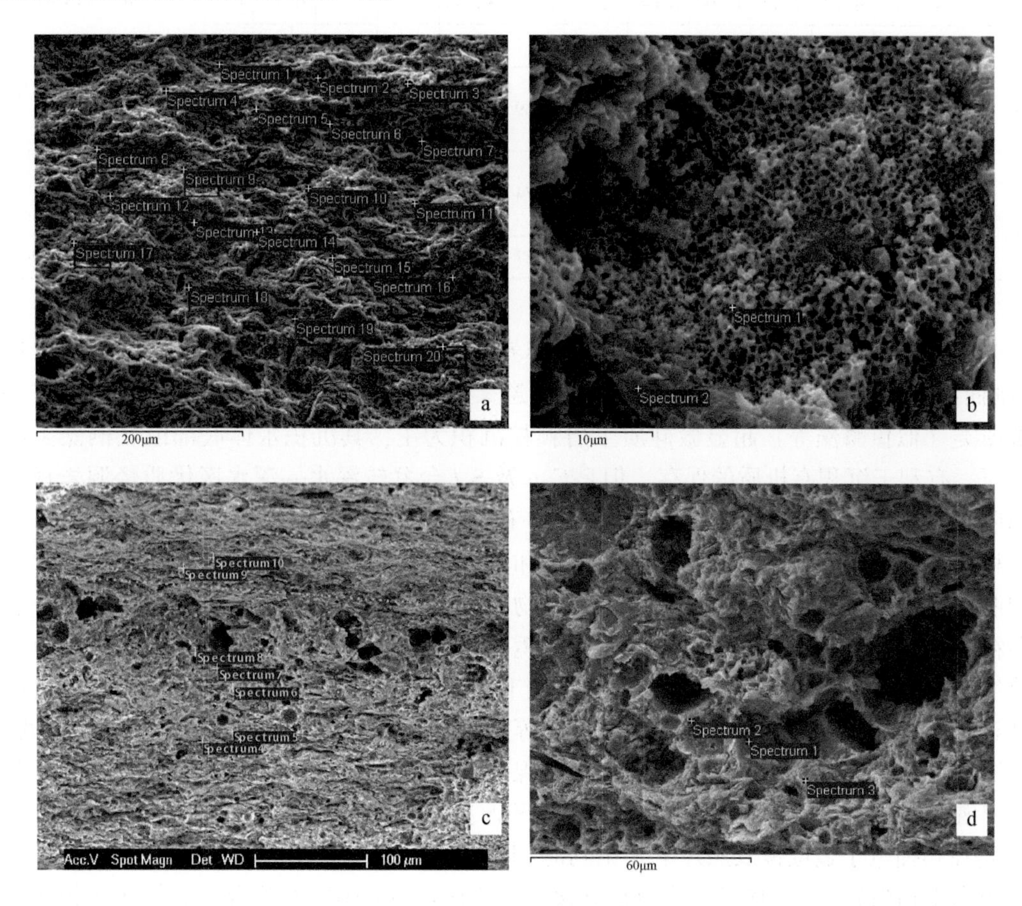

图3.55　$\epsilon_1 n$和$S_1 l$—$O_3 w$近陆源台内盆地过成熟优质烃源岩扫描电子显微镜微观结构照片

a、b. 川东北通江剖面，TJ-07-64，6-18、6-9，$\epsilon_1 n$，黑色页岩；c、d. 川东北通江剖面，TJ-07-115，5-7、5-8，$S_1 l$黑色页岩

（4）因此，通江$\epsilon_1 n$和$S_1 l$剖面及贵州麻江$\epsilon_1 n$剖面黑色页岩主要由富含有机质超显微生物硅质碎屑及其吸附或黏附的片状黏土（或相互包裹）组成，而纯黏土或硅酸盐颗粒一般不含有机质。超显微颗粒无论$C_{有机}$含量高低，矿物成分（无机）均为硅质（O+Si元素或SiO_2）+黏土组成，硅质相对含量一般与$C_{有机}$含量呈正相关，黏土含量则相反，这可能与浮游藻类等浮游生物为硅质有关。这三个剖面黑色页岩也可能位于近物源的台盆浅水—较深水区，贵州遵义剖面$\epsilon_1 n$优质烃源岩可能距陆源相对更近一些。南方海相$\epsilon_1 n$和$S_1 l$优质烃源岩超显微生屑及其与黏土复合体颗粒中$S_{有机}$含量均不高，一般均小于1%，而且随

$C_{有机}$含量增加变化不明显，而 P_2 优质烃源岩中 $S_{有机}$含量均很高，一般在2%~15%之间，并随 $C_{有机}$含量增加而明显增加，即超显微生屑颗粒 $S_{有机}$也是生物或有机成因的产物。

表3.8　海相$\epsilon_1 n$和$S_1 l$—$O_3 w$近陆源台内盆地过成熟优质烃源岩扫描电子显微镜微观结构照片（图3.55）点（十字）或面（方块）能谱元素分析综合数据

位置	Spectrum	扫描电子显微镜点（十字）或面（方块）+能谱元素分析（归一化）/%											描述
		C	$C_{有机}$	O	Na	Mg	Al	Si	K	Ca	Ti	Fe	
图3.55a	1	16.71	16.71	47.99	0.17	0.67	4.08	28.12	1.81		0.07	0.38	疑源类硅质有机壁壳碎屑微薄层（20~100μm），似鱼鳞藻残屑
	6~10	13.66	13.66	44.67	0.72	0.51	5.51	31.02	2.36		0.55	0.99	
	17，15	12.38	12.38	43.27	0.24	0.73	6.57	31.37	3.30		1.00	1.17	
图3.55b	1	39.59	39.46	25.75	0.1	0.3	3.15	20.01	1.28	0.44		9.38	
图3.55a	2~5	4.58	4.58	42.08	1.55	0.48	7.49	37.63	2.87		0.17	3.16	伊利石等黏土+有机残屑微薄层（40~50μm）
	11~14	1.23	1.23	46.75	0.74	0.90	9.00	33.96	5.04		0.33	2.06	
	16，18~20	4.92	4.92	45.00	0.64	0.54	6.40	36.33	4.98		0.42	0.77	
图3.55b	2	6.91	6.91	32.34	0.54	0.76	7.31	46.31	4.14			1.69	
图3.55c、d	1，2，7，8	31.20	30.82	33.34	0.14	0.29	3.69	24.67	1.82	1.27	1.37	2.22	疑源类硅质有机壁壳碎屑微薄层（100μm左右）
	9，10	2.49	2.48	39.56		0.40	4.74	49.63	2.32	0.03	0.44	0.40	伊利石等黏土+少量有机残屑微薄层（80μm左右）
	3~6	4.88	4.88	34.74	0.97	0.42	4.27	52.45	1.85	0.01		0.45	伊利石等黏土+少量有机残屑

从本书所分析的在南方海相$\epsilon_1 n$和$S_1 l$优质烃源岩样品均发现底栖生物碎屑来看，遵义、麻江、通江$\epsilon_1 n$及$S_1 l$剖面沉积相位于台盆的浅水—较深水区，遵义剖面还位于热水区内，而台盆较深水—深水区应以硅质浮游藻类（似鱼鳞藻等）超显微硅质生屑颗粒沉积为主，其沉积水体底部或底栖藻类沉积界面以下均为强还原，有利于沉积有机质的保存，但是$\epsilon_1 n$及$S_1 l$台盆较深水—深水区优质烃源岩样品尚未进行系统分析和研究，其结论有待进一步全面分析讨论、研究和证实。

关于海相优质烃源岩超显微颗粒及矿物的来源和成因，本书观点与传统的“外来搬运”观点有所不同，数据和照片等证明它们主要是生物碎屑或与生物成因有关的碎屑：一是海相优质烃源岩中除黏土颗粒外多数颗粒或多或少均含有机质（扫描电子显微镜+能谱或电子探针等方法），它们是硅质、钙质、铁质及磷质等生物（格架）碎屑的直接证据。二是在扫描电子显微镜及照片或在光薄片和普通反射光显微镜下，常见到海相优质烃源岩中有生物碎屑、藻类等。三是海相优质烃源岩中有机质含量一般大于2%，主要来源于浮游生物，并在下部水体强还原环境下保存下来。大量浮游生物中有机质尚能保存下来，那么量更多的浮游或底栖生物等的硅质或钙质格架、碎屑、微生物哪里去了，它们才是形成优质烃源岩的“主体”。四是在扫描电子显微镜及照片下未见到海相优质烃源岩中有明显的“外来搬运而来的粉砂或更细的（与黏土大小相当）石英颗粒”，这与石英含量一般在60%~80%不符合。五是在海相优质烃源岩中见到的硅酸盐或“石英”，经能谱分析可见到硫、锌、钒、磷、氮、氯等微量元素，也反映它们是来源于生物格架碎屑或经微生物及生物化学作用而形成的。六是海相台盆或台凹或潟湖相沉积形成的优质烃源岩中黏土含量一般较低，且多为伊利石或伊蒙混层等。

2. 近陆源台内盆地过成熟优质烃源岩成烃生物以疑源类（浮游藻类）细胞壁壳碎屑及笔石等动物类骨壳碎屑等生物有机碎屑为主体

南方海相近陆源台内盆地过成熟优质烃源岩——川北通江$\epsilon_1 n$、$S_1 l$剖面和贵州麻江$\epsilon_1 n$剖面黑色页岩（伊利石等黏土平均含量>35%）样品中 $C_{有机}$>30%（重量，相当于 $C_{有机}$体积大于50%）的生物骨壁壳有机碎屑含量约占样品总数的13.7%；$C_{有机}$>60%的生物骨壁壳有机碎屑含量几乎为零；最高生物体有机

碎屑 $C_{有机}$ 含量平均也只有45.8%（表3.5、表3.7）。主要是因为浮游藻类（疑源类）常常与黏土（蒙脱石等）吸附复合包裹一起沉积，过成熟优质烃源岩黏土主要为片状伊利石包裹疑源类有机壁壳残屑，扫描电子显微镜能谱分析有机碳是它们的复合体。

（1）浮游藻类（疑源类）细胞壁壳碎屑（图3.51、图3.55、图3.56）。过成熟海相优质烃源岩中的浮游藻类或疑源类（不能辨认或确定何种浮游藻类）只残留细胞壁壳，并且多已经硅化或黏土化：①疑源类（硅化光面球藻、小刺藻、原始硅藻等）主要发育在下寒武统牛蹄塘组、上奥陶统五峰组—下志留统龙马溪组优质烃源岩中，疑源类的似光面球藻类多已经硅化，碳含量较高；②疑似金藻门的似鱼鳞藻类（硅质），主要见于下寒武统牛蹄塘组、上奥陶统五峰组—下志留统龙马溪组样品，扫描电子显微镜下观察到鱼鳞藻的鳞片大小不一，具有大网眼的鳞片直径为20μm左右，具有小网眼的鳞片直径为3～9μm（所谓大网眼是指直径为3～5μm的网眼，小网眼指直径为0.4～0.5μm的网眼）。在一个鱼鳞藻的鳞片上，可以只发育一种类型的网眼，也可以在一个鳞片的不同部位发育大小不一的网眼。鱼鳞藻鳞片的保存常见的是单一鳞片保存，也可以看到若干个鳞片相互叠合保存在一起，鱼鳞藻的鳞片往往以斑块状呈层分布，一般碳含量在25%～40%之间。

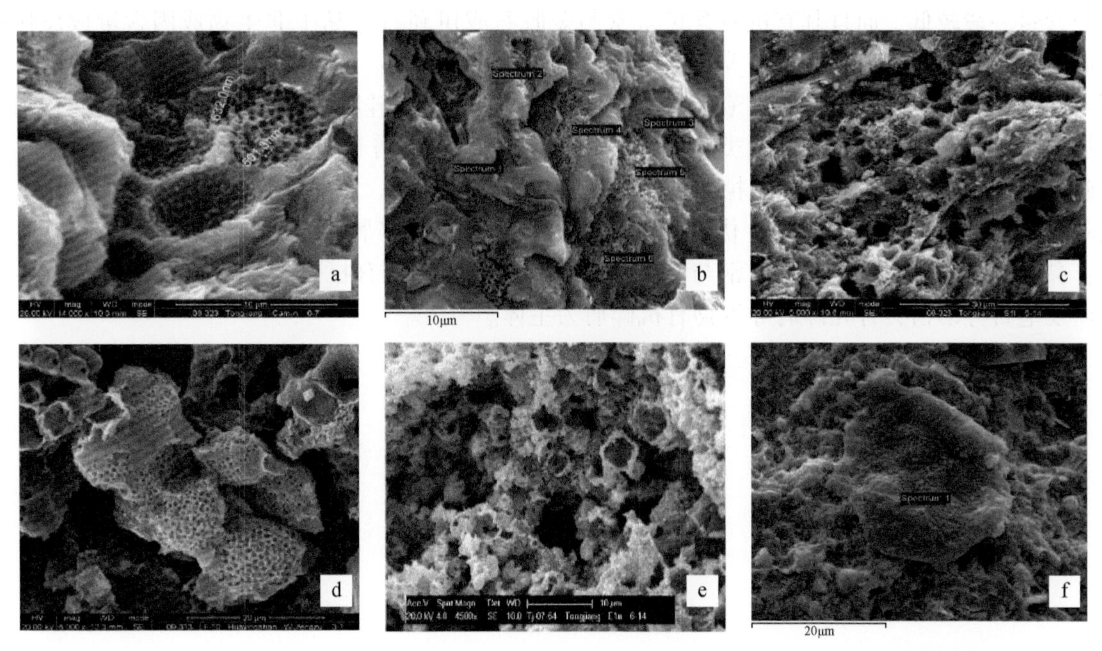

图3.56　$Є_1n$ 和 S_1l—O_3w 近陆源台内盆地过成熟优质烃源岩典型浮游藻类（疑源类）细胞壁壳碎屑扫描电子显微镜微观结构照片

a. 通江，$Є_1n$；b. 通江，$Є_1n$；c. 通江，S_1l；d. 华蓥山，O_3w；e、f. 通江，$Є_1n$

（2）动物类骨壳碎屑（图3.11）。南方海相上奥陶统五峰组—下志留统龙马溪组常常见到笔石等节肢动物的骨胶原或几丁质外骨壳，而且含量较高，在某些优质烃源层段它们可以占到总有机质含量的30%～60%，其生烃能力相当于海相镜状体。

（3）底栖生物等骨壁壳碎屑（图3.57a、b）。宏观底栖藻丝体细胞壁或体腔壁碎屑在下寒武统牛蹄塘组及下志留统龙马溪组能见到，能谱元素分析宏观底栖藻壁有机碎屑多未被硅化，碳含量相对较高。硅质海绵在下寒武统牛蹄塘组和下志留统龙马溪组也可以见到。

（4）细菌类细胞壁碎屑（图3.57c）。铁细菌，弯曲状，中空，主要见于通江志留系页岩中，其能谱元素分析碳含量在15%左右。

因此，南方海相台地凹陷优质烃源岩主要由生物有机碎屑、生物硅质碎屑和生物钙质碎屑等组成。生物有机碎屑以底栖藻类壁壳碎屑、浮游藻类（疑源类）细胞壁壳碎屑和微生物类（真菌、细菌、古细菌）细胞壁碎屑及水生高等植物类骨壁壳碎屑等生物有机碎屑为主体。生物硅质碎屑和生物钙质碎屑不

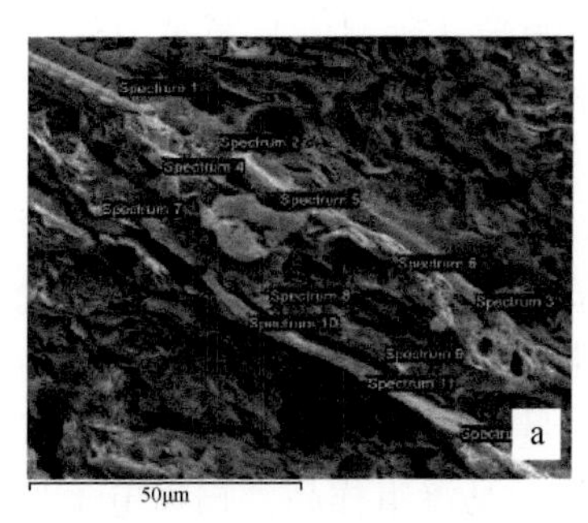

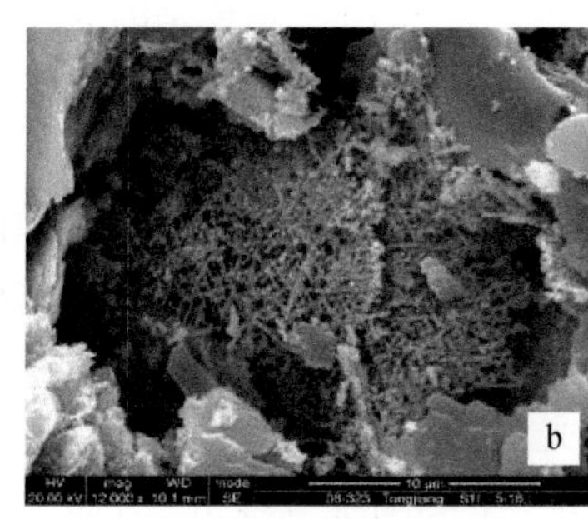

图 3.57　S_1l 近陆源台内盆地过成熟优质烃源岩典型底栖生物壁壳碎屑（a、b）及细菌类（c）扫描电镜微观结构照片

a. 通江 S_1l，藻丝体细胞壁；b. 通江 S_1l，硅质海绵；c. 通江，S_1l

同程度地普遍含有机质（$C_{有机}$），有机质含量与生物硅质碎屑含量或生物钙质碎屑含量及有机硫（$S_{有机}$）等生物成因微量元素含量成正比，与黏土等非生物成因含量成反比。而且常常顺页理面（或纹层面）分布。黏土含量一般较低，而且其有机质含量常常与蒙脱石或伊利石等黏土非生物成因含量成反比；而近源海沼高有机质丰度烃源岩中高岭石等黏土含量一般较高。

深水陆棚（+热水）优质烃源岩（硅质生屑页岩）主要由生物硅质碎屑和生物有机碎屑等组成。生物有机碎屑以底栖藻类壁壳碎屑、疑源类（浮游藻类）细胞壁壳碎屑和微生物类（细菌、古细菌、真菌）细胞壁碎屑、动物类骨壳碎屑及水生植物类等生物有机碎屑为主体。

近陆源台内盆地（或深水陆棚）优质烃源岩主要由生物硅质碎屑、生物有机碎屑和伊利石等黏土矿物组成；黏土含量一般较高，而且常常与有机质含量成反比。生物有机碎屑以疑源类（浮游藻类）细胞壁壳碎屑及笔石等动物类骨壳碎屑等生物有机碎屑为主体。

第四章　不同类型优质烃源岩及其生排油气模式

优质烃源岩类型是其生排油气能力的体现，本章主要从生油能力、排油能力和生烃气能力三个方面来研究，即优质烃源岩的成烃生物组合特征或有机质类型主要反映了其生油能力；优质烃源岩的岩石矿物组合特征或岩石类型主要反映了其排油能力；而优质再生烃气源的原油（包括可溶有机质）性质（密度、H/C 原子比等）及其储集岩类型主要反映了其生烃气能力。

第一节　有机质类型（不同成烃生物组合）

沉积有机质的原始来源是生物及它们的分泌物、排泄物、代谢产物和死亡后的遗体。生物物质构成细胞的化学成分主要指构成细胞的各种无机和有机化合物。有机物中主要是糖类等碳水化合物（生物体的能源物质）、核酸（遗传信息的携带者）、脂类（脂肪等主要储能物质）、蛋白质（生命活动的主要承担者）和骨壁壳（支撑保护者）。地球生物圈中所有的生物（动物、植物、微生物等）具有基因、物种和生态系统多样性，这些物质在不同的生物体中变化很大，即使在同一种类生物体中由于环境和生理的差异也有变化。在沉积成岩过程中，这些物质稳定性差异很大，核酸、糖类等有效碳水化合物及活性蛋白质等稳定性较差，只有生物脂类物质（细胞的“油滴”、“脂肪粒”及细胞膜等类脂的“生物标志物”）和生物骨壁壳碎屑物质（纤维素、几丁质等无效碳水化合物和硬蛋白、骨胶原蛋白等活性蛋白质）相对稳定，容易保存下来。因此，在优质烃源岩中决定生油能力或有机质类型的是能够保存下来的成烃生物有机碎屑（“油滴”等脂类和骨壁壳碎屑）及其含量和比例（详见本书第二、三章）。

一、海相优质烃源岩的有机质类型

海相优质烃源岩的有机质类型或成烃生物组合多为浮游生物、底栖生物、细菌真菌等微生物和水生（及少量陆生）高等植物的混合，有机质类型属Ⅱ型，可根据超微型—小型单细胞浮游生物含量或脂类（“油”）含量的高低，将Ⅱ型再分为$Ⅱ_1$型和$Ⅱ_2$型；部分海侵湖泊优质烃源岩成烃生物组合以超微型—小型单细胞浮游生物为主（≥80%），有机质类型属Ⅰ型，其生油能力最强，优质烃源岩中的“优质”实际上是成烃生物体中含“油”（脂类）量高和成熟阶段生油能力强的体现（图 4.1a、b）。

1. 优质烃源岩中单细胞浮游生物含量或脂类小分子含量是划分有机质类型的主要依据，不溶于有机溶剂的无效碳水化合物或非活性蛋白质等非脂类的生物大分子或生物有机骨壁壳碎屑构成了不溶有机质即干酪根的主体

海相优质烃源岩中的有机质从生物分子结构（保存下来）来看可分为脂类和生物有机骨壁壳碎屑两大类（表 3.1）：脂类即油脂、脂肪及类脂等是由碳和氢两种元素以非极性共价键组成的生物体内的一类有机小分子物质，经成岩脱羧脱醇等演化到成熟阶段可成为“可溶有机质”并部分或多或少排出烃源岩形成油藏“石油”（图 4.1a、b）。生物有机骨壁壳碎屑主要是由非脂类的不溶于有机溶剂的无效碳水化合物或非活性蛋白质等生物大分子构成，它在成岩—成熟过程中也脱羧脱醇脱杂原子等成为有机高分子聚合物，不能生油。但是，这些带有甲基、乙基或丙基等的有机高分子聚合物（生物大分子）在高成熟—过成熟阶段可以成为烃气（图 4.1）。

含脂类生物主要包括三大类：①高“油脂”或脂类含量的超微型—小型单细胞浮游生物，其生物体中的“油滴”、“脂肪球”及类脂等脂类含量一般占干重的 8%~40%，在优质烃源岩保存下来的单细胞浮

图 4.1　烃源岩成烃生物碎屑及其有机分子构成组合的演化

a. Ⅰ型有机质类型；b. Ⅱ型有机质类型；c. Ⅲ型有机质类型

游生物有机质中，其脂类占 80%~95%，成熟阶段生油能力最高，属Ⅰ型有机质（图 4.1a）；②中等脂类含量的多细胞浮游动物、底栖藻类、底栖动物、真菌类和细菌类微生物等，其生物体中的“油滴”、“脂肪球”及类脂等脂类含量一般占干重的 1%~15%，在优质烃源岩保存下来的有机质中其脂类占 15%~60%，成熟阶段生油能力为中等—较低。这些生物很少单独出现，往往与超微型—小型单细胞浮游生物同时存在，即混合Ⅱ型有机质，当浮游生物占成烃生物总量的40%~80%时或脂类小分子占到保存下来有机质的40%~80%时，属$Ⅱ_1$型；当浮游生物占成烃生物总量的10%~50%时或脂类小分子占到保存下来有机质的15%~60%时，属$Ⅱ_2$型（图4.1b）；③低脂类含量的水生陆生高等植物碎屑，其植物体中的脂类含量很低，一般小于5%，优质烃源岩形成环境不利于其发育（含量较低），保存下来的有机质主要是植物骨壁有机碎屑、镜质组、惰质组等，占到总有机质的95%以上，脂类一般不超过5%，成熟阶段生油能力很差或几乎不能生油，在高成熟—过成熟阶段可以生成一些烃气，其烃气的总转化率一般不超过15%（图4.1c）。

干酪根（或不溶有机质）一般是指不溶于有机溶剂和不溶于含水碱性溶剂的沉积有机质（秦建中等，2005）。干酪根的概念实质上是生物碎屑中的骨壁壳有机碎屑，即主要是由非脂类的不溶于有机溶剂的无效碳水化合物或非活性蛋白质等生物大分子构成。在沉积早期至未成熟阶段，这些有机骨壁壳所包裹或某些杂原子低能键相连接的脂类或可溶有机质也可能成为或大部分成为干酪根或不溶有机质的一部分。即未成熟—低成熟阶段优质烃源岩中的“干酪根”不但包括了生物骨壁壳等有机高分子聚合物，也包括了油脂、脂肪及类脂等生物体内有机小分子的脂类，后者（脂类）可能被包裹、吸附，或某些杂原子低能键连接在前者（生物骨壁壳等有机高分子聚合物）之中。因此，干酪根是一种复杂和不均匀的缩聚物，分子结构难以用分子式表述，只能通过各种物理和化学分析新方法对干酪根提出假设结构，至今尚未弄清楚。在未成熟—低成熟优质烃源岩中，不同生物组合（具有不同结构的高分子核、脂族链和官能团），尤其是不同生物有机小分子脂类组合含量与其骨壁壳有机高分子聚合物组合含量的比例高低影响着有机质类型和生油能力的本质。

2. 优质烃源岩在成熟阶段是生油的，生油能力与成烃生物的含“油”量或成烃生物组合（有机质类型）有关，并得到热压模拟实验结果的验证

（1）Ⅰ型有机质原始成烃生物主要是超微型—小型单细胞浮游生物（≥80%成烃生物总量），它们为适应在水体中浮游的生存环境，细胞体内本身就含大量的“油滴”（浮游藻类一般占干重的10%~40%）或“脂肪粒”（浮游动物类）等储存物质或内含物。当其死亡后，生物体中的有效碳水化合物、活性蛋白质和核酸等生物大分子不稳定，绝大部分被消耗并消失，只有“油滴”“脂肪粒”及类脂等脂类和纤维质几丁质等细胞壁壳生物大分子可以保存下来，即未成熟优质烃源岩中仅残留或部分残留下来两部分：一是油脂、脂肪和类脂等脂类小分子（也包括部分细菌等微生物的脂类）；二是由无效碳水化合物或非活性蛋白质等构成的骨壁壳生物大分子聚合物（也包括细菌等微生物的细胞壁）。前者（脂类小分子）含量占保存下来有机质的80%~95%，后者（骨壁壳生物大分子）含量占5%~20%。形成Ⅰ型有机质类型或腐泥型（图4.1a）。

也就是说，Ⅰ型有机质本身原始物质主要就是“油脂”，分子结构的核心多是低环数且数量少的芳香环化合物，饱和的环状化合物数量多，氮、硫、氧的杂环或官能团少，桥键或脂族链主要是C_{10}~C_{15}以上的直链或支链族，其结构与原油相似，只是在沉积、成岩过程中发生了一些“水解-酶化”（去核酸、蛋白质及糖类等）、“缩聚”或“脱羧”等作用，“油”的主体并未发生本质变化。因此它在成熟阶段是生油的，而且石油的最高转化率一般大于80%。

而与Ⅰ型有机质（单细胞浮游生物）不同的是，原始物质为高等植物的Ⅲ型有机质主要是纤维素、半纤维素、木质素和果胶类等（占90%左右，10%左右是蛋白质、酶类以及脂肪酸）；而含脂类部分主要是各种孢子体、角质体、木栓质体、树脂体、种子、色素体及固醇类等物质，一般脂类含量很低（占植物体总重量不超过5%）。当植物死亡后，这些植物体总量90%左右的纤维素、半纤维素、木质素及果胶类等多糖物质和少量脂类物质在厌氧或弱氧化还原环境下可以保存下来，经细菌等微生物凝胶化形成镜质组或炭化形成丝质体，即Ⅲ型有机质或Ⅲ型干酪根或腐殖型（图4.1c）。也就是说，Ⅲ型干酪根原始物质主要就是纤维素和木质素及半纤维素等经过“水解-酶化”（去核酸、蛋白质及糖类等）、细菌微生物等凝胶化、“缩聚”或“脱羧”等作用，形成了以镜质组、丝质体为主体的Ⅲ型，本质未发生质的变化，生油能力很差或不具生油能力。Ⅲ型或陆生高等植物碎屑中，核多为多个相连的芳香环，环状化合物相对较少，氮、硫、氧的杂环或官能团较多，脂链族以—CH_3为主，一般在$(CH_2)_5$以下，其结构与原油相差明显，缺少C_{10}~C_{15}以上的直链或支链族以及环状化合物，因此在成熟阶段不具备大量生油能力

(图 4. 1c)，只能在成熟中晚期—过成熟早中期生成一定量的烃气（一般烃气占有机质的总转化率≤15%）。

海相优质烃源岩常常以Ⅱ型有机质为主，成烃生物主要是由浮游藻类等浮游生物、底栖藻类等底栖生物、细菌真菌等微生物和水生植物残骸碎屑等混合生物组合构成的，主要具有Ⅰ型有机质（浮游生物）或底栖藻类的特征即成熟阶段也具备生油能力，生油能力与超微型—小型单细胞浮游生物含量或“油滴”“脂肪粒”及类脂等脂类含量有关，单细胞浮游生物含量或脂类含量越高，生油能力越强（图 4. 1b）。

Ⅰ—Ⅱ型与Ⅲ型有机质之间的差别主要在于它们的含“油”量、分子结构和生物组合的不同，前者含“油”量高或具有数量较多的长链烃（C_{15}^{+}）和环烷烃的基团；后者含“油”量很低或不含“油”，往往是芳香烃基团含量高，多带有短链烃（$<C_{15}$）和芳香烃，长链烃数量要少得多。它们的化学组成和结构的差异决定了前者在成熟阶段应以生油为主，且生油量大；后者在成熟阶段晚期—过成熟早中期以生烃气为主，且生烃气量相对前者要小得多。

(2) 不同类型成烃生物的热压模拟实验结果对比分析证实了未成熟优质烃源岩在成熟阶段是生油的。

现代海洋浮游藻常规热压模拟实验在低成熟阶段最高总油产率可达到 1000kg/t_C 以上（图 4. 2），早期可以生成大量以非烃+沥青质为主的重质油，总有机碳的重质油转化率可以达到 85% 以上。生油高峰阶段的烃气产率很低，只有 3. 4 ~22. 04kg/t_C。Ⅰ型（浮游藻类）优质烃源岩（油页岩）DK① 地层热压模拟实验在成熟阶段最高总油产率达到 909. 49kg/t_C（图 4. 3），总有机碳的总油转化率可以达到 75%。生油高峰阶段的烃气产率低，只有 9. 91 ~89. 5kg/t_C。即Ⅰ型（腐泥型或浮游藻类）优质烃源岩在成熟阶段生油量很高，最高总油产率可达到 900kg/t_C 以上，总油转化率最高可达 75% 以上；烃气产率低，生烃高峰时均小于 90kg/t_C，仅相当于生油量的 0. 3%~9. 8%。

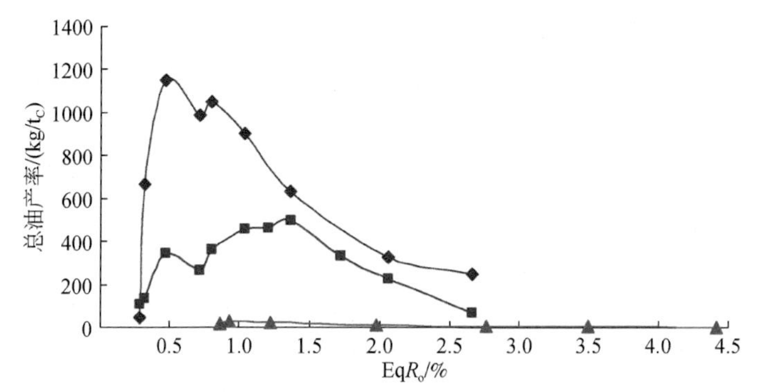

图 4. 2　浮游藻类（Ⅰ型）、底栖褐藻（Ⅱ型）和煤（高等植物、Ⅲ型）常规热压模拟实验总油产率对比

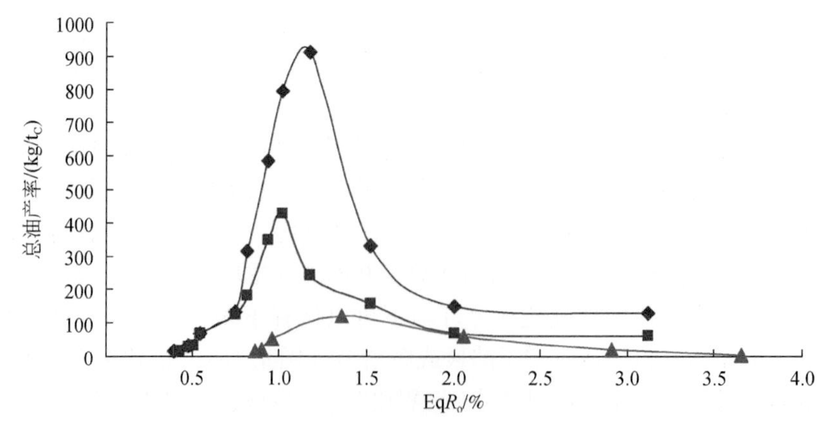

图 4. 3　优质烃源岩（Ⅰ、Ⅱ型）和煤岩（Ⅲ型）DK 地层热压模拟实验总油产率对比

① DK 为自主研发器定义的型号。

现代海洋底栖褐藻常规热压模拟实验在成熟阶段最高总油产率也可达到 450～500kg/t_C（图 4.2），总有机碳的总生油转化率可以达到 40% 以上，早期（低成熟）生油量（260～360kg/t_C）远低于浮游藻类（985～1155kg/t_C）。生油高峰阶段的烃气产率也低，只有 13.87～86.12kg/t_C。Ⅱ型（底栖藻类为主）优质烃源岩（油页岩）DK 地层热压模拟实验在成熟阶段最高总油产率达到 427.29kg/t_C（图 4.3），总有机碳的油转化率可以达到 35% 以上，即Ⅱ型（混合型或底栖藻类为主）优质烃源岩在成熟阶段也主要是生油的，而且生油量较高（425kg/t_C 以上），总有机碳油转化率较高（35% 以上）；生油高峰阶段的烃气产率也低，只有 17.4～35.51kg/t_C。但是，Ⅱ型（混合型或底栖藻类为主）优质烃源岩在成熟阶段的总生油量只有Ⅰ型（腐泥型或浮游藻类）优质烃源岩的 50% 左右，烃气产率相差并不明显。

Ⅲ型（高等植物为主）煤岩常规热压模拟实验在成熟阶段最高总油产率很低，最高生油量不足 27kg/t_C，总有机碳的总油转化率小于 2.5%。生油高峰阶段的烃气产率也低，只有 1.73～21.15kg/t_C。煤岩 DK 地层热压模拟实验在成熟阶段最高总油产率相对常规热压模拟实验要高，最高总油量也只有 119.3kg/t，总有机碳的总油转化率也小于 10%，此时烃气产率只有 0.25kg/t_C，且它们难以从煤中排出，含有一定量壳质组的煤在成熟阶段中后期可以随气排出少量轻质油或凝析油。即Ⅲ型煤系烃源岩在成熟阶段生油量很低，最高总油产率小于 120kg/t_C，总油转化率最高也不足 10%，仅相当于Ⅱ型（混合型或底栖藻类为主）优质烃源岩在成熟阶段总生油量的 25% 左右，相当于Ⅰ型（腐泥型或浮游藻类）优质烃源岩在成熟阶段总生油量的 12% 左右。此外，Ⅲ型（高等植物为主）煤系烃源岩在成熟生油阶段烃气产率也不高，总烃气量还低于Ⅰ—Ⅱ型优质烃源岩，也就是说，Ⅲ型（高等植物为主）的煤系烃源岩不能成为优质烃源岩。

（3）海相优质烃源岩在高成熟—过成熟阶段早中期生烃气能力也很强，主要是原油再裂解烃气。

现代海洋浮游藻常规热压模拟实验在高成熟—过成熟阶段早中期最高总烃气产率可达到 465.8kg/t_C（图 4.4），总有机碳中总烃气（甲烷）碳的转化率可以达到约 35%，其中约有 80% 为现代海洋浮游藻在低成熟—成熟阶段所生原油再裂解的烃气（甲烷）。Ⅰ型（浮游藻类）优质烃源岩（油页岩）DK 地层热压模拟高成熟—过成熟阶段早中期最高总烃气产率达到 418.09kg/t_C（图 4.5），总有机碳中总烃气（甲烷）碳的转化率可以达到约 32%，其中约有 85% 为优质烃源岩在成熟阶段所生原油再裂解的烃气（甲烷）。即Ⅰ型（腐泥型或浮游藻类）优质烃源岩不但在成熟阶段总生油量很高，而且在高成熟—过成熟阶段早中期总烃气产率也很高，可以达到 418kg/t_C 以上，总有机碳中总烃气（甲烷）碳的转化率可以达到 32% 以上，为很好的或优质气源岩，不过烃气（甲烷）80% 以上为Ⅰ型优质烃源岩早期所生原油再裂解的产物。

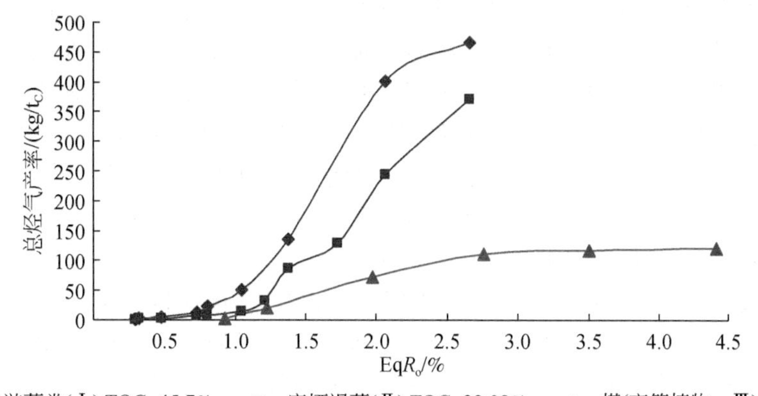

图 4.4　浮游藻类（Ⅰ型）、底栖褐藻（Ⅱ型）和煤（高等植物、Ⅲ型）常规热压模拟实验总烃气产率对比

现代海洋底栖褐藻常规热压模拟实验在高成熟—过成熟阶段早中期最高总烃气产率可达到 370.24kg/t_C（图 4.4），总有机碳中总烃气（甲烷）碳的转化率可以达到约 28%，其中约有 60% 为成熟阶段所生原油再裂解的烃气（甲烷）。与现代海洋浮游藻相比，最高产烃气量和原油再裂解烃气（甲烷）所占总烃气

比例均降低了约20%。Ⅱ型（底栖藻类为主）优质烃源岩（油页岩）DK地层热压模拟实验高成熟—过成熟阶段早中期最高总烃气产率达到257.06kg/t_C（图4.5），总有机碳中烃气碳的转化率可以达到约20%，其中约有71%为成熟阶段所生原油再裂解的烃气（甲烷）。与Ⅰ型优质烃源岩相比，最高产烃气量约降低了38%，原油再裂解烃气（甲烷）占总烃气比例降低了约15%。即Ⅱ型优质烃源岩不但在成熟阶段总生油量较高，而且在高成熟—过成熟阶段总烃气产率也较高，可以达到250kg/t_C以上，总有机碳中总烃气（甲烷）碳的转化率可以达到20%以上，其中烃气（甲烷）70%以上为Ⅱ型优质烃源岩早期所生原油再裂解的产物，也为好或优质气源岩。不过Ⅱ型优质烃源岩在高成熟—过成熟阶段早中期与Ⅰ型优质烃源岩相比，最高产烃气量降低了约30%，原油再裂解烃气（甲烷）占总烃气比例也降低了20%左右，相反，干酪根直接产烃气却有所增加。

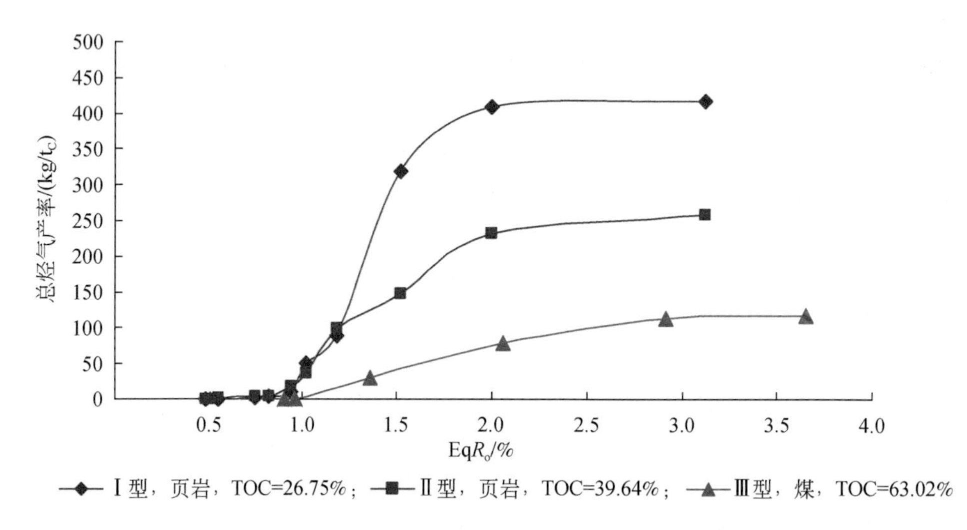

图4.5　优质烃源岩（Ⅰ型、Ⅱ型）和煤岩（Ⅲ型）DK地层热压模拟实验总烃气产率对比

Ⅲ型（高等植物为主，相当于以纤维素凝胶化镜质组为主体）煤岩常规热压模拟实验在高成熟—过成熟阶段最高总烃气产率为121.34kg/t_C，总有机碳中总烃气（甲烷）碳的转化率仅9.1%，相对较低，仅为现代海洋浮游藻的26%，底栖褐藻的33%。Ⅲ型煤岩DK地层热压模拟实验在高成熟—过成熟阶段最高总烃气产率为117.33kg/t_C，与常规热压模拟实验结果基本相当，也相对较低，总有机碳中总烃气（甲烷）碳的转化率约9.0%，仅相当于Ⅰ型优质烃源岩的28%，Ⅱ型优质烃源岩的45%，也不能作为优质气源岩。此外，Ⅲ型煤系烃源岩在成熟生油阶段烃气产率也不高，总烃气量还低于Ⅰ—Ⅱ型优质烃源岩。也就是说，Ⅲ型煤系烃源岩不能成为优质烃源岩。Ⅲ型煤系烃源岩在高成熟—过成熟阶段产的烃气主要是干酪根直接热裂解所生，干酪根直接热裂解烃气量占总生烃气量的70%以上，最高可达到90%，这与Ⅰ—Ⅱ型优质烃源岩在高成熟—过成熟阶段以原油再裂解烃气为主正相反。

高成熟—过成熟阶段的海相优质烃源岩生气量高或“优质”。Ⅰ型优质烃源岩烃气最高总烃气产率可达418kg/t_C以上，其中约80%的烃气为早期所生原油再裂解的产物，主要是优质烃源岩中的“可溶有机质”和运移出来后形成古油藏或储集岩中的“油”热裂解而形成的天然气，优质烃源岩中生物骨壁壳有机碎屑或不溶有机质直接热裂解气只占天然气的一小部分。Ⅱ型优质烃源岩最高总烃气产率可达257kg/t_C以上，其中约70%烃气为早期所生原油再裂解的产物。Ⅲ型煤系烃源岩（TOC>2.0%）在高成熟—过成熟阶段最高总烃气产率只有不到120kg/t_C，其中70%以上的烃气为不溶有机质或镜质组或生物骨壁有机碎屑直接热裂解生成。随着有机质类型变差（Ⅰ→$Ⅱ_1$→$Ⅱ_2$→Ⅲ），干酪根直接热裂解凝析气比例有所提高，但总生气量是减少的。也就是说，在高成熟—过成熟阶段，对于海相优质烃源岩，尽管主要为“油”经过再热裂解而形成天然气，但其烃气最终转化率仍是Ⅲ型烃源岩的2～4倍，因此在高成熟—过成熟阶段的烃源岩仍属好的或优质气源岩。

二、海相优质烃源岩的评价技术

由于优质烃源岩在成熟—高成熟阶段大量石油和天然气的生成和排出，其原始成烃生物及其碎屑物质发生质的变化，其识别与评价方法也随之发生变化。根据成熟度或热演化程度不同，优质烃源岩成烃生物组合与有机质类型评价在未成熟—低成熟阶段和高成熟—过成熟阶段应采用不同的方法（秦建中等，2005）。

1. 未成熟—低成熟优质烃源岩有机质类型的评价方法主要可以从沉积环境、成烃生物组合（有机岩石学、超显微有机岩石学等）、不溶有机质或干酪根（显微组成、H/C 原子比等）、可溶有机质和热压模拟生烃潜力等方面进行综合分析和判识

（1）优质烃源岩沉积环境方面的评价方法包括优质烃源岩的主要岩性或岩石类型、氧化还原等沉积环境、主要沉积相和主要有机相等（表 4.1），详见本书第一章。例如，Ⅰ型有机质类型的主要岩性是油页岩，褐色、黄色或黑白黄间互的富有机质钙质生屑页岩等；沉积相主要是微咸水—半咸水湖泊相，海侵湖泊相或潟湖相；强还原（沉积水体底部—早成岩阶段）沉积环境。

这里需要强调的是：①Ⅰ型优质烃源岩并非典型海相（海相优质烃源岩以Ⅱ型为主，表 4.1），而主要是微咸水—半咸水的湖泊相或海侵湖泊相，如渤海湾盆地沙河街组一段（Es_1）下亚段劣质油页岩等；②Ⅰ型油页岩或富有机质页岩的颜色并非都是黑色或暗色，而是多呈浅黄色、黄色、褐色等，如塔斯马尼亚油页岩、桦甸油页岩等。

有机相是指生物来源、有机质类型、生物标志物、沉积环境（包括氧化还原环境）、生烃能力和分子组成及烃类相态都大体相似的一组可用于工业制图的沉积岩石单元（赵政璋等，2000）。优质烃源岩有机相的命名和划分主要考虑成烃先驱生物、有机质本身类型和沉积环境，具有有机岩石学、有机地球化学和沉积学的多重属性（表 4.1）。可将优质烃源层划分为三类有机相：Ⅰ型——浮游藻类相；$Ⅱ_1$型——深水藻类相；$Ⅱ_2$型——浅水混源相。此外，Ⅲ型——滨岸木本相非“优质”烃源岩，属煤系烃源岩。

（2）成烃生物组合方面的评价方法——主要包括有机岩石学和超显微有机岩石学等方法。

有机岩石学是在孢粉学和煤岩学的基础上发展起来的，其研究对象是烃源层中显微可见的形态有机质，利用全岩光片在反射、透射和荧光显微镜下有机显微组分含量来判别和确定优质烃源层的成烃生物组合和有机质类型是最直接最有效的方法之一（表 4.1），详见《中国烃源岩》（秦建中等，2005）。

表 4.1　未成熟—低成熟优质烃源岩有机质类型（成烃生物组合）划分标志

有机质类型评价方法及参数		优质烃源岩有机质类型划分		
		Ⅰ型	Ⅱ型	
			$Ⅱ_1$型	$Ⅱ_2$型
沉积岩石学	主要岩性	油页岩；富有机质钙质生屑页岩（褐色、黄色或黑白黄间互为主）；富有机质硅质生屑页岩等	油页岩、页岩；富有机质钙质生屑页岩（黑色、黑白黄间互为主）、泥岩、泥灰岩等；富有机质硅质生屑页岩等	富有机质页岩、泥岩；钙质生屑页岩、钙质生屑泥岩、泥灰岩及灰岩等（黑色、深灰及黑白间互等为主）
	主要沉积相	潟湖相、海侵湖相及湖相	深水盆地相；台凹、潟湖等低能海、滩间海，浅海陆棚、海底扇；斜坡相；海侵湖相及湖相等	台凹、潟湖等低能海、滩间海，蒸发、局限、潮坪等台凹；三角洲前缘—前三角洲；海侵湖相及湖相等
	氧化还原环境	强还原	强还原—还原	还原
	主要有机相	浮游藻类相	深水藻类相	浅水混源相

续表

有机质类型评价方法及参数			优质烃源岩有机质类型划分		
			Ⅰ型	Ⅱ型	
				$Ⅱ_1$型	$Ⅱ_2$型
成烃生物组合	有机岩石学显微组分		浮游藻类体及其碎屑；腐泥（荧光）矿物沥青基质或腐泥（荧光）无定形>80%	宏观藻类碎屑（底栖藻类）；动物有机碎屑（底栖动物和中型以上的多细胞浮游动物）；矿物沥青基质（无或弱荧光）及海相镜状体等（20%~80%）； 浮游藻类体及其碎屑；腐泥（荧光）矿物沥青基质或腐泥（荧光）无定形（20%~80%）； 水生或陆源组分不发育（<10%）	宏观藻类碎屑（底栖藻类）；动物有机碎屑（底栖动物和中型以上的多细胞浮游动物）；矿物沥青基质（无或弱荧光）；海相镜状体及菌丝体等（10%~80%）； 浮游藻类体及其碎屑；腐泥（荧光）矿物沥青基质或腐泥（荧光）无定形（10%~50%）； 水生和陆源植物碎屑；腐殖矿物沥青基质；镜质组；壳质组和惰质组等（10%~50%）
	超显微有机岩石学显微组分		超微型—小型单细胞浮游生物及其碎屑>80%；细菌等其他生物（<20%）。 其中超微型—小型单细胞浮游生物主要包括：①硅藻、金藻、颗石藻等具有硅质或钙质壁壳以及裸藻等无细胞壁的浮游藻类和放射虫、抱球虫等具有硅质或钙质骨壳的浮游原生生物；②浮游绿藻、蓝藻、黄藻等具极薄细胞壁的浮游藻类；③甲藻、沟鞭藻及疑源类等具较厚细胞壁的浮游藻类和具几丁质骨壳的单细胞浮游原生动物	超微型—小型单细胞浮游生物及其碎屑（20%~80%）。 底栖多细胞生物碎屑、中型以上多细胞浮游动物碎屑及海相镜状体等（20%~80%） 其中底栖多细胞生物碎屑包括：①红藻、褐藻、底栖绿藻等宏观藻类碎屑和海绵、三叶虫等底栖动物碎屑；②中型以上多细胞浮游动物碎屑包括笔石类、甲壳类等； 细菌类、真菌类等其他微生物（<20%）； 水生或陆源植物碎屑偶有发育（<10%）	超微型—小型单细胞浮游生物及其碎屑（10%~50%）； 底栖多细胞生物碎屑、中型以上多细胞浮游动物碎屑及海相镜状体等（10%~50%）； 真菌类、古细菌、细菌类等微生物及其碎屑（10% ~50%） 水生和陆源植物的有机碎屑、镜质组、壳质组和惰质组等（10%~50%）
生油气潜力	无限空间模拟法	（PC/TOC）/%	>60	40 ~ 60	15 ~ 40
		HI/（mg/g）	>650	400 ~ 650	150 ~ 400
	密闭空间热压模拟法	最高产油率/（mg/g）	>500	350 ~ 500	100 ~ 350
		最高产烃气率/（mg/g）	>450	300 ~ 450	150 ~ 300
	地层（压力）孔隙（空间）热压模拟法	最高产油率/（mg/g）	>700	450 ~ 700	200 ~ 450
		最高产烃气率/（mg/g）	>450	300 ~ 450	150 ~ 300

续表

有机质类型评价方法及参数		优质烃源岩有机质类型划分		
		Ⅰ型	Ⅱ型	
			Ⅱ$_1$型	Ⅱ$_2$型
干酪根	显微组分	腐泥组为主（>80%）	腐泥组为主，含镜质组及惰质组	腐泥组、镜质组、壳质组及惰质组均发育
	类型指数	>80	40~80	0~40
	干酪根 $\delta^{13}C$/‰	<-28	-28~-26	-26~-24
	干酪根 H/C 原子比	>1.5	1.25~1.5	1.0~1.25
	干酪根红外光谱 $1460cm^{-1}/1600cm^{-1}$	>4.5	3.0~4.5	1.5~3.0
	干酪根红外光谱 $2920cm^{-1}/1600cm^{-1}$	>2.5	1.5~2.5	1.0~1.5
可溶有机质	沥青“A”饱和烃/芳烃	>3.0	1.0~3.0	0.8~2.0
	Pr/Ph	<1	<1	1左右
	甾烷 $\alpha\alpha\alpha$-C_{27}/%	>35	30~35	25~30
	γ—蜡烷	丰富	多	少

烃源岩的有机岩石学研究主要有两种途径，一是应用孢粉学的研究理论和方法，在透射光下对烃源岩或干酪根进行有机质丰度和类型的研究；二是应用煤岩学的理论和方法，在不破坏烃源岩结构的情况下，利用反射光和荧光进行有机显微组分的识别和定量，从而反映烃源岩的有机质丰度和类型。有机岩石学研究的基本手段是光学显微镜，其研究方法目前分为全岩法、全岩光薄片法和干酪根法三种，对应的技术基础分别为煤岩学、流体包裹体学和孢粉学，这三种分析方法有其自身的特点和适用范围。20世纪80年代以来，有机岩石学与有机地球化学相结合，使对陆相沉积有机质的认识更加完整和全面，特别是全岩光薄片法。

优质烃源岩显微组分是指显微镜下可以识别的有机质的基本组成单位，其分类是认识烃源岩有机质类型及其生烃能力的基础。对有机显微组分的详细划分尽量从有机质生源的自然分类位置加以考虑；充分考虑不同显微组分的生烃特征、演化特征及其成因类型；采用反射白光、反射荧光和透射光手段相结合。矿物—沥青基质在一般显微组分分类中不予列出，这是因为矿物—沥青基质的主要组成成分为矿物，而超显微有机质颗粒仅是以亚微级形式存在或吸附于矿物之中。但是，矿物沥青基质可能是有机质的主体并具有重要生烃意义，分类时应予以列出，可分为：腐泥（荧光）矿物沥青基质或腐泥（荧光）无定形——主要源于浮游藻类等浮游生物的腐泥化或碎屑，其生油能力属Ⅰ型；矿物沥青基质（无或弱荧光）——主要源于底栖藻类等底栖生物或中型以上多细胞浮游动物的腐泥化或其超显微碎屑，其生油能力属Ⅱ型；腐殖矿物沥青基质（基本上无荧光）——主要源于高等植物残屑的凝胶化或腐泥化或其超显微碎屑，与镜质组或海相镜状体的成分相当（表4.1）。显然，普通显微镜下并不能识别超显微或亚微级的有机碎屑，尤其定量分析更是如此。

超显微有机岩石学是利用扫描电子显微镜（SEM）+能谱元素、电子探针、纳米CT或微米CT、FIB等岩石原位微区分析及全岩X射线衍射分析等新技术新方法对海相富有机质页岩或优质烃源岩进行的有机和无机超显微颗粒（μm至nm级）与显微结构及成分分析，包括超显微含油颗粒或成烃生物颗粒（μm至nm级）碎屑的识别和成烃生物组合评价等。超显微有机岩石学实质上是有机岩石学的延续，是在有机岩石学的基础上，对矿物沥青基质或无定形等超显微颗粒的识别和评价（表4.1）。

在优质烃源岩中低等生物（藻类、菌类及某些低等动物）含油量最高，但是并非所有保留下来的生物碎屑物质都是能生油的。其浮游藻类纤维质或果胶质或黏肽细胞壁、浮游动物几丁质或纤维素或骨胶原等有机外骨骼，细菌、古细菌肽聚糖或甲壳素及纤维素的细胞壁等有机壁壳生屑物质就不具生油能力。低等生物形成的钙质骨壳碎屑或硅质骨壳碎屑颗粒所含的不等量的有机质（由果胶质或黏肽或骨胶原演变而来），也不具生油能力，只有它的残留颗粒才能在显微镜下或超显微镜下识别。此外，细菌、古细菌及真菌微生物也是生油组分之一，它可以“腐殖化”浮游生物残屑，也可以“腐泥化”水生植物（草本或高等植物）和底栖生物残屑，它们的残留颗粒只有在超显微镜下才能识别。

在优质烃源岩中，Ⅰ型超显微成烃生物碎屑组合以超微型—小型单细胞浮游水生生物纳米至微米级的“油滴”、“脂肪粒”及类脂等脂类物质（在未成熟—成熟早中期具荧光物质）和壁壳碎屑（纤维素、几丁质、骨胶原等生物高分子演化的有机碎屑）超显微颗粒为主。这里的脂类物质包括浮游藻类单细胞中多含有液态的“油滴”、色素体和细胞膜的醇类化合物等脂类物质；浮游动物细胞中多含有固态“脂肪粒”和细胞膜的胆固醇等脂类物质；细菌和古细菌等单细胞细胞膜中含有藿烷类化合物等。它们在荧光显微镜下多为含油生物分子脂类物质——荧光物质。壁壳碎屑主要是浮游藻类细胞壁的纤维质或果胶质或黏肽，浮游动物的几丁质或纤维素或骨胶原等有机外骨骼，细菌、古细菌肽聚糖或甲壳素，以及纤维素的细胞壁等有机壁壳生屑物质。它们在荧光显微镜下是无荧光物质，即不具生油能力，类似镜质组高演化阶段具有一定的生烃气能力。此外，也可见到浮游藻类（颗石藻类）钙质外壳等碎屑物质和浮游动物类（抱球虫类等）钙质骨壳等碎屑物质，浮游藻类（硅藻类、部分鞭毛藻类、硅鞭藻类及金藻类等）细胞壁硅质外层或细胞内有硅质坚硬骨骼等碎屑物质，浮游动物（放射虫类）蛋白石质介壳等硅质骨壳碎屑物质（表 4.1）。这些超显微硅质骨壳生屑或钙质骨壳生屑颗粒内也含不等量的有机质（由果胶质或黏肽或骨胶原演变而来），它与有机壁壳生屑物质一样，在荧光显微镜下是无荧光物质，即不具生油能力，只有在高演化阶段才可能具有一定的生烃气能力。

在优质烃源岩中保存下来的超微型—小型单细胞浮游生物及其碎屑或衍生物中：①硅藻、金藻等硅质壁壳的浮游藻类，颗石藻等钙质壁壳的浮游藻类，放射虫等硅质骨壳的浮游原生动物，抱球虫等钙质骨壳的浮游原生动物及裸藻等无细胞壁的浮游藻类等以油脂、脂肪和类脂等脂类为主体，脂类（占其有机质）含量≥85%；有机骨壁壳（及硅质、钙质骨壳中）的无效碳水化合物或非活性蛋白质含量<15%。成熟阶段生油能力最强，它是由≥85%的脂类和<15%的有机骨壁壳构成，属典型的Ⅰ型有机质。②浮游绿藻、蓝藻、黄藻等具极薄细胞壁的浮游藻类等以油脂和类脂等脂类为主体，脂类含量达 80%~90%；有机壁壳的纤维质（无效碳水化合物）含量占 10%~20%。成熟阶段生油能力很强，它是由 80%~90%的脂类和 10%~20%的有机壁壳构成，属Ⅰ型有机质。③甲藻、沟鞭藻及疑源类等具较厚细胞壁的浮游藻类和具几丁质骨壳的单细胞浮游原生动物等也以油脂、脂肪和类脂等脂类为主体，脂类含量可达 65%~80%；有机骨壁壳的无效碳水化合物或非活性蛋白质含量占 20%~35%。成熟阶段生油能力也很强，它是由 65%~80%的脂类和 20%~35%的有机骨壁壳构成，也属Ⅰ型有机质。

在优质烃源岩中保存下来的底栖多细胞生物碎屑和中型以上多细胞浮游动物碎屑及其衍生物中：①红藻、褐藻、底栖绿藻等宏观藻类碎屑和海绵、三叶虫等底栖动物碎屑等脂类含量相对浮游生物低了很多，脂类（占其有机质）含量一般<50%；其有机骨壁壳（及硅质、钙质骨壳中）的无效碳水化合物或非活性蛋白质含量一般≥50%。成熟阶段具有生油能力，它是由≥50%有机骨壁壳和<50%的脂类构成，属Ⅱ型有机质。②笔石类、甲壳类等中型以上多细胞浮游动物碎屑及其衍生物脂类含量相对超微型—小型单细胞浮游生物也低了许多，脂类含量一般变化在 15%~60%之间；其有机骨壁壳的无效碳水化合物或非活性蛋白质含量一般变化在 40%~85%之间。成熟阶段也具有生油能力，它是由 40%~85%有机骨壁壳和 15%~60%的脂类构成，属Ⅱ型有机质。

在优质烃源岩中保存下来的真菌类、古细菌、细菌类等微生物及其碎屑或衍生物中细胞壁（无效碳水化合物或非活性蛋白质）碎屑含量明显高于脂类，脂类所占保存下来有机质总量的百分比一般不超过 50%。即成熟阶段也具有一定的生油能力，它是由≥50%有机壁壳和<50%的脂类构成，也属Ⅱ型有机质。

在优质烃源岩中保存下来的水生和陆源植物的有机碎屑一般较低，以纤维质半纤维质木质等骨壁（无效碳水化合物）碎屑为主体，其含量远高于脂类，脂类所占保存下来有机质总量的百分比一般不超过5%，多变化在2%~5%之间。即成熟阶段几乎不具备生油能力，它是由95%~98%的有机骨壁和2%~5%的脂类构成，属Ⅲ型有机质。

超显微有机岩石学、有机岩石学和干酪根镜下鉴定的显微组分划分基本一致，只是识别方法、分辨率、精确程度和命名不同。例如，干酪根显微组分的腐泥组和有机岩石学显微组分的腐泥矿物沥青基质或腐泥无定形与超显微有机岩石学显微组分单细胞浮游生物的脂类物质及其有机壁壳碎屑是一致的（表4.1）。

（3）生油气潜力方面的评价方法：主要是利用人工快速加热加压未成熟优质烃源岩模拟地下不同成熟阶段（时期）的生烃（油+气）、生油和生烃气能力或产率（单位mg/g，即每克优质烃源岩生成的烃、油或气），它是评价有机质类型最直接最有效的手段。评价方法归纳起来主要有如表4.1所示的无限空间模拟法、密闭空间热压模拟法、地层（压力）孔隙（空间）热压模拟法等三种模拟实验方法。三种模拟实验方法在模拟时间（升温速率和恒温时间）、模拟温度、模拟压力（内压、外压、围压）、模拟样品条件（岩石柱样、粉末样、加水多少）、剩余反应空间等实验条件都有不同。

无限空间模拟法（图4.6a），代表性的仪器如岩石热解仪（Rock-Eval）、热失重仪（TGA）等，是烃源岩中有机质在常压、无水、快速升温以及无限大的空间（开放状态）中进行的热降解反应仪器（表4.2），生成的气体产物通过载气驱扫进入检测器或再收集定量。由于其主要考虑了热解温度和时间对有机质成烃过程的影响，其他实验条件与地质条件下有机质演化条件相差甚远。

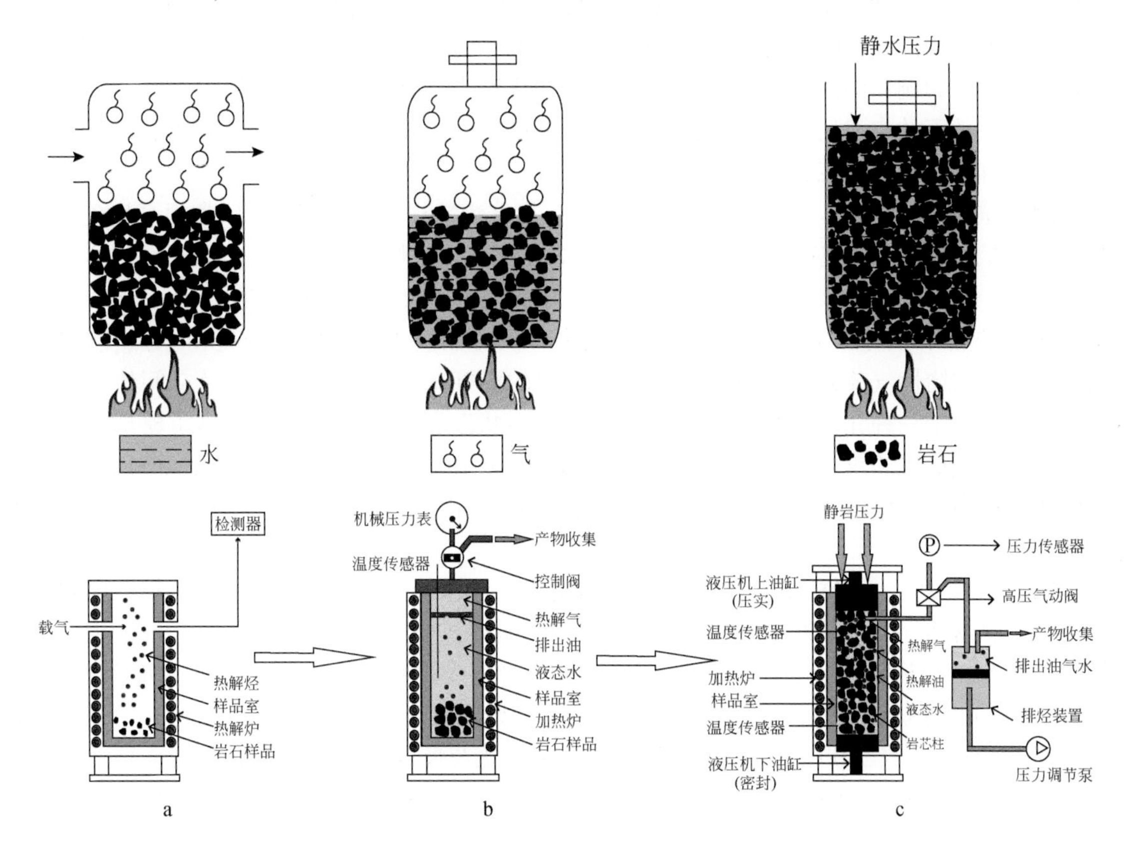

图4.6　优质烃源岩主要热压生排烃模拟实验原理（上）装置（下）结构示意及发展史

a. 法国石油研究院；b. 美国地质调查局；c. 中国石化石油勘探开发研究院无锡石油地质研究所

表 4.2　未成熟—低成熟优质烃源岩三种不同模拟方式的实验边界条件

<table>
<tr><th>模拟实验仪</th><th>一般起始模拟温度点/℃</th><th>一般模拟温度点/℃</th><th>每温度点恒温时间/h</th><th>一般终止模拟温度点/℃</th><th>升温速率/(℃/min)</th><th>静岩压力/MPa</th><th>流体压力/MPa</th><th>加水量/ml</th><th>生烃空间/ml</th></tr>
<tr><td>岩石热解仪(Rock-Eval)</td><td>300(恒温 3min)</td><td>连续</td><td>连续</td><td>650</td><td>25</td><td>无</td><td>无</td><td>无</td><td>无限</td></tr>
<tr><td>CG 常规高压釜热压生排烃模拟实验仪</td><td rowspan="2">200</td><td rowspan="2">250、275、300、325、350、375、400、450、500</td><td rowspan="2">48</td><td rowspan="2">550</td><td rowspan="2">1</td><td>未加</td><td>5 ~ 40</td><td>10</td><td>450</td></tr>
<tr><td>DK 地层孔隙热压生排烃模拟实验仪</td><td>40 ~ 130</td><td>18 ~ 85</td><td>21 ~ 4</td><td>21</td></tr>
</table>

岩石热解仪所获得的一系列直接表征优质烃源岩生烃能力的热解基础参数包括：岩石热解游离烃 S_1、岩石（干酪根）热裂解烃 S_2、热解生烃潜量 S_1+S_2、最高热解峰温 T_{max}等。其中用来表征有机质类型及其生烃产率的岩石热解评价参数为岩石热解氢指数（$HI=S_2/TOC$，mg/g）和有效碳/总有机碳［$PC/TOC=(S_1+S_2)\times0.083/TOC$］。Ⅰ型优质烃源岩一般 HI>650mg/g、PC/TOC>60%（表 4.1）。岩石热解氢指数（HI）与干酪根 H/C 原子比相似，是划分未成熟—低成熟优质烃源岩有机质类型的最佳指标之一。此外，利用 HI 与 OI（氧指数）和 HI 与 T_{max}的关系图版也可以有效地划分有机质类型，其优点是同时考虑到成熟度对有机质类型的影响；但是，其反映的只是在这种热解实验条件下有机质的生烃特征，难以直接用于描述实际地质条件下的有机质热解生烃过程。对于高成熟—过成熟阶段及地表风化后的优质烃源岩样品，岩石热解生排烃参数失去意义。

密闭空间热压模拟法（图 4.6b），如金属高压釜（也称为常规热压模拟或 CG 常规高压釜热压生排烃模拟，简称 CG 常规模拟）或玻璃管、密闭黄金管—高压釜热压生烃模拟实验等，是烃源岩中有机质在较低的流体压力（一般低于 20MPa），没有上覆静岩压力以及相对较大的生烃空间（远大于岩石的孔隙空间）条件下进行的热降解生烃反应。由于生烃空间大，没有加满水，流体压力是由水蒸气或超临界水、气体产物或者加入的惰性气体共同形成的。反应容器内的温度、压力、流体物质及空间体积符合气体状态方程，实际上是处于一种介于加水与不加水热解之间的状态。黄金管—高压釜热压模拟实验尽管考虑了热解产物和水蒸气形成的较高流体压力（最高 50MPa），但由于加入的水相对于生烃空间和样品量而言有限，其传压介质实质上还是气态物质，不是液态水，也没有考虑静岩压力，因此与实际地层中水的相态也有较大差距。

CG 常规高压釜热压生排烃模拟实验仪的原理结构见示意图 4.7，主要由高压釜、箱式电热炉、温度传感器、压力传感器和气液搜集器组成。高压釜容积为 500ml，使用粉碎至 180 ~ 425μm 的颗粒样品，只能承受低于 40MPa 的流体压力，不能对样品施加上覆静岩压力进行压实。实验是在封闭条件下进行的，升温速率为 1℃/min，热解温度点一般从 200℃或 250℃开始，每个温度点相差 25℃或 50℃温度，每个温度点恒温 48h，最高温度点 550℃；流体压力均由反应水气化及烃源岩生成的产物增加而形成。高压釜装入样品之后还有较大的多余空间（500ml 高压釜，装入 100g 岩石样品之后大约还有 450ml 的剩余空间），在高压釜热压模拟过程中由水蒸气和生成的气体物质形成的流体压力（一般低于 20MPa）远小于实际地质条件下的地层压力；没有施加上覆静岩压力对样品进行压实作用（郑伦举等，2009），与岩石中有机质相接触的是低压水蒸气（表 4.2）。该模拟实验方法比岩石热解仪（无限空间模拟法）更接近地下条件，但是与地下实际客观条件仍有一定差距。

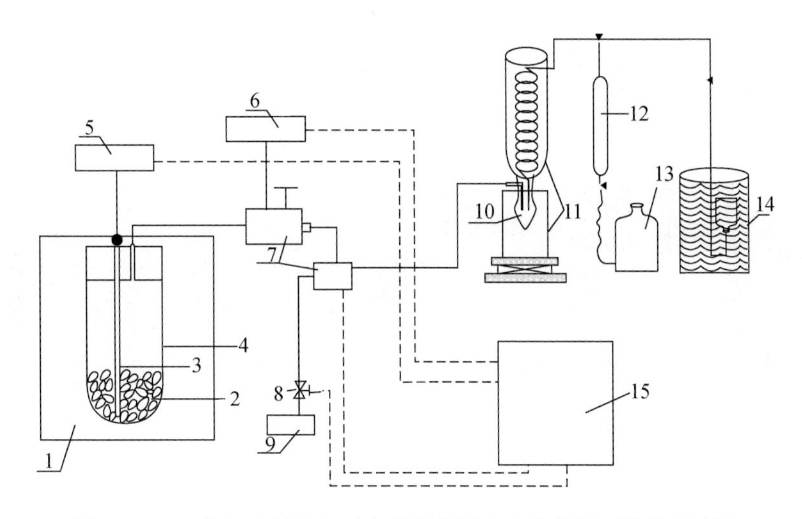

图 4.7　CG 常规高压釜热压生排烃模拟实验仪的原理结构示意图

1. 箱式电热炉；2. 样品；3. 传感器探头；4. 高压釜；5. 温度传感器；6. 压力传感器；7. 四通阀；8. 截止阀；9. 真空泵；10. 气液搜集器；11. 杜瓦瓶冷阱；12. 气体定量瓶；13. 高低瓶；14. 排水集气瓶；15. 控制器

优质烃源岩 CG 常规高压釜热压生排烃模拟实验所获得的一系列直接表征优质烃源岩在不同成熟度（或温度点）的生烃能力基本参数为：残余油量（沥青“A”）、排出油量、生排油总量、排出烃气量及气体组分等。其中可用来表征有机质类型及其生烃产率的评价参数为总生排油产率或最高总生排油产率、生排烃气产率或最高生排烃气产率、总生排烃产率或最高生排烃产率等。Ⅰ型优质烃源岩一般最高产油率>500mg/g（约在 350℃温度点）、最高产烃气率>450mg/g（表 4.1）。但是，其反映的也只是在这种热解实验条件下有机质的生烃特征，对于高成熟—过成熟阶段及地表风化后的优质烃源岩样品，此生排烃参数也失去意义。

地层（压力）孔隙（空间）热压模拟法（也称 DK 地层孔隙热压生排烃模拟，简称 DK 地层模拟）（图 4.6c）是在保留烃源岩原始矿物组成结构和有机质赋存状态（直接钻取或压制小岩心柱体）、与孔隙空间接近的生烃空间（V）内完全充满高压液态水（地层流体 L）、同时考虑到与地质条件相近的静岩压力（P）、地层流体压力（P）的条件下进行的有机质高温（T）短时间（t）热解生烃反应（郑伦举等，2009）。该热压生排烃模拟实验仪器是中国石化石油勘探开发研究院无锡石油地质研究所自行研制的地层孔隙热压生排烃模拟实验仪（图 4.8a），其原理结构见图 4.8b，主要由高压釜、液压控制系统、箱式电热炉、气液分离器、各种阀门等部件组成。其有以下三方面特点：一是压制或钻取直径 3.5cm，质量 5～150g 的圆柱体原样，尽量保留样品的原始孔隙结构、组成和有机质赋存状态；二是圆柱体原样被整体密封在高压釜中，再通过油缸对岩心样品施加最高可达 180MPa 的静岩压力进行压实，其间只是通过一根内径很小的管道与产物收集部分连通，因此密闭热解生烃反应空间与地下岩石的孔隙空间接近；三是高压釜中圆柱体原样的孔隙流体通过高压泵与中间活塞容器可以增压至最高 150MPa 的孔隙流体压力。

DK 地层模拟实验是在封闭条件下进行的，升温速率为 1℃/min，热解温度点一般从 200℃或 250℃开始，每个温度点相差 25℃或 50℃温度，每个温度点恒温 48h，最高温度点 550℃；在 DK 地层模拟实验过程中，水充满了整个圆柱体原样的孔隙空间，孔隙流体压力与烃源岩在一定埋深的地层压力接近；同时考虑到了与地质条件相近的上覆静岩压力对样品进行的压实作用，生烃反应空间与孔隙空间接近；采用直接钻取或压制小岩心柱体样品，尽量保留了样品的矿物组成结构和有机质赋存状态。DK 地层模拟实验条件见表 4.2。

优质烃源岩 DK 地层模拟实验结果所获得的一系列直接表征优质烃源岩在不同成熟度（或温度点）的生烃能力基本参数为：残余油量（沥青“A”）、排出油量、生排油总量、排出烃气量及其组分等。其中用来表征有机质类型的及其生烃产率评价参数为总生排油产率或最高总生排油产率、生排烃气产率或最高生排烃气产率、总生排烃产率或最高生排烃产率等。Ⅰ型优质烃源岩一般最高产油率>700mg/g（约在

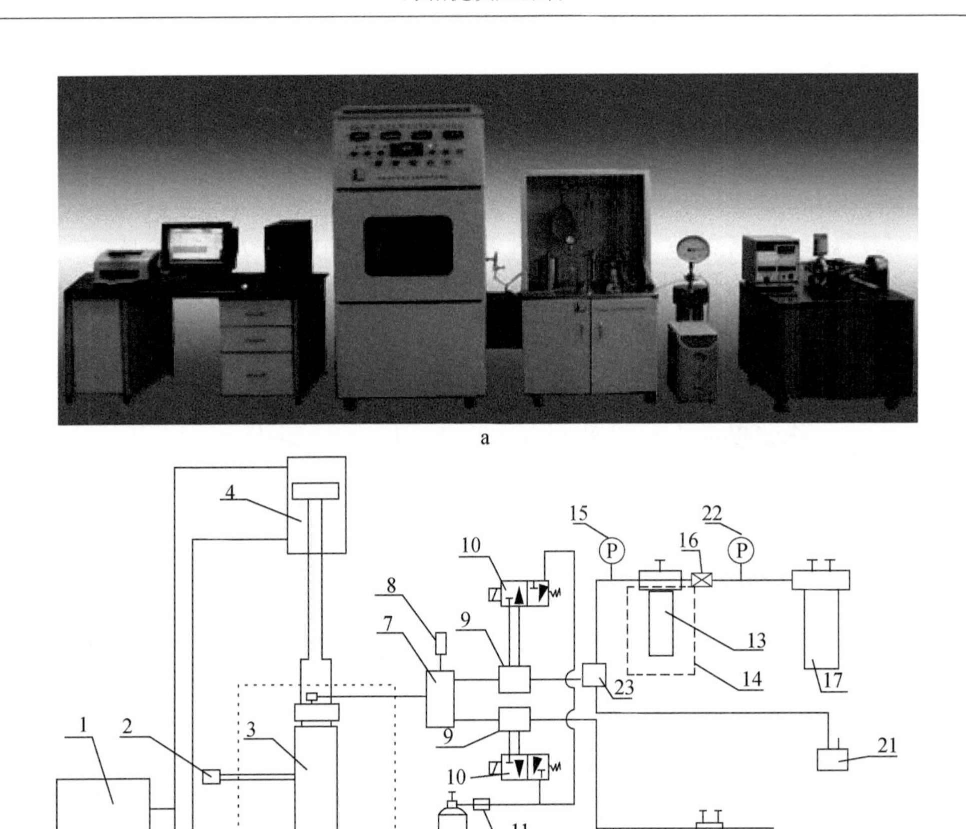

图 4.8　DK 地层孔隙热压生排烃模拟实验仪（a）及原理结构（b）示意

1. 液压控制系统；2. 温度传感器；3. 高压釜；4. 油缸 A；5. 油缸 B；6. 箱式电热炉；7. 四通阀；8. 压力传感器；9. 高压气动阀；10. 二位三通电磁阀；11. 减压阀；12. 气瓶；13. 气液分离器；14. 冷阱；15. 真空表；16. 电动阀；17. 储气室；18. 活塞容器；19. 截止阀；20. 高压器；21. 真空泵；22. 压力表；23. 三通阀

375℃温度点）、最高产烃气率>450mg/g（表 4.1）。但是，其反映的只是在这种热解实验条件下有机质的生烃特征，对于高成熟—过成熟阶段及地表风化后的优质烃源岩样品，此生排烃参数也失去意义。

（4）干酪根方面的评价方法：干酪根一般占烃源岩有机质的 80%～90%。因此，烃源岩有机质类型也就是指干酪根类型，其主要评价方法和参数如下。

优质烃源岩干酪根显微组分的镜下鉴定是有机质类型质量评价（也是有机岩石学研究）的一种行之有效的方法，主要是指以干酪根光片在透射和荧光显微镜下有机显微组成的鉴定、荧光特征，以及扫描电子显微镜等的鉴定和特征。海相烃源岩常规方法干酪根有机显微组分主要由腐泥组（主要包括浮游藻类等浮游生物及其无定形组分）、壳质组（主要指高等植物的树脂、角质层、孢子、木栓质等含“油”组分）、镜质组（主要指高等植物的纤维半纤维质细菌等凝胶化而来的组分）、惰质组（主要指高等植物的木质等丝炭化而来的组分）和次生组分等组成，这显然并不完全，因此有人还划分出宏观藻无定形体和腐殖无定形体（表 4.1）。利用干酪根显微组分的百分含量所计算的类型指数来确定优质烃源层的干酪根类型是最常用的方法之一。类型指数＝[腐泥组%×100＋壳质组%×50＋镜质组%×(－75)＋惰质组%×(－100)]/100。计算出来的类型指数>80 时，为Ⅰ型干酪根；类型指数变化在 40～80 时，为$Ⅱ_1$型干酪根；类型指数变化在 0～40 时，为$Ⅱ_2$型干酪根。

干酪根碳同位素 $\delta^{13}C$ 主要取决于它的生物先驱物和沉积环境。据狄更斯对各种生物的 $\delta^{13}C$ 值的研究，陆生植物、沼泽中高等植物、淡水浮游生物、海洋动物、海洋浮游生物的碳同位素组成之间存在着明显的差异，其主要是光合作用对轻、重碳同位素的贡献不同所引起的。此外，相近的生物先驱物和沉积环境下所形成的不同显微组成之间的$\delta^{13}C$值也存在着明显的差异。因此，干酪根$\delta^{13}C$可以从一个侧面反映干酪根的性质和生源构成。脂族链中贫^{13}C，而羧基、羟基等基团中则富含^{13}C。一般说来，惰质体$\delta^{13}C$最重（>-21‰），镜质组$\delta^{13}C$较重（>-23‰），壳质体$\delta^{13}C$较轻（-25‰～-22‰），树脂体、孢子、角质体及木栓质体等壳质组之间$\delta^{13}C$值也存在着差异，藻类体$\delta^{13}C$最轻（<-27‰）。但是，需要强调的有两点：一是藻类体又可分为浮游藻类和底栖宏观藻类，一般相同沉积环境的浮游藻类$\delta^{13}C$要重于底栖宏观藻类，而浮游藻类的不同种属$\delta^{13}C$变化也很大，如二叠系塔斯马尼亚藻$\delta^{13}C$重于-20‰；二是不同地层时代优质烃源层干酪根$\delta^{13}C$变化也很大，下古生代优质烃源层干酪根$\delta^{13}C$一般较轻，中、新生代优质烃源层干酪根$\delta^{13}C$一般相对较重。总体来说，Ⅰ型干酪根碳同位素相对较轻，而$Ⅱ_2$型干酪根碳同位素相对较重一些，可以利用干酪根的碳同位素$\delta^{13}C$值来判断优质烃源岩的有机质类型（表4.1）。

未成熟—低成熟优质烃源岩干酪根H/C原子比及H/C和O/C原子比范氏图是划分有机质类型的有效指标，一般H/C原子比大于1.5时属Ⅰ型（表4.1）。这是因为干酪根是由“核”和“桥键”交联网络组成，浮游藻类Ⅰ型干酪根的“核”以饱和脂环为主，芳环少，聚合程度低；“桥键”上长链脂肪烃多，含氧少。然而，对于成熟晚期—过成熟阶段的优质烃源岩（或地表风化样品），由于干酪根生烃、排烃，失氢，干酪根会老化、降级，使得用干酪根H/C原子比及范氏图常不能正确判别有机质类型。

此外，未成熟—低成熟优质烃源岩干酪根红外光谱$1460cm^{-1}/1600cm^{-1}$、$2920cm^{-1}/1600cm^{-1}$的值也可以来划分有机质类型（表4.1）。例如，Ⅰ型干酪根的红外光谱图中代表脂族基团—CH_3和—CH_2的吸收峰（$2920cm^{-1}$，$2860cm^{-1}$，$1460cm^{-1}$和$1380cm^{-1}$）很强，代表多环芳核C═C（$1600cm^{-1}$）和羰基—C═O（$1715cm^{-1}$）的吸收峰相对较弱。但是，烃源岩演化程度高或地表样品的风化作用严重时，该方法也会失效。

（5）可溶有机质方面的评价方法：优质烃源岩中可溶有机质（即可溶沥青）主要是指可溶于有机溶剂氯仿的沥青抽提物，简称沥青“A”，它与不溶有机质构成岩石中有机质的整体。可溶有机质实质上是生物体中的油脂、脂肪和类脂等脂类经过脱氧等杂原子等演化而形成的“石油”，主体部分是前二者（油脂、脂肪），其类脂等生物标志物特征能很好地反映出原始母质类型特征（秦建中等，2005）。在沉积早期至未成熟阶段，这些脂类可能大部分被有机骨壁壳所包裹或与某些杂原子低能键相连接，成为不溶有机质或干酪根的一部分。优质烃源岩中可溶有机质主要评价方法和参数如下。

优质烃源岩可溶沥青“A”的族组分也与原始生物先驱物的构成有关。海相优质烃源岩可溶沥青“A”中以饱和烃为主，芳香烃含量相对较低，饱和烃/芳香烃一般大于1，可用于划分有机质类型（表4.1）。但是，随着演化程度的增高或地表样品受风化作用影响，这种规律将变得不明显。

饱和烃色谱图特征也是划分母质类型的有机地球化学指标之一。海相优质烃源岩的生源主要是浮游藻类等低等水生生物，饱和烃中C_{22}以前的链烷烃占优势。未成熟—低成熟海相优质烃源岩尤其是海相富有机质钙质生屑烃源岩（或碳酸盐岩）常常具偶数碳优势或弱的偶数碳优势，环烷烃含量相对较高，但是，随着演化程度的增高，这种现象逐渐消失。姥鲛烷/植烷（Pr/Ph）可以作为划分沉积环境（特别是氧化还原环境）及母质类型的指标，一般弱氧化—还原环境有利于Pr的形成，强还原环境有利于Ph的形成。Pr/Ph值低，多表示强还原环境，生源多为海相有机质，我国海相碳酸盐岩的Pr/Ph值多小于1。但是，Pr/Ph也受演化程度的影响，随着演化程度的增高，其代表性变差。Pr/n-C_{17}和Ph/n-C_{18}也可以区分沉积环境和母质类型，Ph/n-C_{18}值相对越高，越接近强还原、深水或较深水盆地藻类相。但是，演化程度较高时（高成熟—过成熟阶段），或地表严重风化样品，此项指标也失去意义。

优质烃源岩中广泛分布的甾烷的生物先驱物来源于生物中的甾醇，浮游生物以胆甾醇（C_{27}）为主。甾烷的三种5α构型（胆甾烷、麦角甾烷和豆甾烷）受成熟度或运移的影响相对较小，因此通常用三种ααα构型甾烷相对含量来划分母质类型尤其重要。一般来说，ααα构型的C_{27}胆甾烷含量高（相对含量>35%），富含4—甲基甾烷，C_{28}麦角甾烷及萜烷系列中伽马蜡烷相对丰富，为Ⅰ型干酪根（表4.1）。伽马蜡烷、孕甾烷（C_{21}、C_{22}）及三环萜烷含量高还是海相或咸化潟湖相的特征。然而，需要强调的是，对于海相优质烃源层尤其是下古生界—中-新元古界烃源层来说，上述一些指标的划分界线并不完全适用，主要有以下两方面原因：一是三种 ααα 构型组成的三角图主要是建立在中新生代陆相（主要是湖泊相）泥页岩烃源层的基础上的，对于海相碳酸盐岩烃源层，其应用范围受到限制；二是 C_{29} 甾烷也可以来源于海洋生物有机体中，如 Brassell 和 Eglinton（1984）在海藻等海洋生物有机体中发现了 23、24—二甲基甾醇，它也有 29 个碳原子，在成岩作用过程中经脱水加氢还原生成 C_{29} 甾烷，这就可能导致 C_{29} 甾烷占优势。塔里木盆地奥陶系碳酸盐岩和华北地区下古生界—中-新元古界碳酸盐岩中大多是 C_{29} 甾烷占优势，它主要也是来自藻类。

沥青“A”及其各族组分碳同位素和饱和烃碳同位素与干酪根碳同位素 $\delta^{13}C$ 相似，也可以反映有机质性质和生源，并用来判断优质烃源岩的有机质类型（表 4.1），一般Ⅰ型有机质碳同位素相对较轻。

此外，对于处于动态评价过渡阶段的成熟中期—成熟晚期优质烃源岩有机质类型（成烃生物组合）的评价，可应用高成熟—过成熟优质烃源岩有机质类型（成烃生物组合）的评价方法；如果参照未成熟—低成熟优质烃源岩有机质类型（成烃生物组合）的评价方法及参数，则要有一定的前提条件，注意它们的变化趋势，尤其是成熟晚期已经接近高成熟优质烃源岩的有机质类型的评价。

2. 高成熟—过成熟优质烃源岩有机质类型的评价方法主要可以从沉积环境、成烃生物组合（有机岩石学、超显微有机岩石学等）、不溶有机质（或干酪根）的显微组成和 $\delta^{13}C$ 等方面进行综合分析和判识

对于高成熟—过成熟优质烃源岩来说，在划分有机质类型时，表 4.1 中的某些参数或指标已经失去意义。这是因为成烃生物有机碎屑物质或干酪根随着成熟度的增加会逐渐“老化”，或热演化使其品质逐渐“变差”或降级。其本质是成烃生物有机碎屑物质或干酪根随着温度和压力（即成熟度）的不断增高，达到一定的能量（或成熟门限）后，石油（“油滴”、“脂肪粒”及类脂等脂类物质）连续不断脱离有机碎屑物质或干酪根，并部分排出优质烃源岩。残留下来的生物壁壳碎屑物质碳相对富集，氢则不断减少。尤其是到成熟晚期—高成熟阶段，优质烃源岩中的石油开始发生热裂解和缩聚芳构化反应，一方面向更轻的烃类转化（最终转化为甲烷）；另一方面向热碳质沥青转化，产生大量新的次生固体沥青组分。这就是说，在不断生排油、油生排气过程中，“原始”的或“年轻”的成烃生物有机碎屑物质或干酪根在不断“老化”，其生油能力不断“降级”，表现出含脂类物质越来越少，烃源岩品质越来越“差”。原来在未成熟或低成熟时，如果按 H/C 原子比可划成Ⅰ型或 $Ⅱ_1$ 型的有机质类型，到了高成熟或过成熟阶段，再用 H/C 来划分则只能划成 $Ⅱ_2$ 型或Ⅲ型了。高成熟—过成熟优质烃源岩有机质类型（及成烃生物组合）划分标志见表 4.3。

（1）沉积岩石学方面的评价方法：沉积岩石学方面的评价方法与表 4.1 中未成熟—低成熟优质烃源岩有机质类型（及成烃生物组合）划分标志基本相同，只是高成熟—过成熟优质烃源岩的主要岩石类型中已经不存在“油页岩”了（表 4.3）。例如，Ⅰ型有机质类型的主要岩性是富有机质页岩或富有机质钙质生屑页岩等。

表 4.3 高成熟—过成熟优质烃源岩有机质类型（及成烃生物组合）划分标志

有机质类型 评价方法参数		优质烃源岩有机质类型划分		
		Ⅰ型	Ⅱ型	
			$Ⅱ_1$ 型	$Ⅱ_2$ 型
沉积岩石学	主要岩性	富有机质页岩、钙质生屑页岩、硅质生屑页岩等	富有机质页岩、钙质生屑页岩、硅质生屑页岩、钙质泥岩、泥灰岩等	富有机质页岩、泥岩、钙质生屑页岩、钙质泥岩、泥灰岩及灰岩等
	主要沉积相	潟湖相、海侵湖相及湖相	深水盆地相；台凹、潟湖等低能海、滩间海，浅海陆棚、海底扇；斜坡相；海侵湖相及湖相等	台凹、潟湖等低能海、滩间海，蒸发、局限、潮坪等台凹；三角洲前缘—前三角洲；海侵湖相及湖相等
	氧化还原环境	强还原	强还原—还原	还原
	主要有机相	浮游藻类相	深水藻类相	浅水混源相

续表

有机质类型评价方法参数		优质烃源岩有机质类型划分		
		Ⅰ型	Ⅱ型	
			Ⅱ$_1$型	Ⅱ$_2$型
成烃生物组合	有机岩石学	浮游生物残屑、微粒体以及碳质沥青等≥80%	浮游生物残屑、微粒体等以及碳质沥青（20%~80%）； 宏观藻类等底栖生物残屑、动物有机残屑、海相镜状体、微粒体等（20%~80%）； 水生或陆源残屑也偶尔发育（<10%）	浮游生物残屑、微粒体等以及碳质沥青等（10%~50%）； 宏观藻类等底栖生物残屑、动物有机残屑、海相镜状体、微粒体和菌类体等（10%~80%）； 水生、陆源植物有机碎屑、镜质组、壳质组和惰质组等（10%~50%）
	超显微有机岩石学	超微型—小型单细胞浮游生物残屑+碳质沥青、微粒体等≥80%；细菌类等其他生物残屑（<20%）。 其中超微型—小型单细胞浮游生物主要包括：①硅藻、金藻、颗石藻等具有硅质或钙质壁壳以及裸藻等无细胞壁的浮游藻类和放射虫、抱球虫等具有硅质或钙质骨壳的浮游原生生物；②浮游绿藻、蓝藻、黄藻等具极薄细胞壁的浮游藻类；③甲藻、沟鞭藻及疑源类等具较厚细胞壁的浮游藻类和具几丁质骨壳的单细胞浮游原生动物	超微型—小型单细胞浮游生物残屑、碳质沥青、微粒体等（20%~80%）； 底栖多细胞生物残屑、中型以上多细胞浮游动物残屑、镜状体等（20%~80%）。 其中底栖多细胞生物残屑包括：①红藻、褐藻、底栖绿藻等宏观藻类残屑和海绵、三叶虫等底栖动物残屑；②中型以上多细胞浮游动物残屑包括笔石类、甲壳类等； 细菌类、真菌类等其他微生物（<20%）； 水生或陆源植物碎屑偶有发育（<10%）	超微型—小型单细胞浮游生物残屑、碳质沥青、微粒体等（10%~50%）； 底栖多细胞生物残屑、中型以上多细胞浮游动物残屑、镜状体等（10%~50%）； 真菌类、古细菌、细菌类等微生物及其残屑（10%~50%）； 水生和陆源植物残屑、镜质组、壳质组和惰质组等（10%~50%）
干酪根	显微组分	腐泥组为主（>80%）	腐泥组为主，含镜质组及惰质组	腐泥组、镜质组或镜状体、壳质组及惰质组均发育
	类型指数	>80	40~80	0~40
	干酪根 $\delta^{13}C$/‰	<-28	-28~-26	-26~-24

（2）成烃生物组合评价方法：成烃生物组合评价方法也与中未成熟—低成熟优质烃源岩成烃生物组合划分标志基本相同（表4.1），主要包括有机岩石学和超显微有机岩石学等方法，主要差别在于：①利用有机岩石学划分的高成熟—过成熟优质烃源岩显微组分有所不同，如在Ⅰ型有机质类型显微组分中残留原生脂类组分明显减少，而碳质沥青、微粒体等次生沥青组分显著增加；②超显微有机岩石学高成熟—过成熟优质烃源岩显微组分中同样少见或已没有残留原生脂类分子物质，而增加了碳质沥青、微粒体等次生沥青物质（表4.3）。同时，生物有机骨壳生屑物质也发生了次生变化（交代、碳化、硅化、钙化等），多见浮游藻类及细菌古细菌细胞壁壳、底栖藻类丝状体和各种动物外骨壳碎屑物质、真菌丝状体、水生高等植物残屑等碳膜、丝状体、镜状体、镜质组、丝质体等。

（3）干酪根评价方法：干酪根评价方法与表4.1中未成熟—低成熟优质烃源岩相比减少了许多参数，只有干酪根显微组分的镜下鉴定、类型指数和干酪根 $\delta^{13}C$ 还可用于高成熟—过成熟优质烃源岩有机质类型评价（表4.3）。干酪根H/C原子比、O/C原子比、干酪根红外光谱 $1460cm^{-1}/1600cm^{-1}$、$2920cm^{-1}/1600cm^{-1}$ 的值等方法已不再适用。

（4）生烃潜力和可溶有机质评价方法：生烃潜力评价方法对评价高成熟—过成熟优质烃源岩有机质类型已经失去作用，这是因为“原始干酪根”随着成熟度的增高，高成熟—过成熟优质烃源岩不断“老化”“降级”，表现出品质越来越“差”的趋势。因此，在高成熟—过成熟优质烃源岩有机质类型划分标准中已删除生烃潜力评价方法相关参数。

优质烃源岩中可溶有机质也已经失去作用，这是因为沥青“A”在高成熟—过成熟阶段几乎已经全部热裂解为甲烷和高碳质沥青。因此，表4.3中已经删去该评价方法。但是，残留微量的沥青“A”及其各族组成碳同位素和饱和烃在线碳同位素与干酪根$\delta^{13}C$一样，也可以反映有机质性质和生源并用来判断优质烃源岩的有机质类型。

（5）过成熟海相优质烃源岩实例分析——以中国南方海相上二叠统为例（详见本书第三章第三节）：四川盆地川东北地区上二叠统龙潭组（P_2l）海相优质烃源岩实测R_o值在3.0%~4.5%之间，有机质已经处于过成熟阶段，可溶有机质和不溶有机质地球化学分析参数多数已经基本失去原始面貌，沥青“A”含量极低，生物标志物、干酪根H/C原子比多已失效，干酪根有机显微组分镜下全黑，难以鉴定，给干酪根类型分析带来困难：①川东北地区河坝1井、普光5井、毛坝3井龙潭组（P_2l）优质烃源岩全岩有机岩石学和超显微有机岩石学（扫描电子显微镜+能谱）分析表明，其全岩有机岩石学有机显微组分以腐泥组或裂缝充填型沥青为主，腐泥组相对含量在48%~83%，以浮游藻类、放射虫等浮游生物和底栖藻类残屑为主（图3.40、图3.41、图3.43、图3.45~图3.49），裂缝充填型沥青主要为次生组分，沥青赋存于孔隙中或动物硬体晶间孔中，而镜质组及丝质体等高等植物残屑很少见，局部在页理薄层中偶见。超显微有机岩石学（扫描电子显微镜+能谱）成烃生物主要由浮游生物（疑源类或浮游藻类）残屑、底栖生物（底栖藻类、孢子囊及壁）残屑、细菌真菌残骸及部分线叶及高等植物残片等组成，属典型Ⅱ型干酪根。其干酪根$\delta^{13}C$值一般变化在-29.5‰~-27‰之间，从干酪根碳同位素值判断也应属Ⅱ型，尽管它们的成烃生物也为浮游生物残屑、底栖生物残屑及其细菌残骸和少量陆源植物残片混合，但它们并非湖相原来意义上的陆源植物与湖相水生生物之间的混合型，而是以海相底栖生物为主体的Ⅱ型干酪根。②我国南方上二叠统龙潭组泥页岩烃源岩早期认为是一套Ⅲ型干酪根煤系烃源岩，这在川西南、川中等煤层较发育的大部地区是无疑问的，并已经得到油气地球化学和油气勘探的证实。但在川东北地区，龙潭组泥页岩烃源岩并非如此，而是一套发育于台内拗陷的Ⅱ型有机质的海相优质烃源岩（图4.9，河坝1井、普光5井、毛坝3井和元坝3井等龙潭组煤层不发育）。

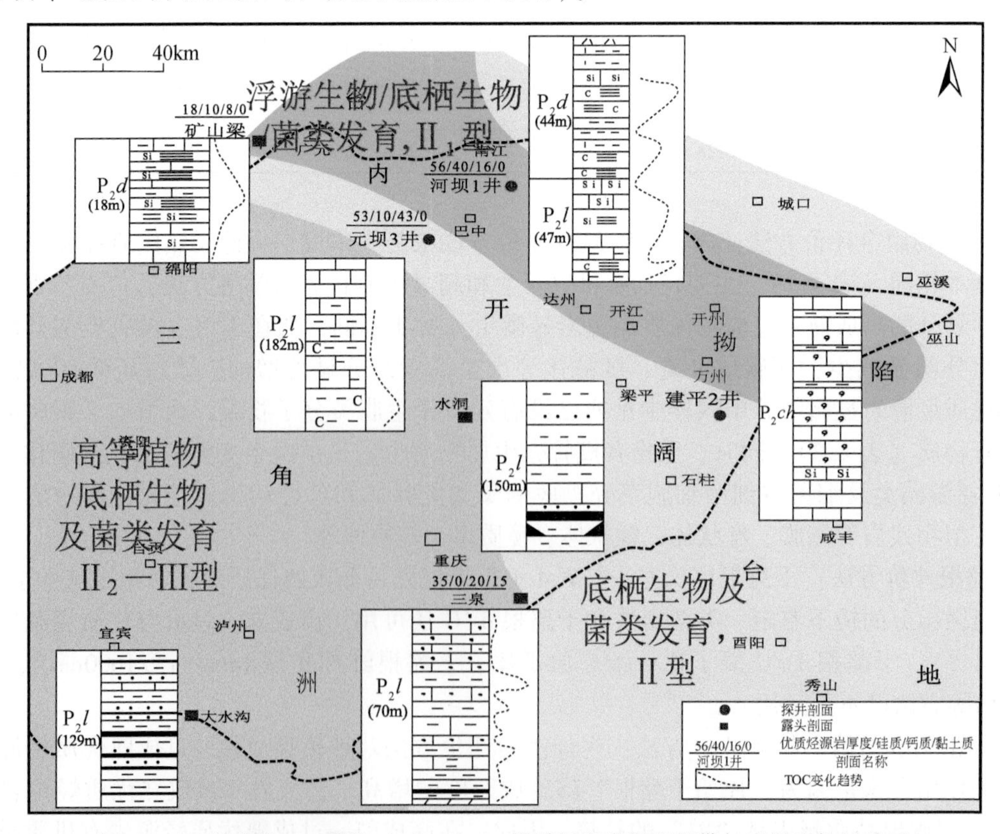

图4.9　四川盆地上二叠统（P_2l—P_2d）优质烃源岩沉积相带与成烃生物的关系

以上浮游生物、底栖生物、细菌真菌及部分线叶与高等植物残屑等构成上二叠统龙潭组海相优质烃源岩干酪根的主体成烃生物。海相优质烃源岩多为它们的混合物，在海相碳酸盐台地或开阔台地相对较深水的相带主要发育以底栖藻类、菌类、浮游藻类及线叶植物为混合主体的Ⅱ型干酪根，钙质（钙化）生屑发育；在深水台盆或台内拗陷主要发育以浮游藻类及菌类为混合主体的Ⅰ型干酪根，一般硅质（钙化）生屑发育；在海相三角洲相带则主要发育以底栖生物、线叶或高等植物、菌类及浮游生物为混合主体的$Ⅱ_2$—Ⅲ型干酪根，黏土相对发育（图4.9）。

应用全岩扫描电子显微镜（SEM）+能谱元素分析等方法对南方海相P_2l—P_2d过成熟优质烃源岩进行成烃生物研究认为：我国南方海相上二叠统碳酸盐岩层系优质烃源岩的成烃生物主要由浮游生物（疑源类或浮游藻类、放射虫等）残屑、底栖生物（底栖藻类、孢子囊及壁）残屑、细菌真菌残骸及部分线叶与高等植物（原始线叶植物和高等植物等）残片等四种类型组合组成（秦建中等，2010a），属典型Ⅱ型干酪根。

三、生排油气模式

根据不同有机质类型（成烃生物组合）海相优质烃源岩DK地层模拟实验生油气能力评价结果等，以中国南方海相P_2优质烃源岩演化过程为例（校正的等效R_o），建立了Ⅰ型（以浮游藻类为主）优质烃源岩（以含钙黏土质页岩为例）、Ⅱ型（以底栖藻类或真菌类为主）优质烃源岩（以含钙页岩为例）的生排烃模式，并与海沼相Ⅲ型（以高等植物为主）煤系烃源岩进行了对比。

1. 不同有机质类型优质烃源岩的生排油气模式以更接近地下客观实际条件的DK地层模拟实验结果为主要依据

不同成烃生物与有机质类型优质烃源岩生排油气量评价方法主要有无限空间模拟法、密闭空间热压模拟法、地层（压力）孔隙（空间）热压模拟法等三种模拟实验方法，它们各有利弊。第一种以Rock-Eval岩石热解为代表，是在常压、无水、快速升温以及开放的反应空间中进行的热降解反应（表4.2），其优点在于可快速评价生烃总量，缺点是实验条件与有机质地质演化条件相差甚远，且不能分别计量各阶段油、气产量。第二种以CG常规高压釜热压生排烃模拟实验为代表，是在较低流体压力、没有上覆静岩压力以及相对较大的生烃空间（碎颗粒样品部分加水）条件下进行的热降解生烃反应，与Rock-Eval岩石热解仪相比向地下客观地质条件靠近了，但是仍有一定差异。第三种以DK地层（压力）孔隙（空间）热压生排烃模拟实验为代表，是在保留优质烃源岩原始状态（直接钻取或压制小岩心柱体）、完全充满高压液态水、施加与地质条件相近的静岩压力和地层流体压力的条件下所进行的热解生烃反应，相对更符合或接近地下客观地质条件。

针对不同成烃生物组合和有机质类型的海相优质烃源岩，在进行CG常规高压釜热压生排烃模拟实验的同时，还进行了DK地层孔隙热压生排烃模拟实验。这里首先重点讨论CG常规高压釜热压生排烃模拟实验和DK地层孔隙热压生排烃模拟实验结果的差异，并结合南方海相的实际地质条件，进行了对比、归纳和综合研究分析。

（1）对比模拟实验样品是在中国海相90余块烃源岩CG常规高压釜热压生排烃模拟实验样品基础之上，经综合评价研究筛选出的4个不同成烃生物组合的烃源岩典型样品，开展了DK地层孔隙热压生排烃模拟实验。模拟样品主要地球化学特征见表4.4。

①广元上寺上二叠统大隆组（P_2d）低成熟黑色含钙泥页岩（TOC=12.38%，热解HI=365mg/g），主要成烃生物为真菌（菌丝）类等（台坳沉积环境），干酪根类型为Ⅱ型；②凯里鱼洞煤矿上二叠统龙潭组（P_2l）低成熟煤（TOC=63.02%，热解HI=249mg/g），主要成烃生物为高等植物腐泥细菌化后的镜质组及菌落、线叶植物等（海侵沼泽沉积环境），干酪根类型为$Ⅱ_2$—Ⅲ型；③吉林桦甸古近系未成熟黑色油页岩（TOC=39.64%，热解HI=478mg/g），主要成烃生物为红藻囊果、孢子、纹层等底栖藻类（海侵潟湖），干酪根类型为$Ⅱ_1$型；④吉林桦甸古近系未成熟黄色油页岩（TOC=26.75%，热解HI=894mg/g），

主要成烃生物为硅藻、藻纹层等浮游藻类（海侵潟湖），干酪根类型为Ⅰ型。

表 4.4　海相不同成烃生物烃源岩模拟实验样品有机地球化学特征和基本数据

地区	样品号	岩性	层位	TOC /%	沥青“A” /%	R_o /%	热解 HI /(mg/g)	主要成烃生物	类型	模拟点数	模拟方法
吉林桦甸	HD-21	黄色油页岩	E	26.75	0.4665	0.40	894	硅藻、藻纹层等浮游藻类	Ⅰ	9	DK 地层模拟、CG 常规模拟
吉林桦甸	HD-20	黑色油页岩	E	39.64	0.6913	0.43	478	红藻囊果、孢子、纹层等底栖藻类	$Ⅱ_1$	11	DK 地层模拟、CG 常规模拟
广元上寺	GY-07-35	黑色页岩	P_2d	12.38	0.4006	0.56	365	真菌（菌丝）类等	Ⅱ	13	DK 地层模拟、CG 常规模拟
凯里鱼洞煤矿	Yd-4	煤	P_2l	63.02	1.0997	0.86	249	镜质组及菌落、线叶植物等	$Ⅱ_2$-Ⅲ	12	DK 地层模拟、CG 常规模拟

模拟实验主要使用中国石化石油勘探开发研究院无锡石油地质研究所实验研究中心研制的 GC 常规高压釜热压生排烃模拟实验仪（图 4.7）和 DK 地层孔隙热压生排烃模拟实验仪（图 4.8）。DK 地层孔隙热压生排烃模拟实验仪充分考虑了温度、时间、上覆静岩压力、地层孔隙流体压力、围压、生油气空间、孔隙流体性质和矿物颗粒成分等各种因素对烃源岩生烃作用的影响（表 4.2）。DK 地层孔隙热压生排烃模拟实验特点在于：①模拟样品为原样直接钻取或分层连续压制成岩心柱体（直径 3.8cm，柱高 5～10cm），保留了烃源岩样品的孔隙结构和有机质原始赋存状态；②静岩压力与地层流体压力分别施压，按实际地质超压设计地层流体压力（充满高压液态水），地层流体压力/静岩压力一般变化在 0.6～0.9 之间；③升温速率为 1℃/min，达到设计生油气温度后恒温 72h；④排油气为待整个反应体系温度降到 150℃时，打开截止阀释放高压反应釜中油气水产物。

GC 常规高压釜热压生排烃模拟实验方法：①样品用量 50～160g，粉碎颗粒大小采用 2.5～10mm，加水量多为样品重量的 5%～10%；②升温速率 1℃/min，达到设计生油气温度后恒温 24h，模拟温度点一般为 250℃、275℃、300℃、325℃、350℃、400℃、450℃、500℃和 550℃，温度漂移≤±2℃；③未施加流体压力和上覆静岩压力，高压釜内自然生烃增压一般不高；④反应完毕后待釜内温度降到 150～200℃时开始放气，热解气首先通过液氮冷却的液体接受管，再通过冰水冷却的螺旋管，最后进入计量管收集并计量其体积，液体接受管中的水和油，为避免轻烃的损失，加入 CH_2Cl_2 后进行分离，通过色谱法或重量法进行定量。

（2）两种模拟实验结果的对比：DK 地层孔隙热压生排烃模拟实验更接近地下烃源岩油气生成和排出的客观实际条件。

选取的不同成烃生物（以底栖生物为主、以真菌底栖藻类为主和以线叶或高等植物为主）、不同岩性（泥灰岩、页岩和煤）的烃源岩样品同时进行了 DK 地层孔隙热压生排烃模拟实验和 CG 常规高压釜热压生排烃模拟实验，对比实验结果表明：不同模拟实验方法实测 R_o 相同或相近时（图 4.10），DK 地层孔隙热压生排烃模拟温度比 CG 常规高压釜热压生排烃模拟温度高出约 50℃（时间延长了 72−24=48h）。看来，DK 地层孔隙热压生排烃模拟异常流体压力抑制了原油裂解或延迟了干酪根生油，也抑制或延迟了 R_o 的演化，但是并未改变干酪根生烃机理（活化能）。此外，模拟实验实测 R_o 相对地下客观实际条件的等效 R_o 要经过适当校正，因为 R_o 也与时间相关，地质历史的时间是无法模拟的。油气勘探实践表明，地质勘探中一般烃源岩 R_o>2.0%之后，找到油的概率很低，除非后期发生石油运移进入，但是模拟实验实测 R_o>2.0%之后仍有大量原油，与地质条件不符，因此需要进行适当校正，校正后的 R_o 更符合油气地质勘探客观实际（图 4.10）。

两种热压生排烃模拟方法实验结果显示 DK 地层模拟的总生油量相对 CG 常规模拟明显增加（图 4.11a～c），优质烃源岩最高总生油量相对增加 35%～60%，煤系烃源岩最高总生油量相对可增加 300%以上。例如，云南禄劝 D_2 泥灰岩，DK 地层模拟温度为 350～400℃时（等效 R_o 在 0.9%～1.2%之间），最高总生油量达 355.3～392.6kg/t_C，而 CG 常规模拟温度为 300～350℃时（等效 R_o 在 0.6%～1.25%之间），最高总生油量只有 133～250.5kg/t_C（图 4.11a），仅相当于 DK 地层模拟实验最高总生油量的 37%～64%。广元上寺 P_2d 含钙页岩，DK 地层模拟温度为 375℃时（等效 R_o≈1.0%），最高总生油量为 376.6kg/t_C，而 CG 常规模拟温度为 325℃时（等效 R_o=1.04%），最高总生油量为 215.65kg/t_C，相当于 DK 地层模拟实验最高总生油量的 57%（图 4.11b）。凯里鱼洞煤矿 P_2l 煤，DK 地层模拟温度为 400℃时（等效 R_o≈1.35%），最高总生油量为 119.3kg/t_C，而 GC 常规模拟温度为 300～350℃时（等效 R_o 在 0.93%～1.23%之间），最高总生油量只有 22～26.8kg/t_C，仅相当于 DK 地层模拟实验最高总生油量的 22.5%

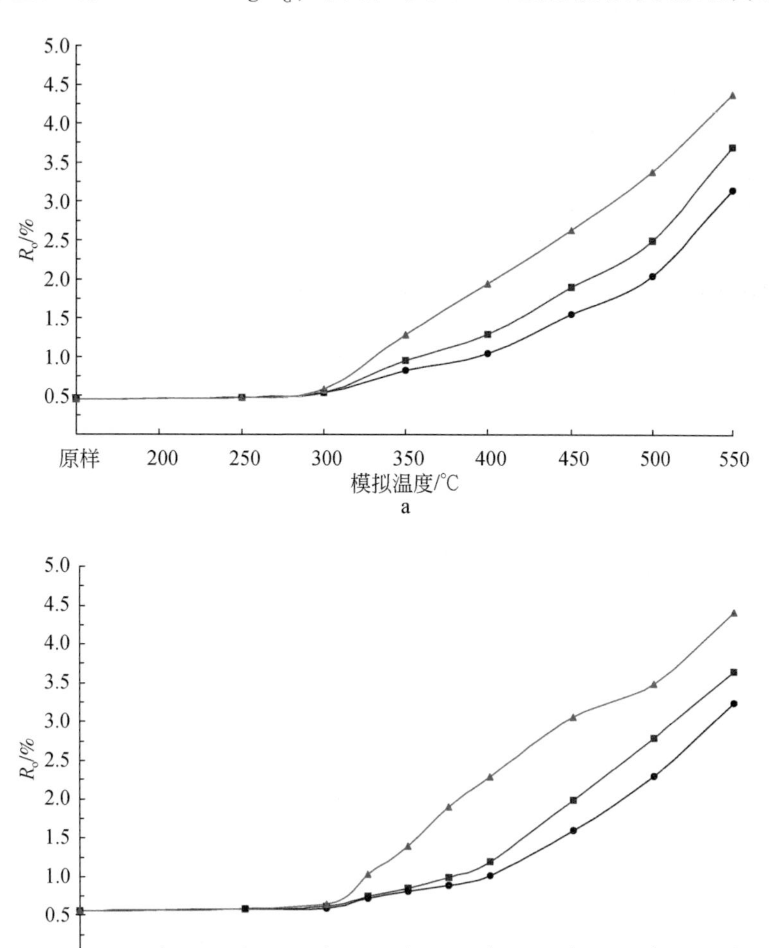

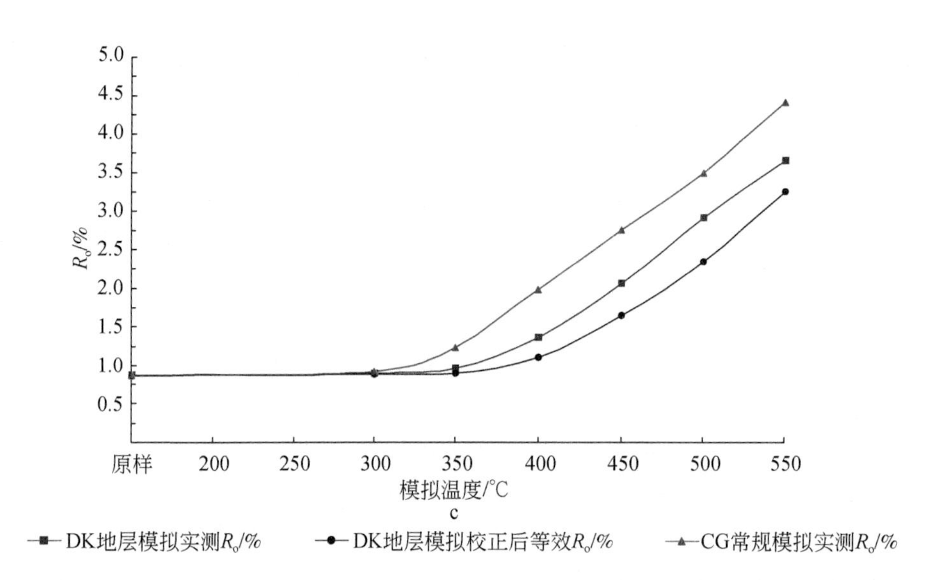

图 4.10　模拟实验温度与 DK 地层模拟实测 R_o、校正后等效地质演化条件下 R_o 和 CG 常规模拟实测 R_o 的对比关系

a. 云南禄劝 D_2 泥灰岩；b. 四川广元 P_2d 页岩；c. 贵州凯里鱼洞煤矿 P_2l 煤

(图 4.11c)。可能是因为 DK 地层模拟实验流体体系具有近临界特性，使得模拟实验结果相对以前同一烃源岩 CG 常规模拟实验的产油率增加明显（二次或多次裂解减少），H_2、CO_2、烯烃等气体含量明显减少(图 4.12c ~ f)，模拟实验结果更接近地下烃源岩油气生成和排出的客观实际条件（郑伦举等，2009；马中良等，2012；付小东等；2017）。

同样，两种热压生排烃模拟方法实验结果显示出 DK 地层模拟在成熟早中期（等效 R_o<0.9%，模拟温度<375℃）排出油量低于 CG 常规模拟（图 4.11d ~ f）。前者模拟实验样品为原样，基本代表了地下样品的原始状况，后者模拟实验样品为粉碎 2.5 ~ 10mm 颗粒样品。当然，排出油量还与样品的岩性或矿物组合有关，黏土对可溶有机质的吸附量>方解石>石英颗粒，黏土页岩更不容易排油（秦建中等，2013）。在成熟晚期—高成熟阶段 DK 地层模拟排出油量高于 CG 常规模拟，这主要与原油在成熟晚期—高成熟阶

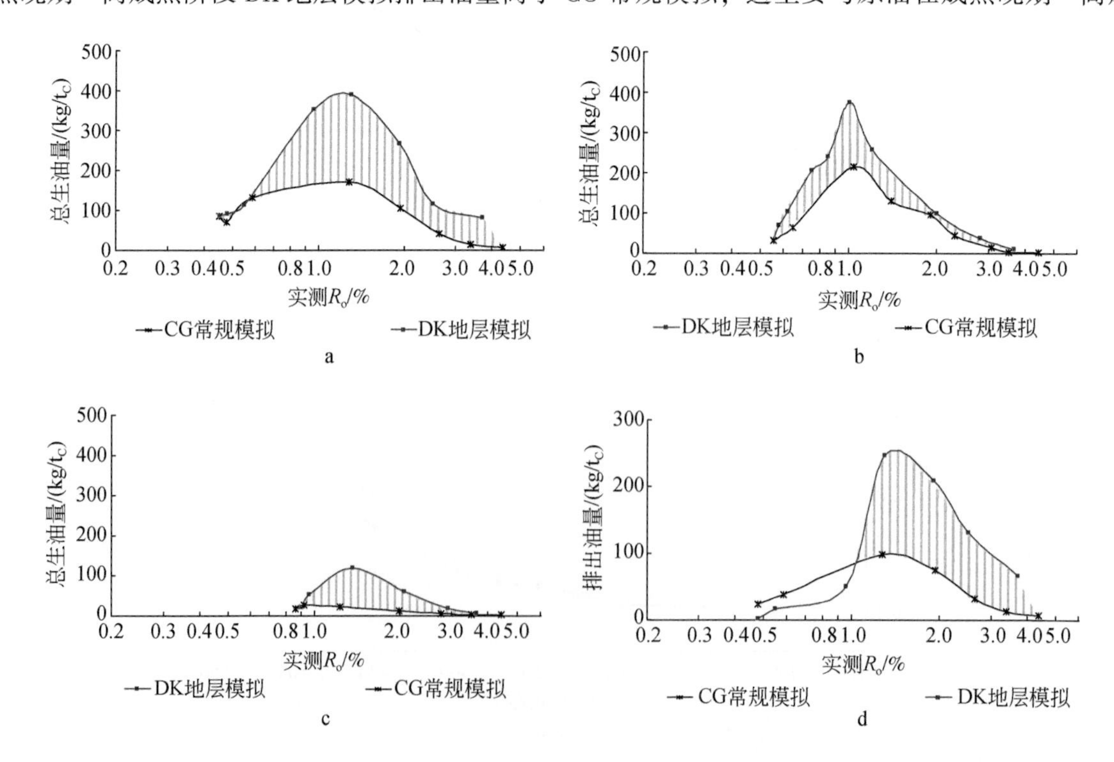

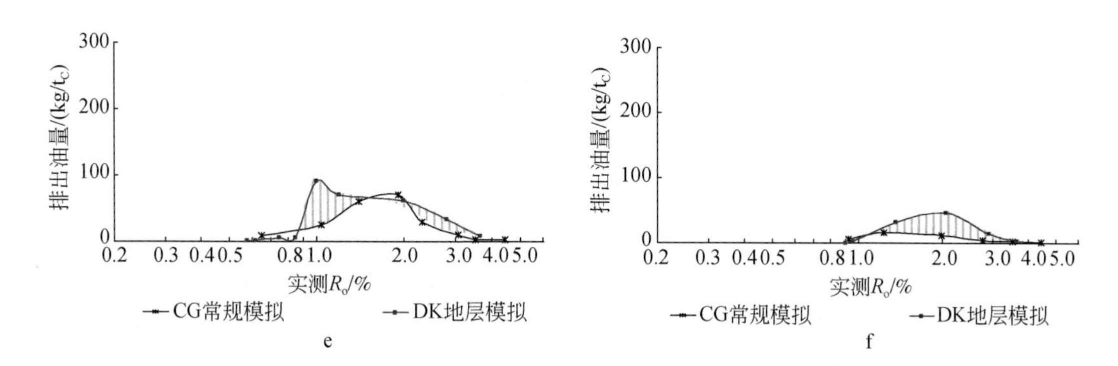

图 4.11　海相不同类型烃源岩 DK 地层模拟的总生油量及排出油量与 CG 常规模拟的对比

a. 云南禄劝 D_2 泥灰岩各模拟温度点实测 R_o 的总生油量；b. 四川广元 P_2d 页岩各模拟温度点实测 R_o 的总生油量；c. 贵州凯里鱼洞煤矿 P_2l 煤各模拟温度点实测 R_o 的总生油量；d. 云南禄劝 D_2 泥灰岩各模拟温度点实测 R_o 的排出油量；e. 四川广元 P_2d 页岩各模拟温度点实测 R_o 的排出油量；f. 贵州凯里鱼洞煤矿 P_2l 煤各模拟温度点实测 R_o 的排出油量

段密度和黏度逐渐变小甚至转化为凝析油气以及岩石变脆，裂缝相对发育等因素有关。两种模拟方式煤排出油量均很低，但是，排出油量占总油比例从成熟阶段的 3.5% 到高成熟阶段逐渐升到 90% 左右，相同演化阶段 DK 地层模拟均低于 CG 常规模拟。看来，异常流体压力在成熟早中期对原油从烃源岩排出具有抑制作用，而成熟晚期—高成熟阶段，并未影响排烃，反而使排出油量（原油、轻质油或凝析油）相对增大。

两种模拟方法实验结果显示，DK 地层模拟总生烃气量与 CG 常规模拟相当或略高一些（图 4.12a、b），一般优质烃源岩最高生烃气量略有提高（约 10%），而煤系烃源岩最高产烃气量基本相当。H_2 减少最明显，优质烃源岩及煤系 DK 地层模拟仅为 CG 常规模拟的 5%～10%（图 4.12c、d）；CO_2 也明显减少，优质烃源岩 CO_2 产率 DK 地层模拟仅为 CG 常规模拟的 30%～35%，煤 CO_2 产率 DK 地层模拟约为 CG 常规模拟的 70%（图 4.12e、f）。看来，DK 地层模拟抑制了 H_2 和 CO_2 的产生，其气体产物组成与地质条件下的天然气藏中天然气组分更吻合；同时也使烃气产率略有提高，可能与生油量增加并在高成熟—过成熟裂解为烃气和固体沥青有关。

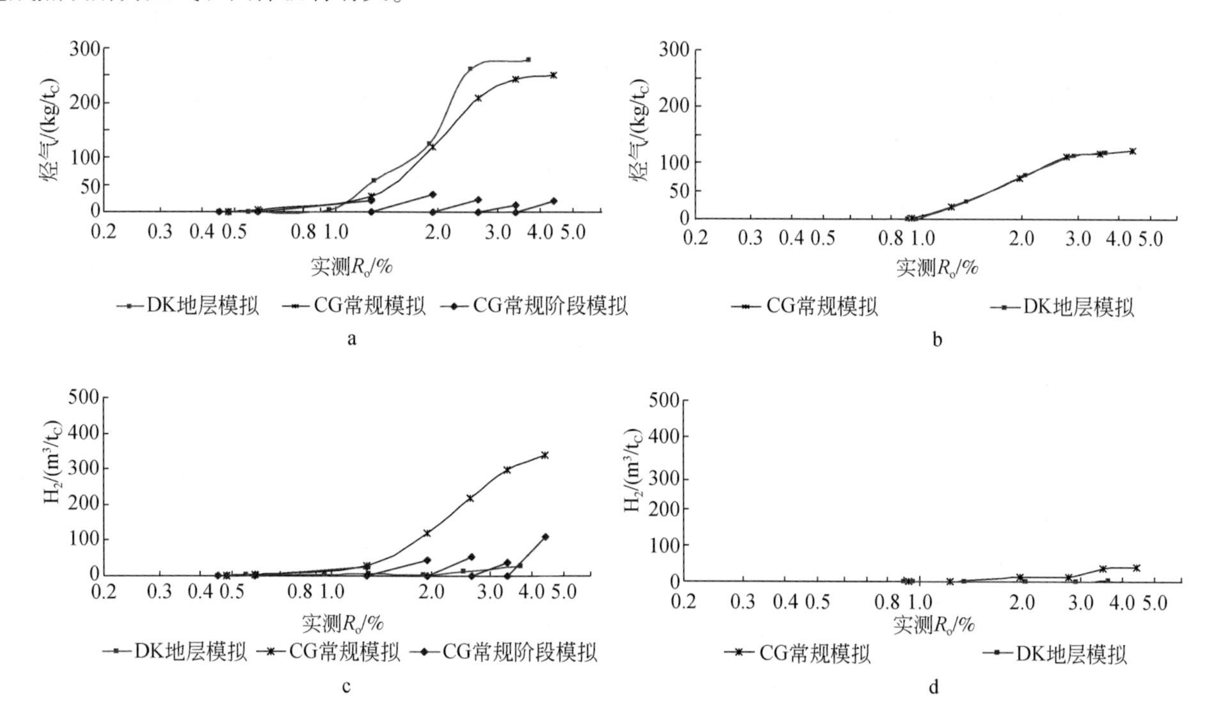

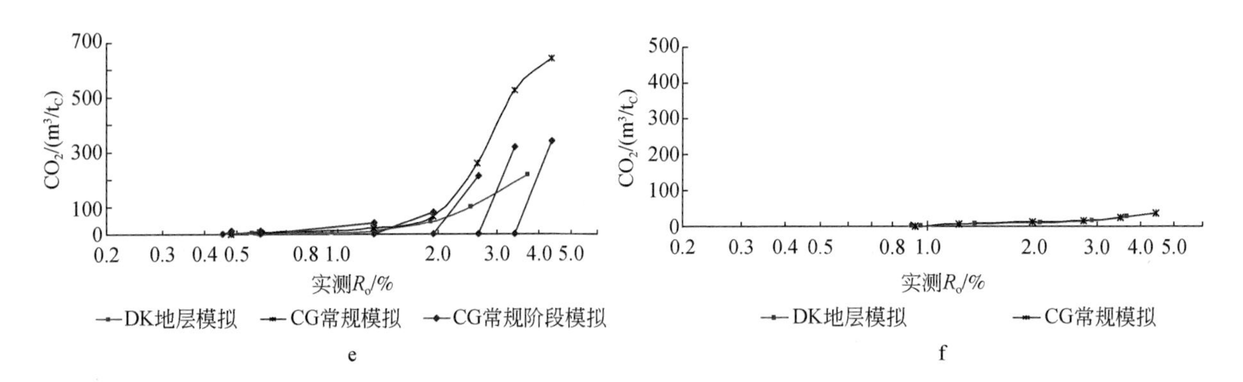

图 4.12　海相不同类型烃源岩 DK 地层模拟的产烃量、H_2 量及 CO_2 量与 CG 常规模拟（及 CG 常规各温度点实测 R_o 之间的阶段模拟）的对比

a. 云南禄劝 D_2 泥灰岩各模拟温度点实测 R_o 或各温度点实测 R_o 之间的烃气量；b. 贵州凯里鱼洞煤矿 P_2l 煤各模拟温度点实测 R_o 的烃气量；c. 云南禄劝 D_2 泥灰岩各模拟温度点实测 R_o 或各温度点实测 R_o 之间的 H_2 量；d. 贵州凯里鱼洞煤矿 P_2l 煤各模拟温度点实测 R_o 的 H_2 量；e. 云南禄劝 D_2 泥灰岩各模拟温度点实测 R_o 或各温度点实测 R_o 之间的 CO_2 量；f. 贵州凯里鱼洞煤矿 P_2l 煤各模拟温度点实测 R_o 的 CO_2 量

DK 地层孔隙热压生排油气模拟实验仪所考虑的压力系统（上覆静岩压力、地层孔隙流体压力、围压、生油气空间、异常压力等）、样品条件（原样直接钻取或分层连续压制成岩心柱体、孔隙流体性质和矿物颗粒成分等）以及温度条件和时间因素等更接近地下客观实际条件，尤其是孔隙异常压力系统的模拟对烃源岩有机质演化程度（图 4.11a～c）或油气生成的影响可以通过其化学平衡过程实现。DK 地层孔隙热压生排烃模拟实验流体体系可能具有近临界特性，使得模拟实验结果相对以前同一烃源岩 CG 常规高压釜热压生排烃模拟实验的产油率增加明显，H_2、CO_2、烯烃等气体含量明显减少，模拟实验结果更接近地下烃源岩油气生成和排出的实际条件。此外，生排烃模式中个别不符合自然演化规律的模拟实验异常数据点也根据地下客观实际条件进行了适当校正。

DK 地层孔隙热压生排烃模拟实验生油量明显增加，R_o 值相当于生油高峰模拟温度后移。

云南禄劝 D_2泥灰岩，DK 地层孔隙热压生排烃模拟实验中超压异常明显［模拟温度 350℃以上，流体压力（流压）≥静岩压力（静压），压力系数平均为 1.12］，在模拟温度 350～400℃时（相当于 R_o 在 0.9%～1.2%），其最高总生油量达 355.3～392.6kg/t_C（图 4.13a）；而 CG 常规高压釜热压生排烃模拟实验中，在模拟温度 300～350℃时（相当于 R_o 在 0.6%～1.25%），其最高总生油量只有 133～173.5kg/t_C（图 4.13b）。即使是分阶段（温度点之间）常规热压模拟实验，在模拟温度 300～350℃时，其累计最高总生油量也只有 137.4～250.5kg/t_C（图 4.13c），仅相当于 DK 地层孔隙热压生排烃模拟最高总生油量的 37%～64%。

广元 P_2d 含钙页岩，超压异常较明显（模拟温度 300℃以上，流体压力<静压，压力系数平均为 0.91）的 DK 地层模拟实验，在模拟温度 375℃时（相当于 R_o≈1.0%），其最高总生油量达 376.6kg/t_C。而 CG 常规模拟实验，在模拟温度 325℃时（相当于 R_o=1.04%），其最高总生油量只有 215.65kg/t_C，仅相当于 DK 地层模拟实验最高总生油量的 57%（图 4.13c、d）。

贵州凯里鱼洞煤矿 P_2l 煤，超压异常较明显（模拟温度 400℃及以上，流体压力≈静压，压力系数平均为 1.02）的 DK 地层模拟实验，在模拟温度 400℃时（相当于 R_o≈1.35%），其最高总生油量为 119.3kg/t_C。而 GC 常规模拟实验，在模拟温度 300～350℃时（相当于 R_o 在 0.93%～1.23%），其最高总生油量只有 22～26.8kg/t_C，仅相当于 DK 地层模拟实验最高总生油量的 22.5%（图 4.13e、f）。

因此，DK 地层模拟实验的异常流体压力可使优质烃源岩最高总生油量相对 CG 常规模拟实验增加 1 倍左右，可使煤系烃源岩最高总生油量相对 CG 常规模拟实验增加 4 倍以上，可使海相Ⅱ型优质烃源岩生油高峰模拟温度后延约 50℃，但是 R_o 值却相当。也就是说，异常流体压力抑制了原油裂解或延迟了干酪根生油，也抑制或延迟了镜质组反射率的演化，但是并未改变干酪根生烃机理（活化能）。

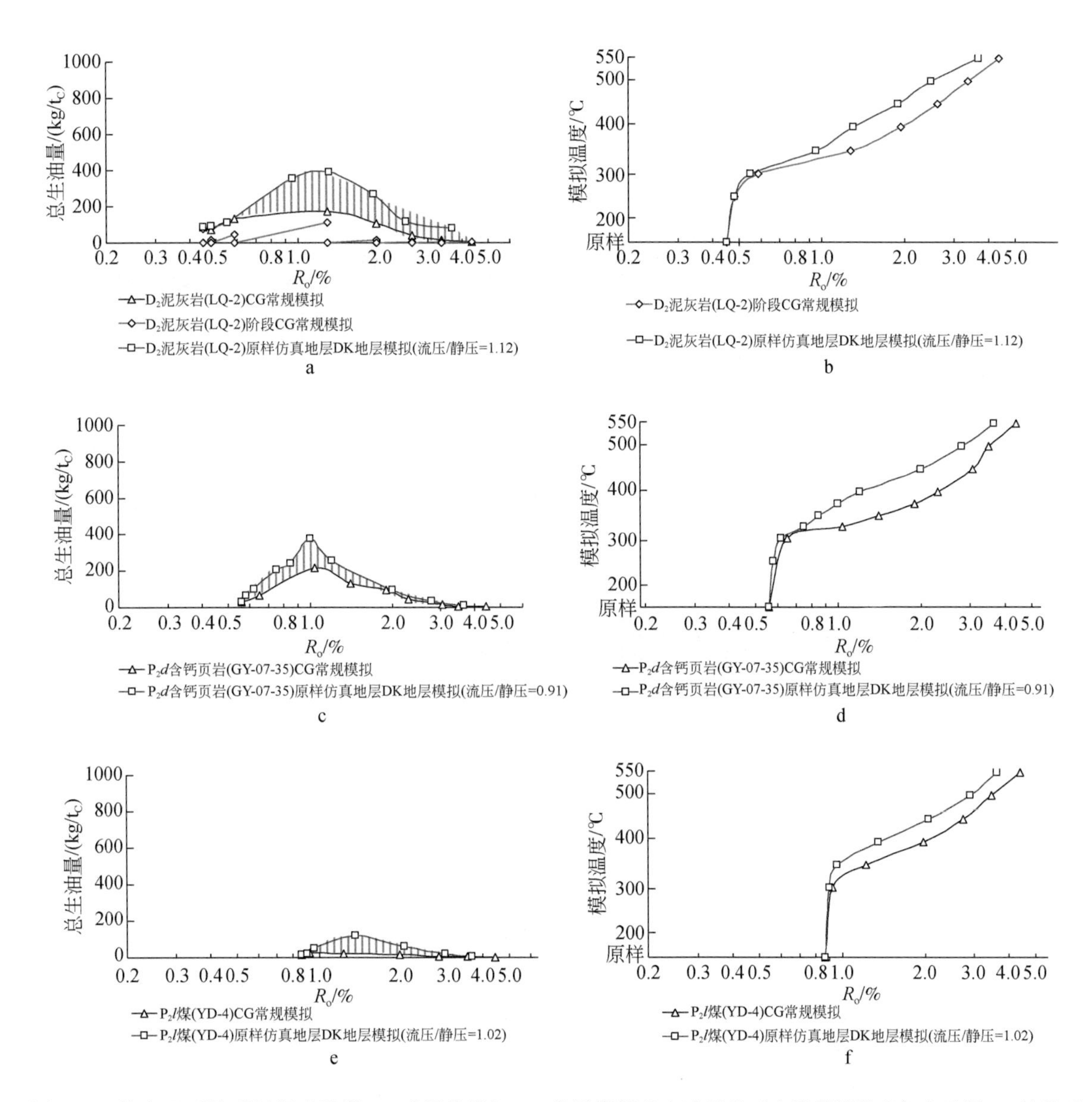

图 4.13　海相Ⅱ型优质烃源岩及煤 DK 地层模拟与 CG 常规模拟总生油量的对比及模拟温度与生油量 R_o 的关系

a、b. 云南禄劝 D_2 泥灰岩；c、d. 四川广元 P_2d 含钙页岩；e、f. 贵州凯里鱼洞煤矿 P_2l 煤

DK 地层模拟排出油量及其占总生油量比例在 R_o<0.9% 时相对 CG 常规模拟低，之后排出油量高于 CG 常规模拟，其占总生油量比例相当。

云南禄劝 D_2泥灰岩，DK 地层模拟实验在模拟温度≤350℃（相当于 R_o<0.9%）时，排出油量较低，只有 15 ~ 50kg/t$_C$，占总生油量比例更低，不到 14%；而 CG 常规模拟实验中，在模拟温度<350℃（相当于 R_o<1.0%）时，排出油量为 25 ~ 40kg/t$_C$，与前者相当，占总生油量比例达到近 32%，高出前者 1 倍以上（图 4.14a、b）。之后（相当于 R_o>0.95%），前者排出油量高出后者 1 倍以上，但占总生油量比例相当，随成熟度增加均由 50% 左右增加到 90% 左右（图 4.14b），主要是油逐渐变轻甚至转化为烃气所致。

广元 P_2d 含钙页岩，DK 地层模拟实验在模拟温度<375℃（相当于 R_o<1.0%）时，排出油量只有 1.8 ~ 6.6kg/t$_C$，占总生油量比例不到 3.2%；而 CG 常规模拟实验在模拟温度≤325℃（相当于 R_o<1.05%）时，排出油量为 8 ~ 25.6kg/t$_C$，占总生油量比例为 12.2%，均高出前者 4 倍左右（图 4.14c、d）。之后（相当于 R_o>1.05%），前者排出油量高于后者或略高，而占总生油量比例相当，随成熟度增加均由 25% 左右增加到 90% 左右。

贵州凯里鱼洞煤矿 P_2l 煤，DK 地层模拟实验缺少 R_o<0.9% 低温段，在模拟温度≥300℃（相当于 R_o>

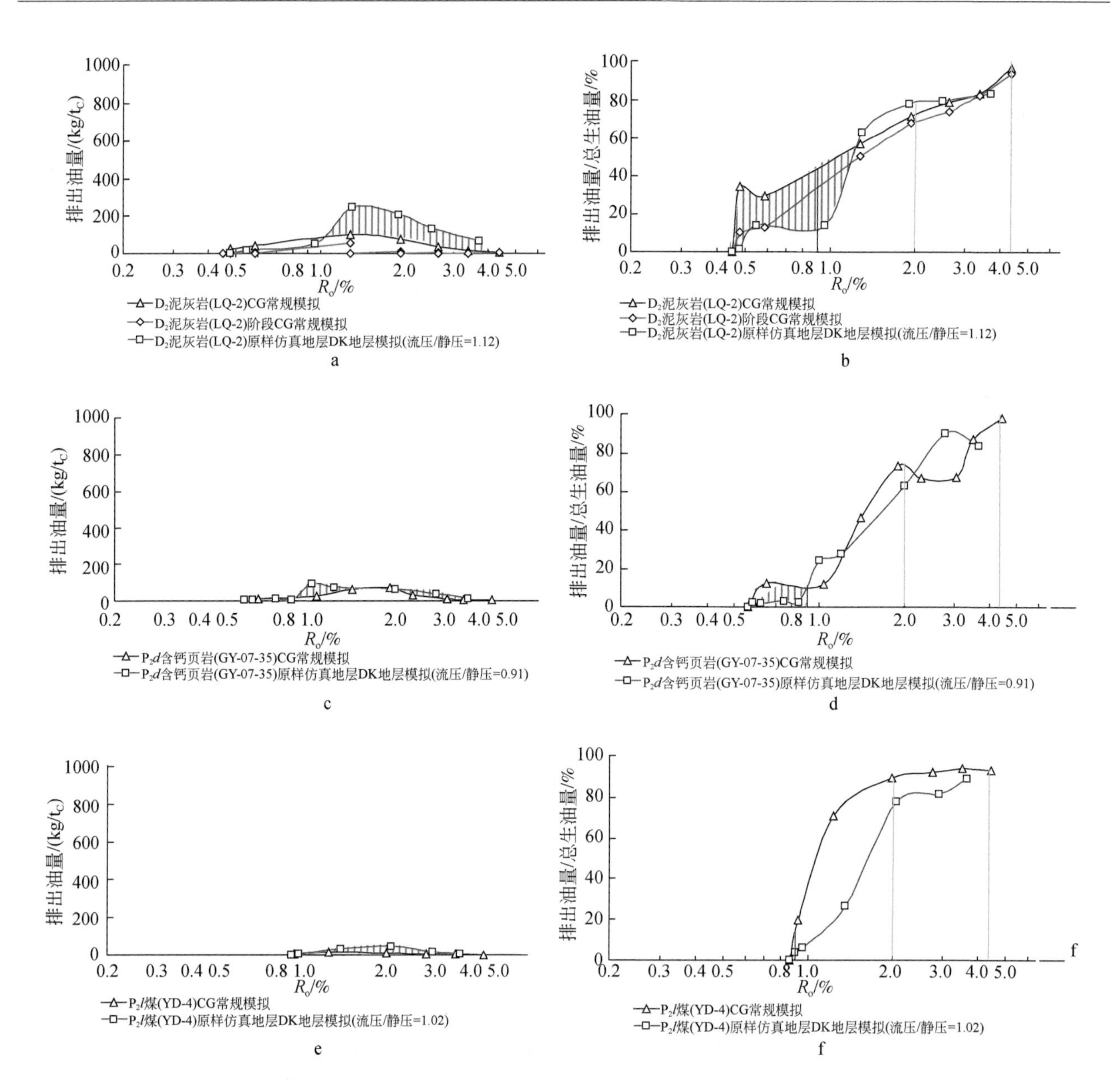

图 4.14　海相Ⅱ型优质烃源岩及煤 DK 地层模拟实验与 CG 常规模拟实验排出油量及排出油量/总生油量和 R_o 的关系

a、b. 云南禄劝 D_2 泥灰岩；c、d. 四川广元 P_2d 含钙页岩；e、f. 贵州凯里鱼洞煤矿 P_2l 煤

0.9%）时，排出油量很低，从 0.7kg/t_C 逐渐升到最高值 46.9kg/t_C，相同演化阶段均高于 CG 常规模拟 3 倍以上，占总生油量比例从 3.5% 逐渐升到 90% 左右，相同演化阶段均低于 CG 常规模拟（图 4.14e、f）。

因此，DK 地层模拟相对 CG 常规模拟，优质烃源岩在成熟中早期（R_o<1.0%，模拟温度<375℃），排出油量占总生油量比例只有 3.2%（页岩）~14%（灰岩）；而成熟晚期—高成熟或过成熟阶段早中期（R_o>1.05%），DK 地层模拟排出油量高于或略高于 CG 常规模拟，但占总生油量比例相当，随成熟度增加一般由 25% 左右增加到 90% 左右。煤排出油量均很低，但是随着成熟度增加，排出油量占总生油量比例从 3.5% 逐渐升到 90% 左右，相同演化阶段均低于 CG 常规模拟。看来，异常流体压力在成熟早中期对原油排出烃源岩具有较大的抑制作用，而在成熟晚期—高成熟阶段，对排烃影响不明显，反而使排出油量（原油、轻质油或凝析油）相对增大。

DK 地层模拟与 CG 常规模拟相比总生烃气量相当或略高，H_2 和 CO_2 非烃气量明显降低。

云南禄劝 D_2泥灰岩，超压异常明显的 DK 地层模拟各阶段生烃气量与 CG 常规模拟相同热演化阶段生烃气量基本相当，在 R_o 约<1.0%时，前者生烃气量略小于后者，在 R_o>1.0%时，前者生烃气量大于后者，约高出 10%（图 4.15a）。DK 地层模拟各阶段产氢气量明显低于 CG 常规模拟，前者仅为后者的不到 10%（图 4.16a）；各阶段产 CO_2 气量也明显低于 CG 常规模拟，前者仅为后者的不到 30%（图 4.16b）。

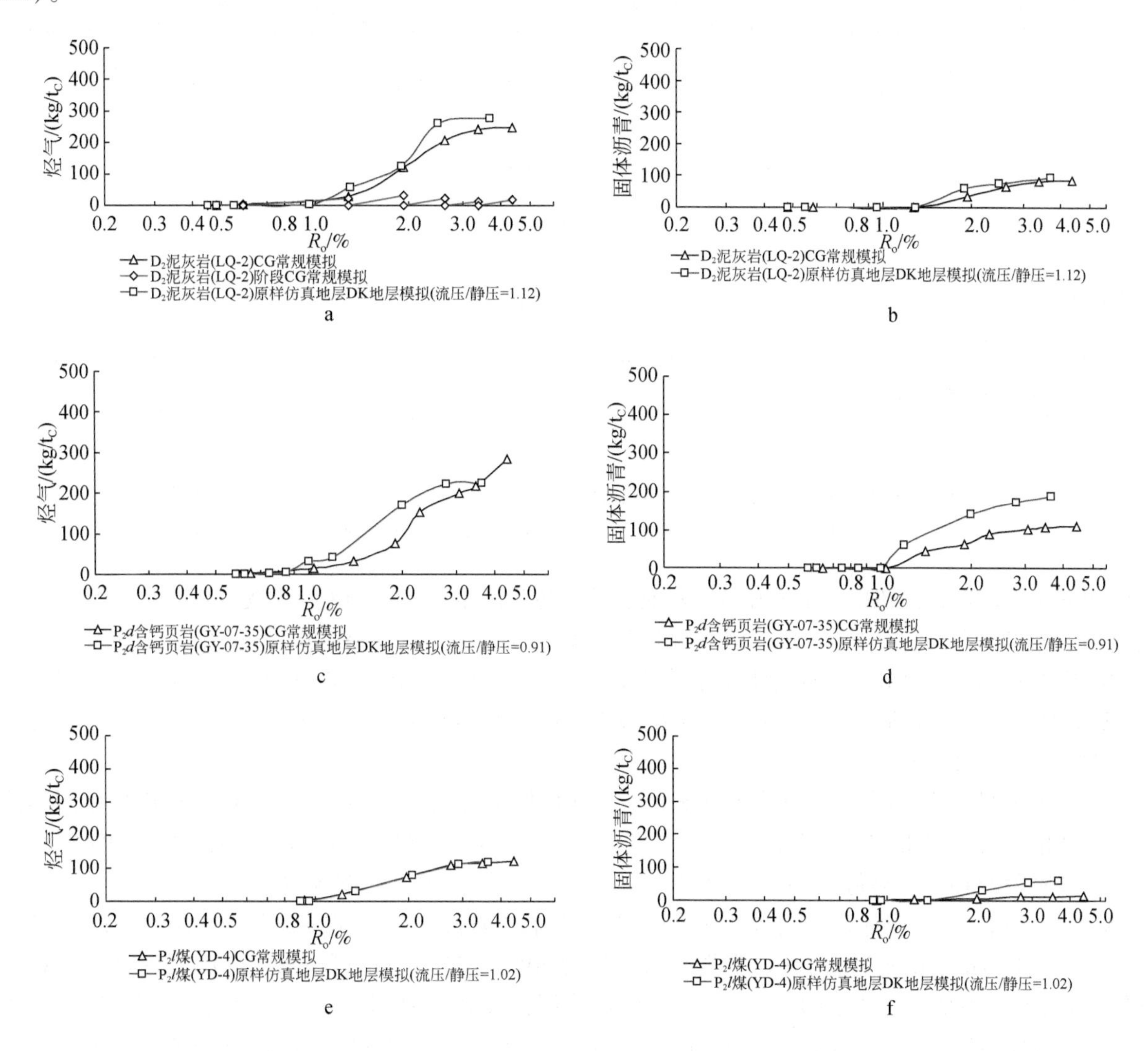

图 4.15　海相Ⅱ型优质烃源岩及煤 DK 地层模拟与 CG 常规模拟烃气产率及固体沥青产率的对比

a、d. 云南禄劝 D_2 泥灰岩 LQ-2；b、e. 四川广元 P_2d 含钙页岩；c、f. 贵州凯里鱼洞煤矿 P_2l 煤

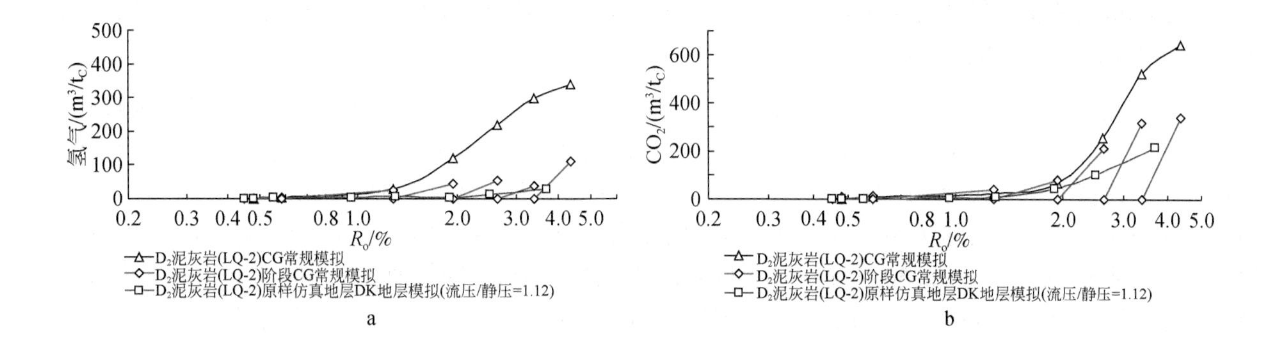

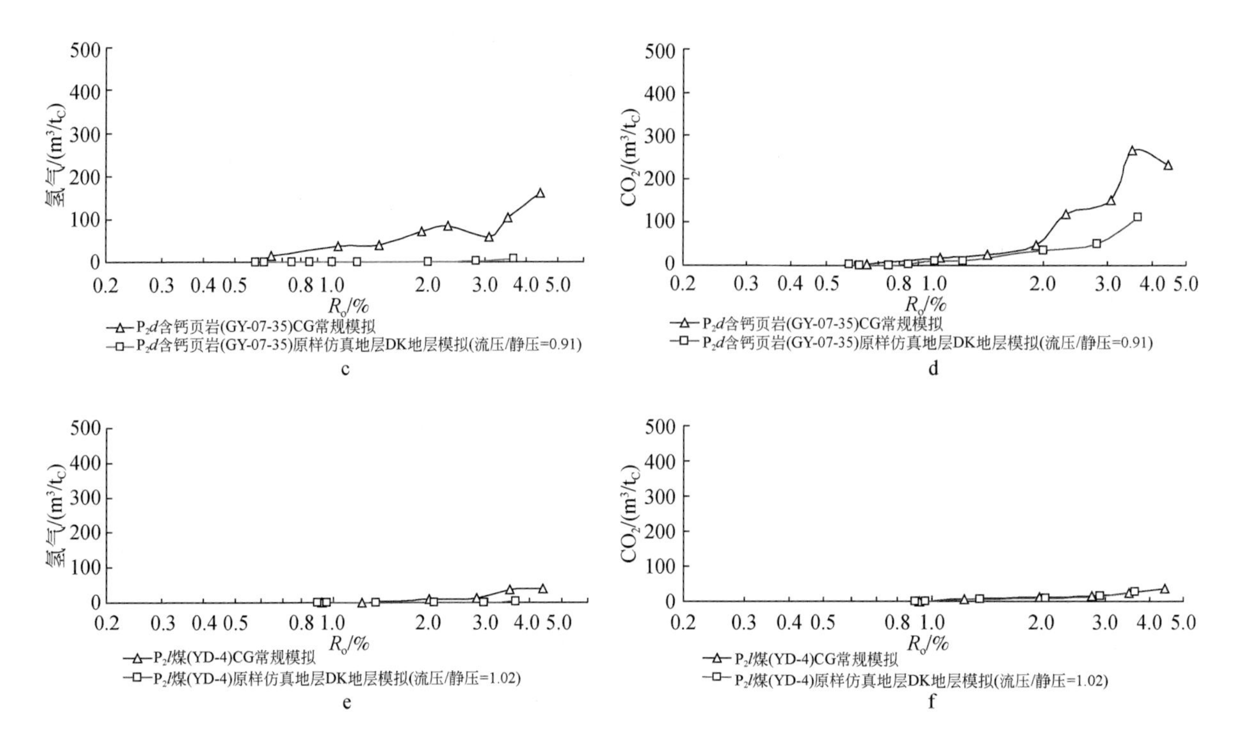

图 4.16 海相Ⅱ型优质烃源岩及煤 DK 地层模拟与 CG 常规模拟氢气、二氧化碳产率对比

a、b. 云南禄劝 D_2 泥灰岩；c、d. 四川广元 P_2d 含钙页岩；e、f. 贵州凯里鱼洞煤矿 P_2l 煤

广元 P_2d 含钙页岩，超压异常明显的 DK 地层模拟各阶段生烃气量与 CG 常规模拟相同热演化阶段生烃气量基本相当，在 R_o 约<1.0% 时，前者生烃气量略小于后者，在 R_o>1.0% 时，前者生烃气量大于后者，约高出 10% （图 4.15b）。DK 地层模拟各阶段产氢气量明显低于 CG 常规模拟，前者仅为后者的不到 5% （图 4.16c）。超压异常明显的 DK 地层模拟各阶段产 CO_2 量也明显低于 CG 常规模拟，前者仅为后者的不到 35% （图 4.16d）。

贵州凯里鱼洞煤矿 P_2l 煤，超压异常明显的 DK 地层模拟各阶段生烃气量与 CG 常规模拟相同热演化阶段生烃气量相当（图 4.15c）；各阶段产氢气量明显低于 CG 常规模拟，前者仅为后者的 5.0% 左右（图 4.16e）；各阶段产 CO_2 量略低于 CG 常规模拟，前者约为后者的 70% （图 4.16f）。

DK 地层模拟的异常流体压力可使优质烃源岩及煤系各阶段产氢气量明显低于 CG 常规模拟（仅为 5%~10%），其 CO_2 量也明显低于 CG 常规模拟（仅为 30%~35%）；也可使煤系烃源岩各阶段产 CO_2 量明显低于 CG 常规模拟（约为 70%）。看来，异常流体压力抑制了 H_2 和 CO_2 的产生，这与地质客观实际更加吻合，也使烃气产率略有提高，固体沥青产率明显增高（R_o>1.2% 时，增高约 65%，图 4.15d ~ f），可能与生油量增加并在高成熟—过成熟裂解为烃气和固体沥青有关。

2. Ⅰ型优质烃源岩（黏土质油页岩）在成熟早中期可以生成大量重质油（约占最高总生油量的 1/3），成熟中晚期最高总生油量达到 909.49kg/t_C，高成熟阶段生成凝析油湿气并伴生碳质沥青，过成熟阶段形成甲烷+碳质沥青（约占总油的 55%）

Ⅰ型优质烃源岩以吉林桦甸古近系未成熟黄色油页岩（图 2.36，表 2.7）为代表，其主要成烃生物为硅藻及藻纹层等浮游藻类，干酪根类型为Ⅰ型，碳酸盐含量为 16.1%，沉积环境应为有阶段性海侵湖泊相沉积。模拟实验方式为 DK 地层模拟，实验过程中流体压力呈高压异常，流压/静压为 0.67 左右，相当于地质演化过程中页岩压力系数为 1.5。建立生烃模式时，某些数据参照了该样品和浮游藻（中国南海）的 CG 常规模拟结果，如 500℃和 550℃两个高温模拟数据点。固体沥青产率是参照重质油模拟实验，结合理论计算综合分析而推算得出的。其生排油气模式（表 4.5、图 4.17）具如下特征。

表 4.5　浮游藻类为主的 I 型优质烃源岩（黏土质）DK 地层模拟综合数据表

岩性	主要成烃生物	干酪根类型	模拟温度/℃	校正后等效 R_o/%	残留油/(kg/t_C)	排出油量/(kg/t_C)	总生油量/(kg/t_C)	烃气/(kg/t_C)	总烃/(kg/t)	排出油量/总生油量/%	碳质沥青/(kg/t_C)	氢气/(m^3/t_C)	CO_2/(m^3/t_C)
黏土质黄色（油）页岩（原始 R_o=0.4%；原始 TOC=26.75%）	硅藻、浮游藻纹层等	I	原样	*0.4*	*17.44*		*17.44*		*17.44*				
			250	*0.45*	21.34	9.33	30.67	0.03	30.70	30.42		0.06	1.12
			300	*0.55*	61.14	8.90	70.03	0.15	70.18	12.71		0.08	3.38
			325	*0.7*	123.96	11.04	135.00	1.88	136.88	8.18		0.07	13.90
			350	*0.82*	296.02	16.96	312.98	4.00	316.98	5.42		0.05	8.16
			375	*0.9*	349.94	235.58	585.52	9.91	595.43	40.23		0.31	18.77
黏土质黄色（油）页岩（原始 R_o=0.4%；原始 TOC=26.75%）	硅藻、浮游藻纹层等	I	400	*1.02*	465.31	328.15	793.46	50.07	843.53	41.36	*0.00*	0.63	68.75
			425	*1.18*	494.49	415.00	909.49	89.50	998.99	45.63	*35.47*	0.81	69.62
			450	*1.52*	108.94	223.33	332.28	317.55	649.82	67.21	*384.94*	1.74	138.69
			500	*2.03*	*6.77*	*65.55*	*72.32*	*465.8*	*538.12*	*90.64*	*495.89*	*2.78*	*130.63*
			550	*3.12*	*3.57*	*58.27*	*61.84*	*468.09*	*529.93*	*94.23*	*504.1*	*7.53*	*108.82*

注：斜体字为校正后或对比推测数据。

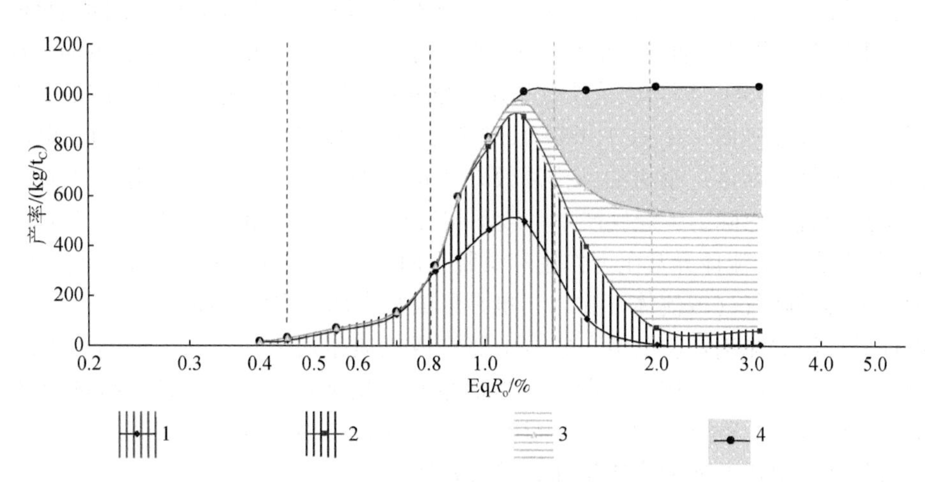

图 4.17　黏土质 I 型优质烃源岩生排油气模式

1. 优质烃源岩中残留可溶氯仿沥青“A”；2. 从优质烃源岩中排出的未热裂解油；3. 热裂解烃气；4. 碳质沥青

（1）I 型优质烃源岩（黏土质）在成熟早中期（R_o 在 0.45%~0.8% 之间）已经开始大量生油，总生油量从 30kg/t_C 左右逐渐增加到 300kg/t_C 左右，占成熟中晚期最高总生油量的 1/3 左右。但此时期的排出油量和排油效率（排出油量/总生油量）低，排出油量只有 9~15kg/t_C，排油效率一般小于 13%，随成熟度增加反而减少（30% 降低至 5%），这就是说，淡水湖泊硅藻为主的浮游藻类油页岩在成熟早中期生成的重质油是很难从烃源岩中排出来的。可能主要有以下两方面原因：①该 I 型黏土质优质烃源岩（油页岩）中黏土（主要是蒙脱石）含量达到 30% 以上，片状黏土的吸附作用导致藻纹层中的有机质在成熟早中期形成的原油极不容易排出，而且模拟样品中有机质含量很高（TOC=26.75%），TOC>25%，有机质体积分数可能在 50% 以上，有机质或干酪根对原油的吸附能力很强（相似相溶原理），也使得成熟早中期形成的原油难以排除；②早期沥青“A”组分以非烃+沥青质为主，多为重质原油，而烃源岩中黏土在未成熟—成熟早中期多由蒙皂石及伊蒙混层组成，呈韧性，超微裂缝难以形成，不利于早期重质油的排出，即使排出也是少量轻质油。由于该模拟实验样品成烃生物以硅藻等浮游藻类为主且有机质含量较高，可能仍有部分硅质生屑薄层存在，使得该优质烃源岩在成熟早期的排出油量和排油效率相对黏土型较高一些，出现较低的次排油高峰。

有阶段性海侵的近淡水湖泊黏土质Ⅰ型优质烃源岩，不但在成熟早期形成重质油量相对较低（其浮游藻类成烃活化能相对偏高一些或成熟门限温度相对偏高），而且，排出油量和排油效率很低（与蒙脱石、伊蒙混层、高岭石等黏土矿物含量有关）。在成熟早中期生成的重质油是很难从烃源岩中排出来的，当有机质含量高时（TOC>8.0%），容易形成油页岩。考虑到在特殊环境下，如远离陆地水体相对偏咸偏碱性或伴有火山（灰）活动或热液活动的半岛潟湖或台盆、台凹等，可以形成硅质生屑型或钙质生屑型Ⅰ型优质烃源岩，它们在成熟早中期不但可以大量生成重质原油（水体偏咸偏碱性且分层，伴有火山活动或热液活动环境下生活的海相浮游藻类，成烃活化能相对偏低，早期更容易形成重质油），而且随硅质薄层或钙质薄层含量的增加，在成熟早期更容易排出重质原油，形成大型重质油藏。

（2）Ⅰ型优质烃源岩（黏土质）在成熟中晚期（R_o 在 0.8%~1.2% 之间）总生油量迅速增高，在模拟温度 425℃（约相当于校正后 R_o=1.18%）时最高总生油量达到 909.49kg/t_C，约有 75% 的浮游藻类有机质已经转化为原油，其最高生油量竟略高于该样品岩石热解氢指数 894kg/t_C，实际上在模拟温度 425℃ 时还有 89.5kg/t_C 的烃气产率，即 DK 地层模拟的最高生油气产率要远高于岩石热解生油气潜量（Δ105kg/t_C）。相对以前Ⅰ型优质烃源岩（黏土质型）CG 常规模拟最高总生油量为 502.92kg/t_C，也增加了近 80%。这可能主要是模拟实验方法改进的结果，使得 DK 地层孔隙热压（异常流体压力）实验生排油气模拟更接近地下烃源岩演化的客观实际，即异常流体压力使得干酪根热降解油和油裂解烃气更缓慢，生油量明显相对增加，氢气产率明显减少，生油高峰明显靠后。此时，排油效率相对早中期逐渐提高，从 5% 左右升到 45% 左右，对应的排出油量从 17kg/t_C 左右升至 415kg/t_C 左右（高峰值），但是总体远低于同演化阶段硅质型和钙质型优质烃源岩的排油效率和排出油量。此外，尽管原始浮游藻 CG 常规模拟最高总生油量还大于浮游藻油页岩，但是二者样品是不可比的，因为原始浮游藻并未经过成岩早期的作用或经过干酪根阶段。

Ⅰ型优质烃源岩在成熟晚期（R_o 在 1.1%~1.35% 之间）原油开始大量热裂解和缩聚反应，使得总生油量迅速减少，油质变轻逐渐接近凝析油，排油效率快速增加，烃气产率增加迅速（主要是原油热裂解形成，浮游藻类干酪根直接热降解生烃气产率一般不超过总烃气量的 10%），开始伴生大量碳质沥青（原油缩聚）。此阶段烃源岩中的流体异常压力作用和蒙脱石向伊利石等脆性矿物转化，使烃源岩容易产生间歇性微裂缝，油气更容易随气（或流体）排出，也是形成页岩油的主要时期。

因此，Ⅰ型优质烃源岩无论是黏土型、硅质生屑型或钙质生屑型在成熟中晚期均可以大量生成正常中质或轻质原油，而且还可以大量排出烃源岩，生油量和排出油量达到高峰值，排油效率迅速增加，是形成大型油藏的最佳阶段。此阶段“油页岩”已经不复存在，高黏土含量、高有机质含量（主要为浮游藻类）的优质烃源岩成为名副其实的优质生油岩或页岩油。

（3）Ⅰ型优质烃源岩在高成熟阶段（R_o 在 1.25%~2.0% 之间）生排油气最显著的特征为：①原油（或可溶有机质）热裂解和缩聚生成凝析油湿气和碳质沥青的主要阶段，烃气（湿气）产率由 90kg/t_C 增加到 465kg/t_C 左右；碳质沥青产率由 35kg/t_C 增加到 495kg/t_C 左右；总生油量则由 900kg/t_C 左右减少到约 70kg/t_C，原油性质也由轻质油转化为凝析油。前两者的增加量与后者降低量基本上呈互补或质量平衡关系（CO_2、H_2 等相对很低），烃气主要是原油热裂解形成。②凝析油（或轻质油）的排出效率高，从约 45% 迅速增加至 90% 左右，排出凝析油总量逐渐降低到 65kg/t_C，地质条件下，排出油在储集岩中也要经历热裂解和缩聚过程。此阶段油排出效率高主要是因为油明显变轻或转化为烃气；黏土矿物及脆性矿物等因素导致烃源岩中容易产生间歇性微裂缝，使得原油更容易随气排出烃源岩，也是形成页岩油或页岩气的主要时期。

Ⅰ型优质烃源岩，无论是黏土型还是硅质生屑型或钙质生屑型，其高成熟阶段均是原油热裂解和缩聚形成凝析油湿气和残炭沥青的主要阶段，烃气和残炭沥青产率迅速增加，烃源岩中残留可溶沥青和排出油量迅速减少，保持物质平衡，烃气主要是原油热裂解形成，干酪根直接热降解烃气量较低（<20%）。排油效率迅速增高，但是排出凝析油总量逐渐降低。此阶段是大型凝析气藏或轻质油气藏或页岩油或页岩气的形成阶段。

（4）Ⅰ型优质烃源岩在过成熟阶段（R_o>2.0%）以形成烃气（甲烷）为主，并伴生碳质沥青。它们主要是优质烃源岩在成熟阶段生成的总油（烃源岩中可溶沥青“A”+排出油）经过热裂解和缩聚作用而生成的，油热裂解烃气（甲烷）约占总烃气（甲烷）量的80%以上［生油高峰时总生油量为909.49kg/t_C，按46%转化为甲烷，油热裂解甲烷=(909.49-61.84)×0.46/468.09=83.3%］，干酪根（浮游藻类）直接热降解烃气（甲烷）产率小于20%［生油高峰时干酪根直接热降解烃气（甲烷）≈89.5/468.09=19.12%，其中高成熟阶段C_2^+以上烃类气体在热裂解甲烷过程中会损失少部分重量89.5×0.25/468.09=4.78%，干酪根也可直接热降解生成少量甲烷，相互增减］，碳质沥青量（约500kg/t_C）均为油热裂解后残炭缩聚而形成，油热降解烃气（甲烷）与碳质沥青从产率来看基本保持物质平衡状态。

Ⅰ型优质烃源岩（黏土、硅质生屑或钙质生屑），其过成熟阶段均是原油热裂解和缩聚形成天然气（甲烷）和残炭沥青阶段，天然气（甲烷）和残炭沥青产率略有增减，变化不明显。甲烷以油热裂解气为主（80%以上），残炭沥青均为油热裂解后残炭缩聚而形成，它们基本上保持物质平衡，此阶段可以形成大型天然气藏（干气）和页岩气。

（5）Ⅰ型优质烃源岩与现代海相浮游藻生排烃模式对比：浮游藻类为主的Ⅰ型油页岩DK地层生排烃模式与浮游藻CG常规生排烃模式具有一些相似的特征，主要表现在：①它们的最高总生油量均达到909kg/t_C以上，最高生烃气量均达到418kg/t_C以上，基本相当或前者略低于后者；②两者在成熟阶段早期均可以生重质油，且早期产物均主要是非烃+沥青质，前者非烃+沥青质含量可在55%以上（表4.6），后者非烃+沥青质含量可在90%以上；③Ⅰ型浮游藻油页岩在DK地层模拟条件下高成熟—过成熟阶段（相当于校正后R_o在1.3%~3.3%之间）的烃气总量与原始浮游藻及优质烃源岩CG常规模拟结果的烃气总量几乎相当；④高成熟—过成熟阶段烃气和碳质沥青均主要是早期原油热裂解产物，干酪根直接产烃气比例较低，碳质沥青产率也基本相当。在成熟晚期—过成熟阶段早中期阶段，最高总生油量的42%~50%转化为了烃气，因为Ⅰ型油页岩热解HI为894mg/g_C，与其DK地层模拟条件下最高总生油量909.49kg/t_C相当，即油页岩中的生烃潜量可几乎全部转化为油（在DK地层模拟条件下）。

表4.6　未成熟优质烃源岩（羌塘盆地J_3s页岩）模拟实验总油族组成数据

模拟温度/℃	饱和烃/%	芳烃/%	非烃/%	沥青质/%	饱和烃/芳烃	沥青质+非烃/%	沥青质+非烃+芳烃/%
原样	16.04	16.42	54.85	12.69	0.98	67.54	83.96
250	12.76	17.68	34.15	35.41	0.72	75.31	87.24
275	15.13	26.62	29.00	28.67	0.57	57.67	84.29
300	16.38	28.15	24.26	31.21	0.58	55.47	83.62
325	16.83	22.74	18.89	40.05	0.74	58.94	81.68
350	19.43	33.19	30.66	15.68	0.59	46.34	79.53

尽管Ⅰ型油页岩的DK地层生排烃模式与浮游藻CG常规生排烃模式具有一些相似性，但二者仍存在一些明显差异，主要表现在以下几点：

Ⅰ型油页岩的DK地层模拟中生油高峰明显靠后，甚至模拟温度都到了425℃（约相当于校正后R_o=1.18%），这与以前Ⅰ—$Ⅱ_1$型优质烃源岩（黏土质型）CG常规模拟结果（模拟温度350℃，约相当于校正后R_o=1.04%）具有明显的差别，这是因为：DK地层模拟方法的改进使得干酪根热降解油和油裂解烃气更缓慢，生油高峰相对靠后；浮游藻类形成环境水体相对偏咸或偏碱性，成烃活化能相对偏低一些，在成熟早期更容易形成重质油，古近系近淡水湖相油页岩中的浮游藻成烃活化能相对偏高一些，在成熟早期形成重质油量相对较低。

Ⅰ型油页岩的DK地层模拟中，在成熟早中期（相当于校正后R_o在0.5%~0.85%），排出油量和排油效率均很低，排出油量低于17kg/t_C，随成熟度增加而增加（9→17kg/t_C）；排油效率均低于30%，反而随成熟度增加而减少（30%→5%）；这就是说，Ⅰ型油页岩在成熟早中期生成的重质油是很难从烃源岩中排出来的。在成熟晚期—过成熟阶段（相当于校正后R_o>1%），轻质油气或凝析油气或干气均可大量从烃源岩（即使黏土质型）中排出，就不存在油页岩了，即油页岩也变成了优质烃源岩。如果硅质型及其超薄层或钙质型及其超薄层发育，即使在成熟早中期也不易形成油页岩，因为它们在成熟早中期的排油效率就很高。

3. 常见的Ⅱ型海相优质烃源岩（含钙质页岩）生排油气模式与Ⅰ型相似，$Ⅱ_1$型优质烃源岩（黏土质油页岩）也属Ⅱ型优质烃源岩范畴，只是其在成熟中晚期最高总生油量（427.29kg/t_C）比Ⅱ型（376.56kg/t_C）略高，比Ⅰ型要低得多（仅为1/2左右），而Ⅱ型海相优质烃源岩的特征是低成熟生油量相对较高（占到生油高峰总生油量的50%以上）

（1）$Ⅱ_1$型优质烃源岩（黏土质）以吉林桦甸古近系未成熟黑色油页岩（图2.40、表2.9）为代表，原始样品TOC为39.64%，其成烃生物以底栖藻类（红藻囊果、孢子及底栖藻纹层等）和浮游藻类为主体，干酪根类型为$Ⅱ_1$型（表4.7），碳酸盐含量20.8%，初始R_o为0.43%，沉积环境应为阶段性海侵湖泊相沉积。模拟方式为DK地层模拟，实验过程中流体压力呈高压异常，流压/静压>0.67，相当于地质演化过程中页岩压力系数>1.5。此外，一些数据还参照了该样品及原始褐藻的CG常规模拟结果。其生排油气模式见图4.18。

表4.7　$Ⅱ_1$型优质烃源岩（黏土质）DK地层模拟数据

岩性	主要成烃生物	干酪根类型	模拟温度/℃	校正后R_o/%	残留油/(kg/t_C)	排出油量/(kg/t_C)	总生油量/(kg/t_C)	烃气/(kg/t_C)	总烃/(kg/t_C)	排出油量/总生油量/%	碳质沥青/(kg/t_C)	氢气/(m^3/t_C)	CO_2/(m^3/t_C)
黏土质黑色（油）页岩（原始R_o=0.43%，原始TOC=39.64%）	红藻囊果、孢子及底栖藻纹层等底栖藻类和硅藻等浮游藻类为主体	$Ⅱ_1$	原样	*0.43*	17.44		17.44		17.44				
			250	*0.46*	27.28	2.24	29.52	0.02	29.54	7.6		0.03	1.01
			275	*0.49*	30.52	1.39	31.91	0.05	31.96	4.36		0.02	2.02
			300	*0.55*	59.35	7.31	66.66	1.45	68.1	10.97		0.05	15.89
			325	*0.75*	114.75	12.24	126.99	3.71	130.7	9.64		0.06	33.95
			350	*0.82*	155.94	23.82	179.76	4.94	184.71	13.25		0.09	29.62
			375	*0.9*	296.93	51.65	348.59	17.4	365.99	14.82		0.22	72.36
			400	*1.02*	355.78	71.52	427.29	35.51	462.8	16.74	*0.00*	2.25	66.4
			425	*1.18*	139.88	132.36	272.24	99.16	371.4	48.62	*94.38*	1.47	90.42
			450	*1.42*	79.29	109.8	189.09	146.87	335.96	58.07	*136.79*	1.53	96.07
			500	*2.03*	4.93	55.55	60.47	237.58	303.06	91.86	*186.98*	2.78	130.63
			550	*3.12*	2.6	28.27	30.87	257.06	287.93	91.57	*191.88*	7.53	108.82

注：斜体字为校正后或对比推测数据。

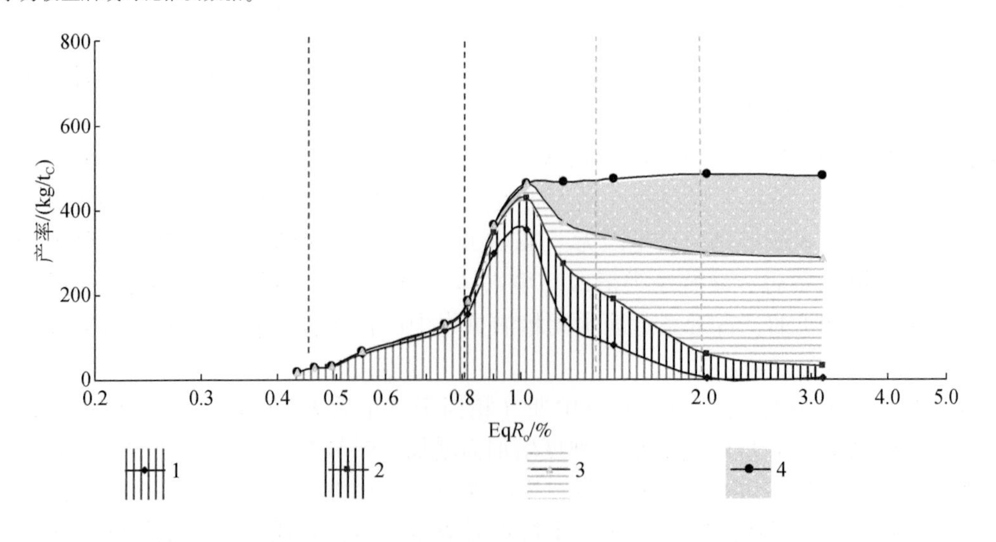

图4.18　$Ⅱ_1$型优质烃源岩（黏土质）生排油气模式

1. 优质烃源岩中残留可溶沥青"A"；2. 从优质烃源岩中排出的未热裂解油；3. 热裂解烃气；4. 碳质沥青

$Ⅱ_1$型优质烃源岩（黏土质）在成熟早中期（R_o在0.45%~0.8%之间）开始大量生油，总生油量逐渐增加到150kg/t_C，仅相当于Ⅰ型黏土质优质烃源岩同演化阶段的50%，占该样品最高总生油量的1/3左右。此阶段，排出油量和排油效率相对于Ⅰ型优质烃源岩更低，排出油量只有1~15kg/t_C，排油效率小于11%。即黏土质$Ⅱ_1$型优质烃源岩在成熟早中期生成的重质油也很难从烃源岩中排出来，只能形成油页岩（TOC>8.0%）。可能只有在远离陆地，水体偏咸偏碱性或伴有火山（灰）活动、热液活动的半岛潟湖、台盆或台凹等特殊环境下形成的硅质生屑型、钙质生屑型$Ⅱ_1$型优质烃源岩，其成熟早中期生成的重质油可有效排出并形成重质油藏（油砂）。

$Ⅱ_1$型优质烃源岩（黏土质）在成熟中期总生油量迅速增高，在R_o约为1.02%（校正后，模拟温度400℃）时最高总生油量达到427.29kg/t_C。其最高总生油量远低于浮游藻类，仅相当于后者的不到1/2，生油高峰也相对提前，可能是此模拟样品沉积环境更接近偏海相的H_2S沉积环境，活化能相对淡水硅藻更低。此时（生油高峰）排油效率仍较低，仅16.74%，对应的排出油量71.52kg/t_C，尚未达到最大值，总体远低于同成烃生物同演化阶段硅质型和钙质型优质烃源岩的排油效率和排出油量（秦建中等，2013）。

$Ⅱ_1$型优质烃源岩（黏土质）在成熟晚期（R_o值在1.0%~1.35%之间）总生油量迅速减少，排出油量和排油效率则迅速提高，排出油量从70kg/t_C左右增加至135kg/t_C左右，排油效率从16%增加至50%左右。此时，原油开始大量热裂解和缩聚反应，使得总生油量迅速减少，油质变轻并逐渐接近凝析油，排油效率快速增加，烃气产率增加迅速（主要是原油热裂解形成，底栖藻类干酪根直接热降解生烃气产率一般不超过总烃气量的30%），碳质沥青开始大量快速生成。此阶段烃源岩中的流体异常压力，蒙脱石等黏土矿物向伊利石转化等，导致烃源岩容易产生间歇性微裂缝，使得油气更容易排出。此阶段$Ⅱ_1$型优质烃源岩不但可以大量生成正常中质或轻质原油，而且还可以大量排出，生油量和排出油量均达到高峰值，排油效率迅速增加，是形成油气藏的最佳阶段，也是页岩油的形成时期。

$Ⅱ_1$型优质烃源岩（黏土质）在高成熟阶段（R_o为1.25%~2.0%）也是原油（或可溶有机质）热裂解和缩聚生成凝析油湿气和碳质沥青的主要阶段。烃气（湿气）产率由大致100kg/t_C增加到237kg/t_C；碳质沥青产率由约95kg/t_C增加到187kg/t_C左右；总生油量则由300kg/t_C（轻质油）减少到60kg/t_C（凝析油）。前两者的增加量与后者降低量基本上呈互补或质量平衡关系（CO_2、H_2等相对很低），烃气也主要是原油热裂解形成的。凝析油或轻质油的排出效率高，从约50%迅速增加到90%左右。此阶段油排出效率高主要是因为油明显变轻或成为烃气，烃源岩产生间歇性微裂缝，导致原油更容易随气排出烃源岩。该阶段生成的烃气主要是原油热裂解形成，干酪根直接热降解烃气量较低（<30%），排油效率迅速增高，但是排出凝析油总量逐渐降低。此阶段是凝析气藏或轻质油气藏的形成阶段，也是页岩油或页岩气的形成阶段。

$Ⅱ_1$型优质烃源岩（黏土质）在过成熟阶段（R_o>2.0%）也以形成烃气（甲烷）为主要特征，并伴生碳质沥青。烃气主要是在成熟阶段生成的油经过热裂解和缩聚作用而生成的，油热裂解烃气（甲烷）占总烃气量的70%以上［生油高峰时总生油量427.29kg/t_C，按46%转化为甲烷，油热裂解甲烷=(427.29−30.87)×0.46/257.06=70.94%］。干酪根（底栖藻类）直接热降解烃气（甲烷）产率小于30%［生油或排油高峰时干酪根直接热降解烃气(甲烷)≈(35.51/257.06+99.16/257.06)/2=26.19%］，碳质沥青量（约190kg/t_C）均为油热裂解后残炭缩聚而形成的。此阶段可以形成大型天然气藏（干气）和页岩气藏。

$Ⅱ_1$型优质烃源岩与现代海相底栖褐藻生排烃模式的对比：以底栖藻为主的$Ⅱ_1$型优质烃源岩（油页岩）的DK地层模拟与原始底栖藻CG常规模拟（图2.54、表2.9）具有一些相似的特点。

它们的最高总生油量和最高生烃气量基本相当，最高总生油量变化在427.29~497.96kg/t_C之间，最高生烃气量变化在257.06~370.24kg/t_C之间，前者略低于后者，均为典型$Ⅱ_1$型干酪根特征。

高成熟—过成熟阶段烃气部分是早期原油热裂解产物，部分是干酪根直接产烃气，碳质沥青则主要是原油热裂解碳聚合产物。$Ⅱ_1$型油页岩的DK地层模拟最高总生油量为427.29kg/t_C，为典型$Ⅱ_1$型优质烃源岩（黏土质）特征；生油高峰模拟温度为400℃，相当于校正后R_o=1.02%左右，这与原始底栖藻CG

常规模拟的后高峰基本上是一致的。

$Ⅱ_1$型油页岩的 DK 地层模拟中，在成熟早中期（校正后 R_o 在 0.5%~0.85% 之间），排出油量和排油效率均很低，排出油量均低于 24kg/t_C，随成熟度增加而增加（1kg/t_C→24kg/t_C）；排油效率均低于 13%，随成熟度增加呈现低（4.4%~7.6%）→次高（11.0%）→低（9.6%）→高（13.3%）的变化趋势。这表明，$Ⅱ_1$型油页岩与Ⅰ型油页岩一样，在成熟早中期生成的原油也很难从烃源岩中排出。该油页岩样品中黏土（蒙脱石）矿物含量高（30%以上），为黏土型，硅质或钙质有机质超微薄层不发育，且有机质含量也很高（TOC>35%），黏土矿物和有机质的吸附作用使得成熟早中期形成的原油不易排出，这正是油页岩形成的原因。但是，在成熟晚期—过成熟阶段（相当于校正后 R_o>1%），轻质油气或凝析油气或干气均可大量从烃源岩（即使黏土质型）中排出，就不存在油页岩了，即油页岩也变成优质烃源岩了。如果硅质型及其超薄层或钙质型及其超薄层发育，即使在成熟早中期也不会形成油页岩，因为它们在成熟早中期的排油效率就较高了。

$Ⅱ_1$型油页岩的 DK 地层模拟中，在高成熟—过成熟阶段（校正后 R_o 在 1.3%~3.3% 之间）的烃气也主要是原油在成熟晚期—过成熟阶段早中期热裂解的产物（最高生油总量的 42%~50% 转化为烃气）。这可以从以底栖藻为主的$Ⅱ_1$型油页岩热解 HI 为 478mg/g，比其 DK 地层模拟中最高总生油量 427.29kg/t_C 略高一些，即油页岩中的生烃潜量可大部分转化为油（DK 地层模拟条件下），也有部分（15%~35%）可直接转化为烃气。

（2）Ⅱ型海相优质烃源岩以四川广元矿山梁上二叠统大隆组（P_2d）低成熟（R_o 为 0.56%）海相黑色含钙泥页岩为代表，原始样品 TOC=12.38%，碳酸盐含量为 23%，成烃生物以真菌类、底栖藻类及浮游藻类和高等植物碎屑为主体，干酪根为Ⅱ型（表 4.8、图 4.19）。其 DK 地层模拟过程中，流体压力呈高压异常，流压/静压约为 0.91，相当于地质演化过程中泥页岩压力系数>1.5。此外，其生排油气模式（表 4.8、图 4.19）还参照了该样品 CG 常规模拟结果（表 4.9、图 4.20），生排烃主要特征如下。

表 4.8　Ⅱ型海相优质烃源岩 DK 地层模拟数据

岩性	主要成烃生物	干酪根类型	模拟温度/℃	校正后 R_o/%	残留油/(kg/t_C)	排出油量/(kg/t_C)	总生油量/(kg/t_C)	烃气/(kg/t_C)	总烃/(kg/t_C)	排出油量/总生油量/%	碳质沥青/(kg/t_C)	氢气/(m^3/t_C)	CO_2/(m^3/t_C)
黏土质黑色页岩（原始 R_o=0.56%）	真菌类、底栖藻类浮游藻类和高等植物碎屑为主体	Ⅱ	原样	*0.56*	32.36		32.36		32.36				
			250	*0.58*	66.24	1.82	68.06	0.18	68.25	2.67		0.28	2.25
			300	*0.60*	100.95	1.84	102.79	0.63	103.42	1.79		0.42	1.16
			325	*0.73*	200.48	6.58	207.06	1.53	208.59	3.18		0.42	0.9
			350	*0.82*	235.64	5.75	241.39	5.24	246.63	2.38		0.87	3.04
			375	*0.90*	284.56	92	376.56	33.19	409.76	24.43	*0*	0.31	9.14
			400	*1.02*	187.27	146.18	333.44	51.21	384.65	43.84	*16.91*	0.2	10.92
			450	*1.60*	36.11	72.26	108.37	171.33	279.7	66.68	*136.80*	0.97	35.46
			500	*2.30*	3.55	34.32	37.88	221.92	259.79	90.60	*172.75*	2.15	49.82
			550	*3.25*	1.57	8.38	9.94	225.24	235.18	84.31	*187.00*	7.72	110.64

注：斜体字为校正后或对比推测数据。

Ⅱ型海相优质烃源岩在低成熟阶段（R_o 值在 0.55%~0.74% 之间）已经开始大量生油，总生油量逐渐增加到约 207.06kg/t_C，高于$Ⅱ_1$型黏土质优质烃源岩，可能是海相成烃生物的活化能相对更低一些。此阶段，排出油量和排油效率很低，排出油量只有 1~7kg/t_C，排油效率小于 3.2%，即真菌类为主要成烃生物的黏土质优质烃源岩在成熟早中期生成的原油很难从烃源岩中排出。只有硅质生屑型或钙质生屑型真菌细菌类优质烃源岩才可能在成熟早中期形成重质油藏。

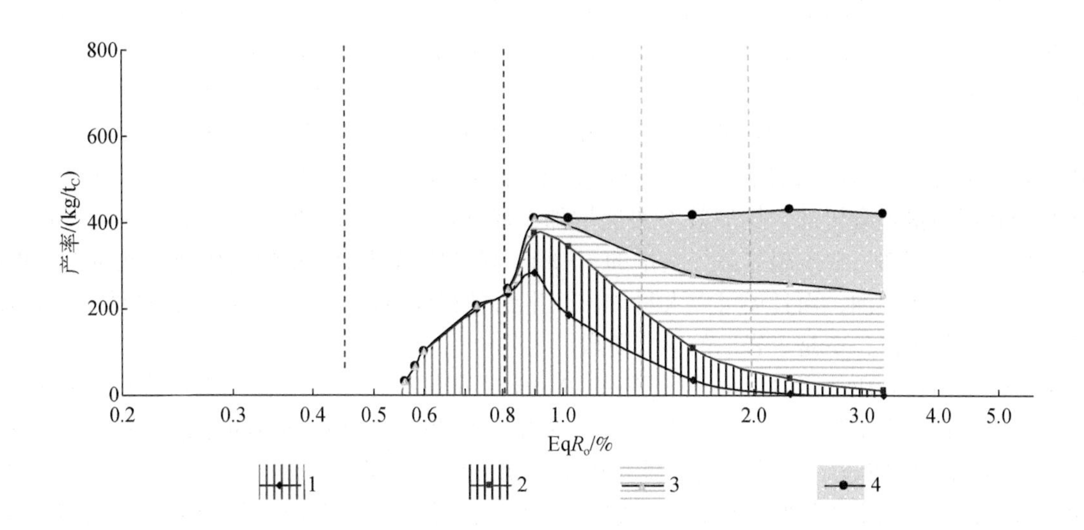

图 4.19　Ⅱ型海相优质烃源岩（真菌类与底栖藻类为主要成烃生物的黏土质）生排油气模式

1. 优质烃源岩中残留可溶沥青“A”；2. 从优质烃源岩中排出的未热裂解油；3. 热裂解烃气；4. 碳质沥青

表 4.9　Ⅱ型优质烃源岩常规模拟实验热压生排油气模拟实验数据

岩性	有机质类型	TOC /%	模拟温度 /℃	校正后 R_o /%	残留油 /(kg/t$_C$)	排出油量 /(kg/t$_C$)	总生油量 /(kg/t$_C$)	烃气 /(kg/t$_C$)	总烃 /(kg/t$_C$)	排出油量/总生油量/%	碳质沥青 /(kg/t$_C$)	氢气 /(m^3/t$_C$)	CO_2 /(m^3/t$_C$)
富有机质含钙页岩（优质烃源岩），常规热压模拟实验	Ⅱ	12.38	原样	0.56	32.36		32.36		32.36				
			300	0.65	56.99	5.23	65.18	1.69	66.87	8.02		15.44	2.26
			325	1.04	190.07	19.32	215.65	14.24	229.90	8.96	0.00	35.98	18.36
			350	1.40	70.08	37.01	131.37	32.35	163.72	28.17	42.98	39.63	24.34
			375	1.90	25.02	48.02	95.36	77.03	172.39	50.36	61.35	71.67	47.78
			400	2.30	14.10	25.92	43.26	153.43	196.69	59.92	87.92	83.53	117.23
			450	3.07	4.89	8.84	15.24	200.58	215.82	58.03	102.21	59.78	150.48
			500	3.50	0.44	2.83	3.54	217.86	221.40	79.86	108.18	105.18	266.88
			550	4.42	0.04	2.38	2.70	285.40	288.09	88.43	108.61	161.77	231.31

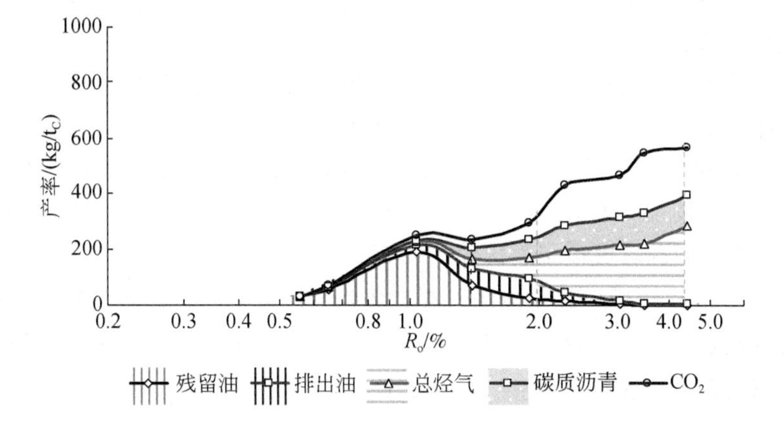

图 4.20　Ⅱ型海相优质烃源岩（含钙页岩）常规热压模拟生排油气模式

Ⅱ型优质烃源岩在成熟中晚期（R_o 值在 0.85%~1.35%）总生油量开始迅速增高，在 R_o 约为 0.9% 时（模拟温度 375℃）总生油量为 376.56kg/t$_C$，达到生油高峰。其最高生油量略低于Ⅱ$_1$型，生油高峰相对$Ⅱ_1$型优质烃源岩又稍有提前，可能与此模拟样品为海相成烃生物，活化能相对海侵底栖藻类、淡水硅藻更低一些有关，生油高峰之后，总生油量迅速减少。此阶段，排出油量呈现出现先增加后降低的变化过程，排出油量从7kg/t_C左右→146kg/t_C左右→80kg/t_C左右，在R_o约为1.02%时（模拟温度400℃）排出油量达到高峰；排油效率则呈现迅速提高的趋势，从3.0%左右迅速提高到45%左右。生排油高峰之后，原油开始大量发生热裂解和缩聚反应，使得总生油量（烃源岩中残留可溶沥青“A”+排出油）迅速减少，油变轻并逐渐接近凝析油，排油效率快速增加，烃气产率增加迅速（主要是原油热裂解形成，Ⅱ型直接热降解生烃气产率一般不超过总烃气量的30%），碳质沥青开始大量快速生成。此阶段不但可以大量生成正常中质或轻质原油，而且还可以大量排出，生油量和排出油量达到高峰值，排油效率迅速增加，是形成油气藏的最佳阶段，也是页岩油的形成阶段。

Ⅱ型优质烃源岩在高成熟阶段（R_o为1.25%~2.0%）也是原油（可溶有机质）热裂解和缩聚生成凝析油湿气和碳质沥青的主要阶段。烃气（湿气）产率由大致70kg/t_C增加到200kg/t_C左右，碳质沥青产率由25kg/t_C左右增加到165kg/t_C左右，总生油量则由300kg/t_C左右减少到40kg/t_C左右，原油性质由轻质油转变为凝析油，烃气也主要是原油热裂解形成（>70%），凝析油或轻质油的排出效率高，从45%左右迅速增加到90%左右，但是排出凝析油总量逐渐降低。此阶段是凝析气藏或轻质油气藏的形成阶段，也是页岩气或页岩油气的形成阶段。

Ⅱ型优质烃源岩在过成熟阶段（R_o>2.0%）形成天然气（甲烷为主）并伴生碳质沥青。油热裂解烃气占总烃气量的70%以上［生油高峰时总生油量为376.56kg/t_C，按46%转化为甲烷，油热裂解甲烷=(376.56-9.94)×0.46/225.24=74.87%］。$Ⅱ_1$型直接热降解烃气（甲烷）产率小于30%［生排油达到峰值时干酪根直接热降解烃气（甲烷）≈51.21/225.24=22.74%］，碳质沥青量（约187kg/t_C）均为前期生成的油热裂解后残炭缩聚而形成的。此阶段可以形成大型天然气藏或页岩气藏。

Ⅱ型海相优质烃源岩DK地层模拟（图4.19）与CG常规模拟（表4.9、图4.20）的相似之处主要表现在：

随模拟温度及压力的增加，它们的生排油气量及碳质沥青转化趋势是一致的。

在高成熟—过成熟阶段生烃气量几乎相当，如在R_o约为3.5%时，前者生烃气量为221.92kg/t_C，后者生烃气量为217.86kg/t_C，几乎相当。

在成熟早中期，排出油量和排油效率均较低。

高成熟—过成熟阶段的烃气产率均急剧增加，主要源于油裂解烃气与干酪根热裂解烃气的混合（油裂解气占55%~67%）。

碳质沥青产率是按原油CG常规模拟和理论计算结果由最高产油热裂解烃气产率推算的，在模拟温度大于400℃或R_o值大于1.3%之后，碳质沥青产率均急剧增加，它是原油裂解生气后的残余物。

两者的差别则主要表现在：

Ⅱ型海相优质烃源岩DK地层模拟中最高总生油量为376.6kg/t_C，明显高于CG常规模拟（215.6kg/t_C），略小于$Ⅱ_1$型优质烃源岩（427.3kg/t_C），远小于Ⅰ型优质烃源岩（909.5kg/t_C）。

DK地层模拟中生油高峰（模拟温度375℃，R_o≈1.0%）相对CG常规模拟（模拟温度325℃，R_o≈1.0%）温度延迟约50℃（校正后的R_o却相当），相对$Ⅱ_1$型优质烃源岩模拟温度提前了25℃（校正后的R_o也相当），相对Ⅰ型优质烃源岩模拟温度提前了约50℃。

4. 海相优质烃源岩在成熟阶段均是生油的，在高成熟—过成熟阶段均是生烃气+碳质沥青；Ⅰ型→Ⅱ型（$Ⅱ_1$→$Ⅱ_2$型）其成熟阶段生油量逐渐减少，其高成熟—过成熟阶段生烃气量及产碳质沥青量也有所减少；Ⅲ型富有机质煤系烃源岩以生烃气为主，即使在高成熟—过成熟阶段的生烃气量也远低于优质烃源岩

不同有机质类型优质烃源岩或富有机质煤系烃源岩生排烃模式对比的主要依据是DK地层模拟结果和CG常规模拟结果进行适当校正。因为DK地层模拟更接近地下烃源岩油气生成和排出的客观实际条件，但样品只分析了10余块，而以前大量分析的CG常规模拟样品约有90块样品（秦建中等，2005，2006，2007c）。

（1）生油量：Ⅰ型优质烃源岩生油高峰时生油量相对最高，最高总生油量可达900kg/t_C以上，与岩石热解氢指数（HI）相当或略高；$Ⅱ_1$型优质烃源岩生油高峰时总生油量相对Ⅰ型优质烃源岩低一些，最高总生油量一般在400～600kg/t_C之间，也与岩石热解氢指数（HI）相当或略低一些；Ⅱ型优质烃源岩生油高峰时总生油量一般在200～400kg/t_C之间，也与岩石热解氢指数（HI）相当或略高；Ⅲ型煤系烃源岩成熟阶段最高总生油量最低，一般仅在50～150kg/t_C之间，远低于其岩石热解氢指数（不到HI的48%）。烃源岩排出油量主要影响因素有三方面：一是与生油量正相关，即受成烃生物组合或有机质类型的控制，Ⅰ型优质烃源岩总生油量大，排出油量也大，$Ⅱ_1$型或Ⅱ型优质烃源岩总生油量较大，排出油量也较大，而Ⅲ型煤系烃源岩总生油量小，排出油量更小或根本排不出去（图3.27、表3.4、表4.10）；二是与烃源岩类型和结构有关，页理发育的硅质生屑（或含硅质超显微薄层）烃源岩和钙质生屑（或含钙质超显微薄层）烃源岩相对黏土烃源岩更容易排出原油，排出效率更高；三是异常流体压力和构造运动对烃源岩排油也有较大影响，异常流体压力可使总生油量明显增加（模拟实验结果已经证实），地层抬升剥蚀作用可产生“负压”或“抽吸”作用或超微裂隙，可使排出油量明显增加。

表4.10　海相浮游藻和底栖藻的元素组成分析数据

参数	w(N)/%	w(C)/%	w(S)/%	w(H)/%	w(O)/%	H/C原子比	O/C原子比	N/C原子比	S/C原子比
浮游藻	8.87	43.90	1.79	6.29	36.35	1.72	0.62	0.17	0.02
底栖藻	5.81	36.88	2.43	4.18	44.41	1.36	0.90	0.14	0.02

注：w代表元素质量分数。

烃源岩随成熟度增加生油高峰位置的提前或延后主要与沉积环境（成烃生物形成的环境，如水体盐度、pH等）及成烃生物的类型等有关。烃源岩中主要成烃生物形成环境（分层、底部强还原）的水体盐度越高或越偏向碱性，生油活化能越低，生油高峰相对越提前，Ⅱ型优质烃源岩样品为海相台内凹陷，水体盐度相对较高且偏碱性，生油高峰出现得最早，模拟温度在375℃左右，校正后的R_o在0.9%左右；而Ⅲ型煤系烃源岩沉积水体多为淡水且偏酸性，生油（沥青“A”）高峰相对滞后，模拟温度在400℃以上，校正后的R_o>1.1%；Ⅰ型优质烃源岩和$Ⅱ_1$型优质烃源岩均为海侵湖泊沉积，沉积水体变化大，偏向淡水，尤其是Ⅰ型优质烃源岩其生油高峰也相对滞后。烃源岩的CG常规模拟结果证实，在沉积环境或沉积水体盐度、pH等相近的条件下，一般Ⅰ型优质烃源岩（海相）生油高峰相对提前，模拟温度多在275～300℃之间，相当于R_o在0.8%左右；Ⅱ海相型优质烃源岩生油高峰模拟温度多在325～375℃之间，相当于R_o在0.9%～1.0%之间；Ⅲ型煤系烃源岩生油高峰特征不明显，模拟温度多在350～400℃之间，相当于R_o在1.20%左右。

不同成烃生物优质烃源岩及煤系烃源岩随成熟度的增加，它们的成熟（生油）门限——生油下限（生油带）的宽窄也不相同，Ⅰ型优质烃源岩相对最宽。例如，Ⅰ型优质烃源岩DK地层模拟温度可在275～475℃之间，校正后的R_o变化在0.5%～1.6%之间（以残余沥青“A”/TOC>5.0%为限，下同）。$Ⅱ_1$型优质烃源岩与Ⅰ型相似，相对较宽，其DK地层模拟温度在285～465℃之间为生油带，校正后的R_o变化在0.52%～1.52%之间。Ⅱ型优质烃源岩生油带相对窄一些，其DK地层模拟温度在225～425℃之间为生油带，校正后的R_o变化在0.57%～1.35%之间。而Ⅲ型煤系烃源岩生油带很窄或无生油带，如其DK地层模拟温度在350～420℃之间为生油带，校正后的R_o变化在0.9%～1.25%之间。即从Ⅰ型优质烃源岩→$Ⅱ_1$型优质烃源岩→Ⅱ型优质烃源岩→Ⅲ型煤系烃源岩，其生油带越来越窄，$\Delta R_{o校正后}$从1.1%→1.0%→0.78%→0.35%，明显减小。这与传统的生油理论相一致，只是Ⅰ型优质烃源岩和$Ⅱ_1$型优质烃源岩生油带更宽了，这可能使地质时间的生烃机理或化学平衡无法通过温度进行模拟和校正。

（2）生烃气量：烃源岩在过成熟阶段生成的烃气（甲烷）量以Ⅰ型优质烃源岩相对最大，最高可达540m^3/t_C（相当于465kg/t_C）以上，主要是原油再热裂解烃气（甲烷），占总烃气（甲烷）量的80%以上；Ⅱ型优质烃源岩在过成熟阶段生成的烃气（甲烷）量也较高，最大烃气（甲烷）量多变化在220～285kg/t_C之间，也主要是原油再热裂解烃气（甲烷），占总烃气（甲烷）量的70%以上；Ⅲ型煤系烃源岩在过成熟阶段生成的烃气（甲烷）量相对最小，最高烃气（甲烷）量多小于 120kg/t_C，主要是干酪根直接热裂解烃气（甲烷），占总烃气（甲烷）量的 70% 以上，这与优质烃源岩主要是原油再热裂解烃气正相反。

海相烃源岩在高成熟阶段主要形成凝析气，它是原油热裂解和干酪根直接热裂解的混合产物，不同有机质类型烃源岩形成凝析气量、湿气含量及其宽度等均有差异。Ⅰ型优质烃源岩凝析油湿气量最大，凝析气带也最宽，主要是原油热裂解产物，湿气含量也相对最高；Ⅲ型煤系烃源岩凝析气量相对最小，凝析气带分布也最窄，主要是干酪根直接热裂解产物，湿气含量最低；$Ⅱ_1$型和Ⅱ型优质烃源岩则介于上述二者之间。

（3）产碳质沥青量：碳质沥青是原油（储集层内，下同）和沥青“A”（烃源岩内，下同）热裂解缩聚过程的产物。原油和沥青“A”在热裂解生成烃气的同时也伴随残炭的缩聚，形成碳质沥青，其产率与总生油量、原油性质（密度等）及成熟度等有关。Ⅰ型优质烃源岩总生油量最大，成熟早期生成的原油最重，在过成熟阶段产碳质沥青量最高，最高可达 500kg/t_C 以上，约占总生油量的 59%，与最高生烃气量相当或略高，碳质沥青源于原油和沥青“A”，烃气也主要源于原油和沥青“A”，占总烃气的 80% 以上。$Ⅱ_1$型和Ⅱ型优质烃源岩在过成熟阶段产碳质沥青量较高，在 190kg/t_C 左右，约占总生油量的 49%，与最高生烃气量相当或略低（80% 左右），碳质沥青源于原油和沥青“A”，烃气中超过 70% 也主要源于原油和沥青“A”；Ⅲ型煤系烃源岩几乎不产油或生油量很小，在过成熟阶段几乎不产碳质沥青或产率很低，一般不超过 60kg/t_C，约占总油（沥青“A”）的 48%，仅占最高生烃气量的 48% 左右，碳质沥青源于沥青“A”及部分轻质油或凝析气，烃气主要源于烃源岩干酪根（>70%）。

（4）不同成烃生物有机化学组成和结构存在差异：不同成烃生物烃源岩生油量、生烃气量和产残炭沥青量的差异主要源于其自身有机化学组成和结构（或早成岩后干酪根化学结构）差异。Ⅰ型干酪根往往以碳长链或环状结构占优势，Ⅱ型干酪根也以长碳链或环状结构为主，而Ⅲ型干酪根则以芳核带碳短链结构相对多一些（郝芳和陈建渝，1993）。成烃生物或干酪根类型的差异决定了它们的生烃能力、生烃活化能、有机化学结构和元素组成等存在显著的不同。

例如，相同环境下取得的海相浮游藻与海相底栖藻（表 4. 10），其有机化学组成、结构和生烃活化能具有明显差异。

它们产“总油”（可溶沥青“A”+排出油）量及“总烃”（可溶沥青“A”+原油+烃气）量有明显差别（图 4. 21a、b）。浮游藻的 CG 常规模拟生“总油”次高峰达到 1049. 34kg/t_C（模拟温度 275℃），对应生“总烃”值高达 1071. 38kg/t_C，其“总油”和“总烃”转化率竟高达 87% 以上；而以底栖藻类为主的 CG 常规模拟生“总油”高峰为 497. 96kg/t_C（模拟温度 350℃），生“总烃”最高值 584. 09kg/t_C，转化率变化在 41%~48% 之间，仅相当于浮游藻的 1/2 左右。这与它们的元素组成、H/C 原子比和 O/C 原子比等分析结果是一致的，即浮游藻本身相对富氢，长碳链或“酯类”或环状的 CH_2 结构明显高于底栖藻，而含氧基团等复杂结构低于底栖藻。这也与浮游藻和底栖藻中元素 S 等存在形式不一样有关，浮游藻中大部分 S 原子是以键能较弱的 S—S 键、S—C 键形式存在，而底栖藻中 S 元素主要存在于较稳定的多环

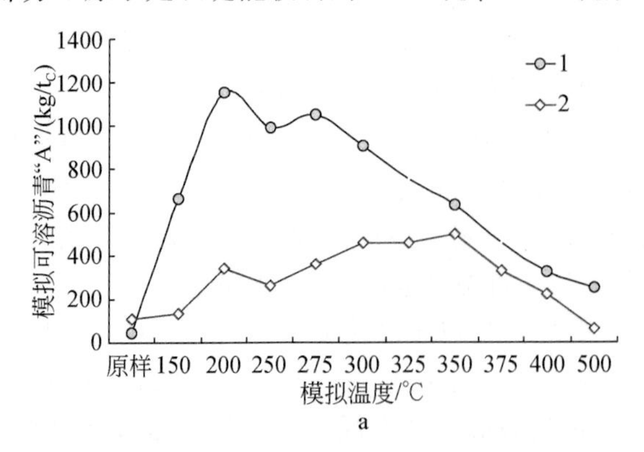

a

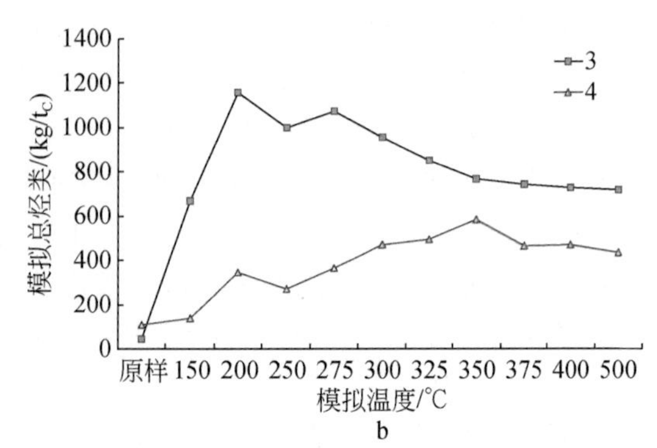

b

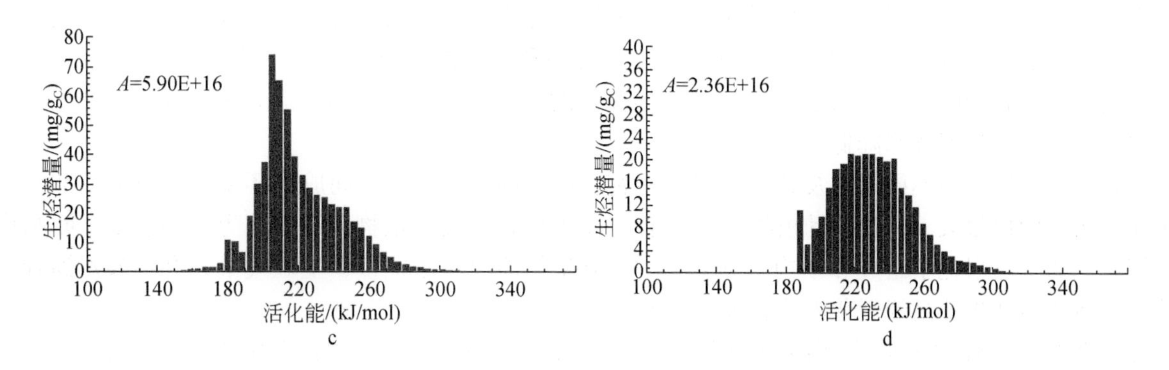

图 4.21　海相浮游藻、底栖藻 CG 常规模拟油产率及生烃活化能分布的对比图

a. CG 常规模拟“总油”（残余可溶沥青“A”+釜壁可溶沥青“A”+排出油）；b. CG 常规模拟“总烃”（残余可溶沥青“A”+釜壁可溶沥青“A”+排出油+烃气）；c. 浮游藻生烃活化能的分布；d. 底栖藻生烃活化能的分布。1. 浮游藻模拟可溶沥青“A”；2. 底栖藻模拟可溶沥青“A”；3. 浮游藻模拟总烃类；4. 底栖藻模拟总烃类

芳构体中，从它们的 S/C 原子比随温度的变化过程不同可以说明这一点（图 4.21）。同时还与它们的生烃活化能不同有关，浮游藻生烃主峰带活化能相对较低（205～215kJ/mol）、主峰带窄（10kJ/mol）、主峰带生烃潜量高，变化在 55～75mg/g 之间；而底栖藻生烃主峰带活化能相对较高（210～245kJ/mol）、主峰带宽（35kJ/mol）、主峰带生烃潜量变化在 18～22mg/g 之间，仅为浮游藻的 1/3 左右（图 4.21c、d）。

浮游藻和底栖藻早期生“总油”量及生“总油”高峰温度（图 4.21a）具有明显差别，相同条件下海相浮游藻早期生未熟—低熟油能力高于底栖藻，而且生油高峰相对提前。海相浮游藻 CG 常规模拟存在两个生“油”高峰，模拟温度 200℃时为初期生可溶沥青“A”高峰（达 1151.81kg/t_C，以非烃+沥青质为主），转化率高达 95% 以上，模拟温度 275℃时应为真正的生“总油”高峰；而底栖藻的 CG 常规模拟也存在两个生“总油”高峰，第一个初期生可溶沥青“A”次高峰（343.79kg/t_C，以非烃+沥青质为主）也在模拟温度 200℃，但转化率小于 30%，仅相当于浮游藻的 1/3 左右，真正的生“总油”高峰出现在模拟温度 350℃，此温度比浮游藻高出了 75℃（图 4.21a）。二者生油高峰温度出现明显不同的原因：一是与浮游藻和底栖藻的化学结构有关，它们的热压模拟残留样品 S/C 原子比随温度的变化差异性很大（图 4.22），浮游藻类 S/C 原子比在 300℃以前随模拟温度的升高快速减少，之后再进入一个缓慢的减少过程，而底栖藻类 S/C 原子比随温度的升高降低幅度不明显，很显然元素 S 在两样品中存在形式不一样。二是 S、O 及 N 等杂原子形成的键链能量较低，都容易断裂，底栖藻杂原子含量大于浮游藻（表 4.11），底栖藻的初始生烃活化能（185kJ/mol）和生油高峰活化能（225kJ/mol 左右）均明显高于浮游藻的初始生烃活化能（160kJ/mol 左右）和生油高峰活化能（205kJ/mol），即海相浮游藻早期生油能力明显高于底栖藻而且生油高峰相对提前。

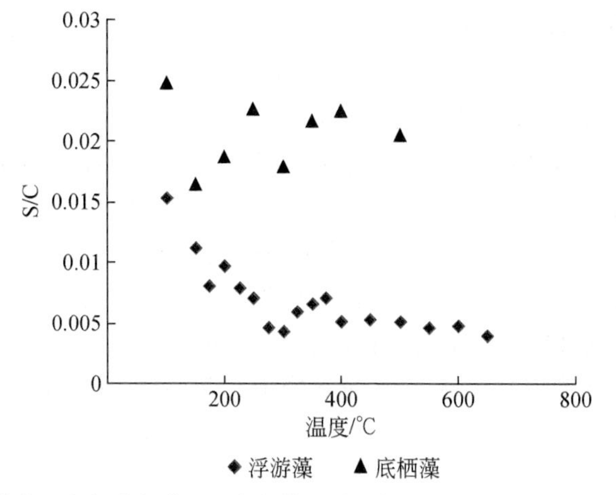

图 4.22　海相浮游藻和海相底栖藻 CG 常规模拟残留样品 S/C 原子比随模拟温度的变化趋势

实际上，不同沉积环境形成的相同种类成烃生物烃源岩的有机质本身化学组成和结构也有变化。例如，从淡水湖泊→半咸水海侵湖泊（潟湖）→正常海相和咸化潟湖或盐湖相，浮游藻类（葡萄球藻等）形成的优质烃源岩干酪根含硫量依次增加，使得它们的早期生未熟—低熟油能力逐渐提高，初始生烃活化能和生油高峰活化能逐渐降低。

此外，成烃生物中不同部位及其不同伴生产物，或不同时间段、不同成岩环境等形成的干酪根化学组成和结构差别也很大。例如，动植物的各器官、高等植物、线叶植物、底栖藻等的茎、皮、叶和孢子花粉等形成的干酪根化学组成和结构差别就很大，其生烃能力（生油量、生烃气量）和产残炭沥青量及初始生烃活化能和生油高峰活化能均有很大差异。

（5）Ⅲ型煤系烃源岩以贵州凯里鱼洞煤矿上二叠统龙潭组（P_2l）煤岩为代表，原始样品 TOC = 63.02%，碳酸盐含量低于 5.0%，R_o 为 0.86%，成烃生物以高等植物及线叶植物为主，干酪根类型为Ⅲ型（图 4.23、表 4.11）。其 DK 地层模拟过程中，流体压力呈高压异常，流压/静压约 1.02，相当于地质演化过程中泥页岩压力系数>2。其生排油气模式见图 4.23，生排烃主要特征为：

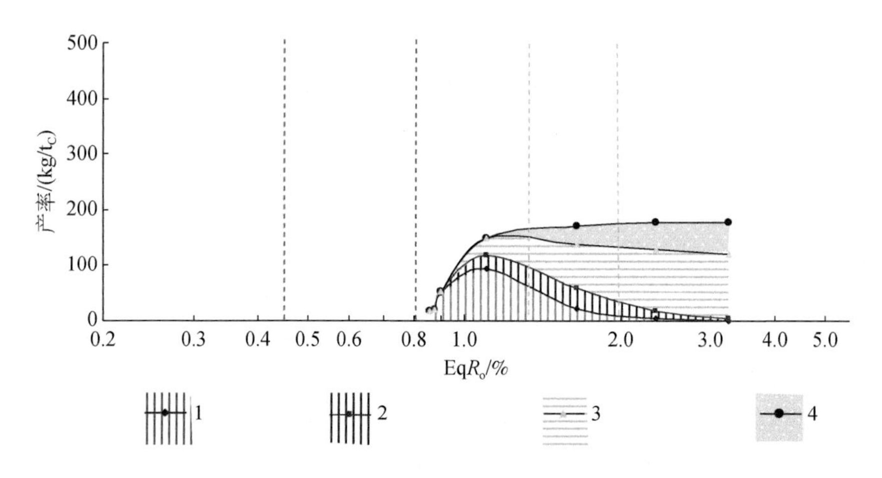

图 4.23　Ⅲ型黏土质煤系烃源岩生排油气模式

1. 优质烃源岩中残留可溶沥青“A”；2. 从优质烃源岩中排出的未热裂解油；3. 热裂解烃气；4. 碳质沥青

Ⅲ型煤系烃源岩（黏土质，TOC≥4.0%）在成熟中期（R_o 值为 0.80%～1.0%）生油量较低，总生油量不超过 55kg/t$_C$；排出油量和排油效率更低，排出油量<1.2kg/t$_C$，排油效率小于 2.6%；烃气产率也很低，小于 0.3kg/t$_C$。即Ⅲ型煤系烃源岩在成熟中期及早期是不能大量生排油的，甚至连天然气（烃气）产率也很低，因此，该阶段几乎不具备形成煤成油藏或气藏的条件。

Ⅲ型煤系烃源岩在成熟晚期（R_o 在 1.0%～1.30% 之间）总生油量有所增高，R_o 约为 1.1% 时（模拟温度 400℃）总生油量为 119.28kg/t$_C$，达到生油高峰（图 4.23、表 4.11）。生油高峰之后，煤岩中沥青“A”开始热裂解和缩聚反应，油变轻逐渐接近凝析油；排油效率和排出油量也开始增加，排出油量从 1kg/t$_C$ 增加到 26kg/t$_C$ 左右，排油效率从 2.5% 左右增加到 22% 左右，但是相对Ⅰ型、Ⅱ$_1$型、Ⅱ型优质烃源岩要低得多；烃气产率也逐渐增加，从 0.5kg/t$_C$ 左右增加至 32kg/t$_C$ 左右。此阶段，烃气以干酪根直接热降解为主，随气可以排出一些轻质油，在一定地质条件下可以形成煤成轻质油气藏。

Ⅲ型煤系烃源岩在高成熟阶段（R_o 为 1.25%～2.0%）最显著的特征是烃气（湿气）产率增加明显，由 32kg/t$_C$ 左右增加到 110kg/t$_C$ 左右，烃气主要是干酪根直接热降解烃气（>70%）。源岩中可溶沥青“A”及轻质油热裂解和缩聚生成的凝析油/湿气和残炭沥青量相对较低，总油量（主要是源岩中可溶沥青“A”）从 100kg/t$_C$ 左右减少到 20kg/t$_C$ 左右；排凝析油量从 26kg/t$_C$ 左右→38kg/t$_C$ 左右（高峰值）→15kg/t$_C$ 左右；排凝析油效率显著提高，从 22% 左右增加到 70% 左右。此阶段主要形成煤成气藏或凝析气藏。

表 4.11　Ⅲ型黏土质煤系烃源岩 DK 地层模拟数据

岩性	有机质类型	TOC/%	模拟温度/℃	校正后 R_o/%	残留油/(kg/t_C)	排出油/(kg/t_C)	总生油量/(kg/t_C)	烃气/(kg/t_C)	总烃/(kg/t_C)	排出油量/总生油量/%	碳质沥青/(kg/t_C)	氢气/(m^3/t_C)	CO_2/(m^3/t_C)
煤及碳质泥岩（原始 R_o=0.86%）	Ⅲ	63.02	原样	*0.86*	17.45		17.45		17.45				
			300	*0.88*	18.97	0.50	19.47	0.04	19.5	2.56		0.94	0.04
			350	*0.9*	50.39	1.16	51.54	0.25	51.79	2.24		0.96	0.07
			400	*1.1*	93.31	25.97	119.28	30.14	149.43	21.77	*0*	0.34	5.63
			450	*1.65*	22.29	37.72	60.01	78.54	138.55	62.85	*32.21*	0	9.58
			500	*2.35*	4.87	13.34	18.2	112.26	130.46	73.28	*46.39*	0.72	15.95
			550	*3.25*	0.98	2.87	3.85	117.33	121.18	74.55	*55.98*	2.07	28.65

注：斜体字为校正后或对比推测数据。

Ⅲ型煤系烃源岩在过成熟阶段（R_o>2.0%）形成烃气（甲烷）产率约为120kg/t_C，主要是干酪根直接热降解｛[117.33-(119.28-3.85)×0.3]/117.33=70.49%｝，源岩中可溶沥青“A”及排出的少部分凝析油热裂解烃气（甲烷）为辅（贡献率<30%），残炭沥青量（主要是源岩中）相对较低，小于56kg/t_C。此阶段可以形成煤成气藏（干气）。

Ⅲ型煤系烃源岩的成烃生物主要是高等植物，一般以镜质组为主，也含丝质组和壳质组。根据有机质丰富度可划分为煤及碳质泥岩（TOC≥4.0%）、煤系中等烃源岩（1.5%≤TOC<4.0%）及煤系差烃源岩（0.75%≤TOC<1.5%）。CG 常规模拟表明煤系烃源岩一般生油能力很低，含有一定量壳质组的煤系烃源岩随壳质组、基质镜质组或稳定组分含量增加，在成熟阶段中后期凝析油气产率有所增加，并随气排出一些轻质油或凝析油，排出量一般最高也不超过47kg/t_C；在过成熟阶段，烃气产率一般稳定在110~170kg/t_C之间，随壳质组或基质镜质组或稳定组分含量增加，烃气产率也有所增加，以干酪根裂解烃气为主（占总烃气的80%以上）。

Ⅲ型煤系烃源岩原样 DK 地层模拟实验生排烃模式与 CG 常规模拟实验生排烃模式具有明显差异（图 4.23）。DK 地层模拟实验具较明显的超压异常（模拟温度400℃及以上，流体压力≈静压，压力系数平均1.02），在模拟温度400℃时（相当于R_o=1.35%），其最高生油量为119.3kg/t_C，而 GC 常规模拟实验中，在模拟温度300~350℃时（相当于R_o在0.93%~1.23%之间），其最高生油量只有26.8~22kg/t_C，仅相当于 DK 地层模拟实验最高生油量的22.5%左右。在模拟温度≥300℃（相当于R_o>0.9%）时，DK 地层模拟实验排出油量从0.7kg/t_C逐渐升到最高值46.9kg/t_C，相同演化阶段均是 CG 常规模拟的3倍以上，占总生油量比例从3.5%逐渐升到90%左右，相同演化阶段均低于 CG 常规模拟。

第二节　海相优质烃源岩的岩石类型

海相优质烃源岩超显微碎屑颗粒成因分类中，按生物矿物的特征划分为生物无机碎屑（硅质生屑、钙质生屑等）、生物骨壁壳有机碎屑、脂类碎屑及其脂类次生沥青等四种成因类型（表3.1）。后三者（生物骨壁壳有机碎屑、脂类碎屑及其脂类次生沥青）均是生物有机碎屑，而前者的生物钙质碎屑是有孔虫、颗石藻等死亡后残留保存下来的钙质骨壁壳碎屑及其衍生物，其总量占海洋沉积物的30%~50%，生物硅质碎屑是放射虫、海绵、硅藻等死亡后残留保存下来的硅质骨壳壁碎屑及其硅质衍生物，也是海洋沉积物的主要矿物构成之一。因此，生物有机碎屑、生物钙质碎屑、生物硅质碎屑和自生黏土矿物碎屑等构成了海相优质烃源岩的主体岩石类型和主要矿物成分，并与成熟阶段石油的生成和排出密切相关。

一、岩石类型划分与评价

1. 海相优质烃源岩的岩石类型可划分为硅质生屑页岩（硅质型）、钙质生屑页岩（钙质型）和富有机质页岩或油页岩（黏土型）三大类

在常规有机地球化学和有机岩石学研究的基础上，利用扫描电子显微镜+能谱元素分析、X射线衍射和有机岩石学等超显微有机岩石学新技术，按生物矿物组合及排（或吸附）油气能力可把海相优质烃源岩主要划分为硅质生屑页岩（硅质型）、钙质生屑页岩（钙质型）和富有机质页岩或油页岩（黏土型）三大类（表4.12）。

表4.12　优质烃源岩岩石类型（生物碎屑及矿物组合）划分标志

岩石类型 评价方法与参数			优质烃源岩岩石类型		
			硅质型 （富有机质硅质生屑页岩为代表）	钙质型 （富有机质钙质生屑页岩为代表）	黏土型 （富有机质页岩或油页岩为代表）
沉积岩石学	主要岩性		富有机质（TOC>1.5%）硅质生屑页岩、硅质生屑显微薄层或互层页岩等	富有机质（TOC>1.5%）钙质生屑页岩、钙质生屑显微薄层或互层页岩、钙质泥页岩、泥灰岩等	富有机质页岩、油页岩、富有机质泥岩等
	主要沉积相带		远岸深水盆地相、台凹中部、热水活动区域等	台盆、台凹、潟湖、浅海陆棚、海底扇、海侵湖泊等	湖泊、海侵湖泊、三角洲前缘—前三角洲、近岸潟湖台盆台凹等
	氧化还原环境		强还原—还原	强还原—还原	强还原—还原
生物碎屑及矿物组合	超显微有机岩石学、有机岩石学	硅质生屑等	硅藻、放射虫、海绵等硅质生屑≥50%或硅质生屑显微薄层≥50%	<50%	<50%
		钙质生屑等	<50%	颗石藻、有孔虫等钙质生屑≥50%或钙质生屑显微薄层≥50%	<50%
		有机生屑等	浮游生物、底栖生物、细菌类等有机生屑3%~50%	浮游生物、底栖生物、真菌细菌类及少量水生高等植物等有机生屑3%~50%	浮游生物、底栖生物、真菌细菌类及水生陆生高等植物等有机生屑3%~70%
		蒙脱石、伊利石等自生、次生矿物	<50%	<50%	>50%
		他生（外来）黏土级颗粒等	少量	少量	少量~50%
排油气能力（DK地层孔隙热压生排烃模拟实验）	未成熟晚期	超重油	少量	少量	无（油页岩）
	低成熟	重质油	30%~60%	3%~40%	0%~10%（油页岩）
	成熟中期	原油			3%~15%
	成熟晚期—高成熟	轻质油—凝析油气	>70%	60%~70%	40%~50%
	过成熟	干气	>80%	>80%	>90%

（1）硅质型优质烃源岩：指以硅质（或硅化，SiO_2）生屑为主体（>50%），或含硅质（或硅化）生屑超显微薄层，或以有机碎屑及其衍生物与小于0.005mm的石英颗粒及晶体相伴生为主体（>50%）的

硅质页岩（表4.12、图4.24a_1～a_3）。其钙质生屑（碳酸盐）或硅钙质生屑含量小于50%，黏土含量小于5.0%，含硅质生屑超显微薄层页岩黏土含量可小于25%，页理常常较发育。岩性主要包括富有机质硅质（生屑）岩、硅质页岩和含硅质或硅钙质（超显微薄层）泥页岩等。以硅质（或硅化）生屑为主体的优质烃源岩往往发育在远岸具有水体分层（上部生物发育下部强还原）或洋流的台盆、台拗、台凹环境，或深水陆棚区域（图4.25），或发育在具有热液活动的区域。含硅质生屑超显微薄层发育的优质烃源岩往往在纵向上（或时间方向上）沉积环境发生了周期性的变化，硅质生屑超显微薄层的沉积环境也往往发育在远岸具有水体分层或洋流的台盆或台凹或深水陆棚。以有机碎屑及其衍生物与小于0.005mm的石英颗粒或晶体相伴生为主体（>50%）的优质烃源岩，往往发育在远岸且具有火山活动的台盆或台凹或陆棚

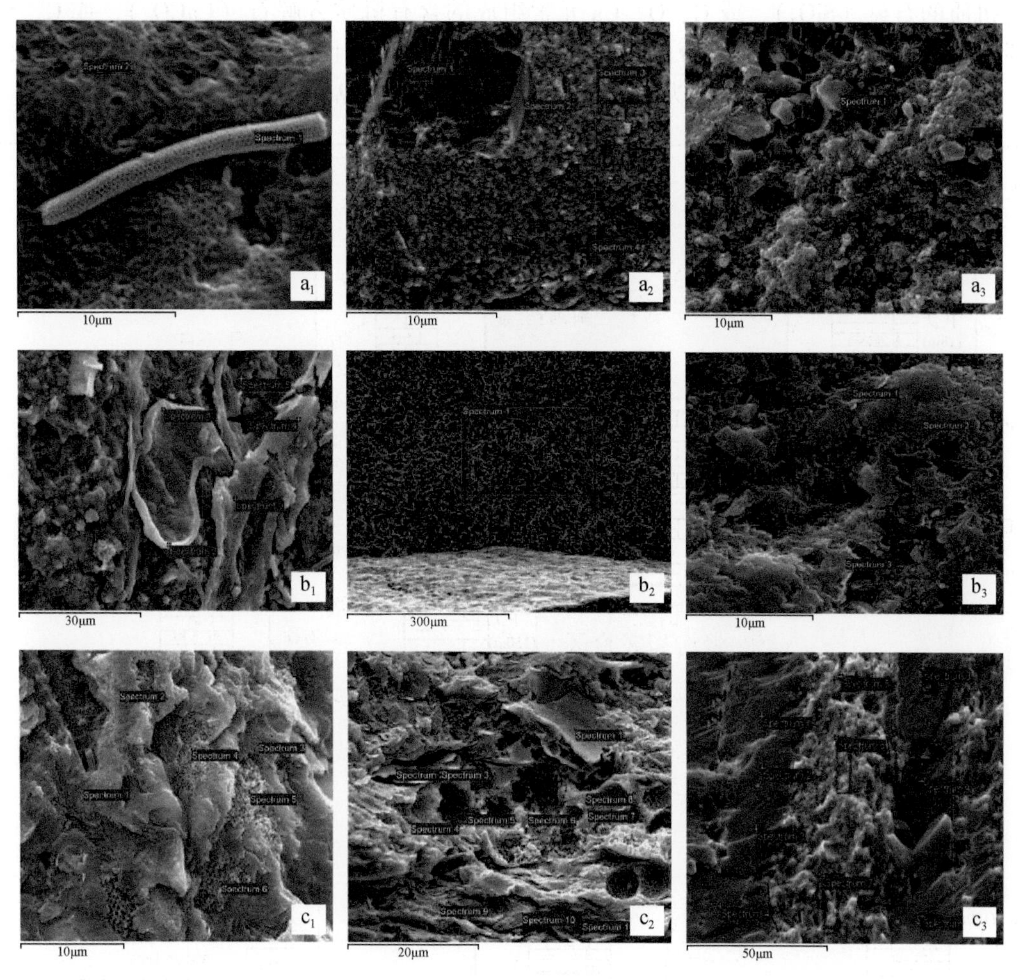

图4.24　典型硅质型、钙质型和黏土型优质烃源岩扫描电镜照片及能谱元素分析数据

a_1. 黑色硅质页岩，遵义松林剖面，$Є_1n$，Spe.1、2，C：14.6，O：53.8，Si：30.9，Fe：0.6，硅质生屑（海绵骨针+硅化藻席）。a_2. 页岩，毛坝3井P_2l，Spe.2～4，C：31.3，O：40.4，Si：28.3，硅化生屑（硅化红藻囊果）超薄层；Spe.1，C：13.6，O：44.8，Si：1.9，Ca：39.7，钙质生屑。a_3. 页岩，塔里木盆地肖尔布拉克东二沟剖面，$Є_1y$，Spe.1，O：53.3，Si：46.7，自形石英晶体；Spe.3、4，C：48.3，O：34.5，Si：13.1，S：1.1，P：0.8，Ca：2.1，隐晶硅质生屑超薄层；Spe.2，C：64.7，O：24.4，Si：10.2，S：0.7，晶间充填含硅质碳质沥青。b_1. 钙质泥页岩，广元上寺长江沟剖面，P_2d，Spe.1～4，C：30.9，O：45.8，Ca：17.9，Si：4，Al：0.6，Mg：0.4，Cl：0.1，Fe：0.4，钙化生屑（真菌菌丝）。b_2. 钙质页岩，元坝3井P_2l，Spe.1，C：10.9，O：48.4，Ca：38.7，钙质生屑薄层。b_3. 钙质泥页岩，广元上寺长江沟剖面，P_2d，Spe.1、2，C：26.6，O，45.6，Si：3.8，Ca：24，钙化生屑薄层；Spe.3，C：49.7，O：34.8，Si：9.7，Al：1.2，Ca：3.1，S：1.6，有机生屑（藻纹层）+黏土薄层。c_1. 黑色页岩，川东北通江剖面，$Є_1n$，Spe.1～3，C：21.9，O：46.5，Si：21.6，Al：5.7，Mg：0.4，Na：1.3，K：1.8，Fe：0.7，黏土矿物+硅质生屑（疑源类为似鱼鳞藻）。c_2. 黑色页岩，川东北通江剖面，S_1l，Spe.1、2，O：51.9，Si：31.4，Al：9.7，Mg：0.7，K：4.1，Fe：1.8，Ti：0.4，黏土矿物；Spe.4～8，C：25，O：45.2，Si：24.3，Al：3.4，Mg：0.1，Na：0.3，K：1.2，Fe：0.6，黏土矿物+硅质生屑（疑源类为似鱼鳞藻）。c_3. 泥页岩，重庆南川剖面，P_2l，Spe.5～7，C：18.6，O：43.4，Si：16.8，Al：14.3，Ti：6.3，Fe：0.5，黏土（高岭石）+生屑薄层；Spe.1～4，8～10，C：84.7，O：7.2，Si：0.3，Al：0.5，S：4.8，Ca：0.2，Ti：1.4，Fe：0.9，有机生屑薄层。以上含量数据单位均为%；Spe.为Spectrum缩写

区域，它暴露地表后有机质尤其是可溶有机质极易风化并散失，烃源岩颜色也由黑变浅黄白，S_1+S_2 及 TOC 迅速降低，地表露头勘查时要特别注意。

例如，我国四川盆地川东北地区河坝1井、毛坝3井及元坝3井等钻井 P_2l—P_2d 海相优质烃源岩多为硅质生屑（或生屑薄层）型或硅质生屑与钙质生屑混合（或生屑薄层）型（图4.26），主要特征表现为：①全岩X射线衍射分析矿物组成多以石英为主（>75%）或以方解石及白云石为主（>75%），或二者混合为主（>90%），黏土含量多小于10%（表4.13）；②典型样品超显微有机岩石学照片显示出页理或超薄层（μm级）为生屑或生屑衍生物（有机质生屑或硅化、钙化、黄铁矿化等含有机质生屑）组成；能谱元素分析显示它们多含有机质；③生屑或其基质薄层能谱元素分析显示它们主要为C、O、Si等元素组成，即含有机质的石英（SiO_2），或C、O、Ca元素组成的含有机质方解石（$CaCO_3$），或C、S、Fe组成的含有机质黄铁矿（FeS_2）等；④部分薄层或页理尤其是含高等植物或线叶植物碎片由O、Si、Al、K或Mg或Na、S、Fe、Ti及C等组成，即为黏土薄层或包裹有机质的黏土薄层。

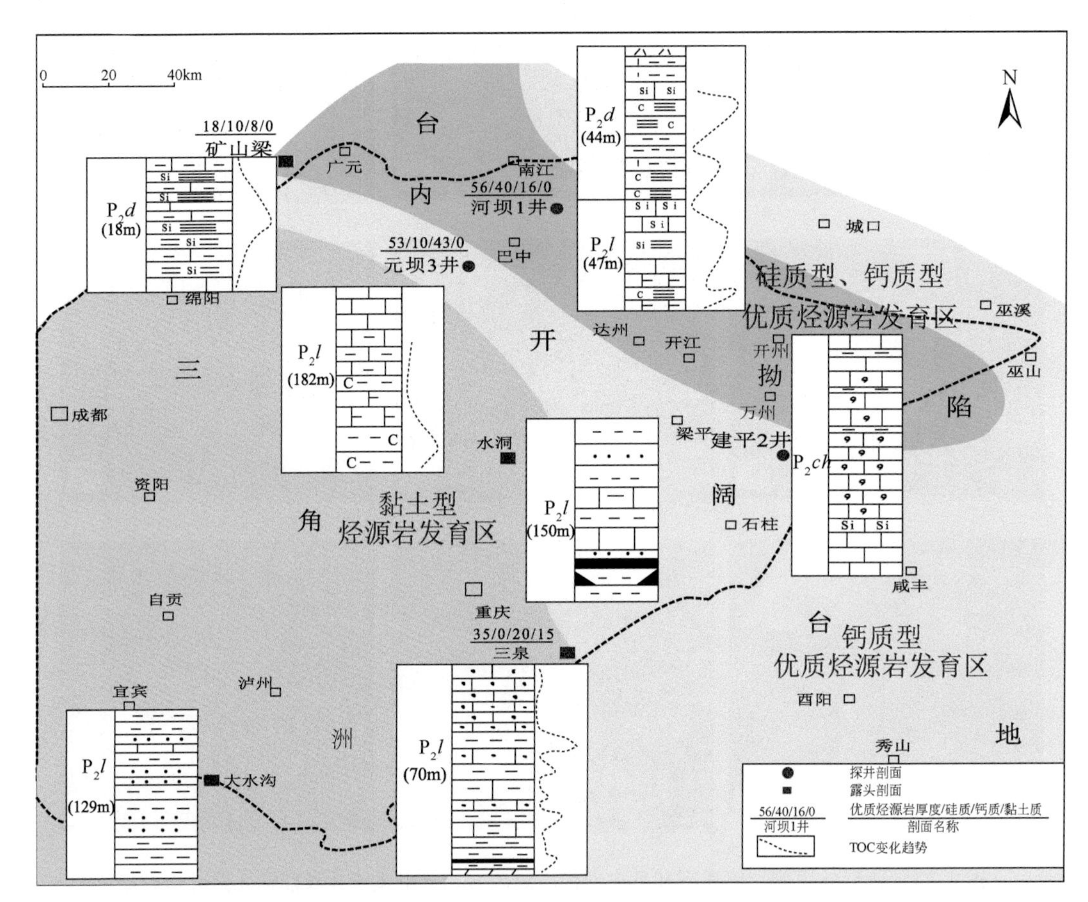

图4.25 四川盆地上二叠统（P_2l—P_2d）沉积环境与不同类型优质烃源岩分布关系

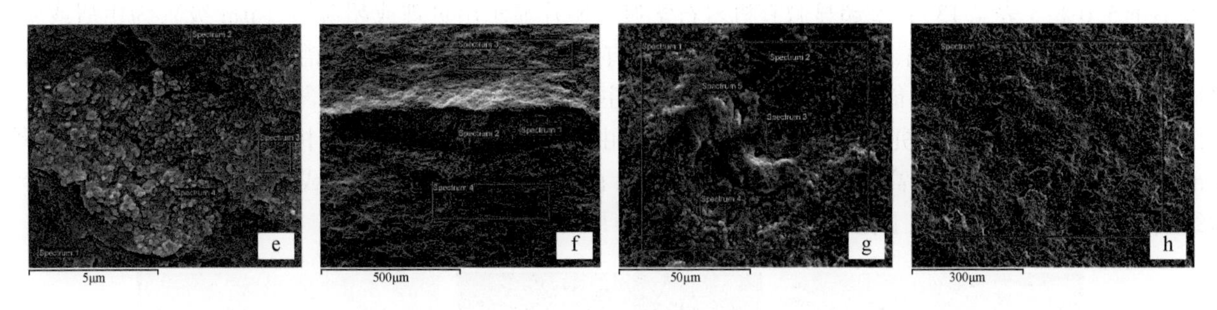

图 4.26 中国南方过成熟海相硅质型优质烃源岩典型样品超显微有机岩石学照片

a ~ d. P_2d 河坝1井；e、f. P_2l 毛坝3井；g、h. P_2l 元坝3井

表 4.13 典型海相优质烃源岩、油页岩及煤系烃源岩样品全岩 X 射线衍射数据

地区	井号或剖面	层位	井深/m或层段	岩性	TOC/%	分析样品数	黏土含量/%	石英/%	方解石、白云石/%	其他矿物/%	类型评价
川东北	河坝1井	P_2d	5636.21 ~ 5643.91	黑色含钙硅质页岩	2.37	3	1.87	82.77	14.00	0.70	硅质生屑优质烃源岩
	毛坝3井	P_2l	5186.52	黑色钙质页岩	10.6	1	10	12	78.00		钙质生屑（薄层）优质烃源岩
	元坝3井		7066 ~ 7099	页岩		1	2	59	36.00	2	钙质生屑+硅质生屑优质烃源岩
			7145 ~ 7182	页岩		2	9.00	44.50	39.50	3.00	钙质生屑+硅质生屑（薄层）优质烃源岩
			7206 ~ 7207	页岩		1	1	86	12.00		硅质生屑优质烃源岩
川西北	广元长江沟	P_2d	P_2d 中下部	黑色钙质页岩	5.67	3	0.50	14.67	84.17	0.33	钙质生屑优质烃源岩
			P_2d 中部	黑色页岩	5.95	3	1.77	65.33	31.00	0.33	钙质生屑+硅质生屑优质烃源岩
			P_2d 上部	黑色页岩	12.95	4	5.00	80.38	12.25	1.38	硅质生屑（薄层）优质烃源岩
川南	华蓥山	P_2l		煤	57.68	1	12	83	1.00	2	煤烃源岩（黏土型）
				黑色泥岩	0.57	2	69.00	14.25	4.40	1.35	煤系烃源岩（黏土型）
东北	吉林桦甸	E	3 ~ 4段	黑色油页岩	18	3	24.00	67.33	0.83	1.67	优质烃源岩（黏土型）
			4段	黄色油页岩	29.82	1	15	60	24.00	1	优质烃源岩（黏土型）

（2）钙质型优质烃源岩：主要是指以钙质（或钙化，碳酸盐）生屑为主体（>50%），或含钙质（钙化）生屑超显微薄层，或有机碎屑及其衍生物与碳酸盐相伴生为主体（>50%）的钙质页岩（表 4.12、图 4.24b_1 ~ b_3）。其硅质生屑或硅钙质生屑含量低于 50%，黏土含量低于 5.0%（钙质生屑页岩），含钙质生屑超显微薄层页岩黏土含量<25%，页理常常较发育。岩性主要包括富有机质钙质页岩、灰岩、泥灰岩及硅质灰岩等碳酸盐岩。以钙质（或钙化）生屑为主体的优质烃源岩也往往发育在远岸具有水体分层（上部生物发育，下部强还原）且呈弱碱性的台盆或台拗或台凹及开阔台地（图 4.25）的区域，相对硅质型沉积水体可能浅一些；以含钙质生屑超显微薄层的优质烃源岩往往在纵向上（或在时间上）沉积环境发生了周期性的变化。

例如，四川盆地川西北 P_2d 海相优质烃源岩多为钙质生屑型、钙硅质生屑薄层型或硅质生屑薄层型（图 4.27），主要特征为：①全岩 X 射线衍射矿物组成以方解石或石英或二者混合为主（>90%），黏土含量多小于5.0%（表4.13）；②超显微有机岩石学典型照片显示出页理或超薄层（μm级）为生屑或生屑衍生物（有机质生屑或硅化、钙化、黄铁矿化等含有机质生屑）的特征，能谱元素分析显示出它们含有机质；③生屑或其基质薄层能谱元素分析显示它们主要由C、O、Ca组成即含有机质方解石（$CaCO_3$），或由C、O、Si组成即含有机质的石英（SiO_2），或由C、S、Fe组成即含有机质的黄铁矿（FeS_2）等；④部分薄层或页理尤其是含高等植物或线叶植物碎片由O、Si、Al、K或Mg或Na、S、Fe、Ti及C等元素组成，即为黏土薄层或黏土化或包裹有机质黏土薄层。

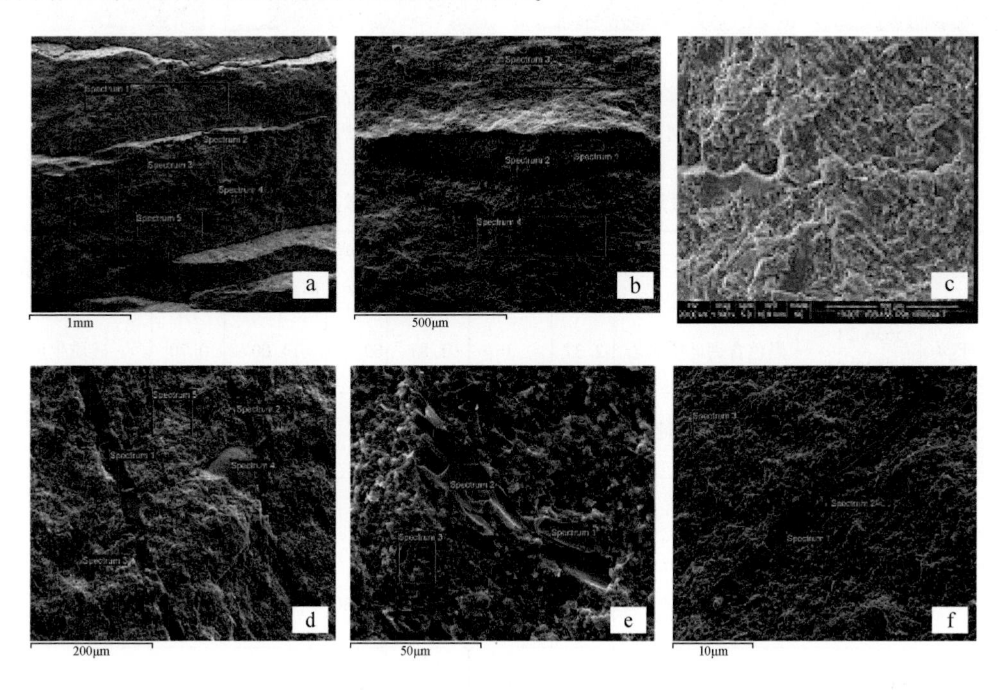

图4.27　中国南方过成熟钙质型海相优质烃源岩典型样品超显微有机岩石学照片

a、b. P_2l 毛坝3井；c. P_2l 元坝3井；d～f. P_2d 广元长江沟剖面

（3）黏土型优质烃源岩：主要是指黏土含量相对较高的富有机质（Ⅰ—Ⅱ型干酪根）泥页岩（表4.12、图4.24c_1～c_3）。其黏土含量大于10%，一般大于25%，有机质碎屑含量较高，黏土往往与有机质包裹在一起，同时含有钙质生屑或硅质生屑，页理发育，岩性包括油页岩、泥岩、页岩、含钙泥页岩等。黏土质优质烃源岩往往发育在近岸且呈弱酸性的混浊水体潟湖或海沼三角洲区域（图4.25）。

例如，四川盆地川东南 P_2l 海相沼泽煤系烃源岩以及东北桦甸盆地古近系（E）油页岩多为黏土型（图4.28），主要特征为：①全岩X射线衍射分析数据显示出 P_2l 海相煤系泥岩以黏土（高岭石）含量为主（>50%），石英含量小于15%，方解石含量小于5%；P_2l 煤中“泥”含量相对较低，“泥”级颗粒中黏土（高岭石）相对含量为12%，石英含量高；桦甸E油页岩中黏土含量大于15%（表4.13），也含石英（60%～70%）及方解石等矿物；②超显微有机岩石学典型样品照片显示出页理发育，但是超薄层（μm级）多为黏土与生屑或生屑衍生物（有机质生屑或硅化、钙化、黄铁矿化等含有机质生屑）相互包裹；③生屑及基质薄层能谱元素分析显示出它们主要由C、O、Si、Al、K或Mg或Na、S、Fe、Ti等组成，即为黏土与有机生屑或藻纹层相互包裹的薄层。

因此，硅质型优质烃源岩主要是指以硅质或硅化生屑为主体，或富含硅质或硅化生屑超显微薄层的硅质（生屑）页岩。常常发育页理，纵向上表现在含硅质生屑超显微薄层发育，沉积环境常常发生周期性的变化，平面上往往发育在远岸具有水体分层、洋流、火山灰或热液作用的台盆、台拗或台凹、陆棚等沉积环境。钙质型页岩或优质烃源岩主要是指以钙质或钙化生屑为主体，或富含钙质或钙化生屑超显微薄层的钙质页岩或碳酸盐岩，岩性主要包括富有机质钙质页岩、灰岩、泥灰岩及硅质灰岩等。其页理也常常较发育，纵向上表现在含钙质生屑超显微薄层发育，沉积环境常常发生周期性的变化，平面上往往发育在远岸具有水体分层，且呈弱碱性的台盆、台拗或台凹、开阔台地等环境，相对硅质型烃源岩沉积水体一般要浅一些。黏土质泥页岩或优质烃源岩主要是指黏土含量相对较高的富有机质（Ⅰ—Ⅱ型干酪根）泥页岩，黏土往往与有机质或钙质生屑或硅质生屑在一起，岩性包括油页岩、泥岩、页岩、含钙泥页岩等，平面上往往发育在近岸且呈弱酸性的混浊水体潟湖或三角洲环境。

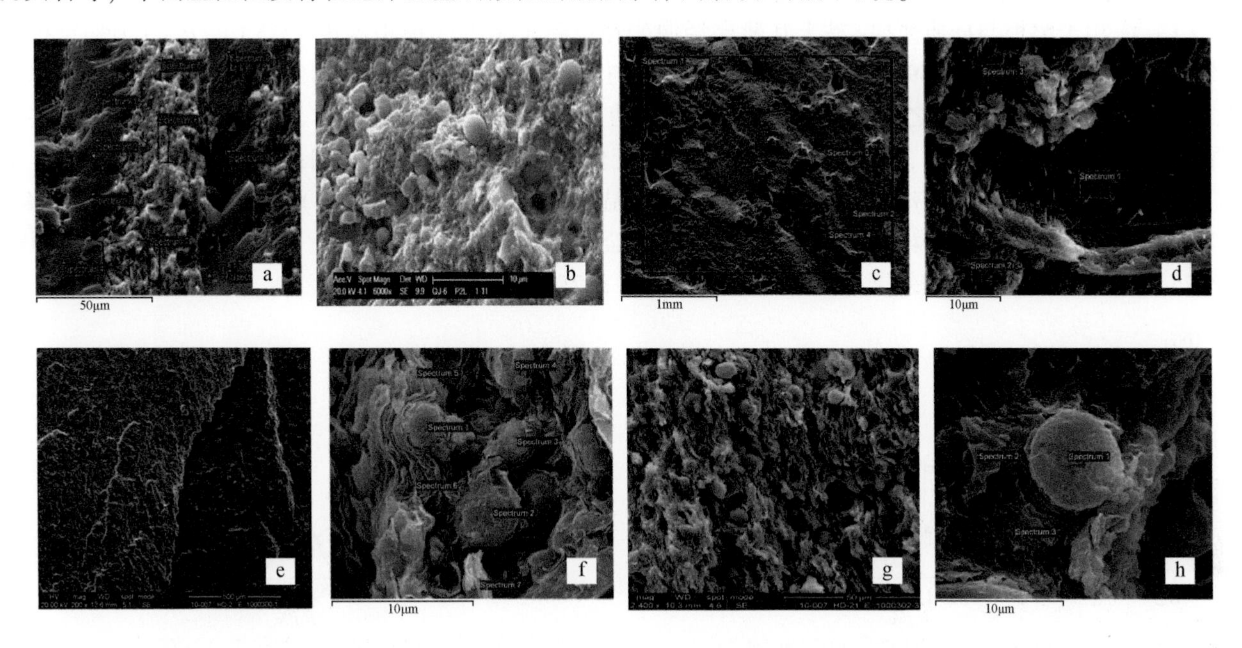

图 4.28　南方过成熟黏土型烃源岩（海沼煤系）及松辽盆地桦甸黏土型优质烃源岩（油页岩）典型样品超显微有机岩石学照片

a、b. 南川剖面 P_2l 黑色泥页岩；c、d. 华蓥山剖面 P_2l；e～h. 吉林桦甸 E

2. 海相优质烃源岩的岩石类型可通过有机岩石学和超显微有机岩石学的方法来厘定

海相硅质型、钙质型和黏土型优质烃源岩及有机质含量与分布状态主要通过有机岩石学和超显微有机岩石学的方法来厘定（详见第三章）。超显微有机岩石学是有机岩石学的更微观分析（μm 级），它介于普通显微镜与原子力显微镜之间，放大倍数一般在 500～10000 倍之间，最高可达 80000 倍以上，它是微观成烃生物、页岩中 μm 级微观矿物颗粒结构形状研究以及通过能谱元素测定确定矿物成分（图 4.24），并结合普通显微镜下的有机岩石学、X 射线衍射、激光拉曼、共聚焦激光显微镜、显微镜傅里叶红外、单体有机质或矿物或包裹体的微区色谱质谱及碳同位素分析等方法进行的综合分析研究方法。它主要是在烃源岩常规分析和研究的基础上，利用全岩 X 射线衍射分析和垂直（及平行）页理面的扫描电子显微镜（SEM）+能谱元素分析方法来进行综合分析研究。

硅质型、钙质型和黏土型优质烃源岩的 DK 地层模拟实验结果最显著特征是它们在成熟阶段早中期排油能力存在较大的差异。硅质型及钙质型优质烃源岩排油效率和排出油量相对较高，多为重质油，并且一般在成熟早期（R_o 为 0.6% 之前）出现排油次高峰。本书根据典型未成熟—低成熟硅质型、钙质型和黏土型优质烃源岩样品的 DK 地层模拟实验结果建立了它们的生排油气动态模式，并提出了不同优质烃源岩类型（岩性）的动态评价方法，为更客观地进行油气资源评价提供了新的技术和评价参数。

二、海相优质烃源岩不同岩石类型的主要特征

1. 成熟阶段硅质型海相优质烃源岩的排油效率和排出油量最高，钙质型次之，黏土型最低

不同层系、不同沉积环境下形成的优质烃源岩，由于其生物碎屑和矿物组分上存在差异，各种热压生排烃模拟实验结果显示，其在生排油气能力上也存在较大差异（秦建中等，2006，2010c，2013）。

海相干酪根与硅质薄层+黏土互薄层压制成的人工烃源岩样品、海相干酪根与黏土+硅质互薄层压制

成的人工烃源岩样品（海相干酪根从云南禄劝 D_2富有机质灰岩中分离制备；黏土矿物从南京 P_2 泥岩中分离制备，以蒙脱石为主；硅质为石英颗粒，小于 100 目），云南禄劝 D_2 富有机质泥灰岩和四川广元矿山梁 P_2d 泥页岩的地层流体异常压力（异常流压）模拟如下。

（1）海相干酪根与硅质薄层+黏土互薄层烃源岩在成熟早中期（模拟温度<375℃，R_o<1.0%）排油效率最高，变化在 45.6%~59.4%之间；海相干酪根与黏土+硅质互薄层烃源岩在成熟早中期排油效率次之，变化在 21.2%~40.5%之间（图 4.29）；云南禄劝 D_2灰岩（碳酸盐含量 93.5%，TOC=0.58%）在成熟早中期（模拟温度<375℃，R_o<1.2%）排油效率变化在 15.2%~35.8%之间；云南禄劝 D_2泥灰岩（碳酸盐含量 73.3%，TOC=3.4%）在成熟早中期（模拟温度≤350℃，R_o约<1.0%）排油效率变化在 1.7%~14%之间；而四川广元矿山梁 P_2d 含钙泥页岩（碳酸盐含量 23%，TOC=12.2%）在成熟早中期（模拟温度<375℃，R_o<1.0%）排油效率最低，变化在 1.8%~3.2%之间。

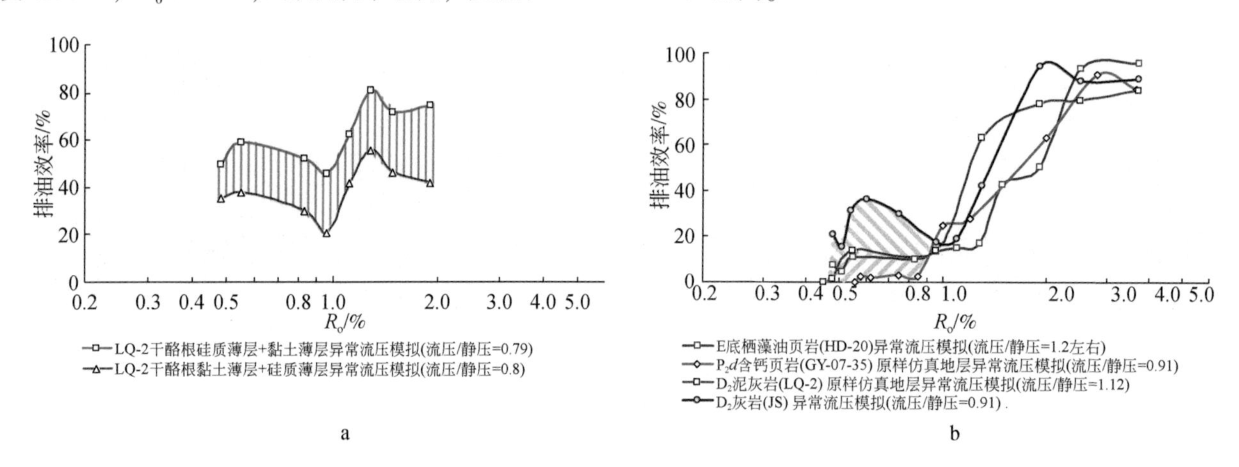

图 4.29　不同岩性或矿物组成的不同岩性或矿物组成烃源岩样品排油效率对比

均以Ⅱ型有机质类型为例，仿真地层异常流压模拟实验。a. 干酪根硅质薄层+黏土薄层、干酪根黏土薄层+硅质薄层；b. 含钙油页岩、含钙页岩、泥灰岩、灰岩

（2）海相干酪根与硅质+黏土互薄层烃源岩人工样品、海相干酪根与黏土+硅质互薄层烃源岩人工样品和云南禄劝 D_2灰岩以及云南禄劝 D_2泥灰岩在成熟早中期排油效率均出现一个次高峰，相当于 R_o 值在 0.55%~0.6%之间。

海相干酪根与硅质+黏土互薄层烃源岩排油效率最高达 59.4%（模拟温度 300℃，R_o=0.55%）；海相干酪根与黏土+硅质互薄层烃源岩排油效率达 40.5%（模拟温度 300℃，R_o=0.55%）；云南禄劝 D_2灰岩排油效率达 35.8%（模拟温度 300℃，R_o=0.6%）；云南禄劝 D_2泥灰岩排油效率达 13.8%（模拟温度 300℃，R_o=0.55%）。次高峰之后，随成熟度的增加（R_o 或模拟温度），不同岩性烃源岩的排油效率均逐渐有所降低（减少 14%~19%），最低点在 R_o=0.95%左右（模拟温度 350℃）。实际上，海相含钙页岩在成熟早中期排油效率尽管均很低且变化不明显，但也出现一个很小的次高峰（模拟温度 325℃，相当于 R_o=0.75%），排油效率为 3.18%，次高峰之后随成熟度增加，排油效率也有所降低（减少至小于 1.0%）。海相硅质生屑（或薄层）或钙质生屑（或薄层）优质烃源岩在成熟早期排油效率出现次高峰，在成熟中期排油效率不增反降的认识为本书首次提出，其主要原因可能在于：模拟实验技术（流体异常压力与静压）的改进更接近烃源岩地下客观实际条件，超显微有机岩石学技术能识别硅质生屑（或薄层）或钙质生屑（或薄层）等；烃源岩在成熟早期原生孔隙相对较大，随压实作用或成熟度的增加，泥岩孔隙度逐渐减小，尽管可溶有机质（原油）密度有所降低，但是尚未到达热裂解温度，因此，出现了次高峰之后随成熟度的增加排油效率逐渐降低的趋势。

（3）不同岩性或矿物组成的烃源岩人工样品和自然样品在成熟晚期（相当于 R_o 在 1.0%~1.3%之间，模拟温度在 375 ~425℃之间）排油效率均迅速增加到 60%以上，主要原因在于：①可溶有机质或原油开始产生热裂解，油质明显变轻，更容易随气排出烃源岩；②流体异常压力容易产生间歇性微裂缝，使得油气容易随气排出。因此，海相优质烃源岩中只有硅质生屑（或薄层）或钙质生屑（或薄层）烃源岩在成熟早期才能大量排出重质油或稠油，排出比例最高可达59%（硅质），而黏土质烃源岩几乎不能排出重质油，排出比例最高也只有3.0%；在成熟晚期它们的排油效率均迅速增加到60%以上。

（4）海相干酪根与硅质+黏土互薄层人工烃源岩在成熟早中期（模拟温度<375℃，R_o 约<1.0%）排出油量最高，变化在81～129kg/t_C 之间；海相干酪根与黏土+硅质互薄层人工烃源岩排出油量次之，变化在48～75kg/t_C 之间；云南禄劝 D_2 灰岩在成熟早中期（模拟温度<375℃，R_o<1.2%）排出油量变化在16～71kg/t_C 之间；云南禄劝 D_2 泥灰岩在成熟早中期（模拟温度≤350℃，R_o 约<1.0%）排出油量变化在2～50kg/t_C 之间；而桦甸E油页岩（HD-20）、四川广元矿山梁 P_2d（GY-07-35）含钙泥页岩在成熟早中期（模拟温度<375℃，R_o<1%）排出油量相对最低，仅变化在1～25kg/t_C 之间（图4.30）。

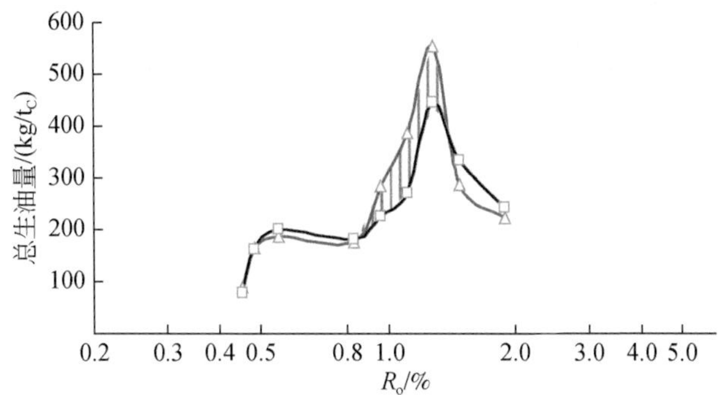

a

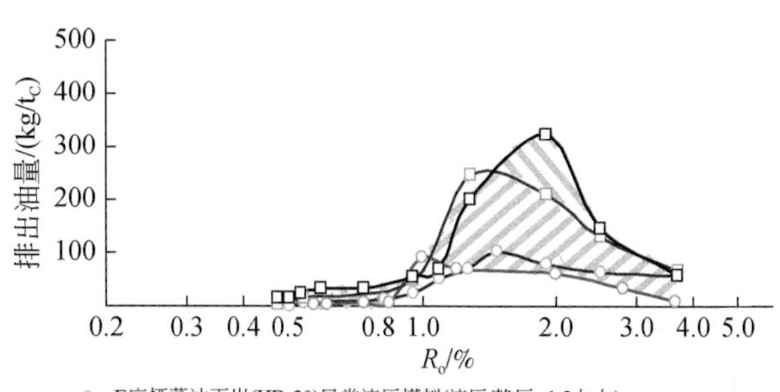

b

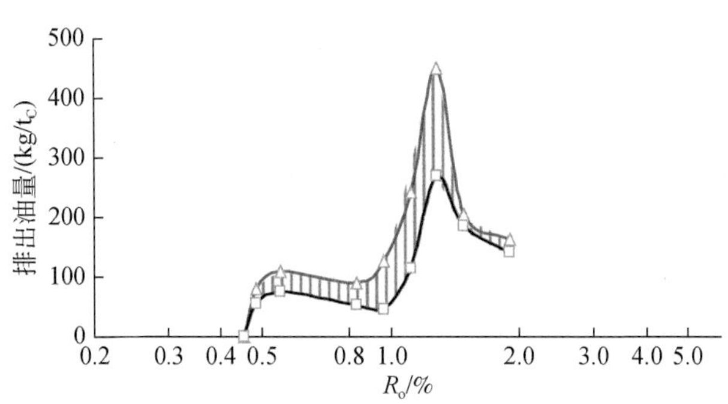

c

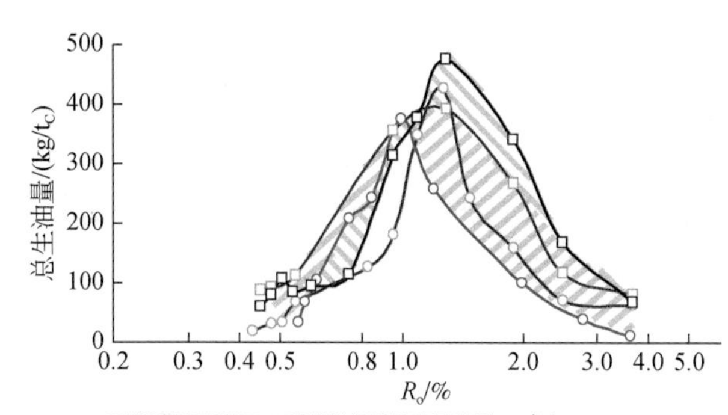

d

图4.30　不同岩性或矿物组成的人工与自然烃源岩样品生排油量对比

DK地层异常流压模拟实验条件下，以Ⅱ型有机质类型为例。a. 人工烃源岩样品总生油量；b. 自然烃源岩样品排出油量；c. 人工烃源岩样品排出油量；d. 自然烃源岩样品总生油量

海相干酪根硅质薄层+黏土薄层烃源岩、海相干酪根黏土薄层+硅质薄层烃源岩在成熟早中期排出油量出现一个较小的次高峰，约相当于 R_o=0.55%。而灰岩、泥灰岩及含钙泥页岩和油页岩在成熟早中期随成熟度增加（R_o 或模拟温度）排出油量变化不明显，逐渐有所增加。这与排油效率逐渐降低有所不同，主要是总生油量逐渐增加所致。

（5）海相干酪根硅质薄层+黏土薄层烃源岩、海相干酪根黏土薄层+硅质薄层烃源岩、泥灰岩和灰岩排出油量在成熟晚期均迅速增加，约在成熟末期—高成熟（灰岩模拟温度在400～450℃之间，相当于 R_o 变化在1.3%～1.9%$_{灰岩}$之间）达到排油高峰。而含钙泥页岩和含钙油页岩在生油高峰或成熟晚期排出油量也较快增加，排油高峰约在成熟晚期—高成熟（模拟温度在375～425℃之间，相当于 R_o 在1.0%～1.5%之间），但是排出油量即使在高成熟阶段也远小于硅质或钙质及其薄层优质烃源岩，仅相当于1/3～1/2。

（6）海相台内盆地（凹陷或潟湖）稳定且分层沉积，水体中浮游生物（硅藻、甲藻等）沉积形成的优质页岩在成熟早期（R_o 在 0.45%~0.7% 之间）就可以形成大量重质油（占总生油量 50% 以上）。该阶段形成的重质油可以沿富有机质硅质或钙质超微薄层或页理面连续不断地排出页岩，排出量或排出比例与硅质或钙质、黏土等矿物对重质油的吸附性强弱有关。硅质富有机质超微薄层（生物格架为硅藻、硅质放射虫、硅质海绵、牙形刺等生物化石）对原油，尤其是重质油吸附能力相对较小，最容易排出重质油或超重质油（API 小于 10 或密度大于 $1g/cm^3$）。碳酸盐富有机质超微薄层（生物格架为钙质生物化石）对原油或重质油吸附能力相对较小，但是比硅质矿物大一些，也较容易排出重质油（API 介于 20 ~ 10 之间或密度介于 0.94 ~ 1 之间），这已经得到模拟实验的证实（图 4.31、图 4.32）；而黏土矿物（之间包裹的有机质或黏土矿物之间的分散有机质）对原油或重质油的吸附能力相对最大，重质油很难排出，大量排出的一般是正常原油或轻质油（API 介于 40 ~ 25 之间或密度介于 0.82 ~ 0.9 之间）。因此，海相富有机质硅质或钙质超微薄层的优质页岩在低成熟—成熟阶段较容易排出重质油或原油，此阶段储层压实作用弱，孔隙发育，重质油对盖层条件要求较低，有利于形成重质油藏。

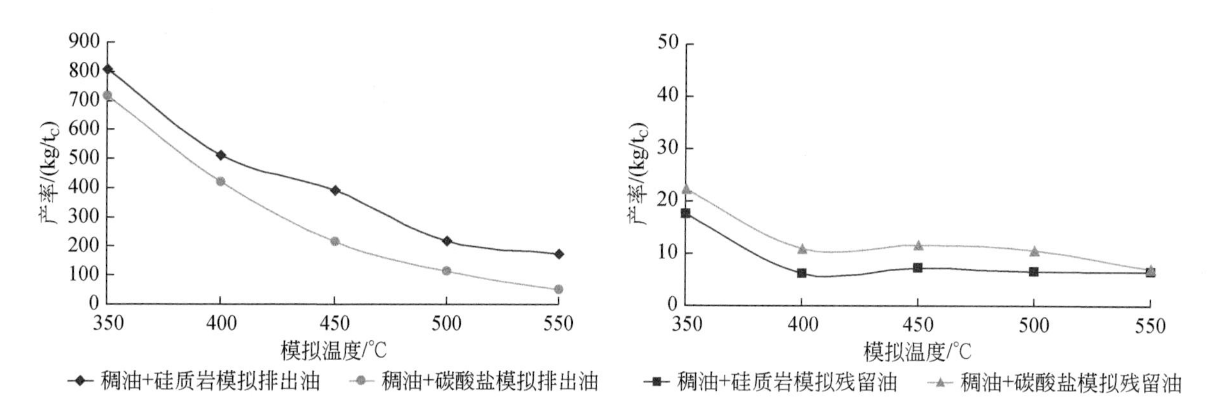

图 4.31　稠油（塔里木盆地 TK606 井）+石英砂或方解石常规热压模拟实验结果

模拟排出油为排出页岩黏附在釜壁或随气携带出的油，残留油为页岩中残留的沥青“A”

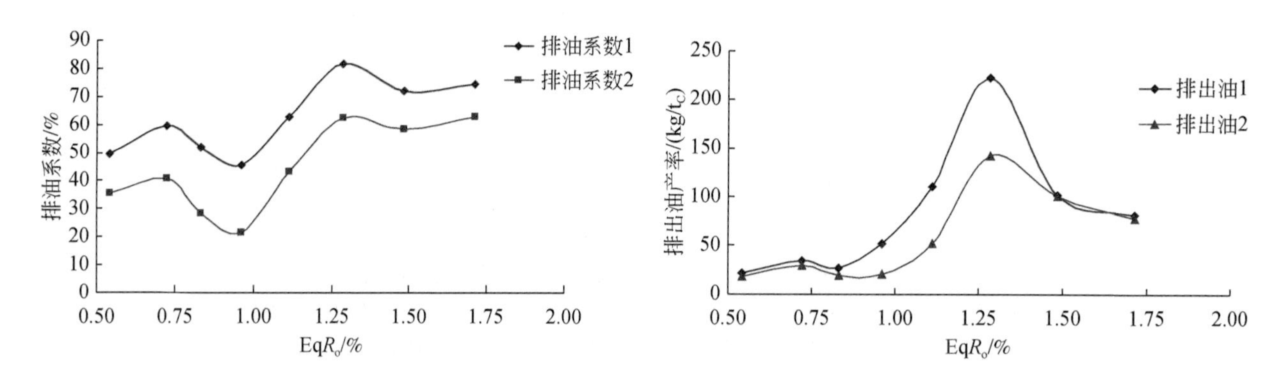

图 4.32　超薄微层优质烃源岩（DK 地层模拟实验）排油系数和排出油产率对比曲线

排油系数 1. 硅质岩有机质+泥岩；排油系数 2. 泥岩有机质+硅质岩

海相硅质型（或硅质生屑薄层）优质烃源岩在成熟早、中期（等效 R_o 在 0.45%~1.05% 之间），DK 地层模拟的排油效率和排出油量相对最高，前者变化在 21%~60% 之间，后者变化在 48 ~ 129kg/t_C 之间（秦建中等，2013），而且多为重质油，排油效率和排出油量均随成熟度增加，但是在低成熟阶段（等效 R_o=0.6%）之前出现次高峰（图 4.33），同时也随硅质生屑含量或硅质生屑有机质薄层增加而增大。

海相钙质型（或钙质生屑薄层）优质烃源岩在成熟早、中期（等效 R_o 在 0.45%~1.1% 之间），DK 地层模拟的排油效率和排出油量也相对较高，前者变化在 13%~36% 之间，后者变化在 16 ~ 71kg/t_C 之间，而且油也较重，排油效率和排油量也均随成熟度增加总体具有增加的趋势，排油效率在低成熟阶段也出

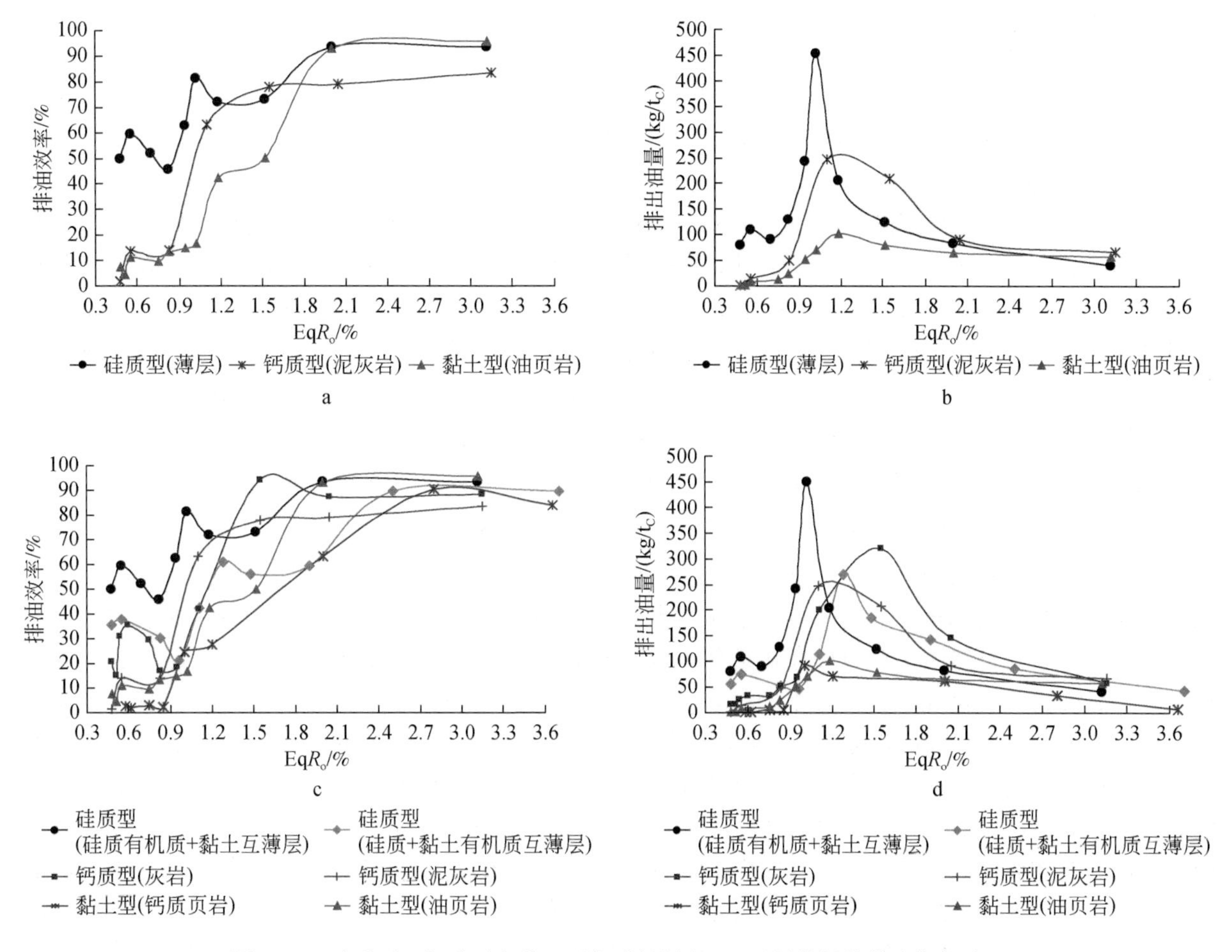

图 4.33　硅质型、钙质型和黏土型优质烃源岩 DK 地层模拟的排油能力对比

现次高峰（图 4.33），同时随碳酸盐含量或钙质生屑有机质薄层增加而增大。

海相黏土质优质烃源岩在成熟早、中期（等效 R_o 在 0.5%~1.1% 之间），DK 地层模拟的排油效率和排出油量很低，前者在 1%~4% 之间，后者在 1 ~52kg/t_C，而且油质相对较轻，排油效率和排出油量也均随成熟度增加略有增加的趋势，但在低成熟阶段未出现次高峰（图 4.33），排油效率和排出油量可能随黏土含量增加而具有逐渐减小的趋势。

黏土质优质烃源岩在成熟阶段早中期（等效 R_o 在 0.45% ~0.95%）的排出油量只有硅质型优质烃源岩的 2%~40%，一般在 10%~20% 之间；相当于钙质型优质烃源岩的 6%~75%，一般在 30%~40% 之间。而排油效率仅相当于硅质型的 4%~7%，钙质型的 7%~12%；随着优质烃源岩黏土含量的减少，或硅质生屑薄层的增加，或钙质生屑薄层的增加，排油效率和排出油量逐渐增加，油质或密度也逐渐变重。不同类型优质烃源岩排油效率的差异，可能与石英或方解石或黏土颗粒晶形（夹角）或颗粒晶体形状有关。颗粒晶体越趋于球形，毛细管及运移阻力越小，润湿性越有利石油的运移；黏土颗粒多呈不规则片状，毛细管及运移阻力大，润湿性也不利于石油的运移，因此对原油吸附能力较强。优质烃源岩排出油量或排出油比例与硅质、钙质、黏土包裹等对重质油的吸附性有关。总体来说，硅质富有机质超微薄层最容易排出重质油或特重质油；碳酸盐富有机质超微薄层较容易排出重质油；而黏土质优质烃源岩中重质油很难排出，一般大量排出的是正常原油或轻质油。

海相不同类型优质烃源岩在成熟晚期—高成熟阶段（等效 R_o 在 1.0%~2.0% 之间），DK 地层模拟的排油效率均迅速提高到 60% 以上，只是硅质型（或硅质生屑薄层）相对较早一些，等效 R_o 在 0.9%~1.2% 之间迅速增高，钙质型（或钙质生屑薄层）等效 R_o 在 0.9% ~1.5% 之间迅速增高，而黏土型等效 R_o 则在 1.1%~2.0% 之间才迅速增高（图 4.33），即黏土质优质烃源岩在成熟晚期—高成熟阶段的排油效率多低于硅质型和钙质型，而且迅速增高阶段明显滞后。

排出油量在成熟晚期—高成熟阶段（等效 R_o 在 1.0%~2.0% 之间）则与排油效率不同，硅质型（或硅质生屑薄层）排出油量可达 271 ~453kg/t_C，模拟排油高峰出现在等效 R_o 为 1.0%~1.3% 之间，相对较早，之后迅速降低；钙质型（或钙质生屑薄层）排出油量在 248 ~323kg/t_C 之间，模拟排油高峰在等效 R_o 为 1.1%~1.6% 之间，之后也迅速降低；而黏土型排出油量最高不到 103kg/t_C，模拟排油高峰在等效 R_o 为 1.0%~1.2% 之间，之后逐渐降低（图 4.33）。黏土质优质烃源岩在成熟晚期—高成熟阶段的最高排出油量只相当于硅质型（或硅质生屑薄层）优质烃源岩的 23%~33%，钙质型（或钙质生屑薄层）优质烃源岩的 31%~37%。而排油效率也明显低于硅质型和钙质型，随成熟度的增加而迅速提高到 60% 以上的阶段明显滞后。与在成熟早中期的重质油—正常原油相比，不同类型海相优质烃源岩在成熟晚期—高成熟阶段随着油逐渐变轻成为凝析气，石英、方解石或黏土颗粒对凝析气或轻质油气的吸附性差异逐渐减小，硅质型、钙质型和黏土质优质烃源岩的排出油量和排油效率的差别逐渐减小。

2. 随碳酸盐（或脆性矿物）含量的增加，优质烃源岩的排油效率和排出油量增加

在自然界中，烃源岩随上覆沉积厚度的增加，温度、压力逐渐升高，在漫长的地质时期中生成和排出油气，如果在相对较低的地温条件下，有机质自然演化成烃需要经历 10 ~40Ma 或更长的时间。此外，有机质的演化同时受到温度、压力、时间、矿物组成、含水量以及介质 Eh、pH 等多种因素的影响。因此，模拟实验结果与自然演化剖面仍存在某些差异。尽管如此，还是可以从大量热压模拟实验中看出海相碳酸盐岩烃源岩的演化规律：①海相烃源岩随碳酸盐含量的增加，生排总油高峰温度前移，由泥页岩和含钙页岩的模拟温度 325℃降到钙质泥页岩和泥灰岩的模拟温度 300℃，再降到灰岩的模拟温度 275℃，主要与碳酸盐对干酪根生烃催化作用强、浮游藻类更容易早期生油和干酪根较多，杂原子裂解能量相对较低等有关，固体沥青的模拟生排总油高峰温度 400℃，生烃催化作用最弱。②海相烃源岩的排油效率随碳酸盐含量的增加而增大，从泥页岩的平均 24% 左右逐渐增加到灰岩的 33% 左右，主要是黏土对油的吸附作用要大。海相烃源岩总油、气携油、残留油、总烃及烃气产率以含钙泥页岩最高，主要是含钙泥页岩多为封闭强还原环境下形成的富烃页岩，生烃能力相对强。但是，海相烃源岩从钙质泥页岩到泥灰岩，再到灰岩，或从泥页岩到含钙泥页岩，随碳酸盐含量的增加，其总油、气携油、残留油、烃气及总烃产率也是增加的，主要是碳酸盐对干酪根的催化作用强和对烃类再裂解、吸附作用弱的缘故，这已经得到人工配制灰岩和泥岩的加水热压生烃模拟实验的证实。海相烃源岩中碳酸盐对干酪根生烃确实有催化作用，可能是 α—碳原子形成自由基的催化反应机理，更容易形成未熟—低熟稠油藏。③海相烃源岩随碳酸盐含量的增加，总产气、CO_2、H_2 产率逐渐增高。CO_2 产率高主要与碳酸盐岩的 400 ~450℃高温裂解有关，也与部分 CO_2（主要是 400℃以前）脱羧基等有关。H_2 产率高主要与有机质热裂解、碳酸盐催化、有机碳和水参与的均相水煤气反应以及高压釜与水反应释放的氢气等有关。

通过四川广元矿山梁上二叠统低成熟黑色页岩、云南禄劝茂山中泥盆统未成熟低成熟泥灰岩、灰岩和钙质泥岩，青藏高原中生界未成熟—成熟的灰岩、泥灰岩、页岩和泥岩以及冀北地区新元古界下马岭组低成熟页岩等代表性样品 DK 地层模拟实验、CG 常规模拟实验结果综合分析证实：海相烃源岩随碳酸盐含量的增加，生排总油高峰温度前移。海相烃源岩生成及排出的总油产率，无论碳酸盐含量高低，均表现出先是随模拟温度升高而增加，生油高峰过后再随温度升高而降低（图 4.34）。高峰温度一般是气携油（在 325 ~ 350℃，相当于 R_o 在 1.05% ~ 1.45%）>釜壁油（在 300 ~ 325℃）>残留油（在 250 ~ 300℃），总油和釜壁油高峰温度多在 300 ~325℃（相当于 R_o≈0.85%~1.3%）（表 4.14）。海相烃源岩在有机质类型相同或相近的条件下，随碳酸盐含量的变化，生油高峰温度明显不同。例如，$Ⅱ_1$ 型海相烃源岩随碳酸盐含量的增加，生排总油高峰由页岩和含钙页岩的模拟温度 325℃（图 4.34a、b）逐渐降到泥灰岩和灰岩的模拟温度 275℃（图 4.34c、d），或生排总油高峰由页岩和含钙页岩的 R_o≈1.05% 逐渐提前到泥灰岩和灰岩的 R_o≈0.7%，甚至更低。实际上，在模拟实验条件相同的情况下，所有不同类型海相烃源岩随碳酸盐含量的增加，多数样品生排总油高峰也由固体沥青的模拟温度 400℃降到泥页岩和含钙页岩的模拟温度 325℃，降到钙质泥页岩和泥灰岩的模拟温度 300℃，再降到灰岩的模拟温度 275℃（图

4.34）。也就是说，海相烃源岩中碳酸盐含量越高，大量生排油高峰温度相对越低，更容易在较低温度下形成未成熟—低成熟稠油藏。这与碳酸盐岩对干酪根生烃的催化作用、干酪根组成、结构和形成环境等有关。

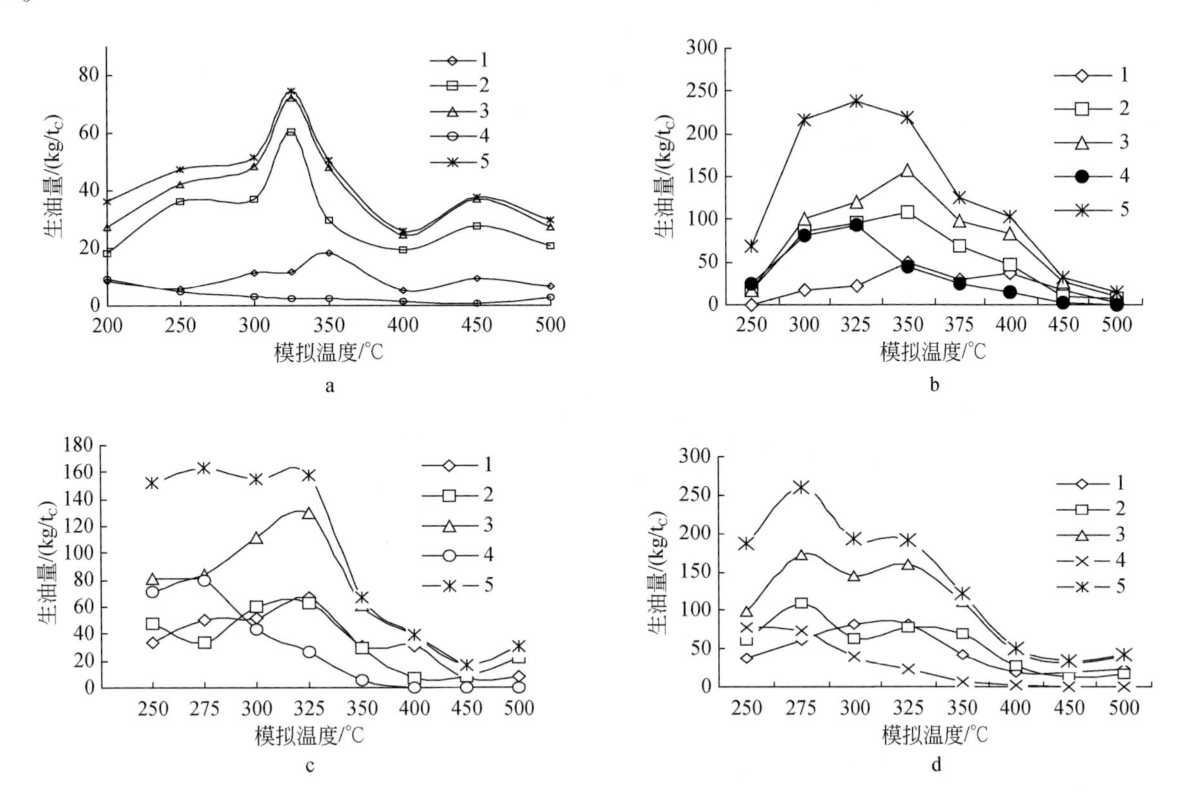

图 4.34 Ⅱ$_1$ 型海相烃源岩随碳酸盐含量的增加，生排油高峰的变化趋势

a. 页岩；b. 含钙页岩；c. 泥灰岩；d. 灰岩。1. 气携油；2. 釜壁油；3. 气携油+釜壁油；4. 残留油；5. 总油

表 4.14 海相不同碳酸盐含量烃源岩的总油等烃类产率及高峰温度

岩性（样品数）	碳酸盐含量/%	总油/(kg/t_C)	总油高峰温度/℃	气携油/(kg/t_C)	气携油高峰温度/℃	气携排油平均效率/%	残留油/(kg/t_C)	残留油高峰温度/℃	总烃/(kg/t_C)
灰岩（9）	75.1～85.17	201 58～303	275 250～325	57 12～105	300 275～350	33.3	79 29～290	150 起始温度～150	328 151～466
泥灰岩（7）	49.1～62	162 54～277	300 275～350	53 9～131	350 325～350	32.78	76 29～127	150 起始温度～150	292 136～450
钙质泥页岩（6）	26.3～47.9	152 109～227	300 300～350	47 38～65	350 300～350	30.49	59 16～86	250 起始温度～300	244 232～356
含钙泥页岩（5）	11.27～24	228 109～563	325 300～325	61 8～153	375 325～400	25.93	91 86～207	300 起始温度～300	401 151～682
泥页岩（5）	0.18～2.55	153 73～307	325 300～325	48 18～78	325 300～350	24.39	38 20～93	325 起始温度～325	377 352～448
固体沥青（1）	—	255	400	82	400	32.07	5.3	400	235

注：总油、气携油、残留油、总烃列横线上数值为平均值，横线下数值为变化范围；各高峰温度列横线上数值为多数样品高峰温度，横线下数值为高峰温度变化范围。

海相烃源岩总油、总烃产率及排油效率随碳酸盐矿物含量变化。随着碳酸盐含量的变化，含钙泥页岩烃源岩总油产率、气携油（排出油）、残留油及总烃产率相对较高，总油产率最高达到563kg/t_C，平均228kg/t_C，气携油产率平均61kg/t_C，残留油产率平均91kg/t_C，总烃产率平均达到401kg/t_C（表4.14）；

钙质泥页岩和泥页岩总油产率等相对较低（图4.35）。但是，从钙质泥页岩到泥灰岩再到灰岩，或从泥页岩到含钙泥页岩，随碳酸盐含量的增加其总油产率、气携油、残留油及总烃产率变化趋势也是增加的。总油和气携油及残留油平均最高产率大小顺序依次为含钙泥页岩>灰岩>泥灰岩>泥页岩≈钙质泥页岩。总烃平均最高产率顺序略有不同，为含钙泥页岩>泥页岩>灰岩>泥灰岩>钙质泥页岩>固体沥青。主要原因在于：一是碳酸盐对干酪根的催化作用强和对烃类吸附作用弱；二是含钙泥页岩多为强还原潟湖相或盆地相富烃源岩，有机质丰度高，Ⅰ—$Ⅱ_1$型干酪根等因素使其产油率高；三是固体沥青与干酪根成烃机理完全不同，其吸附能力和油再裂解能力也弱。

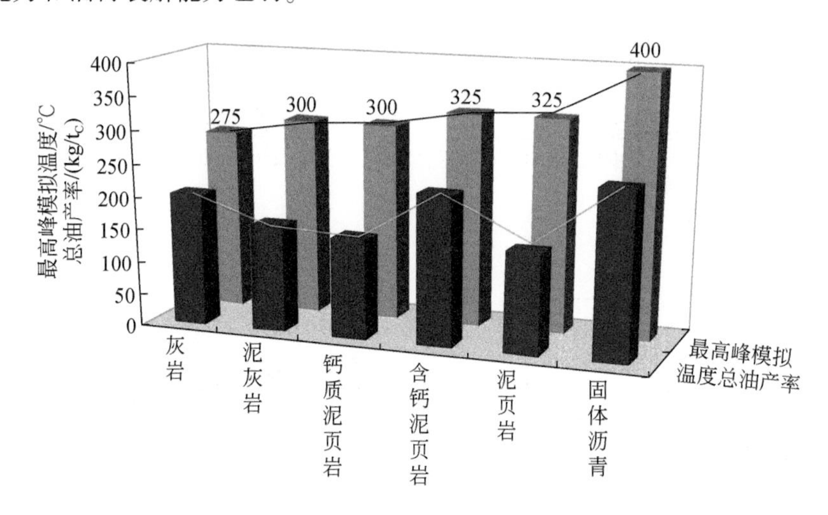

图4.35 海相烃源岩随碳酸盐含量总油产率及其最高峰模拟温度的变化

海相烃源岩的排油效率为排油（气携油）高峰温度时的气携油/总油，它与烃源岩对油的吸附能力密切相关，随烃源岩中碳酸盐（或脆性矿物）含量的增加，排油效率增加。从泥页岩的平均24%左右逐渐增加到灰岩的33%左右，固体沥青排油效率与灰岩相当（表4.14）。这主要是因为黏土对油的吸附作用要大于碳酸盐（或脆性矿物），排烃模拟实验和自然演化排烃剖面计算的最低吸附烃量表明，海相碳酸盐岩的烃吸附量一般在0.35mg/g左右（硅质生屑或石英更低），最大吸附量为0.85mg/g，而海相泥页岩烃吸附量平均为1.5mg/g，变化在0.4~2.7mg/g之间，低值平均约0.75mg/g，高值平均约2.2mg/g。烃源岩的吸附量还与有机质类型、有机质丰度和成熟度有关，干酪根类型越好，成熟度越高，TOC越低，岩石吸附性越小。

海相烃源岩随碳酸盐含量的增高，总产气、CO_2、H_2产率也逐渐增高。海相烃源岩加水自然加压温度达到400℃以上，CO_2产率明显受碳酸盐含量的控制，变化范围较大。一般来说，碳酸盐含量越高，CO_2产气率越高（表4.15）。灰岩CO_2产气率最高可达$2452m^3/t_C$，高出烃类气体的几倍到几十倍。不同岩性烃源岩CO_2平均产率大小顺序依次为灰岩>泥灰岩>钙质泥页岩>含钙泥页岩>泥页岩>固体沥青（图4.36a）。这主要与碳酸盐岩在400~450℃高温分解有关，也有部分CO_2（主要是400℃以前）与有机质脱羧基等有关。H_2在有机成因的天然气中含量一般很低，但是在烃源岩加水热压模拟实验中却生成大量的H_2，变化范围也很大（表4.15），其产率也明显受碳酸盐含量的控制，碳酸盐含量越高，一般H_2产气率越高，灰岩最高可达$1172m^3/t_C$。H_2平均产率大小顺序依次为灰岩>泥灰岩>钙质泥页岩>含钙泥页岩>泥页岩>固体沥青（图4.36b）。

表4.15 海相不同碳酸盐含量烃源岩的CO_2、H_2和烃气产率

岩性（样品数）	总有机碳含量/%	总产气/(m^3/t_C)	CO_2/(m^3/t_C)	H_2/(m^3/t_C)	烃气/(kg/t_C)
灰岩（9）	0.22~2.01	1589~3538	683~2452	417~1172	71~532
泥灰岩（7）	0.31~1.80	1071~1550	287~728	346~399	187~403
钙质泥页岩（6）	0.4~11.33	614~1071	179~690	148~428	47~294

续表

岩性（样品数）	总有机碳含量/%	总产气/(m^3/t_C)	CO_2/(m^3/t_C)	H_2/(m^3/t_C)	烃气/(kg/t_C)
含钙泥页岩（5）	0.24～29.51	847～1006	33～388	93～212	120～577
泥页岩（5）	0.23～35.6	639～658	73～93	112～155	303～334
固体沥青（1）	70.24	261	44	92	123

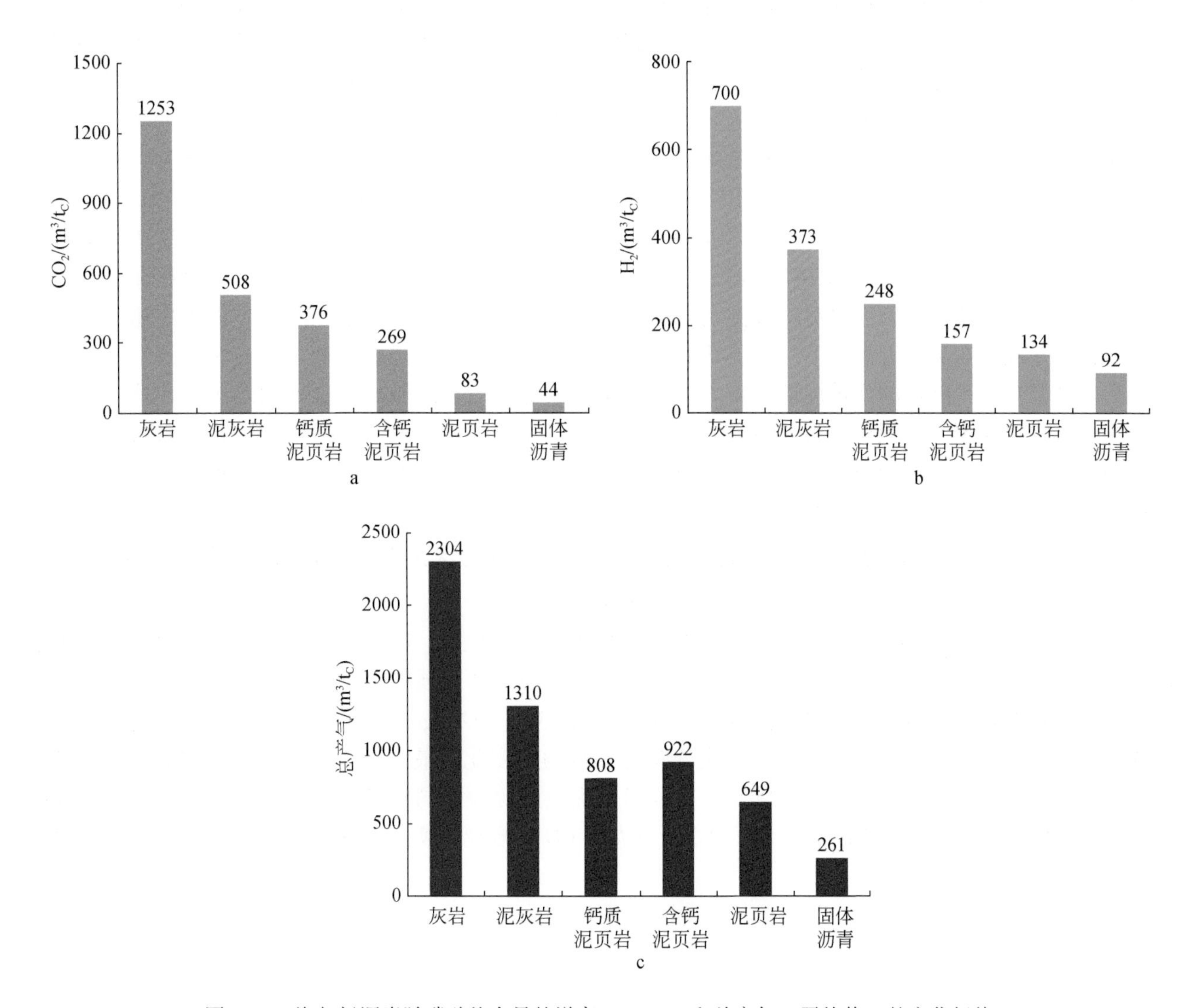

图4.36　海相烃源岩随碳酸盐含量的增高 CO_2、H_2 和总产气（平均值）的变化规律

a. CO_2 产率；b. H_2 产率；c. 总产气率

模拟实验中氢气的形成可能主要有以下几种途径：一是碳酸盐岩的催化和有机质热裂解作用，在碳酸钙存在下，干酪根中芳香环易于脱氢缩聚，以及在热解过程中不断发生的芳构化作用、有机小分子的聚合作用以及链状烷烃的环化作用都产生大量 H_2。二是有机碳和水参与了反应，水煤气反应可生成 CO_2、CO 和 H_2，要使水煤气的反应连续进行下去，必须要有足够的水蒸气和氧气，在较高温度下可能发生均相水煤气反应，即 $CO+H_2O \rightleftharpoons CO_2+H_2$，$2CO+O_2 = 2CO_2$ 导致气体组成中 CO 和 O_2 的含量相对较低，CO_2 和 H_2 含量则高得多。三是不锈钢高压釜在高温高压条件下与水反应释放氢气。实验中，无论是含有机质的还是仅含无机物的样品，其气体产物中均有较大比例的氢气，特别是在以灰岩为介质的原油裂解生烃气的模拟实验中，即使原油加入量很少（20mg），氢气在总气体产物中相对含量也高达 28.5%，绝对量为 65.14ml，随着原油加入量的增加，氢气量呈线性缓慢增加，这就证明不锈钢高压釜和水确实参与了生

成氢气的反应，可能还是氢气的主要来源。可能存在的反应方程式为 $X+2H^+ \longrightarrow X^+ + H_2 \uparrow$（式中 X 为置换氢的金属元素）。四是海相烃源岩的总气体产率随碳酸盐含量的变化，受 CO_2 和 H_2 产率的影响较大，与它们的变化趋势基本上一致，含钙泥页岩的总气体产率高于钙质泥页岩主要与前者烃气产率高相关，平均总产气率变化顺序为灰岩>泥灰岩>含钙泥页岩>钙质泥页岩>泥页岩>固体沥青（图 4.36c）。

海相烃源岩（干酪根）烃气产率以含钙泥页岩最高。海相烃源岩加水自然加压温度达到 400℃ 以上（一般为 500℃）或烃源岩达到高成熟—过成熟时的总烃气产率随碳酸盐含量变化并不明显，以含钙泥页岩相对较高，最高为 $577kg/t_C$（表 4.15），平均也达到 $343kg/t_C$，其烃气最高产率大小顺序依次为含钙泥页岩>泥页岩>灰岩>泥灰岩>钙质泥页岩>固体沥青。这与总气体、CO_2 和 H_2 产率随碳酸盐含量的增加而增加并不完全一样。从钙质泥页岩到泥灰岩再到灰岩其变化趋势还是相似的，但是，含钙泥页岩明显高于钙质泥页岩和泥灰岩，也高于灰岩和泥页岩（二者烃气产率近）。其主要原因是：①海相富烃页岩或富烃源岩主要是潟湖相或台地凹陷或盆地相的含钙泥页岩（碳酸盐含量为 5%～25%）或泥页岩（碳酸盐含量小于 5%），其有机质丰度较高，TOC 一般大于 2.0%，有机质类型多为 II_1—Ⅰ型，生烃能力相对较高。例如，青藏高原羌塘盆地 J_2x 潟湖相富烃页岩（劣质油页岩）、柴达木盆地 J_2^7 富烃页岩、准噶尔盆地 P 富烃页岩、南方寒武系和志留系盆地相或潟湖相高成熟—过成熟页岩、冀北下马岭组和洪水庄组潟湖相富烃页岩，以及我国东部古近系和下白垩统湖泊相内间歇性短期海侵富烃页岩等多属含钙页岩。②碳酸盐含量高的烃源岩对干酪根的生排烃催化能力高于泥质岩，这是因为碳酸盐含量高的烃源岩往往为海相或海侵或水体相对偏咸，沉积环境为封闭的强还原或 H_2S 环境，浮游有机质容易保存下来，有机质类型相对较好（II_1—Ⅰ型），模拟 400℃ 以上时烃气产率也相对较高。③人工配制灰岩和泥岩的加水热压模拟生烃特征为灰岩的烃气产率略高于泥岩。

3. 海相优质烃源岩有机质类型相同时，随岩石组合的变化最大总生油量和总生烃气量变化不明显，只是随碳酸盐含量的增加生烃气能力有逐渐增加的趋势

DK 地层模拟中不同类型海相优质烃源岩（以Ⅱ型干酪根为例）在成熟—高成熟阶段的最大总生油量：硅质型（或硅质生屑薄层）优质烃源岩达到 $445 \sim 556kg/t_C$，钙质型（或钙质生屑薄层）优质烃源岩变化在 $393 \sim 478kg/t_C$ 之间，黏土质优质烃源岩则变化在 $377 \sim 427kg/t_C$ 之间（图 4.37）。相同干酪根类型的海相优质烃源岩随岩性类型（或颗粒成分及岩石组构）变化，最大总生油量差别不明显，硅质型相对高一些，钙质型次之，黏土型相对最低。这可能与优质烃源岩不同颗粒成分、形状及大小、形成环境等造成有机质的催化能力和吸附能力差异有关。例如，CG 常规模拟实验表明，海相烃源岩随碳酸盐含量

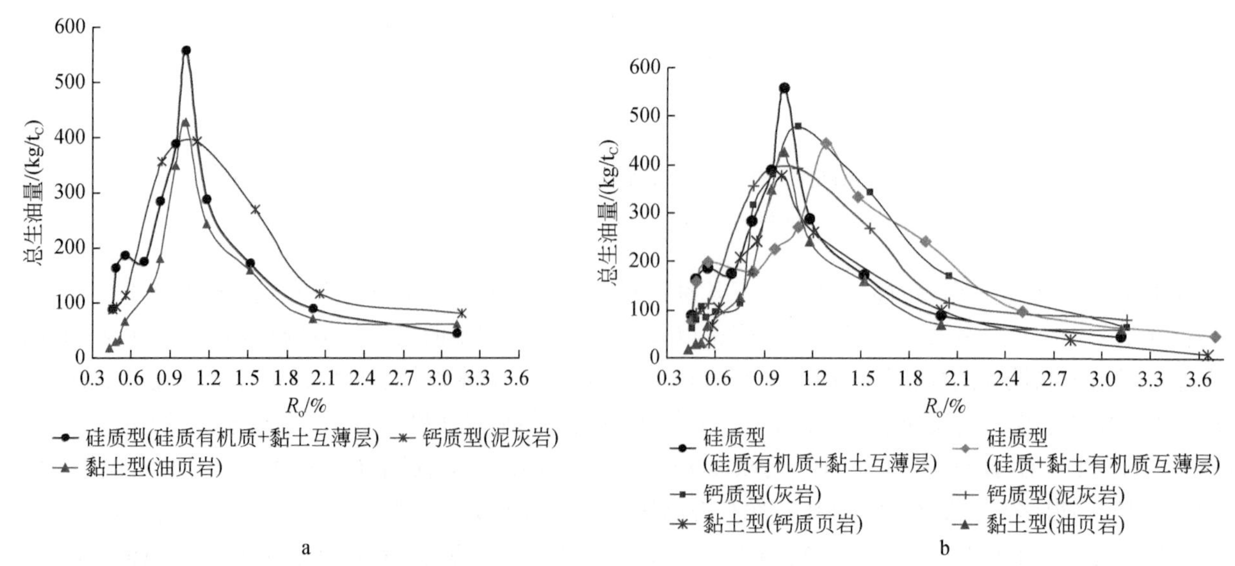

图 4.37　硅质型、钙质型和黏土型优质烃源岩 DK 地层模拟的总生油能力对比

的增加，总油产率具有增加的趋势（图4.38），平均最高总油产率为灰岩>泥灰岩>泥页岩≈钙质泥页岩，含钙泥页岩总油产率平均相对最高，可能与样品均为优质烃源岩干酪根类型相对偏腐泥型有关。

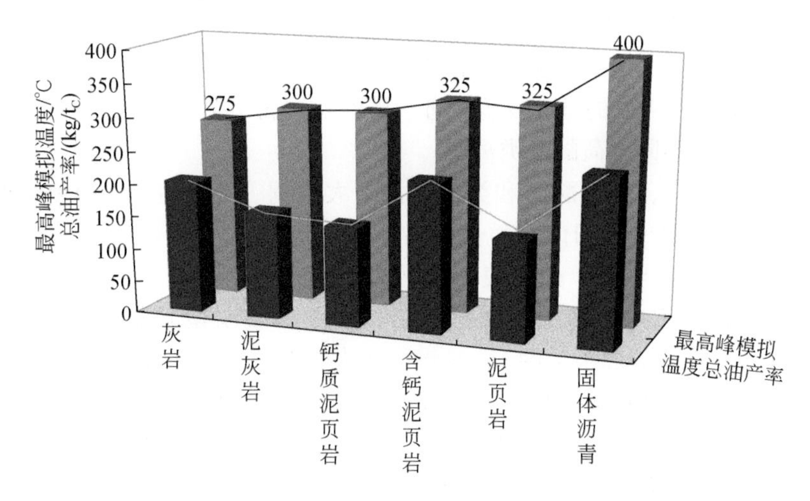

图4.38　海相烃源岩CG常规模拟条件下随碳酸盐含量总产油率及其最高峰模拟温度的变化

从生油带宽度来看，钙质型（或钙质生屑薄层）优质烃源岩生油带相对最宽，硅质型（或硅质生屑薄层）及黏土质优质烃源岩生油带略窄，这可能与催化作用有关，CG常规模拟表明钙质或碳酸盐岩可使干酪根生油高峰或成熟门限相对提前，又可抑制或推迟可溶有机质或原油的热裂解，致使钙质烃源岩生油带相对最宽。CG常规模拟条件下，通过对钙质型海相碳酸盐岩类与黏土质泥页岩类烃源岩生油效率的对比可知，海相烃源岩随碳酸盐含量的增加，总生油高峰温度前移。例如，II_1型海相烃源岩随碳酸盐含量的增加，总生油高峰由页岩和含钙页岩的模拟温度325℃逐渐降到泥灰岩和灰岩的模拟温度275℃，或总生油高峰由页岩和含钙页岩的R_o≈1.05%逐渐提前到泥灰岩和灰岩的R_o≈0.7%，甚至更低。

DK地层模拟中不同类型海相优质烃源岩（以Ⅱ型干酪根为例）在高成熟—过成熟阶段的最大总生烃气量相差并不明显，多变化在225～333kg/t_C之间，硅质型（或硅质生屑薄层）优质烃源岩变化在258～333kg/t_C之间，黏土型优质烃源岩变化在225～257kg/t_C之间，钙质型（或钙质生屑薄层）优质烃源岩为279kg/t_C，但是钙质型中等烃源岩（TOC=0.58%）最大总生烃气量达到466kg/t_C，相对较高（图4.39）。海相钙质型烃源岩生烃气能力，一是随碳酸盐含量的增加总生烃气量有逐渐增加的趋势；二是随着有机

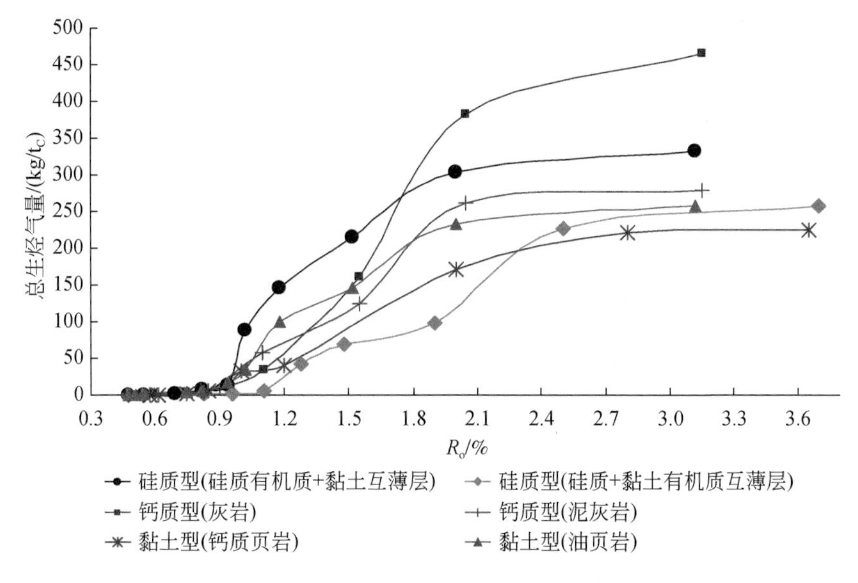

图4.39　硅质型、钙质型和黏土型优质烃源岩DK地层模拟的总生烃气能力对比

质丰度的减少（尤其中等—差碳酸盐烃源岩），不但最大生烃气产率有所增大，最大生烃气量可以大于最高生油量，尤其是 R_o 达到3.0%之后，还具备生烃气能力，而且生烃气带也相对变宽（R_o>4.3%或模拟温度>550℃），这可能与有机酸盐生烃气有关。

烃源岩自然生烃过程和模拟实验均证实碳酸盐岩对干酪根生烃确实有催化作用（秦建中等，2007c），其机理可能是α—碳原子形成自由基的催化反应机理。碳酸盐岩属于离子型三方晶体，其中金属阳离子和碳酸根阴离子分别为晶格上带不同电荷的两类离子。

在碳酸盐岩的沉积有机质中，氨基酸类和类脂物占很大比例。由于羧基—COOH 和碳酸根离子 CO_3^{2-} 两者在几何构架和离子电荷方面十分相似，而使得羧基基团有可能“嵌入”碳酸盐矿物晶格中。碳酸盐岩有机质中羧基的氧原子带负电荷，晶体表面的钙离子带正电荷，两者互相吸引（这就相当于在结晶表面存在多个活化中心，分散的有机质被碳酸盐岩活化中心吸附使其紧密接触），使有机官能团上（—CO—、—CH=CH—等）α位碳原子上的C—H键能大大降低。因此在α—碳原子上形成自由基需要的活化能比其他碳原子上低得多，所以容易脱去一个α—位氢原子生成自由基。自由基可以进一步发生α或β位—C—C键断裂，生成少一个或两个碳原子的自由基、烯烃和含氧原子的化合物。然后通过自由基的链传递、聚合终止反应生成各种烷烃、烯烃、含氧化合物及 H_2、CO_2 等。因为此反应的活化能比较低，低温下即可进行，使反应大大加快，而且主要是α—或β—裂解生成长链化合物，所以液态烃产率比较高，气态烃比较少。反应中也生成了一些含氧和羰基的化合物及 CO_2、H_2，所以热模拟产物中非烃比较高（图4.40）。这种反应机理很好地解释了碳酸盐岩上述生烃特征，这可能是碳酸盐岩催化生烃的最主要反应。干酪根是一个结构很复杂的聚合体，所含侧链和官能团多种多样，高温热裂解产物非常复杂，因此热降解反应可能也是多种反应并存。

通过CG常规模拟结果可知，海相烃源岩随碳酸盐含量的增加，总生油高峰温度前移。无论碳酸盐含量高低，海相烃源岩生成的总油产率，均表现出先是随模拟温度升高而增加，生油高峰过后再随温度升高而降低（图4.34）。总生油高峰温度一般在300～325℃（相当于 R_o 在0.85%～1.3%）（表4.14），并随碳酸盐含量的变化，生油高峰温度明显不同。

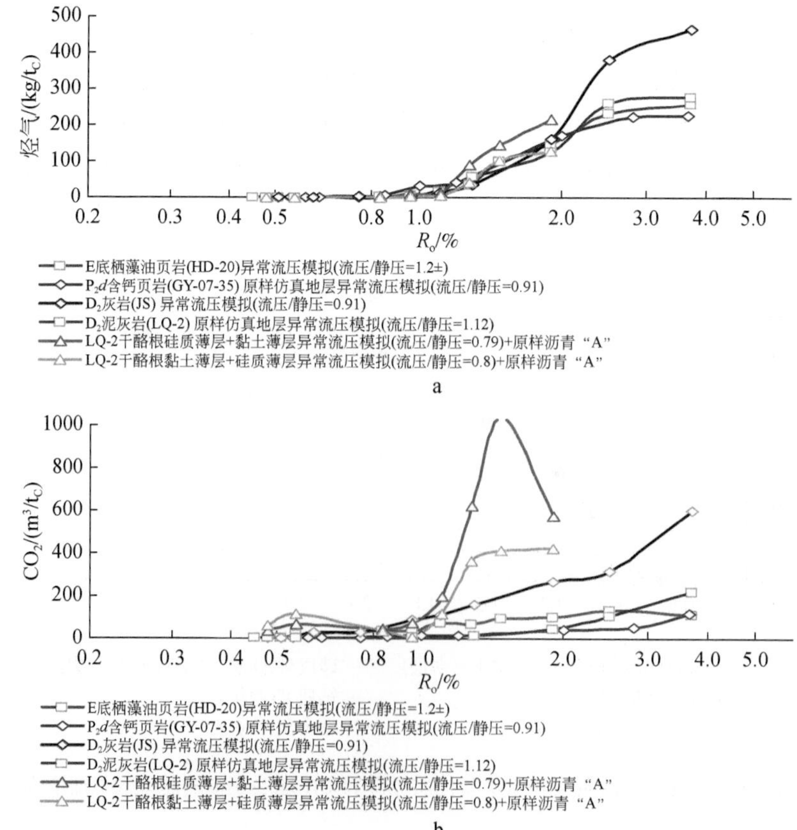

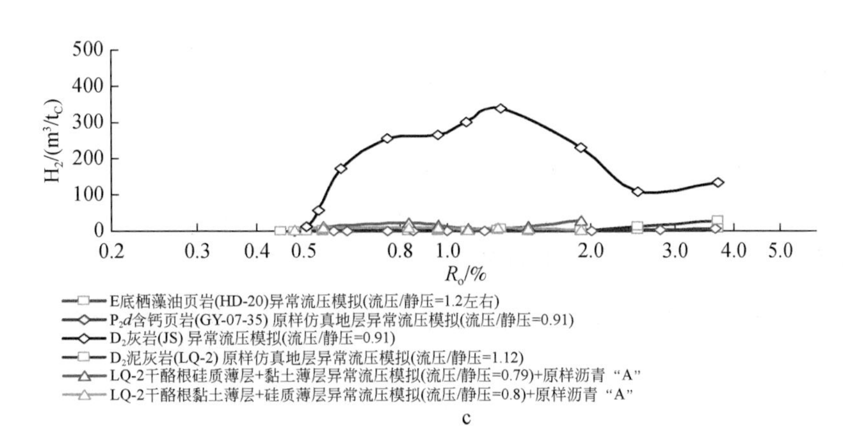

图4.40　DK地层异常流压模拟实验条件下不同类型烃源岩生烃气量、CO_2 量、H_2 量的对比

以Ⅱ型有机质类型为例

海相烃源岩随碳酸盐含量变化总油及总烃产率存在差异，以含钙泥页岩相对较高，钙质泥页岩和泥页岩总油产率等相对较低。从钙质泥页岩到泥灰岩再到灰岩，或从泥页岩到含钙泥页岩，随碳酸盐含量的增加，总油产率及总烃产率也呈增加趋势。总油平均最高产率大小顺序依次为含钙泥页岩>灰岩>泥灰岩>泥页岩≈钙质泥页岩。总烃平均最高产率大小顺序略有不同，为含钙泥页岩>泥页岩>灰岩>泥灰岩>钙质泥页岩>固体沥青。

海相优质烃源岩类型按矿物组成可分为三大类，即黏土型、钙质型和硅质型。黏土型的页岩类主要是指以黏土颗粒占优势的页岩，黏土含量一般大于10%，多含钙质或硅质生屑，页理发育，岩性包括油页岩、页岩、含钙页岩及泥岩等；钙质型主要是指以钙质超显微生屑颗粒占优势的碳酸盐岩，页理也常常发育，钙质及硅质生屑占90%以上，黏土含量小于10%，岩性包括钙质页岩、泥灰岩及硅质灰岩等；硅质型主要是指以硅质超显微生屑颗粒占优势的硅质岩，页理也常常发育，硅质（及钙质）生屑占90%以上，黏土含量小于5%，岩性包括硅质页岩、硅质岩及含钙硅质岩等。

远离海岸或与上升流、热水作用有关的在台内盆地（凹陷或潟湖）沉积的硅质（生屑）烃源岩或硅质生屑薄层，往往沉积水体稳定或沉积水体较深且水体分层较明显，浮游生物（硅藻、硅质放射虫、硅质海绵等）及菌类发育，有机质类型通常为II_1—Ⅰ型，在成熟早期（R_o 在0.45%~0.7%之间）就可以形成大量重质油（占最大生油量50%以上），由于硅质对原油尤其是重质油吸附能力相对较小，最容易排出特重质油，可以形成大型原生重质油藏。

在海相台内盆地（凹陷或潟湖）沉积的钙质（生屑）烃源岩或钙质生屑薄层优质烃源岩，通常沉积水体也较稳定，浮游生物、底栖生物及菌类（生物格架主要为钙质）发育，有机质丰富（TOC≥1.5%），有机质类型常常属II_1—Ⅱ型，在成熟早期也可以形成大量稠油，由于钙质对原油吸附能力相对较小，较容易排出稠油，也可以形成大型原生稠油藏。

在相对近岸的台凹或潟湖或台盆沉积形成的黏土质页岩或泥岩优质烃源岩，沉积水体稳定，浮游生物、底栖生物、菌类（生物格架主要为钙质）发育，常可见陆源高等植物碎屑，有机质类型常常属Ⅱ—Ⅰ型，在成熟阶段可以形成大量原油，由于黏土对原油吸附能力相对强，尤其是黏土矿物之间包裹的有机质或黏土矿物之间的分散有机质对原油吸附能力更大，重质油很难排出，一般大量排出的是正常原油或轻质油，可以形成大型油藏。

三、海相优质烃源岩不同岩石类型的生排烃模式

在海相不同岩性或矿物组成优质烃源岩自然样品、人工配制样品的DK地层模拟实验和CG常规模拟实验结果综合研究和归纳的基础之上，建立了海相硅质型、钙质型和黏土型三类优质烃源岩生排油气

模式。

1. 硅质型优质烃源岩在成熟早中期排油效率可以达到 50%，在成熟中晚期排油效率迅速增加，达到 62.7%~81.5%

硅质型优质烃源岩模拟实验样品是从云南禄劝 D_2 富有机质灰岩中制备的Ⅱ型干酪根+石英颗粒(<100 目)与南京 P_2 以蒙脱石为主泥岩的薄互层压制成的硅质页岩人工样品，其 DK 地层模拟实验结果见表 4.16，生排油气模式见图 4.41，生排烃特征如下。

表 4.16　硅质型优质烃源岩 DK 地层模拟（流压/静压>0.6）实验数据

烃源岩样品	模拟温度/℃	校正后 R_o/%	残留油/(kg/t_C)	排出油/(kg/t_C)	总油/(kg/t_C)	烃气/(kg/t_C)	总烃/(kg/t_C)	排油效率/%	碳质沥青/(kg/t_C)
硅质有机质薄层（Ⅱ型，TOC=2.28%）	原样	*0.45*	87.29		87.29		87.29		
	250	*0.48*	81.21	80.63	161.84	0.09	161.93	49.82	
	300	*0.55*	75.19	109.77	184.96	0.85	185.81	59.35	
	325	*0.7*	82.80	90.45	173.25	1.94	175.19	52.21	
	350	*0.82*	153.74	129.20	282.94	8.25	291.19	45.66	
	375	*0.94*	144.92	243.31	388.23	13.50	401.73	62.67	
	400	*1.02*	92.50	408.06	500.56	89.01	589.57	81.52	0.00
	425	*1.18*	80.18	244.66	324.84	145.69	470.53	75.32	*124.04*
	450	*1.52*	40.97	134.58	175.55	240.18	415.73	76.66	*183.84*
	500	2	*9.60*	*62.85*	*72.45*	*324.11*	*396.56*	*86.75*	*214.75*
	550	*3.12*	*2.80*	*21.43*	*24.23*	*342.85*	*367.08*	*88.44*	*235.05*

注：斜体字为校正后或对比推测数据。

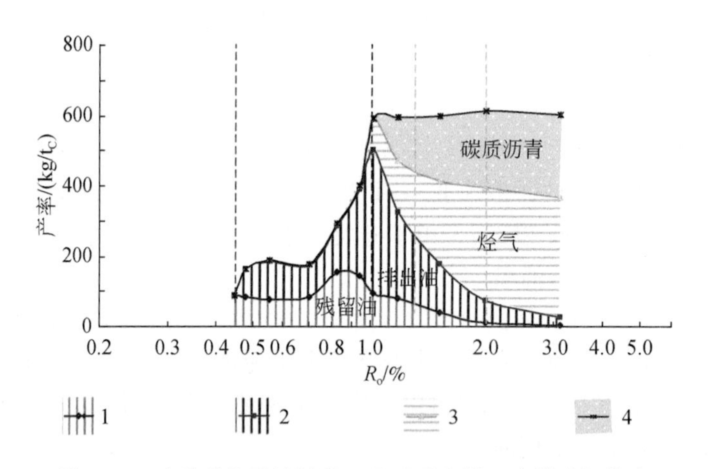

图 4.41　硅质型优质烃源岩（Ⅱ型干酪根）生排油气模式

1. 残留在烃源岩中的沥青"A"量（残留油）；2. 烃源岩中排出的"油"量（排出油）；3. 烃源岩中生排烃气量（烃气）；4. 油热裂解形成的碳质沥青（碳质沥青）

（1）硅质型优质烃源岩在成熟早中期（R_o 在 0.45%~0.9% 之间）排油效率可达 50% 左右（45.7%~59.4%），对应的排出油量在 80~130kg/t_C 之间，而且在成熟早期（校正后 R_o≈0.55%）排油效率出现次高峰值，排重质油量也相对较高，但是，到成熟中期（校正后 R_o 约为 0.82%）排油效率反而从早期的 59.35% 降到 45.66%，排重质油量由于总生油量随成熟度的增加变化不明显或略有增减(图 4.41、表 4.16)。

硅质型优质烃源岩在成熟早中期排烃效率平均就达 50% 左右，而且早期还出现次高峰，主要原因可能在于：①颗粒或晶体多接近椭圆球体，毛细管及运移阻力减小，又多呈脆性，在成熟早期，原生超微孔及超微裂缝相对发育，有利重质原油的排出，可形成排油次级高峰，一般硅质生屑页岩排出的原油 API<10°。②对可溶有机质吸附性相对较低，最低吸附烃量低于黏土岩及碳酸盐岩。

硅质型优质烃源岩到成熟中期排烃效率相对早期反而有所降低（排重质油量增减不明显），主要原因可能是：①DK 地层模拟的改进更接近烃源岩地下客观实际条件；②硅质烃源岩在成熟早期原生孔隙相对较大，随压实作用或成熟度的增加，泥岩孔隙度或有限空间逐渐减少，尽管可溶有机质（原油）密度有所降低，但是尚未达到热裂解温度，因此，出现了次高峰之后随成熟度的增加排油效率逐渐降低的趋势。

（2）硅质型优质烃源岩在成熟中晚期（校正后 R_o 在 0.94%~1.02% 之间）排油效率迅速增加，达到 62.67%~81.52%，对应的排出油量在 243.31~408.06kg/t_C 之间，到成熟晚期（校正后 R_o 为 1.02%）排油效率和排出油量达到高峰值（图 4.41、表 4.16）。成熟中晚期排油效率迅速增加可能有两方面的原因：一是可溶有机质或原油开始产生热裂解，油明显变轻，更容易随气排出烃源岩；二是流体异常压力容易产生间歇性微裂缝，使得油容易随气排出。

（3）建立的 DK 地层模拟相对于前人的生排烃模式的显著变化在于成熟晚期—高成熟阶段增加了油裂解烃气过程中伴生的碳质沥青量（图 4.41、表 4.16）。首先排出油和残留油到成熟晚期（R_o>1.05%）或生排油高峰之后，开始大量油裂解过程，一方面“油”中有机大分子向小分子转化，油从正常原油→轻质油→凝析油气→湿气→干气（甲烷）逐渐变轻；另一方面，“油”由于芳环聚合、脱氢等反应向更大分子团（碳质沥青）转化逐渐变重。在高成熟—过成熟阶段，硅质型优质烃源岩生成的原油在裂解过程中转化为烃气的碳和碳质沥青的碳约各占 50%。以排出油（储集层或运移途中）裂解烃气和碳质沥青占绝对优势（80% 以上），残留在烃源岩中的碳质沥青只占少部分（小于 20%）。

2. 钙质型优质烃源岩在成熟早中期排油效率一般在 15%~36% 之间，在成熟中晚期排油效率可以从 19% 左右增加至 65% 左右；在过成熟阶段，灰岩总烃气产率相对最高

钙质型优质烃源岩模拟实验样品以云南禄劝 D_2 Ⅱ 型富有机质灰岩及泥灰岩压制成的互薄层钙质页岩为代表，其 DK 地层模拟结果见表 4.17，生排油气模式见图 4.42，生排烃特征如下。

（1）钙质型优质烃源岩在成熟早中期（R_o 在 0.45%~0.9% 之间）排油效率一化在 15%~36% 之间，对应的排重质油量在 16~54kg/t_C 之间，而且在成熟早期（R_o 约为 0.6%）排油效率出现次高峰，排重质油量也相对较高。但是到成熟中期（R_o 约为 0.82%）排油效率反而从早期的 35.76% 降到 17.04%，排重质油量由于总生油量随成熟度的增加变化不明显或总体有所增加（图 4.42、表 4.17）。

表 4.17　钙质型优质烃源岩 DK 地层模拟（流压/静压>0.6）数据

烃源岩样品	模拟温度/℃	校正后 R_o/%	残留油/(kg/t_C)	排出油/(kg/t_C)	总油/(kg/t_C)	烃气/(kg/t_C)	总烃/(kg/t_C)	排油效率/%	碳质沥青/(kg/t_C)
灰岩薄层（Ⅱ型干酪根，TOC=2.01%）	原样	0.45	60		60		60		
	150	*0.48*	62.96	16.58	79.54	0.09	79.63	20.85	
	200	*0.51*	90.36	16.13	106.50	0.13	106.62	15.15	
	250	*0.54*	57.67	25.87	83.55	0.59	84.14	30.97	
	300	*0.6*	60.30	33.57	93.87	1.55	95.41	35.76	
	325	*0.75*	79.78	33.18	112.96	3.11	116.07	29.38	
	350	*0.83*	261.78	53.75	315.54	4.70	320.23	17.04	
	375	*0.95*	308.86	70.65	379.51	12.53	392.04	18.62	
	400	*1.11*	160.72	298.13	458.85	33.94	492.79	64.97	0
	450	*1.55*	58.96	209.36	268.32	161.26	429.58	78.03	65.21
	500	*2.05*	21.18	91.51	112.69	322.27	434.96	81.20	89.72
	550	*3.15*	7.45	58.83	66.27	372.20	438.47	88.77	90.96

注：斜体字为校正后或对比推测数据。

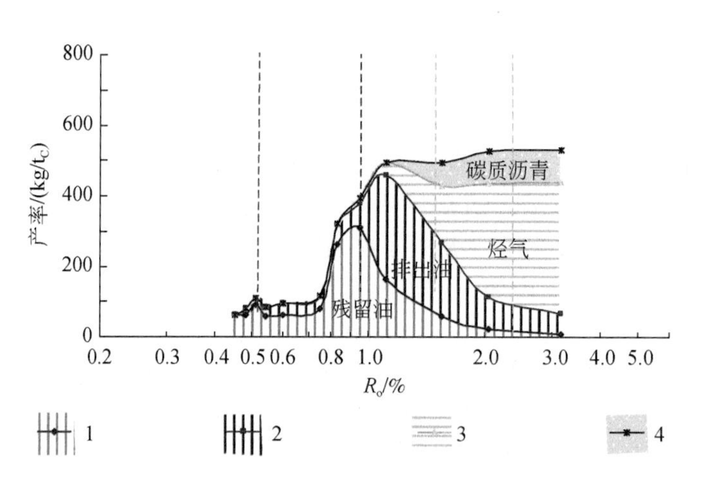

图4.42　钙质型优质烃源岩（Ⅱ型干酪根）生排油气模式

1. 残留在烃源岩中的沥青“A”量（残留油）；2. 从烃源岩中排出的“油”量（排出油）；3. 烃源岩中生排烃气量（总烃气）；4. 油热裂解形成的碳质沥青（碳质沥青）

钙质型优质烃源岩在成熟早中期排烃效率也较高，一般在30%左右，而且早期也出现次高峰，原因可能在于：①颗粒或晶体多接近球体、立方体或平行六面体，多呈脆性，在成熟早期，原生超微孔及超微裂缝相对发育，有利重质原油的排出，也可形成排油效率次级高峰，一般钙质生屑页岩排出的原油 API<15；②对可溶有机质吸附性相对较低，最低吸附烃量一般在0.35mg/g左右（主要在0.20～0.85mg/g之间），而黏土岩最低吸附烃量一般在1.5mg/g左右（主要在0.90～2.62mg/g之间）。

钙质型优质烃源岩到成熟中期排烃效率相对早期反而有所降低，主要原因是可能在于：①DK地层模拟的改进更接近烃源岩地下客观实际条件；②钙质型优质烃源岩在成熟早期原生孔隙也相对较大，随成熟度的增加，孔隙度或有限空间逐渐减少，尚未到达岩石脆性微裂缝发育和原油热裂解阶段，因此，出现了次高峰之后随成熟度的增加排油效率逐渐降低的趋势；③碳酸盐含量高的烃源岩干酪根中常带有较多的含硫、含氮或含氧等杂原子，由于其裂解后能量相对较低，很容易在较低温度下生排烃，形成未成熟—低成熟油。

（2）钙质型优质烃源岩在成熟中晚期（R_o 为0.95%～1.3%）排油效率也迅速增加，可以从19%左右增加至65%左右，对应的排出油量从70.65kg/t_C 增加至300kg/t_C；到成熟晚期（校正后 R_o 为1.11%）排出油量达到高峰（图4.42、表4.17），可能主要在于热裂解使油质明显变轻，以及脆性微裂缝使得油气更容易排出。

（3）钙质型优质烃源岩在成熟—高成熟阶段总生排油带相对较宽，在过成熟阶段，灰岩总烃气产率相对最高，甚至接近生油高峰时的最高总油产率，碳质沥青产率可能相对较低，主要原因在于：①碳酸盐烃源岩自然生烃过程和DK地层模拟实验均证实碳酸盐岩对干酪根生烃确实有催化作用，其机理可能是α—碳原子形成自由基的催化反应机理；②碳酸盐岩对可溶有机质热裂解的催化作用相对弱；③碳酸盐岩与有机质可能形成有机酸盐，延缓可溶有机质的热裂解过程，形成更多的烃类气体、氢气及 CO_2。

3. 黏土型优质烃源岩排油效率在成熟早中期很低（一般只有4%～11%），在成熟中期从13%提高到17%左右，在成熟晚期—高成熟阶段从20%左右迅速增加到90%以上

黏土型优质烃源岩模拟实验样品以吉林桦甸古近系Ⅱ型富底栖藻含钙油页岩原始样品为代表，其DK地层模拟结果见表4.18，生排油气模式见图4.43，生排烃特征主要表现如下。

（1）黏土型优质烃源岩在成熟早中期（校正后 R_o 在0.45%～0.8%之间）排油效率很低，一般只有4%～11%，对应的排出油量一般也只有1～12kg/t_C，远低于硅质型和钙质型优质烃源岩。主要原因可能是：①黏土颗粒多呈不规则片状，尤其是蒙皂石及伊蒙混层对可溶有机质的吸附作用很强，最低吸附烃量一般在1.5mg/g左右，最高可达2.6mg/g以上，毛细管及运移阻力远大于硅质型和钙质型优质烃源岩；②黏土岩在未成熟—成熟早中期多由蒙皂石及伊蒙混层组成，呈韧性，超微裂缝难以形成，不利于早期重质油的排出，即使排出也是少量轻质油。

表 4.18　黏土型优质烃源岩原样 DK 地层模拟（流压/静压>0.6）数据

烃源岩样品类型	模拟温度/℃	校正后 R_o/%	残留油/(kg/t_C)	排出油量/(kg/t_C)	总生油量/(kg/t_C)	烃气/(kg/t_C)	总烃/(kg/t_C)	排油效率/%	碳质沥青/(kg/t_C)
底栖藻为主的含钙油页岩（Ⅱ型，TOC=39.64%）	原样	*0.43*	17.44		17.44		17.44		
	250	*0.48*	27.28	2.24	29.52	0.02	29.54	7.60	
	275	*0.51*	30.52	1.39	31.91	0.05	31.96	4.36	
	300	*0.55*	59.35	7.31	66.66	1.45	68.10	10.97	
	325	*0.75*	114.75	12.24	126.99	3.71	130.70	9.64	
	350	*0.82*	155.94	23.82	179.76	4.94	184.71	13.25	
	375	*0.94*	296.93	51.65	348.59	17.40	365.99	14.82	
	400	*1.02*	355.78	71.52	427.29	35.51	462.80	16.74	0.00
	425	*1.18*	139.88	138.82	278.70	99.16	377.86	49.81	90.94
	450	*1.52*	79.29	113.54	192.83	146.87	339.70	58.88	133.10
	500	*2*	4.93	65.55	70.47	249.58	320.06	93.01	163.78
	550	*3.12*	2.60	58.27	60.87	257.06	317.93	95.73	168.19

注：斜体字为校正后或对比推测数据。

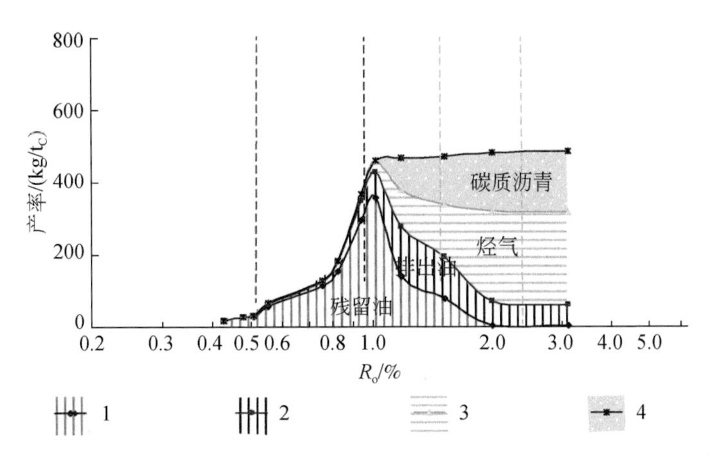

图 4.43　黏土型优质烃源岩（Ⅱ型干酪根，底栖藻为主）生排油气模式

1. 残留在烃源岩中的沥青“A”量（残留油）；2. 从烃源岩中排出的“油”量（排出油）；3. 烃源岩中生排烃气量（总烃气）；4. 油热裂解形成的碳质沥青（碳质沥青）

（2）黏土型优质烃源岩到成熟中期（校正后 R_o 在 0.82%~1.02% 之间）排油效率相对早期逐渐有所提高，从 13.25% 提高到 16.74%，对应的排出油量从 23.82kg/t_C 增加至 71.52kg/t_C，但是总体远低于同演化阶段硅质型和钙质型优质烃源岩的排油效率和排出油量。主要原因可能在于：①总生油量快速增加；②黏土质优质烃源岩在成熟中期尚未到达岩石脆性微裂缝发育和原油热裂解阶段。

（3）黏土型优质烃源岩在成熟晚期—高成熟阶段（校正后 R_o 在 1.1%~2% 之间）排油效率从 20% 左右迅速增加到 90% 以上，排出油量在成熟晚期达到高峰值（约 138.82kg/t_C），高成熟阶段排凝析油或轻质油量逐渐降低到 65kg/t_C 左右。此阶段排出油量总体要低于硅质型和钙质型优质烃源岩，但是总生油量、总生烃量和生排烃气量基本相当或略低。该阶段排油效率快速增加的原因在于：①可溶有机质或原油开始产生热裂解，油质明显变轻，烃源岩及储集岩中的可溶有机质及油烃气量均迅速增加，更容易随气排出烃源岩；②流体异常压力和黏土已向伊利石等脆性转化，容易产生间歇性微裂缝，使得油气容易随气排出。

黏土型优质烃源岩在高成熟—过成熟阶段由原油裂解产生烃气的碳和碳质沥青的碳比例，以烃源岩中残留油裂解的烃气和碳质沥青占优势（80%以上），排出烃源岩并运移成藏后残留在储集岩中的碳质沥青可能只占少部分，低于20%。

4. 不同岩石类型的优质烃源岩最大差异是在成熟早中期排油效率和排出油量明显不同

硅质型、钙质型和黏土型优质烃源岩（Ⅱ型）在各成熟阶段及演化过程中的排油效率、生排油气模式存在显著差异（表4.19），主要表现在以下4方面。

（1）硅质型、钙质型和黏土型优质烃源岩生排油气模式之间最大的差异是它们在成熟早中期（R_o 在0.45%~0.95%之间）排油效率和排出油量明显不同（表4.19）：①排油效率以硅质型优质烃源岩最高，可达50%左右，钙质型次之，约在30%，黏土型最低，一般小于10%；②排出油量也是以硅质型优质烃源岩最高，次高峰可达130kg/t_C，钙质型次之，高值可接近35kg/t_C，黏土型最低，高值也只有12kg/t_C，最低接近1kg/t_C，几乎不排油；③硅质型优质烃源岩排油效率和排出油量在 R_o 约为0.6%的成熟早期均出现较明显的次高峰，而钙质型优质烃源岩排油效率在 R_o 约为0.55%出现较明显的次高峰，排出油量次高峰不明显，黏土质优质烃源岩排油效率和排出油量均未出现次高峰（图4.44a、b）。它们在成熟早中期排油效率差异主要与岩石对可溶有机质的吸附性、烃源岩的韧性或脆性等有关。

表4.19　不同岩石类型优质烃源岩（Ⅱ型）生排油气动态演化数据表

成熟阶段	硅质型——硅质生屑（或薄层）页岩					钙质型——钙质生屑（或薄层）页岩					黏土型——黏土页岩或泥岩				
	R_o/%	生成产物	总生油量/$(\mathrm{kg/t_C})$	排出油量/$(\mathrm{kg/t_C})$	排油效率/%	生烃潜量/(mg/g)	生成产物	总生油量/$(\mathrm{kg/t_C})$	排出油量/$(\mathrm{kg/t_C})$	排油效率/%	R_o/%	生成产物	总生油量/$(\mathrm{kg/t_C})$	排出油量/$(\mathrm{kg/t_C})$	排油效率/%
未成熟	≤0.45或更低	少量沥青	≈0	≈0	0	>10	少量沥青	≈0	≈0	0	≤0.5	0	0	0	0
成熟早期	0.45~0.7	重质油API<10	160~175	80~110	50~60	>10	重质油API<15	80~110	16~35	15~36	0.5~0.7	少量油接近零	30~100	1~8	4~11
成熟中期	0.7~1.0	原油	170~505	90~410	45~80	>10	原油	110~380	33~90	17~30	0.7~1.0	原油	120~420	10~70	9~16
成熟晚期	1.0~1.3	轻质油	270~500	190~400	76~82	↓	轻质油	370~460	80~300	19~65	1.0~1.3	轻质油	240~430	70~140	16~50
高成熟	1.3~2.0	凝析油气	72~280	63~200	73~90	低	凝析油气	110~400	92~250	65~80	1.3~2.0	凝析油气	70~250	65~120	50~93
过成熟早中期	2.0~4.3	早期含少量凝析油气	0~72	0~63	86~89	很低	早期含凝析油气	0~110	0~90	81~89	2~4.3	早期含少量凝析油气	0~70	0~60	93~96
过成熟晚期	>4.3	无	无	无	—	接近零	—	—	—	—	>4.3	无	无	无	—

（2）在成熟中晚期（R_o 为0.9%~1.3%），三类优质烃源岩尽管排油效率均迅速增加，排出油量也均达到高峰值，但是其排油效率和排出油量仍存在明显的差异（表4.19）：①排油效率提高幅度（图4.44a）以钙质型优质烃源岩最大，可以从18%左右迅速提高到65%左右，黏土型次之，从14%左右提高到约50%，硅质型相对最小，仅变化在62%~82%之间（因其成熟中期排油效率就较高）；②最高排出油量仍是以硅质型优质烃源岩最高，高峰值可达453.52kg/t_C，钙质型次之，高峰值为248.13kg/t_C，黏土型最低，高峰值只有102.36kg/t_C；③排出油高峰、总油高峰、残留油高峰对应的 R_o 值稍有不同和错位（表4.16~表4.18，图4.41~图4.44），硅质型优质烃源岩残留油高峰出现最早（R_o 约为0.82%），排出油高峰及总油高峰也相对提前（R_o 约为1.02%），钙质型优质烃源岩总油高峰最滞后（R_o 约为

1.11%），排出油高峰及残留油高峰居中（R_o 分别约为 1.11%、0.95%），黏土质优质烃源岩排出油高峰及残留油高峰最滞后（R_o 分别约为 1.18%、1.02%），总油高峰居中（R_o 约为 1.02%）。它们主要与油或可溶有机质热裂解变轻、气/油比增大、岩石脆性及微裂缝发育程度和岩石对可溶有机质的吸附性等有关。

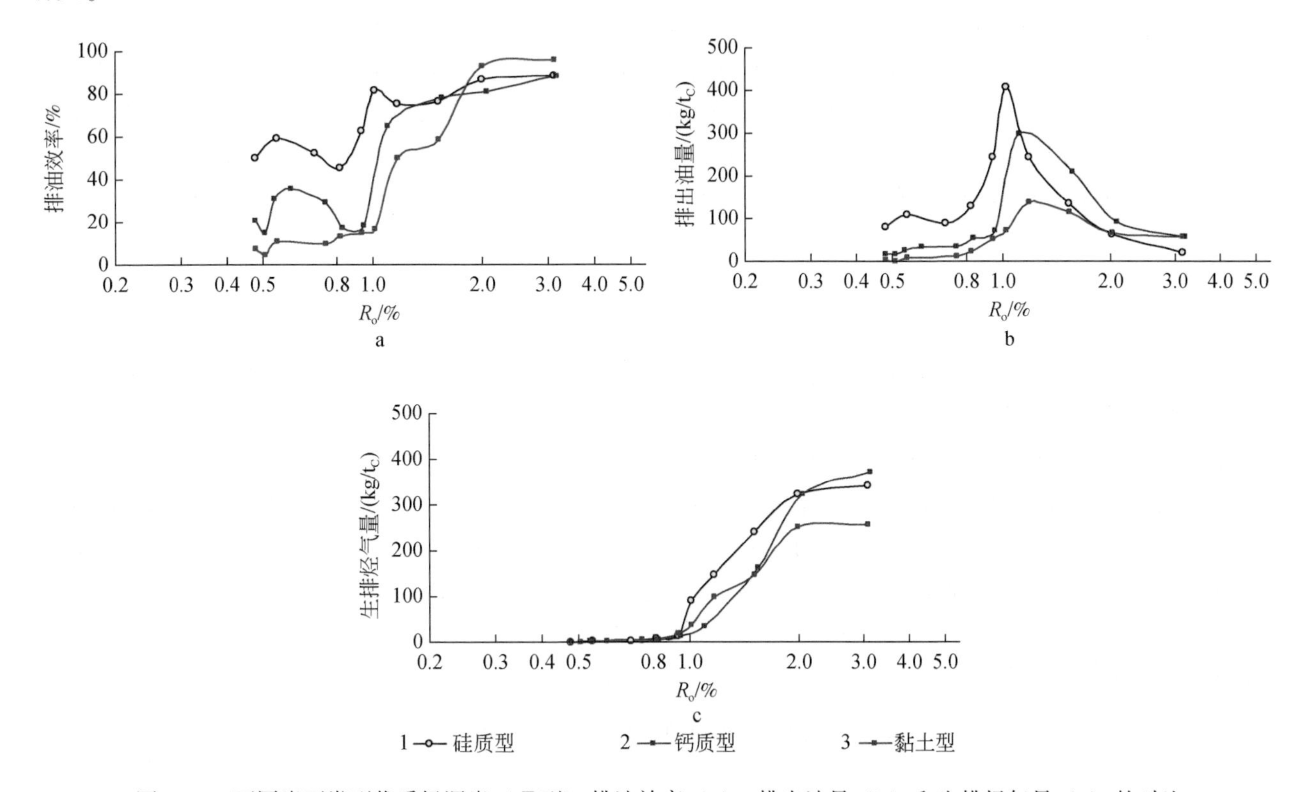

图 4.44　不同岩石类型优质烃源岩（Ⅱ型）排油效率（a）、排出油量（b）和生排烃气量（c）的对比

（3）在高成熟阶段（R_o 在 1.3%~2.0% 之间），三类优质烃源岩尽管排凝析油（气）或轻质油（气）效率均很高，排凝析油或轻质油量均随成熟度增加逐渐降低，生排烃气均随成熟度增加逐渐增加，气逐渐变干，碳质沥青逐渐增加。但是其排凝析油效率、排凝析油量、生排烃气量及碳质沥青量等仍存在一些差异（表 4.19）：①排轻质油或凝析油效率提高幅度以黏土质优质烃源岩最大，可以从 50% 左右提高到 90% 以上，硅质型及钙质型较小，前者从 73% 增加至 90% 左右，后者从 65% 提高至近 80%；②排轻质油或凝析油量以钙质型优质烃源岩相对较高，从约 250kg/t_C 减少到 92kg/t_C 左右，硅质型次之，从 200kg/t_C 左右减少至 63kg/t_C 左右，黏土型最低，从约 120kg/t_C 减少至 65kg/t_C 左右；③高成熟阶段最高生排烃气量及碳质沥青量以硅质型优质烃源岩相对最高，钙质型最高生排烃气量也较高，但是碳质沥青量相对最低，黏土型最高生排烃气量相对最低，碳质沥青量居中；④在成熟—高成熟阶段总生排油带钙质型和优质烃源岩相对较宽。上述差异主要与油或可溶有机质热裂解变凝析气、湿气及向干气过渡、岩性催化裂解作用的不同、岩石脆性及微裂缝发育程度和岩石对烃类的吸附性等不同有关。

（4）在过成熟阶段（R_o>2.0%），硅质型、钙质型和黏土型三类优质烃源岩尽管生排凝析油气量均很低，并随成熟度增加逐渐接近于零，排凝析气效率均很高，但是其生排烃气总量及碳质沥青量等仍存在一些差异（表 4.19）：①生排烃气总量以钙质型优质烃源岩相对最大，最高可达 372.2kg/t_C，硅质型次之，最高为 342.9kg/t_C，黏土型相对最小，为 257.1kg/t_C；②关于不同类型优质烃源岩在过成熟阶段中早期的生排烃气量和生排烃气下限可能也以钙质型优质烃源岩生排烃气量相对最大，生排烃气下限 R_o>4.3% 或更大，黏土型次之，硅质型优质烃源岩生排烃气量可能最小（未得到实测数据）；③碳质沥青量以硅质型优质烃源岩相对较大，黏土型次之，钙质型相对较小（估算推测数据）。它们主要与碳酸盐中的有机酸盐生气、岩性催化裂解作用的不同及岩石对烃类的吸附性不同等有关。

第三节　优质再生烃气源岩的类型

优质再生烃气源岩主要是指来自或源于成熟阶段优质烃源岩中，由脂类（油脂、脂肪和类脂）形成的次生可溶沥青进入储集岩的原油，或运移途中分散的可溶有机质，或残留在成熟优质烃源岩中的可溶有机质，当其丰度达到一定的数量，如储集岩中的含油量（或优质烃源岩中残留的可溶有机质量）≥0.45%或 TOC≥0.4%（或优质烃源岩中 TOC≥2.0%）时，在高成熟—过成熟阶段可以再次裂解生成烃气和碳质沥青，并形成新的天然气藏或凝析气藏。但是，不同类型的原油（或可溶有机质）再生烃气能力与其密度、含量及储集岩（或烃源岩）类型等密切相关，也是本节讨论的重点。

一、优质再生烃气源岩的类型及评价

1. 优质再生烃气源岩的类型可划分含轻质油/凝析油、原油（中质油）、重质油和特重质油等四类储集岩石类型（包括页岩油、油页岩等高残留可溶有机质的优质烃源岩）

优质再生烃气源岩的类型划分是根据脂类次生沥青在高成熟—过成熟阶段的生烃气能力、密度（原油或可溶有机质）等大致分为轻质油/凝析油（密度 d<0.84g/cm^3，API>35）、中质油（d=0.84～0.90g/cm^3，API=25～35）、重质油（d=0.90～1.0g/cm^3，API=10～25，也包括密度相对低一些、黏度相对较高的稠油）和特重质油（或可溶固体沥青，d=1.0～1.08g/cm^3，API=0～10）等四类，而氧化固体沥青（部分可溶，d>1.08g/cm^3）也是再生烃气源，不过其生烃气能力差，已经不属于“优质”了（表 4.20）。优质再生烃气源类型的划分实质上是生物不同脂类成分的差异所造成的次生沥青或原油密度及成分的差异。

表 4.20　优质再生烃气源岩的类型划分与动态评价

优质再生烃气源岩		成优质烃源岩形成的石油（运移成藏）和可溶有机质（残留）				近地表生物降解或氧化的石油
		轻质油	原油	重质油	超重油	氧化固体沥青
成熟阶段	密度/(g/cm^3)	<0.84	0.84～0.90	0.90～1.0	1.0～1.08	>1.08
	API	>35	25～35	10～25	0～10	
	岩石类型	含油砂岩、油砂、含油灰岩等储集岩；优质烃源岩、页岩油等（R_o<1.0%）		油砂、含油灰岩、沥青灰岩等储集岩；优质烃源岩、油页岩等		固体沥青、沥青砂岩、沥青灰岩等
		优质		→	逐渐变差	
	可溶沥青“A”/%	≥0.45	≥0.5	≥0.75	≥1.0	≥1.0
	储集岩 TOC/%	≥0.4	≥0.4	≥0.6	≥0.8	≥2.0
	烃源岩 TOC/%	≥2	≥2	≥2	—	
	成熟晚期（R_o为1.0%~1.3%） 储集岩烃气产率/(kg/t$_{油}$)	少量→70 左右（R_o为1.0%~1.3%）			少量→50 左右	少量→30 左右（纯）
高成熟—过成熟阶段	岩石类型	含沥青砂岩、含沥青灰岩等；过成熟优质烃源岩			固体沥青、沥青砂岩、沥青灰岩等	
	可溶沥青“A”/%	逐渐减少→接近零（或≤0.05）				
	储集岩 TOC/%	→≥0.2		→≥0.4	→≥0.6	→≥1.8
	烃源岩 TOC/%	→≥1.5			—	

续表

<table>
<tr><td colspan="3" rowspan="2">优质再生烃气源岩</td><td colspan="4">成优质烃源岩形成的石油（运移成藏）和可溶有机质（残留）</td><td>近地表生物降解或氧化的石油</td></tr>
<tr><td>轻质油</td><td>原油</td><td>重质油</td><td>超重油</td><td>氧化固体沥青</td></tr>
<tr><td rowspan="4">高成熟—过成熟阶段</td><td rowspan="2">高成熟（R_o为1.3%~2.0%）</td><td>含油砂岩烃气产率/(kg/$t_{油}$)</td><td></td><td>65→405</td><td>30→310</td><td>50→220
66→175（纯）</td><td rowspan="2">30→40（纯）</td></tr>
<tr><td>含油灰岩烃气产率/(kg/$t_{油}$)</td><td>37→450</td><td>60→385</td><td>23→370</td><td>35→170
66→175（纯）</td></tr>
<tr><td rowspan="2">过成熟早中期（R_o为2.0%~4.3%）</td><td>含油砂岩烃气产率/(kg/$t_{油}$)</td><td></td><td>400~426</td><td>280~346</td><td>220~235
175→269（纯）</td><td rowspan="2">40→85（纯）</td></tr>
<tr><td>含油灰岩烃气产率/(kg/$t_{油}$)</td><td>450~532</td><td>380~436</td><td>370~392</td><td>170~266
175→269（纯）</td></tr>
</table>

热压加水生气模拟实验和油气转换物质平衡原理表明，原油或可溶有机质的再生气能力与其密度或H/C原子比密切相关，与有机质类型相似，以凝析油或轻质油（及其分散可溶有机质）生气潜力最高，其碳的烃气转化率可在50%以上；正常原油略次之，碳的烃气转化率在40%~50%之间；重质油与低成熟沥青较差，碳的烃气转化率为20%~30%；氧化固体沥青（不溶有机质）最差，碳的烃气转化率只有10%左右。而储集岩或烃源岩中碳质沥青的转化率与烃气（甲烷）转化率正好相反，油越稠或密度越大或H/C原子比越低，碳质沥青的转化率越高，符合碳物质平衡基本原理。

海相优质烃源岩中的“可溶有机质”和运移出来后形成的古油藏中的“油”或分散在储集岩中的“油”在高成熟—过成熟阶段可以再次或多次热裂解成气（甲烷），可以形成大型天然气藏，并在古油藏储集岩中或古含“油”储集岩中或优质烃源岩中伴随着大量碳质沥青。例如，四川盆地普光、建南、毛坝、威远、安岳等三叠系—震旦系气田储集层（生屑或礁白云岩、灰岩及砂砾岩等）中就不同程度含碳质沥青，此外，在上二叠统大隆组—龙潭组、下志留统龙马溪组和下寒武统牛蹄塘组（筇竹寺组）过成熟优质烃源岩中也见到大量碳质沥青。它们在优质烃源岩→运移“油”或“可溶有机质”→天然气藏与碳质沥青的转化过程中均是优质再生烃气源。

2. 优质再生烃气源岩在成熟晚期—过成熟早中期可以再次热裂解生成烃气和碳质沥青，主要发生在高成熟阶段

海相优质烃源岩在成熟阶段生成、排出和运移成藏的可溶沥青或原油在高成熟阶段均可以再次热裂解生成烃气及碳质沥青，其生烃气潜力随成熟度、原油或可溶沥青密度、岩性和介质条件等均是动态变化的（表4.20），主要表现在：

（1）所有不同性质、不同介质条件的原油或可溶沥青从成熟阶段晚期→高成熟阶段→过成熟阶段早中期均可以热裂解生成烃气和碳质沥青，但主要是在高成熟阶段。随成熟度的增加其生成烃气量及碳质沥青量均逐渐增加，在相当于$1.0\%<R_o\leq1.3\%$时，烃气产率及碳质沥青产率缓慢增加，其油向烃气的转化率一般不超过5%，主要是从重烃到轻烃的演变过程，以生成液态烃为主；在相当于$1.3\%<R_o\leq2.0\%$时，烃气产率及碳质沥青产率逐渐快速增加，烃气转化率可达到最大转化率的90%左右，主要是液态长链烃断裂成分子量相对较小的短链烃，以生成湿气和凝析油为主，油气相态也发生了明显的变化，绝大部分原油或可溶沥青已经转化为气态烃和不溶残炭；在相当于$2.0\%<R_o\leq4.3\%$时，生烃气总量及产碳质沥青量逐渐达到最大值并趋于稳定，烃气主要是甲烷，但是此阶段内生烃气（甲烷）率并不大，约到R_o=4.3%时甲烷瞬时产率几乎为零。各类储集岩及烃源岩中的原油或可溶沥青热裂解生成烃气能力及碳质沥青产率随成熟度的增加均是动态变化的。

（2）原油或可溶沥青随密度变小或H/C原子比增加，热裂解生成烃气产率越高，碳质沥青产率越低。轻质油—凝析油在高成熟阶段生烃气能力最强，相当于Ⅰ型在高成熟—过成熟阶段的生烃气能力；中质原油略低，约相当于Ⅱ$_1$型在高成熟—过成熟阶段的生烃气能力；重质油再次之，相当于Ⅱ型生烃气能力；超重原油或低演化固体沥青生烃气能力相对最低，仅相当于Ⅱ$_2$型在高成熟—过成熟阶段的生烃气能力。它们在高成熟—过成熟阶段均可成为有效再生烃气源，一般古油藏（轻质油-正常原油）的热裂解再生烃气对大型气田的贡献占优势，并在古油藏的储集岩或运移途中残留碳质沥青。

（3）原油或可溶沥青热裂解最高烃气产率和不溶残炭（碳质沥青）产率随介质条件变化、热裂解过程（加温加压时间模拟方法）或赋存状态的不同也是动态的。相同原油性质的油灰岩或油砂等热裂解最高烃气产率基本相当或油砂略低，碳质沥青产率也基本相当或油砂略高。海相油灰岩在过成熟阶段的最高烃气产率一般略高于油砂（5%~10%），而油灰岩最高产碳质沥青率一般略低于油砂，可能与碳酸盐岩中的有机酸盐具有某种作用，使得碳酸盐裂解烃气过程有滞后现象且最终烃气产率却略高于油砂，与之相反，碳酸盐岩最高产碳质沥青率略低于灰岩。

（4）海相优质烃源岩中“可溶沥青”和排出后形成古油藏中的“原油”或分散在储集岩及运移途中的“可溶沥青”在高成熟—过成熟阶段均可以再次或多次热裂解成烃气，成为优质再生烃气源，形成大型海相天然气藏，同时在古油藏储集岩中或运移途中或优质烃源岩中伴随着大量碳质沥青。例如，四川盆地川东北普光、毛坝等 T_1f—P_2ch 气田中的天然气主要是原地古油藏中的原油在高成熟—过成熟阶段的热裂解气，也有附近 P_2l 优质烃源岩中可溶沥青或运移途中分散可溶沥青在高成熟—过成熟阶段的热裂解气混入，同时在储集层（生屑或礁白云岩、灰岩及砂砾岩等）中和 P_2l 优质烃源岩中含不同程度的碳质沥青（图 4.45）。

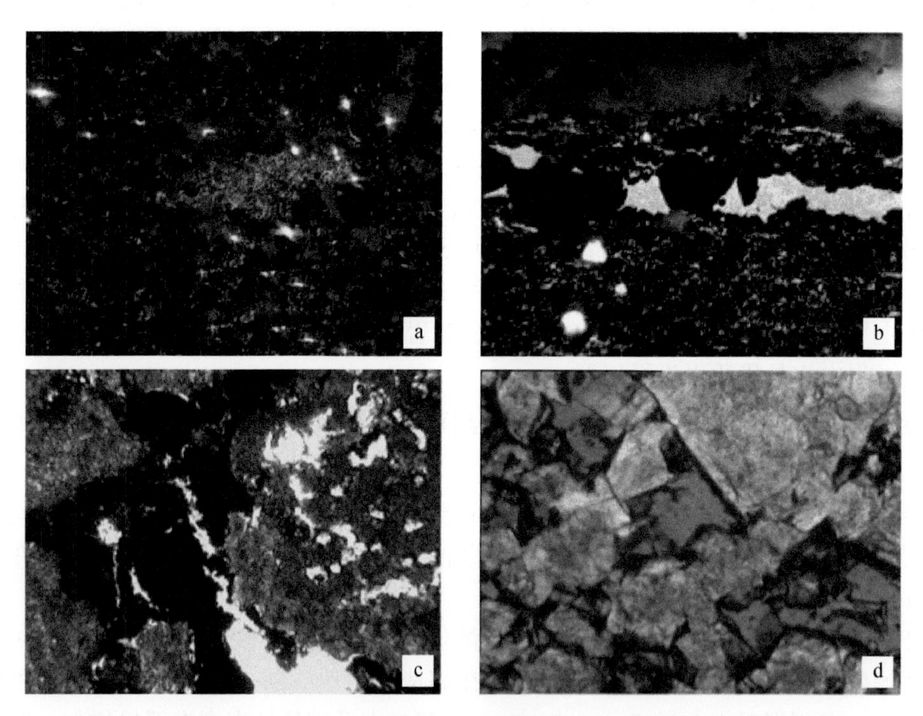

图 4.45　四川盆地东北部普光气田储集岩和 P_2l 海相优质烃源岩典型样品分散可溶有机质及碳质沥青照片

a. 河坝 1 井，P_2l，5637.01m，灰黑色泥岩，分散有机质及碳质沥青，全岩油浸反光，×512；b. 河坝 1 井，P_2l，5638.21m，灰黑色泥岩，分散有机质及碳质沥青，全岩油浸反光，×800；c. 普光 6 井，T_1f，海绵体腔孔中碳质沥青，岩石薄片，单偏光，×25；d. 普光 2 井，P_2ch，白云岩晶间孔中碳质沥青，铸体薄片，单偏光，×100

高成熟—过成熟储层碳质沥青含量是评价优质气源岩的主要指标之一，经实验模拟产气率和理论推算，其过成熟储集岩 TOC 含量大于 0.20%，或碳质沥青含量大于 0.25%（重量），或碳质沥青体积分数大于 0.5%，或碳质沥青面孔率大于 0.7% 时就属优质气源岩，其原始“油”总生气量与Ⅱ型烃源岩 TOC >2% 总生气量基本相当（秦建中等，2008）。例如，四川盆地川东北普光 5 井储层碳质沥青主要发育在 T_1f 和 P_2ch 滩礁相白云岩中，T_1f 砂屑白云岩中 28 个样品 TOC 平均达 0.37%（图 4.46），P_2ch 白云岩中

15 个样品 TOC 平均达 0.42%，略高于 T_1f，这与普光 2 井和普光 6 井的结果是一致的，表明在普光地区 T_1f 和 P_2ch 滩礁相白云岩中碳质沥青的分布是普遍、稳定的，具一定规模，为古油藏高温裂解的残余物，含沥青白云岩曾是优质再生烃气源岩。

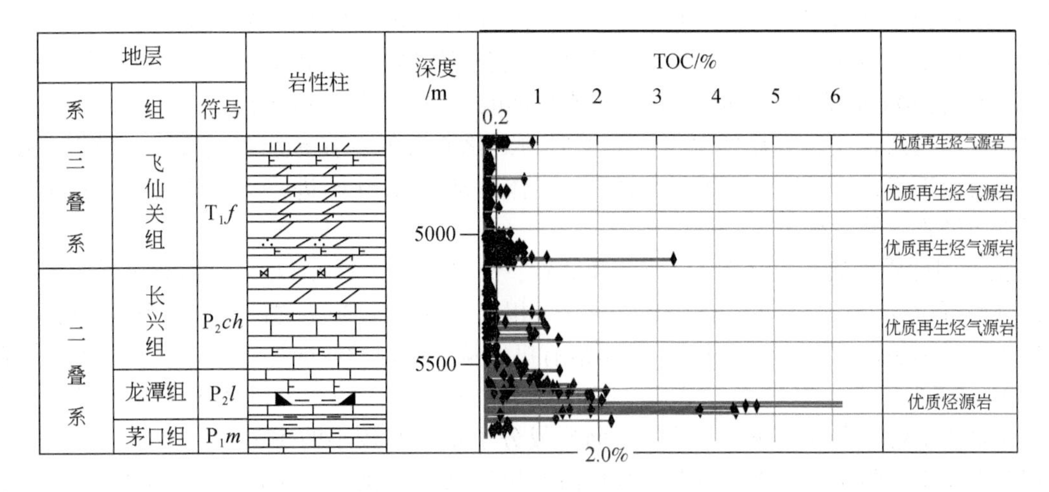

图 4.46　四川盆地东北部普光 5 井二叠系—三叠系过成熟海相优质烃源岩及优质再生烃气源岩的纵向分布

由于古油藏原油裂解气产率与原油密度密切相关，油越轻，烃气产率越大，碳质沥青产率越低，反之亦然。由此可以根据碳质沥青产状推测古油藏的原油密度，可以判断是否属于优质再生烃气源岩（秦建中等，2007a）。例如，根据普光气田 T_1f 与 P_2ch 储层中碳质沥青与孔隙的体积比结果，结合几种原油裂解产气产率模型，可以推算出飞仙关组古油藏原油密度应小于 0.85g/cm³，为轻质油；长兴组古油藏原油密度可能在 1.0g/cm³ 左右，属稠油（表 4.21）。前者（T_1f）古油藏原油在地质条件下高温裂解烃气碳的最终转化率可达到 50% 以上，为很好的优质再生烃气源；而后者（P_2ch）古油藏稠油在地质条件下高温裂解烃气碳的最终转化率变化在 35%~47% 之间，尽管也为优质再生烃气源岩，但相对前者要差一些。

表 4.21　川东北普光气田不同层位古油藏原油密度

井号	层位	沥青/总孔隙面孔率/%	沥青/总孔隙体积比率/%	推算的古油藏密度/(g/cm³)	原油性质	烃气等理论及模拟转化率/%	古油藏评价
普光 2 井	T_1f	28.9 ~ 31.5	22 左右	<0.85	轻质油	>50	优质再生烃气源
普光 6 井	P_2ch	59.0 ~ 77.8	43 ~ 56	1.0 左右	稠油	35 ~ 47	优质再生烃气源

（5）海相原油或可溶沥青在高成熟—过成熟阶段再次热裂解生成烃气和碳质沥青的过程是海相天然气资源评价的基础，须纳入盆地模拟和海相天然气资源量评价过程中。

3. 优质再生烃气源热压模拟实验结果——原油（或可溶有机质）裂解最高烃气产率随原油密度逐渐变轻而逐渐增加，灰岩储油层略高于砂岩

优质再生烃气源岩热压模拟样品选取四川盆地广元上寺矿山梁寒武系低碳质沥青（可溶特重质油沥青）、川岳 84 井凝析油、黔东南虎 47 井轻质原油、塔河油田 TH1111 井及 TK606 井原油、塔里木盆地志留系沥青砂岩、加拿大泥盆系稠油油砂、普光 4 井含沥青灰岩以及羌塘盆地侏罗系碳质沥青等 15 件原油与储层沥青。原油样品中均加入经过氯仿抽提与高温密封处理的纯净灰岩或石英砂介质，分别代表了不同性质与介质组成的海相储层沥青与可溶有机质。利用上述样品，开展了温度从 250 ~ 550℃ 的密闭体系常规热压模拟实验及仿真热压模拟实验，所有模拟实验均采用中国石化石油勘探开发研究院无锡石油地质研究所研制的 YDH-Ⅱ常规热压模拟实验仪和仿真（在静压和异常流压条件下）生排烃模拟实验仪进行。

（1）原油（或可溶有机质）裂解最高烃气产率与其密度相关。通过不同密度原油或可溶有机质常规热压模拟实验及仿真热压模拟实验结果表明，随原油密度逐渐变重，其裂解最高烃气产率逐渐降低，由轻质油的532kg/$t_{油}$降低至特重质油的266kg/$t_{油}$，后者比前者减少了近1/2；碳质沥青产率则相应增加，低演化氧化固体沥青（不溶为主）最高烃气产率最低（图4.47、图4.48a）。原油或可溶有机质的生烃气潜力与其元素组成或密度密切相关，H/C原子比越高或原油密度越轻其最大烃气产率越高。在介质性质相同或相近的条件下，不同演化阶段的烃气产率则与可溶有机质的族组成有关。稠油在相对低的模拟温度时其烃气产率（350℃时为46.97$m^3/t_{油}$）比正常原油的（350℃时为19.50$m^3/t_{油}$）略高，这是由于稠油中含有较多的胶质与沥青质，其热裂解生烃气需要的活化能较低，容易裂解成气。当模拟温度达550℃时，烃气产率反而下降，这是因为相当一部分重烃气体特别是C_2与C_3进一步裂解成甲烷的同时，部分烃碳转化为了碳质沥青碳的缘故。

（2）海相不同性质含油灰岩（图4.47a）和油砂、储层沥青（图4.47b）可溶有机质的热裂解过程烃气产率演化过程可以分为三个阶段：在350℃以下（相当于$R_o \leq 1.30\%$之间）属于缓慢增加阶段，其油向气的转化率一般不超过5%，此阶段是一个可溶有机质从重到轻的演变过程，以液态烃为主；模拟温度在350～450℃（相当于R_o在1.3%～2.0%之间）属于快速增加阶段，烃气转化率可达到最大转化率的90%左右，此阶段主要是大分子的液态长链烃断裂成分子量相对较小的短链烃，以生成湿气和凝析油为主，油气相态也发生了明显的变化，绝大多数可溶有机质已经转化成了气态烃和碳质沥青（不溶的有机残炭）；在模拟温度大于450℃之后（相当于$R_o \geq 2.0\%$）属于稳定阶段，一般烃气产率在550℃时达到最大值，干燥系数逐渐增大到超过0.9，此时主要是重烃气体进一步裂解成甲烷，烃气逐渐转变成以甲烷为主的干气。

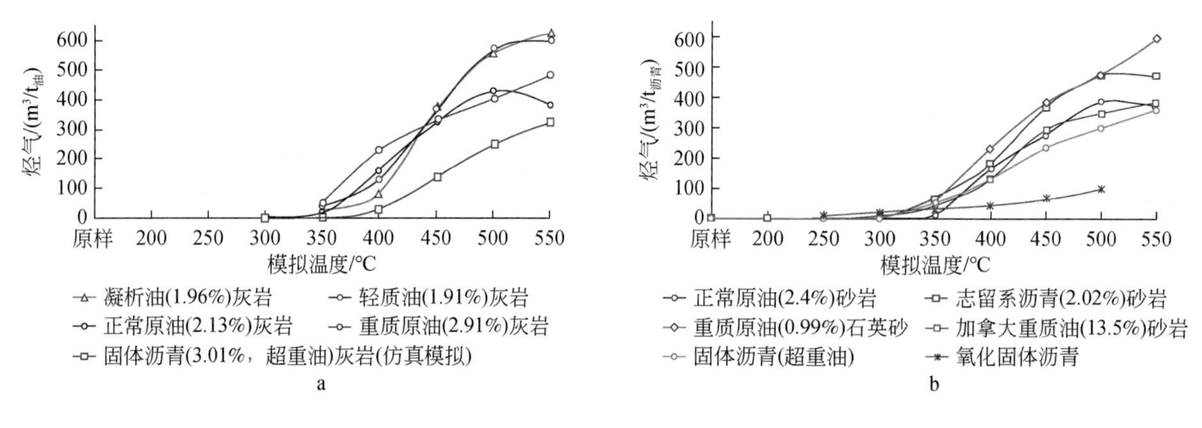

图4.47　海相不同性质含油灰岩和油砂、储层沥青热裂解过程烃气产率的对比

a. 不同密度原油+灰岩（含油灰岩），DK地层模拟；b. 不同密度原油+砂岩（油砂、储层沥青），CG常规模拟

（3）原油或可溶有机质的热裂解最高烃气产率与储层岩性有关。不同岩性的介质对可溶有机质的热裂解生气也有影响，灰岩、砂岩基本相当或灰岩略高（图4.48）。在不同性质原油分别加石英砂与灰岩的热压模拟对比实验中，油砂烃气产率略低于油灰岩，可能是碳酸盐岩中的盐与可溶有机质具有某种作用，使得碳酸盐岩储层中原油或可溶有机质裂解烃气过程有时具有延后现象和抑制作用，但是，最终烃气产率却略高于油砂岩。

（4）原油或可溶有机质热裂解烃气产率与模拟实验方法有一定关系。同一特重质油样品的DK地层模拟（图4.47a，固体沥青特重质油3.01%灰岩）与CG常规模拟（图4.47b，固体沥青特重质油）在模拟温度550℃时最大烃气产率基本相当，分别为266kg/$t_{油}$和269kg/$t_{油}$，但是前者R_o相对低一些，即DK地层模拟具有热裂解及R_o滞后现象。

总体来说，储集岩或运移途径岩石中的固体沥青、稠油沥青、运移沥青、原油或水溶烃类等可溶有机质的组成与性质（H/C原子比）决定了其热裂解再生烃气最大转化率，岩石介质与赋存状态及地质温压环境影响油气生成转化的过程。此外，总烃产率都随演化程度增加而下降，其中在模拟温度小于450℃时，下降较快，大于450℃之后趋于平稳。这种演变过程符合可溶有机质热裂解反应的机理，可溶有机质

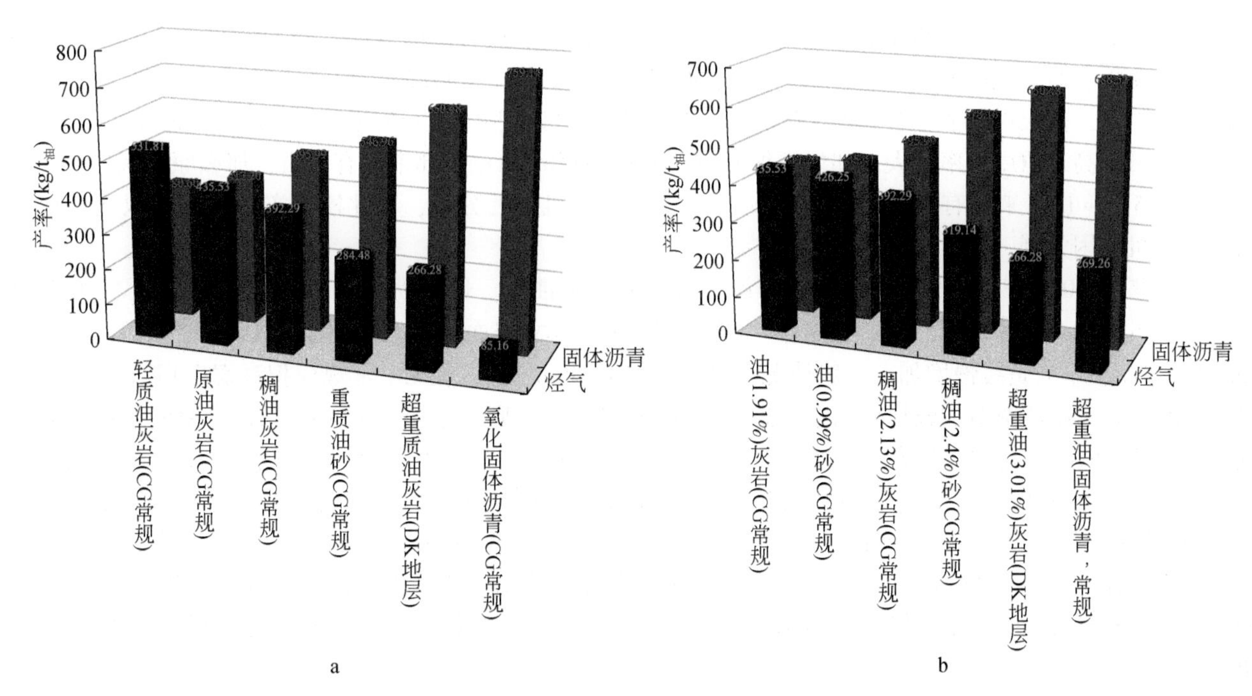

图4.48　海相不同密度原油或可溶有机质在过成熟阶段（$R_o \approx 3.0\%$）烃气、碳质沥青产率的对比

a. 不同密度原油+灰岩；b. 不同密度原油灰岩或油砂

向小分子的油气转化过程实际上是一个既热裂解成相对富氢的烃类气体，同时又聚合成相对富碳的碳质沥青（不溶有机质）的过程（相对于氢原子而言碳原子总是过量的）。

4. 优质再生烃气源岩中CO_2产率均随模拟温度的增大而增加，含油灰岩达到碳酸盐分解温度之后快速增加，明显高于含油砂岩

（1）几种海相含油灰岩和油砂或储层沥青中的可溶有机质在不同模拟温度条件下的CO_2产率见图4.49，从中可知：①所有样品的CO_2产率均随模拟温度的增大而增加。②在相同模拟温度下所有含油灰岩的CO_2产率（图4.49a）明显比油砂或相对较纯有机质热裂解CO_2产率（图4.49b）要大很多。例如，在550℃时，灰岩介质条件下原油的CO_2产率平均值为850m³/t油，砂岩介质的CO_2产率平均值为150m³/t油，而两种固体沥青的CO_2产率仅为45m³/t油，差异明显。③含油灰岩的CO_2产率在400℃以下增加不明显，达到碳酸盐分解温度之后则快速增加，而油砂或相对较纯有机质CO_2产率在高温阶段随温度变化并不是很明显。④DK地层模拟固体沥青（或特重质油3.01%）灰岩模拟实验CO_2产率相对最低，在400℃以上增加也不明显，看来DK地层模拟抑制了碳酸盐的裂解，更接近地下客观实际条件。

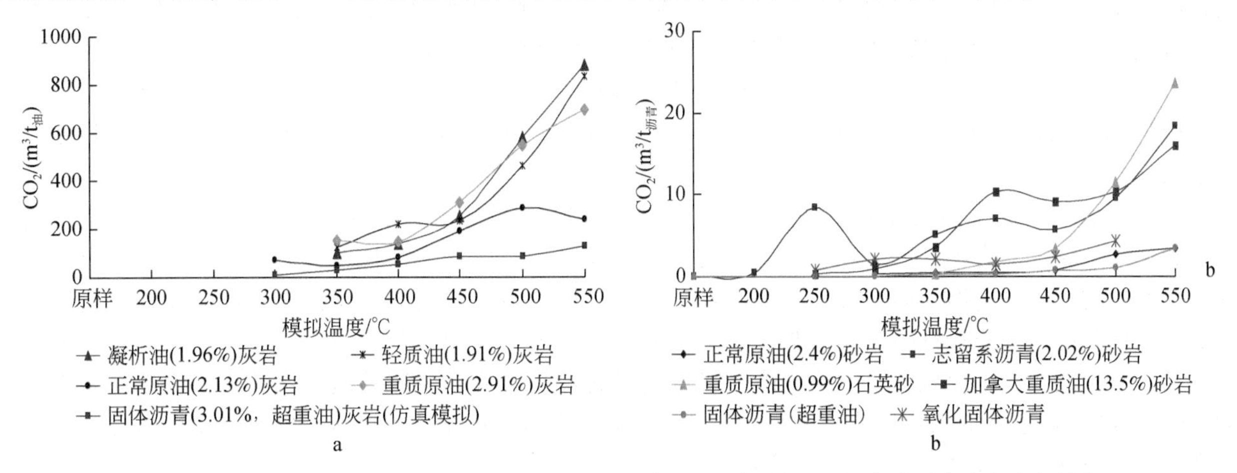

图4.49　海相不同含油灰岩（a）和油砂、储层沥青（b）热裂解过程二氧化碳产率的变化特征

以上现象表明，人工模拟实验中 CO_2 气体主要来自介质中碳酸盐的分解，受岩石介质性质、模拟温度，以及模拟实验方式的制约，与可溶有机质的性质关系较小。稠油灰岩的 CO_2 产率明显比石英介质的 CO_2 产率要大，在550℃时其产率是砂岩介质的3～5倍，这说明 CO_2 气体主要来自介质中碳酸盐的分解，碳酸盐含量越高，CO_2 产率越大。如果不加介质原油热裂解的 CO_2 全部来自有机质，那么原油灰岩的 CO_2 产率只有5%～10%来自有机质，超过90%的 CO_2 来自无机物的分解，因此模拟实验中 CO_2 以无机成因为主，有机成因为辅。

（2）图4.50是在不同模拟温度下几种海相含油灰岩和油砂、储层沥青中的可溶有机质 H_2 产率对比图，从中可以看出：①H_2 产率总体随CG常规模拟温度的增加而增大，在低温阶段（模拟温度250～350℃），H_2 产率只是缓慢增加，一般情况下产率不超过 $30m^3/t_{油}$；在CG常规模拟高温阶段（模拟温度350～500℃），H_2 产率增加较快，而在更高温度（500℃以上）则产率快速增加；②H_2 产率演化特征明显受CG常规模拟温度制约，与岩石介质和有机质性质关系都不明显，大量 H_2 的生成是CG常规模拟条件下由于提高温度（加水）发生了与地下实际生烃反应不同的副反应，而且变化很大，有的油砂在模拟高温下 H_2 产率可达 $4159m^3/t_{油}$，有的可溶固体沥青或特重质油在模拟高温下 H_2 产率不足 $2m^3/t_{沥青}$；③DK地层模拟固体沥青（或特重质油3.01%）灰岩（有孔隙水存在）H_2 产率相对最低，在模拟温度大于400℃时反而有所降低，看来与烃源岩DK地层模拟一样，H_2 产率也相对很低，更接近地下客观实际条件。

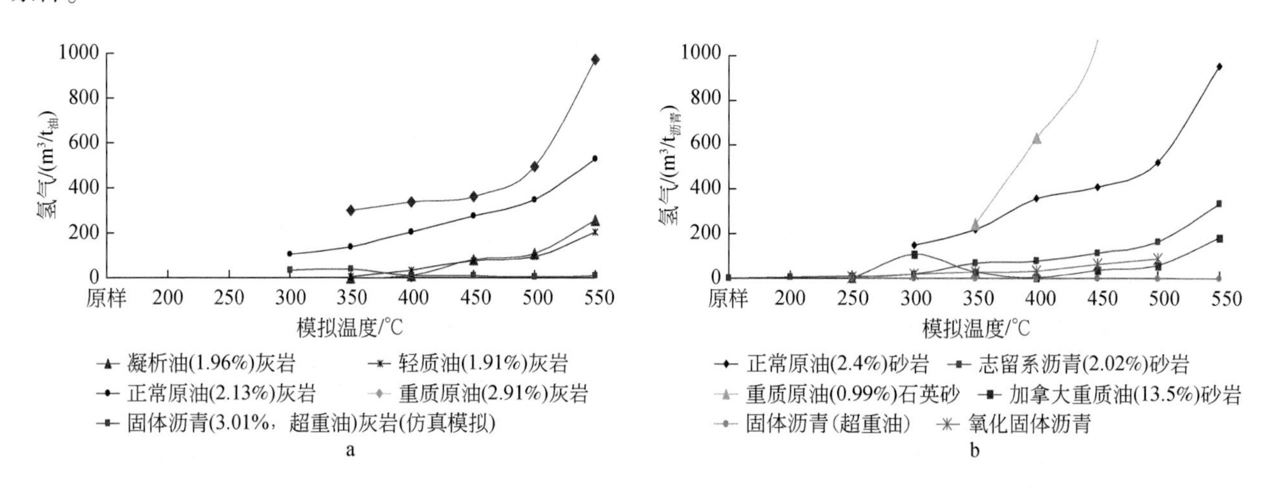

图4.50　海相不同含油灰岩（a）和油砂、储层沥青（b）热裂解过程氢气产率的变化特征

影响氢气产率的因素比较复杂，归纳起来主要有：①有机质中的芳烃脱氢缩聚及芳构化作用、有机小分子的聚合作用以及链状烷烃的环化作用都能产生一定量的 H_2。②矿物介质对 H_2 的形成有很大的影响，高温条件下砂岩的存在促使 H_2 的生成，但其机理还有待深入研究。在其他条件相近的情况下，石英矿物含量越高，H_2 产率越高。例如，稠油砂岩的 H_2 产率就远大于加灰岩的，H_2 产率与介质性质之间的关系说明各种介质对有机质中C—C、C—H的断裂所起的作用是完全不同的，硅酸盐岩促使有机质中的C—H键断裂，而碳酸盐岩的存在可能促使了C—C键断裂。③不锈钢高压釜中的金属在高温高压条件下与水反应释放氢气。

（3）模拟实验总气体主要由烃类气体和 CO_2、H_2、CO、N_2 等无机气体组成，图4.51是几种海相含油灰岩和油砂、储层沥青中的可溶有机质在不同温度条件下总气体产率对比图，由图可知：①所有样品的总气体产率均随温度的增加而增大；②含灰岩介质的样品比砂岩介质的总气体产率高；③含矿物介质较高的样品比含矿物基质较低的样品（如加拿大油砂、固体沥青）总气体产率高；④人工配制样品大于天然样品，这说明在人工模拟实验中总气体产率与储层沥青及可溶有机质性质关系较小，主要受岩石介质的影响；⑤DK地层模拟的总气体产率明显低于CG常规模拟，这主要是因为DK地层模拟条件更接近地下客观实际条件，导致其 CO_2 和 H_2 产率更低。

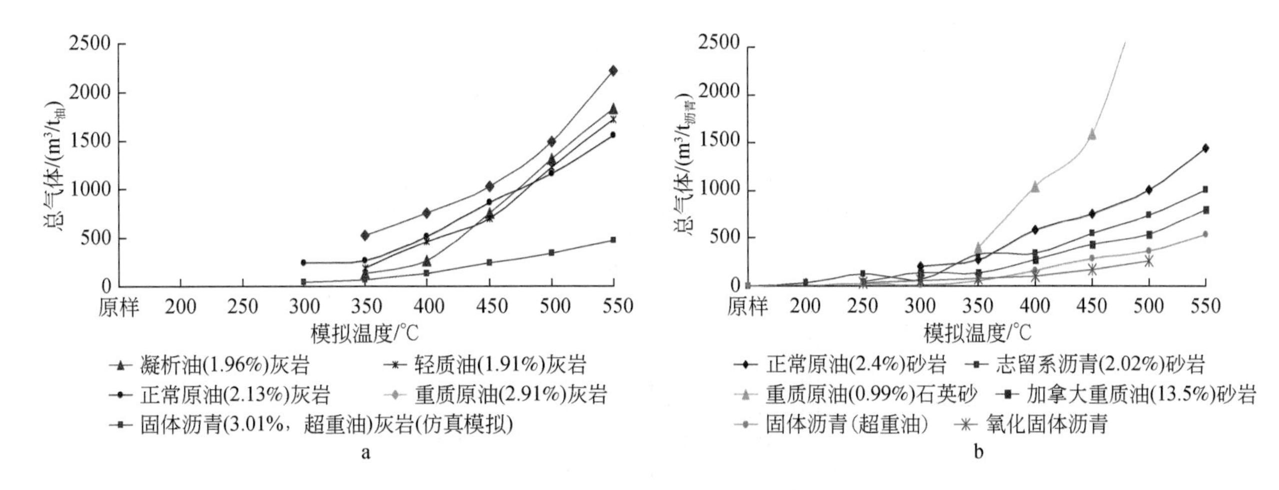

图 4.51　海相不同含油灰岩（a）和油砂、储层沥青（b）热裂解过程总气体产率的变化特征

二、优质再生烃气源岩的生烃气模式

下面是根据不同类型含油灰岩、油砂及固体沥青的热裂解 CG 常规模拟实验结果及部分样品的 DK 地层模拟实验结果，建立了海相轻质油灰岩、油灰岩、稠油灰岩、特重质油灰岩、油砂、稠油砂、重质油砂、沥青砂岩、固体沥青（特重质油）和固体沥青（氧化）等十种再生烃源裂解生烃气演化模式。

1. 在高成熟—过成熟阶段，轻质油灰岩最大烃气产率>正常原油灰岩最大烃气产率>稠油灰岩最大烃气产率>特重质油灰岩最大烃气产率；而对应的碳质沥青产率则正相反

海相含不同性质原油灰岩等优质再生烃气源岩热裂解生烃气转化模式中一般缺少未成熟阶段，成熟阶段演化过程与烃源岩类似，在 R_o=0.7%～1.2%阶段，可以产生和排出一些轻质油，但烃气产率很低，难以向气态烃转化，碳质沥青产率、CO_2 产率等也很低。在成熟晚期—高成熟阶段，相当于 R_o 为 1.0%～2.0%，模拟温度在 375～450℃，主要产生凝析油湿气，未裂解油量随模拟温度升高而快速降低，烃气产率急剧增高，烃气量占总生烃量的 60%～70%；过成熟阶段，相当于 R_o>2.0%，模拟温度大于 475℃，以生成甲烷为主，随着气体变干（干燥系数大于 0.9），烃气产率会下降，这是因为重烃气（C_{2+}）裂解成 C_1，由于氢源不足，一个 C_2 难以裂解为两个 C_1，自然总烃气产率会下降。

（1）轻质油灰岩生烃气演化模式见图 4.52a、表 4.22，主要有以下特点：①在成熟阶段，油热裂解烃气产率非常有限，镜质组反射率在 1.2%以前，烃气产率为 36.9kg/t$_{油}$，只占最高总烃气产率的 6.9%；碳质沥青产率也很低，产物仍以轻质油为主；②在高成熟阶段早期（模拟温度 400℃时），烃气产率为 113.8kg/t$_{油}$，碳质沥青产率约为烃气产率的 72%，开始大量产生烃类气体和碳质沥青，烃气占最高总烃气产率的 21.4%，此时烃类产物主要为湿气与凝析油气；③在高成熟—过成熟阶段，烃气产率、碳质沥青产率及 CO_2 产率均达到最大值，500℃时烃气产率为 531.81kg/t$_{油}$，产物以甲烷为主，碳质沥青产率及 CO_2 产率在 550℃时达到最大值。

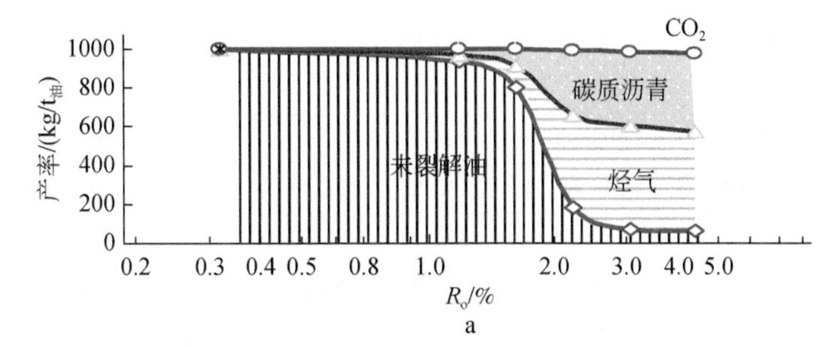

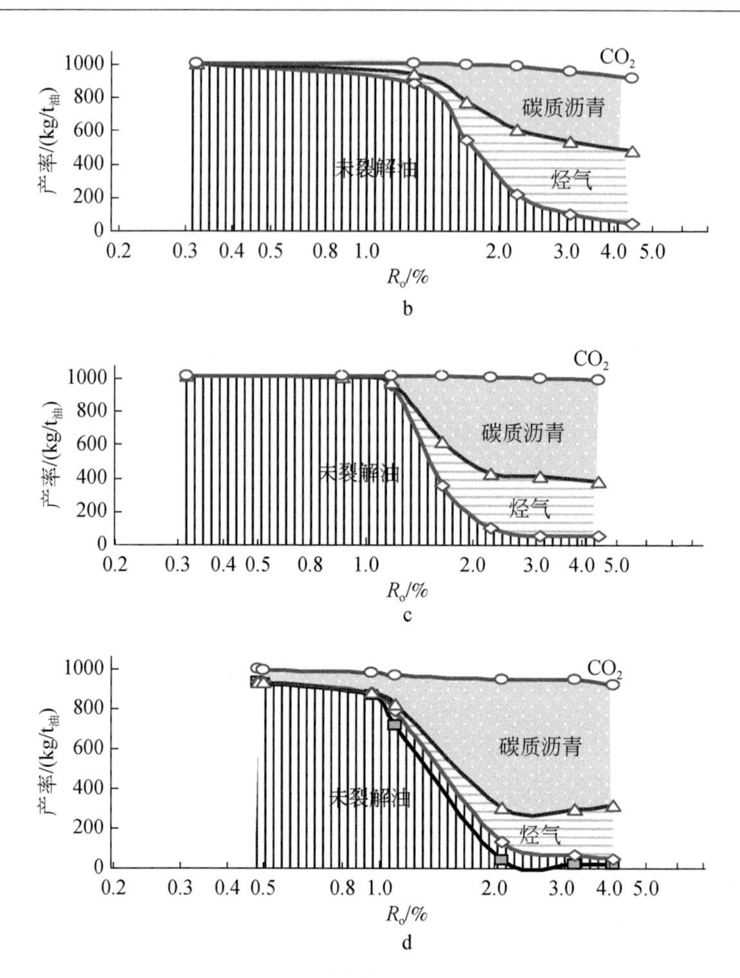

图 4.52　海相轻质油灰岩、原油灰岩、稠油灰岩和特重质油灰岩热裂解生烃气模式

a. 轻质油灰岩，油重量占样品重量平均为 1.96%，相当于 TOC=1.65%，以川岳 84 井油为例，CG 常规模拟；b. 原油灰岩，油重量占样品重量 1.91%，相当于 TOC=1.60%，虎 47 井+塔河 TK606 井油，CG 常规模拟；c. 稠油灰岩，油重量占样品重量平均为 2.13% 相当于 TOC=1.79%，塔河 TK1111 井油，CG 常规模拟；d. 特重质油灰岩，油重量占样品重量为 3.01%，TOC=2.37%，广元上寺 GY-07-24 固体沥青，DK 地层模拟

表 4.22　海相不同性质油灰岩 CG 常规模拟实验和 DK 地层模拟实验热裂解生气综合数据

岩性	模拟温度/℃	R_o/%	未裂解油/(kg/t油)	未裂解排出（气携带）油/(kg/t油)	烃气/(kg/t油)	碳质沥青/(kg/t油)	CO_2/(m^3/t油)	H_2/(m^3/t油)	总气体/(m^3/t油)	模拟方法	生烃气潜力评价
凝析—轻质油（1.96%）灰岩	原样	*<0.32*	1000			*0.00*				CG 常规模拟	相当于Ⅰ型，以川岳 84 井油为例
	350	*1.19*	*933.90*	165.33	36.90	*26.57*	98.68	0.00	128.93		
	400	*1.63*	*801.15*	108.28	113.81	*81.94*	139.41	10.97	264.21		
	450	*2.23*	*185.83*	45.64	470.43	*338.71*	254.54	80.07	758.12		
	500	*3.06*	70.63	36.90	531.81	*380.60*	579.07	107.99	1310.33		
	550	*4.42*	61.08	35.63	510.98	*406.48*	879.98	259.31	1820.25		
原油（1.91%）灰岩	原油样	*<0.32*	1000							CG 常规模拟	相当于$Ⅱ_1$型（以虎 47 井油+TK606 油为例）
	350	*1.19*	*878.73*	498.90	60.80	*58.24*	137.03	152.44	353.43		
	400	*1.63*	*540.98*	240.84	230.89	*221.17*	183.91	186.38	605.21		
	450	*2.23*	*217.04*	159.77	393.03	*376.49*	272.76	219.05	861.95		
	500	*3.06*	102.68	106.15	435.53	*417.20*	505.17	295.14	1354.40		
	550	*4.42*	48.41	63.55	433.62	*433.50*	765.11	586.22	1964.26		

续表

岩性	模拟温度/℃	R_o/%	未裂解油/(kg/t油)	未裂解排出（气携带）油/(kg/t油)	烃气/(kg/t油)	碳质沥青/(kg/t油)	CO_2/(m^3/t油)	H_2/(m^3/t油)	总气体/(m^3/t油)	模拟方法	生烃气潜力评价
稠油（2.13%）灰岩	原样	*<0.32*	1000							CG常规模拟	相当于Ⅱ型（以TK1111油为例）
	300	*0.87*	*992.17*	111.50	2.53	*3.19*	71.62	104.85	235.75		
	350	*1.19*	*946.24*	155.21	22.62	*28.51*	49.69	137.34	261.41		
	400	*1.63*	*450.21*	147.27	241.90	*304.79*	80.97	205.50	517.77		
	450	*2.23*	*134.66*	78.83	380.67	*479.64*	188.51	276.57	862.71		
	500	*3.06*	94.75	64.59	392.29	*495.99*	285.48	346.84	1158.36		
	550	*4.42*	77.88	60.32	328.58	*572.07*	237.87	526.89	1555.00		
固体沥青（特重质油3.01%）灰岩	原样	0.48	937			*63.00*				DK地层模拟	相当于Ⅱ型（以GY-07-24寒武系固体沥青为例）
	300	*0.5*	*931.67*	6.11	0.20	*63.51*	7.41	34.45	47.80		
	350	*0.96*	880.81	15.29	1.96	*98.21*	30.53	37.39	70.89		
	400	*1.1*	*785.64*	71.64	33.55	*147.88*	52.87	9.65	126.28		
	450	*2.10*	134.23	95.45	171.87	*639.84*	86.77	7.15	244.16		
	500	*3.24*	64.11	42.76	233.38	*650.48*	83.52	4.10	343.14		
	550	*4.09*	48.43	31.25	266.28	*605.86*	127.52	10.22	464.94		

注：斜体字为校正后或对比推测数据。

（2）正常原油灰岩生烃气演化模式见图4.52b、表4.22，原油灰岩再裂解生气模式与轻质油灰岩很相似，只是在高成熟—过成熟阶段最大烃气产率比后者低了80～100kg/t油，比碳质沥青产率高了30～40kg/t油。

（3）稠油灰岩生烃气演化模式见图4.52c、表4.22，其裂解生烃气模式与原油灰岩及轻质油灰岩也很相似，只是在高成熟—过成熟阶段最大烃气产率比原油灰岩低了50～100kg/t油，比碳质沥青产率却高了80～140kg/t油，比轻质油灰岩低了140～185kg/t油，比碳质沥青产率高了115～165kg/t油。

（4）特重质油灰岩生烃气演化模式见图4.52d、表4.22。与稠油灰岩、原油灰岩及轻质油灰岩相比，其在高成熟—过成熟阶段最大烃气产率比稠油灰岩低了60～160kg/t油，比碳质沥青产率高了35～155kg/t油；比原油灰岩低了165～205kg/t油，比碳质沥青产率高了170～235kg/t油；比轻质油灰岩低了245～300kg/t油，仅相当于轻质油裂解烃气产率的1/2左右，比碳质沥青产率却高了200～270kg/t油，相当于高出30%～40%（图4.52、表4.22）。由于模拟方法的差异，特重质油灰岩各成熟阶段烃气产率及碳质沥青产率的演化趋势模拟温度相对其他及类似含油灰岩延迟了约50℃（R_o相近）。各成熟阶段H_2产率、CO_2产率及总气体明显降低，H_2产率仅相当于稠油灰岩、原油灰岩及轻质油灰岩CG常规模拟的2%～6%，CO_2产率仅相当于稠油灰岩、原油灰岩及轻质油灰岩CG常规模拟的25%～45%。

（5）海相轻质油灰岩、油灰岩、稠油灰岩、特重质油灰岩热裂解演化模式具有相似性，但最大烃气产率和碳质沥青产率存在明显差异。最大烃气产率：轻质油灰岩（531.81kg/t油）>油灰岩（435.53kg/t油）>稠油灰岩（392.29kg/t油）>特重质油灰岩（266.28kg/t）；对应的碳质沥青产率：特重质油灰岩（605.86kg/t油）>稠油灰岩（495.99kg/t油）>油灰岩（417.2kg/t油）>轻质油灰岩（380.6kg/t）。

2. 在高成熟—过成熟阶段，中质油砂最大烃气产率>稠油砂最大烃气产率>沥青砂岩最大烃气产率>特重质油砂最大烃气产率；而对应的碳质沥青产率正相反

世界上重质油资源量巨大，原始重质油地质储量约为8630亿t（占重质油+常规原油+天然气地质总储量的50%以上，其中委内瑞拉和加拿大的特重质油占全球重质油总量的一半以上），特重质油、重质油及中质原油多以油砂或沥青砂岩的形式存在。

（1）海相沥青砂岩（相当于重质油，以塔里木盆地顺1井5136.2m志留系沥青砂岩为例）生烃气演化模式见图4.53c、表4.23。其特点表现为：①在成熟阶段，油热裂解烃气产率很有限，在模拟温度300℃（R_o<1.0%）以前，烃气产率最高只有4.55kg/$t_油$，烃气只占最高总烃气的1.4%，碳质沥青产率也很低，产物还是重质油为主；②在模拟温度350℃时（R_o≈1.19%），烃气产率为68.06kg/$t_油$，烃气占最高总烃气的21.6%，碳质沥青产率也较低，产物以轻质油为主；③在高成熟阶段早期（模拟温度400℃时），烃气产率为190.31kg/$t_油$，碳质沥青产率约为烃气产率的1.88倍，开始大量产生烃类气体和碳质沥青，烃气占最高总烃气产率的60.5%，此时烃类主要为湿气与凝析油气（一般高压釜中轻质—凝析油收集定量时有所散失，未裂解总油需要校正）；④在高成熟—过成熟阶段烃气产率、碳质沥青产率及CO_2产率达到最大值，500℃时烃气产率为314.69kg/$t_油$，产物以烃气（甲烷）、碳质沥青和CO_2为主。

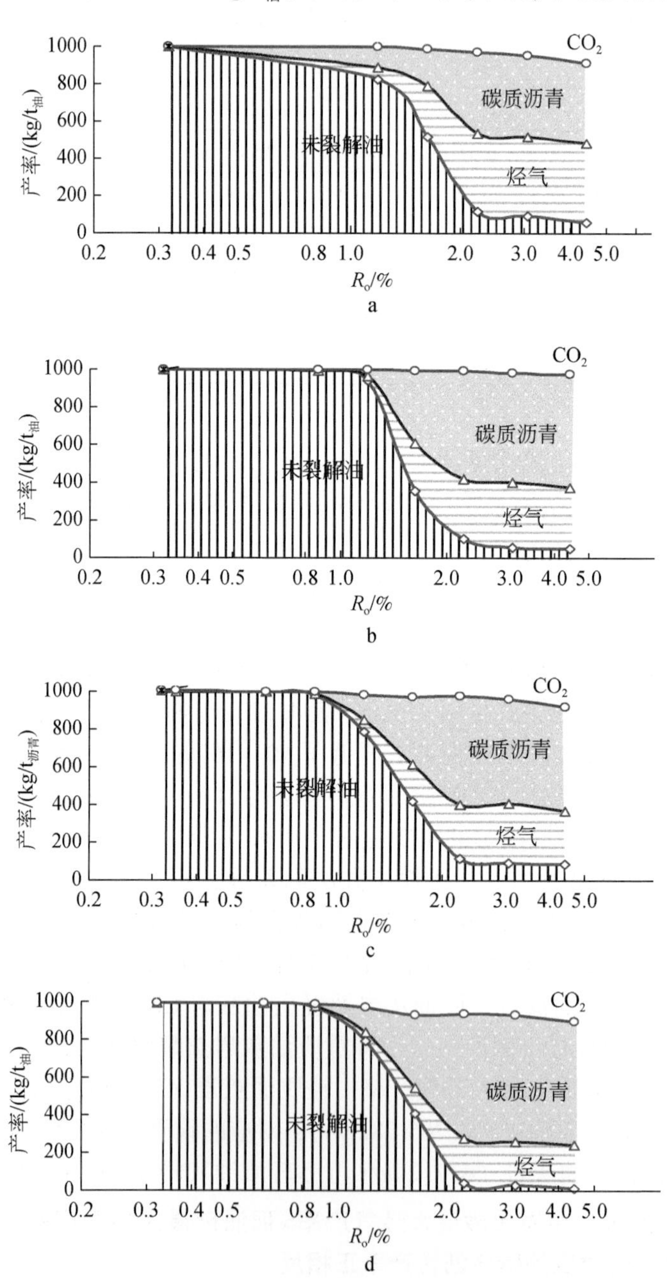

图4.53　海相油砂、稠油砂及沥青砂岩和特重质油砂热裂解演化模式

a. 油石英砂，油重量占样品重量平均为0.99%，相当于TOC=0.83%，塔河油田TK606井原油+石英砂；b. 稠油砂，油重量占样品重量平均为2.40%，相当于TOC=2.06%，塔河油田TK1111井原油+石英砂；c. 沥青砂岩，重质油重量占样品重量为2.02%，TOC=1.49%，塔里木盆地顺1井5136.2m志留系沥青砂岩；d. 特重质油砂，含油重量占样品重量平均为13.5%，相当于TOC=11.59%，加拿大阿尔伯特重质油砂

表 4.23　海相中质油砂、稠油砂及沥青砂岩和特重质油砂 CG 常规模拟热裂解综合数据

岩性	模拟温度/℃	R_o/%	未裂解油/(kg/t$_{油}$)	未裂解排出（气携带）油/(kg/t$_{油}$)	烃气/(kg/t$_{油}$)	碳质沥青/(kg/t$_{油}$)	CO_2/(m^3/t$_{油}$)	H_2/(m^3/t$_{油}$)	总气体/(m^3/t$_{油}$)	模拟方法	生烃气潜力评价
中质原油（0.99%）石英砂	原样	*<0.32*	1000							CG 常规模拟	相当于Ⅱ$_1$型（以 TK606 油为例）
	350	*1.19*	823.16	170.57	64.85	*110.14*	2.97	244.33	402.81		
	400	*1.63*	515.34	146.24	274.72	*199.13*	17.36	632.39	1041.75		
	450	*2.23*	114.22	155.09	*418.67*	*440.38*	35.07	1072.41	1594.59		
	500	*3.06*	93.42	107.31	426.25	*435.41*	115.92	2670.87	3336.84		
	550	*4.42*	58.02	82.27	*422.86*	*432.45*	236.74	4159.39	5188.89		
稠油（2.4%）砂岩	原样	*<0.32*	1000							CG 常规模拟	相当于Ⅱ型（以 TK1111 油为例）
	300	*0.87*	*993.69*	75.06	1.66	*2.55*	3.38	149.27	206.91		
	350	*1.19*	*942.07*	141.08	21.85	*33.44*	4.23	219.42	274.61		
	400	*1.63*	*353.81*	118.20	254.18	*388.90*	4.98	359.98	586.41		
	450	*2.23*	*101.61*	70.02	319.71	*573.65*	8.08	413.05	758.51		
	500	*3.06*	58.50	41.62	346.37	*578.16*	27.24	524.90	1010.86		
	550	*4.42*	53.44	36.83	319.14	*605.95*	34.47	956.33	1439.59		
志留系沥青（2.02%）砂岩	原样	0.32	1000							CG 常规模拟	相当于Ⅱ型（以顺 1 井 5136.2m 沥青砂岩为例）
	200	*0.35*	996.21	32.27	0.68	*1.27*	2.96	3.33	28.73		
	250	*0.63*	992.97	41.02	1.06	*2.00*	63.64	7.96	91.27		
	300	*0.87*	979.88	40.96	4.55	*8.54*	11.28	14.70	52.83		
	350	*1.19*	*780.17*	50.67	68.06	*127.96*	38.22	54.42	247.36		
	400	*1.63*	*418.91*	49.63	190.31	*357.79*	52.95	61.63	258.04		
	450	*2.23*	114.22	43.16	288.57	*570.48*	42.91	86.36	419.20		
	500	*3.06*	93.42	25.24	314.69	*546.96*	72.13	125.30	564.92		
	550	*4.42*	83.06	17.16	284.48	*545.79*	139.13	255.84	764.38		
特重质油（13.5%）砂	原样	*<0.32*	1000							CG 常规模拟	相当于Ⅱ型（以加拿大阿尔伯特重质油砂为例）
	250	*0.63*	998.40	15.76	0.16	*0.00*	1.94	0.00	39.97		
	300	*0.87*	975.26	67.13	4.98	*14.33*	7.30	93.67	116.37		
	350	*1.19*	*798.22*	83.02	46.38	*133.36*	29.69	25.49	118.27		
	400	*1.63*	*412.86*	39.52	134.85	*387.70*	86.99	6.22	232.97		
	450	*2.23*	41.12	28.35	234.90	*666.55*	77.35	35.43	364.27		
	500	*3.06*	28.80	19.53	233.73	*672.55*	87.44	49.50	447.71		
	550	*4.42*	9.75	9.22	235.26	*654.86*	134.86	154.39	671.66		

注：斜体字为校正后或对比推测数据。

（2）稠油砂（以塔河油田 TK1111 井稠油 CG 常规模拟实验为例）和特重质油砂（以加拿大阿尔伯特盆地重质油砂 CG 常规模拟实验为例）生烃气演化模式见图 4.53b、d，表 4.22。与沥青砂岩裂解生气模式很相似，只是在高成熟—过成熟阶段稠油砂最大烃气产率比沥青砂岩高出 30～35kg/t$_{油}$，碳质沥青产率低了 30～60kg/t$_{油}$；特重质油砂最大烃气产率比沥青砂岩低了 50～80kg/t$_{油}$，碳质沥青产率高出 95～125kg/t$_{油}$。

（3）中质原油石英砂（以塔河油田 TK606 井原油石英砂岩 CG 常规模拟实验为例）生烃气演化模式

见图 4. 53a、表 4. 23。与稠油砂、沥青砂岩和重质油砂相比：①在高成熟—过成熟阶段最大烃气产率比后者高出 80 ~ 190kg/t$_{油}$，比碳质沥青产率低了 110 ~ 240kg/t$_{油}$；②H_2 产率异常高，模拟温度在 550℃时，H_2 产率竟高达 4159. 39m^3/t$_{油}$，占总气体的 80%。看来，TK606 井油+石英砂 CG 常规模拟实验与地下客观实际差异甚大，可能是模拟实验过程中加水或油含量相对较低所导致，数据仅供参考。

（4）海相中质原油—特重质油砂岩热裂解演化模式总体特征为：①最大烃气产率中质原油砂（426. 25kg/t$_{油}$）>稠油砂（346. 37kg/t$_{油}$）>沥青砂岩（314. 69kg/t$_{油}$）>特重质油砂（235. 26kg/t$_{油}$）；对应碳质沥青产率特重质油砂（654. 86kg/t$_{油}$）> 沥青砂岩（546. 96kg/t$_{油}$）≈ 稠油砂（578. 16kg/t$_{油}$）> 中质原油砂（435. 41kg/t$_{油}$）。②海相中质原油—特重质油砂岩热裂解演化生烃气阶段或成熟度的划分与海相轻质油灰岩、含油灰岩、稠油灰岩、特重质油灰岩相似，一般缺少干酪根烃源岩的未成熟阶段，成熟阶段烃气产率很低，不溶碳质沥青产率、CO_2 产率等也很低，在成熟晚期—高成熟阶段，主要产生凝析油湿气，烃气产率急剧增高；过成熟阶段，以产烃气（甲烷）为主。

（5）海相中质原油砂、稠油砂及沥青砂岩和特重质油砂等热压模拟实验证明：海相中质原油—特重质油砂岩最大烃气产率一般小于或约等于相应的中质原油—特重质油灰岩。最大烃气产率轻质油灰岩（531. 81kg/t$_{油}$）> 中质原油灰岩（435. 53kg/t$_{油}$）≥（或≈）中质原油砂（426. 25kg/t$_{油}$）> 稠油灰岩（392. 29kg/t$_{油}$）≥ 稠油砂（346. 37kg/t$_{油}$）>沥青砂岩（314. 69kg/t$_{油}$）>特重质油灰岩（266. 28kg/t$_{油}$）≥（或≈）特重质油砂（235. 26kg/t$_{油}$）。

3. 氧化固体沥青再生烃气能力较低，最高烃产率不超过 85. 16kg/t；而碳质沥青产率很高

（1）海相可溶固体沥青或特重质油（以广元上寺寒武系可溶固体沥青 CG 常规模拟实验为例）生烃气演化模式见图 4. 54a、表 4. 24。与本样品+灰岩仿真地层模拟实验生烃气演化模式（图 4. 52d、表 4. 22）相比：①在高成熟—过成熟相同成熟阶段，烃气产率相当或 CG 常规模拟略高，如在模拟温度同为 550℃时，可溶固体沥青 CG 常规模拟 R_o=4. 27% 时，烃气产率为 269. 26kg/t$_{沥青}$；可溶固体沥青+灰岩 DK 地层模拟R_o=4. 09%，烃气产率为 266. 28kg/t$_{沥青}$；两者碳质沥青产率基本相当。②CG 常规模拟各成熟阶段烃气产率及碳质沥青产率的演化趋势相对 DK 地层模拟温度相对低了 25 ~ 50℃。

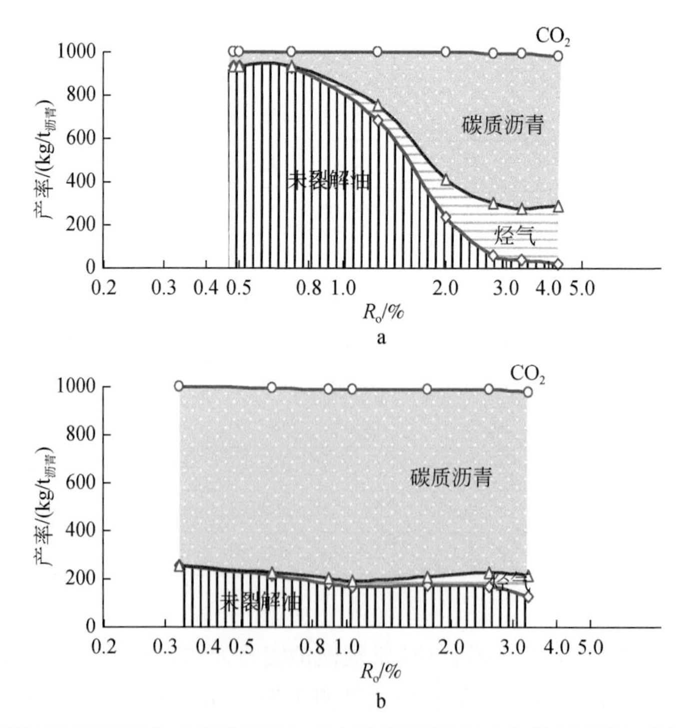

图 4. 54　海相可溶固体沥青（特重质油）和氧化固体沥青（少部分可溶）热裂解演化模式

a. 海相可溶固体沥青（大部分可溶），特重质油重量占样品重量 93. 7%，TOC=78. 67%，广元上寺寒武系固体沥青；b. 海相氧化固体沥青（少部分可溶），可溶有机质重量占样品重量 0. 20%，TOC=70. 24%，羌塘西长梁 G180

表 4.24　海相可溶固体沥青和氧化固体沥青 CG 常规模拟实验热裂解综合数据

岩性	模拟温度/℃	R_o/%	未裂解油/(kg/$t_{沥青}$)	未裂解排出（气携带）油/(kg/$t_{沥青}$)	烃气/(kg/$t_{沥青}$)	碳质沥青/(kg/$t_{沥青}$)	CO_2/(m^3/$t_{沥青}$)	H_2/(m^3/$t_{沥青}$)	总气体/(m^3/$t_{沥青}$)	模拟方法	生烃气潜力评价
固体沥青（超重油 93.7%）	原样	0.48	937			*63.00*				CG 常规模拟	相当于Ⅱ型（以 GY-07-24 寒武系固体沥青为例）
	250	*0.50*	*936.07*	1.40	0.24	*63.66*	0.06	0.03	20.84		
	300	*0.71*	*932.15*	1.90	1.09	*66.69*	0.12	0.06	6.69		
	350	*1.26*	*686.39*	29.39	65.68	*246.23*	2.72	0.52	56.03		
	400	*2.00*	237.15	38.28	174.74	*586.17*	3.11	0.35	161.02		
	450	*2.76*	57.42	18.33	244.27	*693.27*	8.08	0.45	282.57		
	500	*3.34*	37.39	12.76	240.93	*715.32*	10.20	0.45	366.31		
	550	*4.27*	20.57	9.61	269.26	*688.52*	34.75	1.81	544.38		
氧化固体沥青（可溶有机质 0.2%）	原样	0.33	257.89			*742.11*				CG 常规模拟	相当于Ⅲ型（以羌塘西长梁 G180 固体沥青为例）
	250	*0.61*	*213.86*	67.81	11.97	*770.00*	6.69	3.43	29.80		
	300	*0.89*	182.56	99.30	19.54	*786.17*	18.84	16.30	54.22		
	350	*1.04*	165.89	75.78	28.08	*793.81*	19.61	27.99	70.99		
	400	*1.72*	175.73	75.28	36.27	*775.00*	14.29	34.41	92.67		
	450	*2.58*	168.26	52.04	58.64	*759.68*	21.55	62.39	158.81		
	500	*3.32*	130.58	23.15	85.16	*759.14*	40.31	84.30	239.70		

注：斜体字为校正后或对比推测数据。

海相低成熟可溶固体沥青或特重质油生烃气演化过程具有明显的阶段性，其生烃气过程是干酪根生烃的延续，按产物的地化与产率，演化特征可以分成四个阶段：

在未成熟—低成熟阶段（R_o 在 0.48%~0.6% 之间），大分子的沥青一方面生成少量的饱和烃与芳烃等相对较轻的组分，另一方面进一步聚合成更大分子的不溶有机质，不溶有机质含量增加而可溶有机质相对下降。

成熟阶段（R_o 在 0.6%~1.3% 之间），低熟阶段生成的不溶有机质和沥青再次热裂解生成相对稳定的可溶烃类物质，排出油转化率从 10% 增加到最大值 23.0%，残留油转化率增加到 29%，但气态烃转化率依然很低（6.57%），而固体不溶有机质则有一个从减少到增加的过程，转化率从成熟早期的 26% 到中期的 21% 再增加到 40%，这说明部分有机质经历了从不溶到可溶再到不溶的过程，同时伴随着轻质油气的生成，此时依然以液态有机质为主，气态烃为辅。

高成熟阶段（R_o 在 1.3%~2.5% 之间），随着温度进一步增加，总油转化率快速降低，烃类气体则急剧增高，450℃时气体的干燥系数仅为 0.65，为湿气，同时部分有机质也聚合成不溶的有机残炭（碳质沥青），产物则以气态烃和碳质沥青的碳为主，以可溶有机质为辅。

过成熟阶段（R_o>2.5%），此时可溶有机质的产率已很低，固体沥青的生烃潜力有限，不溶残炭基本上保持不变，生烃过程主要是湿气进一步热裂解成干气。气体转化率仅增加了 2.5%，而干燥系数则变化明显，总油产率和碳质沥青降低幅度也很小，而无机气体增加较大，这可能是碳质沥青中的杂环物质进一步热裂解的产物。

（2）海相氧化固体沥青（少部分可溶，以羌塘西长梁固体沥青 CG 常规模拟实验为例）生烃气演化模式见图 4.54b、表 4.24。与上述可溶固体沥青或特重质油生烃气演化模式不同，其特点表现为：①氧化固体沥青再生烃气能力较低，最高气态烃产率不超过 85.16kg/$t_{沥青}$。而且随模拟温度或成熟度增加（R_o 从 0.61%→3.32%），烃气产率稍有增加（11.97kg/$t_{沥青}$→85.16kg/$t_{沥青}$）。②碳质沥青（不溶）产率很高，原始样品就达 742.11kg/$t_{沥青}$，随模拟温度或成熟度增加（R_o 从 0.61%→3.32%），碳质沥青产率逐渐稍有增加又有所减少（742.11kg/$t_{沥青}$→793.81kg/$t_{沥青}$→759.14kg/$t_{沥青}$）。③氧化固体沥青中未裂解油或可溶有机质随模拟温度或成熟度增加，自始至终变化不明显，甚至略有降低。看来，不溶固体沥青包裹的未裂解油或可溶有机质即使在高温下也难以热裂解，与煤有些相似，在高温下（模拟温度>500℃，R_o>3.0%）仍可产烃气，其原因有待进一步深入研究。④氧化固体沥青热演化几乎不存在未成熟阶段，成熟—高成熟阶段变化不明显。⑤氧化固体沥青再生烃气是稠油或原油氧化或改造后的可溶、不可溶有机质（主要是非烃与沥青质）的再次生烃气。

4. 在过成熟阶段，含凝析油/轻质油的优质再生烃气源岩烃气产率相当于Ⅰ型；含正常原油相当于Ⅱ$_1$型；含重质油—特重质油相当于Ⅱ型；氧化固体沥青相当于Ⅲ型

综合海相各类优质再生烃气源岩的生烃气模式，结合南方海相优质再生烃气源有机地球化学特征归纳如下：

（1）含轻质油或凝析油的优质再生烃气源岩在过成熟阶段，每吨油烃气产率在470～532kg之间，相当于Ⅰ型干酪根的烃气产率，在过成熟早中期（R_o≈3%）烃气产率最高，每吨轻质油可产531.81kg烃气、380.6kg碳质沥青。烃气及碳质沥青的主要生成阶段是在高成熟阶段（1.3%<R_o≤2.0%）。

（2）含正常原油或中质原油的优质再生烃气源岩在过成熟阶段，每吨油烃气产率在390～470kg之间，在过成熟中早期（R_o≈3%）烃气产率最高，每吨中质原油可产469.58kg的烃气，相当于Ⅱ$_1$型干酪根的烃气产率，可产400kg以上的碳质沥青。灰岩中正常原油在过成熟阶段的烃气产率一般略高于砂岩（多为5%～10%）。烃气及碳质沥青的主要生成阶段同样是在高成熟阶段。

（3）含重质油的优质再生烃气源岩在过成熟阶段每吨油裂解烃气产率在330～395kg之间，在过成熟中早期（R_o≈3%）烃气产率最高，每吨重质油可产392.29kg的烃气，相当于Ⅱ型干酪根的烃气产率，可产450～520kg的碳质沥青。烃气及碳质沥青的主要生成阶段也是在高成熟阶段。

（4）含特重质油或可溶固体沥青的优质再生烃气源岩在过成熟阶段每吨裂解烃气产率在240～270kg之间，在过成熟中期（R_o≈4.4%）烃气产率最高，每吨可产269.26kg的烃气，相当于Ⅱ型干酪根的烃气产率，可产640～670kg的碳质沥青。烃气及碳质沥青的主要生成阶段是在高成熟阶段。

（5）氧化固体沥青在过成熟阶段每吨裂解烃气产率仅在50～70kg之间，相当于Ⅲ型干酪根的烃气产率，在过成熟中期（R_o≈4.4%）烃气产率最高，每吨可产70.10kg的烃气、775～790kg的碳质沥青。

（6）优质再生烃气源岩热裂解最大烃气产率变化趋势为：轻质油灰岩（531.81kg/$t_{油}$）>中质油灰岩（435.53kg/$t_{油}$）≥（或≈）中质原油砂（426.25kg/$t_{油}$）>稠油灰岩（392.29kg/$t_{油}$）≥稠油砂（346.37kg/$t_{油}$）>沥青砂岩（314.69kg/$t_{沥青}$）>特重质油灰岩（266.28kg/$t_{沥青}$）≈特重质油或可溶固体沥青（269.26kg/$t_{沥青}$）≥（或≈）特重质油砂（235.26kg/$t_{沥青}$）>氧化固体沥青（85.16kg/t）。在相同成熟度及模拟实验方法条件下，油砂最大烃气产率一般小于或约等于对应的油灰岩。

石油地质实验证实沉积有机质的热演化是一个连续递进的过程，低温低演化时，以生液态烃为主；高温高演化时则以生气态烃为主。可溶有机质的热裂解反应使长链烃（包括饱和烃和芳烃）断键成为短链烃，使含杂原子的非烃和沥青质一方面断键成为低分子烃类物质，另一方面缩聚成更大分子量的高缩聚物质和残炭。Barker（1990）根据石油裂解成气机制，从物质平衡角度建立了油气转换系数的理论模型。对于中等—较深部位产生湿气—干气的情况，假定可溶有机质转化物中，甲烷占90%，乙烷占10%，以及含有5%（质量比）氢的碳质残渣，所有的组分用元素质量百分比表达为：

C(85.0)H(15.0)→原油→C(29.28)H(9.76)+C(11.72)H(2.93)+C(43.89)H(2.31)甲烷乙烷碳残渣

按质量比可以算出：(29.28+9.76+11.72+2.93) / (85+15) ×100=53.69%，即有53.69%的可溶有机质可以转化为甲烷。再考虑到可溶有机质中常含有少量的硫和氧，在热演化过程中将以硫化氢和水的形式产出而消耗掉部分氢，上述转化系数都是上限值，实际情况下要低一些。

根据各样品中可溶有机质的元素组成，采用物质平衡法，计算出各类产物的极限产率，与模拟实验结果进行对比研究发现，不同类型原油与沥青的最大实验转化率一般在10%～50%（图4.47、图4.48），模拟实验的转化率都比理论计算的极限转化率要低。轻质油（凝析油）的最大烃气产率超过700m^3/$t_{油}$，烃气转化率大于48%，比H/C原子比很低的碳质沥青烃气产率和转化率要高近5倍（表4.25、图4.47）。

几种原油或沥青的热裂解最大烃气产率大小顺序是：凝析油>轻质油>原油>沥青砂岩≥稠油灰岩≥低成熟可溶固体沥青灰岩>加拿大油砂>氧化固体沥青。

表 4.25　原油与沥青热裂解烃气产物转化率（据郑伦举等，2008a）

样品名称	密度/(g/cm^3)	烃气转化率理论计算值/%（据 Barker，1990）	封闭体系热压模拟实验结果		
			残余碳残渣（碳质沥青）/%	烃气转化率/%	最大烃气产率/(cm^3/g)
轻质油	<0.85	>50	<50	>48	>700
中质原油	0.88 左右	45～50	45～53	40～47	560～660
重质油	1.00 左右	35～47	50～62	38～42	500～550
特重质油	1.07 左右	25～35	62～70	22～33	310～460
氧化固体沥青	1.15 左右	10～15	85～90	<14	<200

在不同演化阶段可溶有机质的转化率除了与其性质有关外，还与岩石介质及可溶有机质的赋存状态有关。沥青砂岩中的沥青“A”与塔河油田 TK606 稠油的族组分、有机元素组成比较接近。从图 4.47 与图 4.48 中可以看出：在不同演化阶段，无论是烃气产率还是转化率，天然沥青砂岩都要比人工配制的稠油石英高，这很有可能与可溶有机质在岩石中的赋存状态有关。沥青砂岩中的可溶有机质与烃源岩中的干酪根一样可能以游离态、物理吸附态、化学吸附态、固态有机质以及包裹态（晶包与包裹体态）等多种状态赋存。各种赋存状态的可溶有机质的热裂解成烃气所需要的活化能是不尽相同的。以物理和化学吸附态存在的可溶有机质，由于无机矿物中强极性离子的电子诱导效应或电子迁移，导致 C—C、C—H、C—O、C—S、C—N 键的电子云发生变化，降低了这些化学键的键能，活化能相对变小，从而使其容易断裂生成小分子的烃类气体。人工配制的再生源岩没有像天然源岩样品那样经历长期压实与胶结等成岩作用，以物理、化学吸附态存在的可溶有机质量较少，因此向气态烃转化的效率与速率偏低。这说明影响储集岩中可溶有机质向烃气热裂解转化的影响因素，除了有机质的性质（相当于有机质类型）、模拟温度（相当于成熟度）之外，还与有机质在源岩中的赋存状态密切相关。在碎屑岩储层中，可溶有机质均匀地分布在岩石孔隙之中，由于压实与胶结作用，以物理和化学吸附态存在的有机质浓度较高，容易向烃气转化；而在各种碳酸盐岩储层中可溶有机质往往是存在于缝洞之中，与周围岩石介质有效接触面积不够，主要以自由态形式存在，有机质不易发生热裂解。

总之，烃源岩中的可溶有机质与不溶有机质碳质沥青是相互转化的，这种转化不是简单的可逆反应（基本上不存在化学反应意义上的可逆反应），而是在不同演化阶段，不同稳定性与不同结构性质的不溶有机质和可溶有机质的相互转化。也就是说，沉积有机质在生成小分子油气的同时也生成了更难热裂解的（聚合程度更高的）不溶有机质，同时前期已经生成的可溶有机质也会发生热裂解生成更小分子的、结构更稳定的可溶有机质（烃类物质）与聚合成分子量相对较大的碳质沥青（不溶有机质）。

当含有原油或可溶有机质的岩石达到一定的有机质含量和热演化程度时，就可以再次生排一定量的烃类物质，在成熟—高成熟阶段时，可以作为新的轻质油气或凝析油气源岩。再生烃源岩的演化过程表明：沉积有机质的热演化是一个连续递进的过程，低温低演化时，以生液态烃为主；但是随着埋藏的加深和温度的增加，在热演化达到一定程度后，继续生烃能力已非常有限，大部分的轻质石油和气态烃有可能并不是直接由沉积有机质生成的，而是由其生成的分子量相对较低的原油或可溶有机质经过进一步的热裂解作用生成的。在低演化时，生油；在高演化时，生成的油密度由重变轻，由油生气，因此再生烃气过程是沉积有机质生烃过程的延续。常常以浮游藻类生物为主的海相优质烃源岩在早期容易形成以非烃和沥青质为主的稠油藏或沥青砂岩或沥青灰岩（秦建中等，2007b），如中国塔里木志留系沥青砂岩及稠油藏，中国南方海相碳酸盐岩中的固体沥青或古油藏以及加拿大巨型地表沥青砂等，这些古油藏埋藏浅，轻质油气极易散失，当其再次深埋后，在成熟—高成熟阶段，其生烃能力一般相当于Ⅱ型，可以再次生成一定量的轻质油气，如果圈闭条件合适，可能形成大中型轻质油气或天然气藏。

第五章　优质烃源岩的成熟度与成烃成藏过程

上述不同类型优质烃源岩的生油模式、排油模式和生烃气模式中成熟度是生油量、排油量、生烃气量和形成油气藏的关键因素之一，尤其是针对中国海相碳酸盐岩层系（尤其是南方）高演化优质烃源岩而言更为重要。本章在大量常规样品分析的基础上，开发、研制和改进了多项新技术、新方法，建立了多项新指标，并结合常规分析方法与指标遴选出了适合高演化海相碳酸盐岩层系的有效成熟度评价指标、有效古温标、最大剥蚀厚度及热史生烃史的有效恢复方法，同时对中国南方四川盆地和塔里木盆地海相典型地区的成烃成藏过程进行了探索研究。

对于优质烃源岩的成熟度，或从生物体中的脂类→有机质中的脂类成为石油→石油热裂解成为烃气+碳质沥青以及不溶有机质（骨壁壳有机碎屑、镜状体等）生成一些烃气的演化而言，温度、压力和时间在某种程度上是相互影响并且密不可分的。优质烃源岩中有机质的油气生成和变化过程（或镜质组反射率的变化）是一系列的化合反应，符合一般的化学反应动力学规律，即转化率取决于温度、压力和时间，可以想象烃源岩加热到某一温度的时间是一年和一百万年所生成的石油量肯定是不同的，优质烃源岩的不同时代自然演化剖面和人工热压模拟实验结果证实了这一点（秦建中等，2005）。可见，温度对油气生成和有机质的演化起着控制作用，而持续恒温时间对有机质的热演化确实起着补偿作用，即温度对油气生成和有机质演化的影响大于受热时间，温度的控制作用是指数的，受热时间的控制作用是线性的。尽管温度对油气生成和有机质的演化起着控制作用，而持续恒温时间对有机质的热演化确实起着补偿作用，但是温度、时间和压力在某种程度上是相互影响并且密不可分的。这里强调的是地层压力及岩石骨架压力或均衡压力对优质烃源岩的石油生成和排出有时可能起了关键作用，就像花生米、大豆等压榨油一样，压力对油的生成和排出起了决定性作用。实际上，优质烃源岩的 DK 地层模拟实验结果就证实了这一点，使生油量相对 CG 常规模拟实验结果增加了 50% 左右（详见第四章）。但是，压力对石油热裂解烃气+碳质沥青过程是否起作用以及作用大小很难弄清楚，因为温度、压力和时间不是独立因素，三者之间往往都与埋藏深度相联系。

此外，断裂或褶皱带内及其附近地区受到强烈的不均衡压力或摩擦作用，可以使有机质成熟度突然增高，这在青藏高原羌塘盆地中生界、松潘—阿坝地区和四川盆地中、古生界等烃源岩沿断裂带或盆地边缘有机质成熟度变高得到证实。烃源岩的热压模拟实验也证实了这一点：如对一整块未成熟的烃源层在几百兆帕的差异压力下，进行不均衡高压模拟实验，当一整块未成熟的烃源层置于模拟实验釜中后，对岩石任意一边在不加温的条件下逐渐施加压力，压力最高可以达到几百兆帕，另一边不加压。令人吃惊的是，在不均衡高压下，这块未成熟的烃源层竟然变成了过成熟烃源层，实测 $R_o>2\%$，饱和烃气相色谱主峰碳前移，重碳数明显降低。这里重点强调低温或不加温，烃源层有机质成熟度的增高是靠巨大差异压力下的分子变形或裂解或摩擦作用而产生的，分子变形或摩擦作用同时也可以使温度升高，促使有机质的成熟。即未成熟烃源层的高压不均衡压力模拟实验证实了断层或褶皱带内及其邻近地区在受到强烈的不均衡压力或摩擦作用下可以使有机质成熟度增高。

传统的油气生成理论认为，烃源层的油气生成主要靠温度升高到一定程度，有机质开始大量生成石油，时间对温度起一定的补偿作用，压力的作用一般不大。但是，实际上压力对生成石油的作用远大于时间的补偿作用，甚至可与温度相对比，压榨油的原理和 DK 地层模拟实验使生油量相对 CG 常规模拟实验增加了 50% 左右的结果均证实了这一点。此外，烃源层在巨大的不均衡压力作用下，靠分子间的错动和变形或裂解或摩擦作用等，使烃源层生成烃类这一模拟结果也可以说是对传统的油气生成理论的一个发展和补充。当然，在巨大的不均衡压力作用下，油气很容易运移和散失，也有其不利的一面，这可以进一步研究。

第一节　优质烃源岩成熟度的有效评价方法与实例分析

一、优质烃源岩成熟阶段划分与评价方法

优质烃源岩或沉积有机质随着地层埋藏深度、地层温度、地层压力等的逐渐加大和地层流体及岩石矿物成分的变化，有机物质逐步向油气转化并不断排出，形成油气藏。在不同的深度范围内，由于地温梯度、埋藏史、原始有机质类型和岩石类型等各种地质条件不同，有机物质转化的反应过程和主要产物都有明显的区别，图 5.1 显示出优质烃源岩有机质向油气转化的一般过程即成熟度示意图。与常规烃源岩的成熟阶段划分一样，根据优质烃源岩自然演化和热压模拟实验中石油生成、排出和烃气生成过程中的节点，可将全过程划分为未成熟、成熟、高成熟和过成熟等四个阶段（表 5.1）。

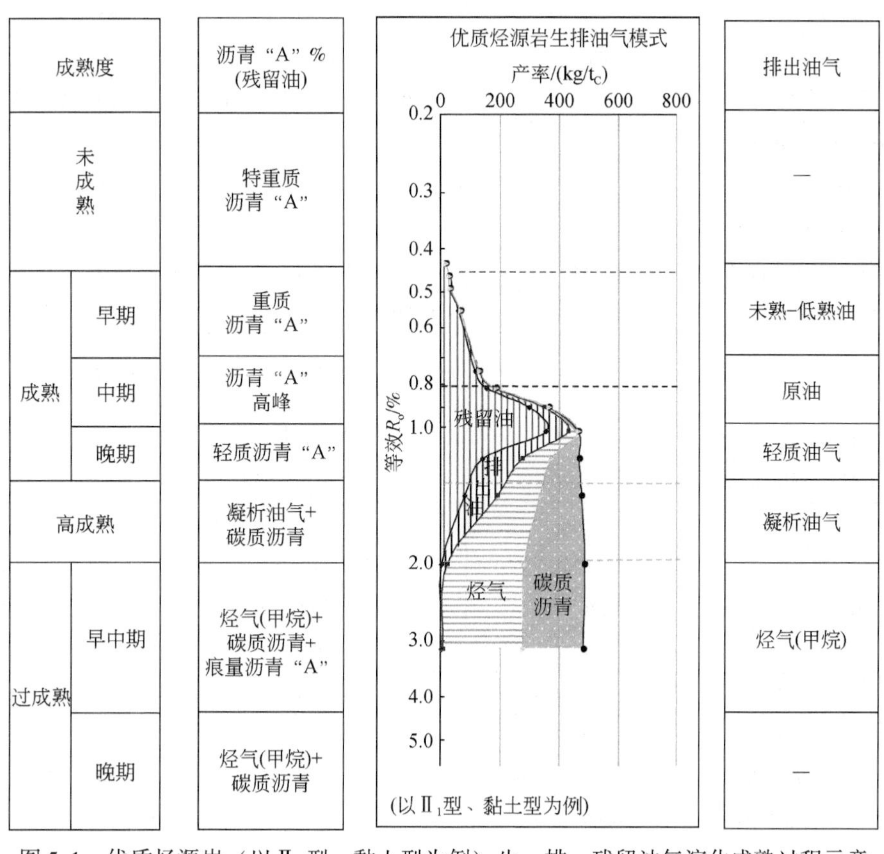

图 5.1　优质烃源岩（以Ⅱ$_1$型、黏土型为例）生、排、残留油气演化成熟过程示意

1. 未成熟阶段优质烃源岩中脂类基本保持了生物体内的原始结构，在甲烷菌等微生物作用下可产生生物甲烷气

未成熟阶段与沉积早成岩阶段相对应，沉积有机质中的脂类基本保持了生物体内的原始结构，与生物骨壁壳有机碎屑（由无效碳水化合物或非活性蛋白质构成）处于一种相对亚稳定的缩聚结构，此时有效碳水化合物、活性蛋白质和核酸等沉积水体、微生物在温度和压力等共同作用下逐渐消失。此阶段早期（早成岩 A 期），埋藏浅（小于几百米），温度、压力低，以微生物活动为主。特殊条件下，沉积有机质在甲烷菌等微生物作用下，可产生大量甲烷（沼气）及 CO_2 和有机酸。此阶段晚期，当温度和压力（或埋藏深度）增加到一定的水平时，脂类和由无效碳水化合物或非活性蛋白质构成的骨壁壳有机碎屑的亚稳定缩聚物中杂原子逐渐断裂、脱氧等，释放出的主要产物是高分子量杂原子（N、S、O）化合物，并开始生成一些重质油。

表 5.1　优质烃源岩成熟阶段划分的主要标志

有机质成熟阶段主要标志			未成熟			成熟			高成熟	过成熟		
			早	中	晚	早	中	晚	早、晚	早	中	晚
			生物甲烷	开始生烃		开始大量生排未熟—低熟油	生油高峰期	轻质油气	凝析油湿气	干气（CH_4）		
成岩阶段			早成岩			晚成岩早期	晚成岩中期		晚成岩后期	极低变质带	浅变质带	变质带
沥青演化阶段			地蜡			软沥青（韧沥青、黑沥青）			碳质沥青（硬沥青、辉沥青、脆沥青）		碳质沥青（焦沥青）	
最大古埋藏深度/m	中生代—古生代		1200～1900			1200～2600			2200～3500	>2800		
	新生代		2200～2800			2200～5300			4400～6400	>4800		
最高古地温/℃	中生代—古生代		50～60			50～130			125～165	>140		
	新生代		80～100			80～178			150～210	>165		
岩石学、有机岩石学及干酪根演化参数	镜质组反射率 R_o/%		<0.5			0.5～0.7	0.7～1.0	1.0～1.3	1.3～2.0	2.0～3.0	3.0～6.5	>6.5
	固体沥青反射率 R_b/% 镜状体反射率 R_{oVlike}/% 动物有机壳屑反射率/%		<0.4			0.4～0.7	0.7～1.5		1.5～2.5	2.2～3.2	3.0～6.5	>6.5
	岩石热解最高峰温 T_{max}/℃		<435			430～475			455～500	>500		
	包裹体均一温度/℃		<50			50～90	90～150		135～180	162～220	220～250	>250
	磷灰石、锆石、榍石（U-Th）/He 封闭温度/℃					85 左右（磷灰石）			180 左右（锆石）210 左右（榍石）			
	磷灰石裂变径迹退火温度/℃						120 左右					
	X 射线衍射伊蒙混层比/%		>50			15～50				≤15		
	伊利石结晶度（Δ2θ）/（°）					0.62→0.42					0.42→0.25	<0.25
	色变指数 TAI		<2.5			2.5～4.5			>4.5			
	类脂组颜色		浅黄—黄色			黄—褐色			黑色			
	干酪根 H/C 原子比	Ⅰ型	>1.4			1.6→0.8			0.8→0.5	0.5→0.3	0.3→0	
		$Ⅱ_1$型	1.2～1.4			1.4→0.8						
		$Ⅱ_2$型	1.0～1.2			1.2→0.8						
	干酪根 生烃活化能 E/(kJ/mol)		<260				260～270		270～300	300～320	>320	
	干酪根 红外光谱	$1715cm^{-1}/1600cm^{-1}$	0.68→0.38			0.38 左右						
		$2929cm^{-1}/1600cm^{-1}$	2→1.2				较稳定					
可溶有机质演化参数	HC/TOC，沥青“A”/TOC/%		<3，<5			3～30，5～45			<3，<5	<2		
	色谱	OEP	>1.2			1.1～1.3	1.0 左右					
	甾烷	20S/（20S+20R）C_{29}/%	<20			20～40	稳定在 50 左右					
		ββ/ΣC_{29}/%	<20			25→70			稳定在 70 左右			
	萜烷	$22S/22RC_{31}$	<1			>1						
		Ts/Tm	<0.2			0.2～1	0.5～2					
	岩石轻烃抽提庚烷值/%		<15			15～30	30～40		>40			
	岩石脱气酸解气 $\delta^{13}C_1$/‰		<-55			-55 左右→-40 左右				-40 左右→-30 左右	>-30 左右	

续表

有机质成熟阶段主要标志				未成熟			成熟			高成熟	过成熟		
				早	中	晚	早	中	晚	早、晚	早	中	晚
				生物甲烷	开始生烃		开始大量生排未熟-低熟油	生油高峰期	轻质油气	凝析油湿气	干气（CH_4）		
生排油气潜力评价参数	岩石热解模拟	(S_1+S_2)/TOC/(mg/g)(HI=S_2/TOC，mg/g)	Ⅰ型	650～950			650～950	→300左右	→100左右	→50左右	0～50		
			$Ⅱ_1$型	400～650			400～650	→200左右					
			$Ⅱ_2$型	200～400			200～400	→150左右					
	CG常规模拟	最高产油率/(mg/g)	Ⅰ型	400～600			400～600	→250左右	→50左右	→10左右	—		
		阶段排出产物（油）		—			重质油	大量原油—轻质油气		凝析油气			
		最高产烃气率/(mg/g)		450～650			450～650	→400左右	→150左右	→60左右	0～50		
		最高产油率/(mg/g)	$Ⅱ_1$型	250～400			250～400	→250左右	→100左右	→50左右	—		
		阶段排出产物（油）		—			重质油	大量原油—轻质油气		凝析油气			
		最高产烃气率/(mg/g)		270～450			270～450	→250左右	→150左右	→60左右	0～50		
		最高产油率/(mg/g)	$Ⅱ_2$型	100～270			100～270	→125左右	→100左右	→30左右	—		
		阶段排出产物（油）		—			原油	轻质油气		凝析油气			
		最高产烃气率/(mg/g)		150～300			150～300	→125左右	→100左右	→50左右	0～50		
	DK地层模拟	最高产油率/(mg/g)	Ⅰ型	700～950			700～950	→400左右	→100左右	→70左右	—		
		阶段排出产物（油）		—			重质油	大量原油—轻质油气		凝析油气			
		最高产烃气率/(mg/g)		450～650			450～650	→400左右	→150左右	→10左右	0～10		
		最高产油率/(mg/g)	$Ⅱ_1$型	400～650			400～650	→200左右	→100左右	→50左右	—		
		阶段排出产物（油）		—			重质油	大量原油—轻质油气		凝析油气			
		最高产烃气率/(mg/g)		250～450			250～450	→250左右	→100左右	→20左右	0～20		
		最高产油率/(mg/g)	$Ⅱ_2$型	200～400			200～400	→125左右	→100左右	→50左右	—		
		阶段排出产物（油）		—			原油	轻质原油气		凝析油气			
		最高产烃气率/(mg/g)		150～300			150～300	→125左右	→100左右	→10左右	0～10		
		总排油率/%	硅质型	0至很低			30～60		>70 轻质油——凝析油气		—		
				少量超重油			重质油	原油					
		总排烃气率/%		0至很低			伴生气	伴生气			>80（CH_4）		
		总排油率/%	钙质型	0至很低			3～40		60～70 轻质油——凝析油气		—		
				少量超重油			重质油	原油					
		总排烃气率/%		0至很低			伴生气	伴生气			>80（CH_4）		
		总排油率/%	黏土型（含油页岩）	接近0			0～10	3～15	40～50 轻质油——凝析油气		—		
							少量原油	原油					
		总排烃气率/%		0至很低			伴生气	伴生气			>90（CH_4）		

未成熟阶段的主要评价参数如下。

（1）最高古地温、最大古埋藏深度和古地温梯度：未成熟阶段一般最高古地温50℃（古生代）~100℃（新生代），优质烃源岩中沉积有机质的成熟度主要与最高古地温有关，也与最高古地温的恒温（≤10℃左右）时间及升温速率有关；最大古埋藏深度一般<1200m（古生代）~2800m（新生代），实际上这里最大古埋藏深度也是指最大古埋藏温度，除最大古埋藏深度外，还与当时的古地温梯度、最大古埋藏深度或抬升剥蚀—沉积相对稳定时间（≤350m左右）和沉积速率有关。

（2）岩石学、有机岩石学及超显微有机岩石学、干酪根演化参数：①镜质组反射率 R_o 通常<0.5%，但是，对于海相（或具有海侵、咸化-半咸化、多碱性、高硫含量）优质烃源岩（钙质生屑页岩、硅质生屑页岩等）中，沉积有机质生烃活化能更低一些，成熟门限温度（或深度）也相对低一些，镜质组反射率 R_o<0.45%；②同理，固体沥青反射率 R_b 通常<0.4%、镜状体反射率 R_{oVlike} 通常<0.4%、动物有机壳屑反射率也通常<0.4%，对于海相（或具有海侵、咸化-半咸化、多碱性、高硫含量）优质烃源岩，其反射率可能会更低一些（无实测数据）；③岩石热解最高峰温 T_{max} 通常<435℃，但是，对于海相（或具有海侵、咸化-半咸化、多碱性、高硫含量）优质烃源岩（钙质生屑页岩、硅质生屑页岩等）其热裂解烃 S_2 最高峰温度 T_{max} 可以<432℃，甚至<430℃；④包裹体均一温度一般<50℃，它多为碳酸盐岩或砂岩储集孔隙胶结物缺陷残留下来的流体包裹体，其均一温度变化范围较宽，可以从20℃到90℃；⑤X 射线衍射伊蒙混层比中蒙脱石含量>50%，尤其是对海相（或具有海侵、咸化-半咸化、多碱性、高硫含量）优质烃源岩（钙质生屑页岩、硅质生屑页岩等）更适合，酸性环境下煤系烃源岩黏土矿物多以高岭石为主；⑥优质烃源岩中沉积有机质或干酪根显微组分的藻类等类脂组颜色较浅，多为浅黄—黄色，孢粉的色变指数 TAI 通常<2.5；⑦干酪根生烃活化能、H/C 原子比等均保持沉积有机质的原始状态，干酪根生烃活化能一般<260kJ/mol；干酪根 H/C 原子比Ⅰ型一般>1.4、$Ⅱ_1$ 型一般变化在 1.2～1.4 之间、$Ⅱ_2$ 型一般变化在 1.0～1.2 之间；⑧干酪根红外光谱在未成熟晚期由于脱 S、N、O 等杂原子（$1715cm^{-1}/1600cm^{-1}$ 和 $2929cm^{-1}/1600cm^{-1}$）有所降低。

（3）烃/有机碳、奇偶优势、甾萜异构化程度、庚烷值等可溶有机质演化参数：未成熟阶段早期优质烃源岩中只有少量烃类，它是生物继承下来的，保持着原生物体内有机化合物的特殊结构，为生物标志化合物或生物地球化学分子化石，①烃/总有机碳（HC/TOC）一般<3%，沥青“A”/TOC 一般<5%，海相（或具有海侵、咸化-半咸化、多碱性、高硫含量）优质烃源岩可更高一些；②饱和烃色谱正构烷烃多呈奇偶优势，OEP>1.2，但是，对于超咸化或近盐湖优质烃源岩可呈偶奇优势，OEP<0.8；③甾烷、萜烷异构化程度很低，一般甾烷 20S/（20S+20R）C_{29}<20%、ββ/$\sum C_{29}$<20%、萜烷 22S/22RC_{31}<1、Ts/Tm<0.2 等，但是对于古生代海相优质烃源岩有时并不适用（异构化程度也与时间有关）；④优质烃源岩中轻烃抽提庚烷值一般<15%；⑤优质烃源岩中脱气酸解气 $\delta^{13}C_1$<-55‰，以生物气为主。

（4）生油气潜力、最高产油率等评价参数：未成熟阶段优质烃源岩保持着原始最初的生油气潜力，但是还未大量生排油气，①岩石热解（颗粒样品开放快速升温无压力模拟体系）模拟单位总有机积碳的生油气潜力（S_1+S_2/TOC，或 S_2/TOC 即 HI）Ⅰ型一般变化在 650～950mg/g 之间、$Ⅱ_1$ 型一般变化在 400～650mg/g 之间、$Ⅱ_2$ 型一般变化在 200～400mg/g 之间。②CG 常规模型［颗粒样品半封闭加水热压（油气水自然升压）模拟体系］最高产油率（产油量/TOC）Ⅰ型一般变化在 400～600mg/g 之间、$Ⅱ_1$ 型一般变化在 250～400mg/g 之间、$Ⅱ_2$ 型一般变化在 100～270mg/g 之间；最高产烃气率（产烃气量/TOC）Ⅰ型一般变化在 450～650mg/g 之间、$Ⅱ_1$ 型一般变化在 270～450mg/g 之间、$Ⅱ_2$ 型一般变化在 150～300mg/g 之间。③DK 地层模拟［圆柱整体样品封闭加水热压（静水压力与岩石骨架压力）模拟体系］最高产油率（产油量/TOC）Ⅰ型一般变化在 700～950mg/g 之间、$Ⅱ_1$ 型一般变化在 400～650mg/g 之间、$Ⅱ_2$ 型一般变化在 200～400mg/g 之间；最高产烃气率（产烃气量/TOC）Ⅰ型一般变化在 450～650mg/g 之间、$Ⅱ_1$ 型一般变化在 250～450mg/g 之间、$Ⅱ_2$ 型一般变化在 150～300mg/g 之间。

2. 成熟阶段优质烃源岩是石油生成和排出阶段，其脂类逐渐消失并转化生成石油

成熟阶段与沉积晚成岩阶段 A 期相对应，沉积有机质中的脂类与生物骨壁壳有机碎屑相对亚稳定结构被打破，处于不平衡状态，其杂原子化合物中许多键不断发生断裂，释放出大量石油（烃类、胶质和沥青质）及一些非烃类气体。本阶段是石油生成和排出阶段，其脂类逐渐消失并转化生成石油，部分从优质烃源岩中排出，部分残留在优质烃源岩中。成熟阶段又可分为早、中、晚三期，早期是生成和排出未成熟—低成熟油（工业性超重油—重质油藏）时期，尤其是海相（或具有海侵、咸化-半咸化、多碱性、高硫含量）优质烃源岩（钙质生屑页岩、硅质生屑页岩等）；中期是生成和排出正常原油时期，也是生排油高峰期；晚期是生成和排出轻质油气时期。

成熟阶段的主要评价参数如下。

（1）最高古地温、最大古埋藏深度和古地温梯度：成熟阶段最高古地温一般变化在50～130℃之间（中生代—古生代）或80～178℃之间（新生代），时代越老或相对最高古地温恒温（≤10℃左右）时间越长或上覆岩层沉积升温速率（℃/Ma）越慢，成熟阶段所需要的最高古地温（能量）越低。最大古埋藏深度一般变化在1200～2600m之间（中生代—古生代）或2200～5300m之间（新生代），实际上与最高古地温相似，随着时代变老或沉积速率变慢或古地温梯度变高或相对最大古埋藏深度或抬升剥蚀—沉积相对稳定时间越长，成熟阶段所需要的最大古埋藏深度越浅。

（2）岩石学、有机岩石学及超显微有机岩石学、干酪根演化参数：①镜质组反射率R_o通常变化在0.5%～1.3%之间，早期多变化在0.5%～0.7%之间（海相或具海侵咸化-半咸化Ⅰ或$Ⅱ_1$型钙质生屑或硅质生屑优质烃源岩）；中期多变化在0.7%～1.0%之间；晚期多变化在1.0%～1.3%之间。②固体沥青反射率R_b、镜状体反射率、动物有机壳屑反射率一般均变化在0.4%～1.5%之间，对应可分早晚期，见表5.1。③岩石热解最高峰温T_{max}一般变化在430～475℃之间。④包裹体均一温度一般变化在50～150℃之间。⑤岩石（砂砾岩）中磷灰石（U-Th）/He封闭温度一般为80～95℃，在成熟阶段早中期；磷灰石裂变径迹退火温度为120℃左右，在成熟阶段中期。⑥X射线衍射伊蒙混层比中蒙脱石含量多<50%，一般变化在20%～50%之间。⑦优质烃源岩中沉积有机质或干酪根显微组分的藻类等类脂组颜色较浅，多为黄—褐色，孢粉的色变指数TAI通常变化在2.5～4.5之间。⑧干酪根生烃活化能一般变化在260左右～270左右kJ/mol；干酪根H/C原子比从成熟早期→晚期，一般Ⅰ型由1.6降到0.8左右、$Ⅱ_1$型由1.4降到0.8左右、$Ⅱ_2$型由1.2降到0.8左右。⑨干酪根红外光谱在成熟阶段为1715cm^{-1}/1600cm^{-1}和2929cm^{-1}/1600cm^{-1}，相对较稳定，也就是说干酪根红外光谱参数在成熟及更高演化（高成熟—过成熟）阶段并非有效。

（3）沥青“A”等C_{11}^{+}正常石油烃类、$C_{5\sim12}$轻烃类和$C_{1\sim4}$吸附及酸解气等可溶有机质演化参数：①烃/总有机碳（HC/TOC）一般变化在3%～30%之间，沥青“A”/TOC一般变化在5%～45%之间，在成熟阶段中期达到最高峰或最大值，也称生油高峰（图5.1）。②饱和烃色谱正构烷烃奇偶优势或偶奇优势基本消失，0.8<OEP或CPI<1.2，即在成熟中期—过成熟阶段之后难以成为有效成熟度判识指标。③甾烷、藿烷异构化程度增加明显并逐渐趋于稳定，甾烷20S/(20S+20R)C_{29}一般在成熟阶段早期变化在20%～40%之间，在成熟阶段中期达到50%左右，之后一直稳定在50%左右，即在成熟晚期—过成熟阶段难以成为有效成熟度判识指标；ββ/∑C_{29}在成熟阶段一般变化在25%～70%之间，在成熟阶段晚期达到70%左右，之后一直稳定在70%左右，即在高成熟—过成熟阶段难以成为有效成熟度判识指标；藿烷22S/22RC_{31}在成熟阶段及之后均>1，变化不明显，即在成熟—过成熟阶段难以成为有效成熟度判识指标；Ts/Tm在成熟阶段早期一般变化在0.2～1之间，在成熟阶段中期及之后变化在0.5～2之间，甚至还与有机质类型有关，即在成熟中期—过成熟阶段也难以成为有效成熟度判识指标。④优质烃源岩中轻烃抽提庚烷值一般变化在15%～40%之间。⑤优质烃源岩脱气酸解气$\delta^{13}C_1$一般在成熟阶段早期在-55‰左右，随成熟度增加逐渐变重，到成熟晚期-40‰左右。

（4）生排油气潜力、最高产油率等评价参数：①岩石热解生烃潜力（S_1+S_2/TOC或S_2/TOC即IH）随成熟度增加逐渐降低，Ⅰ型一般从成熟早期650～950mg/g逐渐降低到成熟中期的300mg/g左右再到成熟晚期的100mg/g左右；$Ⅱ_1$型一般从成熟早期400～650mg/g逐渐降低到成熟中期的200mg/g左右再到成熟晚期的100mg/g左右；$Ⅱ_2$型一般从成熟早期200～400mg/g逐渐降低到成熟中期的150mg/g左右再到成熟晚期的100mg/g左右。②CG常规模拟最高产油率（产油量/TOC）随成熟度增加逐渐降低，降低速率最明显的是成熟中期，Ⅰ型一般从成熟早期400～600mg/g逐渐降低到成熟中期的250mg/g左右再到成熟晚期的50mg/g左右；$Ⅱ_1$型一般从成熟早期250～400mg/g逐渐降低到成熟中期的250mg/g左右再到成熟晚期的100mg/g左右；$Ⅱ_2$型一般从成熟早期100～270mg/g逐渐降低到成熟中期的125mg/g左右再到成熟晚期的100mg/g左右。③CG常规模拟最高产烃气率（产烃气量/TOC）也随成熟度增加逐渐降低，降低速率最明显的是成熟晚期，Ⅰ型一般从成熟早期460～650mg/g逐渐降低到成熟晚期的150mg/g左右；Ⅱ$_1$型一般从成熟早期270～450mg/g逐渐降低到成熟晚期的150mg/g左右；Ⅱ$_2$型一般从成熟早期150～300mg/g逐渐降低到成熟晚期的100mg/g左右。④DK地层模拟最高产油率（产油量/TOC）随成熟度增加逐渐降低，降低速率最明显的也是成熟中期，Ⅰ型一般从700～950mg/g降低到成熟晚期的100mg/g左右；Ⅱ$_1$型一般从400～650mg/g降低到成熟晚期的100mg/g左右；Ⅱ$_2$型一般从200～400mg/g降低到成熟晚期的100mg/g左右。⑤DK地层模拟最高产烃气率（产烃气量/TOC）也随成熟度增加逐渐降低，降低速率最明显的也是成熟晚期，Ⅰ型一般从450～650mg/g降低到成熟晚期的150mg/g左右；Ⅱ$_1$型一般从250～450mg/g降低到成熟晚期的100mg/g左右；Ⅱ$_2$型一般从150～300mg/g降低到成熟晚期的100mg/g左右。⑥DK地层模拟总排油率整体上来讲随成熟度增加逐渐增加，主要排油期与岩性组合密切相关，富有机质硅质生屑页岩在成熟早期总排重质油效率就可能达到30%～60%，在成熟晚期总排出轻质油效率可>70%，主要排油期在成熟早中期；富有机质钙质生屑页岩在成熟早期总排重质油效率在3%～40%之间，在成熟晚期总排出轻质油效率可60%左右，主要排油期在成熟晚期；富有机质黏土质页岩或油页岩在成熟早期总排油效率很低，一般为0%～10%，即使在成熟中期总排出正常原油效率也只变化在3%～15%之间，在成熟晚期总排出轻质油效率只有40%～50%，主要排油期在成熟晚期。⑦DK地层模拟总排烃气率随成熟度增加逐渐增加，主要排烃气期在成熟晚期—高成熟阶段，也与岩性组合有关，富有机质硅质生屑页岩在成熟晚期总排出烃气率比富有机质钙质生屑页岩略大，其又略大于富有机质黏土质页岩或油页岩。

3. 高成熟—过成熟早中期优质烃源岩主要是石油裂解形成凝析气—干气及碳质沥青，不溶有机质（包括镜状体、生物骨壁壳有机碎屑等）在此阶段也可以生气

高成熟阶段（凝析气阶段）与沉积晚成岩阶段B期相对应，此阶段主要是石油（包括储集岩及运移途中的石油和残留在优质烃源岩中的可溶有机质）裂解形成凝析气（主要产物是甲烷、湿气和凝析油）并伴生形成碳质沥青；不溶有机质（包括镜状体、生物骨壁壳有机碎屑等）也可以生成部分凝析气，此阶段液态烃急剧减少。

过成熟阶段（干气阶段）早中期与沉积晚成岩阶段C期相对应，此阶段主要源于石油（包括储集岩及运移途中的石油和残留在优质烃源岩中的可溶有机质）裂解形成的干气（甲烷）和伴生的碳质沥青；此阶段不溶有机质（包括镜状体、生物骨壁壳有机碎屑等）还可以生成部分甲烷，无液态烃，碳质沥青和不溶有机质已经开始向更稳定的芳构化有序结构重新排列，到过成熟阶段中晚期或变质阶段，最终向更稳定的碳沥青或石墨转化。但是，在优质烃源岩或储集岩中，仍保存了大量甲烷，它是优质烃源岩中已经形成的烃类和储层中烃类裂解而成。甲烷是相当稳定的，即使在温度达到550℃时也是稳定的，只有在高温下，由于硫的存在可能与甲烷发生反应而生成H_2S。过成熟阶段又可分为早、中、晚三期，早期是极低变质带，一般尚有甲烷产生；中期是浅变质带，部分优质烃源岩（偏腐殖型）尚有少量甲烷产生，甲烷可以保存；晚期是变质带，几乎已经无甲烷了。

高成熟—过成熟阶段的主要评价参数如下。

（1）最高古地温、最大古埋藏深度和古地温梯度：①最高古地温一般在125℃以上（古生代）或150℃以上（古近纪），时代越老或相对最高古地温恒温（≤10℃左右）时间越长或上覆岩层沉积升温速率（℃/Ma）越慢，最高古地温相对越低；②最大古埋藏深度一般在2200m以上（古生代）或4400m以上（古近纪），与最高古地温相似，时代越老或沉积速率越慢或古地温梯度越高或相对最大古埋藏深度越深或抬升剥蚀—沉积相对稳定时间越长，最大古埋藏深度越浅。

（2）岩石学、有机岩石学及超显微有机岩石学、干酪根演化参数：①镜质组反射率R_o在高成熟阶段通常变化在1.3%～2.0%之间，过成熟阶段早期一般变化在2.0%～3.0%之间，过成熟阶段中期变化在3.0%～6.5%之间，过成熟晚期一般>6.5%；②固体沥青反射率R_b、镜状体反射率、动物有机壳屑反射率在高成熟阶段通常变化在1.5%～2.5%之间，过成熟阶段早期一般变化在2.2%～3.2%之间，过成熟阶段中期与R_o相同，变化在3.0%～6.5%之间，过成熟晚期一般>6.5%；③岩石热解最高峰温T_{max}高成熟阶段一般变化在455～500℃之间，过成熟阶段一般>500℃，但是早、中、晚期已经难以分辨；④包裹体均一温度一般高成熟阶段变化在135～180℃之间，过成熟阶段早期一般变化在162～220℃之间，过成熟阶段中期变化在220～250℃之间，过成熟晚期一般>250℃；⑤岩石（砂砾岩）中锆石（U-Th）/He封闭温度一般为180℃左右，在高成熟晚期—过成熟阶段早期；榍石（U-Th）/He封闭温度一般为210℃左右，在过成熟阶段早—中期；⑥X射线衍射伊蒙混层比中蒙脱石含量在高成熟阶段多变化15%左右，过成熟阶段一般≤15%，早、中、晚期难以分辨；⑦伊利石结晶度（$\Delta 2\theta$）是优质烃源岩高演化阶段所特有的参数，一般高成熟阶段—过成熟早期逐渐从0.62°左右→0.42°（$\Delta 2\theta$）左右，过成熟阶段中期一般变化为0.42°→0.25°（$\Delta 2\theta$），过成熟晚期一般<0.25°（$\Delta 2\theta$）；⑧优质烃源岩中沉积有机质或干酪根显微组分（包括孢粉等）颜色均已经较深，为黑色，孢粉色变指数>4.5，已经难以分辨高演化各阶段；⑨干酪根生烃活化能一般高成熟阶段变化在270～300kJ/mol之间，过成熟阶段早中期一般变化在300～320kJ/mol之间，过成熟晚期一般>320kJ/mol，干酪根H/C原子比已经难以判别干酪根类型，高成熟阶段从0.8→0.5左右，过成熟阶段早期从0.5→0.3左右，过成熟阶段中、晚期从0.3左右→0。

此外，对于可溶有机质演化参数，在高演化阶段多已经失去作用，只有部分优质烃源岩中的C_1等吸附（酸解）气、轻烃类等部分参数或指标具有判识意义：①HC/TOC和沥青“A”/TOC重新回到<3%和<5%（基本上无大量生油能力，数值与未成熟阶段相当），甚至到过成熟阶段均<2%（基本上已经无生气能力）；饱和烃色谱正构烷烃奇偶优势或偶奇优势、甾烷、萜烷异构化程度以及轻烃抽提庚烷值等基本上稳定，多数已经难以成为有效的成熟度指标。②只有优质烃源岩脱气酸解气$\delta^{13}C_1$一般在高成熟—过成熟阶段随成熟度的增加继续逐渐变重，从高成熟的-50‰左右到过成熟中期的-30‰左右。

对于高成熟—过成熟优质烃源岩生排油气潜力明显降低，甚至到过成熟中晚期接近零，其生排油气潜力评价参数已经不能呈现优质烃源岩的原始状态（由于在成熟阶段已经发生了大量石油气生成和排出），但是仍可以大致反映出高成熟—过成熟优质烃源岩的高演化特征：①岩石热解生烃潜力（S_1+S_2/TOC或HI）在高成熟—过成熟早期无论Ⅰ型还是Ⅱ型仍随成熟度增加而有所降低，一般从高成熟阶段的100mg/g左右到过成熟早期的50mg/g左右再到过成熟晚期逐渐接近零；②CG常规模拟最高产烃气（或凝析气）率在高成熟—过成熟早期也随成熟度增加而有所降低，而且与有机质类型关系不明显，一般从高成熟阶段初期的200mg/g左右（凝析油占25%～50%）到高成熟阶段末期的100mg/g左右（凝析油占10%～45%）到过成熟早期的50mg/g左右（干气）再到过成熟晚期逐渐接近零；③DK地层模拟最高产烃气率（或凝析气）率在高成熟—过成熟早期也随成熟度增加而有所降低，也与有机质类型关系不明显，一般从高成熟阶段初期的200mg/g左右（凝析油占25%～50%）到高成熟阶段末期的100mg/g左右（凝析油占10%～45%）到过成熟早期的50mg/g左右（干气）再到过成熟晚期逐渐接近零；④DK地层模拟总排烃气率在高成熟—过成熟早期随成熟度增加有所增加，与有机质类型关系并不明显，而与优质烃源岩岩性或岩性组合有一定的关系，一般硅质（生屑）型页岩或钙质（生屑）型页岩高成熟阶段可从70%左右增加到80%左右，黏土质页岩则可从50%左右增加到90%左右（主排烃气期）；过成熟阶段总排烃气率一般硅质（生屑）型页岩或钙质（生屑）型页岩>80%（CH_4），黏土质页岩则>90%（CH_4）。

二、高成熟—过成熟优质烃源岩有效评价指标和方法的筛选及应用实例分析

针对中国南方高演化海相层系的特点，通过筛选和应用结果实例分析可知判识优质烃源岩成熟度（高成熟—过成熟）的有效指标是：①镜质组反射率R_o、固体沥青反射率R_b、镜状体反射率、动物有机壳屑反射率及其恢复的最高古地温或最大古埋深；②包裹体均一温度、锆石及榍石（U-Th）/He封闭温度；③伊利石结晶度（$\Delta 2\theta$）；④干酪根生烃活化能；⑤岩石脱气酸解气及天然气$\delta^{13}C_1$；⑥岩石热解最高峰温T_{max}、X射线衍射伊蒙混层比、有机显微组分颜色、干酪根H/C原子比、轻烃庚烷值及优质烃源岩生排油气潜力等可作为定性判识成熟度指标。高演化海相层系的古温标及成熟度指标见表5.2。

表 5.2　高演化海相层系的古温标及成熟度指标

有机质演化阶段		成岩阶段	R_o 或等效 R_b/%	R_o 或等效 R_b 或伊利石结晶度恢复的最高古地温/℃（有效受热时间 90～50Ma）	伊利石结晶度（Δ2θ）/（°）	最高流体包裹体捕获（或均一）温度/℃	磷灰石、锆石、榍石(U-Th)/He 封闭温度/℃	生成产物
未成熟		早成岩	<0.5	<50		<50		生物气（甲烷）
成熟	低成熟	晚成岩早期	0.4～0.7	50～90		50～95	75 左右（磷灰石）	稠油
	成熟	晚成岩中期	0.7～1.3	85～140	0.62 ↓ 0.42	90～150	120 左右（磷灰石裂变径迹退火温度）	原油 轻质油
高成熟		晚成岩后期	1.3～2.0	130～170		135～180	180 左右（锆石）	凝析油气 湿气
过成熟	早期	极低变质带	2.0～3.0	150～220		162～220		干气（甲烷）
	中期	浅变质带	3.0～6.5	190～240	0.42 ↓ 0.25	220～250	210 左右（榍石）	
	晚期	变质带	>6.5	>235	<0.25	>250		

1. 镜质组反射率（R_o）、镜状体反射率（R_{oVlike}）和固体沥青反射率（R_b）均随成熟度的增大，它们的芳香结构缩合程度和反射率也增大，具有正相关关系；它们均可作为高成熟—过成熟优质烃源岩的有效判识指标

（1）镜质组反射率用符号 R_o 表示。镜质组是一种由高等植物纤维素（无效碳水化合物）为主体（也有果胶、半纤维素及壳质组等植物碎屑的参与）经细菌凝胶化作用形成的煤素质，但看不到植物的组织，主要是由芳香稠环化合物组成，随着煤化程度或成熟度的增大，芳香结构的缩合程度也加大，这就使得镜质组的反射率增大。优质烃源岩的生油、油热裂解烃气及碳质沥青过程与镜质组的演化过程密切相关，所以它是一个良好的有机质成熟度指标，有机质成熟度越高或热变质作用越深，镜质组反射率越大。

镜质组反射率（R_o）是研究烃源岩成熟度和进行成熟阶段划分的最佳指标之一，优点是：①镜质组在新生界—上古生界烃源岩尤其是在煤系烃源岩中普遍存在（Ⅰ型烃源岩除外）；②R_o 随温度或埋藏深度的增加，而有规律性地呈半对数直线增加，回归出的方程式一般为 $H=a \cdot \ln(R_o)+b$，用 R_o 可以判定有机质热演化的各个阶段；③R_o 的不可逆性，能够代表最高古地温；④R_o 值比较容易精确测定。

镜质组反射率与烃源岩有机质成熟度（油气生成过程）一样，主要控制因素是所经历的最高古地温、有效最高古地温所持续的时间、地质应力，以及有机质类型、沉积、成岩环境、岩石类型等。温度和时间及地质应力是控制镜质组反射率的重要动力学参数，温度与时间在某种程度上存在相互补偿的关系，即高温短时间的作用可产生与低温长时间的作用相似的结果，即温度是主控因素，时间起补偿作用。现今实测地温或地温梯度并不等于历史上的最高古地温或古地温梯度，而后者对有机质的热演化或油气的生成或镜质组反射率的影响比前者还要重要，即历史上的最高古地温或古地温梯度及古埋藏深度是镜质组反射率的最重要控制因素。

（2）镜状体反射率用符号 R_{oVlike} 表示。镜状体（也叫海相镜质组）最初的概念是原生动物硬壳碎屑及皮层凝胶化作用的产物，是研究北欧中寒武世—早奥陶世 Alum 页岩时命名的一种海相烃源岩显微组分（Lewan et al., 1986），作为缺乏镜质组的早古生代海相烃源岩中成熟的标志。而镜状体拓展的概念是来源于菌藻类有机壁壳和动物类有机外骨骼碎屑等经凝胶化的原地残留物，它是中国下古生界高成熟—过成熟优质烃源岩中常见的超显微组分（王飞宇等，1994，2001；程顶胜等，1995；程顶胜和方家虎，1997；刘祖发和肖贤明，1999）。实际上，镜状体是由无效碳水化合物或非活性蛋白质构成的非脂类生物骨壁壳有机碎屑经凝胶化作用的产物，而镜质组也是由高等植物碎屑（由非脂类无效碳水化合物骨壁有机碎屑构成）凝胶化作用的产物，不同的是后者源于高等植物有机骨壁碎屑的凝胶化，前者则源于海相动物类和菌藻类骨壁壳有机碎屑的凝胶化。

镜状体主要特征为：棱角状，轮廓清晰，一些样品中见边缘有磨蚀现象，表面均一。成熟度较低时，在干酪根薄片及岩石薄片中均有类似镜质组的颜色，无荧光。镜状体为同沉积产物，多数源于介形类、几丁虫、笔石等有机质外壳的碎片和动物皮层的镜状体具有碎屑状外形，极易破碎，脆性好，镜状体往往与介形类在浅滩相中同时发育，说明它们均可能在高能条件下由稳定的浅海区搬运而来；而源于海洋中低等菌藻类的镜状体则相反，可能在低能条件下原地形成，镜状体脆性要小得多，二者之间在成因上存在着必然的联系。

镜状体与镜质组一样，也是研究海相优质烃源岩成熟度和进行成熟阶段划分的指标之一，尤其是在缺乏镜质组的海相优质烃源岩或前下古生界烃源岩中是进行成熟阶段划分的最佳指标之一。优点是：①镜状体在海相优质烃源岩中普遍存在；②R_{oVlike}随温度或埋藏深度的增加，而有规律性地呈线性增加；③R_{oVlike}的不可逆性，能够代表最高古地温。

（3）固体沥青反射率（R_b）。低成熟阶段的固体沥青与镜质组、镜状体不同，固体沥青是脂肪和油脂等脂类或重质油受到水解、氧化、微生物等作用，轻组分散失，残留下来的固体产物（以沥青质为主体），在油浸反光下显示均一状结构，呈各向同性。但是，当固体沥青反射率大于1.50%后，转变成各向异性，发育各种光学结构。在我国早古生代碳酸盐岩烃源岩中发现有不少高反射率固体沥青，其反射率总是介于各向异性（最大与最小）之间（肖贤明等，1991）。肖贤明等（1991）曾提出将各向异性沥青划分为五种光学结构：中间相小球体、镶嵌结构体、片状体、纤维状体及流动型。具有各向异性固体沥青反射率的最大值和最小值的差（ΔR_b）可达9.73%（Goodarzi et al.，1992）或13.35%（Komorek and Morga，2003），且ΔR_b与成熟度之间没有明显的关系（Parnell et al.，1996），往往只能做参考指标（肖贤明等，1991）；另外，在压力和应力的影响下，较低温时形成的具有中间相的次石墨颗粒很难有高质量的抛光面，其反射率不能正确反映热演化程度（Khorasani et al.，1990）。

川东北地区飞仙关组—长兴组储层中孔隙极为发育，以晶间孔和晶间溶蚀扩大孔占绝对优势，局部呈“筛状结构”，储层中不同程度地含有固体沥青（谢增业等，2004；蔡勋育等，2005，2006）。飞仙关组鲕滩储层中的沥青是古油藏原油裂解成气后的残留物（秦建中，2007b），储层储集性能好的层段沥青含量高，并与富气带之间存在正相关关系（谢增业等，2004）。高含硫化氢是川东北地区飞仙关组—长兴组气藏共同的特点（王一刚等，2002；冉隆辉等，2005；朱光有等，2004，2005，2006a；谢增业等，2004）。然而关于该区储层沥青的有机岩石学特征及其石油地质学意义尚没有系统的研究和报道。本书通过研究川东北地区储层沥青的有机岩石学特征、能谱特征，探讨沥青的反射率作为有机质热演化程度评价的可行性，以及小球体形成与硫含量之间的关系。

固体沥青样品为中国南方四川盆地普光2井、普光5井、丁山1井、河坝1井、沙68井、毛坝3井岩心岩屑样品和樊哙地区羊鼓洞生物礁、盘龙洞、凯里、丹寨、都匀、扎拉沟、华蓥山、南江、麻江、坝固和黔东南剖面野外露头的岩石样品，另外收集到了一批热模拟样品残渣，原样为普光2井岩心样，加热温度点为350℃、400℃、450℃、500℃、550℃，升温速率为6℃/min，恒温24h。将岩样制成全岩光片，在显微镜下观察其光性特征并测定其反射率，最大反射率与最小反射率的测试方法参照Kilby（1988）。

各类沥青的反射率的变化不尽相同，沥青反射率作为缺乏镜质组的烃源岩或海相烃源岩或储层中有机质热演化评价指标，往往指的是均质沥青的反射率。但在南方碳酸盐岩储层中，常见的沥青是具有各向异性的中间相沥青，多呈球粒结构和镶嵌结构。川东北地区飞仙关组—长兴组储层中沥青的反射率均大于0.72%，按Jacob（1989）的分类，均属于英普逊焦性沥青（impsonite）。因此，这里仅根据其镜下的光性特征和形态作分类。根据沥青油浸反光的镜下光性特征和形态，研究区的沥青可分为均质沥青、均匀长条状沥青、镶嵌结构沥青、小球体沥青、香肠状沥青、针状结构沥青、微粒状沥青（动物沥青）

等（表5.3）。

表5.3　川东北地区固体沥青的光性特征及分类

分类	特征描述			
均质沥青	均匀	各向同性	不消光	
均匀长条状沥青	均匀	强各向异性	不消光或消光	具多色性
镶嵌结构沥青	镶嵌结构	弱的各向异性	星点状消光	具多色性
小球体沥青	单球或复球、包络结构	强的各向异性	波状消光	具多色性
香肠状沥青	长条状	强的各向异性	波状消光	具多色性
针状结构沥青	针状结构	各向同性	不消光	
微粒状沥青	微粒状，产于动物体硬体中	各向同性	不消光	

均质沥青的反射率。沥青反射率作为缺乏镜质组的烃源岩或海相烃源岩或储层中有机质热演化评价指标，往往指的是均质沥青的反射率。研究区域内烃源岩或储层中均质沥青的反射率从0.35%到8.14%，其反射率的最大值（R_{bmax}）与最小值（R_{bmin}）之差（ΔR_b）均小于0.5%，且其差值随反射率值增大而增大，不过最大值或最小值的标准方差（在0~0.2之间，表5.4，表5.5），反映了反射率值的离散度小。

表5.4　均匀沥青反射率数据统计

井号	样品号	岩性	时代	特征	R_{bmax}/%		R_{bmin}/%		ΔR_b/%	
					平均	方差	平均	方差	平均	方差
河坝1井	0707426	白云岩	T_1j	均匀	8.14	0.01	7.77	0.00	0.36	0.00
	0707426	白云岩	T_1j	均匀	4.99	0.03	4.69	0.01	0.30	0.01
	0707451	黑色页岩	P_2l	均匀	4.71	0.03	4.37	0.03	0.34	0.03
	0707452	黑色泥岩	P_2l	均匀	4.64	0.03	4.35	0.02	0.29	0.03
	0707453	黑色泥岩	P_2l	均匀	4.79	0.21	4.44	0.05	0.35	0.08
	0707455	微晶灰岩	P_1m	均匀	4.79	0.13	4.34	0.04	0.44	0.05
	0707457	微晶灰岩	P_1m	均匀	4.71	0.05	4.43	0.02	0.28	0.01
普光5井	0707369	灰岩	C_2h	均匀	4.97	0.09	4.66	0.00	0.31	0.10
	0707371	灰岩	C_2h	均匀	5.50	0.03	5.07	0.01	0.42	0.04
	0707372	灰岩	$S_{1\text{-}2}h$	均匀	5.53	0.01	5.08	0.00	0.44	0.00
	0707373	碳质泥岩	$S_{1\text{-}2}h$	均匀	5.36	0.12	5.15	0.06	0.21	0.01
	0707374	泥岩	$S_{1\text{-}2}h$	均匀	5.65	0.08	5.35	0.09	0.30	0.03
丁山1井	0707478	灰岩	S_1s	均匀	3.18	0.00	2.93	0.01	0.26	0.02
	0707480	泥灰岩	S_1s	均匀	3.08	0.00	2.87	0.00	0.22	0.00
	0707481	灰岩	S_1s	长条状	3.03	0.03	2.46	0.01	0.58	0.02
				均匀	2.98	0.00	2.84	0.00	0.14	0.00
毛坝3井	0707376	白云岩	T_2l	均匀	2.58	0.00	2.45	0.01	0.14	0.01
	0707422	泥岩	P_2l	均匀	3.81	0.01	3.64	0.00	0.17	0.00
	0707423	灰岩	P_2l	均匀	4.16	0.01	3.82	0.00	0.34	0.01
贵州习水良	0707525	黑色泥岩	S_1l	长条状	3.57		3.10		0.47	
				均匀	3.33	0.00	3.25	0.00	0.08	0.00
南江桥亭	0707526	黑色泥岩	S_1l	均匀	3.87	0.00	3.73	0.00	0.15	0.00
				长条状	4.39	0.00	3.14	0.00	1.25	0.00

续表

井号	样品号	岩性	时代	特征	R_{bmax}/%		R_{bmin}/%		ΔR_b/%	
					平均	方差	平均	方差	平均	方差
南江桥亭	0707527	黑色泥岩	S_1l	长条状	4.21	0.01	3.19	0.02	1.02	0.01
				均匀	3.86		3.76		0.10	
城口庙坝	069528	黑色页岩	S_1	均匀	1.75	0.00	1.69	0.00	0.06	0.00
城口庙坝	069531	黑色页岩	S_1	均匀	1.54	0.00	1.52	0.00	0.03	0.00
城口庙坝	069529	黑色页岩	O_3w	均匀	1.61	0.00	1.51	0.00	0.10	0.00
南皋	069521	页岩	$€_1$	均匀	3.55	0.01	3.43	0.00	0.11	0.01
贵州麻江	0707528	黑色泥岩	$€_1$	均匀	3.37	0.01	3.08	0.01	0.29	0.00
金沙岩孔	0707529	黑色泥岩	$€_1$	长条状	6.68	0.10	4.88	0.20	1.81	0.29

表 5.5　固体沥青反射率与沥青中硫含量数据

剖面或井号	岩性	时代	特征	R_{bmax}/%		R_{bmin}/%		ΔR_b/%		S/%
				平均	方差	平均	方差	平均	方差	
南江桥亭	灰岩	O_3b	均匀	3.55	0.19	3.27	0.23	0.28	0.13	0.00
凯里	灰岩	S_{1-2}	均匀	0.88	0.03	0.83	0.04	0.05	0.03	4.90
麻江	灰岩	O_1h	均匀	1.98	0.08	1.83	0.09	0.15	0.08	2.52
坝固	灰岩	O_1h	均匀	2.66	0.11	2.48	0.14	0.17	0.11	6.57
			椭球	3.24		1.78		1.46		
扎拉沟	灰岩	$€_2d$	均匀	3.57	0.07	3.51	0.11	0.14	0.11	5.63
			小球	3.927	0.028	2.667	0.121	1.260	0.093	
陆家桥	灰岩	P_1m	均匀	2.165	0.095	2.093	0.087	0.072	0.030	9.170
丹寨	灰岩	$€_2$	A 面	3.225	0.146	3.050	0.149	0.176	0.086	3.550
			B 面	3.124	0.103	2.973	0.119	0.150	0.072	
			C 面	3.130	0.109	2.943	0.096	0.187	0.078	
普光 2 井	白云岩	T_1f_3	小球体	4.633	0.214	2.841	0.172	1.792	0.138	21.910
羊鼓洞	礁灰岩	P_2ch	A 面椭球	4.130	0.222	2.488	0.240	1.641	0.078	29.460
		P_2ch	B 面椭球	3.937	0.275	2.621	0.456	1.316	0.327	
盘龙洞	白云岩	P_2ch	镶嵌	3.302	0.501	2.647	0.326	0.655	0.655	21.010
羊鼓洞	礁灰岩	P_2ch	A 面小球	4.376	0.331	2.475	0.300	1.901	0.031	23.250
城口	页岩	O_3w	均匀	1.614	0.001	1.512	0.002	0.102	0.004	0.000
南皋	页岩	$€_2$	均匀	3.546	0.016	3.433	0.003	0.113	0.018	3.520
城口	页岩	S_1	均匀	1.746	0.003	1.690	0.005	0.056	0.001	0.000
城口	页岩	S_1	均匀	1.544	0.000	1.515	0.000	0.029	0.000	0.000
普光 2 井（原样）	白云岩	T_1f_3	小球	4.690	0.019	2.842	0.012	1.848	0.033	24.59
普光 2 井 350℃	白云岩	T_1f_3	小球	4.397	0.019	2.756	0.012	1.641	0.020	19.52
普光 2 井 400℃	白云岩	T_1f_3	小球	4.677	0.020	2.794	0.014	1.883	0.019	21.02
普光 2 井 450℃	白云岩	T_1f_3	小球	4.877	0.022	2.911	0.008	1.966	0.017	18.24
普光 2 井 500℃	白云岩	T_1f_3	小球	5.136	0.028	2.977	0.006	2.158	0.016	18.14
普光 2 井 550℃	白云岩	T_1f_3	小球	5.214	0.045	3.091	0.024	2.122	0.023	15.39

均匀长条状沥青的反射率。均匀长条状沥青反射率的最大值与最小值之间的差值较大，往往大于0.5%，其标准方差也较大（表5.4），但其平均值与同一样品中的均匀块状沥青的反射率的平均值近似。因此在测定均匀长条状沥青反射率时，可测出同一测点的最大值与最小值，求其平均值作为评价指标。

小球体沥青的反射率。川东北地区飞仙关组、长兴组碳酸盐岩中的沥青主要是中间相沥青，多呈球粒结构和镶嵌结构。

球粒结构有两类，一类为有单一球体，直径一般在15～40μm之间，最大可达117μm（图5.2a），油浸反光下呈均匀状或花斑状，旋转物台反射色具显著多色性，由暗黄或肉红色到亮蓝灰色或灰白色；正交偏光（落射光）呈现波状消光，消光位的反射色呈暗黄或肉红色，物台旋转90°后，反射色呈亮蓝灰色或灰白色。另一类球粒结构为复球体，复球体往往有包络层，内部呈镶嵌结构，复球大小可达150μm，由大小不等的小球体构成，个体较大的小球体的直径为19.5μm左右，光学特征与单体球粒相同，包络层厚7.5μm（图5.2b）。

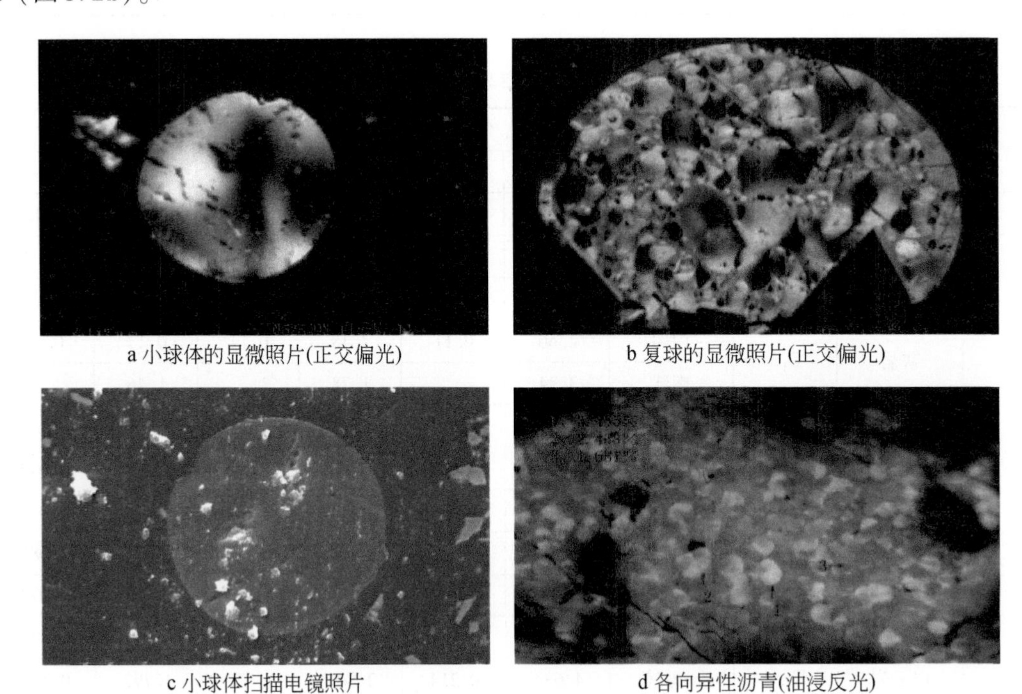

a 小球体的显微照片(正交偏光)　b 复球的显微照片(正交偏光)

c 小球体扫描电镜照片　d 各向异性沥青(油浸反光)

图5.2　川东北飞仙关组、长兴组碳酸盐岩中固体沥青的显微镜照片和扫描电子显微镜照片

镶嵌结构沥青按其颗粒大小和均匀程度，可分为等粒和不等粒镶嵌结构，等粒镶嵌结构又可分为粗粒和细粒。粗粒和不等粒结构中，较大颗粒（>2.5μm）多呈小球状、椭球状，其光学特征与单一球体的相似。细粒镶嵌结构中的颗粒较均匀，油浸反光下颗粒边界不清晰，表面有粗糙感，正交偏光（落射光）下各颗粒的消光位不同，故往往呈星点状消光特征。

区内全岩样品中含有小球沥青的反射率数据见表5.5。小球体或椭球体同一测点的最大值与最小值之间的差（ΔR_b）较大，可高达3.45%，随着R_o的增加，ΔR_b也增大。最大值的标准方差在0.01～0.11之间，大部分小于0.08，最小值的标准方差多数小于0.06。A、B、C面表示同一块样品的三个相互垂直的切面，可以看出，不同切面上沥青反射率存在着差异。模拟样品数据显示，ΔR_b随着R_{bmax}的增加而增大的趋势（图5.3）。

虽然小球体沥青存在着各向异性，随着R_{bmax}的增加，ΔR_b也增大，ΔR_b最大可达3.446%，但同一个样品中各测点的最大值或最小值的标准方差小于0.08，也就是说同一样品中小球体反射率最大值或最小值的离散度较小。因此，小球体的最大值或最小值或其平均值可以作为有机质成熟度的评价指标。在运用小球体反射率的平均值作为有机质成熟度评价指标时，应同时测量一个点的最大值和最小值，然后计算平均值，以保证其权重相等。因此，对于只含有小球体等各向异性沥青的样品来说，可以同时测出其

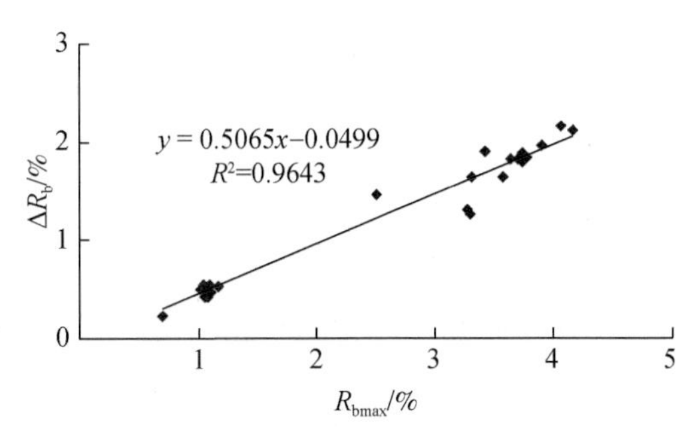

图 5.3　ΔR_b随R_{bmax}的变化趋势图

最大值与最小值，然后求平均值作为成熟度的评价指标。

固体沥青（小球体等）各向异性的成因分析。具各向异性的小球体沥青、镶嵌结构沥青、香肠结构沥青、长条状沥青均属于中间相沥青，中间相是岩石有机质热演化到一定阶段的物质状态，其各向异性突然表现出来，特征与原始化学组成、升温速率、压力、无机矿物有很大的关系（Moriyama et al., 2002）；现代热模拟实验表明，在410℃左右时，中间相突然出现，500～1000℃时，其结构保持不变。中间相小球生成后，不断吸附周边环境中的大分子而变大。当变大后的中间相小球靠近时，各球体内的扁平大分子层面彼此插入，形成中间相复球，当复球增大到表面张力无法维持其球形时，就会发生形变以至解体形成流动态的各向异性区域。随着中间相含量的增加，最后形成中间相大融并体（任呈强等, 2005）。无机物对中间相的形成有较大的影响，如硫含量控制在一定范围内时（1%～10%），硫与稠环芳烃分子间的交联反应使稠环芳烃分子的分子量增加，随着硫加入量的增多，中间相微球的尺寸增大，异形率增加（刘秀军等，2003）。压力对中间相的形成和生长会产生很大影响。当压力较低时，低分子量挥发分从炭化体系中大量逸出，使体系的黏度增加，导致中间相小球的体积增大。增加压力，使逸出的挥发分减少，体系能保持较高的流动性，使初生中间相小球的体积减小，但是中间相小球的融并速率增加（Santamaría-Ramírez et al., 1999）。加热速率过快，反应体系黏度迅速增加，使液晶分子来不及在远程范围内形成定向排列就被固定，导致镶嵌结构产生（任呈强等，2005）。

川东北地区飞仙关组、长兴组碳酸盐岩中的沥青主要是中间相沥青，其中硫的含量较高。中间相沥青的结构、球体的大小、球体的异形化等与形成时的温度、压力、硫的含量之间存在一定的关系，对储层中沥青的成分、光性特征、显微结构等进一步研究有助于了解该区天然气成因。

沥青中硫含量测定应选择可测点较多的样品，应用扫描电子显微镜对样品中的沥青（用于有机岩石学分析的光片）进行能谱分析（图 5.2c），测出沥青中的硫的含量。从表 5.5 和图 5.4 可以看出：部分样品中沥青的硫含量高，最高可达 29.46%；硫含量高的样品中沥青的各向异性强，其反射率最大值与最小值之间的差值较大，一般大于 1.2%，最大可达 2.12%；硫含量低的样品中沥青为各向同性沥青，ΔR_b也较小，一般小于 0.3%；由模拟样品可以看出，硫的含量随着模拟温度的增加而降低。

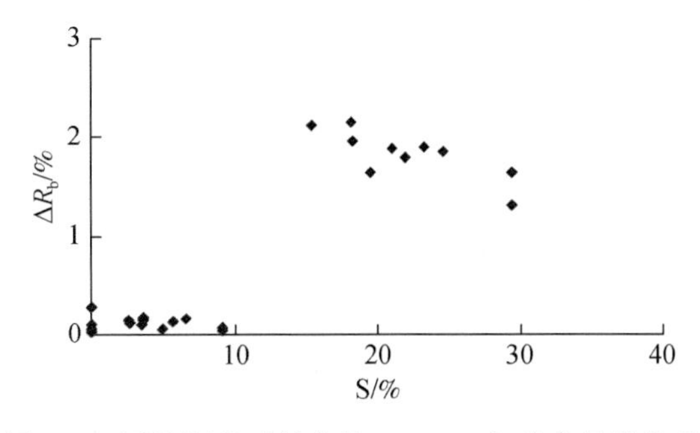

图 5.4　固体沥青反射率差（ΔR_b）与硫含量的关系

具各向异性的固体沥青反射率也可作为成熟度指标。小球体具有较强的光学各向异性，表现为油浸反光下的强的多色性、同一测点具有较大的反射率差值或同一视域不同测点具有不同反射率值（图 5. 2d），往往不作为反射率测定对象。但川东北地区长兴组、飞仙关组碳酸盐岩中极少见有均质光面的沥青，而同一样品中小球体沥青反射率的最大值或最小值的标准方差较小，其反射率可能成为确定有机质热演化程度的替代指标。例如，在 063331 号样品中，既存在各向异性的小球体沥青，又存在均质沥青，小球体沥青的最大值为 3. 24%，最小值为 1. 78%，均值为 2. 51%，而与均质沥青的平均值（2. 57%）基本一致。因此，对于只含有各向异性沥青的样品来说，可以同时测出其最大值与最小值，然后求平均值作为成熟度的评价指标。普光 5 井镜质组或沥青反射率与深度的关系证明了小球体沥青可用其最大反射率与最小反射率的平均值作为成熟度的评价指标。

对普光 5 井 41 块岩心和岩屑样品进行分析，镜下观察表明，其中的 23 块样品含有镜质组，分布在千佛崖组、自流井组、须家河组、龙潭组和凉山组，镜质组反射率（R_o）在 1. 752%～4. 818%之间；其余 18 块样品中含有沥青，沥青反射率（R_b）在 2. 909%～5. 384%之间。沥青主要是均质沥青和小球体沥青，小球体沥青主要分布在飞仙关组—长兴组储层白云岩中，深度在 4893. 3～5166. 3m 之间，其他的沥青均为均匀沥青。

小球体沥青具强的各向异性，反射率最大值在 4. 660%～5. 202%之间，ΔR_b 在 1. 833%～2. 245%之间，最大值与最小值的平均值在 3. 754%～3. 972%之间。从图 5. 5 中可以看出镜质组反射率随着深度增加而增加，且与深度之间具有很好的线性关系，相关系数为 0. 9731。其中，深度大于 5641m 的二叠系龙潭组、栖霞组、乐平组和石炭系黄龙组灰岩，以及志留系泥岩中的沥青均是均匀状的均质沥青，从中可以看出，沥青反射率在趋势线附近，也就是说达到一定深度时，沥青反射率与镜质组反射率值接近。图 5. 5 中还显示，深度在 3604m 的雷口坡组灰岩中的均质沥青的反射率明显大于相邻层位须家河组的镜质组反射率，按 Jacob 的公式换算的等效镜质组反射率（EqR_o）为 2. 198%，与相邻层位的镜质组反射率值接近（3507. 5m 的镜质组反射率为 2. 151%）。

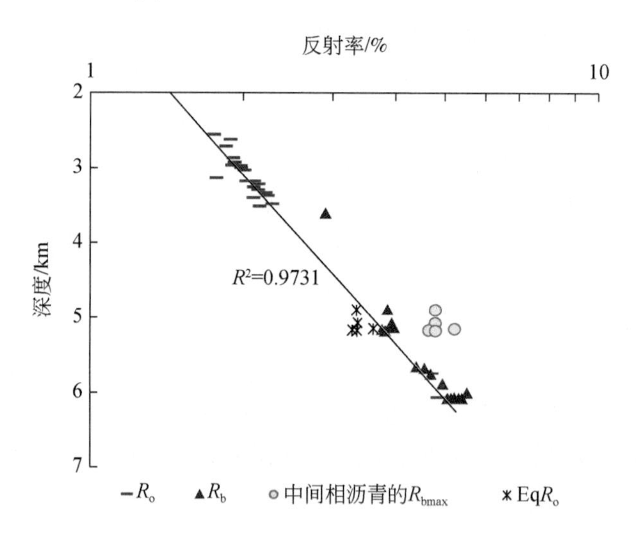

图 5. 5　普光 5 井镜质组或固体沥青反射率与深度的关系

飞仙关组—长兴组储层白云岩中的沥青主要是小球体沥青，具强的各向异性，其双反射率值较大，在 1. 833%～2. 245%之间，反射率最大值在 4. 660%～5. 202%之间，最大值与最小值的平均值（$\overline{R}_b$）在 3. 754%～3. 972%之间，EqR_o（用 R_{bmax} 按 Jacob 公式计算）在 3. 280%～3. 615%之间（表 5. 6），EqR_o 明显小于 $\overline{R}_b$。将上述数据投到图 5. 5 中可以看出，小球体沥青的最大反射率所对应的点在趋势线之上，远离趋势线，说明了 R_{bmax} 所表示的成熟度远高于有机质实际的热演化程度；EqR_o 所对应的点在趋势线之下，说明计算得到的 EqR_o 比实际演化程度低；而 $\overline{R}_b$ 所对应的点在趋势线附近，说明了 $\overline{R}_b$ 所代表的成熟度与有机质实际的热演化程度吻合。因此，R_o、R_b 和 $\overline{R}_b$ 趋势线相关系数高达 0. 9914。

表 5.6　普光 5 井储层白云岩中小球体沥青反射率数据

样品	岩性	深度/m	地层	R_{bmax}/%	R_{bmin}/%	(R_{bmax}-R_{bmin}) /%	EqR_o/%	$\overline{R}_b$/%
PG5-3-2	白云岩	4893.3	T_1f	4.779	2.846	1.933	3.353	3.841
PG5-4-1	白云岩	5061	T_1f	4.784	2.951	1.833	3.357	3.899
PG5-5-1	白云岩	5146.7	P_2ch	5.202	2.957	2.245	3.615	3.972
PG5-6-1	白云岩	5158.8	P_2ch	4.660	2.717	1.943	3.280	3.754
PG5-6-3	白云岩	5166.3	P_2ch	4.778	2.827	1.951	3.353	3.804

普光 5 井镜质组或固体沥青反射率与深度的关系（图 5.5）证明了小球体沥青可用其最大反射率与最小反射率的平均值作为成熟度的评价指标：①川东北普光 5 井储层固体沥青多为均质沥青，当均质沥青反射率小于 3.0% 时，可用 Jacob 的换算公式求出等效镜质组反射率；当沥青反射率大于 3.0% 时，均质沥青反射率和镜质组反射率接近（或等效），它们之间的关系和机理尚待进一步探讨。②均匀长条状沥青各向异性强，ΔR_b 大于 0.5%，具有强的各向异性小球体沥青的 ΔR_b 大于 1.2%，最大反射率和最小反射率的方差小于 0.008，其平均值可作为成熟度指标。③川东北储层固体沥青中硫的含量高，可能是小球体沥青形成的一个重要因素，研究硫与沥青之间的关系对该区高含硫化氢气藏的成因研究具有重要的意义。

（4）固体沥青反射率、镜状体反射率与镜质组反射率之间的相互关系。固体沥青反射率与镜质组反射率的关系：在海相油气勘探中，在缺乏高等植物成因的镜质组的下古生界、海相烃源岩地层和储层中，固体沥青反射率可用作有机质热演化程度的指标，国内外学者做了大量的工作（丰国秀和陈盛吉，1988；Jacob，1989；刘德汉和史继扬，1994），获得了镜质组反射率（R_o）与固体沥青反射率（R_b）的换算公式，通过固体沥青反射率（R_b）求得等效镜质组反射率（EqR_o），用于对烃源岩评价、热史恢复等。应用固体沥青反射率作为成熟指标时，国内学者通常按丰国秀和陈盛吉（1988）、Jacob（1989）、刘德汉和史继扬（1994）的换算公式求出等效镜质组反射率（EqR_o）：

$$\mathrm{Eq}R_o=0.618R_b+0.4$$（Jacob，1989）

$$\mathrm{Eq}R_o=0.6569R_b+0.3364$$（丰国秀和陈盛吉，1988）

$$\mathrm{Eq}R_o=0.7119R_b+0.3088$$（热模拟系列）

$$\mathrm{Eq}R_o=0.688R_b+0.346$$（刘德汉和史继扬，1994）

从 Jacob（1989）的镜质组反射率与固体沥青反射率之间的关系图（图 5.6a）中可以看出，他的公式

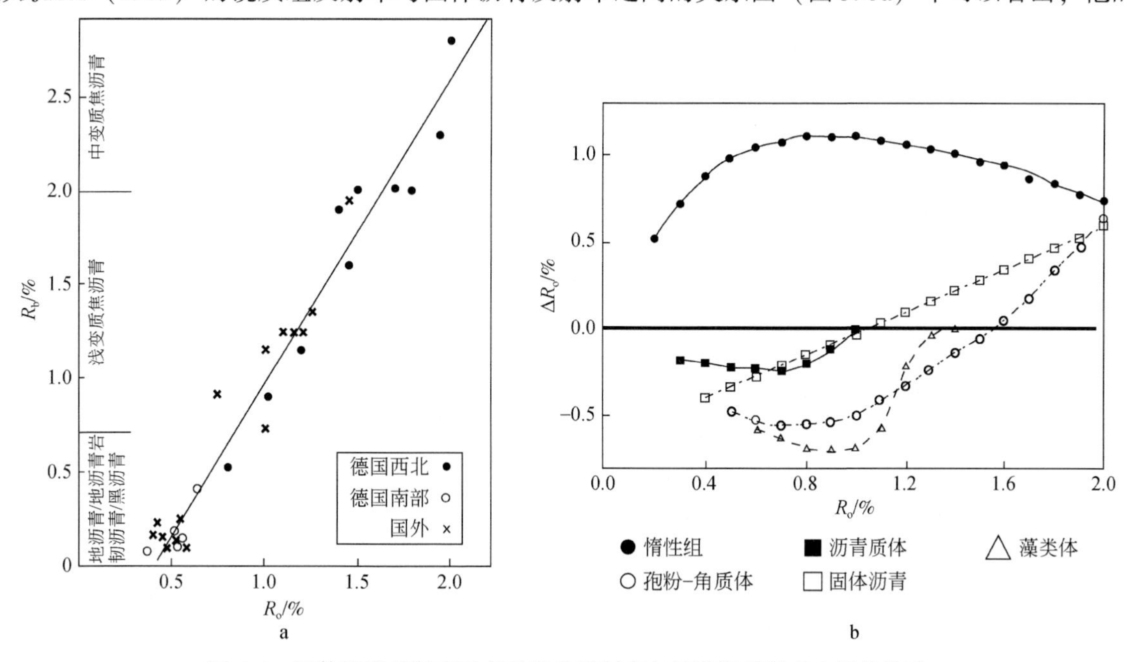

图 5.6　固体沥青反射率及各种组分反射率与镜质组反射率之间的关系

a. 镜质组反射率与固体沥青反射率之间的关系（Jacob，1989）；b. 镜质组反射率与各种组分反射率之间的关系（Barker et al.，2007）

适用范围是沥青反射率小于 3.0%，对于沥青反射率大于 3.0% 时能否使用该公式，文献中没有提到。Barker 等（2007）对文献中各种组分反射率与镜质组反射率之间的关系进行统计，绘制了一张 ΔR_o（为各组分反射率与 R_o 的差）与 R_o 之间的关系图（图 5.6b），可以看出，固体沥青反射率与镜质组反射率之间是一种直线关系，当 R_o<1.0% 时，R_b<R_o；当 $R_o \approx$1.0% 时，$R_b = R_o$；当 R_o>1.0% 时，R_b>R_o。图 5.6 中给出镜质组反射率均小于 2.0%，对应的固体沥青反射率小于 3.0%。

对普光 5 井 42 块岩心和岩屑样品进行分析（表 5.7），镜下观察表明，其中的 23 块样品含有镜质组，分布在千佛崖组、自流井组、须家河组、龙潭组和凉山组，镜质组反射率（R_o）在 1.75% ~4.82% 之间；其余 19 块样品中含有固体沥青，固体沥青反射率（R_b）在 2.91%~5.38% 之间。固体沥青主要是均质沥青和小球体沥青，小球体主要分布在飞仙关组—长兴组储层白云岩中，深度在 4893.3 ~ 5166.3m 之间，其他的沥青均为均匀沥青。小球体沥青具强的各向异性，反射率最大值在 4.66%~5.20% 之间，ΔR_b 在 1.83%~2.25% 之间，最大值与最小值的平均值在 3.75%~3.97% 之间。

表 5.7　普光 5 井镜质组反射率和固体沥青反射率数据表

编号	岩性	深度/m	层位	测点	R_b/%	R_o/%	R_{bmax}/%	R_{bmin}/%
PG5-1-1	泥岩	2557.37	J_2q	27		1.75		
PG5-45-1	灰岩	2624	J_2q	20		1.88		
PG5-50	泥岩	2717.5	J_1z	14		1.84		
PG5-60	煤屑	2880	J_1z	50		1.91		
PG5-64	泥岩	2926	J_1z	4		1.92		
PG5-68	煤屑	2963	T_3x	50		1.90		
PG5-70	煤屑	2975.5	T_3x	50		1.97		
PG5-73	煤屑	3000	T_3x	50		1.97		
PG5-74-2	泥岩	3013.5	T_3x	50		1.98		
PG5-76	煤屑	3035	T_3x	50		2.01		
PG5-84	煤屑	3139	T_3x	50		1.77		
PG5-88	煤屑	3177	T_3x	50		2.02		
PG5-89	煤屑	3182	T_3x	50		2.10		
PG5-93	煤屑	3220.5	T_3x	50		2.13		
PG5-97	煤屑	3254	T_3x	50		2.10		
PG5-100	煤屑	3294.5	T_3x	50		2.14		
PG5-106	煤屑	3340	T_3x	50		2.22		
PG5-109	煤屑	3372.5	T_3x	50		2.23		
PG5-2-2	煤线	3403.96	T_3x	27		2.11		
PG5-114	煤屑	3490	T_3x	50		2.28		
PG5-115	泥岩	3507.5	T_3x	50		2.15		
PG5-123	灰岩	3604	T_2l	5	2.91			
PG5-3-2	白云岩	4893.3	T_1f	4	3.84		4.78	2.85
PG5-4-1	白云岩	5061	T_1f	16	3.90		4.78	2.95
PG5-5-1	白云岩	5146.7	P_2ch	20	3.97		5.20	2.96
PG5-6-1	白云岩	5158.8	P_2ch	12	3.75		4.66	2.72
PG5-6-3	白云岩	5166.3	P_2ch	8	3.80		4.78	2.83
PG5-280-2	灰岩	5641	P_2l	9	4.38			
PG5-284-2	泥岩	5669.5	P_2l	16	4.56			
PG5-291	泥岩	5737.5	P_2l	8		4.72		
PG5-293	灰岩	5754.5	P_1m	4	4.70			
PG5-10-3	泥灰岩	5883.79	P_1m	4	4.97			

续表

编号	岩性	深度/m	层位	测点	R_b/%	R_o/%	R_{bmax}/%	R_{bmin}/%
PG5-10-8	泥灰岩	5889.3	P_1m	4	4.92			
PG5-308	泥灰岩	5930.5	P_1m	1	4.65			
PG5-316	灰岩	6002.5	P_1q	6	5.52			
PG5-321	灰岩	6059	P_1l	2	5.13			
PG5-321	煤屑	6059	P_1l	50		4.82		
PG5-11-1	灰岩	6069.7	C_2h	8	5.07			
PG5-11-3	灰岩	6071.8	C_2h	15	5.24			
PG5-11-4	灰岩	6076.6	$S_{1-2}h$	12	5.30			
PG5-11-5	泥岩	6077.2	$S_{1-2}h$	17	5.21			
PG5-11-6	泥岩	6077.9	$S_{1-2}h$	16	5.38			

图5.7是普光5井、普光气田等固体沥青反射率（R_b）与镜质组反射率（R_o）的关系及其随埋藏深度的关系变化趋势，它们均随着深度的增加而增大。深度在3604m的雷口坡组灰岩中的均质沥青反射率明显大于相邻层位须家河组的镜质组反射率，按Jacob的公式换算的等效镜质组反射率（EqR_o）为2.198%，与相邻层位的镜质组反射率值接近（3507.5m的镜质组反射率为2.151%）。

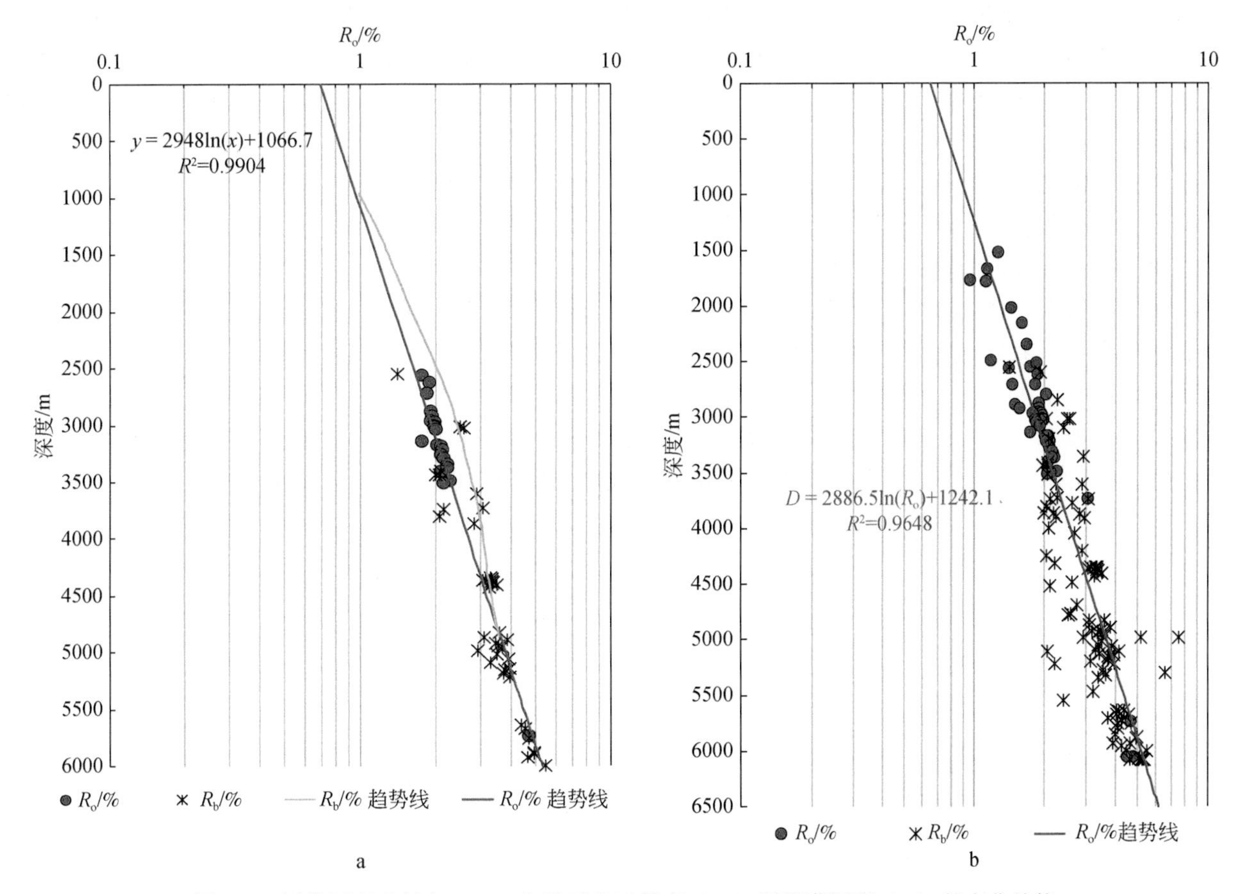

图5.7　固体沥青反射率（R_b）与镜质组反射率（R_o）随埋藏深度（D）的变化趋势

a. 普光5井；b. 普光气田

普光毛坝等镜质组反射率（R_o）随着埋藏深度的增加而呈半对数增大，其回归方程为：$D=2886.5\ln(R_o)+1242.1$（$R^2=0.9648$）。固体沥青反射率（R_b）随着埋藏深度的变化趋势与R_o是一致的，也随埋藏深度的增加而增大（图5.7），即R_b基本上与R_o是等效的。

从图 5.7 中可以看出：①镜质组反射率与深度之间存在很好的线性关系；②固体沥青反射率值小于 3.0% 时，可用 Jacob 公式求出等效镜质组反射率作为成熟度指标；③在深部（4893.3m 以下），均质沥青反射率相对应的点在趋势线附近，说明均质沥青反射率所表示的有机质热演化程度与镜质组反射率所表示的热演化程度一致。它们之间的关系和机理尚待进一步探讨；④储层白云岩中具各向异性的小球体沥青反射率最大值与最小值的平均值所对应的点在趋势线附近，说明其所表示的有机质热演化程度与镜质组反射率所表示的热演化程度一致。

但是，R_b 与 R_o 仍有较大差异。

一般同层段或深度的 R_b 值变化范围要大得多，如普光 5 井在深度 5000 ~ 5500m 时，R_b 值可变化在 2%~7% 之间，主要是因为：①所测固体沥青颗粒类型不同，如根据光性特征储层固体沥青可分为均质沥青、均匀长条状沥青、镶嵌结构沥青、小球体沥青、针状结构沥青、香肠状沥青、微粒状沥青，固体沥青反射率往往指的是均质沥青反射率、均匀长条状沥青反射率（各向异性强，ΔR_b 大于 0.5%）、小球体沥青反射率（具有强的各向异性，ΔR_b 大于 1.2%）；②固体沥青的各向异性，如普光 2 井 T_1f 白云岩小球体 R_b 最大值平均为 4.69%，最小值仅平均为 2.84%；③成因类型的差异，如普光 5 井所测固体沥青存在有储层热裂解演化固体沥青（主要为 T_1f、P_2ch 等）、烃源岩中原生及次生热裂解演化固体沥青（主要为 P_2l、T_3x—J 等）；④固体沥青化学成分的差异，硫酸盐热还原（TSR）反应等的不均衡性，可使部分偏光显微镜下相对发白色的小球体状固体沥青含硫量和反射率偏高。

深度在 2500 ~ 4000m 的灰岩（T_2l）中的均质沥青的反射率明显大于相邻 T_3x 的镜质组反射率（2%~3% 之间），R_b 按 Jacob 公式换算等效镜质组反射率（EqR_b）与实测 R_o 接近。因此，R_o 要进行综合分析后才能用于等效 R_o 值的换算，具体地区、层段、岩性及热演化史要具体分析和判断，不能用统一公式简单进行换算。

因此，在中国南方海相（普光 5 井、普光气田、普光毛坝气田等）碳酸盐岩层系中，率值小于 3.0% 时，可用 Jacob 的公式换算求出等效镜质组反射率；固体沥青反射率大于 3.0% 时，和镜质组反射率接近，它们之间的关系和机理尚待进一步探讨。

镜状体反射率（R_{oVlike}）与镜质组反射率及固体沥青反射率之间的关系。前人研究认为镜状体可以作为高成熟的指标，并建立了其与镜质组反射率之间的关系（程顶胜等，1995；王飞宇和郝石生，1996；刘祖发和肖贤明，1999），但不同的公式有不同的适用范围。

塔里木盆地 97 个岩心样品镜状体反射率和固体沥青反射率数据与样品深度具有较好的线性关系（图 5.8）。样品镜状体反射率值随深度增加而增大，大部分值介于 0.6%~1.4% 之间。

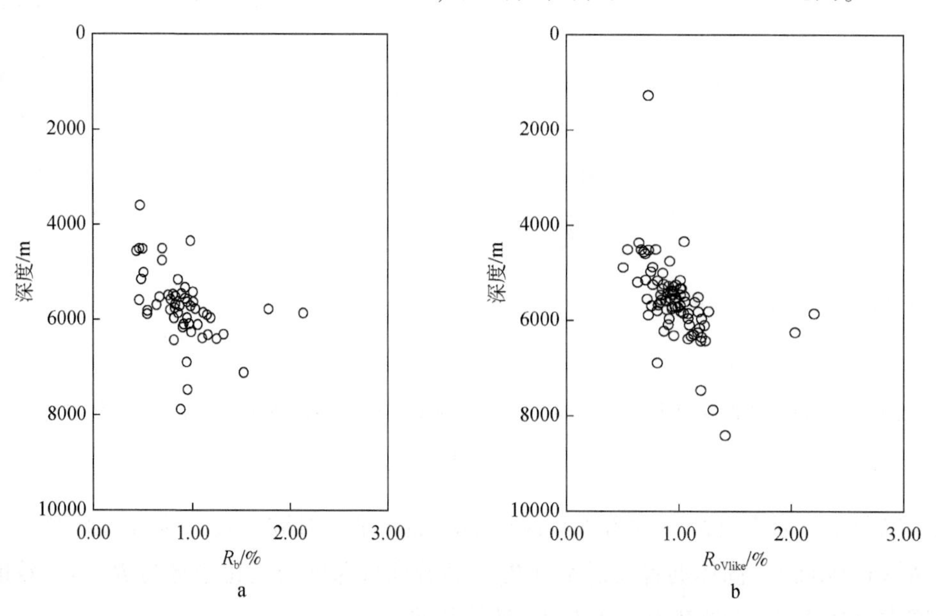

图 5.8　塔里木盆地下古生界碳酸盐岩层系固体沥青反射率（a）和镜状体反射率（b）与埋藏深度的关系

依据换算公式：$EqR_o=0.533\times R_{oVlike}+0.667$（王飞宇和郝石生，1996）；$EqR_o=0.688\times R_b+0.346$（刘德汉和史继扬，1994）。式中，$EqR_o$为等效镜质组反射率，$R_{oVlike}$为镜状体反射率，$R_b$为固体沥青反射率（$R_b$）。将镜状体反射率（$R_{oVlike}$）和固体沥青反射率（$R_b$）换算成等效镜质组反射率（$EqR_o$），图5.9是换算的结果。由于本次测试的样品主要采自塔北地区的连续沉积样品，其现今温度基本代表了最高古温度。由于镜状体是在海相碳酸盐岩中比较普遍的组分，且从测试数据看，镜状体反射率可以作为有机质成熟度的一个良好指标。

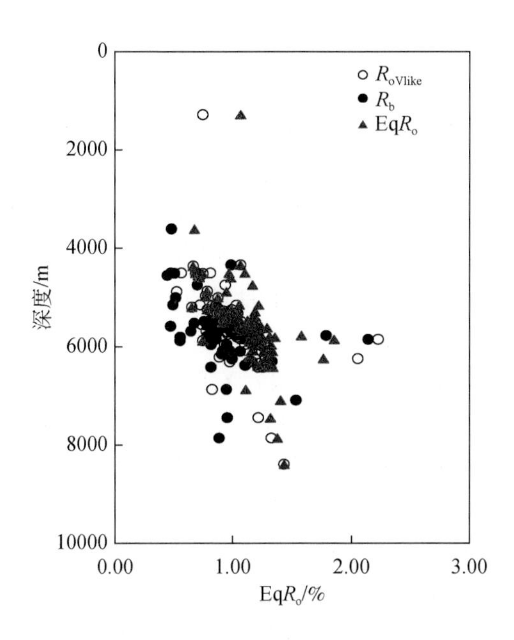

图5.9　塔里木盆地下古生界碳酸盐岩层系镜状体反射率（R_{oVlike}）、固体沥青反射率（R_b）和换算的等效镜质组反射率（EqR_o）的相互关系

2. 伊利石结晶度（IC）与镜质组反射率、最高古地温呈正相关的关系，也可作为高成熟—过成熟优质烃源岩的有效判识指标

（1）伊利石结晶度实验方法：目前，国际上比较接受的测定伊利石结晶度的方法是采用Kübler指数来反映伊利石的结晶度，它用X射线衍射谱图上伊利石10Å峰的半高宽来表示，通过对小于2μm黏土定向片测定伊利石10Å峰半高宽来确定，用$\Delta 2\theta$来表示。在应用上比较接受的方法是岩石碎屑标样标定方法（CIS指标，Warr and Rice，1994），比较有利于在不同的实验室之间进行数据的对比分析，实验条件可以参照IGCP294伊利石结晶度工作组推荐的方法（Kisch，1991）。

大量的实验结果表明，伊利石结晶度测定结果的准确性和可靠性与所选用的仪器条件、测定方法和样品制备流程密切相关，在测定伊利石结晶度的过程中，只要分析程序的稍微变化就有可能使测得的数据产生明显的偏差。而且，同一个样品在不同的测试条件下测得的结果差异也很大，这些误差主要由仪器条件、测定方法和样品制备流程不同所引起（表5.8）。

表5.8　分析条件变化产生的伊利石10Å峰宽度差异（据Warr and Rice，1994）

分析流程差异			差值/1σ
仪器条件	Kisch（1991）	时间常数过高	达580
		时间常数过低	达16.6
测定方法	Krumm和Buggisch（1991）	半高宽与主峰宽	达25
样品制备	Robinson等（1990）	球体研磨与超声波	5～10

续表

分析流程差异			差值/1σ
饱和阳离子	Kisch（1980）	K^+、Mg^+	达 15
	Eberl 和 Środoń（1988）	饱和 Sr、Ca、Mg、Na、K	12～60
样片厚度	Krumm and Buggisch（1991）	2～0.25mg/cm²	30～50
	Weber（1972）	7.5～1.5mg/cm²	20～25
	Warr 和 Rice（1994）	10～0.1mg/cm²	17～33

针对国内外各种对伊利石结晶度测定方法的研究、应用现状和存在的问题，以及实验室仪器条件和研究任务要求，在系统了解、分析前人对伊利石结晶度测定方法研究的基础上，通过方法试验，研究评价各种实验条件对伊利石结晶度测定结果产生的影响及程度。在研究中加强样品前期处理及各种实验条件的研究，如在样品选取、黏土矿物分离、上机分析、拟合计算、解释应用等各个环节进行系统对比评价试验，优选仪器条件、分析方法和实验流程，确定合理方便的伊利石结晶度实验方法和分析流程标准，确保实验测试结果准确可靠。

本书仪器设备选用 Rigaku DmaxⅡ型（A、B 型）X 射线衍射仪，管压 25～40kV，管流 15～35mA，CuKa 靶，狭缝 1°，探测器挡板缝 0.05°，石墨单色器，时间常数为 1s，扫描范围一般为 2°～14°(2θ)、2°～29°(2θ) 或 2°～45°（2θ），扫描速度 0.6°/min，步长 0.01°的测试条件。

样品前期处理和样品制备分五步来完成。第一步采用以物理分散为主，与化学分散相结合的方法对所选择的样品进行各种清洗处理。第二步采用搅拌、振荡、研磨（湿磨）和超声分散的方法制备稳定的黏土矿物悬浮液。第三步采用沉降虹吸分离法和离心分离法进行黏土矿物分离。第四步将已提取的<2μm 的黏土矿物颗粒充分饱和锶离子。第五步制成定向薄片。一般制备自然片和乙二醇片两种类型，两种薄片分别上机进行测试分析（以乙二醇片为主），利用 Winfit 程序拟合计算，直至合理可靠，通过计算求取样品中伊利石的结晶度 IC 值（即半高宽）。将测定的伊利石结晶度分析结果与国际标准样的伊利石结晶度测定结果进行对比，并进行相关性分析与校正。5 个岩石碎屑标样，4 个采自英格兰西南部康沃尔郡北部沿海岸的泥质岩（成岩-极低变质带），另一个采自印度伟晶岩中的白云母晶片。每个岩石标样均进行多次重复测试，误差一般小于 5%，白云母晶片的重复测定结果误差为 0.9%，而本次研究样品的重复测试平均误差百分率小于 5%。

利用 X 射线衍射的方法采用一束平行的特征 X 射线照射黏土矿物样品进行测试。黏土矿物主要是由晶体极为细小的层状构造硅酸岩组成，其内部质点在三维空间呈周期性排列，当入射 X 射线撞击到这些细小的晶体时，在一些特定的方向上，散射 X 射线相位相同，彼此相互叠加产生衍射，衍射的方向取决于晶体单位晶胞的形状和大小，衍射的强度则与晶体构造的特征有关，每种黏土矿物晶体都具有其特定的 X 射线衍射图谱。

伊利石是沉积岩中主要黏土矿物之一，自生伊利石是沉积岩成岩演化阶段的重要产物，其晶体的结晶程度与地层岩石的成岩变质演化程度密切相关，即伊利石的结晶程度与其所受的温度有直接关系。利用 X 射线衍射方法，通过对地层中自生伊利石结晶程度的测量，可以分析计算出伊利石结晶度，它与镜质组或固体沥青反射率一起是成岩变质作用阶段或高成熟—过成熟阶段的重要热演化指标和古温标，可以进行成岩变质阶段的划分，分析计算古地温及古地温梯度，研究古地热史。

（2）伊利石结晶度作为成岩阶段划分或热演化指标的有效性及其与镜质组或固体沥青反射率的关系。伊利石结晶度是反映泥质岩成岩演化的良好指标，当伊利石结晶度 IC 小于 0.25°(Δ2θ) 划归浅变质带时，镜质组或固体沥青反射率大于 6.5%；当极低变质带与成岩作用晚期阶段的界限为 IC＝0.42°(Δ2θ) 时，相当于镜质组或固体沥青反射率为 3%（图 5.10）。

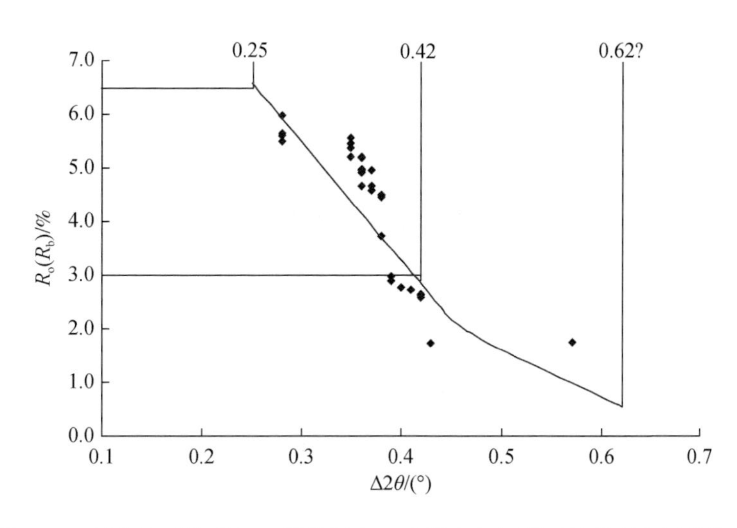

图5.10　川东地区镜质组（固体沥青）反射率与伊利石结晶度之间的关系

根据国际上现行的依据伊利石结晶度指标划分成岩演化阶段的标准，伊利石结晶度值小于0.25°（Δ2θ）的岩石划归浅变质带；浅变质带与近变质带（极低变质带）的界限为IC=0.25°（Δ2θ）；极低变质带与成岩作用晚期阶段的界限为IC=0.42°（Δ2θ）；近期有人提出以IC=0.62°（Δ2θ）作为划分成岩作用晚期阶段与成岩作用早期阶段的界限（有待进一步探讨）。

依据中国南方四川盆地川东北普光5井、毛坝3井、河坝1井及川东南丁山1井岩心样品的伊利石结晶度测定结果（表5.9），可以研究其成岩演化阶段。川东北地区（普光5井、毛坝3井、河坝1井）现今埋藏深度小于4000m时，伊利石结晶度均大于或等于0.42°（Δ2θ），处于成岩作用晚期阶段（图5.11a）；当现今埋深大于4000m时，伊利石结晶度均小于0.42°（Δ2θ），进入极低变质带（近变质带），在6100m左右时，伊利石结晶度为0.35°（Δ2θ）；估计8100m左右伊利石结晶度降到0.25°（Δ2θ），进入浅变质带。川东南丁山1井现今埋深小于500m时，伊利石结晶度均大于或等于0.42°（Δ2θ），处于成岩作用晚期阶段（图5.11b）；当现今埋深大于500m时，伊利石结晶度小于0.42°（Δ2θ），进入极低变质带（近变质带），在3500m左右时，伊利石结晶度为0.28°（Δ2θ），估计4500m左右伊利石结晶度降到0.25°（Δ2θ），进入浅变质带。川东北普光5井等与川东南丁山1井极低变质带和成岩作用晚期阶段的界限伊利石结晶度为0.42°（Δ2θ）的埋藏深度相差了3500m左右，可能是后者剥蚀厚度相对更大，这与随后的R_o、声波时差、包裹体均一温度等结果是一致的。也可以说，伊利石结晶度是高成熟烃源岩或晚成岩-浅变质热演化阶段划分的一项好指标。

表5.9　川东地区伊利石结晶度数据

样号	岩性	井号	深度/m	层位	10Å峰面积	结晶度（CIS）
PG5-1-1	灰黑色泥岩	普光5	2557.37	J_2q	220	0.57
PG5-10-1	深灰色泥灰岩	普光5	5882.89	P_1m	302	0.37
PG5-10-3	深灰色含泥灰岩	普光5	5883.79	P_1m	108	0.36
PG5-10-5	深灰色含泥灰岩	普光5	5884.59	P_1m	134	0.36
PG5-10-8	深灰色含泥灰岩	普光5	5889.3	P_1m	72	0.36
PG5-11-5	灰黑色碳质泥岩	普光5	6077.2	$S_{1-2}h$	86	0.35
PG5-11-6	灰黑色泥岩	普光5	6077.9	$S_{1-2}h$	471	0.35
mb3-3-3	碳质页岩与灰岩互层	毛坝3	3021.64	T_2l	91	0.42
mb3-6-1	灰色含泥泥晶灰岩	毛坝3	3925.4	T_1f	79	0.42

续表

样号	岩性	井号	深度/m	层位	10Å 峰面积	结晶度（CIS）
mb3-6-3	灰色含泥泥晶灰岩	毛坝 3	3927.5	T_1f	180	0.42
mb3-7-3	含泥云质泥晶灰岩	毛坝 3	3939.07	T_1f	165	0.42
mb3-8-3	灰色含泥泥晶灰岩	毛坝 3	4014.8	T_1f	43	0.41
mb3-8-5	灰色含泥泥晶灰岩	毛坝 3	4018.5	T_1f	160	0.41
mb3-8-6	灰色含泥泥晶灰岩	毛坝 3	4012?	T_1f	120	0.41
mb3-9-2	含泥泥晶灰岩	毛坝 3	4077.5	T_1f	17	0.40
mb3-26-1	灰黑色碳质泥岩	毛坝 3	5186.52	P_2l	120	0.38
hb1-7-2	黑色含硅质碳质页岩	河坝 1	5637.01	P_2l	26	0.38
hb1-7-3	黑色含硅钙质泥岩	河坝 1	5638.21	P_2l	30	0.38
hb1-7-4	黑色含硅钙质泥岩	河坝 1	5643.21	P_2l	36	0.37
hb1-9-1	灰色泥岩	河坝 1	6011.3	S_1l	254	0.37
hb1-9-2	灰色泥岩	河坝 1	6007.5	S_1l	352	0.36
hb1-10-A	灰色泥岩	河坝 1	6022.96	S_1l	263	0.36
hb1-11-2	灰色泥岩	河坝 1	6028.16	S_1l	231	0.36
hb1-12-4	灰色泥岩	河坝 1	6062.9	S_1l	219	0.35
hb1-13-2	灰色泥岩	河坝 1	6128.9	S_1l	411	0.35
ds1-1-3	灰黑色灰岩夹泥质条带	丁山 1	1162.06	S_1s	212	0.39
ds1-2-4	灰黑色泥灰岩	丁山 1	1172.25	S_1s	247	0.39
ds1-7-1	灰黑色碳质泥岩	丁山 1	3478.76	$€_1n$	84	0.28
ds1-7-6	黑色泥岩	丁山 1	3485.3	$€_1n$	149	0.28
ds1-7-7	碳质泥岩	丁山 1	3786.56	$€_1n$	109	0.28
ds1-8-1	黑色泥岩	丁山 1	3487.5	$€_1n$	20	0.28

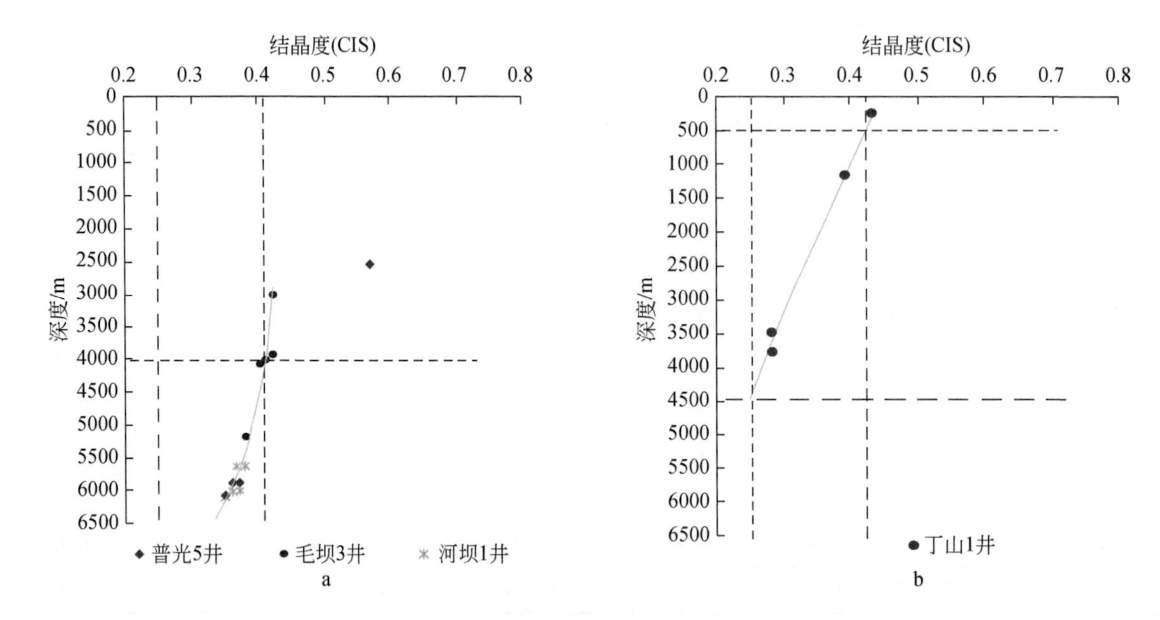

图 5.11　川东地区伊利石结晶度与埋藏深度的关系

（3）伊利石结晶度与其所受的最高古温度的关系。依据实测的数据，伊利石结晶度与镜质组或沥青反射率具有较好的线性关系，可以作为古地温研究的良好指标来反映其经历的最高温度。利用伊利石结晶度与温度关系式来研究古温度时，各地所建立的伊利石结晶度-温度关系式还存在差异，伊利石结晶度除了温度控制外，可能时间也是不容忽视的因素。这是利用伊利石结晶度研究热历史今后还需要进一步完善的地方。

依据普光5井、毛坝3井和河坝1井的样品测试的伊利石结晶度数据，探讨了其与样品所经历的最大古温度及与镜质组反射率之间的关系，建立了川东北地区的泥岩样品伊利石结晶度与温度/成熟度之间的对应关系，认为伊利石结晶度可以作为一种有效的古温标来研究最大古温度，结合沉积埋藏史的恢复也可以研究地层的受热历史。

一般利用伊利石结晶度恢复的古地温和最高流体包裹体捕获或均一温度期次的温度与 R_o 或等效 R_b 等恢复的古地温基本相当。例如，有效受热时间为90～50Ma左右时，R_o 或等效 R_b 变化在1.3%～2.0%时恢复的古地温为130～170℃，这与最高流体包裹体捕获（或均一）温度为135～180℃基本相当。除此之外，它还是成藏期次和不同时期热史恢复的有效指标。

3. 流体包裹体均一温度、油气包裹体古温度、古压力也是判识优质烃源岩成熟度的有效指标

（1）流体包裹体均一温度：流体包裹体是岩石中矿物的晶体缺陷、空穴、孔隙、裂隙等捕获周围流体介质（液体、气体或熔体）形成的细小显微级的包裹物。流体包裹体特别是烃类包裹体，是油气生成、运移、聚集过程中被捕获在自生矿物、胶结物、矿物次生加大边以及愈合裂隙中的流体。它保存了被捕获流体时期的组成、性质和物理化学参数等油气藏形成的多种信息。通过测定包裹体相变参数（均一温度、冰点等）和成分含量（油、气、水等组分）可以计算它们捕获时的热力学参数（温度、压力、流体密度、相态特征）和其他物理化学参数。

例如，根据普光气田普光2井等 T_1f 储层中包裹体的赋存产状、均一温度、盐度、密度等可划分为三期：第一期主要是充填在白云岩重结晶后晶间溶洞的亮晶方解石中的流体包裹体，其盐度NaCl平均高达13.03%（图5.12a），密度平均1.04g/cm³（图5.12b），盐水包裹体均一温度分布在96～130℃之间，主峰温度在106～116℃之间（图5.12c、d）。第二期主要是产于方解石脉及溶蚀充填方解石中的包裹体，其

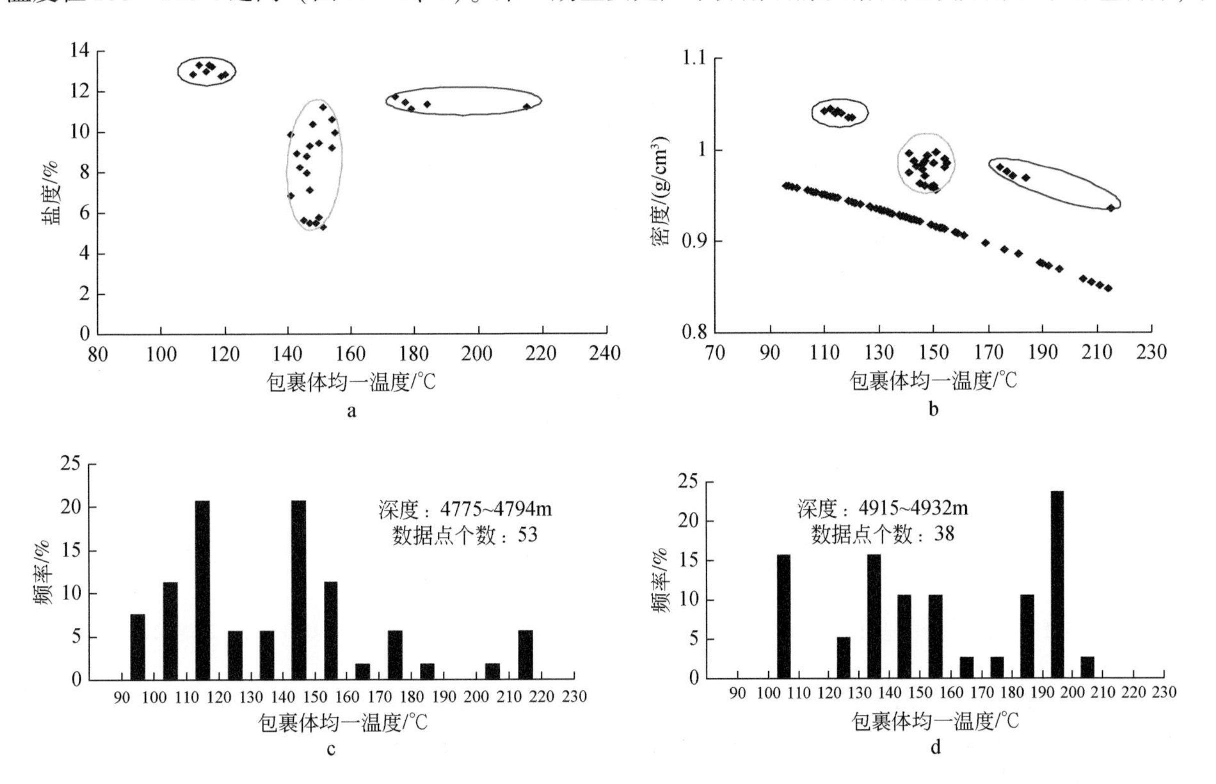

图5.12　普光2井 T_1f 流体包裹体均一温度、盐度及密度的分布

盐度 NaCl 变化在 5.32% ~ 11.22% 之间，平均只有 8.18%（图 5.12a），密度平均 0.98g/cm^3（图 5.12b），盐水包裹体均一温度分布在 139 ~ 161℃之间，主峰温度在 146 ~ 156℃之间（图 5.12c、d）。第三期是主要产于溶洞石英晶体及方解石脉中的包裹体，其盐度 NaCl 平均 11.37%（图 5.12a），密度平均 0.966g/cm^3（图 5.12b），盐水包裹体均一温度分布在 174 ~ 216℃之间，主峰温度在 180 ~ 195℃之间（图 5.12c、d），多呈长椭圆、长方形和不规则形态分布。

从普光 2 井 T_1f 储层中三期包裹体来看，其产状主要赋存于亮晶方解石、方解石脉和溶洞石英晶体之中。亮晶方解石中包裹体一般形成较早，均一温度低，气液比多小于 10%，盐度高，密度大，与燕山运动早期（J_2 末）和 P 及 O—S_1 优质烃源岩大量生成轻质油气温度与运移成藏时间相对应。溶洞石英晶体及方解石脉中包裹体形成较晚，均一温度高，气液比多在 15%~20% 之间，盐度及密度变低，它与燕山运动晚期（K_2末）和油裂解气及 P 烃源岩大量生气温度与运移成藏时间相对应。T_1f 储层中三期包裹体形成均一温度由 100℃左右到 200℃左右，气液比由小于 10% 增加到 20% 左右，盐度及密度也逐渐变低，基本上是连续形成的，时间约从 J_2 末到喜马拉雅期（E 末），埋藏深度约从约 3000m 到 8500m 左右。

普光 2、5 井等储层实测包裹体均一温度随埋藏深度的变化趋势也基本上分期次呈直线分布（图 5.13）。第一期古地温与现今地温基本相当，地温梯度在 2.03℃/100m 左右。到第三期（K_2）古地温梯度在 2.27℃/100m 左右，略有增加。看来地温梯度从 J_2 末到现今变化范围并不大，变化在 2 ~ 2.3℃/100m 之间。因此，用普光 2 井 T_1f 二段储层实测包裹体均一温度与古地温梯度可以推算当时最大埋藏深度或剥蚀厚度：K_2 时，T_1f 最大埋藏深度约 8000m，剥蚀厚度约 3100m；J_3 末时，T_1f 最大埋藏深度约 6500m，J_3 剥蚀厚度约 1600m，K 剥蚀厚度可能为 1500m；J_2 末时，T_1f 最大埋藏深度约 4150m，与残留厚度 4180m 相当。

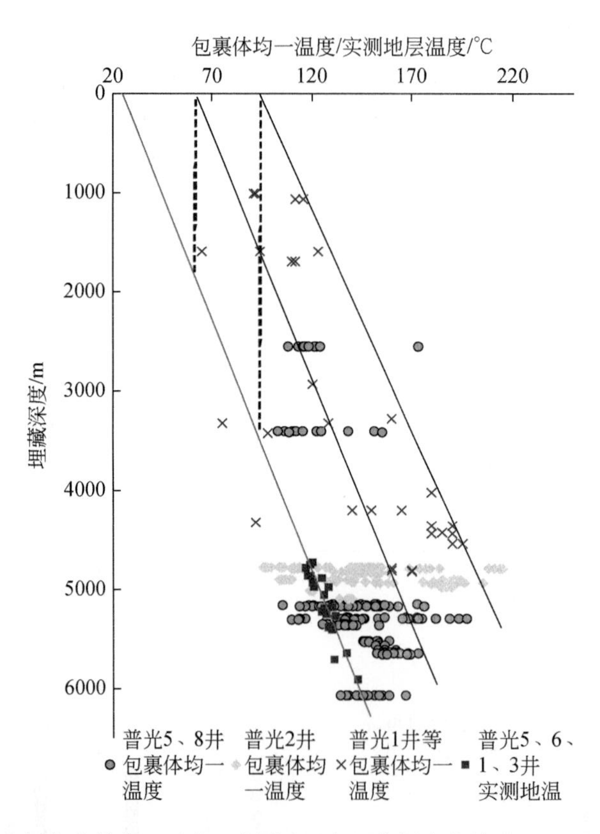

图 5.13　普光气田各层包裹体均一温度、实测地温与埋藏深度的关系（T=0.020349D+22.45126）

（2）油气包裹体古温度古压力——以塔里木盆地 TP2 井为例。在油气包裹体均一温度、气液比及成分分析的基础上，利用专用软件——VTFLINC 软件模拟计算石油包裹体的捕获压力、捕获温度。对研究样品的基础分析见表 5.10。

表 5.10 包裹体特征参数

包裹体	均一温度/℃	总体积/μm³	液相体积/μm³	气体体积/μm³	气/液比%
Ⅰ	61.2	941.93	15.986721	26.51	2.81
Ⅱ	91.6	457.69	315.34609	31.04	6.78

石油包裹体的捕获压力是在程序中输入成分摩尔百分含量和均一温度，用软件模拟计算出烃包裹体均一温度下的摩尔体积、饱和压力和密度，并计算出室温下的饱和压力。由于室温下烃包裹体是由液加气组成，室温下的饱和压力要比包裹体真正的内压高，相应地饱和压力下的摩尔体积就要低于包裹体内真正的摩尔体积。室温下包裹体实际的内压可以通过反复迭代调节压力值来计算包裹体内全部物质的摩尔体积，直到与饱和温度、压力下物质的摩尔体积相一致。加热时，烃包裹体将沿着压力（P，单位 bar，1bar=10^5Pa）-温度（T）图（图 5.14、图 5.15）上的等容线变化至相关成分的相态线上，其交点即为相应的均一相。

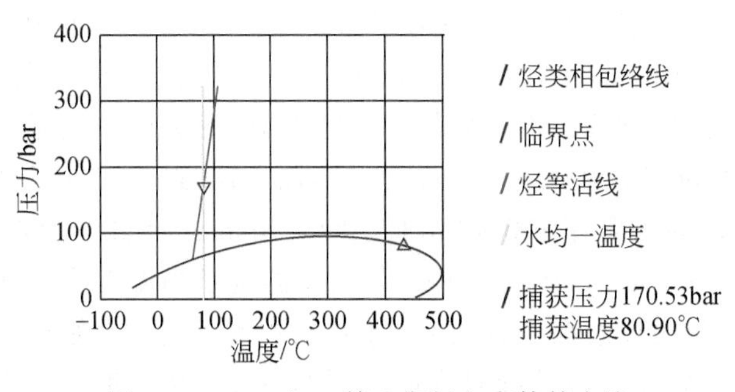

图 5.14 TP2-包-2 第Ⅰ期烃包裹体等容线

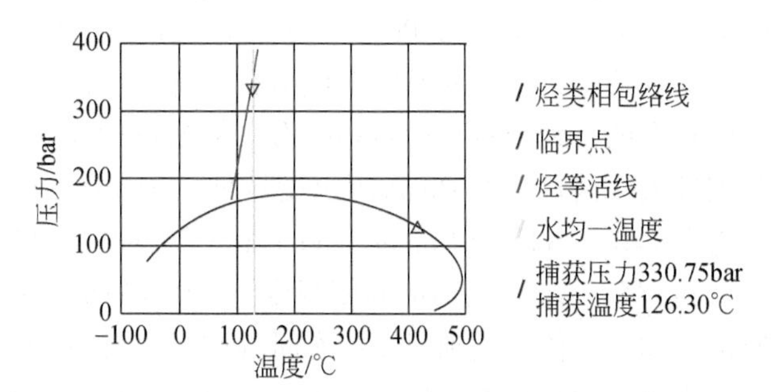

图 5.15 TP2-包-2 第Ⅱ期烃包裹体等容线

初始成分采用 TP7 井 O_2yj 层位的地层原油样品的 PVT 分析结果，代表原始地层流体的组成（表 5.11）：C_{11}^+的密度为 0.912g/cm³；C_{11}^+的分子量为 270.2g/mol。

表 5.11 TP7 井 O_2yj 层位的地层原油样品的 PVT 分析结果

组分	摩尔组成/mol%	重量组成/%	组分	摩尔组成/mol%	重量组成/%
CO_2	1.17	0.36	n-C_5	1.85	0.92
N_2	1.76	0.34	C_6	3.08	1.84
C_1	20.09	2.23	C_7	3.99	2.77
C_2	5.55	1.16	C_8	4.76	3.76
C_3	4.54	1.39	C_9	3.92	3.48
i-C_4	1.12	0.45	C_{10}	3.4	3.35
n-C_4	2.68	1.08	C_{11+}	40.74	76.2
i-C_5	1.34	0.67			

注：i 代表异构，n 代表正构。

TP2-包-2 样品中，第一期盐水包裹体均一温度 t=80.9℃，冰点 t_i=−1.6℃，伴生的烃包裹体均一温度 t=61.2℃；激光共聚焦显微镜测量烃包裹体气液比为 2.81%。根据 VTFLINC 软件模拟计算获得烃包裹体的等容方程为

$$P=5.6259t-284.6 \tag{5.1}$$

利用 FLUIDS 软件（Package of Computer Programs for Fluid Inclusion Studies，Ronald J. Bakker）模拟盐水包裹体的等容方程为

$$P=23.582t-1902 \tag{5.2}$$

将式（5.1）、式（5.2）联立求解，得到第一期包裹体的实际捕获压力为 222.3bar，捕获温度为 90.1℃。

TP2-包-2 样品中第二期盐水包裹体均一温度 t=126.3℃，冰点 t_i=−5.1℃，伴生的烃包裹体均一温度

$t=91.6℃$；激光共聚焦显微镜测量烃包裹体气液比为 6.78。同样，得到烃包裹体的等容方程为

$$P=4.8683t-284.12 \tag{5.3}$$

盐水包裹体的等容方程为

$$P=21.007t-2648.7 \tag{5.4}$$

将式（5.3）、式（5.4）联立求解，可知第二期包裹体的实际捕获压力为 429.2bar，捕获温度为 146.5℃。由两期包裹体捕获温度和捕获压力可以得出：$\Delta T\approx2.7℃$，$\Delta P\approx9.8$bar。

4. 磷灰石等（U-Th）/He 热定年技术及磷灰石裂变径迹是判识优质烃源岩沉积演化史、成烃史和成熟度的有效指标

近年来（U-Th）/He 热定年技术作为一种低温热年代学研究的新技术，在地质体定年（Hansen and Reiners，2006）、热演化（Green et al.，2003；House et al.，1997，1999，2002；Reed et al.，2002；Lorencak et al.，2004）和地形地貌演化研究（周祖翼等，2003；House et al.，1998；Ehlers et al.，2006；Larre and Andriessen，2006）等方面得到了广泛的应用，为盆地热历史恢复提供了一条新的途径。可用于 U-Th/He 热定年测试的矿物有橄榄石、辉石、角闪石、石榴子石、磷灰石、锆石、榍石、磁铁矿等，目前应用较多的是磷灰石、锆石和榍石。依据自然样品和热模拟试验，不同矿物（U-Th）/He 体系的封闭温度差别较大，磷灰石的 He 封闭温度较低，为 75℃（Wolf et al.，1998），锆石的（U-Th）/He 封闭温度早期认为在 140～160℃（Reiners and Farley，1999），目前认为主要在 170～190℃之间（Reiners et al.，2002，2003）；榍石（U-Th）/He 封闭温度为 191～218℃（Reiners and Farley，2000）。封闭温度是当温度降到能使该矿物计时体系达到封闭状态时（热扩散导致的丢失量可以忽略不计时），才开始积累，这个开始计时的温度就是封闭温度。虽然利用磷灰石的（U-Th）/He 热定年可以精细研究低温下的冷却历史，但在用于沉积盆地的热历史恢复时，必须与其他古温标（磷灰石裂变径迹、镜质组反射率等）结合起来才能奏效（Crowhurst et al.，2002；Wolf et al.，1998）。磷灰石裂变径迹和 He 热定年技术的结合可以揭示 45～110℃温度范围的精细冷却历史。目前国际上的研究实例均采用将（U-Th）/He 方法与 R_o、裂变径迹甚至 K/Ar、Ar/Ar 等其他同位素定年技术结合起来进行，以便利用不同矿物（U-Th）/He 封闭温度的不同，综合起来对复杂热史轨迹进行恢复。

1）磷灰石等（U-Th）/He 热定年技术原理及影响因素

磷灰石等（U-Th）/He 热定年技术是根据磷灰石等矿物颗粒中 U、Th 衰变产生 He 发展而来的。通过测量样品中放射性 He、U 和 Th 的含量，就可以获得（U-Th）/He 的年龄。

He 原子核（a 粒子）是由 ^{238}U、^{235}U 和 ^{232}Th 的一系列衰变产生的，具体如下。

(4n+2 series)：$^{238}\text{U}\longrightarrow{}^{206}\text{Pb}+8\text{He}$，　　$t_{1/2}=4.468\times10^{9}$a

(4n+3 series)：$^{235}\text{U}\longrightarrow{}^{207}\text{Pb}+7\text{He}$，　　$t_{1/2}=7.04\times10^{8}$a

(4n series)：$^{232}\text{Th}\longrightarrow{}^{208}\text{Pb}+6\text{He}$，　　$t_{1/2}=1.401\times10^{10}$a

实际上所有矿物的绝大部分放射性 He 均来自锕系元素的衰变。磷灰石中对 He 起主要贡献的是 ^{238}U、^{235}U 和 ^{232}Th 系列，因此 He 产生的基本方程（Farley，2002）为

$$^{4}\text{He}=8\times{}^{238}\text{U}[\exp(\lambda_{238}t)-1]+7\times({}^{238}\text{U}/137.88)[\exp(\lambda_{235}t)-1]+6\times{}^{232}\text{Th}[\exp(\lambda_{232}t)-1] \tag{5.5}$$

这里 ^{4}He、U 和 Th 均指测量的原子数，t 为放射性积累的时间或者 He 的年龄，λ_{238}、λ_{235}、λ_{232} 为 ^{238}U、^{235}U、^{232}Th 的衰变常数。U 和 Th 前面的系数是每个衰变系列释放的 a 粒子数目。(1/137.88) 代表了现今的 ^{235}U 和 ^{238}U 比率（丰度之比）。这个方程成立的条件是在衰变链中所有的子体都处于永久平衡。对于大多数实际应用来说这个条件成立，但是在某些情况下，如对年轻火山岩定年时，则必须考虑非永久平衡的影响。

上述方程假定在定年晶体中没有原始 He 的存在，大多数情况下这个假设也成立。由于大气中 He 的含量非常低（只有 5×10^{-6}左右），在运用（U-Th）/He 定年时可忽略大气中 He 的混入。但在有些情况下，流体包裹体会带入地壳或地幔中的放射成因 He，这对于 He 年龄的测量有较大的影响。此外处于岩浆岩中

的晶体的不完全去气也会对 He 定年产生影响。

U、Th、He 含量的测量是通过分析同一样品中的母体和子体来测量 U、Th、He 的含量。把测量的子体/母体比值代入方程可以直接得到年龄值。具体做法是：①手工挑选大小适合且没有包体的磷灰石晶体。测量 α 辐射校正，并将样品放进一个不锈钢的容器中，密封容器使其对颗粒密封但气体可自由交换。②耐热真空炉经过抽气、排气后会形成一个本底，如果本底值很高就重复上面的操作。当本底值达到要求后，把容器放入炉内在 950℃下加热 20min。大量的实验表明这一时间、温度组合足以去除小于 200μm 无包体的磷灰石颗粒中的所有气体。把析出的气体同已知含量为 99% 以上的 ^{3}He 进行混合，然后采用保持在 16K 的低温条件下的木炭进行浓集。将提纯后的 He 输入四级质谱仪，在静态模式下对 ^{4}He 和 ^{3}He 的比率进行 2min 的测量，最后对所有的系统进行抽气。③对该样品在 950℃下再加热 20min，然后重复上面的测量步骤。实际测量中有一定包体气体的析出，如果含有 He 那么将会干扰分析的结果。④He 分析完后，把容器从炉子中取出并打开，检查容器以确保所有的颗粒都在上面（偶尔会由于盖子没有焊接好或容器的变形而导致颗粒丢失）。颗粒丢失会影响年龄值，因为测量母体含量的样品小于子体而导致年龄值偏高，之后将颗粒移入聚四氟乙烯槽中。⑤将磷灰石溶解于浓硝酸中，与已知含量的 ^{230}Th 和 ^{235}U 混合，用水稀释到预期的体积（通常为 2ml）。将溶液在 90℃下加热 1h 以上以确保完全溶解和样品混合均匀，然后用等离子质谱直接测量 Th 和 U 的比率。

目前大多采用激光加热样品来提取 He。将单颗粒或者多颗粒样品放入金属箔容器中，用 CO_2 激光加热，条件是 1200～1500℃，2～3min。然后用四极质谱计对收集的 He 进行测量（Stuart，1999）。U、Th 的含量可通过 ICP-MS 仪器对 ^{229}Th 和 ^{233}U 进行同位素稀释测量。

磷灰石 He 年龄是样品在较低温度（40～85℃）的冷却年龄，而不是结晶年龄（极快速冷却的火山岩样品除外）。解释 He 年龄的最简单方法是给出样品的 t–T 轨迹。Wolf 等（1998）提出了一个可以给出任意 t–T 轨迹和测量扩散率参数的数值导向模型（图 5.16）。Farley 教授提供的软件可以对任何输入的热历史以及任何半径的颗粒进行磷灰石（U-Th）/He 年龄模拟（Farley，2002）。通过对不同热历史的模拟年龄与实际测量的 He 年龄进行比较，能够给出样品可能经历的热历史。

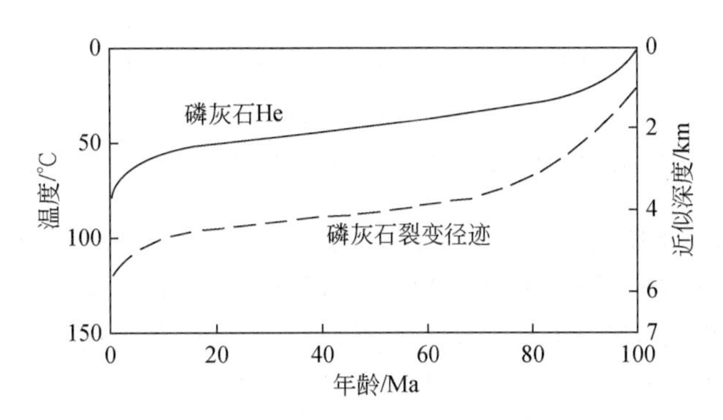

图 5.16　磷灰石 He 部分保留区和磷灰石裂变径迹部分退火带的关系（Wolf et al.，1998）

磷灰石（U-Th）定年体系是一个封闭体系，理想情况下矿物晶体中的 He 全部来自 U、Th 放射性同位素的衰变，既无继承 He 也无 He 的丢失。任何破坏（U-Th）/He 定年封闭体系的因素均会影响该年龄值的准确性。破坏（U-Th）/He 定年封闭体系的外因主要有构造活动、岩浆作用、热作用等，而 α 粒子的运移距离、He 的扩散行为、粒径和矿物包体等为其主要内因。

α 粒子辐射运移及其校正。磷灰石矿物颗粒中 U、Th 衰变释放的 α 粒子具有很大的动能，这种动能使 α 粒子在晶体中的运移距离可达数十微米，结果导致母体和子体在空间上相对分离。矿物中母体含量分布不均匀必然会导致不均一的 He 年龄。人们定义 α 粒子从母体开始运移点到运移停止点的直线距离为 α 粒子停止距离（吴堑虹等，2002），这种停止距离一般为 12～34μm（Farley et al.，1996）。由此可见，α 粒子停止距离和矿物的粒径与 He 的丢失关系密切，所以在挑选矿物时必须考虑矿物的粒径。

假设 α 粒子停留在以母体为中心、半径等于停止距离的球面上，则图 5.17 表示了磷灰石晶体上 α 粒子衰变的 3 种结果。若母体所处的位置离晶体边缘的距离大于停止距离，那么无论 α 粒子的方向如何它都会保留在晶体的内部。当母体距离边缘的距离在一个停止距离以内，那么 α 粒子就有可能射出晶体。如果母体临近颗粒的边缘，则 α 粒子射出的概率会增加。晶体外部发生的衰变，也可能使一部分 α 粒子从外部进入所研究的晶体中，从而影响 He 的测定。这种现象一般只发生在距晶体最外层表面约 20μm 的地方，所以一个简单的解决方法是用化学方法或机械方法除去定年颗粒的最外层。因为颗粒的边缘是 He 扩散丢失的位置，所以扩散运移的结果使得颗粒边缘的 He 浓度比内部的低。对于一些实际应用，如对快速冷却矿物（来自火山碎屑）的定年，或者对扩散梯度大于 α 粒子射出或加入的距离的大颗粒来说，这种方法也许很适合，但是当扩散和 α 粒子射出的边界重合时，去除最外层的表面一般会导致错误的年龄。

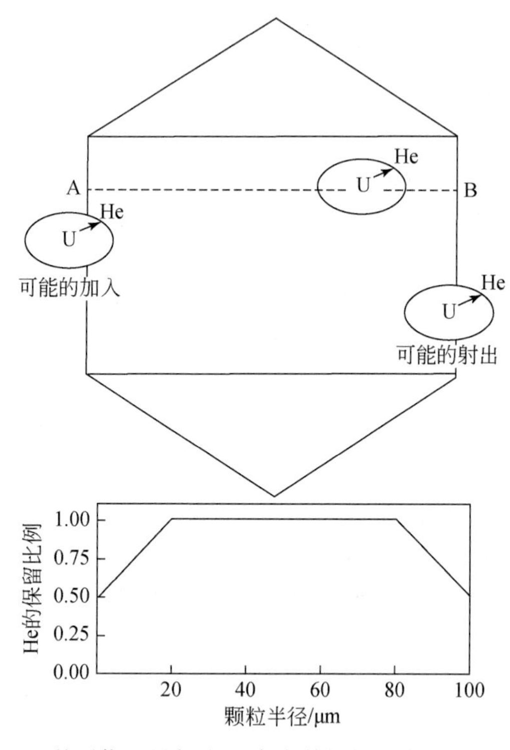

图 5.17　α 粒子停止距离对 He 保留特性的影响（Farley，2002）

Farley 等（1996）在测量颗粒大小和形状的基础上提出了一个定量模型，来校正由于较长 α 粒子停止距离导致的 He 年龄偏差。在这个模型中用 F_T 参数来校正 α 粒子射出效应。F_T 参数是晶体表面与体积比（设为 β）和 α 粒子停止距离的函数（$F_T=1+\alpha_1\beta+\alpha_2\beta^2$），其校正值介于 0.65～0.85 之间，磷灰石典型的六方棱柱的 F_T 值为 0.75（Farley，2000）。对于尺寸较小的颗粒，F_T 随着颗粒的减小而急剧变化，F_T 的误差也随之增大。这种校正 α 粒子射出效应模型的最大问题在于假设母体具有均一的分布，带状晶体就打破了这种假设。矿物中 U、Th 分带对 He 定年的影响程度还未彻底查明。

He 的扩散行为。磷灰石颗粒中 He 的保留特性对热年代学和一定程度上的绝对定年都是非常重要的。众所周知，He 不能保存在石英、砂岩和云母中，所以这些岩石没有明显的潜力进行任何形式的 He 定年研究。但是，He 可以保留在磷灰石、橄榄岩、辉石、闪石、石榴石、未变质锆石、未变质榍石、磁铁矿、赤铁矿和可能的玄武玻璃中。因此磷灰石矿物颗粒中 He 的扩散行为对（U-Th）/He 定年也有重要的影响。人们可通过稳定加热法和分步升温法，并采用限定阿伦尼乌斯关系式的参数来研究磷灰石中 He 的扩散行为（Farley，2002）

$$D/a^2=D_0/a^2\mathrm{e}^{-Ea/RT} \tag{5.6}$$

这里，D 为扩散率，D_0为温度无限高时的扩散率，Ea 为活化能，R 为气体常数，T 为热力学温度，a 为扩散区域的半径。Durango 磷灰石（一种普通的“标准”磷灰石，Young et al.，1969）以及其他类型磷灰石中的 He 扩散均服从阿伦尼乌斯关系式，说明磷灰石中 He 的扩散至少在温度小于 300℃时具有单一的热活性体积扩散过程。高精确的实验表明，磷灰石 He 扩散的活化能介于 32～38kcal[①]/mol 之间。在 Durango 磷灰石中，扩散区域就是颗粒本身，扩散率 *D* 随颗粒半径的大小而变化。Durango 磷灰石中 He 的扩散是各向同性的，因此扩散的相关尺寸就是棱柱的半径即 He 扩散丢失的最短路径。精确的观察表明，半径为 80～90μm 的磷灰石的封闭温度为 70℃。如上所述，α 粒子射出效应影响 He 的浓度特征从而使封闭温度有些偏高（Farley，2002）。

Wolf 等（1996b）、Warnock 等（1997）以及 House 等（1999）的研究工作证实了 He 部分保留区（helium partial retention zone，PRZ）的存在。He 部分保留区的位置取决于地壳的热历史，但是一般位于 40～80℃，对应的地表深度为 1～3km（Wolf et al.，1998）。Stockli 等（2000）证实了外推实验数据的正确性，他们在加利福尼亚州白山一个快速剥蚀的地块中发现了一个界限十分明显的 He 的部分保留区，位于同样界限明显的磷灰石裂变径迹部分退火带之上。He 的部分保留区预示了在这种地温梯度下，用实验数据外推的结果与观察的结果相当一致。对目前研究的大多数磷灰石来说，这些强有力的实验数据足以描述 He 的扩散特征。

矿物包体磷灰石 He 定年的另一个困难是定年矿物中往往有许多 U、Th 含量很高的小包体，造成颗粒中 He 过剩，从而使年龄值偏大。这个问题是 Lippolt 等（1994）首先提出来的，House 等（1997）对此做了进一步的阐述。大多数包体为锆石或磷灰石，也有独居石、磷钇矿、金红石等其他矿物包体，但当这些包体中的 U、Th 含量较低时不会造成很大的影响。

许多情况下磷灰石中的包体在挑选过程中可以被发现和排除掉。磷灰石颗粒是在 120 倍的双目显微镜下采用透射光和正交偏光挑选的。当磷灰石消光时即使是很小的矿物包体如锆石也很明显，这些颗粒在分析之前是很容易被排除的。只有当包体方向与 C 轴平行，并且与磷灰石主矿物同时消光时，这些包体才很难被发现和排除。因为 He 的含量对（U-Th）/He 定年技术的影响很大，所以在挑选矿物颗粒时尽可能避免矿物包体。

2）磷灰石裂变径迹分析技术

利用磷灰石和锆石裂变径迹恢复盆地的热历史是目前常用也是成熟的方法之一，尤其是磷灰石裂变径迹和镜质组反射率成为目前常用的两种古温标。近年来国内外不少学者利用此项技术进行了地质体构造运动的热定年和热历史重建（袁万明等，2001；刘顺生等，2002；翟鹏济等，2003；Matthias et al.，2002）。但是在应用锆石、榍石裂变径迹技术恢复热史时往往与磷灰石裂变技术结合在一起，一方面是由于磷灰石裂变径迹退火已具有成熟的动力学模型（Laslett et al.，1987；Duddy et al.，1988；Green et al.，1989；Donelick，1999），而锆石和榍石的裂变径迹退火动力学模型还没有完全建立起来，目前应用锆石和榍石裂变径迹热定年技术研究热史仍在定性和半定量阶段；另一方面，磷灰石、锆石和榍石裂变径迹的封闭温度各不相同，磷灰石裂变径迹的封闭温度在 110～125℃之间，锆石的封闭温度在 210～240℃之间（Matthias et al.，2002），榍石的封闭温度在 265～310℃之间（Coyle and Wagner，1998），各自适用于低温和中高温段。现今国际上每年都有海量的关于利用裂变径迹技术恢复热历史的文献。

尽管在海相层系碳酸盐岩中由于没有磷灰石和锆石，从而无法实施该方法，但在四川盆地和塔里木盆地的海相地层中（即使是在寒武系的古老地层中）仍有海相碎屑岩层系可以提供磷灰石和锆石，从而利用该方法进行热史恢复。本次分别在川东北的普光气田区和塔里木盆地重点井区采集岩心样品测试了磷灰石和锆石裂变径迹长度、年龄数据（测试结果见随后的热史恢复部分）。事实上，这些样品中的大部分还同时测试了（U-Th）/He 年龄数据，从而为后续综合运用这些古温标恢复热历史提供了重要的保证。

裂变径迹是指原子核裂变碎片穿过矿物时造成的损伤带所留下的痕迹。退火作用是含有自发裂变径迹的矿物在加热到足够高温度时，损伤带中位移的离子又会回复到原来的晶格位置上，使损伤带部分甚至全部被修复。退火改变了径迹长度，使其分布发生变化。退火越强，短径迹越多，平均径迹长度越小，它们反映出古地温随时间的变化。磷灰石裂变径迹的退火温度为 70～130℃，与成熟生油阶段在同一范

---

① 1cal=4.1868J。

围。因此，可以利用磷灰石的裂变径迹来重建盆地演化及其热历史。

磷灰石裂变径迹年龄，在退火带以前，反映了磷灰石自形成以来所经历的时间，它代表物源的时代；在退火带由于温度的作用，径迹年龄逐渐衰减，这时的年龄称表观径迹年龄，在125～130℃时该年龄为零。这一参数用于分析热历史甚为有效。

磷灰石矿物中裂变平均径迹长度可以作为受热程度的量度。平均径迹长度随温度增高而缩小，在现今温度低于50℃时，大于10μm，降到125℃时，则为0μm，高温区长度缩小很快，这是退火作用造成的。平均径迹长度被认为是一个对温度十分敏感的指标，通过裂变平均径迹长度随埋藏深度的变化，可以获得古地温的信息。

磷灰石裂变径迹长度分布也被认为是一个对温度十分敏感的指标，在地质热历史研究中具有重要作用。每一条单独的裂变径迹都是在不同的时期形成的，具有不同的年龄，并经历了矿物热历史中不同的时期；尽管这些径迹刚形成时的长度基本相同，但是在整个演化过程中，随着退火的进行，平均径迹长度在缩短；同时新的径迹带在不停地产生，新产生的径迹长度比原来的要长，可以达到16μm，它的退火则需要更长的时间。地壳的抬升、沉降、退火作用的终止和强化，都会使径迹长度分布发生变化。因此，通过磷灰石裂变径迹长度分布可以来揭示盆地演化史。

3）磷灰石、锆石（U-Th）/He年龄和封闭温度实例分析

实例分析样品选自普光地区、通南巴和元坝地区钻井岩心和野外露头（图5.18），岩心深度数据根据钻井地质分层数据获得。在通江北面诺水河旁野外露头剖面采集了寒武系—白垩系砂岩样品，采用便携式GPS和地形图等高线来联合测定海拔高程数据，样品均采自新鲜露头，基本可以构成一个垂向上的He年龄分布。

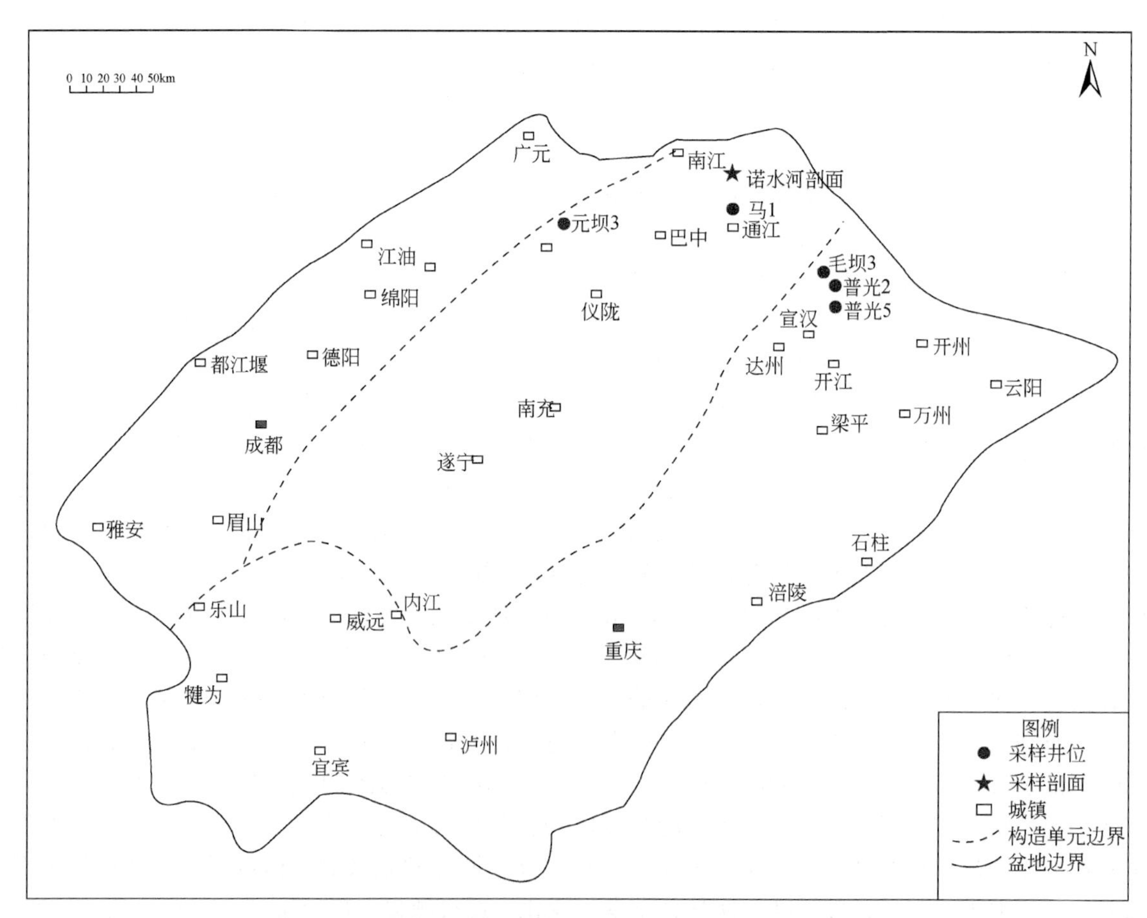

图5.18　四川盆地川东北地区（U-Th）/He定年分析样品分布

磷灰石（U-Th）/He年龄：He年龄依据磷灰石He年龄和实测温度数据，普光、毛坝气田 J_2s—T_3x 钻井砂岩岩心样品以及通江诺水河 K_1c—ϵ_2d 野外露头剖面样品随埋藏深度或现今实测地层温度的增大，磷

灰石 He 年龄逐渐减小，均体现出典型的磷灰石（U-Th）/He 年龄的演化特征。He 年龄随温度的演化剖面反映出该区磷灰石（U-Th）/He 年龄的封闭温度约为 85℃（此时 He 年龄接近为零）。

普光、毛坝气田 J_2s—T_3x 钻井砂岩岩心样品磷灰石的 He 年龄介于 0.4～40.5Ma 之间，平均值介于 1.5～25.9Ma 之间，均远小于样品沉积时代年龄，且随着样品年龄的变大，磷灰石 He 年龄逐渐变小（图 5.19a），这与地层年代越新抬升剥蚀时间越早是一致的。例如，普光 5 井 J_2s 样品的 He 年龄平均值是 25.9Ma，表明该地层在 25.9Ma 左右抬升至磷灰石的 He 封闭温度（85℃）；而普光 5 井 T_3x 则在第四纪时期才抬升至磷灰石的 He 封闭温度（图 5.19a）。通江诺水河野外露头剖面样品磷灰石的 He 年龄也均远小于样品年龄（图 5.19b），除 TJ-07-81 ϵ_1c 样品例外，也具有随着样品年龄的变大磷灰石 He 年龄逐渐变小的趋势。TJ-07-81 ϵ_1c 样品可能有误，需进一步落实，这次研究暂时排除在外。

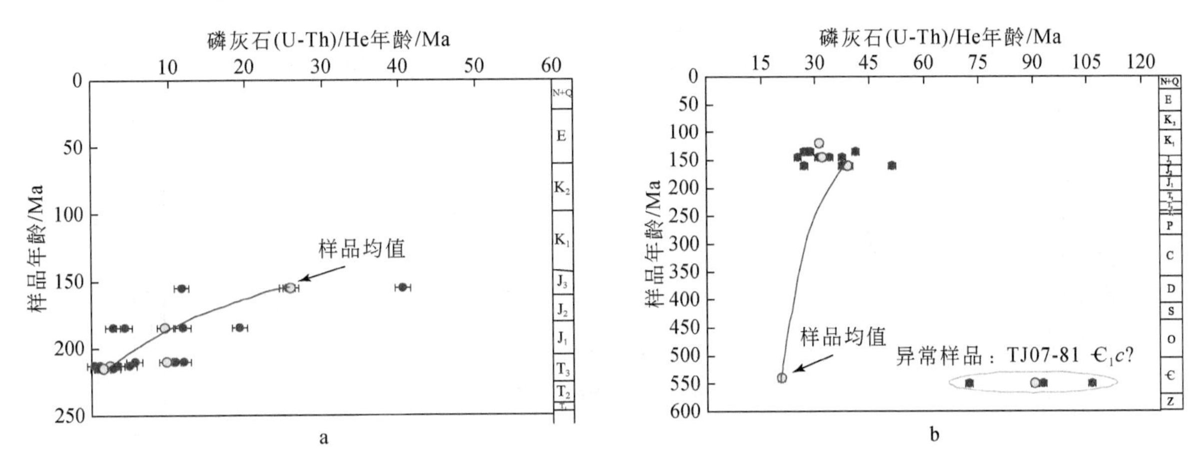

图 5.19　川东北磷灰石样品年代与磷灰石（U-Th）/He 年龄的关系

a. 普光、毛坝气田钻井样品；b. 通江诺水河剖面露头样品

从上述磷灰石的 He 年龄数据可以得到该区在古近纪至第四纪（50～0Ma）间处于冷却抬升剥蚀的主要时期。在此期间的剥蚀速率为 6～175m/Ma 之间，平均约为 100m/Ma（平均相当于约 2.2℃/Ma 的降温）。同时，在此期间的抬升剥蚀厚度为 2800～3000m。利用磷灰石 He 年龄的平均值与海拔的关系也得到大约 2300m 的剥蚀厚度（图 5.20）。前人对川东北地区所测磷灰石样品的表观年龄为 42～82Ma，也大致可以反映地层开始抬升剥蚀的最大年龄，由此反映了川东北地区大致在晚白垩世期间开始隆升。

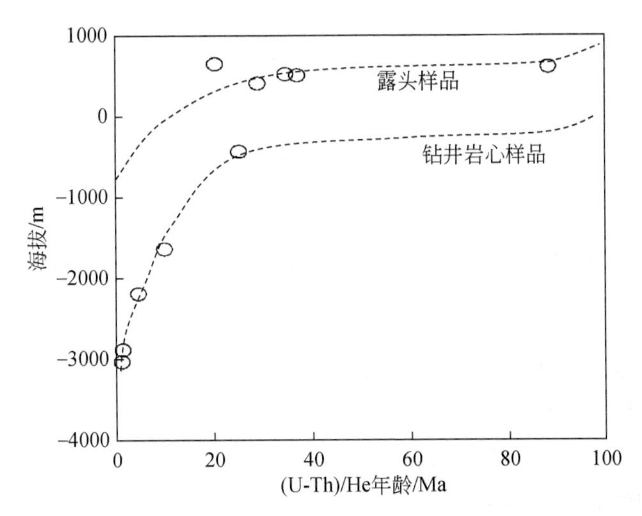

图 5.20　川东北磷灰石 He 年龄与海拔关系

锆石（U-Th）/He 年龄：根据普光气田 J_2s—T_3x 钻井岩心样品的锆石（U-Th）/He 前主峰区年龄（50～80Ma）与通江诺水河野外露头剖面 TJ07-90，ϵ_2d 样品的锆石（U-Th）/He 前主峰区年龄（104Ma）也可

以大致推算出川东北地区可能在 K_1 晚期（100Ma）就开始抬升了。露头样品中寒武系和奥陶系样品的锆石 He 年龄主要集中在 134 ~ 155Ma，反映了该地区的寒武系—奥陶系剖面大致在该时期已开始抬升。

普光气田 J_2s—T_3x 钻井砂岩岩心样品锆石（U-Th）/He 年龄变化范围相当宽，单颗粒年龄介于 49.9 ~ 251.9Ma 之间，主要分布在 50 ~ 80Ma、130 ~ 215Ma 和 246 ~ 252Ma 三个主峰区（图 5.21a）。50 ~ 80Ma 的锆石（U-Th）/He 主峰区年龄小于实际地层沉积年龄，130 ~ 215Ma 则与实际地层沉积年龄相当，而 246 ~ 252Ma 大于实际地层沉积年龄。即只有前者有可能反映出该区锆石 He 年龄经过或刚刚进入（U-Th）/He 封闭温度（160 ~ 200℃）的年龄。实际上，第一个 He 年龄主峰的样品现今埋藏深度在 2500 ~ 3400m 之间，现今地温在 75 ~ 92℃之间，包裹体最高古地温在 150 ~ 170℃之间，正处于锆石（U-Th）/He 封闭温度附近。因此，可能只有 50 ~ 80Ma 主峰区年龄经历了封闭温度。

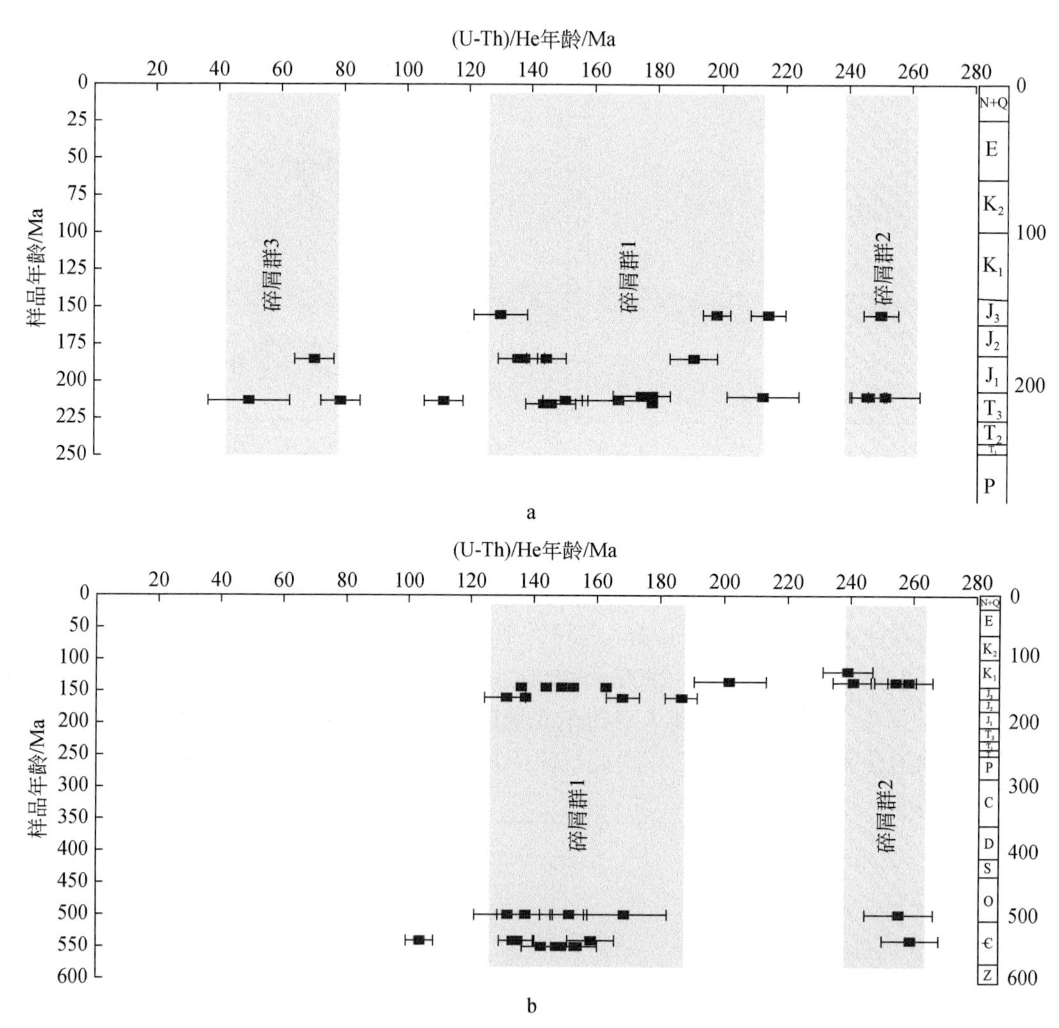

图 5.21　川东北地区锆石样品年代与锆石（U-Th）/He 年龄的关系

a. 普光、毛坝气田钻井样品；b. 通江诺水河剖面露头

通江诺水河野外露头剖面尽管老地层（$€_1c$—O_1m）样品的锆石 He 年龄远小于样品沉积时代年龄（图 5.21b），但是其两个主分布区及变化范围与新地层（J_2s_2—K_1c）基本相当，而新地层（J_2s_2—K_1c）锆石 He 年龄等于或大于样品沉积年龄，这也与普光气田 J_2s—T_3x 钻井岩心样品的中、后者主峰区相当，即它们也不能反映锆石（U-Th）/He 封闭温度的年龄。

普光地区磷灰石和锆石（U-Th）/He 的封闭温度：川东北普光 5 井等钻井岩心、岩屑及野外新鲜露头样品（12 个）磷灰石和锆石的（U-Th）/He 年龄测试结果见图 5.22 和表 5.12。可以看出普光地区 J_2s—T_3x 钻井砂岩岩心、岩屑样品以及通江诺水河 K_1c—$€_2d$ 地表样品随埋藏深度或现今地层温度的增大，磷灰石 He

年龄逐渐减小（图 5.22a），均体现出典型的磷灰石经历封闭温度之后的（U-Th）/He 年龄演化特征，反映出该区磷灰石（U-Th）/He 年龄的封闭温度约为 85℃（此时 He 年龄接近为零），即普光地区地表样品也曾经历了 85℃以上的最高地层温度。

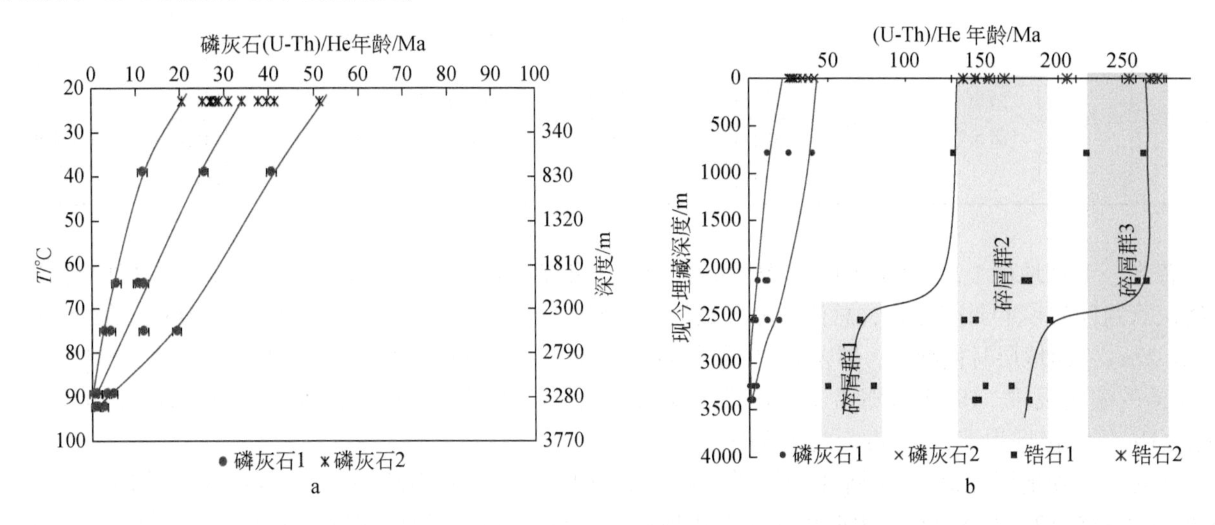

图 5.22　川东北磷灰石和锆石（U-Th）/He 年龄与现今埋藏深度及现今地层温度（T）的关系

a. 磷灰石；b. 磷灰石和锆石

磷灰石 1. 普光 5 井等 T_3x—J_2p 钻井样品磷灰石（U-Th）/He 年龄；磷灰石 2. 通江剖面等 J_2p—K_1c 地表露头样品磷灰石（U-Th）/He 年龄；锆石 1. 普光 5 井等 T_3x—J_2p 钻井样品锆石（U-Th）/He 年龄；锆石 2. 通江剖面等 J_2p—K_1c 地表露头样品锆石（U-Th）/He 年龄

表 5.12　川东北普光 5 井等井下样品磷灰石、锆石（U-Th）/He 年龄与封闭温度

样品号	层位	深度/m	现今地层温度/℃	磷灰石颗粒	磷灰石(U-Th)/He年龄/Ma	磷灰石经历温度	锆石颗粒	锆石(U-Th)/He年龄/Ma	锆石经历温度
PG5-2-1	T_3x	3403	92	137280-1	0.8	>封闭温度85℃	137281-1	146.4	小于或接近沉积年龄，接近封闭温度 170℃
				137280-2	1.4		137281-2	144.0	
				137280-3	0.9		137281-3	144.1	
				137280-4	2.7		137281-4	178.4	
PG2-3-1	T_3x	3247.06	89	137282-2	1.1	>封闭温度85℃	137283-1	49.9	小于或接近沉积年龄，接近封闭温度 170℃
				137282-3	3.4		137283-2	167.5	
				137282-4	4.9		137283-3	79.2	
				137282-1	0.4		137283-4	150.8	
PG5-1-2	J_1q	2557.8	75	137276-1	11.8	>封闭温度85℃	137277-1	191.1	小于或接近沉积年龄，接近封闭温度 170℃
				137276-2	2.8		137277-2	144.6	
				137276-3	19.2		137277-3	136.9	
				137276-4	4.3		137277-4	70.7	
mb3-1-1	T_3x	2135.16	64	137278-1	10.8	>封闭温度85℃	137279-1	178.4	大于或接近沉积年龄，未达到封闭温度 170℃
				137278-2	11.8		137279-2	246.3	
				137278-3	5.6		137279-3	251.9	
				137278-4	10.5		137279-4	175.0	
PG5	J_2s	794（岩屑）	39	137286-1	40.5	>封闭温度85℃	137287-1	214.5	大于沉积年龄，未达到封闭温度 170℃
				137286-2	11.6		137287-2	130.2	
				137286-4	25.5		137287-4	250.2	

续表

样品号	层位	深度/m	现今地层温度/℃	磷灰石颗粒	磷灰石(U-Th)/He年龄/Ma	磷灰石经历温度	锆石颗粒	锆石(U-Th)/He年龄/Ma	锆石经历温度
TJ0705	J_3p	地表(露头)	25左右	137274-1	30.9	>封闭温度85℃	137275-1	144.1	大于沉积年龄，未达到封闭温度170℃
				137274-2	33.9		137275-2	152.8	
				137274-3	25.2		137275-3	136.4	
				137274-4	37.5		137275-4	163.2	

普光、毛坝地区 T_3x^2—J_2s 钻井砂岩样品磷灰石He年龄均远小于样品沉积年龄，表明该区样品都进入了磷灰石封闭温度和封闭体系，总体上随埋藏深度或现今实测地层温度的增大，磷灰石He年龄逐渐减小（图5.22a），即地层时代越新，磷灰石He年龄越大，体现了典型的磷灰石经历封闭温度之后的（U-Th）/He年龄的演化规律。He年龄随温度演化模式反映了该区磷灰石（U-Th）/He体系的封闭温度约为85℃（此时He年龄接近为零），深度大约为3400m。

普光、毛坝地区 T_3x^2—J_2s 钻井砂岩样品磷灰石（U-Th）/He年龄为0.4～40.5Ma，均值为1.5～25.9Ma（表5.12、图5.22），表明该区在上述地层在古近纪—新近纪期间发生重大抬升剥蚀事件，比元坝地区抬升剥蚀时间要早，也比通南巴地区抬升剥蚀时间略早，古地温逐渐降低到磷灰石He封闭温度，直至达到现今地温，与青藏高原隆升引发的新构造运动在四川盆地的响应有关。

普光、毛坝地区钻井岩心 J_2s、J_2q、T_3x^5 部分锆石（U-Th）/He年龄大于样品沉积年龄，未经历锆石封闭温度（表5.12）。大于样品沉积年龄的He年龄数据分布在191.1～251.9Ma之间，表征了物源区遭受剥蚀时间，由此可见这些锆石颗粒在三叠纪经历了（U-Th）/He封闭温度，表明物源区在三叠纪部分锆石颗粒达到了封闭温度，与前人得出的川东北地区自晚二叠世大地热流值以及镜质组反射率逐渐降低的结论是一致的。

普光地区 J_2s—T_3x 钻井样品锆石（U-Th）/He年龄变化范围相当宽，单颗粒年龄介于49.9～251.9Ma之间，主要分布在50～80Ma、130～215Ma和246～252Ma三个主峰区（图5.22b）。50～80Ma的锆石（U-Th）/He主峰区年龄小于实际地层沉积年龄，130～215Ma则与实际地层沉积年龄相当，而246～252Ma大于实际地层沉积年龄，即只有前者有可能反映出该区样品刚刚接近锆石（U-Th）/He封闭温度（170～190℃）的年龄。实际上，第一个He年龄主峰的样品现今埋藏深度在2500～3400m之间，现今地层温度在75～92℃之间，包裹体最高均一温度及 R_o 恢复的最高古地温在150～170℃之间，处于锆石（U-Th）/He封闭温度附近。因此，普光地区井深超过2500m的埋藏温度可能逐渐接近锆石（U-Th）/He的170～190℃封闭温度。即普光地区2500～3400m的井下样品曾经历了接近180℃的最高地层温度。

由图5.22b可见，随埋藏深度或现今地温的增加，钻井岩心样品磷灰石He年龄及变化范围逐渐变小，表明该区样品经历了磷灰石封闭温度，He年龄反映了该区发生主要冷却抬升剥蚀的时间（40.5～0.4Ma）。而锆石的He年龄及变化范围则没有上述规律性，反映了该区样品没有经历锆石封闭温度，只是埋藏最深的样品最高古地温曾接近于锆石封闭温度（170～190℃），He年龄在一定程度上体现了样品沉积的时间。

不同热史路径的磷灰石和锆石He年龄的演化特征的差异性是进行恢复热史的基础。根据磷灰石和锆石封闭温度与时间的对应关系，可以反演沉积盆地在70～200℃范围内的动态热演化历史。当现今埋藏深度小于3200m，部分样品锆石He年龄大于地层年龄，未经历锆石封闭温度，而在埋藏深度大于3400m时，样品锆石He年龄小于地层年龄，可能刚好经历了锆石封闭温度。所以，当普光、毛坝地区 T_3x^2 钻井岩心样品在178Ma之前时，古地温大于170℃；随后地层抬升，古地温下降，当样品在178～2.7Ma之间时，古地温在85～170℃之间；当样品在2.7～0.8Ma时，现今地温小于95℃。T_3x^4—J_2s 钻井岩心样品没有经历锆石封闭温度，只有 T_3x^4 样品曾经历了接近于锆石封闭温度170～190℃的最高古地温，当样品在40.5～0.4Ma时，地温小于95℃。

元坝地区磷灰石和锆石（U-Th）/He的封闭温度：元坝地区 T_3x^2—K_1j 钻井砂岩样品磷灰石He年龄均

表 5.13　川东北元坝地区磷灰石和锆石（U-Th）/He 年龄

层位	深度/m	海拔/m	磷灰石（U-Th）/He 年龄/Ma		锆石（U-Th）/He 年龄/Ma	锆石经历温度/℃	现今地层温度/℃
			单颗粒	平均值			
K_1j	87	390.3	35.7	36.4Ma 接近于封闭温度 <100℃	157.5	未经历锆石封闭温度	25
			13.1		178.6		
			60.5				
J_1z	4154.5	−3677.2	14.9	14.9Ma 经历封闭温度 >100℃	194.5	接近于锆石封闭温度	95
			20.9		135.2		
			17.8				
			5.9				
T_3x^4	4372	−3894.7	—		194.1	接近于锆石封闭温度	98
					168.1		
					127.0		
T_3x^4	4476.5	−3999.2	0.2	1.6Ma 经历封闭温度 >100℃	111.9	接近于锆石封闭温度	100
			1.2		220.2		
			2.8		97.3		
			1.3		112.0		
			2.4				
T_3x^2	4776.5	−4299.2	0.2	0.17Ma 经历封闭温度 >100℃	182.1	接近于锆石封闭温度	105
			0.1		149.1		
			0.2		222.2		
					181.0		
					163.6		
					202.0		

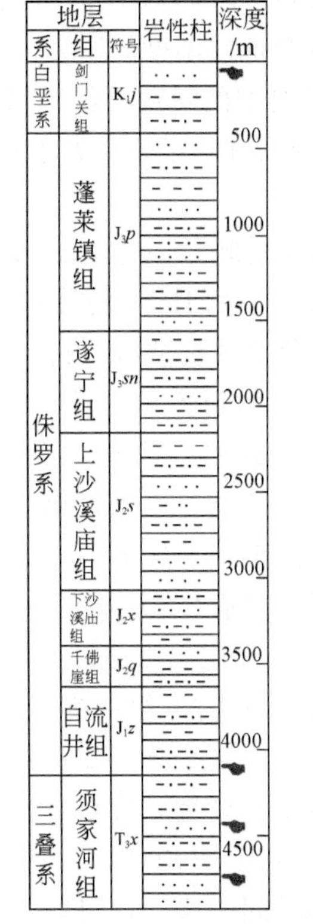

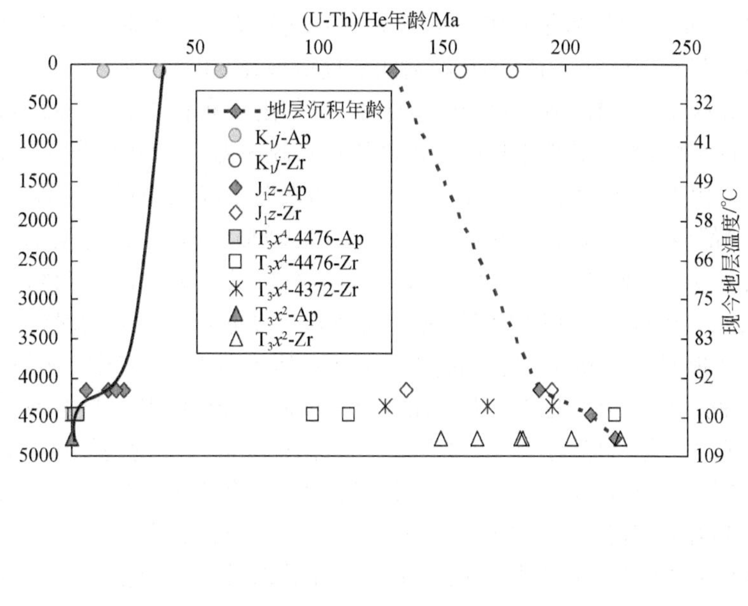

图 5.23　元坝地区磷灰石和锆石（U-Th）/He 年龄随埋藏深度和现今地层温度的关系
依据元坝 1 井完井报告，地表平均温度取 24℃，平均地温梯度为 1.7℃/100m

远小于样品沉积年龄，表明该区样品基本上都进入了磷灰石封闭温度和封闭体系，总体上随埋藏深度或现今地层温度的增大，磷灰石 He 年龄逐渐减小（表 5.13、图 5.23），即地层时代越新，磷灰石 He 年龄越大，体现了典型的磷灰石经历封闭温度之后的（U-Th)/He 年龄的演化规律。He 年龄随温度/深度演化剖面反映出该区磷灰石（U-Th)/He 年龄的封闭温度约为 95℃，深度大约为 4500m，此时 He 年龄接近为零。

元坝地区 K_1j 样品磷灰石（U-Th）/He 年龄相对分散，分布在 13.1 ~ 60.5Ma 之间，处于 He 部分保留区，磷灰石中 He 部分热重置，说明该样品比较接近于封闭温度和封闭体系，该地层沉积时其最高古地温曾接近磷灰石封闭温度，其他样品都经历了磷灰石封闭温度。由表 5.13 和图 5.23 可见，元坝地区 T_3x^2—K_1j 钻井砂岩样品磷灰石 He 年龄介于 0.1 ~ 60.5Ma，均值为 0.2 ~ 36.4Ma，说明该区中生代地层在古近纪—新近纪（60 ~ 0Ma）发生主要抬升剥蚀事件，比普光地区中生代地区抬升剥蚀时间略晚（普光地区 25.9 ~ 1.5Ma），比通南巴地区抬升剥蚀时间要早（通南巴地区 25.8 ~ 9.2Ma），古地温逐渐降低到磷灰石 He 封闭温度，直至现今地温。

元坝地区 K_1j 样品锆石（U-Th)/He 年龄为 157.5Ma 和 178.6Ma，大于样品沉积年龄（表 5.13、图 5.23），说明样品最大埋藏温度没有超过锆石（U-Th)/He 封闭温度，锆石颗粒没有经历盆地最后一期热事件的重置或热重置不完全，说明元坝地区 K_1j 锆石颗粒来源于沉积区外，由此可见这些锆石颗粒来源于在侏罗纪经历了锆石（U-Th)/He 封闭温度的抬升剥蚀区，表明该区在侏罗纪发生抬升剥蚀（冷却）。T_3x^2—J_1z 部分样品锆石 He 年龄大于地层沉积年龄，且分布相对分散，表明上述样品埋藏温度可能比较接近锆石封闭温度，曾经历了接近 170℃的最高古地温，该区埋藏史图印证了这一点。

随现今地层温度或埋藏深度的增加，磷灰石 He 年龄及变化范围逐渐变小，说明该地区磷灰石经历了封闭温度（图 5.23），He 年龄反映了地层抬升剥蚀的主要时期，该区在古近纪—新近纪（60 ~ 0Ma）遭受强烈抬升剥蚀事件；而锆石 He 年龄及变化范围随现今地温或埋藏深度的增加有变大的趋势，表明该区中生代地层没有经历锆石封闭温度，只是处于 He 部分保留区域内，其经历的最高古地温曾接近于锆石封闭温度（170 ~ 190℃），所以样品锆石 He 年龄可以在一定程度上反映样品沉积时间。

通南巴地区磷灰石和锆石（U-Th)/He 的封闭温度：四川盆地川东北通南巴构造带马路背构造西高点马 1 井 T_3x^5—J_2s 钻井砂岩样品磷灰石 He 年龄为 3.1 ~ 45.9Ma，均远小于样品沉积年龄，表明该区样品都进入了磷灰石封闭温度和封闭体系。除 J_1z 样品外，总体上随埋藏深度或现今地层温度的增大，磷灰石 He 年龄逐渐减小（图 5.24），即地层时代越新，磷灰石 He 年龄越大，体现了典型的磷灰石经历封闭温度之后的（U-Th)/He 年龄的演化规律。从图 5.24 中可以看出，本研究所选的样品 He 年龄都大于 0，综合研究来看该区磷灰石（U-Th)/He 年龄的封闭温度应该在 90℃左右。

通南巴地区 T_3x^5—J_2s 钻井砂岩样品锆石 He 年龄分布在 77.9 ~ 222.9Ma 之间，J_2s 和 J_2x 部分锆石 He 年龄大于样品沉积年龄，说明上述样品未经历锆石封闭温度。大于样品沉积年龄的 He 年龄分布在 172.6 ~ 223Ma 之间，代表了沉积物源区年代，即沉积物来源于晚三叠世—中侏罗世抬升剥蚀区。T_3x^5—J_2q 样品锆石 He 年龄都略小于样品沉积年龄，且随着深度增加，锆石 He 年龄有增大的趋势，表明上述样品未经历锆石封闭温度，其最高古地温可能比较接近锆石封闭温度，估计曾接近于 170℃。其中 T_3x^5 部分样品锆石 He 年龄为 77.9Ma，或许代表沉积地层埋藏温度接近封闭温度的时间，这一点可以从埋藏史图上得到印证。前人（梅廉夫，2003；胡圣标等，2005）研究发现，该区磷灰石裂变径迹表观年龄大致分布在 42 ~ 82Ma 之间，反映川东北地区大致在晚白垩世期间开始隆升，与本书的认识基本是一致的。

通南巴地区钻井和野外露头剖面样品磷灰石 He 年龄及变化范围随着现今地层温度或埋藏深度的增加逐渐变小，表明该区样品都经历了磷灰石封闭温度，磷灰石 He 年龄反映了该区在古近纪—新近纪（51.4 ~ 3Ma）发生强烈的冷却抬升剥蚀事件（图 5.25）。而锆石 He 年龄及变化范围随现今地层温度或埋藏深度的增加并没有呈现出变小的趋势，反映了该区样品都没有经历锆石封闭温度，只是时代较老的部分样品埋藏温度可能比较接近封闭温度，其埋藏最高古地温曾接近锆石封闭温度（170 ~ 190℃）。其中 T_3x^5 部分样品锆石 He 年龄为 77.9Ma，或许代表沉积地层埋藏温度接近封闭温度的时间，这一点可以从埋藏史图上得到印证。样品锆石 He 年龄可以在一定程度上反映样品沉积时间。

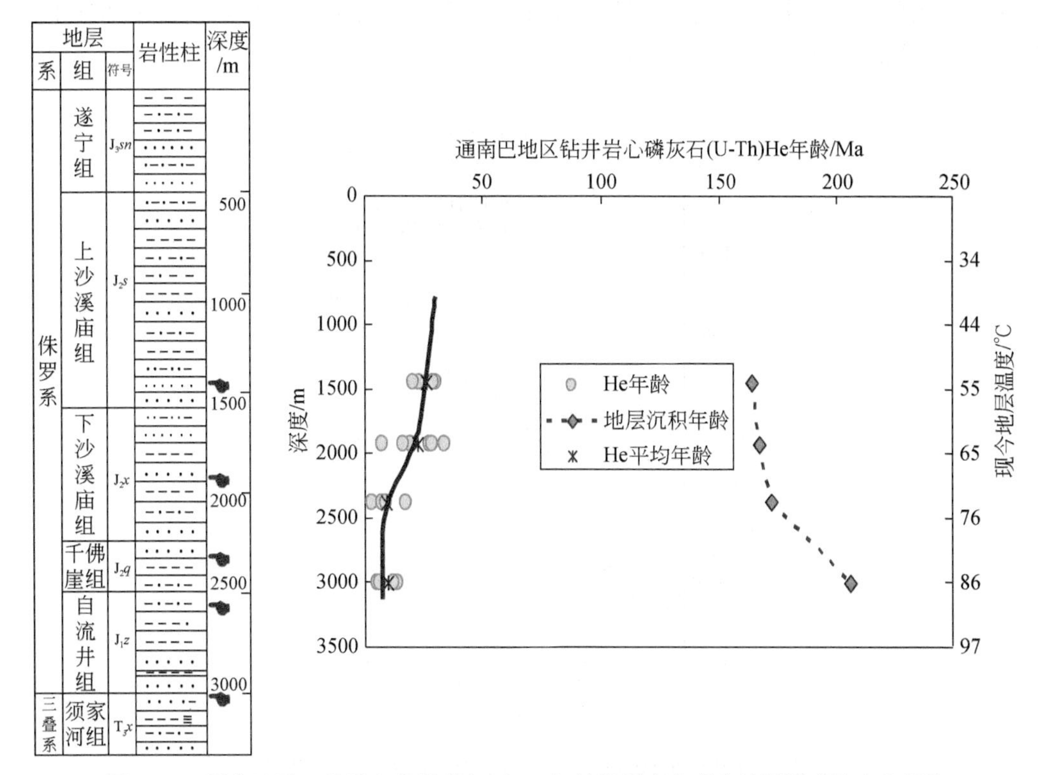

图 5.24 通南巴马 1 井岩心样品磷灰石 He 年龄随深度和现今地层温度的变化规律

地表平均温度取 23℃，平均地温梯度为 2.1℃/100m

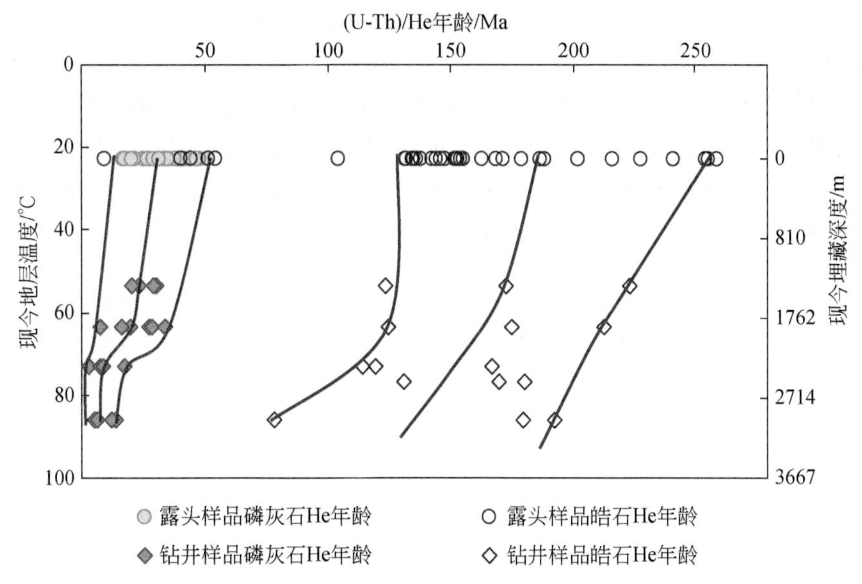

图 5.25 通南巴地区钻井和露头剖面样品磷灰石和锆石（U-Th）/He 年龄

塔里木盆地磷灰石和锆石（U-Th）/He 年龄与封闭温度。依据塔里木盆地顺 1（Sh_1）、中 2 和中 11 三口井系列样品的数据，表明磷灰石均不同程度进入 He 部分保留区（实测的 He 年龄均小于地层年龄），由此得到（U-Th）/He 年龄与深度和温度关系（图 5.26）。总体上 He 年龄随深度逐渐减小，大约在 3800m 深度处 He 年龄为零。依据研究区实测地温梯度（20℃/km）得到该深度处的相应温度值为 85℃，即塔里木盆地磷灰石 He 年龄的封闭温度约在 85℃。尽管这三口井不在同一构造单元，但这些井后期均具有巨大的沉积埋藏作用，导致了在这些井中目前的温度就是其经历的最高温度。因而可以将其视为连续沉积的井区。通过这些样品得到的磷灰石（U-Th）/He 年龄与深度、温度关系演化的模式和 Wolf 等（1998）建立的模式几乎是一致的。事实上，塔里木盆地磷灰石这一部分保留带温度与四川盆地川东北地区的磷灰石 He 年龄封闭温度大致相当（邱楠生等，2008）。

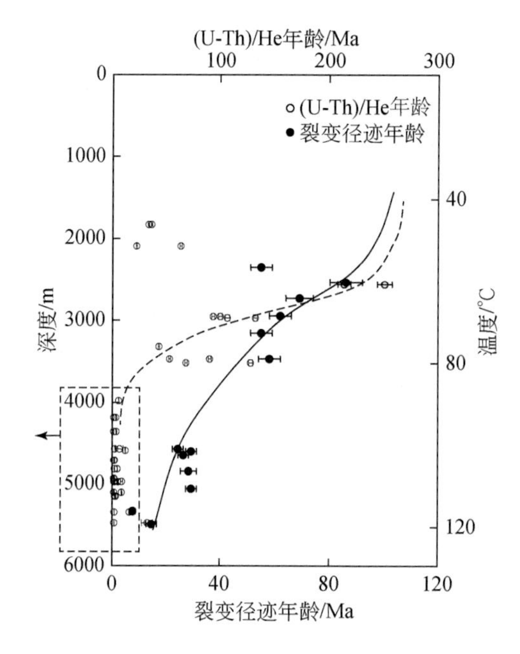

图 5.26　塔里木盆地磷灰石（U-Th）/He 年龄与深度和温度关系

锆石 He 年龄在浅部均大于地层的年龄，反映了物源区的信息。在 Sh_1 约 4000m 深度（或 90℃，该井现今地温梯度为 19.1℃/km）以下的 He 年龄开始小于地层年龄（图 5.27a）。顺 8（Sh8）井的锆石 He 年龄随深度和温度的演化与此相似，在浅部均大于地层的年龄，而在约 5000m 深度（或 100℃）以下的 He 年龄开始小于地层年龄（图 5.27b），说明样品均不同程度受封闭温度的影响。但直到 6400m 深度（或 135℃）以下，样品的 He 年龄依旧较大（仅略小于地层年龄）。推测样品埋藏温度仍未达到锆石的（U-Th）/He 封闭温度（170～190℃），也说明了塔里木盆地具有较低的地温梯度。同时，也揭示了塔里木盆地的锆石 He 年龄封闭温度可能要大于文献值的 170～190℃。

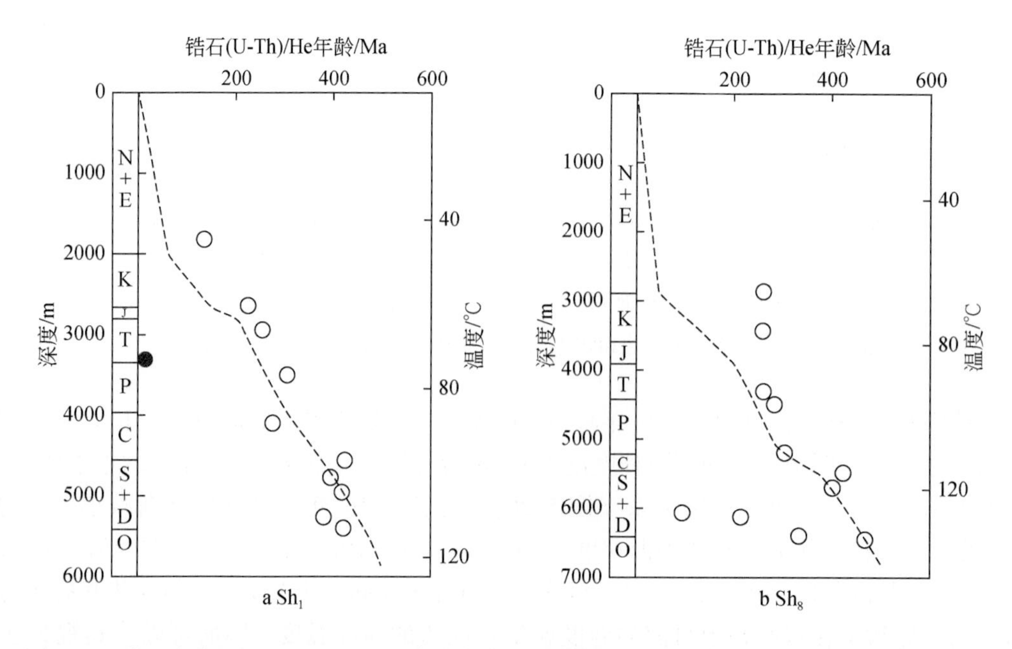

图 5.27　塔里木盆地锆石（U-Th）/He 年龄与样品埋藏深度和温度的关系（虚线为地层年龄线）

因此，磷灰石、锆石和榍石等（U-Th）/He 的封闭温度也可以作为古温标，它与（U-Th）/He 年龄相配合是造山和成盆的热历史及复杂热史轨迹进行恢复的有效方法。不同矿物（U-Th）/He 体系的封闭温度差别较大，磷灰石的（U-Th）/He 封闭温度较低，为 75～85℃，锆石的（U-Th）/He 封闭温度在 170～190℃之间；榍石（U-Th）/He 封闭温度为 191～218℃，还有萤石、橄榄石、辉石、角闪石、石榴子石、磁铁矿等矿物（U-Th）/He 封闭温度各不相同，与裂变径迹等定年技术结合起来可构成一个温度与年代对应系列，恢复成盆和隆升或造山的热历史。

5. 生烃活化能是判识优质烃源岩生烃下限的有效指标

（1）优质烃源岩中有机大分子热解生烃过程都遵循热化学降解反应机理，即化学键的断链一定是先断低键能后断高键能，有机大分子的缩聚一定是由简单到复杂，整个演化是一个不断断链、缩聚和再断链过程，残余有机质热解化学反应的活化能则是不断增加的过程，因此降解反应活化能和其残余有机质本身所处演化阶段存在相关性。中国南方海相不同演化阶段烃源岩生烃活化能 E 与 R_o 的关系如图 5.28a 所示。生烃活化能在 R_o<3% 时表现出很好的相关性，此后 R_o 再继续增大时，生烃活化能增加极少（图 5.28a），说明热解反应已基本停止，此时残余有机质生烃能力已几乎枯竭。这与有机质在地质条件下随温度压力的变化不断断链脱氢脱碳、贫氢富碳的过程相似（图 5.28b），R_o 在 0.5%～1.5% 阶段是有机质大量热解生烃阶段，H/C 原子比快速降低；R_o 从 1.5% 到 3.0% 有机质处于高演化阶段，H/C 原子比降低较为缓慢，生烃能力减弱，生烃量较低，而 R_o>3.0% 以后 H/C 原子比基本无变化，反映了残余有机质生烃能力的衰竭。

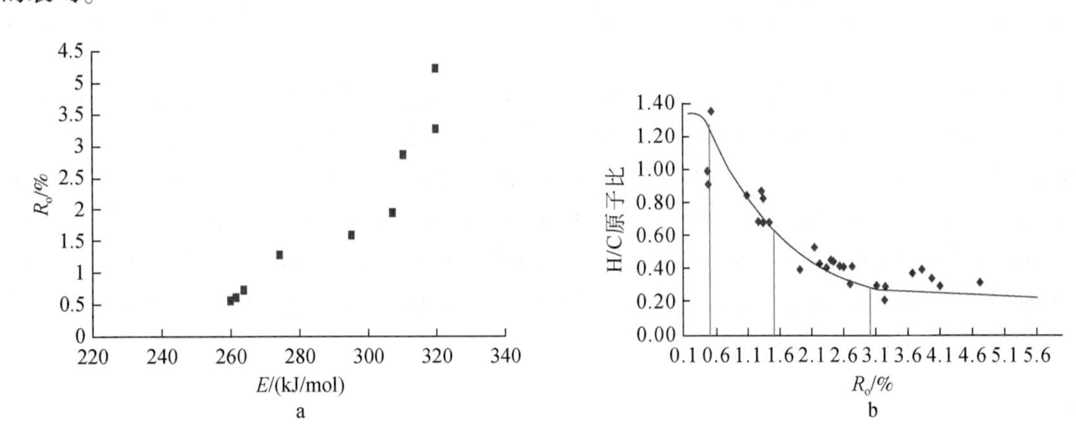

图 5.28　中国南方海相不同演化阶段烃源岩生烃活化能（a）、H/C 原子比（b）与 R_o 的变化规律

对广元黑色页岩样品进行了热压模拟实验，不同温度点残样再进行生烃动力学分析。研究表明，在低演化阶段（300℃）样品生烃活化能频率分布与原样几乎没有变化，随着模拟温度的升高，其生烃活化能频率分布逐渐向高能区后移，加权平均活化能逐渐增大，生烃潜量逐步减少（表 5.14）。烃源岩的生烃能力由其显微组分和演化阶段确定，当达到其生烃温度时则快速生烃，残样活化能分布变宽，主频后移，同时其主频优势逐渐削弱；温度继续升高到一定阶段后，低活化能组分生烃结束，烃源的生烃主要是一些高活化能的显微组分和残余有机质聚合物质，此时生烃产物主要是气态烃，并且随着温度的进一步升高，生烃的贡献主要来自不溶有机质聚合物质裂解。

表 5.14　不同演化阶段样品生烃动力学特征

项目	原样	300℃	325℃	350℃	375℃	400℃	450℃	500℃	550℃
生烃潜量/(mg/g_C)	357	334	247	121	54	28	10	3	1
E 平均/(kJ/mol)	262	263	264	274	295	307	310	320	322
R_o/%	0.56	0.6	0.71	1.26	1.57	1.94	2.86	3.25	4.21

从热压模拟实验和动力学分析可以看出，中国南方海相烃源岩的生烃能力、生烃活化能与 R_o 的关系

和干酪根 H/C 原子比与 R_o 的关系能很好地相互印证（表 5.15），也说明了干酪根 H/C 原子比、生烃活化能是判断烃源岩演化阶段的一个参数指标。

表 5.15　样品动力学和元素分析数据

样品	地区	HI /(mg/g_C)	E 平均 /(kJ/mol)	S/C 原子比	O/C 原子比	N/C 原子比	H/C 原子比	类型	R_o/%
浮游藻	南海	626	219.84	0.0153	0.621	2.066	1.719	Ⅰ	
泥岩	云南禄劝	532	253.66	0.0041	0.2133	0.0219	1.3447	Ⅰ	0.53
泥灰岩	云南禄劝	425	257.65	0.0859	0.0982	0.0143	1.0859	$Ⅱ_1$	0.59
页岩	四川广元	365	263.62	0.0386	0.0547	0.0222	0.8287	$Ⅱ_2$	0.56
煤	贵州凯里	233	268.78	0.0251	0.1121	0.0101	0.8551	Ⅲ	0.86
沥青	四川广元	520	256.89	0.0276	0.0238	0.0147	1.2837	Ⅰ-$Ⅱ_1$	0.48（R_b）

样品	地区	V_{max} /(mg/g_C/℃)	T(10%)/℃	T(90%)/℃	ΔT/℃	T_V/℃	T(50%)/℃	ΔE /(kJ/mol)
浮游藻	南海	5.18	266.8	433.6	166.8	309.5	327.5	59
泥岩	云南禄劝	9.98	419.3	479.4	60.1	452.4	450.4	13
泥灰岩	云南禄劝	6.89	414.3	485.5	71.2	449	449	17
页岩	四川广元	5.34	408.3	490.5	82.2	447	447	25
煤	贵州凯里	2.63	402.3	524.6	122.3	449	453	42
沥青	四川广元	9.92	421.3	491.5	70.2	453.4	453.4	17

模拟样品累计生烃量与温度的关系和生烃转化率与 R_o 的关系见图 5.29。当 R_o 达到 1.75% 后样品生烃转化率已接近 90%，R_o 再升高其生烃转化率变得很慢且生烃能力已极弱，R_o 达到 2.8% 时，生烃转化率已达 98%。因此研究样品的主要生烃期在 300～375℃之间，R_o 在 0.6%～1.57%，生烃活化能从 263kJ/mol升高到 295kJ/mol。虽然从 300℃到 325℃无论是活化能还是 R_o 变化都不大，但其生烃量已达 87mg/g_C，而从 375℃到 400℃，属于高成熟阶段，平均活化能升高 12kJ/mol，生烃仅 26mg/g，此时剩余生烃力已明显减弱，仅有 54mg/g_C。这说明样品一进入门限则快速生烃，且很快达到高转化率，反映了海相优质烃源岩的早生烃快速生烃的特性。

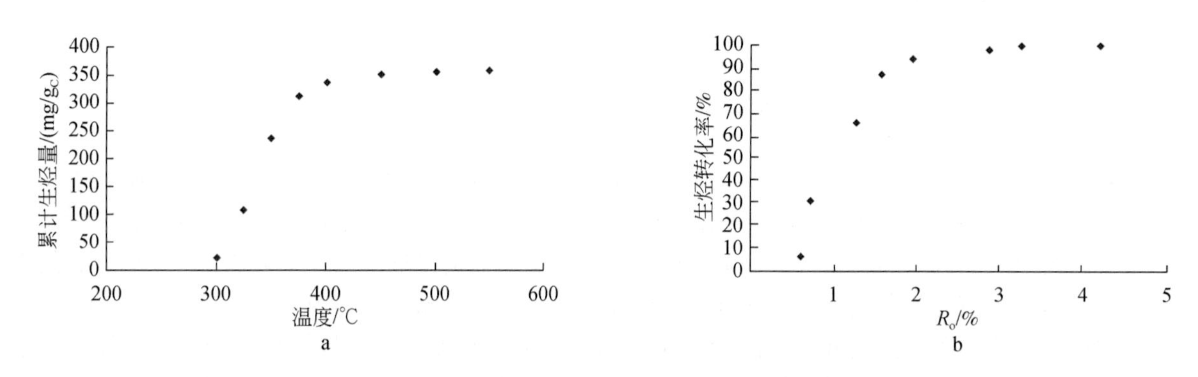

图 5.29　模拟样累计生烃量与温度的关系和生烃转化率与 R_o 的关系

从模拟实验和动力学分析可以看出，中国南方海相烃源岩的生烃能力、生烃活化能与 R_o 的关系和干酪根 H/C 原子比与 R_o 的关系能很好地相互印证，也说明了干酪根生烃活化能、H/C 原子比是判断烃源岩演化阶段一个参数指标。

（2）对不同的沉积盆地而言，由于沉降史、地温史、沉积相和原始有机质类型的不同，其有机质向油气转化的过程也有所不同。在划分烃源岩成熟阶段时，首先要综合分析和利用有机地球化学成熟度指标（EqR_o、T_{max}、HI、H/C 原子比、HC/TOC、OEP、生物标志物异构化参数等），并结合古今地温梯度和实际地质条件建立有机质热演化综合剖面，找出各项成熟度指标的“拐点”，以便能够准确地划分出成熟阶段。一口单井或一个有机质热演化综合剖面中，上述几个成熟阶段一般不会都出现，有的只有低成熟和成熟阶段，对找油气有利；有的只有高成熟和过成熟阶段，对找气有利；有的只有未成熟阶段，对找油气都不利（生物甲烷等例外）。

这里需要强调的是海相烃源岩有机质生烃（甲烷）“死亡线”并不是甲烷“死亡线”（图5.30）。残余有机质已无甲烷生成能力，只是表明有机质聚合芳环结构中已无可脱出甲基（甲烷），并非表示甲烷在此时会发生裂解。甲烷是非常稳定的化合物，根据实验资料和理论计算，甲烷在地壳中800℃和10kbar以上的稳压范围内是稳定的，这种稳压条件相对于35～40km的地壳深部条件。

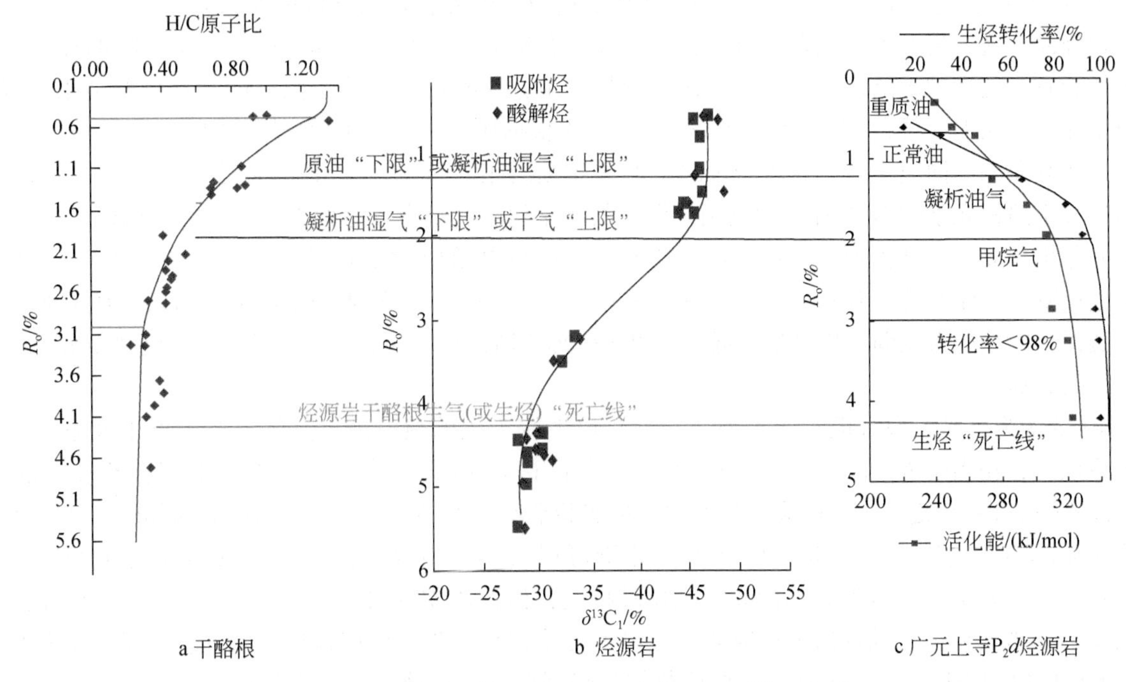

图5.30　海相优质烃源岩生气“上限”、“下限”分析

广元上寺 P_2d 烃源岩模拟样品生烃量和生烃转化率与 R_o 的关系见图5.30c。以天然气转化率20%～80%做为主生气期，则主生气期 R_o 范围为1.26%～2%，活化能范围在274～307kJ/mol。生气“死亡线”理论上是指烃源岩已完全失去生气能力，对应于模拟实验结果图5.31，此时的 R_o 在4.21%左右，这和王云鹏等（2005）对干酪根生气“死亡线”的研究基本一致，相应的生烃活化能为322kJ/mol。陈建平等通过对塔里木海相Ⅰ和Ⅱ型有机质的研究认为其生气“死亡线”是 R_o 在3%，这和本次研究相比有点偏低。其实在本次研究中，当 R_o 在3%时干酪根生烃转化率已达97%以上，残余干酪根已无实际生烃意义。对此阶段模拟残样进行抽提，其仍然存在少量的饱和烃和一定量芳烃组分，说明原油完全裂解成甲烷气需要更高的能量，其生气死亡线更为靠后。

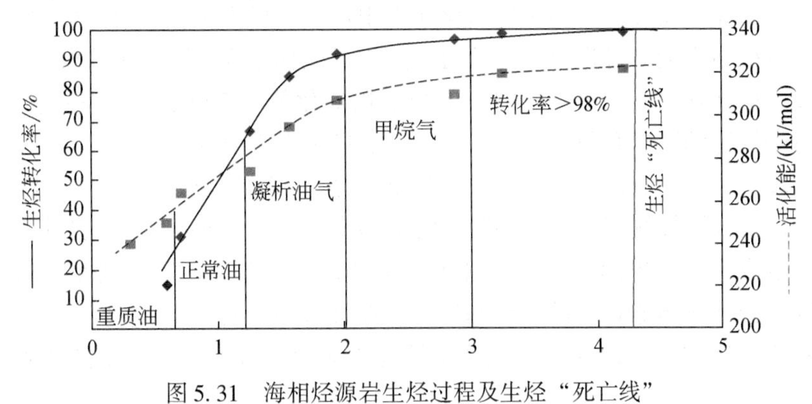

图5.31　海相烃源岩生烃过程及生烃“死亡线”

有机质演化过程是有机大分子在地质条件下随温度压力的变化不断断链脱氢脱碳的过程，残余有机质则逐渐贫氢富碳，结构则是逐步芳构化和脱氢缩聚成更多的芳环烃，并随演化程度的增高，其缩合程度逐渐增大，直至石墨化，残余有机质 H/C 原子比直接反映了其继续生烃的能力（图 5.30a）。从有机物质分子组成可以看出，烷烃分子式为 C_nH_{2n+2}，当链足够长时可以认为其 H/C 原子比为 2，即有机大分子由于杂原子的参与和分子结构的多样性其 H/C 原子比不会超过 2；生烃过程是残余有机物质芳构化程度不断加深，芳环不断增多的过程，也是 H/C 原子比不断下降的过程，当 H/C 原子比下降到某一值时，残余有机质必将达到其生烃“死亡线”。但是，我们无法明确当 H/C 原子比降到多少值时干酪根就达到了其生烃“死亡线”，这除了残余有机质本身分子组成的复杂性外，样品分析过程也会产生影响。岩石处理的干酪根样品，属于岩石不溶残余有机质，它既包括有机质热演化聚合体，还含有未排除的原油热演化不溶固体沥青，处理的干酪根样品对水汽存在微量吸附，这些都会影响干酪根的元素分析结果。因此依据岩石干酪根样品 H/C 原子比研究生烃“死亡线”需根据研究区样品实际分析确定。

通过研究海相不同演化阶段烃源岩干酪根的 H/C 原子比，可以建立 H/C 原子比与 R_o 的关系图，从而能够通过干酪根元素的 H/C 原子比判断烃源岩的演化程度。对南方海相Ⅰ、$Ⅱ_1$主要烃源岩进行了干酪根元素的分析和成熟度分析确定，并建立了 H/C 原子比与 R_o 的关系，R_o 在 0.5%~1.5%之间是有机质大量热解生烃阶段，H/C 原子比快速降低，从 R_o=1.5%到 3.0%，有机质处于高演化阶段，H/C 原子比降低较为缓慢，生烃能力减弱，生烃量较低，而 R_o>3.0%以后 H/C 原子比基本无变化，反映了残余有机质生烃能力的衰竭。

Tissot 等认为，腐泥型有机质（Ⅰ型、Ⅱ型）以甲烷为主的热成因天然气主要产出于液态烃（即石油）生成以后，相当于 R_o 在 1.2%~2.0%之间。当 R_o 达到 2%后天然气基本是甲烷气，乙烷含量极低，也就是说乙烷的 C—C 键已大量断裂，从本次模拟实验来看，R_o 达到 2%还无法使乙烷断链，其离解化学键键能是 360kJ/mol。而从模拟实验残样动力学分析可以看出，当 R_o 为 2%时，其对应的生烃活化能为 307kJ/mol左右（400℃），与凝析油的断键能比较接近，但比乙烷的 C—C 键离解能小很多。另外，R_o 达到 4.21%后模拟残样还能抽提出少量饱芳物质也不支持这种认识。但就地质实际而言，矿物催化作用和烃类热解反应协同作用都能大为降低有机质热解生烃活化能，矿物基质对有机质的生烃过程发生作用已被广为研究和接受，研究烃类混合物质的热解反应表明其反应并不是每个组分单独反应行为的简单叠加，而是存在着相互影响，一般表现为本身较难热解的组分对其他较易热解的组分的反应有抑制作用，而本身较易热解的组分则对其他较难热解组分的反应有促进作用，烃类热解协同作用的结果常使反应速度加快，并使生烃活化能降低，因此实际生烃热解反应活化能都会低于化学理论断键键能。

海相烃源岩生烃过程动力学认识：生烃活化能是有机质大分子化学键离解能的综合反映，有机质大分子元素组成和结构性质决定其生烃动力学过程，不同类型中国南方海相烃源岩的生烃平均活化能表现为 $E_Ⅰ<E_{Ⅱ_1}<E_{Ⅱ_2}<E_Ⅲ$，在有机质转化率 10% ~90%的有效生烃期间，生烃活化能跨度 ΔE 和温度跨度 ΔT 是Ⅲ>$Ⅱ_2$>$Ⅱ_1$>Ⅰ，生烃速率是 $V_Ⅰ>V_{Ⅱ1}>V_{Ⅱ2}>V_Ⅲ$，优质烃源岩具有快的生烃速率，能在较小的温度期间快速成烃，有利于油气藏的形成；浮游藻平均生烃活化能最低，能在未熟—低熟期大量生烃，生烃产物以非烃和沥青质为主；海相优质烃源岩的生烃活化能也很低，在成熟早期也可形成大量重质油或稠油。

海相优质烃源岩有机质生油气过程及生烃动力学过程可以描述为以下几个阶段（图 5.32）。

重质油形成阶段：R_o在 0.3%~0.6%之间，生烃平均活化能在 220kJ/mol 左右，一般小于 260kJ/mol 左右，主要发生杂原子桥键的断裂和脱羧反应，产物以非烃和沥青质为主。

正常原油形成阶段：R_o在 0.6%~1.2%之间，生烃平均活化能在 260 ~275kJ/mol，主要是杂原子弱键的断裂和脱羧反应，以及环烷烃侧链与芳香环侧链的 β 位断链反应，还包括一些长链烷烃的断链。

凝析油和天然气生成阶段：R_o>1.2%，生烃平均活化能>275kJ/mol，主要是链烷烃断链、环烷烃的开链和芳构化反应以及芳香环侧链 α 位的脱烷基反应，原油开始裂解。

干酪根生气“死亡线”：R_o>4.21%，生烃平均活化能>320kJ/mol，主要是芳环脱甲基反应和干酪根缩聚石墨化。

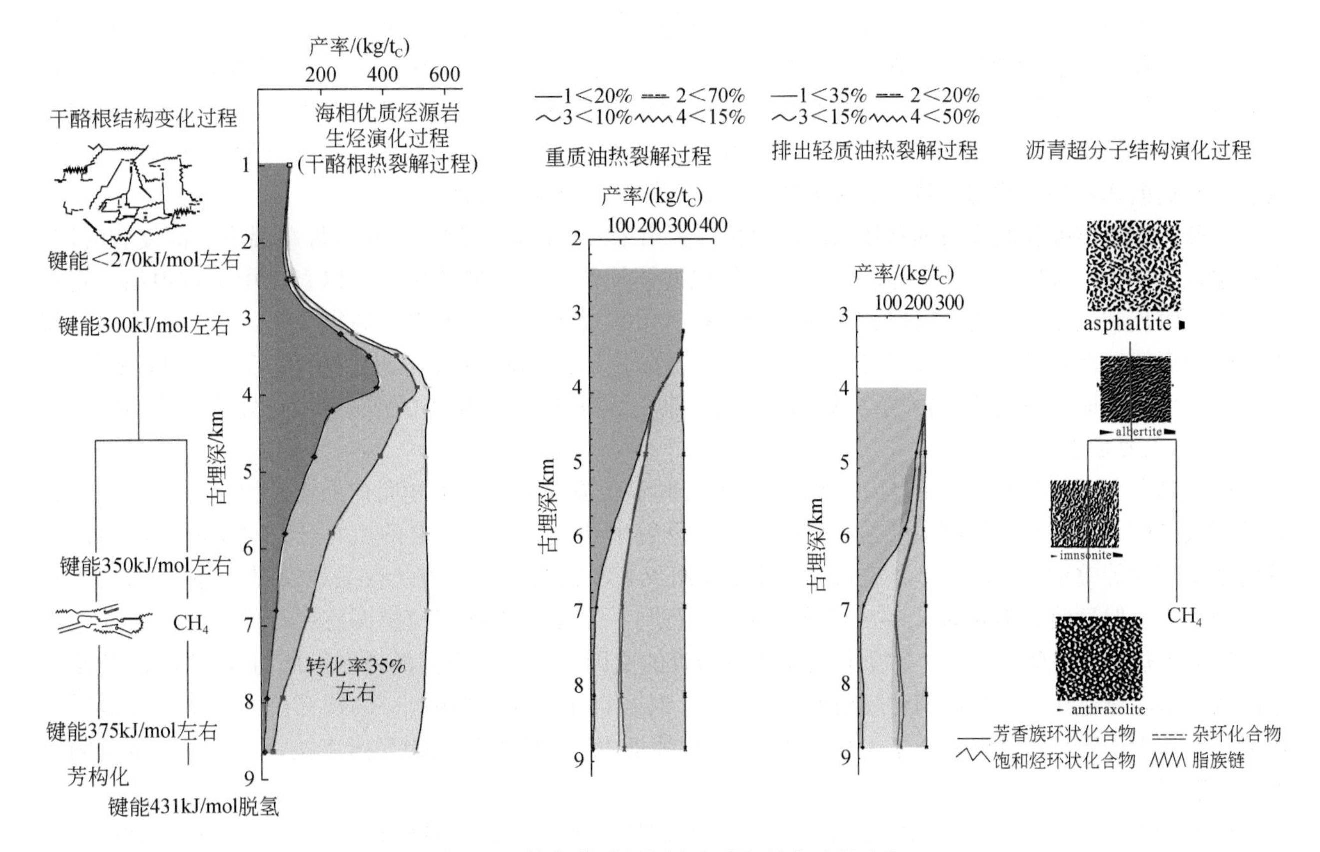

图 5.32　海相优质烃源岩生油气转化过程示意

因此，研究表明，生烃“死亡线”理论上是其转化率达到 100%，再无生烃能力的界线，此时对应的 R_o 为 4.21%。当转化率达到 98% 以后其生烃平均活化能几乎不再变化，已无实际生烃意义，此时本样品对应的 R_o 为 2.8%。

6. 筛选的高演化海相优质烃源岩成熟度和热史有效指标为等效镜质组反射率，伊利石结晶度，包裹体均一温度，磷灰石、锆石、榍石（U-Th）/He 封闭温度年龄等；辅助指标为干酪根 H/C 原子比、生烃活化能及脱气甲烷碳同位素等

针对高演化海相优质烃源岩及中国南方高演化海相碳酸盐岩层系的特点，筛选出有效的成熟度和热史指标为：等效镜质组反射率，包括镜质组反射率（R_o）、镜状体反射率（$R_{oV\,like}$）、固体沥青反射率（R_b）以及后二者换算的等效镜质组反射率 EqR_o，伊利石结晶度，包裹体均一温度，磷灰石、锆石、榍石（U-Th）/He 封闭温度年龄等；辅助指标为干酪根 H/C 原子比、生烃活化能及脱气甲烷碳同位素等（表 5.2）；可根据实际地质条件来选择。

（1）磷灰石和锆石的（U-Th）/He 方法：（U-Th）/He 方法目前主要用于造山带冷却历史的研究，用于沉积盆地热史的研究极少。这主要是造山和成盆的热历史是完全不同演化过程，造山带主要是冷却历史，而沉积盆地则是以加热历史为主导，间或有部分冷却历史（抬升剥蚀时），从而使得沉积盆地的热史相对复杂。虽然可用于（U-Th）/He 热定年的矿物有橄榄石、辉石、角闪石、石榴子石、磷灰石、锆石、榍石、磁铁矿等，但目前应用较多的是磷灰石、锆石和榍石。由于磷灰石（75℃）和锆石（170～190℃）具有不同的 He 封闭温度，在实际应用中应当将二者有机结合起来。利用磷灰石的（U-Th）/He 热定年可以精细研究低温下的冷却历史，但在用于沉积盆地的热历史恢复时，必须与其他古温标（磷灰石裂变径迹、镜质组反射率等）结合起来才能奏效。

（2）流体包裹体均一温度与古压力：盐水包裹体均一温度、烃包裹体均一温度及烃包裹体捕获温度与捕获压力是在油气生成、运移、聚集过程中，被捕获在自生矿物、胶结物、矿物次生加大边以及愈合裂隙中的流体所保存的组成、性质和物理化学参数等油气藏形成的信息。可以通过实测（均一温度、成分等）和模拟计算它们捕获时的热力学参数（温度、压力、流体密度、相态特征）和其他物理化学参数。一般认为，烃包裹体捕获温度与盐水包裹体均一温度相当或略高一些（一般高出0～20℃），而烃包裹体均一温度一般低于盐水包裹体均一温度15～20℃，可能是油气包裹体中有周边水或其他成分的影响，使其看起来提前达到均一状态，致使烃包裹体均一温度相对捕获温度偏低一些。

因此，包裹体捕获温度与捕获压力同时模拟计算出来，可以推算油气运移古埋藏温度、深度和时间。即盐水包裹体均一温度、烃包裹体均一温度及烃包裹体捕获温度与捕获压力可以直接用于古地温、古埋深及形成时代和生排烃史的恢复研究。海相碳酸盐岩层系烃源岩在上下附近储集层中盐水包裹体均一温度或烃包裹体捕获温度大于50℃小于150℃时，一般处于大量生排油期；温度变化在135～180℃之间时，一般处于生排或原油热裂解凝析气（或轻质油气）期；而盐水包裹体均一温度或烃包裹体捕获温度大于170℃时，主要是干气。

（3）等效镜质组反射率（EqR_o）包括镜质组反射率、镜状体反射率和固体沥青反射率以及后二者换算的等效镜质组反射率，目前主要是利用固体沥青反射率和镜质组反射率的换算公式将实测的固体沥青反射率换算为等效镜质组反射率，就可以应用镜质组反射率恢复热史的方法或盆地模拟 R_o 拟合来研究热演化历史了。但目前有不同的 R_o—R_b 换算公式，使得同一套 R_b 数据使用的换算公式不同而得到不同的 R_o 值，造成了热史恢复的多解性。特别是由于固体沥青的成因复杂，在不同的地区，R_b 与 R_o 之间的关系是不同的。本次研究认为当均质沥青反射率小于3.0%时，可用Jacob（1989）的换算公式求出等效镜质组反射率；而当均质沥青反射率大于3.0%时，均质固体沥青反射率和镜质组反射率接近，可以直接用固体沥青反射率值。

（4）伊利石结晶度（IC）：伊利石结晶度是反映泥质岩成岩演化的良好指标，当伊利石结晶度IC小于0.25°($\Delta 2\theta$) 划归浅变质带时，镜质组或固体沥青反射率大于6.5%；当极低变质带与成岩作用晚期阶段的界限为IC=0.42°($\Delta 2\theta$) 时，相当于镜质组或固体沥青反射率为3.0%。同时依据实测的数据，伊利石结晶度与镜质组或固体沥青反射率具有较好的线性关系，可以作为古地温研究的良好指标来反映其经历的最高温度。利用伊利石结晶度与温度关系式来研究古温度时，各地所建立的伊利石结晶度-温度关系式还存在差异，这可能是伊利石结晶度除了由温度控制外，时间也是不容忽视的因素。这是今后利用伊利石结晶度研究热历史还需要进一步完善的地方。

（5）对一个地区热史的恢复必须结合多种方法和手段进行。可根据主要成岩期次包裹体的均一温度与构造运动、磷灰石裂变径迹及磷灰石、锆石、榍石（U-Th）/He封闭温度年龄相结合，恢复不同地质时期的热史。也可根据固体沥青及镜质组反射率、最高包裹体均一温度、磷灰石裂变径迹及磷灰石、锆石、榍石（U-Th）/He封闭温度年龄、泥岩声波时差等随埋藏深度的变化恢复历史时期的最大古埋藏深度或古地温。同时，还可根据干酪根H/C原子比、干酪根自由基浓度、岩石脱气甲烷、乙烷及丙烷碳同位素、伊利石结晶度、镜质组或固体沥青反射率等研究烃源岩干酪根和固体沥青的生烃能力及其产物。

第二节　高演化优质烃源岩的成烃成藏过程分析

沉积盆地的成烃成藏过程，尤其是高演化优质烃源岩的成烃成藏过程分析，对大中型气（或轻质油气）田的勘探和发现至关重要，它与有效古温标的恢复（热演化史）、地层厚度剥蚀量的恢复（沉积埋藏史）和油气生成、运移及聚集成藏等密切相关。

一、有效古地温

古地温是目前恢复沉积盆地热历史常用方法之一。从过去几十年的发展进程看，对于沉积盆地热历史的研究总体上是从定性、半定量向定量方向发展，沉积盆地热历史研究的最终（理想）目的是给出不同地质历史时期的温度（或热流）状况。目前的各种古温标方法，无论是有机质方面的还是无机质方面的，在应用于沉积盆地这种中-低温地热系统的热史恢复时，都还存在一定的缺陷。特别是在研究早古生代碳酸盐岩地区的热历史时，存在的困难更多。如何将记录不同温度的古温标有效组合起来，共同反演复杂的温度史，是海相盆地热史恢复所面临和亟待解决的问题。

我国南方古生代海相层系经历了多期隆升与沉降的演化历史，大都处于高、过成熟状态，由于其经历的热演化历史复杂，本书通过应用镜质组（及固体沥青）反射率、包裹体均一温度、伊利石结晶度以及磷灰石或锆石 U/Th-He 封闭温度等多种新技术新方法进行分析与对比研究，旨在探索南方高演化海相层系的古温标和恢复热史。

例如，通过四川盆地东北部（川东北）普光 5 井等钻井样品镜质组反射率（R_o）等多项热演化分析数据并结合沉积演化史的综合研究表明：①R_o 或等效 R_b 及伊利石结晶度等恢复的古地温可以作为良好的古温标，它反映的是该地层在有效受热时间内所经历的最高地层温度，古地温增高，R_o 或等效 R_b 呈指数增加，有效受热时间越长，R_o 或等效 R_b 也相对增大；②流体包裹体均一温度是研究地层所经历古温度和油气藏成藏期次最直接的古温标，其最高流体包裹体捕获或均一温度与 R_o 等恢复的古地温相当，基本上代表了最高古地温，它还是成藏期次和不同时期热史恢复的有效指标；③磷灰石和锆石等（U-Th）/He 的封闭温度也可以作为古温标，它与定年相配合可进行成盆和造山的热史恢复；④高演化海相层系可根据 R_o 或等效 R_b、最高包裹体均一温度、伊利石结晶度、磷灰石及锆石等（U-Th）/He 封闭温度年龄等技术恢复最大古埋深、古地温及热史。

1. 有效最高古地温的恢复方法是利用镜质组反射率、等效镜质组反射率及伊利石结晶度等

（1）镜质组反射率或等效镜质组反射率恢复的最高古地温：镜质组反射率或等效镜质组反射率（根据 R_b 换算的 EqR_o 或根据镜状体反射率换算的 EqR_o）主要控制因素是所经历的最高古地温和有效古地温所持续的时间以及有机质类型、沉积、成岩环境、岩石类型等。温度和时间是控制镜质组（及固体沥青）反射率的两个最重要的动力学参数，温度与时间在某种程度上存在相互补偿的关系，即高温短时间的作用可产生与低温长时间的作用相似的结果，即温度是主控因素，时间起补偿作用。现今实测地温或地温梯度并不等于历史上的最高古地温或古地温梯度，而后者对有机质的热演化或油气的生成或镜质组（及固体沥青）反射率比前者还要重要，即历史上的最高古地温或古地温梯度及古埋藏深度是镜质组（及固体沥青）反射率的最重要控制因素。

应用 R_o 恢复最高古地温（或古地温梯度）的方法或公式较多，这里选用了常用的三种。

Karwill-Bostick 图解法，它是利用温度-R_o-有效恒温时间三者之间的关系来恢复最高古地温的，这里的有效恒温时间不是指地质时代越老，有效恒温时间就越长，而是必须研究它的沉积构造发育史来大致推算古温度的有效恒温时间。从普光 5 井沉积演化史来看，有效恒温时间约 70±20Ma，在 J_3 末—K_1 时进入最高有效受热时间，约在 40Ma 开始大量抬升剥蚀逐渐脱离最高有效受热时间。其代表性样品实测 R_o（或根据 R_b 换算的 EqR_o）Karwill 恢复的古地温列于表 5.16 中，可以看出，最高古地温随现今埋藏深度的增加而呈直线增大（图 5.33），回归方程为：$D=37.269T-2581.5$ 或 $T=0.0268D+74.75$，$R^2=0.9785$，显示出 J_3 末—E 早期最高古地温梯度约 2.68℃/100m，大于现今地温梯度 2.04℃/100m。例如，普光 5 井现今埋深 5000m 时，现今地层温度为 124℃，而 J_3 末—E 早期最高古地温约为 209℃，高出现今地层温度 85℃。

表 5.16　川东北普光地区普光 5 井等代表性样品镜质组反射率（或根据 R_b 换算的 EqR_o）实测值恢复的古地温

样品号	深度/m	层位	岩性	R_o/%	R_b/%	测点数	伊利石结晶度（CIS）（Δ2θ）/(°)	Karwill-Bostick 图版推算的最高古地温/℃	施巴卡公式推算的最高古地温/℃	Hood 图版推算的最高古地温/℃
MB3-84	1676～1679	J_1z	浅灰细砂岩	1.14		29		110	84	130
MB3-111	2027～2030	J_1z	碳质页岩	1.45		30		129	107	148

续表

样品号	深度/m	层位	岩性	R_o/%	R_b/%	测点数	伊利石结晶度（CIS）（Δ2θ）/(°)	Karwill-Bostick图版推算的最高古地温/℃	施巴卡公式推算的最高古地温/℃	Hood图版推算的最高古地温/℃
PG5-1-1	2557.37	J_2q	泥岩	1.75		27	0.57	135	125	163
PG5-41	2568~2572	J_2q	深灰色泥岩	1.42		26		127	104	147
PG5-50	2715~2720	J_1z	深灰色泥岩	1.47		23		131	108	150
PG5-60	2880	J_1z	煤屑	1.91		50		144	133	167
PG5-70	2973~2978	T_3x	深灰色泥岩	1.80		20		142	128	165
PG5-73	2975~3035	T_3x	煤屑	1.98		200		150	137	170
PG5-78	3048~3055	T_3x	深灰色泥岩	1.86		33		143	131	166
PG5-88	3177	T_3x	煤屑	2.02		50		151	139	175
PG5-94	3225~3229	T_3x	深灰色泥岩	2.06		25		153	141	177
PG5-2-2	3403.96	T_3x	煤线	2.11		27		155	143	178
PG5-115	3507.5	T_3x	泥岩	2.15		50	0.42	158	145	181
PG5-123	3601~3606	T_2l	深灰色灰岩		2.25	28		160	149	186
PG5-134	3730~3735	T_2l	黑色泥云岩		2.28	21	0.42	161	150	188
MB3-258	4050~4053	T_1f	浅灰色灰岩		2.70	30	0.41	182	167	202
mb3-13-2	4355.01	P_2ch	灰色白云岩		3.15	24		193	182	220
PG2-4	4828.77	T_1f_3	灰岩		3.60	20		205	194	225
PG2-9	4942.46	T_1f_2	灰岩		3.55	25		204	193	224
PG5-5-1	5146.7	P_2ch	白云岩		3.97	20		211	204	227
PG5-6-3	5166.3	P_2ch	白云岩		3.80	8	0.38	205	200	224
mb3-27-1	5224.76	P_1m	深灰色灰岩		3.95	10		210	204	226
PG5-284-2	5669.5	P_2l	泥岩		4.56	16		225	217	
PG5-291	5737.5	P_2l	泥岩	4.72		8		228	221	
PG5-10-3	5883.79	P_1m	泥灰岩		4.97	4	0.36	229	226	
PG5-10-8	5889.3	P_1m	泥灰岩		4.92	4	0.36	230	225	
PG5-316	6002.5	P_1q	灰岩		5.52	6		236	236	
PG5-321	6059	P_1l	煤屑	4.82		50		228	223	
PG5-321	6059	P_1l	灰岩		5.13	2		232	229	
PG5-11-3	6071.8	C_2h	灰岩		5.24	15		233	231	
PG5-11-4	6076.6	$S_{1-2}h$	灰岩		5.30	12		235	232	
PG5-11-5	6077.2	$S_{1-2}h$	泥岩		5.21	17	0.35	234	230	

Hood等（1975）认为，R_o或烃源岩成熟度主要取决于所经历的最高古地温和温度不低于最高古地温15℃范围内的受热时间，这段时间才是有效受热时间，提出用有机变质标尺（LOM，可用R_o换算）和有效受热时间衡量最高古地温，其代表性样品实测R_o（或根据R_b换算的EqR_o）恢复的古地温见表5.16，可以看出，其恢复的最高古地温随现今埋藏深度的变化趋势与Karwill恢复的最高古地温相似，只是同一样品约比Karwill恢复的最高古地温高出15~20℃（图5.33）。

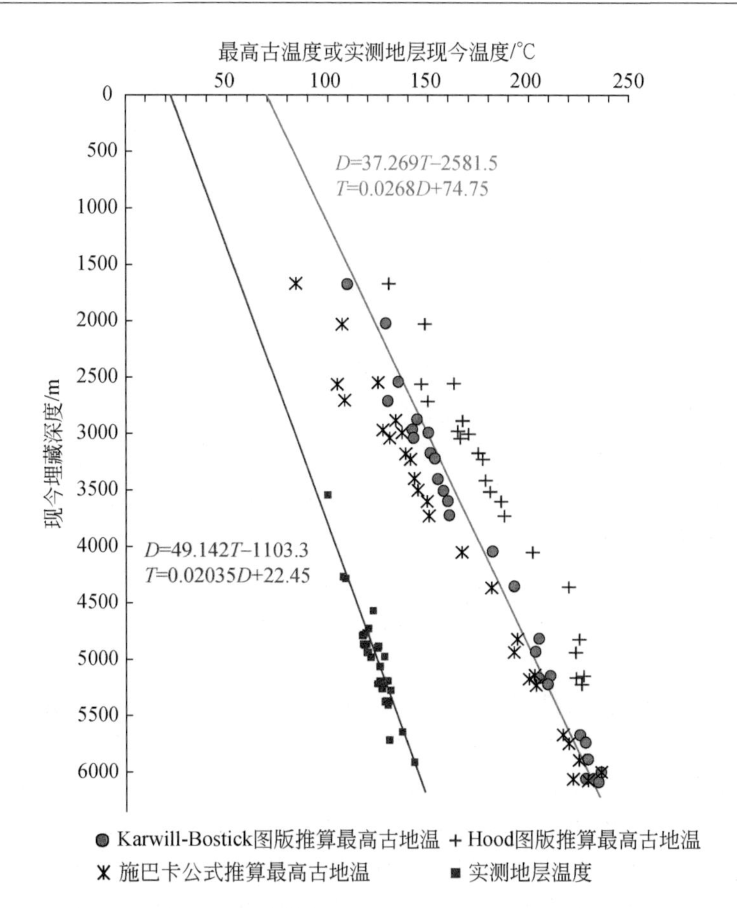

图 5.33　镜质组反射率（R_o 或根据 R_b 换算的 EqR_o）实测值三种方法恢复的古地温及实测地层温度

施巴卡提出了计算古地温公式：$T_C=(\lg R_o+0.87-0.149\lg t_0)/0.0045$，（$T_C$为古地温；$t_0$为有效受热时间；$R_o$ 为镜质组反射率），本书也用这种方法计算了普光 5 井等代表性样品的最高古地温（表 5.16），可以看出，其最高古地温随现今埋藏深度的变化趋势与 Karwill 和 Hood 等恢复的最高古地温基本相似，只是同一样品约比 Karwill 恢复的最高古地温低 2～25℃，温度越高，差距越小，约比 Hood 恢复的最高古地温低 22～45℃，也是温度越高，差距越小（图 5.33）。

实际上，根据 R_o 恢复古地温，除与经历的最高古地温和有效持续时间有关外，还与原始样品的起始温度和升温速率有关，这已经得到模拟试验的证实。因此，根据 R_o（或根据 R_b换算的 EqR_o）恢复古地温要结合本地区的沉积构造演化史，确定好有效受热时间，选用好恢复方法，我们认为 Karwill 图版恢复的古地温相对适中且可靠一些。

关于镜质组反射率（R_o）与固体沥青反射率（R_b）换算的等效镜质组反射率（EqR_o）或镜状体反射率（R_{oVlike}）换算的等效镜质组反射率（EqR_o）之间的关系见本章第一节。

此外，还可用 R_o 盆地模拟或 TTI 拟合计算最高古地温。古地温梯度、沉积埋藏史及持续恒温时间是 R_o 的主要影响因素，可用盆地模拟方法先恢复地层沉积埋藏史，假设一个古地温梯度模式，计算各测点的 R_o 值，不断调整古地温梯度模式，使计算得到的 R_o 值与各测点实测 R_o 值尽量一致，得到最佳古地温梯度模式。这个模拟过程就是古地温梯度的拟合计算。热史模拟是测定岩石热导率、热容等参数，分析现今热流、地温梯度、古地温梯度、热流值等，进行单井和剖面热演化研究，分析烃源岩主要地质历史时期古地温场及对成烃演化的影响。

盆地模拟方法是当代研究和评价盆地油气资源潜力的先进技术，它以现代石油地质理论为基础，以计算机技术为重要手段，综合应用钻井、地质、测井、物探、分析化验多种信息和资料，通过计算机模拟，重塑盆地沉积、构造发育史、温度演变史、有机质成烃演化史，进而对盆地的生烃量、排烃量及远景资源量做出定量评价，为油气勘探部署提供科学依据。它可用于不同勘探程度盆地的资源评价，具有较广泛的适用性。

TTI 拟合计算古地温梯度的特点是强调整个埋藏史温度及时间对有机质热演化的影响，强调温度作用的累积效应，弥补了 Hood 等方法的不足之处。TTI 计算公式有多种，其中常见的为

$$\mathrm{TTI}=\int_{t_0}^{t}\left[2^{f(t)}\right]\mathrm{d}t,\ f(t)=\left[T(t)-105\right]/10 \tag{5.7}$$

式中，t 为时间（Ma）；$T(t)$ 为烃源层温度（℃）。

$$\mathrm{TTI}=\sum_{n=\min}^{n=\max}(\Delta T\cdot n\cdot r\cdot n)$$

式中，r 为温度每增加 10℃成熟度增长速率；n 为以 10℃为一步长的温度指数或熟化速率指数。在实际应用中，r 取 2；在温度段 100～110℃时，$n=0$ 较为合适。

在计算 TTI 时必须解决以下两个问题：第一是恢复地层沉积埋藏史，其真实程度直接影响该方法的应用效果；第二是恢复古地温梯度，这是最为关键的问题，对 TTI 计算影响很大。正因为古地温梯度对 TTI 计算影响很大，一些学者将 TTI 计算反过来应用，如果有较详细的实测 R_o，将 R_o 换算成 TTI。先恢复地层沉积埋藏史，假设一个古地温梯度模式，计算各测点的 TTI 值。不断调整古地温梯度模式，使计算得到的 TTI 值与各测点实测 R_o 相对应的 TTI 值尽量一致，得到最佳古地温梯度模式。这个过程就是古地温梯度拟合计算。

（2）伊利石结晶度反映的最高古地温：伊利石结晶度 IC 主要反映的是高成熟—过成熟阶段或成岩变质阶段的最高古温标。依据川东地区普光 5 井、丁山 1 井等中生界—震旦系岩心及岩屑样品实测伊利石结晶度与镜质组或固体沥青反射率的数据，它们具有较好的线性关系（图 5.10、图 5.11）。

从川东地区伊利石结晶度、R_o 及 R_b 与温度/成熟度之间具有很好的对应关系可以看出，结合沉积埋藏史的恢复，镜质组反射率、固体沥青反射率和伊利石结晶度均可以作为研究地层沉积埋藏演化最高受热史的一种有效古温标。即可以利用镜质组反射率与最高古地温的关系建立伊利石结晶度与 R_o 恢复的古地温的关系（图 5.34a）。不同地区所建立的伊利石结晶度-温度关系式还存在差异，这可能是伊利石结晶度除了温度控制外，时间也是不容忽视的因素。例如，当伊利石结晶度 IC 为 0.42°($\Delta 2\theta$) 时，R_o 推算的古地温为 160℃左右（150～188℃）。各地所建立的伊利石结晶度-温度关系式还存在差异，这可能是伊利石结晶度除了由温度控制外，时间也是不容忽视的因素。

实际上，川东北地区普光 5、毛坝 3 井等岩心及岩屑样品实测伊利石结晶度与实测近最大埋藏深度时的包裹体均一温度具有较好的线性关系（图 5.34b），随包裹体均一温度的增大，伊利石结晶度逐渐变小；当伊利石结晶度 IC 小于 0.42°($\Delta 2\theta$) 时，包裹体均一温度大于 184℃，即川东北普光地区古生界海相层系晚成岩阶段与极低变质带的界线温度为 184℃左右，这与川东北镜质组反射率恢复最大古温度 167℃左右基本相当。

Ji 和 Browne（2000）基于新西兰陶波（Taupo）火山带的伊利石结晶度和温度得到了伊利石结晶度和温度之间的线性回归关系（图 5.34c）。从中可以看出通过乙二醇蒸汽饱和测得的结晶度值（$\mathrm{IC_{GL}}$）随着温度升高而降低的趋势，也展示了温度和伊利石结晶度良好的线性关系，只是其温度普遍比川东北地区对应的最高包裹体均一温度相对低一些，这主要是后者经历时间长的影响，即伊利石结晶度反映的古温度与镜质组反射率相似，均与经历的最高古温度相关，而且还与最高古温度所经历的时间有关，后者越长，最高古温度越低。

2. 油气成藏过程中或不同成藏期次的有效古温度判识方法是流体包裹体捕获温度、流体包裹体均一温度等

矿物流体包裹体均一温度被认为是包裹体捕获温度或成矿温度的下限温度，沉积地层中均一温度主要使用盐水溶液包裹体测定。水溶液包裹体的均一温度不必经过压力校正，等同于或接近于捕获温度，代表当时的古地温。利用专用软件 VTFLINC，通过对石油包裹体、盐水包裹体的均一温度和捕获温度及捕获压力的模拟计算结果认为，伴生的烃包裹体均一温度一般低于盐水包裹体均一温度为 20～35℃，而盐水包裹体均一温度一般低于捕获温度 10～20℃。

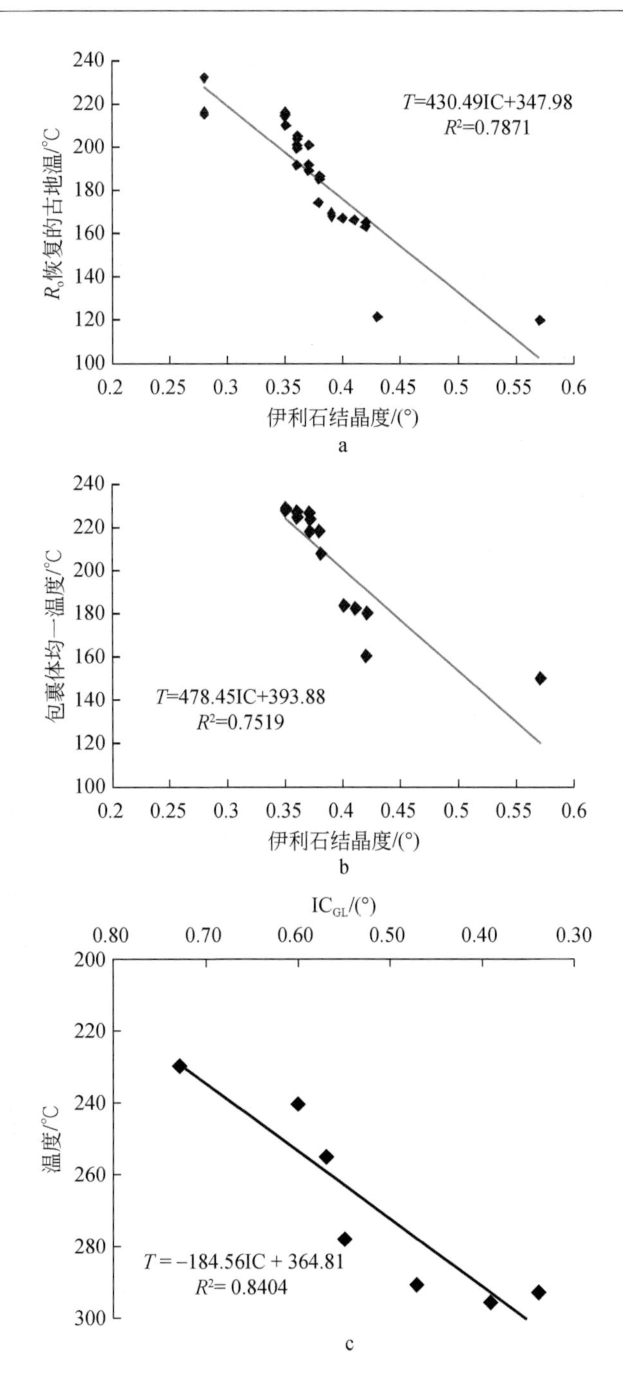

图 5.34　伊利石结晶度与古地温的关系

a. 川东北地区伊利石结晶度与镜质组反射率恢复的最高古地温（R_o 恢复的古地温）的关系；b. 川东北地区普光 5 井等伊利石结晶度与最高古地温（近最大埋深时的包裹体均一温度）的关系；c. 新西兰陶波火山带 WT7 钻井伊利石结晶度与温度的关系（Ji and Browne，2000）

例如，塔里木盆地 TP2-包-2 样品中，第一期盐水包裹体均一温度为 81℃，伴生的烃包裹体均一温度为 61℃，它们的捕获温度为 90℃；第二期盐水包裹体均一温度为 126℃，伴生的烃包裹体均一温度为 92℃，捕获温度为 147℃。

但是，流体包裹体均一温度与地质时期形成的流体来源有关，如果成岩流体来自地层本身，则形成的流体包裹体均一温度与地层古地温一致，如果成岩流体来自深部热水或与火成岩活动有关，其均一温度应高于周围地层的古地温，代表瞬时高温状态，相反，如果成岩流体来源于上部地层及地表水，则形成的流体包裹体均一温度可能低于地层古地温。因此，根据岩石测定的流体包裹体均一温度与埋藏深度的关系，可以求出不同时期形成包裹体时的古地温梯度，重温古地温的演化。

根据普光气田普光5、普光2井等 P_2ch 及 T_1f 储层中流体包裹体的赋存产状、均一温度、盐度、密度等大致可划分为四期，其中盐水包裹体三期（图5.35）：第一期是沥青+气包裹体，它可能是印支期（T_2—T_3）相对低温（<75℃）形成的稠油包裹体之后又经历高温演化而形成的沥青+气包裹体；第二期（盐水包裹体第一期）主要是燕山早期（J_{1-2}）充填在白云岩重结晶后晶间溶洞的亮晶方解石中的流体包裹体，其盐度NaCl平均高达13.03%，密度平均1.04g/cm^3，盐水包裹体均一温度分布在96～130℃之间，主峰温度在106～116℃之间；第三期（盐水包裹体第二期）是燕山期（K_{1-2}）主要产于溶洞石英晶体及方解石脉中的包裹体，其盐度NaCl平均11.37%，密度平均0.966g/cm^3，盐水包裹体均一温度分布在174～216℃之间，主峰温度在180～195℃之间，多呈长椭圆、长方形和不规则形态分布；第四期（盐水包裹体第三期）主要是喜马拉雅期（E—N）产于方解石脉及溶蚀充填方解石中的包裹体，其盐度NaCl变化在5.32%～11.22%之间，平均只有8.18%，密度平均0.98g/cm^3，盐水包裹体均一温度分布在139～161℃之间，主峰温度在146～156℃之间（图5.35）。

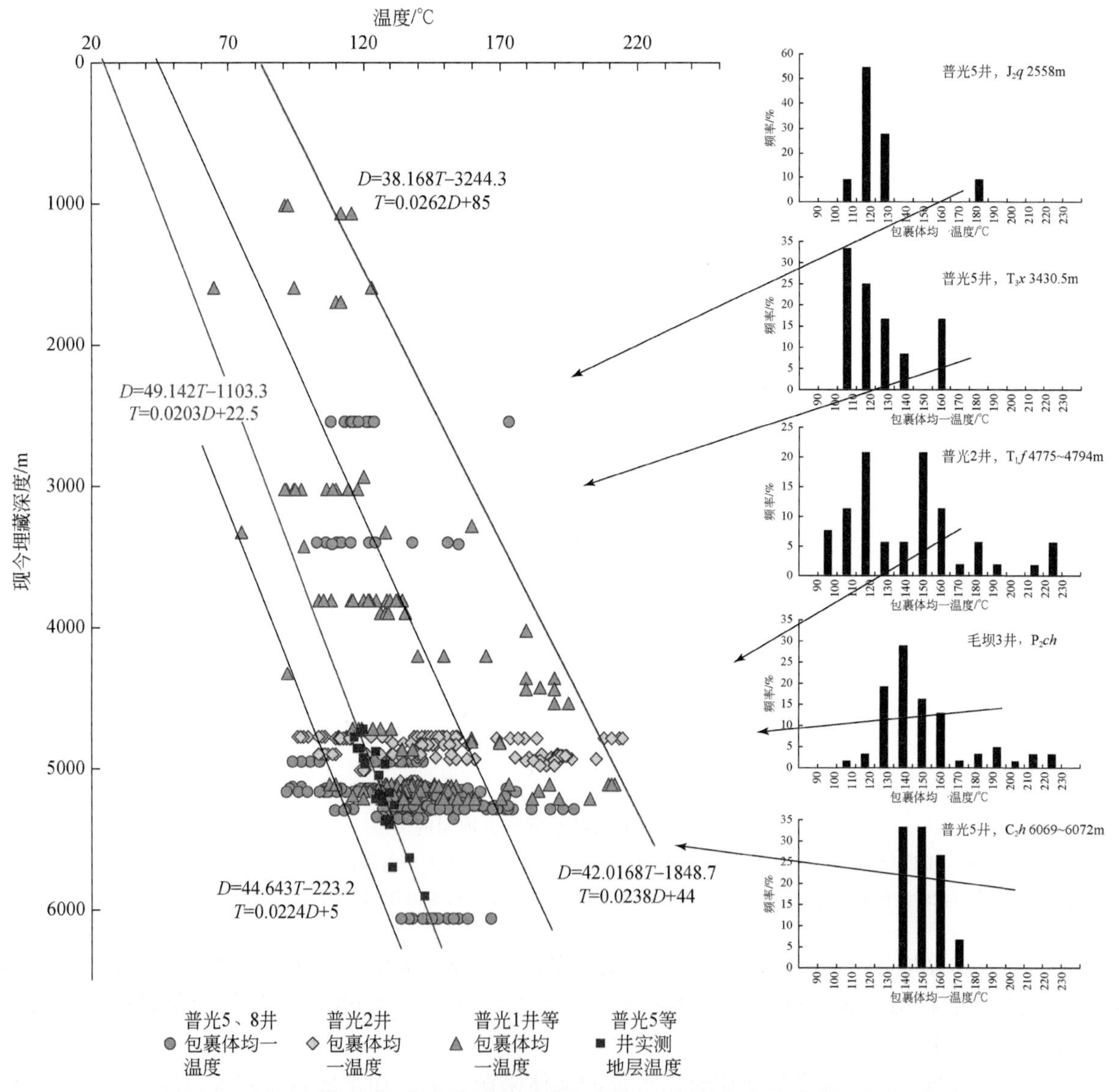

图5.35 普光5等井实测地层温度和流体包裹体均一温度与现今埋藏深度的关系

普光2、5井等储层实测包裹体均一温度随现今埋藏深度的变化趋势基本上分期次呈直线分布（图5.35）。第二期（盐水包裹体第一期）古地温梯度（2.24℃/100m）略高于现今地温梯度（2.03℃/100m）；到燕山期（K_{1-2}）第三期（盐水包裹体第二期）古地温梯度相对达到最高，在2.65℃/100m左右；喜马拉雅期（E—N）第四期（盐水包裹体第三期）古地温梯度（2.38℃/100m）相对逐渐变低，到现今地温梯度逐渐降到2.03℃/100m。即古热流从燕山早期（J_{1-2}）到燕山中期逐渐增高，可能在燕山中期强烈构造活动（K_1末与K_2初）时古热流达到高峰，喜马拉雅期（尤其是40Ma之后）整体隆升剥蚀，古热流却逐渐降低，直到现今相对最低的地温梯度或热流值。也就是说，川东北海相现今的热演化程度应是在燕山中晚期形成的，这时埋藏深度最大（大于现今埋藏深度约3km），地温梯度或古热流值相对最高。

3. 油气成藏（或沉积演化）过程中某时间段有效古温度确定方法是磷灰石、锆石（U-Th）/He 年龄封闭温度、磷灰石裂变径迹等

磷灰石裂变径迹及磷灰石 He 热定年技术可以揭示45～110℃温度范围的精细冷却历史，再结合锆石及榍石的 He 热定年技术（前者封闭温度170～190℃，后者191～218℃），可以对沉积演化过程某时间的古温度或复杂热史轨迹进行恢复。例如，元坝地区 T_3x^2—K_1j 钻井样品磷灰石 He 年龄均远小于样品沉积年龄，均经历过或接近封闭温度（表5.13、图5.23）。该地区磷灰石（U-Th）/He 年龄接近为零时，深度约4500m，封闭温度约为95℃。现今深度为87m 的 K_1j 样品磷灰石（U-Th）/He 年龄均值为36.4Ma，即该样品点在36.4Ma 时其地层温度曾经历过或接近95℃的封闭温度。

元坝地区 K_1j 样品锆石（U-Th）/He 年龄大于沉积年龄，样品最大埋藏未达到锆石（U-Th）/He 封闭温度（170℃左右）。而 T_3x^2—J_1z 样品部分锆石（U-Th）/He 年龄（100Ma 左右）接近地层沉积年龄，即该样品点在100Ma 左右时其地层温度曾接近170℃的封闭温度。

它们勾绘出元坝地区的沉积演化过程或复杂热史轨迹的多个时间节点所对应的古温度（或古埋藏深度）：T_3x^4样品（现今埋深4476.5m）磷灰石 He 年龄均值为1.6Ma 时，曾经历封闭温度（>95℃），现今地层温度100℃⟶该样品（T_3x^4）部分锆石 He 年龄（97.3Ma）接近地层沉积年龄，地层温度曾接近170℃（封闭温度）⟶而 K_1j 样品磷灰石 He 年龄（13.1～60.5Ma）均值为36.4Ma 时，地层温度曾接近或达到95℃左右的封闭温度。

同理，普光地区的沉积演化过程多个时间节点所对应的古温度（或古埋藏深度）：T_3x 样品（现今埋深3247.06m）磷灰石 He 年龄均值为2.4Ma 时，曾经历封闭温度（>85℃），现今地层温度89℃⟶该样品（T_3x^4）部分锆石 He 年龄（49.9～79.2Ma）小于或接近地层沉积年龄，地层温度曾接近170℃（封闭温度）⟶J_2s 样品磷灰石 He 年龄（11.6～40.5Ma）均值为25.9Ma 时，地层温度达到85℃左右的封闭温度。

二、地层最大剥蚀厚度的恢复与实例分析

地层厚度剥蚀量的恢复是热史、生烃史和烃源岩生排油气量估算（模拟）的基础，恢复方法是采用上述古地温及古地温梯度、泥岩声波时差、EqR_o、磷灰石（U-Th）/He 封闭温度及年龄并结合地震残留地层厚度推算等方法来综合分析研究并估算地层最大抬升剥蚀量。不同地区根据实际条件和所得到的资料和数据，恢复方法可有所不同。

1. 通过对四川盆地东北部普光地区镜质组（及固体沥青）反射率、伊利石结晶度、磷灰石及锆石（U-Th）/He 封闭温度及年龄、泥岩声波时差和包裹体均一温度等综合分析，该地区 J_2 以上地层最大剥蚀厚度在3000m 左右（2800～3500m）

温度是控制有机质热演化或原油裂解气的决定性因素，沉积盆地的古今地温或地温梯度是埋藏深度或有机质成熟度的函数，一般来说，古（今）埋藏深度越大，古（今）地温越高，有机质成熟度越高。从普光5井等效 R_o、包裹体均一温度、实测地温（图5.36）、伊利石结晶度、磷灰石及锆石的 He 年龄数据（图5.34）随埋藏深度的演化剖面可知，普光地区（图5.36）S_1、P_2 及 T_1 等烃源岩在现今埋藏深度达到1800m 时，EqR_o约为1.3%，地层实测温度为60℃，最高包裹体均一温度为135℃时，进入凝析油湿气阶段；当现今埋藏深度达到3150m 时，R_o 约为2.0%，地层实测温度为87℃，最高包裹体均一温度为165℃时，进入干气甲烷生成阶段；当现今埋藏深度达到4000m 时，EqR_o约为3.0%，伊利石结晶度为0.42°（$\Delta 2\theta$），地层实测温度为105℃，最高包裹体均一温度为175℃时，可能进入干气阶段（甲烷生成极微）。

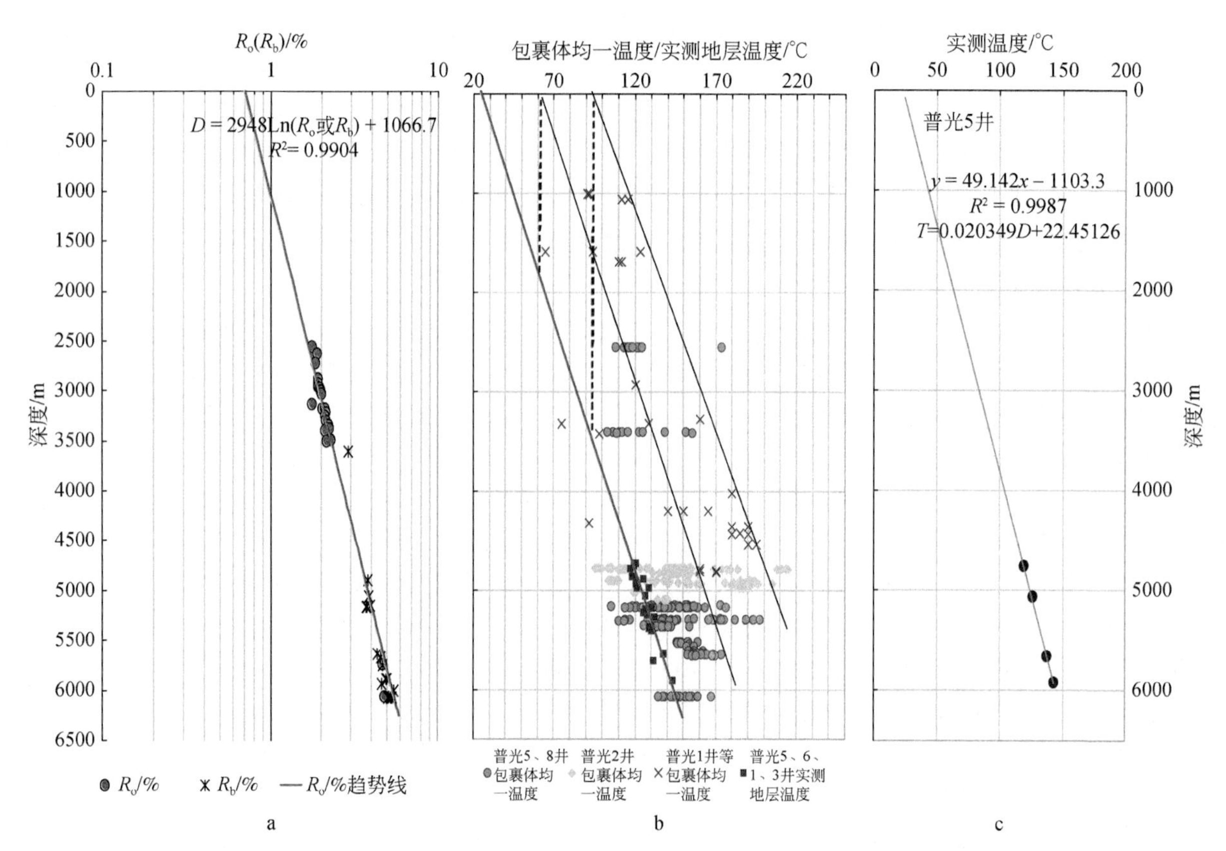

图 5.36　川东北普光 5 井等效镜质组（及固体沥青）反射率、包裹体均一温度及实测地层温度的演化剖面

普光 5、普光 2 井等实测 R_o（R_b）值随埋藏深度增加呈半对数直线变化的方程为

$$D=2948\ln(R_o 或 R_b)+1066.7$$

式中，D 为埋藏深度（m），其直线斜率较高，说明古地温梯度相对较低。当接近地表时，EqR_o值约为 0.23% 时，深度约为-3200m（图 5.36a），推算该井最大剥蚀厚度约为 3200m（该井未有火成岩活动）。

储层实测包裹体显示的三组均一温度表明，第一期（J_2 末）古地温梯度与现今地温梯度基本相当，由 2.03℃/100m 到第三期（K_2）的约 2.27℃/100m，略有增加（地表温度平均按 23℃）。看来地温梯度从 J_2 末到现今变化范围并不大，变化在 2～2.3℃/100m 之间。因此，用普光 2 井 T_1f 二段储层实测包裹体均一温度与古地温梯度可以推算当时最大埋深或剥蚀厚度：K_1 沉积后，T_1f 最大埋藏深度约为 8000m，剥蚀厚度约为 3100m；J_3 末时，T_1f 最大埋藏深度约 6500m，J_3 剥蚀厚度约 1600m，K_1 剥蚀厚度可能为 1500m 左右；J_2 末时，T_1f 最大埋藏深度约 4150m，与残留厚度为 4180m 相当（图 5.36b、c）。

利用泥岩声波时差的正常压实曲线与埋藏深度的直线变化关系延推到地表泥岩沉积物的声波时差（655～660μs/m）（秦建中，2005），求得当时的最大古埋藏深度或剥蚀厚度。普光 6 井的泥岩声波时差与埋深之间存在的线性关系为

$$z=-4937.9\ln(x)+28198, R^2=0.9719$$

式中，x 为泥岩声波时差（μs/m），z 为泥岩的埋深（m）。

当泥岩的声波时差等于地表或水中的数值 650μs/m 时，z 值为-3500m，也就是说该地区剥蚀厚度约为 3500m（图 5.37a）。

从川东北及四川盆地 J_{2-3} 残留地层厚度来看，最大钻遇上沙溪庙组以上地层厚度达 2528m（川巴 88 井，未见顶），蓬莱镇组残留厚度可能在 600m 以上，而现今普光 2 井 J_{2-3} 上沙溪庙组以上残留地层厚度为 1396m（未见蓬莱镇组），即 J_3 剥蚀厚度可能达到 1700m 以上；关于 K 沉积厚度争议较大（丁道桂等，2007），认识比较一致的是 K_1 肯定有沉积，厚度应在 400～1200m 之间，再加上白龙组、七曲寺组及 K_2，沉积厚度可达 2000m 以上。也就是说，从沉积发育及残留地层厚度分析来看，川东北普光地区 J 以上地层

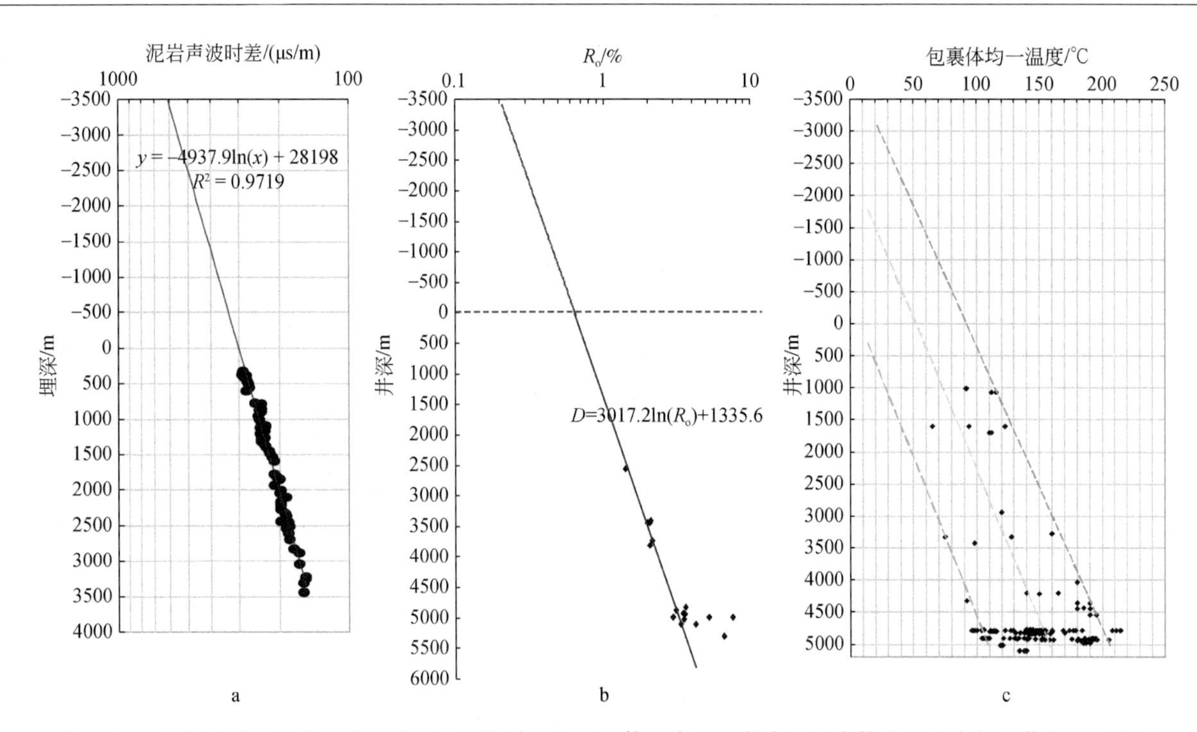

图 5.37　川东北普光 2 井泥岩声波时差、镜质组（及固体沥青）反射率和包裹体均一温度与埋藏深度的关系

剥蚀厚度可以达到 3000m 以上。

磷灰石及锆石的 He 年龄数据显示普光—毛坝地区在古近纪—新近纪（50 ~ 0Ma）处于冷却抬升剥蚀的主要时期。假使该区在地质历史时期古地温梯度恒定，从磷灰石 He 年龄与深度的关系（图 5.38b、c）来看，利用年龄高程法推算出此期间的剥蚀速率为 82.8 ~ 164.1m/Ma，平均约为 119.7m/Ma，大致相当于 2.5℃/Ma 平均降温速率，在此期间的抬升剥蚀厚度为 2800 ~ 3000m。与通过镜质组反射率推算的剥蚀厚度 3200m 比较接近。

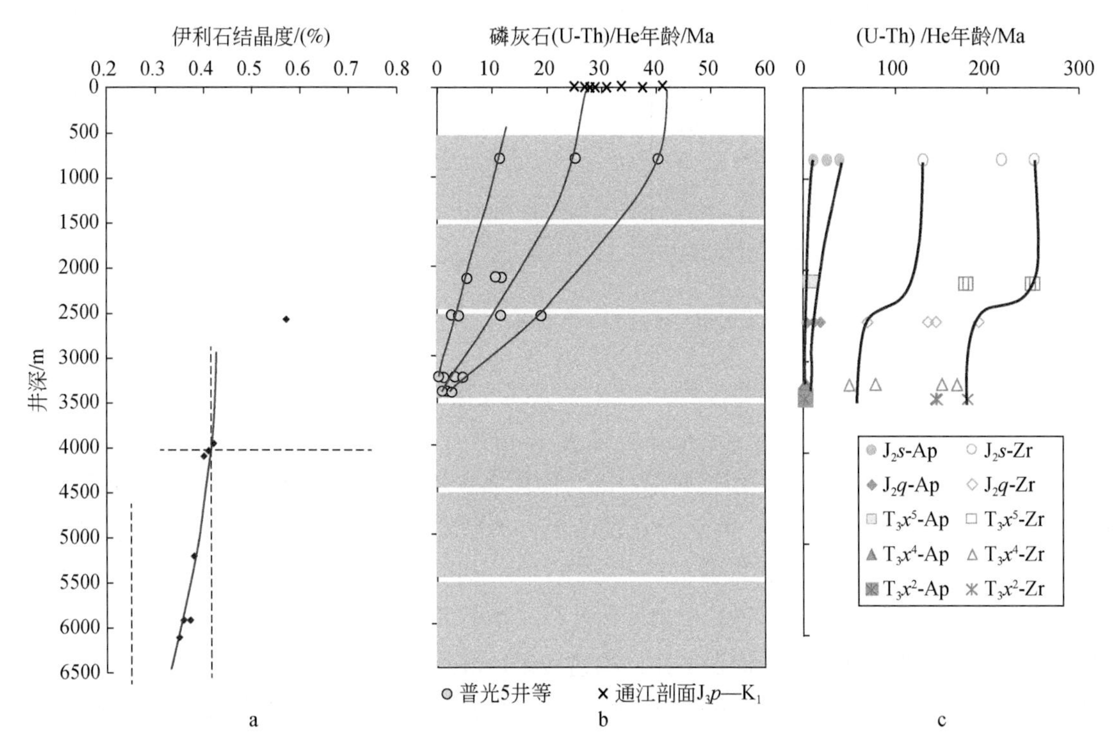

图 5.38　川东北普光 5 井等伊利石结晶度、磷灰石及锆石（U-Th）/He 封闭温度年龄的演化剖面

Ap 为磷灰石；Zr 为锆石

同时利用 HeFTy 模拟软件对单个样品的热史进行了定量模拟，采用 Monte Carlo 方法随机模拟一定数量的温度路径，模拟结果显示“可以接受”、“好”和“最好”的温度路径。选取来自普光 5 井 J_2s 样品进行模拟，其磷灰石的 He 年龄仅为 25.9Ma。模拟结果表明其曾经历了 120℃左右的埋藏温度，随后地层抬升温度降低至现今的 39℃。这与由古温标得到温度演化路径是一致的。同时，锆石的 He 年龄在 130.2 ~ 250.2Ma 之间，与样品的地层年龄相当或大于地层的年龄，说明了锆石未经历其 He 封闭温度（170 ~ 190℃）。如果按照前述的地温梯度计算，大致有近 3000m 的剥蚀厚度，与通过其他方法恢复的最大剥蚀厚度较为一致。

2. 通过对四川盆地东北部元坝地区镜质组（及固体沥青）反射率、磷灰石和锆石（U-Th）/He 封闭温度及年龄等综合分析，该地区 K_1j 以上地层最大剥蚀厚度在 4000m 左右

磷灰石的 He 年龄数据揭示元坝地区在古近纪—新近纪（60.5 ~ 0.1Ma）处于冷却抬升剥蚀的主要时期。假使该区在地质历史时期古地温梯度恒定（2.3℃/100m），从磷灰石 He 年龄与埋藏深度的关系(图 5.39) 来看，利用年龄高程法推算出此期间的平均剥蚀速率约为 109.9m/Ma，大致相当于 1.9℃/Ma 平均降温速率。鉴于剑门关组 K_1j 样品磷灰石处于 He 部分保留区，可能接近于封闭温度，其最高古地温曾接近磷灰石封闭温度，K_1j 及以上地层最大抬升剥蚀厚度约为 4000m。根据锆石 He 年龄数据可以得到该区在侏罗纪期间处于抬升剥蚀（冷却）的状态。

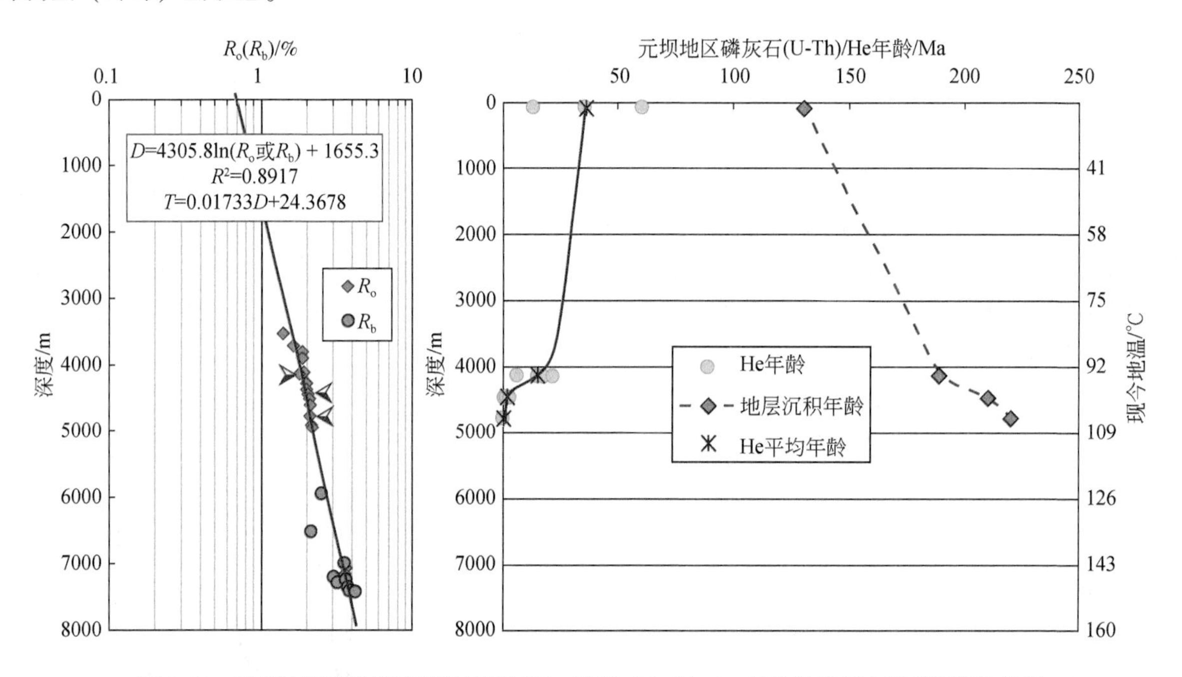

图 5.39 元坝地区镜质组反射率与磷灰石、锆石（U-Th）/He 年龄以及现今埋藏深度的关系

元坝 3 井实测 $R_o(R_b)$ 值随埋藏深度增加呈半对数直线变化的方程为

$$D=4305.8\ln(R_o\ 或\ R_b)+1655.3, R^2=0.89$$

式中，D 为埋藏深度（m）；R_o 为镜质组反射率；R_b 为固体沥青反射率。其直线斜率较高，说明古地温梯度相对较低（图 5.39）。当接近地表 R_o 值约为 0.25% 时，深度约为 -4300m，推算该井最大剥蚀厚度约为 4300m（该井未有火成岩活动），与根据磷灰石（U-Th）/He 年龄与封闭温度得出的剥蚀深度基本上是一致的，综合来说，该区剑门关组（K_1j）及以上地层抬升剥蚀厚度约为 4000m。

3. 通过对川东北通南巴构造带（河坝 1 井）构造残留地层厚度、镜质组（及固体沥青）反射率、包裹体均一温度（及实测地温）和热解最高峰温等综合分析，该地区 J_2 以上地层最大剥蚀厚度在 4000m 左右

河坝 1 井构造位置处于四川盆地东北部通南巴构造带河坝场高点（图 5.40a），通南巴构造带盆地西部印支期—燕山期构造带东端的一个大型 NE 向背斜，北为南秦岭南缘的鹰嘴崖突起和大巴山推覆带前缘，南为川中隆起。利用筛选后实测 R_o、包裹体均一温度与实测地温并结合残留地层厚度和构造图可估算河坝1井的剥蚀厚度。

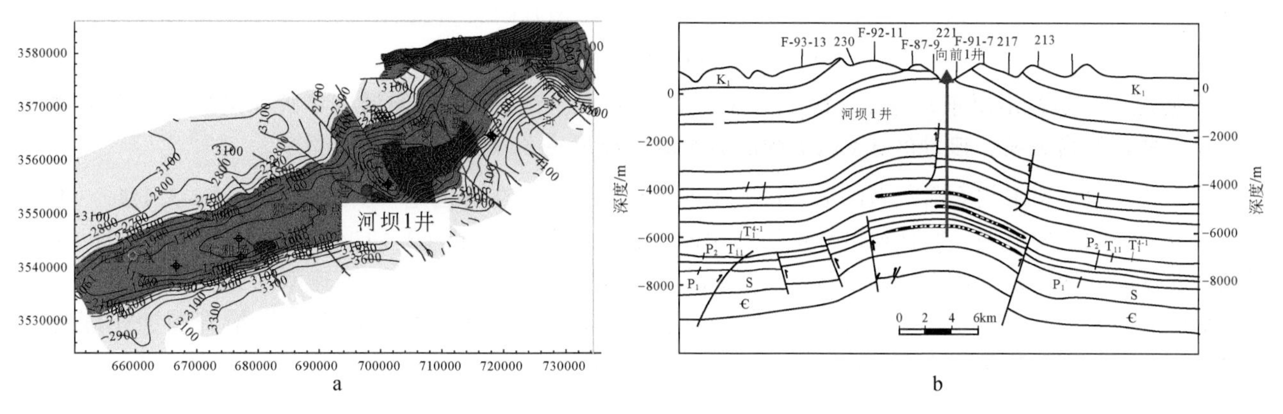

图5.40　南通巴地区 T_3 构造（J_2s 底）及构造剖面（北西—南东向）

实测 R_o 随埋藏深度的增加呈半对数直线变化（图5.40a）的方程为

$$D=3183.3\ln(R_o\text{ 或 }R_b)+403.82$$

式中，D 为埋藏深度（m）。

当接近地表 R_o 值为0.20%~0.25%时，深度为-4500~-4000m，推算该井最大剥蚀厚度为4000~4500m（该井未有火成岩活动）。其演化规律与岩石热解最高峰温是一致的（图5.41b）。这与第三期最高实测包裹体均一温度推算的最大埋藏深度约为3800m基本相当，考虑到实测包裹体均一温度比捕获时形成温度略低一些，4000m应是相对可靠的。

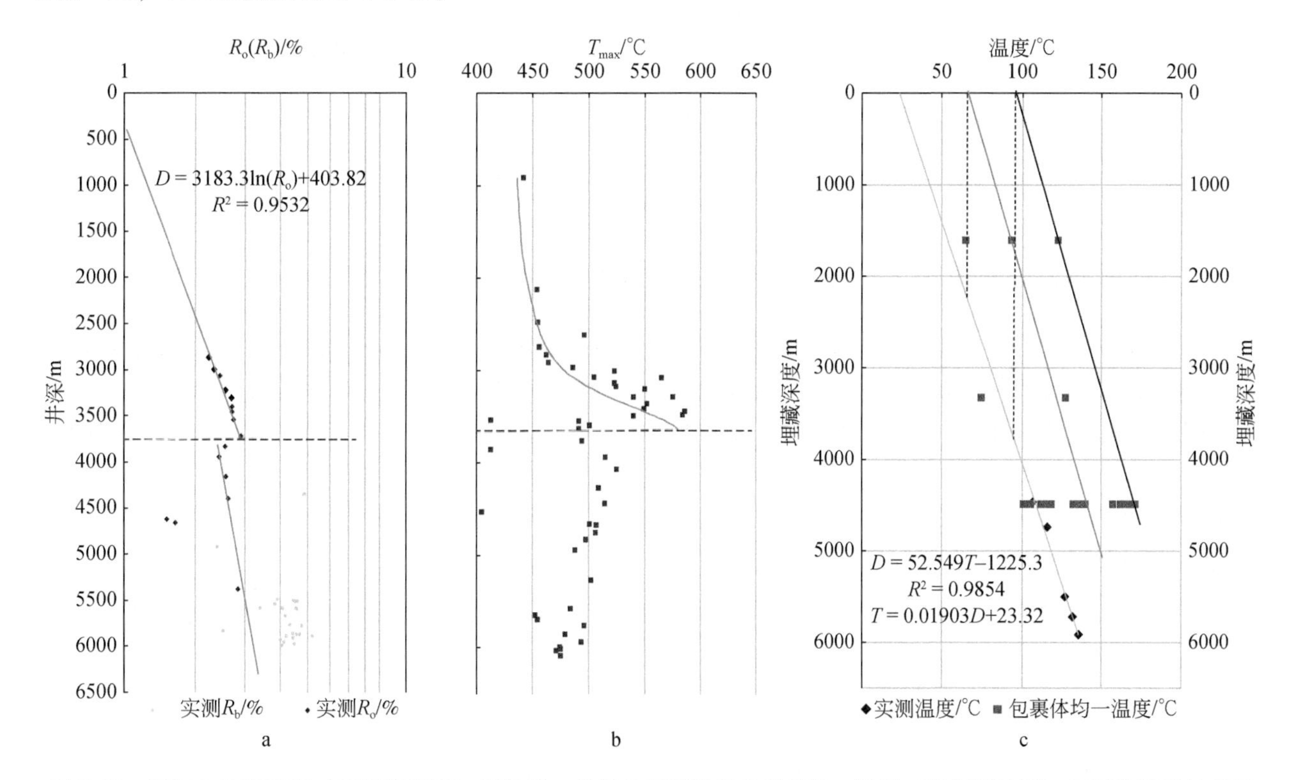

图5.41　河坝1井镜质组（及固体沥青）反射率、热解最高峰温和包裹体均一温度（及实测地温）与埋藏深度的关系

从三期流体包裹体均一温度来看（图5.41c），第一期均一温度与现今实测地温相当，包裹体发育在溶孔充填方解石亮晶和方解石脉中，可能是现今或 J_2 沉积末期形成的；第二期均一温度可能是在 J_3 沉积末期形成的；第三期最高实测包裹体均一温度可能是在 K_1 沉积末期形成的。

从通南巴地震剖面及构造图和该区残留地层厚度来看（图 5.40），J_3s 和 J_3p 厚度约 1600m，K_1 向北部具有变厚的趋势，按约 2400m 推算，河坝 1 井 J_2 以上地层剥蚀厚度累计可能达 4000m。关于 K 沉积厚度争议较大（马永生等，2006；丁道桂等，2007），K_2 为主要抬升褶皱剥蚀期。也就是说，从沉积发育及分析来看，河坝 1 井 J_2s 以上地层剥蚀厚度可以达到 4000m。

4. 通过对四川盆地川东北通江地区（马 1 井）磷灰石、锆石 He 封闭温度年龄和镜质组（及固体沥青）反射率等综合分析，该地区 J_2s 以上地层最大剥蚀厚度在 3200m 左右

马 1 井及通江诺水剖面磷灰石的 He 年龄数据揭示通江地区在古近纪—新近纪（51.4～3.1Ma）处于冷却抬升剥蚀的主要时期。假使该区在地质历史时期古地温梯度恒定（2.1℃/100m），从磷灰石 He 年龄与现今埋藏深度的关系（图 5.42）来看，利用年龄高程法推算出此期间的剥蚀速率为 35～136.2m/Ma 之间，平均约为 81.2m/Ma，大致相当于 1.7℃/Ma 平均降温速率，中生界及以上地层抬升剥蚀厚度约为 2000m，由于该区所选的磷灰石样品 He 年龄都大于 0，无法准确判断该区磷灰石封闭温度，所以依据该方法计算的剥蚀厚度是个粗略值。

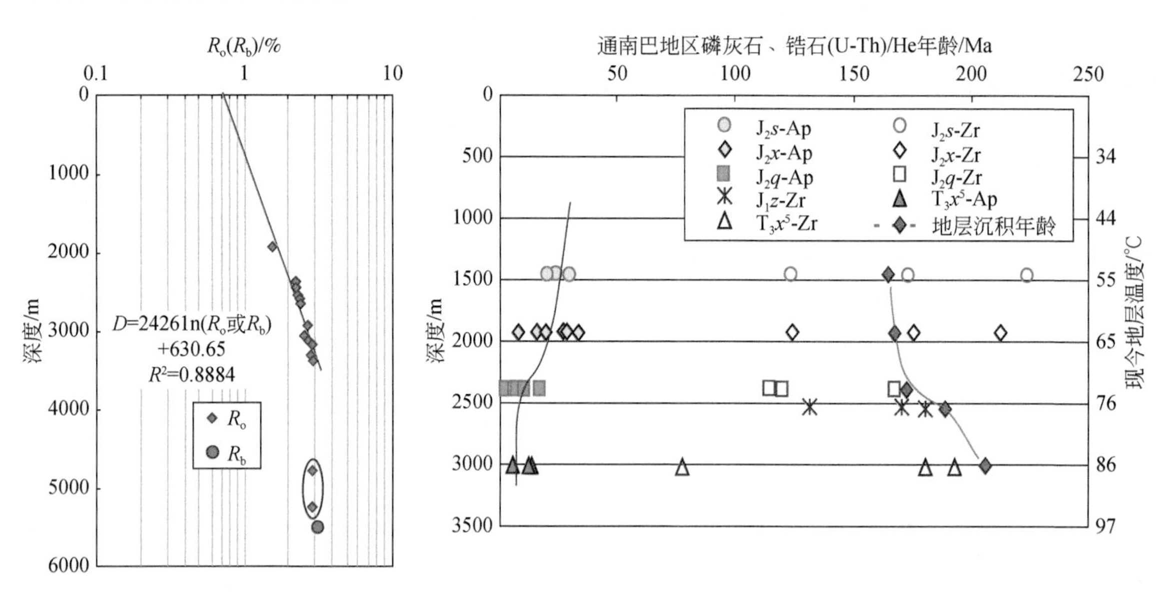

图 5.42 通江地区马 1 井磷灰石、锆石 He 封闭温度年龄以及镜质组反射率随深度变化关系

马 1 井实测 R_o（R_b）值随埋藏深度增加呈半对数直线变化的方程为：$D=2426\ln(R_o \text{或} R_b)+630.65$（$R^2=0.8884$）。其直线斜率较低，说明古地温梯度相对较高（图 5.42）。当接近地表 R_o 值约为 0.2% 时，深度约为-3200m，推算该井最大剥蚀厚度约为 3200m，综合来说，马 1 井 J_2s 及以上地层抬升剥蚀厚度约为 3200m。

5. 通过对四川盆地东南部（丁山 1 井）构造残留地层厚度和镜质组（及固体沥青）反射率等综合分析，该井 T_1 以上地层最大剥蚀厚度可以达到 5000m 以上（5000～7500m）

利用筛选后实测镜质组反射率 R_o 或固体沥青反射率 R_b，并结合残留地层厚度和构造图估算四川盆地东南部（川东南）丁山 1 井的最大地层剥蚀厚度。

实测 R_b 和实测 R_o 值（或换算的 EqR_o）随埋藏深度的增加呈半对数直线变化方程为（图 5.43）

$$D=3730\ln(R_o)-1758.3 \quad \text{或} \quad D=3347.5\ln(R_b)-2361.6$$

式中，D 为埋藏深度（m）。当接近地表 R_o 或 R_b 为 0.20%～0.25% 时，深度为-7500～-7000m，推算该井最大剥蚀厚度为 7000～7500m（该井未有火成岩活动）。看来，利用 R_o 与 R_b 的对数与埋深的直线关系估算的地层剥蚀厚度是相当的。

从川东南地震剖面及构造（图 5.44）和四川盆地 T_1—K_1 残留地层厚度来看，T_1f—P_2 厚度约 640m，丁山 1 井钻遇厚度 446m；T_2l—T_1j 厚度约 640m；T_3x 厚度约 440m；J 厚度 2600～5000m，即丁山 1 井 T_1

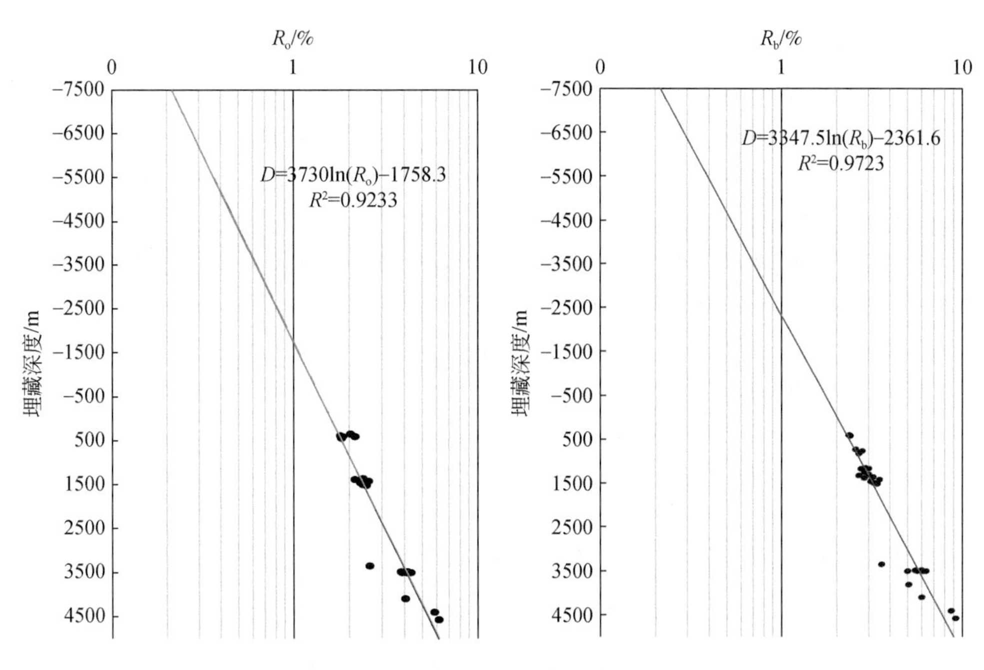

图 5.43　丁山 1 井 R_o 和 R_b 与埋藏深度的关系

以上地层剥蚀厚度累计可能在 5000m 以上。关于 K 沉积厚度争议较大（马永生等，2006；丁道桂等，2007），认识比较一致的是 K_1 可能无沉积，K_2 可能有 0～1000m 的沉积厚度。也就是说，从沉积发育及残留地层厚度分析来看，川东南丁山 1 井 T_1 以上地层剥蚀厚度可以达到 5000m 以上。

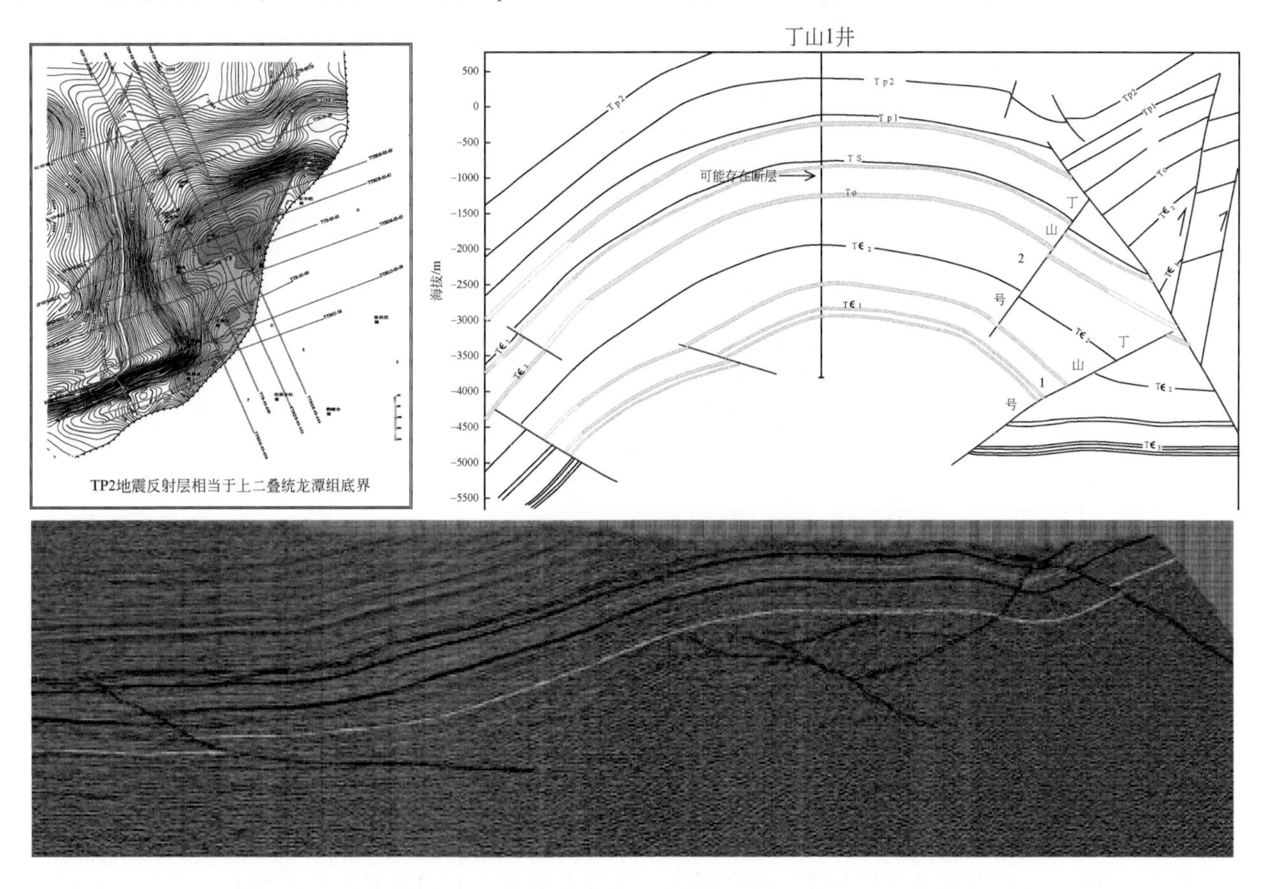

图 5.44　川东南地区丁山构造 TP2 构造反射层与东西向 TTB-03-65 局部地震剖面
（据中国石化勘探南方分公司内部资料，2006）

6. 四川盆地普光5井、河坝1井、马1井、元坝3井、丁山1井等最大剥蚀厚度均在3000m以上

综前所述，最大剥蚀厚度恢复表明川东北地区普光5井、河坝1井、马1井、元坝3井，以及川东南丁山1井处最大剥蚀厚度都在3000m以上。四川盆地白垩纪以来为主要抬升褶皱剥蚀期，川东北地区多数钻井白垩系地层缺失，或仅残留百余米厚的地层，因而被剥蚀的地层应主要为上侏罗统和白垩系，但白垩纪是否有如此大的沉积厚度争议较大（马永生等，2006；丁道桂等，2007）。

上扬子区龙潭组现今的成熟度（R_o）存在着两个高值区域（图5.45），一是川东北宣汉—巴中—南充一带，R_o>3.0%，普光、河坝、元坝等气田都处于该高值区。二是川东南赤水—金沙一带，R_o>2.6%，丁山1井处于该高值区附近。在这些R_o高值区龙潭组应经历了比其他区域更大的最大古埋深，从而导致了其更高的现今成熟度。从四川盆地白垩系残留厚度来看，在川西北剑阁一带，白垩系厚度可达千米以上，而普光、河坝、元坝等气田区白垩系残余地层厚度不过百余米或完全缺失，但川西北剑阁一带龙潭组现今成熟度却远小于普光、河坝地区。这说明普光、河坝、元坝等气田区白垩系沉积厚度应远大于剑阁一带白垩系的残留厚度。从龙潭组现今成熟度分布，以及白垩系残留地层厚度分析来看，普光5井、河坝1井、元坝3井等处J_2s以上地层剥蚀厚度达到3000m以上是可能的。

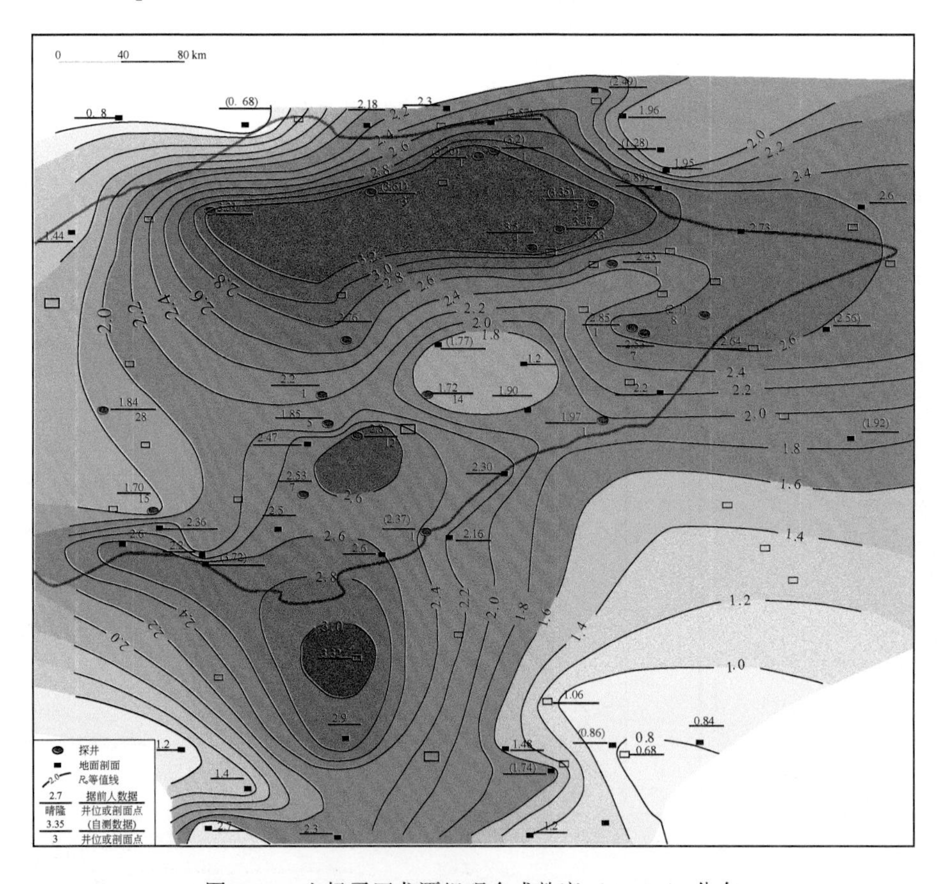

图5.45　上扬子区龙潭组现今成熟度（R_o,%）分布

三、四川盆地东北部过成熟海相优质烃源岩成油成天然气藏过程分析

四川盆地东北部是中国南方海相天然气勘探最具活力和潜力的地区，北邻米仓山隆起、北东方向是大巴山造山带、南东方向与川东构造相接，处于多个构造的交接地区，具有构造复合叠加的典型特征（高长林等，2003）。根据钻井资料及邻区地表露头，该区志留系之上除缺失泥盆系和上下石炭统沉积外，其余地层发育较齐全，T_1f和P_2ch为主要勘探目的层（表5.17）。

表 5.17　川东北地区地层简表

系	组	段	厚度/m	岩性描述	构造事件
白垩系	剑门关组（K_1j）		680～1100	棕红色泥岩与灰白色岩屑长石石英砂岩	燕山中幕
侏罗系	蓬莱镇组（J_3p）		600～1000	棕灰、棕红色泥岩与棕灰、紫色长石岩屑砂岩	燕山早幕
	遂宁组（J_3p）		310～420	棕红色泥岩夹细粒岩屑砂岩	
	上沙溪庙组（J_2s）		1550～2200	棕紫色泥岩与灰绿色岩屑长石石英砂岩	
	下沙溪庙组（J_2x）		370～515	棕紫色泥岩夹细粒长石岩屑砂岩，顶有黑色页岩	
	千佛崖组（J_2q）		270～400	绿灰色泥岩与浅灰色细—中粒岩屑砂岩夹黑色页岩	印支晚幕
	自流井组（J_1z）		270～445	灰色灰绿色泥岩夹岩屑砂岩及黑色页岩，顶有介壳灰岩	
三叠系	须家河组（T_3x）		310～1000	中上部黑色页岩夹岩屑砂岩，下部灰白色岩屑砂岩夹黑色页岩	印支早幕
	雷口坡（T_2l）	三段	0～330	深灰色灰岩夹硬石膏灰岩	川黔运动
		二段	0～590	深灰色云岩与硬石膏互层	
		一段	30～135	硬石膏夹云岩及砂屑灰岩，底为“绿豆岩”	
	嘉陵江组（T_2j）	五段	30～120	上部硬石膏及岩盐，下部灰岩夹鲕或粒屑云岩	
		四段	50～290	上部硬石膏及岩盐，下部云岩夹鲕或粒屑灰岩	
		三段	180～200	灰岩夹硬石膏及砂屑灰岩	
		二段	170～190	硬石膏与云岩及砂屑灰岩互层	
		一段	310～420	深灰色灰岩夹紫灰色灰岩	
	飞仙关组（T_1f）	四段	30～60	灰紫色云岩与硬石膏	
		三段、一段	350～580	灰色灰岩紫灰色泥质灰岩上部夹鲕灰岩，底为灰质泥岩	
二叠系	长兴组（P_2ch）		180～310	灰色生物灰岩含燧石层，或具溶孔云岩	
	龙潭组（P_2l）		80～210	灰色燧石灰岩含燧石层，底为黑色页岩	
	茅口组（P_1m）		140～210	深灰色灰岩夹生物灰岩，顶有硅质，下部夹泥质灰岩	
	栖霞组（P_1q）		100～130	深灰色灰岩夹生物灰岩，含燧石结核	
	梁山组（P_1l）		5～15	黑色页岩夹砂岩	云南运动 加里东运动
石炭系	黄龙组（C_2h）		4～47.7	灰岩夹云岩或云岩	
志留系	韩家店组（S_1h）		50～100	黄色、灰绿色、粉砂质泥、粉砂质页岩夹生物碎屑灰岩、风暴岩	
	小河坝组（S_1x）		240～500	灰绿色粉砂岩，上部为黄绿色、灰绿色页岩夹生物灰岩薄层	
	龙马溪组（S_1l）		180～370	下部黑色页岩，富含笔石，深灰至灰绿色页岩、粉砂质页岩	
奥陶系	五峰组（O_3w）		1～15	黑色页岩，含灰质及硅质，含笔石，顶部常见泥灰岩	
	临湘组（O_3l）		1～5	瘤状泥质灰岩，间夹钙质页岩	
	宝塔组（O_2b）		30～50	为灰色龟裂纹灰岩，顶部含泥质较多，呈条带状、疙瘩状泥质灰岩	
	十字铺组（O_2s）		5～25	中下部深灰色致密灰岩，上部为薄层瘤状灰岩	
	大湾组（O_2d）		110～250	深灰-黑色页岩夹生物灰岩，上部灰岩渐多	
	红花园组（O_1h）		55～70	深灰色结晶灰岩，含生物碎屑灰岩	
	桐梓组（O_1t）		50～200	上部为鲕状灰岩，白云质灰岩夹页岩；下部以白云岩、白云质灰岩为主，夹页岩	
寒武系	洗象池群		220～420	灰、深灰色白云岩、泥质白云岩，厚层至块状，局部含砂质及硅质	
	龙王庙组（ϵ_3l）		70～200	灰色白云质灰岩、白云岩，时含砂泥质及硅质结核或条带	
	沧浪铺组（ϵ_2c）		65～300	下部紫红色砂岩及页岩，中上部为灰色泥质条带灰岩夹页岩及生物结晶灰岩	
	筇竹寺组（ϵ_1q）		90～400	中下部为黑色、深灰色碳质页岩，上部为灰色灰岩、泥灰岩、粉砂岩、页岩	

续表

系	组	段	厚度/m	岩性描述	构造事件
上震旦统	灯影组（Z_2dn）		640～1000	浅灰色白云岩	桐湾运动
	陡山沱组（Z_2d）		10～420	灰黑色碳质页岩与白云岩，含锰和磷	

南方海相碳酸盐岩层系在多旋回沉积构造背景下存在多种形式烃源共存且相互转化、连续或叠置生排烃过程，呈现出多元生烃转化过程的特点，主要表现为：①来源的多样性，在层位/时代上存在多套烃源（岩），类型上除了不同类型以外，还有古油藏及烃源岩、储集岩或运移途径岩石中分散可溶有机质等再生烃源。②转化的接替性，海相层系普遍存在生烃母质的相态转换、生烃过程与成藏贡献的接替，包括原油/沥青/分散可溶有机质/有机酸盐生烃过程，形成了我国特有的多元、多期供烃成藏特点。有机质的热演化是一个连续递进的过程，也即低演化时生油；高演化时，由重变轻，由油生气，再生烃过程是有机质生烃过程的延续。③过程的多期性，一方面，在多期次沉降埋藏-抬升剥蚀背景下一套海相烃源（岩）可能经历二次或多次生排烃过程，从动力学的角度将构造活动与生排烃过程相联系，认为在沉降埋藏阶段主要是能量聚集、增压生烃过程，而抬升剥蚀阶段主要是能量释放、泄压排烃过程；另一方面，多次（期次）烃源转化直接影响到油气成藏期次。④成因的复合性，南方扬子地区存在热降解生油、热裂解，液态烃热裂解，沥青热裂解等多种成因的生烃机制，可能还存在有机-无机相互作用下的复合成因，特别是硫酸盐热还原反应、天然气在地层水中的溶解或解吸过程对天然气成藏过程均可能产生重要影响。

川东北地区自印支期以来，经历了多次构造活动，由于边界条件、介质性质、形变层和构造部位的差异，在不同的区域和构造部位具有不同的构造特征。构造横向展布具有很强的规律性，区域构造主体走向分别为北东向和北西向，构造活动主要受晚燕山期和晚喜马拉雅期两期构造活动的影响，前期构造活动主要控制北东向构造展布，而后一期构造活动则对前期构造进行了改造，形成了现今的北西向构造展布的格局。普光气田位于川东断褶带东北段双石庙-普光 NE 向构造带上的一个鼻状构造，位于大巴山推覆带前缘褶断带与川中平缓褶皱带之间（图 5.46）。该构造带西侧由三条断层控制，东部紧邻北西向的清溪场-宣汉东、老君山构造带。普光气田在飞仙关组、长兴组均发现了工业气流，是目前为止四川盆地探明储量最大、储量丰度最高的特大型气田。

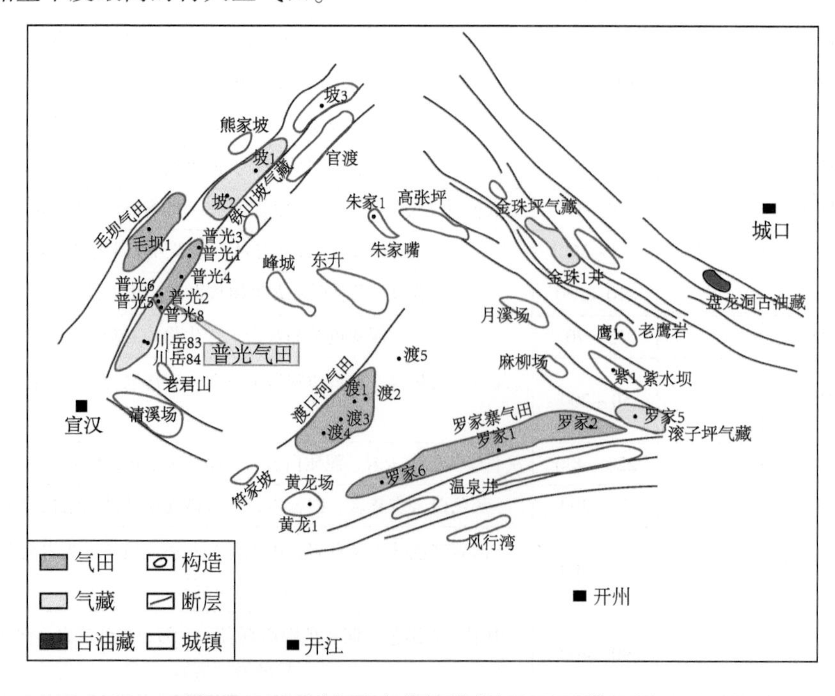

图 5.46　四川盆地东北部普光气田地理位置图

1. 四川盆地东北部过成熟海相优质烃源岩（如 P_2 潟湖相）曾具有形成大量未成熟—低成熟稠油（藏）、正常原油—轻质油（藏）、天然气（藏）及碳质沥青和晚期改造等石油向天然气演化的阶段

（1）川东北地区发育二叠系（主要是 P_1q、P_2l、P_2d）台地凹陷（或台盆）黑色页岩及泥灰岩、O_3w—S_1l 15～40m 厚黑色页岩和ϵ_1下部 50～100m 厚黑色页岩等三套优质烃源层。气源对比分析表明普光气田天然气主要源于本区早期原油热裂解气和 P_2 优质烃源岩。而固体沥青（油）源对比表明普光气田 T_1f 和 P_2ch 中的固体沥青也主要来自 P_2 台地凹陷黑色页岩及泥灰岩，即Ⅱ型优质烃源岩。

P_2l 和 P_2d 台地凹陷Ⅱ型优质烃源岩在 J_2（千佛崖组—上沙溪庙组），埋藏深度一般在 3500～6800m 之间，古温度在 96～168℃之间，这与 T_1f 第一、二期包裹体均一温度相当，正是形成原油或轻质油气的高峰阶段。燕山早期的构造运动使得 T_1f 及 P_2ch 浅滩相或滩礁相白云岩中流体发生运移、溶蚀及构造缝等孔隙发育期，更为重要的是 T_1f 之上发育了嘉陵江组 T_2j 和雷口坡组 T_2l 的区域性石膏盖层，在 T_1f—P_2ch 形成了古轻质油气藏，第一、二期包裹体均一温度、固体沥青产状、成岩溶孔及源岩对比可证实这一点。

T_1f 和 P_2ch 浅滩相或滩礁相白云岩储层中的油气在 K_1—K_2，最大埋藏深度可达 7700～8700m，最高古温度可达 177～220℃，T_1f 第三期包裹体均一温度与此相吻合，一方面使得 T_1f—P_2ch 古油气藏裂解形成天然气（干气），另一方面 P_2 台地凹陷Ⅱ型优质烃源岩及分散在储层或烃源岩中的可溶有机质也可大量热裂解形成天然气（干气）。燕山运动中晚期正是形成原油或轻质油气的高峰阶段。燕山晚期的构造运动使得 T_1f 及 P_2ch 原构造变形，流体发生大规模运移、第三期深埋溶蚀孔隙及构造缝孔隙发育，此时也基本形成现今北东向构造主体走向的普光构造，T_2 的区域性石膏盖层，使得天然气得以保存而形成现今的普光气田。喜马拉雅运动对燕山晚期构造和普光气田进行了改造，约在 40Ma 开始急剧抬升剥蚀，剥蚀速率约为 100m/Ma 或 2.0℃/Ma，剥蚀厚度约为 3100m（图 5.47），但是并未破坏北东向主体构造格局。

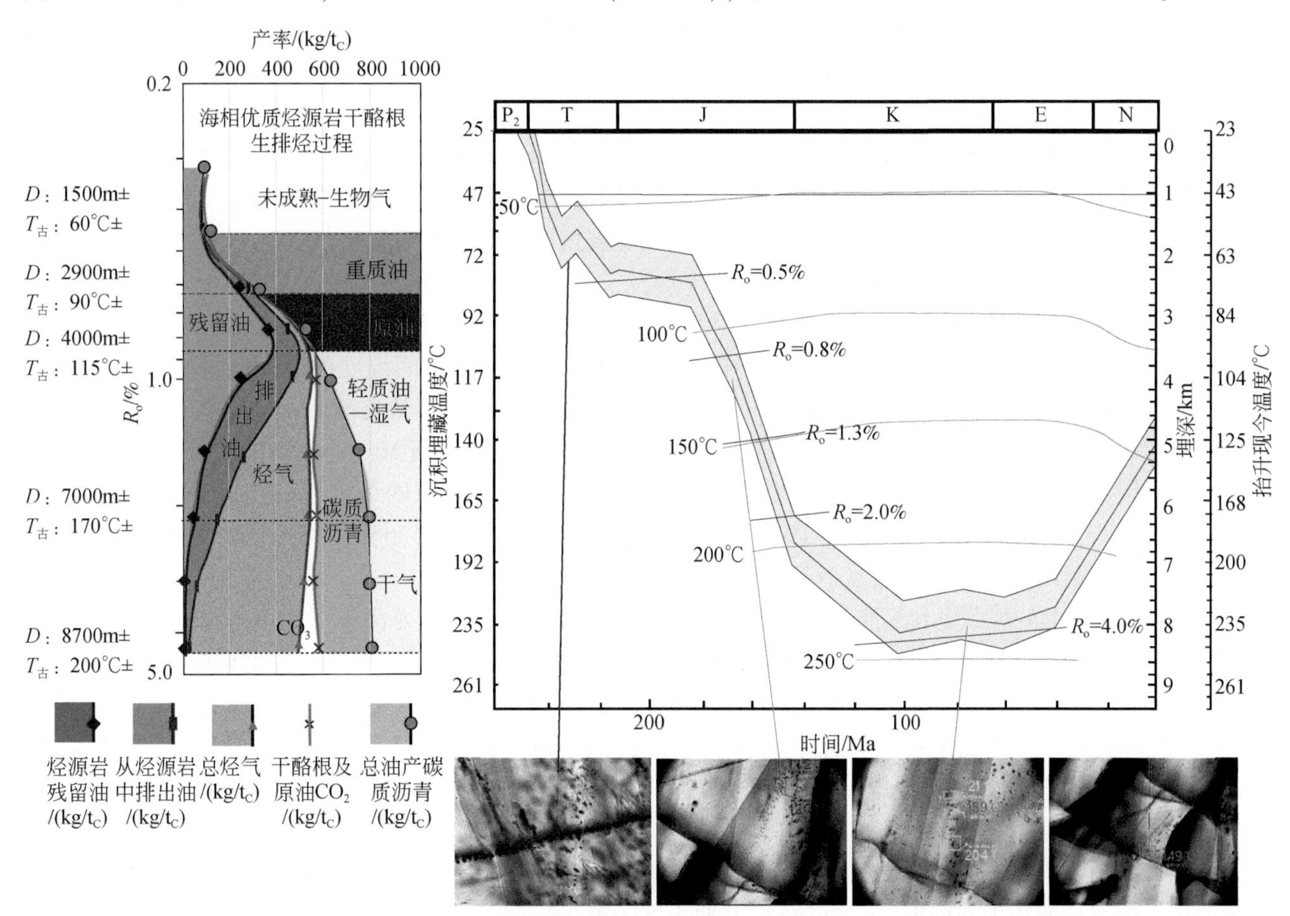

图 5.47　川东北普光地区海相烃源成烃成藏过程与沉积和古温度演化过程示意图

P_2l 和 P_2d 的Ⅱ型优质烃源岩在 T_2末时，埋深一般为2500～3000m，古温度为70～95℃（古地温梯度为2～2.4℃/100m，古地表温度为23℃），正是大量形成低熟稠油或重质油时期。此时，印支运动使得整体地层抬升、剥蚀，由海相转化为陆相，也正是 P_2ch 碳酸盐生物礁储层流体运移、溶蚀（有机酸、CO_2、H_2S 等）、重结晶形成晶间孔及生物礁格架孔等发育时期，P_2ch 上部或周边的泥灰岩或页岩可作为稠油在生物礁体中的盖层，形成 P_2ch 生物礁古稠油藏，固体沥青产状及源岩对比可证实这一点。对于Ⅱ型优质烃源岩来讲，这部分稠油或重质油量很大，占到总生油量的40%以上。

通过对川东北普光等钻井样品的镜质组反射率、流体包裹体均一温度、伊利石结晶度、磷灰石和锆石（U-Th）/He 封闭温度与年龄等各种古温标以及地层剥蚀厚度恢复的研究，明确了川东北普光地区海相烃源岩所经历的最大埋深和最高古地温，并揭示了该区不同时期的动态热演化历史，综合研究认为川东北地区可能具有三期成烃成藏过程。第一期是印支期（T_2末），P_2 的Ⅱ型优质烃源岩埋藏深度在2500～3000m 之间，古温度为70～95℃，R_o 在0.4%～0.7%之间，正处于大量低熟稠油生成阶段。此时，古油藏原油密度约在 $1g/cm^3$，P_2ch 储层中发育第一期沥青+气包裹体（图5.47），生物礁滩相储层中的晶间孔、格架孔及有机酸溶蚀孔有丰富的残余固体沥青。第二期是燕山早期（J_{1-2}），P_2 台地凹陷Ⅱ型优质烃源岩埋藏深度在3500～6800m 之间，古温度在96～168℃之间，R_o 在0.8%～2%之间，也正是形成原油或轻质油气的高峰阶段，正好与 T_1f 储层中发育了第二期包裹体（盐水包裹体第一期）相对应（见图5.47），该期包裹体均一温度多分布在100～120℃之间，此时发生大规模的油气充注，古油藏原油密度可能小于 $0.85g/cm^3$，T_1f 鲕粒滩及蒸发坪白云岩晶间孔中含有较多的固体沥青。第三期是燕山晚期（K_2）—喜马拉雅期，T_1f 和 P_2ch 早期形成的油气藏最大埋藏深度可达7700～8700m，最高古温度可达177～220℃，这与 P_2ch、T_1f 发育的第三期和第四期包裹体的均一温度（盐水包裹体第二期和第三期）相吻合。此时 P_2 优质烃源岩及先前生成的原油与轻质油发生热裂解，生成干气，形成现今的天然气藏。通过对天然气 ^4He 成藏定年模型综合分析，普光气田成藏定型期在39±7Ma，这与利用磷灰石 U-Th/He 定年分析得出的该区构造开始抬升剥蚀时间（40±6Ma）是非常吻合的。

普光气田 T_1f 和 P_2ch 储层中的碳质沥青和天然气以及川岳84井轻质油就是三期成烃成藏的产物：碳质沥青源于稠油、原油、轻质油高温裂解聚合的产物，稠油主要源于 P_2 盆地凹陷Ⅱ型优质烃源岩；轻质油气也主要源于 P_2 优质烃源岩；而天然气（干气）则主要是源于原油高温裂解气和 P_2 优质烃源岩热裂解气的混合，而川东北普光地区海相优质烃源岩至少具有三期成烃成藏过程。

利用元坝3井钻遇的各时代地层镜质组反射率、固体沥青反射率古温标参数，结合地层厚度，对元坝地区埋藏史和热演化史进行了恢复，并通过不同层位样品进入磷灰石封闭温度的时间对埋藏史进行限定校正。随埋藏深度增大或实测地层温度升高，元坝地区样品磷灰石 He 年龄逐渐减小，基本上都经历了磷灰石 He 封闭温度（图5.23）。当埋藏深度达到4800m 左右时，样品锆石 He 年龄小于地层年龄，可能接近于锆石封闭温度。所以，元坝3井现今深度大于4800m 的样品所经历的最古地温接近于170～190℃；随后地层抬升，古地温下降，当样品在194～35.7Ma 时，古地温在95～170℃之间；当样品在35.7～0Ma 时，进入磷灰石封闭温度，现今地温小于95℃。

由元坝3井恢复的埋藏史和热演化史（图5.48）可知，该区上二叠统龙潭组（P_2l）优质烃源岩在三叠纪早期（240Ma）埋深达3000m 左右，古地温达到90℃，进入成熟早期阶段。至中侏罗世早期，龙潭组烃源岩埋深达到近4500m，古地温110℃，已进入大量生油阶段。在晚侏罗世时期，该地区经历了一个快速沉降的阶段，龙潭组烃源岩到晚侏罗世早期（J_3）时埋深超过7000m，古地温达到150℃，已进入高成熟阶段，开始大量生气。白垩纪中期（100Ma），该区龙潭组达到最大埋深近11000m，此后开始快速抬升直至现今，生烃作用终止。

河坝1井钻至志留系，但由于二叠系没有古温标，仅能模拟三叠纪以来的热演化历史。热史模拟的结果显示在三叠纪早期约为 $60mW/m^2$，三叠纪末期为 $57mW/m^2$，在白垩纪早期为 $53mW/m^2$，随后逐渐降低至现今的 $50mW/m^2$。该井区前人的模拟认为在早二叠世时期由于受川东地区玄武岩喷发的影响，有一明显高的热流值（胡圣标等，2005）。该井在260～110Ma 期间为一个快速沉降阶段，大致110Ma 至今为快速抬升阶段，在中生界上部剥蚀了巨厚的沉积（约 4000m）(图 5.49)。

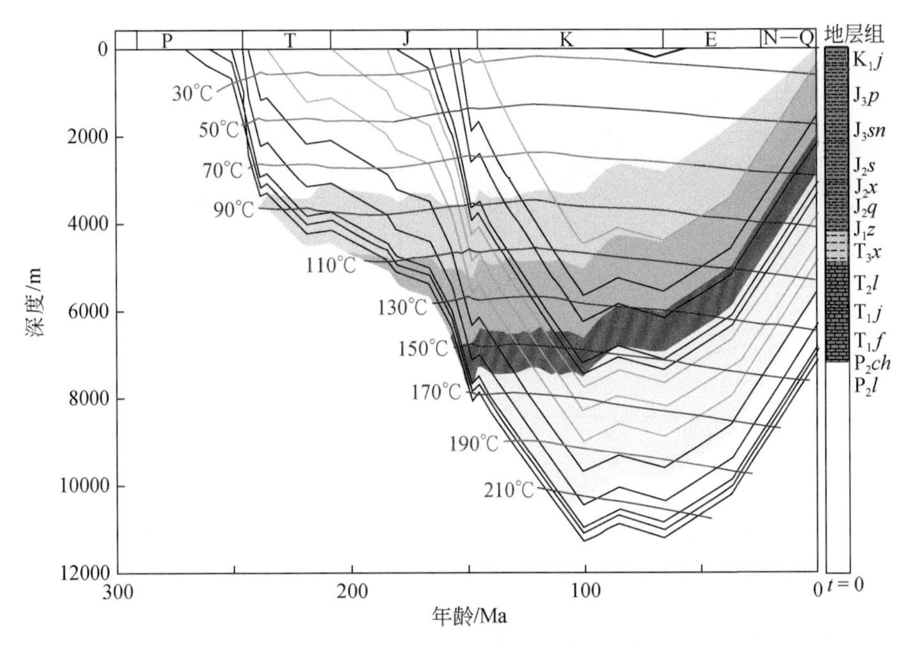

图 5.48　元坝 3 井埋藏史和热演化史

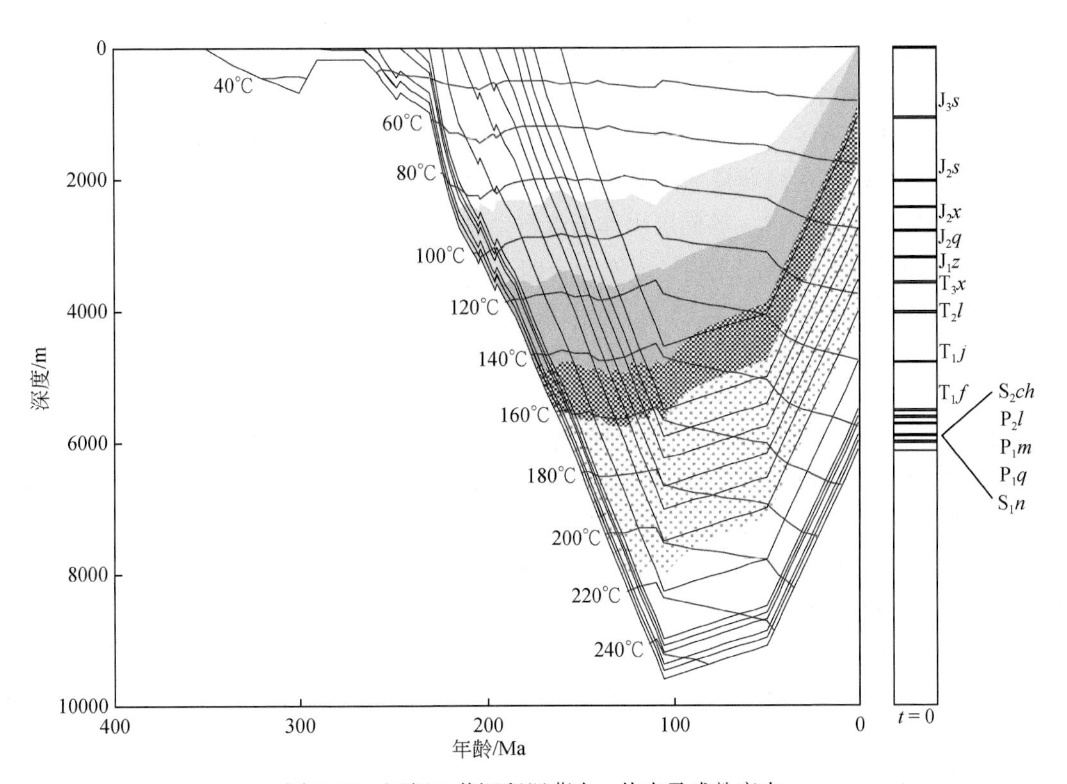

图 5.49　河坝 1 井沉积埋藏史、热史及成熟度史

通南巴地区马 1 井完钻地层未上二叠统大隆组（P_2d）、该井岩心样品与邻近诺水河露头样品磷灰石 He 年龄随埋藏深度增大或实测地层温度升高逐渐减小，都经历了磷灰石 He 封闭温度；但都没有经历锆石封闭温度，只是接近于锆石封闭温度。中生代地层自沉积以来，其经历最高古地温接近于 170℃，但没有经历锆石封闭温度；从大致 110Ma 时地层开始抬升，古地温逐渐下降；当小于 51.4Ma 时，样品古地温小于 90℃，直至现今地温。利用镜质组反射率、固体沥青反射率等古温标对马 1 井进行埋藏史恢复，并通过磷灰石封闭温度的时间进行限定校正（图 5.50a）。

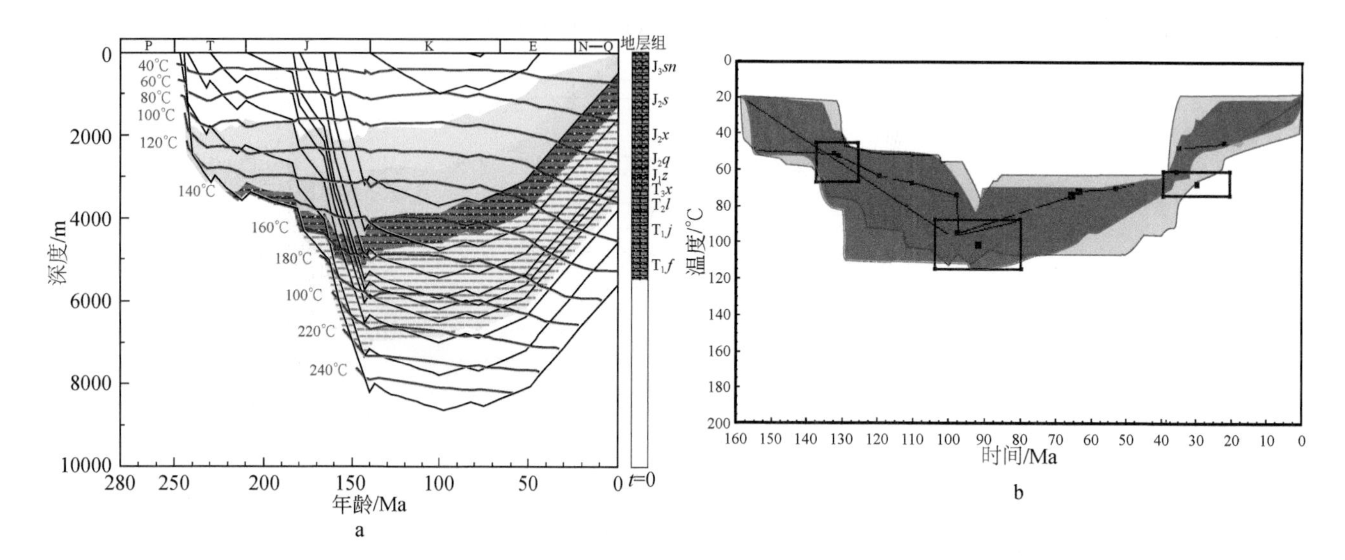

图 5.50　通南巴马 1 井埋藏史、热史及成熟度史（a）和诺水河 J_3p 露头样品依据磷灰石和锆石 He 年龄模拟得到的热史（b）

通江诺水河 J_3p 露头样品（TJ-07-05 号样）磷灰石 He 年龄仅为 25.2～33.9Ma，表明该样品也经历了磷灰石 He 年龄的封闭温度。而锆石的 He 年龄为 136.4～163.2Ma，与地层年龄相当，未经历 He 封闭温度的深度。结合磷灰石和锆石的模拟温度路径说明了样品经历了深埋、抬升的过程（图 5.50b），受构造运动影响，地层一直抬升直至地表，经历的热史与马 1 井井下样品相似。

从丁山 1 井震旦系灯影组—上二叠统镜质组或固体沥青反射率、伊利石结晶度（IC）、热解最高峰温（T_{max}）以及固体沥青“A”、生烃潜量等数据筛选结果综合分析来看，丁山 1 井 P_2l、S_1l 和$Є_1n$ 三套主要烃源岩以及 Z_2dn、$Є_{2-3}ls$、O_2b、P_1q 等储层固体沥青再生气源均处于过成熟阶段，随埋藏深度的增加由过成熟早期（P_2l 优质烃源岩）逐渐演化到过成熟中晚期（Z_2dn 上部固体沥青），接近浅变质。例如，$Є_1n^4$ 黑色泥岩岩心样品在井深 3478.76～3487.5m 处伊利石结晶度均为 0.28°（$\Delta 2\theta$），R_b＝5.99%；Z_2dn 在 4600m 左右 R_b达到 9.22%，可能在现今埋藏深度 500m 左右已经进入过成熟阶段，在埋藏深度 4500m 左右已经进入浅变质。

川东南地区发育 S_1l（17m 优质烃源岩、33m 好烃源岩及 160m 中等烃源岩）、P_2l 和$Є_1$底部（约 1m 优质烃源岩、2m 好中等烃源岩）等三套优质烃源层。气源、沥青源对比分析表明丁山 1 井震旦系灯影组上部藻云岩中古油藏中沥青及气源岩可能来自附近（东南方向）寒武系牛蹄塘组下部的优质烃源岩；而 P_1q 含沥青生屑灰岩（835.5m）脱气及固体沥青可能来自 P_1q 烃源岩。

$Є_1$底部优质烃源岩在志留纪末时，埋深一般在 2500～3000m，古温度为 70～95℃，正是大量形成低熟稠油或重质油时期（图 5.51）。此时加里东运动使得整体地层抬升、剥蚀，也正是震旦系灯影组上部藻云岩储层流体运移、溶蚀（有机酸、CO_2、H_2S 等）等发育时期，$Є_1$泥页岩可作为盖层，形成灯影组藻云岩古油藏。

S_1l 的Ⅱ型优质烃源岩在 T_3末时，埋深一般在 2500～3000m，正是大量形成低熟稠油或重质油时期。此时，印支运动末期使得地层抬升、剥蚀，也正是 P 储层流体运移、溶蚀（有机酸、CO_2、H_2S 等）等发育时期。

P_2l 等优质烃源岩在 J_3时期，埋藏深度一般在 6000m 以上，古温度在 150℃以上，而$Є_1$优质烃源岩可达 9000m 以上，使得烃源岩与古油气藏裂解形成天然气（干气）。即使 P_2l 等烃源岩也达到过成熟阶段。

（2）上述的油气及沥青源对比等已经基本证实，普光气田 T_1f 和 P_2ch 中的碳质沥青和天然气以及附近川岳 83 井轻质油均主要来自 P_2海相Ⅱ型优质烃源岩。而麻江 O 系、S 系古油藏的固体沥青、凯里轻质油及天然气（干气）也主要来自下寒武统盆地相的Ⅱ型优质烃源岩。其主要转化过程见图 5.52～图 5.54。

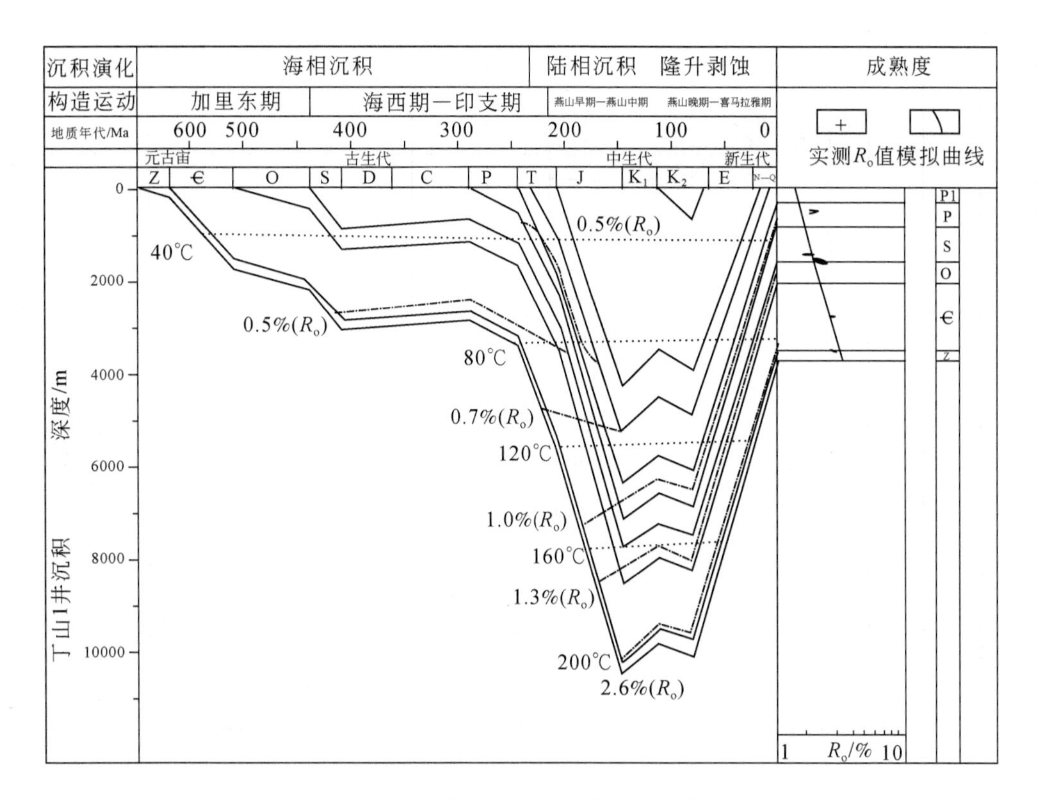

图 5.51　川东南地区丁山 1 井沉积演化示意

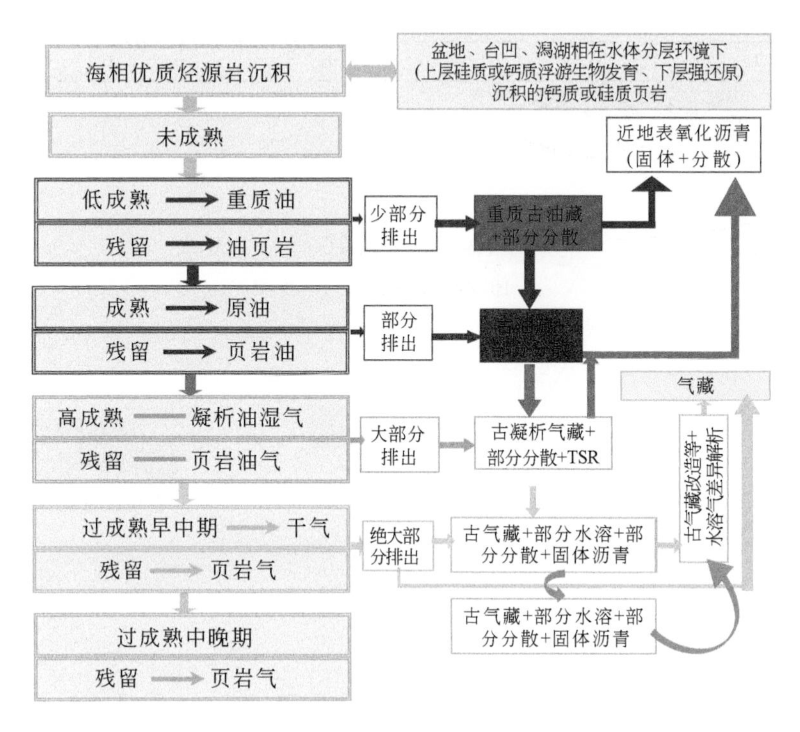

图 5.52　南方海相优质烃源岩→天然气藏的转化过程示意

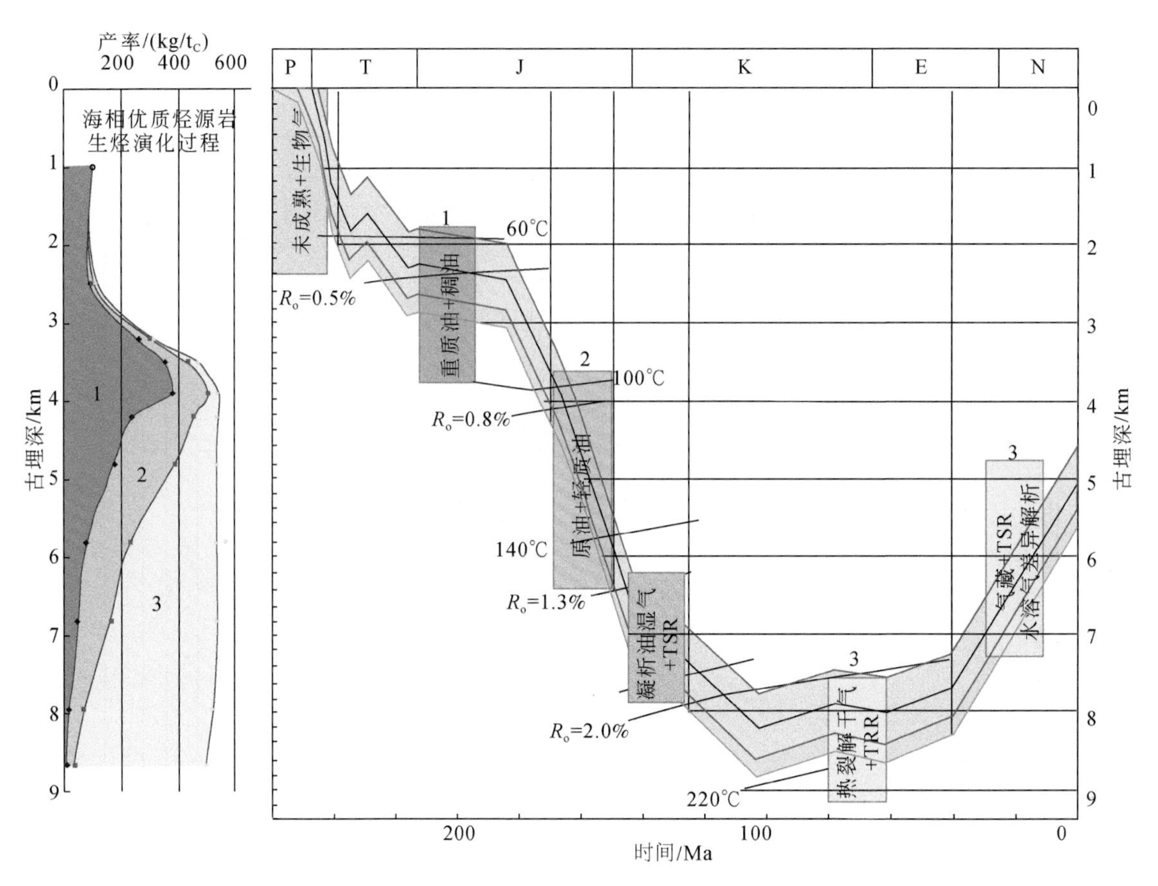

图 5.53　南方海相（川东北普光、毛坝气田为例）二叠系优质烃源沉积演化生排油气过程示意图

1. 优质烃源岩残留油或重质油及稠油；2. 排出原油或轻质油；3. 干气或甲烷

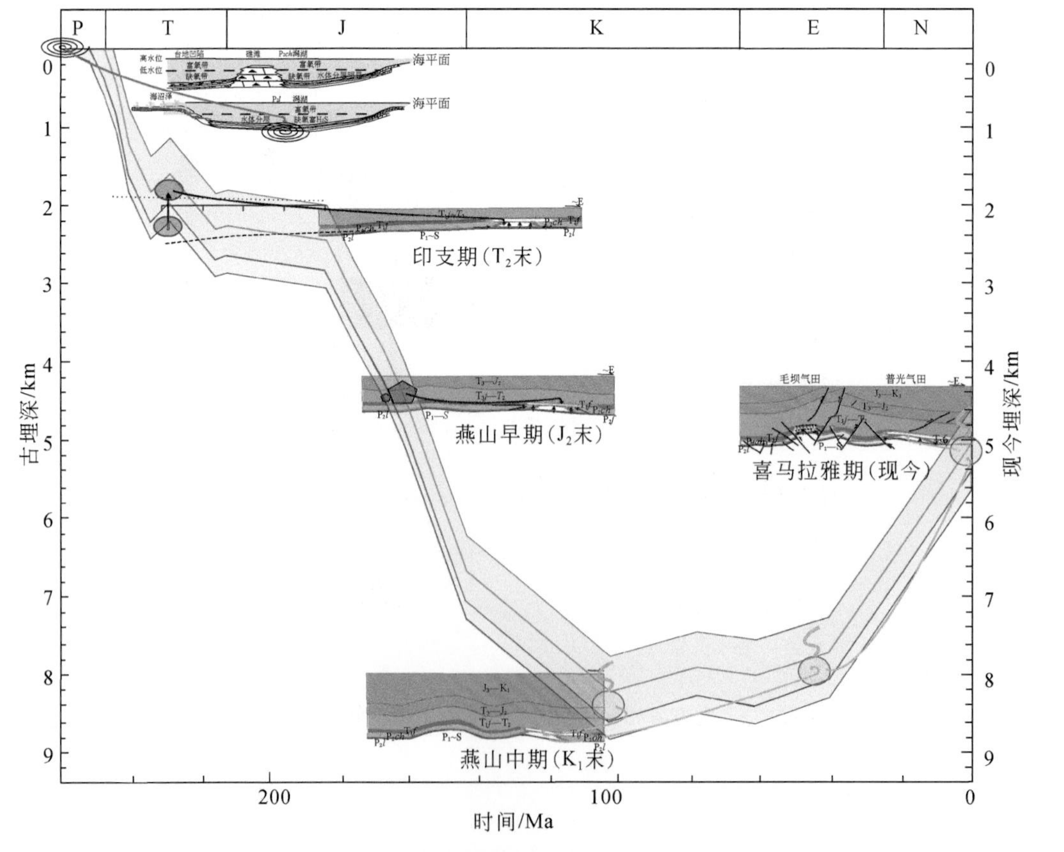

图 5.54　南方海相（川东北普光、毛坝气田为例）P_2l—T_1f—P_2ch 沉积演化生烃成藏过程示意

海相Ⅱ型优质烃源岩在未成熟—低成熟阶段，少部分排出后可形成大量的未熟—低熟稠油，在构造运动（流体运移及通道）、储层（碳酸盐岩早期+浅埋溶蚀及重结晶晶间孔或未压实砂岩粒间孔）、盖层和圈闭等匹配的条件下形成未成熟—低成熟稠油藏。例如，源自 P_2海相Ⅱ型优质烃源岩的 P_2ch 礁与滩相储层、源于下寒武统盆地相的Ⅱ型优质烃源岩的 S_{1-2}砂岩和 O_1h 生物碎屑灰岩等储层中的古油藏的稠油（现在为碳质沥青）。对于海相优质烃源岩来讲，这部分量很大，残留的可溶有机质或“稠油”（可形成油页岩），占到总生油量的40%以上。未成熟—低成熟稠油藏以及分散在运移过程中的可溶“稠油”，抬升到地表或遭受水洗、氧化、生物降解等作用可以转化为“氧化沥青”。对于混合有大量高等植物的偏腐殖型 $Ⅱ_2$型优质烃源岩，生成未成熟—低成熟稠油的量可能很低。

海相Ⅱ型优质烃源岩在成熟阶段达到生油气高峰，部分排出后可形成大量的正常原油或轻质油气，在构造运动（流体运移及通道）、储层（碳酸盐岩深埋溶蚀及构造压溶孔或砂岩溶蚀孔隙等）、盖层、圈闭和保存等匹配的条件下形成正常油气藏或轻质油气藏。而残留在优质烃源岩中的可溶有机质或“轻质油”可形成页岩油藏。

海相Ⅱ型优质烃源岩及早期形成的未成熟-低成熟稠油藏、正常油气藏以及分散在运移过程中的可溶“有机质”在高成熟-过成熟阶段可以形成大量的凝析气或天然气（甲烷），在构造运动（流体运移及通道）、储层（碳酸盐岩深埋溶蚀、构造压溶孔及构造缝或砂岩溶蚀孔及构造缝等）、盖层、圈闭和保存等匹配的条件下形成凝析气藏或纯天然气藏（干气），残留在高成熟优质烃源岩中的可形成页岩油或页岩气，残留在过成熟优质烃源岩中的可形成页岩气。它们主要来自早期形成的正常油气藏或轻质油气藏中气+饱和烃及（芳烃+非+沥）烷烃支链基团的高温裂解气（原地），也有部分直接源自海相Ⅱ型优质烃源岩及早期形成的分散在运移过程中的可溶“有机质”在高成熟—过成熟阶段直接裂解下来的凝析气或天然气（甲烷）。

在高温热裂解的同时，稠油、正常原油、轻质油及分散可溶有机质中芳烃的芳环+（非烃+沥青质）的大部分聚合或芳构化为高演化“碳质沥青”。也有部分较早热裂解气（甲烷）由于埋深进一步增大，而溶于地层水中，待地层抬升剥蚀减压后释放出来（图5.52～图5.54）。

2. 川东北普光气田古油藏具有长兴组稠油和飞仙关组正常原油-轻质油形成的两期碳质沥青，或天然气藏具有印支稠油（T_2末）、燕山中期轻质油/原油（J_2末）和燕山晚期—喜马拉雅期干气（K末）三期成藏过程的证据

储层中的固体沥青是石油发生运移与聚集并发生后生变异的产物，其成因机制一般分为3大类：①热演化成因固体沥青即碳质沥青；②冷变质成因氧化沥青；③脱沥青成因的沥青质沥青。四川盆地海相碳酸盐岩储层中不同程度地含有固体沥青（黄籍中和冉隆辉，1989；林峰等，1998；张林等，2005），为热演化成因的碳质沥青。川东北地区普光气田是四川盆地目前发现储量最大的天然气田，在钻遇的飞仙关组鲕滩和长兴组生礁气藏储层中含大量碳质沥青，表明普光气田曾经存在古油藏（谢增业等，2004）。本书以普光气田这两套储层中碳质沥青为研究对象，共观察测定普光2井飞仙关组储层薄片30余片，普光6井长兴组储层薄片300余片以及建南气田薄片100余片，在显微镜下观察碳质沥青的产状特征，测定薄片中碳质沥青的含量，计算碳质沥青与孔隙空间的体积比，分析其成因，并推算古油藏的密度。

（1）川东北飞仙关组—长兴组储层主要有开阔台地、台地蒸发岩、台地边缘浅滩等沉积相（表5.18）。各沉积相又包括了多种亚相和微相类型。飞仙关组储层碳质沥青主要出现在台地边缘浅滩相鲕粒滩、蒸发坪等亚相中。长兴组储层碳质沥青主要出现于台地边缘生物礁相的骨架岩、障积岩亚相以及台地边缘浅滩蒸发坪亚相中。

表5.18　普光2井飞仙关组碳质沥青含量测定结果

沉积相		井深/m	含碳质沥青光片	碳质沥青面积比/%	碳质沥青含量/%	碳质沥青面积比均值/%	碳质沥青含量均值/%
相	亚相						
开阔台地	滩间	4700～4765	—	含少量碳质沥青			

续表

沉积相		井深/m	含碳质沥青光片	碳质沥青面积比/%	碳质沥青含量/%	碳质沥青面积比均值/%	碳质沥青含量均值/%
相	亚相						
台地蒸发岩	蒸发坪	4765～4825	PG2-2	1.48	0.72	6.31	3.23
			PG2-3	11.14	5.73		
	蒸发湖泊	4825～4900	—	含少量碳质沥青			
台地边缘浅滩	鲕粒滩	4900～4935	PG2-5	8.91	4.59	5.39	2.81
			PG2-8	3.38	1.70		
			PG2-9	7.39	3.96		
			PG2-10	2.26	1.11		
			PG2-11	5.02	2.70		
	蒸发坪（鲕粒滩夹层）	4935～4955	PG2-12	8.19	4.42	8.74	4.71
			PG2-14	9.28	5.00		
	鲕粒滩	4955～5135	PG2-15	5.15	2.58	4.07	2.19
			PG2-16	6.75	3.88		
			PG2-20	3.54	1.85		
			PG2-21	2.52	1.36		
			PG2-22	2.37	1.27		
	蒸发坪	5135～5160	—	含少量碳质沥青			
	含砾鲕粒滩	5160～5200	—	含少量碳质沥青			

碳质沥青主要产状。普光气田普光2井飞仙关碳质鲕粒滩储层沥青主要产状有：①各种类型白云岩的晶间孔、晶间溶孔型沥青（图5.55a），是飞仙关碳质储层沥青类型中最主要的一种，溶孔主要形成于埋深在2000m左右的浅埋环境；②残余鲕粒内溶孔或鲕膜孔型沥青（图5.55b），这类孔隙形成时间较早，应为大气淡水环境下溶蚀形成，留下来的也较少；③构造碎裂缝型沥青（图5.55c），沥青呈细小团块充填于碎粒间，可能为进油后孔隙被挤压破碎所形成。

普光6井长兴生物礁储层主要产状有：①礁骨架岩的格架孔，生物体腔孔型沥青（图5.55d），大气淡水环境下溶蚀形成；②白云岩溶蚀孔洞型沥青（图5.55e），为长兴组储层沥青的主要类型，孔隙为埋藏溶蚀所形成；③构造碎裂缝及缝合线型沥青（图5.55f）。

普光气田飞仙关组储层与长兴组储层碳质沥青产状有较大差别。普光2井飞仙组储层晶间溶孔、鲕内溶孔等碳质沥青多呈环边状衬于孔隙的孔壁，沥青占孔隙的体积小，在早期形成的鲕膜孔中也可见收缩成小球状的碳质沥青。普光6井长兴组储层中碳质沥青则多呈团块状或脉状充填满或部分充填各种孔隙，沥青占孔隙空间大。同时在碳质沥青旁边又可见较多的后期溶蚀孔，孔壁干净无沥青，说明形成于储层进油之后。

a

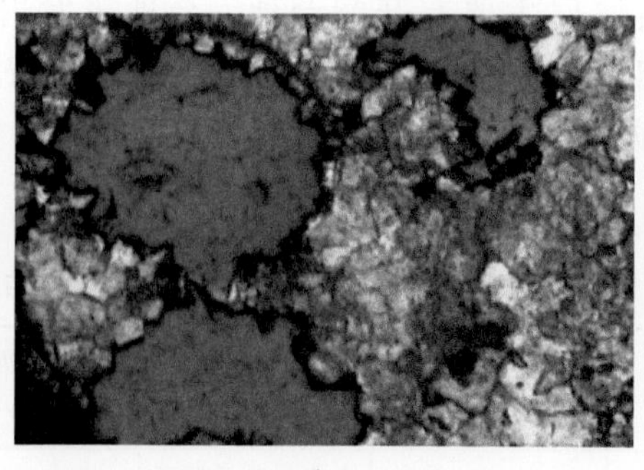

b

c

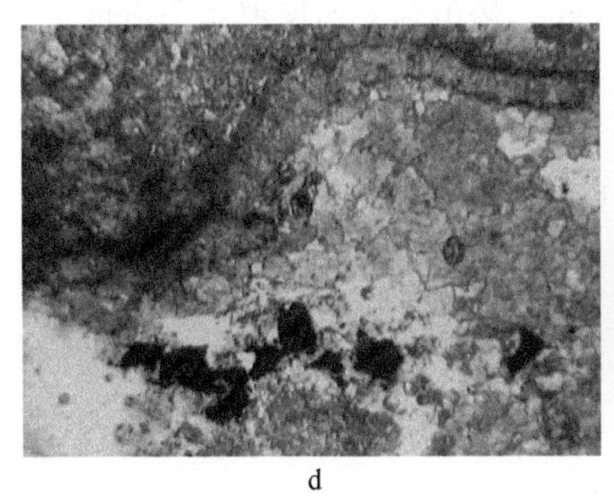
d

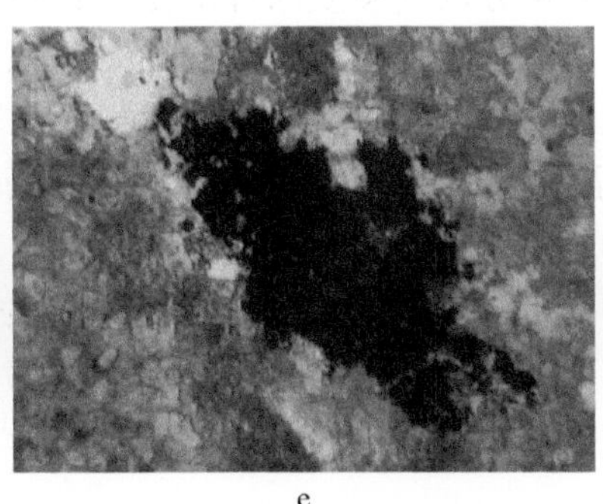
e

f

图 5.55　普光气田飞仙关组与长兴组储层碳质沥青主要产状

a. 普光 2 井（PG2-20）飞仙关组储层晶间溶孔型沥青，单偏光，×25；b. 普光 2 井（PG2-11）飞仙关组储层残余鲕粒内溶孔中沥青，单偏光，×40；c. 普光 2 井（PG2-14）飞仙关组储层构造碎裂缝型沥青，单偏光，×25；d. 普光 6 井（PG6-51）长兴组储层生物体腔孔型沥青，单偏光，×25；e. 普光 6 井（PG6-238）长兴组储层溶蚀孔洞型沥青，单偏光，×25；f. 普光 6 井（PG6-232）长兴组储层缝合线型沥青，单偏光，×25

普光气田含碳质沥青孔隙形成时期。溶蚀作用是最重要的成岩作用，白云岩储层经过多期溶蚀作用，形成了丰富的储集空间，普光气田储层含碳质沥青孔隙的形成主要与白云岩化和溶蚀作用有关。对碳酸盐岩在酸性流体介质中的深埋溶蚀作用进行动力学模拟，结果表明无论是 CO_2 水溶液还是有机酸（乙酸）溶液作为流体介质，不同类型的碳酸盐岩在 60～90℃ 温度范围内溶蚀率都达最高（图 5.56），且有机酸溶液对碳酸岩的溶蚀作用比 CO_2 水溶液更强。

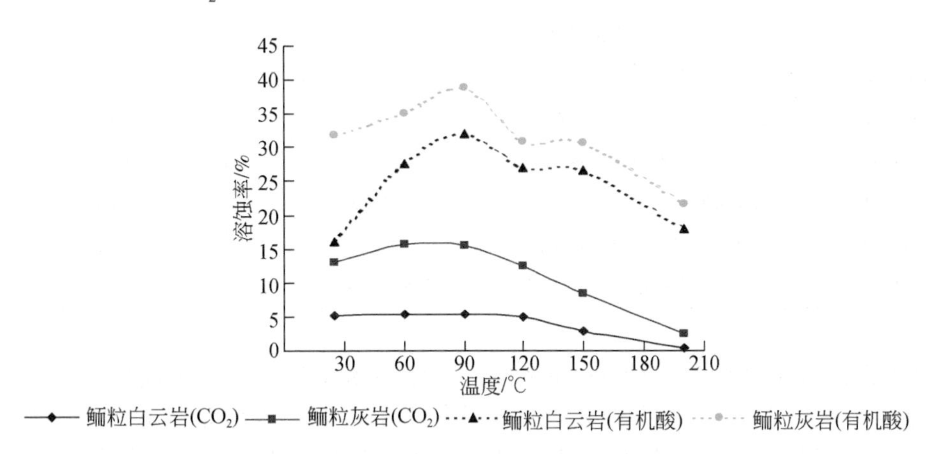

图 5.56　酸性流体介质中不同类型碳酸盐岩深埋溶蚀动力学模拟结果

普光气田飞仙关组—长兴组含碳质沥青孔隙主要形成于印支中期（T_2末）。飞仙关组—长兴组储层在早期大气渗流和潜流作用下，选择性溶蚀形成了一些鲕膜孔、生屑模孔、鲕粒内溶孔和生物体腔溶孔，早期溶蚀造成的储集空间为后期白云岩化和溶蚀创造了有利条件。准同生白云化形成的微晶-粉晶白云岩在成岩晚期的浅埋环境下开始重结晶成细晶、中晶白云石，形成晶间孔。通过对飞仙关组溶孔充填的亮晶方解石中包裹体均一温度及其对应埋藏深度进行数学回归计算，求得川东北地区印支中期时的古地温梯度为 20℃/1km，与川东北地区现今地温梯队接近，地表温度为 19℃。此时飞仙关组和长兴组的埋深在 2～2.5km，埋藏温度在 60～70℃之间，正处于碳酸岩溶蚀率最高的温度范围内（60～90℃），与此同时二叠系烃源岩在较高的地温条件下开始成熟。印支运动构造抬升在储层中形成众多裂隙和碎裂缝，烃源岩生烃前期生成的大量 CO_2 气体和有机酸溶于流体沿裂隙进入，使岩石发生非选择性溶蚀作用，形成丰富的溶孔、溶洞及溶缝，同时也产生白云岩化，大量增加孔隙，改善储集条件，为随后的进油形成古油藏提供了充分的储集空间。

储层碳质沥青含量。这里沥青含量是指通过镜下统计每一片含碳质沥青薄片内沥青面积比率，后按碳质沥青和碳酸岩的各自密度折算成质量分数（碳质沥青密度取 1.3g/cm^3，碳酸盐岩密度取 2.7g/cm^3）。

普光气田普光 2 井飞仙关组储层中碳质沥青面积比在 2.26% ~11.14%，均值为 5.84%；碳质沥青含量为 1.11% ~5.73%，均值为 2.92%（表 5.18）。普光 2 井 4977.11 ~4984.94m 段飞仙关组储层有机碳含量为 2.28%，如碳质沥青 H/C 原子比取 0.984，则该段储层碳质沥青含量约为 2.36%，与飞仙关组储层碳质沥青含量均值较为接近。

普光 6 井长兴组碳质沥青面积比在 0.66% ~21.38% 之间，均值为 7.03%；碳质沥青含量在 0.31% ~11.72% 之间（表 5.19），均值为 3.57%。其中细粉晶白云岩碳质沥青含量最高，平均为 5.48%，生屑白云岩碳质沥青含量平均为 3.58%；生物黏结、障积云岩平均为 2.65%，礁角砾岩沥青含量为 2.61%，生屑灰岩最低，为 1.11%。

表 5.19 普光 6 井长兴组储层碳质沥青含量测定结果

样品号	采样深度/m	沉积相	岩性	碳质沥青面积比/%	碳质沥青含量/%
PG6-55	4687.15	台地边缘浅滩相生屑滩亚相	生屑藻黏结微晶云岩	1.38	0.64
PG6-51	5281.42	台地边缘浅滩相生屑滩亚相	破碎状有孔虫粉晶云岩	4.56	2.38
PG6-120	5315.38	台地边缘浅滩相蒸发坪亚相	生屑亮晶云岩	9.01	4.55
PG6-239	5363.02	台地蒸发岩相潮道亚相	细粉晶云岩	21.38	11.72
PG6-240	5328.73	台地蒸发岩相潮道亚相	细粉晶云岩	6.56	3.29
PG6-177	5349.98	台地边缘生物礁相障积岩亚相	海绵黏结岩	15.84	8.10
PG6-197	5359.44	台地边缘生物礁相障积岩亚相	不等晶云岩	11.55	5.88
PG6-201	5360.68	台地边缘生物礁相蒸发坪亚相	生屑灰岩	4.02	1.9
PG6-207	5363.02	台地边缘生物礁相障积岩亚相	棘屑白云岩	5.54	2.69
PG6-209	5363.02	台地边缘生物礁相障积岩亚相	海绵苔藓黏结云岩	2.87	1.37
PG6-214	5366.62	台地边缘生物礁相蒸发坪亚相	溶孔粉晶云岩	4.17	1.97
PG6-232	5374.04	台地边缘生物礁相障积岩亚相	残余生屑粉细晶云岩	11.52	5.67
PG6-268	5380.14	台地边缘生物礁相骨架岩亚相	海绵障积云岩	1.00	0.46
PG6-265	5382.00	台地边缘生物礁相障积岩亚相	礁岩角砾	5.32	2.61
PG6-275	5384.74	台地边缘生物礁相骨架岩亚相	泥晶生屑含云灰岩	0.66	0.31

此外测得川东北地区的建南气田建 43 井飞仙关组储层鲕粒亮晶灰岩中碳质沥青含量为 0.36% ~1.76%，均值为 0.93%。建 44 井飞仙关组微晶云质灰岩中碳质沥青含量为 0.72% ~5.46%，均值为 2.65%。建 26 井长兴组灰质白云岩晶中，碳质沥青含量为 3.93%；生屑微晶灰岩孔隙不发育，碳质沥青含量仅 0.77%。建平 2 井长兴组含生屑微晶灰岩中的碳质沥青含量为 0.18% ~0.74%，均值为 0.47%。

纵向上，飞仙关组储层和长兴组储层各自碳质沥青含量都具有随埋藏深度增加而降低的趋势（图 5.57），而总体来说，长兴组碳质沥青含量比飞仙关组高。横向上，川东北地区普关气田碳质沥青含量比四川盆地边缘的建南气田要高。

碳质沥青分布特征。碳质沥青含量高低与沉积亚相有关，飞仙关组不同的沉积亚相中，碳质沥青含量不同。开阔台地相滩间亚相、蒸发湖泊相、含砾鲕粒滩等亚相中碳质沥青含量极少。蒸发坪亚相中的亮晶砂屑白云岩碳质沥青含量为 0.72%，而不等晶白云岩（可见鲕粒幻影）碳质沥青含量则可达 5.73%；4900 ~ 4935m 鲕粒滩亚相残余鲕粒白云岩碳质沥青含量为 1.11% ~4.59%，均值为 2.81%。4935 ~4955m 蒸发坪亚相（鲕粒滩夹层）碳质沥青含量较高，为 4.42% ~5.0%，均值为 4.71%。4955 ~5135m 井段鲕粒滩亚相碳质沥青含量为 1.27% ~3.88%，均值为 2.19%。碳质沥青含量高的层段也是主要的产气层段。

碳质沥青含量与白云岩化程度也有关。普光气田飞仙关组储层中的鲕粒白云岩、残余鲕粒白云岩、不等晶白云岩，长兴组储层中细粉晶白云岩、生屑白云岩，建南气田长兴组灰质白云岩等的碳质沥青含

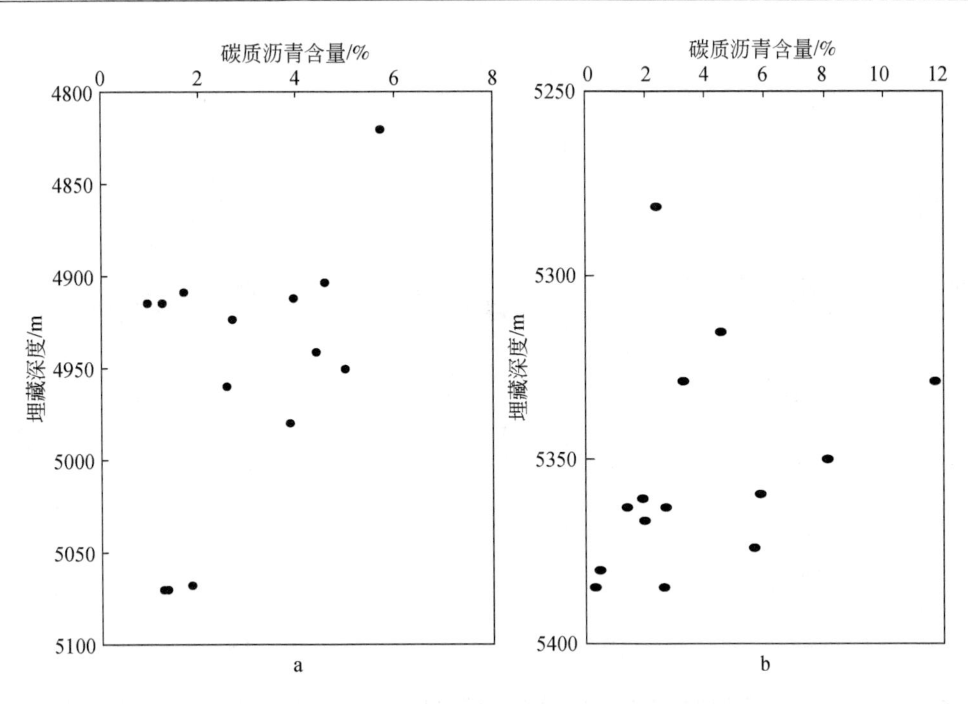

图 5.57　普光气田储层碳质沥青含量随埋藏深度的变化

a. 普光 2 井飞仙关组储层；b. 普光 6 井长兴组储层

量较其他岩性岩石中要高。白云岩化作用强，形成大量晶间孔，有利于后期溶蚀作用的发生，从而增加了储层孔隙度，可为液态烃的充注提供更多的储集空间。普光气田飞仙关组—长兴组储层碳质沥青总体上较同处川东北地区的建南气田要高，可能与建南气田储层白云岩化作用弱，储层孔隙相对不发育相关。

储层碳质沥青与孔隙关系。飞仙关组储层碳质沥青含量比长兴组储层略低，分布范围也要窄，纵向上比长兴组分布均匀。飞仙关组碳质沥青多呈环边状附于孔壁，长兴组碳质沥青则多呈团块状充填孔隙的全部或部分空间。两套储层中碳质沥青不同产状特征，以及含量的不同，使其与储层孔隙的面积比、体积比都有明显的差异。

普光 2 井飞仙关组碳质沥青含量以及沥青/现今总孔隙均具有随埋深而减少的趋势，但是面孔率随埋深而具有增加的趋势（图 5.58），可能是碳质沥青含量对目前面孔率具有一定的抑制作用。普光 2 井飞仙关鲕粒滩储层现今平均面孔率在 13% 左右，碳质沥青/总面孔（沥青面积+现今面孔）平均约为 28.9%。普光 6 井上二叠统长兴组台地边缘浅滩相和台地边缘生物礁储层现今面孔率约为 5.8%，碳质沥青/总孔隙（沥青面积+现今面孔）平均为 58.99%。

体积比与面积比并不相同，体积比约为面积比的 61%（正方体→正方形）~82%（球→圆），本书将面积比转化为体积比时平均取 0.72。飞仙关组储层单孔沥青面积比平均值为 31.5%，与碳质沥青/总面孔的平均值 28.9% 比较接近，碳质沥青占形成古油藏时期总孔隙的 30% 左右（面积比），转化为体积比约 22%。长兴组储层单孔沥青所占比率平均高达 77.8%，与碳质沥青/总孔隙（沥青面积+现今面孔）平均值差别较大，这主要是因为长兴组储层中有较多进油后形成的孔隙，它们孔壁干净未充填沥青。相对封闭的单孔中碳质沥青与孔隙的面积比变化在 57.3% ~89% 之间，折算体积比为 43% ~56%。

碳酸盐岩在晚成岩阶段，压实作用已很微弱。相对封闭的孔隙在进油后体积变化不大，其所含碳质沥青与孔隙的体积比，可近似为原油裂解后残余碳质沥青与原油的体积比，该比值的大小与原油的密度（热演化程度）有关。

碳质沥青成因分析。碳质沥青在形成过程中，由于受热条件差异、岩石导热性能的不同以及沥青本身的性质和成因的区别，可发育不同光学结构。根据光学结构可将沥青分为各向同性沥青和各向异性沥青两种：沥青在低成熟阶段，显示均一结构，呈各向同性；当固体沥青反射率为 1.5% ~2.0% 时，绝大多数沥青显示不均一结构，转变为各向异性沥青，发育各种光学结构。

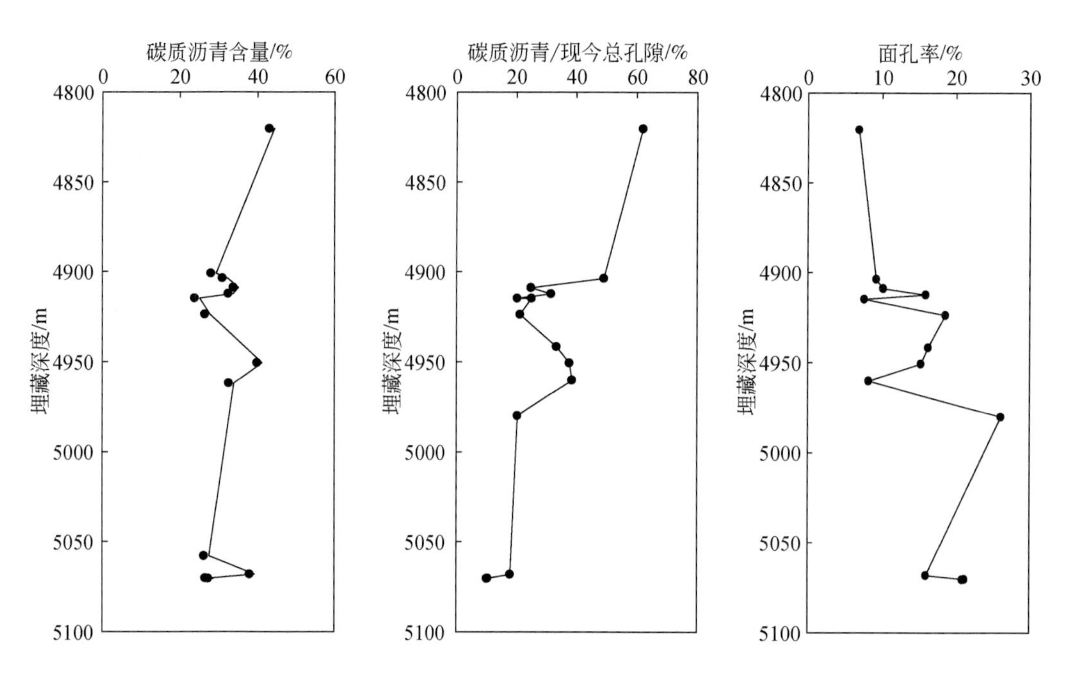

图 5.58　普光 2 井三叠系飞仙关组碳质沥青含量、碳质沥青/现今总孔隙与面孔率随埋藏深度的变化

普光 2 井飞仙关组储层碳质沥青因受热呈球体状结构，在镜下具有各向异性（图 5.59），同一油滴碳化沥青反射率可为 2% ~4%，扫描电子显微镜下无荧光。飞仙关储层沥青的激光拉曼光谱分析具有两个一级峰，即“石墨峰（拉曼位移约 $1600.5cm^{-1}$）”和“缺陷峰（拉曼位移约 $1323.8cm^{-1}$）”（何谋春等，2005）。这些都表明普光气田储层沥青的演化程度非常高，部分已接近石墨阶段。

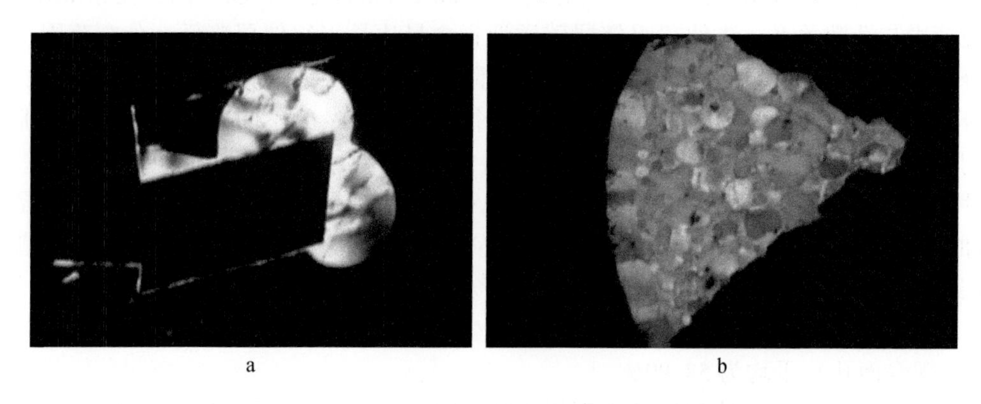

图 5.59　普光气田储层碳质沥青反射率具有各向异性

a. PG2-12 全岩光片油侵反光 X512（偏光）；b. PG2-16 全岩光片油浸反光 X512 沥青呈现球体状结构

普光气藏天然气具有原油裂解气的特征，储层碳质沥青抽提物的正构烷烃、甾萜类生物标志物分布均为正常，未检测到标志降解、水洗等作用的 25-降藿烷（马永生等，2005a；谢增业等，2005）。这说明普光气田储层碳质沥青未受氧化降解的影响，是古油藏原油热裂解的中间产物，为热演化成因。它有别于威远气田震旦系储层中存在三种各具特色、不同历史时期形成的、不同演化途径、不同成因类型的沥青，即先氧化后演化改造型（A_2型）、脱沥青化型（B 型）和热演化型（A_1型）（邱蕴玉，1994）沥青的特点，也有别于建南气田飞仙关—长兴组储层中的先氧化后演化改造型（A_2 型）的固体沥青（马力等，2004）。

热压模拟实验表明，不同的热演化程度（密度）的原油，在裂解生气的过程中形成的碳质沥青与原油体积、重量比都有较大差异（表 5.20）。根据测定的普光气田飞仙关组与长兴组储层中碳质沥青与孔隙的体积比结果，结合几种原油裂解气产率模型，推算出飞仙关组古油藏密度应小于 $0.85g/cm^3$，为轻质油；长兴组古油藏密度在 $1g/cm^3$左右，属稠油（表 5.21）。

表 5.20　几种原油样品热裂解产物产率

样品	密度/（g/cm^3）	烃气等	碳质沥青（残余）	
		理论及模拟转化率/%	重量/%	体积/%
轻质油	<0.85	>50	<50	<30
正常原油	0.88 左右	45～54	45～53	30～38
稠油	1.0 左右	35～47	50～62	43～48
重质油	1.07 左右	25～35	62～70	60～68
低演化固体沥青	1.15 左右	10～15	85～90	81～87

表 5.21　川东北普光气田不同层位古油藏原油密度

井号	层位	碳质沥青/总孔隙面孔率/%	碳质沥青/总孔隙体积比率/%	推算的古油藏密度/（g/cm^3）	原油性质	油源分析
普光 2 井	T_1f	28.9～31.5	22 左右	<0.85	轻质油	P 台地凹陷 Ⅱ型黑色页岩
普光 6 井	P_2ch	59.0～77.8	43～56	1 左右	稠油	O_3w—S_1l 台盆Ⅰ—$Ⅱ_1$型优质黑色页岩

普光气田长兴组与飞仙关组储层中的碳质沥青，虽都为热演化成因，但它们无论是产状、含量、与储层孔隙的面积比或体积比都有较大的差异，它们应是两期碳质沥青，是不同密度的古油藏裂解生气的中间产物。

海相优质烃源岩（Ⅰ—$Ⅱ_1$型）热压生排烃模拟实验结果表明：在成熟早期（R_o=0.45%～0.7%）可大量生成稠油（重质油），占总生烃量的40%以上，产物以非烃+沥青质为主。随成熟度的增加，由成熟早期的稠油（重质油）到成熟晚期的轻质油再到高成熟阶段的凝析油气（秦建中等，2006）。普光气田飞仙关组储层沥青与长兴组储层沥青同源，与 P_2优质烃源岩具亲缘关系。因此长兴组储层碳质沥青应为 P_2海相优质烃源岩在成熟早期生烃形成的稠油藏热裂解后的产物；而飞仙关组储层碳质沥青可能为烃源岩成熟晚期生烃形成的轻质油藏裂解的产物。

因此，普光气田飞仙关组储层碳质沥青和长兴组储层碳质沥青具有不同的产状特征。飞仙关组沥青多呈环边状衬于孔隙的孔壁，沥青占孔隙的体积小，单个封闭孔隙内碳质沥青与孔隙的体积比均值约在22%。普光 6 井长兴组储层中碳质沥青则多呈团块状充填满或部分充填各种孔隙，沥青占孔隙空间大，单个封闭孔隙内碳质沥青与孔隙的体积比在43%～56%之间。普光气田长兴组储层碳质沥青含量为0.31%～11.72%，平均值为3.57%，飞仙关储层碳质沥青含量为1.11%～5.73%，平均值为2.92%，长兴组储层碳质沥青含量较飞仙关组略高。在两套储层中，碳质沥青含量均随埋深的增加有降低的趋势，碳质沥青对储层孔隙度有一定抑制作用。普光气田储层碳质沥青为热演化成因的储层运移沥青，具各向异性光学结构。飞仙关组储层与长兴组储层中碳质沥青为不同期次的产物，长兴组储层碳质沥青为稠油藏裂解生气形成，飞仙关组储层碳质沥青则为轻质油藏裂解生气形成。

（2）川东北普光气田可能主要有印支期（T_2末，稠油）、燕山中期（J_2末，轻质油）和燕山晚期—喜马拉雅期（K 末，干气）三期成烃成藏期（P、O_1—S_1优质烃源岩），主要依据如下。

储层碳质沥青推算古油藏原油为两期。川东北普光气田 P_2ch 浅滩和生物礁白云岩储气层和 T_1f 鲕粒滩及蒸发坪白云岩储气层中碳质沥青具有三种产状：第一种产于 P_2ch 壳体内礁骨架白云岩的格架孔中和藻黏结白云岩中（图 5.60a）；第二种多产于 T_1f 鲕粒滩白云岩晶间孔中（图 5.60b）；第三种存在于 P_2ch 和 T_1f 礁前角砾间，缝合线以及缝洞中（图 5.60c）。

无论普光气田储气层中碳质沥青/总面孔，还是单孔中碳质沥青体积比，P_2ch 和 T_1f 都存在着明显差异（表 5.18、表 5.21）。通过测定它们的体积比，再结合不同密度原油裂解成气转化模型，可推算形成古油藏时的原油密度：产于普光 6 井 P_2ch 壳体内礁骨架白云岩的格架孔中和藻黏结白云岩中碳质沥青

图 5.60　普光 6 井 P_2ch 和普光 2 井 T_1f 白云岩储气层中的三种固体沥青

a. Pg6-75-B_{197} 海绵体腔孔中沥青，×25（第一种）；b. Pg2-3-1 白云岩晶间孔中沥青，×100（第二种）；

c. Pg6-83-B_{232} 缝洞中的沥青（第三种）

（图 5.60a）古油藏密度约在 $1g/cm^3$，为稠油，形成时间较早，根据普光气田沉积及热演化历史分析（图 5.61），该稠油可能是 O_3w—S_1l 台盆Ⅰ—$Ⅱ_1$ 型优质黑色页岩所生；而发育在普光 2 井 T_1f 鲕粒滩及蒸发坪白云岩晶间孔中碳质沥青（图 5.60b）古油藏密度推算表明，古油藏密度可能小于 $0.85g/cm^3$，应为轻质油，形成时间相对较晚，则主要与二叠纪台地凹陷Ⅱ型黑色页岩有关。它们是两期成烃成藏的产物，再加上现今的天然气藏，则普光气田至少具有三期成烃成藏过程。

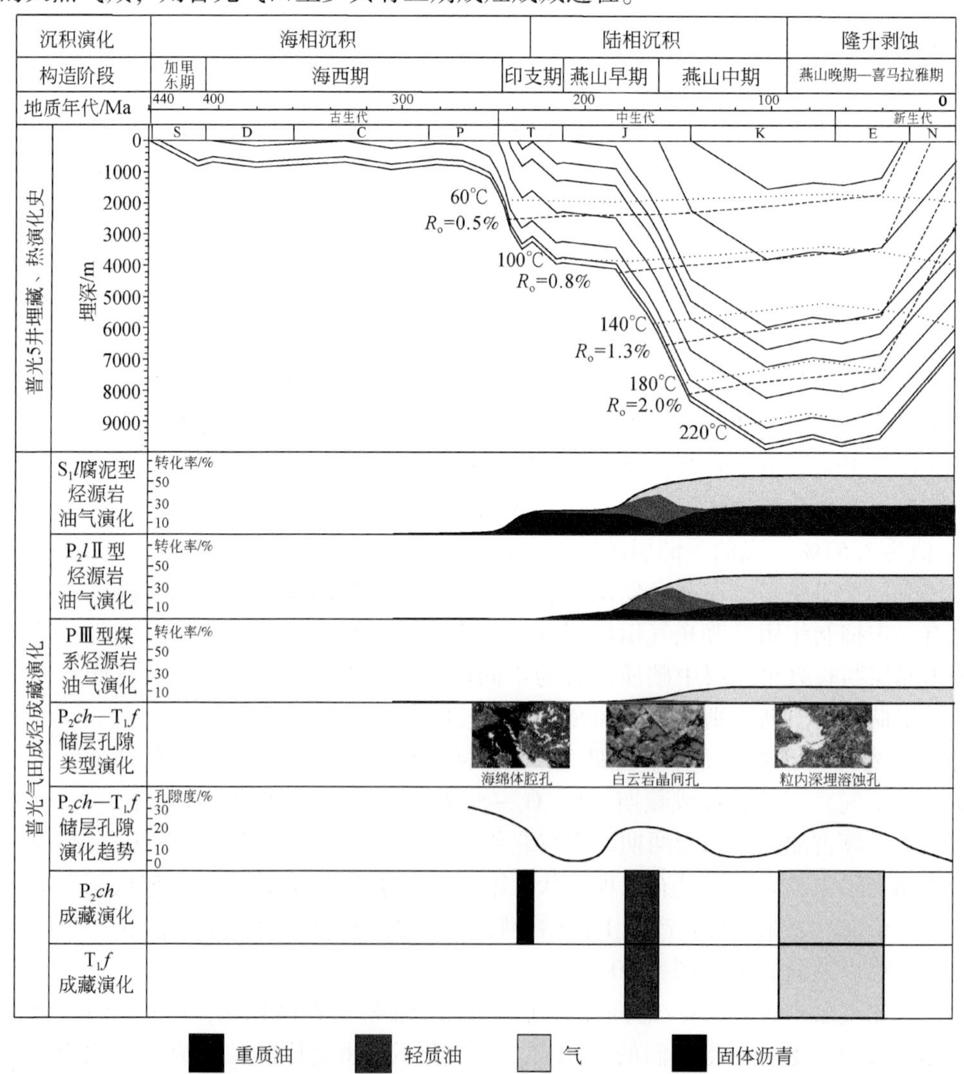

图 5.61　普光气田成烃成藏演化示意图

实际上普光气田 T_1f 和 P_2ch 的碳质沥青和天然气以及附近川岳 84 井轻质油就是三期成烃成藏的产物：碳质沥青源于稠油、原油、轻质油高温裂解聚合碳化的产物，稠油主要源于 O_3w—S_1l 台盆Ⅰ—$Ⅱ_1$ 型优质黑色页岩；轻质油气主要源于 P 烃源岩及 O_3w—S_1l 台盆Ⅰ—$Ⅱ_1$ 型优质黑色页岩；而天然气（干气）则主要是源于油高温裂解气和 P 烃源岩（包括煤系烃源岩）及 O_3w—S_1l 优质烃源岩热裂解气的混合。

三期主要流体包裹体。根据普光气田普光 2 井 T_1f 储层中包裹体的赋存产状、均一温度、盐度、密度等可划分为三期（图 5.62）。

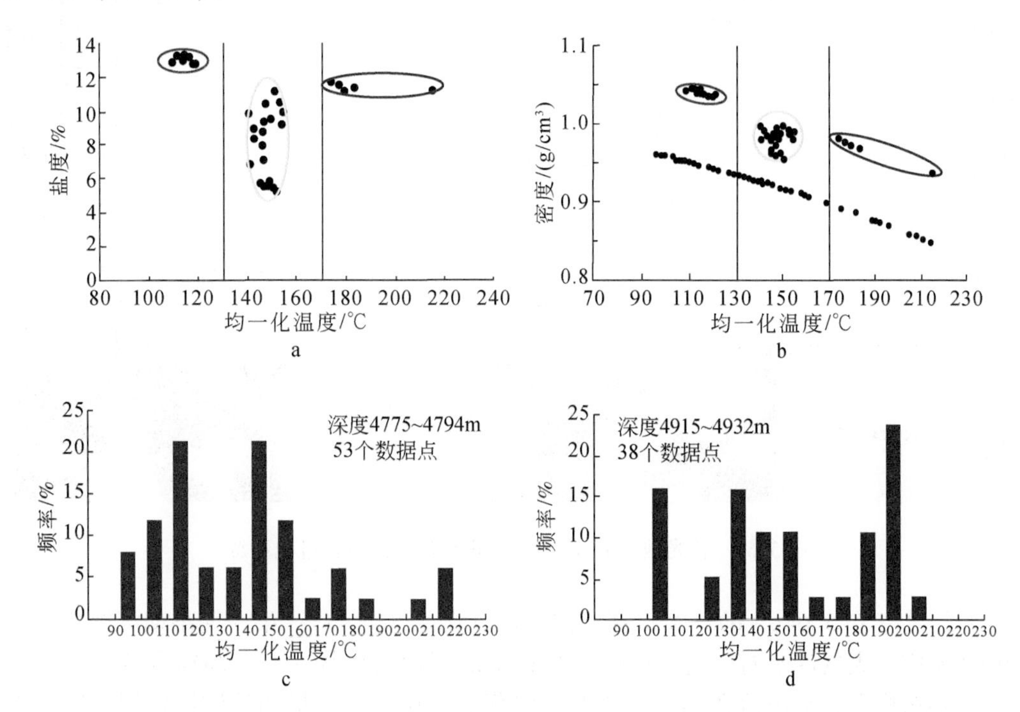

图 5.62　普光 2 井 T_1f 流体包裹体均一温度、盐度及密度的分布

第一期主要是充填在白云岩重结晶后晶间溶洞的亮晶方解石中的流体包裹体，其盐度 NaCl 平均高达 13.03%（图 5.62a），密度平均 1.04g/cm³（图 5.62b），盐水包裹体均一化温度分布在 96～130℃之间，主峰温度在 106～116℃之间（图 5.62c、d）。

第二期主要是产于方解石脉及溶蚀充填方解石中的包裹体，其盐度 NaCl 变化在 5.32%～11.22%之间，平均只有 8.18%（图 5.62a），密度平均 0.98g/cm³（图 5.62b），盐水包裹体均一化温度分布在 139～161℃之间，主峰温度在 146～156℃之间（图 5.62c、d）。

第三期主要是产于溶洞石英晶体及方解石脉中的包裹体，其盐度 NaCl 平均 11.37%（图 5.62a），密度平均 0.966g/cm³（图 5.62b），盐水包裹体均一化温度分布在 174～216℃之间，主峰温度在 180～195℃之间（图 5.62c、d），多呈长椭圆、长方形和不规则形态分布。

从普光 2 井 T_1f 储层中三期包裹体来看，其产状主要赋存于亮晶方解石、方解石脉和溶洞石英晶体之中，亮晶方解石中包裹体一般形成较早，均一温度低，气液比多小于 10%，盐度高，密度大，与燕山运动早期（J_2末）和 P 及 O_3—S_1 优质烃源岩大量生成轻质油气温度及运移成藏时间相对应。溶洞石英晶体及方解石脉中包裹体形成较晚，均一温度高，气液比多在 15%～20%之间，盐度及密度变低，它与燕山运动晚期（K_2末）和油裂解气及 P 烃源岩大量生气温度及运移成藏时间相对应。T_1f 储层中三期包裹体均一温度由 100℃左右到 200℃左右，气液比由小于 10%增加到 20%左右，盐度及密度也逐渐变低，基本上是连续形成的，时间约从 J_2 末到喜马拉雅期（E 末），埋深从 3000m 到 8500m 左右（图 5.63）。

三期成岩胶结、云化、溶蚀、构造缝等。川东北普光气田 P_2ch、T_1f 浅滩和生物礁白云岩储气岩的薄片（图 5.64）研究表明，该区储层发育主要存在以下特点。①三期胶结物：如普光 6 井 P_2ch 生物骨架岩中，海绵、苔藓、红藻（管孔藻）和珊瑚四种主要的造礁生物格架孔内栉壳结构极为发育，格架孔中普

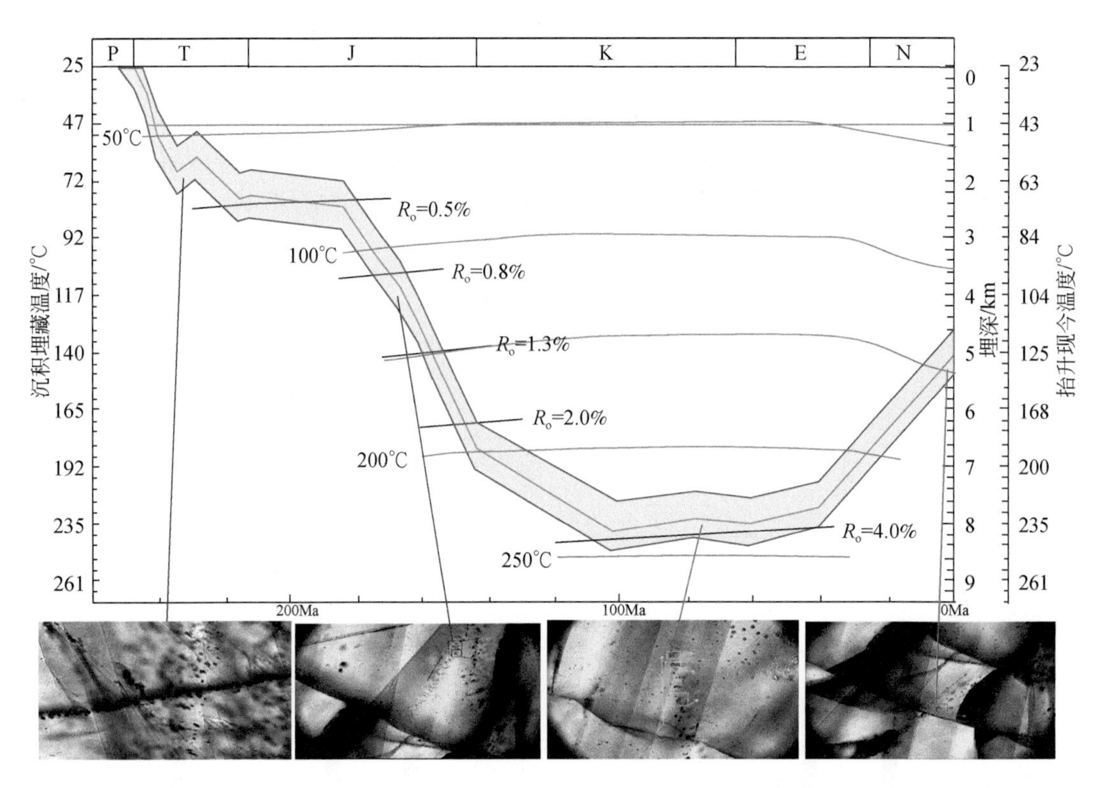

图 5.63　普光地区 P_2ch—T_1f 沉积与包裹体演化过程示意

遍见到三世代胶结物（图 5.64a ~ c）。②三期溶蚀作用（图 5.64d ~ f）：第一期早期溶蚀作用，由于海平面下降，沉积物暴露，大气淡水对生物，砂屑等颗粒中的不稳定矿物文石，高镁方解石等进行组构选择性溶蚀，形成生物铸模孔、粒内溶孔等。第二期浅埋藏溶蚀作用，与早期的溶蚀作用不同，为非组构选择性的溶蚀作用，形成粒内粒间溶孔、晶间溶孔、溶缝和溶洞等。它发生在烃类进入之前或同时期，空隙中有沥青。第三期深埋藏溶蚀作用，形成超大孔隙、粒内粒间溶孔、晶间溶孔、溶缝和溶洞等，它发生在干气阶段，该类空隙空间中干净，无沥青。③三期构造缝（图 5.64g ~ i）：第一期，缝中已被白云石充填，属于最早构造期形成的（可能为印支期—燕山早期）。第二期，充填有沥青，属于燕山中晚期（J_3—K）。第三期，缝壁干净，未见任何充填物，形成最晚，属于喜马拉雅期（N）产物。④三期白云岩化：第一期，菱形微晶和镶嵌状半自型微晶白云石，常保留原始沉积物的构造特点，属于准同生海底成岩环境产物。第二期，白云石呈粉晶至细晶，自形到半自形，沉积物结构虽遭破坏但尚能辨认，属浅至中埋藏环境产物。第三期，白云石呈粉至中晶，自形，半自形或他形。污浊带色，有洁净环边，有时还具有环带构造。常破坏原岩组构，使生屑颗粒仅具有幻影痕迹，属中埋藏环境产物。

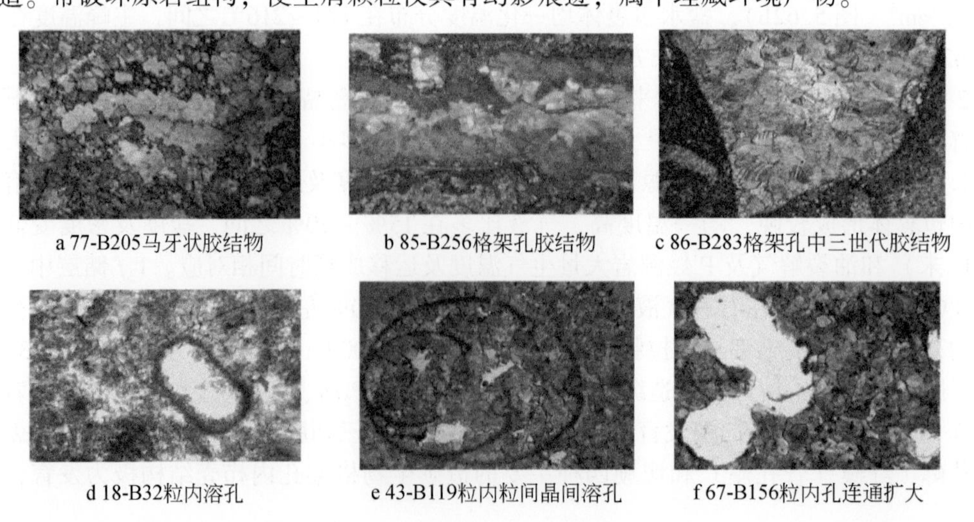

a 77-B205马牙状胶结物　　b 85-B256格架孔胶结物　　c 86-B283格架孔中三世代胶结物

d 18-B32粒内溶孔　　e 43-B119粒内粒间晶间溶孔　　f 67-B156粒内孔连通扩大

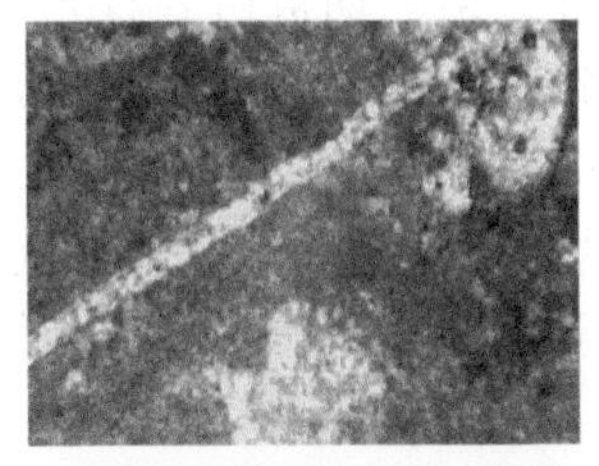
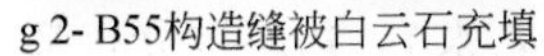
g 2- B55构造缝被白云石充填

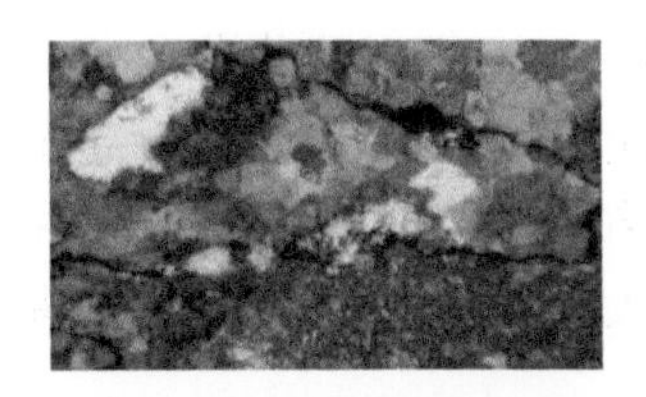
h 60-B243沿逢合线溶孔

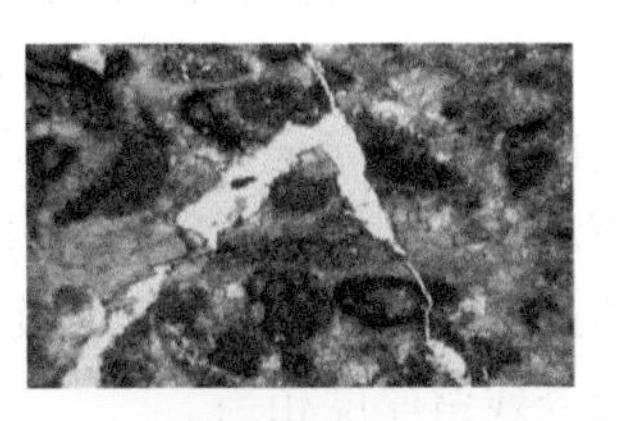
i 27- B99张开缝旁有孔虫无溶蚀

图 5.64　普光 6 井 P_2ch 白云岩储气层中的三期胶结、溶蚀孔和构造缝

实际上，成岩胶结、云化、溶蚀、构造缝等期次与成烃成藏期次次序并不完全一致，但是可以相互佐证。例如，第一种沥青产状，一、二期溶蚀孔及白云岩化，二期胶结物，一期构造缝可能与第一期成稠油藏相伴随；第三期白云岩化，第三种沥青产状，第二期构造缝可能与第二期成轻质油气藏相伴随；第三期溶蚀孔、胶结物、构造缝可能与第三期成天然气藏相伴随。

3. 川东北普光气田具有三期成烃成藏过程：第一期是印支期（T_2末），P_2l—P_2d 优质烃源岩形成 P_2ch 生物礁相稠油藏；第二期是燕山早期（J_2），形成了 T_1f 及 P_2ch 轻质油气藏；第三期是燕山晚期（K_2）—喜马拉雅期，形成现今天然气（甲烷）藏

川东北地区发育二叠系（主要是 P_2l—P_2d）台地凹陷（或台盆）优质烃源岩。在 T_2末时，埋深一般 2500～3000m，古温度为 70～95℃（古地温梯度为 2～2.4℃/100m，古地表温度为 23℃），正是大量形成低熟稠油或重质油时期。此时，印支运动使得整体地层抬升、剥蚀，由海相转化为陆相，也正是 P_2ch 碳酸盐生物礁储层流体运移、溶蚀（有机酸、CO_2、H_2S 等）、重结晶形成晶间孔及生物礁格架孔等发育时期，P_2ch 上部或周边的泥灰岩或页岩可作为稠油在生物礁体中的盖层，形成 P_2ch 生物礁古稠油藏，碳质沥青产状及源岩对比可证实这一点。对于优质烃源岩来讲，这部分稠油或重质油量很大，占到总生油量的 40% 以上（图 5.61）。

P_2l—P_2d 台地凹陷Ⅱ型优质烃源岩在 J_2时期（千佛岩组—上沙溪庙组沉积时期），埋藏深度一般在 3500～6800m 之间，古温度在 96～168℃之间，这与 T_1f 第一、二期包裹体均一温度相当，正是形成原油或轻质油气的高峰阶段。燕山早期的构造运动使得 T_1f 及 P_2ch 浅滩相或滩礁相白云岩中流体发生运移、溶蚀及构造缝等孔隙发育期，更为重要的是 T_1f 之上发育了嘉陵江组（T_2j）和雷口坡组（T_2l）的区域性石膏盖层，在 T_1f—P_2ch 形成了古轻质油气藏，第一、二期包裹体均一温度、碳质沥青产状、成岩溶孔及源岩对比可证实这一点（图 5.61）。

T_1f 和 P_2ch 浅滩相或滩礁相白云岩储层中的油气在 K_1—K_2时期，最大埋藏深度可达 7700～8700m，最高古温度可达 177～220℃，T_1f 第三期包裹体均一温度与此相吻合，一方面使得 T_1f—P_2ch 古油气藏裂解形成天然气（干气），另一方面 P 台地凹陷Ⅱ型优质烃源岩及分散在储层或烃源岩中的可溶有机质也可大量热裂解形成天然气（干气）。燕山运动中晚期正是形成原油或轻质油气的高峰阶段。燕山晚期的构造运动使得 T_1f 及 P_2ch 原构造变形，流体发生大规模运移、第三期深埋溶蚀孔隙及构造缝孔隙发育，此时也基本形成现今北东向构造主体走向的普光构造，T_2的区域性石膏盖层，使得天然气得以保存而形成现今的普光气田。喜马拉雅期构造运动对燕山晚期构造和普光气田进行了改造，并未破坏北东向主体构造格局。

因此，川东北普光气田 P_2ch 和 T_1f 储层中碳质沥青具有礁格架孔、晶间孔和缝洞三种产状，前者碳质沥青面孔率多在 60% 以上，为稠油高温演化而成；而后两者碳质沥青面孔率多小于 30%，为原油或轻质油高温演化而成，具有两期成烃成藏特征。T_1f 储层包裹体可划分为三期，基本上是连续形成的，均一温度由 100℃左右到 200℃左右，气液比由小于 10% 增加到 20% 左右，盐度及密度也逐渐变低。第一期包裹体均一化温度主峰在 106～116℃之间，烃类包裹体呈液相；第二期包裹体均一化温度主峰在 146～156℃之间，烃类包裹体呈气相或气液两相；第三期包裹体均一化温度分布在 174～216℃之间，烃类包裹体呈气相。P_2ch 和 T_1f 白云岩储气岩主要存在三期胶结物；三期溶蚀作用，前两期孔隙中有沥青，发生在油进入之前，第三期为深埋溶蚀孔，无沥青，多充满天然气；三期构造缝，第一期被白云石充填，第二期充填有沥青，第三期缝壁干净，多充天然气；三期白云岩化。其成岩胶结、云化、溶蚀、构造缝等期次与成烃成藏期次次序并不完全一致，但是可以相互佐证。利用普光 2 井实测沥青反射率 R_o值、包裹体均一温度、泥岩声波时差随埋藏深度变化并结合残留地层厚度分析不同地质时期的地层剥蚀厚度：K_2以后，J 以上地层剥蚀最大厚度约 3100m，J_3最大剥蚀厚度约 1600m，K 最大剥蚀厚度约 1500m；J_2时期，T_1f最大埋藏深度与现今残留厚度相当。

川东北普光气田可能具有三期成烃成藏过程：第一期是印支期（T_2末），P_2l—P_2d 优质烃源岩正处于大量形成低熟稠油阶段，此时，P_2ch 生物礁相中晶间孔、格架孔及有机酸溶蚀孔等发育，形成稠油藏；第二期是燕山早期（J_2），P_2l—P_2d 优质烃源岩正处于形成轻质油气的高峰阶段，形成了 T_1f 及 P_2ch 轻质油气藏；第三期是燕山晚期（K_2）—喜马拉雅期，正是油和烃源岩热裂解干气阶段，形成现今天然气（甲烷）藏。

第三节　海相优质烃源岩的二次（多次）生烃过程

“二次生烃”是指烃源层在地质历史过程中初次进入生烃门限，经历了一次生烃过程之后，某些盆地由于强烈的构造运动，上覆地层抬升并遭受大量剥蚀，造成烃源层温度、压力降低（一般温度降 15℃以上），生烃作用停止。此后该盆地再次沉降深埋或特殊的地质热事件使地层温度压力升高，并达到或超过一次生烃的最高温度或合适的热动力学条件，烃源层再次进入生烃的过程。这样，可反复沉降—抬升—剥蚀或升温—降温多次，即“多次生烃”（图 5. 65）。

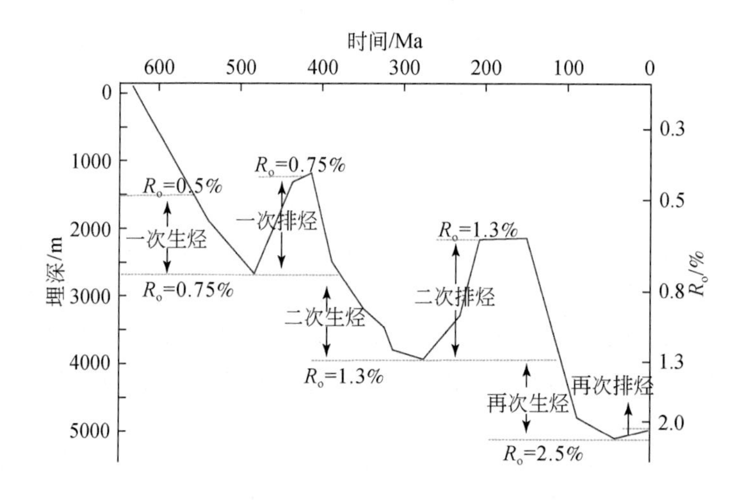

图 5. 65　海相优质烃源岩二次（多次）生烃原理示意

中国的多旋回叠合盆地中，烃源岩受构造沉积及热演化史的控制，具有间歇性、多期次、多阶段的动态生烃过程，二次生烃作用普遍发生；烃源岩的二次生烃往往直接影响着多旋回叠合盆地中现今油气藏的分布（王庭斌，2004；窦立荣等，2004；蔡勋育等，2005）。20 世纪 90 年代以来，许多学者通过热模拟实验方法对沉积有机质的二次生烃做过不少有价值的探讨（关德师等，2003；张有生等，2002，2003；刘成林等，2003；宫色和李剑，2002；秦勇和张有生，2000；汤达祯等，1999，2000；冉启贵，1995；邹艳荣和杨起，1999）。这些研究主要是针对我国多旋回盆地中广泛分布的石炭纪—二叠纪煤系烃源岩，以煤及Ⅲ型有机质为主要研究对象开展的。研究表明煤系烃源岩的二次生烃与连续生烃相比，在二次生烃过程、生烃量、反应机制以及化学动力学等方面都存在显著的差异，并且这些差异将直接影响含油气盆地生烃潜力的评价以及油气藏预测。对中国多旋回盆地中普遍存在的Ⅰ型、Ⅱ型有机质（以$Ⅱ_1$型为主）海相烃源岩的研究较少，现有研究基本上采用人工制备不同二次生烃起始成熟度的样品，而且研究内容集中在二次生烃物质基础、生烃量及生烃规律等方面，对于复杂生烃史条件下海相烃源岩二次乃至多次生烃机理缺乏细致的研究，并且尚未针对海相烃源岩的二次生烃潜力给出定量评价方法。本节采取自然演化系列和人工演化系列相结合、多种实验方式相结合的方法，从实验和化学动力学的角度系统剖析了海相烃源岩二次生烃过程、生烃机理、生烃量、定量评价、演化模式等方面的问题。

一、海相优质烃源岩的二次（多次）生烃热压模拟实验与生烃机理

为了进一步深入研究复杂构造沉积及热演化史条件下海相碳酸盐岩层系优质烃源岩在不同演化阶段下二次乃至多次生烃的油气产率、组分特征、临界条件及其相互转换关系，建立中国多旋回叠合盆地海相烃源岩多元成烃演化的动态定量模式与生烃潜力系统评价方法，结合中国海相烃源岩复杂埋藏史与热演化史，采集不同类型、不同演化程度的海相烃源岩，开展了基于多种沉积埋藏热演化史的多种模拟方案的热压生排烃模拟实验研究。

热压生排烃模拟实验所使用的仪器均为中国石化石油勘探开发研究院无锡石油地质研究所研制，包括常规高压釜封闭热压生排烃模拟（简称常规高压釜模拟）实验仪（图 5.66a）和地层孔隙热压生排烃模拟（简称地层孔隙模拟）实验仪（图 5.66b）。常规高压釜封闭热压生排烃模拟实验是基于干酪根热降解成烃理论和有机质热演化的时间–温度补偿原理，在常压（约 25MPa）和室温（约 600℃）范围内，在特制的高压釜内加入一定量的烃源岩，按设定的控温程序再现烃源岩在地质条件下的热演化过程，定量收集生成的气态，液态和固态产物。地层孔隙热压生排烃模拟实验仪属于可控生排烃体系，能够在尽可能保留样品的原始孔隙，在一个有限的生烃空间里，同时考虑到与地质条件相近的地层流体压力、上覆静岩压力条件下，进行烃源岩的加温加压密闭或可控生排烃模拟实验。该仪器的主要技术特点为：①在施加上覆静岩压力与围压（最高 200MPa）的同时，能进行较高地层流体压力（150MPa）的烃源岩生排烃模拟实验；②采用原始岩心样品，尽量保留样品的原始孔隙与结构组成，确保生烃反应是在地层孔隙空间与保留有机质的原始赋存状态时中进行；③既可以进行一定流体压力下的密闭生排烃模拟，也可以进行“幕式排烃”条件下的生排烃模拟；④在水的超临界温度之前进行生烃模拟时，水是以液态存在于岩样孔隙之中的，是真正意义上的加水生排烃模拟。

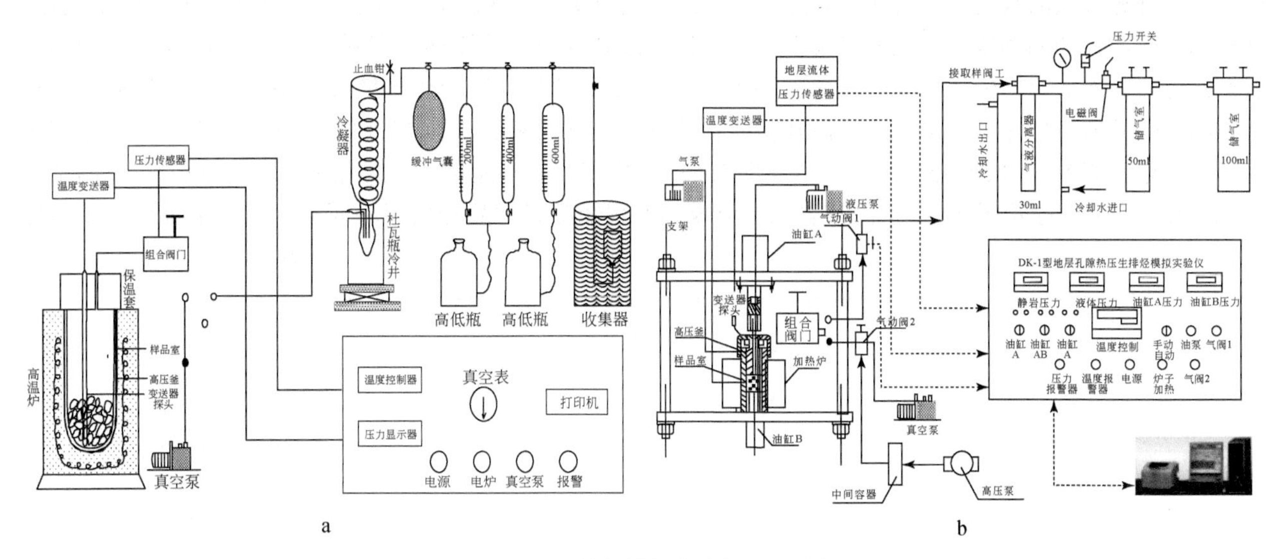

图 5.66　生排烃模拟实验仪原理示意

a. 常规高压釜封闭热压生排烃模拟实验仪；b. 地层孔隙热压生排烃模拟实验仪

为了尽可能接近地下实际地质条件，所用的模拟实验条件和方法尽可能结合研究区烃源岩构造史、热演化史和埋藏史以及研究目的与仪器特点进行选定。①样品用量：50～150g。②模拟温度：为了研究烃源岩从低成熟→成熟→高成熟→过成熟整个演化阶段的生排烃产率及其演化规律，可以选择 200～550℃不同温度点，具体温度点与原始样品起始成熟度有关。③加温时间：升温速率 1℃/min，恒温 48～96h。

④样品形态：常规高压釜模拟采用粒径在 2.5 ~ 10mm 的粉碎样品，地层孔隙模拟采用直径 3.8cm 或 2.5cm，高 0.5 ~6cm 从原样钻取或压制的岩心样品。⑤加水量：常规高压釜模拟加入样品重量 10% ~ 50% 的水，加热后为水蒸气状态；地层孔隙模拟时用水完全充满样品孔隙与反应釜空间，水为高压液态。⑥体系流体压力：常规高压釜模拟一般为常压（约 25MPa）（不可控），地层孔隙模拟为几兆帕至 150MPa（可控），具体大小依据埋深设置。⑦上覆静岩压力：常规高压釜模拟不能施加，地层孔隙模拟为几十兆帕至 200MPa。⑧生烃反应空间：常规高压釜模拟为 $450cm^3$，地层孔隙模拟为十几至二十几立方厘米。

将样品和去离子水加入反应釜中，反应釜密封后，充入 4 ~6MPa 的氮气，放置试漏，待不漏后，放出氮气并用真空泵抽真空再充氮气，反复 3 ~5 次，最后抽成真空。按设置的温压条件进行生排烃模拟实验，达到设定温度后恒温几十个小时，反应完毕，待釜内温度降到 150℃时开始排烃（地层孔隙模拟在升温恒温过程中，如果流体压力超过设定值时需要排烃）。排出产物（水、气体与凝析油）首先通过液氮冷却的液体接受管，再通过冰水冷却的螺旋管，最后进入计量管收集并计量其体积，用气相色谱分析其组成，可以得到烃气产量。液体接受管中的水和气携凝析油，加入 CH_2Cl_2 萃取分离 3 次，气携凝析油通过重量法定量，这部分随气排出的凝析油或轻质油称为气携凝析油，高压釜内壁和岩石表面附着的油用 CH_2Cl_2 冲洗，挥发溶剂后，即得到排出的釜壁轻质油），气携凝析油和釜壁轻质油合并称为排出油。模拟后的残样称重后，用氯仿抽提沥青“A”，即为残留油。残留油与排出油之和称为总油，总油与烃气之和为总烃。

1. 二次（多次）生烃热压模拟实验结果：成熟—高成熟海相优质烃源岩的二次生烃产率与其起始成熟度、终止成熟度以及残留油的多少有关

针对中国海相烃源岩在复杂构造沉积及热演化史条件下二次乃至多次生烃过程的特殊性，本次研究共设计了五种不同的热压生排烃模拟实验方案，借此研究二次生烃产率演化特征及主控因素，二次生烃启动条件、演化过程及有机质之间的相互转换关系，探讨烃源岩二次过程与一次连续生烃过程的差异。

（1）终止与起始成熟度相同的二次生烃产率：原始模拟实验样品按一定升温速率加热到指定温度 T，恒温 24h，反应结束后降温至 200℃，收集气体和凝析油，此为一次生排烃过程；不打开高压釜，自然降至室温，补充等量的水后，按同样的升温速率再次升温至 T，恒温 24h，反应完毕后降至 200℃收集气体、凝析油、轻质油和固体残渣，此为二次生排烃过程（成熟度较大的原样，实际为三次生烃）。在不同温度点按此方式每次取原样依次从低温点做到高温点。二次（多次）生烃热压模拟实验表示的生烃演化过程为：海相烃源岩→埋深、一次生烃→抬升剥蚀、部分排烃（凝析油、水与气体）→二次埋深（热作用相同）、二次生排烃→二次抬升剥蚀、排烃（图 5.67）。模拟实验样品选择了冀北下马岭组 xhy-2、云南桑龙潭 SL-D2-8、云南禄劝剖面 YL-4 泥灰岩三个低成熟海相烃源岩样品开展了相同温度二次生排烃热压模拟

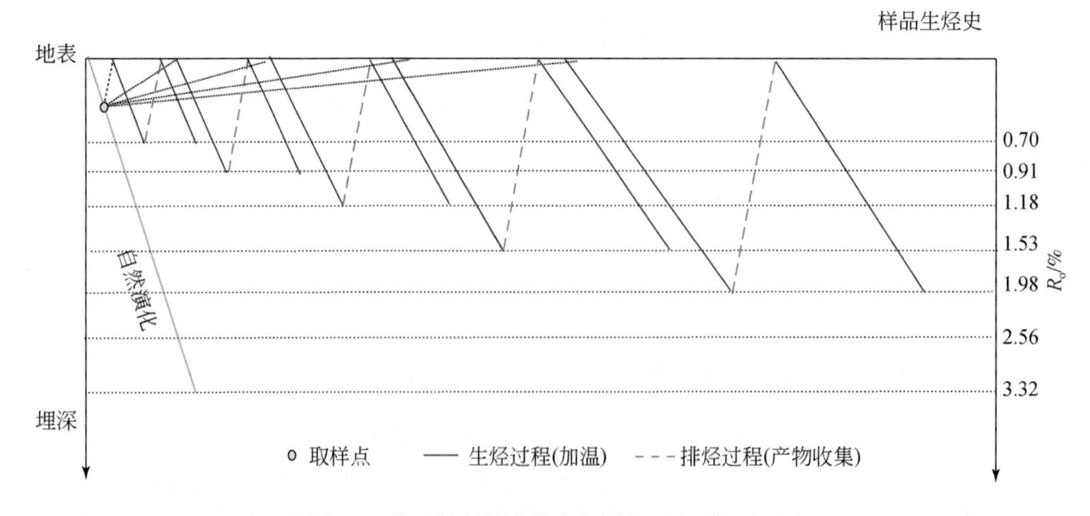

图 5.67　终止与起始成熟度相同的二次生烃史示意

实验（表5.22），其中xhy-2页岩和SL-D2-8灰岩在一次生烃之后只是部分排烃后再进行二次生烃，目的是考察残留油与残余干酪根共同作用下的二次生烃产率特征，而YL-4泥灰岩则是除了收集凝析油、气体之外，还收集轻质油并在抽提一次生烃的残样之后（即完全排烃）再进行相同温度二次生烃，目的是只考察残余干酪根的二次生烃潜力。

表5.22　相同温度二次生排烃热压模拟实验概况

模拟温度/℃		250	300	325	350	375	400	450	500	550
样品名称	YL-4	※	※	★	★	★	※	※	※	※
	xhy-2	※	※	※	★	★	★	★	★	★
	SL-D2-8	※	※	※	★	★	★	★	★	★

注：“★”为样品有该温度下的模拟实验；“※”为样品没有该样品温度点下的模拟实验。

终止与起始成熟度相同的二次烃气产率很低，一般不超过10mg/g_C，占两次连续烃气产率的百分比在3%～25%之间，且随成熟度增加迅速降低。相同条件下页岩二次烃气产率大于灰岩，但所占百分比要低；部分排烃之后的同温二次烃气产率及其所占百分比均远大于完全排烃的，这说明二次生烃产率大小与一次生烃之后残留油的多少（即排烃程度）有密切关系（图5.68）。

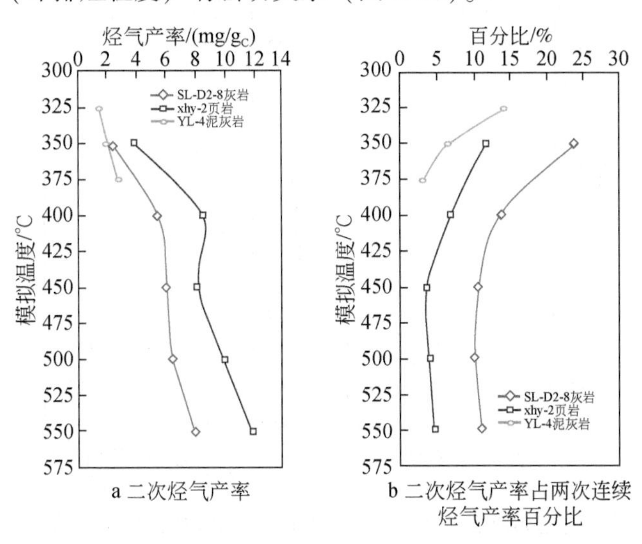

图5.68　终止与起始成熟度相同二次烃气产率及其占两次连续烃气产率百分比

终止与起始成熟度相同的二次总油产率也较低，页岩一般在1～20mg/g_C之间，灰岩、泥灰岩一般在3～38mg/g_C之间，占两次连续总油的百分比在3%～30%之间，均随成熟度的增加迅速降低，相同条件下部分排烃之后的同温二次总产率及其所占百分比也远大于完全排烃的，因此二次生油强度也与一次生烃之后残留油有关（图5.69）。

终止与起始成熟度相同的二次总烃产率也不高，页岩不高于25mg/g_C，所占比例不高于10%；相同演化阶段时灰岩的二次总烃产率在12～45mg/g_C之间，所占两次连续生烃的比例明显高于页岩，为8%～30%，灰岩二次生烃产率比页岩的高，可能有两种原因：一是灰岩释放沥青C；二是灰岩对油的吸附能力弱，不利于油向气的转化。完全排烃后残余干酪根的同温二次生烃能力很低，总烃产率不高于8%，所占百分比平均值低于5%（图5.70）。

因此，终止成熟度与起始成熟度相同的二次生烃产率很低，一般不会超过45mg/g_C，所占两次连续生烃总量比例灰岩最高不超过30%，泥岩不超过10%，且随着成熟度增加迅速降低，这说明起始成熟度大小直接影响到二次生烃产率，且灰岩的二次生烃启动条件优于泥岩。在相同演化阶段，完全排烃残余干酪根的同温二次生烃产率明显低于部分排烃的，这说明二次生烃产率大小除了与起始成熟度有关之外，还与一次生烃后烃源岩中残留油多少有关。

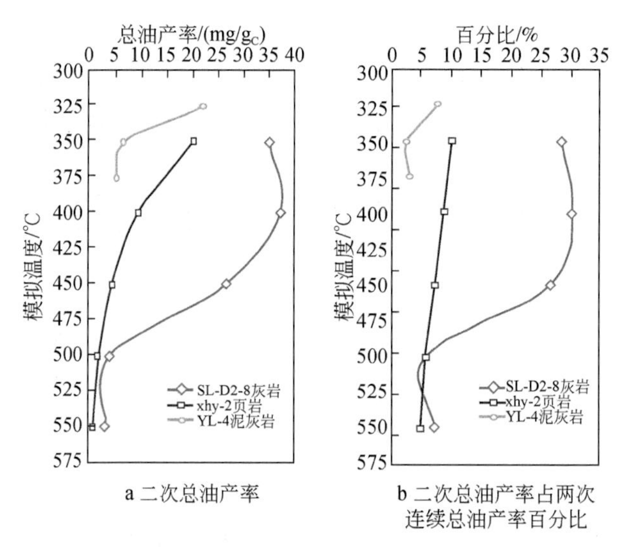

图 5.69　终止与起始成熟度相同二次总油产率及其占两次连续总油产率百分比

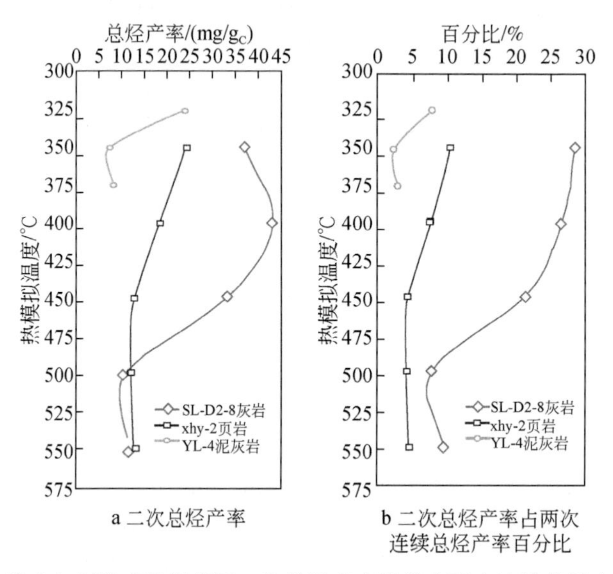

图 5.70　终止与起始成熟度相同二次总烃产率及其占两次连续总烃产率百分比

（2）终止高于起始成熟度的二次生烃产率：实验方法与相同温度模拟实验唯一不同之处是第二次加热温度比第一次高出 50℃，反映了在不同演化阶段，终止成熟度始终比起始成熟度高出一定值时的二次生烃产率变化特征。这种实验方式所表示的生烃演化过程为：海相烃源岩→埋深、一次生烃→抬升剥蚀、部分排烃→二次埋深（深度或温度大于第一次）、二次生排烃→二次抬升剥蚀、排烃（图 5.71）。用这种

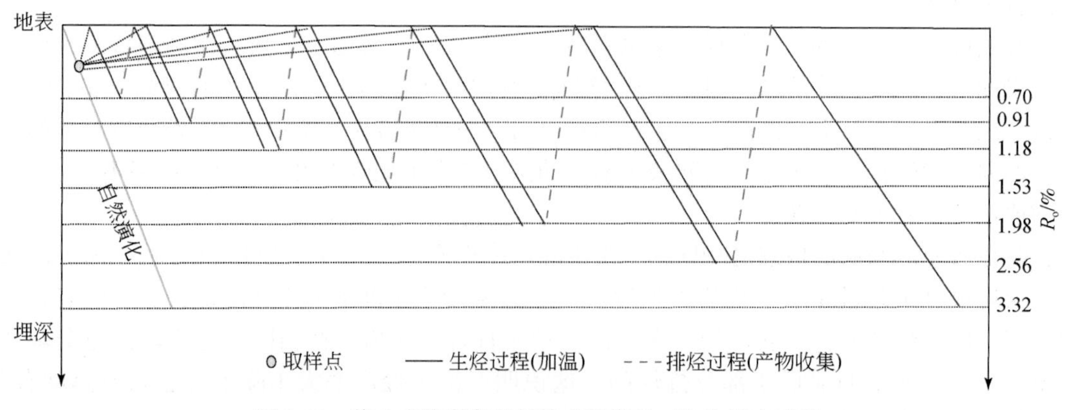

图 5.71　终止成熟度高于起始成熟度的二次生烃史示意

方式做了塔里木柯坪奥陶系萨尔干组含钙泥岩样品的二次生烃模拟实验（表5.23），每一组模拟实验包括7个不同温度点的模拟生烃过程。为了对比研究一次连续生烃与两次间歇生烃的烃产率特征，还用该样品进行了一次连续累计生排烃模拟实验。

表5.23　分阶段连续边生部分排烃二次生烃热压模拟实验概况

温度/℃			250	300	325	350	375	400	450	500	550
样品编号	SRG-1	高出50℃	★	★	※	★	★	★	★	★	※

注：“★”为样品有该温度下的模拟实验；“※”为样品没有该样品温度点下的模拟实验。

塔里木盆地柯坪萨尔干组海相Ⅱ型含钙泥岩原始样品的TOC值为1.99%，R_o=1.26%，S_1+S_2=3.46mg/g_C，已经达到成熟阶段晚期，在一次生排烃之后，二次重新加温超过一次初始温度50℃时（加上原始样品的地质演化过程已经算是三次生烃过程了）的再次生排烃产率见图5.72，其二次生烃产率有以下特征：①在成熟晚期—高成熟阶段（R_o<2.2%）能够排出一定量的凝析油（或轻质油）气。随温度或R_o的增大而升高，在R_o≈2.2%时生烃产率最高可达近71mg/g_C；之后又迅速降低，过成熟阶段逐渐降到42mg/g_C左右，在高演化阶段存在一个生油高峰，排出的主要是凝析油（或轻质油）。②二次生排烃气时，生烃产率在高成熟阶段（R_o≈1.5%～2.2%）升高，从4.5mg/g_C升到43.5mg/g_C，过成熟阶段降到32mg/g_C左右，高成熟中晚期—过高成熟阶段排出的主要是烃气。③成熟晚期含钙泥岩的再次加温高出50℃的二次总烃产率在高成熟阶段早中期快速升高，从40mg/g_C增加到72mg/g_C，之后随成熟度的增加，生烃产率降低到过成熟阶段的43.5mg/g_C左右，也有一个相对平缓的生烃高峰，主要是凝析油和烃气，残留油产率很低。

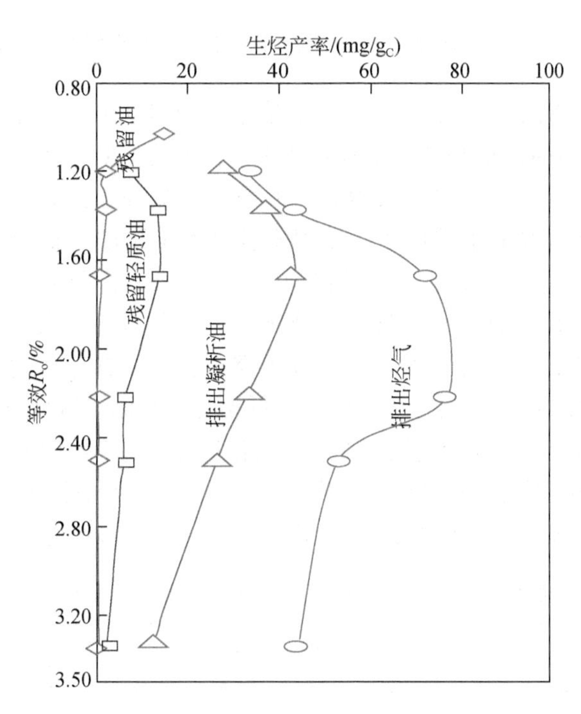

图5.72　海相Ⅱ型含钙泥岩高出50℃模拟温度条件下再次生排烃产率

图5.73是海相Ⅱ型含钙泥岩一次连续生排烃与二次生排烃产率曲线两次间歇生排烃产率对比图，从中可知：一次连续总烃产率（最高值为205mg/g_C）与一次生排烃加上二次生烃总产率（一次十二次总烃，最高值为203mg/g_C）相差不多，这说明单从生烃量角度看，二次生排烃并不影响对烃源岩的质量评价，如果不考虑其他因素，如地层抬升或剥蚀等现象，并不影响有机质的生烃潜力。但对比二者在不同演化阶段的生油与生气产率可以看出，在相同演化阶段时总是两次间歇生烃总油产率大于一次连续生油

产率，而烃气产率正好相反，这是因为一次生烃后排出的油没有再参与后继生烃演化，因此两次间歇生成的总油产率高而烃气产率低。这说明一次生烃之后排出的油气会延缓可溶有机质向烃气的转化，因为排出的油气总是保存在温度压力相对较低的储集层或运移通道中，这就有利于油气的晚期成烃成藏。

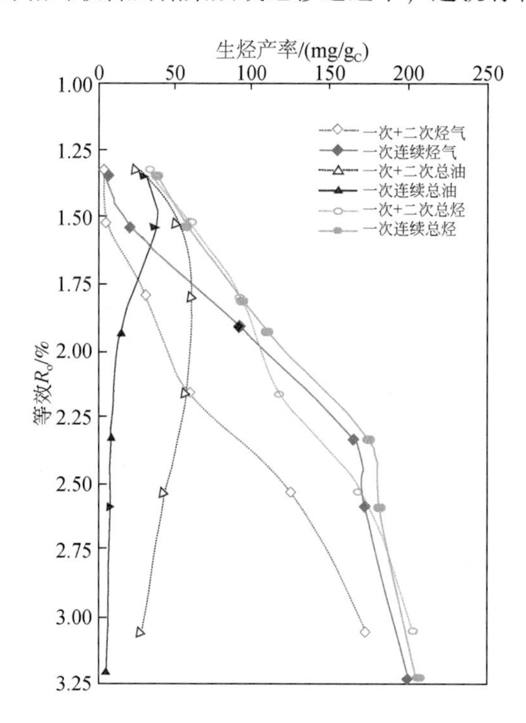

图 5.73　海相Ⅱ型含钙泥岩一次连续生排烃与二次生排烃产率曲线两次间歇生排烃产率对比

(3) 不同起始成熟度的二次生烃产率：选用云南楚雄盆地禄劝泥盆系华宁组低成熟优质烃源岩作为原始样品，该样品为泥灰岩，TOC=6.15%，R_o=0.61%，有机质类型为$Ⅱ_1$型（表 5.24），为了对比研究不同起始成熟度烃源岩以及一次生排烃对二次生烃产率及其影响程度，共设计了四组 200～550℃的模拟实验，其中低成熟泥灰岩原始样品的生排烃热压模拟实验基本上反映了低成熟度海相优质烃源岩的一次连续生烃过程，YL-4A、YL-4B、YL-4C 为原样抽提沥青“A”之后再分别经历过 325℃、350℃、375℃温度的一次生烃并完全排烃（排出所有生成的气体、液态烃）后的人工制备样品，其二次生烃热压模拟实验反映了不同起始成熟度烃源岩（仅含不溶有机质或干酪根）的二次生烃过程。每一组热压模拟实验包括 7～11 个不同温度点（表 5.24），每次直接取原样从低温加到高温，因此下一个较高温度点的生烃过程总是包含了前面所有较低温度点在不排烃情况下的生烃演化过程，属于累计生烃模拟。这种模拟实验方式代表的二次生烃演化过程为：经历不同热演化程度一次生烃之后的海相烃源岩→抬升剥蚀、完全排烃（凝析油、残留油与气体）→二次埋深至高过演化阶段、二次生排烃→二次抬升剥蚀、排烃（图 5.74）。

表 5.24　人工演化系列二次生烃热压模拟实验概况

温度/℃			200	250	300	325	350	375	400	425	450	500	550
样品名称	一次连续生烃	YL-4	★	★	★	★	★	★	★	★	★	★	★
	不同起始成熟度二次生烃	YL-4A	※	※	★	★	★	★	★	※	★	★	★
		YL-4B	※	※	★	★	★	★	★	※	★	★	★
		YL-4C	※	※	※	★	★	★	★	※	★	★	★

注：“★”为样品有该温度下的模拟实验；“※”为样品没有该样品温度点下的模拟实验。

海相$Ⅱ_1$泥灰岩的一次连续、二次连续及两次间歇生烃的总油、烃气与总烃产率见图 5.75～图 5.77。无论是原始样品的一次连续累计生烃还是一次生烃完全排烃之后不同起始成熟度有机质的二次生烃，其

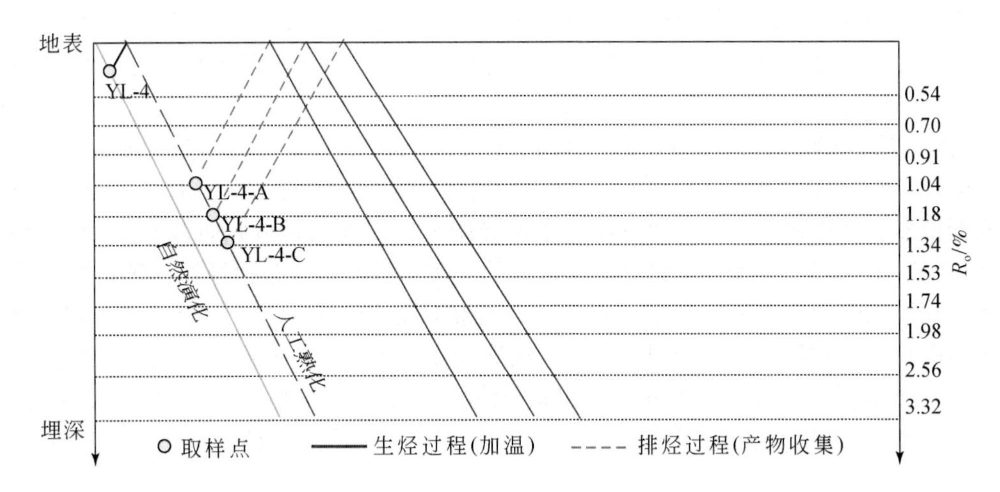

图 5.74　二次生烃人工演化系列代表的二次生烃史示意

生烃产率均具有相似的热演化趋势。随模拟温度升高，样品成熟度的提高，烃气产率逐渐增加，总油产率先增后减，总烃则是先增加再降低到一定值之后趋于稳定。

不同起始成熟度烃源岩的二次生烃产率对比分析表明：

二次生油产率随起始成熟度增加而减小；随热演化程度增强则先增后减，存在一个生油高峰。其高峰出现的位置和强度与起始成熟度高低密切相关，不过起始成熟度在 R_o 为 1.3% 之后二次生油高峰已经不明显（图 5.75a）。在 R_o 小于 1.3% 之前，即 1.02% 与 1.16% 烃源岩的二次生烃总油产率依然还存在生油高峰值，其对应的成熟度分别在 R_o 为 1.34% 与 1.62%，明显向后延迟了，超出了传统生油窗，这是否说明烃源岩的二次生油过程与连续一次生油相比存在差异，并不是一次生油过程的直接延续？

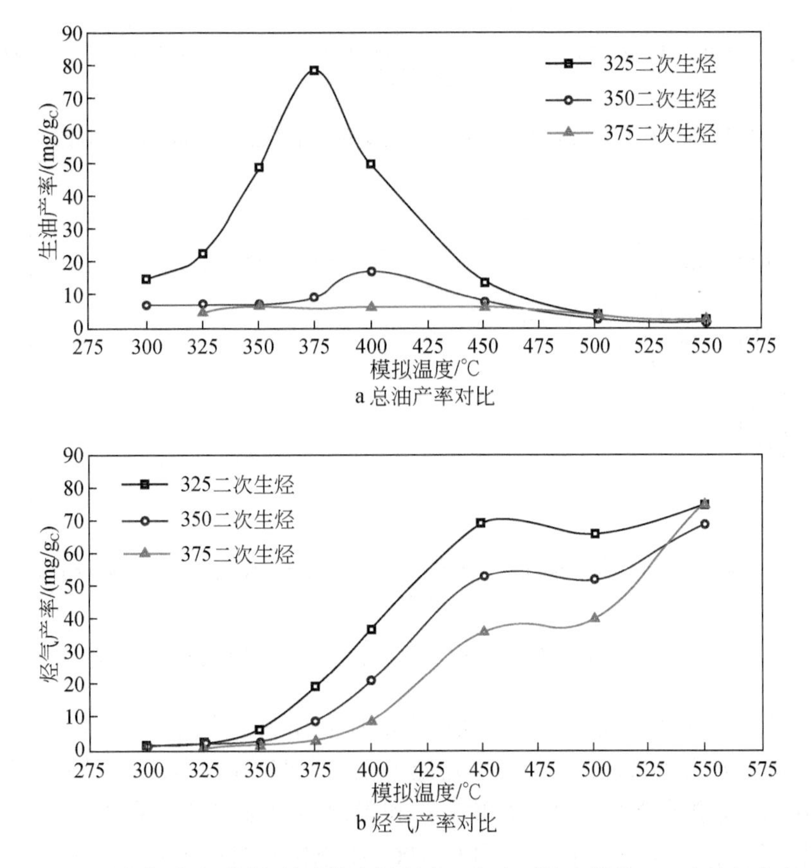

图 5.75　人工演化系列不同起始成熟度烃源岩（仅含不溶有机质）二次油气产率对比

烃源岩二次生烃产率与总烃均随起始成熟度的增加而变小，随终止成熟度的增加而增大。在过成熟阶段（R_o为3.0%以上）时趋于一致，这说明二次烃气产率同样也受起始成熟度控制。比如，起始成熟度分别为1.02%（325℃）、1.16%（350℃）与1.38%（375℃）二次生烃气产率，在高成熟晚期（R_o=2.0%，相当于模拟温度450℃）时，其产率分别为74.80mg/g_C、46.61mg/g_C和36.56mg/g_C。

完全排烃的烃源岩（仅含不溶有机质）二次生烃与不排烃连续一次生烃相比，无论是总油、烃气，还是总烃都要低得多，在成熟阶段时二者总油产率差异明显，而在高过成熟阶段则是烃气产率不在同一个数量级（图5.75～图5.77）。但如果将每个温度点的一次总烃产率（包括烃气、排出油和残留油产率）与其烃源岩在不同演化阶段（不同温度点）的二次总烃依次相加（即325一次+二次总烃，350一次+二次总烃和375一次+二次总烃），与对应温度点的一次连续累计生烃产率相比，一次+二次总烃产率要大些（图5.77）。上述分析说明二次生烃产率除了受起始与终止成熟度控制外，一次生烃残留油的多少（也就是说一次生排烃效率）也是影响二次生烃产率的重要因素，一次生烃残留油越多，二次生烃产率越高，反之亦然。

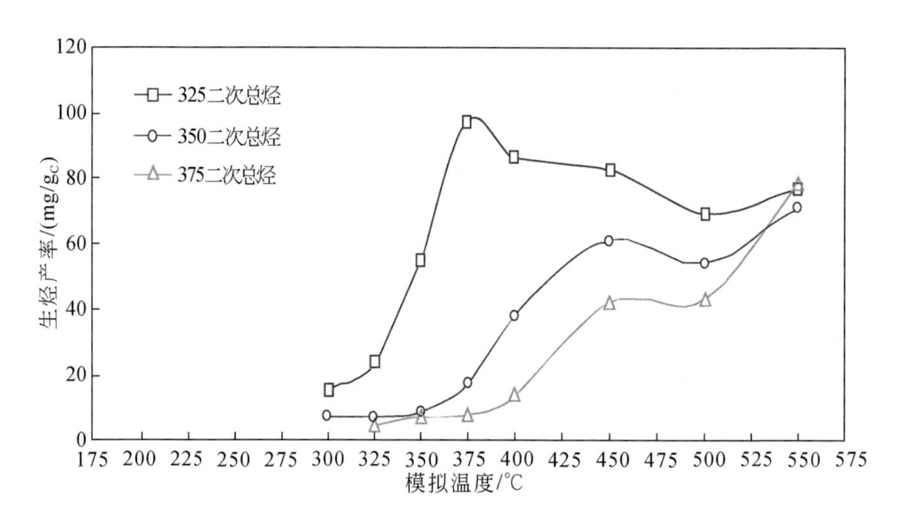

图5.76　人工演化系列不同起始成熟度残余干酪根二次总烃产率对比

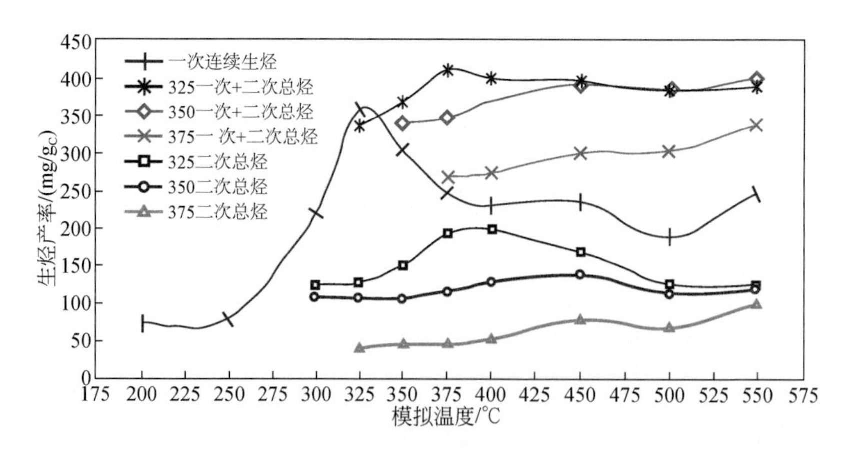

图5.77　人工演化系列一次生烃、二次生烃及两次累计总烃产率对比

（4）为了进一步说明起始成熟度对二次生烃产率的控制作用，我们选择不同起始成熟度，不同岩性以及不同时代的6个典型海相烃源岩，它们分别是处于成熟早期阶段的GY-07-35二叠系黑色页岩（R_o=0.78%）、GY-07-16二叠系黑色泥岩（R_o=0.80%）和贵州渔洞煤矿二叠系煤（R_o=0.86%）、处于高成熟阶段的Wc-2二叠系泥灰岩（R_o=1.43%）和CK-06-02志留系黑色页岩（R_o=1.58%）以及已达过成熟阶段的Ng-06寒武系的黑色页岩（R_o=2.95%），开展了系列常规高压釜封闭热压生排烃模拟实验，探

讨自然演化条件下已经历了一次生排烃，但起始成熟度不同而有机质类型基本相同的海相烃源岩二次生烃产率变化特征。每一组模拟实验包括6～8个不同温度点的模拟生烃过程（表5.25）。模拟实验也是采取单点密闭生烃方式，样品事先没有抽提，因此包含了剩余干酪根与残留油在不同演化阶段的共同热演化生烃作用。这种模拟实验代表的生烃演化过程为：海相烃源岩经历不同程度热演化的一次生烃→抬升剥蚀、部分排烃→二次埋深至高过演化阶段、二次生排烃→二次抬升剥蚀、排烃（图5.78）。

表5.25　二次生烃自然演化系列模拟实验概况

温度/℃		250	300	325	350	375	400	450	500	550
样品名称	GY-07-16	★	★	※	★	※	★	★	★	★
	GY-07-35	※	★	※	★	※	★	★	★	★
	YD-4	※	★	※	★	※	★	★	★	★
	Wc-2	※	★	★	★	★	★	★	★	★
	CK-06-02	※	※	※	★	※	★	★	★	★
	Ng-06	※	※	※	★	※	★	★	★	★
	LQ-2	★	★	※	★	※	★	★	★	★
	DK-LQ-2	※	★	※	★	※	★	★	★	★

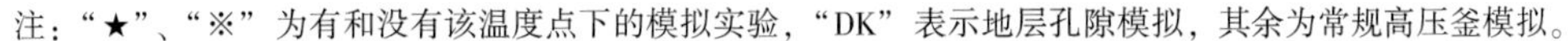

注："★"、"※" 为有和没有该温度点下的模拟实验，"DK" 表示地层孔隙模拟，其余为常规高压釜模拟。

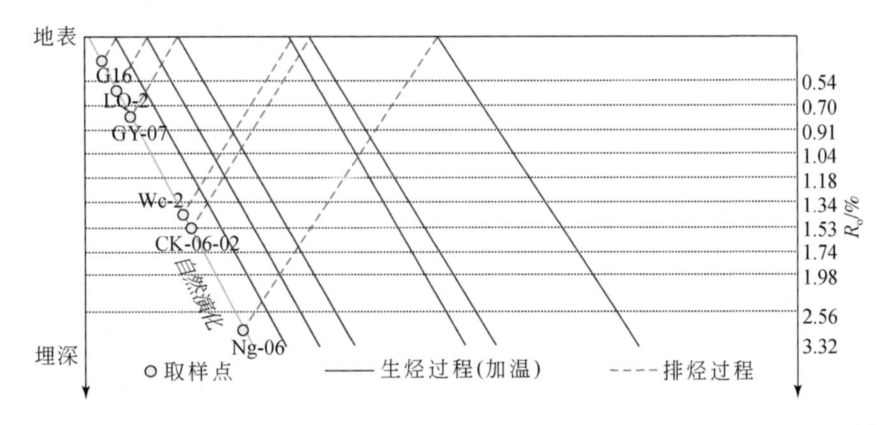

图5.78　自然演化系列样品经历的不同生烃史示意

不同起始成熟度自然样品随演化程度的增加，其二次生烃油、气产率对比见图5.79，分析可知：①随着自然演化一次生排烃的终止成熟度，即人工演化二次生烃起始成熟度的增加，二次生油产率迅速降低，海相烃源岩二次最高生油总产率从起始成熟度处于成熟阶段的200mg/g_C左右，降到高成熟早期的60mg/g_C，再到高成熟中期的16mg/g_C，直到高过成熟度的不足3mg/g_C（图5.79a），几乎是呈直线下降，这说明起始成熟度高低控制了二次生油总产率，高于传统生油窗的海相烃源岩，其二次生油产率已经降低到很低的水平。但相近起始成熟度的油页岩（GY-07-35）与煤（YD-4）二次生油气产率对比可知，油页岩的二次生油气潜力远大于煤；②不同起始成熟度的二次生烃气产率尽管也受起始成熟度制约，但是处于成熟早中期的海相烃源岩，如 R_o=1.43%的二叠系泥灰岩（Wc-2）和 R_o=1.58%的志留系黑色页岩（CK-06-02）依然具有较强的产烃气潜力，当再次热演化到高过成熟阶段时，其二次生烃气产率可达近200mg/g_C，而起始成熟度处于高过演化阶段的烃源岩基本没有了产气能力，如 R_o为2.95%的寒武系黑色页岩，其二次烃气已不足5mg/g_C（图5.79b）。

以上结果说明：①在有机质类型相近时（Ⅱ型）影响海相烃源岩二次生烃产率的主控因素之一依然是起始成熟度，岩性相对影响较小；②起始成熟度在生油窗之内，则尚具有一定的二次生油潜力，在生气高峰附近，即成熟早中期，还具有较强的产烃气潜力，高过成熟度烃源岩不再具有二次生气潜力。

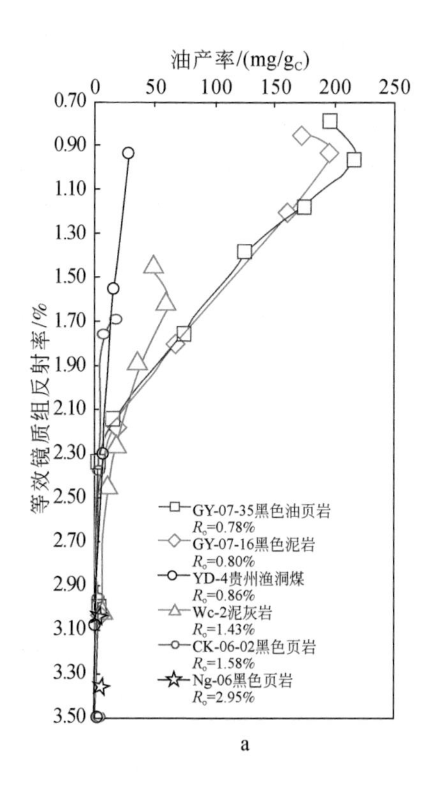

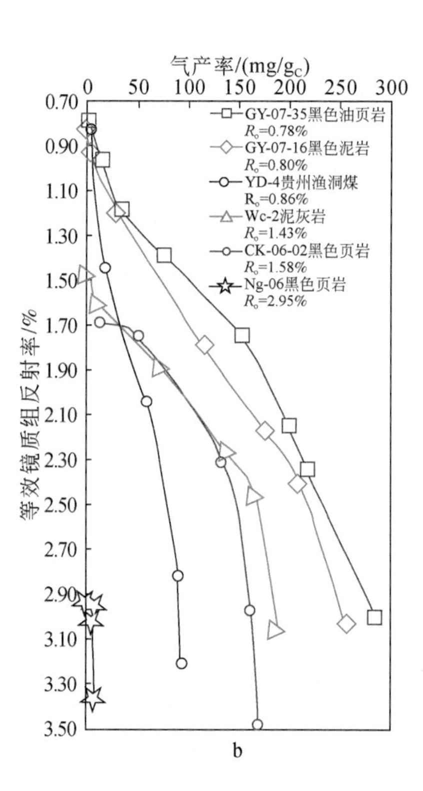

图 5.79　不同起始成熟度自然样品二次生烃油、气产率对比

a. 不同起始成熟度海相泥页岩二次生油产率；b. 不同起始成熟度海相泥页岩二次生气产率

2. 海相优质烃源岩（起始成熟度在 R_o 为 2.0%之前）的二次生烃与一次生烃相似，未发现生烃次数发生明显改变

海相优质烃源岩的母质主要是浮游藻、底栖藻类和细菌类，海相有机质大分子的结构和元素组成性质决定了其生烃过程的不同特征，但随着一次生烃的进行，不同起始成熟度烃源岩的有机质组成特征发生了很大变化，同时伴随着油气的排出与转化，其二次生烃过程与一次生烃过程既相互联系又存在区别。

为了进一步探讨二次生烃作用机理，利用 Rock-Eval 6 热解仪和 Optkin 动力学软件，选择 5℃/min，15℃/min 和 25℃/min 三种升温速率对四川青川矿山梁二叠系成熟海相烃源岩及其温度模拟实验后经过抽提沥青“A”的残样（代表了不同起始成熟度的烃源岩）进行了动力学分析，其化学动力学特征参数见表 5.26，其活化能分布情况见图 5.80。研究表明，在低演化阶段（300℃）样品活化能频率分布与原样几乎没有变化，随着模拟温度的升高，其生烃活化能频率分布逐渐向高能区后移，生烃平均活化能逐渐增大，生烃潜力逐步减小（表 5.26）。当 R_o 达到 2.34% 后，样品残余产烃百分比已只有原样的 2.80%，累计烃产率只有 10.0mg/g_C，随着温度继续升高其生烃速率变得很慢且生烃能力已极弱。因此只有起始成熟度在 R_o 为 2.0% 之前的烃源岩才具有一定二次生烃潜力。也就是说烃源岩总是按照其固有的演化轨迹生成油气，不会因为经历生烃次数的多少发生改变，其生烃过程与传统认识一致。

表 5.26　不同演化程度样品热解化学动力学参数

样品编号	岩性	R_o/%	主峰活化能/（kJ/mol）	主峰烃产率/（mg/g_C）	累计烃产率/（mg/g_C）	残余产烃百分比/%	主生烃温度跨度/℃	指前因子 A/min
GY-07-35	黑色页岩	0.78	259	102.2	357.0	100.00	79	1.70E+18
GY-07-35-300	模拟残渣	0.79	259	98.7	333.7	93.47	79	5.50E+17
GY-07-35-325	模拟残渣	0.81	264	43.9	246.7	69.10	116	1.00E+17
GY-07-35-350	模拟残渣	1.21	272	13.6	121.3	33.98	175	3.30E+18

续表

样品编号	岩性	R_o/%	主峰活化能/(kJ/mol)	主峰烃产率/(mg/g_C)	累计烃产率/(mg/g_C)	残余产烃百分比/%	主生烃温度跨度/℃	指前因子 A/min
GY-07-35-375	模拟残渣	1.43	293	3.2	53.7	15.04	221	1.50E+18
GY-07-35-400	模拟残渣	1.69	310	1.9	28.0	7.84	242	7.70E+18
GY-07-35-450	模拟残渣	2.34	314	0.6	10.0	2.80	284	2.70E+17
GY-07-35-500	模拟残渣	2.62	318	0.2	3.0	0.84	320	7.60E+17
GY-07-35-550	模拟残渣	3.31	322	0.1	1.3	0.36	339	5.90E+17

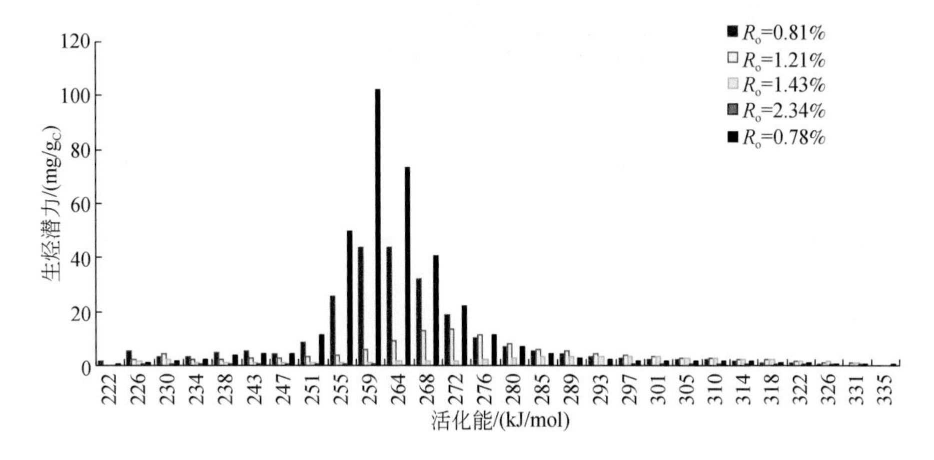

图 5.80　不同成熟度烃源岩生烃活化能分布

图 5.81 是只含可溶有机质的加拿大沥青砂与只含不溶有机质的 GY-07-35 黑色页岩经氯仿抽提沥青“A”后的产物（TOC=12.38%、T_{max}=437℃、R_o≈0.78%）的活化能分布。从中可以看出，只含有低演化重质油的沥青砂，其活化能整体峰形（包括主峰位置）一般比低演化烃源岩的位置偏前，分布范围也要宽广，这是否说明其胶质与沥青质比低成熟烃源岩更容易转化成烃类（饱和烃和芳香烃）呢？答案是否定的，实际上这是 Rock-Eval 热解生烃原理上的不足造成的假象。沥青砂的活化能分布迁移是在低温（300℃）时其中的可溶有机质热挥发后被检测的结果，只表示了部分烃类物质的热挥发所需要的能量。Tissot 等认为，腐泥型（Ⅰ型）以甲烷为主的热成因天然气主要在液态烃（即石油）生成以后形成，相当于 R_o在 1.2%～2.0%之间。当 R_o达到 2.0%后天然气基本是甲烷气，乙烷含量极低，也就是说乙烷的 C—C 键已大量断裂。实际上乙烷 C—C 键离解化学键键能是 360kJ/mol，而从可溶有机质动力学分析可以看出当 R_o为 2%时其对应的生烃活化能为 307kJ/mol 左右，与凝析油的断键能比较接近，但比乙烷的 C—C 键离解能小很多，这说明短链烷烃热裂解成甲烷需要更高的能量，会延续至更高的演化程度，也就是说可溶有机质的热裂解生气是一个缓慢的过程，会将整个烃源岩的生气“死亡线”向后延长。图 5.82 是地层流体压力及水的相态对生烃过程的影响，样品为四川青川矿山梁上二叠统黑色页岩（基本地化特性见表 5.22），分别采用有水充满，地层流体压力为 35～105MPa 的地层孔隙热压生烃模拟和只加 10ml 水（未充满反应釜），体系流体压力低于 10MPa 的高压釜热压生烃模拟所得到的烃产率曲线，从中不难看出，在高成熟阶段之后，地层孔隙的总油产率明显偏高，而烃气产率偏低，当等效 R_o=2.3%时总油产率高达 50mg/g_C，也就是说油还没有完全裂解成烃气。

总之，烃源岩中的可溶有机质与不溶有机质是相互转化的，这种转化不是简单的可逆反应（基本上不存在化学反应意义上的可逆反应），而是在不同演化阶段，不同稳定性与不同结构性质的不溶有机质和可溶有机质的相互转化。也就是说，烃源岩在生成小分子油气的同时也生成了更难热裂解的（聚合程度更高的）干酪根，同时前期已经生成的可溶有机质也会发生热裂解生成更小分子的、结构更稳定的可溶有机质（气态烃等）和无机物质，聚合成分子量相对较大的碳质沥青。

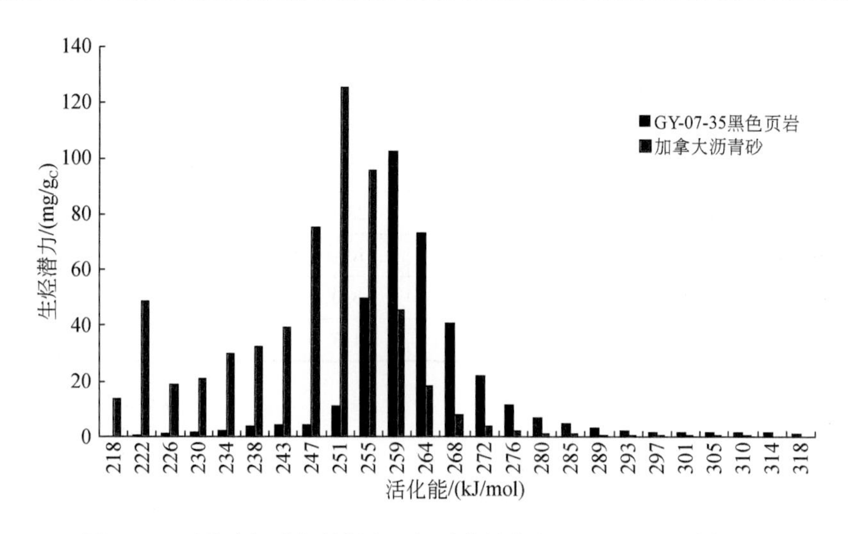

图 5.81　可溶有机质与烃源岩生烃活化能分布（Rock-Eval 热解法）

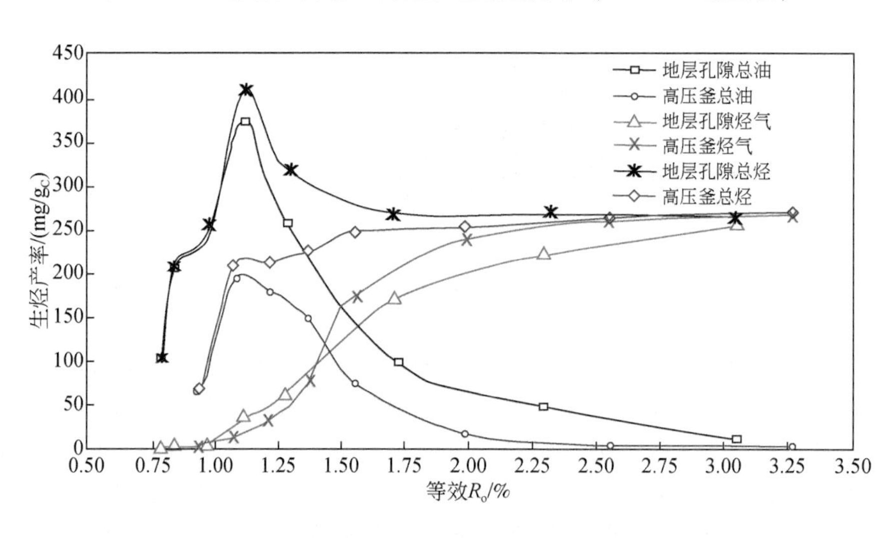

图 5.82　地层流体压力及水的相态对生烃过程的影响

二、海相优质烃源岩的二次生烃模式

基于中国海相复杂埋藏史的特点，以多种海相优质烃源岩沉积埋藏热演化史为原型，通过不同类型、不同演化程度优质烃源岩的二次常规热压生排烃模拟实验结果建立了海相优质烃源岩典型样品的二次生烃模式。

1. 海相优质烃源岩二次生烃模式是以不同成熟度样品的二次生烃模拟实验结果为基础

针对中国南方主要海相碳酸盐岩烃源层（P_1、S_1与ϵ_1），本书选择了四川广元矿山梁上二叠统低成熟黑色页岩、四川城口志留系高成熟黑色泥岩、黔东南南皋寒武系过成熟黑色泥岩以及云南禄劝茂山泥盆系低成熟泥灰岩等具有代表性的中国海相碳酸盐层系烃源岩样品，开展了自然与人工两个系列等效 R_o从 0.80% 直到 2.95% 不同起始成熟度的二次生烃模拟实验，在此基础上建立了系统的二次生排烃演化模式。其中起始镜质组反射率为 0.80%、1.58% 和 2.95%，沥青“A”为 0.3944%、0.096% 和 0.001% 样品为南方海相二叠系（GY-07-16）、志留系（CK-06-02）和寒武系（Ng-06）的自然演化黑色页岩（表 5.27）。为了补充自然系列中起始成熟度代表性不够的问题，再选用泥盆系低成熟泥灰岩（有机质类型同样为Ⅱ$_1$型，TOC = 6.15%）采用人工加热的办法制备了三个起始成熟度的样品，其等效 R_o 分别是 1.02%、1.16% 与 1.38%，沥青“A”分别为 0.7109%、0.631% 和 0.236%，代表了一次生油高峰前后的二次生烃起始成熟度。

表 5.27　二次生烃样品基本地球化学特征

序号	样品号	地区	岩性	层位	R_o /%	TOC /%	沥青“A” /%	T_{max} /℃	S_1+S_2 /(mg/g)	HI /(mg/g)	有机质类型
1	G16	羌塘索瓦	油页岩	J_3s_1	0.32	29.51	2.9244	440	207.79	704	Ⅰ
2	LQ-2	云南禄劝	泥灰岩	D_2	0.61	3.45	0.1872	433	15.01	403	$Ⅱ_1$
3	YL-4	云南禄劝	泥灰岩	D_2	0.61	6.15	0.4138	432	19.88	444	$Ⅱ_1$
4	xhy-2	冀北下马岭	页岩	Onx_3	0.67	7.55	0.3248	435	29.67	393	Ⅱ
5	SL-D2-8	云南桑龙潭	灰岩	D_2	0.73	0.36	0.0292	439	0.32	146	Ⅱ
6	GY-07-35	川北矿山梁	页岩	P_2d	0.78	12.38	0.4006	437	46.07	365	Ⅱ
7	GY-07-16	川西矿山梁	泥岩	P_2d	0.80	5.67	0.3944	433	19.4	316	Ⅱ
8	CK-06-02	重庆城口	页岩	S	1.58	6.02	0.096	462	5.21	72	Ⅱ
9	SRG-1	塔里木柯坪	含钙泥岩	O	1.26	1.99	0.152	457	3.46	174	$Ⅱ_1$
10	Wc-2	黔东南万潮	泥灰岩	P_1m	1.43	1.32	0.1201	453	3.65	223	$Ⅱ_1$
11	Ng-06	贵州南皋	页岩	€	2.95	6.25	0.001	608	0.02	0	Ⅱ

为了对比研究我国海相烃源岩二次生排烃特征，我们从前期采集的大量样品中筛选出 11 件不同起始成熟度、不同有机质丰度和不同岩性样品进行了一次、二次乃至多次生排烃热压模拟实验，样品的基本地球化学特征数据见表 5.27。

我们所选样品的等效 R_o=0.32% ~2.95%，也即演化程度从未成熟阶段到高过演化阶段；地质时期包括侏罗纪、二叠纪、泥盆纪、志留纪、奥陶纪和寒武纪；岩性有泥灰岩、灰岩、泥岩和页岩；采样地区从青藏高原羌塘盆地、冀北下花园地区、川西北青川地区、川东北、黔东南到塔里木盆地等；这些样品基本上代表了我国广泛分布的典型海相烃源岩。

2. 海相优质烃源岩二次生烃模式在生油或生气范围内的主控因素是起始成熟度、终止成熟度和一次生烃后残留油量

（1）二次生烃终止与起始成熟度相同时，不管其先期成熟度多高，二次生排烃量均较低，只有终止成熟度达到并超过起始成熟度时，烃源岩才能再次热解生成有效排出的油气（图 5.65）。二次生烃终止成熟度大于起始成熟度时，当起始成熟度 R_o<1.3% 时，残余干酪根二次生烃均存在生油和生气高峰，且生油高峰对应的成熟度随起始成熟度增加逐渐后移，生油高峰值逐渐降低（图 5.83a），但生气高峰对应的成熟度值基本上不变（图 5.83b）。当起始成熟度 R_o值>1.2% 后生油量已很低，二次生油量大小主要取决于残留油量（即沥青“A”）多少（图 5.83c）。当起始成熟度 R_o<2.0% 时，烃源岩二次生烃存在生气高峰，先期演化程度越高，生气高峰越迟，高峰值越小。当起始成熟度 R_o>2.0% 后，烃源岩生气量均很低，二次生气量大小主要取决于残留油量（即沥青“A”）裂解气量（图 5.83）。

（2）从生烃量来看，二次生排烃并不影响生烃潜力即烃源岩的总生烃量，只是延缓了生烃转化过程，但由于一次生烃后残留油气对二次生排烃过程的影响，烃源岩二次生成的烃类组成特征与相态并不同于一次连续生烃。经过一次生烃改造的烃源物质，其分布状况及丰度是评价二次生烃潜力的重要依据。烃源岩二次生排烃量等于再次热演化时沉积有机质生成的量加上一次生排烃后以各种赋存形式残留在烃源岩中烃类物质（主要是残留油）再转化生成油气的量（图 5.83）。利用分阶段连续递进热压生排烃模拟实验，通过分别评价烃源岩的生烃潜力与可溶有机质转化油气潜力，就可以获得烃源岩二次生烃的阶段生油、生气与生烃量以及在再次埋藏过程中不同成熟阶段的生烃潜力。

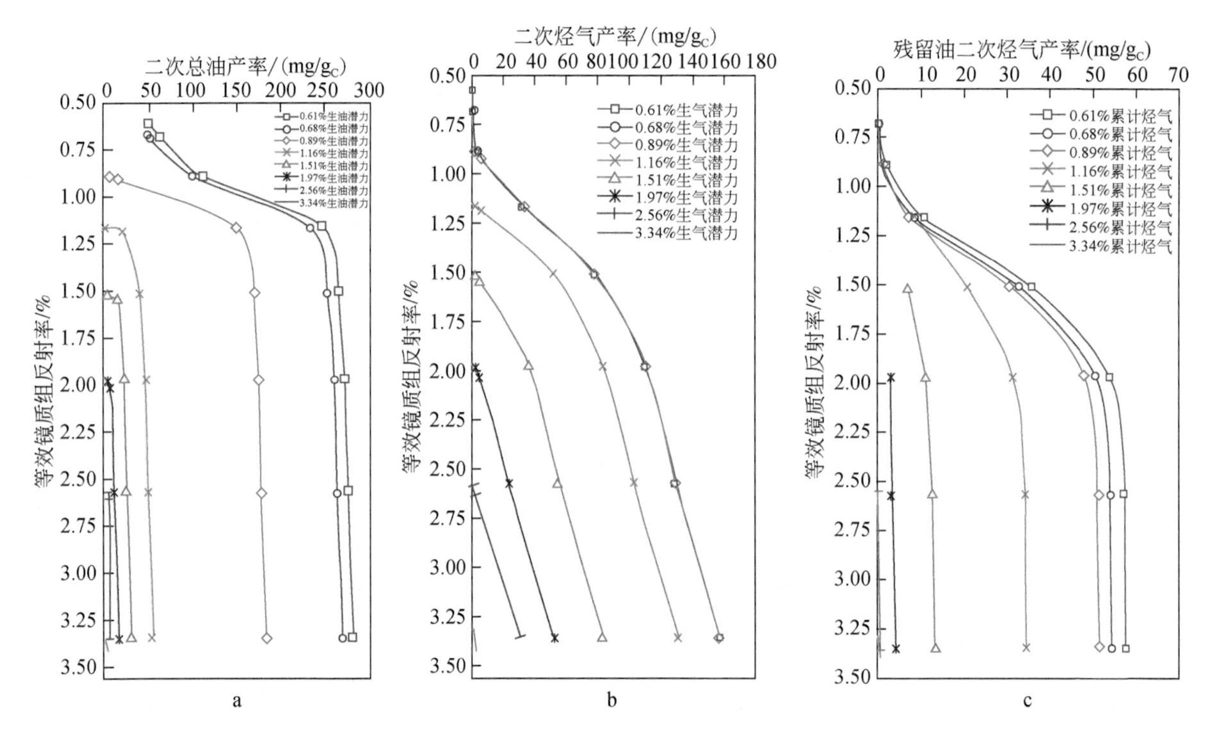

图 5.83　海相优质烃源岩（云南禄劝 D_2 泥灰岩，$Ⅱ_1$ 型，TOC=6.15%）不同起始成熟度（R_o 变化在 0.61%～3.34% 之间）干酪根与残留油的二次生烃产率对比

（3）海相烃源岩二次重新加温到相同温度（或相同埋藏深度）时，仍能排出一些凝析油气（图 5.84）。海相灰岩的二次生排油、烃气及总烃能力明显高于页岩，页岩二次生排烃气相当于总生排烃

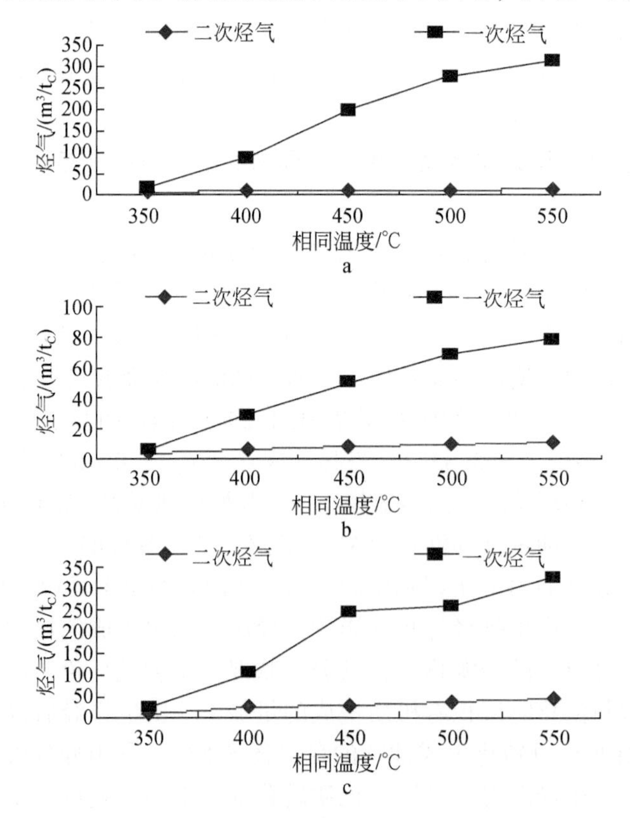

图 5.84　海相烃源岩二次重新加温到相同温度时的排烃特征

a. 冀北下花园下马岭组页岩，TOC=7.07%；b. 云南桑龙潭 D_2 灰岩，TOC=0.22%；c. 云南茂山 D_2 含油灰岩，TOC=0.62%

气产率的4%左右，灰岩为11%左右。有机质丰度越低，二次排油气能力相对越大。二次生排油主要是在成熟阶段，灰岩可延后对油的裂解作用，直到高成熟阶段（图5.84c）。在成熟阶段—高成熟阶段早期，高出起始温度或原始烃源岩 R_o 差值越大，二次总生排烃量越大。起始温度或原始烃源岩 R_o 控制着二次总生排烃量大小，只有达到起始成熟度并超过起始成熟度时，烃源岩才能再次热解生成油气。二次生排烃存在明显的“迟滞”现象，起始成熟度增高，二次生排烃最高峰成熟度规律性后移。其不同起始成熟度的海相Ⅱ$_1$型优质烃源岩的六种二次生排烃模式见图5.85。

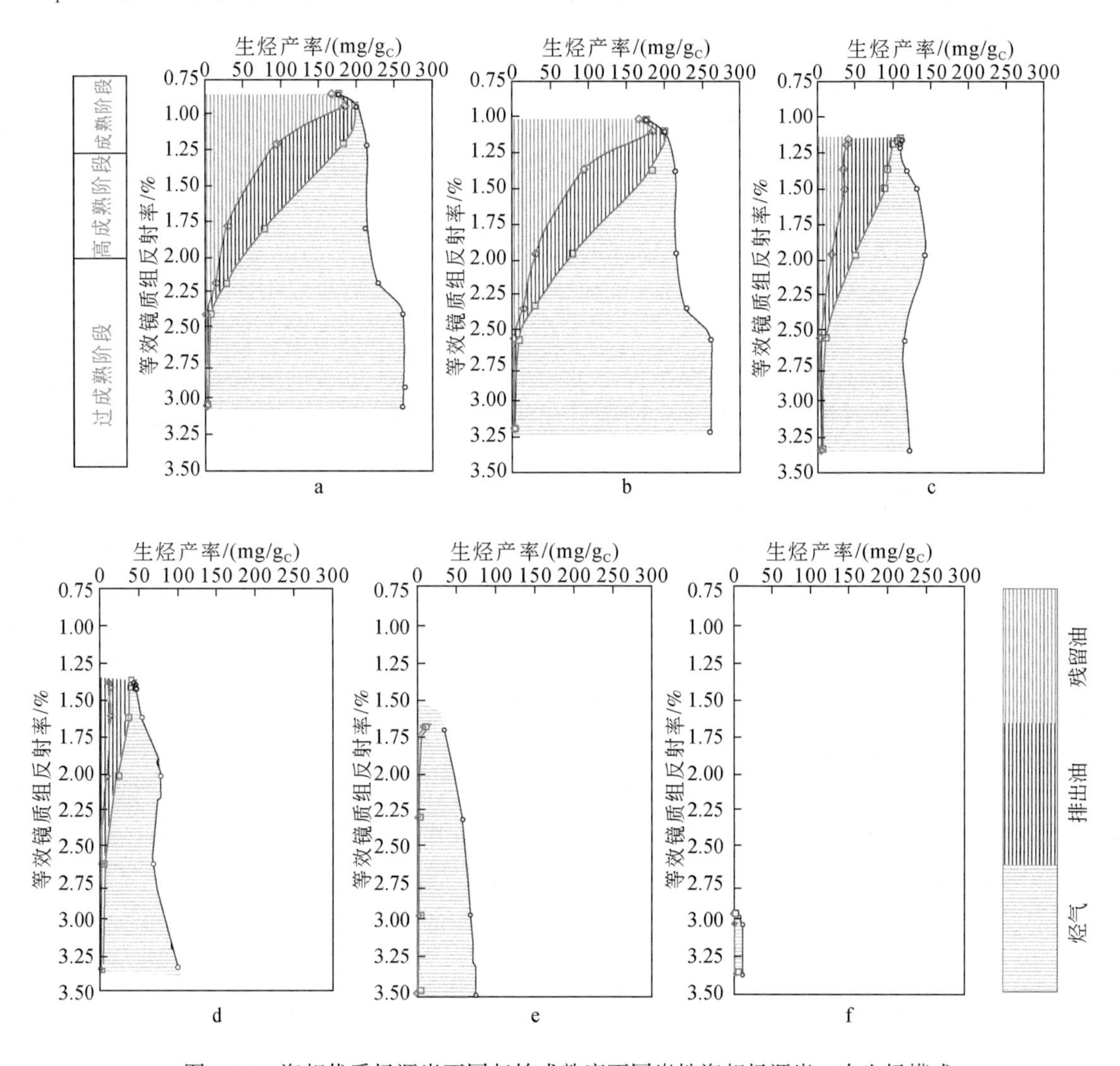

图5.85　海相优质烃源岩不同起始成熟度不同岩性海相烃源岩二次生烃模式

a. R_o=0.80%，沥青“A”=0.3944%；b. R_o=1.02%，沥青“A”=0.7109%；c. R_o=1.16%，沥青“A”=0.6310%；d. R_o=1.38%，沥青“A”=0.2360%；e. R_o=1.58%，沥青“A”=0.0960%；f. R_o=2. 95%；沥青“A”=0.0010%

（4）在成熟阶段—高成熟早期（R_o=0.80%～1.3%）。两个起始成熟度相对较低的烃源岩（R_o=0.80%的自然演化页岩和 R_o=1.02%的人工制备泥灰岩）还具有大量热降解生成和排出油气潜力，前者在 R_o≈0.93%时即出现生油高峰，最大生油量为200mg/g$_C$左右，生油量占总产率的85%以上，后者在 R_o≈1.50%时也存在生油高峰，最大生油量为162mg/g$_C$左右，相对生油高峰均向后有所延迟。产物以液态油为主，气态烃产率相对较低，排出油高峰分别在 R_o≈1.25%和 R_o≈1.50%左右，最大排出油产率分别为88mg/g$_C$和128mg/g$_C$左右，占总烃产率的45%～65%（图5.85a、b）。

当起始成熟度超过该样品生油高峰所对应的等效镜质组反射率之后，无论是 R_o=1.16%与 R_o=1.38%的人工制备泥灰岩，还是自然演化的城口志留系高成熟泥页岩和南皋寒武系过成熟泥岩，都不再有生油高峰存在，最大总油产率分别只有107mg/g$_C$、40mg/g$_C$、15mg/g$_C$和3mg/g$_C$，其生油量和排油量主要取决于残留油的多少，且随着起始成熟度的增加快速减少。

（5）在高成熟阶段至过成熟早期（R_o在1.30%～2.5%之间），起始成熟度在1.50%之前的烃源岩，在R_o为1.50%左右都已开始大量生成烃气，从成熟度R_o=1.30%到R_o=1.75%，烃气产率急剧增加到100m^3/g_C以上，伴随着镜质组反射率的快速增加，主要烃类产物为凝析油、轻质油和湿气。到高成熟晚期，相态已发生明显改变，液态烃产率已很低，主要产物为烃气。对于已处于高成熟度的志留系泥页岩而言，只有在R_o大于1.8%（也就是大于其起始成熟度1.58%）之后才开始大量生成烃气，产率从1.75%的50.01m^3/g_C快速增加到2.3%时的136.59m^3/g_C，主要是由干酪根直接生成的，也有部分气态烃是残留油热裂解转化形成的，其大量生成烃气的成熟度相对起始成熟度较低烃源岩的二次烃而言明显延迟。对比分析可知，高成熟干酪根的再生烃气相对低成熟的直接生烃气而言，尽管生烃潜力有所下降，但其大量生烃气具有明显迟滞效应（图5.85c～e），有利于深部晚期天然气的形成。过成熟度寒武系烃源岩（Ng-06）在此阶段已经不具备生烃气能力。

（6）在过成熟阶段（R_o>2.5%），无论起始成熟度高低，其生烃产率不再明显增加，再生烃气与生油能力都较低。相对而言，泥灰岩的生烃能力要强于泥页岩，这可能与泥灰岩中存在的包裹体有机质和晶包有机质（即沥青“A”）在高温（大于500℃）人工模拟条件下被释放有关。此时所生成的烃气过程主要是前期热裂解生成的凝析油和湿气在高温条件下进一步热裂解成小分子的甲烷和乙烷气的过程，因此其干燥系数明显增大，从高成熟时的75%～80%到过成熟阶段的95%以上。起始成熟度为过成熟的烃源岩即使模拟温度达到550℃依然不具备二次生烃气潜力，最大生烃潜力不超过15m^3/g_C（图5.85f）。

（7）对比不同起始成熟度海相烃源岩二次生排烃模式可知（图5.85）：①起始成熟度在生油窗的烃源岩具有一定生油潜力，存在一个相对较高成熟度的生油高峰，其总生烃潜力较强；②起始成熟度在一次生烃气高峰之前（1.50%）的烃源岩，由于已缺少成熟阶段，超过了生油“死亡线”，不再具有生油能力，但再次埋深到高过演化阶段之后仍然具有相当的再生烃气能力，其大量生气对应的成熟度相对延迟，有利于天然气的晚期成烃成藏；③起始成熟度已达过成熟的海相烃源岩，基本上不再具有二次生烃潜力。即“二次生烃”或“多次生烃”必须是在烃源岩生油或生气范围内，未成熟或超过烃源岩生气“下限”的均不具备“二次生烃”或“多次生烃”的能力。

（8）二次生烃过程包含烃源岩在高温高压液态地层水与无机矿物质作用下，通过“解聚”“脱官能团”等反应热解生成油气与残留可溶有机质，以及通过“自由基”反应、“烷基化”和“缩聚”等反应热裂解生成短链烃和碳质沥青，这样两个既相互联系又性质不同的物理化学演变过程，因此需要分别站在“不溶”与“可溶”有机质角度分析其主控因素，评价其二次生烃潜力。

三、南方海相优质烃源岩典型地区二次生烃过程潜力分析

由以上研究我们了解到，二次生烃潜力受两个主要因素控制：①二次生烃的起始成熟度以及起始成熟度和终止成熟度的差值；②一次生烃之后残留油以及沉积有机质的生烃潜力。海相烃源岩二次生烃包含了沉积有机质成烃与残留油转化成烃（轻质油气或烃气）两个过程，并且其生烃过程和生烃量分别遵循一定的规律，因而可以进行定量评价。具体方法为：在了解研究区地质背景的基础上，首先测定目的层烃源岩各项地球化学参数（主要是R_o和TOC），然后需要通过由二次生烃模拟实验得出本区烃源岩的二次生烃规律和定量评价模板，结合本区的构造-热演化史曲线，即可评价研究区目的层的二次生烃潜力。

（1）上扬子地区：二次生烃机理与潜力定量评价研究对指导多旋回叠合盆地的油气勘探具有重要的现实意义，二次生烃作用在一定程度上延缓了烃源岩的生烃时期，这对油气的保存是有利的。在初次生烃形成的油气藏因后期构造抬升遭受破坏后，二次生烃生成的油气运移聚集，若匹配较好的后期保存条件，仍可形成工业性油气藏。

川东北地区。普光5井、元坝3井、河坝1井、马1井等众多钻井地层埋藏史与热史恢复表明，川东北地区主要经历了两次大的构造抬升作用。志留纪末期—二叠纪早期，海西运动造成川东北地区泥盆系

和石炭系在大部分地区缺失，海西早期，川东北地区开始抬升，而此时下寒武统烃源岩还处于未成熟阶段（R_o<0.6%），尚未开始大量生烃，下志留统烃源岩埋深尚不超过1000m，而二叠系烃源岩尚未沉积。至海西晚期（P_2），川东北地区开始快速沉降接受沉积，下寒武统与下志留统烃源岩埋深开始超过抬升前的埋藏深度。但在初次抬升前二者都还处于未成熟阶段，尚未开始大量生烃，因而再次埋深后，实际仍为初次生烃，并未发生二次生烃作用。

海西晚期—燕山晚期之间，川东北地区除在中三叠世末期有一次短时小幅的抬升以外，基本是一个持续沉降的过程，到白垩纪末期，下寒武统、下志留统、二叠系烃源岩成熟度 R_o 都已达到3.0%以上，一次生烃已基本结束。喜马拉雅期，川东北地区全面抬升直至现今。综合分析认为，地质历史上，川东北地区几套烃源岩都不存在二次生烃的过程。

川东南地区。根据丁山1井埋藏史与热演化历史，丁山1井下寒武统烃源岩在志留纪末刚进入生油门限，此时地层开始抬升，尚未大规模开始，初次生烃即终止，而下志留统烃源岩尚未进入生油门限。石炭纪末期，该地区继续埋深接受海相沉积，下寒武统和下志留统烃源岩埋藏深度超过志留纪末期时，开始初次大规模生烃，直至晚侏罗世早期地层再次抬升而结束。下寒武统烃源岩初次生烃终止成熟度 R_o约为2.6%，下志留统烃源岩 R_o约为1.5%，二叠系烃源岩 R_o约为0.7%。晚侏罗世早期以后，川东南地区再次遭遇抬升作用，直至早白垩世晚期再次开始沉降，但三套烃源岩的埋藏深度皆未超过初次生烃终止时的埋藏深度，未发生二次生烃作用。至晚白垩世晚期，该区再次抬升至现今，各套烃源岩生烃作用全面终止。

鄂西渝东地区。根据新场2井、建平2井等井埋藏历史与热史，鄂西渝东地区下寒武统烃源岩在志留纪末期已处于成熟早期阶段（R_o≈0.8%），进入了生油早期阶段，但尚未达到生油高峰；此时下志留统烃源岩尚未进入生烃门限（R_o<0.5%），志留纪末期的海西期构造运动使该区开始抬升，下寒武统烃源岩一次生烃终止。至二叠纪早期，该区开始沉降接受沉积，并持续到白垩纪末，此时下寒武统、下志留统烃源岩成熟度都已达过成熟阶段（R_o>3.0%），生烃作用已基本结束，二叠系烃源岩达到高成熟阶段（R_o>2.0%）。在此过程中，下寒武统烃源岩发生二次生烃作用，而下志留统、二叠系烃源岩发生初次生烃作用。白垩纪末期，鄂西渝东区全面抬升，二叠系初次生烃作用终止。

黔东南麻江地区下寒武统烃源岩在奥陶纪早期进入生烃门限（R_o=0.6%），开始初次次生油过程；奥陶纪末期的加里东构造运动使得该区开始全面抬升，下寒武统烃源岩一次生烃终止，其成熟度在 R_o≈0.8%，并导致该地区下志留统优质烃源岩全面缺失。到志留纪中期该区又开始沉降接受沉积，至泥盆纪早期，寒武系烃源岩的埋深已超过其一次生烃终止时的埋深，开始了二次生烃，二次生烃过程仍以生油为主。

志留纪末期至三叠纪末，黔东南麻江地区表现为一个连续沉降的过程，三叠纪末时下寒武统烃源岩成熟度 R_o>3.0%，而二叠系烃源岩在此次沉降过程中开始初次生烃，成熟度达到 R_o≈1.3%。在凯里地区，从泥盆纪末至石炭纪末，再次经历了一个较长时期的抬升过程，下寒武统烃源岩二次生烃作用终止，终止成熟度 R_o在1.1%左右。从石炭纪末期开始，凯里地区再次沉降接受沉积，直至三叠纪末期，并在二叠纪早期使下寒武统烃源岩再次埋深超过其二次生烃作用终止时的深度，开始第三次生烃作用，而二叠系烃源岩开始初次生烃。

三叠纪末期开始，黔东南地区开始全面抬升直至现今，各时代烃源岩生烃作用全面终止。综合分析认为，地质历史上黔东南麻江地区下寒武统烃源岩有两次不连续的生烃阶段，二叠系有一次生烃过程；而凯里地区寒武系烃源岩具有三次不连续的生烃阶段，二叠系烃源岩主要有一期生烃。

（2）中下扬子海相层系：江汉盆地。前人关于江汉盆地各时代烃源岩的二次生烃作用已进行了一定程度的研究，认为寒武系烃源岩仅在部分地区存在二次生烃过程，龙湾、潜江—陈陀口和天门三个地区具备二次生烃潜力，其中龙湾、陈陀口地区二次生烃强度相对较大，最高达300mg/g_C，天门地区二次生烃强度小于200mg/g_C，其余地区，寒武系烃源岩不具备二次生烃条件。

志留系烃源岩二次生烃中心依然是在龙湾、潜江—陈陀口和天门小板地区，但二次生烃范围的连片性比寒武系的更好，二次生烃强度一般为 250mg/g_C，潜江南部最高可达 400mg/g_C，天门小板地区最高可达 300mg/g_C。其他地区基本不具备生二次生烃的条件。

二叠系烃源岩除龙湾—陈陀口一带具较大的二次生烃潜力外，沉湖—土地堂复向斜潜北断裂以南的几乎整个地区都具二次生烃潜力，尤其是天门、仙桃地区二次生烃强度也大，仙桃地区为二次生烃中心（烃灶），二次生烃强度高达 350mg/gG。

下扬子地区。袁玉松等（2005）对下扬子地区各时代烃源岩的二次生烃潜力作了较为细致的研究工作，认为二叠系和下三叠统烃源岩具有好的二次生烃潜力（150～300mg/g_C）；志留系烃源岩有一定的二次生烃潜力（约为 120mg/g_C）；寒武系烃源岩几乎不具有二次生烃能力。下扬子地区烃源岩的二次生烃作用主要发生在晚白垩世至新生代早期；在平面上，苏南、皖南地区的二次生烃条件整体不利，苏北各凹陷区 4 套海相烃源岩二次生烃强度明显大于苏南和皖南地区。

第六章　高演化海相优质烃源岩的油气源对比

针对中国海相碳酸盐岩层系普遍具有多期构造、烃源岩演化程度高、以天然气藏或轻质油气藏为主体的特殊性，本章遴选并建立了一套适合于高演化优质烃源岩的油气–源对比技术，即气–源对比技术、固体沥青、轻质油（凝析油）–源对比技术和高演化碳酸盐岩层系油气–源对比技术（图 6.1），并成功应用于普光气田的精细解剖和塔中古生界原油油源对比分析。

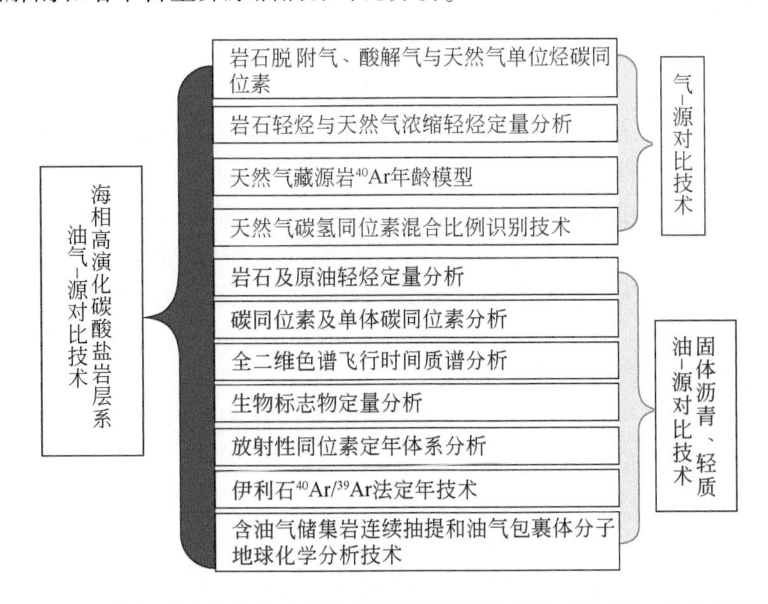

图 6.1　海相碳酸盐岩层系高演化优质烃源岩的油气–源对比方法与技术

第一节　南方海相高演化优质烃源岩的气–源对比及天然气成因分析

本章遴选并建立了一套适合于高演化优质烃源岩的气–源对比技术，包括：①天然气的组分特征与岩石（优质烃源岩及含高演化沥青储集岩）脱附气、酸解气的组分特征之间的对比；②天然气的单体碳氢同位素与岩石（优质烃源岩及含高演化沥青储集岩）脱附气、酸解气的单体碳氢同位素之间的对比；③天然气轻烃（或浓缩）定量色谱分析与岩石（优质烃源岩及含高演化沥青储集岩）轻烃定量色谱分析的对比（蒋启贵等，2014）；④天然气藏源岩^{40}Ar 年龄模型；⑤天然气碳氢同位素混合比例的识别等（图 6.1）。本节以四川盆地东北部海相碳酸盐岩层系天然气藏的气–源对比及天然气成因分析为例。

一、南方海相高演化优质烃源岩的天然气–源对比分析

四川盆地是我国构造稳定、富含天然气的大型海、陆相叠合盆地，其中震旦系至中三叠统为海相碳酸盐岩层系沉积，早在 20 世纪 50 年代，已发现威远、建南等大中型气田，近年来海相油气勘探取得了重大突破，在川东北地区发现了普光特大型气田（马永生等，2005b），使得该地区成为国内外瞩目的海相油气勘探开发的重要区域，也是油气地质研究的热点地区。由于该地区油气地质条件复杂，天然气热演化程度高，多源多期成藏等，人们对天然气的来源和成因类型尚无统一的认识，这是目前在四川盆地海相油气勘探中亟待解决的关键科学问题之一。本节对普光、建南气田的天然气及可能烃源岩酸解气的烃

类组分和碳同位素组成等进行了系列分析和研究，并与川西、川中和川南天然气的碳同位素进行了对比研究，进而探讨了川东地区海相天然气的成因类型。

1. 优质烃源岩酸解气碳同位素尤其是 $\delta^{13}C_2$ 更能代表天然气的源

吸附气是指以物理状态吸附在岩石颗粒表面的气体，对于烃源岩，这种气体常常与源岩形成的烃类气体有成因联系，是烃源岩形成的烃类气体被吸附滞留于源岩中的部分。酸解气是被成岩碳酸盐、铝硅酸盐等矿物包裹的 $C_1 \sim C_5$ 气态烃，酸解气气体组成和同位素的变化则应与相应层段生成的天然气地球化学特征相一致，通过源岩酸解气和天然气同位素组成的对比，追索烃源岩，这种气-源对比较前人的工作更直接一些。甲烷成因具有多源性且易受到各种成藏次生作用影响，因此乙烷碳同位素组成判识成因更具可靠性。

（1）分析方法及样品：研究样品来自川东北普光 5 井、丁山 1 井等井下岩心及岩屑样品以及城口、南江、通江、华蓥山、广元磨刀垭、黔东南麻江地区、云南禄劝茂山等野外样品。

选择云南禄劝泥盆系泥灰岩（R_o=0.62%，TOC=2.91%，碳酸盐含量=29.95%）进行吸附气和酸解气方法研究，样品由人工粗碎至 20 目并混合均匀。将 30～50g 粉碎的样品放入脱气制备装置中，注入蒸馏水以驱赶空气并密封。用注射器抽出一定量的蒸馏水，使脱气制备装置内部产生负压。将脱气制备装置连接到岩屑密封切削装置，切削 4min 后静置 24h。将脱气制备装置连接到取气装置，收集脱附气体并读数以备进行色谱分析和同位素分析，样品残渣晾干用以制备酸解气，此为岩石吸附气处理。

样品处理方法。自然晾干，人工碎样至 0.419mm（40 目）供测定用，称取样品约 50g 置于磨口烧瓶内，然后抽真空至压力为-0.05～-0.1MPa，将烧瓶置于 40℃左右的水浴中，缓慢加入 15% 的稀盐酸进行酸解，直至不再产生气泡为止；经过碱液［ρ（KOH）＝300g/L］吸收 CO_2 后，在室温变化不超过 2℃条件下，用玻璃注射器缓慢抽取量气管中气体，记录脱出的气体体积。以排水集气法注入事先已注满饱和盐水的密封容器中，供色谱和同位素分析用。

样品分析。酸解气气体组分用 VARIAN CP-3800 气相色谱仪进行色谱分析。色谱分离选用 50m×0.53mm 的 Al_2O_3 石英毛细柱，色谱条件为 120℃，检测器温度为 180℃，载气（N_2）。

酸解气气体组分同位素分析用 MAT 253 同位素质谱仪进行质谱分析。①气体组分的色谱分离用 30m×0.32mm×20μm 的 HP Plot Q 型石英毛细柱，色谱条件为：进样温度 150℃，载气（He）流量 1.0ml/min，分流比 10：1，炉温 30℃（7min）$\xrightarrow{5℃/min}$135℃（0min）$\xrightarrow{15℃/min}$250℃（5min）；②气体组分的质谱分析条件为：电子轰击能量 70eV，发射电流 1.5mA，加速电压 10kV，多通道同时接收质荷比（m/z）为 44、45、46 的离子。

（2）影响因素与应用范围：

煤系样品不适合酸解气分析：对凯里 P_1l 煤（R_o=0.78%，TOC=69.28%，碳酸盐含量=3.55%）和重庆南川 P_2l 煤（R_o=2.44%，TOC=65.72%，碳酸盐含量=4.70%）进行吸附气和酸解气分析，吸附气组分碳同位素随着演化程度的增加而变重，甲烷碳同位素分别为-54.80‰（凯里 P_1l）和-23.34‰（重庆南川 P_2l），乙烷碳同位素也呈同样趋势，为-37.58‰和-21.84‰；而酸解气甲烷碳同位素则为-24.78‰（凯里 P_1l）和未检出（重庆南川 P_2l），乙烷碳同位素也是如此，为-24.22‰和未检出；从吸附气和酸解气 $C_1 \sim C_5$ 组分的含量看，吸附气的组分含量也远大于酸解气的组分含量，所以煤系样品只能进行吸附气的分析，不适合进行酸解气的分析。

有机质丰度对酸解气组分碳同位素的影响：对丁山 1 井下志留统（1162～1515.5m）和下二叠统（409～835.5m）的不同有机质丰度烃源岩进行了酸解气组分碳同位素分析，结果表明，在演化程度相当时其组分碳同位素随着有机碳含量的增加而变轻，S_1 烃源岩的甲烷碳同位素值从-25.48‰→-32.44‰，乙烷碳同位素值从-30.23‰→-37.21‰，丙烷碳同位素值从-27.84‰→-34.92‰；P_2 烃源岩的甲烷碳同位素值从-30.05‰→-34.09‰，当有机碳大于 1% 时趋于稳定（图 6.2）。

碳酸盐含量对酸解气组分碳同位素的影响：对南方ϵ_{1-2}不同碳酸盐含量海相高演化优质烃源岩进行酸解气的组分碳同位素分析，结果表明，当烃源岩的碳酸盐含量小于 10% 时，其 $C_1 \sim C_3$ 组分碳同位素值明

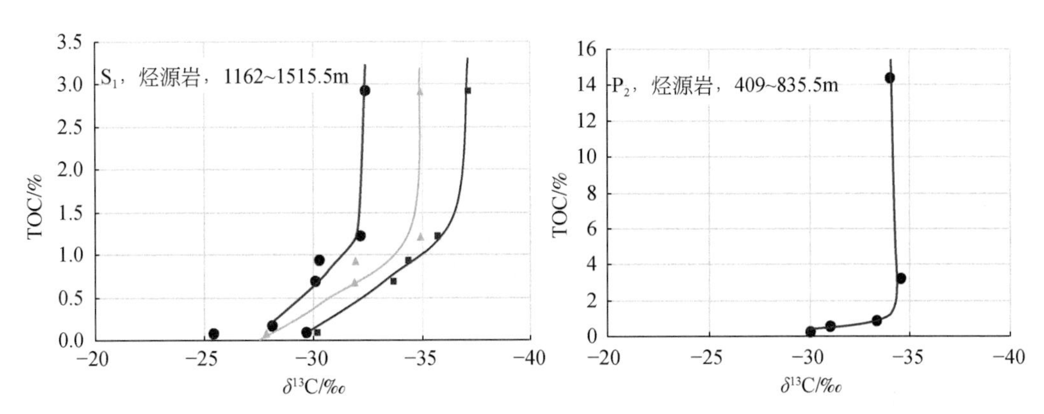

图6.2　丁山1井 S_1 和 P_2 烃源岩有机碳含量与酸解气 $\delta^{13}C_1$、$\delta^{13}C_2$、$\delta^{13}C_3$ 的关系

● C_1；▲ C_2；■ C_3

显偏重，当碳酸盐含量大于10%时，C_1～C_3 组分碳同位素值趋于正常稳定，说明碳酸盐含量低的样品不适合进行酸解气的分析，应选择碳酸盐含量大于10%的烃源岩样品进行分析（图6.3）。

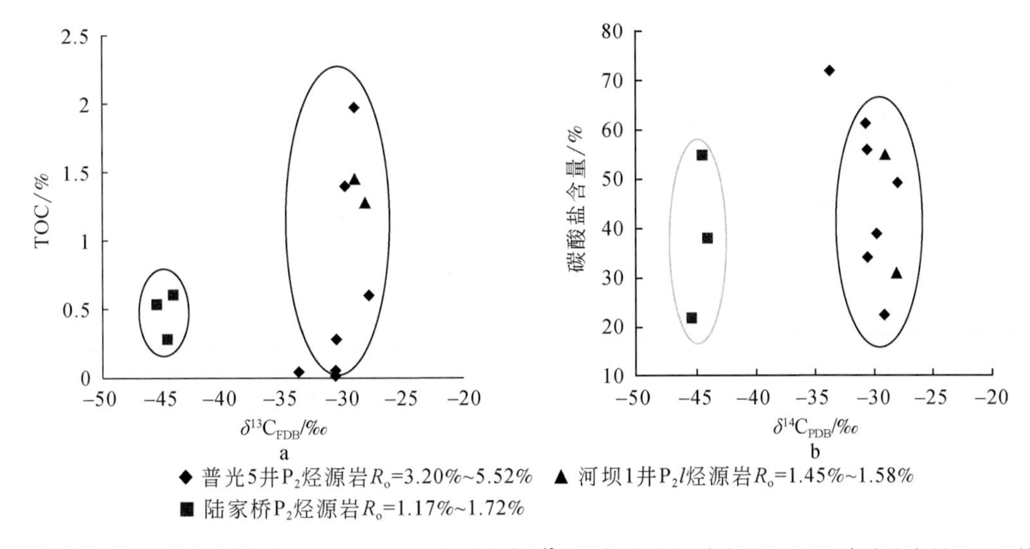

图6.3　黔东南-川东北地区烃源岩吸附气甲烷碳同位素 $\delta^{13}C_{FDB}$ 与总有机碳含量（a）、碳酸盐含量（b）的关系

TOC和碳酸盐含量对吸附气甲烷碳同位素影响甚微。在研究中发现，在烃源岩演化程度相近或烃源岩到达过成熟阶段时，吸附气的甲烷碳同位素除个别样品外，一般不受TOC和碳酸盐含量影响，但还是尽量选择TOC较高、碳酸盐含量适中的优质烃源岩，最好是岩心样品。

（3）南方海相三套优质烃源岩脱附气碳同位素特征：二叠系优质烃源岩脱气 R_o—$\delta^{13}C_1$ 模式：用上述脱气方法对南方海相二叠系不同演化程度的优质烃源岩进行了吸附气和酸解气的甲烷碳同位素分析，结果表明随着演化程度的增加，甲烷碳同位素逐渐变重。当 R_o 值在0.50%～1.50%之间时，吸附气和酸解气的甲烷碳同位素范围在-48.5‰～-45.5‰；当 R_o 值大于1.50%时，吸附气和酸解气的甲烷碳同位素逐渐变重；当 R_o 值到达4.0%后，吸附气和酸解气的甲烷碳同位素变重趋于平缓（图6.4a）。实际上，南方海相二叠系低成熟优质烃源岩热压模拟气 $\delta^{13}C_1$ 随模拟温度（图6.4b）的变化趋势也显示了相似的特征，只是在生油高峰带（模拟温度在350～400℃之间，相当于 R_o 值在0.50%～1.50%之间）$\delta^{13}C_1$ 相对更轻一些，可能与干酪根气有关。

南方海相 P_2l 黑色泥岩、S_1l 底部黑色碳质泥岩和$Є_1n$ 底部黑色泥岩三套优质烃源层脱气 $\delta^{13}C_1$、$\delta^{13}C_2$、$\delta^{13}C_3$ 类型曲线模式：

P_2l 优质烃源岩以毛坝3井（图6.5a）、河坝1井（图6.5b）和丁山1井岩心样品为例。可以看出它

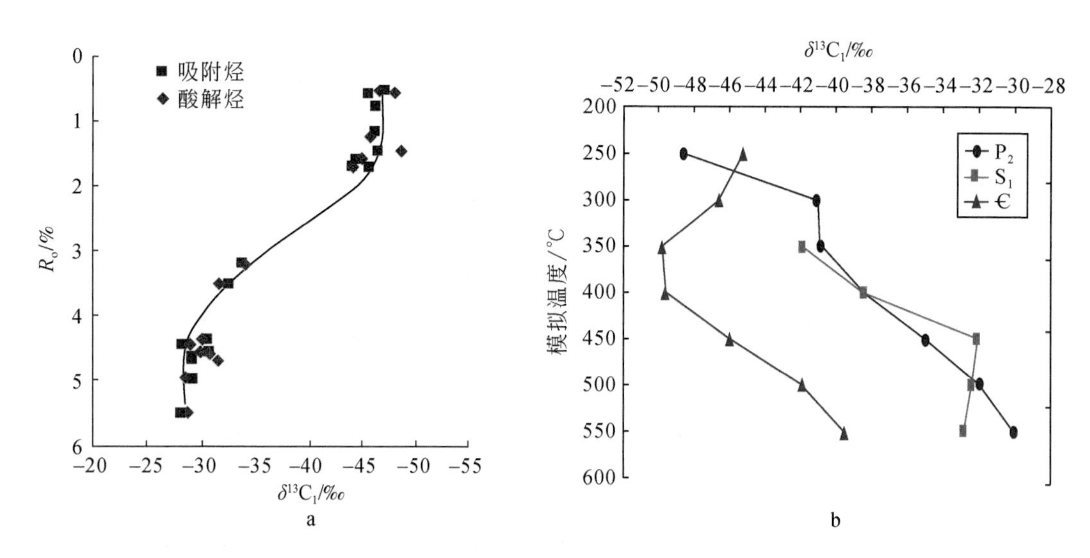

图 6.4 南方海相二叠系优质烃源岩脱气 R_o—$\delta^{13}C_1$关系（a）和不同层系优质烃源岩热压模拟气 $\delta^{13}C_1$随模拟温度（b）的变化趋势图

们的脱气 $\delta^{13}C_1$、$\delta^{13}C_2$、$\delta^{13}C_3$等类型曲线均是逐渐变重，属正常类型（未倒转）曲线，R_o>3%，应处于过成熟阶段。丁山 1 井黑色泥岩厚度 19.5m，TOC 平均为 4.91%（9 个样），最高达 14.36%，最低 1.30%；黑色泥岩脱气 $\delta^{13}C_1$、$\delta^{13}C_2$的平均值分别为-34.4‰和-29.2‰，$\delta^{13}C_1$、$\delta^{13}C_2$、$\delta^{13}C_3$等类型曲线均是逐渐变重；镜质组反射率 R_o平均为 1.82%，T_{max}平均达 558℃，应处于高成熟晚期—过成熟早期。

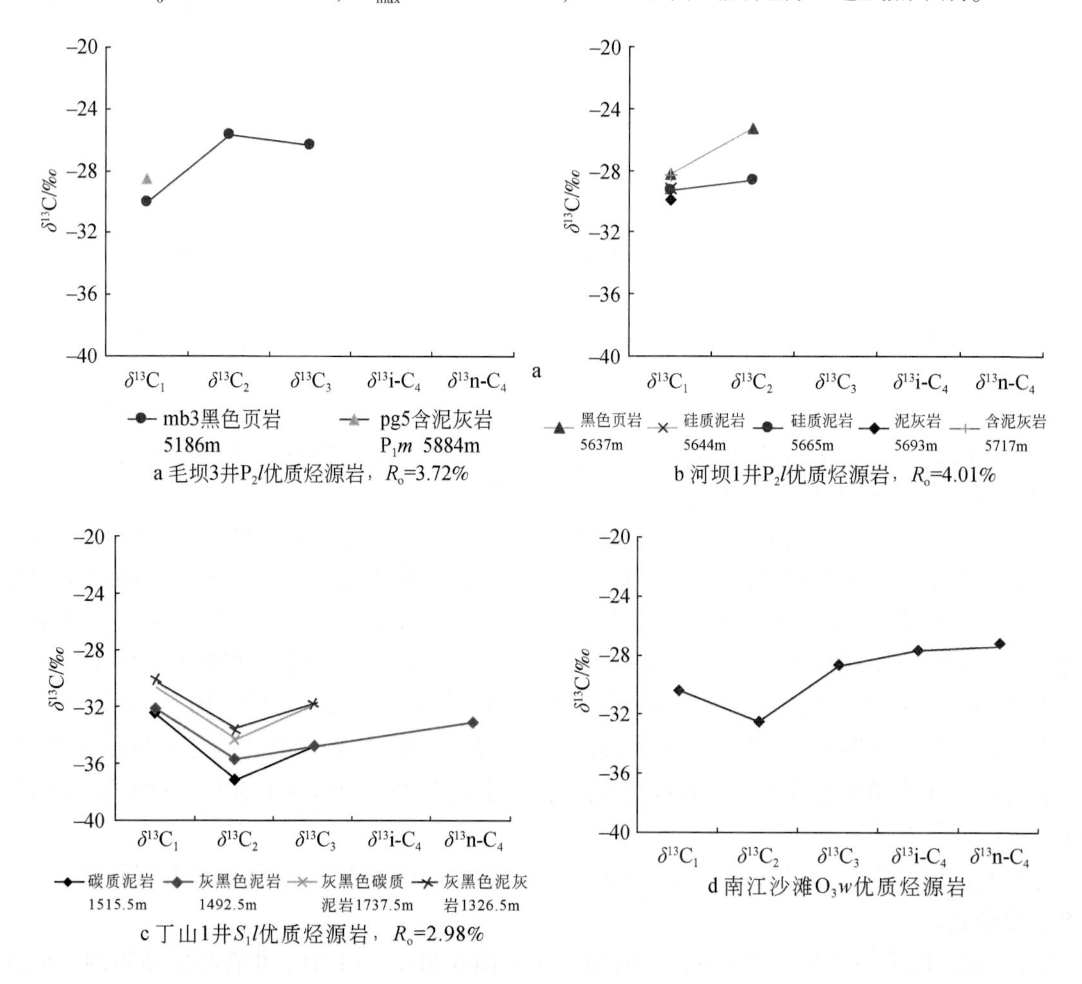

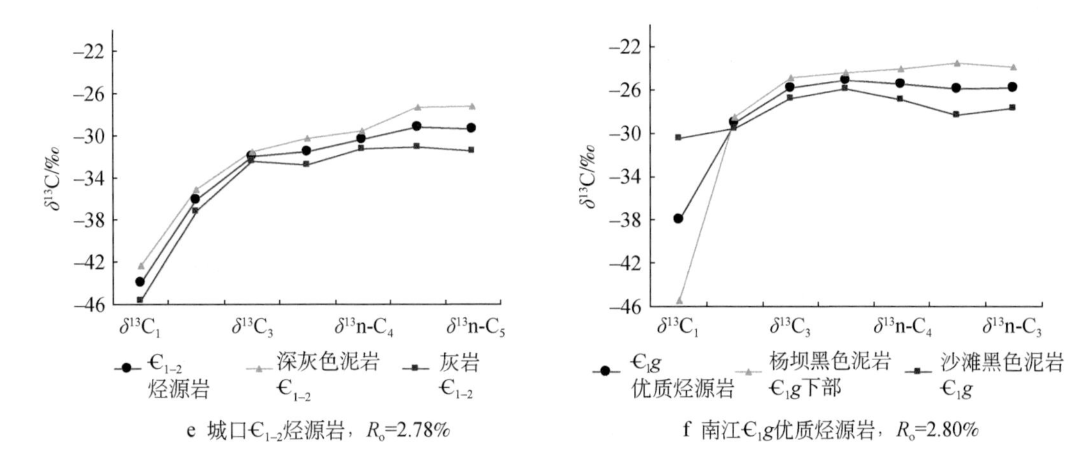

图6.5　二叠系、志留系、寒武系烃源岩脱气 $\delta^{13}C_1$、$\delta^{13}C_2$、$\delta^{13}C_3$类型曲线

S_1l、O_3w 优质烃源岩分别以丁山1井（图6.5c）和南江沙滩剖面（图6.5d）为例。可以看出它们优质烃源岩的脱气 $\delta^{13}C_1$、$\delta^{13}C_2$、$\delta^{13}C_3$等类型曲线均呈V字形（$\delta^{13}C_2$最轻），属倒转类型曲线，R_o>2%，即 S_1l、O_3w 过成熟优质烃源岩脱气 $\delta^{13}C_1$、$\delta^{13}C_2$、$\delta^{13}C_3$等原始类型曲线在过成熟阶段就属倒转类型，多数 $\delta^{13}C_1<\delta^{13}C_3<\delta^{13}C_2$。

例如，丁山1井 S_1l 底部黑色碳质泥岩厚度17.3m，6个样品TOC平均2.70%，最高4.41%，最低1.13%，为优质烃源岩；脱气 $\delta^{13}C_1$为-32.4‰，$\delta^{13}C_1$、$\delta^{13}C_2$、$\delta^{13}C_3$等类型曲线呈V字形，$\delta^{13}C_2$最轻，变化在33.8‰~37.2‰之间；固体沥青反射率 R_b 在2.8%以上，达到过成熟阶段。S_1l 中下部灰黑色泥岩厚度33m，13个样品TOC平均1.14%，相对底部变差，属中等烃源岩；固体沥青反射率 R_b平均2.72%，达到过成熟阶段；脱气 $\delta^{13}C_1$为-32.2‰，$\delta^{13}C_1$、$\delta^{13}C_2$、$\delta^{13}C_3$等类型曲线也呈V字形（$\delta^{13}C_2$最轻）。S_1l上部灰黑色灰质泥岩厚度94.2m，25个样品TOC平均0.55%，相对中下部明显变低，属中等烃源岩；固体沥青反射率 R_b平均2.52%，也达到过成熟阶段；脱气 $\delta^{13}C_1$为-30.2‰，相对变重，$\delta^{13}C_1$、$\delta^{13}C_2$、$\delta^{13}C_3$类型曲线也呈V字形（$\delta^{13}C_2$最轻）。S_1s 下部灰黑色泥灰岩厚度67.3m，18个样品TOC平均0.49%，相对 S_1l 更低，考虑其岩性为泥灰岩，也属中等烃源岩；固体沥青反射率 R_b平均2.06%，T_{max}达604℃，也达到过成熟阶段；脱气 $\delta^{13}C_1$为-30.3‰，相对变重，$\delta^{13}C_1$、$\delta^{13}C_2$、$\delta^{13}C_3$类型曲线也呈V字形（$\delta^{13}C_2$最轻）。

实际上，丁山1井 S_1烃源岩从下向上沉积水体具有逐渐变浅、岩性由黑色碳质泥岩逐渐变为灰色灰岩、有机质丰度逐渐变低（优质烃源岩→非烃源岩—S_1s 中上部灰色灰岩）、吸附气 $\delta^{13}C_1$逐渐变重、干酪根类型逐渐变差（$Ⅱ_1$→$Ⅱ_2$型）、成熟度略有降低的特征。

$€_1n$ 优质烃源岩以城口剖面（图6.5e）、南江剖面（图6.5f）为例。可以看出它们的脱气 $\delta^{13}C_1$、$\delta^{13}C_2$、$\delta^{13}C_3$、$\delta^{13}C_4$、$\delta^{13}C_5$等类型曲线均是逐渐变重，属正常类型（未倒转）曲线，R_o>2.5%，应处于过成熟阶段。

但是，丁山1井$€_1n$ 代表性差。其底部黑色（碳质）泥岩厚度只有10m左右，29个样品TOC平均0.71%，最高3.95%，最低只有0.31%，大于0.5%的只占到25%，仅为一套中等烃源岩，这可能与古隆起沉积有关；吸附气 $\delta^{13}C_1$ 平均为-31.5‰，$\delta^{13}C_1$、$\delta^{13}C_2$类型曲线逐渐变重，结合干酪根 $\delta^{13}C$ 值（-30.8‰），固体沥青反射率 R_b平均5.75%，伊利石结晶度为0.33，达到过成熟阶段后期。$€_1n$ 中上部深灰色泥岩及泥灰岩TOC平均小于0.2%，为一套差—非烃源岩。值得注意的是，只有优质烃源岩或TOC>1.0%的烃源岩脱气 $\delta^{13}C_1$、$\delta^{13}C_2$、$\delta^{13}C_3$等才具有代表性。

对比川东北地区酸解气与吸附气碳同位素平均值，酸解气碳同位素平均值显得稍轻一些，并没有很大的区别，这是因为天然气中甲烷碳同位素主要受成熟度的影响，而相同层位中烃源岩有机质成熟度一样。所以甲烷同位素没有太大区别，但是酸解气是烃源岩早期生成的天然气，因此显得略轻。而乙烷的碳同位素则有明显的区别（图6.6），地层越老酸解气的碳同位素越轻，乙烷碳同位素主要受生气母质类型和成熟度的影响，主要反映母质碳同位素的继承效应。吸附气是吸附在岩石表面的气容易遭受后期的地质作用生成气体的影响，酸解气更能代表天然气的源。

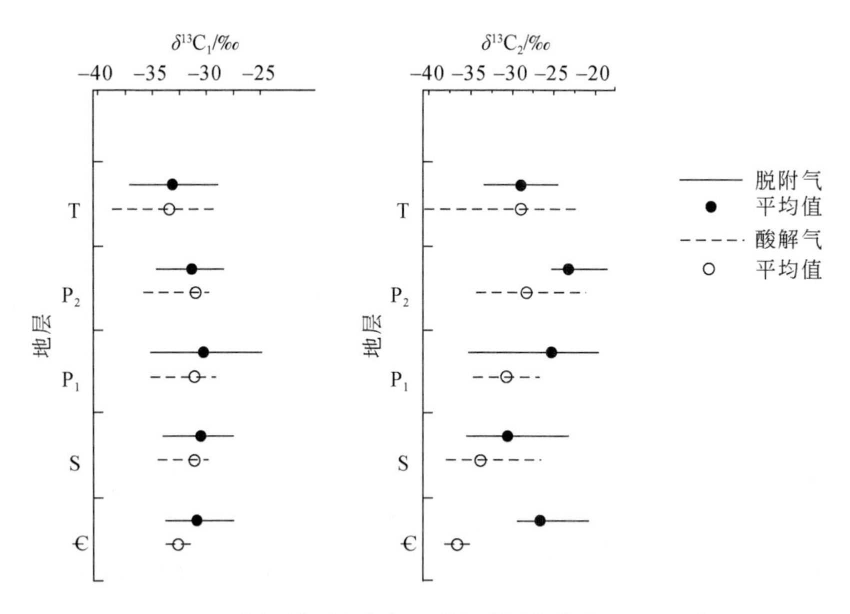

图 6.6　不同层位酸解气与吸附气碳同位素范围及平均值

2. 普光气田、毛坝气田、元坝气田天然气源于上二叠统龙潭组优质烃源岩

（1）从普光气田 T_1f、P_2ch 天然气 $\delta^{13}C_1$、$\delta^{13}C_2$与毛坝 3 井等上二叠统龙潭组优质烃源岩酸解气碳同位素类型曲线的对比（图 6.7）中可以看出，它们的 $\delta^{13}C_1$、$\delta^{13}C_2$、$\delta^{13}C_3$类型曲线很相似，均是 $\delta^{13}C_1$轻于 $\delta^{13}C_2$，属正常变化趋势，$\delta^{13}C_1$多变化在−31‰～−29‰之间，$\delta^{13}C_2$多变化在−30‰～−26‰之间，而 $\delta^{13}C_3$由于成熟度过高（R_o达到 3.5% 以上）多未检测出来。对比结果显示：普光气田天然气应源于该区附近的上二叠统龙潭组优质烃源岩。

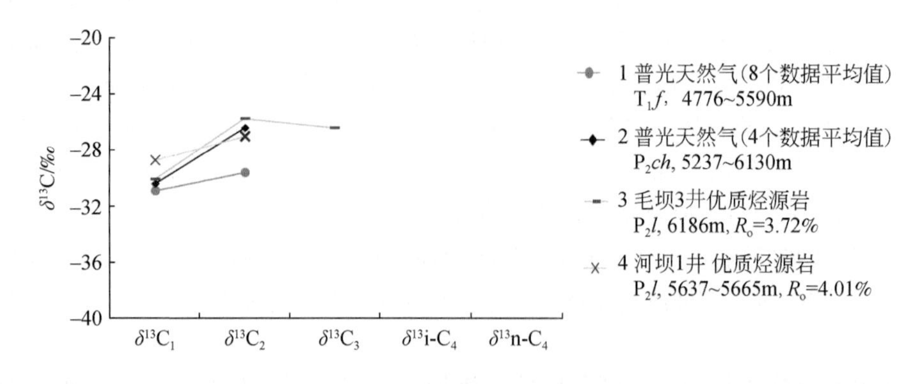

图 6.7　普光气田天然气与上二叠统龙潭组优质烃源岩酸解气碳同位素类型曲线对比

（2）从毛坝气田 T_1f 天然气（图 6.8）$\delta^{13}C_1$、$\delta^{13}C_2$与毛坝 3 井等上二叠统龙潭组优质烃源岩酸解气的对比图中同样可以看出，其 $\delta^{13}C_1$、$\delta^{13}C_2$及 $\delta^{13}C_3$类型曲线也很相似，均是 $\delta^{13}C_1$轻于 $\delta^{13}C_2$，属正常变化趋势，$\delta^{13}C_1$多变化在−29‰～−32‰之间，$\delta^{13}C_2$多变化在−29‰～−26‰之间，而 $\delta^{13}C_3$由于成熟度过高（R_o达到 3.5% 以上）多未检测出来。对比结果显示出毛坝气田天然气应源于该区附近的上二叠统龙潭组优质烃源岩。

（3）普光、毛坝气田天然气 $\delta^{13}C_1$、$\delta^{13}C_2$样品点群（橘黄色线内的橘黄色菱形点）正处于上二叠统优质烃源岩酸解气 $\delta^{13}C_1$、$\delta^{13}C_2$样品点群（黄色虚线内的空心红色圆圈点）中间（图 6.9），具有好的可比性，而且天然气样品均在 $\delta^{13}C_1<\delta^{13}C_2$正常区内，上二叠统优质烃源岩酸解气样品也多在 $\delta^{13}C_1<\delta^{13}C_2$正常

区内，具有好的可比性。它们与上奥陶统—下志留统优质烃源岩样品多在 $\delta^{13}C_1>\delta^{13}C_2$ 倒转区明显不同。

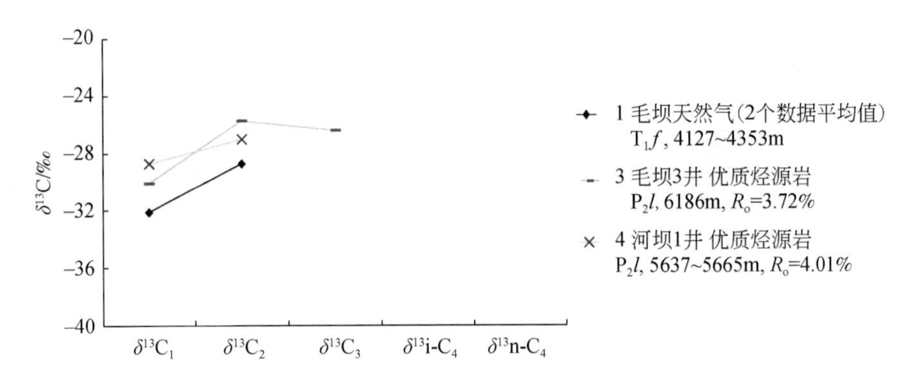

图 6.8　毛坝气田天然气与上二叠统龙潭组优质烃源岩酸解气碳同位素类型曲线对比图

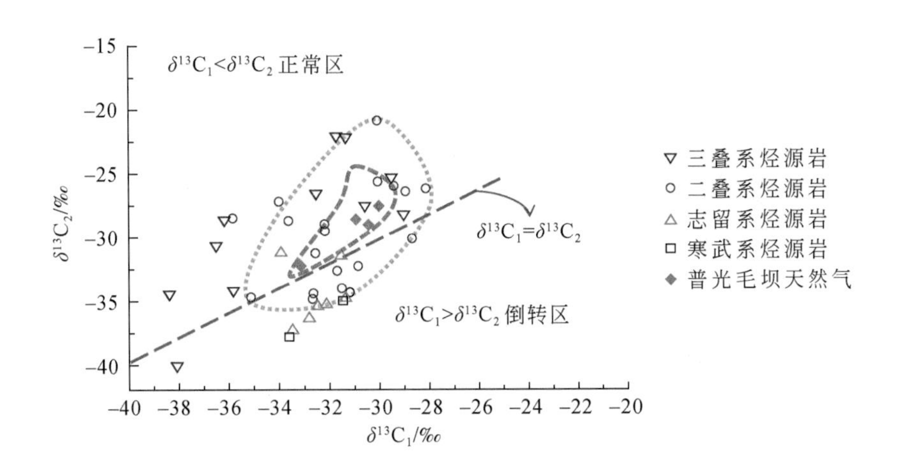

图 6.9　普光、毛坝气田天然气与上二叠统、下志留统等优质烃源岩酸解气 $\delta^{13}C_1$、$\delta^{13}C_2$ 的对比

（4）元坝气田 T_1f、P_2ch 天然气 $\delta^{13}C_1$、$\delta^{13}C_2$、$\delta^{13}C_3$ 类型曲线特征（图 6.10）与普光气田 T_1f、P_2ch 天然气 $\delta^{13}C_1$、$\delta^{13}C_2$ 类型曲线（图 6.11）及元坝气田 T_1f 天然气（图 6.12）$\delta^{13}C_1$、$\delta^{13}C_2$ 类型曲线特征很相似，平均值也是 $\delta^{13}C_1$ 轻于 $\delta^{13}C_2$ 轻于 $\delta^{13}C_3$，属正常变化趋势，$\delta^{13}C_1$ 多变化在−30‰～−28‰之间，$\delta^{13}C_2$ 多变化在−28‰～−25‰之间，其成熟度相对普光毛坝天然气可能更高一些。对比结果显示出元坝气田天然气也应主要源于该区附近的上二叠统龙潭组优质烃源岩。

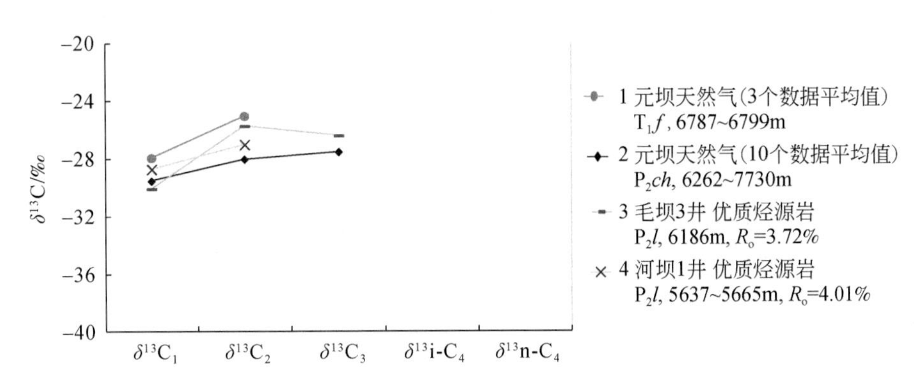

图 6.10　元坝气田天然气与上二叠统龙潭组优质烃源岩典型酸解气碳同位素类型曲线对比

（5）元坝气田天然气 $\delta^{13}C_1$、$\delta^{13}C_2$ 样品点群（橘黄色虚线内的橘黄色菱形点）也落入上二叠统优质烃源岩酸解气 $\delta^{13}C_1$、$\delta^{13}C_2$ 样品点群（黄色虚线内的红色空心圆圈点）中偏下且靠近边缘（图 6.12），也具

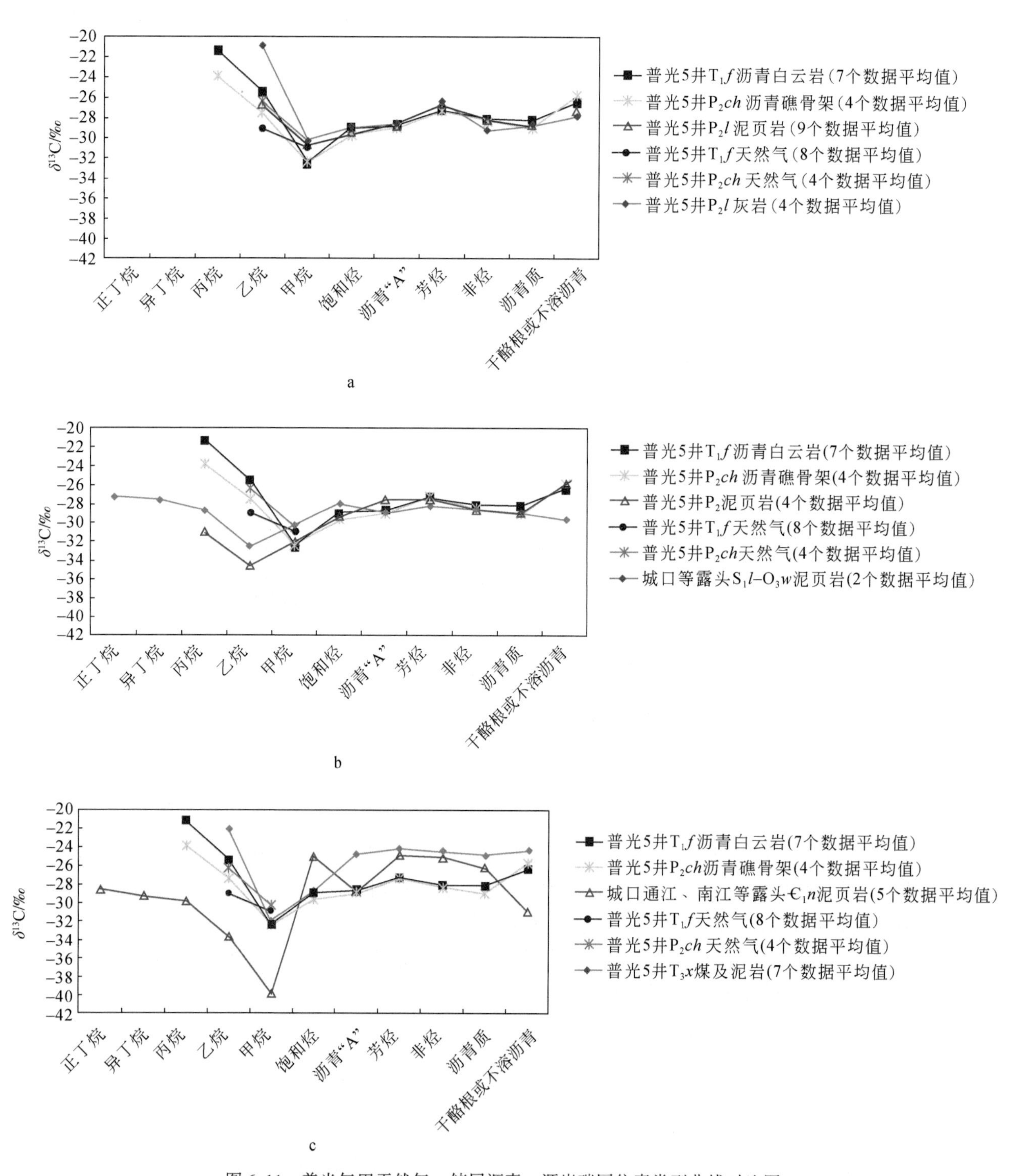

图 6.11　普光气田天然气—储层沥青—源岩碳同位素类型曲线对比图

a. 普光气田 T_1f、P_2ch 储层天然气不同碳数气态烃、储层沥青各族组分、普光 5 井龙潭组优质烃源岩酸解气不同碳数气态烃、抽提物各族组分及干酪根的碳同位素类型曲线；b. 普光气田 T_1f、P_2ch 储层天然气不同碳数气态烃、储层沥青各族组分、普光 5 井及城口剖面上奥陶统五峰组—下志留统龙马溪组优质烃源岩酸解气不同碳数气态烃、抽提物各族组分及干酪根的碳同位素类型曲线；c. 普光气田 T_1f、P_2ch 储层天然气不同碳数气态烃、储层沥青各族组分、城口通江、南江剖面寒武系牛蹄塘组优质烃源岩及普光 5 井 T_3x 煤系烃源岩酸解气不同碳数气态烃、抽提物各族组分及干酪根的碳同位素类型曲线

有可比性，而且多数天然气样品均在 $\delta^{13}C_1<\delta^{13}C_2$ 正常区内，对比结果显示出元坝气田天然气也主要源于上二叠统龙潭组优质烃源岩。但是不排除有部分或少量下志留统等优质烃源岩的混入，因为部分元坝气

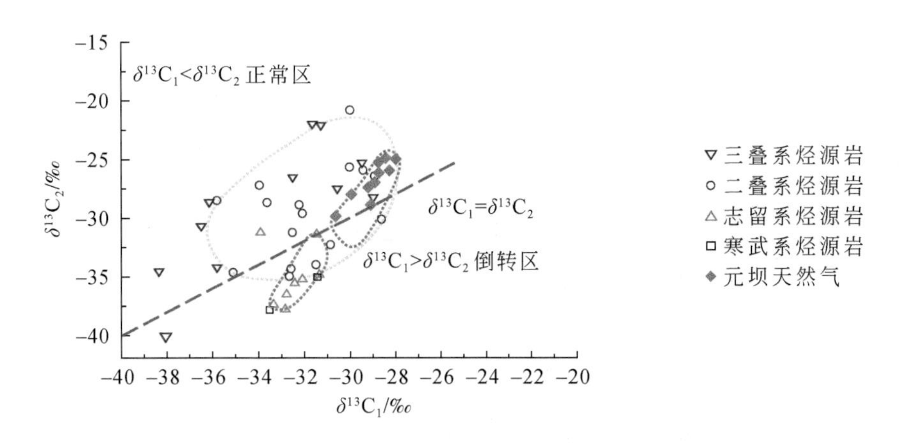

图6.12　元坝气田天然气与上二叠统、下志留统等优质烃源岩酸解气 $\delta^{13}C_1$、$\delta^{13}C_2$ 的对比

田天然气样品与上奥陶统—下志留统优质烃源岩样品多为 $\delta^{13}C_1>\delta^{13}C_2$ 倒转且在更高演化范围内相接近。

（6）普光气田储层天然气、沥青族组分碳同位素类型曲线与各时代优质烃源岩酸解气、抽提物族组分及干酪根相应的碳同位素类型曲线对比（图6.11）表明：①普光气田 T_1f、P_2ch 储层天然气不同碳数的气态烃碳同位素到储层沥青各族组分碳同位素类型曲线的变化趋势与普光5井龙潭组优质烃源岩的变化趋势十分相近（图6.11a），表明储层沥青与天然气主要来自龙潭组优质烃源岩。②普光气田 T_1f、P_2ch 储层天然气不同碳数的气态烃碳同位素到储层沥青各族组分碳同位素类型曲线的变化趋势与上奥陶统五峰组—下志留统龙马溪组优质烃源岩相比较，优质烃源岩酸解气 C_2 及以上气烃碳同位素则明显要轻于储层天然气相应的碳同位素倒转；同时优质烃源岩干酪根碳同位素也要明显轻于储层沥青中不溶沥青的碳同位素，达-4‰左右（图6.11b），显然不是生烃过程中的碳同位素分馏所造成的结果，即上奥陶统五峰组—下志留统龙马溪组优质烃源岩与 T_1f、P_2ch 储层沥青及储层天然气可比性不好。③普光气田 T_1f、P_2ch 储层天然气不同碳数的气态烃碳同位素到储层沥青各族组分碳同位素类型曲线的变化趋势与寒武系牛蹄塘组相比较，也无可比性，优质烃源岩干酪根碳同位素较储层固体沥青碳同位素轻-5‰左右（图6.11c），酸解气 C_2 及以上气态烃碳同位素较储层天然气相对应的碳同位素也明显偏轻；与普光5井 T_3x 煤系烃源岩等相比更无可比性。即普光气田储层沥青与天然气不可能来自 T_3x 煤系烃源岩和下寒武统牛蹄塘组优质烃源岩。

（7）稀有气体的丰度和同位素组成主要受放射性衰变（时间效应）和吸附、溶解等物理过程的影响，不发生化学变化，具有年代效应；基于稀有气体在油气藏中的聚散机制，随着成藏时间越老，稀有气体 ^4He 和 ^{40}Ar 累积量越多，因此稀有气体分析技术是对复杂油气成藏过程进行定年与示踪研究的最有效手段。常见稀有气体分析主要针对无机矿物定年和温泉气-水流体，国内外缺乏分析油气中稀有气体相应的仪器及方法（图6.13），主要由于：①油气中稀有气体以外的烃类等活性组分含量在99.99%以上，高效去除活性组分难度大；②痕量稀有气体的纯化富集与极端温度下才能进行氦、氖、氩、氪、氙的组分有效分离。

超高真空稀有气体纯化富集分离装置系统动态真空达到 10^{-10}mbar，有效降低了本底干扰；遴选新型锆钒铁吸气材料，高效去除烃类、二氧化碳等活性气体组分，实现了油气中微痕量稀有气体的高度纯化（>99.9%）；超低温（-258℃）冷阱富集和精密控温分离装置实现了氦、氖、氩、氪、氙各组分逐次释放、有效分离和定量；将稀有气体纯化富集定量装置与多接收同位素质谱仪联机，建立了油气中稀有气体组分及其同位素分析技术。

在超高真空度条件下，对样品脱气计量先经新型锆基吸气剂等实现活性气体的有效去除，再经吸气剂泵、离子泵等进行稀有气体高度纯化；导入四极杆质谱测定各组分浓度；经超低温冷阱富集后，依次释放至磁质谱检测稀有气体同位素比值，实现一次进样便可获得氦、氖、氩、氪、氙的丰度和18个同位素组成数据，相关检测技术指标优于国外同类研究单位的最近成果。基于稀有气体年代效应和油气成藏保存机制，建立了油气藏中 ^4He 年代积累效应的数学模型，提出了油气 ^4He 成藏年龄数学表达式，有效约

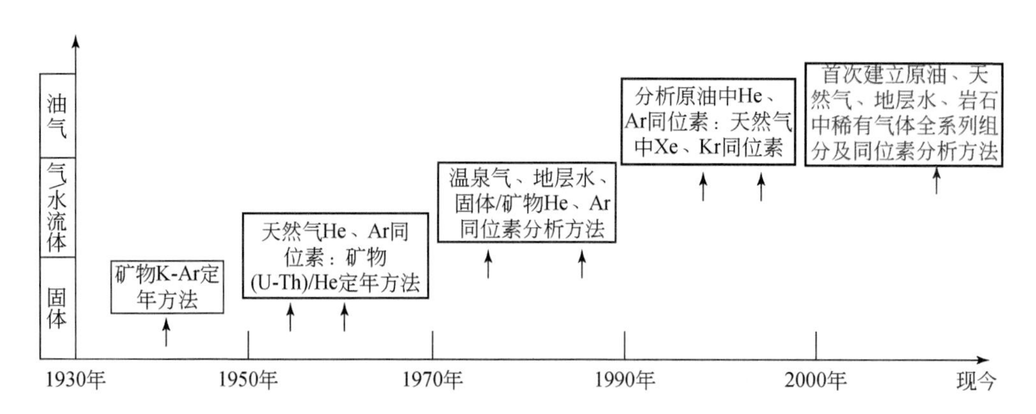

图 6.13　不同类型地质体中稀有气体组分及其同位素分析发展历程

Zartman et al., 1961；Hurley, 1954；Sano et al., 1982；Simmons et al., 1987；Allegre and Luck, 1980；Pinti and Marty, 1998；Xu et al., 1995；刘文汇等，2012

束了油气成藏定型的地质时间，形成了确定源岩形成—油气生成—运移充注—调整改造—成藏定型的成藏关键节点的定年技术序列，为油气成藏定年和成藏过程再现提供了有效的技术手段。

根据普光、元坝气田天然气 Ar 同位素等定年评价方法测定和计算（表 6.1），采用稀有气体定年技术确定了普光气田气源岩形成时间约为 260Ma（晚二叠世），这与上述的气源对比结果相一致。即普光、元坝气田天然气源于上二叠统龙潭组的优质烃源岩油裂解气，拓展了川西勘探区，也为形成川东北万亿立方米大气区提供了充足的物质基础。

表 6.1　普光、元坝等大气田天然气 Ar、He 同位素的定年测定数据

序号	成藏关键时间	定年方法	关键时间节点
1	气源岩时代	Ar 同位素定年模型	262～258Ma（上二叠统龙潭组沉积时期）
2	油气运移充注时间	流体包裹体古温压分析	油充注 235～200Ma（T_2—T_3） 油充注 174～128Ma（J_2—K_1） 气充注 98～52Ma（K_2—E）
3	构造抬升引起的调整时间	磷灰石、锆石（U-Th）/He 定年分析	100Ma 开始，25.9Ma 快速抬升
4	气藏调整定型时间	He 定年地质模型	42～30Ma（喜马拉雅中期）

根据普光、元坝气田天然气 He 同位素等定年评价方法测定和计算，普光气田成藏定型时间为 36±6Ma，而元坝气田成藏定型时间为 9±1.5Ma，揭示了川东北成藏过程由东向西演变的规律，被勘探实践所验证。以此重建了四川盆地的多期油气成藏过程，明确了上二叠统海相优质烃源岩是普光、元坝等大型气田的主力气源，为川东北万亿立方米大气区的勘探做出了重要贡献（图 6.14），将为我国的天然气勘探和大气田的发现提供关键技术支撑，符合勘探实际。

（8）普光、毛坝、元坝气田平面上正位于四川盆地东北部上二叠统（P_2l—P_2d）的海相过成熟（R_o>3%）优质烃源岩（厚度 40～80m）分布区（图 6.15）内，纵向上 T_1f、P_2ch 储层就位于其上部。而且 T_1f、P_2ch 古油藏在平面上和纵向上也均与上二叠统龙潭组或 P_2l—P_2d 海相优质烃源岩相匹配（图 6.16）。它们在平面上与上奥陶统五峰组—下志留统龙马溪组优质烃源岩（厚度>20m）的分布不一致（图 6.17），纵向上也相隔志留系—下二叠统。同样，它们与下寒武统牛蹄塘组优质烃源岩（厚度>20m）的生油气运移聚集保存史及分布不相称（图 6.18），纵向上相隔更远。因此，从海相优质烃源岩的分布来看，普光、毛坝、元坝气田等天然气也应主要源于上二叠统（P_2l—P_2d）海相优质烃源岩。

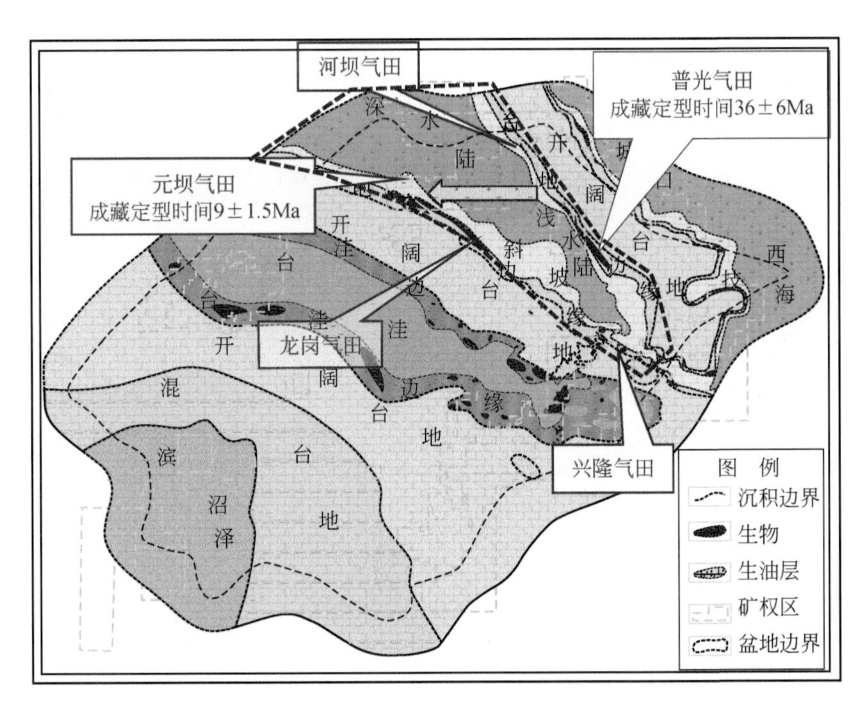

图 6.14　四川盆地长兴组-飞仙关组天然气勘探成果（2016 年）

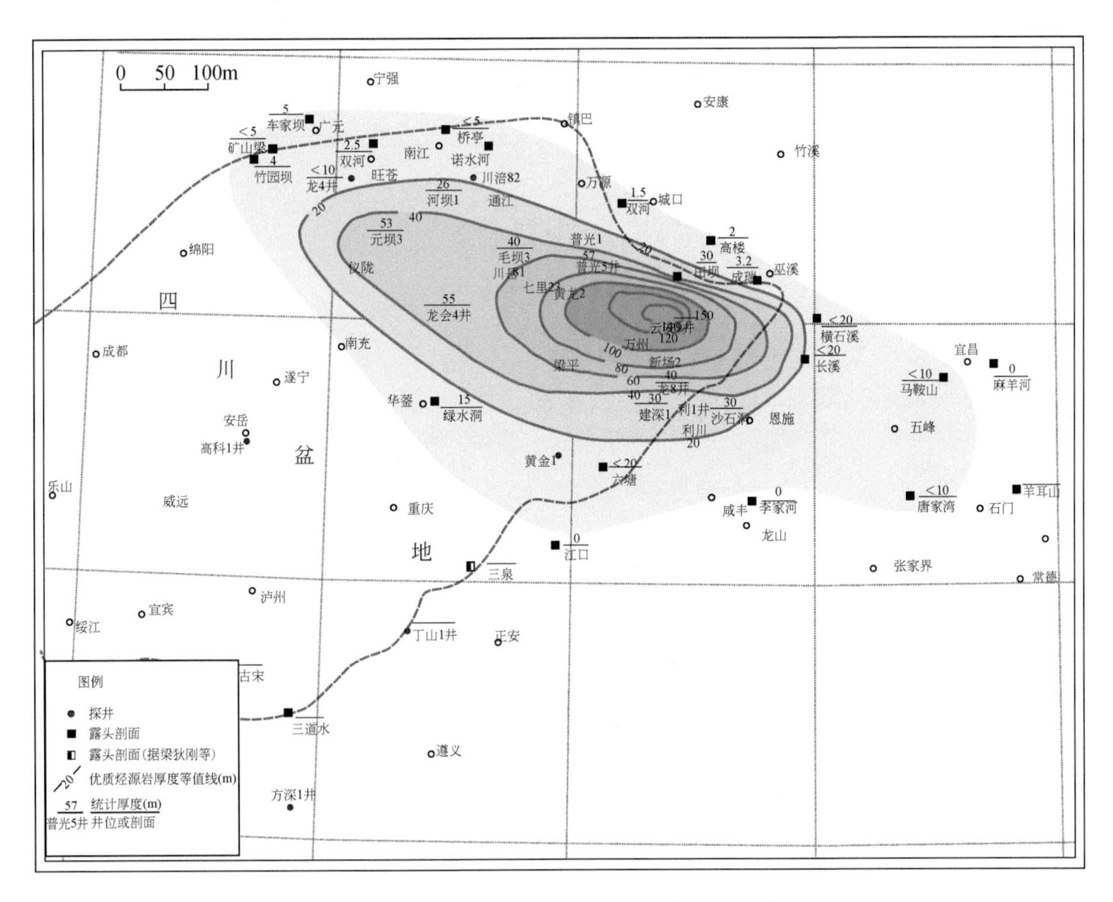

图 6.15　中上扬子区龙潭组优质烃源岩分布

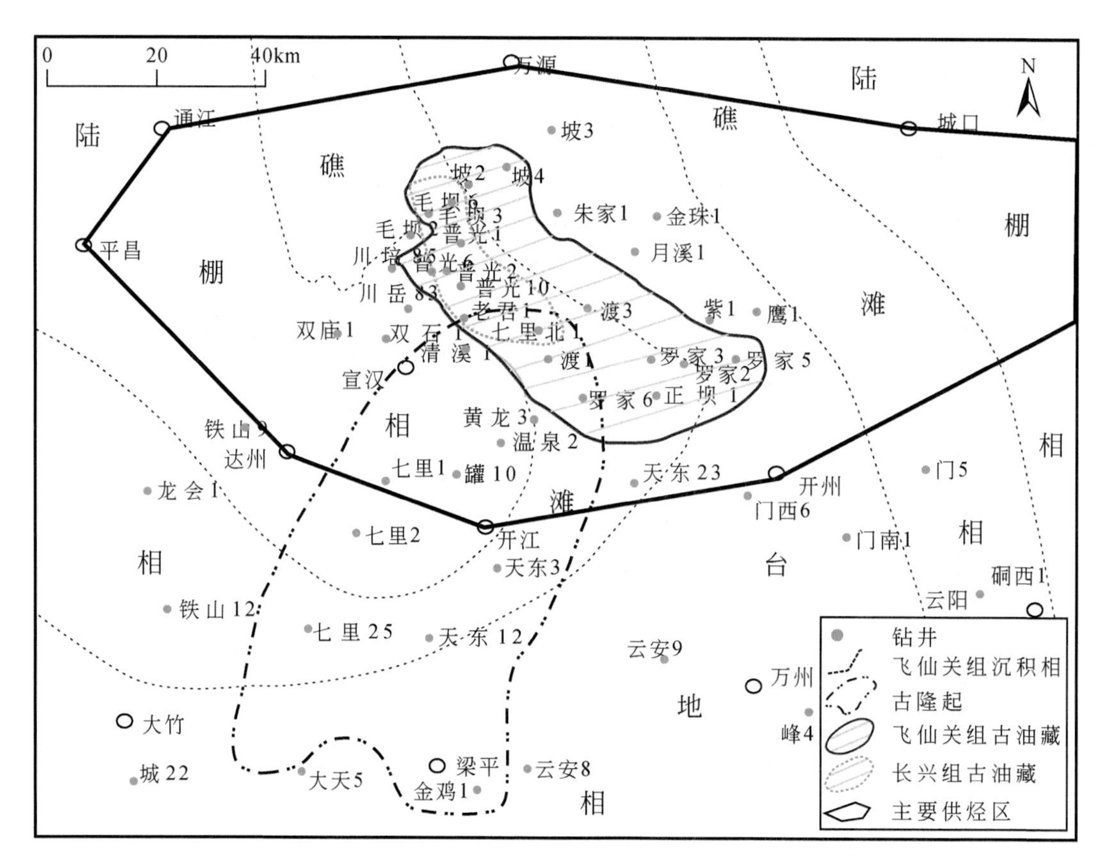

图 6.16　川东北长兴组、飞仙关组古油藏分布及主要供烃区

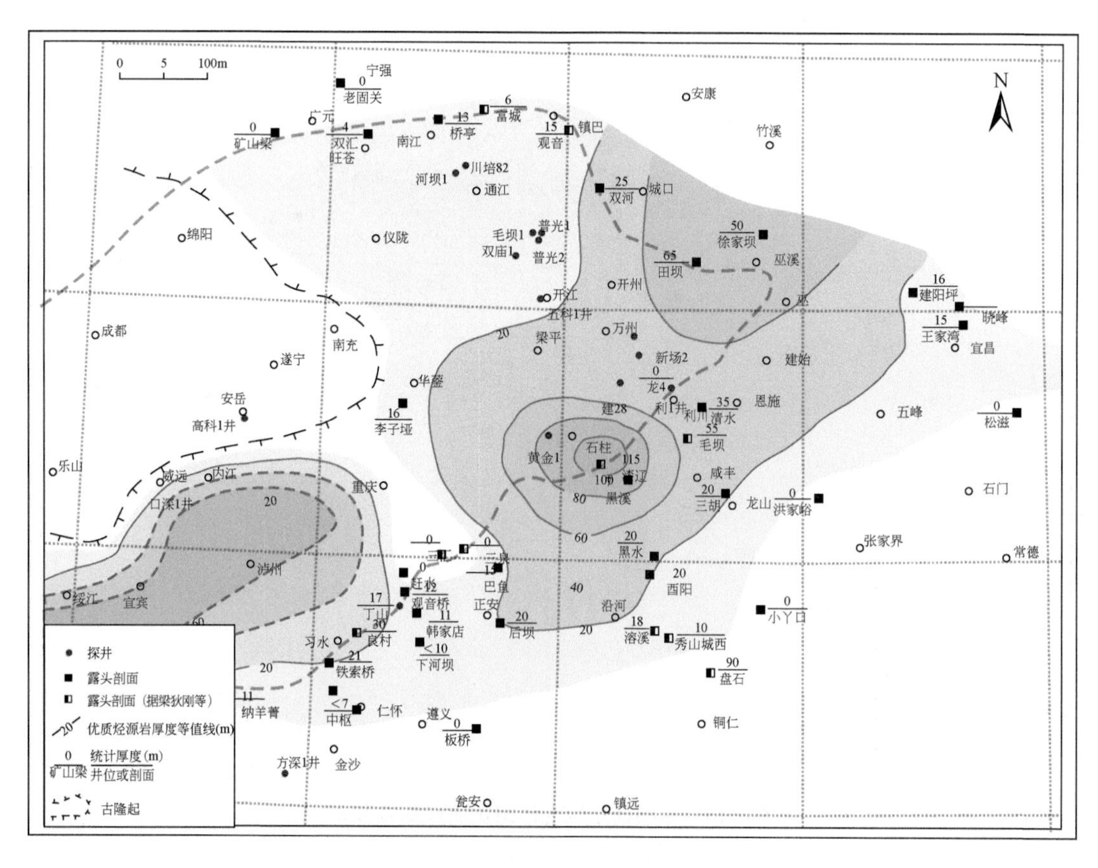

图 6.17　中上扬子区五峰组—龙马溪组优质烃源岩分布

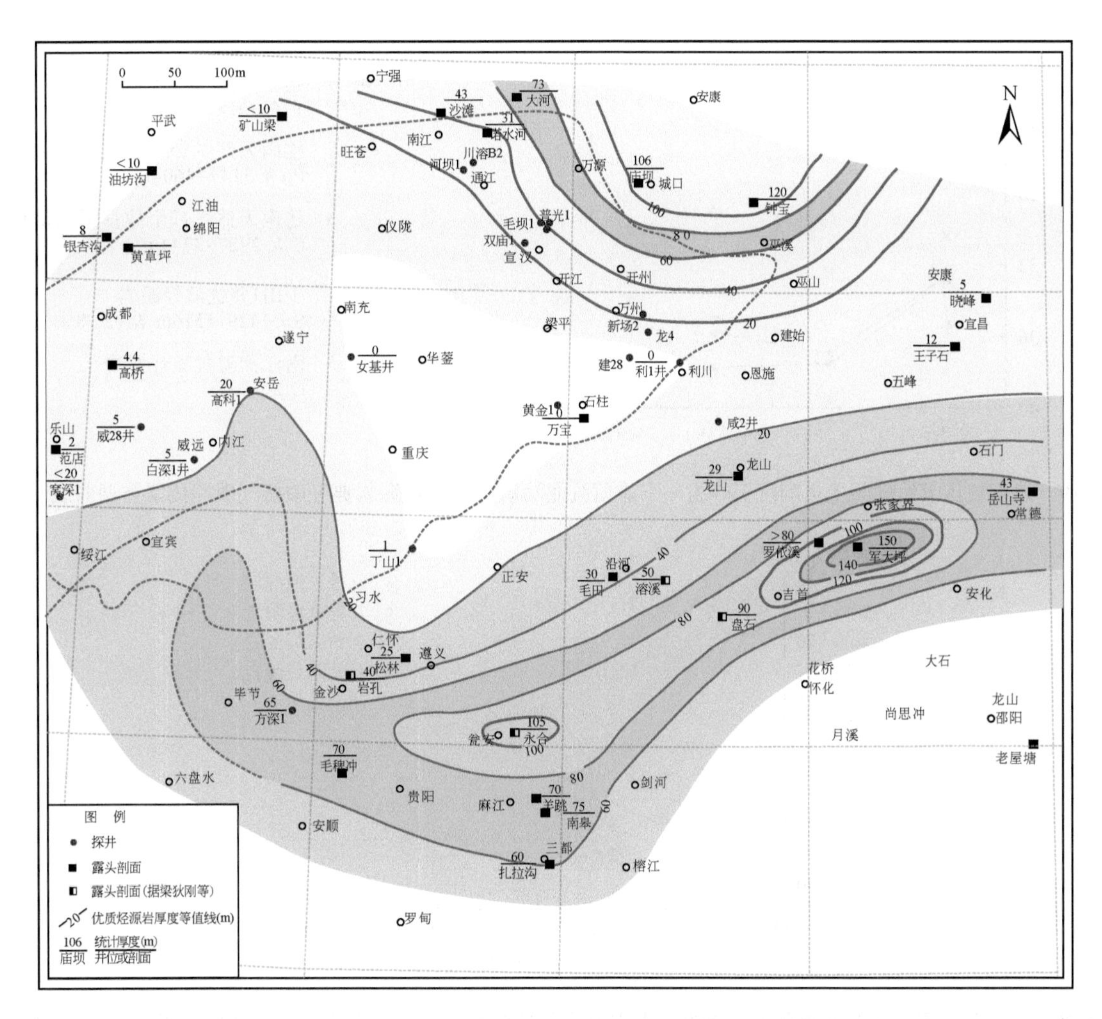

图 6.18　中上扬子区下寒武统优质烃源岩分布

3. 建南气田天然气源于上奥陶统五峰组—下志留统龙马溪组优质烃源岩

（1）建南气田储层主要发育在 C_2h、P_2ch、T_1f，其天然气 $\delta^{13}C_1$、$\delta^{13}C_2$、$\delta^{13}C_3$ 的类型曲线与下志留统龙马溪组典型优质烃源岩和上奥陶统五峰组典型优质烃源岩的酸解气 $\delta^{13}C_1$、$\delta^{13}C_2$、$\delta^{13}C_3$ 的类型曲线很相似，均为 $\delta^{13}C_1>\delta^{13}C_2<\delta^{13}C_3$，呈典型的 V 字形倒转（图 6.19）。$\delta^{13}C_1$ 多变化在 −35‰ ~ −32‰之间，$\delta^{13}C_2$ 多变化在 −40‰ ~ −36‰之间，$\delta^{13}C_3$ 多变化在 −38‰ ~ −35‰之间。对比结果显示出建南气田天然气应源于该区附近的上奥陶统五峰组—下志留统龙马溪组优质烃源岩，它们不但与源于上二叠统龙潭组优质烃源岩的普光元坝气田天然气 $\delta^{13}C_1$、$\delta^{13}C_2$、$\delta^{13}C_3$ 类型曲线不同，而且对应的碳同位素值偏轻了许多，尤其是 $\delta^{13}C_2$ 平均偏轻了 10‰。看来，天然气碳同位素的倒转并非均为混源（不同成熟度气源的混合或不同有机质类型气源的混合等）造成的，有的特殊成烃生物或环境构成的优质烃源岩，在特定的成熟阶段，所生油或沥青裂解气本身就呈 V 字形倒转，与上奥陶统五峰组—下志留统龙马溪组海相优质烃源岩生成沥青裂解气或运移的古油藏或分散沥青裂解气相似。

（2）建南气田天然气 $\delta^{13}C_1$、$\delta^{13}C_2$ 样品点群（橘黄色线内的橘黄色菱形点）与上奥陶统五峰组—下志留统龙马溪组海相优质烃源岩酸解气 $\delta^{13}C_1$、$\delta^{13}C_2$ 样品点群（蓝色虚线内的绿色三角形）相吻合（图 6.20），具有较好的可比性。建南气田天然气样品均在 $\delta^{13}C_1>\delta^{13}C_2$ 倒转区内，上奥陶统五峰组海相—下志留统龙马溪组优质烃源岩酸解气样品也多在 $\delta^{13}C_1>\delta^{13}C_2$ 倒转区内，具有较好的可比性。此外，它们的 $\delta^{13}C_1$ 与 $\delta^{13}C_2$ 值也随成熟度的增加逐渐变重，可以看出，建南气田天然气的成熟度要高于上奥陶统五峰组—下志留统龙马溪组海相优质烃源岩分析样品的成熟度。

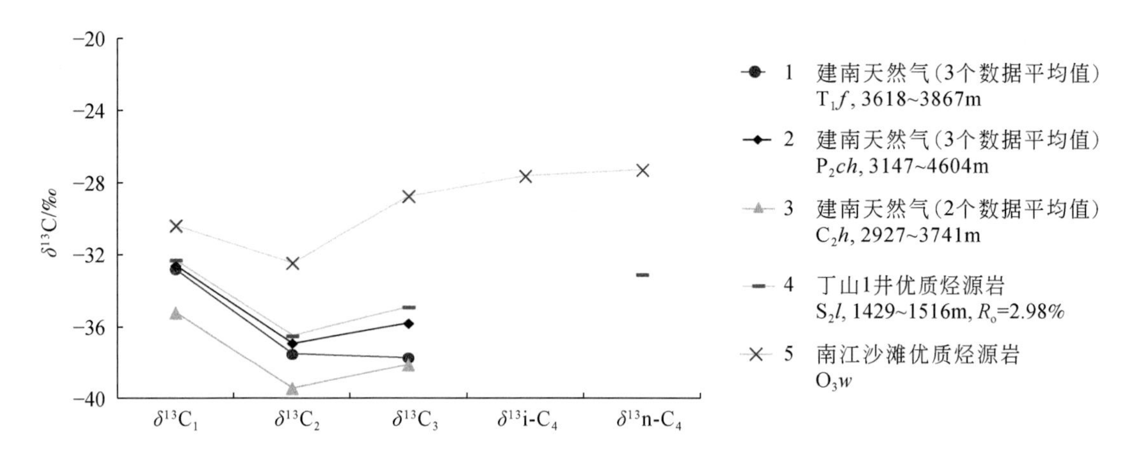

图 6.19 建南气田天然气与上奥陶统五峰组—下志留统龙马溪组优质烃源岩典型酸解气碳同位素类型曲线对比图

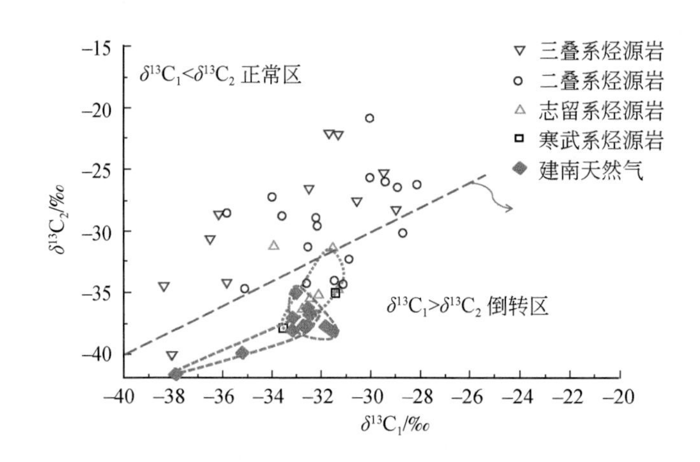

图 6.20 建南气田天然气与上奥陶统五峰组—下志留统龙马溪组、上二叠统等烃源岩酸解气 $\delta^{13}C_1$、$\delta^{13}C_2$ 的对比

(3) 建南气田位于鄂西—渝东上奥陶统五峰组—下志留统龙马溪组海相优质烃源岩的海相过成熟（R_o>2%）优质烃源岩（厚度 20～40m）分布区（图 6.17）内，且近邻南部（偏西，优质烃源岩厚度 60～100m）和北部（偏东，优质烃源岩厚度 40～60m）洼槽。纵向上，C_2h 储层就位于其上部。而且，它们与上二叠统优质烃源岩及下寒武统牛蹄塘组优质烃源岩的分布并不完全一致（图 6.18）。因此，从海相优质烃源岩的分布来看，建南气田天然气也应主要源于本区附近地区的上奥陶统五峰组—下志留统龙马溪组海相优质烃源岩。

4. 川岳、河坝等川东北天然气主要源于上二叠统优质烃源岩，可能有部分上奥陶统五峰组—下志留统龙马溪组优质烃源岩的混入

(1) 川东北川岳气田储层主要发育在 T_1f 和 P_2—P_1m，其天然气 $\delta^{13}C_1$、$\delta^{13}C_2$、$\delta^{13}C_3$ 的类型曲线介于毛坝 3 井等上二叠统龙潭组和上奥陶统五峰组—下志留统龙马溪组典型优质烃源岩酸解气 $\delta^{13}C_1$、$\delta^{13}C_2$、$\delta^{13}C_3$ 的类型曲线之间，二叠系天然气 $\delta^{13}C_1<\delta^{13}C_2<\delta^{13}C_3$ 呈正常变化趋势；而 T_1f 天然气 $\delta^{13}C_1>\delta^{13}C_2<\delta^{13}C_3$ 呈 V 字形倒转（图 6.21）。$\delta^{13}C_1$ 多变化在−31‰～−29‰之间，$\delta^{13}C_2$ 多变化在−32‰～−30‰之间，$\delta^{13}C_3$ 多变化在−34‰～−31‰之间。结果显示出川岳天然气应主要源于该区附近的上二叠统龙潭组优质烃源岩，也有部分上奥陶统五峰组—下志留统龙马溪组优质烃源岩的混入。

川岳天然气 $\delta^{13}C_1$、$\delta^{13}C_2$ 样品点群（橘黄色线内的橘黄色菱形点）主要落入毛坝 3 井等上二叠统龙潭组优质烃源岩酸解气 $\delta^{13}C_1$、$\delta^{13}C_2$ 样品点群内（橘黄色虚线内的橘黄色菱形点，图 6.20），也与上奥陶统五峰组—下志留统龙马溪组海相优质烃源岩酸解气 $\delta^{13}C_1$、$\delta^{13}C_2$ 样品点群（蓝色虚线内的绿色空心三角

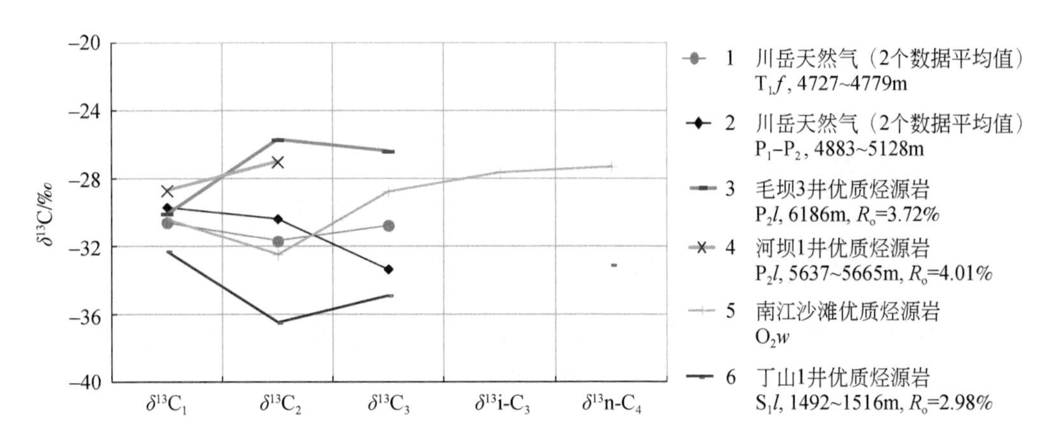

图 6.21　川岳天然气与上二叠统龙潭组优质烃源岩及上奥陶统五峰组—下志留统龙马溪组优质烃源岩典型酸解气碳同位素类型曲线对比

形）相邻，均在 $\delta^{13}C_1>\delta^{13}C_2$ 倒转区内，并在 $\delta^{13}C_1$、$\delta^{13}C_2$ 逐渐变重、成熟度有所增加的演化趋势内（图 6.22），川岳天然气主要源于该区附近的上二叠统龙潭组优质烃源岩，也有部分上奥陶统五峰组—下志留统龙马溪组优质烃源岩的混入。

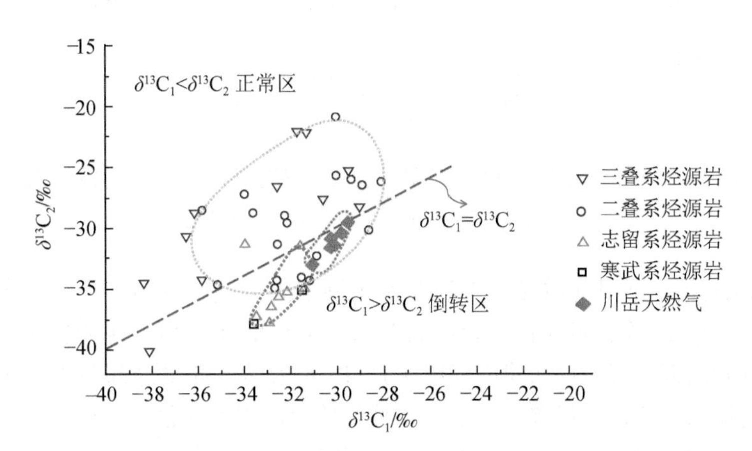

图 6.22　川岳天然气与上二叠统优质烃源岩及上奥陶统五峰组—下志留统龙马溪组优质烃源岩酸解气 $\delta^{13}C_1$、$\delta^{13}C_2$ 的对比

（2）川东北河坝 T_1f 天然气 $\delta^{13}C_1$、$\delta^{13}C_2$、$\delta^{13}C_3$ 的类型曲线也介于毛坝 3 井等上二叠统龙潭组和上奥陶统五峰组—下志留统龙马溪组典型优质烃源岩酸解气 $\delta^{13}C_1$、$\delta^{13}C_2$、$\delta^{13}C_3$ 的类型曲线之间，天然气 $\delta^{13}C_1>\delta^{13}C_2>\delta^{13}C_3$ 呈倒转变化趋势（图 6.23）。$\delta^{13}C_1$ 在 −28‰左右，$\delta^{13}C_2$ 在 −29‰左右，而 $\delta^{13}C_3$ 在 −31‰左右。结果显示出河坝天然气应主要源于该区附近的上二叠统龙潭组优质烃源岩，也有部分上奥陶统五峰组—下志留统龙马溪组优质烃源岩的混入。

河坝天然气 $\delta^{13}C_1$、$\delta^{13}C_2$ 样品点群在上二叠统龙潭组优质烃源岩酸解气 $\delta^{13}C_1$、$\delta^{13}C_2$ 样品点群边缘上（橘黄色虚线内的橘黄色菱形点），也在上奥陶统五峰组—下志留统龙马溪组海相优质烃源岩酸解气 $\delta^{13}C_1$、$\delta^{13}C_2$ 样品点群，由于其成熟度相对高，碳同位素相对较重且处于 $\delta^{13}C_1>\delta^{13}C_2$ 倒转区的延伸方向上（图 6.24）。即河坝天然气主要源于该区附近的上二叠统龙潭组优质烃源岩，也有部分上奥陶统五峰组—下志留统龙马溪组优质烃源岩的混入。

（3）从川东北地区下三叠统飞仙关组、上二叠统、下二叠统和石炭系等各主要产层天然气与优质烃源岩酸解脱气 $\delta^{13}C_1$、$\delta^{13}C_2$ 的对比来看：

下三叠统飞仙关组（图 6.25）、上二叠统（图 6.26）及下二叠统天然气主要源于该区附近的上二叠统（P_2d—P_2l）优质烃源岩，也有部分上奥陶统五峰组—下志留统龙马溪组优质烃源岩的混入。当然，上

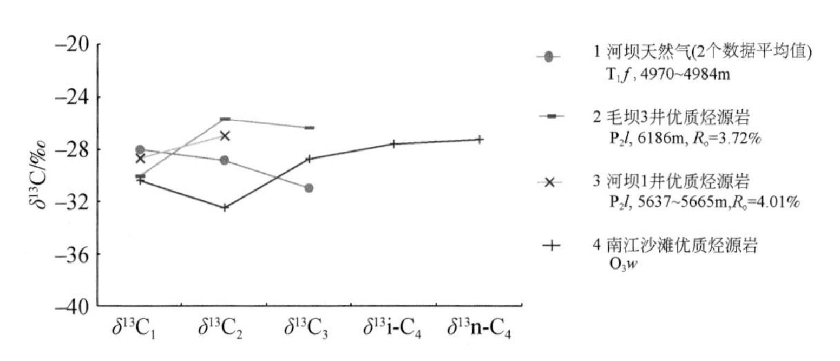

图 6.23 河坝天然气与上二叠统龙潭组优质烃源岩及上奥陶统五峰组—下志留统龙马溪组优质烃源岩典型酸解气碳同位素类型曲线对比

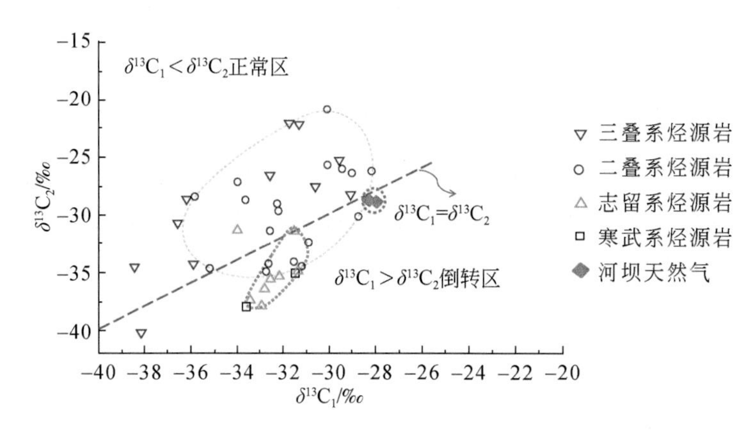

图 6.24 河坝天然气与上二叠统优质烃源岩及上奥陶统五峰组—下志留统龙马溪组优质烃源岩酸解气 $\delta^{13}C_1$、$\delta^{13}C_2$ 的对比

奥陶统五峰组—下志留统龙马溪组优质烃源岩的混入比例不同，气田有多有少，普光气田、毛坝气田、元坝气田等 T_1f、P_2ch 天然气几乎全部源于该区附近的上二叠统龙潭组（P_2l）优质烃源岩，上奥陶统五峰组—下志留统龙马溪组烃源岩的混入很少；而建南气田 T_1f、P_2ch 天然气几乎全部源于本区附近地区的上奥陶统五峰组—下志留统龙马溪组海相优质烃源岩，上二叠统优质烃源岩混入很少；而川东北川岳、河坝等其他天然气则主要源于上二叠统优质烃源岩，有部分上奥陶统五峰组—下志留统龙马溪组优质烃源岩的混合。

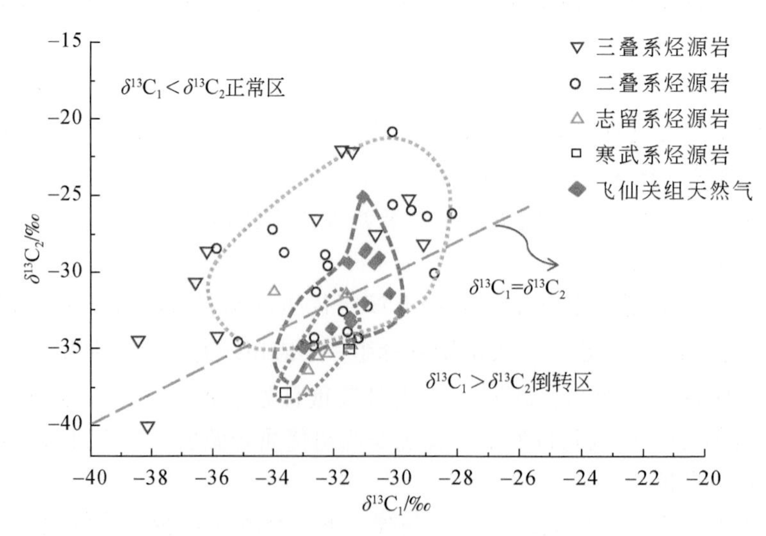

图 6.25 川东北下三叠统飞仙关组天然气与二叠系、志留系及寒武系优质烃源岩酸解脱气 $\delta^{13}C_1$、$\delta^{13}C_2$ 的对比

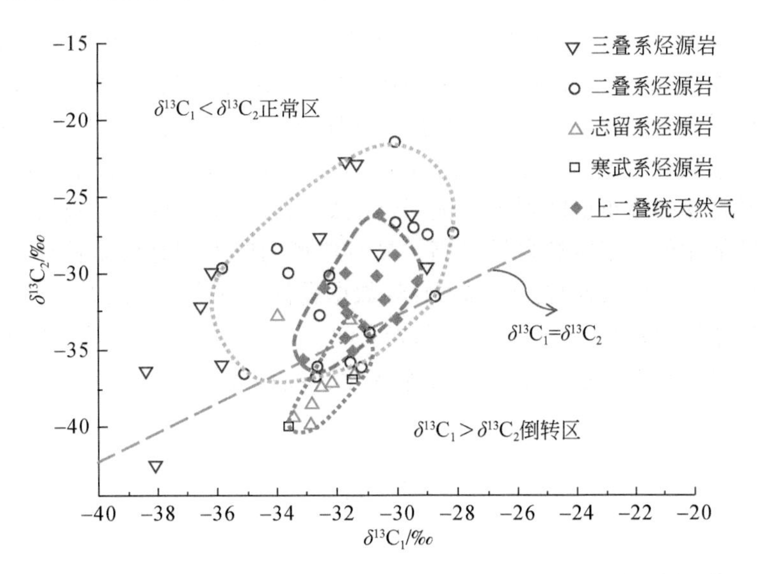

图 6.26　川东北上二叠统天然气与二叠系、志留系及寒武系优质烃源岩酸解脱气 $\delta^{13}C_1$、$\delta^{13}C_2$ 的对比

上奥陶统五峰组—下志留统龙马溪组烃源岩镜质组反射率在川东北地区普遍达到 2.2% ~3.2%，表明已进入高成熟—过成熟阶段。由于飞仙关组储层沥青十分发育，认为该区曾形成古油藏，后期在高温条件下裂解，这些沥青主要来源于上二叠统龙潭组（马永生，2008）。二叠系长兴组和下三叠统飞仙关组天然气气源岩主要为上二叠统龙潭组，龙潭组烃源层厚度大，有机质丰度高，生烃量相当可观。川东北地区飞仙关组鲕滩气藏天然气来自液态烃裂解，这类的液态烃不仅包括古油藏，还包括烃源岩层和储集层内呈分散状分布的液态烃（赵文智等，2005）。川东北地区飞仙关组鲕滩气藏表现为以原油裂解气为主的特征，但二叠系长兴组天然气则为原油裂解气与干酪根的早期裂解气的混合气。因此，对于长兴组天然气成因性质，储层沥青生物标志化合物显示的气侵作用表明同时存在后期高演化阶段干酪根的裂解气，作者认为油裂解气和干酪根裂解气同存，只不过以油裂解气为主要成分，干酪根裂解气为次要成分。

石炭系天然气（图 6.27）与上奥陶统五峰组—下志留统龙马溪组海相烃源岩酸解气具有很好的对应关系，其甲烷与乙烷同位素倒转的原因主要是上奥陶统五峰组—下志留统龙马溪组海相优质烃源岩在高成熟—过成熟阶段由特殊成烃生物产生，也可能是气藏中聚集了上奥陶统五峰组—下志留统龙马溪组海相优质烃源岩不同成熟阶段和过成熟度阶段的油裂解气，也可能是混有了干酪根继续热降解生成的气。此外，也有部分上二叠统（P_2d—P_2l）优质烃源岩的混入。

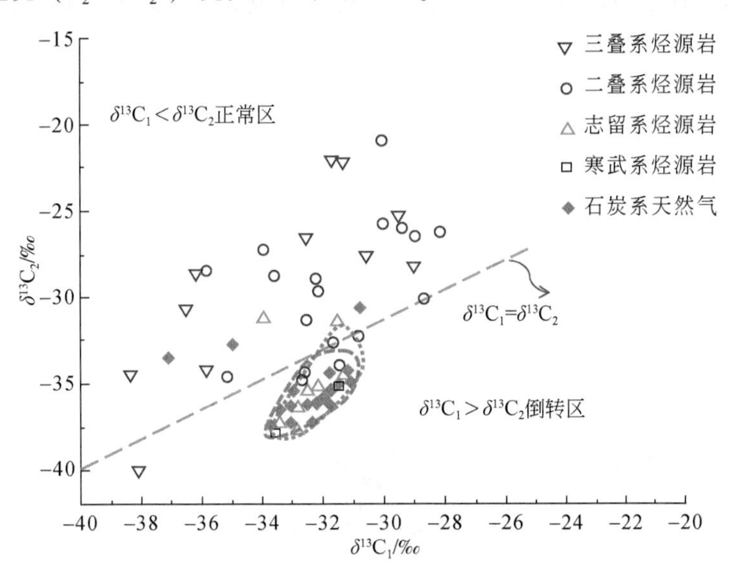

图 6.27　川东北石炭系天然气与二叠系、志留系及寒武系优质烃源岩酸解脱气 $\delta^{13}C_1$、$\delta^{13}C_2$ 的对比

（4）从川东北地区各主要产层天然气浓缩轻烃和优质烃源岩轻烃 C_7 系列轻烃化合物［包括正庚烷（n-C_7）、甲基环己烷（MCC_6）和二甲基环戊烷（$DMCC_5$）］组成的对比来看：川东北二叠系优质烃源岩与志留系、寒武系优质烃源岩的轻烃地球化学特征存在明显区别。川东北地区岩石轻烃 C_7 系列轻烃化合物组成三角图上，二叠系烃源岩正庚烷含量普遍低于50%，而甲基环己烷含量普遍高于50%，具有偏腐殖型的特征，其中二叠系煤的分布也区别于其他岩性的烃源岩，正庚烷含量极低而甲基环己烷极高；志留系、寒武系烃源岩特征相似，正庚烷含量极高，具有典型的腐泥型有机质特征。对川东北、川东地区干气中浓缩轻烃分析得到的数据与各时代烃源岩轻烃数据进行投点分析（图6.28），发现数据点分布于二叠系（P）烃源岩和志留系、寒武系（S+Є）烃源岩之间，显示出混源的特征。但是，川东地区干气中轻烃含量极微，在浓缩轻烃过程中可能发生分馏等变化，数据和对比结果仅供参考，不能成为“充分证据”。

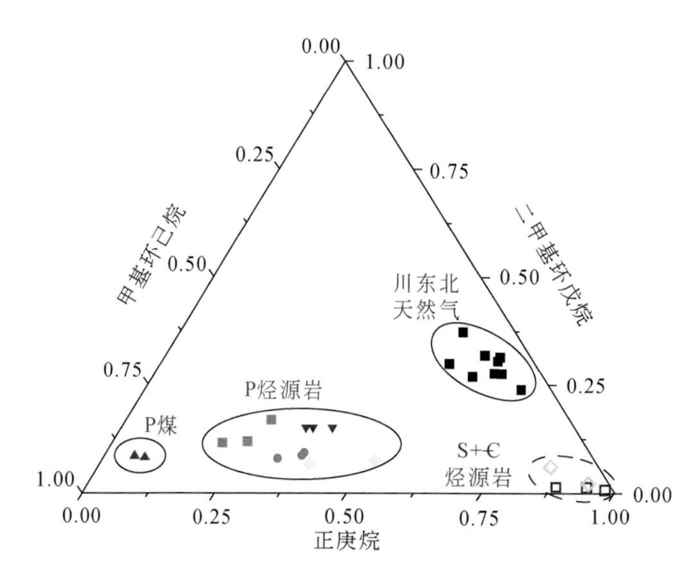

图6.28　川东北地区岩石轻烃、浓缩气轻烃 C_7 系列轻烃化合物组成三角

从川东北地区天然气浓缩轻烃和优质烃源岩轻烃成熟度参数值来看：志留系、寒武系烃源岩成熟度远高于二叠系烃源岩，达到了过成熟阶段。川东北、川东地区干气中浓缩轻烃分析得到的成熟度数据点同样分布于二叠系烃源岩和志留系、寒武系烃源岩之间，但更靠近二叠系烃源岩（图6.29）。同样，川东区干气中轻烃含量极微，在浓缩轻烃过程中可能发生分馏等变化，成熟度数据和结果仅供参考，不能成为“充分证据”。

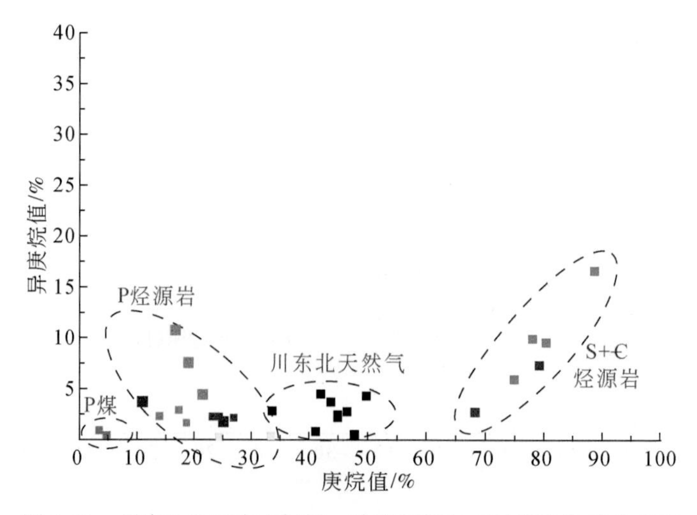

图6.29　川东北地区岩石轻烃、浓缩气轻烃成熟度参数值分布图

烃源岩及储集（油气）岩轻烃主要是指碳数在 C_{15} 以前的烃类系列，对于 C_5 以前的气态烃类的分析一般较易实现，而对 $C_6 \sim C_{15}$ 的轻烃，采用传统的抽提处理过程中因为方法的限制会人为地丢失最重要的汽油–柴油组分。中国石化石油勘探开发研究院无锡石油地质研究所采用全密封、低沸点有机溶剂冷抽提技术，对岩石中轻烃进行抽提并定量（蒋启贵等，2007），建立了岩石轻烃定量技术分析方法，该方法不仅能提供岩石轻烃指纹参数，且能获取轻烃组分的绝对含量，因而对高演化海相碳酸盐烃源岩油气转化过程的研究具有重要意义，利用储层天然气浓缩轻烃与烃源岩岩石轻烃的组分和同位素特征，可进行气源对比。

Thompson（1979）提出用石蜡指数和庚烷值来研究原油组成特征，这两种指标不仅能判断原油和源岩的母质类型和成熟度，而且可以作为油气源对比的指标。由于石蜡指数和庚烷值的计算都是考虑轻烃单体中链烷与环烷的比值，故两个指标的大小可作为其热成熟度的衡量标尺。程克明等（1987）对陆相原油及凝析油的轻烃组成特征与地质意义作了大量的分析研究以后，总结认为利用石蜡指数和庚烷值的相对百分含量，可把原油及凝析油划分为四类：一是石蜡指数<1.0，庚烷值<20%，为低成熟原油（包括生物降解的重质油）；二是石蜡指数在 1 ~ 3，庚烷值在 20% ~ 30%，为正常原油；三是石蜡指数在 3 ~ 10，庚烷值在 30% ~ 40%，为高成熟原油（轻质油）；四是石蜡指数>10，庚烷值>40%，为过成熟油。秦建中（2000）在煤系烃源岩研究中以岩石轻烃参数石蜡指数和庚烷值（%）为指标对烃源岩的成熟度阶段进行了划分，认为未成熟阶段石蜡指数<0.7，庚烷值<15%；低成熟阶段石蜡指数在 0.7 ~ 2.5，庚烷值在 15% ~ 30%；成熟阶段石蜡指数在 2.5 ~ 5，庚烷值在 30% ~ 40%；高过成熟阶段石蜡指数>5，庚烷值>40%。

Mango（1997）报道了 2，4 二甲基戊烷/2，3 二甲基戊烷（2，4-DMP/2，3-DMP）值与烃源岩经历的最高温度具有相关性，而 2-甲基己烷（2-MH）/3-甲基己烷（3-MH）值与温度的相关性差，并从已发表的 2，4-DMP/2，3-DMP 分布（Mango，1990）和 Bement 等（1995）研究的统计温度（最高埋藏温度）分布中得出原油所经历的最高温度计算公式：

$$温度(℃)=140+15\ln[2,4\text{-DMP}/2,3\text{-DMP}]$$

其理论模型是降解反应最初发生在连接于干酪根结构中的直链石蜡烷烃的末端上，反应过程中的产物即为下一步降解过程的反应物，烷基环丙基是反应过程中的活性中间体，打开环中的 A 键生成 2，3-DMP，打开 B 键生成 2，4-DMP。其反应常数满足阿伦尼乌斯公式，因此其产物比值的对数和温度具有线性关系。我们利用岩石轻烃分析方法获取相应的轻烃温度参数，并进行了烃源岩经历的最高演化温度的计算，研究表明烃源岩轻烃 2，4-DMP/2，3-DMP 值与源岩镜质组反射率表现为曲线关系，其对数值表现为正相关（图 6.30）。

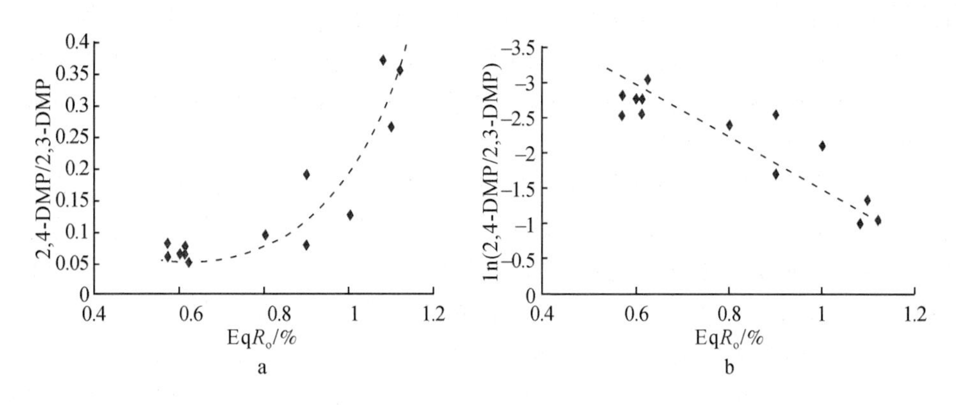

图 6.30　温度函数与成熟度的关系

5. 川东北天然气混源比例估算也表明川东北天然气主要源于上二叠统优质烃源岩，上奥陶统五峰组—下志留统龙马溪组优质烃源岩的贡献率很小

（1）普光及邻近剖面五峰组—龙马溪组烃源岩原始生烃强度整体上要远低于上二叠统烃源岩。在普光气田区，上二叠统烃源岩生烃强度约为五峰组—龙马溪组 3 ~ 6 倍。从生烃强度分布图可发现，普光气田邻近上二叠统烃源岩生烃中心，具有很好的时空配置关系；而五峰组—龙马溪组烃源岩生烃中心则远离普光气田。在图 6.16 所圈定的普光等古油藏可能的供烃区内，二叠系烃源岩与五峰组—龙马溪组烃源岩按残余有机碳计算得的生烃潜力分别为 497745 亿 m^3、124774 亿 m^3，二者总和 622519 亿 m^3，五峰组—龙马溪组烃源岩生烃潜力仅占二者总和的 20% 左右。因此单从二者原始生烃潜力来看，五峰组—龙马溪组烃源岩不可能是普光等气田的主力气源岩，五峰组—龙马溪组烃源岩对普光气田的贡献率最多可能在 20%。实际上，上述气源对比证实，五峰组—龙马溪组烃源岩对普光气田的贡献率很小。

（2）天然气气源岩对氦、氩的保存并非封闭体系，氦、氩的析出提供了天然气中稀有气体的来源，表现在气源岩时代越老，源岩中放射性成因的 ^4He 和 ^{40}Ar 越多。刘文汇和徐永昌（1987）对源岩涉及多个层系天然气氦、氩同位素分析数据和地质资料进行总结，利用稀有气体的同位素年代积累效应将天然气中 $^{40}Ar/^{36}Ar$ 和 $^3He/^4He$ 值与源岩地质时代进行数学处理，回归出它们之间的数学表达式，分别为

$$\begin{cases} t=530\ \lg(^{40}Ar/^{36}Ar)-1323(Ma) \\ t=-531\ \lg(^{3}He/^{4}He)-1959(Ma) \end{cases}$$

以上公式是在以泥质源岩为主的条件下获得的，该公式可用于元素 K 丰度普遍较高（≥2.64%）的泥质源岩年代的估算（刘文汇等，2007）。而我国南方海相源岩普遍存在碳酸盐岩、煤系源岩，其 K 丰度普遍较低，以上公式不一定完全适用。针对海相沉积环境，在上述模型的基础上，引入储层、源岩 K 含量等参数，收集整理相关数据，对模型进行修正，使之适用于海相沉积环境。同时运用该模型，分析天然气藏 Ar 的累积与源岩的关系，判识天然气藏中不同源岩的贡献比例。

我国海相地层油气藏主要分布在四川盆地和新疆地区，大部分已知天然气田中 $^3He/^4He$ 值接近壳源 $^3He/^4He$ 值，表明区域属构造稳定，所以可以忽略幔源 Ar 的影响，对模型进行简化；假设气藏形成与运移过程中俘获地壳内部非源岩层中的氩组分，以大气氩来源为主，海相油气藏储层以碳酸盐岩为主不存在储层氩的释放；将烃源岩和油气圈闭整体假设为一个封闭系统，烃源岩中的 ^{40}K 衰变形成的 ^{40}Ar 脱离宿主矿物，随烃源岩形成的油气一起运移到油气圈闭中，构成封闭系统的气相态。而烃源岩作为系统中的固相态，氩组分在气固两相中存在相态平衡，其平衡常数与气藏孔隙度有关。

将气藏中氩来源进行细分，结合 K-Ar 衰变体系模型，得到气源岩年代计算公式：

$$\frac{^{40}Ar_{gas}(r)}{\varphi \times \varepsilon} = [K] \times X_K \times \frac{\lambda_K}{\lambda}(e^{\lambda t} - 1)$$

$$t = \frac{1}{\lambda}\ln\left[\frac{^{40}Ar_{gas}(r) \times \lambda}{\varphi \times \varepsilon \times \lambda_K \times [K] \times X_K} + 1\right]$$

式中，X_K 为自然界中 ^{40}K 的丰度，为 1.167×10^{-4}；λ_K 为 ^{40}K 衰变成 ^{40}Ar 的衰变常数，为 5.54×10^{-10}；λ 为 ^{40}K 衰变成 ^{40}Ar 和 ^{40}Ca 的总的衰变常数，为 5.81×10^{-11}；φ 为气藏孔隙度；[K] 为源岩中钾的含量；ε 为扩散常数；t 为源岩的年龄。该公式中 ε 是一个未知的物理量，根据模型假设，也是一个常量。因此可以通过前人研究成果，对它进行拟合求解。

利用 ^{40}Ar 年龄模型进行天然气藏气源年龄计算，四川盆地威远气田是前人研究较多的实例，并取得了丰硕的研究成果（陈文正，1992；徐永昌等，2003）。而中坝气田位于四川盆地西部，具有典型煤成气特点。刘文汇等（2001）报道鄂尔多斯盆地煤系源岩钾含量为 1.17%，朱铭（1990）报道中原油田石炭系—二叠系煤系源岩 K 含量为 1.29%，可见源岩特性相同，其钾含量是相对稳定的。

在模型拟合时，对碳质烃源岩钾含量取 1.18%，煤系源岩钾含量取 1.17%，威远大气田烃源岩为古老的下寒武统泥质岩，K 的百分含量为 3%（陈文正，1992）。徐胜（1996）测定威远震旦系气藏 ^{36}Ar 的丰度为 9.04×10^{-8}，$^{40}Ar/^{36}Ar$ 值为 4348±30。而中坝气田气源岩为上三叠统须家河组，为煤系源岩。因此选择以上两个气田数据对公式中参数 ε 进行拟合，具有典型性和代表性。样本地质时代跨度大，涉及两种源岩，整理威远、中坝气田源岩相关数据见表 6.2。

表 6.2　威远、中坝气田源岩相关数据

天然气				源岩			
气田	产层	$^{40}Ar/10^{-6}$	$^{40}Ar/^{36}Ar$	特征	年代	估计年龄/Ma	K/%
威远气田	震旦系	393（徐胜，1996）	4348±30（徐胜，1996）	泥质岩	下寒武统	570	3（陈文正，1992）
中坝气田	三叠系须家河组	99.4	446	煤系源岩	须家河组	200	1.09

将模型用于川东北普光气田，确定普光 7 井和双庙 1 井气源岩年代。川东地区发育多套烃岩，主要有下志留统龙马溪组黑色和深灰色泥页岩，上二叠统龙潭组钙质黑色泥岩，下寒武统泥质岩（朱光有等，2006b）。马永生（2008）对普光气田天然气地球化学特征和气源的研究中指出，普光气田天然气主要来自二叠系烃源层。二叠系龙潭组为含碳酸盐岩黑色泥岩，其钾含量取值为 1.18%。其他相关变量和计算结果见表 6.3。由表数据可见，普光气田双庙 1 井天然气显然主要来源于上二叠统烃源岩，而普光 7 井却显示更古老的源岩也有贡献，由于下志留统龙马溪组黑色和深灰色泥页岩 K 含量约 3%，且地质时代更古老，因此认为普光 7 井中可能含有来自龙马溪组的天然气。

表 6.3　气藏中源岩^{40}Ar年龄模型应用

井号	$^{40}Ar/10^{-6}$	$^{40}Ar/^{36}Ar$	$^{40}Ar_{放射}/10^{-6}$	孔隙/%	K/%	定年模型计算结果/Ma
双庙 1 井	98（$n=3$）	1899	83	6	1.18	243

若普光 7 井天然气完全来自龙马溪组，计算其放射性^{40}Ar的浓度应为 383×10^{-6}，分析结果表明普光 7 井放射性^{40}Ar含量为 175×10^{-6}，根据放射性^{40}Ar所占份额，计算龙马溪组源岩对普光 7 井天然气的贡献比例约为 30%，计算如下。

设龙马溪组源岩对普光 7 井天然气的贡献比例为 X，则：$383X+83(1-X)=175$；求解可得 $X\approx31\%$，即普光 7 井来自志留系烃源岩的天然气可能占 31% 左右。

上述两种计算结果虽有一定差异，但都说明志留系龙马溪组烃源岩对川东北地区普光气田的贡献较二叠系烃源岩要小得多。这也与两个层系优质烃源岩在川东北地区的发育情况相符合，龙马溪组优质烃源岩在川东北普光地区明显不如龙潭组优质烃源岩发育。龙马溪组不可能是普光等气田的主力气源。即五峰组—龙马溪组烃源岩对普光气田的贡献率很小。

二、南方海相天然气的成因分析

天然气成因类型的有效识别是揭示天然气聚集成藏及其时空分布规律的关键。前人对川东北地区天然气的成因研究已开展了大量的工作，并已取得了一些重要的成果（戴金星等，2001；马力等，2004；刘光祥等，2002；马永生等，2005b；蔡立国等，2005；朱光有等，2006b），但是对该地区天然气的成因仍未能形成统一的认识。

天然气组分特征和碳同位素常被用来判识气源和成因，由于该地区油气地质条件复杂，天然气热演化程度高，多源多期成藏，再加上部分气藏后期经历了硫酸盐热反应（TSR）次生蚀变（戴金星等，1985；Zhu et al.，2005）等原因，天然气的碳同位素组成十分复杂，仅仅依靠天然气组分及碳同位素来推断天然气的气源难度很大。因此，在上述气源对比的基础上，综合运用烃源岩中吸附气和酸解气同位素、岩石轻烃组成、天然气组分及其碳氢同位素数据，分析探讨了南方海相天然气的成因。

1. 南方海相天然气均为干气，具过成熟高温裂解气特征

从化学组成来看，普光气田天然气组分总体以烃类为主（表 6.4），含量在 50.78%～99.41% 之间，并以甲烷为主，占总体积的 50.01%～99.05%，平均为 83.80%；重烃含量普遍较低，乙烷含量为0~0.91%，平均为0.23%，丙烷为0~0.38%，平均为0.039%，丁烷为0~0.069%，平均为0.004%。天然气干燥系数较大（0.9847~0.9999），平均为0.9965，属于典型的干气。天然气中含不同程度的非烃气体，以 H_2S、CO_2 和 N_2 为主，含量为0~50%，多为20%左右。其中，H_2S 含量为0~17.06%，多数样品超过5%，平均为8.22%；CO_2 为0~32.26%，一般低于10%，平均为5.91%；N_2 为0~9.27%，一般低于4%，平均为0.79%。此外，天然气中还含有微量的 H_2、He 和 Ar 等稀有气体。

表6.4　普光及邻近气田天然气的组分特征

地区	气田（藏）	区块/井位	产层	组分/%						干燥系数
				CH_4	C_2H_6	C_3H_8	CO_2	N_2	H_2S	C_1/C_{1-5}
川东北	普光气田	普光区块	T_1f	76.24~78.83 / 77.09（7）	0.02~0.41 / 0.29（7）	0~0.02 / 0.01（1）	8.3~9.83 / 8.68（7）	0.09~0.9 / 0.48	7.56~14.43 / 12.90（7）	0.9943~0.9998 / 0.9961（7）
			P_2ch	72.67~83.34 / 77.77（4）	0.02~0.26 / 0.08（4）	—	2.93~11.54 / 8.78（4）	1.05~2.01 / 1.41（4）	6.89~14.94 / 11.23（4）	0.9969~0.9998 / 0.9990（3）
		毛坝区块	T_1f	67.31~75.17 / 72.11（3）	0.37~0.43 / 0.40（3）	0.01（3）	7.67~16.31 / 10.81（3）	0.87~3.15 / 1.77（3）	12.73~14.96 / 13.96（3）	0.9941~0.9944 / 0.9943（3）
			P_2ch	93.4	0.15	0.002	1.5	0.66	4.01	0.9984
		大湾区块	T_1f	50.01~74.95 / 66.13（3）	0.03~0.45 / 0.29（3）	0~0.33 / 0.12（3）	8.86~32.26 / 17.05（3）	0.89~3.36 / 1.83（3）	13.18~15.73 / 14.32（3）	0.9848~0.9996 / 0.9927（3）
			P_2ch	66.68	0.41	0.06	11.7	3.21	15.03	0.9929
		清溪场	T_1f^{3-4}	98.52	0.3	—	0.029	1.01	0.01	0.9969
	元坝	1井，1侧1井	T_1f	75.65~87.3 / 81.48（2）	0.07~0.2 / 0.14（2）	0.03~0.04 / 0.03（2）	5.93~14.05 / 9.99（2）	0.38~9.27 / 4.83（2）	0.09~5.48 / 2.78（2）	0.9972~0.9986 / 0.9979（2）
			P_2ch	50.06	0.4	0.34	32.1	3.11	13.49	0.9847
	通南坝	马1井	T_3x	98.79	0.6	0.02	0.2	0.32	0.006	0.9937
	五百梯	天东21	C	86.13	0.084	—	8.21	0.49	5.00	0.9990
	砂罐坪	罐19	C	96.43	0.3	0.05	1.48	1.37	0.23	0.9964
	檀木场	七里28	C	95.88	0.26	0.03	1.53	1.94	0.24	0.9970
	铁山	铁山4	C	97.46	0.19	0.01	0.87	0.69	0.77	0.9980

注：76.24~78.83/77.09（7）为变化范围/平均值（样品数）。

川东北地区其他地区天然气组分与普光气田天然气组分相似。不同地区的天然气组成存在较大的差异，渡口河、罗家寨、铁山坡和普光下三叠统飞仙关组天然气组分十分相似，硫化氢含量较高，平均含量13.26%，CO_2 平均含量7.22%，两者在天然气中的含量一般为20%~25%，为高含硫、中含二氧化碳过成熟干气天然气藏，区域上形成一个高含硫化氢天然气分布区。而福成寨、铁山等地区天然气 H_2S、CO_2 含量都很低，均不超过0.1%。沙罐坪、黄草峡等天然气田不含 H_2S。

川东北—鄂西渝东区下三叠统（主要为 T_1f，T_1j 次之）天然气组分以甲烷为主，在烃类组分中 CH_4 的相对含量多在95%以上，而重烃含量少，一般小于2%，干燥系数高达99，为典型的干气。

二叠系和石炭系天然气烃类组分具有类似的特征，川南震旦系天然气（戴金星等，2003）的烃类组分也具有类似的特征（表6.5）。总体上川东北的天然气干燥系数要略大于建南地区的天然气干燥系数，说明其演化程度更高。

此外，川西拗陷天然气主要采自洛带、新都、新场、合兴场和马井气田的各主力产层。天然气中 CH_4 含量介于90.10%~97.31%之间，平均94.30%；重烃含量较川东天然气要高，占气体总体积的1.44%~9.25%，平均5.14%；干燥系数介于91~99之间，平均95，整体上属干气范畴，但从层位考虑，上三叠统的天然气干燥系数（95.85～98.54）较侏罗系和白垩系（主频为90～93）高，其已进入高温裂解气阶段。

表6.5　四川盆地天然气烃类组分和C_1、C_2碳同位素数据

地区	层位	$C_1/\Sigma Cn$	$\delta^{13}C_1$/‰	$\delta^{13}C_2$/‰	$\delta^{13}C_{2-1}$	实例
川西	K	96.27	-33.73	-25.19	8.54	川马602
	J_{2-3}	90.69～97.14	-36.06～-32.76	-24.46～-23.15	9.88	龙9，川孝260，合蓬1，龙遂27D，川孝455，都沙8，马沙1，川孝155
		93.90（8）	-34.43（8）	-24.55（8）		
	T_3	95.82～98.54	-33.59～-31.81	-28.33～-23.32	6.63	新882，川合127，新856
		97.60（3）	-32.72（3）	-26.09（3）		
川东北、鄂西渝东	T_1	99.23～99.97	-33.19～-30.49	-38.00～-29.07	0.04	双庙1，建31，建平1，建68X，毛坝1，毛坝2，普光2，普光7，川岳83井*等
		99.53（11）	-31.69（11）	-31.65（11）		
	P_2	99.29～99.96	-33.33～-30.05	-37.90～-25.19	-0.73	建44-1，建32，建平2，川岳84，普光2
		99.45（6）	-31.52（6）	-32.25（6）		
	C_2	97.83～99.26	-37.89～-32.53	-41.40～-37.35	-4.17	建10，建32-1
		98.54（2）	-35.21（2）	-39.38（2）		
川南*	Z_1	99.80～99.93	-32.73～-31.96	-33.91～-31.19	0.64	威2，威27，威28，威30，威39，威46，威100，威106
		99.86（7）	-32.46（7）	-31.82（7）		
川中*	J_{1-2}		-48.48～-41.44	-35.21～-28.70	11.64	公16，公13，公3，公35，金1，莲14，莲63
			-43.82（7）	-32.18（7）		

*数据引自戴金星等，2001；朱光有等，2006b；陈盛吉等，2005。

2. 川东北海相（Є—T_{1-2}）天然气碳同位素显示主要为原油高温裂解干气

甲烷及其同系物的碳同位素组成是划分天然气成因类型、判识其来源的重要标志。其中，$\delta^{13}C_2$受生气母质类型和成熟度的影响，主要反映母质碳同位素的继承效应。一般将$\delta^{13}C_2$<-28‰（或-29‰）作为油型气的重要判识指标之一。对于油型气而言，正常原油伴生气的$\delta^{13}C_1$值为-48‰～-40‰，凝析油伴生气的$\delta^{13}C_1$值为-40‰～-36‰，高温裂解气的$\delta^{13}C_1$值大于-36‰。

从图6.31、表6.5可以看出，川东北、鄂西渝东地区所有天然气样品中除个别长兴组和飞仙关组样品以外，其他样品$\delta^{13}C_2$都轻于-29‰，属于典型的油型气范畴，而与川西拗陷源自三叠系烃源岩的煤型气存在着较大的差异，与川中J_{1-2}原油伴生气（陈盛吉等，2005）也明显不同。除建南气田建32-1井产自中石炭统黄龙组的天然气$\delta^{13}C_1$相对偏轻外（$\delta^{13}C_1$为-37.9‰），其他天然气的$\delta^{13}C_1$介于-33.3‰～-31.1‰之间，显示了高温裂解干气的特征，这与该区天然气的干燥系数相一致（图6.31）。

四川东部地区各层位天然气的甲烷碳同位素值（$\delta^{13}C_1$‰）分布较为集中且较重，分布在-33.33‰～-30.05‰之间，反映出高演化过成熟天然气特征。

川东北地区普光、毛坝和川岳构造天然气的平均甲烷碳同位素为-31.02‰，川东地区建南构造天然气的平均甲烷碳同位素为-33.32‰，说明川东北地区天然气的演化程度更高，随着演化程度的增高，天然气的碳同位素变重。

威远气田震旦系天然气的$\delta^{13}C_1$介于-32.73‰～-31.96‰之间，为有机成因气（戴金星等，2003），同样显示了高温裂解干气的特征。

由于甲烷成因的多源性及易受到各种成藏次生作用影响，乙烷碳同位素组成判识成因更具可靠性。一般以$\delta^{13}C_2$在-30‰～-28‰作为腐殖型与腐泥型成因天然气的界限，而处于这一区间附近则属于混源气。生气母质-干酪根的碳同位素受年代积累效应的控制，也反映到其产物石油和天然气的碳同位素组成上。

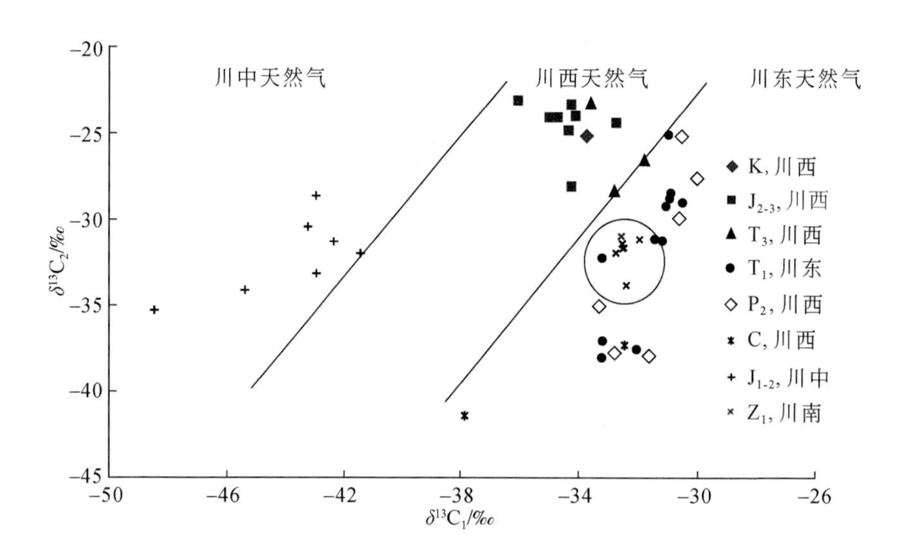

图 6.31　四川盆地天然气 $\delta^{13}C_1$ 与 $\delta^{13}C_2$ 关系图

川东北地区天然气属于干气，C_2^+以上烃类的碳同位素测定很困难，一般只能测定甲烷和乙烷的碳同位素，有的只能测定甲烷。现有的分析资料表明（图 6.32），川东北地区各层位天然气的甲烷碳同位素值（$\delta^{13}C_1$）分布较为集中且较重，平均值分布在-33‰ ~ -31‰之间，按照天然气甲烷碳同位素组成与天然气成熟度的关系式，无论是按油型气还是按煤型气判断，该区天然气的成熟度均较高。乙烷的碳同位素值（$\delta^{13}C_2$）分布范围相对较宽，平均值分布在-36‰ ~ -30.5‰之间，呈现腐泥型天然气特征。下三叠统飞仙关组天然气的甲烷碳同位素值（$\delta^{13}C_1$）和乙烷碳同位素值（$\delta^{13}C_2$）分布范围最大，从天然气的甲烷、乙烷碳同位素分析看出川东北地区下三叠统飞仙关组天然气具混源特征，表明这些天然气的成因和来源的复杂性。

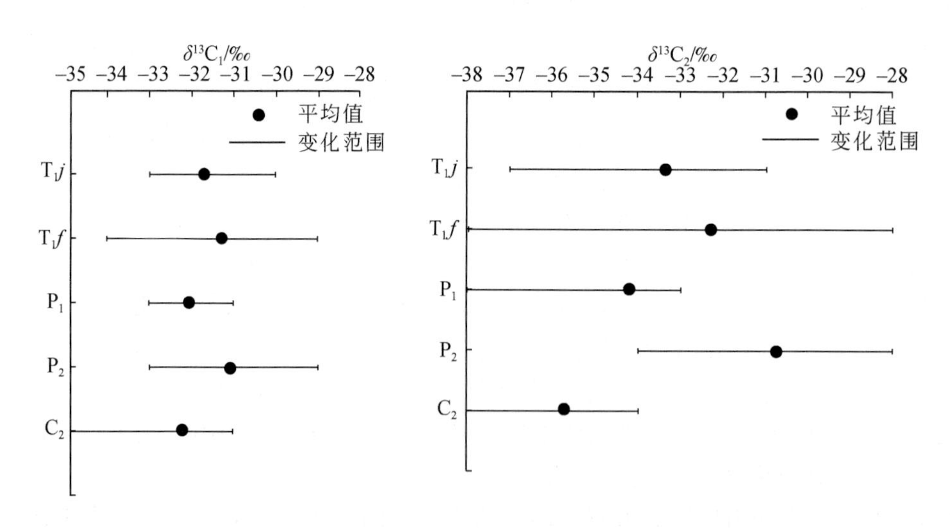

图 6.32　川东北地区各层位天然气 $\delta^{13}C_1$ 与 $\delta^{13}C_2$ 分布

对于单一成因的有机成因气而言，天然气中甲烷及其同系物的碳同位素呈明显的正序排列，即 $\delta^{13}C_1 < \delta^{13}C_2 < \delta^{13}C_3$。但是，鄂西渝东天然气及川东北地区内部分样品的天然气碳同位素发生了不同程度的倒转（图 6.33），乙烷和丙烷的碳同位素明显偏轻，与天然气为典型的干气明显不符，揭示该区天然气为不同来源或来自不同生物组成的油气，或是不同成熟度的两期天然气混合所致。

从地区上来看（图 6.33 ~ 图 6.35，表 6.5）：①建南气田无论 C_2h 还是 T_1f 和 P_2ch 天然气碳同位素均发生了不同程度的倒转，乙烷和丙烷碳同位素明显偏轻，可能来源于上奥陶统五峰组—下志留统龙马溪

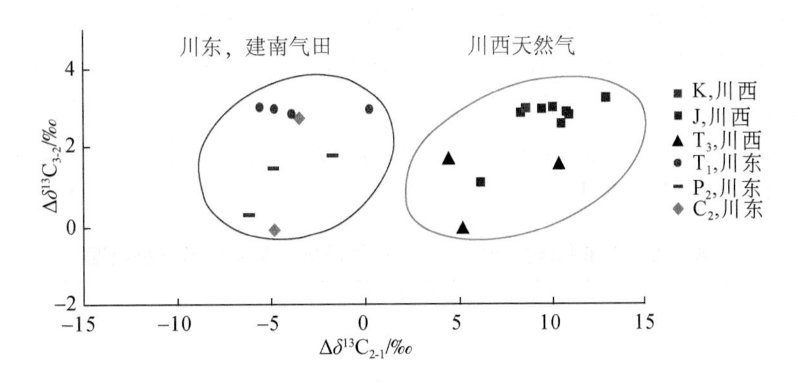

图 6.33　渝东-鄂西与川西地区天然气 $\delta^{13}C_1$ 与 $\delta^{13}C_2$ 关系

组优质烃源岩；②普光、毛坝气田无论 P_2ch 还是 T_1f 天然气碳同位素均属正常，未发生倒转，乙烷碳同位素明显偏重，元坝气田大部分天然气样品碳同位素也属正常，主要来源于上二叠统龙潭组或大隆组海相优质烃源岩；③川岳、河坝等天然气碳同位素大部分样品发生倒转，部分样品未发生倒转，乙烷碳同位素有的偏重，部分略偏轻，可能主要源于上二叠统龙潭组或大隆组和上奥陶统五峰组—下志留统龙马溪组优质烃源岩的混合。

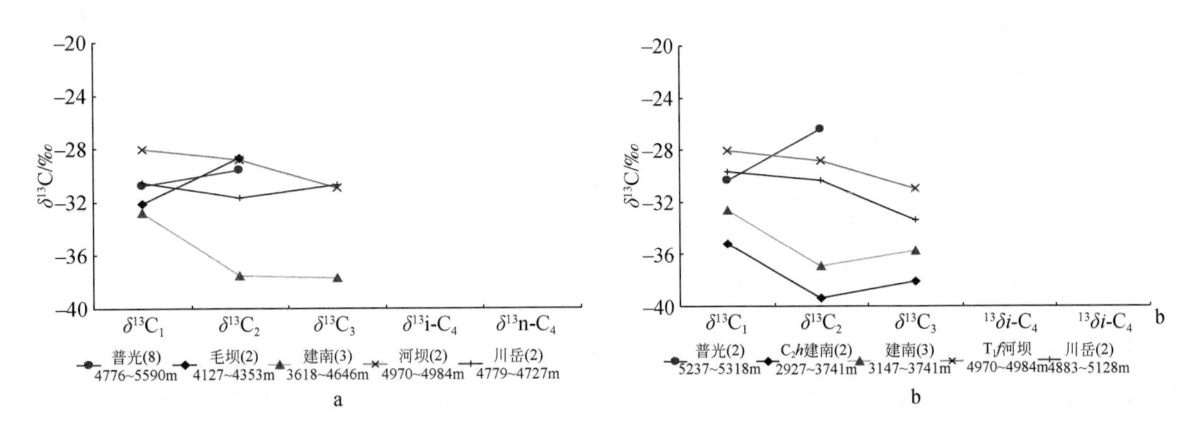

图 6.34　川东北典型地区天然气碳同位素类型曲线

a. T_1f；b. P_2ch

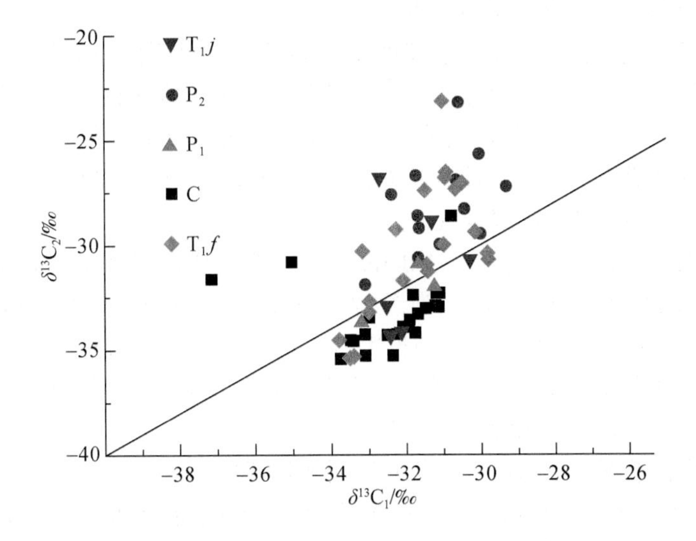

图 6.35　川东北典型地区天然气碳同位素分布

此外，普光及邻近气田长兴组—飞仙关组天然气甲烷碳同位素组成（$\delta^{13}C_1$）为-32.5‰～-27.5‰，多数集中在-32.5‰～-29.5‰之间（表6.6）。其中普光气田的$\delta^{13}C_1$分布最为集中，为-31.1‰～-30.7‰；而其他气田的$\delta^{13}C_1$值较为分散。乙烷碳同位素组成（$\delta^{13}C_2$）为-32.2‰～-24.0‰，大部分样品分布在-32.2‰～-27.6‰之间，总体上与$\delta^{13}C_1$值相近。此外川东北地区不同气田以及不同储层的天然气样品的乙烷碳同位素组成并没有明显的差别。

表6.6 川东北普光等气田天然气样品碳、氢同位素分析数据

气田	层位	$\delta^{13}C_{PDB}$/‰			δD_{MOV}/‰
		CH_4	C_2H_6	CO_2	CH_4
普光	T_1f	-31.1～-27.8	-30.8～-28.1	-3.7～-1.1	-120～-114
		-30.5	-30.0	-2.2	-115
	P_2ch	-30.9	-32.2～-28.7	-2.6～-1.5	-124～-119
		-30.9	-30.5	-1.9	-122
大湾	T_1f	-32.5～-28.9	-31.3～-30.4	-7.4～-0.4	-123～-117
		-30.5	-30.8	-4.8	-120
	P_2ch	-31.3	-24.0	-0.9	-111
毛坝	T_1f	-32.1～-31.2	-31.1～-27.9	-8.2～-3.1	-126～-117
		-31.7	-29.8	-6.3	-121
	P_2ch	-30.8	-27.9	-7.3	—
元坝	T_1f	-28.7～-27.5	-25.0	-2.9～1.4	-111
		-27.9	-25.0	-0.8	-111
	P_2ch	-30.9～-28.3	-31.6～-25.3	-10.9～2.1	-156～-116
		-29.5	-28	-2.3	-129

川东北地区天然气甲烷氢同位素组成（δD_{CH_4}）分布在-128‰～-111‰之间，不同气田天然气的甲烷氢同位素组成没有明显差别。总体而言，川东北地区天然气甲烷的氢同位素组成相对较重，这主要反映了该区天然气以海相烃源岩为主，同时说明该区天然气的成熟度较高。

3. 天然气成因类型——古油藏裂解干气（∈—T_{1-2}，以川东北地区为代表）、煤型气（T_3—J_{1-2}，以川西为代表）和原油伴生气（J_1，以川中为代表）

关于川东北地区天然气成因类型，存在争议的主要问题之一是干酪根裂解还是古油藏裂解气？从甲烷、乙烷碳同位素组成判识天然气类型的标准来看，川东北地区天然气数据点主要位于高成熟油型-煤型气混合气、过成熟油型-煤型气混合气与过成熟油型气区域（图6.36），结合该区地质背景及天然气甲烷碳同位素组成判识的天然气成熟度特征，认为川东北地区的天然气应该是以高成熟—过成熟阶段的油型气为主，另外还包括油型气与煤型气的混合气。

在区分各种不同成因类型的天然气时，“Bernard”天然气成因类型分类图版应用比较广泛，它用C_1/C_2+C_3和甲烷碳稳定同位素（$\delta^{13}C_1$）作为参数。图6.37为川东北地区不同层位分布天然气的“Bernard”图，从图中可看出这些天然气样品的投影点大都落在近Ⅱ型有机质与Ⅲ型有机质之间的区域，且更靠近前者，考虑到其现今高演化的成熟度，可认为川东北普光、毛坝等长兴组—飞仙关组天然气气源母质主要为Ⅱ型有机质，为高热演化阶段的产物。

通过生烃模拟实验比较发现，干酪根裂解和原油裂解形成的天然气中的C_1/C_2与C_2/C_3值呈完全不同的变化趋势，因此可用ln（C_1/C_2）-ln（C_2/C_3）的关系来确定天然气的成因（Behar et al.，1992；Prinzhofer and Huc，1995）。如果不考虑扩散、运移、残留等因素的影响，ln（C_1/C_2）和ln（C_2/C_3）应与母质特征和热演化程度有关。干酪根初次裂解气，ln（C_1/C_2）变化较大，而ln（C_2/C_3）变化较小；

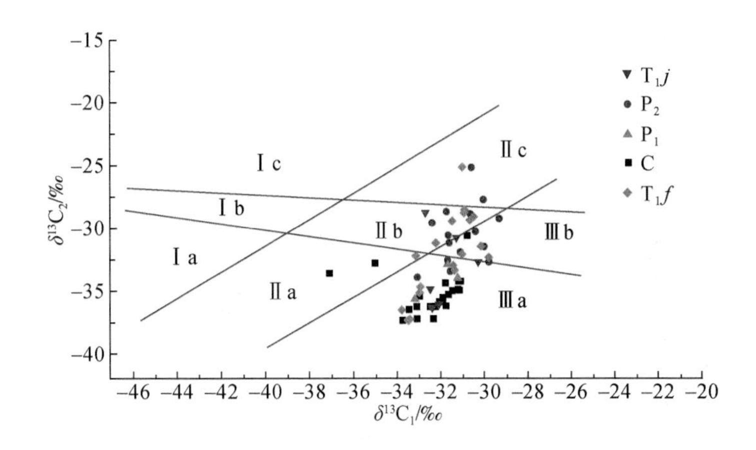

图 6.36　川东北地区天然气 $\delta^{13}C_1$-$\delta^{13}C_2$ 关系（据王兰生和苟学敏，1997 修改）

Ⅰa. 成熟油型气；Ⅰb. 成熟油型-煤型气混合气；Ⅰc. 成熟煤型气；

Ⅱa. 高成熟油型气；Ⅱb. 高成熟油型-煤型气混合气；Ⅱc. 高成熟煤型气；

Ⅲa. 过成熟油型气；Ⅲb. 过成熟油型-煤型气混合气

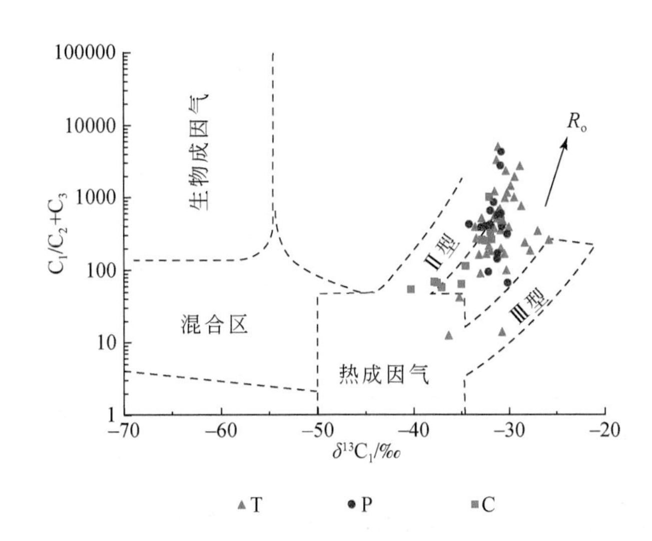

图 6.37　川东北普光等气田不同层位天然气“Bernard”分布

原油二次裂解气 ln（C_1/C_2）变化较小，而 ln（C_2/C_3）变化范围较大。川东及川东北地区各层系天然气演化程度普遍很高，天然气烃类组成中以甲烷为主，乙烷和丙烷含量较低，尤其是丙烷含量甚微，但是利用 ln（C_1/C_2）与 ln（C_2/C_3）的关系仍可在一定程度上对天然气的成因进行判识。

图 6.38 为川东北地区不同层系天然气 ln（C_1/C_2）与 ln（C_2/C_3）关系图。从图中可以看出，川东地区石炭系天然气主要沿着 ln（C_1/C_2）的方向延伸，其气体的主要来源可能为干酪根裂解气；而三叠系天然气主要沿 ln（C_2/C_3）的方向延伸，气体可能主要为原油二次裂解气；而二叠系天然气延伸方向介于干酪根裂解气和原油二次裂解气之间，说明主要是混合成因。

图 6.39 为川东北地区不同层系或普光等气田天然气 ln（C_1/C_2）-ln（C_2/C_3）关系图，从图中可清楚看出，普光等气田长兴组与飞仙关组天然气中 ln（C_1/C_2）呈高值，主要介于 5～8 之间，变化范围不大。而 ln（C_2/C_3）值有较大的变化范围，主要介于 0.2～4.5 之间，具原油高温裂解气的特征。这也与这些气藏储层中有大量沥青分布和经历较高地温的实际条件相符。毛坝三叠系飞仙关组天然气主要具有原油高温裂解气的特征。这与该区天然气储层有大量沥青分布和经历较高地温的实际条件相符，同时飞仙关组天然气的高产也说明与腐泥型有机质（碳酸盐烃源岩）成因有关。

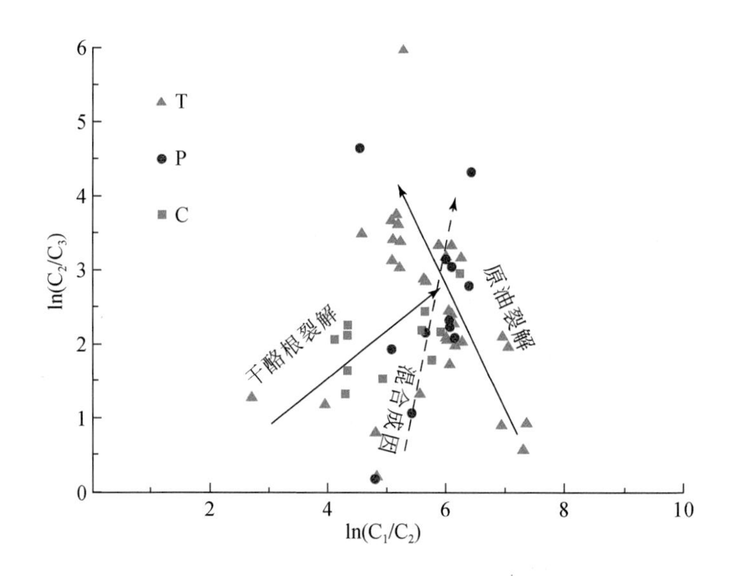

图 6.38　川东北地区不同层系天然气 ln（C_1/C_2）-ln（C_2/C_3）关系图

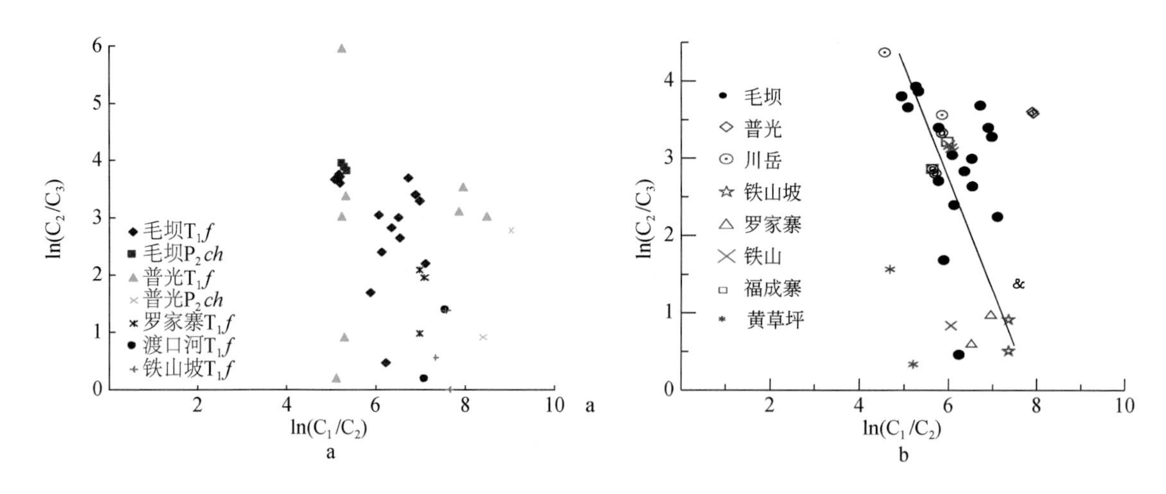

图 6.39　川东北地区不同层系（a）或普光等气田（b）天然气 ln（C_1/C_2）-ln（C_2/C_3）关系

因此，四川盆地的天然气主要有三种类型：①海相原油高温裂解干气，以川东地区（€—T_{1-2}）为代表；②煤型气，以川西地区（T_3—J_{1-2}）为代表；③原油伴生气，以川中地区（J_1）为代表。

通过以上研究认为川东北及鄂西渝东地区天然气成气母质主要为Ⅱ型有机质，为高热演化阶段的产物。天然气主要来源是干酪根的早期裂解气、原油二次裂解气和不同阶段不同期次气体的混合气。石炭系天然气主要是干酪根的早期裂解气；三叠系天然气主要是原油裂解气；二叠系天然气主要是混合成因气。石炭系天然气碳同位素倒转的最主要原因是不同期次、不同阶段天然气混合。

第二节　南方海相储层固体沥青及轻质油的成因分析

南方海相除发育普光、元坝、建南、威远等大气田外，在储集岩石或运移途径岩石（或裂缝）中还发育或存在高演化碳质沥青（油热裂解残留碳质沥青）、低演化固体沥青（裂缝中氧化或降解残留沥青或稠油沥青）、轻质油等。

一、四川盆地储层碳质沥青发育特征及沥青-源对比

1. 发育在台地边缘生物礁浅滩蒸发坪等亚相中的储层固体沥青是曾经的古油藏原油在高成熟—过成熟阶段热裂聚的碳质沥青，同时也曾是优质烃气源

川东北普光气田等上二叠统长兴组和下三叠统飞仙关组海相碳酸盐岩生物礁滩相储层中普遍发育过成熟碳质沥青，即曾经的古油藏（谢增业等，2004；马永生等，2005a）。通常情况下，储层中过成熟碳质沥青是石油发生运移与聚集并发生后生变异的产物，其成因机制主要是原油在高成熟—过成熟阶段热裂解生烃气的同时残留下来的碳质沥青。

（1）川东北 T_1f—P_2ch 储层主要有开阔台地、台地蒸发岩及台地边缘浅滩等几种沉积相（表5.18），各沉积相又包括了多种亚相和微相类型。T_1f 储层碳质沥青主要出现在台地边缘浅滩相鲕粒滩、蒸发坪等亚相中。P_2ch 储层碳质沥青主要出现于台地边缘生物礁相的骨架岩、障积岩亚相以及台地边缘浅滩蒸发坪亚相中。

普光气田普光2井飞仙关鲕粒滩储层沥青主要产状有：①各种类型白云岩的晶间孔、晶间溶孔型沥青（图6.55a），是飞仙关组储层沥青类型中最主要的一种，溶孔主要形成于埋深在2000m左右的浅埋环境；②残余鲕粒内溶孔或鲕膜孔型沥青（图6.55b），这类孔隙形成时间较早，应为大气淡水环境下溶蚀形成，留下来的也较少；③构造碎裂缝型沥青（图6.55c），沥青呈细小团块充填于碎粒间，可能为进油后孔隙被挤压破碎所形成。

普光6井长兴生物礁储层主要产状有：①礁骨架岩的格架孔，生物体腔孔型沥青（图6.55d），大气淡水环境下溶蚀形成；②白云岩溶蚀孔洞型沥青（图6.55e），为长兴组储层沥青的主要类型，孔隙为埋藏溶蚀所形成；③构造碎裂缝及缝合线型沥青（图6.55f）。

普光气田飞仙关组储层与长兴组储层碳质沥青产状有较大差别。普光2井飞仙组储层晶间溶孔、鲕内溶孔等中的碳质沥青多呈环边状衬于孔隙的孔壁，沥青占孔隙的体积小，在早期形成的鲕膜孔中也可见收缩成小球状的碳质沥青。普光6井长兴组储层中碳质沥青则多呈团块状或脉状充填满或部分充填各种孔隙，沥青占孔隙空间大。同时在碳质沥青旁边又可见较多的后期溶蚀孔，孔壁干净无沥青，说明形成于储层进油之后。

（2）普光气田普光2井飞仙关组储层中碳质沥青面积比在2.26%～11.14%之间，均值为5.84%；碳质沥青含量为1.11%～5.73%，均值为2.92%（表5.18）。普光2井4977.11～4984.94m段飞仙关组储层有机碳含量为2.28%，如碳质沥青H/C原子比取0.984，则该段储层碳质沥青含量约为2.36%，与飞仙关组储层碳质沥青含量均值较为接近。这里的沥青含量，指通过镜下统计每一片含碳质沥青薄片内沥青面积比，后按碳质沥青和碳酸盐岩的各自密度折算成重量含量（碳质沥青密度取1.3g/cm^3，碳酸盐岩密度取2.7g/cm^3）。

普光6井长兴组碳质沥青面积比在0.66%～21.38%之间，均值为7.03%；碳质沥青含量在0.31%～11.72%之间（表5.19），均值为3.57%。其中细粉晶白云岩碳质沥青含量最高，平均为5.48%，生屑白云岩碳质沥青含量平均为3.58%；生物黏结、障积云岩平均为2.65%，礁角砾岩沥青含量为2.61%，生屑灰岩最低，为1.11%。

纵向上，飞仙关组储层和长兴组储层各自碳质沥青含量都具有随埋藏深度增加而降低的趋势（图5.57），而总体来说，长兴组碳质沥青含量比飞仙关组高。

碳质沥青含量高低与沉积亚相有关，飞仙关组不同的沉积亚相中，碳质沥青含量不同。开阔台地相滩间亚相、蒸发湖泊相、含砾鲕粒滩等亚相中碳质沥青含量极少。蒸发坪亚相中的亮晶砂屑白云岩碳质沥青含量为0.72%，而不等晶白云岩（可见鲕粒幻影）碳质沥青含量则可达5.73%；4900～4935m鲕粒滩亚相残余鲕粒白云岩碳质沥青含量为1.11%～4.59%，均值为2.81%。4935～4955m蒸发坪亚相（鲕粒滩夹层）碳质沥青含量较高，均值为4.71%，变化在4.42%～5.0%之间。4955～5135m井段鲕粒滩亚

相沥青含量为1.27%～3.88%，均值为2.19%。碳质沥青含量高的层段也是主要的产气层段。

碳质沥青含量与白云化程度有关。普光气田飞仙关组储层中的鲕粒白云岩、残余鲕粒白云岩、不等晶白云岩，长兴组储层中细粉晶白云岩、生屑白云岩，建南气田长兴组灰质白云岩等的碳质沥青含量较其他岩性岩石中要高。白云化作用强，形成大量晶间孔，有利于后期溶蚀作用的发生，从而增加了储层孔隙度，可为液态烃的充注提供更多的储集空间。普光气田飞仙关组—长兴组储层碳质沥青总体上较同处川东北地区的建南气田要高，可能与建南气田储层白云化作用弱，储层孔隙相对不发育相关。

飞仙关组储层碳质沥青含量比长兴组储层略低，分布范围也要窄，纵向上比长兴组分布均匀。飞仙关组碳质沥青多呈环边状附于孔壁，长兴组碳质沥青则多呈团块状充填孔隙的全部或部分空间。两套储层中碳质沥青不同产状特征以及含量的不同，使其与储层孔隙的面积比、体积比都有明显的差异。

普光2井飞仙关组碳质沥青含量以及碳质沥青/现今总孔隙均具有随埋深而减少的趋势，但是面孔率随埋深而具有增加的趋势（图5.58），可能是碳质沥青含量对目前面孔率具有一定的抑制作用。普光2井飞仙关鲕粒滩储层现今平均面孔率在13%左右，碳质沥青/总面孔（沥青面积+现今面孔）平均约为28.9%。普光6井上二叠统长兴组台地边缘浅滩相和台地边缘生物礁储层现今面孔率约为5.8%，碳质沥青/总孔隙（沥青面积+现今面孔）平均为58.99%。

飞仙关组储层单孔沥青面积比平均值为31.5%，与碳质沥青/总面孔的平均值28.9%比较接近，碳质沥青占形成古油藏时期总孔隙的30%左右（面积比），转化为体积比约22%。长兴组储层单孔沥青所占比率平均高达77.8%，与碳质沥青/总孔隙（沥青面积+现今面孔）平均值差别较大，这主要是因为长兴组储层中有较多进油后形成的孔隙，它们孔壁干净未充填沥青。相对封闭的单孔中碳质沥青与孔隙的面积比变化在57.3%～89%之间，折算体积比为43%～56%。

碳酸盐岩在晚成岩阶段，压实作用已很微弱。相对封闭的孔隙在进油后体积变化不大，其所含碳质沥青与孔隙的体积比，可近似为原油裂解后残余碳质沥青与原油的体积比，该比值的大小与原油的密度（热演化程度）有关。

（3）根据测定的普光气田飞仙关组与长兴组储层中碳质沥青与孔隙的体积比结果，结合几种原油裂解气产率模型，可以推算出飞仙关组古油藏密度应小于0.85g/cm^3，为轻质油；二叠系长兴组古油藏密度在1g/cm^{3}左右，属稠油（表6.7）。普光气田飞仙关组与长兴组储层中的碳质沥青，虽都为热演化成因，但它们无论是产状、含量、与储层孔隙的面积或体积比都有较大的差异，它们应是两期碳质沥青，是不同密度的古油藏裂解生气的中间产物。前者（飞仙关组储层）古油藏原油在地质条件下高温裂解烃气碳的最终转化率可达到50%以上；而后者（长兴组储层）古油藏稠油在地质条件下高温裂解烃气碳的最终转化率变化在35%～47%之间。

表6.7　川东北普光气田不同层位古油藏原油密度

井号	层位	碳质沥青/总孔隙面孔率/%	碳质沥青/总孔隙体积比率/%	推算的古油藏密度/(g/cm^3)	原油性质	烃气等理论及模拟转化率/%
普光2井	T_1f	28.9～31.5	22左右	<0.85	轻质油	>50
普光6井	P_2ch	59.0～77.8	43～56	1左右	稠油	35～47

此外，普光5井在T_1f和P_2ch滩礁相白云岩中也发育储层碳质沥青，T_1f砂屑白云岩中28个样品TOC平均达0.37%，P_2ch白云岩中15个样品TOC平均达0.42%，略高于T_1f，这与普光2井和普光6井的结果是一致的，表明在普光地区T_1f和P_2ch滩礁相白云岩中碳质沥青的分布是普遍、稳定的，具一定规模，为古油藏高温裂解的残余物。

（4）河坝1井储层碳质沥青可能主要发育在飞仙关组T_1f井深4795～5070m和5230～5300m的滩相中，9个岩屑样品TOC平均达0.92%，相当于碳质沥青面积含量平均在2.5%以上。但是，16个岩心样品TOC平均只有0.05%，可能是因为沥青含量不均匀或岩屑不具代表性（综合分析，可能不是轻微污染）。此外，茅口组（P_1m）藻灰岩与栖霞组（P_1q）生屑灰岩TOC也较高，也存在储层碳质沥青或古油藏。

（5）丁山1井除震旦系灯影组上部藻云岩中含有碳质沥青外，在中上寒武统娄山关群（$Є_{2-3}ls$）白云岩、中奥陶统宝塔组（O_2b）灰岩、下二叠统栖霞组（P_1q）以及上二叠统龙潭组（P_2l）生物碎屑灰岩中均见到一定量的碳质沥青。P_1q 含沥青生屑灰岩（835.5m）脱气（酸解气）的 $\delta^{13}C_1$ 为-33.36‰，这与 P_2l 黑色泥岩（409～439m）脱气（酸解气）的 $\delta^{13}C_1$ 平均为-34.36‰相近，尤其是它们的 $\delta^{13}C_1$、$\delta^{13}C_2$、$\delta^{13}C_3$ 等类型曲线均是逐渐变重的，这与下志留统龙马溪组（S_1l）优质烃源岩脱气（酸解气）的 $\delta^{13}C_1$、$\delta^{13}C_2$、$\delta^{13}C_3$ 等类型曲线均是V字形（$\delta^{13}C_2$ 最轻）明显不同，即 P_1q 含沥青生屑灰岩的碳质沥青或古油藏可能就是源于 P_2l 优质烃源岩。

丁山1井储层碳质沥青主要发育在3487.7～3700m（顶部）和3900～4100m（中上段）震旦系灯影组上部，产状多为晶洞沥青（呈半球状或油珠状的集合体，图6.40a）和裂缝沥青（形状多不规则，图6.40b），固体沥青反射率呈明显各向异性，变化在3.91%～6.35%之间，为原油高温裂解的残余物。

a

b

图6.40　四川盆地东南部丁山1井震旦系灯影组藻云岩中固体沥青的分布照片

a. 丁山1井，Z_2dn，4100m，细晶藻云岩，晶间充填固体沥青，单偏光，d=1.62mm；
b. 丁山1井，Z_2dn，3501m，粉晶白云岩晶间及缝合线内充填固体沥青，单偏光，d=2.09mm

丁山1井震旦系灯影组上部藻云岩中镜下鉴定碳质沥青面孔率变化在0.2%～5.0%之间，一般在1.9%左右，此两段全部样品碳质沥青面孔率平均值为0.61%（顶部）～0.87%（中上段），相当于碳质沥青体积平均含量为0.44%（顶部）～0.63%（中上段），这与碳质沥青有机碳平均含量为0.21%（顶部）～0.43%（中上段）基本相当（碳质沥青面孔率与体积转化系数约为0.72，与TOC转化系数约为0.36）。如果古原油密度为1g/cm³，则碳质沥青高温裂解体积残余率约为0.45%，其总体古原油体积平均含量为1%～1.4%，一般应在3%左右，最高为15.4%。这样，丁山1井震旦系灯影组上部藻云岩中古油藏单位面积储量约为 4.85×10^6t/km²。

丁山1井震旦系灯影组上部藻云岩中的碳质沥青源于古油藏高温裂解，同时，在古油藏高温裂解过程中还产生大量的天然气（甲烷），根据理论推算和模拟实验结果，古原油密度为1g/cm³，甲烷的最终碳转化率约为0.45%，即古油藏为优质再生气源，油越轻，甲烷最终碳转化率或产甲烷量越高。

丁山1井震旦系灯影组上部藻云岩中古油藏源岩可能是寒武系牛蹄塘组下部的优质烃源层，主要证据是：①Z_2dn 上部（顶部）藻云岩中的碳质沥青 $\delta^{13}C$ 为-30.7‰，这与丁山1井 $Є_1n$ 下部黑色泥岩干酪根 $\delta^{13}C$ 为-30.8‰相当；②Z_2dn 上部（中上段）藻云岩中酸解气的 $\delta^{13}C_1$ 为-30.98‰，这与丁山1井 $Є_1n$ 下部黑色泥岩酸解气+吸附气 $\delta^{13}C_1$ 平均为-30.56‰也相当；③尽管丁山1井 $Є_1n$ 下部黑色泥岩有机质丰度并不是很高，29个样品平均只有0.71%，只属中等烃源岩，厚度也只有10m，但这是因为其正处于古隆起上，在其东南方向和北部 $Є_1n$ 下部可能均发育优质烃源岩。

2. 川东北普光气田海相储层碳质沥青主要源于上二叠统龙潭组台地凹陷海相优质烃源岩

（1）普光气田飞仙关组与长兴组储层中大量发育碳质沥青，天然气主要为古油藏裂解气。图6.41为普光气田飞仙关组与长兴组储层沥青“A”及其族组分与烃源岩抽提物族组分及干酪根同位素类型曲线对比。从普光 5 井飞仙关组和长兴组储层沥青的可溶有机质、不溶有机质、族组分同位素变化趋势来看，与上二叠统龙潭组烃源岩特征十分接近，而与五峰组—龙马溪组烃源岩及牛蹄塘组烃源岩差异较明显。龙马溪组与牛蹄塘组干酪根同位素要明显轻于普光 5 井储层沥青的碳同位素，说明这些沥青应主要来自龙潭组优质烃源岩。

值得注意的是，川东北地区牛蹄塘组烃源岩抽提物族组分碳同位素族组分明显要重于其干酪根和沥青“A”碳同位素-4‰以上，这显然是不合理的，出现这种现象可能是因为牛蹄塘组烃源岩热演化程度太高，可溶抽提物进行族组分分离后各组分量太少而未能反映其真实的同位素特征。

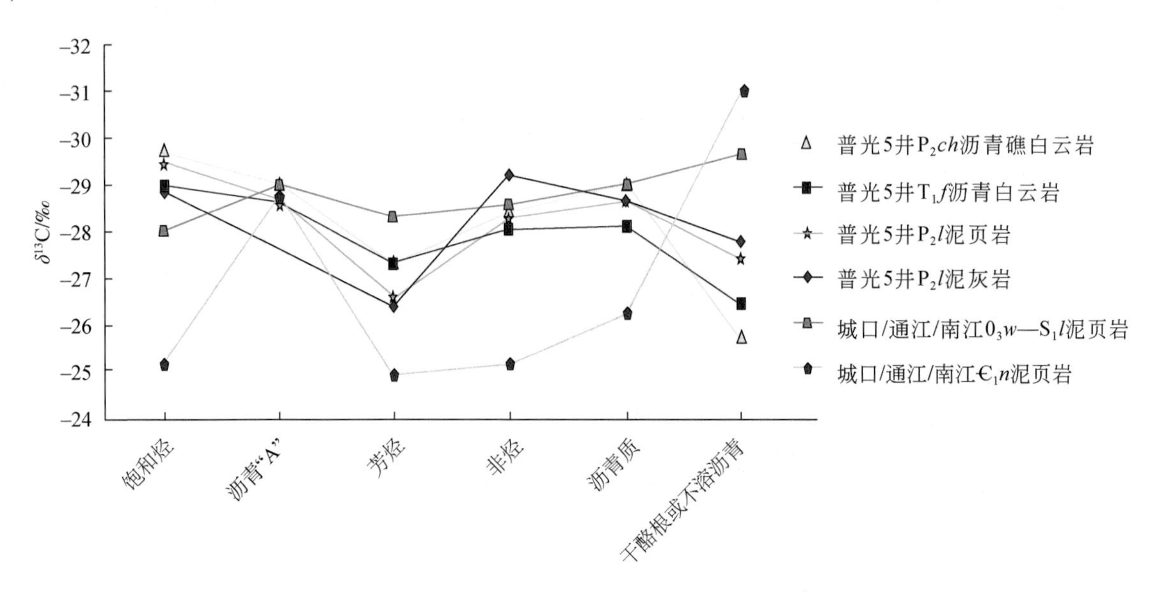

图 6.41　普光气田储层沥青-源岩碳同位素类型曲线对比

普光气田储层沥青族组分、储层天然气碳同位素特征变化趋势与各时代烃源岩抽提物族组分、干酪根、酸解气同位素变化趋势对比表明：普光气田储层沥青各族组分到储层天然气不同碳数的气态烃碳同位素变化趋势与普光 5 井龙潭组泥页岩的变化趋势十分相近（图 6.8a、图 6.42a），表明储层沥青与天然气主要来自龙潭组烃源岩。

与五峰组—龙马溪组烃源岩相比较，烃源岩酸解气 C_2 及以上气烃碳同位素明显要轻于储层天然气碳同位素；同时烃源岩干酪根碳同位素也要明显轻于储层沥青中不溶沥青的碳同位素，达-4‰左右（图 6.8b、图 6.42b），显然不是生烃过程中的碳同位素分馏所造成的结果。但同时也可发现，储层沥青的族组分同位素与烃源岩抽提物族组分同位素较为相近。因而五峰组—龙马溪组烃源岩可能对普光气田储层沥青有一定贡献，但并不是其主要来源。

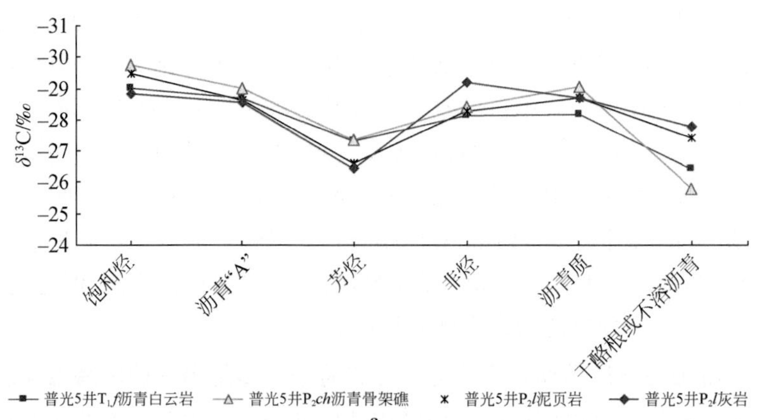

a

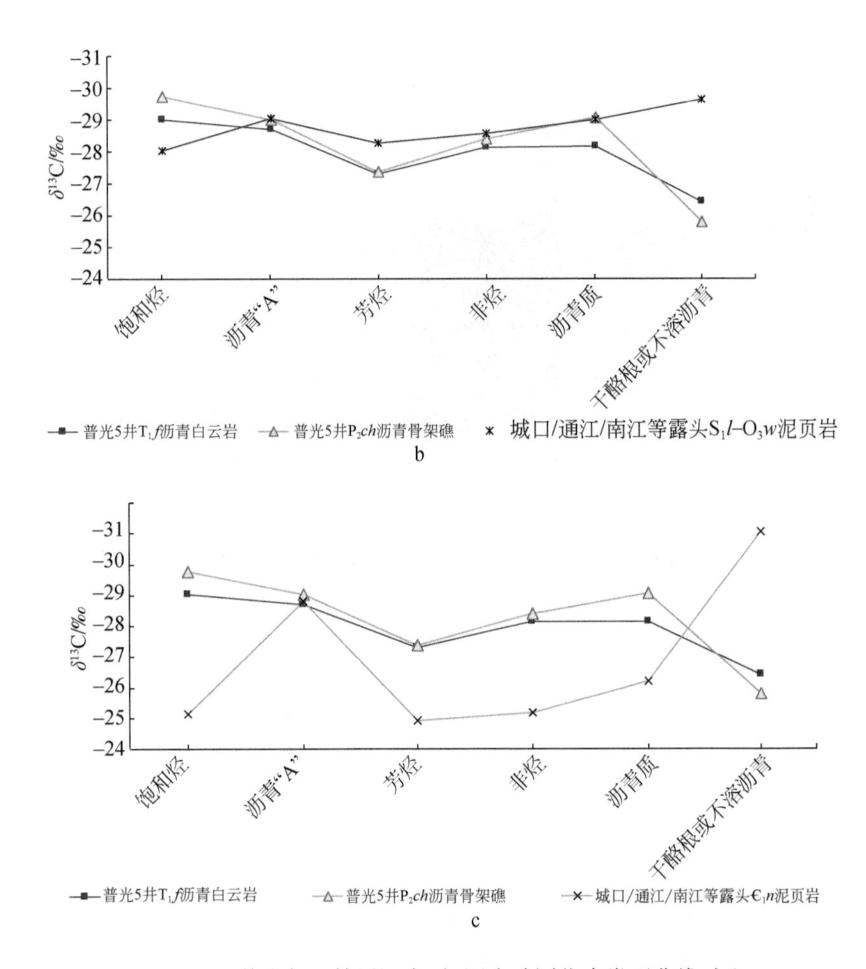

图 6.42　普光气田储层沥青-烃源岩碳同位素类型曲线对比

与下寒武统牛蹄塘组相比，烃源岩干酪根碳同位素较储层中不溶沥青碳同位素轻-5‰左右（图 6.8c、图 6.42c）；烃源岩酸解气 C_2 及以上气态烃碳同位素较储层中天然气明显偏轻，分析表明普光气田储层沥青与天然气不可能来自寒武系牛蹄塘组烃源岩。

（2）川东北普光气田 T_1f 和 P_2ch 储层中碳质沥青系 P_2 优质烃源岩形成的原油热裂解产物（残炭）。其硫含量及硫同位素等也具有可比性（图 6.43、图 6.44）。

普光气田储层沥青富含 S 元素，在川东北地区不同层系烃源岩中，二叠系烃源岩中硫含量明显高于其他几套烃源岩。且普光气田天然气中硫化氢硫同位素与储层沥青硫同位素值分布在三叠系膏岩硫同位素与二叠系烃源岩有机硫同位素之间。储层沥青中的硫元素部分可能继承自二叠系烃源岩中的有机硫。

（3）普光气田飞仙关组储层沥青具有 Ts<Tm 的特征，这与普光 5 井龙潭组烃源岩抽提物的特征是一致的（图 6.45），而普光 5 井钻遇的志留系泥岩则表现为 Ts>Tm，与普光气田储层沥青具有明显差异。

在 C_{27}-C_{28}-C_{29} 重排甾烷的含量分布上，普光气田储层沥青也与龙马溪组烃源岩抽提物具有一定差异，普光 2 井、普光 5 井、普光 8 井长兴组与飞仙关组储层沥青 C_{27}-C_{28}-C_{29} 重排甾烷在含量三角图上与川东北龙潭组烃源岩具有很好的重叠性（图 6.46），表现出很好的亲缘关系；而与龙马溪组烃源岩则离得较远。普光 5 井储层沥青在质量色谱图上 C_{27}-C_{28}-C_{29} 甾烷呈现典型的反 L 形分布（图 6.47），与该井龙潭组碳质页岩十分相似。

普光气田储层沥青与烃源岩抽提物生物标志物特征对比显示，储层沥青与龙潭组烃源岩有很好的亲缘关系，而普光气田天然气又主要为古油藏原油裂解气，因而上二叠统龙潭组优质烃源岩应为普光气田主力气源岩。

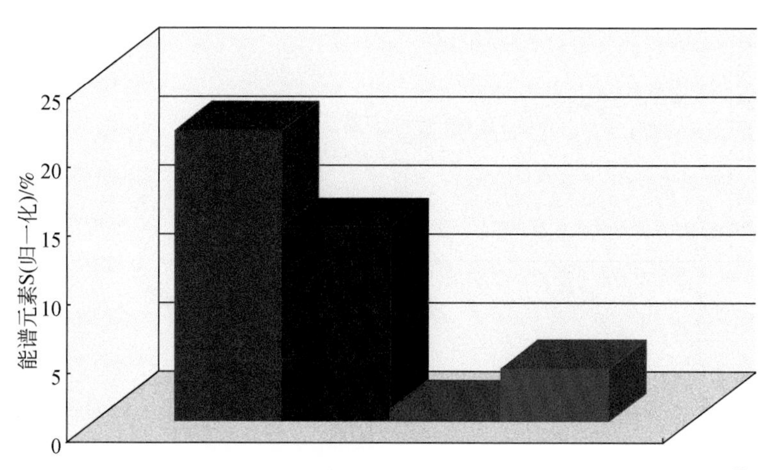

图 6.43 普光地区等不同储层碳质沥青扫描电子显微镜能谱元素分析 S 元素含量平均分布图

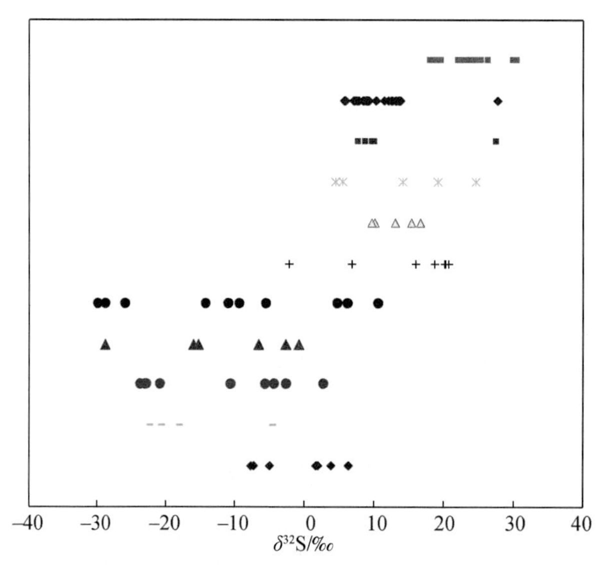

图 6.44 川东北地区不同层系含硫物质硫同位素分布

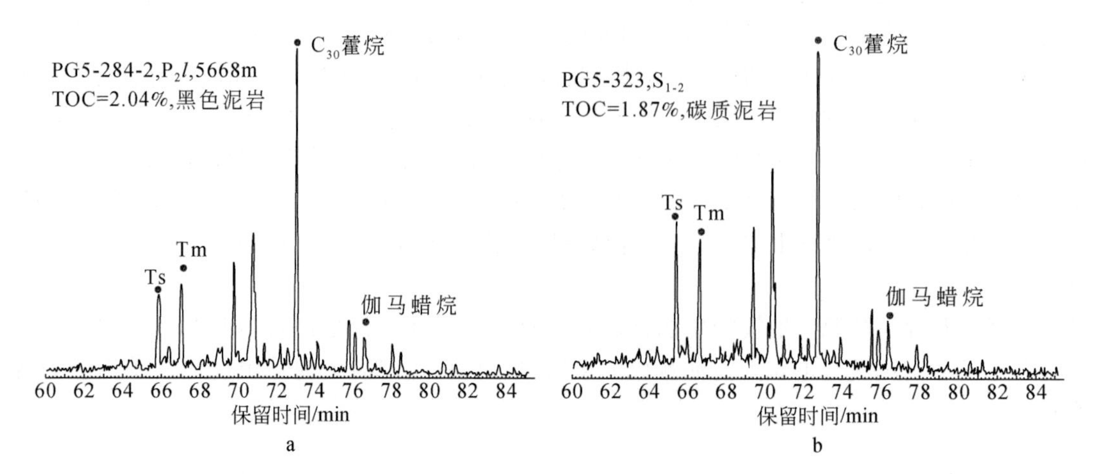

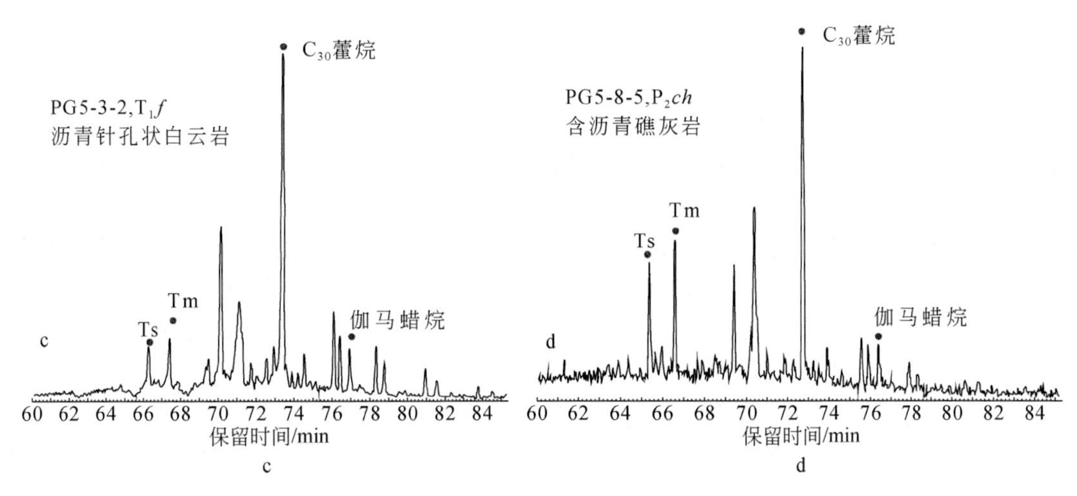

图 6.45　普光气田 T_1f、P_2ch 储层碳质沥青及可能源岩抽提物藿烷分布图（m/z=191，GCMSMS 分析）

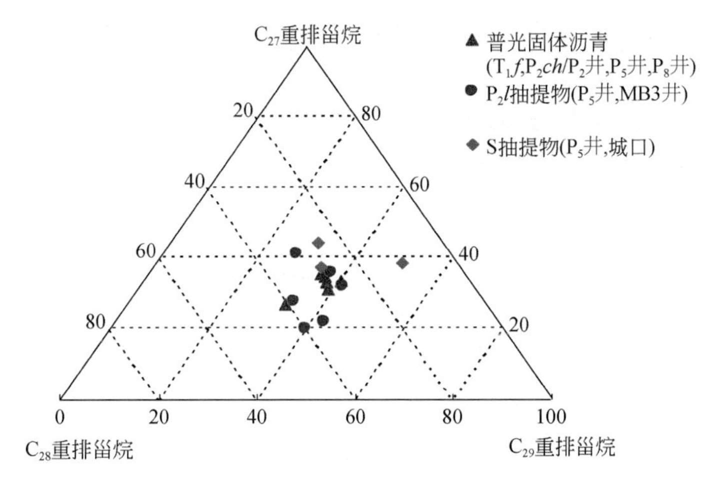

图 6.46　普光气田储层碳质沥青及可能源岩抽提物 C_{27}-C_{28}-C_{29} 重排甾烷相对含量三角图

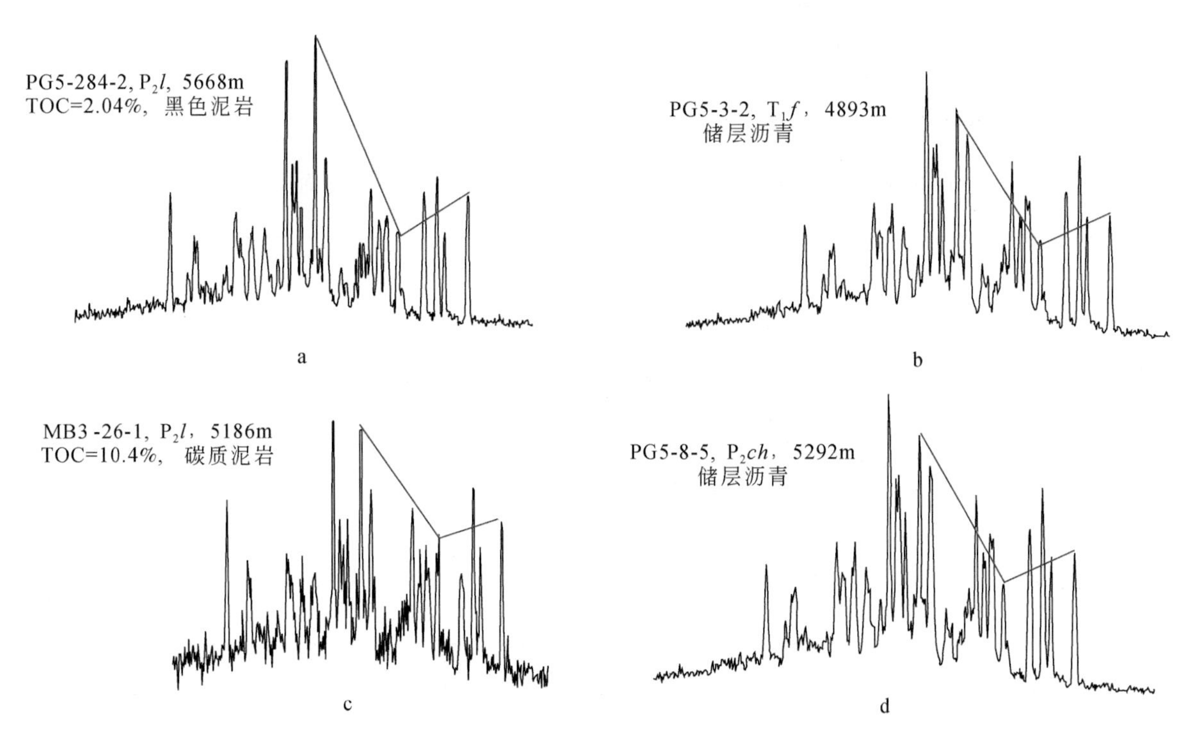

图 6.47　普光气田 T_1f、P_2ch 储层碳质沥青及可能源岩抽提物规则甾烷分布

在海相环境中的生物标志化合物含量很低，特别是在演化程度较高的情况下，许多生物标志化合物定性指标都趋于一致，这些指标参数已经不能满足地质研究的需要。但是，对于不同的生源、不同的地质时代、不同的沉积环境、不同的演化特征地质样品，其生物标志化合物的绝对浓度存在着较大的差别。因此，从定量的角度出发，对南方海相烃源岩及储集（油气）岩的特殊生标进行定量分析和综合判识是解决我国海相复杂油气源岩研究的重要手段。

海相生物标志化合物的定量方法主要关注甾烷、萜烷、藿烷等系列化合物以及类异戊二烯类等的绝对定量分析技术，一般采用内标法进行 GC/MS 分析。中国石化石油勘探开发研究院无锡石油地质研究所采用化合物与内标物的质量色谱图来计算化合物的含量，对于所有的化合物都取相同的校正因子。平行分析化合物的误差基本都在10%以下，分析误差大的化合物基本都是含量较低的化合物。内标物质为 D-4 胆甾烷、D-8 二苯并噻吩等。方法实验结果表明，化合物含量的高低会影响分析结果误差的大小，含量高，误差小，反之则误差大。当化合物含量很小时，不仅要考虑分析误差的大小，还要从化合物质量色谱图的峰面积大小来判断数据的有效性。

二、四川盆地周边广元上寺-磨刀垭地区油苗（及可溶固体沥青）-源对比

广元上寺-磨刀垭剖面位于四川盆地西北部龙门山东南缘由海西期逆掩推覆作用形成的碾子坝鼻状构造和矿山梁背斜带（图 6.48）。根据野外地质调查研究，该地区地表广泛产有固体沥青脉和液态油苗，称为广元残留古油藏（图 6.49）。

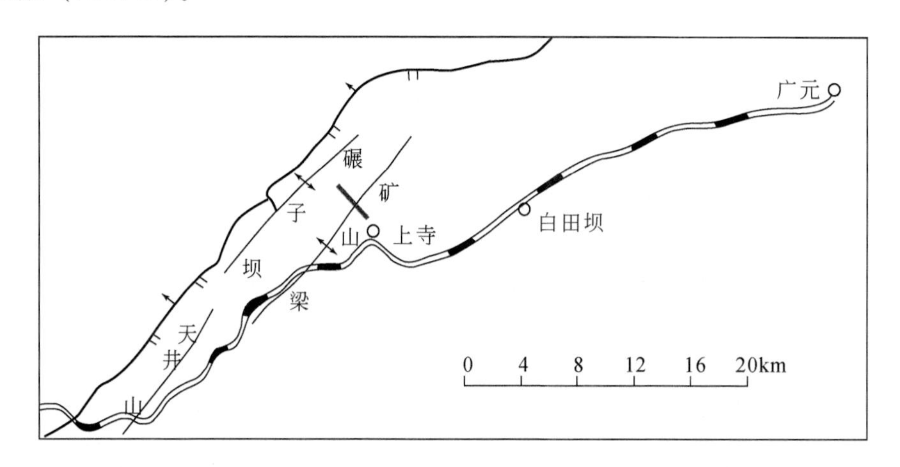

图 6.48　四川盆地西北部广元长江沟（上寺-磨刀垭地区）剖面位置

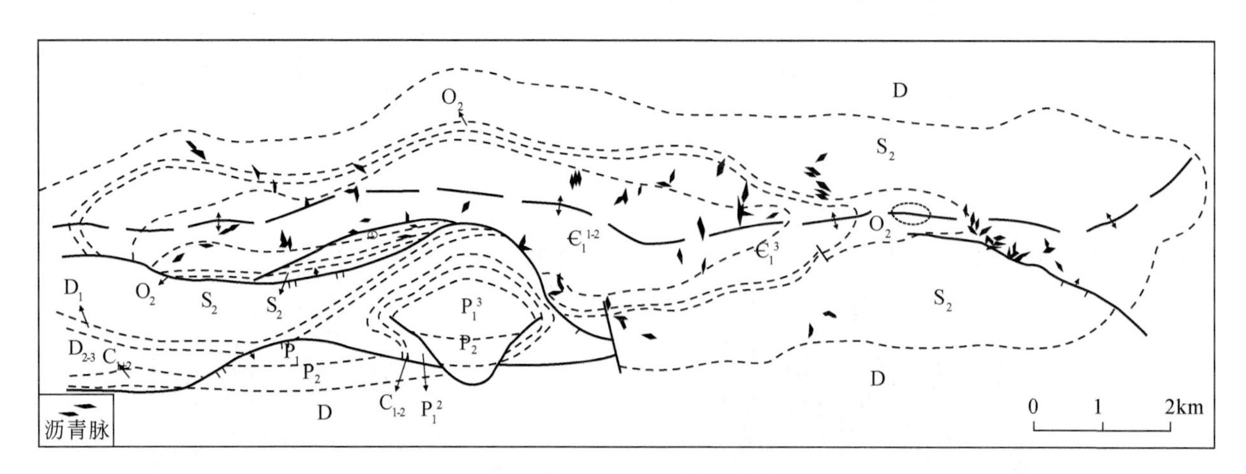

图 6.49　广元上寺—磨刀垭地区（矿山梁背斜带）固体沥青脉的分布（据黄第藩和王兰生，2008）

实际上，矿山梁、磨刀垭为四川盆地西部典型地质剖面，前人在地层学、古生物学和石油地质等方面已开展了大量地质考察和研究工作，积累了丰富的基础资料，但在相关报道中极少提起这些沥青特征和分布情况。该古油藏在时空分布上产出层位齐全而连续，除了奥陶系出露较薄尚未见沥青外，下寒武统、志留系、泥盆系、二叠系和三叠系海相层位的构造裂隙、碳酸盐岩晶洞等均产有不同程度的固体沥青和液态油苗（图 6. 50、图 6. 51）；分布广泛，规模较大，在寒武系中，固体沥青主要沿次一级断层、裂隙分布，所观察的几个山沟（断层）中均有产出，呈脉状、透镜状，厚度为几厘米至数米，长度为数米至数百米不等，当地正在将其作为沥青矿开采，采出来的矿石在表面上与二叠系的煤（如煤屑）或者下寒武统的高碳质页岩相似，但在矿井中沿其产状追踪观察，发现这些沥青明显沿着断层、裂隙分布，是后期运移、聚集的产物（图 6. 52）。

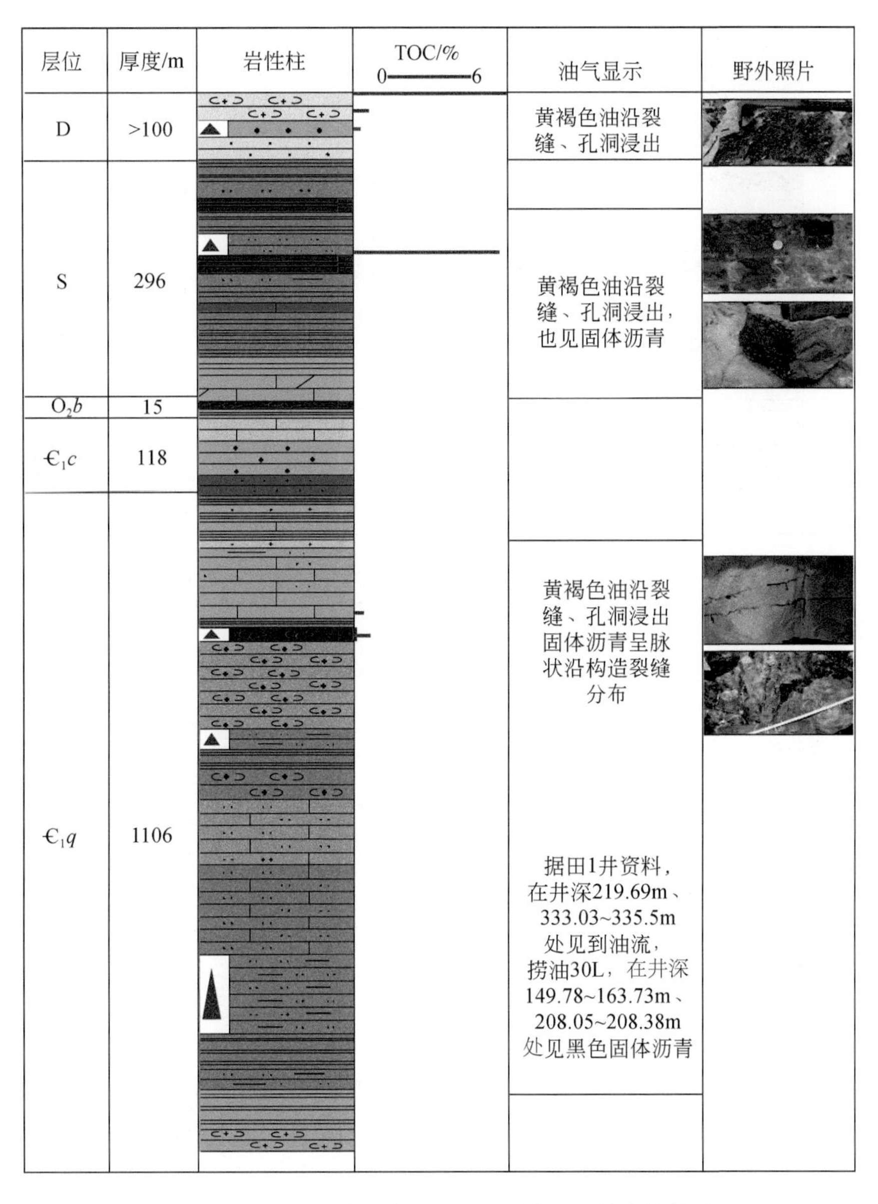

图 6. 50　广元上寺—磨刀垭地区下古生界综合柱状图

早在 20 世纪 60 年代末，黄第藩教授等对该地区沥青矿进行过详细的描述和统计，共有 130 余条沟产有此类沥青矿脉。在泥盆系及其以上层位中，液态沥青（原油）和固体沥青均有分布，多产在碳酸盐岩晶洞和裂缝内，在新打开的采石场常见有沿裂隙正在流出或者从晶洞浸出的原油，油味强烈，且泥盆系和二叠系的原油多呈黑色、棕褐色，三叠系沥青颜色相对较浅，多呈黄绿色、黄褐色。特别是，该地区

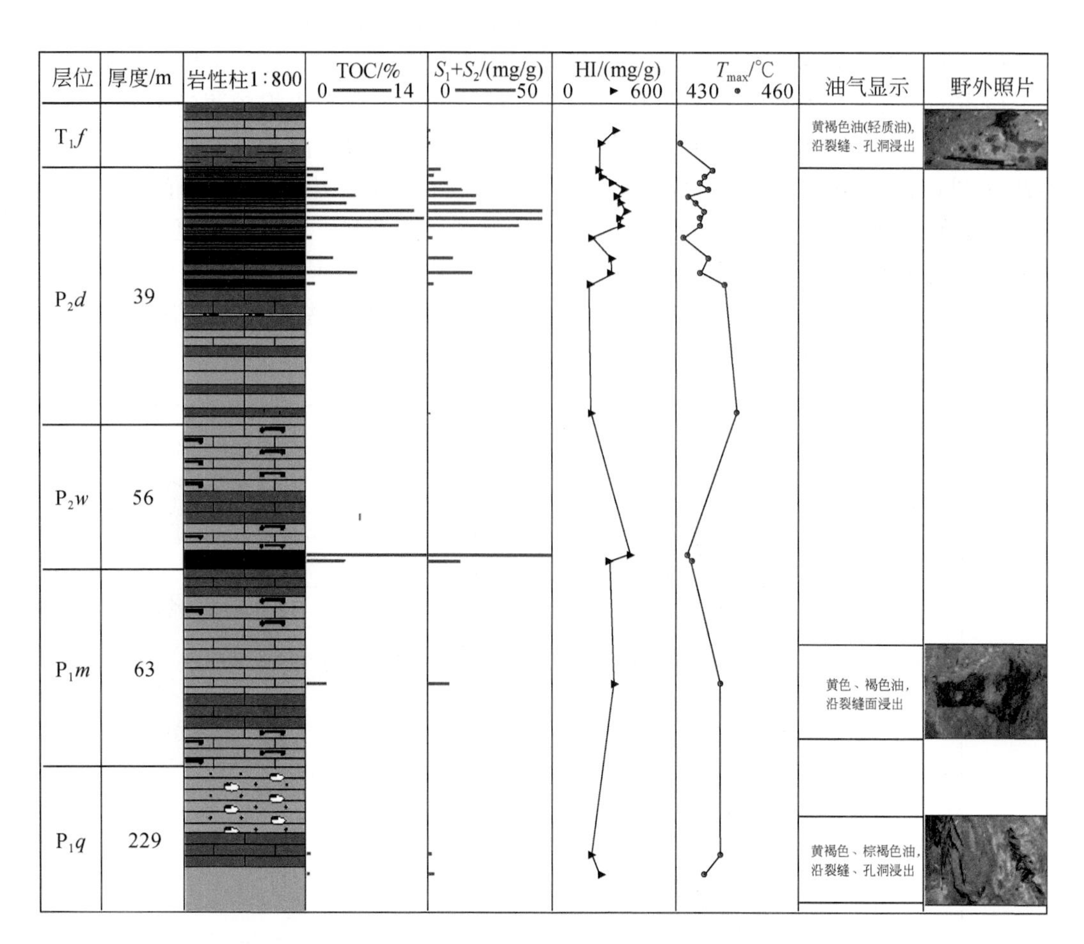

图 6.51 广元上寺—磨刀垭地区二叠系—下三叠统综合柱状图

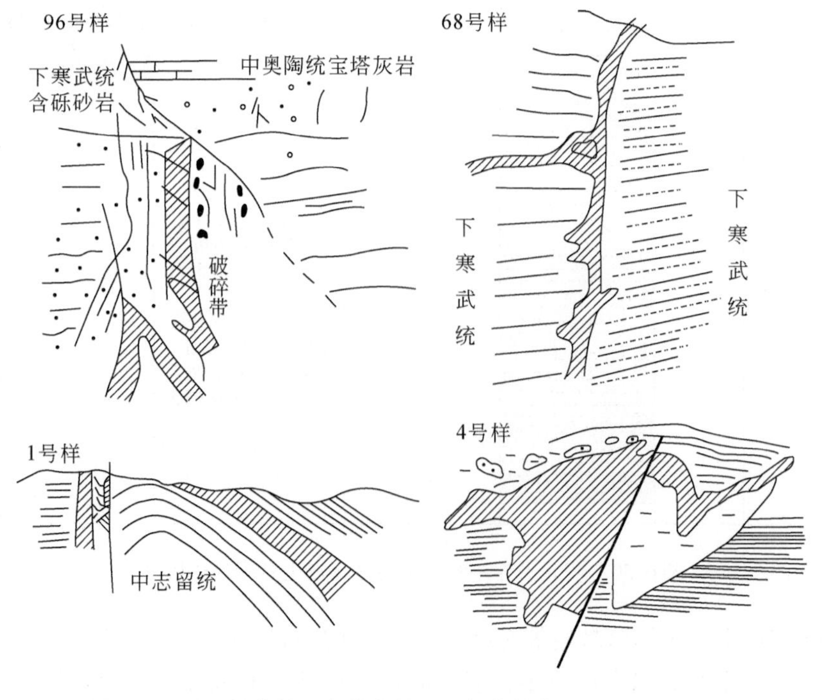

图 6.52 矿山梁背斜沥青脉素描图（据黄第藩和王兰生，2008）

固体沥青成熟度较低，沥青反射率为0.51%（GY-07-23，ϵ_1），古生界层位中多见有固体、液态沥青（原油）共生。

在野外地质调查过程中，对古油藏的源岩进行了追溯。从矿山梁及其周围剖面地表出露的各层位岩性特征来看，上震旦统陡山沱组、下寒武统底部和志留系底部黑色页岩均未观察到，结合当时的沉积环境考虑，前两者可能没有出露，仍深埋在深部，而后者在本地区缺失。

该地区目前可以确认的优质烃源岩是上二叠统的大隆组（P_2d），如图6.51所示，总厚度为39m，岩性主要有富含有机质的黑色硅质岩、黑色页岩和灰黑色硅质灰岩，残余有机碳含量为0.79%～13.52%，平均值为5.11%，生烃潜量（S_1+S_2）为2.03～46.07mg/g，平均值达17.21mg/g，氢指数为187～357mg/g，平均为312mg/g，热解峰温T_{max}值为432～442℃，平均为437℃，沥青反射率为0.69%，尚处于成熟早期阶段（刚进入生油窗），属于高生烃潜力的海相优质烃源岩。

（1）从该地区下寒武统固体沥青，泥盆系液态油苗，二叠系液态油苗和三叠系液态油苗的甾烷、萜烷分布来看，它们没有本质的差别，均：①具有重排甾烷，并由下寒武统固体沥青→泥盆系油苗→下二叠统油苗→上三叠统飞仙关组油苗相对逐渐降低（图6.53）；②具有相对较高的成熟度，尤其是下寒武统固体沥青、泥盆系油苗和下二叠统油苗 $\beta\beta-C_{29}/\sum(\beta\beta+\alpha\alpha\alpha)-C_{29}$均>80%，其源岩$R_o$应大于0.8%，与该区大隆组（$P_2d$）优质烃源岩的成熟度不匹配；③具有相对较高的$C_{35}$藿烷、$C_{29}$藿烷及$C_{19}$～$C_{24}$三环萜烷，也具有从下寒武统固体沥青→泥盆系油苗→下二叠统油苗→下三叠统飞仙关组油苗相对逐渐降低的趋势（图6.54），尤其是相对较高的C_{35}藿烷为下寒武统优质烃源岩的特征。即该地区下寒武统固体沥青、泥盆系液态油苗、二叠系液态油苗和三叠系液态油苗可能主要源于下寒武统牛蹄塘组优质烃源岩。

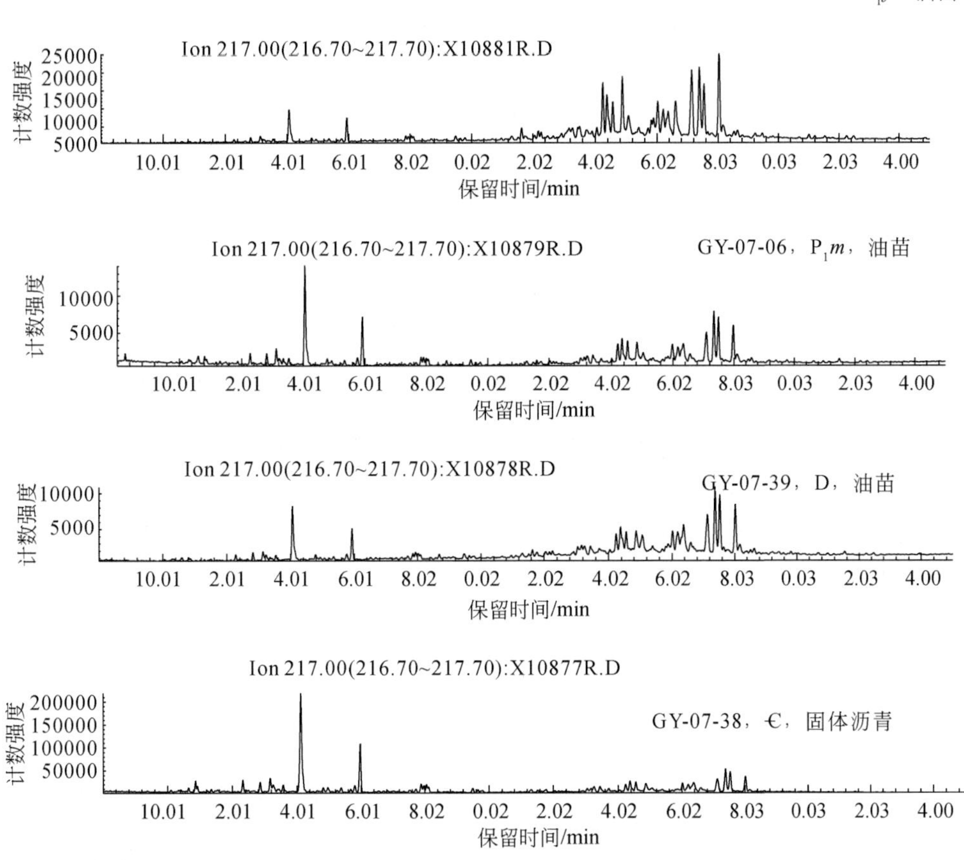

图6.53　广元露头沥青和油气显示样品的甾烷（m/z=217）质量色谱图

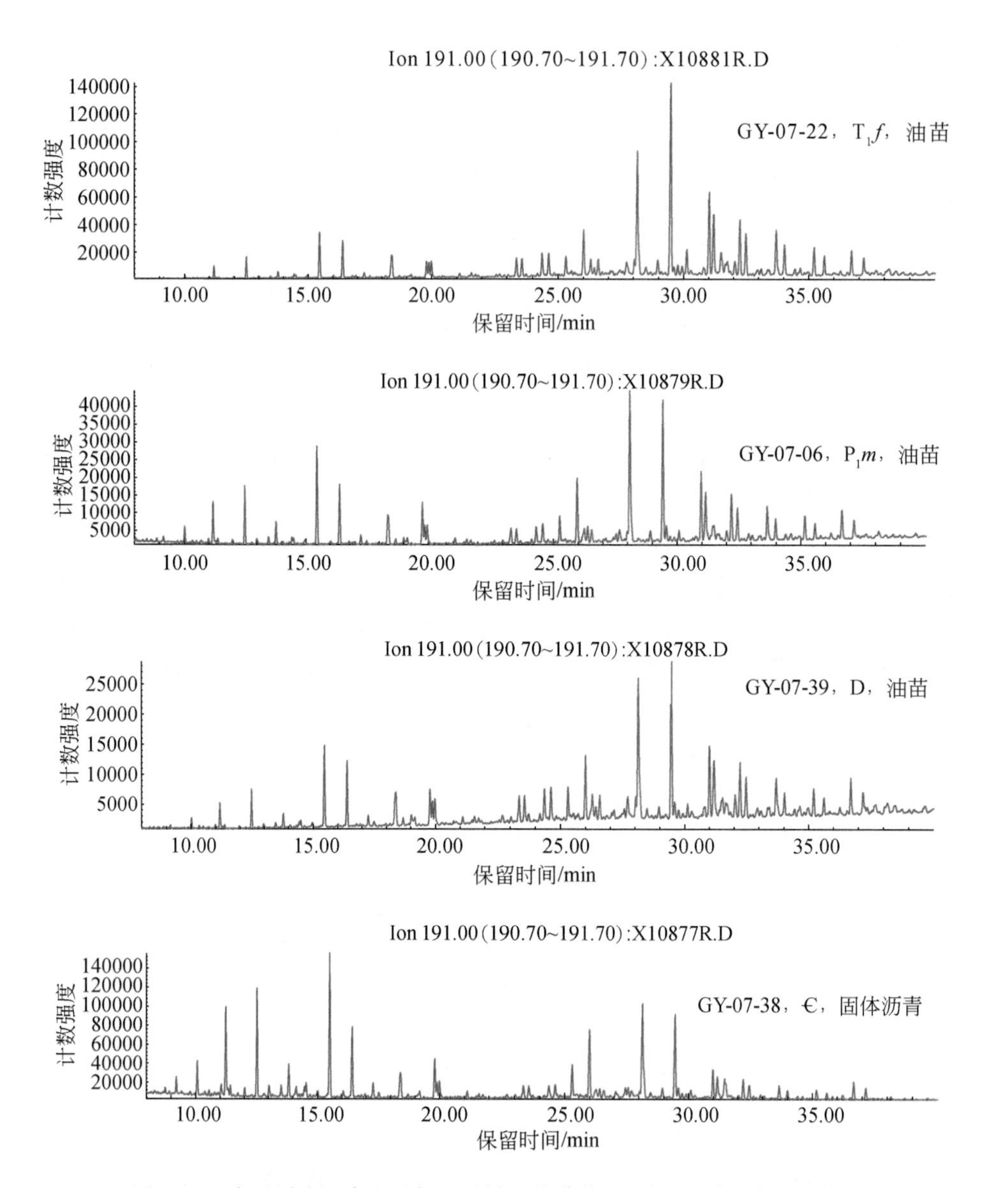

图 6.54　广元露头沥青和油气显示样品的萜烷（m/z=191）质量色谱图

（2）南方海相优质烃源岩抽提物饱和烃二维色谱飞行时间质谱分析表明，不同层位三环萜和藿烷系列存在明显差异（图 6.55），从形态看广元固体沥青和寒武系烃源岩具有相似性。这与上述结果是一致的，也与黄第藩和王兰生（2008）的观点是一致的。泥盆系泥灰岩富含藿烷系列，而志留系、二叠系及三叠系藿烷系列含量很少。

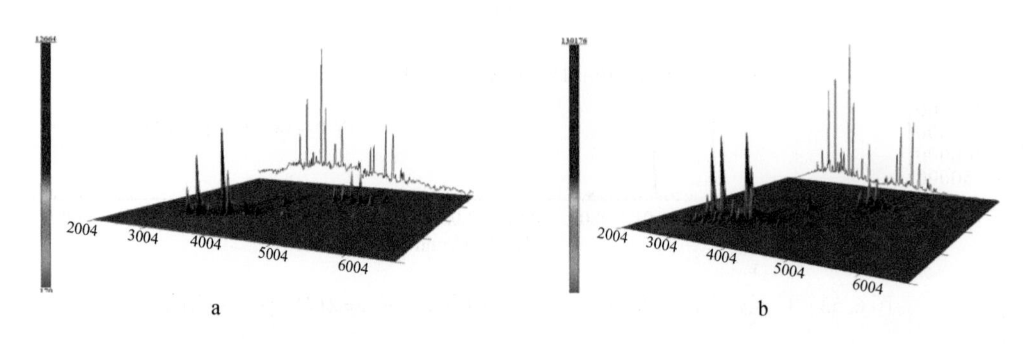

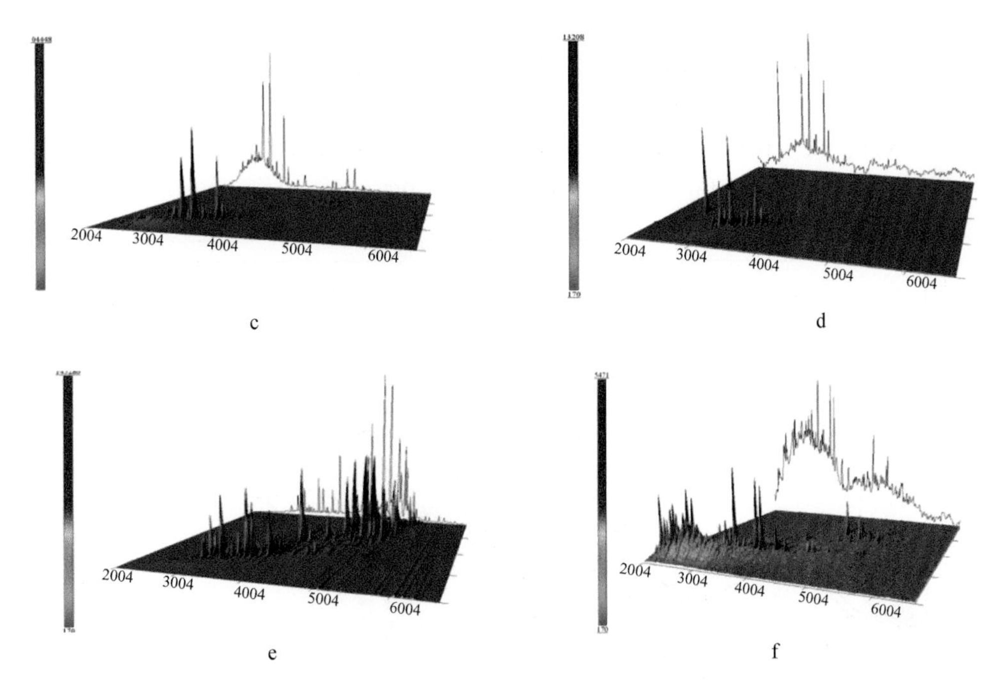

图 6.55　南方海相烃源岩抽提物饱和烃二维色谱质谱选择离子分析（z/m=191）

a. 下寒武统牛蹄塘组优质烃源岩（黑色页岩）；b. 寒武系固体沥青；c. 下志留统龙马溪组优质烃源岩（黑色页岩）；
d. 上二叠统大隆组优质烃源岩（黑色含硅钙质泥岩）；e. 泥盆系泥灰岩；f. 下三叠统飞仙关组深灰色泥灰岩

石油和岩石抽提样品是一种非常复杂的混合物，传统的色谱分析技术由于使用的色谱柱的柱性单一而无法使其中不同极性的化合物得到很好的分离，而采用两种不同柱性的毛细柱的简单串联由于峰容量的限制也无法得到理想的色谱分析结果。全二维气相色谱是近年出现的一种新的多维色谱分离技术，它是把分离机理不同而又互相独立的两根色谱柱通过一个调制器，以串联方式结合成二维气相色谱。与通常的气相色谱相比，它具有分辨率高、灵敏度好、分析速度快、定性更有规律可循的特点。通过二维色谱与飞行时间质谱的联用，有可能解决复杂样品分离和结构鉴定难题。已有多篇文献报道了全二维气相色谱法用于石油产品的分析，而将其应用于原油或岩石抽提有机质分析，探讨其在油气勘探中应用意义却鲜有报道。

全二维气相色谱技术一般采用一根非极性（或弱极性）毛细柱通过调制器与另一根中等极性（或极性）的毛细柱相串联，调制器具有冷冻富集和加热解吸功能，样品经过第一根柱的分离后依次进入调制器，在调制周期内被冷冻富集，然后再加热解吸后进入下一根毛细柱进行再分离，这样在前柱未能很好分离的组分由于后柱柱性的改变从而得到很好的分离效果。前柱组分进入调制器后被切割富集，因而峰形尖锐，不会出现简单串联条件下的峰形变宽拖尾的情形，峰容量更大，经后柱分离后的组分依次进入分析时间质谱室进行分析鉴定。虽然相同组分可能会被调制器切割成几个组分，但工作站软件根据质谱鉴定结果再将相同组分进行归并处理，给出相应的组分面积和三维图谱。

三、南方海相凯里-麻江古油气藏的油气-源对比

1. 黔东南地区油苗、气苗及固体沥青的分布

黔东南地区油苗、气苗及固体沥青点分布广泛，涉及层位为ϵ_2、O_1h、$S_{1\text{-}2}w$、D_3、P。黔东南地区主要含沥青（油）层 O_1h 和 $S_{1\text{-}2}w_3$的沥青演化程度具一定的分带性，总体上有从北到南演化程度增加的趋势。在麻江及其以南都匀、王司一带 O_1h 的碳酸盐岩和 $S_{1\text{-}2}w$ 的砂岩储层中普遍富含沥青，这些沥青现均已固化，热演化演化程度（R_b）高达2% ~3.5%，形成了储量巨大的麻江古油藏（图 6.56）。而在凯里

以北洛棉、鱼洞、凯棠等地区 O_1h 和 $S_{1-2}w$ 的储层中主要有原油和沥青（油）分布，形成了所谓的凯里残留油气藏（如虎 47 井）和沥青（油）砂岩（如洛棉、凯棠），沥青热演化程度较低，洛棉地区志留系沥青砂岩的 R_b 为 0.676% ~0.878%，虎 47 井原油的 C_{29} 甾烷 20S/（20S+20R）、ββ/（ββ+αα）值均已接近平衡状态（0.47、0.58），Ts/(Ts+Tm) 值也达 0.8，表明其为成熟阶段的产物。据前人资料在凯里—旁海—凯棠一带打浅井获油砂 1.2 ~1.4m，其 R_b 仅为 0.7% ~0.9%。

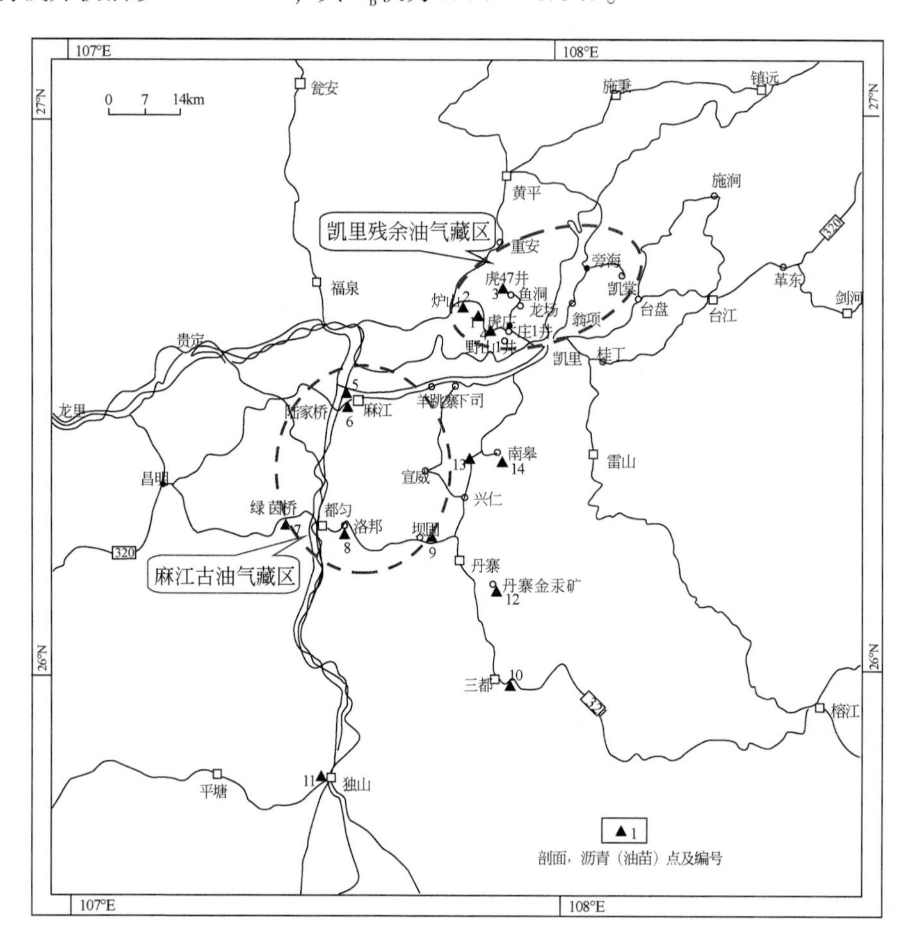

图 6.56　黔东南地区典型油苗点及古油藏的分布

野外实地观察到的点位及层位有：①O_1h 与 $S_{1-2}w$ 轻质油苗（凯里虎 47 井、凯里洛棉在 $S_{1-2}w_1$ 下部层面孔洞中见有液态沥青，呈黄褐色，属沥青砂岩）及在凯里残余古油藏中伴生的天然气，如黔山 1 井、虎 47 井等；②$Є_{2-3}$ 沥青（三都城南、丹寨汞金矿矿井等的碳酸盐岩溶洞、晶洞和裂缝固体沥青）；③O_1 固体沥青（凯里白水河、凯里洛棉、都匀洛邦、都匀绿茵桥、麻江城南和坝固的碳酸盐岩溶洞、晶洞和裂缝固体沥青）；④D_{2-3} 固体沥青（独山大圆村的碳酸盐岩溶洞、晶洞和裂缝沥青和白云石化晶间固体沥青）；⑤P_1m 固体沥青［陆家桥和卡房的白云石化晶间沥青，在下二叠统茅口组（P_1m）白云石化灰岩中含沥青，呈花瓣状、黄褐色、砂糖状，较松软，多数沿后期尚未充填方解石脉的构造裂缝有规律性分布，表明其演化程度不高，浸入时间也不会太早，晚于后期构造裂缝］。

2. 凯里—麻江古油藏伴生天然气主要源于$Є_{1-2}$烃源岩的古油藏裂解气

凯里残余古油藏中所伴生的黔山 1 井、虎 47 井等天然气组分（表 6.8）、碳同位素组成及与区内可能烃源岩的酸解气碳同位素组成之间的对比表明：

表 6.8　凯里地区天然气组分分析数据（据滇黔桂石油地质志）

井号	井深/m	地层层位	烃类气体/%		非烃类气体/%		干度系数	成因类型
			甲烷	重烃	氮气	其他		
虎 47	248～300	S_{1-2}	97.60	0.51	2.20	0.37	191.3	海相油型过成熟裂解干气
黔山 1	2925.6	$\epsilon_1 jm$	65.45	1.14	30.93	0.80	57.4	

（1）凯里黔山 1 井下寒武统九门冲组天然气族组分碳同位素 $\delta^{13}C_1$ 为−38.3‰、$\delta^{13}C_2$ 为−31.3‰、$\delta^{13}C_3$ 为−27.5‰；其 $\delta^{13}C_1$、$\delta^{13}C_2$、$\delta^{13}C_3$ 类型曲线与扎拉沟剖面等中寒武统（$\epsilon_2 d$）烃源岩酸解气碳同位素类型曲线相吻合（图 6.57a），而与扎拉沟剖面下寒武统（$\epsilon_1 z$）烃源岩酸解气碳同位素类型曲线相差明显（图 6.57b），即凯里残余古油藏伴生天然气可能源于本区附近的中寒武统（$\epsilon_2 d$）烃源岩。此外，由表 6.9 可知，下寒武统泥质烃源岩酸解气 $\delta^{13}C_1$ 介于−35.16‰～−19.65‰之间，平均−23.9‰，$\delta^{13}C_2$ 为−37.59‰～−22.92‰之间，平均−26.4‰，显示出过成熟油型气的特征；中寒武统泥质烃源岩酸解气 $\delta^{13}C_1$ 介于−37.69‰～−33.8‰之间，平均−35‰，$\delta^{13}C_2$ 为−35.32‰～−27.59‰之间，平均−31.9‰，与凯里地区天然气碳同位素组成特征近似；中上寒武统储层沥青酸解气 $\delta^{13}C_1$ 介于−37.7‰～−35.7‰之间，平均−36.6‰，$\delta^{13}C_2$ 为−36.8‰～−31.2‰之间，平均−33.1‰，显示出高成熟—过成熟油型气的特征。

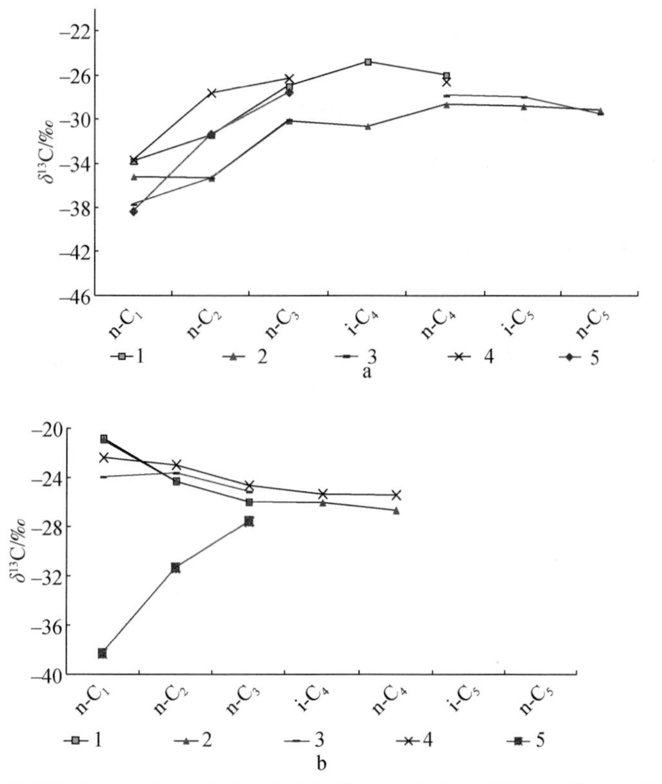

1、2. 扎拉沟$\epsilon_2 d$硅质页岩，R_b=3.20%；3. 扎拉沟$\epsilon_2 d$泥灰岩；4. 扎拉沟$\epsilon_2 d$页岩；5. 黔山1井2925.6m，$\epsilon_1 jm$天然气

图 6.57　黔东南地区烃源岩酸解气与黔山 1 井天然气碳同位素类型曲线对比图

（2）黔山 1 井在天然气同位素成因类型判别图上落入油型高成熟—过熟气成因类型（图 6.58）；气组分分析数据显示，黔山 1 井和虎 47 井天然气均为海相油型裂解干气，成熟度较高。其中黔山 1 井由于氮气含量过高，属于有空气混入的油型裂解气。通过以上天然气与源岩、储层沥青碳同位素组成的对比分析，初步认为凯里地区虎 47 井、黔山 1 井天然气来自下古生界ϵ_2烃源岩及早期ϵ_1来源的古油藏裂解气，是海相过熟油型裂解干气。

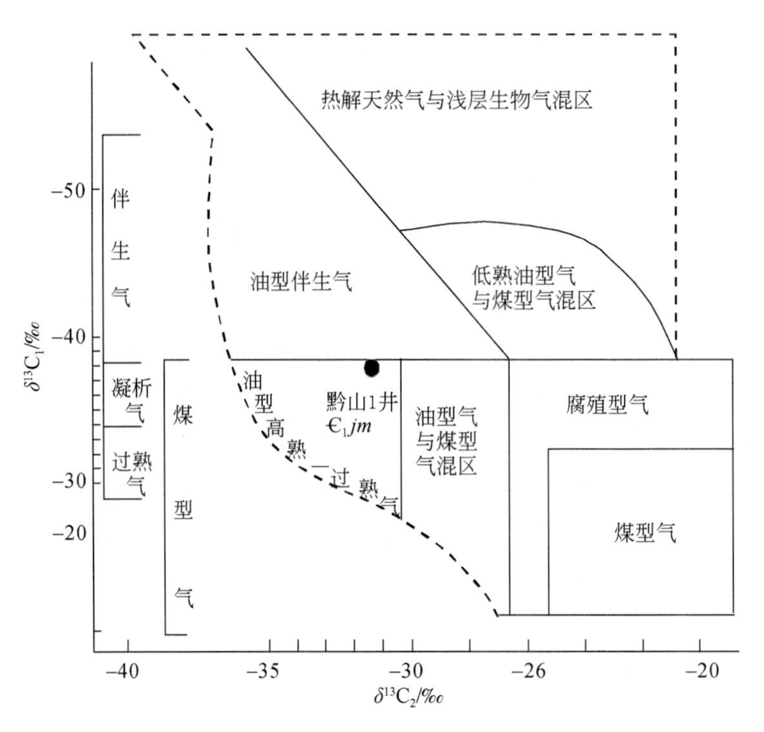

图 6.58　凯里地区天然气同位素成因类型判别图

（3）二叠系烃源岩酸解气碳同位素值，其底部煤 $\delta^{13}C_1$、$\delta^{13}C_2$ 值分布在−24.8‰～−22.5‰的小范围内，指示典型的煤型气，而碳酸盐岩和泥质岩夹层的 $\delta^{13}C_2$ 值变化范围较宽，为−30.2‰～−25.5‰，暗示着其有机质类型的复杂性，结合干酪根碳同位素特征考虑母质来源以偏腐泥型为主，$\delta^{13}C_1$ 值则变化在−49.4‰～−44.1‰范围内，显示正常原油伴生气特征。而奥陶系、二叠系储层沥青酸解气 $\delta^{13}C_1$ 明显偏轻，介于−49.1‰～−47.5‰之间，表明其演化程度偏低，属正常原油伴生气范畴（表 6.9）。

表 6.9　黔东南地区储层沥青及源岩酸解气碳同位素组成

地区及样品类型	样品号	剖面	层位	岩性描述	$\delta^{13}C_1$/‰	$\delta^{13}C_2$/‰
黔东南储层酸解气	Mj-03	麻江	P_1m	含沥青白云石化灰岩	−48.78	−27.66
	Lj-22	陆家桥		白云石化灰岩（含沥青）	−49.44	−26.8
	Mj-01-1	麻江	O_1h	含沥青灰岩	−46.3	−33.93
	Mj-01-2	麻江		含沥青灰岩	−48.67	−31.96
	Dz-03	丹寨	$€_{2-3}$	含沥青灰岩	−36.48	−31.17
	Dz-04	丹寨		含沥青灰岩	−37.72	−31.37
	Zlg-34-1	扎拉沟		含沥青深灰色泥灰岩	−35.67	−36.76
黔东南源岩酸解气	Dz-m-03	丹寨	P_2w	煤层	−27.78	−24.64
	Dz-m-02	丹寨		黑色泥岩	−46.72	−29.07
	Lj-26	陆家桥		黑色页岩	−20.58	−23.66
	Lj-25	陆家桥		黑色页岩	−20.36	−23.53
	Lj-23	陆家桥		中厚层状深灰色灰岩	−47.94	−25.50
	Lj-14	陆家桥		块状、厚层状深灰色灰岩	−48.5	−28.59
	Lj-08-2	陆家桥	P_1q	黑色页岩	−44.06	−30.15
	Lj-06-1	陆家桥		薄层状深灰色灰岩	−45.03	−27.29
	Lj-05-2	陆家桥		黑色页岩	−44.12	−27.93
	Lj-02-1	陆家桥		灰黑色泥岩	−22.53	−24.58

续表

地区及样品类型	样品号	剖面	层位	岩性描述	$\delta^{13}C_1$/‰	$\delta^{13}C_2$/‰
黔东南源岩酸解气	K1-05	凯里	P_1l	黑色煤	-24.78	-24.22
	Ds-08	独山	D_3w	黑色页岩	-34.63	-41.16
	Bg-17	坝固	S_{1-2}	灰黑色砂质泥岩，含钙	-35.04	-30.16
	Dz-01	丹寨	$€_2$	条带状深灰色（泥）灰岩	-34.64	-30.07
	Z1g-37	扎拉沟	$€_2d$	含砂黑色页岩	-33.66	-27.59
	Z1g-32	扎拉沟		深灰色泥灰岩	-37.69	-35.3
	Z1g-26	扎拉沟		黑色硅质页岩	-35.19	-35.32
	Z1g-20	扎拉沟		黑色硅质页岩	-33.8	-31.42
	Z1g-17	扎拉沟	$€_1z$	黑色页岩	-22.34	-22.92
	Z1g-14	扎拉沟		黑色硅质页岩	-23.91	-23.59
	Z1g-12	扎拉沟		黑色页岩	-20.88	-24.28
	Z1g-08	扎拉沟		黑色硅质页岩	-20.79	-24.26
	Ng-11	南皋	$€_1$	黑色泥岩	-35.76	-37.59
	Ng-10-2	南皋		高碳质页岩	-29.14	-33.53
	Ng-09	南皋		薄-中厚层状黑色泥岩	-19.65	-23.63
	Ng-06	南皋		黑色钙质、硅质泥岩	-21.04	-23.36
	Ng-04	南皋		黑色泥岩	-21.38	-24.82
	Z1g-06	扎拉沟	Z_bdn	黑色硅质页岩	-19.3	-22.53
	Z1g-02	扎拉沟	Z_bd	灰黑色硅质页岩	-20.08	-23.8

3. 凯里-麻江奥陶系及志留系古油藏的轻质油主要源于$€_1$优质烃源岩；而P轻质油主要来自P本身碳酸盐层系烃源岩

凯里-麻江古油藏的轻质油苗包括凯里虎47井O_1h轻质油、翁项$S_{1-2}w_1$珊瑚灰岩油苗（也有人认为属奥陶系）、凯棠新寨$S_{1-2}w_1$油砂、凯里万潮干塘P泥灰岩晶洞、裂缝油苗及麻江陆家桥P_1m白云石化灰岩油苗等。

（1）虎47井O_1h轻质油、$S_{1-2}w_1$珊瑚灰岩轻质油苗和凯棠新寨$S_{1-2}w_1$油砂中的原油有机地球化学特征具有较好的可比性（统称为凯里地区O_1h、$S_{1-2}w_1$轻质油），其饱和烃含量较高，一般大于40%，饱和烃/芳烃（饱/芳）>1，以虎47井O_1h轻质原油为最高，达到65.70%，饱/芳达3.81；如图6.59a～d所示，饱和烃组成具有完整的正构烷烃分布，呈富正构烷烃的“前峰型”分布特征，虎47井尤其突出，Pr/Ph为1.12～1.46；芳烃组成以富含菲系列化合物为特征，含量多为40.09%～45.45%（表6.10）；甾、藿烷类化合物中，孕甾烷含量高于规则甾烷和重排甾烷的含量，C_{27}、C_{28}、C_{29}甾烷分布呈V字形，C_{29}甾烷明显占优势（C_{27}、C_{28}、C_{29}值分别为0.3～0.34、0.1～0.18、0.48～0.6），三环萜烷含量高于藿烷含量，三环萜烷以C_{23}为主峰，C_{21}、C_{23}、C_{24}三环萜烷呈倒V字形，表明沥青和油苗的成熟度高，且具有运移特征（图6.60a，以洛棉$S_{1-2}w_1$油苗为例）。

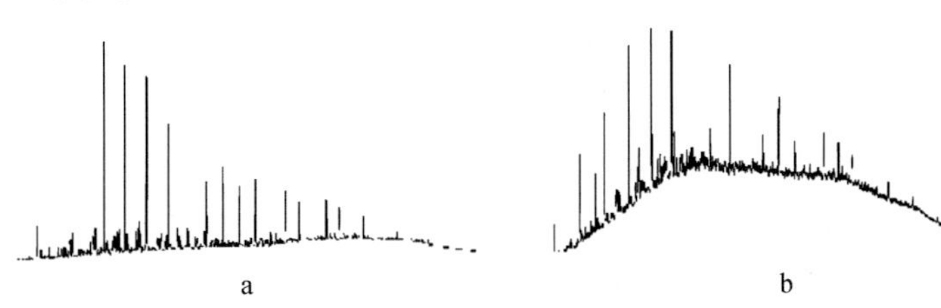

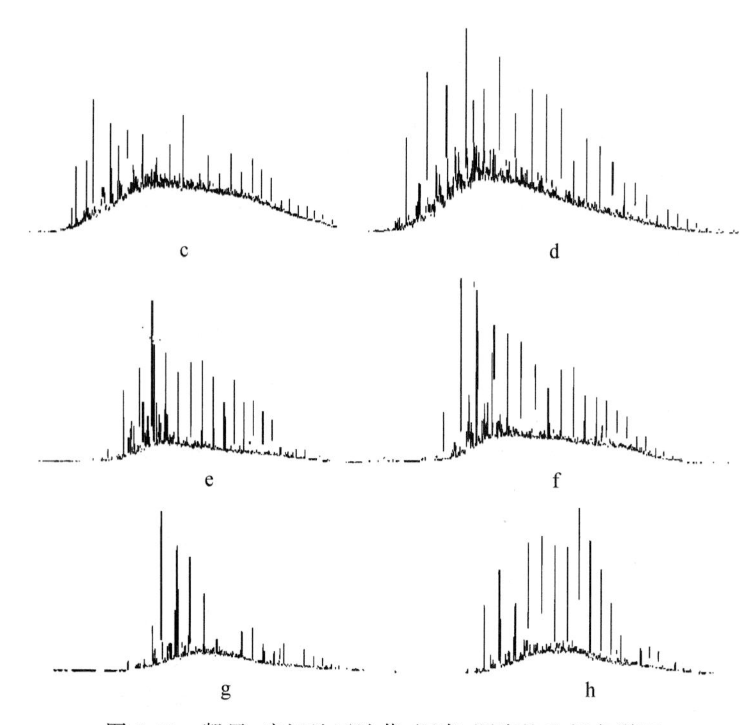

图 6.59　凯里–麻江地区油苗/沥青/源岩饱和烃色谱图

a. 凯里虎 47 井 O_1h 轻质油；b. 洛棉 $S_{1-2}w_1$ 轻质油；c. 麻江 O_1h 沥青；d. 都云 S_{1-2} 沥青；e. 麻江 P_1m 轻质油；f. 陆家桥 P_1m 轻质油；g. $Є_1$ 优质烃源岩（黑色页岩）；h. P 碳酸盐岩烃源岩（灰岩）

表 6.10　凯里–麻江地区油苗与沥青的主要地化数据

井名或地点	样号	层位	岩性	R_b/%	$\delta_{原油/沥青}{}^{13}C$/‰	饱和烃/芳烃	Pr/Ph	三环萜烷/五环萜烷	菲系/%	二苯并噻吩类/%
虎 47	虎 47	O_1h	原油	—	-31.36	3.81	1.12	2.45	40.09	11.15
洛棉	K1-06	$S_{1-2}w^1$	油苗	0.47	-30.84	1.60	1.46	3.43	38.42	11.90
麻江	Mj-02	O_1h	沥青	2.39	-31.96	3.08	1.15	2.06	45.45	19.66
都云	Dy-12	S_{1-2}	沥青	2.22	-31.62	1.29	1.60	0.76	60.24	3.67
麻江	Mj-03	P_1m	油苗	2.00	-27.85	1.38	0.82	0.53	23.82	58.59
陆家桥	Lj-22	P_1m	油苗	1.90	-27.36	0.15	0.99	0.86	12.57	66.66

P_1m 白云石化灰岩油苗中，饱和烃含量较低，小于 10%，饱/芳为 0.15 ~ 1.38，饱和烃组成呈双峰型分布（图 6.59e、f），Pr/Ph 为 0.82 ~ 0.99，芳烃组成以低菲、高二苯并噻吩系列化合物为特征，含量分别为 12.57% ~ 23.82% 和 58.59% ~ 66.66%（表 6.10）；甾藿烷化合物中，三环萜烷以 C_{23} 为主峰，C_{21}、C_{23}、C_{24} 三环萜烷呈倒 V 字形，藿烷系列中以 C_{30} 藿烷为主峰，C_{29}、C_{31} 藿烷的含量相对较高，C_{29}/C_{30} 藿烷比值为 0.41 ~ 0.60，C_{31}/C_{30} 藿烷比值为 0.23 ~ 0.27（图 6.60b），C_{27}-C_{28}-C_{29} 甾烷分布呈右倾型（$C_{27}>C_{28}\geqslant C_{29}$），$C_{27}$ 甾烷明显占优势。

显然，凯里地区下古生界（O_1h、$S_{1-2}w_1$）原油与二叠系（P_1m）的原油在族组分及其生物标志物特征上具有显著差异，表明了二者具有不同的来源。

（2）根据凯里地区原油、油苗轻烃分析谱图（图 6.61）来看，虎 47 井原油最轻，以 C_{11} 为主峰碳，而凯里万潮干塘 P 泥灰岩晶洞、裂缝油苗较虎 47 井原油重，以 C_{19}（Pr）为主峰碳，轻烃图谱上存在一个鼓包，可能是遭受生物降解所致。$S_{1-2}w_1$ 珊瑚灰岩油苗也表现为相对偏重，以 C_{18} 为主峰碳，由于已遭受严重生物降解，轻质组分损失殆尽，仅残存重质组分，在轻烃分析图谱上形成一个大鼓包，该样品轻烃分析数据不完整，只能作为参考。

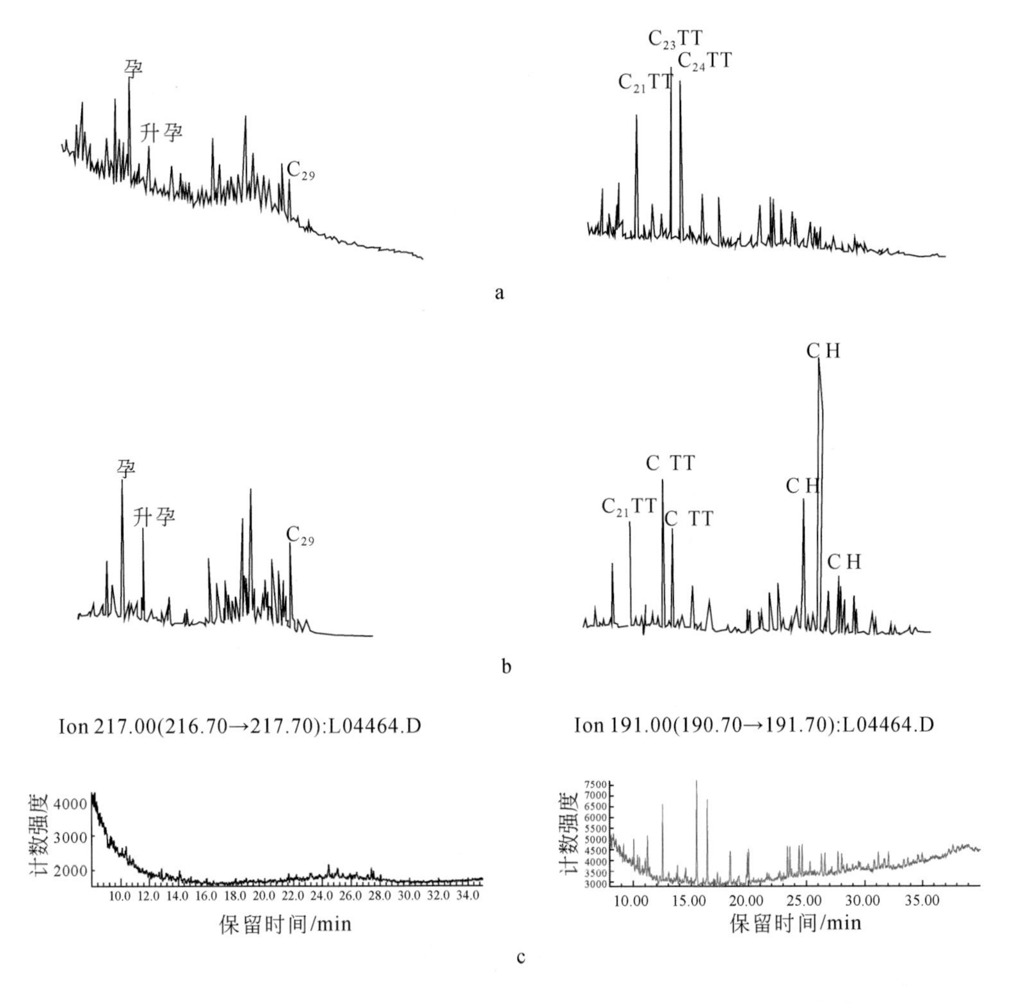

图 6.60　黔东南地区油苗-沥青饱和烃 $m/z=217$、$m/z=191$ 质量色谱

a. 洛棉 $S_{1-2}w_1$ 轻质油；b. 陆家桥 P_1m 轻质油；c. 凯里虎 47 井 O_1h 轻质油

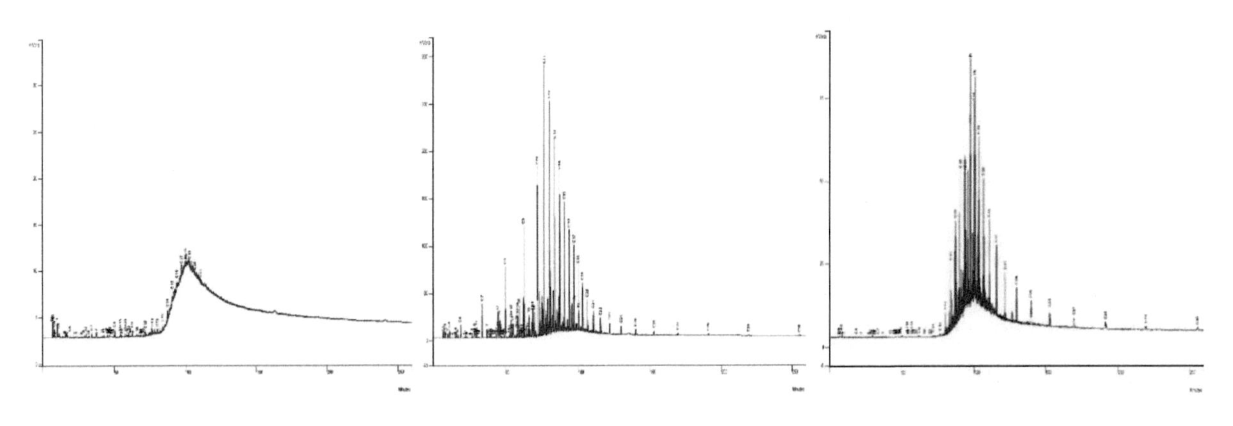

图 6.61　凯里地区原油、油苗轻烃分析谱图

通过图 6.62、图 6.63 对比可知，虎 47 井原油具正构烷烃含量高、环烷烃含量低的特点；P 油苗则刚好相反，具有环烷烃含量高、正构烷烃含量低的特点，进一步证实二者差异性。该区烃源岩沥青轻烃分析表明，下寒武统烃源岩普遍具有正构烷烃含量高、环烷烃含量低的特点，下志留统烃源岩特征与其相近，但在麻江-凯里地区不是主要烃源岩，而下二叠统烃源岩普遍具有环烷烃含量高、正构烷烃含量低的特点。轻烃结构组成反映出虎 47 井轻质油与$€_1$源岩具亲缘关系，凯里万潮干塘 P 油苗与 P 源岩具亲缘关系。

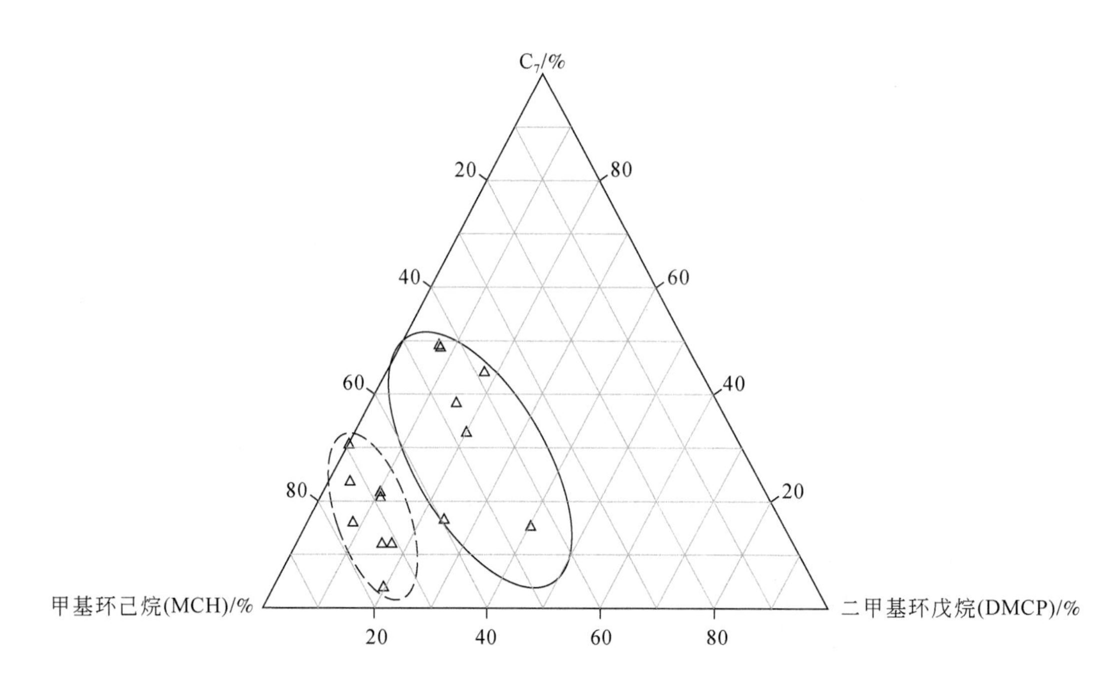

图 6.62　凯里地区油苗/可能源岩 C_7 轻烃结构组成对比

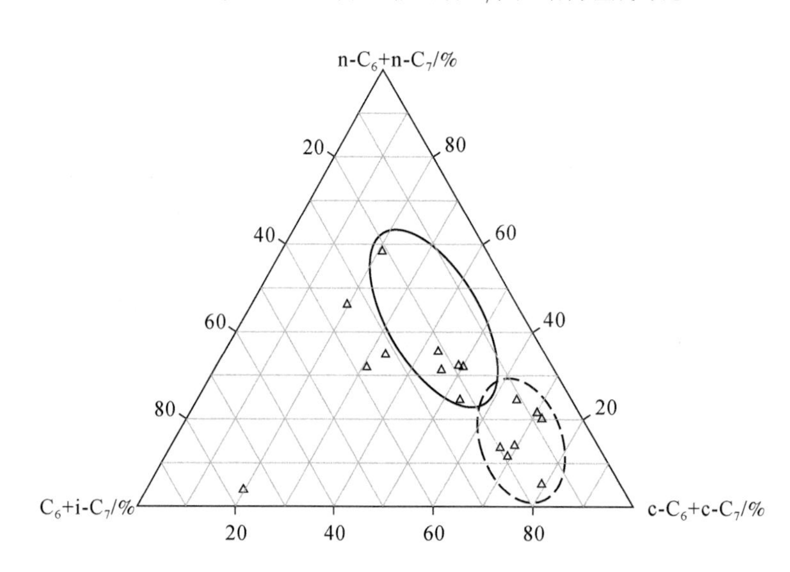

图 6.63　凯里地区油苗/可能源岩 C_6-C_7 轻烃结构组成对比

（3）凯里地区奥陶系、志留系油苗组分碳同位素主要分布于-32‰～-31‰之间，明显源自腐泥型生烃母质，且从沥青“A”→饱和烃→芳烃→非烃→沥青质碳同位素逐渐变重，呈现正常分布；而麻江地区及凯里地区二叠系油苗则主要分布于-28‰～-27‰之间，属过渡型生烃母质产物，且非烃及沥青质碳同位素偏轻，出现倒转现象（表 6.11）。

表 6.11　麻江–凯里地区油苗碳同位素组成　　（单位：‰）

样品号	井号剖面	地质年代	$\delta^{13}C_{PDB}$				
			沥青“A”	饱和烃	芳烃	非烃	沥青质
F47	虎 47 井	S	-32.02	-31.35	-30.8	-30.56	-28.16
WX	翁项落司	$S_{1-2}wn^3$	-31.9	-31.39	-31.27	-31.25	-31.7
Wc-4	凯里万潮干塘	P	-28.14	-27.95	-27.98	-28.13	-28.46
Mj-4	麻江陆家桥	P_1m	-28.04	-27.72	-27.9	-29.17	-28.44

凯里-麻江地区主要烃源岩碳同位素组成特征见表 6.12，与原油组分碳同位素组成对比（表 6.11），显示出奥陶系、志留系油苗与寒武系黑色页岩间的亲缘关系，而二叠系油苗与二叠系黑色泥岩及灰岩间具密切的亲缘关系。

表 6.12　凯里-麻江地区主要烃源岩碳同位素组成

层位	岩性	厚度/m	残余 TOC/%	干酪根碳同位素组成（$\delta^{13}C_{干酪根}$）/‰	干酪根沥青反射率/%	剖面
P_2	黑色页岩	20	1.82～7.09	−25.69～−25.99	1.754～1.800	陆家桥
	硅质岩		3.60（3）	−25.84（2）		
P_1	灰岩	63～239	0.02～0.66	−28.31～−29.67	1.468～1.788	
			0.20（9）	−28.71（3）		
	黑色页岩	多量夹层	0.55～1.89	−28.03～−28.16	1.611～1.717	
			0.932（5）	−28.10（2）		
	含煤泥岩	20	1.76～7.88	−23.00～−25.36	1.582	
			4.82（2）	−24.18（2）		
Є$_2d$	泥灰岩	300	0.15～2.25	−28.58～−31.24	3.04～3.35	三都
			1.18（17）	−30.49（4）		
Є$_1z$	黑色页岩	95	1.94～6.02	−30.74～−32.36	3.08～3.42	
			3.16（15）	−31.52（5）		
Є$_1n$	黑色页岩	103	4.25～12.55	−29.12～−33.66	3.42～3.71	南皋
			6.88（6）	−31.29（4）		

因此，初步分析认为凯里地区虎 47 井轻质油主力油源来自Є$_1$，麻江陆家桥 P_1m 油苗、凯里万潮干塘 P 油苗油源主要来自 P 自生的源岩。

4. 麻江-都匀地区下古生界（Є$_1$、O_1、S_1）固体沥青主要源于Є$_1$优质烃源岩；上古生界二叠系（P）固体沥青主要源于 P 本身碳酸盐岩层系烃源岩

麻江-都匀地区Є$_1$、O_1、S_1固体沥青主要源于Є$_1$优质烃源岩；P 固体沥青主要源于 P 本身碳酸盐岩层系烃源岩。这与上述轻质油及天然气的对比结果是一致的，主要依据如下。

（1）麻江、坝固和洛邦、绿茵桥沥青点空间上分别处于麻江古油藏背斜的北、东南和西南侧，对其进行对比研究具有一定的代表性。图 6.64 展示了三个点上沥青及其族组分的碳同位素类型曲线分布，从类型曲线的总体分布形状可以预测它们之间的亲缘关系。

图 6.64 中，稳定碳同位素类型曲线以同位素值−29‰为界分成南北两组，即北部麻江沥青及其族组分碳同位素值为−30.7‰～−28.9‰，平均值为−30.0‰，而南部都匀地区碳同位素值相对偏重，为−29.0‰～−27.3‰，平均值为−28.2‰，二者平均相差 1.8‰，这可能与其热演化程度的差异有关，也就是说南部都匀地区热演化程度较北部麻江地区高。从而黔东南地区油气热演化程度总体上形成了从北部凯里的成熟（原油、液态沥青）地区向南（麻江、都匀地区）依次增强的趋势，这与上述沥青反射率的分析结果一致。

从表 6.13 麻江-凯里地区各层系沥青与可能源岩的碳同位素组成特征对比可知，二叠系储层中的固体沥青明显与奥陶系、志留系储层沥青不同，前者稳定碳同位素为−27‰左右，主要源于 P 潟湖相或台地凹陷的优质烃源岩，但与 P 煤系或Ⅲ型母质烃源岩差别明显，P_1l 煤系或Ⅲ型母质烃源岩干酪根碳同位素重达−23‰左右。奥陶系、志留系储层沥青稳定碳同位素为−31‰左右，源于Є$_1$优质烃源岩。

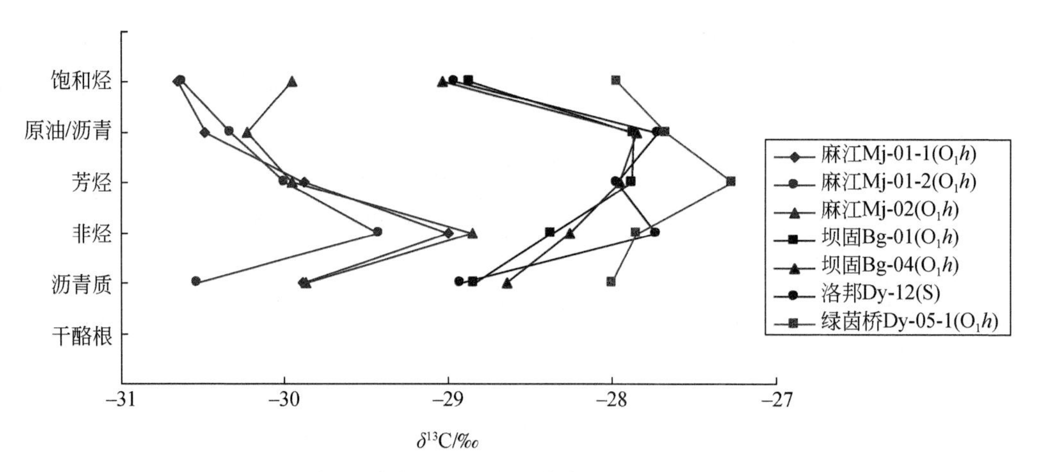

图 6.64　麻江-都匀地区沥青及其族组分碳同位素类型曲线

表 6.13　各层系沥青与可能源岩碳同位素组成对比　(单位:‰)

样品类型	层位	岩性	产地	$\delta^{13}C_{PDB}$					
				饱和烃	沥青“A”/原油	芳烃	非烃	沥青质	干酪根
沥青	S_{1-2}	含沥青砂岩	凯里洛棉	-30.18	-29.77	-29.89	-29.11	-27.79	
	S_{1-2}	含沥青砂岩	凯里洛棉	-29.49	-29.42	-28.41	-28.97	-28.92	
	S_{1-2}	含沥青砂岩	凯里洛棉	-31.42	-30.84	-30.97	-31	-31.17	
	S_{1-2}	含沥青砂岩	凯里水珠	-30.41	-30.25	-30.26	-30.31	-30.29	
	S	含沥青砂岩	凯棠镇南	-31.51	-31.29	-31.24	-31.43	-31.97	
	O_1h	含沥青灰岩	麻江	-30.66	-30.49	-29.88	-29	-29.89	
沥青	O_1h	含沥青灰岩	麻江	-30.63	-30.33	-30	-29.43	-30.54	
	O_1h	含沥青灰岩	麻江	-29.95	-30.23	-29.95	-28.85	-29.87	
	P_1m	含沥青灰岩	麻江	-27.5	-27.85	-27.7	-27.45	-26.8	
	P_1m	含沥青灰岩	陆家桥	-27.24	-27.36	-27.95	-26.91	-28.23	
	P_1m	含沥青灰岩	陆家桥	-26.9	-27.16	-27.69	-27	-28	
	P_1q	沥青	陆家桥	-27.18	-27.53	-27.61	-27.36	-28.3	
源岩	P_2w	黑色页岩	陆家桥						-25.99
	P_2w	黑色页岩	陆家桥						-25.69
	P_1m	灰岩	陆家桥	-27.92	-27.19	-27.56	-26.69	-28.33	-28.31
	P_1m	深灰色灰岩	陆家桥	-27.57	-28.8	-28.77	-28.36	-29.66	-28.67
	P_1q	黑色页岩	陆家桥						-28.48
	P_1q	深灰色灰岩	陆家桥						-29.16
	P_1q	黑色页岩	陆家桥						-28.03
	P_1l	灰黑色泥岩	陆家桥						-23.37
	P_1l	黑色煤	凯里						-23.94
	$€_1n$	黑色泥岩	南皋						-30.5
	$€_1n$	黑色泥岩	南皋						-31.89
	$€_1n$	黑色泥岩	南皋						-29.12
	$€_1n$	黑色碳质泥岩	南皋						-33.66
	Z_bd	黑色泥岩	南皋						-31.86

(2) 黔东南地区的固体沥青多为高成熟—过成熟，其碳质沥青—源对比更为困难。由于其成熟度高，

一些常规指标已经失去意义，利用含沥青储集岩及烃源岩酸解气碳同位素等进行对比是相对有效的（表6.9）。麻江地区 P_1 固体沥青酸解气 $\delta^{13}C_1$、$\delta^{13}C_2$、$\delta^{13}C_3$、$\delta^{13}i\text{-}C_4$、$\delta^{13}C_4$、$\delta^{13}i\text{-}C_5$、$\delta^{13}C_5$ 碳同位素类型曲线与该区 P_1 烃源岩酸解气相应的碳同位素类型曲线相吻合（图6.65a），与该区 P_1 煤酸解气相应的碳同位素类型曲线相差明显；而丹寨 $Є_3$ 固体沥青酸解气 $\delta^{13}C_1$、$\delta^{13}C_2$、$\delta^{13}C_3$、$\delta^{13}i\text{-}C_4$、$\delta^{13}C_4$、$\delta^{13}i\text{-}C_5$、$\delta^{13}C_5$ 碳同位素类型曲线与丹寨 $Є_2$ 烃源岩（R_o=2.93%）酸解气相应的碳同位素类型曲线相吻合（图6.65b）。即麻江地区 P_1 固体沥青可能源于本区附近的 P_1 烃源岩，而丹寨 $Є_3$ 固体沥青可能源于附近的 $Є_2$ 烃源岩。

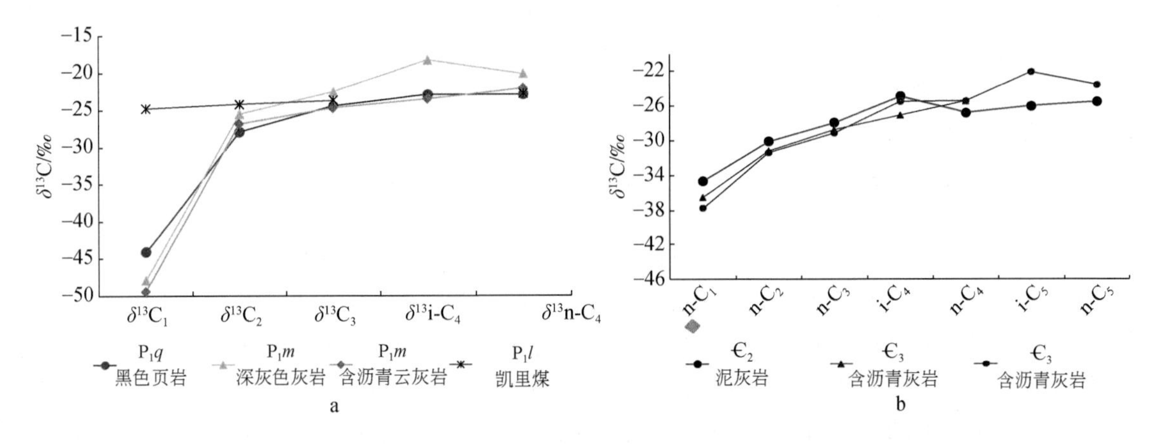

图6.65 麻江地区 P_1 固体沥青和烃源岩酸解气碳同位素类型曲线对比（a）及丹寨 $Є_3$ 固体沥青和 $Є_2$ 烃源岩酸解气碳同位素类型曲线对比（b）

（3）实际上，麻江地区固体沥青演化程度并不高，其 C_{27}-C_{28}-C_{29} 重排甾烷呈右倾型（即 $C_{27}>C_{28}>C_{29}$）分布（图6.66），这一甾烷碳数分布形式明显有别于虎47井原油及洛棉沥青，可能归因于成熟度差异，而油源对比表明麻江–都匀地区固体沥青与虎47井原油应基本属同源。C_{27}-C_{28}-C_{29} 甾烷三角图广泛用于确定原油和（或）源岩沥青的关系，图6.67是来自麻江–都匀地区各沥青样品与可能烃源岩抽提物的 C_{27}-C_{28}-C_{29} 重排甾烷组成三角图，图中除了陆架桥的煤样以外，其他点包括各沥青及二叠系、下寒武统和陡山沱组等源岩抽提物均集中在一个小区域内，很难指出沥青（油）源关系，但至少说明了其源岩沉积环境是海相的。

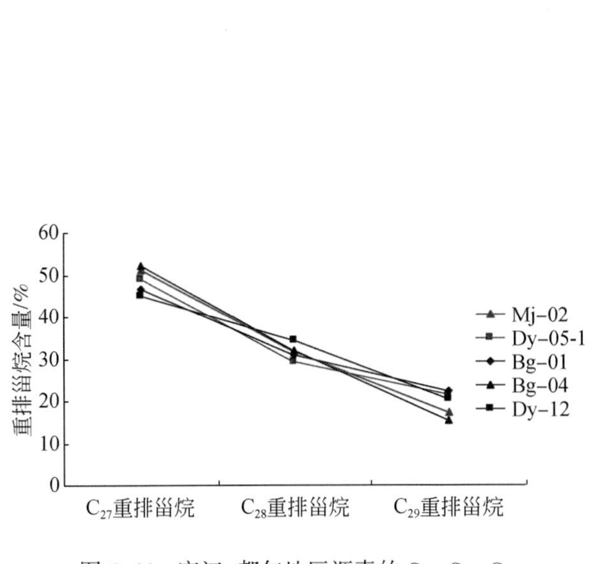

图6.66 麻江–都匀地区沥青的 C_{27}-C_{28}-C_{29} 重排甾烷碳数分布

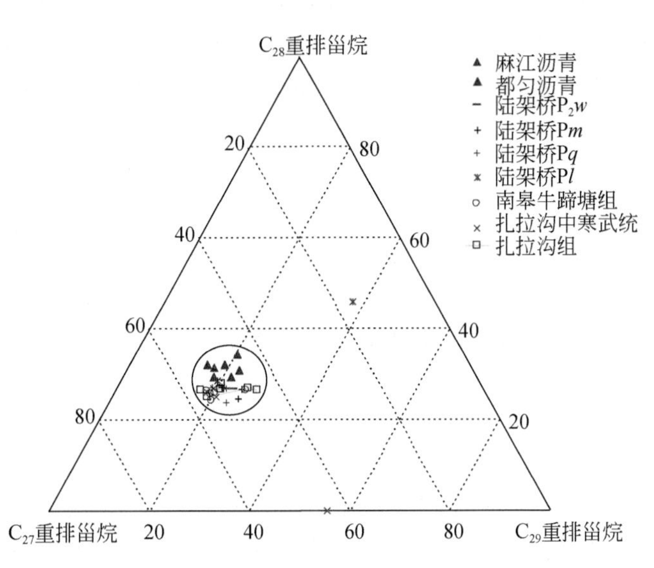

图6.67 麻江–都匀地区沥青、抽提物 C_{27}-C_{28}-C_{29} 甾烷组成三角图

第三节　塔河油田的油气源分析

经过二十多年的研究，关于塔里木盆地台盆区油源与成藏期次的认识仍然没有得到很好的突破，这对塔里木盆地的油气勘探造成了很大的影响。一方面这些问题是油气勘探难以回避的问题，而另一方面这些问题难以在短时间内完全解决。由于下古生界烃源岩埋藏深，岩相变化比较大，钻井钻遇、揭露的烃源岩样品非常有限，很难用常规的烃源岩研究方法对烃源岩做一个直接、清晰的评价，需要新技术新方法更多地从含油储集岩样品、原样和优质烃源岩样品中寻找解决途径和评价技术。

多年的研究结果明确了塔里木盆地台盆区下古生界有两套主要的烃源岩，即寒武系—下奥陶统和中-上奥陶统烃源岩（张水昌等，2004）。寒武系—下奥陶统烃源岩分布范围广，在整个台盆区均有分布，形成于欠补偿、强还原环境的盆地相；有机质丰度高，在柯坪断隆露头区，下寒武统底玉尔吐斯组黑色页岩系有机碳含量可达7%～14%。但这套源岩现今成熟度很高，达到高过成熟阶段。中-上奥陶统烃源岩仅分布于台盆区的台地上，主要为形成于台缘斜坡-盆地边缘相的泥质泥晶灰岩。现今成熟度适中，处于生油高峰至生油后期阶段。但这段烃源岩有机质丰度较高的层段太少，分布范围比较局限。

多年来，对于塔里木盆地台盆区海相原油具体是来源于寒武系—下奥陶统，还是中-上奥陶统烃源岩一直存在较大的分歧。比较有代表性的观点认为，塔中和塔北地区海相原油主要来源于中-上奥陶统烃源岩（张水昌等，2001，2002，2004；Zhang et al.，2000；Zhang and Huang，2005）。支持这一认识的主要依据是塔中、塔北地区海相原油的生物标志化合物分布特征与中-上奥陶统烃源岩可以对比，而与下-中寒武统烃源岩差异明显。但是由于塔中和塔北地区已发现原油的分布特征和规模与中-上奥陶统烃源岩的分布范围及规模明显不对称，许多石油地质、地球化学家和一线勘探人员对该观点有很大的疑问。

志留系沥青砂广泛分布于塔中和塔北地区，被认为是加里东期（志留纪—泥盆纪）成藏，或油气充注，在泥盆纪由于抬升剥蚀而遭受破坏的产物。这一认识是基于“构造运动—抬升剥蚀—油藏破坏”这一模式推断的。早期的研究认为志留系沥青砂中的油气组分，毫无疑问，应该来源于寒武系烃源岩。中-下寒武统烃源岩分布范围广、有机质丰度高、类型好，在地质历史上生烃量巨大。但下古生界烃源岩和海相原油分子地球化学研究结果表明，志留系沥青砂生物降解油气组分与上奥陶统烃源岩具有更好的对比性（Zhang et al.，2000；Zhang and Huang，2005）。更详尽的研究表明，大多数采自志留系沥青砂的样品，生物降解原油与上奥陶统烃源岩有很好的对比性，少数样品则与寒武系—下奥陶统烃源岩可以对比（彭平安等，2004；Pan and Liu，2009；Jia et al.，2010）。沥青砂的形成时代、形成机理及其与正常原油（未遭受生物降解原油）之间的成因联系值得进一步研究。

一、油气单体包裹体分析技术与应用

在油气成藏过程中，矿物重结晶会捕获运移途中的含油气流体，形成直径一般小于30μm的封闭个体，即油气包裹体。其封闭性能够避免油气藏改造的影响，因此多期油气藏物质来源的“DNA”分别蕴藏于共存的单体包裹体分子组成中。

从20世纪70年代起，国内外研究机构开始研发包裹体分析技术，并逐渐将群体包裹体技术等引入油气勘探中（图6.68），但仅适用于简单成藏过程。而复杂油气成藏过程的重建只能依赖于单体油气包裹体分析技术，由于单体包裹体所含油气量甚微（0.1～50ng）且共存于同一样品中，微区分析通常采用1064nm红外或者532nm可见激光进行剥蚀，其热效应会引起油气分子的热裂解导致现有技术无法实现单体油气包裹体分子组成的保真、大信息量获取，因此必须寻求新的仪器和方法上的突破。

1. 单体油气包裹体原位、微区、激光在线油气成分分析技术获得突破

该技术首次选择193nm准分子激光用于单体油气包裹体剥蚀，避免了热裂解，从而实现了痕量油气的保真释放。激光剥蚀样品池采用铝质传热基座和精细抛光不锈钢内腔，可实现快速升温和精确控温

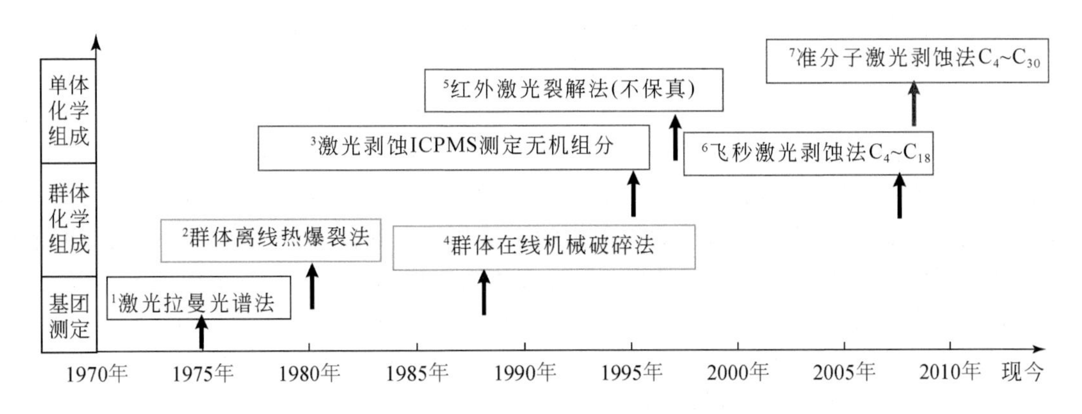

图 6.68　油气包裹体分析技术发展历程

1. 美国国家标准局（1975 年）；2. 美国 Conoco 公司（1984 年）；3. 泛美流体包裹体研究学会（1989 年）；
4、5、6. 澳大利亚联邦科学与工业研究组织（CSIRO）（1996 年；1998 年；2010 年）；7. Zhang 等（2013）

(±0.1℃)，避免组分残留和包裹体高温爆裂；上下通孔和石英玻璃密封实现了反、透射光同时观察，满足单体包裹体定位和激光剥蚀效率要求。传输线材质为玻璃衬里不锈钢，其光滑内壁减少了传输损失；在仅 45cm 的传输线上既设置了液氮直接冷却的富集冷阱，又可加载 40A 直流电发热，实现了 1min 内从 -160℃至 300℃的急速升温，确保了痕量物质分析的灵敏度和分辨率；去除了常规仪器的六通阀并与毛细色谱柱直接连接，减少了中间环节，满足了高分子量生物标志物的有效传输要求。

创建的在线分析流程同时满足了痕量物质的富集、传输以及精密仪器的检测要求，具体为包裹体荧光定位，准分子激光剥蚀，释放的痕量油气被高速载气（>600ml/min）吹扫进入冷阱富集，再通过瞬间切换的低速（1ml/min）载气带入仪器分析。

该技术首次实现了直径 10μm 以上单体包裹体痕量油气中 C_4 ~ C_{30}+正构和异构烷烃、单环、双环、三环芳烃化合物等生物标志物的大信息量检测，获取了指示油气源及其形成环境的“DNA”信息，克服了油气地质样品中缺少>50μm 单体油气包裹体的局限性，检测指标优于国外同类研究机构的最近成果。

单体油气包裹体分析是一项原位的、微区的、在线的油气成分分析技术。如图 6.69 所示为样品池设

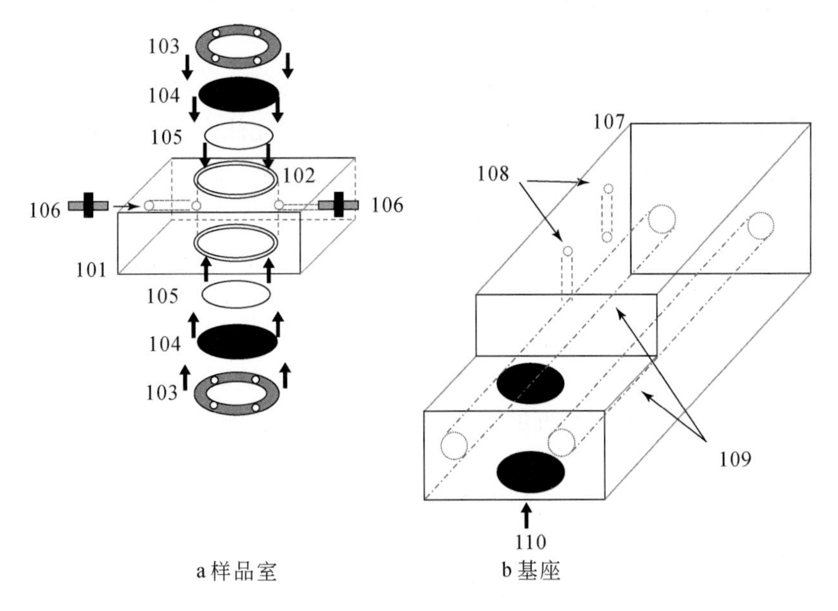

图 6.69　单体油气包裹体成分分析样品池设计图

101. 样品室；102. 样品室孔；103. 固定盖板；104. 石英玻璃；105. 氟胶 O 型圈；
106. 1/8 英寸螺纹卡套；107. 基座；108. 热电偶孔；109. 加热棒孔；110. 观察孔

计图。该样品池为中国石化石油勘探开发研究院无锡石油地质研究所项目组设计并由澳大利亚西澳大学完成制造。该样品池有以下一些特点：首先，采用了透光式的设计，这样可以同时进行反射光、透射光以及反射荧光的观察，这对于微区分析的单个油气包裹体的观察、确定以及定位来讲是有利的；其次该样品池采用分体式结构，其中基座采用金属铝，而腔体采用不锈钢，这样能够在减小整体重量的同时更加有利于热传导。目前该装置已申请了美国专利及商标局的发明专利（US9207165B2）。单体油气包裹体分析系统结构见图6.70，与国外其他机构此前使用的系统相比，这套系统结构：第一具有明显的不同，最主要的是去除了以前作为核心的六通阀部件，系统整体结构得以简化，这样能够明显提升物质传输的效果；第二去除了色谱分析内冷阱，采用外冷阱一次富集，这样也是为了简化结构和步骤，利于微量物质的传输。同时选用特殊材料进行传输管线的制造，有效地减少物质残留。结果证明，这些改进有效地提升了分析效果，取得了很好的实际分析结果。

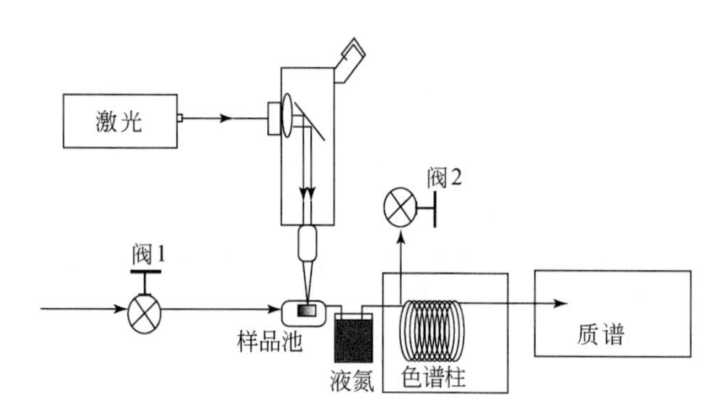

图6.70　单体油气包裹体分析系统结构

该分析系统的特点是：①新设计完善了样品池以及传输系统，整体系统结构简化后明显提升了分析效果；②单体包裹体分析结果突破了国际上对于单体包裹体分析 C_{20} 的检测极限，提高了分析结果的可用性；③首次实现了样品内不同性质油气包裹体的分别检测，真正实现了“单体包裹体”分析技术，以往对于包裹体油气组成的分析主要是进行“群体”分析，无法区别不同类型的油气包裹体，因此也使得油气包裹体组成分析技术的实际应用价值打了折扣，而在此之前也没有见到同一样品中不同油气组成分别检测的技术发表。

在塔里木盆地奥陶系储层中发现了两种不同性质的油气包裹体，分别具有蓝色和黄色的荧光显示，这表明两者具有明显不同的油气组成，可能分别代表了两期油气充注事件。采用193nm的准分子激光剥蚀石英矿物基质后，配合这套重新设计、完善的分析系统，成功地检测到了 i-C_4 ~ n-C_{30} 的烃类化合物组成，超越了国际上对于单体包裹体分析中 C_{20} 的检测极限。分析结果显示蓝色荧光的包裹体具有高含量的脂肪族烃类（如正构、环烷烃）和气态烃类；而分析结果显示黄色荧光的包裹体具有相对高含量的芳烃类化合物（如烷基萘等）。烃类化合物的地球化学参数也表明，两种不同的油气中，蓝色荧光的一组具有相对较高的成熟度，这与前人研究的结果相一致。

图6.71与图6.72为单体油气包裹体成分分析仪器分析结果。从剥蚀前后荧光照片的对比来看，选定的目标能够被有效地剥蚀和分析，而相邻近的其他包裹体则没有受到影响，可见193nm准分子激光具有很高的目标点选择能力。首先，从总离子流（TIC）（图6.71a、图6.72a）可以看出化合物系列能够被清楚地定性，这与以前的结果相比是一个重大的进步；其次，从直链烷烃的分布来看，整体上呈正态分布，这符合一般原油的组成特征，表明由于采用了最新设计的第二代系统，轻、重质烃类能够有效地被富集和传输；最后，从化合物的分布来看，最高检出物能够达到 n-C_{30}^{+}，这是一项非常重要的进展，突破了国际上数十年来单体包裹体分析技术研究的瓶颈。众所周知，原油、可溶有机质的常规气相色谱检测范围基本分布在 n-C_{13} ~ n-C_{30}^{+}，这表明目前中国石化石油勘探研究院无锡石油地质研究所建立的单体包裹体分析方法基本能够达到常规检测的级别，也就是说是具有实际应用价值的。

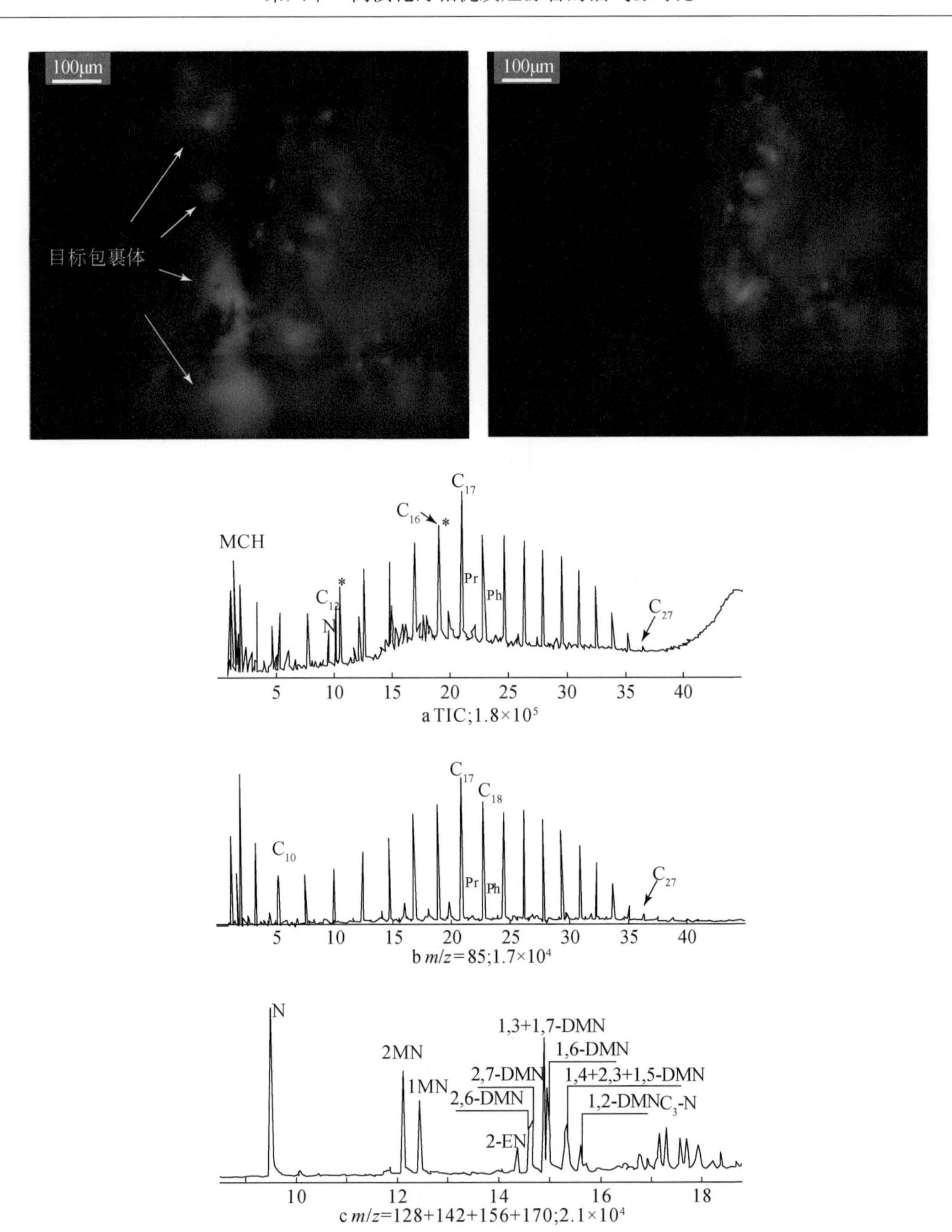

图 6.71　塔里木盆地蓝色荧光含油油气 193nm 准分子激光剥蚀分析结果

a. 总离子图；b. 链烷烃质量色谱图；c. 芳烃质量色谱图。

C_n. 链烷烃碳数；Pr. 姥鲛烷；Ph. 植烷；N. 萘；MN. 甲基萘；DMN. 二甲基萘；C_3-N. 三甲基萘；EN. 乙基萘。* 代表未能定性化合物

从表 6.14 可以看出，两种不同荧光颜色的油气所包含原油种类是不同的，蓝色荧光包裹体中含有更多的直链烷烃，特别是轻质烷烃，因此两者的饱/芳明显不同，分别为 2.02 和 0.75。而且两者的 Pr/n-C_{17} 值也具有很大差异（分别为 0.43 和 0.25），这与蓝色荧光包裹体中的原油具有更高的成熟度相一致（George et al.，2001）。尽管蓝色荧光的包裹体同样可能具有较低的成熟度，但是通常情况下蓝色荧光的包裹体组分成熟度会高于橙色-黄色荧光包裹体（Stasiuk and Snowdon，1997；George et al.，2001）。其他一系列成熟度参数，如烷基萘指数、烷基菲等效反射率等同样表明蓝色荧光的含油包裹体具有更高的成熟度。

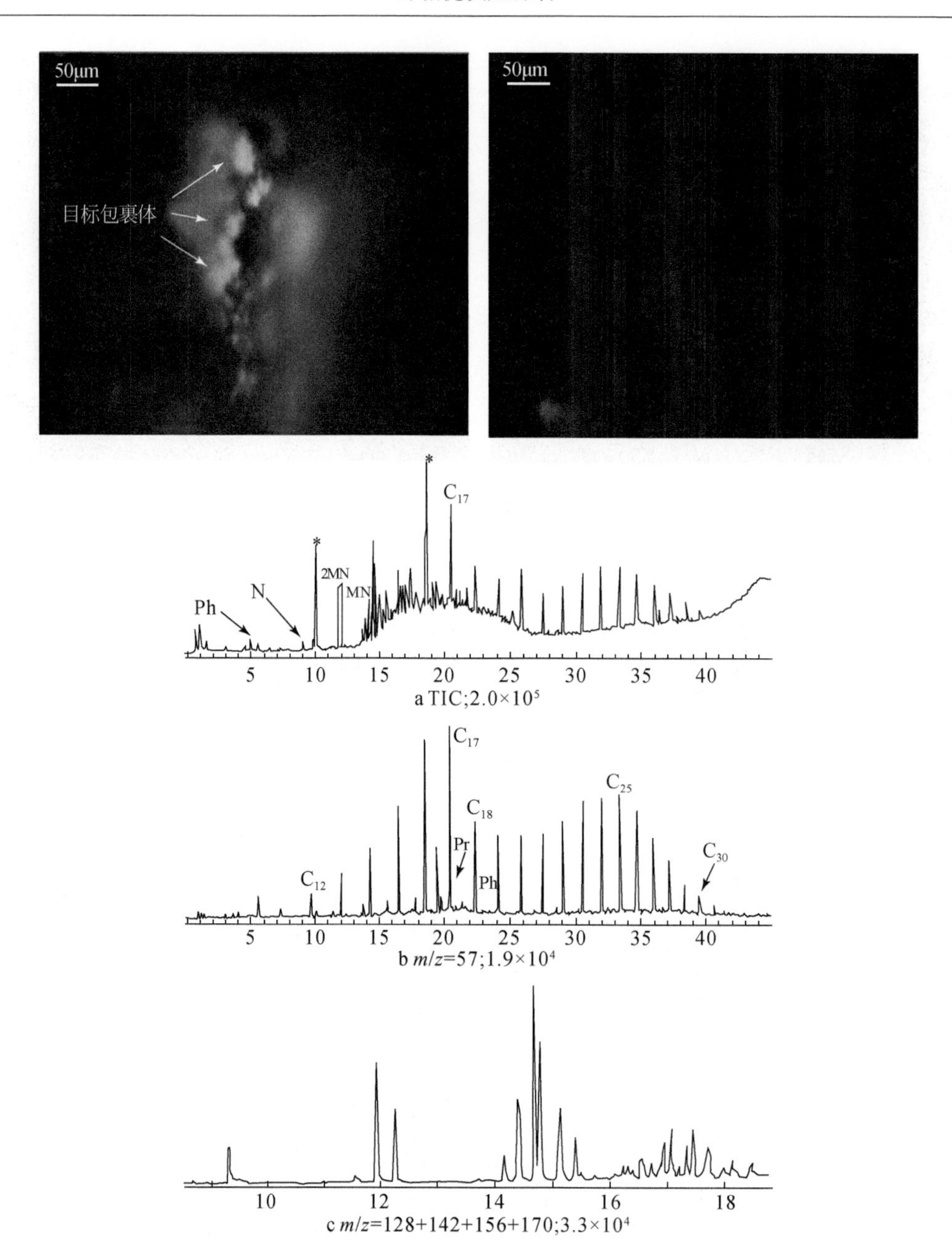

图 6.72　塔里木盆地黄色荧光含油油气 193nm 准分子激光剥蚀分析结果

a. 总离子图；b. 链烷烃质量色谱图；c. 芳烃质量色谱图。

C_n. 链烷烃碳数；Pr. 姥鲛烷；Ph. 植烷；N. 萘；MN. 甲基萘；

表 6.14　塔里木盆地油气包裹体激光剥蚀分析地球化学参数

项目	蓝色荧光包裹体	黄色荧光包裹体
饱/芳（以 m/z=85 计算饱和烃）	2.02	0.75
Pr/Ph	1.46	2.31
Pr/C_{17}	0.25	0.43
Ph/C_{18}	0.24	0.32
C_{27}/C_{17}	0.04	0.48
MNR（2-MN/1-MN）	1.49	1.67
DNR-x（2,6+2,7/1,6-DMN）	1.10	0.98

续表

项目	蓝色荧光包裹体	黄色荧光包裹体
TNR［2,3,6/（1,4,6+1,3,5）］TMN	0.69	0.56
MPR1.5［3MP+2MP］/［P+9MP+1MP］	0.58	0.32
%Rc（0.6 * MPI-1+0.4）	0.75	0.59
MPR：2-MP/1-MP	1.93	1.72
%Rc（0.99+lgMPR+0.94）	1.22	1.17
OEP（以 C_{23} 计算）	0.98	1.06

注：MNR 为甲基萘指数；DNR 为二甲基萘指数；TNR 为三甲基萘指数；MPR 为甲基菲指数；Rc 为折算反射率；OEP 为奇偶优势

单体包裹体中的生物标志化合物具有更大的应用价值。通常，页岩或者碳酸盐岩中抽提得到的生物标志化合物能够提供地球早期的生物差异性和环境信息。然而许多前寒武系的生物标志化合物可能会受到晚期来源的干扰。而由于油气包裹体的封闭性，其中包含的生物标志化合物不受外来影响而具有更高的价值。但是单个流体包裹体中仅含痕量的油气组分，而甾萜类生物标志化合物含量仅为常规烃类（如直链烷烃）的千分之一左右，具有极高的检测难度。除了采用离线群体包裹体分析技术（MCI）得到生物标志化合物组成以外，瑞典 SP 技术研究院的 Siljeström 等在 2010 年首次采用 C_{60} 粒子束来剥蚀油气包裹体并进行飞行时间–二次离子质谱（TOF-SIMS）在线分析，在单个油气包裹体中检测到了藿烷。

澳大利亚麦考瑞（Macquarie）大学 Simon George 等于 2012 年采用此项技术分析了澳大利亚北部 Roper 超级盆地中元古界（1430Ma）砂岩中的包裹体生物标志化合物。结果显示，包裹体外层矿物与包裹体油的分析结果具有明显差异，而四个包裹体分析图谱基本一致，这说明外来污染并没有影响到包裹体的封闭性。此外根据图谱分析鉴定，包裹体油中含有正构、异构、单环、双环烷烃、芳烃、甾烷、芳甾烷和藿烷等。

由于 TOF-SIMS 的特殊性，在化合物的定性方面，原油的组成太过复杂，仅凭特征离子来表征某一生物标志化合物目前还存在一定争议。但是在此前对同一样品的 MCI 分析中同样检测到这些化合物，这在某种程度上证实了结果的可靠性。此外，一般认为甾烷源自真核细胞膜中的脂类，因此这些数据表明真核生物至少出现在距今 1430Ma。

2. 塔河油田确实存在两期（海西运动中期和喜马拉雅运动晚期）原油充注

针对前人在塔河油田成藏期次及其油源方面存在的争论，借助激光微区单体油气包裹体成分分析等手段，证实塔河油田（TP_7井 O_2yj 样品）确实存在两个期次原油充注：

早期原油充注为黄色荧光包裹体，中质原油，饱和烃色谱呈 n-C_{17}、n-C_{25} 双峰，正构烷烃碳数分布 n-C_{11}～n-C_{32}，n-C_8～n-C_{11} 之间轻烃几乎缺失，芳烃含量较高，成熟度相对较低，原油充注古压力为 222～245bar，埋藏深度为 2220～2450m，捕获温度为 79～84℃，地温梯度为 3.0～3.1℃/100m，时间为 327～322Ma（海西运动中期），按其原油特征、成熟度、捕获温度、深度、时间等来推算，油源应主要来自该样品层位以下且经过运移的源岩（$Є_1$—O_1）。

晚期原油充注为蓝色荧光包裹体，轻质油，饱和烃色谱呈 n-C_{17} 单主峰，n-C_8 附近存在次峰，正构烷烃碳数分布 n-C_8～n-C_{28}，n-C_{11} 出现低谷，芳烃含量相对较低，成熟度相对较高，原油充注古压力为 566～600bar，埋藏深度为 5660～6000m，捕获温度为 151～157℃，地温梯度约为 2.6℃/100m，时间为 6～2Ma（喜马拉雅运动晚期），按其原油特征、成熟度、捕获温度、深度、时间等来看，油源应与早期充注的原油不同，可能来自该样品层位附近且短距离运移的源岩（O_3），主要证据如下。

（1）塔河油田的油气充注期次及其古压力、古温度、古埋藏深度和时间分析。

在偏光荧光显微镜下对塔河油田流体包裹体样品的显微观察显示，样品中盐水包裹体的分布相对广泛，在各个层位的不同样品中均有发育，而与油气有关的烃包裹体的分布则相对略少。

塔河油田的油气包裹体主要分布在溶孔充填的石英、方解石和裂隙充填的方解石中，呈串珠状或成群分布。形态大小很不规则，较大的可达 50μm 以上，且在个别样品中较富集。见两种荧光颜色的烃包裹体：一种为蓝绿色-蓝白色荧光，单偏光下无色，量较多；另一种为黄色-黄绿色荧光，单偏光下浅褐色-无色。大部分样品中可见伴生的盐水包裹体发育（图6.73）。

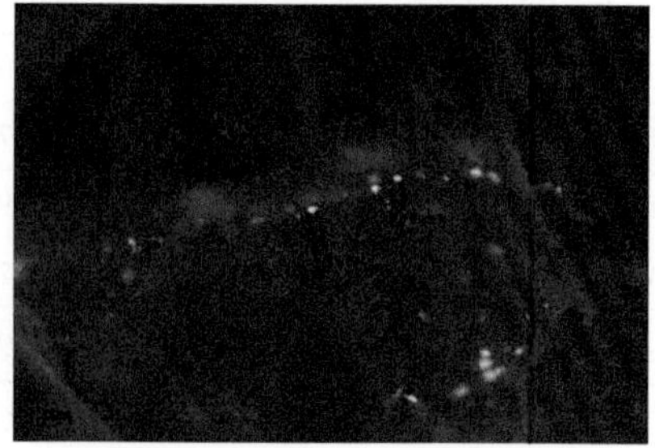

图6.73　裂隙充填方解石中的油气包裹体呈串珠状或成群分布（单偏光、荧光，×50）

为了综合分析研究区油气成藏的时间以及期次，对遍布全区的近30口钻井中∈—O碳酸盐岩储层样品的盐水包裹体和油气包裹体进行了广泛的温度测定。主要选择溶孔（洞）充填的方解石、石英和方解石脉中形态比较规则、完整的流体包裹体，特别是对流体包裹体群中气/液比较小并且相近的包裹体进行重点测定，以取得比较准确的数据。

塔河∈—O钻井样品流体包裹体的温度测定结果反映，样品中盐水包裹体均一温度为63.5～151.8℃，伴生的气液烃包裹体主要见两种荧光颜色：黄色-黄绿色的均一温度为45.4～113.2℃，蓝色的均一温度为74～92.1℃。

由于烃包裹体大多呈不规则形状产出，为了取得比较可靠的烃包裹体的体积气/液值，主要从大量分布的烃包裹体中挑选形态比较规则的球形、椭球形包裹体进行体积测量。采用Zeiss LSM 5 Pascal激光共聚焦扫描显微镜对选定的烃包裹体进行分层激光扫描，最后将三维图像叠加后测量、计算烃包裹体气/液比（图6.74、图6.75）。样品为塔河油田九区桑东2号构造北翼T901井5700m左右深度段，层位属恰尔巴克组（O_3q）。

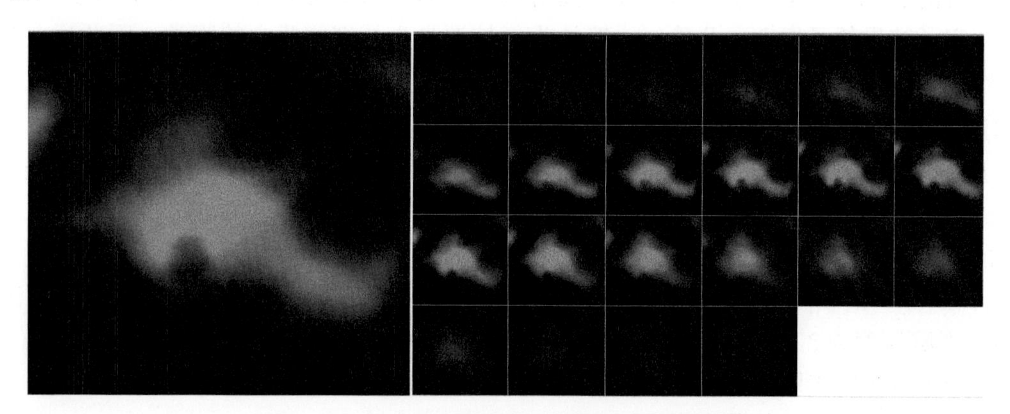

图6.74　气液烃包裹体激光共聚焦显微扫描图

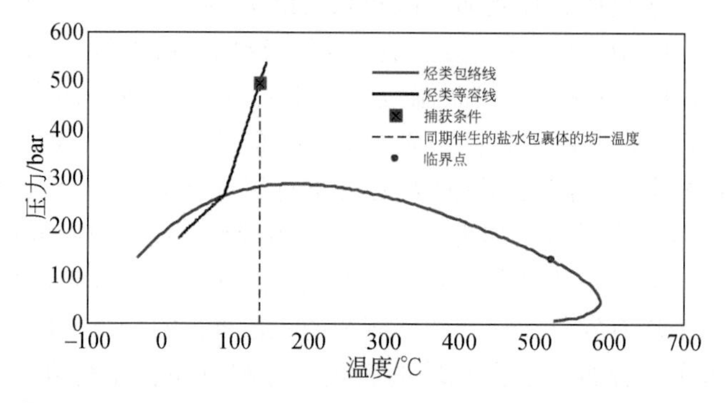

图6.75　塔河油田T901井蓝色荧光气液烃包裹体PVTsim模拟相态曲线及等容线

塔河 T901 井 $O_2yj—O_3q$ 储层中主要发育黄色-黄绿色和蓝色两种荧光的烃包裹体，根据 T901 井井流物组分和单体包裹体 GC-MS 分析结果模拟烃包裹体的初始摩尔组成，进行 PVTsim 的烃包裹体的饱和压力计算，并拟合出烃包裹体的等容方程，盐水包裹体的等容方程由 FLUIDS 软件计算获得。

根据塔河油田流体包裹体产状、荧光颜色、均一温度、盐度、捕获温度、捕获压力等多方面综合判断并结合油气包裹体成分分析结果，塔河油田碳酸盐岩储层（T901 井 $O_2yj—O_3q$）发育有黄色-黄绿色和蓝色两种荧光包裹体，通过上述油气包裹体岩相学及热力学分析和古温度、古压力模拟计算发现：早期为黄色-黄绿色荧光包裹体，单偏光下浅褐色-无色，原油充注古压力为 222～245bar，捕获温度为 79～84℃，大部分样品中可见伴生的盐水包裹体发育，伴生的盐水包裹体均一温度多变化在 45.4～113.2℃之间，黄色荧光包裹体的原油有极高芳烃含量、呈现 n-C_{17}、n-C_{25}双峰型且具有一定的奇偶优势，原油成熟度较低。

晚期为蓝绿色-蓝白色荧光包裹体，单偏光下无色，量较多，古压力模拟计算结果显示，原油充注压力为 566～600bar，捕获温度为 151～157℃，其原油充注古压力和捕获温度远高于早期黄色荧光包裹体，蓝色荧光伴生的盐水包裹体均一温度为 74～92.1℃，看来盐水包裹体均一温度（模拟计算参数之一）与烃包裹体捕获温度尽管有关系但是并不完全一致，这正是烃包裹体捕获温度和压力的意义和创新所在。此外，蓝色荧光包裹体的原油组成呈 n-C_{17}单主峰，轻质烃类丰富，芳烃含量相对较低，原油成熟度相对较高，呈现出晚期轻质原油充注特征。

（2）根据油气包裹体所计算的古压力和捕获温度，结合该样品的埋藏史与热演化史，可以推算不同期次油气包裹体原油充注时的古埋藏深度、古地温梯度和成藏时间。

早期黄色荧光包裹体捕获原油时的古压力为 221.8～245.3bar，古温度为 79.2～83.5℃（表 6.15），如果按正常地层（水）压力来推算，其古埋藏深度为 2218～2453m（一般捕获时可能具有一定的超压异常，因此实际古埋深可能更浅一些）。根据 S110 井埋藏史（图 6.76）对比可知，早期黄色荧光包裹体原油捕获时间为 327～322Ma，即海西运动中期（C_2）；如果塔河油田石炭纪沉积时地表温度按 15℃推算，此时的古地温梯度约为 3.0/100m，与塔河埋藏史和热史研究结果石炭系—二叠纪地温梯度为 3.0～3.2℃/100m 是一致的（李慧莉等，2005b）。

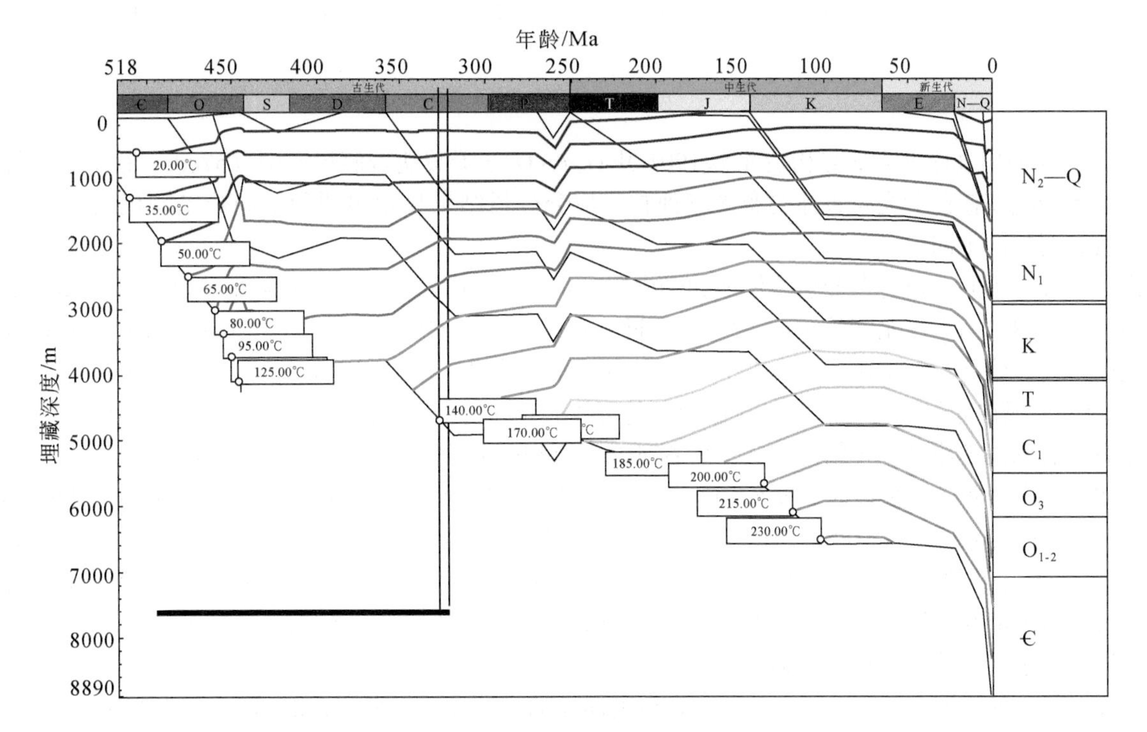

图 6.76　S110 井埋藏史与热演化史（据贾存善，内部资料）

晚期蓝色荧光包裹体捕获原油时的古压力为565.9～599.8bar，古温度为150.6～156.9℃（表6.15），按正常地层压力来推算古埋藏深度为5659～5998m；根据T901井埋藏史（图6.77）对比可知，晚期蓝色荧光包裹体原油捕获时间为6～2Ma，即喜马拉雅运动晚期。如果塔河油田N—Q平均地表温度也按10℃推算，地温梯度约为2.4℃/100m，与现今地温梯度为2.0℃/100m（李慧莉等，2005a）相接近。

表6.15　塔河油田T901井包裹体捕获古压力及捕获古温度

序号	荧光颜色	古压力/bar	古温度/℃
1	黄色	221.8～245.3	79.2～83.5
2	蓝色	565.9～599.8	150.6～156.9

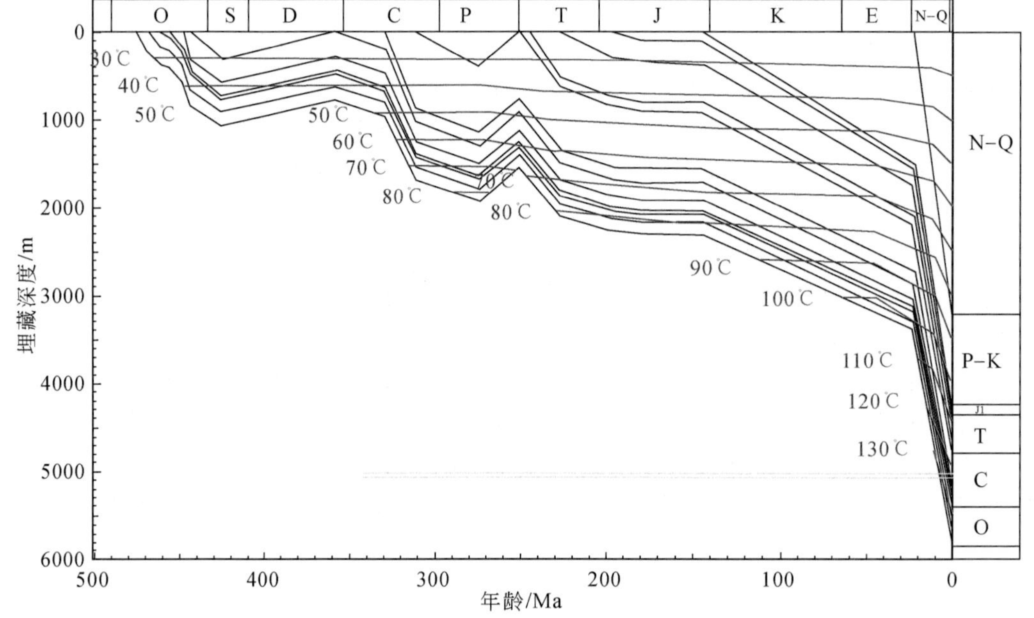

图6.77　T901井埋藏史与热演化史（据贾存善，2006）

（3）塔河油田九区桑东2号构造北翼T901井O_3q～O_2yj碳酸盐岩储集层中（5700m左右）早期黄色荧光包裹体和晚期蓝色荧光包裹体的激光剥蚀在线成分分析结果显示出两种不同荧光颜色的油气地球化学特征具有明显的不同。

饱和烃峰型不同：黄色荧光包裹体饱和烃谱图（$m/z=85$或$m/z=57$）呈明显的双峰型（图6.72b），主峰碳为n-C_{17}和n-C_{25}，尤其是n-C_{25}后主峰附近n-C_{23}～n-C_{26}石蜡烷烃发育，几乎缺失n-C_8～n-C_{11}轻烃；而蓝色荧光包裹体饱和烃谱图（图6.71b、图6.78）呈单峰型，主峰碳为n-C_{17}，在n-C_8附近存在一个次高峰，n-C_{10}出现在低谷，这与前者（黄色荧光包裹体）明显不同。这预示出它们的来源不同，前者可能与近岸海相底栖藻类或水生植物等有关，后者可能与海相碳酸盐台凹或台洼浮游藻类有关。

Pr/Ph等异构烷烃差别明显（表6.14）：黄色荧光包裹体Pr/Ph=2.31，Pr/n-C_{17}=0.43，Ph/n-C_{18}=0.32，而蓝色荧光包裹体Pr/Ph=1.46，Pr/n-C_{17}=0.25，Ph/n-C_{18}=0.24，均低于前者（黄色荧光包裹体）。这预示着它们的沉积环境存在差异，尽管均为弱还原—还原环境，但后者较前者沉积环境更偏还原一些，或前者可能与近岸海相水生植物或底栖藻类等弱还原—还原环境有关，后者可能与海相碳酸盐台凹或台洼偏咸水浮游藻类的还原—强还原环境有关。

芳烃含量明显不同（表6.14）：黄色荧光包裹体原油中芳烃含量很高，饱/芳=0.75（饱和烃以$m/z=85$计算），芳烃明显高于饱和烃，尤其是二甲基萘峰（1,3+1,7-DMN，1,6-DMN）和甲基萘峰（2-MN）还高于饱和烃主峰n-C_{17}和n-C_{25}（图6.72c）。此外，萘系列出现二甲基萘峰高于甲基萘峰，甲基萘峰高

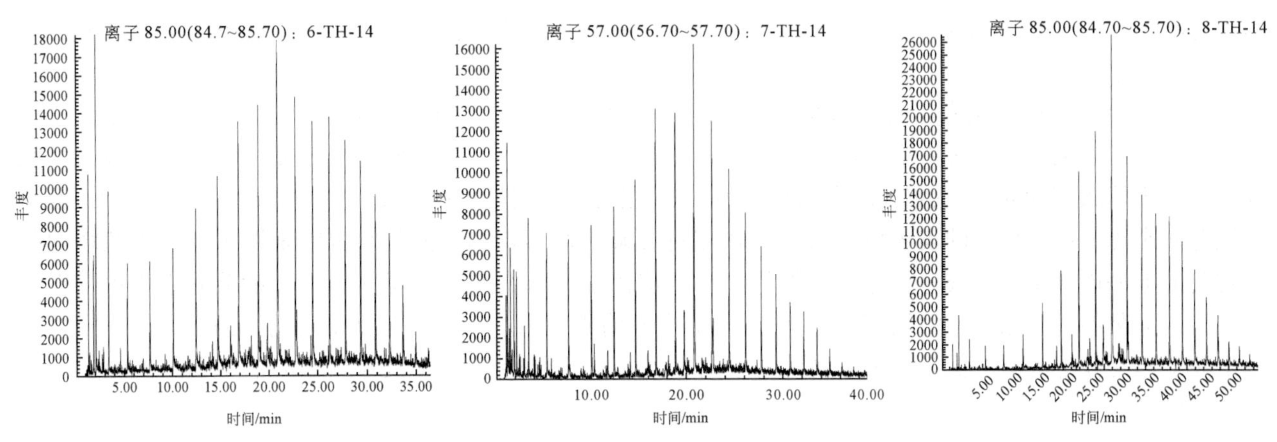

图 6.78　T901 井蓝色荧光包裹体饱和烃分布特征

于萘峰；而蓝色荧光包裹体原油中含更多的轻质烷烃，芳烃含量相对较低，饱/芳=2.02（饱和烃以 m/z=85 计算），饱和烃明显高于芳烃，二甲基萘峰和甲基萘峰远低于饱和烃主峰 n-C_{17}，萘系列出现萘峰高于甲基萘峰高于二甲基萘峰，与黄色荧光包裹体正相反。其芳烃含量分布的不同预示着它们的成烃生物及沉积环境存在明显差异，前者（黄色荧光包裹体）可能与近岸海相水生植物或底栖藻类等成烃生物为主有关，后者可能与海相碳酸盐台凹或台洼浮游藻类等成烃生物有关。

甲基菲指数（MPI）等芳烃成熟度参数不同：黄色荧光包裹体原油甲基菲指数（MPI）较低，只有 0.32，若换算成等效 R_o 仅 0.59%，参考 MPR 值的等效 R_o 在 0.6%～0.8%之间，相当于充注的为低成熟原油，实际上，其甲基萘（2/1-MN）、二甲基萘［（2,6+2,7）/1,6-DMN］和三甲基萘［2,3,6/(1,4,6+1,3,5）-TMN］值及甲基菲（2/1-MP）值均相对较低；而蓝色荧光包裹体原油的 MPI=0.58，换算的等效 R_o>0.75%（按甲基菲比值推算 R_o 为 1.22%），可能相当于充注的为等效 R_o 在 0.8%～1.0%之间的成熟中晚期原油，这与其甲基萘、二甲基萘和三甲基萘值等是一致的（表 6.14）。

成熟度不同：黄色荧光包裹体正构烷烃呈弱的奇偶优势（OEP=1.06），n-C_{21}^-/n-C_{22}^+值为 1.1，可能与油成熟度低等有关；再联系 MPI 等芳烃成熟度参数和其捕获温度（80℃左右），整体反映早期注入的石油成熟度较低（相当于等效 R_o 变化在 0.6%～0.8%之间的成熟早中期）；而蓝色荧光包裹体原油奇偶优势（OEP=0.98）不明显，n-C_{21}^-/n-C_{22}^+值为 5.66，加上 MPI 等芳烃成熟度参数和其捕获温度（155℃左右），表明原油成熟度相对较高（相当于等效 R_o 变化在 0.8%～1.0%之间的成熟中后期），但未达到成熟晚期原油开始大量热裂解阶段。

运移距离不同：黄色荧光包裹体饱和烃正构烷烃碳数分布 n-C_{11}～n-C_{32}，n-C_{13}之前的化合物含量很低，n-C_5～n-C_{11}之间轻烃很低，但是它们之间的苯和萘等轻芳烃含量仍较高，并非水溶损失，可能反映了与运移距离相对较远、轻烃微渗漏散失时间较长等有关，这与它们的捕获时间长（327～322Ma）是一致的；而蓝色荧光包裹体原油正构烷烃轻烃碳数 n-C_5～n-C_{28}分布齐全（n-C_5～n-C_7未分辨出来），n-C_{13}之前的化合物含量相对丰富，甚至 n-C_8附近存在一个次峰，n-C_{11}出现低谷，表明原油尚未开始大量热裂解，保持了成熟中后期原油原始面貌，运移距离较近或时间短，这与它们的捕获时间短（6～2Ma）相一致。

3. 塔河油田早期充注的原油，可能来源于碳酸盐岩储集层以下并经过一定距离运移的$Є_1$—O_1优质烃源岩（页岩）；晚期充注的轻质原油，可能来源于碳酸盐岩储集层附近运移距离较近的 O_3烃源岩（碳酸盐岩）

综合上述，塔河油田 O_3q—O_2yj 碳酸盐岩储集层中两期油气包裹体油气地球化学特征显著不同之处在于饱和烃峰型、芳烃含量、成熟度及运移参数的差异。探讨其原因可能是它们的来源或源岩沉积环境、成烃生物、成熟度、运移距离和成藏过程及时间存在着差异。黄色荧光包裹体为早期充注（327～322Ma）的原油，可能来源于碳酸盐岩储集层以下并经过一定距离运移的$Є_1$—O_1优质烃源岩（页岩）。蓝色荧光包裹体为晚期充注（6～2Ma）的轻质原油，可能来源于碳酸盐岩储集层附近运移距离较近的 O_3 烃源岩（碳酸盐岩），主要依据如下。

（1）早期黄色荧光包裹体充注的原油饱和烃正构烃分布峰型（图 6.72b）与塔里木盆地下寒武统玉尔吐斯组下部多数优质烃源岩饱和烃正构烷烃峰型分布（图 6.79、图 6.80）很相似，均不同程度地呈双峰分布，主峰碳多为 n-C_{17} 左右，次主峰碳多为 n-C_{25} 左右。尤其是它们的 n-C_{25} 主峰附近 n-C_{23}～n-C_{26} 石蜡烷烃并非来源于高等植物的表皮蜡，因为$€_1$尚未存在陆生高等植物，但是它可能来源于与高等植物的前身有关的近海岸水生植物或海相底栖藻类等，水生植物或底栖藻类（宏观藻类等）的茎叶表皮也存在表皮蜡，它或某些长链脂肪酸的细菌可能就是 n-C_{25} 主峰附近 n-C_{23}～n-C_{26} 石蜡烷烃的来源。当然，主要成烃生物仍然是浮游藻类等低等浮游生物，它是主峰碳 n-C_{17} 周围烃类的主要来源（许怀先等，2001；程克明等，1995）。

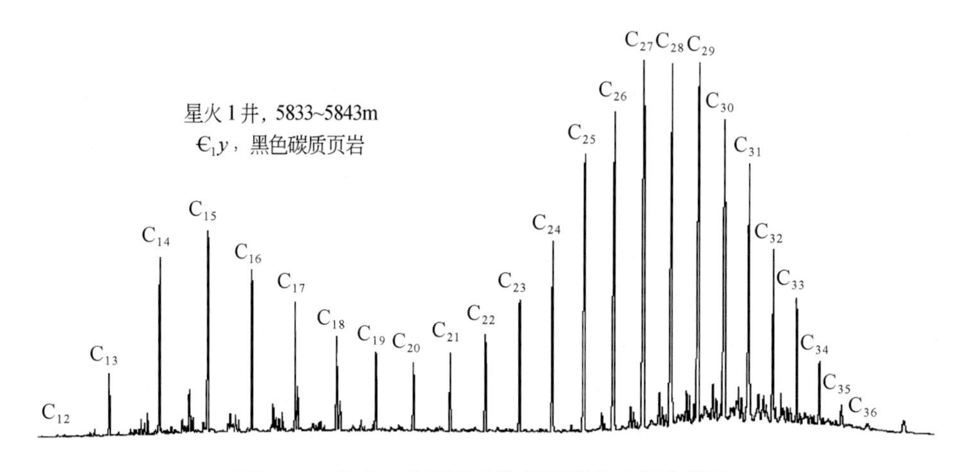

图 6.79　星火 1 井下寒武统烃源岩饱和烃色谱图

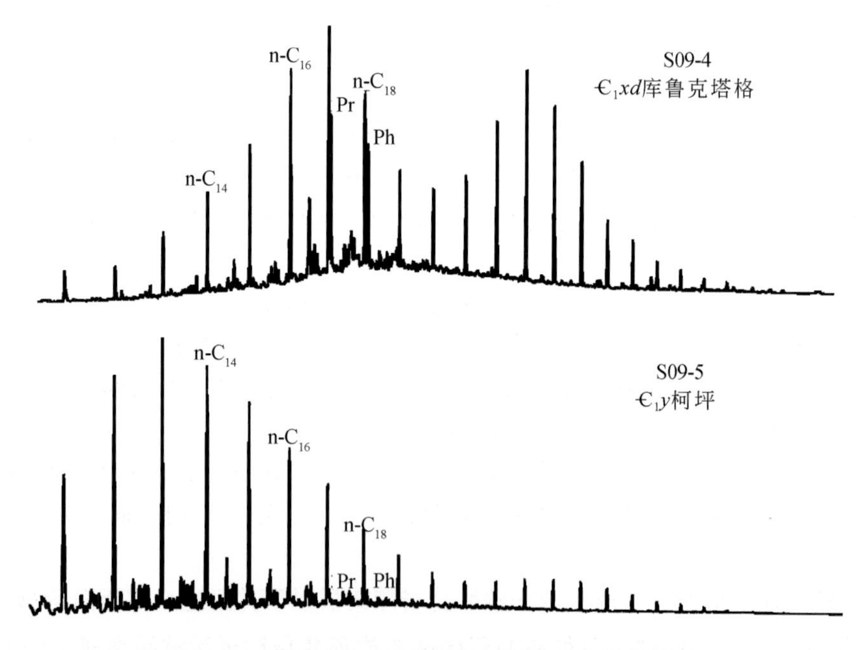

图 6.80　塔里木盆地下寒武统烃源岩饱和烃色谱图

而晚期蓝色荧光包裹体充注的原油饱和烃正构烃分布峰型（图 6.78）与塔里木盆地上奥陶统碳酸盐岩烃源岩饱和烃正构烷烃峰型分布（图 6.81～图 6.83）很相似，多呈单峰分布，主峰碳多为 n-C_{17} 左右。它可能源于海相碳酸盐台地凹陷或洼槽或萨巴哈洼地沉积形成的局部分布的碳酸盐烃源岩，成烃生物以浮游藻类等低等水生生物为主。

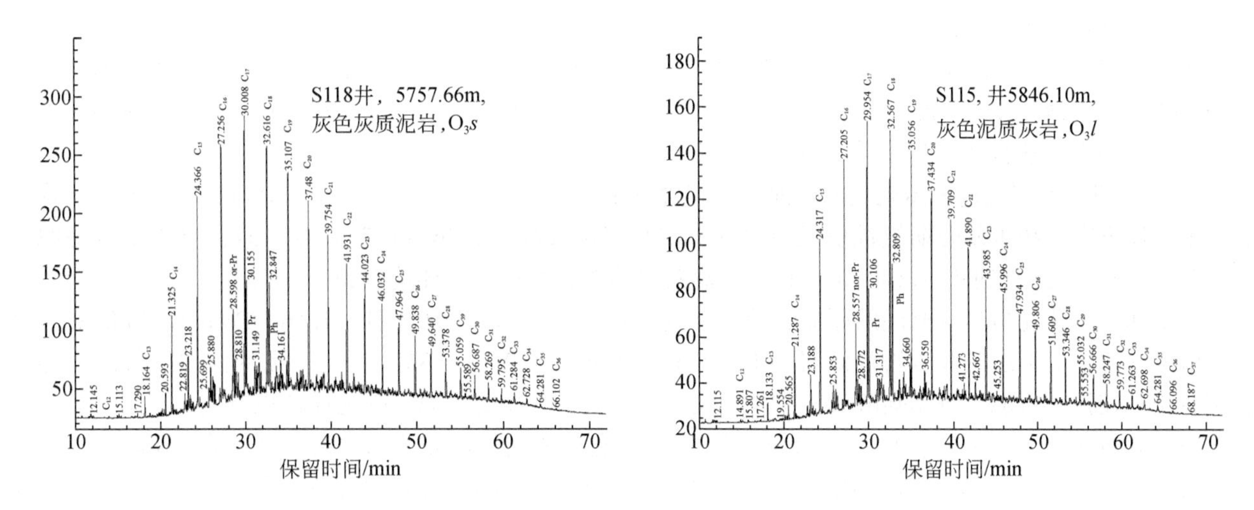

图 6.81　塔河上奥陶统烃源岩饱和烃分布特征

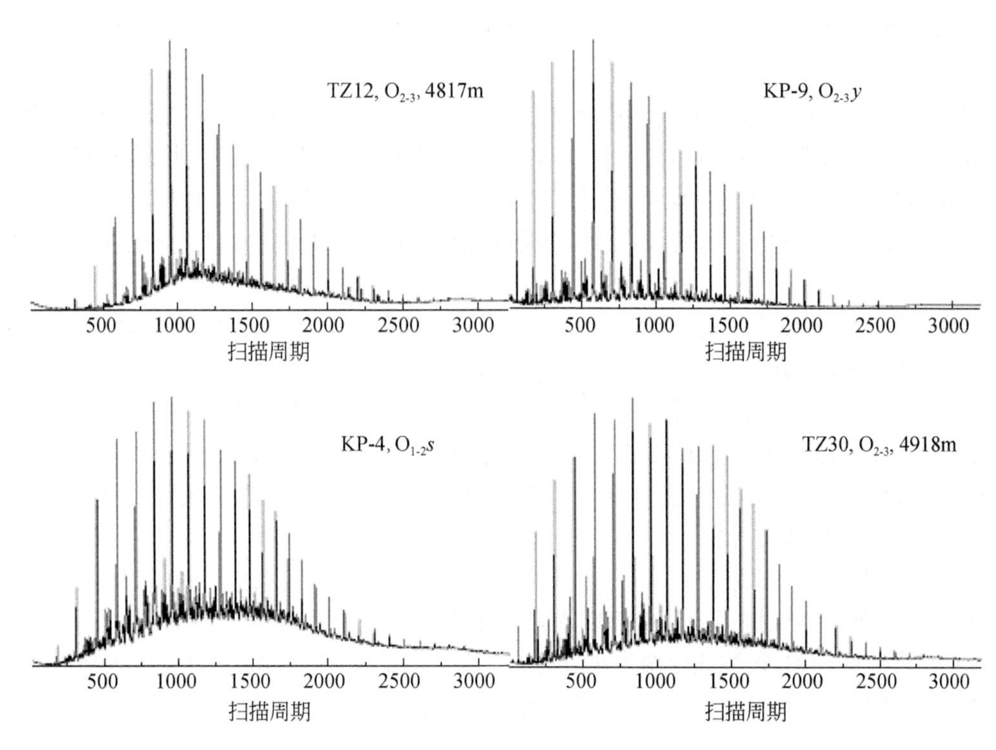

图 6.82　塔中及柯坪地区中上奥陶统烃源岩饱和烃色谱图

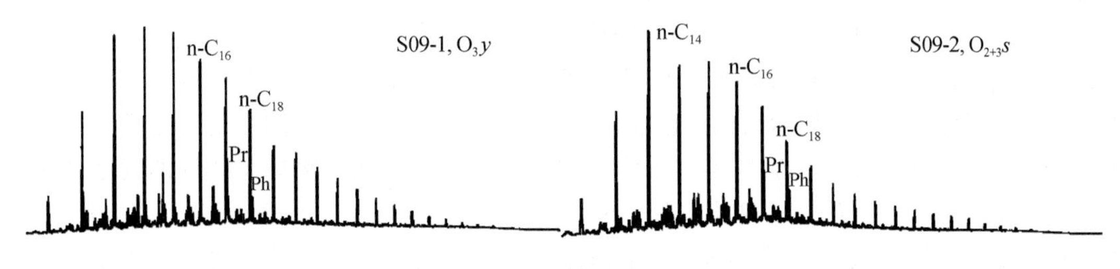

图 6.83　塔里木盆地柯坪上奥陶统烃源岩样品饱和烃色谱图

（2）早期黄色荧光包裹体充注的原油芳烃含量高（图 6.72a、表 6.14），甚至芳烃含量高于饱和烃（饱/芳<1），萘系列出现二甲基萘>甲基萘>萘。原油中芳烃含量高一般认为与高等植物有关，但是这里与其富含 n-C_{25}主峰附近 n-C_{23} ~ n-C_{26}石蜡烷烃一样，并非来源于高等植物，可能来源于高等植物的前身——近海岸水生植物或海相底栖藻类等，水生植物或底栖藻类（宏观藻类等）的结构接近高等植物，可能为芳烃含量的重要来源之一。

而晚期蓝色荧光包裹体充注的原油中芳烃含量相对较低，饱和烃明显高于芳烃，饱/芳 > 2（表6.14），萘系列出现萘峰高于甲基萘峰高于二甲基萘峰，与黄色荧光包裹体正相反。它可能预示着成烃生物与海相碳酸盐台凹或台洼浮游藻类等有关。

（3）早期黄色荧光包裹体充注的原油姥鲛烷含量相对较高，Pr/Ph 达到2.31，Pr/n-C_{17}为0.43，这与塔里木盆地下寒武统玉尔吐斯组优质烃源岩的 Pr/Ph 相对较高（1.56 ~ 1.71）相一致，也预示着还原强度相对弱一些，可能与近岸海相水生植物或底栖藻类等弱还原—还原环境有关。

而晚期蓝色荧光包裹体充注的原油姥鲛烷含量相对较低，Pr/Ph 为 1.11 ~ 1.46，Pr/n-C_{17}仅 0.25，这与塔里木盆地上奥陶统碳酸盐岩烃源岩的 Pr/Ph 相对较低（1.29 ~ 1.35）也是一致的，预示着沉积环境还原性相对较强，可能与海相碳酸盐台凹或台洼偏咸水浮游藻类的还原—强还原环境有关。

（4）塔河油田 O_2yj—O_3q 碳酸盐岩储集层中早期黄色荧光包裹体充注的原油为成熟早中期原油（等效 R_o为0.6% ~0.8%），其捕获温度约80℃，埋藏深度应小于2300m，时间为海西中期（327 ~ 322Ma），此时$Є_1$—O_1优质烃源岩正处于成熟早中期大量生排油阶段，而 O_2—O_3碳酸盐烃源岩正处于未成熟-成熟早期（图6.79、图6.80），即按成熟度来判断早期黄色荧光包裹体充注的原油应可能来源于$Є_1$—O_1优质烃源岩。

而塔河油田 O_2yj—O_3q 碳酸盐岩储集层中晚期蓝色荧光包裹体充注的原油为成熟中晚期原油（等效 R_o为0.8% ~1.0%），其捕获温度约155℃，埋藏深度应小于5900m，时间为喜马拉雅晚期（6 ~ 2Ma），此时只有 O_2—O_3碳酸盐烃源岩正处于成熟中晚期大量生排油气阶段，而$Є_1$—O_1优质烃源岩已经为高成熟—过成熟早期（图6.81 ~ 图6.83），即按成熟度来判断晚期蓝色荧光包裹体充注的原油应来源于 O_2—O_3碳酸盐烃源岩。

（5）早期黄色荧光包裹体充注的原油 n-C_5 ~ n-C_{11}正异构轻质烷烃含量很低，苯和萘等轻芳烃含量较高，反映出油水互溶运移状态时间较长（C_1 ~ n-C_{11}正异构轻质烷烃和烃气微渗漏散失），运移距离相对较远，这里的时间是指原油生成并排出后到被捕获时的时间段，$Є_1$优质烃源岩油气开始生成并大量排出的时间较早，约在加里东运动晚期（志留系沥青砂岩古油藏），到捕获时间（327 ~ 322Ma）长达近 100Ma 之久的漫长运移散失时间。而 O_3碳酸盐烃源岩在海西中期则刚开始成熟或未成熟（图6.81 ~ 图6.83），不具备长时间长距离的运移散失过程。

晚期蓝色荧光包裹体充注的原油在 n-C_{13}之前的化合物含量相对丰富，在 n-C_8附近还存在一个次峰，在 n-C_{10}出现低谷，表明原油保持了成熟中后期尚未开始大量热裂解原油的原始面貌，运移距离较近且时间较短，实际上，塔河油田 O_3碳酸盐烃源岩也就是在新近纪中新世近 10Ma 才开始进入成熟中后期大量生排油气阶段的，这与晚期蓝色荧光包裹体捕获时间相一致，而$Є_1$—O_1优质烃源岩在这时已经进入高成熟—过成熟阶段了。

（6）关于塔河油田的油源长期以来一直存在$Є_1$—O_1（顾忆，2000）和 O_3等哪一套为主力烃源岩之争。前者（认为$Є_1$—O_1为主力烃源岩）主要依据是从优质烃源岩的分布特征和油气勘探的实际出发，即 O_3碳酸盐烃源岩尤其是好—优质烃源岩不发育或局部地区分布，油气勘探潜力不足以支持已发现或将要发现的油田储量，而且目前油气勘探目的层已经向 O_2延伸，生物标志物等油气地球化学油源对比参数与$Є_1$—O_1为主力烃源岩并未出现不可逾越或“断代”的矛盾，而且某些生物标志物等油气地球化学油源对比参数（顾忆，2000）和油气群体包裹体成分分析（潘长春等，2000）等支持了此观点。后者（认为 O_3为主力烃源岩）主要依据是从烃源岩成熟度、生物标志物、碳同位素、轻烃等油气地球化学油源对比参数分析入手，认为塔河油田的油源主要是 O_3碳酸盐烃源岩。

实际上，前者（认为$Є_1$—O_1为主力烃源岩）也不否认或也承认喜马拉雅晚期的轻质油气充注确系 O_3碳酸盐烃源岩，焦点是海西期的石油充注主力源岩是$Є_1$—O_1优质烃源岩（页岩）还是 O_3碳酸盐烃源岩。

就成熟度而言，在海西期，$Є_1$—O_1优质烃源岩（页岩）尚处于生排油成熟阶段，其形成的油藏可以一直到现今未达到热裂解阶段，仍保留了充注时期的成熟度（图6.79，图6.80），志留系沥青砂岩中的重质油或低演化沥青现今正处于成熟阶段就是佐证；就碳同位素而言，ϵ_1优质烃源岩干酪根、沥青“A”及各组分$\delta^{13}C$的变化和演化趋势与其他层位正常烃源岩各组分对应的$\delta^{13}C$变化趋势并不完全一致。例如，ϵ_1优质烃源岩中多数干酪根$\delta^{13}C$（-34‰左右）轻于其沥青“A”$\delta^{13}C$（-30‰左右），可能是ϵ_1高成熟—过成熟干酪根主要是底栖藻类有机质（残留保存下来），其$\delta^{13}C$相对浮游藻类偏轻许多，而ϵ_1优质烃源岩中沥青“A”可能主要是浮游藻类有机质（残留保存下来），因此ϵ_1优质烃源岩中多数干酪根$\delta^{13}C$轻于其沥青“A”$\delta^{13}C$。但是这不能说明ϵ_1优质烃源岩所生排出的原油$\delta^{13}C$一定要轻于干酪根$\delta^{13}C$（-33‰左右）或一定要与ϵ_1优质烃源岩沥青“A”$\delta^{13}C$（-30‰左右）相当。也就是说，碳同位素之间的对比也不能完全否定塔河油田原油非ϵ_1优质烃源岩所生。实际上，现代海相底栖宏观藻类等的$\delta^{13}C$一般轻于-34‰，而浮游藻类$\delta^{13}C$一般重于-30‰，就碳同位素而言，ϵ_1优质烃源岩干酪根$\delta^{13}C$一般变化在-35‰～-33‰之间，与底栖宏观藻类等的$\delta^{13}C$很接近，与推测的n-C_{25}左右次主峰碳石蜡烷烃含量高和芳烃含量高相一致。

无论如何，单体油气包裹体激光微区在线成分分析和古压力研究为塔河油田原油的充注期次、各期次充注温度、充注压力、充注深度、充注时古地温梯度、充注时间、运移散失时间等成藏过程和各期次充注原油的油源提供了直接依据和可靠方法。证实了塔河油田的原油确实存在两期不同性质原油的充注，早期黄色荧光包裹体捕获原油时的古压力为221.8～245.3bar，古温度为79.2～83.5℃，古埋藏深度为2218～2453m，捕获时间为327～322Ma，古地温梯度为3.0℃±/100m，原油具有饱和烃色谱呈双峰型，芳烃含量较高，姥鲛烷相对较高，成熟度相对较低，n-C_5～n-C_{11}之间轻烷烃几乎缺失等特征。综合分析，其油源可能主要来自经过一定距离运移和散失变化的ϵ_1—O_1优质烃源岩（页岩，海相成烃生物以底栖藻类或水生植物为主体，沉积水体深度相对浅，弱还原—还原环境等）。晚期蓝色荧光包裹体捕获原油时的古压力为565.9～599.8bar，古温度为150.6～156.9℃，古埋藏深度为5659～5998m，捕获时间为6～2Ma，古地温梯度约2.4℃/100m，原油饱和烃呈单主峰型，C_8附近存在次峰，n-C_{10}出现低谷，植烷相对高一些，芳烃含量相对较低，属成熟中晚期轻质原油。综合分析，其油源应主要来自O_3碳酸盐烃源岩（海相成烃生物以浮游藻类为主体，还原—强还原环境等）。

因此，单体油气包裹体技术首次获取了塔里木盆地塔河油田赋存于同一储集体样品中的两期单体包裹体烃类分子组成，分子量分布于C_4～C_{30}，且具有明显的来源、运移和成熟度差异。这揭示出塔河油田具有多套烃源岩供烃和两期成藏特征，其中一期包裹体组分高分子量烃类含量高且呈双峰分布，多环芳烃含量高，与寒武系泥质烃源岩特征相对应；另一期包裹体高分子量烃类含量低且呈单峰分布，多环芳烃含量低，与中-上奥陶统碳酸盐烃源岩特征相吻合。这解决了塔里木盆地主力烃源岩是寒武系还是奥陶系长期争论的难题，指出了塔中、塔北为油气来源背景统一的油气富集区（图6.84），再现了塔里木盆地的多期油气成藏过程，为复杂含油气盆地油源对比、成藏示踪提供了直接证据，在勘探实践中发挥关键作用，将为我国复杂含油气盆地的油气勘探和大油气田的发现提供技术支撑。

二、自由态、束缚态、包裹体油气组分分析和混源比例定量判析技术

1. 自由态、束缚态和包裹体油气组分分析技术表明塔中地区含油储集岩中的油气组分主要源于或更接近于下奥陶统和寒武系优质烃源岩

（1）塔中地区含油储集岩样品（油砂样和碳酸盐岩样）的自由态、束缚态和包裹体油气组分分析采自塔中47、塔中401、塔中11等16口井，共计42个样品；优质烃源岩样品采自塔东2、方1等6口井和柯坪剖面等，共计32个（图6.85）。

含油储集岩样品按照样品量分为两类。如果样品量大于120g，则先将样品分成两份，每一份都采用连续抽提方法，提取与分离自由态油气组分、吸附态油气组分和油气包裹体组分。样品量小于120g，则将样品合并成单份，进行自由态油气组分、吸附态油气组分和油气包裹体组分提取与分离。

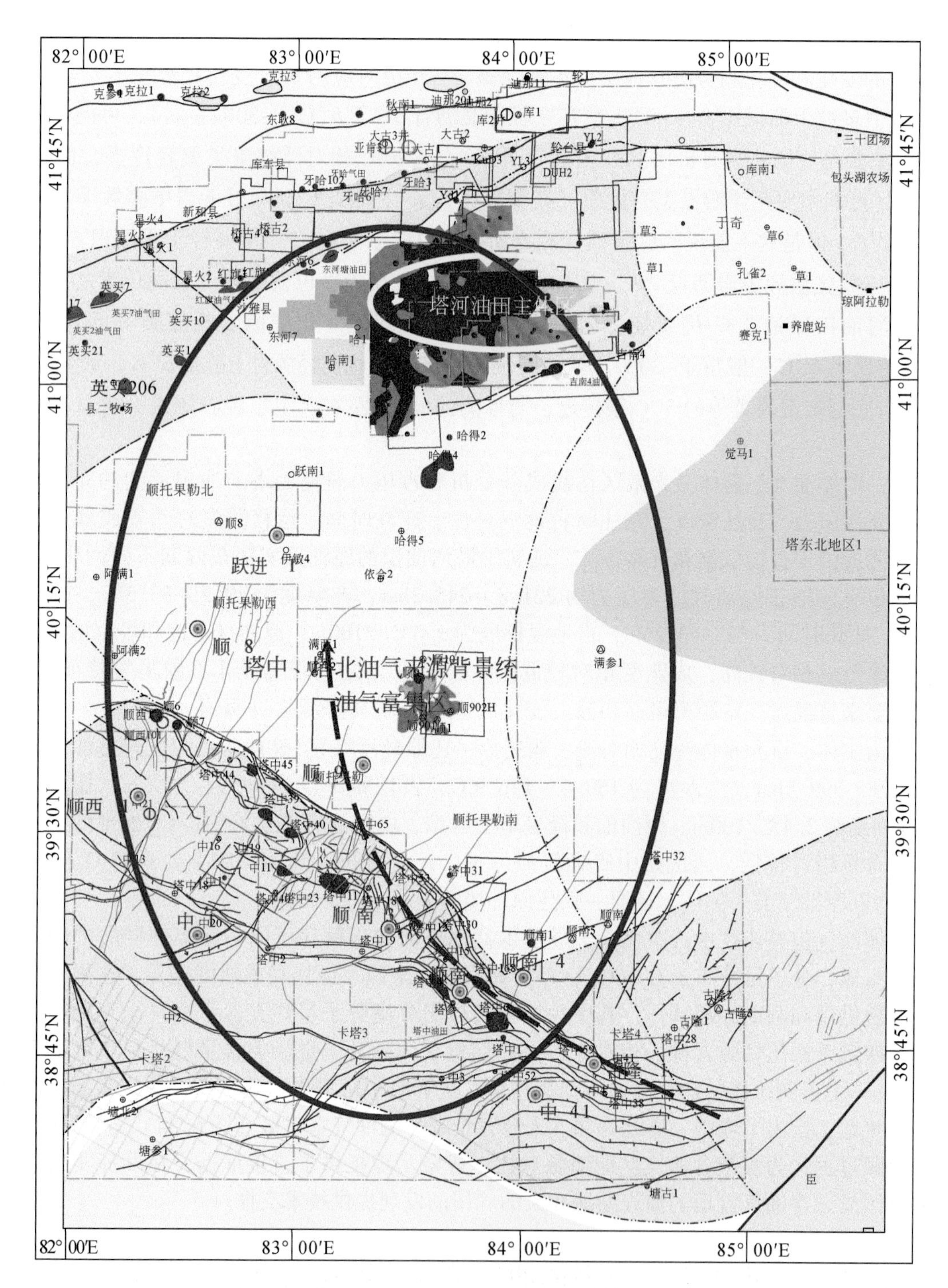

图6.84　塔中、塔北为油气来源背景统一的油气富集区

优质烃源岩样品先磨碎至粉末（200目），用LecoCS-200碳硫分析仪测定烃源岩粉末样的有机碳含量（TOC）。用二氯甲烷：甲醇（体积比93：7）混合溶剂对粉末样进行索氏提取（72h），得到沥青“A”。

烃源岩沥青“A”、油砂样品和含油储集岩各类油气组分先用正己烷稀释，沉淀、分离出沥青质，再用硅胶/氧化铝柱层析进行族组分分离，得到饱和烃、芳烃和非烃组分。对饱和烃组分先做色谱分析，之后用尿素络合方法从饱和烃组分中分离出正构烷烃和异构烷烃-环烷烃。对正构烷烃做单体烃碳同位素分析（GC-IRMS），对异构烷烃-环烷烃做色谱-质谱分析。

含油气孔隙可分为两类：开放孔隙和封闭孔隙。开放孔隙中的油气组分随不断注入的油气组分变化而变化。封闭孔隙中的油气组分则自孔隙封闭之时起就保持不变，因而保持了古油气组分的地球化学特

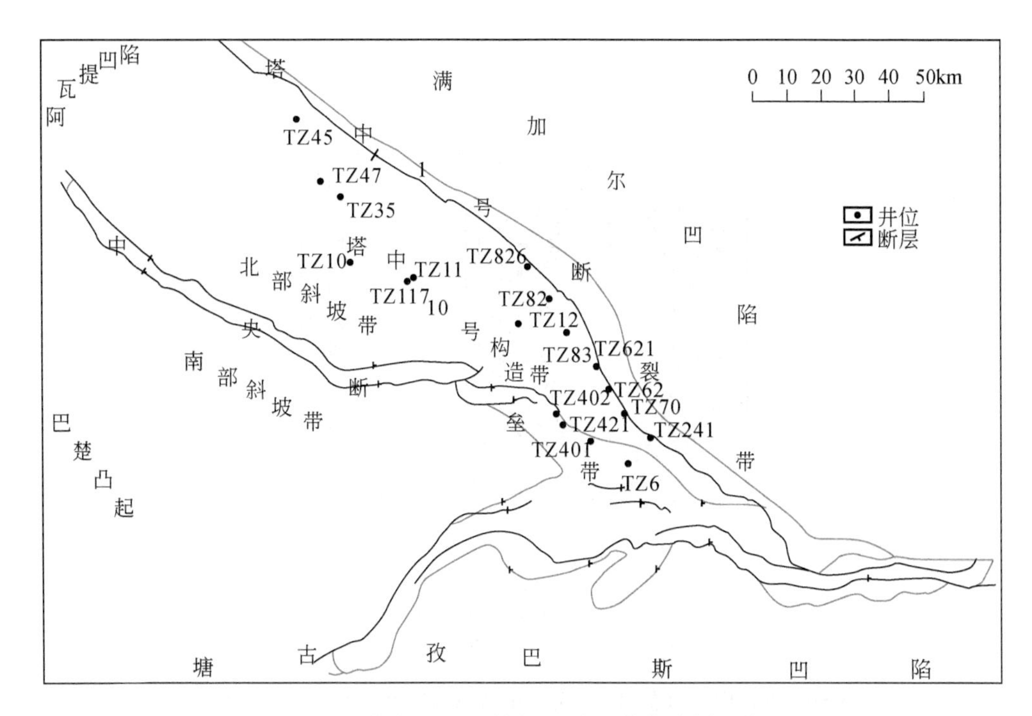

图6.85　塔中地区油砂样品和含油储集岩样品位置

征。开放孔隙内部，油气组分的赋存状态也是十分复杂的，可进一步划分为自由态组分和束缚态组分。当油气注入储层后，油相与矿物相必然会发生相互作用，形成接触界面。油相中的极性组分（含 N、S、O 元素的油气组分，主要是沥青质、胶质等大分子）被优先吸附在矿物表面。这类被吸附的组分相对保持稳定，不容易被置换和发生变化。

被吸附的极性大分子本身又可吸附、携带饱和烃、芳烃等非极性或极性弱的油气组分，这些组分也相对保持不变。因此，束缚态油气组分在一定意义上也可看成是古油气组分。自由态组分是不受接触界面影响，可以自由和外来组分混合和变化的油气组分。经典的油气对比研究是以自由态油气组分为基础的。从井下采集的原油样也属于自由态组分。

为了揭示油气充注过程中油气组成和分子地球化学参数的变化，将油砂中的油气组分分为三类并分别提取。即自由态油气组分、束缚态油气组分和油气包裹体。油气包裹体为封存的古油气组分，含有相对较多的早期注入的油气组分；自由态油气组分则是不同阶段注入油气组分的混合产物，也可以认为是油气层中油气组分不断演变的最终结果，含有较多的晚期注入的油气组分；束缚态油气组分，从理论上推断，其组成应介于前两者之间。图 6.86 为油砂中三类油气组分的示意图，图 6.87a 为分步提取三类油气组分的实验流程。对于碳酸盐储层中的油气组分，一般只提取两个组分：自由态油气组分和油气包裹体组分，两类组分的分析流程见图 6.87b。

（2）塔中地区含油储集岩样品的自由态油气组分、束缚态油气组分和油气包裹体分析表明其油气组分主要源于或更接近于下奥陶统和寒武系优质烃源岩，主要依据有：

在塔中地区含油储集岩样品中（表 6.16），TZ82 井 O_3样品自由态油气组分饱和烃含量最高，主要为晚期注入的高成熟油气组分，不含生物降解的油气组分。塔中 TZ401-1a、TZ401－2a 井 C_3和塔中 TZ11-5a 井 S 油砂样品自由态组分含有晚期注入的高成熟原油，饱和烃含量相对较高。相反，这两口井的沥青砂样品自由态组分不含晚期注入原油，仅含生物降解原油，饱和烃含量低。石炭系油砂样（TZ421-1 至 TZ402-9）自由态油气组分饱和烃含量明显偏高，介于 44.92% ~73.50% 之间，芳烃、非烃和沥青质含量则相对偏低。束缚态油气组分和油气包裹体饱和烃组分明显偏低。

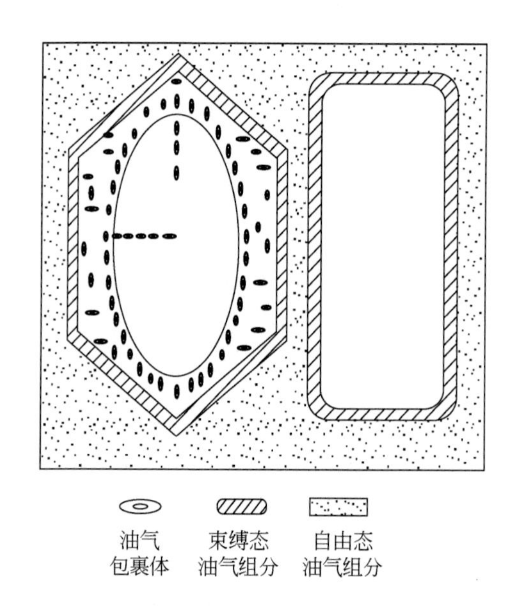

图 6.86　油砂中自由态油气组分、束缚态油气组分和油气包裹体示意

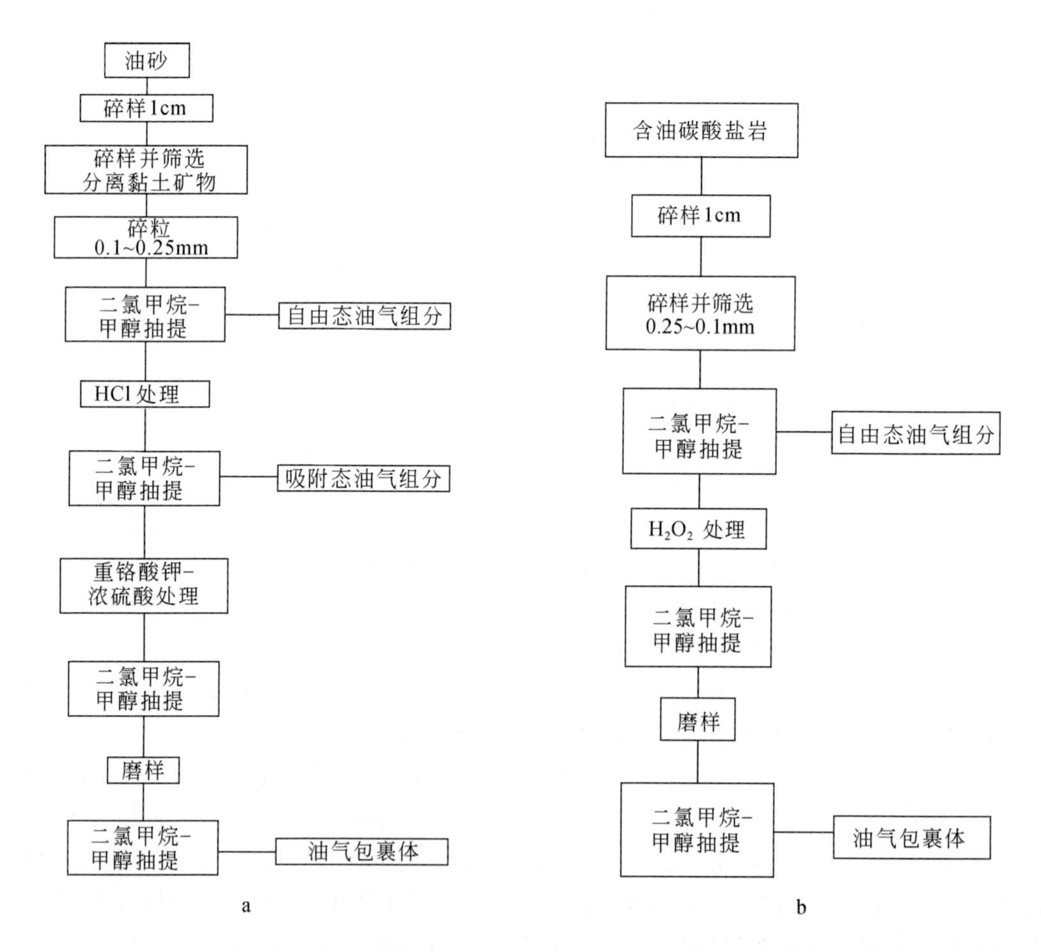

图 6.87　油砂（a）和碳酸盐岩（b）样品各类油气组分分步提取实验流程

表6.16 储集岩自由态油气组分（a）、束缚态油气组分（b）和油气包裹体（c）各类油气组分族组成

样号	层位	井深/m	饱和烃/%	芳烃/%	非烃/%	沥青质/%	样号	层位	井深/m	饱和烃/%	芳烃/%	非烃/%	沥青质/%
ZH1-3a	C	4438.50	30.21	10.46	46.67	12.66	TZ421-2a	C_3	3226.20	73.50	10.74	9.77	5.99
ZH1-3b1			6.63	6.33	79.22	7.83	TZ421-2b1			33.90	13.28	22.95	29.86
ZH1-3b2			4.23	9.20	60.70	25.87	TZ421-2b2			13.09	14.14	11.52	61.26
ZH1-3c1			4.17	31.25	39.58	25.00	TZ421-3a	C_3	3280.60	69.79	12.15	10.06	8.01
ZH1-3c2			6.82	9.09	65.91	18.18	TZ421-3b1			29.43	8.73	23.19	38.65
ZH1-4a	C	4616.90	39.87	18.26	9.49	32.38	TZ421-3b2			15.13	6.27	31.37	47.23
ZH1-4b1			3.85	16.92	31.15	48.08	TZ421-3c1			25.98	10.78	46.08	17.16
ZH1-4b2			3.91	8.14	38.76	49.19	TZ421-3c2			34.43	3.28	46.45	15.85
ZH1-4c1			3.92	15.69	67.65	12.75	TZ402-5a	C_3	3246.60	59.58	16.99	15.44	7.99
ZH1-4c2			15.32	10.48	33.87	40.32	TZ402-5b			14.46	11.22	31.67	42.64
TZ47-3a	D	4400.80	61.21	18.49	12.89	7.42	TZ402-5c	C_3	3246.60	22.62	7.14	55.36	14.88
TZ47-3b1			5.02	10.46	49.79	34.73	TZ402-6a	C_3	3307.00	44.92	14.72	20.05	20.31
TZ47-3b2			7.52	13.53	29.32	49.62	TZ402-6b			31.47	10.34	40.52	17.67
TZ47-3c1			13.21	9.43	57.55	19.81	TZ402-6c			18.79	3.03	61.82	16.36
TZ47-3c2			18.69	11.21	30.84	39.25	TZ402-7a	C_2	3583.90	52.09	8.19	31.36	8.36
TZ47-6a	S	4992.20	19.33	25.18	16.04	39.45	TZ402-7-b1			12.95	1.44	62.59	23.02
TZ47-6b1			15.76	14.29	37.93	32.02	TZ402-7-b2			8.60	7.17	28.67	55.56
TZ47-6b2			18.64	16.36	32.73	32.27	TZ402-7-c1			22.68	5.67	46.91	24.74
TZ47-6c1			21.19	34.96	29.24	14.62	TZ402-7-c2			31.28	1.03	61.54	6.15
TZ47-6c2			19.02	33.12	11.46	36.40	TZ402-8a	C_2	3592.20	60.26	10.38	26.85	2.51
TZ401-1a	C_3	3245.00	48.16	15.06	11.39	25.39	TZ402-8b			23.82	9.14	33.24	33.80
TZ401-1b1			10.68	4.85	24.76	59.71	TZ402-8c			27.39	4.46	55.41	12.74
TZ401-1b2			17.22	4.17	43.33	35.28	TZ402-9a	C_1	3630.10	52.06	12.85	23.12	11.96
TZ401-1c1			5.56	4.44	75.56	14.44	TZ402-9b			27.45	9.27	23.09	40.18
TZ401-1c2			10.00	10.67	60.00	19.33	TZ402-9c			21.21	5.45	50.91	22.42
TZ401-2a	C_3	3433.80	58.86	16.32	13.88	10.94	TZ62-14a	O_3	4714.77	63.77	12.01	13.26	10.96
TZ401-2b1			8.18	7.76	10.27	73.79	TZ62-14c1			23.26	11.24	35.27	30.23
TZ401-2b2			4.35	3.30	25.22	67.13	TZ62-14c2			19.77	2.26	50.85	27.12
TZ401-2c1			7.95	17.22	53.64	21.19	TZ62-15a	O_3	4737.75	77.71	7.66	7.66	6.97
TZ401-2C2			6.80	8.16	55.10	29.93	TZ11-1a	S	4310.50	22.81	17.53	13.53	46.13
TZ401-3a	S	3865.50	39.67	27.72	16.70	15.92	TZ11-1b1			3.13	5.09	6.75	85.03
TZ401-3b1			10.73	8.15	15.40	65.71	TZ11-1b2			2.90	4.71	11.15	81.23
TZ401-3b2			13.27	8.97	17.09	60.67	TZ11-1c1			6.10	6.10	52.44	35.37
TZ401-3c1			25.98	36.96	19.65	17.41	TZ11-1c2			10.75	11.68	38.79	38.79
TZ401-3c2			26.08	34.51	19.34	20.06	TZ11-2a	S	4411.20	31.22	15.32	12.08	41.38
TZ401-4a	S	3896.50	32.45	24.32	18.44	24.80	TZ11-2b1			5.43	3.94	15.32	75.32
TZ401-4b1			15.27	9.71	19.01	56.02	TZ11-2b2			7.98	3.42	18.70	69.90
TZ401-4b2			17.28	9.87	15.50	57.35	TZ11-2c1			16.41	18.75	46.88	17.97
TZ401-4c1			24.78	36.98	17.77	20.47	TZ11-2c2			17.70	16.81	46.90	18.58
TZ401-4c2			23.00	32.40	20.84	23.76	TZ11-5a	S	4459.70	44.34	18.02	15.37	22.27
TZ421-1a	C_3	3221.40	67.17	12.96	12.26	7.61	TZ11-5b1			15.10	4.13	14.13	66.63
TZ421-1-b1			29.66	8.90	36.44	25.00	TZ11-5b2			28.11	5.34	30.60	35.94
TZ421-1-b2			28.10	9.50	41.74	20.66	TZ11-5C1			11.27	14.22	53.92	20.59
TZ421-1-c1			13.90	8.56	52.41	25.13	TZ11-5C2			9.43	9.43	61.32	19.81
TZ421-1-c2			41.92	5.39	46.71	5.99	TZ11-5a	S	4459.70	44.34	18.02	15.37	22.27
TZ45-1a	O_3	6058.70	57.36	14.51	16.04	12.09	TZ11-5b1			15.10	4.13	14.13	66.63
TZ45-1c1			19.62	17.70	36.84	25.84	TZ11-5b2			28.11	5.34	30.60	35.94
TZ45-1c2			34.86	8.80	36.27	20.07	TZ11-5C1			11.27	14.22	53.92	20.59
TZ45-2a		6068.20	49.10	14.06	14.44	22.40	TZ11-5C2			9.43	9.43	61.32	19.81
TZ45-2c1			20.72	12.10	25.45	41.72	TZ117-2a	S	4427.74	44.93	20.70	20.26	14.10

续表

样号	层位	井深/m	饱和烃/%	芳烃/%	非烃/%	沥青质/%	样号	层位	井深/m	饱和烃/%	芳烃/%	非烃/%	沥青质/%
TZ45-2c2	O_3	6068.20	20.67	15.20	17.33	46.81	TZ117-2b1	S	4427.74	5.48	1.37	80.82	12.33
TZ82-1a		5436.10	75.97	8.18	7.79	8.06	TZ117-2b2			15.91	0.00	76.14	7.95
TZ82-1c1			28.98	15.51	40.00	15.51	TZ117-2c1			10.00	10.00	58.18	21.82
TZ82-1c2			27.72	14.23	42.32	15.73	TZ117-2c2			8.11	7.43	43.24	41.22
TZ241-11a		4635.88	51.08	9.14	35.48	4.30	TZ826-23a	O_3	5665.02	83.71	6.13	5.89	4.27
TZ241-11c1			14.48	7.69	70.59	7.24	TZ826-23c			19.25	7.92	45.28	27.55
TZ241-11c2			10.55	13.07	67.84	8.54	TZ826-24a		5691.11	78.42	7.61	9.51	4.46
TZ241-12a		4663.70	62.56	10.25	21.40	5.79	TZ826-24c1			27.78	9.60	52.53	10.10
TZ241-12c			15.63	6.77	72.40	5.21	TZ826-24c2			24.63	4.04	62.87	8.46
TZ621-16a		4865.54	24.44	16.04	24.67	34.85	TZ826-25a		5739.63	39.18	11.57	32.59	16.67
TZ621-16c1			6.67	6.67	55.19	31.48	TZ826-25c1			16.86	9.80	61.57	11.76
TZ621-16c2			5.39	5.39	49.38	39.83	TZ826-25c2			10.21	9.79	60.00	20.00
TZ621-17a		4879.46	64.28	12.10	14.43	9.19	TZ826-26a		5766.44	19.86	9.03	66.06	5.05
TZ621-17c1			36.67	8.33	36.67	18.33	TZ826-26c			6.76	16.22	60.81	16.22
TZ621-17c2			27.30	6.83	40.61	25.26	TZ83-27a		5218.38	9.93	3.17	82.07	4.83
TZ70-18a		4715.75	68.74	11.14	15.32	4.80	TZ83-27c			10.33	15.02	58.69	15.96
TZ70-18c			23.95	7.98	36.34	31.72	TZ83-28a		5341.57	23.73	6.78	61.36	8.14
TZ70-19a		4895.80	23.80	10.60	53.00	12.60	TZ83-28c			14.52	6.05	69.76	9.68
TZ70-19c1			14.86	12.57	62.86	9.71	TZ83-29a		5448.52	63.71	11.95	14.61	9.73
TZ70-19c2			2.68	9.40	73.83	14.09	TZ83-29c1			7.52	13.28	42.11	37.09
TZ70-20a		4949.20	14.88	7.96	71.63	5.54	TZ83-29c2			7.12	18.08	35.07	39.73
TZ70-20c			21.80	16.54	39.10	22.56	TZ62-15c1			20.23	0.87	41.33	37.57
TZ82-21a		5450.04	44.48	7.06	39.88	8.59	TZ62-15c2			19.84	1.75	27.63	50.78
TZ82-21c			14.63	13.17	39.51	32.68	TZ82-22a		5473.38	80.67	8.08	7.00	4.24
							TZ82-22c			35.58	9.82	40.49	14.11

注：a. 自由态油气组分；b. 束缚态油气组分；c. 油气包裹体组分。部分油砂样每个分成两份，获得两个束缚态油气组分和两个油气包裹体组分，部分碳酸盐储层样每个也分成两份，获得两个油气包裹体组分。

18 个含油碳酸盐岩自由态油气组分族组成变化较大，其中 12 个样品自由态油气组分饱和烃含量较高，明显高于同一样品包裹体组分的饱和烃含量。另外 6 个样品自由态组分饱和烃含量较低，介于 9.93% ~24.44%之间，与同一样品包裹体组分饱和烃含量相近。

由于 TZ402（图 6.88A-a）、TZ401 和 TZ421 井 10 个石炭系油砂样在岩心库房存放多年，自由态油气组分正构烷烃保留不完整，低碳数正构烷烃大部分被挥发、散失。高碳数与原油样相似，正构烷烃含量依次降低。此外，在饱和烃色谱图中，还可看到较明显的生物降解鼓包，表明早期遭受过生物降解，现在的正构烷烃来自后期注入的油气组分。

束缚态油气组分正构烷烃保留了相对较多的低碳数正构烷烃（图 6.88A-b）。包裹体组分也保留了相对较多的低碳数正构烷烃，同时从色谱图中可观察到更为明显的生物降解鼓包（图 6.88A-c）。

油砂样各类组分 Pr/n-C_{17}和 Ph/n-C_{18}比值均相对高于油样。这两个比值偏高，受多种因素影响：①与挥发作用有关，正构烷烃 n-C_{17}和 n-C_{18}相对于 Pr 和 Ph 更容易挥发散失；②与油源有关，油砂样的各类油气组分与 8 个原油样的油源可能有较大的差异；③与成熟度有关，原油的成熟度可能高于油砂样中的束缚态油气组分和油气包裹体；④与生物降解有关，油砂样中自由态油气组分和油气包裹体可观察到明显的生物降解迹象（图6.88A）。

含油碳酸盐样自由态油气组分一部分赋存在开放的裂隙中，较大的一部分赋存在封闭的孔隙中，因此，自由态组分含有较完整的正构烷烃，正构烷烃的分布特征（图6.88B-a）与原油样非常相似。油气包裹体也保留了完整的正构烷烃（图6.88B-b），正构烷烃分布特征也与原油样一致。

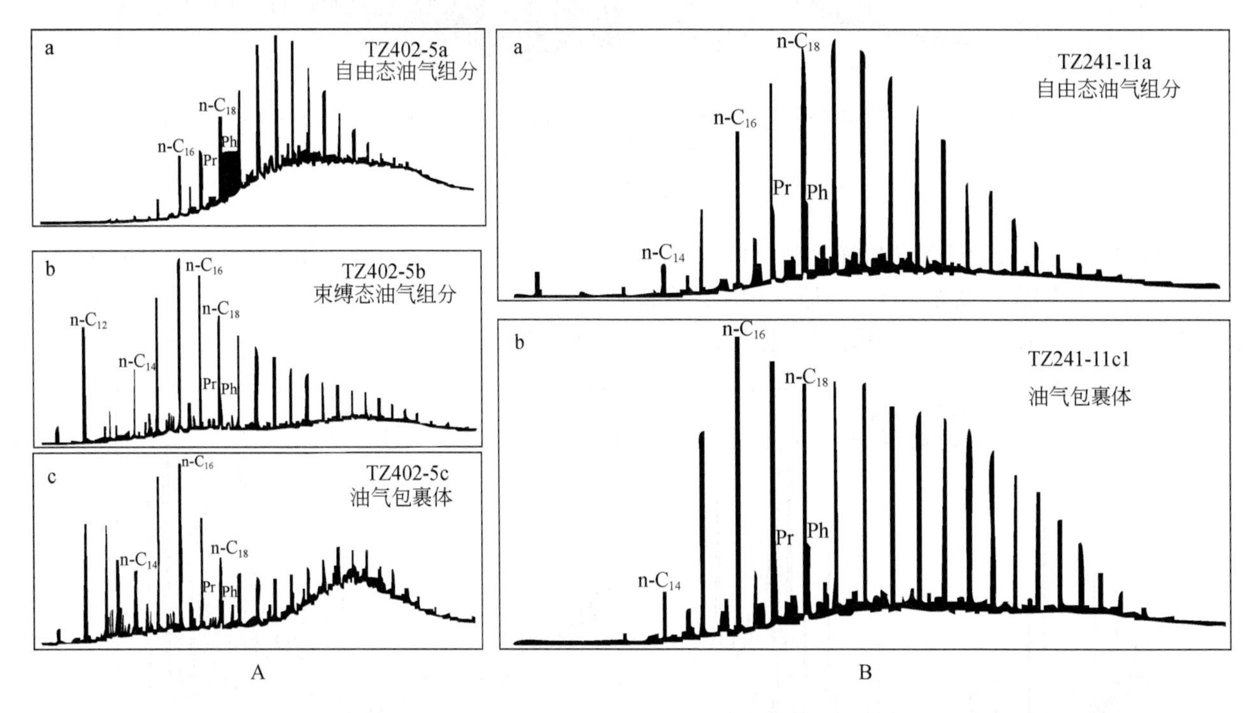

图6.88　塔中地区石炭系油砂样品自由态油气组分、束缚态油气组分和油气包裹体饱和烃色谱图（A）和奥陶系含油碳酸盐岩样品自由态油气组分和油气包裹体饱和烃色谱图（B）

含油碳酸盐样自由态油气组分和油气包裹体 Pr/n-C_{17}和 Ph/n-C_{18}值大部分样品与原油样相比，也相对偏高。影响这两个比值的因素与油砂样相同，但含油碳酸盐样大部分样品生物降解相对不明显。

在12个石炭系油砂样中，TZ402-5、TZ401-2和TZ401-1三个油砂样品自由态油气组分伽马蜡烷/C_{31}升藿烷和C_{28}甾烷/（C_{27}+C_{28}+C_{29}）甾烷值相对偏低，但是该样品束缚态油气组分和油气包裹体组分两个比值明显增高。其他9个油砂样各类油气组分伽马蜡烷和C28甾烷含量均相对较高（图6.89）。

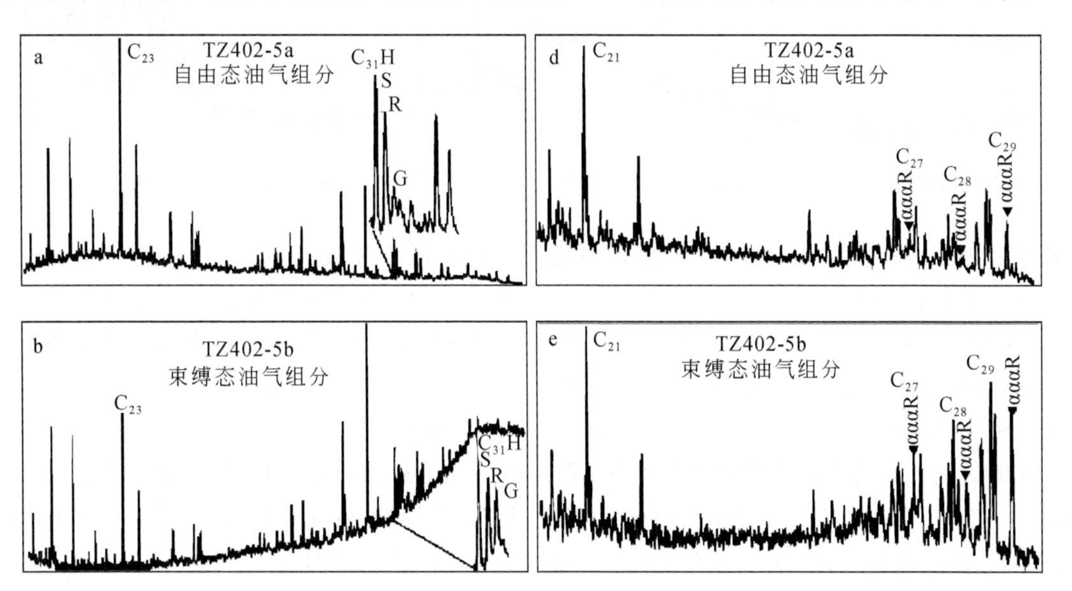

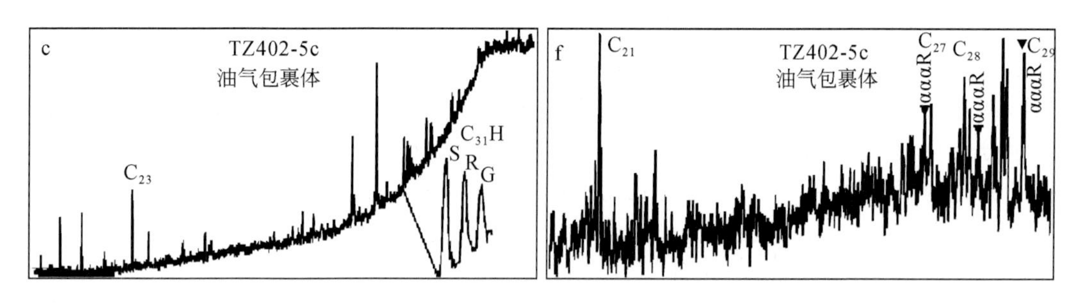

图 6.89 石炭系油砂样 TZ402-5 自由态油气组分、束缚态油气组分和油气包裹体 m/z=191（左）和 m/z=217（右）质量色谱图

S 和 R 代表两个藿烷的构型异构体，G 代表伽马蜡烷

在 21 个奥陶系含油碳酸盐岩样品中，16 个碳酸盐岩样自由态油气组分、油气包裹体伽马蜡烷和 C_{28} 甾烷相对含量均较高（图 6.90）。与原油相比，含油碳酸盐岩等含油储集岩各类油气组分伽马蜡烷/C_{31} 升藿烷和 C_{28}/（C_{27}+C_{28}+C_{29}）甾烷值更接近于下奥陶统和寒武系烃源岩（图 6.91）。

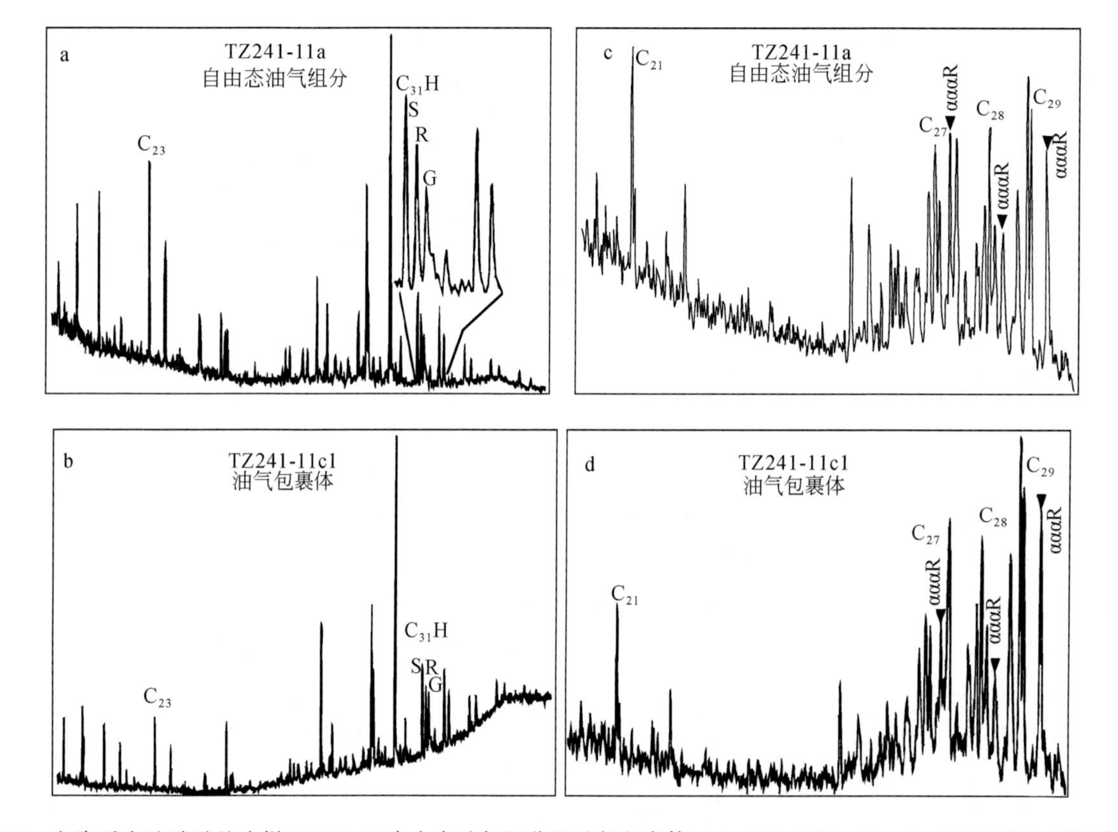

图 6.90 奥陶系含油碳酸盐岩样 TZ241-11 自由态油气组分和油气包裹体 m/z=191（左）和 m/z=217（右）质量色谱图

从 TD2 井 19 个寒武系—下奥陶统烃源岩中挑选了有机质丰度较高的 11 个样品（TOC = 0.63% ~ 3.42%）进一步作正烷烃单体碳同位素组成分析，这 11 个样品正烷烃单体碳同位素组成相对较重，δ^{13}C 值主体介于−31‰ ~ −29‰之间。在塔中地区 7 个上奥陶统源岩中，有机质最高的样品 TZ6-1（TOC = 0.49%）正烷烃单体碳同位素组成也偏重，δ^{13}C 值介于−31‰ ~ −29‰之间，与上述寒武系—下奥陶统烃源岩一致。柯坪地表剖面奥陶系鹰山组样品 S09-1（O_3y）和萨尔干组样品 S09-2（$O_{2-3}s$）δ^{13}C 值介于−32‰ ~ −30‰之间，库鲁克塔克剖面奥陶系黑土凹组样品 S09-3（$O_{1-2}h$）正烷烃主体 n-C_{14} ~ n-$C_{31}$$\delta^{13}$C 值介于−30‰ ~ −28‰之间，库鲁克塔克剖面寒武系西大山组样品 S09-4（ϵ_1xd）δ^{13}C 值介于−31.3‰ ~ −27.5‰之间，柯坪地表剖面寒武系玉尔吐斯组样品 S09-5（ϵ_1y）低碳数正烷烃 n-C_{13} ~ n-C_{21} 碳同位素组

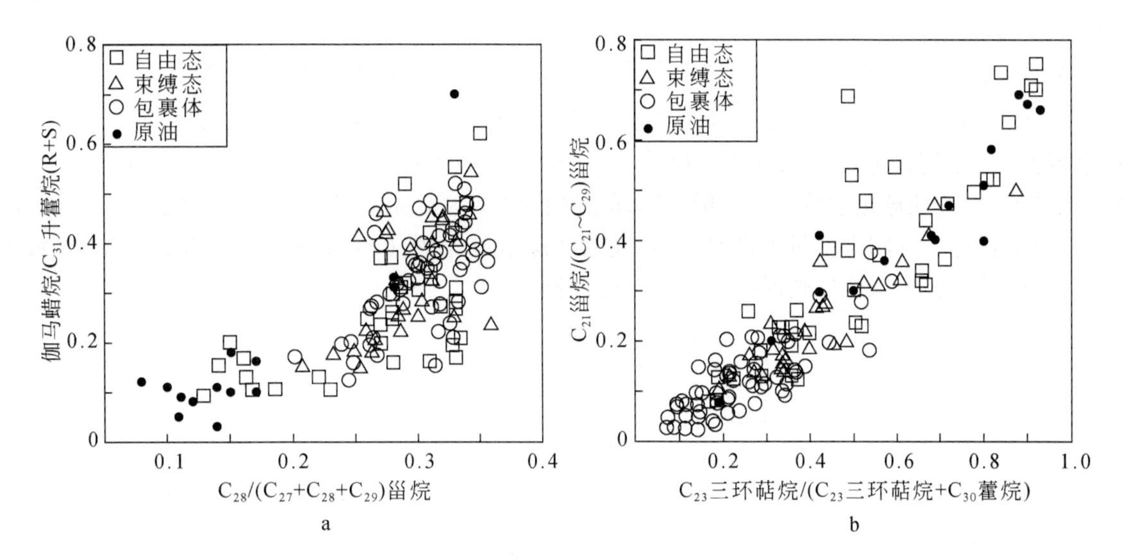

图6.91　含油储集岩及原油伽马蜡烷/C_{31}升藿烷与C_{28}/（C_{27}+C_{28}+C_{29}）甾烷（a）、C_{21}甾烷/（C_{21}～C_{29}）甾烷与C_{23}三环萜烷/（C_{23}三环萜烷+C_{30}藿烷）（b）相关关系

成较轻，δ^{13}C值介于-33‰～-32‰之间，高碳数正烷烃n-C_{22}～n-C_{32}碳同位素组成较重，δ^{13}C值介于-31.1‰～-29.5‰之间。

石炭系TZ402-5等4个孔隙连通性较好的油砂样品自由态油气组分正烷烃单体碳同位素组成δ^{13}C值分布特征比较一致。由于受挥发作用的影响，自由态油气组分和束缚态油气组分低碳数正烷烃单体碳同位素组成变重。TZ402-5自由态组分正构烷烃单体δ^{13}C值变化范围介于-35.7‰～-29.2‰之间，束缚态油气组分介于-35.7‰～-31.7‰之间。当碳数≤18，自由态油气组分和束缚态油气组分正构烷烃单体δ^{13}C值明显高于油样，并且自由态油气组分又相对高于束缚态油气组分。而当碳数≥19，自由态油气组分、束缚态油气组分和原油正构烷烃单体δ^{13}C值一致（图6.92a）。油砂样品束缚态油气组分、油气包裹体及未受挥发影响的自由态油气组分正烷烃单体碳同位素组成和甾、萜烷分布特征均与TD2、方1井下奥陶统、寒武系烃源岩一致，属于典型的来源于寒武系—下奥陶统烃源岩。

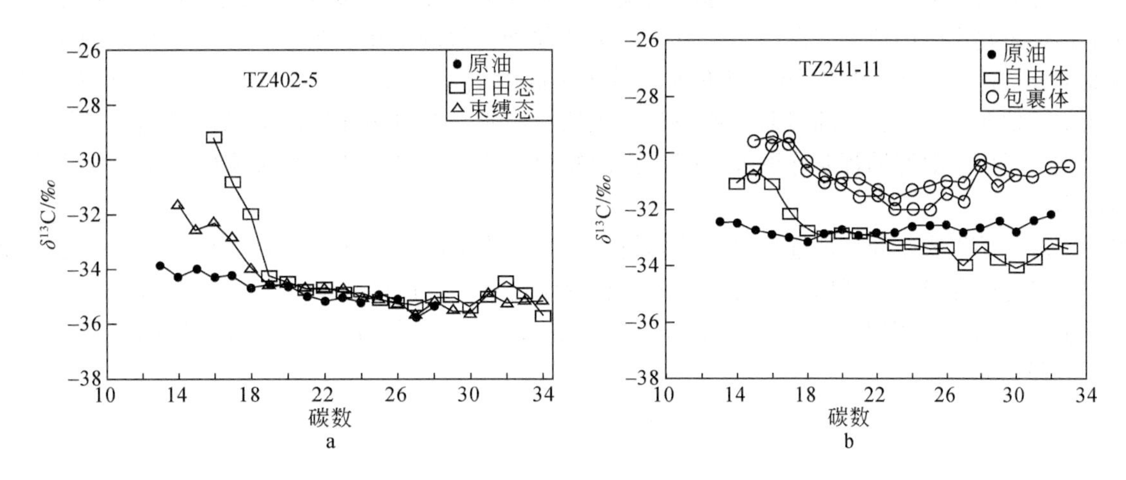

图6.92　石炭系油砂样品自由态和束缚态油气组分与同层位原油正烷烃单体碳同位素δ^{13}C值分布特征（a）及奥陶系原油和含油碳酸盐岩自由态油气组分和油气包裹体正烷烃单体碳同位素^{13}C值分布特征（b）

TZ241井奥陶系含油碳酸盐岩样TZ241-11自由态油气组分正烷烃单体δ^{13}C值变化范围介于-34.1‰～-30.6‰之间，油气包裹体正烷烃单体δ^{13}C值非常接近（图6.92b），明显比自由态组分偏重，也比该井原油偏重，油气包裹体主要来源于寒武系—下奥陶统烃源岩，而自由态油气组分及原油样含有相对较多

的主体原油成分。

2. 塔河油田油气混源比例的估算结果，源岩以寒武系—下奥陶统优质烃源岩为主体

（1）从国内外已有的文献来看，实验室人工配比混源模拟实验（混源实验）是目前使用较多的判识混源油气烃源组成比例的方法。该方法是以代表不同烃源岩的油/气为端元，按一定的比例进行人工混合，研究混合油/气的地球化学特征，分析生物标志物比值参数指标随混合比例的变化规律，筛选出能够判断混合比例的指标，并用来定量识别混源油/气的烃源组成比例（图 6. 93）。该方法建立在客观实验基础之上，因此能够比较准确地反映混源油气的组成比例。

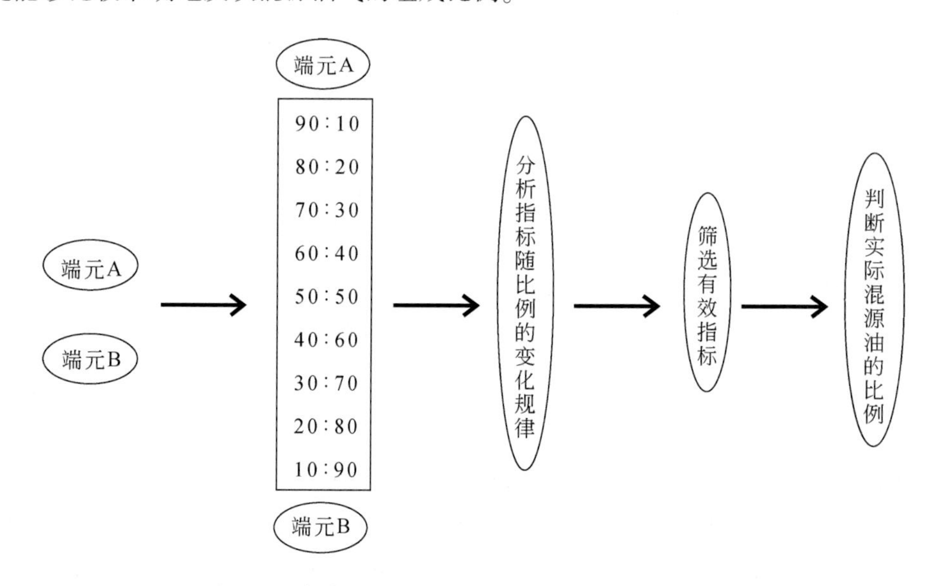

图 6. 93　实验室人工配比混源模拟实验技术基本流程

混源实验方法在应用过程中存在以下问题：第一，原油成熟度差异较大时，低熟原油生物标志物浓度高，主控混源油的整体面貌，在这样的情况下，二元混合时生物标志物比值参数与混合比例呈双曲线关系，三元混合呈双曲面关系，四元及以上的多元混合呈多维曲面关系，可见表达混源比例关系的方程式及图版十分复杂。第二，高成熟或强降解情况下，常规生物标志物参数指标或碳同位素指标失效，基于原油生物标志物和碳同位素的混源实验方法将无法起到有效的作用。第三，在一些复杂的盆地，油气混源情况十分普遍，导致无法直接获得准确的单源未混的端元油气样品，这时的混源实验就无法进行。第四，在实际地质条件下，多源多期成藏是常见现象，三元甚至更多元混源的情况都是常见的，如果对这些三元或三元以上混源油都要开展人工配比混源模拟实验，则混合及其相关实验测试等实物工作量巨大，不现实。

根据各端元的组成差异特征进行数学计算技术。该方法是以各端元之间存在显著差异的生物标志物浓度或同位素为研究对象，利用简单的方程式计算混源比例。假设已知端元 A 和端元 B 的生物标志物 X 的浓度分别为 X_a 和 X_b，混源油 C 的生物标志物 X 的浓度为 X_c，混源油中端元 A、B 所占比例为 f_a 和 f_b，则有以下方程式成立：

$$X_a \times f_a + X_b \times f_b = X_c \tag{6.1}$$

$$f_a + f_b = 1 \tag{6.2}$$

将式（6. 1）、式（6. 2）组成二元一次方程组，很容易计算出 f_a 和 f_b 的值，即混源比例。

利用该方法很容易计算出混源比例，但是应用过程中仍然需要注意以下两个方面的问题：第一，需要选择差异较大的生物标志物或同位素，如果差异较小，则很容易产生较大的误差；第二，虽然从数学上来看，只计算 1 个或少量的生物标志物或同位素参数就能够得出混源比例，但在实际情况下是不够的，很容易产生误差，需要计算多次，以减小误差。

未知端元情况下采用多元数理统计学方法直接计算技术。在上述两种方法难以获得理想的混源比例计算结果的情况下，尤其是在某些复杂地区，单源未混的端元油样品无法得到的情况下，采用多元数理统计学方法直接计算混源油气样品数据，以获得端元油气组成和比例的技术被国内外学者认为是值得探索的新途径，但至今未见相关研究的成果报道。

其多元数理统计学方法计算混源比例的数学原理是以两端元混合为例，设向量 $\boldsymbol{X}$、$\boldsymbol{Y}$、$\boldsymbol{Z}$ 分别代表端元油 $\boldsymbol{X}$、端元油 $\boldsymbol{Y}$ 和混源油 $\boldsymbol{Z}$ 的生物标志物浓度数据集：

$$\boldsymbol{X}=(X_1,X_2,\cdots,X_i);$$

$$\boldsymbol{Y}=(Y_1,Y_2,\cdots,Y_i);$$

$$\boldsymbol{Z}=(Z_1,Z_2,\cdots,Z_i)。$$

又设 f_1，f_2 分别为混源油中端元油 $\boldsymbol{X}$、$\boldsymbol{Y}$ 的比例，$\boldsymbol{e}=(e_1,\ e_2,\ \cdots,\ e_i)$ 为不可测量的随机误差向量，则有如下方程成立：

$$\boldsymbol{Z}=f_1\times\boldsymbol{X}+f_2\times\boldsymbol{Y}+\boldsymbol{e} \tag{6.3}$$

采用最小二乘算法对式（6.3）进行拟合，使 e_2 为最小，此时的 f_1 和 f_2 即为两个端元油的混合比例。

以两端元混源模型为基础，不难得到多端元混合的模型。从两端元混源模型来看，实现该计算过程需要已知端元油和混源油的全部数据才能计算比例。然而在实际地质条件下，端元油很可能未知或不确定，该模型虽然原理正确但是可操作性几乎为零。

美国 Metrix 公司研发的多元数理统计学软件 Pirouette 4.0（中国石化石油勘探开发研究院无锡石油地质研究所 2010 年引进）可以代替研究者进行复杂的数学计算，而且计算速度更快，准确性更高。使用软件 Pirouette 4.0 进行多元数理统计学计算时，能够在没有端元数据的情况下计算混源比例，它通过估计端元的方式来进行计算，也就是给上述模型中的向量 X 和 Y 赋值，然后进行交替最小二乘法（alternating least squares，ALS）拟合，通过不断改变赋值，进行无数次拟合，最终得到最佳的 f_1、f_2 和 $\boldsymbol{e}$ 的数值，同时也得到了最佳的 $\boldsymbol{X}$、$\boldsymbol{Y}$ 向量的值。不断赋值、拟合的计算过程，复杂性和烦琐性可以想象，人工计算显然十分困难，该软件的优势凸显。在充分的区域石油地质背景研究的基础上，根据端元的组成数据向量，对比烃源岩的地球化学特征，就可以确定端元来自哪一套烃源岩，根据每个混源油中端元的组成比例，换算成每套烃源岩的贡献比例。

多元数理统计学方法计算混源比例结果验证方法如下。

①人工配比实验的证据：选择两个端元油样品，按一定的比例进行人工配比，对配比得到的混源油进行生物标志物定量测试，利用多元数理统计学方法，将混源油的定量数据（不包括已知的端元油数据）进行交替最小二乘算法计算，得到端元油组成和比例，比较计算得到的端元油组成和实际端元油组成，同时比较计算得到的混源比例和实际的人工配比比例，就能够验证该方法的计算结果是否准确。

②反推计算的证据：根据每个样品的端元比例和端元组成，按式（6.4）反推计算每个样品的饱和烃生物标志物浓度。

$$X_c=X_1\times f_1+X_2\times f_2+X_3\times f_3+\cdots+X_i\times f_i \tag{6.4}$$

式中，X_c 为某原油中生物标志物 $\boldsymbol{X}$ 的计算浓度；$X_1\sim X_i$ 代表端元油 $1\sim i$ 中生物标志物 $\boldsymbol{X}$ 的浓度；$f_1\sim f_i$ 代表该原油中端元油 $1\sim i$ 分别所占比例。

依次计算出全部生物标志物浓度数据，就得到了实际混源油的计算定量组成数据，将其与实际定量数据进行对比，就可以判断出用软件 Pirouette 4.0 计算的结果是否准确。

混源油气的形成过程是多种油气形成条件与成藏要素耦合下的复杂过程，多套烃源岩、多期次生烃是混源油气形成的物质基础；多期构造活动、纵横交错的各类输导层与盆地内差异的流体势是混源油气形成的动力学基础。因此混源油气的识别工作必须建立在充分的地质背景研究之上。详尽的地球化学分析测试，是混源油气识别的主要途径，而其关键就是利用地球化学参数的不一致性来确定混源油气：①利用烃类指标和同位素指标的不一致性。例如，完整分布的正构烷烃系列和高丰度的25-降藿烷之间的不一致性往往代表了早期降解油与晚期正常油的混源；若原油中检测出的断代生物标志物所指示的时代或沉积环境的信息存在矛盾，往往表明原油为混源成因；利用饱和烃和芳烃组分所指示地球化学特征的不一致性来确定混源成因等。②利用包裹体烃与游离烃的地球化学特征的不一致性。包裹体烃一般代表了早期充注的油气，而游离烃往往代表了晚期充注的油气。利用包裹体烃和游离烃地球化学特征的差异，可以确定两期或多期贡献形成的混源油气藏。③利用人工配比混源模拟实验的结论。人工配比混源模拟实验是在实验室条件下，选择两个或多个代表不同单一烃源的油气按比例进行人工混合，将混合油气的特征比对实际的油气，进而确定实际油气是否混源。该方法在识别未成熟—低成熟油与正常油混源时特别有效。

总之，识别混源油气必须充分了解研究区的石油地质背景和各个成藏要素的特征及耦合关系，在精细的油气地球化学特征研究条件下，不难准确识别混源油气。

（2）塔河油田混源比例的定量判析采用美国 Metrix 公司研发的多元数理统计学软件 Pirouette 4.0，利用 Peters 等（2008）的生标浓度的变通最小二乘法（ALS-C），计算塔河油田原油混合物中各端元组分的相对含量。原始数据包括了塔河油田 20 个原油的饱和烃和芳烃馏分常见生物标志物绝对浓度数据（未详细列出）。在混源比例计算前对定量的浓度数据进行了归一化处理。

与比值参数相比用定量浓度参数计算混源比例更具合理性。在计算混源比例的过程中，生标参数的选择是否合理也是至关重要的。利用变通最小二乘法分别对饱和烃 54 个定量浓度参数（ALS-C）和 12 个传统的比值参数（ALS-R）进行了混源比例计算结果对比。

由表 6.17 和图 6.94 可以看出，假设设定塔河油田的油具有 3 个端元，利用饱和烃的定量参数与比值参数的计算结果具有较明显的差异，不但代表三个端元油的典型油样有所差异（ALS-C 计算结果端元油代表分别为 S14，S116-2，S74；ALS-R 计算结果 3 个端元油的代表样品分别为 S14，S116-2，TK714），而且对于各井油样两种方法计算出的各端元的贡献比也不同。利用比值参数（ALS-R）计算出的结果相对于定量浓度参数的计算结果（ALS-C），端元 2 的贡献在用比值参数计算的结果中大多被低估了。Peters 等（2008）认为出现这种差异的原因在于化合物浓度的变通最小二乘法与混合物中该化合物的比例呈线性关系，而化合物比值的最小二乘法与混合物中该化合物的比例呈非线性关系。因而利用定量数据计算时，化合物浓度增加带来的贡献率增加被准确体现出来，但如利用比值参数进行计算，则不能线性地体现出这种浓度变化带来的贡献比增加。因而在进行混源比例计算时，利用定量浓度参数计算更为合理。

表 6.17 用饱和烃生标绝对定量参数与比值参数计算混源比例结果对比

原油编号	ALS-C			ALS-R		
	端元 1	端元 2	端元 3	端元 1	端元 2	端元 3
S14	0.99	0.01	0.00	0.76	0.02	0.22
S112-1	0.58	0.28	0.14	0.45	0.40	0.15
S60	0.47	0.28	0.25	0.40	0.60	0.00
S116-2	0.00	1.00	0.00	0.00	0.63	0.37
S73	0.57	0.20	0.23	0.46	0.08	0.46
S117	0.45	0.49	0.06	0.35	0.48	0.17
S106	0.38	0.60	0.01	0.29	0.53	0.18
S74	0.00	0.06	0.94	0.07	0.23	0.71
TK839	0.06	0.72	0.22	0.02	0.38	0.60
S79	0.06	0.29	0.65	0.03	0.15	0.81
TK214	0.05	0.29	0.66	0.02	0.15	0.83
T912	0.12	0.27	0.62	0.10	0.20	0.70
T810X（K）	0.03	0.74	0.23	0.00	0.38	0.62
T739	0.13	0.32	0.55	0.08	0.27	0.66
TK472CH	0.19	0.00	0.81	0.16	0.10	0.74

续表

原油编号	ALS-C			ALS-R		
	端元 1	端元 2	端元 3	端元 1	端元 2	端元 3
S48	0.07	0.23	0.70	0.03	0.13	0.84
S75	0.21	0.50	0.29	0.14	0.30	0.56
TK714	0.09	0.12	0.79	0.04	0.06	0.89
T7-631	0.08	0.28	0.65	0.04	0.11	0.85
TK614	0.15	0.12	0.73	0.13	0.06	0.81

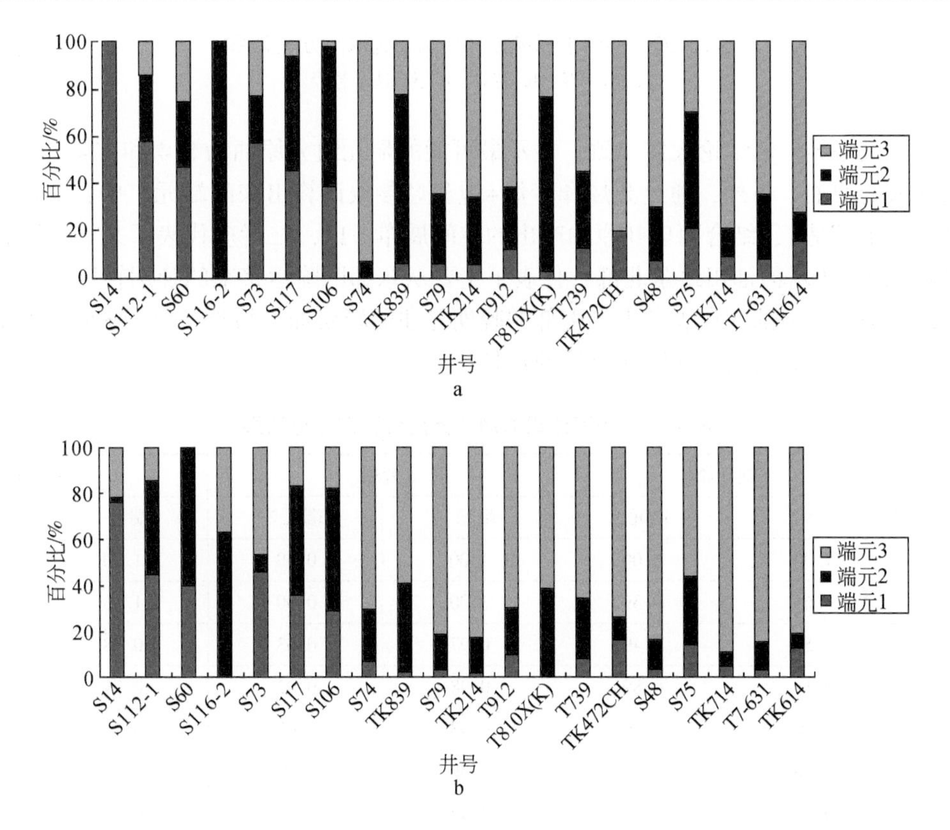

图 6.94　用饱和烃生标绝对定量参数与比值参数计算混源比例结果对比

a. ALS-C；b. ALS-R

计算参数及端元数的确定：在利用软件 Pirouette 4.0 进行混源比例计算时，端元数的确定是其中一个重要的问题，单纯从数学关系上来说，它的选取要求尽量满足模拟端元组分特征与各样品的实际组分特征值的方差和尽量趋近于零。但并不是方差越小时对应的端元数就越合理，它还需要有各方面的地质条件约束，尤其是研究区烃源岩的时空分布、烃源岩的套数、生烃史及油田的成藏史等。

利用生标定量数据，分别采用饱和烃生标数据、芳烃数据及综合饱和烃和芳烃数据，来计算二端元、三端元和四端元情况下的混合比例。需要指出的是，这里所说的端元仅为数学统计的理论端元，由于缺乏塔河及周围地区各时代烃源岩的生标特征参数作为对比，这里的端元只能体现为某一井的油样最能代表这种端元油的特征，而不能直接指示来源某一套烃源岩。

图 6.95 表明，无论是以哪种方式计算，虽然存在一定差异，但端元数为 3 之后，方差都基本接近于零。也就是说，选取端元数为 3 时，各生标定量参数已经能满足变通最小二乘法的基本数学关系。在充分考虑塔河油田及其周缘烃源岩（ϵ—O_1、O_{2-3}）的时空分布、生烃史、成藏史等各种地质约束基础上，下面将重点讨论二元和三元混合情况。

二端元混合比例和端元组成。表 6.18 分别列出了利用上述三类数据计算的二元混合比例。虽然不同

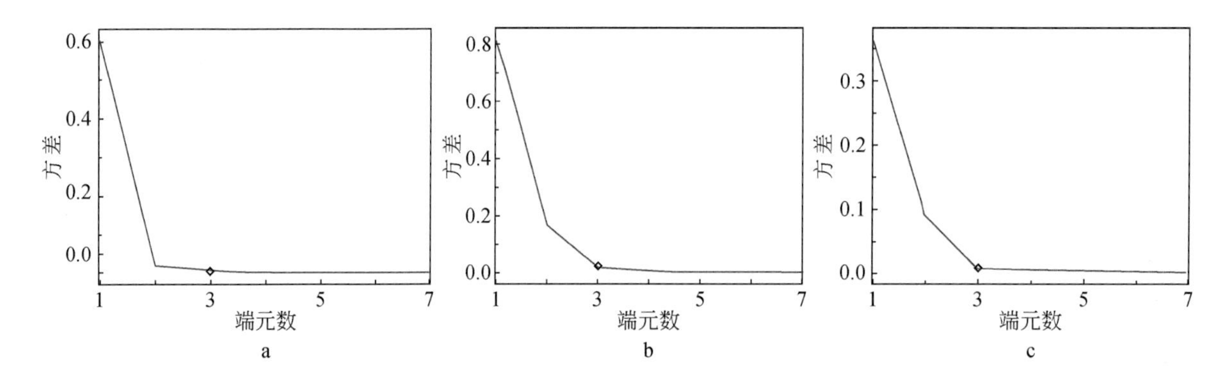

图 6.95　不同生标参数计算端元选取与方差关系

a. 饱和烃；b. 芳烃；c. 饱和烃+芳烃

数据计算结果有细微差异，但结论大体一致，显示最可能的端元组分原油为 S14 和 S74 井原油，分别代表了晚期和早期注入的原油。另外，通过芳烃和芳烃+饱和烃参数计算出来的端元 1 中，S14 和 S112-1（或 S116-2）的计算结果都是 1，结合两口井原油产出的空间展布考虑，二者应代表了来自不同方向或沉积相带的原油，S14 原油产于塔河油田最东北部，代表了主要从东部凹陷运移来的晚期轻质油，而 S112-1（或 S116-2）原油产于塔河最南部，代表了来自南部的晚期充注的轻质油。另外，由于 S74 井原油明显具有混源的特征，计算结果可能会低估后期注入原油的贡献。

表 6.18　塔河油田原油二元混合比例计算结果

原油编号	饱和烃		芳烃		饱和烃+芳烃	
	端元 1	端元 2	端元 1	端元 2	端元 1	端元 2
S14	1.00	0.00	1.00	0.00	1.00	0.00
S112-1	0.61	0.39	1.00	0.00	1.00	0.00
S60	0.51	0.49	0.97	0.03	0.78	0.22
S116-2	0.11	0.89	0.98	0.02	0.71	0.29
S73	0.60	0.40	0.93	0.07	0.75	0.25
S117	0.50	0.50	1.00	0.00	0.83	0.17
S106	0.44	0.56	0.94	0.06	0.56	0.44
S74	0.04	0.96	0.01	0.99	0.02	0.98
TK839	0.15	0.85	0.92	0.08	0.53	0.47
S79	0.12	0.88	0.69	0.31	0.25	0.75
TK214	0.12	0.88	0.66	0.34	0.20	0.80
T912	0.17	0.83	0.70	0.30	0.27	0.73
T810X（K）	0.12	0.88	0.88	0.12	0.46	0.54
T739	0.19	0.81	0.90	0.10	0.36	0.64
TK472CH	0.24	0.76	0.47	0.53	0.08	0.92
S48	0.13	0.87	0.54	0.46	0.13	0.87
S75	0.27	0.73	0.85	0.15	0.34	0.66
TK714	0.14	0.86	0.41	0.59	0.08	0.92
T7-631	0.14	0.86	0.49	0.51	0.11	0.89
TK614	0.20	0.80	0.24	0.76	0.08	0.92

三端元混合比例和端元组成。表 6.19 分别列出了利用上述三类数据计算的三元混合比例。计算结果

显示最可能的端元组分原油为 S14、S116-2 和 S74 井原油，分别代表了两个晚期和一个早期注入的原油。由于 S74 井原油明显具有混源的特征，计算结果可能会低估后期注入原油的贡献。

表 6.19　塔河油田原油三元混合比例计算结果

原油编号	饱和烃			芳烃			饱和烃+芳烃		
	端元 1	端元 2	端元 3	端元 1	端元 2	端元 3	端元 1	端元 2	端元 3
S14	0. 99	0. 01	0. 00	0. 61	0. 39	0. 00	0. 64	0. 36	0. 00
S112-1	0. 58	0. 28	0. 14	0. 93	0. 07	0. 00	0. 96	0. 00	0. 04
S60	0. 47	0. 28	0. 25	0. 44	0. 54	0. 02	0. 37	0. 54	0. 09
S116-2	0. 00	1. 00	0. 00	0. 87	0. 10	0. 03	0. 65	0. 04	0. 30
S73	0. 57	0. 20	0. 23	0. 00	0. 98	0. 02	0. 01	0. 99	0. 00
S117	0. 45	0. 49	0. 06	0. 86	0. 12	0. 01	0. 72	0. 10	0. 18
S106	0. 38	0. 60	0. 01	0. 14	0. 84	0. 02	0. 06	0. 70	0. 23
S74	0. 00	0. 06	0. 94	0. 00	0. 11	0. 89	0. 00	0. 13	0. 87
TK839	0. 06	0. 72	0. 22	0. 69	0. 23	0. 08	0. 39	0. 20	0. 41
S79	0. 06	0. 29	0. 65	0. 58	0. 13	0. 29	0. 18	0. 14	0. 68
TK214	0. 05	0. 29	0. 66	0. 54	0. 14	0. 32	0. 14	0. 15	0. 71
T912	0. 12	0. 27	0. 62	0. 22	0. 52	0. 25	0. 05	0. 36	0. 59
T810X	0. 03	0. 74	0. 23	0. 63	0. 25	0. 12	0. 32	0. 21	0. 47
T739	0. 13	0. 32	0. 55	0. 48	0. 43	0. 08	0. 17	0. 31	0. 52
TK472	0. 19	0. 00	0. 81	0. 52	0. 00	0. 48	0. 05	0. 13	0. 82
S48	0. 07	0. 23	0. 70	0. 22	0. 38	0. 40	0. 01	0. 25	0. 74
S75	0. 21	0. 50	0. 29	0. 58	0. 28	0. 14	0. 19	0. 25	0. 56
TK714	0. 09	0. 12	0. 79	0. 18	0. 30	0. 53	0. 00	0. 21	0. 79
T7-631	0. 08	0. 28	0. 65	0. 05	0. 51	0. 44	0. 00	0. 29	0. 71
TK614	0. 15	0. 12	0. 73	0. 10	0. 22	0. 68	0. 00	0. 21	0. 79

端元数的确定。分别按照二端元与三端元计算可知，在按二端元时，饱和烃计算的结果方差较低，但芳烃以及饱和烃+芳烃的计算结果方差都很高，不太满足变通最小二乘法数学计算方法的关系。按三端元计算时，无论是饱和烃还是芳烃，以及饱和烃+芳烃的计算结果方差都接近于零，满足基本的数学关系。同时，结合塔河油田及周边寒武系及奥陶系烃源岩的分布、生烃史和成藏史等地质背景综合分析，认为其可能存在 2～3 套端元烃源岩向塔河油田供烃，它们可能是不同时代（ϵ—O_1 和 O_{2-3}）或者同时代（ϵ—O_1 或 O_{2-3}）不同沉积相带的烃源岩，塔河油田存在 3 个生标特征不同的端元油较符合实际地质情况。

需要指出的是，由于目前塔河油田地区钻井中没能直接取到寒武系—奥陶系各套烃源岩样品，而前期研究中，在用该方法进行混源油混源比例计算时缺少烃源岩的生标定量参数，因而无法直接确定计算结果中的端元 1、端元 2、端元 3 究竟对应着地质实际上的哪套烃源岩。如果有该地区较系统的各时代烃源岩生标定量参数与现有的油样参数一起进行数理统计计算，则可将计算结果中的端元油与地质实际的烃源岩直接关联。

三、高演化固体沥青、轻质油和凝析油-源对比技术

高演化固体沥青、轻质油和凝析油-源对比技术包括：①轻质油、凝析油及高演化固体沥青轻烃定量

色谱分析与优质烃源岩轻烃定量色谱分析的对比。②轻质油、凝析油、高演化固体沥青（可溶有机质抽提物）的单体碳同位素及饱和烃、芳烃、非烃、沥青质、全油样品的碳同位素与优质烃源岩可溶有机质抽提物对应的单体碳同位素及饱和烃、芳烃、非烃、沥青质、抽提物的碳同位素之间的对比。③轻质油、凝析油及高演化固体沥青（可溶有机质抽提物）的全二维色谱飞行时间质谱与优质烃源岩可溶有机质抽提物对应的全二维色谱飞行时间质谱之间的对比。④轻质油、凝析油及高演化固体沥青（可溶有机质抽提物）的生物标志物定量分析与优质烃源岩可溶有机质抽提物对应的生物标志物定量分析之间的对比。但是，生物标志物及其定量分析一般仅适用于成熟阶段（R_o<1.2%）。随着成熟度的增加，尤其是到成熟晚期，原油以及优质烃源岩中长链烃类包括生物标志物的热裂解作用已经占主导，生物标志物的多数指标（包括代表母源、环境指标、比值及定量分析）均失去原有的对比作用。例如，代表母源或沉积环境指标的Pr/Ph、规则甾烷、γ-蜡烷、藿烷、三环萜烷和三芳甾烷等指标（图6.96）到成熟中晚期—高成熟早期，含量明显减少，甚至几乎消失，失去对比意义。因此，在成熟中晚期—高成熟阶段，利用生物标志物指标（包括代表母源、环境指标、比值及定量分析）进行轻质油-源、凝析油-源及高演化固体沥青-

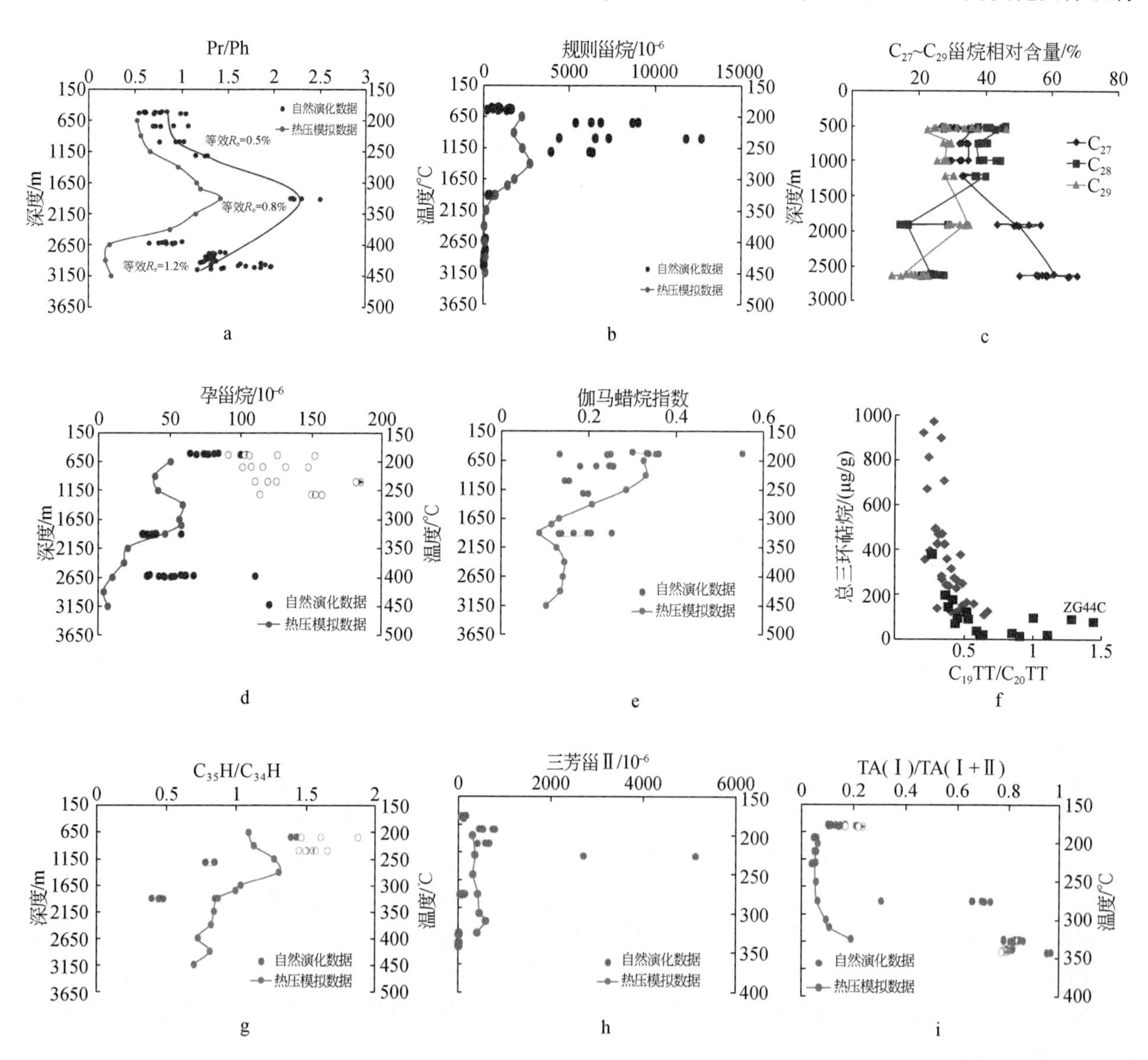

图6.96　典型母源环境生物标志物随成熟度的变化趋势——自然演化剖面及热压模拟实验以西加盆地科罗拉多群白垩系优质烃源岩和原油为例（秦建中等，2013）

a. Pr/Ph；b、c. 规则甾烷；d. 孕甾烷；e. γ-蜡烷指数；f. 三环萜烷；g. 藿烷；h、i. 三芳甾烷。

TA（Ⅱ）为C_{26}~C_{28}（20S+20R）三芳甾烷；TA（Ⅰ）为C_{20}和C_{21}三芳甾烷

源对比时要特别注意，仅能作为辅助指标。⑤放射性同位素定年技术，包括轻质油气、凝析油气及高演化固体沥青中的^{40}Ar年龄模型（烃源岩年代）及^{4}He年龄模型（油气藏定型年代）等。⑥包裹体分子地球化学分析技术，包括储集岩（砂岩、灰岩、白云岩等）中各期次单体油气包裹体的激光微区-色谱质谱分析、单期次群体油气包裹体的色谱质谱及单体烃碳同位素分析与优质烃源岩中可溶有机质组分的对比。储集岩某一期次油气包裹体代表了油气运移成藏过程中某一时期的原始油气成分，封闭且不受其他期次的干扰，而且还可以延缓演化过程（热裂解或生物作用等）。但是，随着成熟度的增加，尤其是到过成熟阶段（R_o>2.0%），所有包裹体中的油气最终还是要变化的，形成带碳质沥青边的气（甲烷为主）包裹体。此时的包裹体（过成熟）也失去了原有的对比作用。

第七章　油气资源评价

优质烃源岩的生烃量计算方法与烃源岩的常规方法相同，目前国内外通用的直接计算方法是油气产率法，即通过相似的（成烃生物组合或有机质类型相似、页岩岩石类型相似等）未成熟—低成熟优质烃源岩样品，对在尽可能接近地下演化条件的热压模拟实验所得到的各成熟阶段的油气产率进行生油量、排油量、生排烃气量等计算。实际上，盆地模拟方法、热解生烃潜量法及有机碳法等都是基于此原理，只是所选取的油气转化率（或各成熟阶段的油气产率）参数有所不同（后者均是推算或类比而得到的近似值）。因此，本章主要是针对本书阐述的优质烃源岩评价技术对油气资源评价参数尤其是高演化优质烃源岩资源评价参数进行规范，更客观地估算油气资源量。

第一节　油气资源评价参数的选取

一、压力与石油产率

1. 地层孔隙热压模拟实验结果更接近地下客观实际条件，压力对石油产率具有贡献

油气资源潜力是勘探部署的重要依据，为了认识地下油气生成过程与评价烃源岩生油气潜力及资源量，国内外曾研制了多种热解生烃模拟装置，具代表性的有：①法国石油研究院的岩石热解仪（Rock-Eval)(图 4. 6a)，其实验条件为开放的反应空间、粉末样品、无压力等；②美国地质调查局的 CG 常规高压釜热压生排烃模拟实验仪（图 4. 6b)，其实验条件为封闭的反应空间、破碎块状样品、高流体压力、无静岩压力等。上述方法所设置的实验条件与地下生排油气所具有的上覆静岩压力、地层流体压力、孔隙空间、围压及岩石组成结构等实际地质条件差异明显。应用传统生烃模型计算的资源量往往误差较大，探明储量超过预测资源量时有发生，如泌阳凹陷国家一次资评（1985 年）资源量为 2. 59 亿 t，到 2012 年累计探明储量已达到 2. 788 亿 t。如何在近地质条件下进行生排烃模拟实验是亟须解决的难题。

为此研制了一种具有轴向自紧式动-静密封功能、双向施压的生烃高压釜及与其相连接的由多种类型高压阀、高压泵等部件构成的高温高压流体自动控制排出装置，即 DK 地层孔隙热压生排烃模拟实验仪(图 4. 6c)。该装置能够在高温条件下对圆柱状岩心样品（质量 20 ~ 150g，直径 3. 8 ~ 7. 5cm）同时施加与其地质埋藏条件接近的上覆静岩压力（最高 200MPa，相当于地下埋深 8000m）、围压及地层流体压力(最高 150MPa，相当于埋深 10000m)，实现了优质烃源岩近地质温度和压力条件下的油气生成过程模拟；在一定压差作用下间歇性排出或在高地层流体压力作用下连续排出石油，类似压榨油（豆油、花生油等），实现了优质烃源岩在逐渐埋深压实时油气生成与排出联动过程的模拟。

DK 地层模拟装置实验产物与地质条件自然演化生成的油气更为接近，表现在：

（1）DK 地层模拟实验可能阻止了有机质发生较强的“焦化作用”，使优质烃源岩中的原始生物“脂类”脱杂原子后成为石油（未发生大量热裂解）；而 CG 常规模拟实验（高压釜含水热解生烃）或岩石热解生烃模拟（Rock-Eval 岩石热解仪）会产生大量热裂解反应，产生的 H^+进入高压釜上部气态空间（图 4. 6b）或直接进入气态空间（图 4. 6a)，难以再与烯烃结合形成烃类，H_2及 CO_2含量大幅度增加，与地下原始客观实际相差甚远（详见第四章）。

（2）DK 地层模拟实验相当于烃源岩发生异常压力（静水），样品内可以看作一个半封闭体系，压力（P）对有机质演化程度的影响可以通过影响化学平衡的移动而实现，并不改变化学反应的频率因子，有机质演化模型如式（7.1），而 CG 常规模拟实验相当于烃源岩处于正常压力条件下，符合一级反应动力学原理，有机质演化模型如式（7.2）。

$$R_o = k_2 \exp\left(-\frac{\Delta H}{RT}\right) P^{-n} \quad (7.1)$$

$$R_o = k_1 t^n \exp(-E/RT) \quad (7.2)$$

式中，k 为反应速率常数（Ma^{-1}）；H 为埋藏深度（m）；R 为理想气体常数；E 为动力学参数；T 为热力学温度（K）。

（3）DK 地层模拟实验装置、压力系统、样品样式等更接近地下原始客观实际。

DK 地层模拟装置提供的技术参数优于国内外同类技术（表 7.1），且与烃源岩油气生成与排出的地质条件更为接近，其所获取的油气产物中几乎不含因高温快速裂解产生的氢气和烯烃，其分子化学组成与自然演化生成油气的相近，这表明该模拟实验能更为真实地再现沉积有机质向油气转化的物理化学与地球化学演变过程；采用 DK 地层模拟装置评价的烃源岩生油潜力与传统方法相比，可提高 40% 以上，这预示了以往严重低估了含油气盆地的资源量。

表 7.1　DK 地层模拟与国外同类技术参数对比

实验条件	美国地质调查局*	DK 地层模拟实验装置	对比结论
最高温度/℃	360	600	优于
最高静岩压力/MPa	无	200	明显优于
最高流体压力/MPa	120	150	相当
反应空间	密闭大空间	岩石孔隙空间	明显优于
样品状态	破碎块状	整块柱状岩心	优于
油气生排方式	先生成再排出	生成、排出联动控制	明显优于

* Carr A D, Snape C E, Meredith W, et al. 2009. The effect of water pressure on hydrocarbon generation reactions: some inferences from laboratory experiments, Petroleum Geoscience. 15: 17-26.

2. DK 地层模拟实验技术直接影响生油量参数的选择，其获得的优质烃源岩生油率相对 CG 常规模拟提高了约 40%——石油资源潜力

热压模拟实验是研究油气生成机理与定量评价烃源岩生烃潜力的重要手段，现有的实验方法主要强调的是温度和时间等因素，忽视了地层孔隙空间中的高压液态水及压实成岩作用等地质因素对生烃反应的重要影响。对比分析实验结果表明：高压液态水、流体压力和孔隙空间等地质因素对优质烃源岩石油生成和排出有着重要的影响，DK 地层模拟实验条件有利于液态石油的生成和保存，延迟了液态油向气态烃的转化，在成熟阶段相对 CG 常规模拟（高压釜）极大地提高了生油能力。不同有机质类型、不同岩性的海相优质烃源岩样品（超过 100 个）的 DK 地层模拟实验和 CG 常规模拟实验对比结果显示出前者的生油量相对后者明显增加（图 4.11、图 4.13、图 4.14），优质烃源岩最高总生油量一般相对增加 35% ~60%。

（1）优质烃源岩最高总生油量一般可达到甚至超过岩石热解氢指数。例如，云南禄劝 LQ-2 泥灰岩（Ⅱ型）氢指数（HI）为 395mg/g（表 7.2），CG 常规模拟实验最高总生油量只有 173.53$mg_{油气}/g_c$，不到岩石热解氢指数的 1/2，而 DK 地层模拟实验最高总生油量达到 392.56$mg_{油气}/g_c$，与岩石热解氢指数相当。四川广元上寺 GY-07-35 黑色页岩（$Ⅱ_1$型）氢指数（HI）为 365mg/g，CG 常规模拟实验最高总生油量为 215.65$mg_{油气}/g_c$，仅相当于岩石热解氢指数的 60% 左右，而 DK 地层模拟实验最高总生油量达到 376.56$mg_{油气}/g_c$，相当于岩石热解氢指数的 103% 左右。因此，在计算优质烃源岩的生油量时，使用 CG 常规模拟实验生油产率或使用岩石热解的烃类转化率（盆地模拟中的生烃动力学参数也是通过它们求得或计算出来的）均与地下条件存在较大差异，要客观评价优质烃源岩的生油量，使用与地下条件相对最接近的 DK 地层模拟实验是目前最好的方法。

表 7.2　海相烃源岩不同类型热压模拟实验样品有机地球化学基本数据

地区	样品号	岩性	层位	TOC /%	沥青“A”/%	T_{max} /℃	S_1+S_2 /(mg/g)	HI /(mg/g)	R_b /%	R_o /%	类型	样品数	模拟点数	模拟实验方法
云南禄劝	LQ-2	泥灰岩	D_2d	3.44		429	14.66	395			Ⅱ	1	20	DK 地层模拟，CG 常规模拟
四川广元上寺	GY-07-35	黑色页岩	P_2d	12.38	0.4006	437	46.07	365		0.56	Ⅱ	1	13	DK 地层模拟，CG 常规模拟

（2）海相（包括海侵湖泊）优质烃源岩的总生油量可能远大于以前资源评价（或前人估算）的总生油量（一般相对增加 35% ~60%）。以四川盆地东北部上二叠统龙潭组梁平-开江海相台地凹陷优质烃源岩为例，从反演推算来看，梁平-开江海相台地凹陷周围已经发现近万亿立方米天然气（2015 年已经探明合计约 7800 亿 m^3），按天然气藏运聚系数 3% 反推至少需要 350 亿 t 的原油（或总生油量），按残留碳质沥青推算古油藏（图 7.1、图 7.2）的原始原油储量约 205 亿 t（至少总排出油量）；从正演推算来看，按 DK 地层模拟实验推算龙潭组优质烃源岩总生油量约 392 亿 t，而按 CG 常规模拟实验推算龙潭组优质烃源岩总生油量只有约 198 亿 t，还没有按残留碳质沥青推算的古油藏原始石油储量（或总排出油量）205 亿 t 高，显然是不符合勘探实际的。即海相优质烃源岩的总生油量或古油藏原始石油储量比预测或以前评价的量要大许多。实际上，塔里木盆地志留系沥青砂岩就是源于寒武系优质烃源岩的特大古油藏，其古油藏原始石油储量远大于预测储量。

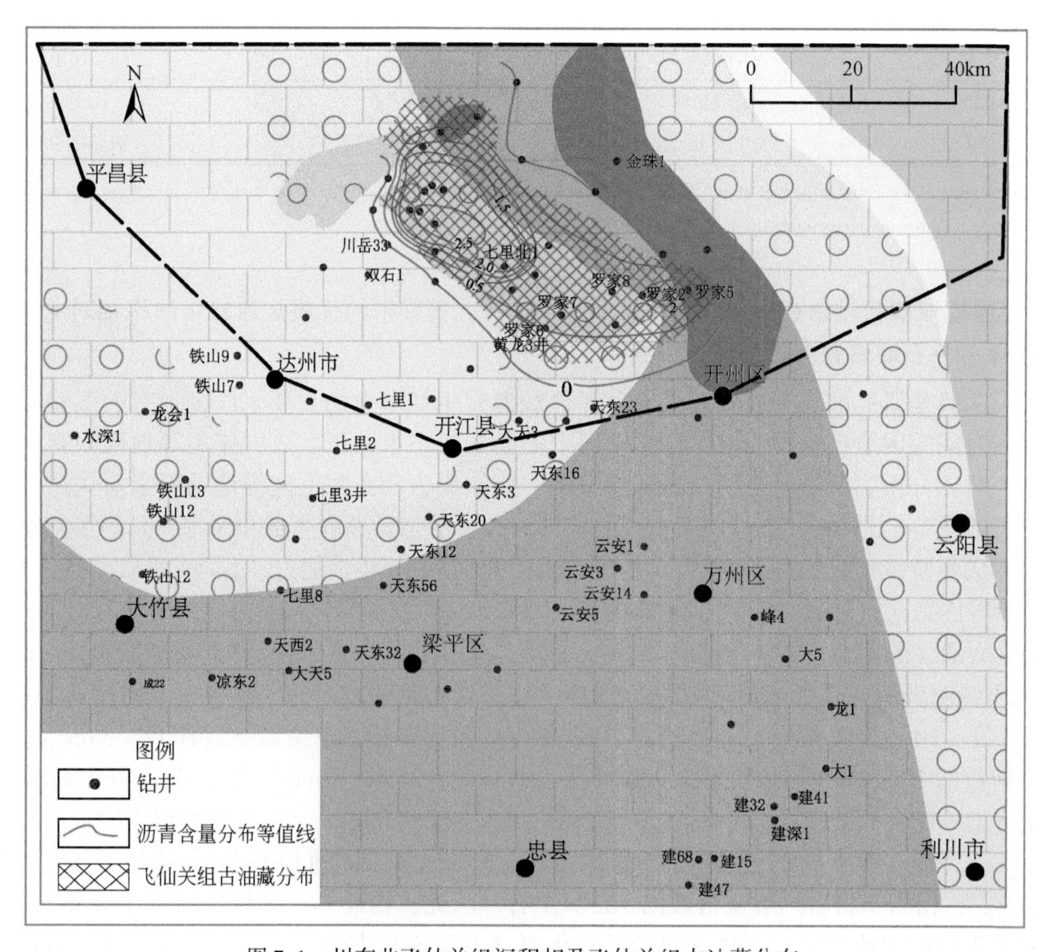

图 7.1　川东北飞仙关组沉积相及飞仙关组古油藏分布

（3）以渤海湾盆地冀中拗陷饶阳凹陷蠡县斜坡古近系沙河街组一段下部（$Es_1{}^{下}$）最大海侵湖泊优质烃源岩（钙质页岩）为例，该地区仅发育该套优质烃源岩，其他层段均为红层（图 7.3 ~ 图 7.5）。在

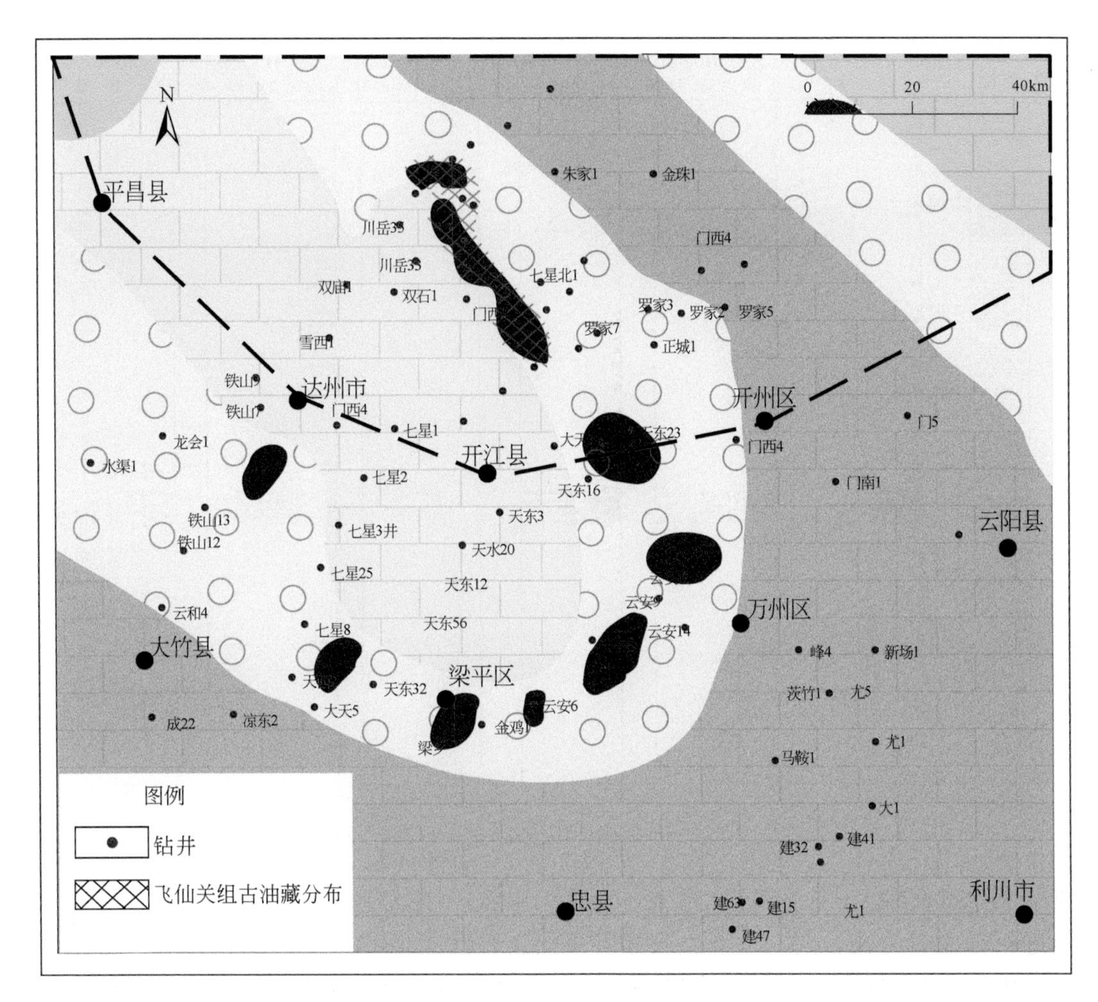

图 7.2 川东北长兴组沉积相及长兴组古油藏分布

2000 年以前，采用 CG 常规模拟实验推算 $Es_1^{下}$优质烃源岩总生油量约 5.5 亿 t，石油运聚量约 1.1 亿 t，当时该未成熟—低成熟油研究成果还得到华北油田的重奖；但是，之后蠡县斜坡滚动勘探开发又相继找到了共计超过 1 亿 t 的石油储量，即找到的石油储量已经接近或超过 CG 常规模拟实验推算的石油资源量，显然与勘探开发不吻合或妨碍了该地区的勘探开发。如果按 DK 地层模拟实验推算 $Es_1^{下}$优质烃源岩总生油量约为 8.6 亿 t，石油运聚量约 1.7 亿 t，则为蠡县斜坡的石油勘探开发打开了新的局面。

此外，通过 DK 地层模拟实验结果对东营、东濮和泌阳凹陷等老油区的石油资源潜力重新评价，所获得的生油量比国家三次资评高出 140.5 亿 t，资源量新增 23.3 亿 t，且更加符合勘探实际。按此思路，中国东部老区石油资源潜力将有很大提高，从而坚定了立足东部老区挖潜的信心，为老油区的可持续发展提供了技术支撑。

二、TOC 与油气产率

1. 烃源岩随 TOC 的增加生排油气产率有规律地增加，但并非不变，优质烃源岩（$TOC_{原始}$≥2%）生排油气产率会有一个极限值

根据热压模拟实验结果（详见第一章）数据综合分析认为：烃源岩随 $TOC_{原始}$从 0.06%→0.5%→2%→6% 逐渐增加时，生排油气率（$kg_{烃}/t_C$）呈非对称双曲线式增加（图 1.14b）。在 $TOC_{原始}$处于从 0.06%→0.5% 的非—差烃源岩时，生排油气产率迅速增加且变化最明显；在 $TOC_{原始}$处于从 0.5%→2.0% 的中等—好烃源岩时，生排油气产率明显增加，趋势逐渐变缓且变化较明显；在处于 $TOC_{原始}$>2% 的优质烃源岩时，

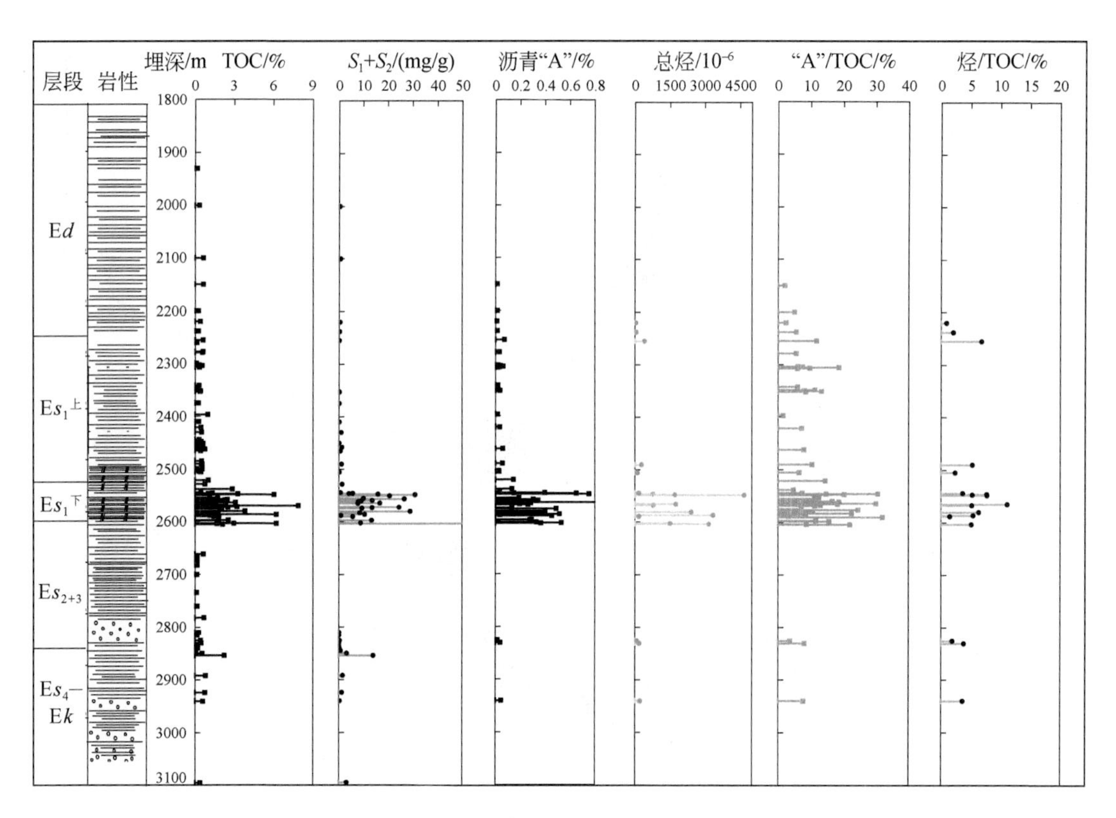

图 7.3　饶阳凹陷高 20 井古近系综合生油剖面

生排油气产率略有增加并趋于一极限值，变化不明显。

以Ⅱ型海相烃源岩为例，同一地点、成熟度相同、岩性相似并用同样的模拟实验方法，结果是：①优质烃源岩在低成熟阶段总产油率可在 300$mg_{油气}/g_C$ 以上，在成熟生油高峰期总产油率可达 500$mg_{油气}/g_C$ 以上，在过成熟阶段最高烃气产率为 460$mg_{油气}/g_C$；②中等烃源岩在低成熟阶段产油率仅为 133$mg_{油气}/g_C$ 左右，在成熟生油高峰期总产油率为 273. 53$mg_{油气}/g_C$，在高成熟—过成熟阶段最高总烃气产率为 278. 56$mg_{油气}/g_C$；③差烃源岩在低成熟阶段生油量不到 60$mg_{油气}/g_C$，在成熟生油高峰期总产油率为 85. 21$mg_{油气}/g_C$，在高成熟—过成熟阶段最高总烃气产率为 90. 52$mg_{油气}/g_C$。即海相差烃源岩的产油气率仅相当于同等条件下优质烃源岩的 1/5 左右，中等烃源岩的 1/3 左右，从优质、中等至差烃源岩的油气产率也相当于有机质类型从Ⅱ$_1$型、Ⅱ$_2$型至Ⅲ型。

因此，烃源岩的有机质含量不但与总生排油气量有关，而且与生排油气产率密切相关。海相优质烃源岩在低成熟阶段的产油率明显高于相同类型的低有机质丰度烃源岩（TOC<1%），随着有机质丰度的减小，产烃率逐渐减少。这对油气资源评价或盆地模拟过程中油气产率参数的选择至关重要，以前一直把烃源岩Ⅰ型（或Ⅱ$_1$型或Ⅱ$_2$型或Ⅲ型）干酪根的油气产率不管优质还是中等或差烃源岩均视为不变的（只要干酪根类型相同均使用同一类随成熟度变化的产烃率曲线），存在过高估算差—中等烃源岩的油气资源量，尤其是发育巨厚的碳酸盐层系差—中等烃源岩，问题就更加严重了。在烃源岩评价中，尽管某些地区差—中等烃源岩厚度很大，有的几百米，甚至几千米，但是其生油量与优质烃源岩相比，尤其是对形成大型油气藏而言，就不太重要了。一是因为其产烃率低，同是Ⅱ$_1$型干酪根，优质烃源岩在成熟阶段最高产油率可达 500$mg_{油气}/g_C$ 以上，而差烃源岩只有 85$mg_{油气}/g_C$，即使在过成熟阶段烃气产率也相差 5 倍。此概念与以往资源评价过程中按干酪根类型选择产烃率参数不同，将使得巨厚的差—中等烃源岩生油量所占比例大幅减少，而优质烃源岩生油量所占比例将大幅增加。二是巨厚的差—中等烃源岩往往体积大，生烃量分散，难以聚集成藏或难以形成大油气田，只可以起到一定的辅助作用。三是优质烃源岩生成的大量原油一旦形成运移通道，油气就会沿页理面呈网状以油相源源不断地运移出来，容易形成大油气田。因此，一个海相盆地或地区优质烃源岩发育与否，对大油气田的勘探尤为重要。

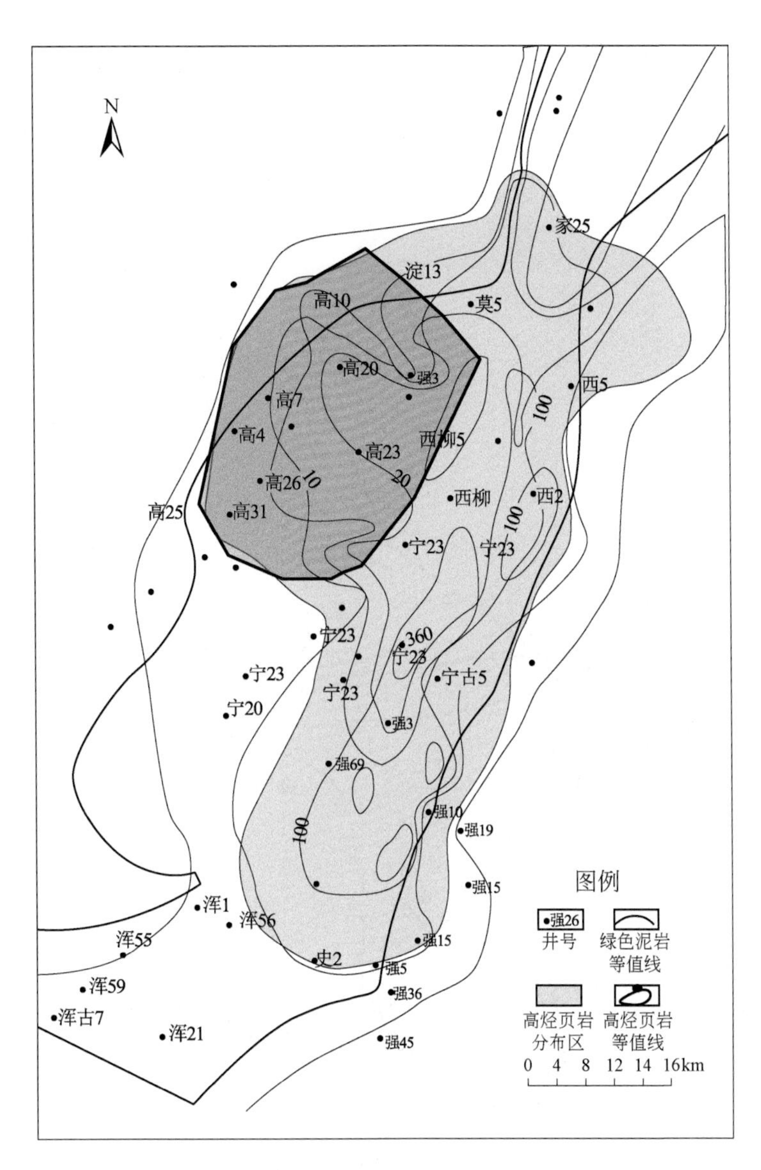

图 7.4 饶阳凹陷 $Es_1^{下}$暗色泥岩厚度等值线

2. 高演化优质烃源岩 TOC$_{残余}$需要恢复，而且下限值略低一些

优质烃源岩生排油气模式见本书第一章和第四章，在成熟中晚期随着成熟度的增加，油气不断生成并排出优质烃源岩，导致优质烃源岩中有机质含量不断降低。例如，对于Ⅰ型优质烃源岩，在未成熟—低成熟阶段，相当于 R_o<0.75%，TOC 变化不大，这是由于排油量相对 TOC 尚微不足道；在成熟中晚期，相当于 R_o≈0.75%～1.35%，TOC$_{残余}$随成熟度的增加明显减小，TOC$_{原始}$约降低了 40.6%，这主要是因为干酪根大量热降解生成的油气排出；在高成熟—过成熟阶段，R_o>1.35%，TOC$_{残余}$随成熟度的增加变化已经不明显，它是大量排油气之后的 TOC$_{残余}$值，此阶段 TOC$_{残余}$最高恢复系数约为 1.68（图 1.15）。

典型未成熟—低成熟海相优质烃源岩热压模拟实验结果和优质烃源岩生排油气模式表明：高成熟—过成熟优质烃源岩 TOC$_{残余}$恢复系数一般在 1.3～1.7 之间，从Ⅱ$_2$型优质烃源岩 TOC$_{残余}$恢复系数为 1.32 左右，至Ⅰ型优质烃源岩 TOC$_{残余}$恢复系数逐渐增大到 1.68 左右（图 1.15～图 1.17）。

从优质烃源岩的岩石类型来看，黏土质优质烃源岩 TOC$_{残余}$恢复系数相对钙质生屑优质烃源岩或硅质生屑优质烃源岩略偏低一些。例如，海相碳酸盐岩的烃吸附量一般在 0.35mg/g 左右，最大吸附量为 0.85mg/g；而海相黏土质泥岩或页岩烃吸附量平均为 1.5mg/g 左右，变化在 0.4～2.7mg/g 之间。从烃源岩吸附烃含量来看，海相碳酸盐与硅质优质烃源岩 TOC$_{残余}$恢复系数应大于黏土质优质烃源岩，而最低界

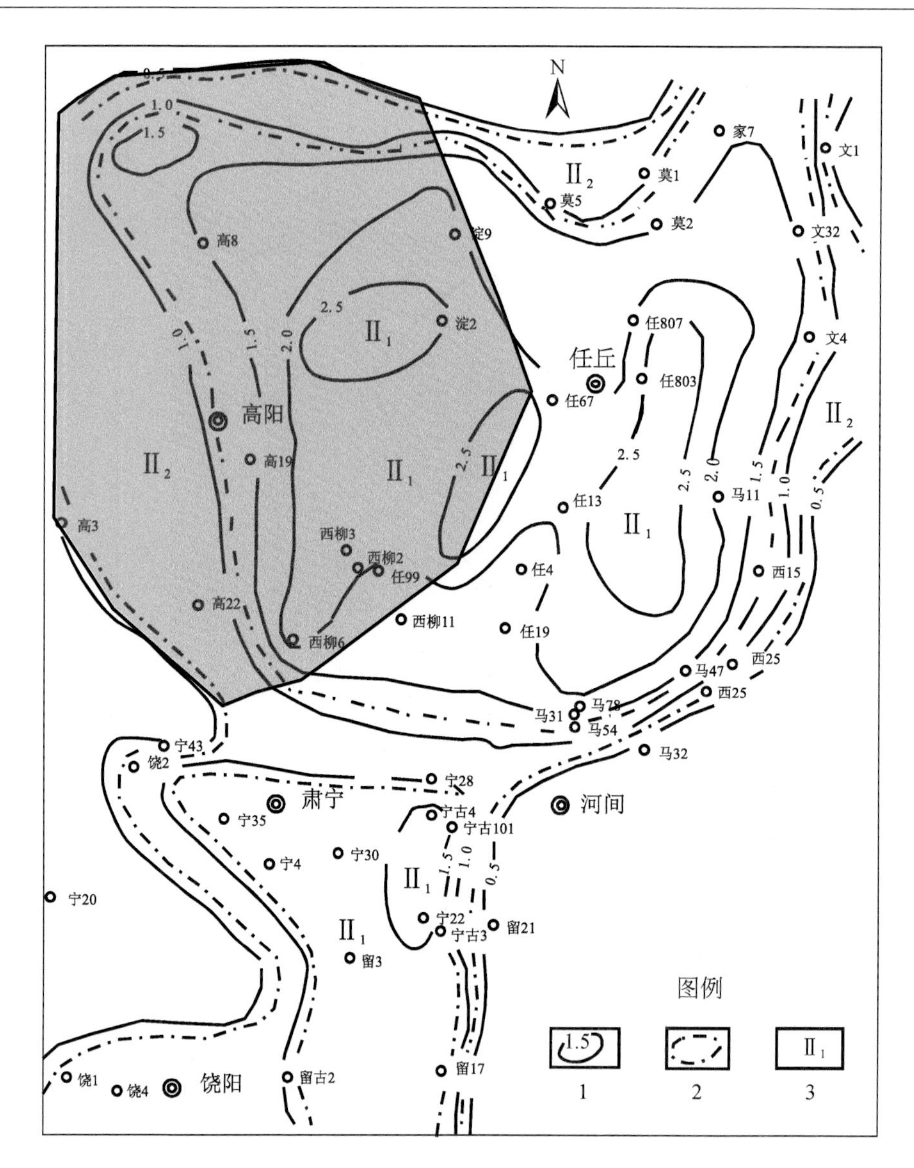

图 7.5　饶阳凹陷 Es_1^{下}优质烃源岩厚度等值线

1. TOC 等值线；2. 有机质类型分区线；3. 有机质类型

限值应略小于黏土质优质烃源岩，一般黏土优质烃源岩 TOC≥2%，碳酸盐优质烃源岩 TOC≥1.5%。

三、含油生物与石油、天然气产率

1. 海相优质烃源岩中生物体内的“油或脂肪”是形成石油的主体，含油（脂类）量越高且骨壁壳有机碎屑越低，成熟阶段石油产率越高

自然界物质是平衡的，地下石油也是一样，并不能凭空而来，它是生物体内尤其是超微型—小型单细胞浮游生物（≥80%成烃生物总量）体内的油脂、脂肪及类脂等脂类经沉积成岩演化而来（详见第二～四章）。也就是说，只有生物体中含有油（脂类）才能形成石油，即优质烃源岩中残留保存下来生物体内的“油或脂肪”是形成石油的主体，含量越高石油产率应越高。但是，优质烃源岩中生物残留保存下来的有机质并非只有脂类，还有非脂类的生物骨壁壳有机碎屑，它主要由相对稳定或相对惰性的无效碳水化合物或非活性蛋白等生物大分子构成，不能形成石油，其含量越高石油产率应越低。此外，生物体中的活性蛋白质、有效碳水化合物和核酸等生物大分子相对极不稳定，成岩后就消失殆尽了。因此，优质烃源岩中生物残留保存下来的有机质中脂类含量和骨壁壳有机碎屑含量的比例决定了石油转化率或有

机质类型或干酪根类型，这就是有机质类型或干酪根类型的本质，主要与成烃生物的种类或成烃生物组合有关，可以分为以下几种。

（1）超微型—小型单细胞浮游生物，包括甲藻、沟鞭藻、颗石藻、硅藻、浮游绿藻、蓝藻、黄藻、裸藻及鞭毛藻类等单细胞浮游藻类，放射虫、甲壳类、表壳虫、太阳虫、翼足虫和鞭毛类等超微型、微型、小型单细胞浮游动物。其生物体内含油量一般占干重的10%～40%；优质烃源岩中残留或保存下来的“油”或脂类小分子含量占保存下来有机质的80%～95%，无效碳水化合物或非活性蛋白等骨壁壳生物大分子含量占5%～20%，而不稳定的活性蛋白质、有效碳水化合物和核酸等生物大分子几乎全部消失。因此，优质烃源岩中成烃生物为超微型—小型单细胞浮游生物或为主体时（含量大于80%），成熟阶段石油的最高转化率一般在80%以上，有机质（或干酪根）类型属Ⅰ型或腐泥型。

（2）中型以上的多细胞浮游动物、底栖藻类、底栖动物、细菌类和真菌类微生物等，主要包括：①甲壳类、笔石等中型以上的多细胞浮游动物，其生物体中含“油”量一般占干重的1%～15%，脂类占优质烃源岩中保存下来有机质的15%～60%，非活性硬蛋白及无效碳水化合物等骨壳生物大分子含量占40%～85%，活性蛋白质、有效碳水化合物和核酸等生物大分子消失；②褐藻、红藻、绿藻等底栖藻类和海绵、三叶虫等底栖动物，其生物体含“油”量一般不超过干重的12%，脂类占优质烃源岩中保存下来有机质的15%～60%，无效碳水化合物和非活性蛋白等骨壁壳生物大分子含量占40%～85%，活性蛋白质、有效碳水化合物和核酸等生物大分子消失；③真菌类、古细菌类、细菌类等微生物，其细胞体脂类含量一般占优质烃源岩中保存下来有机质的15%～50%。它们生物体的含“油”量变化大，比超微型—小型单细胞浮游生物的含油量要低得多，一般变化在干重的1%～10%，脂类常常占优质烃源岩中保存下来有机质的15%～50%，无效碳水化合物等壁壳生物大分子含量占50%～85%。因此，优质烃源岩中成烃生物为中型以上的多细胞浮游动物、底栖藻类、底栖动物、细菌类和真菌类微生物时，或成烃生物组合为浮游生物、底栖生物、真菌细菌类微生物及部分水生陆生植物的混合时，成熟阶段石油的最高转化率在15%～80%之间，有机质（或干酪根）类型属Ⅱ型或混合型，又可分为$Ⅱ_1$型和$Ⅱ_2$型。$Ⅱ_1$型优质烃源岩中脂类小分子占40%～80%，骨壁壳有机碎屑、镜状体、镜质组、菌类体等生物大分子占20%～60%，成熟阶段石油的最高转化率在40%～80%。$Ⅱ_2$型优质烃源岩中脂类小分子占15%～60%，骨壁壳有机碎屑、镜状体、镜质组、菌类体等生物大分子占40%～85%，成熟阶段石油的最高转化率在15%～60%。

（3）水生、陆生高等植物有机碎屑并非优质烃源岩的主体，若以高等植物有机碎屑为主体就属Ⅲ型有机质类型或干酪根类型或腐殖型，已经非“优质”了。高等植物生物体内含油量很低，一般不超过干重的5%，在烃源岩中残留或保存下来的纤维素、半纤维素、木质素和果胶类等无效碳水化合物构成的骨壁生物大分子含量（镜质组、丝质体等）占95%～98%。它在成熟阶段也不能形成石油，在高成熟—过成熟阶段可以生成一定量的烃气（一般烃气占有机质的总转化率≤15%）。

2. 海相优质烃源岩以Ⅱ型有机质类型为主

早期传统烃源岩油气生成理论认为，无高等植物有机碎屑输入的海相烃源岩，尤其是海相碳酸盐烃源岩，均是Ⅰ型有机质类型或干酪根，实际上本书第二～四章认为并非如此，而是海相优质烃源岩有机质类型以Ⅱ型干酪根为主，主要依据如下。

（1）海相优质烃源岩（包括富有机质碳酸盐烃源岩）的成烃生物组合并非全部为浮游生物，而主要是由浮游藻类、底栖藻类、浮游动物类、真菌类和细菌类等混合而成，有机质类型为Ⅱ型干酪根，Ⅱ型干酪根又可分为以底栖藻类和浮游藻类及真菌细菌类为主体的$Ⅱ_1$型，以底栖藻类和水生植物及真菌细菌类等为主体的$Ⅱ_2$型。只有在特殊环境下，如闭塞的或局限性的海侵或淡水湖泊浮游藻类暴发、水体分层仅发育浮游生物并无植物碎屑输入等，才可能发育仅有浮游藻类或超微型—小型单细胞浮游生物的Ⅰ型有机质类型。

（2）海洋藻类中的底栖藻类、浮游动物类中的中型以上的多细胞浮游动物、底栖动物、真菌类和细菌类微生物等海洋生物体中含“油”量并不高，优质烃源岩中保存下来的骨壁壳生物大分子（含量为40%～85%）和脂类小分子（含量为15%～60%）基本相当，它们均属典型的Ⅱ型有机质类型。

浮游动物中主要源于甲壳类、笔石等中型以上的多细胞浮游动物，尽管也属于浮游生物（浮游动物），然而其生物体含“油”量并不高，而其骨壳皮生物大分子所占干重的比例一般要大于脂类，在优质烃源岩中保存下来的有机质骨壳皮生物大分子占40%～85%，属于典型的Ⅱ型有机质类型。

底栖藻类中的褐藻、红藻和底栖绿藻是多细胞植物体，主要由丝状体构成，细胞壁内层多是纤维素，外层是果胶或藻胶；褐藻细胞体内含脂类或“油脂”量相对较高，可达细胞干重的10%左右；红藻、底栖绿藻的脂类含量要低，其细胞体内贮藏养分中主要为淀粉，“油脂”含量很低或无。其不稳定的有效碳水化合物（淀粉等）、活性蛋白质和核酸等在藻体内含量相当大，占干重的35%以上，易分解，不能残留下来。而在优质烃源岩中保存下来的丝状体、叶状体、囊状体和皮壳状体纤维素+果胶等无效碳水化合物构成的细胞壁碎屑含量一般要大于脂类含量，有机质类型相当于Ⅱ型，褐藻“石油”转化率最高可达41.3%，相当于Ⅱ—$Ⅱ_1$型，而红藻和底栖绿藻仅相当于Ⅱ—$Ⅱ_2$型。

海绵、三叶虫等多细胞底栖动物体内的脂肪等脂类含量一般不高，可能与底栖藻类相当或更低一些，而三叶虫体中的活性蛋白质、有效碳水化合物和核酸等不稳定物质早就无影无踪了，其几丁质或骨胶原骨壳量要大于前者，有机质类型相当于Ⅱ型。

也就是说，底栖藻类和底栖动物类在厌氧环境下形成的优质烃源岩中，脂类（石油）的转化率一般不超过50%，有机质类型属典型的Ⅱ型，甚至其纤维质或几丁质壁壳（无效碳水化合物）或骨胶原骨壳（非活性蛋白质）碎屑含量为主体（>85%，相当于镜质组）时，可以过渡到Ⅲ型。

真菌是具有真核和细胞壁的异养生物，大多数真菌是由菌丝构成的，细胞壁多为几丁质（高等真菌等），其次是纤维素（低等真菌等）、葡聚糖（酵母菌等）。有的细胞体内含脂肪粒或少量脂肪及甾醇等脂类。有微型构造的菌丝体和脂类在厌氧环境地质体中相对稳定易保存下来，其石油转化率与褐藻基本相当或略偏低一些（最高石油转化率在31.3%左右），相当于Ⅱ型干酪根。

细菌细胞核无核膜包裹，为裸露DNA的原始单细胞微生物。真细菌结构简单，胞壁坚韧，主要成分是肽聚糖（由N-乙酰葡糖胺和N-乙酰胞壁酸构成双糖单元，以β-1，4糖苷键连接成大分子），细胞体内也含有少量脂类。常生活于缺氧湖底等极端环境中的古细菌古核细胞内所含的脂类是甘油脂肪酸酯，膜脂由甘油醚构成，细胞壁不含肽聚糖，含有各种复杂的多聚体（如产甲烷菌含假肽聚糖，盐球菌等含复杂聚多糖，甲烷叶菌属含糖蛋白，甲烷球菌等含蛋白质壁）。真细菌及古细菌的细胞壁和细胞内的脂类物质在地质体中易保存下来，石油转化率相当于Ⅱ型干酪根。

（3）海相优质烃源岩尤其是碳酸盐烃源岩成烃生物主要由底栖生物（或底栖藻类）及菌类（真菌类和细菌类）组成，干酪根类型主要为Ⅱ型。海相底栖藻类及真菌细菌类为主的优质烃源岩生烃能力相当于Ⅱ型干酪根，底栖藻类相当于$Ⅱ_1$型，真菌细菌类一般相当于$Ⅱ_2$型。优质烃源岩浮游藻类和底栖藻类在成熟阶段不但生油能力强，而且在高成熟—过成熟早期生烃气能力也很强，主要是原油再裂解烃气。

海相优质烃源岩的成烃生物以深水盆地相或台凹或潟湖等低能环境发育的浮游藻类（鞭毛藻类、绿藻类、甲藻类、颗石藻、硅藻类等）、浮游动物（有孔虫、放射虫等原生动物类、笔石类等半索动物、甲壳类等）、底栖宏观藻类（红藻、不等鞭毛藻类、褐藻类等）、底栖动物类（海绵、三叶虫等节肢动物、软体、脊索、珊瑚虫等腔肠动物类）、真菌类和细菌类（古细菌、真细菌）等及其他所伴生的生物碎屑颗粒的混合所组成，偶有少量陆源高等植物碎屑颗粒的输入。

在未成熟—成熟优质烃源岩地质体中，能够残留保存下的生物碎屑物质主要有两部分，一部分是浮游生物体内的“油脂”及底栖藻类、真菌类和细菌类的“脂类”物质；另一部分是底栖藻类、节肢半索原生动物类、真菌类、细菌类及浮游藻类等细胞壁、生物骨架、外壳、外骨骼和支撑骨骼等有机大分子生物碎屑物质。它们以原始生物碎屑结构的形式（相互结合在一起或包裹在一起或独立存在）构成了优质烃源岩中的“Ⅱ型干酪根”或“Ⅱ型有机质”，其石油的转化率多在20%～70%之间。当优质烃源岩中以浮游生物及细菌为主时，属$Ⅱ_1$型干酪根，其石油的转化率多在45%～70%之间；当优质烃源岩中以底栖藻类、浮游生物及细菌为主时，属Ⅱ型干酪根，其石油的转化率多在30%～60%之间；当优质烃源岩中以底栖藻类、真菌类、细菌类、浮游生物及部分高等植物碎屑为主时，属$Ⅱ_2$型干酪根，其石油的转化率可变化在20%～45%之间。

成烃生物以浮游藻类为主的Ⅰ型优质烃源岩在成熟阶段生油能力相对最高（图7.6），总油产率最高可达900$mg_{油气}/g_C$以上，而且主要是生油的，油也相对较重；在高成熟阶段生凝析气（或轻质油气）及碳质沥青能力也相对最高，总凝析气（油+烃气）产率最高也可达600$mg_{油气}/g_C$左右，并可产生大量碳质沥青，它们主要是油或沥青“A”热裂解及缩聚的产物；在过成熟阶段生烃气及碳质沥青能力也相对最高，总烃气产率最高在400$mg_{油气}/g_C$以上，主要是凝析气（油+烃气）或沥青“A”热裂解及缩聚的产物。

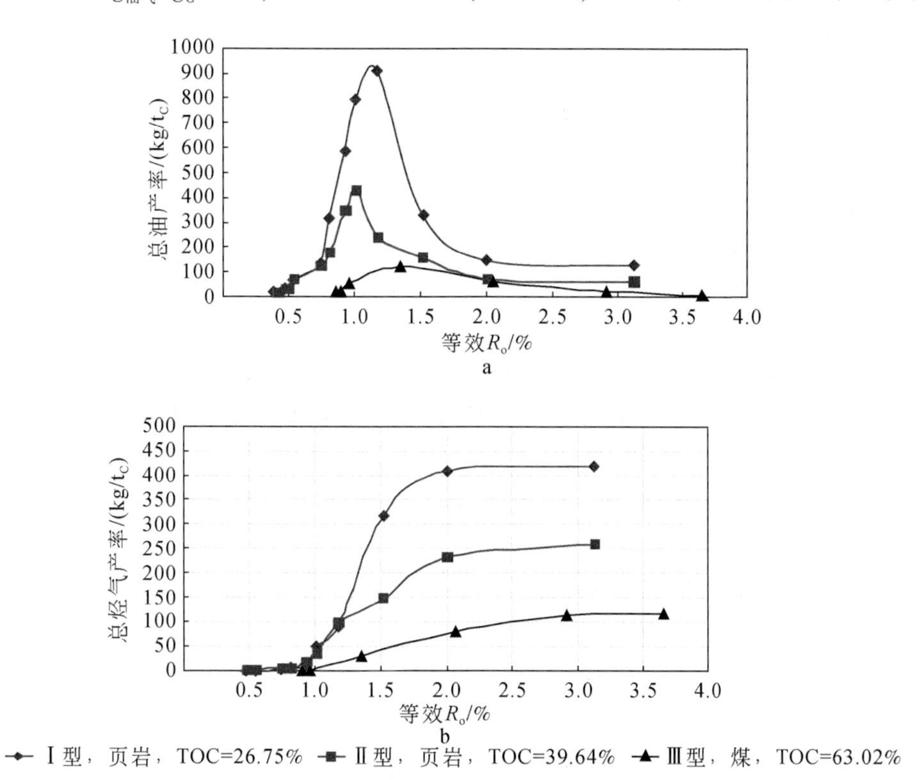

图7.6　不同成烃生物组合或干酪根类型优质烃源岩DK地层模拟实验总油产率（a）和总烃气产率（b）对比图

成烃生物以底栖藻类或真菌细菌类为主的Ⅱ型优质烃源岩在成熟阶段生油能力也较高，总生油产率一般在400$mg_{油气}/g_C$左右，多变化在200～600$mg_{油气}/g_C$之间，而且也是主要生油的，油相对轻一些；在高成熟阶段生凝析气及碳质沥青能力也较高，凝析气（油+烃气）产率可在350$mg_{油气}/g_C$左右，并伴随产生碳质沥青；在过成熟阶段生烃气及碳质沥青能力也较高，总烃气产率一般在250$mg_{油气}/g_C$左右。

成烃生物以水生植物或高等植物为主的Ⅲ型煤系烃源岩或高有机质丰度烃源岩在成熟—高成熟阶段主要生轻质油气或凝析气，生油气能力也相对最低；成熟阶段总生油产率多小于100$mg_{油气}/g_C$（图7.6），高成熟阶段凝析气（油+烃气）产率多小于150$mg_{油气}/g_C$，过成熟阶段总生烃气产率一般在100$mg_{油气}/g_C$左右，碳质沥青产率很低（小于50$mg_{油气}/g_C$）。

在高成熟—过成熟优质烃源岩地质体中，能够残留保存下的生物碎屑物质主要是生物的细胞壁、生物骨架、外壳、外骨骼和支撑骨骼等有机大分子生物碎屑物质；第一部分生物的“油脂”或“脂类”物质已经逐渐演化形成碳质沥青（常常发育约20%的孔隙度）。

此外，在海侵湖泊或湖泊低能特殊环境下成烃生物以特殊浮游藻类和细菌类为主体沉积形成的优质烃源岩属Ⅰ型有机质类型。在未成熟—成熟Ⅰ型优质烃源岩中，能够残留保存下的生物碎屑物质主要是浮游生物体内的“油脂”及细菌类的“脂类”物质，其石油的转化率在70%以上，最高可达95%以上；其次是浮游藻及细菌类的细胞壁有机大分子生物碎屑物质。在高成熟—过成熟Ⅰ型优质烃源岩中，能够保存下来的是少量的残留细胞壁屑，主要是演化残留碳质沥青。

因此，各种干酪根类型或成烃生物组合均可成为有效烃源，只是生油、生气能力有差别。一般海相台盆或台坳（台凹）或潟湖或斜坡相在地层或层段底部或下部形成的优质烃源岩多为Ⅰ—Ⅱ型干酪根，对大型—特大型油藏的贡献占优势，而海沼相或三角洲相煤系烃源岩多为Ⅲ型或煤系干酪根，在成熟—高成熟阶段对大中型轻质油气藏的贡献占优势。

四、生物（矿物）碎屑组合与排油效率

显微薄片鉴定等有机岩石学常规方法无法识别或鉴定粒径<0.0039mm的细颗粒物质——泥页岩。近几年，利用扫描电子显微镜（SEM）+能谱元素、FIB、电子探针和纳米CT等岩石原位微区技术等，对优质烃源岩、页岩气、页岩油等富有机质页岩进行了超显微有机岩石学研究（详见本书第三章），认为：①它们主要是由粉砂级颗粒（0.0039～0.0625mm）和黏土级（<0.0039mm）颗粒组成；②粉砂级和黏土级颗粒主要是由原地硅质或硅化生物碎屑、钙质或钙化生物碎屑、生物有机碎屑、铁质或黄铁矿化生物碎屑、磷质生物碎屑和自生黏土矿物等构成；③按生物矿物颗粒成分可分为硅质生屑页岩即硅质型（包括硅质生屑页岩、硅化生屑页岩、含硅质生屑超显微薄层页岩）、钙质生屑页岩即钙质型（包括钙质生屑页岩、钙化生屑页岩、含钙质生屑超显微薄层页岩及泥灰岩、泥云岩、灰岩）和页岩即黏土型［包括富有机质（生屑）页岩、富有机质（生屑）泥岩等］。

1. 在优质烃源岩中，硅质生屑页岩在成熟早中期排油效率相对最高，钙质生屑页岩次之，富有机质页岩最差

在优质烃源岩中，根据未成熟—低成熟优质烃源岩样品地层孔隙热压模拟实验结果（详见本书第四章）可知：

（1）硅质生屑页岩或含硅质生屑超显微薄层的页岩，在成熟早中期排出油量及排油效率相对最高，排油效率可达50%左右，对应的排重质油量变化在100$mg_{油气}/g_C$左右（变化在80～130$mg_{油气}/g_C$之间），而且在R_o约为0.55%，排油效率出现次高峰值；在成熟中晚期排油效率增加到80%以上，排出油量达到高峰值（图7.7b、d）。

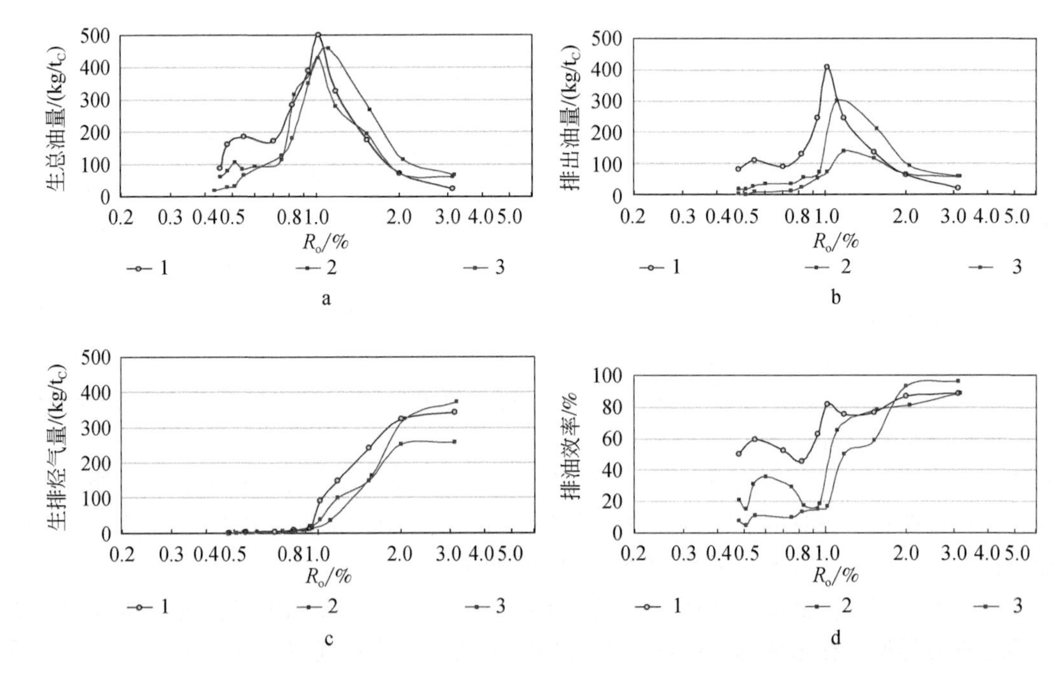

图7.7　不同生物矿物（颗粒）组合的优质烃源岩（Ⅱ型）DK地层模拟实验生总油量（a）、排出油量（b）、生排烃气量（c）和排油效率（d）的对比

1. 硅质型页岩——生物矿物颗粒成分主要为硅质生屑的优质烃源岩；2. 钙质型页岩——生物矿物颗粒成分主要为钙质生屑的优质烃源岩；3. 黏土型页岩——以黏土矿物为主，生物矿物颗粒成分主要为有机生屑的优质烃源岩

（2）钙质生屑页岩或含钙质生屑超显微薄层页岩或碳酸盐岩，在成熟早中期排出油量及排油效率也相对较高，油也较重，排重质油量一般在15～55$mg_{油气}/g_C$之间，排烃效率一般在30%左右，也出现次高峰（图7.7b、d）；在成熟中晚期排油效率在19%～65%之间，排油高峰R_o约为1.11%；过成熟阶段生烃气量相对最高，达到350$mg_{油气}/g_C$以上，可能与有机酸盐产烃气或碳酸盐高温条件下生烃气机理不同有关。

（3）以有机生屑和黏土矿物为主的油页岩、富有机质黑色页岩和富有机质黑色泥岩，在成熟早期排出油量很低，排油效率一般只有4%～11%，排出油量仅1～12$mg_{油气}/g_C$，排油效率几乎接近零；在成熟中期排出油量及排油效率也相对硅质型和钙质型低一些，排出油密度也相对较轻，在成熟晚期—高成熟阶段排油效率从20%左右升至90%以上，排油高峰R_o约为1.15%，最高排出油量不超过150$mg_{油气}/g_C$（图7.7b），仅相当于同干酪根类型钙质型优质烃源岩最高排出油量的1/2，硅质型优质烃源岩的1/3；过成熟阶段生烃气量为260$mg_{油气}/g_C$左右，也相对低一些，可能与黏土的吸附性相对较强有关。

此外，硅质生屑页岩、钙质生屑页岩和页岩等优质烃源岩，在高成熟—过成熟阶段，它们的最大总生烃气量相差并不明显，钙质生屑页岩生烃气能力相对高一些。

2.“油页岩”、“页岩油”和“页岩气”的主体是优质烃源岩不同成熟阶段的产物

（1）以有机生屑和黏土矿物为主的优质烃源岩在未成熟—成熟早期（R_o<0.7%）黏土矿物一般以蒙脱石、伊蒙混层为主（偏碱性环境），对可溶有机质的吸附性很强，排油效率很差，当TOC>8%时就形成“油页岩”；此外硅质型和钙质型优质烃源岩在未成熟晚期—成熟早期（未熟—低熟油），当TOC>8%时由于“油”重且有机质本身对可溶有机质吸附性很强，也可以因排油效率很差而形成“油页岩”。

（2）黏土型优质烃源岩在成熟晚期—高成熟早期（R_o为1%～1.35%）黏土矿物已经以伊利石及伊蒙混层为主，对可溶有机质的吸附性明显减弱，排油气效率增强，与硅质型和钙质型优质烃源岩一样，是形成“页岩油”的主要时期：一是吸附性明显减弱；二是沥青或“油质”变轻（轻质油气或凝析油气），沥青产生大量有机孔，孔隙流体压力增加；三是岩石呈脆性，易产生微裂缝，排油气效率突然增加。当然，硅质型和钙质型优质烃源岩在成熟中期，甚至早中期也可能形成“页岩油”，它们对可溶有机质的吸附性较弱，只是沥青或“油质”较重或非烃沥青质含量高是其不利因素。

（3）硅质型、钙质型和黏土型优质烃源岩在高成熟—过成熟阶段均是形成“页岩气”的主要时期：一是可溶沥青或“油质”在高成熟阶段已经成为高演化碳质沥青并产生大量有机孔和天然气（甲烷为主），可增加孔隙流体压力；二是优质烃源岩中的生物骨壁壳有机碎屑、镜状体等在高成熟阶段尤其是在过成熟中早期也可以生成一些烃气（干酪根或不溶有机质直接生气），生气时间相对较晚；三是页岩中伊利石也呈脆性；四是页岩中黏土的吸附性明显减弱。

（4）硅质型、钙质型和黏土型优质烃源岩在高成熟—过成熟阶段的最大总生烃气量相差并不明显，只是钙质型优质烃源岩生烃气能力随碳酸盐含量的增加有所增强，可能与有机盐在高成熟—过成熟阶段具有一定的生烃气能力有关。此外，钙质型优质烃源岩在成熟阶段生油带也相对最宽，碳酸盐岩可使干酪根生油高峰或成熟门限相对提前，又可抑制或推迟可溶有机质或原油的热裂解。

五、石油裂解与烃气产率

再生烃源就是石油（包括储集岩中聚集成藏的石油、残留在优质烃源岩中的“可溶沥青”及分散在运移途中的“可溶沥青”）裂解成为天然气（藏）并伴生碳质沥青，而且烃气产率与“石油”的密度或H/C原子比有关。

1. 石油在高成熟阶段不但逐渐裂解成为烃气而且同时会伴生碳质沥青

石油在高成熟阶段不但逐渐裂解成为烃气（最终为甲烷）而且同时会伴生碳质沥青（芳构化结构），达到“碳”原子和“氢”原子的物质再平衡。也就是说，石油裂解成为烃气的产率与石油H/C原子比或石油密度相关，石油越轻、密度越小、氢原子数量越多或H/C原子比越高、烃气产率越高、碳质沥青产率越低，这主要是不同性质原油中饱和烃及芳烃烷基含量的减少或含沥青质、非烃及芳烃芳环结构的增加或原油 H/C 原子比的降低所致。同时，也得到石油（含轻质油灰岩、油灰岩、重质油砂、超重油砂、低演化固体沥青至氧化固体沥青等）热压模拟实验结果（第四章第三节）的证实：随着石油密度的变大或 H/C 原子比的降低，或从含轻质油灰岩→油灰岩→重质油砂→超重油砂→低演化固体沥青→氧化固体沥青，由裂解反应为主逐渐转化为缩聚反应为主，最高生烃气率以约 10% 的比例逐渐降低，而最高碳质沥青以约 10% 的比例逐渐增加，烃气/碳质沥青的比值逐渐减小（图 7. 8）。

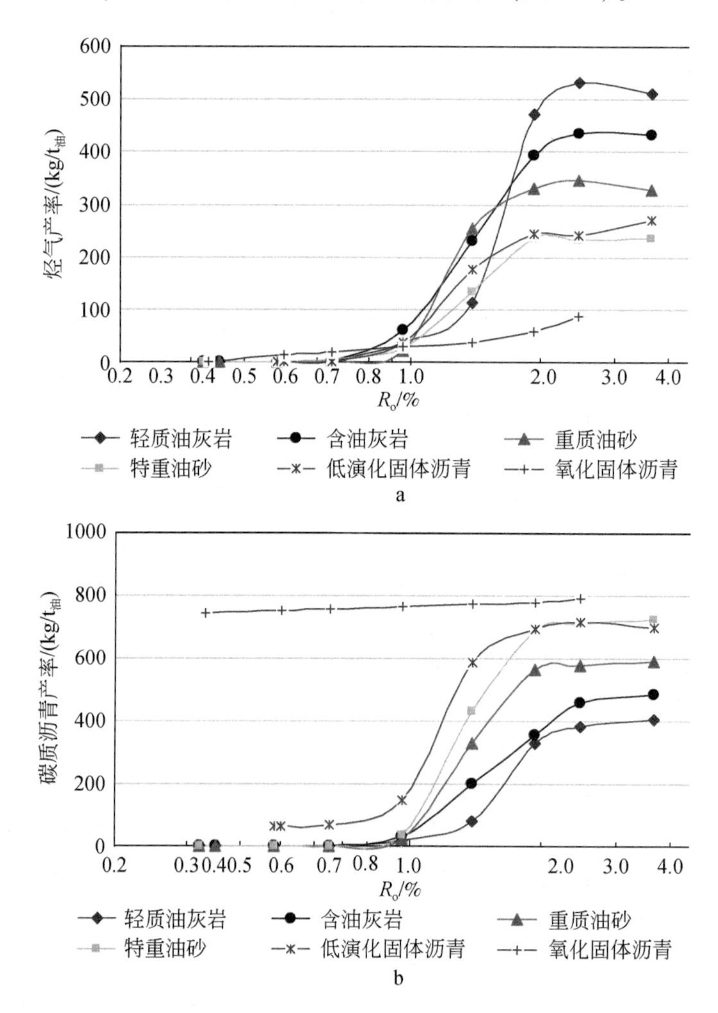

图 7. 8　不同性质原油或沥青岩矿热裂解烃气产率（a）和碳质沥青产率（b）的对比

烃气转化率还与岩石介质及石油的赋存状态有关。沥青砂岩中的可溶沥青与烃源岩中干酪根一样可能以游离态、物理吸附态、化学吸附态、固态有机质以及包裹态（晶包与包裹体态）等多种状态赋存。各种赋存状态的可溶沥青热裂解成烃气所需要的活化能是不同的。以物理和化学吸附态存在的可溶沥青，由于无机矿物中强极性离子的电子诱导效应或电子迁移，导致 C—C、C—H、C—O、C—S、C—N 键的电子云发生变化，降低了这些化学键的键能，活化能相对变小，从而使其容易断裂生成小分子的烃类气体。在碎屑岩储层中，可溶有机质分布在岩石孔隙之中，由于压实与胶结作用，以物理和化学吸附态存在的有机质浓度较高，容易向烃气转化；而在各种碳酸盐岩储层中可溶有机质往往是以游离态存在于缝洞之中，与周围岩石介质有效接触不够，主要以自由态形式存在，可溶有机质不易发生热裂解。

2. 石油裂解烃气产率与密度成反比，石油越重、烃气产率越低、碳质沥青产率越高

轻质油或凝析油（如含轻质灰岩等）在高成熟—过成熟阶段，裂解烃气产率相对最高，可达 $500mg_{烃气}/g_{油}$ 以上，烃气碳的转化率可在 50% 以上；而碳质沥青产率相对最低，仅 $400mg/g_{油}$ 左右。也就是说，轻质油或凝析油裂解生烃气能力相对最强，相当于Ⅰ型。正常原油（含油灰岩、油砂等）在高成熟—过成熟阶段的裂解生烃气能力仅次于轻质油，烃气产率多变化在400～500$mg_{烃气}/g_{油}$之间，烃气碳的转化率在40%～50%之间；而其碳质沥青产率有所提高，变化在430～550$mg/g_{油}$之间，相当于$Ⅱ_1$型。重质油（重质—特重油砂）与低成熟固体沥青在高成熟—过成熟阶段裂解生烃气能力相对较低，烃气产率多变化在225～350$mg_{烃气}/g_{油}$之间，碳的烃气转化率多在20%～30%之间；而其碳质沥青产率能力高，变化在580～750$mg/g_{油}$之间，相当于Ⅱ（重质油）—$Ⅱ_2$型（超重原油或低演化固体沥青）。氧化固体沥青（低演化不溶有机质）在高成熟—过成熟阶段裂解生烃气能力很低，烃气产率小于100$mg_{烃气}/g_{油}$，碳的烃气转化率只有10%左右，而其碳质沥青产率很高，达780$mg/g_{油}$以上，相当于Ⅲ型，已经不属于优质烃源岩了（图7.8）。

海相原油及可溶沥青随成熟度的增加，裂解烃气及碳质沥青主要发生在高成熟阶段（相当于$1.3\% < R_o \leq 2.0\%$），转化率可以从5%快速增加到90%左右。它们在高成熟—过成熟阶段均可成为有效再生烃气源，一般古油（轻质油—正常原油）藏的热裂解再生烃气对大型气田的贡献占优势，并在古油藏或储集岩或运移途中残留碳质沥青，当其TOC>0.2%时，再生生烃气量（按轻质油计算）与优质烃源岩TOC>2%时生烃气量约相当，即高成熟—过成熟沥青砂岩或沥青灰岩TOC>0.2%可为优质再生烃气源。海相优质烃源岩中“可溶沥青”和排出后形成古油藏中的“石油”或分散在储集岩及运移途中的“可溶沥青”在成熟晚期—高成熟—过成熟早中期均可以再次或多次热裂解成烃气等，成为优质再生气源，形成大中型海相天然气藏及页岩气藏，它是海相天然气资源的主要烃气源。因此，海相石油或可溶沥青在高成熟—过成熟阶段再次热裂解生成烃气及碳质沥青过程是海相天然气资源评价的基础，即原油热裂解产生烃气和碳质沥青，烃气转化率随原油密度变小而逐渐增加，一般在40%～50%之间，可应用于海相高成熟—过成熟阶段天然气资源量估算及盆地模拟中。

此外，高温高压地层饱和水溶气在地层抬升剥蚀后，也可以作为次要再生烃源解吸出少量天然气，如地层由埋深8000m抬升到埋深5000m时，每吨地层水大致可以解吸出1.1～1.6m^3的甲烷气。含油储集岩和优质烃源岩在凝析油—湿气阶段（高成熟）有机质和足量硫酸镁（硫酸盐）可能发生TSR反应，主要产物是甲烷和H_2S，一旦C_2^+烃类被消耗完，TSR反应就几乎停止，结果造成甲烷产率相对（未发生TSR反应）降低。例如，原油系列TSR反应一般使甲烷产率降低约12%，海相优质烃源岩干酪根TSR反应体系甲烷产率降低幅度在27%～39%之间。

六、生排油气模式与油气产率

海相优质烃源岩生排油气量计算的基础或主控因素是热演化建立的地质条件下的生排油气模式（详见第一章、第四章和第六章），其生排油气产率除温度（热成熟）、压力、TOC、含油生物组合、生物（矿物）碎屑组合和石油裂解等主要影响因素外，还与时间（模拟实测R_o≠地质实测R_o）、生烃史（二次生烃）以及所处的成熟阶段有密切关系。

1. 热压模拟实验温度或实测R_o所对应的生排油气产率（模式）≠地质模式

海相优质烃源岩油气生成和排出的主控因素是温度、时间（地层年代尤其是地层最高古地温恒温时间）和压力（地层压力和岩石骨架压力）。当然，海相优质烃源岩本身的成烃生物组合、有机质丰度、岩石矿物组合、流体性质等也是控制因素。典型代表性未成熟海相优质烃源岩样品热压模拟实验结果所建立的生排油气模式尽管可以考虑到温度、压力等主控因素以及成烃生物组合、有机质丰度、岩石矿物组合、流体性质等控制因素，却无法模拟地质时间这一主控因素，通常用升高温度来补偿时间的作用，利用模拟实验样品实测R_o来代替这一补偿结果。镜质组反射率R_o随温度和时间等增高，其芳构化程度逐渐增加造成反射率逐渐增加的不可逆过程。但是，镜质组（或骨壁壳有机碎屑颗粒）的芳构化过程是无法只用升高温度来复制的。因此，由短时间热压模拟实验结果所建立的优质烃源岩生排油气模式与地质模式具有一定的差异（详见第四章第一节）。例如，所有模拟实验样品实测R_o>2.0%之后仍有大量原油存在，甚至在 R_o为 1.3% ~1.6% 时才达到生油高峰，与实际地质模型在 R_o>2.0% 时几乎全部为干气（CH_4 >95%）而在 R_o为 0.8% ~0.9% 时均已经达到生油高峰相差甚远，明显与地质条件不符，因此模拟实验样品实测 R_o由于时间短，需要根据优质烃源岩实际地质客观存在规律和分析结果进行适当校正，校正系数一般在 0.7 ~0.85 之间，本书第四章的不同类型优质烃源岩生排油气模式均是校正后的 R_o，以符合油气地质勘探客观实际为最终目的。

因此，在进行海相优质烃源岩生排油气量计算时，要考虑时间因素，即典型代表性未成熟海相优质烃源岩样品建立的短时间热压模拟实验温度或实测 R_o所对应的生排油气产率（模式）不能直接应用于地质模型或直接进行生排油气量计算。其短时间热压模拟实验实测 R_o必须根据实际地质条件进行校正，校正后的 R_o所对应的生排油气产率（模式）才能进行盆地模拟或生排油气量计算。

2. 过成熟及高成熟阶段的碳质沥青——石油裂解伴生物已属非烃类的无效碳

不同类型海相优质烃源岩在上述（第四章）生排油气模式中，成熟阶段生成和排出的可溶有机质或石油在高成熟—过成熟阶段再次热裂解生成烃气和碳质沥青，烃气转化率一般只有 40% ~50%，而碳质沥青的转化率一般要大于 50%，尤其是特重油要大于 60%。碳质沥青是石油在高成熟—过成熟阶段裂解生成甲烷的同时，残留碳芳构化（缺氢）产生缩聚反应并形成的，其结构类似镜状体或镜质组或骨壁壳有机碎屑，随成熟度的增加，芳构化程度增加，而且是不可逆的，可以作为成熟度指标。

碳质沥青已经不是烃类，因此，在海相优质烃源岩生成石油再到裂解成烃气计算过程中，要扣除碳质沥青量。此外，也可以通过储集层中的碳质沥青量（统计）反算古油藏储量，或通过高成熟—过成熟优质烃源层中的碳质固体沥青量（统计）反算古残留油量。

3. 海相优质烃源岩的生排油气模式中残留油、排出油、C_{11}^+油、C_5 ~ C_{12}轻烃和 C_1 ~ C_4气等均是动态的

优质烃源岩在成熟阶段的“石油”或烃类产物主要包括：C_{11}^+正常“石油”部分，C_5 ~ C_{12}轻烃部分和 C_1 ~ C_4气体部分。氯仿抽提沥青“A”只是优质烃源岩残留下来可溶有机质的一部分，不能代表优质烃源岩在某一成熟阶段的油气产率。优质烃源岩在不同成熟阶段的油气产率定量分析是一个复杂过程，包括优质烃源岩中残留下来的可溶有机质和已经排出的石油天然气。其残留和排出比例、C_{11}^+正常“石油”部分、C_5 ~ C_{12}轻烃部分和 C_1 ~ C_4气体部分均随成熟度的增加而发生有规律的变化。

优质烃源岩中的 C_{11}^+正常“石油”部分或可溶有机质可以用氯仿抽提沥青“A”来定量分析，它包括饱和烃、芳烃、非烃和沥青质等；C_5 ~ C_{12}轻烃部分可以用氟利昂抽提等来定量，它包括 C_5 ~ C_{12}之间的正异构烷烃、环烷烃和芳烃等；C_1 ~ C_4气体部分可以用密封、破碎及盐酸解吸等来定量（密封岩心罐顶气、吸附气和酸解气），包括甲烷（CH_4）、C_2^+湿气等。而储集岩或油气藏中采出的“石油”包含了 C_{11}^+正常“石油”、C_5 ~ C_{12}轻烃与 C_1 ~ C_4气体三个部分，它们分别可以用族组成、饱和烃色谱及质谱、芳烃色谱及质谱定量分析（C_{11}^+正常“石油”部分），轻质油及凝析油全烃色谱定量分析（主要是 C_5 ~ C_{12}轻烃部分），气体色谱定量分析（C_1 ~ C_4气体部分）。优质烃源岩在不同成熟阶段的油气产率定量分析通过用饱和烃生物标志物定量分析、轻烃定量分析和 C_1 ~ C_4气体定量分析来综合定量标定和分析，可以得到不同成熟阶段的全烃油气产率定量分析图谱和定量数据（图 7.9）。优质烃源岩的热解色谱定量分析结果，在成熟阶段其烃类产物可以包括 C_1 ~ C_{35}^+的全系列正异构烷烃、环烷烃和芳烃等，但是它们并非“石油”，未包括石油部分的非烃+沥青质；此外，其产物含大量烯烃等，也使得烃类产率明显偏低许多。

未成熟阶段，优质烃源岩的烃类产物主要是优质烃源岩中的可溶有机质，排出油气很低或几乎为零。可溶有机质中 C_{11}^+正常“石油”部分为主体，类似超重质油或生物降解油，C_5 ~ C_{12}轻烃部分和 C_1 ~ C_4气体部分含量很低（见图 7.9 重质油全烃分布）。

优质烃源岩在成熟阶段（0.5% ≤R_o≤1.3%）以生油为主，生油量及原油密度与优质烃源岩的成熟度有关。随成熟度的逐渐升高，生油量由低（R_o≈0.5%）、高峰（R_o≈0.85%）至低（R_o≈1.3%）。硅质型和钙质型优质烃源岩（页岩）在成熟早期或低成熟阶段（0.45% ≤R_o≤0.7%）可以生成并排出大量重质原油—未成熟—低成熟油，而黏土型富有机质（TOC>8%）页岩在成熟早期为“油页岩”，难以排出

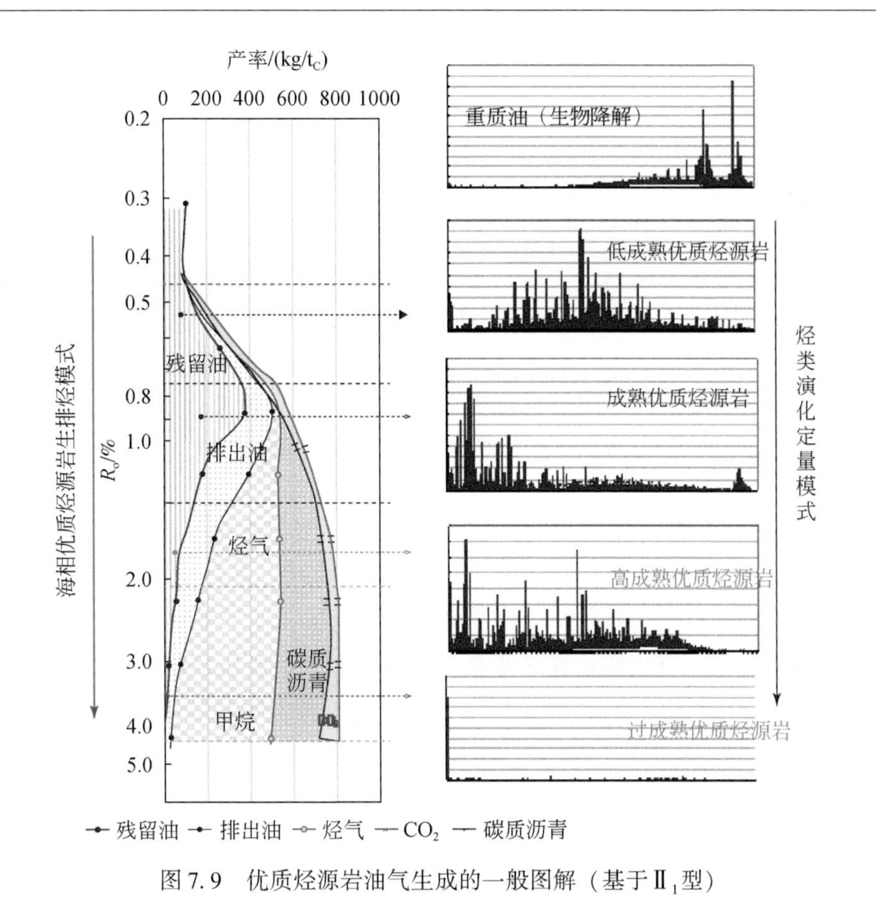

图 7.9 优质烃源岩油气生成的一般图解（基于 $Ⅱ_1$ 型）

大量“原油”；原油密度由重质原油（R_o<0.7%）、正常原油至轻质原油（1.0% ≤R_o≤1.3%）；干酪根烃的转化率可达到90%以上。

成熟阶段早期或低成熟阶段，优质烃源岩的烃类产物或“石油”部分仍以残留油（可溶有机质）为主，排出部分石油比例视优质烃源岩的岩石类型而定，硅质生物碎屑页岩排出比例可达 30% ~60%，钙质生物碎屑页岩排出比例一般为 3% ~40%，黏土质页岩排出比例较低，一般只有 0 ~ 10%。可溶有机质或排出“石油”部分中以 C_{11}^+“重质油”部分为主体，C_5 ~ C_{12}轻烃部分和 C_1 ~ C_4气体部分含量较低（见图 7.9低成熟优质烃源岩全烃分布）。

成熟阶段（中晚期），优质烃源岩的烃类产物或“石油”部分排出比例与优质烃源岩的岩石类型有关，硅质生物碎屑页岩排出比例一般变化在 40% ~70% 之间，钙质生物碎屑页岩排出比例一般在 30% ~70% 之间，黏土质页岩排出比例一般只有 10% ~50%。可溶有机质或排出“石油”部分中以 C_5 ~ C_{12}轻烃部分和 C_{11}^+“石油”部分为主体，C_1 ~ C_4气体部分含量也较高，多为正常原油—轻质油气（见图 7.9 成熟优质烃源岩全烃分布）。

高成熟阶段，优质烃源岩的烃类产物排出比例较高，硅质或钙质生物碎屑页岩排出比例一般大于 70%，黏土质泥页岩排出比例也大于 50%。排出的油气或残留在优质烃源岩中的可溶有机质以 C_5 ~ C_{12}轻烃部分为主体，C_1 ~ C_4气体部分含量很高，C_{11}^+“石油”部分含量较低，为凝析油气（见图 7.9 高成熟优质烃源岩全烃分布）。

优质烃源岩在高成熟阶段（1.3% ≤R_o≤2.0%）以生凝析油气为主并伴生碳质沥青，主要是残余沥青“A”热裂解及缩聚反应的产物，少部分凝析油气（<15%）直接来自干酪根的热降解。即凝析油气量与优质烃源岩中残余沥青“A”含量和干酪根类型等有关。高成熟阶段随成熟度逐渐升高，凝析油量由高（R_o≈1.3%）→低（R_o≈2.0%）逐渐接近零，湿气（C_2^+）含量也由高（R_o≈1.3%）→低（R_o≈2.0%）逐渐到<5%（占烃气总量），甲烷（CH_4）含量则由低（R_o≈1.3%）→高（R_o≈2.0%）逐渐接近 100%（烃气），碳质沥青含量也由低（R_o≈1.3%）→高（R_o≈2.0%）逐渐趋于稳定。在高成熟阶段随干酪根

类型变好（接近Ⅰ型或浮游藻类），直接来自干酪根的热降解凝析油气所占比例越来越低（可能<10%）。此阶段也是TSR反应消耗部分烃类形成 H_2S 等气体的主要时期。

过成熟阶段，优质烃源岩的烃类产物以甲烷为主体，排出比例可达80%～90%，C_2^+气体部分、C_5～C_{12}轻烃部分和 C_{11}^+“石油”部分含量均很低（见图7.9过成熟优质烃源岩全烃分布）。

优质烃源岩在过成熟阶段已经不是“优质烃源岩”了，在过成熟中早期（$2.0\% \leqslant R_o \leqslant 4.3\%$）以生少量甲烷气为主，碳质沥青变化不明显，主要是干酪根和残余沥青“A”热降解（或裂解）的产物，反而是低有机质丰度碳酸盐烃源岩或Ⅲ型干酪根生甲烷气能力更高一些。在过成熟晚期（$R_o>4.3\%$），优质烃源岩一般已经无产气（甲烷）能力了。过成熟时期有效气源主要是地层水在地层大幅抬升剥蚀之后的解析甲烷气，在过成熟早中期煤系等不同级别烃源岩、Ⅲ型等不同干酪根类型烃源岩、碳酸盐岩等不同烃源岩类型也均可为烃源，但是它们的生排甲烷强度和生排甲烷效率相对较低而且随成熟度增加逐渐趋于零。

因此，优质烃源岩最重要的特征是成熟阶段以生油为主，而且硅质型和钙质型页岩还可以形成未成熟—低成熟油。高成熟阶段的凝析气主要是沥青“A”热裂解产物，并伴生碳质沥青。过成熟优质烃源岩的生烃气（甲烷）能力已经很低了，尤其是过成熟晚期几乎已经无生烃能力了。

4. 海相优质烃源岩的起始、终止成熟度之差及一次生烃后残留油量控制着二次生排油气产率

海相优质烃源岩二次生烃主控因素是二次生烃起始与终止成熟度和一次生烃后残留油量（详见第五章）。在成熟阶段（尤其是中、晚期）具有二次或多次生油能力，排出的油也相对偏轻，二次生油量主要与二次生烃起始与终止成熟度和一次生烃后残留油量等有关。在成熟阶段，起始成熟度越低、终止成熟度越高或二者成熟度相差越大，二次生轻质油产率越大。

在高成熟阶段具有二次或多次生凝析气能力，排出的凝析油相对偏轻，烃气相对偏干，二次生凝析气量主要与二次生烃起始与终止成熟度和一次生烃后残留油量等有关。在高成熟阶段或在成熟—高成熟阶段，起始成熟度越低、终止成熟度越高或二者成熟度相差越大，二次生凝析气产率越大。

在过成熟阶段早中期二次生烃气（甲烷）能力已经相对较低了，主要是骨壁壳有机碎屑或镜状体等不溶有机质（相当于镜质组的生气模式，详见第二章）直接生气，排出的烃气也相对更干一些。但是，在高成熟—过成熟阶段早中期或在成熟—高成熟阶段，起始成熟度越低、终止成熟度越高或二者成熟度相差越大，二次生烃气产率越大。

第二节　四川盆地东北部高演化海相优质烃源岩资源潜力实例分析

优质烃源岩在成熟阶段的石油资源评价与烃源岩资源评价相类似（秦建中，2005）。但是，高成熟—过成熟阶段优质烃源岩的天然气资源评价就不同了，难度相当大：一是高成熟—过成熟优质烃源岩已经“面目全非”，经过运移的石油更是“千变万化”；二是高成熟—过成熟优质烃源岩中的可溶有机质均已经热裂解成为天然气并伴生演化碳质沥青，运移进入储集岩的石油一方面同优质烃源岩一样，可以热裂解成为天然气并伴生碳质沥青，另一方面如果之前发生过抬升剥蚀甚至造成大面积石油散失或被部分保存下来。因此，海相高成熟—过成熟优质烃源岩发育区，尤其是古生代或更老的盆地或地区，天然气勘探更加困难，勘探潜力与保存条件等密切相关。本节主要探讨海相高成熟—过成熟优质烃源岩的油气资源估算与评价方法及勘探潜力分析。

高演化优质烃源岩的油气尤其是天然气资源量估算主要有两种，一种是正演，即利用相类似的未成熟—低成熟优质烃源岩进行近地质条件下的热压模拟实验或热解等方法，估算优质烃源岩不同演化阶段的生排油气总量，然后再根据地质演化保存条件估算油气资源量及天然气资源量；另一种是反演，即利用已经发现或尚待发现的古油藏（演化固体沥青）或天然气藏储量反推估算约需要的石油量，来验证高演化优质烃源岩的生排油气总量。二者之间应基本相吻合。下面是南方海相四川盆地东北部地区的实例分析。

一、古油藏和高演化海相优质烃源岩资源潜力估算

（一）古油藏资源潜力的反算

川东北地区普光、罗家寨、铁山坡、渡口河等气田在长兴组—飞仙关组礁滩相储层中普遍含有储层碳质沥青，且含量较高、分布范围广，表明在该区曾存在一个规模巨大的古油藏，这些气田的天然气主要为原油裂解气（谢增业等，2004；马永生等，2005a，2005b；蔡立国等，2005）。通过现今储层沥青含量、含沥青层厚度、结合白云岩储层分布等综合分析可圈定古油藏分布范围，并进而计算碳质沥青储量。利用前面已建立的南方海相原油系列热裂解转化过程模式，根据碳质沥青储量进一步推算古油藏储量规模、古油藏裂解气规模。

1. 储层沥青及古油藏的分布

根据岩心薄片观察，并参考钻井录井资料和公开发表的文献，统计了普光气田、毛坝气田、铁山坡、渡口河、七里北等气田部分井飞仙关组与长兴组储层沥青含量及含沥青层厚度（表7.3、表7.4），并圈定了飞仙关组、长兴组古油藏分布范围（图7.1、图7.2）。

表7.3　川东北飞仙关组储层沥青统计

井号或气田	沥青层（有效储层）厚度/m	沥青平均面孔含量/%	沥青平均质量含量/%
普光2井	150	5.84	2.92
普光4井	42	4.6	2.29
普光6井	139	5.2	2.69
普光9井	125	7.78	/
毛坝3井	92.64	3	1.59
铁山坡*	46.5	1	0.48
坡3井		/	0.08
罗家1井	29.71	0.74	0.37
罗家2井*	72.4	1.66	0.83
罗家5井*	/	2.5	1.22
罗家6井	25.6	0.72	0.36
罗家7井	12.9	/	/
罗家8井	85.05	/	/
渡口河*	32.57	0.54	/
七里北1井*	55	4.5	2.22
金珠坪	32.5	/	/
鹰1井			0.05

*引自谢增业等，2005。

注：/表示缺乏数据。

表7.4　川东北长兴组储层沥青统计

井号或气田	沥青层（有效储层）厚度/m	沥青平均面孔含量/%	沥青平均质量含量/%
普光4井	165	6.27	3.16
普光6井	68	7.02	3.57
普光5井	169	/	/

续表

井号或气田	沥青层（有效储层）厚度/m	沥青平均面孔含量/%	沥青平均质量含量/%
毛坝3井	110	5	2.47
普光9	145	/	/
盘龙洞长兴	119.8	/	/
平均	129	6.1	3.07

注：/表示缺乏数据。

从表7.3及图7.1中可看出，飞仙关组储层沥青在普光、罗家寨、渡口河、铁山坡等气田都有分布，且普光气田的飞仙关组储层沥青含量及厚度明显高于罗家寨、渡口河等气田，如将储层沥青质量含量0.2%作为古油藏存在的下限，则坡3井、鹰1井应不在古油藏分布范围之内。

长兴组储层沥青分布范围较飞仙关组要小得多，从长兴组沉积相来看（图7.2），罗家寨、渡口河、铁山坡等气田大多不发育生物礁体，应该不存在古油藏，因而长兴组古油藏主要包含现今的普光及毛坝气田区域。

川东北地区古油气藏明显受开江古隆起的控制（韩克猷，1995；李晓清等，2001），普光、罗家寨等古油藏长兴组—飞仙关组古油藏主要分布于古隆起的北斜坡区，结合上二叠统烃源岩的空间分布特征与早三叠世川东北地区沉积相展布（图7.10），推测古油藏大致主要由平昌—达州—开江—开州—城口—万源一带的上二叠统龙潭组、大隆组和上奥陶统五峰组—下志留统龙马溪组优质烃源岩向其供烃。

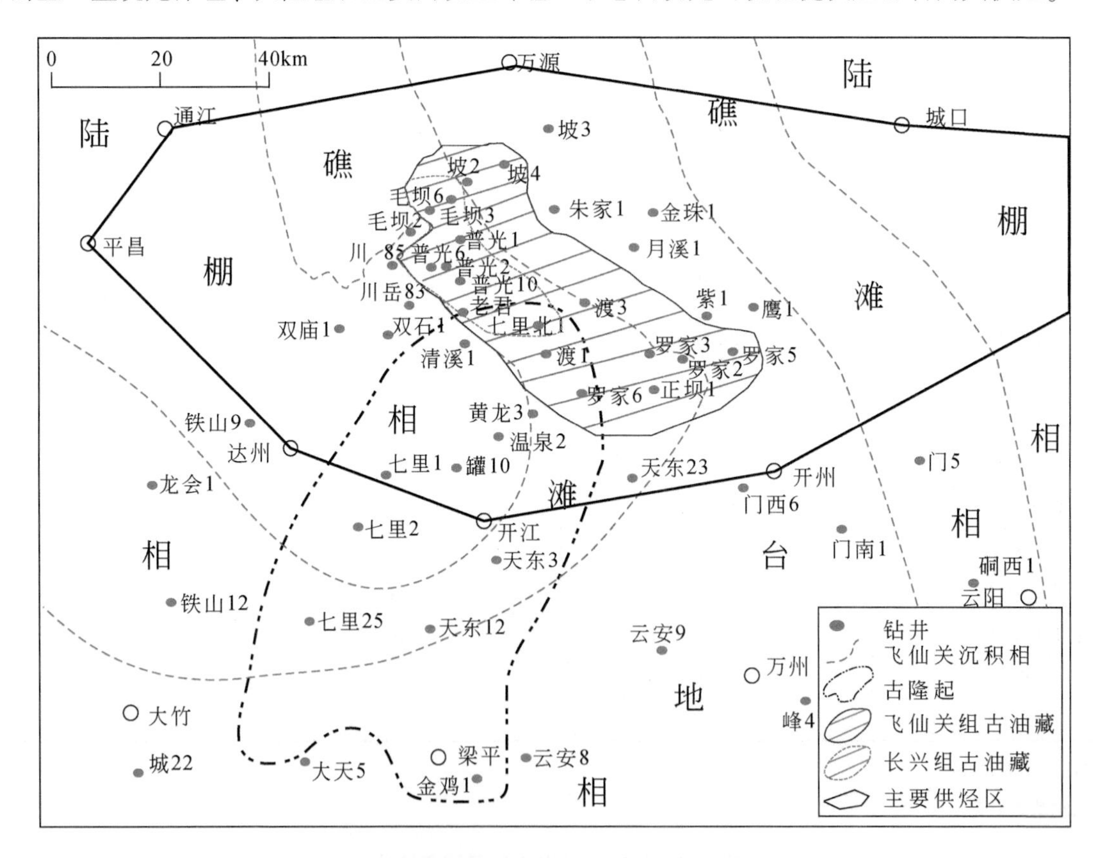

图7.10　川东北长兴组、飞仙关组古油藏分布及主要供烃区

2. 储层沥青储量、古油藏石油及裂解气资源量强度的估算

根据各井的储层沥青含量及沥青层厚度，选取1km²范围内计算其碳质沥青储量、古油藏储量及古油藏裂解气储量。

碳质沥青储量计算公式：

$$Q_{沥}=S_{沥}\times H_{沥}\times \Phi_{沥}\times \rho_{沥}$$

式中，$Q_{沥}$为碳质沥青储量（t）；$S_{沥}$为含沥青区域面积（km^2）；$H_{沥}$为沥青层有效厚度（m）；$\Phi_{沥}$为沥青面孔率含量（%）；$\rho_{沥}$为碳质沥青密度，高演化油裂解碳质沥青取1.3g/cm^3。

古油藏储量计算公式：

$$Q_{油}=Q_{沥}/I_{沥}$$

式中，$Q_{油}$为古油藏储量；$Q_{沥}$为碳质沥青储量（t）；$I_{沥}$为不同性质原油裂解不同成熟度阶段碳质沥青产率。

原油裂解气储量计算公式：

$$Q_{烃气}=Q_{油}\times I_{烃气}$$

式中，$Q_{烃气}$为古油藏裂解气；$Q_{油}$为古油藏储量；$I_{烃气}$为不同性质原油裂解不同成熟度阶段烃气产率，具体见表7.5、表7.6。

已有研究表明，川东北飞仙关组古油藏应为轻质油藏，长兴组古油藏为重质油（稠油）藏（秦建中等，2007b），根据前文总结的轻质原油热裂解过程模式，轻质油在$R_o\approx4.0\%$时裂解烃气产率约530$mg_{烃气}/g_{油}$，碳质沥青产率约365$mg_{烃气}/g_{油}$。重质油在$R_o\approx4.0\%$时裂解烃气产率约390$mg_{烃气}/g_{油}$，碳质沥青产率约450$mg_{沥青}/g_{油}$。按此计算了飞仙关组和长兴组古油藏在各井处1km^{2}范围内古油藏及原油裂解气规模（表7.5、表7.6）。从计算结果可以看出在单位面积内普光气田沥青储量规模、古油藏规模及裂解气规模明显较罗家寨气田、渡口河、铁山坡气田要大得多，这与各气田现今气藏的储量规模有很好的对应关系。

表7.5　飞仙关组各井1km^{2}内古油藏资源潜力反算结果

井号	沥青储量规模/10^4t	古油藏规模/10^4t	裂解气规模/10^8m^3
普光2井	1139	3045	186
普光6井	940	2512	154
普光4井	251	672	41
普光9井	1264	3380	207
毛坝3井	361	965	59
七里北1井	322	860	53
渡口河气田	21	56	3
铁山坡气田	60	162	10
罗家6井	32	87	5
罗家1井	29	76	5
罗家2井	156	418	26
罗家5井	83	222	14
罗家7井	20	54	3
罗家8井	133	355	22
罗家4井	8	22	1

表7.6　长兴组各井1km^{2}内古油藏资源潜力反算结果

井号	沥青储量规模/10^4t	古油藏规模/10^4t	裂解气规模/10^8m^3
普光4	1345	2586	102
普光6	623	1198	47
毛坝3井	715	1375	54

3. 储层沥青、古油藏石油及裂解气资源量的整体规模估算

根据确定的古油藏范围，计算飞仙关组、长兴组古油藏的储量规模及原油裂解气规模。从统计的飞仙关组储层沥青含量和厚度看（表7.3），普光、毛坝以及铁山坡一带较罗家寨、渡口河气田明显要高，这主要与鲕粒滩厚度、储层孔隙的发育及古构造位置等有关。不同部位的沥青含量及厚度差别比较大，因而以双石1井-朱家1井为界，罗家寨-渡口河气田区与普光-毛坝气田区分别求平均值计算古油藏规模，再计算整个飞仙关组古油藏的总体规模。普光毛坝区域古油藏面积675km^2，沥青层平均厚99m，沥青面孔平均含量4.57%，计算得碳质沥青储量约40.1×10^{8}t，古油藏储量约107×10^{8}t，油裂解气量约65681×10^{8}m^3。罗家寨渡口河区域油藏面积1183km^2，沥青层平均厚36m，沥青面孔平均含量2.02%，计算得碳质沥青储量11.1×10^{8}t，古油藏储量30×10^{8}t，油裂解气18201×10^{8}m^3。整个飞仙关组古油藏区储层碳质沥青储量51.2×10^{8}t，古油藏储量137×10^{8}t，油裂解气量83882×10^{8}m^3（表7.7）。

表7.7　飞仙关组古油藏计算结果

古油藏区域	油藏面积/km^2	沥青层平均厚/m	沥青面孔平均含量/%	碳质沥青储量/10^{8}t	古油藏储量/10^{8}t	油裂解气量/10^{8}m^3	TSR反应后油裂解气量/10^{8}m^3
普光毛坝	675	99	4.57	40.1	107	65681	56814
罗家寨渡口河	1183	36	2.02	11.1	30	18201	15744
总和				51.2	137	83882	72558

长兴组普光古油藏面积314km^2，沥青层平均厚128m，沥青面孔平均含量6.1%，计算得长兴组古油藏碳质沥青储量32×10^{8}t，古油藏储量61×10^{8}t，油裂解气量24130×10^{8}m^3（表7.8）。此外文献报道盘龙洞长兴生物礁也存在古油藏（牟传龙等，2003），油藏面积约39km^2，沥青层平均厚约120m，如沥青面孔平均含量也按普光地区6.1%计算，则碳质沥青储量约3.7×10^{8}t，古油藏储量7×10^{8}t，油裂解气量2791×10^{8}m^3。

表7.8　长兴组古油藏计算结果

古油藏	油藏面积/km^2	沥青层平均厚/m	沥青面孔平均含量/%	碳质沥青储量/10^{8}t	古油藏储量/10^{8}t	油裂解气量/10^{8}m^3	TSR反应后油裂解气量/10^{8}m^3
普光古油藏	314	128	6.1	32	61	24130	20872
盘龙洞古油藏	39	120	6.1	3.7	7	2791	2414

川东北普光等气田为高含硫天然气田，天然气组分中H_2S组分体积分数一般在10%以上，H_2S主要为TSR成因（朱光有等，2004，2005），TSR反应在原油裂解过程中对烃气产率会有影响。根据TSR反应相对非TSR反应原油裂解烃气产率影响的统计估算数据，在R_o=3.0%时，TSR反应会使原油裂解生成CH_4的产率降低13.5%左右。如考虑此因素，则飞仙关组古油藏油裂解气总量约72558×10^{8}m^3，长兴组普光古油藏油裂解气量20872×10^{8}m^3，盘龙洞古油藏裂解气量2414×10^{8}m^3。

4. 水溶解气量的估算

川东北普光5井、毛坝3井埋藏史及热史恢复表明长兴组—飞仙关组储层曾经历的最大埋深在8km左右，后抬升到现今埋深5km左右，在地层抬升的过程中，储层中地层水甲烷溶解度下降，脱出水溶气。根据前文计算的川东北海相层系地层水解吸气（甲烷）率数据，川东北地区储层由8km抬升到5km的过程中，每吨地层水可脱出1.5m^{3}甲烷气。此处选取普光及邻近地区飞仙关组与长兴组礁滩相储层来大致估算抬升过程中地层水能够脱出的天然气量。普光气田飞仙关组及长兴组储层厚度、孔隙度统计见表7.9。飞仙关组储层平均厚度246.50m，平均孔隙度6.04%。普光气田长兴组储层平均厚度116.70m，平均孔隙度4.89%。

表7.9　普光气田飞仙关组及长兴组储层厚度、孔隙度统计表

井号	飞仙关组		长兴组	
	孔隙度/%	储层厚度/m	孔隙度/%	储层厚度/m
普光4井	5.54	255.40	2.60	27.00
普光5井	5.63	245.00	5.87	130.00
普光6井	6.00	289.00	5.30	157.90
普光7侧1	6.69	182.00		
普光8井	4.10	166.00	7.30	123.40
普光9井	6.24	168.40	3.37	145.20
普光2井	8.11	420.00	/	/
毛坝3井	/	/	4.90	/
平均值	6.04	246.50	4.89	116.70

注：/表示缺乏数据。

水溶气计算公式

$$Q_{溶}=S_{滩}\times h_{滩}\times \Phi\times\rho_{水}\times\Delta V$$

式中，$Q_{溶}$为水溶气量（m^3）；$S_{滩}$为礁滩相储层面积（km^2）；$h_{滩}$为礁滩相储层厚度（m）；Φ为礁滩相储层平均孔隙度（%）；$\rho_{水}$为地层水密度，川东北地区矿化度一般小于50g/L，地层水密度取1.05g/cm^3；ΔV为每吨地层水抬升过程中解吸出的CH_4体积，川东北地区储层由埋深8km抬升到5km，每吨地层水可解吸出CH_4气体1.5m^3。

根据图7.8、图7.9中飞仙关组和长兴组沉积相，普光、罗家寨等气田区飞仙关组鲕粒滩相区面积约1199km^2，长兴组生物礁储层礁滩相区域面积约314km^2，根据上述水溶气计算公式，飞仙关组储层地层水在抬升过程中可脱出水溶气281.8×10^8m^3，长兴组生物礁储层仅可脱出水溶气28×10^8m^3，两者共计约310×10^8m^3。如不考虑其他影响因素，仅从水溶气估算总量来看，与现今普光气田、罗家寨等气田的天然气储量相比较，水溶气对现今气藏的贡献不大，最多不超过10%。

（二）三套主要海相烃源层生烃气量的估算（正算）

1. 估算方法

利用第一章、第四章和第五章中建立的不同类型海相烃源转化过程中生排烃（气）资源潜力模式，选取南方海相典型地区P_2、S_1l和ϵ_1n三个层系中的各级烃源岩，在一些典型剖面单位面积（1km^2）内进行资源潜力正演计算，并最后选取普光、罗家寨等气田及可能的供烃区域进行总生烃潜力计算。

生烃气强度计算公式：

$$Q_{烃气}=S_{烃气}\times H_{烃气}\times\rho\times w(TOC_{残余})\times I_{烃气}$$

式中，$Q_{烃气}$为烃源岩生烃气强度；$S_{烃气}$为烃源岩面积（取单位面积1km^2）；$H_{烃气}$为各级烃源岩厚度（m）；ρ为烃源岩密度（泥质烃源岩与碳酸盐岩烃源岩统一取2.6t/m^3）；$w(TOC_{残余})$为烃源岩残余有机质丰度；$I_{烃气}$为不同类型烃源岩不同成熟度阶段1t有机碳的烃气产率（详见第四章）。

总生烃气量计算公式：

$$Q_{总烃气}=S_{烃气}\times H_{烃气}\times\rho\times w(TOC_{残余})\times I_{烃气}$$

式中，$Q_{总烃气}$为烃源岩总生烃气量（m^3）；$S_{烃气}$为烃源岩面积（km^2）；$H_{烃气}$为各级烃源岩厚度（m）；ρ为烃源岩密度（上二叠统中等、差烃源岩按灰岩、泥灰岩取2.7g/cm^3，上二叠统优质烃源岩、上奥陶统五峰组—下志留统龙马溪组、牛蹄塘组烃源岩按泥岩取2.6g/cm^3，煤取1.45g/cm^3）；$w(TOC_{残余})$为烃源岩残余有机质丰度；$I_{烃气}$为不同类型烃源岩不同成熟度阶段1t有机碳的烃气产率。

排出油裂解烃气量计算公式：

$$Q_{排油烃气}=Q_{烃气}\times\Phi_{排油烃气比}$$

式中，$Q_{排油烃气}$为油裂解烃气量；$Q_{烃气}$为烃源岩总生烃气量；$\Phi_{排油烃气比}$为不同类型烃源岩不同热演化阶段排出油裂解烃气占总生烃气量比率。

烃源岩（干酪根）热降解烃气量计算公式：

$$Q_{岩烃气}=Q_{烃气}\times\Phi_{岩烃气比}$$

式中，$Q_{岩烃气}$为烃源岩（干酪根）热降解烃气量；$Q_{烃气}$为烃源岩总生烃气量；$\Phi_{岩烃气比}$为不同热演化阶段干酪根裂解烃气占总生烃气量比率。

2. 高演化海相优质烃源岩——$TOC_{残余}$含量特征

为计算中上扬子区各剖面不同级别烃源岩的生烃气强度以及全区优质烃源岩的生烃气潜力，结合前人的资料，统计了中上扬子区不同地层烃源岩各级烃源岩段的$TOC_{残余}$平均值以及该剖面烃源岩的成熟度R_o值（表7.10～表7.13）。

表7.10　中上扬子区下寒武统牛蹄塘组各级烃源岩$TOC_{残余}$、R_o值

剖面/钻井	烃源岩		差烃源岩$TOC_{残余}$/%		中等烃源岩$TOC_{残余}$/%		优质烃源岩$TOC_{残余}$/%		R_o/%
	样品数	平均值	样品数	平均值	样品数	平均值	样品数	平均值	
南江沙滩	14	2.49	1	0.4	3	0.9	10	3.18	3.3
通江诺水河	2	4.45	0		0		2	4.45	3.4
城口庙坝	12	2.33	1	0.31	5	1.26	5	3.56	3.0
秀山溶溪*						1	4	7.50	2.5
龙山兴隆	8	1.03	2	0.5	6	1.21	1	3.45	2.8
张家界军大坪	13	5.82	0		3	0.81	9	7.73	3.2
瓮安永和*					2	0.9	18	4.40	2.5
松桃盘石*							13	9.50	2.5
麻江羊跳	105	3.85	1	0.5	37	1.31	60	5.88	4.1
凯里南皋	9	10.69	0		0		9	10.69	2.6
三都扎拉沟	29	2.35	0		14	1.32	14	3.52	2.6
金沙岩孔*							50	6.50	3.8
丁山1井	32	0.7	25	0.4	5	0.93	2	3.85	3.0
遵义松林	32	6.4	1	0.43	2	1.77	28	7.18	3.2
方深1井*					1	0.8	14	3.00	5.5
高科1井*				0.4	12	1.5	8	3.50	3.1
宜昌晓峰					1	1	2	2.20	2.4
长阳王子石*					4	0.9			2.8
吉首龙鼻嘴*					>30	1.5	7	6.00	3.2
通山珍珠口*					14	1	1	2.40	2.1
通山留咀桥*							1	8.12	3.8
中上扬子区	>310	3.69	31	0.41	>130	1.23	>250	5.88	3.1

* 为根据梁狄刚等（2007）所建的TOC剖面读图估计值。

表 7.11　中上扬子区上奥陶统五峰组—下志留统龙马溪组各级烃源岩 $TOC_{残余}$、R_o 值

剖面/钻井	烃源岩（$TOC_{残余}$ ≥0.3%）		差烃源岩（0.3% <$TOC_{残余}$ <0.5%）		中等烃源岩（0.5% ≤$TOC_{残余}$ <2.0%）		优质烃源岩（$TOC_{残余}$ ≥2.0%）		R_o/%
	样品数	平均值	样品数	平均值	样品数	平均值	样品数	平均值	
通江诺水河	3	3.86					3	3.86	3.10
南江桥亭	8	2.46			2	1.51	6	2.78	3.15
城口	10	3.38			2	1.11	8	3.95	2.45
巫溪徐家镇*					4	1.50	23	3.80	3.00
巫溪田坝*					7	1.10	24	4.00	3.30
南镇福成*					2	1.50	3	3.30	2.45
旺苍双汇					1	1.00	3	4.10	2.75
宁强牢固关*					1	1.10			2.50
镇巴观音*					21	1.20	2	2.30	2.46
华蓥李子垭	72	2.07	3	0.38	36	1.48	30	3.15	2.50
华蓥灵峰	44	2.09	12	0.39	14	1.10	18	4.00	2.50
南川三汇*					16	0.75			2.30
南川三泉*					15	0.80			2.30
綦江观音桥					13	0.80	6	4.50	3.00
习水良村*					>25	0.90	31	4.30	3.70
五科 1 井*							3	4.36	3.16
丁山 1 井	38	1.03	4	0.46	29	0.91	4	2.66	3.20
建深 1 井	2	2.03			1	1.27	1	2.79	3.60
石柱马武	4	2.13			3	1.13	1	5.11	2.97
石柱漆辽*					>15	1.40	>30	2.70	3.80
龙山兴隆	3	2.46	0		1	1.73	2	2.83	2.22
恩施龙马	1	3.24					1	3.24	3.16
利川毛坝*					6	1.70	12	3.00	3.55
彭水黑溪*							7	4.70	
来凤三胡*							9	3.20	3.21
酉阳黑水*					8	1.20	6	4.00	2.80
秀山溶溪*					4	1.00	2	4.40	2.50
宜昌宜陵	3	2.15			1	1.27	2	2.60	
中上扬子区	>500	1.95	19	0.40	>220	1.21	>230	3.40	2.90

* 为根据梁狄刚等（2007）所建的 TOC 剖面读图估计值。

表 7.12　川东北地区龙潭组各级烃源岩 $TOC_{残余}$、R_o 值

剖面/钻井	烃源岩（$TOC_{残余}$ ≥0.3%）		差烃源岩（0.3% <$TOC_{残余}$ <0.5%）		中等烃源岩（0.5% ≤$TOC_{残余}$ <2.0%）		优质烃源岩（$TOC_{残余}$ ≥2.0%）		R_o/%
	样品数	平均值	样品数	平均值	样品数	平均值	样品数	平均值	
南江沙滩	3	4.49	1	0.39			2	6.55	1.79
龙山	2	4.53	1	0.49			1	8.57	1.87
南江杨坝	11	2.46	0		8	1.09	3	6.08	

续表

剖面/钻井	烃源岩 ($\text{TOC}_{残余}\geq 0.3\%$)		差烃源岩 ($0.3\%<\text{TOC}_{残余}<0.5\%$)		中等烃源岩 ($0.5\%\leq\text{TOC}_{残余}<2.0\%$)		优质烃源岩 ($\text{TOC}_{残余}\geq 2.0\%$)		R_o/%
	样品数	平均值	样品数	平均值	样品数	平均值	样品数	平均值	
城口木瓜园	6	1.14	3	0.42	2	1.07	1	3.44	
石柱马武	3	4.56	1	0.39			2	6.65	1.70
通江诺水河	3	1.53			2	1.26	1	2.07	2.52
城口庙坝	1	5.11					1	5.11	2.73
元坝3井	4	2.99			2	1.38	2	4.61	3.61
普光5井	14	1.43	3	0.41	8	1.29	3	2.81	2.76
毛坝3井	29	1.75	3	0.34	23	0.91	5	6.55	2.80
河坝1井	7	2.1	2	0.38	2	1.25	3	3.82	3.30
龙8井	1	7.55					1	7.55	2.7
云安19井							>100	4.5	
中上扬子区	>185	2.44	14	0.39	48	1.08	>125	5.55	2.58

表7.13　川东北地区大隆组各级烃源岩TOC残余、R_o值

剖面/钻井	烃源岩 ($\text{TOC}_{残余}\geq 0.3\%$)		差烃源岩 ($0.3\%<\text{TOC}_{残余}<0.5\%$)		中等烃源岩 ($0.5\%\leq\text{TOC}_{残余}<2.0\%$)		优质烃源岩 ($\text{TOC}_{残余}\geq 2.0\%$)		R_o/%
	样品数	平均值	样品数	平均值	样品数	平均值	样品数	平均值	
广元长江沟	13	5.11	0		3	0.81	10	6.4	0.79
河坝1井	7	2.31	0		4	1.26	3	3.72	3.20
旺苍鹿度	21	3.39	0		6	1.31	15	4.21	1.90
万源黎树	6	3.49	0		1	1.87	5	3.81	1.76
川东北地区	47	3.72	0		13	1.18	34	4.68	1.91

牛蹄塘组在各剖面达到优质烃源岩标准（TOC>2.0%）的样品，其残余有机碳具有较大差异（表7.10），其中最高的南皋剖面平均可达10.69%，而最低的三都扎拉沟剖面仅为2.91%，其他大多数剖面优质烃源岩段的平均$\text{TOC}_{残余}$在3.0%以上，中上扬子全区平均$\text{TOC}_{残余}$为5.88%。各剖面中等烃源岩段（$0.5\%<\text{TOC}_{残余}<2.0\%$）的平均$\text{TOC}_{残余}$多在0.8%～1.5%，全区平均为1.23%。

中上扬子区各剖面下寒武统牛蹄塘组烃源岩等效镜质组反射率R_o主要分布在2.5%～4.0%之间，都已达到过成熟阶段，全区均值3.1%。

上奥陶统五峰组—下志留统龙马溪组各级烃源岩的$\text{TOC}_{残余}$平均值和R_o值见表7.11，各剖面达到优质烃源岩标准（TOC>2.0%）样品的$\text{TOC}_{残余}$多分布在2.0%～5.0%之间，全区约230个优质烃源岩平均$\text{TOC}_{残余}$为3.4%，远低于下寒武统的牛蹄塘组优质烃源岩的平均值。各剖面中等烃源岩段（$0.5\%<\text{TOC}_{残余}<2.0\%$）的平均$\text{TOC}_{残余}$多在0.8%～1.7%，全区平均为1.21%，与牛蹄塘组相当。上奥陶统五峰组—下志留统龙马溪组烃源岩R_o全区均值2.9%，已达过成熟阶段。

上二叠统龙潭组有机质丰度高、有机质类型较好的优质烃源岩主要分布在川东北地区，各典型剖面龙潭组各级烃源岩的$\text{TOC}_{残余}$平均值和R_o值见表7.12。各剖面达到优质烃源岩标准（TOC>2.0%）样品的平均$\text{TOC}_{残余}$多在3.0%以上，全区统计约125个优质烃源岩样品平均$\text{TOC}_{残余}$为5.55%，高于五峰组—龙马溪组优质烃源岩，与牛蹄塘组基本相当。中等烃源岩段（$0.5\%<\text{TOC}_{残余}<2.0\%$）全区48个样品平均$\text{TOC}_{残余}$为1.08%。

川东北地区龙潭组烃源岩成熟度变化较大，R_o在1.7%～3.6%之间，处于造山带前缘的南江—城口一带成熟度相对较低，处于高成熟阶段；而位于四川盆地内的普光5井、元坝3井、河坝1井等处则已达过成熟阶段。

川东北地区大隆组典型剖面各级烃源岩的$TOC_{残余}$平均值和R_o值见表7.13，在各剖面达到优质烃源岩标准（TOC>2.0%）样品的平均$TOC_{残余}$多在3.5%以上，全区约34个优质烃源岩样品平均$TOC_{残余}$为4.68%。中等烃源岩段（$0.5\%<TOC_{残余}<2.0\%$）全区平均$TOC_{残余}$为1.18%，而几个剖面都未有$0.3\%<TOC_{残余}<0.5\%$的烃源岩样品，说明大隆组整体有机质丰度较高，差烃源岩不发育。川东北地区大隆组R_o在0.79%～3.20%之间，变化很大。广元长江沟剖面大隆组尚处于低成熟阶段，万源地区处于高成熟阶段，河坝1井处则已达过成熟阶段。

3. 各剖面生烃气强度的估算

选取四川盆地不同地区普光5井、毛坝3井、河坝1井、丁山1井、云安19井、南江、城口、巫溪、石柱、建南等地典型剖面，按$1km^2$单位面积估算优质、中等、差三套烃源岩生烃气量。

计算各剖面三套烃源岩生烃潜力占某一层系烃源岩总生烃潜力比例，以及不同层系烃源岩在不同地区对单位面积内各层系烃源岩总生烃潜力的贡献，详细结果见表7.14。

川东北地区海相三套烃源岩单位面积内总生烃气强度以云安19井相对最高，达$894.05×10^4t/km^2$，其中上二叠统海相优质烃源岩与煤系烃源岩之和占2/3以上；普光地区在$502.06×10^4t/km^2$左右；南江沙滩-桥亭和建南地区相对最低，平均在$320.2×10^4t/km^2$左右。

川东北地区上二叠统（龙潭组）海相烃源岩总生烃气强度也以云安19井相对最高，达$665.64×10^4t/km^2$；普光地区在$260.77×10^4t/km^2$左右；巫溪田坝地区相对最低，只有$14.42×10^4t/km^2$左右。

川东北地区上奥陶统五峰组—下志留统龙马溪组烃源岩总生烃气强度以石柱漆辽-都会地区相对最高，达$402.34×10^4t/km^2$；建南地区在$145.58×10^4t/km^2$左右；普光地区相对较低，只有$65×10^4t/km^2$左右。

川东北地区寒武系牛蹄塘组烃源岩总生烃气强度以城口庙坝地区相对最高为$382.17×10^4t/km^2$；普光地区也相对较高，在$170.66×10^4t/km^2$左右；而建南地区则相对较低，只有$47.74×10^4t/km^2$。

它们主要与优质烃源岩厚度有关。

（1）普光5井：上二叠统优质烃源岩生烃气量$143.16×10^4t/km^2$，中等烃源岩生烃气量$99.76×10^4t/km^2$，差烃源岩的生烃气量$17.85×10^4t/km^2$，总生烃气量$260.77×10^4t/km^2$。上奥陶统五峰组—下志留统龙马溪组优质烃源岩生烃气量$55.02×10^4t/km^2$，中等烃源岩生烃气量$13.63×10^4t/km^2$，差烃源岩生烃气量$1.98×10^4t/km^2$，总生烃气量$70.63×10^4t/km^2$。寒武系牛蹄塘组烃源岩优质烃源岩生烃气量$143.52×10^4t/km^2$，中等烃源岩生烃气量$22.46×10^4t/km^2$，差烃源岩生烃气量$4.68×10^4t/km^2$，总生烃气量$170.66×10^4t/km^2$。普光5井三个层系总生烃气量$502.06×10^4t/km^2$。

（2）毛坝3井：上二叠统优质烃源岩生烃气量$205.30×10^4t/km^2$，中等烃源岩生烃气量$106.56×10^4t/km^2$，差烃源岩的生烃气量$3.06×10^4t/km^2$，上二叠统烃源岩总生烃气量$314.92×10^4t/km^2$。上奥陶统五峰组—下志留统龙马溪组优质烃源岩生烃气量$41.26×10^4t/km^2$，中等烃源岩生烃气量$16.73×10^4t/km^2$，差烃源岩生烃气量$2.33×10^4t/km^2$，上奥陶统五峰组—下志留统龙马溪组总生烃气量$60.32×10^4t/km^2$。牛蹄塘组生烃潜力与普光5井处基本类似。毛坝3井三个层系总生烃气量$545.90×10^4t/km^2$。

（3）河坝1井：上二叠统优质烃源岩生烃气量$141.09×10^4t/km^2$，中等烃源岩生烃气量$85.54×10^4t/km^2$，差烃源岩生烃气量$5.83×10^4t/km^2$，上二叠统烃源岩总生烃气量$232.46×10^4t/km^2$。上奥陶统五峰组—下志留统龙马溪组优质烃源岩生烃气量$35.88×10^4t/km^2$，中等烃源岩生烃气量$11.23×10^4t/km^2$。寒武系牛蹄塘组烃源岩优质烃源岩生烃气量$89.70×10^4t/km^2$，中等烃源岩生烃气量$20.88×10^4t/km^2$，河坝1井寒武系牛蹄塘组差烃源层缺乏资料，未作计算。

表 7.14 各剖面三套烃源岩单位面积内（1km²）生烃潜力计算结果

（单位：万 t/km²）

剖面名称	烃源岩层系	烃源岩级别	单位面积生烃气量	每个层系总生烃气量	三个层系总生烃气量	排出油裂解烃气量	干酪根裂解烃气量	油产碳质沥青	排出油产碳质沥青	排出油产碳质沥青总和	烃源岩中碳质沥青	烃源岩中碳质沥青总和
普光 5 井	龙潭组	优质	143.16	260.77	502.06	37.22	68.72	72.26	28.90	46.47	43.36	79.97
		中等	99.76			21.95	54.87	46.85	16.40		30.45	
		差	17.85			4.10	8.92	7.34	1.17		6.16	
	五峰组—龙马溪组	优质	55.02	70.63		10.32	21.87	21.53	7.53	9.91	13.99	19.78
		中等	13.63			3.35	9.37	7.13	2.14		4.99	
		差	1.98			0.51	1.24	1.04	0.24		0.80	
	牛蹄塘组	优质	143.52	170.66		34.44	83.24	74.88	25.46	28.96	49.42	58.40
		中等	22.46			4.27	12.80	10.40	3.02		7.38	
		差	4.68			1.03	2.48	2.08	0.48		1.60	
毛坝 3 井	龙潭组	优质	205.30	314.92	545.90	53.38	98.54	103.63	41.45	59.16	62.18	95.77
		中等	106.56			23.44	58.61	50.04	17.51		32.53	
		差	3.06			0.70	1.53	1.26	0.20		1.06	
	五峰组—龙马溪组	优质	41.26	60.32		10.32	21.87	21.53	7.53	9.91	13.99	19.78
		中等	16.73			3.35	9.37	7.13	2.14		4.99	
		差	2.33			0.51	1.24	1.04	0.24		0.80	
	牛蹄塘组	优质	143.52	170.66		34.44	83.24	74.88	25.46	28.96	49.42	58.40
		中等	22.46			4.27	12.80	10.40	3.02		7.38	
		差	4.68			1.03	2.48	2.08	0.48		1.60	
河坝 1 井	龙潭组	优质	141.09	232.46	390.13	36.68	67.72	71.22	28.49	43.57	42.73	72.03
		中等	85.54			18.82	47.04	41.99	14.70		27.29	
		差	5.83			1.34	2.92	2.40	0.38		2.01	
	五峰组—龙马溪组	优质	35.88	47.11		8.97	17.94	17.16	6.18	7.68	10.98	14.02
		中等	11.23			2.36	6.07	4.54	1.50		3.04	
		差	0.00			0.00	0.00	0.00	0.00		0.00	
	牛蹄塘组	优质	89.70	110.58		22.43	47.54	43.88	15.80	18.37	28.08	33.55
		中等	20.88			4.39	11.28	8.04	2.57		5.47	
		差	—			0.00	0.00	0.00	0.00		0.00	

续表

剖面名称	烃源岩层系	烃源岩级别	单位面积生烃气量	每个层系总生烃气量	三个层系总生烃气量	排出油裂解烃气量	干酪根裂解烃气量	油产碳质沥青	排出油产碳质沥青	排出油产碳质沥青总和	烃源岩中碳质沥青	烃源岩中碳质沥青总和
丁山1井	龙潭组	优质	96.82	574.20	691.14	26.14	38.73	54.53	24.54	38.79	29.99	55.34
		中等	68.29			15.71	38.24	36.77	13.97		22.80	
		差	7.15			1.71	3.36	2.83	0.28		2.55	
		煤	401.94			28.14	333.61	179.05	21.49		157.56	185.86
	五峰组—龙马溪组	优质	46.54	97.68		12.57	19.55	25.42	11.18	19.45	14.23	31.53
		中等	41.96			9.65	23.08	21.98	7.91		14.07	
		差	9.18			2.20	4.32	3.59	0.36		3.23	
	牛蹄塘组	优质	9.45	19.26		2.36	5.20	4.83	1.69	2.88	3.14	6.41
		中等	5.97			1.13	3.40	2.76	0.80		1.96	
		差	3.84			0.84	2.03	1.71	0.39		1.31	
南江沙滩-桥亭	龙潭组	优质	73.37	90.65	314.58	13.21	33.75	41.00	18.45	18.45	22.55	32.23
		中等	17.28			2.94	11.75	9.68	0.00		9.68	
		差	0.00			0.00	0.00	0.00	0.00		0.00	
	五峰组—龙马溪组	优质	32.11	39.15		8.67	12.84	18.08	8.14	9.27	9.95	12.35
		中等	5.68			1.31	3.12	3.00	1.08		1.92	
		差	1.36			0.33	0.64	0.53	0.05		0.48	
	牛蹄塘组	优质	157.64	184.78		39.41	78.82	73.79	26.56	29.92	47.22	54.67
		中等	22.46			4.72	12.13	8.74	2.88		5.85	
		差	4.68			1.03	2.48	2.08	0.48		1.60	
建南地区	龙潭组	优质	98.80	132.50	325.82	26.68	39.52	55.64	25.04	31.93	30.60	41.85
		中等	33.70			7.75	18.87	18.14	6.89		11.25	
		差	0.00			0.00	0.00	0.00	0.00		0.00	
	五峰组—龙马溪组	优质	143.52	145.58		35.88	76.07	74.88	26.21	26.45	48.67	49.32
		中等	1.12			0.22	0.63	0.48	0.14		0.33	
		差	0.94			0.21	0.50	0.42	0.10		0.32	
	牛蹄塘组	优质	0.00	47.74		0.00	0.00	0.00	0.00	6.10	0.00	14.23
		中等	47.74			9.55	26.73	20.33	6.10		14.23	
		差	0.00			0.00	0.00	0.00	0.00		0.00	

续表

剖面名称	烃源岩层系	烃源岩级别	单位面积生烃气量	每个层系总生烃气量	三个层系总生烃气量	排出油裂解烃气量	干酪根裂解烃气量	油产碳质沥青	排出油产碳质沥青	排出油产碳质沥青总和	烃源岩中碳质沥青	烃源岩中碳质沥青总和
巫溪田坝	龙潭组	优质	11.47	14.42	555.39	3.04	4.82	5.79	2.43	3.00	3.36	4.33
		中等	2.95			0.65	1.62	1.54	0.57		0.97	
		差	0.00			0.00	0.00	0.00	0.00		0.00	
	五峰组—龙马溪组	优质	247.01	254.09		64.22	118.56	124.68	49.87	50.90	74.81	76.98
		中等	5.96			1.31	3.28	2.74	0.96		1.78	
		差	1.12			0.26	0.56	0.46	0.07		0.39	
	牛蹄塘组	优质	215.28	286.88		53.82	107.64	102.96	37.07	45.98	65.89	84.83
		中等	71.60			15.04	38.67	27.85	8.91		18.94	
		差	0.00			0.00	0.00	0.00	0.00		0.00	
云安19井	龙潭组	优质	420.42	665.64	984.05	109.31	184.98	212.21	87.01	105.40	125.21	162.33
		中等	101.52			22.33	56.85	47.52	17.11		30.41	
		差	19.01			4.37	9.50	7.99	1.28		6.71	
		煤系泥岩	78.00								0.00	
		煤	46.69								0.00	
	五峰组—龙马溪组	优质	143.52	165.98		35.88	76.07	74.88	26.21	29.08	48.67	55.37
		中等	22.46			4.49	12.58	9.57	2.87		6.70	
		差	0.00			0.00	0.00	0.00	0.00		0.00	
	牛蹄塘组	优质	125.58	152.43		31.40	66.56	65.52	22.93	26.36	42.59	50.60
		中等	26.85			5.37	15.04	11.44	3.43		8.01	
		差	0.00			0.00	0.00	0.00	0.00		0.00	
城口庙坝-双河	龙潭组	优质	11.36	40.85	588.06	3.07	4.54	6.40	2.88	8.44	3.52	14.00
		中等	25.25			5.81	14.14	14.14	5.37		8.77	
		差	4.24			1.02	1.99	1.90	0.19		1.71	
	五峰组—龙马溪组	优质	107.84	165.04		28.04	47.45	54.43	22.32	27.46	32.11	51.93
		中等	11.44			2.52	6.41	5.72	2.06		3.66	
		差	45.76			10.52	22.88	19.24	3.08		16.16	

续表

剖面名称	烃源岩层系	烃源岩级别	单位面积生烃气量	每个层系总生烃气量	三个层系总生烃气量	排出油裂解烃气量	干酪根裂解烃气量	油产碳质沥青	排出油产碳质沥青	排出油产碳质沥青总和	烃源岩中碳质沥青	烃源岩中碳质沥青总和
城口庙坝-双河	牛蹄塘组	优质	366.73	382.17	588.06	95.35	176.03	169.26	62.63	64.36	106.63	111.40
		中等	6.08			1.28	3.29	2.34	0.77		1.57	
		差	9.36			2.06	4.96	4.16	0.96		3.20	
石柱漆辽-都会	龙潭组	优质	44.46	64.82	487.99	12.00	17.78	25.04	11.27	14.91	13.77	20.91
		中等	16.20			3.73	9.07	8.91	3.45		5.46	
		差	4.16			1.00	1.95	1.86	0.19		1.68	
	五峰组—龙马溪组	优质	352.73	402.34		88.18	186.95	180.12	63.04	68.18	117.08	133.94
		中等	2.81			0.56	1.57	1.20	0.36		0.84	
		差	46.80			10.30	24.80	20.80	4.78		16.02	
	牛蹄塘组	优质	0.00	20.83		0.00	0.00	0.00	0.00	2.19	0.00	7.10
		中等	2.11			0.40	1.20	0.98	0.28		0.69	
		差	18.72			4.12	9.92	8.32	1.91		6.41	

（4）丁山1井：上二叠统优质烃源岩生烃气量96.82×10^{4}t/km^2，中等烃源岩生烃气量68.29×10^{4}t/km^2，差烃源岩生烃气量7.15×10^{4}t/km^2，丁山1井上二叠统还发育煤系烃源岩，煤系烃源层厚18m，单位面积内生烃气量401.94×10^{4}t/km^2。上奥陶统五峰组—下志留统龙马溪组优质烃源岩生烃气量46.54×10^{4}t/km^2，中等烃源岩生烃气量41.96×10^{4}t/km^2，差烃源岩生烃气量9.18×10^{4}t/km^2，上奥陶统五峰组—下志留统龙马溪组总生烃气量97.68×10^{4}t/km^2。寒武系牛蹄塘组烃源岩优质烃源岩生烃气量9.45×10^{4}t/km^2，中等烃源岩生烃气量5.97×10^{4}t/km^2，差烃源岩生烃气量3.84×10^{4}t/km^2，牛蹄塘组烃源岩总生烃气量19.26×10^{4}t/km^2。丁山1井三个层系总生烃气量691.14×10^{4}t/km^2。

（5）南江沙滩-桥亭：上二叠统优质烃源岩生烃气量73.37×10^{4}t/km^2，中等烃源岩生烃气量17.28×10^{4}t/km^2。上奥陶统五峰组—下志留统龙马溪组优质烃源岩生烃气量32.11×10^{4}t/km^2，中等烃源岩生烃量5.68×10^{4}t/km^2，差烃源岩生烃气量1.36×10^{4}t/km^2，上奥陶统五峰组—下志留统龙马溪组总生烃气量39.15×10^{4}t/km^2。寒武系牛蹄塘组烃源岩优质烃源岩生烃气量157.64×10^{4}t/km^2，中等烃源岩生烃气量22.46×10^{4}t/km^2，差烃源岩生烃气量4.68×10^{4}t/km^2，牛蹄塘组烃源岩总生烃量184.78×10^{4}t/km^2。

（6）建南地区：上二叠统优质烃源岩生烃气量98.80×10^{4}t/km^2，中等烃源岩生烃气量33.70×10^{4}t/km^2。上奥陶统五峰组—下志留统龙马溪组优质烃源岩生烃气量143.52×10^{4}t/km^2，中等烃源岩生烃气量1.12×10^{4}t/km^2，差烃源岩生烃气量0.94×10^{4}t/km^2，上奥陶统五峰组—下志留统龙马溪组总生烃气量145.58×10^{4}t/km^2。建南地区寒武系牛蹄塘组无优质烃源岩发育，中等烃源岩生烃气量47.74×10^{4}t/km^2，差烃源岩同样不发育。建南地区三个层系总生烃气量325.82×10^{4}t/km^2。

（7）巫溪田坝：上二叠统优质烃源岩生烃气量11.47×10^{4}t/km^2，中等烃源岩生烃气量2.95×10^{4}t/km^2，上二叠统烃源岩总生烃气量254.09×10^{4}t/km^2。上奥陶统五峰组—下志留统龙马溪组优质烃源岩生烃气量247.01×10^{4}t/km^2，中等烃源岩生烃气量5.96×10^{4}t/km^2，差烃源岩生烃气量1.12×10^{4}t/km^2。寒武系牛蹄塘组优质烃源岩生烃气量215.28×10^{4}t/km^2，中等烃源岩生烃气量71.60×10^{4}t/km^2。巫溪田坝三个层系总生烃气量555.39×10^{4}t/km^2。

（8）云安19井：上二叠统优质烃源岩生烃气量420.42×10^{4}t/km^2，中等烃源岩生烃气量101.52×10^{4}t/km^2，差烃源岩生烃气量19.01×10^{4}t/km^2。云安19井处龙潭组底部发育约2m厚的煤层，煤的单位面积生烃气量46.69×10^{4}t/km^2，40m厚的煤系泥岩生烃气量78.00×10^{4}t/km^2，云安19井总生烃气量665.64×10^{4}t/km^2。上奥陶统五峰组—下志留统龙马溪组优质烃源岩生烃气量143.52×10^{4}t/km^2，中等烃源岩生烃气量22.46×10^{4}t/km^2。寒武系牛蹄塘组优质烃源岩生烃气量125.58×10^{4}t/km^2，中等烃源岩生烃气量26.85×10^{4}t/km^2。云安19井三个层系总生烃气量984.05×10^{4}t/km^2。

（9）城口庙坝-双河：上二叠统优质烃源岩生烃气量11.36×10^{4}t/km^2，中等烃源岩生烃气量25.25×10^{4}t/km^2，差烃源岩生烃气量4.24×10^{4}t/km^2，上二叠统烃源岩总生烃气量40.85×10^{4}t/km^2。上奥陶统五峰组—下志留统龙马溪组优质烃源岩生烃气量107.84×10^{4}t/km^2，中等烃源岩生烃气量11.44×10^{4}t/km^2，差烃源岩生烃气量45.76×10^{4}t/km^2，上奥陶统五峰组—下志留统龙马溪组总生烃气量165.04×10^{4}t/km^2。寒武系牛蹄塘组优质烃源岩生烃气量366.73×10^{4}t/km^2，中等烃源岩生烃气量6.08×10^{4}t/km^2，差烃源岩生烃气量9.36×10^{4}t/km^2。庙坝-双河三个层系总生烃气量588.06×10^{4}t/km^2。

（10）石柱漆辽-都会：上二叠统优质烃源岩生烃气量44.46×10^{4}t/km^2，中等烃源岩生烃气量16.20×10^{4}t/km^2，差烃源岩生烃气量4.16×10^{4}t/km^2，上二叠统烃源岩总生烃气量64.82×10^{4}t/km^2。上奥陶统五峰组—下志留统龙马溪组优质烃源岩生烃气量352.73×10^{4}t/km^2，中等烃源岩生烃气量2.81×10^{4}t/km^2，差烃源岩生烃气量46.80×10^{4}t/km^2，上奥陶统五峰组—下志留统龙马溪组总生烃气量402.34×10^{4}t/km^2。寒武系牛蹄塘组优质烃源岩不发育，中等烃源岩生烃气量2.11×10^{4}t/km^2，差烃源岩生烃气量18.72×10^{4}t/km^2，寒武系总生烃气量20.83×10^{4}t/km^2。石柱漆辽-都会三个层系总生烃气量487.99×10^{4}t/km^2。

4. 各主要烃源层生烃气强度的估算

根据上述南方海相上扬子区不同时代烃源层不同级别烃源岩的厚度、有机质丰度分布、成烃生物类型、岩石类型和所处成熟度阶段等，综合计算了不同时代烃源岩在不同剖面上的生烃气强度。

中上扬子区寒武系牛蹄塘组、上奥陶统五峰组—下志留统龙马溪组烃源岩在全区现今成熟度都已处于过成熟阶段；龙潭组烃源岩在大部分地区都已到过成熟阶段；而大隆组则在部分剖面处于低成熟和高成熟阶段，因而中上扬子区海相层系烃源岩烃类产物现今主要为天然气，计算的生烃强度、生烃量和资源量都换算成气态烃体积表示。

（1）牛蹄塘组烃源岩生烃气强度。中上扬子区典型剖面牛蹄塘组各级烃源岩生烃气强度见图7.11。川东北地区南江沙滩、城口庙坝、镇坪钟宝三个剖面牛蹄塘组烃源岩生烃气强度较高，分别为19.5×10^8 m^3/km^2、50.3×$10^8m^3/km^2$、53.8×$10^8m^3/km^2$，主要为优质烃源岩所贡献。

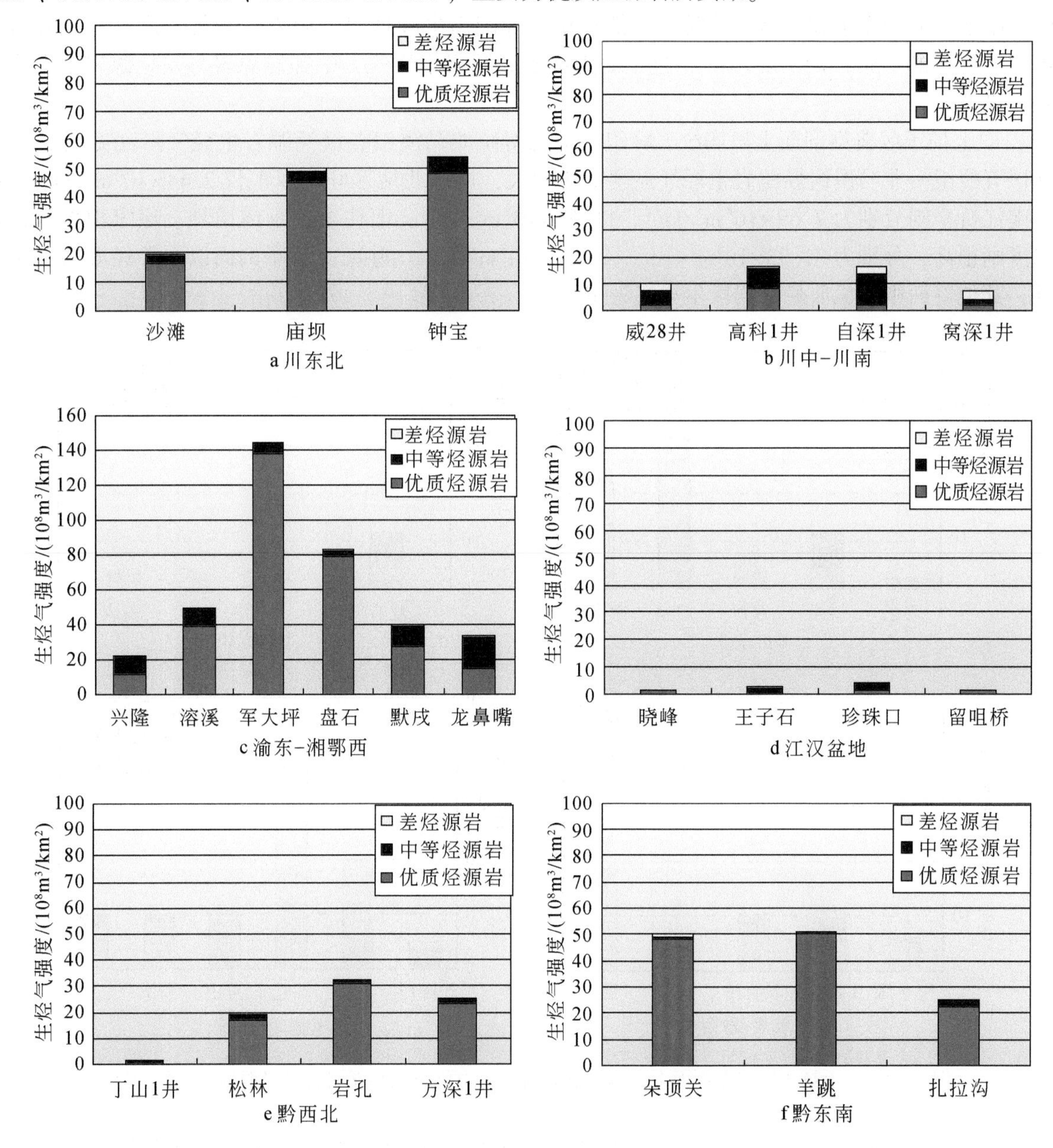

图7.11　中上扬子区典型剖面牛蹄塘组各级烃源岩生烃气强度

川中地区牛蹄塘组烃源岩生烃气强度很低，威28井、窝深1井与自深1井处生烃气强度都在20×10^8 m^3/km^2以下。

渝东-湘鄂西地区牛蹄塘组总体具有很高的生烃气强度，在张家界军大坪剖面最高，可达140×$10^8m^3/km^2$以上；松桃盘石剖面也可达82.7×$10^8m^3/km^2$以上，且以优质烃源岩段生烃贡献占绝对主体。龙山兴隆、秀山溶溪、吉首龙鼻嘴等剖面也都在20×$10^8m^3/km^2$以上，其中优质烃源岩生烃贡献基本都在40%以上。石柱地区由于受古隆起的影响，牛蹄塘组只发育差烃源岩，生烃气度很低，仅 $0.35\times10^8 m^3/km^2$。

江汉盆地的下寒武统由于优质烃源岩不发育，且中等烃源岩段厚度也不大，总体生烃气强度极低，宜昌晓峰、长阳王子石、通山珍珠口等剖面生烃气强度都在 $5.0\times10^8 m^3/km^2$ 以下。

川南与黔西北地区四个剖面中，川南的丁山 1 井牛蹄塘组生烃气强度低，仅 $1.55\times10^8 m^3/km^2$，但往南到黔西北的遵义松林、金沙岩孔、方深 1 井等剖面，总生烃气强度则都在 $20\times10^8 m^3/km^2$ 以上，且基本为优质烃源岩生烃，中等烃源岩段的生烃气强度在 $2\times10^8 m^3/km^2$ 以下，差烃源岩不发育，其贡献的生烃气强度在 $1\times10^8 m^3/km^2$ 以下。

黔东南地区的瓮安永和、麻江羊跳、三都扎拉沟等剖面牛蹄塘组烃源岩生烃气强度高，烃源岩总生烃强度主要在（20～50）$\times10^8 m^3/km^2$，也主要为优质烃源岩生烃气，中等烃源岩与差烃源岩不发育，生烃气强度极低。

（2）中上扬子区典型剖面上奥陶统五峰组—下志留统龙马溪组各级烃源岩生烃气强度见图 7.12。川东北地区五峰组—龙马溪组烃源岩生烃气强度变化较大，川东北地区旺苍双汇仅 $2.44\times10^8 m^3/km^2$、城口双河与南江桥亭则分别为 $7.69\times10^8 m^3/km^2$、$11.64\times10^8 m^3/km^2$。而往东到巫溪田坝、徐家坝剖面，其生烃气强度则很高，分别为 $31.93\times10^8 m^3/km^2$、$23.32\times10^8 m^3/km^2$。除南江桥亭剖面以中等烃源岩段生烃气为主外，其他剖面则以优质烃源岩段生烃气为主。

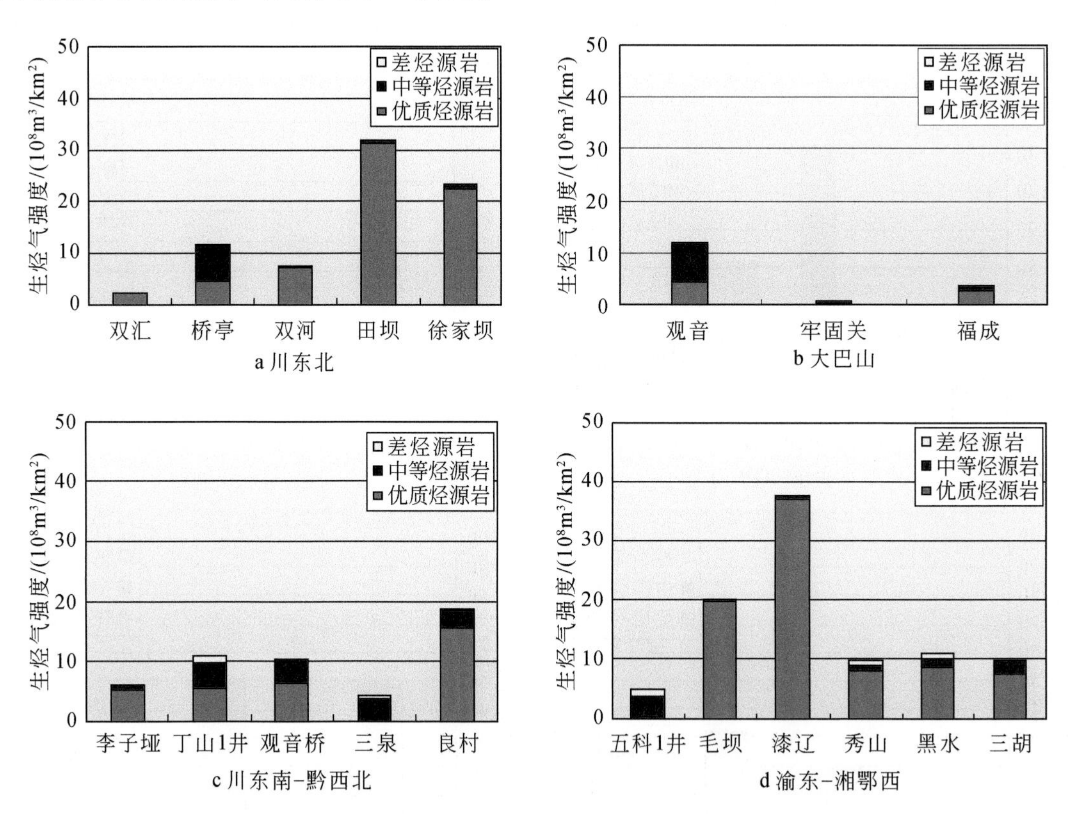

图 7.12　中上扬子区典型剖面上奥陶统五峰组—下志留统龙马溪组各级烃源岩生烃气强度

大巴山区的镇巴观音、南郑福成、宁强牢固关三个剖面生烃气强度都较低，分别为 $12.08\times10^8 m^3/km^2$、$3.82\times10^8 m^3/km^2$ 与 $0.86\times10^8 m^3/km^2$，镇巴观音剖面以中等烃源岩生烃为主。

川东华蓥山李子垭剖面生烃气强度为 $6.02\times10^8 m^3/km^2$，其中优质烃源岩段生烃气强度为 $5.24\times10^8 m^3/km^2$。川东南地区的南川三泉剖面优质烃源岩不发育，生烃气强度仅为 $4.08\times10^8 m^3/km^2$，且以中等烃源岩生烃气为主。丁山 1 井与綦江观音桥剖面生烃气强度较高且基本相当，分别为 $10.88\times10^8 m^3/km^2$ 与 $10.37\times10^8 m^3/km^2$，且中等烃源岩的贡献较大，约占 40%。往南到黔西北地区，五峰组—龙马溪组烃源岩生烃气能力逐渐增强，习水良村剖面生烃气强度可达 $18.6\times10^8 m^3/km^2$，其中优质烃源岩段为 15.4×10^8

m^3/km^2。

渝东—湘鄂西区上奥陶统五峰组—下志留统龙马溪组烃源岩总体具有很高的生烃气强度。石柱漆辽剖面为中上扬子全区最高，可达37.6×$10^8m^3/km^2$。五科1井与利川毛坝则分别为13.4×$10^8m^3/km^2$、20.1×$10^8m^3/km^2$。秀山城西、酉阳黑水与来凤三胡等剖面生烃强度基本相当，分别为9.82×$10^8m^3/km^2$、10.92×$10^8m^3/km^2$、9.86×$10^8m^3/km^2$。

（3）龙潭组烃源岩生烃气强度。中上扬子区龙潭组烃源岩根据有机质类型与煤层的发育情况分为了优质烃源岩和煤系烃源岩两大类型。图7.13为川东北地区典型剖面龙潭组各级烃源岩生烃气强度。龙潭组烃源岩在各井都有很强的生烃气能力，云安19井处可达67.0×$10^8m^3/km^2$，普光5井为24.02×$10^8m^3/km^2$，毛坝3井为40.9×$10^8m^3/km^2$，元坝3井为32.3×$10^8m^3/km^2$，河坝1井相对较低，为12.3×$10^8m^3/km^2$。

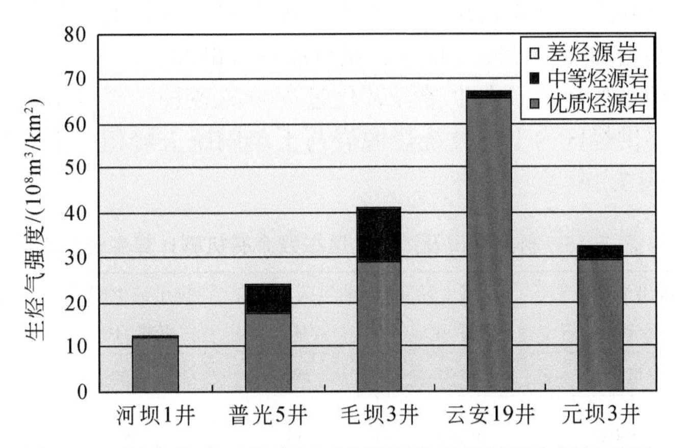

图7.13　川东北地区典型剖面龙潭组各级烃源岩生烃气强度

（4）川东北地区典型剖面大隆组各级烃源岩生烃气强度（图7.14）。川东北地区大隆组烃源岩主要为高有机质丰度的优质烃源岩，但由于在各剖面厚度较小，其单位面积内生烃气强度并不高，基本在15×$10^8m^3/km^2$以下。河坝1井、广元长江沟、旺苍双汇三个剖面分别为：14.7×$10^8m^3/km^2$、4.2×$10^8m^3/km^2$、8.1×$10^8m^3/km^2$。鄂西建始—恩施一带大隆组沉积厚度较大，根据区调资料及川东北地区各剖面大隆组烃源岩有机碳分布情况，估算建始地区大隆组烃源岩生烃气强度应该与河坝1井相当，约13.7×$10^8m^3/km^2$。大隆组中等烃源岩段与差烃源岩段不发育，主要为优质烃源岩生烃气贡献。

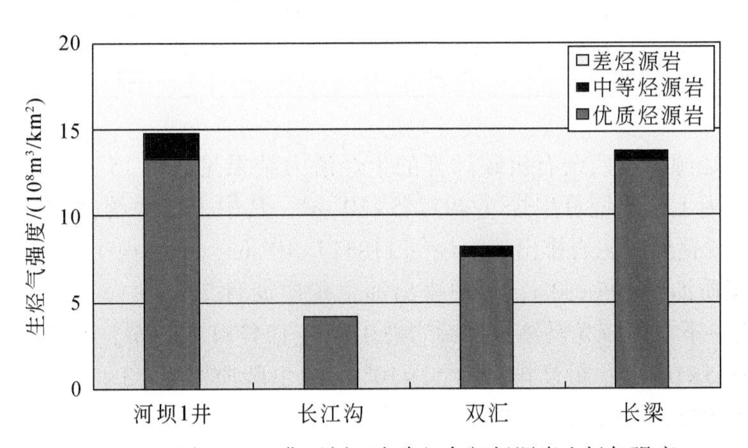

图7.14　川东北地区典型剖面大隆组各级烃源岩生烃气强度

（三）古油藏分布区天然气资源量的估算

1. 上二叠统及上奥陶统五峰组—下志留统龙马溪组优质烃源岩

对于川东北普光等大中型气田天然气来源，上述油气源对比结果已经证实普光气田、毛坝气田、元坝气田等大型气田天然气源于上二叠统龙潭组优质烃源岩；建南气田天然气源于上奥陶统五峰组—下志留统龙马溪组优质烃源岩；而川岳、河坝等川东北天然气主要源于上二叠统优质烃源岩，有部分上奥陶统五峰组—下志留统龙马溪组优质烃源岩的混合（见第六章）。此外，根据飞仙关组与长兴组中古油藏范围，选择其周围可能的供烃区域，计算区内上二叠统与上奥陶统五峰组—下志留统龙马溪组烃源岩的总生烃气量来探讨川东北普光等大中型气田的贡献比例也与上述油气源对比结果相一致。

研究区主要包括了开江-梁平陆棚东侧部分以及鄂西陆棚区西侧部分，地理上基本以平昌—达州—开江—开州一线为界（图7.8～图7.10），面积约12500km²。在川东北长兴组—飞仙关组古油藏区内，已有普光5井、毛坝3井、河坝1井等多口钻井完整地揭露了该区上二叠统烃源岩的发育情况，在计算上二叠统烃源岩生烃潜力时，主要参考上述钻井的相关参数。而古油藏主要的供烃区内，目前还没有钻井或剖面能很好地揭示上奥陶统五峰组—下志留统龙马溪组烃源岩的发育情况，计算时的烃源岩厚度及残余有机碳等参数选择主要选取邻近的南江沙滩、桥亭，城口庙坝等剖面。

根据第四、五章中各种类型烃源岩在生排烃转化过程中的各种生烃参数，按残余有机碳和恢复有机碳，分别计算了古油藏主要供烃区内上二叠统烃源岩与上奥陶统五峰组—下志留统龙马溪组烃源岩的生烃潜力，结果见表7.15、表7.16。

表7.15　普光气田及周围选区按残余有机碳计算生烃潜力

烃源岩层系	总生烃气/10^8m^3	排出油生烃气/10^8m^3	干酪根生烃气/10^8m^3	油生碳质沥青/10^8t	排出油生碳质沥青/10^8t	烃源岩中残余碳质沥青/10^8t	最高排出油/10^8t
上二叠统	497745	118517	255803	195	72	123	211
上奥陶统—下志留统	124774	30021	66665	53	18	35	52
两层系总和	622519	148538	322468	248	90	158	263

表7.16　普光气田及周围选区按恢复有机碳计算生烃潜力表

烃源岩层系	总生烃气/10^8m^3	排出油生烃气/10^8m^3	干酪根生烃气/10^8m^3	油生碳质沥青/10^8t	排出油生碳质沥青/10^8t	烃源岩中固体沥青/10^8t	最高排出油/10^8t
上二叠统	704899	170610	358244	276	103	173	300
上奥陶统—下志留统	181914	43983	97110	78	26	45	76
两层系总和	886813	214593	455354	354	129	218	376

该区域内上二叠统烃源岩按残余有机碳计算的生烃潜力结果见表7.15。按烃源岩现今残余有机碳计算，古油藏可能供烃区内上二叠统总生烃气$497745\times10^8m^3$，其中上二叠统优质烃源岩生烃气$324680.5\times10^8m^3$，约占65%；上二叠统烃源岩排出油生烃气$118517\times10^8m^3$，干酪根生烃气$255803\times10^8m^3$，最高排出油211×10^8t。油生碳质沥青195×10^8t，其中排出油生碳质沥青72×10^8t，烃源岩中残留碳质沥青123×10^8t。上奥陶统五峰组—下志留统龙马溪组烃源岩总生烃气$124774\times10^8m^3$，其中排出油生烃气$30021\times10^8m^3$，干酪根生烃气$66665\times10^8m^3$；最高排出油52×10^8t，油生碳质沥青53×10^8t，其中排出油生碳质沥青18×10^8t，烃源岩中残留油碳质沥青35×10^8t。

上二叠统与上奥陶统五峰组—下志留统龙马溪组烃源岩生烃气量总和为$622519\times10^8m^3$，其中排出油生烃气$148538\times10^8m^3$，干酪根生烃气$322468\times10^8m^3$；最高排出油总和263×10^8t，油生碳质沥青总和248×10^8t，其中排出油生碳质沥青90×10^8t，烃源岩中残留碳质沥青158×10^8t。

两个层系总生烃潜力中上二叠统烃源岩约占80%，上奥陶统五峰组—下志留统龙马溪组烃源岩约占20%。因为川东北地区三叠系嘉陵江组及雷口坡组发育有巨厚的膏盐层，可对其下覆地层中的油气起到很好的封盖作用，假设上二叠统与上奥陶统五峰组—下志留统龙马溪组生成的烃气由于三叠系巨厚石膏层的封盖都未散失而充分混合，那么从总生烃气潜力的角度来说，上奥陶统五峰组—下志留统龙马溪组烃气对现今普光等礁滩相气藏的贡献很有限，在20%左右，这也与两个层系优质烃源岩在川东北普光等气田区的生烃强度比值是接近的相对应。

在资源潜力计算中，TOC是否需要进行恢复一直存在着一定争议，但大量模拟实验结果表明，高有机质丰度的海相优质烃源岩，在生烃过程中TOC会有明显的下降，仅利用烃源岩现今残余有机碳进行计算，并不能完全有效地反映烃源岩的原始生烃潜力。海相高演化烃源岩总有机碳恢复系数研究表明（秦建中等，2007d）：一般情况下高成熟—过成熟优质烃源岩 $TOC_{原始}$ Ⅰ型恢复系数为1.68，$Ⅱ_1$型恢复系数为1.48，$Ⅱ_2$型恢复系数为1.32. 低有机质烃源岩（一般指0.3%<TOC<1%）随TOC变低，降低幅度和恢复系数均逐渐变小，当0.3%<TOC<0.5%时，$TOC_{原始}$恢复系数约为1.2。此处按优质烃源岩总有机碳恢复系数取1.5，中等烃源岩取1.3，差烃源岩取1.2，利用恢复后的总有机碳对区内的烃源岩进行了生烃潜力计算（表7.16）。

按烃源岩恢复有机碳计算结果见表7.16。计算结果表明，研究区内上二叠统烃源岩的原始总生烃气在 $704899\times10^8m^3$ 左右，上奥陶统五峰组—下志留统龙马溪组原始总生烃气在 $181913\times10^8m^3$ 左右，二者合计 $886814\times10^8m^3$ 左右。

2. 中上扬子区三套主要海相优质烃源岩

从各剖面寒武系牛蹄塘组、上奥陶统五峰组—下志留统龙马溪组、二叠系龙潭组与大隆组各级烃源岩各自生烃强度来看，大多数剖面以优质烃源岩段生烃贡献为主。优质烃源岩生烃所占比例低的地区，往往也是总生烃强度低的地区。中等烃源岩与差烃源岩，虽然厚度比较大，但由于有机质丰度低，且单位有机碳的生烃潜力也较优质烃源岩要低很多，二者对累积总生烃强度的贡献不大。

下面分别按残余有机碳和恢复后有机碳（恢复碳），重点对中上扬子区各地层优质烃源岩段的总生烃气潜力进行估算。同时对龙潭组煤系烃源岩与煤层的总生烃气潜力进行估算。

优质烃源岩体积的确定，根据本书第四章各地层优质烃源岩的分布，按不同厚度段分别求取烃源岩体积（如0～20m厚度分布区，则取平均厚度10m，再乘上其分布的面积，得到0～20m厚度段的烃源岩体积），再将各厚度段的烃源岩体积累加，得到该地层优质烃源岩在全区的总体积规模。

龙潭组煤系烃源岩未按有机质丰度划分不同的烃源岩等级，习水良村剖面与华蓥山李子垭剖面龙潭组都发育多层煤，应为典型的煤系烃源岩。在计算煤系烃源岩生烃气潜力时，TOC主要采用了习水良村剖面（TOC=4.41%），华蓥水洞剖面（TOC=2.38%），南川三泉剖面（TOC=1.5%），韩家店剖面（TOC=1.6%）四个剖面的平均TOC 2.47%。烃源岩厚度取TOC>0.5%的厚度。梁狄刚等（2007）统计了上扬子地区龙潭组32个煤样的平均TOC为59.98%，本次计算龙潭组煤的生烃气潜力时TOC参考该值；而煤的厚度与分布面积根据平面图读取。不同煤化度的煤，其密度相差很大，褐煤为1.05～1.30g/cm³，烟煤为1.15～1.50g/cm³，无烟煤为1.40～1.70g/cm³，中上扬子区龙潭组煤应主要为褐煤和烟煤，此次计算煤的密度取1.30g/cm³。

本书分别利用残余有机碳与恢复后的有机碳计算了中上扬子区各时代优质烃源层和龙潭组煤系烃源岩与煤的生烃气潜力，结果见表7.17。可以看出，中上扬子区各层系的优质烃源岩中，牛蹄塘组优质烃源岩具有最大的总原始生烃气潜力，按现今残余有机碳计算，总生烃气约为 $1351.379\times10^{12}m^3$，按恢复碳计算，则为 $2027.069\times10^{12}m^3$。

表7.17　中上扬子区各时代优质烃源岩与煤系烃源岩生烃气量估算结果

烃源岩层系	平均 $TOC_{残余}$/%	TOC恢复系数	产烃率/（mg/g_C）	总生烃气（残余有机碳）/$10^{12}m^3$	总生烃气（恢复碳）/$10^{12}m^3$
牛蹄塘组优质烃源岩	5.88	1.5	0.43	1351.379	2027.069
五峰组—龙马溪组优质烃源岩	3.40	1.5	0.43	289.132	433.698
龙潭组优质烃源岩	5.55	1.5	0.45	243.272	364.908

续表

烃源岩层系	平均 $TOC_{残余}$/%	TOC 恢复系数	产烃率/（mg/g_C）	总生烃气（残余有机碳）/$10^{12}m^3$	总生烃气（恢复碳）/$10^{12}m^3$
龙潭组煤系烃源岩	2.47	1.2	0.22	156.382	187.659
龙潭组煤	59.98	1.0	0.22	91.568	
大隆组优质烃源岩	4.68	1.5	0.33	49.469	74.204

上奥陶统五峰组—下志留统龙马溪组优质烃源岩，其按残余有机碳计算的总生烃气为 $289.132\times10^{12}m^3$，按恢复碳计算则为 $433.698\times10^{12}m^3$。

龙潭组优质烃源岩按残余有机碳计算的总生烃气为 $243.272\times10^{12}m^3$，按恢复碳计算则为 $364.908\times10^{12}m^3$。龙潭组煤系烃源岩按残余有机碳计算的总生烃气为 $156.382\times10^{12}m^3$，按恢复碳计算则为 $187.659\times10^{12}m^3$。龙潭组煤的总生烃气量约 $91.568\times10^{12}m^3$。

大隆组优质烃源岩按残余有机碳计算的总生烃气量为 $49.469\times10^{12}m^3$，按恢复碳计算则为 $74.204\times10^{12}m^3$。

二、天然气资源量估算结果与勘探潜力

（一）海相优质烃源岩对总生烃气量的贡献占主导

为确定烃源层中优质烃源岩、中等烃源岩和差烃源岩各自对生烃气总量的贡献，我们分别在各剖面进行了计算（表 7.18）。

表 7.18　各剖面优质、中等、差三级烃源岩生烃气量占总生烃气量百分比　（单位:%）

地层	级别	普光5井	毛坝3井	河坝1井	丁山1井	南江沙滩-桥亭	建南	巫溪田坝	云安19井	城口庙坝-双河	石柱漆辽-都会
二叠系	优质	54.9	65.2	60.7	55.9	81	74.6	79.6	77.7	27.8	68.6
	中等	38.26	33.8	36.8	40.7	19	25.4	20.5	18.8	61.8	25
	差	6.84	0.97	2.5	3.4	/	/	/	3.5	10.4	6.4
上奥陶统—下志留统	优质	77.9	68.4	76.2	47.7	82	98.6	97.2	86.5	65.3	87.7
	中等	19.3	27.73	23.8	42.3	14.5	0.77	2.3	1.5	6.9	0.7
	差	2.8	3.87	/	9.4	3.5	0.64	0.4	/	27.7	11.6
寒武系牛蹄塘组	优质	84.1	/	81.1	49.1	85.3	/	75	82.4	96	/
	中等	13.2	/	18.9	31	12.2	/	25	17.6	1.6	10.1
	差	2.7	/		19.9	2.5	/	/	/	2.5	89.9

注：/表示资料缺乏未计算。

（1）普光地区上二叠统优质烃源岩生烃气量一般占总生烃气量的 55%～65%，而中等烃源岩尽管厚度常常是优质烃源岩厚度的几倍，但生烃气量一般仅占总生烃气量的 33%～38%，差烃源岩一般仅占总生烃气量的 1%～7%；上奥陶统五峰组—下志留统龙马溪组烃源岩优质烃源岩生烃气量一般占总生烃气量的比例更高，达 68%～78%，而中等烃源岩生烃气量仅占总生烃气量的 19%～28%。

普光 5 井上二叠统优质、中等、差烃源岩各自生烃气量占三个级别总生烃气量的百分比分别为 54.9%、38.26%、6.84%。上奥陶统五峰组—下志留统龙马溪组优质、中等、差烃源岩各自生烃气量占总生烃量的比例为 77.9%、19.3%、2.8%。牛蹄塘组优质、中等、差烃源岩各自生烃气量占总生烃气量的比例为 84.1%、13.2%、2.7%。

毛坝 3 井上二叠统优质、中等、差烃源岩各自生烃气量占总生烃气量的比例分别为 65.2%、33.8%、

0.97%。上奥陶统五峰组—下志留统龙马溪组优质、中等、差烃源岩各自生烃气量占总生烃量的比例为68.4%、27.73%、3.87%。

河坝1井上二叠统优质、中等、差烃源岩各自生烃气量占三者总生烃气量的比例分别为60.7%、36.8%、2.5%。上奥陶统五峰组—下志留统龙马溪组优质、中等烃源岩生烃气量占两者总生烃气量的比例为76.2%、23.8%。牛蹄塘组优质、中等烃源岩生烃气量占两者总生烃气量的比例为81.1%、18.9%。

（2）丁山1井上二叠统优质、中等、差烃源岩各自生烃气量占三者总生烃气量的比例分别为55.9%、40.7%、3.4%。上奥陶统五峰组—下志留统龙马溪组优质、中等、差烃源岩各自生烃气量占三者总生烃气量的比例分别为47.7%、42.3%、9.4%。寒武系牛蹄塘组优质、中等、差烃源岩各自生烃气量占三者总生烃气量的比例分别为49.1%、31%、19.9%。

（3）南江沙滩-桥亭剖面上二叠统优质、中等烃源岩各自生烃气量占二者总生烃气量的比例分别为81%、19%。上奥陶统五峰组—下志留统龙马溪组优质、中等、差烃源岩各自生烃气量占三者总生烃气量的比例分别为82%、14.5%、3.5%。寒武系牛蹄塘组优质、中等、差烃源岩各自生烃气量占三者总生烃气量的比例分别为85.3%、12.2%、2.5%

（4）建南地区上二叠统优质、中等烃源岩各自生烃气量占二者总生烃气量的比例分别为74.6%、25.4%。上奥陶统五峰组—下志留统龙马溪组优质、中等、差烃源岩各自生烃气量占三者总生烃气量的比例分别为98.6%、0.77%、0.64%。

（5）巫溪田坝剖面上二叠统优质、中等烃源岩各自生烃气量占二者总生烃气量的比例分别为79.6%、20.5%。上奥陶统五峰组—下志留统龙马溪组优质、中等、差烃源岩各自生烃气量占三者总生烃气量的比例分别为97.2%、2.3%、0.4%。寒武系牛蹄塘组优质、中等烃源岩各自生烃气量占二者总生烃气量的比例分别为75%、25%。

（6）云安19井上二叠统优质、中等、差烃源岩各自生烃气量占三者总生烃气量的比例分别为77.7%、18.8%、3.5%。上奥陶统五峰组—下志留统龙马溪组优质、中等烃源岩生烃气量各自占二者总生烃气量的比例分别为86.5%、13.5%。寒武系牛蹄塘组优质、中等烃源岩生烃气量各自占二者总生烃气量的比例分别为82.4%、17.6%。

（7）城口庙坝-双河上二叠统优质、中等、差烃源岩各自生烃气量占三者总生烃气量的比例分别为27.8%、61.8%、10.4%。上奥陶统五峰组—下志留统龙马溪组优质、中等、差烃源岩各自生烃气量占三者总生烃气量的比例分别为65.3%、6.9%、27.7%。寒武系牛蹄塘组优质、中等烃源岩、差烃源岩各自生烃气量占三者总生烃气量的比例分别为96%、1.6%、2.5%。

（8）石柱漆辽-都会上二叠统优质、中等、差烃源岩各自生烃气量占三者总生烃气量的比例分别为68.6%、25%、6.4%。上奥陶统五峰组—下志留统龙马溪组优质、中等、差烃源岩各自生烃气量占三者总生烃气量的比例分别为87.7%、0.7%、11.6%。寒武系牛蹄塘组优质、中等烃源岩各自生烃气量占二者总生烃气量的比例为10.1%、89.9%。

从表7.18计算的各剖面优质、中等、差三级烃源岩生烃气量占总生烃气量百分比可以看出，优质烃源岩的生烃气量占了绝大部分，除个别剖面外，优质烃源岩生烃气所占比例基本都在55%以上。在这三套优质烃源岩发育厚度中心地区，可能是形成大中型气田的有利区带。例如，寒武系优质烃源岩在川东北的城口、川南的泸州—宜宾、黔北瓮安—湘西吉首一带存在三个厚度中心。志留系优质烃源岩的厚度中心则在川东北的巫溪、川东石柱、川南泸州。上二叠统优质烃源岩则主要分布在万州—开州—达州—通江一带。

在不同地区应侧重勘探不同烃源岩来源的天然气。宣汉、通江、云阳（云安19井）、川东南丁山1井以上二叠统来源气为主，不同的是，川东南地区以及云安19井处龙潭组煤和煤系泥岩对生烃气做了较大贡献；建南、城口、石柱以志留系来源天然气为主；南江、巫溪以寒武系来源天然气为主。

总体来说，优质烃源岩在一套烃源岩层总生烃气量中占了主体地位，当然在一些优质烃源岩不发育的地区，也可能存在中等烃源岩或差烃源岩生烃气占主体的情况，如在石柱地区的寒武系牛蹄塘组烃源岩，由于优质烃源岩和中等烃源岩不发育，差烃源岩生烃气量占到了总生烃气量的90%。

（二）不同地区具有不同主力海相优质烃源岩

（1）四川盆地及周缘不同地区上二叠统、上奥陶统五峰组—下志留统龙马溪组、寒武系牛蹄塘组三套烃源岩对单位面积内（$1km^2$）总生烃气量的贡献不同（表7.19）。

表7.19 不同地区三套烃源岩占总生烃气量的百分比 （单位:%）

烃源岩层系	普光5井	毛坝3井	河坝1井	丁山1井	南江沙滩-桥亭	建南	巫溪田坝	云安19井	城口庙坝	石柱漆辽-都会
上二叠统所占比例	51.9	57.7	59.6	83.1	28.8	40.7	2.6	67.6	6.9	13.3
上奥陶统五峰组—下志留统龙马溪组所占比例	14.1	11.1	12.1	14.1	12.4	44.7	45.8	16.9	28.1	82.5
寒武系牛蹄塘组所占比例	34	31.3	28.3	2.8	58.7	14.7	51.7	15.5	65	4.3

在宣汉地区，上二叠统为主要生烃层系，寒武系次之，上奥陶统五峰组—下志留统龙马溪组最差。普光5井上二叠统生烃气量占51.9%、寒武系牛蹄塘组占34%、上奥陶统五峰组—下志留统龙马溪组占14.1%。毛坝3井上二叠统生烃气量占57.7%、寒武系占31.3%、志留系占11.1%。

河坝1井上二叠统生烃气量占59.6%、寒武系牛蹄塘组占28.3%、上奥陶统五峰组—下志留统龙马溪组占12.1%，同样是上二叠统居主体地位。

丁山1井处如果不包括龙潭组煤层的生烃气量，则上二叠统生烃气量占59.6%、上奥陶统五峰组—下志留统龙马溪组占33.8%、寒武系牛蹄塘组占6.7%；如果包括龙潭组煤系生烃气量，则上二叠统生烃气量占83.1%、上奥陶统五峰组—下志留统龙马溪组占14.1%、寒武系牛蹄塘组占2.8%，可见丁山1井处上二叠统生烃气占主体地位。

南江沙滩-桥亭地区上二叠统生烃气量占28.8%、上奥陶统五峰组—下志留统龙马溪组占12.4%、寒武系牛蹄塘组占58.7%，寒武系牛蹄塘组生烃气居主体地位，上二叠统次之，志留系最低。

建南地区上二叠统生烃气量占40.7%、上奥陶统五峰组—下志留统龙马溪组占44.7%、寒武系牛蹄塘组占14.7%，上奥陶统五峰组—下志留统龙马溪组生烃气居主体地位，上二叠统次之，寒武系牛蹄塘组最低。

巫溪田坝上二叠统生烃气量占2.6%、上奥陶统五峰组—下志留统龙马溪组占45.8%、寒武系牛蹄塘组占51.7%，寒武系牛蹄塘组生烃气居主体地位，上奥陶统五峰组—下志留统龙马溪组次之，上二叠统最低。

云安19井如果不包括龙潭组煤层的生烃气量，则上二叠统生烃气量占63%、上奥陶统五峰组—下志留统龙马溪组占19.3%、寒武系牛蹄塘组占17.7%；如果包括龙潭组煤系生烃气量，则上二叠统生烃气量占67.6%、上奥陶统五峰组—下志留统龙马溪组占16.9%、寒武系牛蹄塘组占15.5%，云安19井处上二叠统生烃气占主体地位。

城口庙坝上二叠统生烃气量占6.9%、上奥陶统五峰组—下志留统龙马溪组占28.1%、寒武系牛蹄塘组占65%，寒武系牛蹄塘组生烃气占主体地位，志留系次之，上二叠统最低。

石柱漆辽-都会上二叠统生烃气量占13.3%、上奥陶统五峰组—下志留统龙马溪组占82.5%、寒武系牛蹄塘组占4.3%，上奥陶统五峰组—下志留统龙马溪组生烃气占绝对主体地位，上二叠统次之，寒武系牛蹄塘组最低。

（2）根据前面计算所选各剖面烃源岩和优质烃源岩累计生烃强度，勾画了中上扬子区各时代烃源岩生烃强度（图7.15）和优质烃源岩生烃强度（图7.16）的空间展布图。寒武系牛蹄塘组优质烃源岩在城口地区生烃强度最大（$350\times10^4t/km^2$），上奥陶统五峰组—下志留统龙马溪组优质烃源岩在石柱地区生烃强度最大（$350\times10^4t/km^2$）；上二叠统优质烃源岩在云安、万州地区生烃强度最大（$400\times10^4t/km^2$）。以往研究表明，我国绝大多数大中型气田所在处烃源岩生烃强度都大于$20\times10^8m^3/km^2$（戴金星，1996）。

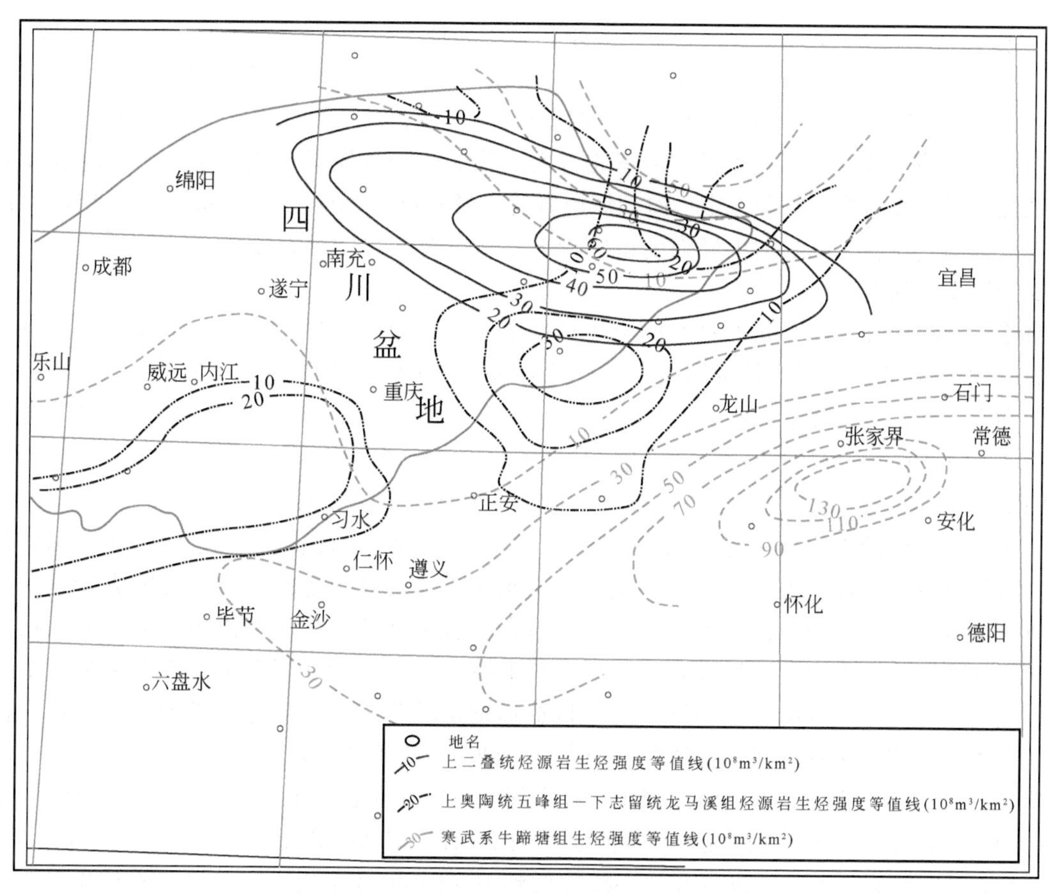

图 7.15 中上扬子区各时代烃源岩生烃强度展布

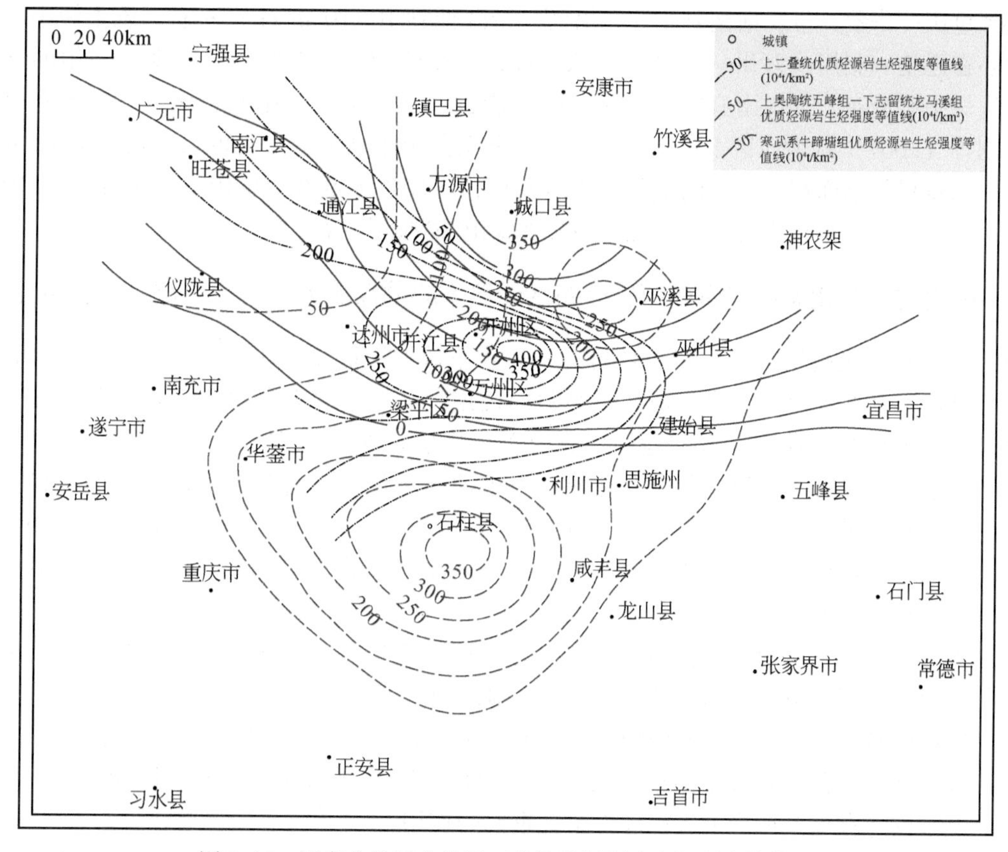

图 7.16 川东北及川东地区三套优质烃源岩生烃强度等值线

上二叠统龙潭组与大隆组优质烃源岩主要分布在川东北地区，图 7.15 中表示的生烃强度值为二者生烃强度之和。万州、云阳一带最大生烃强度可达 $60\times10^8m^3/km^2$，宣汉地区在 $40\times10^8m^3/km^2$ 左右。通江—仪陇一带在 $30\times10^8m^3/km^2$ 左右。从生烃中心往北到城口—万源，往西至旺苍—广元降低至 $10\times10^8m^3/km^2$ 左右。在南充—华蓥一带，龙潭组逐渐由川东北台内凹陷的海相优质烃源岩向川中、川南过渡为海陆交互相的煤系烃源岩。在南充—华蓥一带，海相烃源岩的生烃强度在 $20\times10^8m^3/km^2$ 左右，但由此往南，煤系烃源岩厚度逐渐增加，龙潭组的生烃强度也应较大，本书对四川盆地及黔西北的龙潭组煤系烃源岩未就具体剖面计算生烃强度。

寒武系牛蹄塘组烃源岩在空间上具有两个生烃中心：①川东北地区的城口、巫溪一带，在该地区生烃强度最高可达 $50\times10^8m^3/km^2$，具备形成大中型气田的气源条件。此中心向西至通江—宣汉，向南至利川—恩施，向东至宜昌一带逐渐降低到 $10\times10^8m^3/km^2$ 以下。②上扬子南沿呈 NE-SW 向的张家界—吉首—麻江生烃中心，该生烃中心最大生烃强度可达 $140\times10^8m^3/km^2$。由该生烃中心向北西到重庆—石柱一带降低到 $10\times10^8m^3/km^2$ 以下，向西至黔西北，川南等地区降低到 $30\times10^8m^3/km^2$ 以下。

寒武系牛蹄塘组烃源岩原始生烃潜力在川东北、鄂西—渝东、黔西北、黔东南等地区都具备形成大中型气田的烃源条件。而在川西北、川中、川东、川东南、江汉盆地等地区则生烃能力较差，达不到形成大中型气田的标准。虽然中上扬子区牛蹄塘组烃源岩具有很好的原始生烃潜力，但目前除在川南地区发现的威远气田主要来自下寒武统烃源岩外，在两个生烃中心及邻近区域都未发现明确来自牛蹄塘组的工业气田，这可能主要是生烃中心区后期经历的构造运动都较为强烈，保存条件差所致，目前在两个生烃中心区存在的大量来自牛蹄塘组的古油藏、沥青点、油苗点正说明了这一点。

上奥陶统五峰组—下志留统龙马溪组烃源岩在空间上可能存在着 3 个生烃中心（图 7.15）：①川东北地区城口—巫溪生烃中心，该生烃中心最大生烃强度在 $30\times10^8m^3/km^2$ 以上，向南到万州—利川降低到 $20\times10^8m^3/km^2$ 以下；向西到万源—宣汉—开江一线降低到 $10\times10^8m^3/km^2$ 以下。②渝东石柱生烃中心，该生烃中心最大生烃强度出现在石柱以南的漆辽地区，在 $30\times10^8m^3/km^2$ 以上。该生烃中心往东到恩施—龙山一带，向西到重庆—华蓥一带，向南到正安—沿河一带降低到 $10\times10^8m^3/km^2$ 左右。该生烃中心与城口—巫溪生烃中心在恩施—利川—万州一带呈马鞍状连接，川东建南、卧龙河等气源龙马溪组的气田主要就围绕这两个生烃中心分布。③川南宜宾—泸州一带可能也存在一个生烃中心，该区没有较系统的剖面来控制，梁狄刚等（2007）认为该区上奥陶统五峰组—下志留统龙马溪组的烃源岩厚度可达 120m，邻近的丁山 1 井、习水良村等剖面都有较厚的优质烃源岩发育，生烃强度都在 $10\times10^8m^3/km^2$ 以上，因而推测宜宾—泸州一带应存在一个生烃中心，生烃强度应在 $20\times10^8m^3/km^2$ 左右。

（三）中国南方高演化海相优质烃源岩分布区天然气的勘探潜力与区域盖层等保存条件密切相关

（1）在利用成因法进行资源潜力定量评价时，运聚系数的选取是一个关键环节，其选取合理、正确与否直接影响到油气资源评价的结果。但运聚系数的确定又是一个非常复杂的问题，与生排烃量、初次运移、二次运移、聚集及保存等一系列地质因素有关。特别是涉及南方古生界海相层系，因为时代老，演化程度高，构造运动频繁、强烈，所以在地质历史中油气不仅发生过相态的改变，而且也多次发生过聚集—破坏—再聚集的过程，使问题更加复杂化，要想直接求取生、排、聚系数是不可能的。通常在选取运聚系数时采用与勘探程度高、地质规律认识程度高、油气资源探明率高或资源分布与潜力认识程度高的标准区（刻度区）进行类比的方法获得。

川东北古油藏区存在几百米厚的膏盐岩，是良好的区域盖层（图 7.17、图 7.18），可极大地提高该区上二叠统与上奥陶统五峰组—下志留统龙马溪组烃源岩生成油气的运聚系数。世界上一些著名大气田的形成，都与巨厚的膏盐岩盖层存在着密切关系，如在东西伯利亚元古宇储集层内发现了 9 个大气田，这些大气田的形成与保存得益于元古宇储集层之上一套数百米厚的下寒武统蒸发岩区域盖层、巨厚膏盐层的存在，对天然气的保存以及形成大气田起着至关重要的作用。

我国南方碳酸盐岩层系有着如下明显的特征：碳酸盐岩储集层时代偏“老”，多以元古宙和古生代为

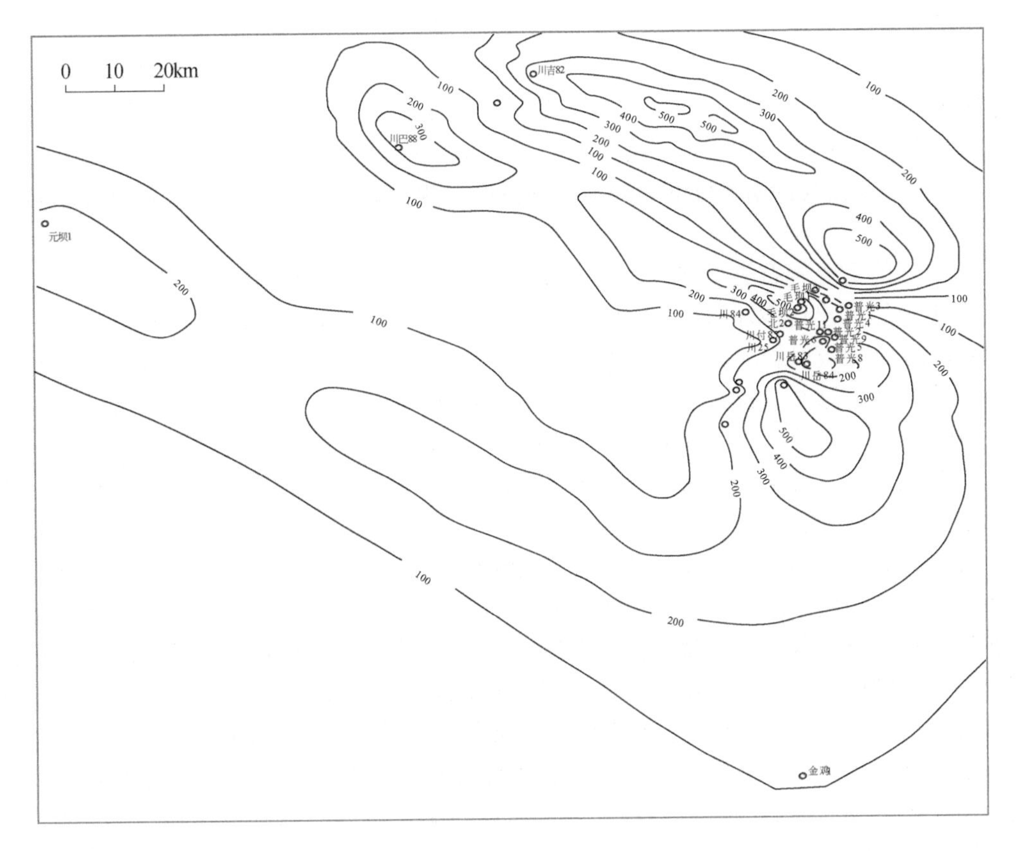

图 7.17　川东北嘉陵江组膏盐岩厚度等值线

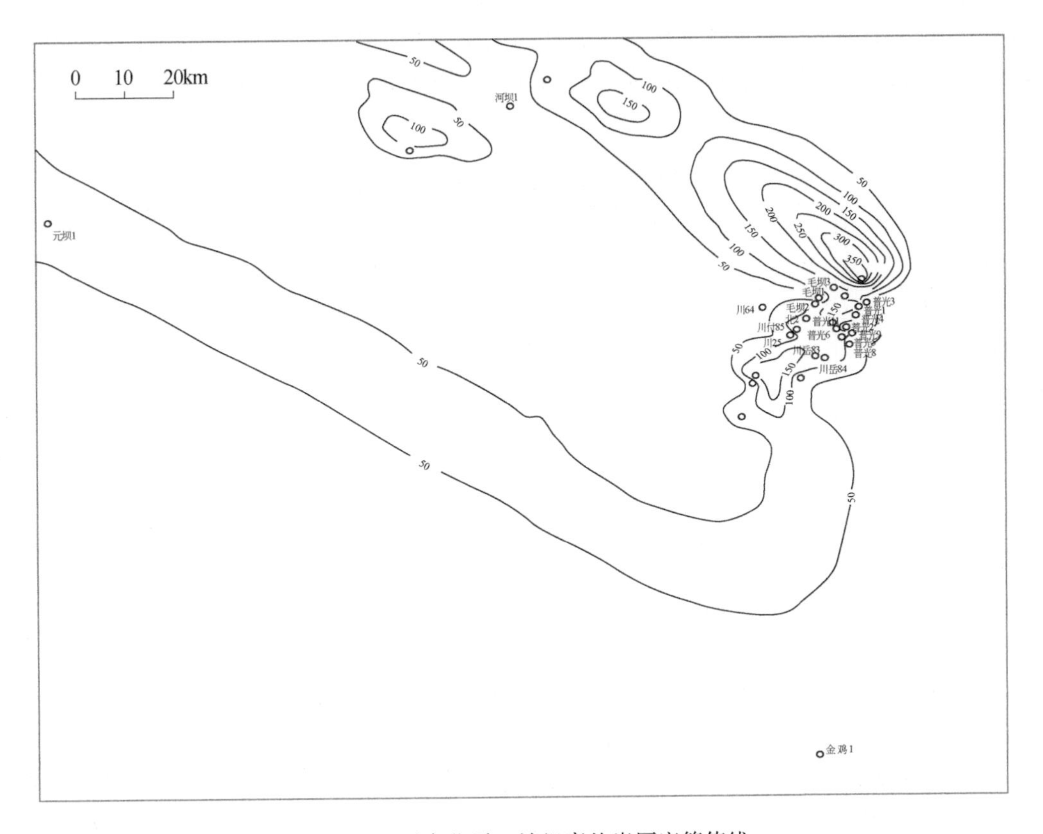

图 7.18　川东北雷口坡组膏盐岩厚度等值线

主；碳酸盐岩勘探目的层埋深大，一般大于4000m；碳酸盐岩层系大多经历了多旋回发育和多次构造运动（金之钧，2005）。这些特点决定了我国的碳酸盐岩地区烃源岩生烃时代早、热演化程度高以生天然气为主，且后期构造破坏严重。液态烃（石油）分子量大，分子直径大，扩散很慢，扩散系数很小，通过扩散损失的量可以忽略不计；而天然气由于分子小，扩散能力则很强，天然气藏对封盖层的要求更高（柳广弟等，2005）。因而要在我国南方碳酸盐岩地区寻找储量规模较大的天然气田，寻找良好的区域性盖层是关键。

膏盐岩是蒸发岩的主要岩石类型之一，因其塑性强、易流动、致密，往往可以成为很好的区域性盖层，对盐下层系中天然气起到很好的封盖作用。在世界上，天然气可采储量达$1000\times10^8m^3$的碳酸盐岩气田共17个，其中10个与蒸发岩层系有关，占60%，储量为$5000\times10^8\sim14000\times10^8m^3$的特大碳酸盐岩气田都与蒸发岩层系有关系，这5个特大型气田的储量共计$43000\times10^8m^3$，占碳酸盐岩大气田总储量的71.7%（郭彦如等，1998）。例如，在东西伯利亚元古宇储集层内发现了9个大气田，这些大气田的形成与保存得益于元古宇储集层之上发育了一套数百米厚的下寒武统蒸发岩区域盖层。波斯湾盆地和扎格罗斯盆地上二叠统发育有良好的白云岩储集层，而在储集层之上又发育了良好的石膏区域盖层，使志留系烃源岩生成的天然气在膏盐岩之下的上二叠统内得以聚集成藏和保存。全球最大的2个气田——北方气田和南帕斯气田都是以上二叠统为储集层的，上二叠统内发现的大气田油气储量最多，正是因为储层之上发育膏盐岩区域性盖层。在中亚的卡拉库姆盆地，上侏罗统碳酸盐岩大气田为生物礁气田，而上覆于生物礁之上的上侏罗统蒸发岩则构成了有效的盖层，这一蒸发岩盖层之下富集了卡拉库姆盆地的大部分天然气储量。上述实例表明，巨厚膏盐层的存在，对天然气的保存以及形成大气田起着至关重要的作用。

天然气的成藏包括天然气从生成、运移、聚集到散失的全过程，天然气运聚系数是其资源评价中的关键性参数，由于天然气运聚系数受到多种地质因素的影响，各含气盆地的天然气运聚系数差别较大。表7.20为国外14个含气盆地天然气运聚系数，其分布范围很广，从0.1%到9.5%，平均值为2.25%，最大值与最小值平均为4.8%。盖层的好坏对天然气的运聚系数高低有很大影响，柳广弟等（2005）统计了我国29个大中型气田天然气聚集速率与盖层岩性的关系，9个以泥岩-膏盐岩为盖层的气田，天然气聚集速率明显高于其他20个以泥岩、铝土矿为盖层的气田，可见膏盐层盖层的存在可以明显提高天然气的运聚系数。

表7.20　国外14个含气盆地天然气运聚系数（据周海燕等，2002）　　（单位:%）

盆地名称	运聚系数	盆地名称	运聚系数
伊利诺斯（美）	0.4	下凡尔托尔（俄）	5.7
齐曼—伯朝拉（俄）	0.2	卡伊梅索夫（俄）	0.2
第聂泊—顿涅茨（俄）	0.5	别勒佐夫（俄）	0.6
圣金华（美）	1	塔佐夫（俄）	6.8
洛杉矶（美）	0.1	乌连戈伊（俄）	9.5
西伯利亚（俄）	0.8	中瓦休干（俄）	4
苏古尔特（俄）	1.3	沙伊姆（俄）	0.4

四川盆地早-中三叠世在上扬子台地形成一套碳酸盐岩、蒸发岩沉积建造，碳酸盐岩和蒸发岩的沉积分布遍及整个盆地内，面积超过$20\times10^4km^2$，隔层相间平行叠置的沉积组合。在川东北地区，嘉陵江组膏盐岩层厚100～500m（图7.17），其中元坝1井处厚200m、普光及毛坝地区厚200～400m。雷口坡组膏盐岩厚50～350m（图7.18），其中普光、毛坝气田处厚100～150m。此外川东南丁山1井寒武系石冷水组也钻遇了10m左右的膏盐岩层；建1井也在寒武系中钻遇膏盐岩层，这对寒武系牛蹄塘组烃源岩生成的天然气保存有着重要的意义。在南方膏盐岩层发育的地区，盐下层系是寻找天然气的重要方向。

川东北地区三叠系巨厚膏盐岩层的存在，使得其下上二叠统、志留系烃源岩生成的天然气得以较好保存成藏，天然气的运聚系数相对较高，对比众多国外气田天然气的运聚系数，认为川东北地区天然气运聚系数取 3% 是合理的。

（2）普光气田及周围研究区内上二叠统与上奥陶统五峰组—下志留统龙马溪组烃源岩按残余有机碳计算总生烃气量 $622519\times10^8m^3$，按恢复有机碳计算为 $886813\times10^8m^3$，如按 3% 的运聚系数，则此两套烃源岩资源潜力在 $18600\times10^8\sim26600\times10^8m^3$ 之间。目前普光气田三级储量 $6143\times10^8m^3$（中国石化勘探南方分公司内部资料，2008）、罗家寨探明储量 $580\times10^8m^3$ 以上、渡口河的储量 $270\times10^8m^3$ 以上、铁山坡构造南段控制储量 $320\times10^8m^3$ 以上，各气田累加三级储量在 $7500\times10^8\sim8000\times10^8m^3$ 之间（图 7.19），两套烃源岩资源潜力是目前各气田三级储量规模的 2 ~ 3 倍。此外，本书还计算了区域内上二叠统与上奥陶统五峰组—下志留统龙马溪组、寒武系牛蹄塘组三个烃源岩层系总生烃气量在 $2260000\times10^8\sim3240000\times10^8m^3$（图 7.15），按运聚系数 3% 计算，则天然气资源量在 $67800\times10^8\sim97200\times10^8m^3$，约为 10 个普光气田的三级储量。

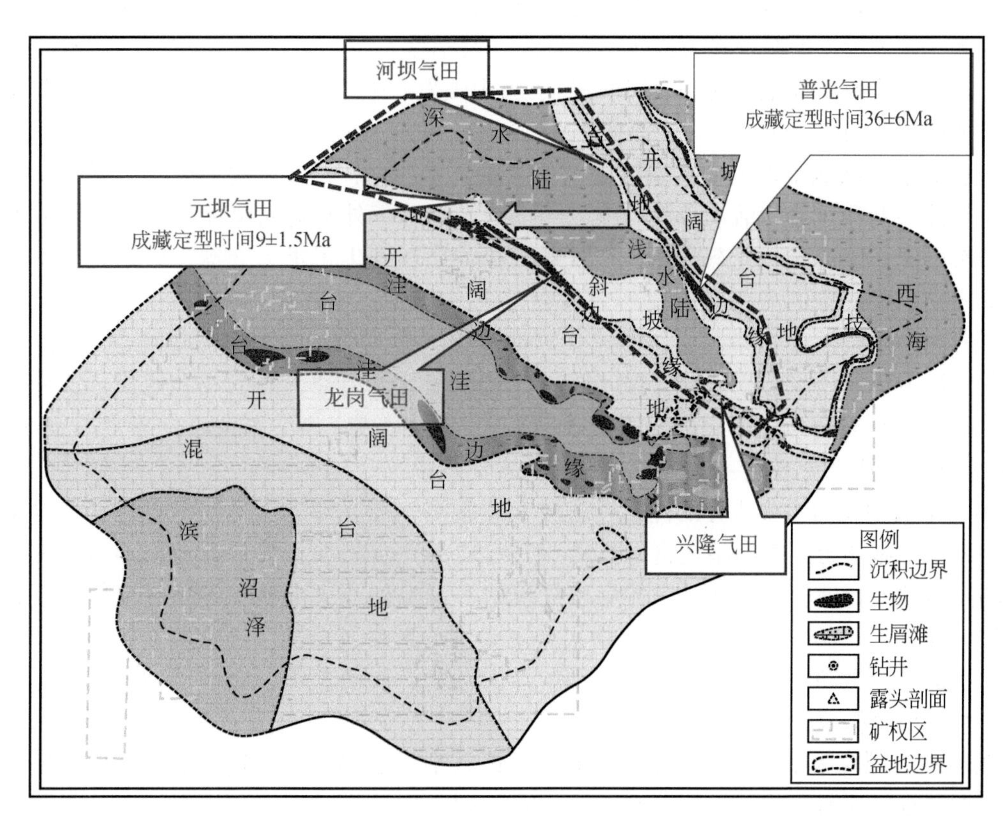

图 7.19　四川盆地长兴组—飞仙关组天然气勘探成果（2016 年）

川东北地区普光、罗家寨、铁山坡、渡口河等气田在长兴组—飞仙关组礁滩相储层碳质沥青总储量约为 87×10^8t，推算古油藏总储量（反算）约为 205×10^8t，面积约 $1897km^2$，厚度一般在 35 ~ 225m 之间，古油藏油裂解烃气约 $110.8\times10^{11}m^3$；考虑 TSR 影响后按此计算的裂解气共约 $9.34\times10^{12}m^3$，是目前普光罗家寨等气田的三级储量的 10 倍左右。而本地区及其周围可能供烃区域（平昌—达州—开江—开州一线约 $12500km^2$）上二叠统与上奥陶统五峰组—下志留统龙马溪组烃源岩总生烃气量约 $88.68\times10^{12}m^3$，排出油裂解烃气总量约 $21.46\times10^{12}m^3$，总排出油量（正算）约 376×10^8t，总排出油热裂解产碳质沥青总量约 130×10^8t。假设古油藏的油都来自上二叠统与上奥陶统五峰组—下志留统龙马溪组烃源岩，即川东北地区上二叠统与上奥陶统五峰组—下志留统龙马溪组烃源岩排出油运聚系数接近 55%。排出油的运聚系数表现得较高，这可能有三方面的原因：一是在海相层系中，排出油由于主要沿断裂或不整合面运移，运移途中损失较少，因而具有较高的运聚系数；二是礁滩相储层的非均一性导致计算得出的古油藏规模比实际的偏大；三是古油藏的可能供烃区域或许更大，有更远距离的烃源岩生成的原油运移至此成藏。

第三节　海相优质烃源层动态综合评价

1. 海相优质烃源层均是在缺氧等特殊环境下形成的富含超微型—小型单细胞浮游生物并能形成一系列富有机质（TOC>2%）页岩段，不同成因类型在沉积环境和成烃生物组合方面具有一定的差异

（1）海相优质烃源层形成最有利的沉积环境均是：①台内盆地、陆内盆地、台地凹陷（或台地拗陷或台地洼槽）、近滨潟湖、海侵湖泊及前礁潟湖、台地斜坡和前缘斜坡等相对闭塞的沉积相带；②水体深度与沉积区域面积呈适当比例，一般水深在30～300m之间（平均约200m）、呈中性或弱碱性（pH多在7.0～7.8之间）、沉积速率多在20～80m/Ma之间的底部为厌氧环境的沉积水体；③浮游生物、底栖生物、真菌细菌类微生物和水生植物均可发育，并以富含脂类的超微型—小型单细胞浮游生物在沉积水体表层发育在底部厌氧环境可保存下来为特征；④海洋（及湖盆）生物大暴发（突然死亡或灭绝）、大规模的海侵事件、底层洋流活动（上升流和表层回流）、火山喷发、陨星（陨石和大的宇宙尘）等造成自然生态系统失去平衡而产生的缺氧事件。

（2）黑色页岩这一缺氧事件是在地球历史上的某些特定时期，由于生物暴发—突然死亡和灭绝—大规模的海平面上升—上升洋流的活动—火山喷发—全球热事件—外来物质碰撞等诸多因素或两个以上因素反复交替多次出现，使得海洋生态系统、气候系统和碳循环发生了重大变动，导致大量生物残骸或有机质在海洋沉积物中以缺氧的黑色页岩段形式保存下来。其沉积系统往往拥有一套或多套优质烃源岩，也常常与储集岩和封闭岩类处在同一层位形成大型油气田，尤其海侵湖泊优质烃源岩（富有机质页岩）是中国陆相湖盆最主要的烃源岩，其发育程度控制着陆相湖盆大型油田的形成和规模。这种特殊的形成环境也表明其沉积厚度不会太大，一般只有几十米，趋向于形成一个自然填积、前积（海进）和退积（海退）的碳酸盐岩沉积系统或生-储-盖三位一体的含油气系统。

（3）以硅质生屑颗粒为主要成分的优质烃源层（硅质型）就是源于上述缺氧等特殊环境下形成的富含超微型—小型单细胞浮游生物的暗色富有机质（TOC>2%）页岩段，其特征为：①形成沉积环境多是台内盆地或陆内盆地或台地斜坡，并常常伴生大规模的海侵事件或火山喷发等缺氧事件，后者为具有硅质骨壁壳生物，提供了“硅”源；②成烃生物组合主要由放射虫及金藻、硅鞭藻、硅藻、疑源类等单细胞浮游生物、海绵等原生动物、中型以上的多细胞浮游动物、底栖藻类、底栖动物、细菌类和真菌类微生物以及少量水生植物构成。

（4）以钙质生屑颗粒为主要成分的优质烃源层（钙质型）也是源于上述缺氧等特殊环境下形成的富含超微型—小型单细胞浮游生物的暗色富有机质（TOC>2%）页岩或碳酸盐岩段，其特征为：①形成沉积环境多是台地凹陷或台地拗陷或台地洼槽或前礁潟湖等环境；②成烃生物组合主要由浮游有孔虫（抱球虫等）翼足虫及颗石藻疑源类等单细胞浮游生物、中型以上的多细胞浮游动物、底栖藻类、底栖动物、细菌类和真菌类微生物以及少量水生植物构成。

（5）以生物骨壁壳有机碎屑和自生黏土（蒙托石等）颗粒为主要成分的优质烃源层（黏土型，包括未成熟—低成熟时的油页岩）也属上述缺氧等特殊环境下形成的富含超微型—小型单细胞浮游生物的暗色富有机质（TOC>2%）页岩段，其特征为：①形成沉积环境多是近滨潟湖、海侵湖泊、陆内盆地及前缘斜坡，并常常伴生海盆（及湖盆）生物大暴发、大规模的海侵事件、底层洋流活动、陨星等造成自然生态系统失去平衡而产生的缺氧事件或黑色页岩段；②成烃生物组合主要由超微型—小型单细胞浮游生物、中型以上的多细胞浮游动物、底栖藻类、底栖动物、细菌类和真菌类微生物以及水陆生植物构成。

（6）有机质以超微型—小型单细胞浮游生物为主体（含量>80%）的优质烃源层（Ⅰ型）为上述缺氧等特殊环境下形成的暗色富有机质（TOC>2%）页岩段，其特征为：①形成沉积环境多是近滨潟湖、海侵湖泊、陆内盆地，并常常伴生海盆（及湖盆）生物大暴发、大规模的海侵等缺氧事件；②成烃生物主要由超微型—小型单细胞浮游生物或疑源类及细菌类微生物构成。这些超微型—小型单细胞浮游生物主要包括甲藻、沟鞭藻、颗石藻、金藻、硅藻、丛粒藻、小球藻、螺旋藻等单细胞浮游藻类及疑源类和甲壳类、太阳虫、放射虫、翼足虫、鞭毛类等单细胞浮游动物类。

（7）有机质为浮游生物、底栖生物、细菌真菌类微生物及水生植物的混合体的优质烃源层（Ⅱ型）也属缺氧环境下形成的暗色富有机质（TOC>2%）页岩段，其特征为：①形成沉积环境可以是台内盆地、陆内盆地、台地凹陷（或台地拗陷或台地洼槽）、近滨潟湖、海侵湖泊及前礁潟湖、台地斜坡和前缘斜坡等相对闭塞的沉积相带，并常常伴生生物大暴发、海侵事件、上升流和表层回流、火山喷发、陨星撞击等缺氧事件；②成烃生物主要由超微型—小型单细胞浮游生物或疑源类、笔石等中型以上的多细胞浮游动物、褐藻等底栖藻类、海绵等底栖动物、细菌类和真菌类微生物以及水陆生植物的混合体构成。

Ⅱ型又可分为$Ⅱ_1$型和$Ⅱ_2$型。前者（$Ⅱ_1$型）多形成于台内盆地、陆内盆地、潟湖和斜坡等沉积相带，成烃生物组合多以超微型—小型单细胞浮游生物或疑源类、底栖藻类、细菌类和真菌类微生物为主体。优质烃源岩中脂类小分子占40%～80%，骨壁壳有机碎屑、镜状体、镜质组、菌类体等生物大分子占20%～60%，成熟阶段石油的最高转化率在40%～80%之间。后者（$Ⅱ_2$型）多形成于台地凹陷及斜坡等沉积相带，成烃生物组合多以笔石等中型以上的多细胞浮游动物、褐藻等底栖藻类、超微型—小型单细胞浮游生物或疑源类、细菌类和真菌类微生物以及水陆生植物碎屑为主体，优质烃源岩中脂类小分子占15%～60%，骨壁壳有机碎屑、镜状体、镜质组、菌类体等生物大分子占40%～85%，成熟阶段石油的最高转化率在15%～60%之间。

此外，有机质以高等植物碎屑及细菌真菌类微生物为主体的煤系烃源岩（Ⅲ型），其沉积环境多为沼泽（海洋、湖泊或河流）相，成烃生物组合主要是由高等植物碎屑及细菌真菌类微生物等构成。其成熟阶段石油转化率很低，一般难以从烃源岩排出，只有高成熟—过成熟阶段烃气转化率可在5%～15%之间，非“优质”烃源岩，它主要由干酪根（骨壁壳有机碎屑、镜质组等）直接生气。

2. 海相优质烃源层的有机质丰度、成烃生物组合、岩石类型、二次生烃、油气源对比、再生烃气潜力、油气资源潜力在不同成熟阶段的评价均是动态变化的

海相优质烃源岩最重要的特征是在成熟阶段（$0.5\% \leqslant R_o \leqslant 1.3\%$）以生油为主，生油量及原油密度与成熟度、有机质类型、岩石类型等有关，硅质生屑页岩和钙质生屑页岩还可以形成未成熟—低成熟油。在高成熟阶段（$1.3\% \leqslant R_o \leqslant 2.0\%$）以生凝析气为主并伴生碳质沥青，它们主要是油裂解（烃气）并伴生缩聚（碳质沥青）反应的产物。在过成熟阶段是干气（甲烷为主）并伴生碳质沥青。因此，海相优质烃源层的有机质丰度、成烃生物组合、岩石类型、二次生烃、油气源分析、再生烃气潜力、油气资源潜力在不同成熟阶段均是动态变化的。

（1）有机质丰度动态评价：在地质演化过程中，海相优质烃源岩的生排油气能力始终都是动态变化的。随着海相优质烃源岩成熟度增加，从低成熟、成熟、高成熟至过成熟，烃类也由重质油、原油至轻质气或凝析油气直至干气（甲烷），烃源岩对烃类的吸附能力也逐渐减小。也可以说，成熟度对优质烃源岩的排烃和TOC、沥青“A”含量、总烃含量和岩石热解生烃潜量（S_1+S_2）等影响很大（表7.21）。

海相优质烃源岩在未成熟—成熟早中期（表7.21），有机质丰度如TOC、沥青“A”、总烃和S_1+S_2及热压模拟生油潜力等各项评价指标均处于原始状态，它们的评价结果也基本相互一致。在此阶段尽管变化不明显，成熟中期仍有所变化，S_1+S_2相对TOC降低更大一些，沥青“A”和总烃含量在成熟早中期是随成熟度的增加而逐渐增加的。

在成熟中晚期（R_o为0.8%～1.3%），有机质丰度评价指标只有$TOC_{残余}$相对可靠，沥青“A”、总烃含量和S_1+S_2等相对较可靠。这是因为此阶段随成熟度增加，沥青“A”、总烃含量和S_1+S_2等与生排油气相关的指标均比$TOC_{残余}$更显著迅速降低。沥青“A”和总烃含量在成熟晚期末（R_o约为1.3%）又降到与未成熟烃源岩接近，S_1+S_2降到约只有未成熟烃源岩的15%，$TOC_{残余}$降到为未成熟—低成熟烃源岩$TOC_{原始}$的60%～70%。因此，在成熟晚期，海相优质烃源岩的沥青“A”、总烃含量和S_1+S_2等与油气相关的指标已经失去“原始”状态并很难或无法恢复其原始状态，只有$TOC_{残余}$尽管有所降低，但尚可有规律进行恢复。此阶段在进行油气资源量预测时，若用$TOC_{残余}$可能就会有所失真，进行$TOC_{原始}$的恢复是必要的，并且$TOC_{残余}$恢复系数随成熟度变化是动态的。成熟度越高，$TOC_{残余}$恢复系数越大，一般变化在1.0～1.7

之间；有机质类型越好，$TOC_{残余}$恢复系数越大，Ⅰ型≥Ⅱ型；岩性越偏向脆性矿物，越易排出石油，$TOC_{残余}$恢复系数越大，硅质生屑页岩或钙质生屑页岩$TOC_{残余}$恢复系数≥黏土质页岩。

表 7.21　海相优质烃源岩有机质丰度动态评价数据

成熟度	有机质类型	钙质或硅质生屑页岩					黏土质泥页岩				
		TOC /%	S_1+S_2/(mg/g)	沥青“A”/%	总烃含量/10^{-6}	已经生排油气率/($kg_{烃}/t_C$)	TOC /%	S_1+S_2/(mg/g)	沥青“A”/%	总烃含量/10^{-6}	已经生排油气率/($kg_{烃}/t_C$)
未成熟（R_o<0.5%）	Ⅰ型	>1.5	>10	>0.25	>1000	零或少量重质油	>2	>10	>0.25	>1000	零
	$Ⅱ_1$型	>2					>3				
	$Ⅱ_2$型										
成熟早中期（R_o为0.45%～1%）	Ⅰ型	>1.5	>10	>0.25	>1000	大量重质油及正常原油	>2	>10	>0.25	>1000	大量正常原油
	$Ⅱ_1$型	>2					>3				
	$Ⅱ_2$型					大量正常原油	—	—	—	—	轻质油气
成熟中晚期（R_o为0.8%～1.35%）	Ⅰ型	>1.5	↓	↓	↓	大量轻质油气	>2	↓	↓	↓	大量轻质油气
	$Ⅱ_1$型	>2					>3				
	$Ⅱ_2$型						—				
高成熟（R_o为1.3%～2%）	Ⅰ型	>1.2	低	低	低	凝析湿气	>1.5	低	低	低	凝析湿气
	$Ⅱ_1$型	>1.5					>2				
	$Ⅱ_2$型										
过成熟早中期（R_o为2%～4.3%）	Ⅰ型	>1.2	很低	很低	很低	天然气（甲烷）	>1.5	很低	很低	很低	天然气（甲烷）
	$Ⅱ_1$型	>1.5					>2				
	$Ⅱ_2$型										
过成熟晚期（R_o>4.3%）	Ⅰ型	>1.2	接近零	接近零	接近零	天然气（甲烷）	>1.5	接近零	接近零	接近零	天然气（甲烷）
	$Ⅱ_1$型	>1.5					>2				
	$Ⅱ_2$型										

在高成熟—过成熟阶段，有机质丰度只有$TOC_{残余}$可以使用，相对更稳定一些，尽管也降低（一般为未成熟—低成熟烃源岩$TOC_{原始}$的58%～75%），但尚有规律可进行恢复。但是，有机质丰度多数与生排油气相关的评价指标如沥青“A”、总烃含量和S_1+S_2等均已经降到很低，不能再作为有效的评价指标，只能作为参考指标。因此，在高成熟—过成熟阶段进行优质烃源岩油气资源量预测时，若用$TOC_{残余}$估算就会有所失真，进行$TOC_{原始}$的恢复是必要的，并且优质烃源岩$TOC_{残余}$恢复系数是动态的，一般变化为1.35～1.7之间。有机质类型越好，$TOC_{残余}$恢复系数越大，Ⅰ型≥Ⅱ型；岩性越偏向脆性矿物，越易排出石油，$TOC_{残余}$恢复系数越大，硅质生屑页岩或钙质生屑页岩$TOC_{残余}$恢复系数≥黏土质页岩，与成熟度关系已经不明显，详见第一章。

（2）成烃生物组合或有机质类型动态评价：未成熟—低成熟阶段海相优质烃源岩中的有机超显微成烃生物（碎屑）组合是原始的有机质类型。可根据生物的“油或脂肪”等脂类含量、骨壁壳有机碎屑含量及它们保存下来的比例把生物分为三大类型：一是超微型—小型单细胞浮游生物（Ⅰ型），含油量最高，一般占干重的10%～40%，优质烃源岩中残留或保存下来的“油”或脂类小分子含量占保存下来有机质的80%～95%，无效碳水化合物或非活性蛋白等骨壁壳生物大分子含量占5%～20%。二是中型以上的多细胞浮游动物、底栖藻类、底栖动物、细菌类和真菌类微生物等（Ⅱ型），含油量变化大，比超微型—小型单细胞浮游生物的含油量要低得多，一般变化在干重的1%～10%之间，脂类常常占优质烃源岩中保存下来有机质的15%～50%，无效碳水化合物等壁壳生物大分子含量占50%～85%。三是水生陆生高等植物（Ⅲ型），含油量最低，一般不超过干重的5%，残留或保存下来的纤维素、半纤维素、木质素和果胶类等无效碳水化合物构成的骨壁生物大分子含量（镜质组、丝质体等）占95%～98%，其并非优质烃源岩的主体。

海相优质烃源岩的有机质类型主要是根据有机超显微成烃生物（碎屑）组合及它们的脂类含量、骨壁壳有机碎屑含量及保存下来的比例和在成熟阶段的生油能力把有机质（或干酪根）分为Ⅱ型（混合型）和Ⅰ型（腐泥型）。海相优质烃源岩的成烃生物组合并非只是一种生物，而主要是由浮游藻类、底栖藻类、浮游动物类、真菌类和细菌类及植物等混合而成的Ⅱ型，Ⅱ型又可分为以底栖藻类和浮游藻类及真菌细菌类为主体的$Ⅱ_1$型，以底栖藻类和水生植物及真菌细菌类等为主体的$Ⅱ_2$型。只有在特殊环境中，如闭塞的或局限性的海侵或淡水湖泊浮游藻类暴发、水体分层仅发育浮游生物并无植物碎屑输入等，才可能发育仅有浮游藻类或超微型—小型单细胞浮游生物的Ⅰ型。这两种分类实际上是相通的，并且是一致的。

上述的有机质类型或生物分类是指未成熟—低成熟阶段海相优质烃源岩的有机质类型分类，其判定和分析方法详见第二～四章。但是，在成熟阶段，尤其是在高成熟—过成熟阶段，随成熟度的增加其超显微有机生物碎屑组分等会逐渐发生质的变化：一是脂类成分（或组分）在成熟阶段成为石油（或可溶有机质），在高成熟—过成熟阶段再裂解到烃气并伴生缩聚碳质沥青，其脂类本身明显减少或消失成为石油（或可溶有机质）或残留碳质沥青（固体沥青）；二是生物骨壁壳有机碎屑、镜状体等组分颜色逐渐变暗，反射率增加并可以生成一些天然气（一般≤15%），体积变化不明显或略有减小。

这样，未成熟—低成熟阶段海相优质烃源岩有机超显微组分中的脂类含量、骨壁壳有机碎屑（包括镜状体、镜质组等）含量及其比例到成熟阶段中晚期再到高成熟—过成熟阶段必然会发生变化。一是脂类成分（或组分）在成熟阶段逐渐减少成为石油（或可溶有机质）直至晚期或高成熟早期消失；在高成熟—过成熟阶段石油（或可溶有机质）再裂解成为烃气并伴生芳构化聚合反应的碳质沥青，这一阶段脂类已经消失，优质烃源岩残留下来的只有碳质沥青（固体沥青）。二是生物骨壁壳有机碎屑（包括镜状体、镜质组等）在成熟、高成熟、过成熟阶段变化均不明显，其形状基本上可以保存下来（尽管有的硅化、有的钙化、有的黏土化、有的黄铁矿化等，其形状和结构有的仍可保存下来）。实际上，高成熟—过成熟优质烃源岩的有机岩石学和超显微有机岩石学均是靠保存下来的生物骨壁壳有机碎屑的形状和结构来判别与确定生物类型或有机质类型的。三是脂类含量与生物骨壁壳有机碎屑含量的比例在成熟中晚期就已经失真（相对未成熟—低成熟阶段），在高成熟—过成熟阶段更是无法使用（脂类消失），但是可以根据生物骨壁壳有机碎屑的形状和结构来判别生物类型，利用成烃生物组合比例（定量）来确定有机质类型，而高成熟—过成熟阶段优质烃源岩中生物骨壁壳有机碎屑，尤其是超微型—小型单细胞浮游生物的骨壁壳有机碎屑，除生物体本身很小外，其碎屑更是多小到微米、纳米级成为无定型组分难以分辨，甚至超显微有机岩石学都往往难以确定或根本无法确定其生物类型，只有通过综合评价、判定和分析方法来确定其有机质类型，详见第三章和第四章（表4.3）。

因此，海相优质烃源岩不同成烃生物组合或有机质类型生排油气模式也是动态变化的。

成烃生物以浮游藻类等浮游生物为主的Ⅰ型优质烃源岩在成熟阶段生油能力相对最高，总油产率最高可达900kg/t_C以上，而且主要是生油的，油也相对较重；在高成熟阶段生凝析气（或轻质油气）及碳质沥青能力也相对最高，总凝析气（油+烃气）产率最高也可达600kg/t_C左右，并可产生大量碳质沥青；在过成熟阶段生烃气及碳质沥青能力也相对最高，总烃气产率最高在400kg/t_C以上，主要是凝析气（油+烃气）或沥青“A”热裂解及缩聚的产物。

成烃生物以浮游藻类等浮游生物、底栖藻类等底栖生物或真菌细菌类等微生物为主的Ⅱ型优质烃源岩在成熟阶段生油能力也较强，总生油产率一般在400kg/t_C左右，多变化在200～600kg/t_C之间，而且也主要是生油的，油相对轻一些；在高成熟阶段生凝析气及碳质沥青能力也较强，凝析气（油+烃气）产率可在350kg/t_C左右并伴随产生碳质沥青；在过成熟阶段生烃气及碳质沥青能力也较强，总烃气产率一般在250kg/t_C左右。

此外，成烃生物以水生植物或高等植物及真菌细菌类等微生物为主的Ⅲ型煤系烃源岩或高有机质丰度烃源岩在成熟—高成熟阶段主要是生轻质油气或凝析气，生油气能力也相对最低；成熟阶段总生油产率多小于 100kg/t_C，高成熟阶段凝析气（油+烃气）产率多小于 150kg/t_C，过成熟阶段总生烃气产率一般在 100kg/t_C 左右，碳质沥青产率很低（小于 50kg/t_C）。各种干酪根类型或成烃生物组合均可成为有效烃源，只是生油、生气能力有差别。一般海相台盆或台拗（台凹）或潟湖或斜坡相在地层或层段底部或下部形成的优质烃源岩多为Ⅰ～Ⅱ型干酪根，对大型—特大型油藏或油气藏或气藏的贡献占优势；而海沼相或三角洲相煤系烃源岩多为Ⅲ型或煤系干酪根，在成熟—高成熟阶段只对大中型气藏的贡献占优势。

（3）生物（矿物）碎屑组合或岩石类型动态评价：海相优质烃源岩的岩石类型可根据生物矿物组合及排油气能力划分为硅质生屑页岩（硅质型）、钙质生屑页岩（钙质型）和富有机生屑页岩（黏土型）三大类（表 4.12）。不同生物（矿物）碎屑组合（或岩石类型）的优质烃源岩生排油气模式也是动态变化的：在成熟阶段，最显著的特征是排油能力存在较大的差异，硅质型相对高一些，黏土型相对低一些，尽管最高总生油量差别不明显；在高成熟—过成熟阶段，尽管最高总生烃气量相差不明显，但是其显著特征是钙质型优质烃源岩生烃气能力随碳酸盐含量的增加有所增加，这可能与有机酸盐生烃气有关。

硅质生屑页岩或含硅质生屑超显微薄层页岩等硅质型优质烃源岩，在成熟早中期排出油量及排油效率相对最高，排油效率可达 50% 左右，对应的排重质油量变化在 100kg/t_C 左右，而且在 R_o 约为 0.55% 时排油效率出现次高峰值；在成熟中晚期排油效率增加到 80% 以上，排出油量达到高峰值。

钙质生屑页岩或碳酸盐岩或含钙质生屑超显微薄层页岩等钙质型优质烃源岩，在成熟早中期排出油量及排油效率也相对较高，油也较重，排重质油量一般在 15～55kg/t_C 之间，排烃效率一般在 30% 左右，也出现次高峰；在成熟中晚期排油效率为 19%～65%，排油高峰 R_o≈1.11%；过成熟阶段烃气产率相对最高，达到 350kg/t_C 以上，可能与有机酸盐产烃气或碳酸盐高温条件下生烃气机理不同有关。

黏土矿物占优势的富有机生屑黑色页岩、油页岩及黑色泥岩等黏土型优质烃源岩，在成熟早期排出油量很低，排油效率一般只有 4%～11%，排油产率仅 1～12kg/t_C；在成熟中期排出油量及排油效率也相对硅质型和钙质型低一些，排出油密度相对也较轻，在成熟晚期—高成熟阶段排油效率从 20% 左右升至 90% 以上，排油高峰 R_o≈1.15%，最高排出油量不超过 150kg/t_C，仅相当于同有机质类型钙质型优质烃源岩最高排出油量的 1/2，硅质型优质烃源岩的 1/3；过成熟阶段烃气产率 260kg/t_C 左右，也相对低一些，可能与黏土的吸附性相对较强有关。

硅质型和钙质型优质烃源岩在成熟早期可成为有效油源，黏土型、硅质型和钙质型等烃源岩在成熟中晚期—过成熟早中期均可以成为有效烃源，只是它们在成熟早中期排油效率和排出油量明显不同，可能主要与它们对可溶有机质的吸附差异、岩石脆韧性及微裂缝发育程度不同等有关。烃源岩尤其是优质烃源岩岩石类型评价——这一新创的评价参数将对优质烃源岩的排油效率和排出油量的资源估算和石油勘探方向预测产生重要影响并具有极大的推广价值，详见第四章第二节。

（4）二次生烃动态评价：海相优质烃源岩一次生烃最为常见，且油气资源量大，通常指近似连续埋深或持续升温增压的生烃过程。二次生烃或多次生烃是指优质烃源岩在经历了一次生烃之后，地层抬升剥蚀等造成温度降低，生烃停止，此后二次或再次埋深或特殊地质热事件使地层温度再次升高并超过一次生烃最大温度或上次有机质热动力学生烃条件的二次生烃或多次生烃过程。因此，二次生排油气模式（或二次生烃量）随优质烃源岩的起始成熟度、终止成熟度及残留沥青“A”的不同而变化，详见第五章第三节。

在成熟阶段（尤其是中、晚期），海相优质烃源岩具有二次生油能力，灰岩可延后对油的裂解作用；在高成熟阶段，具有二次生凝析气能力；在过成熟阶段，二次生烃气（甲烷）能力就已经很低了。在成熟阶段—高成熟阶段早期，高出起始温度或原始烃源岩 R_o 差值越大，二次总生排烃量越大。二次生排油气存在明显的“迟滞”现象，起始成熟度增高，二次生排油气最高峰成熟度规律性后移。二次生排出的油也相对偏轻，烃气也相对偏干，而含油灰岩、油砂等储集岩的二次生烃气或多次生烃气过程则与一次生烃气过程相似。

地层抬升或剥蚀等现象，并不影响有机质的总生烃潜力，只是延缓了生烃转化过程，但由于一次生烃后残留油气对二次生排烃过程的影响，烃源岩二次生成的烃类组成特征与相态并不同于一次连续生烃。

（5）高演化油气源对比方法的动态分析：由于南方海相优质烃源岩高演化的特殊性，适用低成熟—成熟阶段的常规油气源对比方法普遍存在较大的局限性，有必要建立或遴选出一套适合高演化（或中国海相碳酸盐层系）的油气源对比方法或指标。针对多期构造背景下海相高演化碳酸盐岩层系多元生烃、多期成藏特点，动态地建立了独具特色的轻质油（凝析油）-源对比技术，碳质沥青-源对比技术和气-源对比技术等，以分析和评估轻质油（凝析油）、天然气及碳质沥青的来源和潜力（详见第六章）。

过成熟阶段（优质烃源岩、储集岩）天然气藏（储集层中伴生碳质沥青）的气-源、碳质沥青-源对比技术主要包括天然气的组分特征与岩石（优质烃源岩及含高演化沥青储集岩）脱附气、酸解气的组分特征之间的对比；天然气的单体碳、氢同位素与岩石（优质烃源岩及含高演化沥青储集岩）脱附气、酸解气的单体碳、氢同位素之间的对比；天然气轻烃（或浓缩）定量色谱分析与岩石（优质烃源岩及含高演化沥青储集岩）轻烃定量色谱分析的对比；天然气藏源岩^{40}Ar年龄模型；天然气单体碳、氢同位素混合比例的识别技术；碳质沥青（可溶有机质抽提物）的单体碳同位素，饱和烃、芳烃、非烃、沥青质及全油样品的碳同位素，过成熟优质烃源岩可溶有机质抽提物对应的单体碳同位素，以及饱和烃、芳烃、非烃、沥青质及抽提物的碳同位素之间的对比；碳质沥青轻烃定量色谱分析与过成熟优质烃源岩轻烃定量色谱分析的对比。

参考碳质沥青-源对比技术有碳质沥青（可溶有机质抽提物）的全二维色谱飞行时间质谱与过成熟优质烃源岩可溶有机质抽提物对应的全二维色谱飞行时间质谱之间的对比；碳质沥青（可溶有机质抽提物）的生物标志物（饱和烃色谱、质谱；芳烃色谱、质谱）定量分析与过成熟优质烃源岩可溶有机质抽提物对应的生物标志物（饱和烃色谱、质谱；芳烃色谱、质谱）定量分析之间的对比等。值得注意的是，过成熟阶段的生物标志物及其定量分析的多数指标（包括代表母源、环境指标、比值参数及定量分析）均失去原有的对比作用，分析数据仅供参考。

这样，通过利用上述气-源和碳质沥青-源等对比技术可以认识到四川盆地普光气田T_1f和P_2ch天然气主要源于P_2海相优质烃源岩（非煤系烃源岩）形成的原油裂解气；而建南石炭系等天然气主要系S_1l优质烃源岩形成的原油热裂解气和干酪根（生物骨壁壳有机碎屑等不溶有机质）不同演化阶段的混合气。

成熟阶段晚期—高成熟阶段轻质油气藏、凝析气藏和天然气藏（湿气，储集层中也可伴生碳质沥青）的轻质油-源、凝析油-源、气-源及碳质沥青-源对比技术，除上述过成熟阶段天然气藏（储集层中伴生碳质沥青）的气-源、碳质沥青-源对比技术外，还包括轻质油和凝析油轻烃定量色谱分析与优质烃源岩轻烃定量色谱分析的对比；轻质油和凝析油的单体碳同位素，饱和烃、芳烃、非烃、沥青质及全油样品的碳同位素，优质烃源岩可溶有机质抽提物对应的单体碳同位素，以及饱和烃、芳烃、非烃、沥青质及抽提物的碳同位素之间的对比；轻质油和凝析油的全二维色谱飞行时间质谱与优质烃源岩可溶有机质抽提物对应的全二维色谱飞行时间质谱之间的对比；轻质油和凝析油的生物标志物（饱和烃色谱、质谱；芳烃色谱、质谱）定量分析与优质烃源岩可溶有机质抽提物对应的生物标志物（饱和烃色谱、质谱；芳烃色谱、质谱）定量分析之间的对比（注意：生物标志物到成熟晚期，代表母源、环境指标、比值参数及定量分析等多数指标均已经失真）；轻质油气、凝析油气、碳质沥青中的^{40}Ar年龄模型（烃源岩年代）及^{4}He年龄模型（油气藏定型年代）等放射性同位素定年技术；储集岩（砂岩、灰岩、白云岩等）中各期次单体油气包裹体的激光微区-色谱质谱分析、单期次群体油气包裹体的色谱质谱及单体烃碳同位素分析，与优质烃源岩中可溶有机质抽提物对应的色谱质谱分析生物标志物、对应的单期次储集岩中游离烃或吸附烃色谱质谱及单体烃碳同位素分析的对比等包裹体分子地球化学分析技术（仅适用于成熟及高成熟阶段，过成熟阶段包裹体也完全失去原有的对比作用）。

这样，通过利用上述气-源和轻质油-源对比技术尤其是单体油气包裹体技术等，首次获取了塔里木盆地塔河油田赋存于同一储集体样品中的两期单体包裹体烃类分子组成，分子量分布于$C_4 \sim C_{30}+$，且具有明显的来源、运移和成熟度差异。揭示出塔河油田具有多套烃源岩供烃和两期成藏特征，其中一期包裹体组分高分子量烃类含量高且呈双峰分布，多环芳烃含量高，与寒武系泥质烃源岩特征相对应；另一期包裹体高分子量烃类含量低且呈单峰分布，多环芳烃含量低，与中-上奥陶统碳酸盐烃源岩特征相吻合，指出了塔中、塔北为油气来源背景统一的油气富集区，详见第六章。

（6）再生烃源生烃气潜力动态评价：成熟阶段残留在海相优质烃源岩中的可溶有机质和排出聚集在储集岩中的原油达到高成熟—过成熟阶段均会发生热裂解和缩聚反应，产生烃气和碳质沥青成为再生烃源。其生烃气能力，一是发生在成熟晚期—高成熟阶段并随成熟度增加烃气产率逐渐动态增加（第四章第三节）；二是原油密度或 H/C 原子比不同，成烃气模式或烃气产率及碳质沥青产率也变化很大，如轻质油或凝析油在高成熟—过成熟阶段生烃气能力相对最高，烃气产率可达 $500kg_{烃气}/t_{油}$ 以上，碳的烃气转化率可在50%以上，而其产碳质沥青能力相对最低，碳质沥青产率仅 $400kg_{C}/t_{油}$ 左右；正常原油生烃气能力也较高，烃气产率多变化在 $400\sim500kg_{烃气}/t_{油}$ 之间，碳的烃气转化率在40%～50%之间，而其产碳质沥青能力有所提高，碳质沥青产率在 $430\sim550kg_{C}/t_{油}$ 之间；重质油（重质—特重油砂）与低成熟沥青（低演化固体沥青）在高成熟—过成熟阶段生烃气能力相对较低，烃气产率多变化在 $225\sim350kg_{烃气}/t_{油}$ 之间，碳的烃气转化率多在20%～30%之间，而其产碳质沥青能力高，碳质沥青产率在 $580\sim750kg_{C}/t_{油}$ 之间。

古油藏在高成熟—过成熟阶段均可成为有效再生烃气源，一般轻质油—正常原油古油藏的热裂解再生烃气对大型气田的贡献占优势，并在古油藏或储集岩或运移途中残留演化碳质沥青，当其 TOC>0.2%时，再生生烃气量（按轻质油计算）与优质烃源岩 TOC>2%时生烃气量大致相当，即高成熟—过成熟沥青砂岩或沥青灰岩 TOC>0.2%可为优质再生烃气源，并随“原油”含量的增加及原油密度变轻，生烃气能力变好。

利用现今储层沥青含量、含沥青层厚度、结合储层分布等综合分析可圈定古油藏分布范围，并根据前面所建立的南方海相原油系列热裂解转化过程模式，进而反向计算碳质沥青储量、古油藏储量规模、古油藏裂解气规模等，详见本章第二节。

（7）油气资源潜力动态评价：海相优质烃源岩的油气资源评价参数、油气资源潜力和综合评价在不同成熟阶段均是动态变化的。

海相优质烃源岩油气资源评价参数如压力与石油产率、TOC 与油气产率、含油生物与石油天然气产率、生物（矿物）碎屑组合与排油效率、石油裂解与烃气产率和生排油气模式与油气产率等在不同成熟阶段选择是动态变化的。

在成熟阶段，生油方面（生物体内的“油或脂肪”等脂类形成石油），以Ⅱ型有机质类型为主；排油方面，在成熟早中期，硅质生屑页岩排油效率>钙质生屑页岩排油效率>富有机质页岩（油页岩）排油效率；石油产率应选择 DK 地层孔隙热压模拟实验结果（生油率相对常规热压模拟提高了约40%），因为压力对石油产率具有贡献，更接近地下客观实际条件；优质烃源岩可以二次生油；油气资源评价实测参数基本上可使用，$TOC_{残余}$也不需要恢复。

在高成熟—过成熟阶段，主要是油或可溶有机质裂解气并伴生碳质沥青；高成熟阶段是石油裂解烃气的主要阶段，石油裂解烃气产率与密度成反比，石油越重、烃气产率越低、碳质沥青产率越高；高成熟—过成熟优质烃源岩可以二次生气；油气资源评价实测参数基本上不可用或需要校正，$TOC_{残余}$需要恢复，详见第一章、第四～六章和本章第一节。

海相优质烃源岩的油气资源也是动态变化的。成熟阶段计算的主要是生油量，也可以计算排出油量、运移油量、石油聚集量等；成熟晚期计算的主要是轻质油气量；高成熟阶段计算的主要是凝析气量，它们主要源于储集层（或运移途）中原油再裂解或优质烃源岩中可溶有机质再裂解的产物，少部分为不溶有机质（生物骨壁壳有机碎屑等）直接生成的产物，同时也可以估算生气量（油或可溶有机质裂解烃气为主，不溶有机质生烃气为辅）、排出轻质油量/排出凝析油量、运移轻质油量/运移凝析油量、轻质油/凝析油聚集量等；过成熟阶段计算的是天然气（干气）量，它们与高成熟阶段相似，主要源于储集层（或运移途）中原油和优质烃源岩中可溶有机质再裂解烃气，部分源于优质烃源岩中不溶有机质（生物骨壁壳有机碎屑等）直接生成的烃气，同样可以估算碳质沥青量（正算），也可以利用过成熟优质烃源岩和储集层中残留的碳质沥青统计数据反算古油藏石油储量和优质烃源岩中的残留油量，详见本章第二节。

海相优质烃源层油气资源综合评价在不同成熟阶段也是动态的：①发育成熟阶段的海相（或海侵湖泊）优质烃源层的盆地或凹陷或地区是寻找大中型甚至是特大型油田的必要条件之一，海相（或海侵湖泊）优质烃源层的厚度并不一定要求太厚，几十米甚至几米就可以了，富超微型—小型单细胞浮游生物薄层（页理）的海相优质烃源层更容易生成大量石油，一旦石油生成，富硅质生屑薄层和富钙质生屑薄层更容易沿页理面源源不断地排出石油，形成大中型甚至特大型油田。若一个盆地或凹陷或地区海相（或海侵湖泊）优质烃源层不发育或无，一般很难找到特大型甚至大中型油田。一般来说，海相含油盆地中优质烃源层对总生油量的贡献是占主导地位的。②成熟晚期—高成熟阶段的海相（或海侵湖泊）优质烃源层发育的盆地或凹陷或地区可以找到大中型甚至是特大型轻质油气田或凝析气田，它主要是原油裂解的产物。成熟晚期—高成熟煤系烃源层发育的地区也可以找到大中型甚至是特大型轻质油气田或凝析气田，它主要是不溶有机质（植物骨壁有机碎屑镜质组等）或干酪根直接热降解的产物。一般来说，对于海相（或海侵湖泊）含油气盆地而言，优质烃源层对总生轻质油气量或凝析气量的贡献是占主导地位的。③过成熟阶段的海相（或海侵湖泊）优质烃源层发育的盆地或凹陷或地区可以找到大中型甚至是特大型天然气（干气）田，并常常在储集层中伴生碳质沥青，它们是原油裂解并伴生缩聚的产物。过成熟煤系烃源层发育的地区也可以找到大中型甚至是特大型天然气（干气）田，它主要是不溶有机质（植物骨壁有机碎屑镜质组等）或干酪根直接热降解的产物。一般来说，对于海相（或海侵湖泊）含油气盆地而言，优质烃源层对总生气量的贡献是占主导地位的，不同地区高生烃气强度的主力海相优质烃源岩、古油藏和石膏岩盐等区域盖层往往与大中型气田相伴生。

主要参考文献

蔡立国，饶丹，潘文蕾，等．2005. 川东北地区普光气田成藏模式研究．石油实验地质，27（5）：462-467.

蔡勋育，马永生，李国雄，等．2005. 普光气田下三叠统飞仙关组储层特征．石油天然气学报（江汉石油学院学报），27（1）：43-45.

蔡勋育，朱扬明，黄仁春．2006. 普光气田沥青地球化学特征及成因．石油与天然气地质，27（3）：340-347.

陈盛吉，万茂霞，杜敏，等．2005. 川中地区侏罗系油气源对比及烃源条件研究．天然气勘探与开发，28（2）：11-14.

陈文正．1992. 再论四川盆地威远震旦系气藏的气源．天然气工业，12（6）：28-32.

陈旭，樊隽轩，张元动，等．2015. 五峰组及龙马溪组黑色页岩在扬子覆盖区内的划分与圈定．地层学杂志，39（4）：351-358.

程顶胜，方家虎．1997. 下古生界烃源岩中镜状体的成因及其热演化．石油勘探与开发，24（1）：11-13.

程顶胜，郝石生，王飞宇．1995. 高过成熟烃源岩成熟度指标——镜状体反射率．石油勘探与开发，22（1）：25-28.

程克明，金伟明，何忠华，等．1987. 陆相原油及凝析油的轻烃单体组成特征及地质意义．石油勘探与开发，1：34-36.

程克明，王铁冠，钟宁宁．1995. 烃源岩地球化学．北京：科学出版社．

戴金星．1996. 中国大中型气田有利勘探区带．中国石油勘探，1：6-9.

戴金星，戚厚发，宋岩．1985. 鉴别煤成气和油型气若干指标的初步探讨．石油学报，6（2）：35-42.

戴金星，夏新宇，卫延召，等．2001. 四川盆地天然气的碳同位素特征．石油实验地质，23（2）：115-121.

戴金星，陈践发，钟宁宁，等．2003. 中国大气田及其气源．北京：科学出版社．

邓绶林．1992. 地学辞典．石家庄：河北教育出版社．

邓秀芹．2011. 鄂尔多斯盆地中及上三叠统延长组沉积相与油气勘探的突破．古地理学报，13（4）：443-455.

《地球科学大辞典》编委会．2006. 地球科学大辞典：基础学科卷．北京：地质出版社．

蒂索 B P，维尔特 D H. 1982. 石油形成与分布．郝石生，等译．北京：石油工业出版社．

丁道桂，郭彤楼，胡明霞，等．2007. 论江南–雪峰基底拆离式构造——南方构造问题之一．石油实验地质，29（2）：120-127.

窦立荣，王红军，祁连爽，等．2004. 中国古生界海相油气成藏模式划分及其意义．石油天然气学报，26（2）：41-43.

杜金虎，邹才能，徐春春，等．2014. 川中古隆起龙王庙组特大型气田战略发现与理论技术创新．石油勘探与开发，41（3）：268-277.

丰国秀，陈盛吉．1988. 岩石中沥青反射率与镜质体反射率之间的关系．天然气工业，8（3）：20-24.

冯晓杰，渠永宏．1999. 中国东部古近纪海侵问题的研究．西安工程学院学报，21（3）：9-12.

冯增昭，何幼斌，吴胜和．1993. 中下扬子地区二叠纪岩相古地理．沉积学报，11（3）：12-24.

付小东，秦建中，腾格尔．2008. 四川盆地东南部海相层系优质烃源层评价——以丁山 1 井为例．石油实验地质，30（6）：621-628.

付小东，秦建中，腾格尔．2009. 固体沥青—反演油气成藏及改造过程的重要标志．天然气地球科学，20（2）：167-172.

付小东，秦建中，腾格尔．2010. 四川盆地北缘上二叠统大隆组烃源岩评价．石油实验地质，32（6）：566-571.

付小东，秦建中，腾格尔，等．2013. 鄂西渝东地区石柱复向斜海相层系烃源研究．天然气地球科学，24（2）：372-379.

付小东，秦建中，姚根顺，等．2017. 两种温压体系下烃源岩生烃演化特征对比及其深层油气地质意义．地球化学，46（3）：262-273.

傅强，李益，张国栋，等．2007. 苏北盆地晚白垩世—古新世海侵湖泊的证据及其地质意义．沉积学报，25（3）：380-385.

高长林，刘光祥，张玉箴，等．2003. 东秦岭–大巴山逆冲推覆构造与油气远景．石油实验地质，25（s1）：523-531.

宫色，李剑．2002. 煤的二次生烃机理探讨．石油实验地质，24（6）：541-544.

顾忆．2000. 塔里木盆地北部塔河油田油气藏成藏机制．石油实验地质，22（4）：307-312.

顾忆，邵志兵，陈强路，等．2007. 塔河油田油气运移与聚集规律．石油实验地质，29（3）：224-230.

关德师，王兆云，秦勇，等．2003. 二次生烃迟滞性定量评价方法及其在渤海湾盆地中的应用．沉积学报，21（3）：

533-538.
郭国林，潘家永，刘成东，等 . 2005. 电子探针化学测年技术及其在地学中的应用 . 华东理工学院学报，28（1）：39-42.
郭旭升，胡东风，李宇平，等 . 2017. 涪陵页岩气田富集高产主控地质因素 . 石油勘探与开发，44（4）：1-8.
郭彦如，王新民，张景廉，等 . 1998. 膏盐矿床与大气田的关系 . 天然气地球科学，9（5）：20-29.
韩克猷 . 1995. 川东开江古隆起大中型气田的形成及勘探目标 . 天然气工业，15（4）：1-5.
郝芳，陈建渝 . 1993. 论有机质生烃潜能与生源的关系及干酪根的成因类型 . 现代地质，1：57-65.
郝诒纯，茅绍智 . 1993. 微体古生物学教程 . 2 版 . 武汉：中国地质大学出版社 .
何谋春，吕新彪，姚书振，等 . 2005. 沉积岩中残留有机质的拉曼光谱特征 . 地质科技情报，24（3）：67-69.
胡圣标，郝杰，付明希，等 . 2005. 秦岭-大别-苏鲁造山带白垩纪以来的抬升冷却史——低温年代学数据约束 . 岩石学报，21（4）：1167-1173.
胡章喜，徐宁，段舜山 . 2012. 能源微藻葡萄藻的研究进展 . 生态科学，31（5）：577-584.
黄第藩，王兰生 . 2007. 川西北矿山梁地区沥青脉地球化学特征及其意义 . 昆明：第十一届全国有机地球化学学术会议：164.
黄第藩，王兰生 . 2008. 川西北矿山梁地区沥青脉地球化学特征及其意义 . 石油学报，29（1）：27-32.
黄第藩，张大江，王培荣，等 . 2003. 中国未成熟石油成因机制和成藏条件 . 北京：石油工业出版社 .
黄籍中 . 1998. 四川盆地两类两套油系煤系烃源岩异同与大中型气田形成 . 天然气勘探与开发，21（4）：1-11.
黄籍中，冉隆辉 . 1989. 四川盆地震旦系灯影灰岩黑色沥青与油气勘探 . 石油学报，10（1）：27-36.
贾存善 . 2006. 塔里木盆地台盆区烃源岩有机地球化学特征研究 . 北京：中国地质大学 .
贾望鲁，彭平安 . 2004. 塔里木盆地烃源岩干酪根的分子结构：Py-GC-MS 和甲基化-Py-GC-MS 研究 . 中国科学 D 辑：地球科学，34（1）：35-44.
姜月华，岳文浙 . 1994. 华南下古生界缺氧事件与黑色页岩及有关矿产 . 有色金属矿产与勘查，3（5）：272-278.
姜云垒，冯江. 2006. 动物学 . 北京：高等教育出版社 .
蒋启贵，张彩明，张美珍，等 . 2007. 岩石 C_6—C_{15}轻烃定量分析方法研究 . 石油实验地质，29（5）：512-515.
蒋启贵，张志荣，秦建中，等 . 2014. 油气地球化学定量分析技术 . 北京：科学出版社 .
蒋挺大，张春萍 . 2001. 胶原蛋白 . 北京：化学工业出版社 .
金洪波，毕生雷，尹永磊，等 . 2015. 用正己烷萃取小球藻油条件的优化 . 安徽农业科学，5：206-207.
金之钧 . 2005. 中国海相碳酸盐岩层系油气勘探特殊性问题 . 地学前沿，12（3）：15-22.
金之钧 . 2008. 中国大中型油气田的结构及分布规律 . 新疆石油地质，29（3）：385-388.
类颜立，孙瑞平 . 2008. 黄海多毛环节动物多样性及区系的初步研究 . 海洋科学，32（4）：40-50.
李成，王良书，郭随平，等 . 2000. 塔里木盆地热演化 . 石油学报，21（3）：13-17.
李慧莉 . 2004. 利用干酪根自由基浓度恢复古地温方法的探索 . 北京：中国石油大学 .
李慧莉，邱楠生，金之钧，等 . 2005a. 利用干酪根自由基浓度反演碳酸盐岩地层热历史 . 石油与天然气地质，26（3）：337-343.
李慧莉，邱楠生，金之钧，等，2005b. 塔里木盆地的热史 . 石油与天然气地质，26（5）：613-617.
李胜荣，高振敏 . 2000. 湘黔寒武系底部黑色岩系贵金属元素来源示踪 . 中国科学 D 辑：地球科学，30（2）：169-174.
李晓清，程有义，熊保贤，等 . 2001. 正断层断面样式与上盘伴生褶皱及其油气勘探意义 . 石油地球物理勘探，36（2）：205-212.
梁狄刚，陈建平，边立曾，等 . 2007. 我国南方海相烃源岩发育的控制因素 . 昆明：第十一届全国有机地球化学学术会议 .
梁狄刚，郭彤楼，陈建平，等 . 2008. 中国南方海相生烃成藏研究的若干新进展（一）：南方四套区域性海相烃源岩的分布 . 海相油气地质，13（2）：1-16.
梁狄刚，郭彤楼，陈建平，等 . 2009a. 中国南方海相生烃成藏研究的若干新进展（二）：南方四套区域性海相烃源岩的地球化学特征 . 海相油气地质，14（1）：1-14.
梁狄刚，郭彤楼，边立曾，等 . 2009b. 中国南方海相生烃成藏研究的若干新进展（三）：南方四套区域性海相烃源岩的沉积相及发育的控制因素 . 海相油气地质，14（2）：1-19.
廖卓庭 . 2013. 质疑大隆相——是（大陆）架外深水盆地相，还是局限海三水（浅水静水滞水）相沉积 . 地层学杂志，4：589-590.
林峰，王廷栋，代鸿鸣，等 . 1998. 四川盆地碳酸盐岩储层中固体运移沥青的性质和成因 . 矿物岩石地球化学通报，17（3）：36-40.

刘成林，焦鹏程，王弭力，等 . 2003. 罗布泊第四纪含盐系成岩作用特征研究 . 沉积学报，21（2）：240-246.
刘德汉，史继扬 . 1994. 高演化碳酸盐烃源岩非常规评价方法探讨 . 石油勘探与开发，21（3）：113-115.
刘光祥，陶静源，潘文蕾，等 . 2002. 川东北及川东区天然气成因类型探讨 . 石油实验地质，24（6）：512-516.
刘凌云，郑光美 . 2003. 普通动物学 . 3 版 . 北京：高等教育出版社 .
刘树根，孙玮，宋金民，等 . 2015. 四川盆地海相油气分布的构造控制理论 . 地学前缘，22（3）：146-160.
刘顺生，Wagner G A，谭凯旋，等 . 2002. 阿尔泰哈巴河岩体的裂变径迹年龄及热历史 . 核技术，25（7）：525-530.
刘素美，张经 . 2002. 沉积物中生物硅分析方法评述 . 海洋科学，26（2）：23-26.
刘文汇，徐永昌 . 1987. 天然气中氩与源岩储层钾氩之关系//中国科学院兰州地质研究所 . 生物、气体地球化学开放研究实验室研究年报 . 兰州：甘肃科学技术出版社 .
刘文汇，孙明良，徐永昌 . 2001. 鄂尔多斯盆地天然气稀有气体同位素特征及气源示踪 . 科学通报，46（22）：1902-1905.
刘文汇，陈孟晋，关平，等 . 2007. 天然气成藏过程的三元地球化学示踪体系 . 中国科学 D 辑：地球科学，37（7）：908-915.
刘文汇，王杰，腾格尔，等 . 2012. 中国海相层系多元生烃及其示踪技术 . 石油学报，33（增刊 1）：115-125.
刘文科 . 2003. 菌根 . 植物杂志，4：36-37.
刘秀军，王成扬，李同起，等 . 2003. 酚醛树脂对均相成核的中间相炭微球生成的作用 . 炭素技术，（1）：1-4.
刘祖发，肖贤明 . 1999. 海相镜质体反射率用作早古生代烃源岩成熟度指标研究 . 地球化学，（6）：580-588.
柳广弟 . 2009. 石油地质学 . 4 版 . 北京：石油工业出版社 .
柳广弟，李剑，李景明，等 . 2005. 天然气成藏过程有效性的主控因素与评价方法 . 天然气地球科学，16（1）：1-6.
卢龙飞，秦建中，申宝剑，等 . 2016. 川东南涪陵地区五峰—龙马溪组硅质页岩的生物成因及其油气地质意义 . 石油实验地质，38（4）：460-472.
马力，陈焕疆，甘克文，等 . 2004. 中国南方大地构造和海相油气地质 . 北京：地质出版社 .
马永生 . 2007. 四川盆地普光超大型气田的形成机制 . 石油学报，28（2）：9-14.
马永生 . 2008. 普光气田天然气地球化学特征及气源探讨 . 天然气地球科学，19（1）：1-7.
马永生，傅强，郭彤楼，等 . 2005a. 川东北地区普光气田长兴—飞仙关气藏成藏模式与成藏过程 . 石油实验地质，27（5）：456-460.
马永生，郭旭升，郭彤楼，等 . 2005b. 四川盆地普光大型气田的发现与勘探启示 . 地质论评，51（4）：477-480.
马永生，楼章华，郭彤楼，等 . 2006. 中国南方海相地层油气保存条件综合评价技术体系探讨 . 地质学报，80（3）：406-417.
马永生，蔡勋育，赵培荣，等 . 2010. 四川盆地大中型天然气田分布特征与勘探方向 . 石油学报，31（3）：347-354.
马中良，郑伦举，李志明 . 2012. 烃源岩有限空间温压共控生排烃模拟实验研究 . 沉积学报，30（5）：955-962.
梅廉夫 . 2003. 成油体系与油藏动力学 . 武汉：中国地质大学出版社 .
牟传龙，谭钦银，余谦，等 . 2003. 四川宣汉盘龙洞晚二叠世生物礁古油藏剖面序列 . 沉积与特提斯地质，23（3）：61-65.
牟泽辉，朱德元，卿崇文 . 1992. 准噶尔盆地石炭、二叠系沉积相和模式 . 新疆石油地质，13（1）：35-48.
聂逢君 . 2004. 松辽盆地构造演化与东吐莫地区层序地层及隐蔽圈闭研究 . 北京：中国地震局地质研究所 .
潘迎捷 . 2007. 水产辞典（精）. 上海：上海辞书出版社 .
潘长春，周中毅，范善发，等 . 1996. 塔里木盆地热历史 . 矿物岩石地球化学通报，15（3）：150-152.
潘长春，傅家谟，盛国英 . 2000. 塔里木库车坳陷含油、气储集岩连续抽提和油、气包裹体成分分析 . 科学通报，45（S1）：2750-2757.
彭平安，贾望鲁，于赤灵 . 2004. 满加尔凹陷及周缘志留系油气成藏特征研究 . 中国石油塔里木油田分公司、中国科学院广州地球化学研究所研究报告 .
秦建中 . 2000. 华北地区煤系烃源层油气生成运移评价 . 北京：科学出版社 .
秦建中 . 2005. 中国烃源岩 . 北京：科学出版社 .
秦建中，金聚畅，刘宝泉 . 2005. 海相不同类型烃源岩有机质丰度热演化规律 . 石油与天然气地质，26（3）：34-39.
秦建中，刘宝泉，郑伦举，等 . 2006. 海相碳酸盐岩烃源岩生排烃能力研究 . 石油与天然气地质，27（3）：348-355.
秦建中，付小东，刘效曾 . 2007a. 四川盆地东北部气田海相碳酸盐岩储层固体沥青研究 . 地质学报，81（8）：1065-1071.
秦建中，李志明，刘宝泉，等 . 2007b. 海相优质烃源岩形成重质油与固体沥青潜力分析 . 石油实验地质，29（3）：280-285.
秦建中，刘宝泉，郑伦举，等 . 2007c. 海相碳酸盐岩排烃下限值研究 . 石油实验地质，29（4）：391-396.

秦建中，郑伦举，腾格尔．2007d．海相高演化烃源岩总有机碳恢复系数研究．地球科学——中国地质大学学报，32（6）：853-860.
秦建中，付小东，腾格尔．2008．川东北宣汉-达县地区三叠-志留系海相优质烃源层评价．石油实验地质，30（4）：367-374.
秦建中，腾格尔，付小东．2009．海相优质烃源层评价与形成条件研究．石油实验地质，31（4）：366-372.
秦建中，付小东，申宝剑，等．2010a．四川盆地上二叠统海相优质页岩超显微有机岩石学特征研究．石油实验地质，32（2）：164-170.
秦建中，申宝剑，付小东，等．2010b．中国南方海相优质烃源岩超显微有机岩石学与生排烃潜力．石油与天然地质，31（6）：826-836.
秦建中，陶国亮，腾格尔，等．2010c．南方海相优质页岩的成烃生物研究．石油实验地质，32（3）：262-269.
秦建中，申宝剑，腾格尔，等．2013．不同类型优质烃源岩生排油气模式．石油实验地质，35（2）：179-185.
秦建中，申宝剑，陶国亮，等，2014．优质烃源岩成烃生物与生烃能力动态评价．石油实验地质，36（4）：465-472.
秦建中，腾格尔，申宝剑，等．2015．海相优质烃源岩的超显微有机岩石学特征与岩石学组分分类．石油实验地质，37（6）：671-680.
秦亚超．2010．生物硅早期成岩作用研究进展．地质论评，56（1）：89-98.
秦勇，张有生．2000．煤中有机质二次生烃迟滞性及其反应动力学机制．地球科学——中国地质大学学报，25（3）：278-282.
邱楠生．2002．中国西部地区沉积盆地热演化和成烃史分析．石油勘探与开发，29（1）：6-8.
邱楠生，金之钧，王飞宇．1997．多期构造演化盆地的复杂地温场对油气生成的影响——以塔里木盆地塔中地区为例．沉积学报，2：142-144.
邱楠生，秦建中，McInnes B I A，等．2008．川东北地区构造-热演化探讨——来自（U-Th）/He年龄和R_o的约束．高校地质学报，14（2）：223-230.
邱蕴玉．1994．油气聚集保存的时间性和有效性分析—油气有效成藏期及有效成藏组合研究．中国海上油气地质，5：289-300.
裘松余，卢兵力．1994a．我国东部晚白垩世和古近纪海侵与油气关系．地质论评，40（3）：229-236.
裘松余，卢兵力．1994b．中国东部晚白垩世至古近纪海侵．海洋地质与第四纪地质，14（1）：97-106.
冉隆辉，陈更生，徐仁芬．2005．中国海相油气田勘探实例（之一）四川盆地罗家寨大型气田的发现和探明．海相油气地质，10（1）：43-47.
冉启贵．1995．华北地区上古生界煤岩成烃及二次成烃研究．天然气地球科学，6（3）：13-17.
任呈强，李铁虎，林起浪，等．2005．煤沥青中间相的研究进展．材料导报，19（2）：50-52.
石学法．2014．中国近海海洋：海洋底质．北京：海洋出版社．
孙永革，Will M，Colin E S，等．2008．加氢催化裂解技术用于高演化源岩有机质表征研究．石油与天然气地质，29（2）：276-282.
孙镇城，彭立才，李东明，等．1996．中国东部古近纪海侵与全球海平面升降．地质论评，42（增刊）：181-187.
谭智源，陈木宏．1999．中国近海的放射虫．北京：科学出版社．
汤达祯，林善园，王激流．1999．鄂尔多斯盆地东缘晚古生代煤的生烃反应动力学特征．石油实验地质，21（4）：328-335.
汤达祯，王激流，张君峰，等．2000．鄂尔多斯盆地东缘煤的二次生烃作用与煤层气的富集．石油实验地质，22（2）：140-145.
腾格尔，高长林，胡凯，等．2006．上扬子东南缘下组合优质烃源岩发育及生烃潜力．石油实验地质，4（28）：359-365.
腾格尔，高长林，胡凯，等．2007．上扬子北缘下组合优质烃源岩分布及生烃潜力评价．天然气地球科学，18（2）：254-259.
腾格尔，秦建中，付小东，等．2008a．川西北地区海相油气成藏物质基础-优质烃源岩．石油实验地质，30（5）：478-483.
腾格尔，秦建中，郑伦举．2008b．黔南坳陷海相优质烃源岩的生烃潜力及时空分布．地质学报，82（3）：366-372.
腾格尔，秦建中，付小东，等．2010．川东北地区上二叠统吴家坪组烃源岩评价．古地理学报，12（3）：334-345.
涂建琪．1994．塔里木盆地海相烃源岩有机质成熟度及生成时古地温条件．北京：中国矿业大学．
涂建琪，王淑芝．1998．干酪根有机质类型划分的若干问题的探讨．石油实验地质，2：187-191.
汪东风．2009．食品化学．北京：化学工业出版社．
王东燕，曾华盛，王津义．2010．四川盆地川西坳陷中段上三叠统烃源岩评价．石油实验地质，32（2）：192-195.

王飞宇，郝石生 . 1996. 有机岩石学及其在油气勘探中的应用 . 中国石油大学学报：自然科学版，(6)：107-115.
王飞宇，何萍，程顶胜，等 . 1994. 下古生界高—过成熟烃源岩有机成熟度评价 . 天然气地球科学，5 (6)：1-14.
王飞宇，边立曾，张水昌，等 . 2001. 塔里木盆地奥陶系海相源岩中两类生烃母质 . 中国科学 D 辑：地球科学，31 (2)：96-102.
王金霞 . 2010. 萼花臂尾轮虫形态和生态特征在中国东部的空间分化 . 合肥：安徽师范大学 .
王居峰 . 2005. 济阳拗陷东营凹陷古近系沙河街组沉积相 . 古地理学报，7 (1)：45-58.
王钧，汪缉安，沈继英，等 . 1995. 塔里木盆地的大地热流 . 地球科学——中国地质大学学报，4：399-404.
王兰生，苟学敏 . 1997. 四川盆地天然气的有机地球化学特征及其成因 . 沉积学报，15 (2)：49-53.
王良书，李成，施央申，等 . 1995. 下扬子区地温场和大地热流密度分布 . 地球物理学报，38：469-476.
王良书，李成，杨春 . 1996. 塔里木盆地岩石层热结构特征 . 地球物理学报，39：794-803.
王庭斌 . 2004. 中国气藏主要形成、定型于新近纪以来的构造运动 . 石油与天然气地质，25 (2)：126-132.
王耀荣 . 1991. 真核细胞细胞器起源的分化——内共生假说 . 天水师范学院学报，3：86-89.
王一刚，刘划一，文应初，等 . 2002. 川东北飞仙关组鲕滩储层分布规律、勘探方法与远景预测 . 天然气工业，22 (s1)：14-19.
王一刚，文应初，洪海涛，等 . 2006. 四川盆地开江-梁平海槽内发现大隆组 . 天然气工业，26 (9)：31-35.
王玉华，等 . 2004. 柴达木盆地北缘地区中新生代地层油气生成与资源评价 . 北京：科学出版社 .
王云鹏，赵长毅，王兆云，等 . 2005. 利用生烃动力学方法确定海相有机质的主生气期及其初步应用 . 石油勘探与开发，32 (4)：153-158.
魏国齐，谢增业，宋家荣，等 . 2015. 四川盆地川中古隆起震旦系-寒武系天然气特征及成因 . 石油勘探与开发，42 (6)：702-710.
吴国芳 . 1992. 植物学 . 北京：高等教育出版社 .
吴堑虹，刘顺生，Jonckheere R，等 . 2002. 东大别地区磷灰石裂变径迹年龄的构造意义初析 . 地质科学，37 (3)：343-349.
吴诗光，周琳 . 2002. 对酶概念的再认识 . 生物学通报，37 (4)：34.
肖晖，任战利，崔军平，等 . 2008. 孔雀河地区热演化史与油气关系研究 . 西北大学学报：自然科学版，38 (4)：631-636.
肖贤明，刘德汉，傅家谟 . 1991. 沥青反射率作为烃源岩成熟度指标的意义 . 沉积学报，9 (S1)：138-146.
谢晓敏，腾格尔，秦建中，等 . 2013. 贵州遵义寒武系底部硅质岩中细菌状化石的发现 . 地质学报，87 (1)：20-28.
谢增业，魏国齐，李剑，等 . 2004. 川东北飞仙关组鲕滩储层沥青与天然气成藏过程 . 天然气工业，24 (12)：17-19.
谢增业，田世澄，魏国齐，等 . 2005. 川东北飞仙关组储层沥青与古油藏研究 . 天然气地球科学，16 (3)：283-285.
解启来，周中毅 . 2002. 利用干酪根热解动力学模拟实验研究塔里木盆地下古生界古地温 . 地球科学，27 (6)：767-769.
徐钦琦，林和茂 . 1993. 中更新世以来中国东部六次海侵及其天文气候学的解释 . 海洋地质与第四纪地质，13 (1)：11-20.
徐胜 . 1996. 中国中西部盆地若干天然气藏中稀有气体同位素组成 . 科学通报，41 (12)：1115-1118.
徐永昌，刘文汇，沈平，等 . 2003. 天然气地球化学的重要分支——稀有气体地球化学 . 天然气地球科学，14 (3)：157-166.
许怀先，陈丽华，万玉金，等 . 2001. 石油地质实验测试技术与应用 . 北京：石油工业出版社 .
许怀先，蒲秀刚，韩德馨 . 2002. 碳酸盐岩中烃源的识别——以西藏措勤盆地碳酸盐岩为例 . 地质学报，76 (3)：395-399.
许靖华，奥伯亨斯利 H，高计元，等 . 1986. 寒武纪生物爆发前的死劫难海洋 . 地质科学，(1)：1-6.
严德天，王清晨，陈代钊，等 . 2008. 扬子及周缘地区上奥陶统-下志留统烃源岩发育环境及其控制因素 . 地质学报，82 (3)：321-327.
殷鸿福，黄思骥 . 1989. 华南二叠纪—三叠纪之交的火山活动及其对生物绝灭的影响 . 地质学报，63 (2)：169-180.
尹磊明 . 2006. 中国疑源类化石 . 北京：科学出版社 .
袁万明，王世成，李胜荣，等 . 2001. 西藏冈底斯带构造活动的裂变径迹证据 . 科学通报，46 (20)：1739.
袁玉松，郭彤楼，胡圣标，等 . 2005. 下扬子苏南地区构造-热演化及烃源岩成烃史研究——以圣科 1 井为例 . 自然科学进展，15 (6)：753-758.
翟光明 . 1996. 中国石油地质志 . 北京：石油工业出版社 .
翟光明，徐凤银 . 1997. 重新认识柴达木盆地力争油气勘探获得新突破 . 石油学报，18 (2)：4-10.
翟光明，等 . 1997. 中国石油地质志 . 北京：石油工业出版社 .
翟鹏济，张峰，赵云龙 . 2003. 从裂变径迹分析探讨房山岩体地质热历史 . 地球化学，32 (2)：188-192.
张林，魏国齐，吴世祥，等 . 2005. 四川盆地震旦系—下古生界沥青产烃潜力及分布特征 . 石油实验地质，27 (3)：

276-280.
张勤文，徐道一.1994. 地层界线上灾变事件标志和成因的探讨. 地球学报，z2：192-199.
张锐，孙美榕. 2006. 提取琼胶糖的树脂新方法. 中国海洋药物杂志，29（3）：28.
张水昌，张保民，王飞宇，等.2001. 塔里木盆地两套海相有效烃源层——Ⅰ. 有机质性质、发育环境及控制因素. 自然科学进展，11（3）：261-268.
张水昌，梁狄刚，黎茂稳，等.2002. 分子化石与塔里木盆地油源对比. 科学通报，47（增刊Ⅰ）：16-23.
张水昌，赵文智，王飞宇，等.2004. 塔里木盆地东部地区古生界原油裂解气成藏历史分析. 天然气地球科学，15（5）：441-450.
张文正，杨华，彭平安，等.2009. 晚三叠世火山活动对鄂尔多斯盆地长7优质烃源岩发育的影响. 地球化学，38（6）：573-581.
张有生，秦勇，刘焕杰，等.2002. 沉积有机质二次生烃热模拟实验研究. 地球化学，31（3）：273-282.
张有生，秦勇，刘焕杰，等.2003. 沉积有机质二次生烃有机岩石学特征. 地质科学，38（4）：437-446.
张悦，宋晓玲，黄倢.2007. 双歧杆菌肽聚糖结构及分子量的分析. 微生物学通报，4：676-681.
赵文.2005. 水生生物学. 北京：中国农业出版社.
赵文智，王兆云，张水昌，等.2005. 有机质“接力成气”模式的提出及其在勘探中的意义. 石油勘探与开发，32（2）：1-7.
赵政璋，李永铁，叶和飞，等.2000. 青藏高原海相烃源层的油气生成. 北京：科学出版社.
赵宗举，冯加良，陈学时，等.2001. 湖南慈利灯影组古油藏的发现及其意义. 石油与天然气地质，22（2）：114-118.
郑伦举，秦建中，张渠.2008a. 中国海相不同类型原油与沥青生气潜力研究. 地质学报，82（3）：360-365.
郑伦举，王强，秦建中，等.2008b. 海相古油藏及可溶有机质再生烃气能力研究. 石油实验地质，30（4）：390-395.
郑伦举，秦建中，何生，等.2009. 地层孔隙热压生排烃模拟实验初步研究. 石油实验地质，31（3）：296-302.
中国科学院中国植物志编辑委员会. 2004. 中国植物志. 北京：科学出版社.
周德庆.2013. 微生物学教程. 北京：高等教育出版社.
周海燕，庞雄奇，姜振学，等.2002. 石油和天然气运聚效率的主控因素及定量评价. 石油勘探与开发，29（1）：14-18.
周洪瑞，梅冥相，罗志清，等.2006. 燕山地区新元古界青白口系沉积层序与地层格架研究. 地学前缘，13（6）：280-290.
周剑雄，陈振宇，芮宗瑶.2002. 独居石的电子探针钍-铀-铅化学测年. 岩矿测试，21（4）：241-246.
周中毅，潘长春，闵育顺，等.1991. 沉积盆地古地温测定方法及应用. 地球科学进展，（5）：44-45.
周祖翼，许长海，Reiners P W，等.2003. 大别山天堂寨地区晚白垩世以来剥露历史的（U-Th）/He和裂变径迹分析证据. 科学通报，48（6）：598-602.
朱光有，金强，高志卫，等.2004. 沾化凹陷复式生烃系统及其对油气成藏的控制作用. 海洋地质与第四纪地质，24（1）：105-111.
朱光有，张水昌，梁英波.2005. 川东北飞仙关组 H_2S 的分布与古环境的关系. 石油勘探与开发，32（4）：65-69.
朱光有，张水昌，梁英波，等.2006a. 川东北飞仙关组高含 H_2S 气藏特征与TSR对烃类的消耗作用. 沉积学报，24（2）：300-308.
朱光有，张水昌，梁英波，等.2006b. 四川盆地天然气特征及气源. 地学前缘，13（2）：234-248.
朱铭.1990. 天然气藏中氩同位素积累模式及其定年公式. 地质科学，2：166-171.
邹才能，杜金虎，徐春春，等.2014. 四川盆地震旦系—寒武系特大型气田形成分布、资源潜力及勘探发现. 石油勘探与开发，41（3）：278-293.
邹艳荣，杨起.1999. 华北晚古生代煤二次生烃的动力学模式. 地球科学——中国地质大学学报，24（2）：189-192.
Allegre C J，Luck J M. 1980. Osmium isotopes as petrogenetic and geological tracers. Earth & Planetary Science Letters，48：148-154.
Barker C. 1990. Calculated volume and pressure changes during the thermal cracking of oil to gas in reservoirs. AAPG Bulletin，74（8）：1254-1261.
Barker C，Lewan M，Pawlewicz M. 2007. The influence of extractable organic matter on vitrinite reflectance suppression：a survey of kerogen and coal types. International Journal of Coal Geology，70（1-3）：67-78.
Behar F，Kressmann，S，Rudkiewicz J L，et al. 1992. Experimental simulation in a confined system and kinetic modelling of kerogen and oil cracking. Organic Geochemistry，19（1-3）：173-189.
Bement W O，Levey R A，Mango F D. 1995. The temperature of oil generation as defined with C7 chemistry maturity parameter（2，

4- DMP/2, 3- DMP ratio)//Grimalt J O, Dorronsoro C. Organic Geochemistry: Developments and Applications to Energy, Climate, Environment and Human History. San Sebastian: International Meeting on Organic Geochemistry, San Sebastian, September.

Bernard S, Horsfield B, Schulz H M, et al. 2010. Multi-scale detection of organic and inorganic signatures provides insights into gas shale properties and evolution. Chemie Der Erde Geochemistry Interdisciplinary Journal for Chemical Problems of the Geosciences & Geoecology, 70 (S3): 1-133.

Beyssac O, Goffé B, Chopin C, et al. 2002. Raman spectra of carbonaceous material in metasediments: a new geothermometer. Journal of Metamorphic Geology, 20 (9): 859-871.

Bonnamy S. 1999. Carbonization of various precursors. Effect of heating rate: Part I: Optical microscopy studies. Carbon, 37 (11): 1691-1705.

Brassell S C, Eglinton G. 1984. Lipid Indicators of Microbial Activity in Marine Sediments. New York: Springer.

Brown C, Knights B A. 1969. Hydrocarbon content and its relationship to physiological state in the green alga Botryococcus braunii. Phytochemistry, 8 (3): 543-547.

Browne A P. 2000. Determination of residual stress in engineering components using diffraction techniques. Studia Humana et Naturalia, 37 (18): 63-79.

Calvert W G, 1983. Flocculation in Saccharomyces cerevisiae. Prostate, 73 (14): 1507-1517.

Carr A D, Snape C E, Meredith W. 2009. The effect of water pressure on hydrocarbon generation reactions: some inferences from laboratory experiments. Petroleum Geoscience, 15 (1): 17-26.

Cavalier S T. 2009. Megaphylogeny, cell body plans, adaptive zones: causes and timing of eukaryote basal radiations. Journal of Eukaryotic Microbiology, 56 (1): 26.

Chen H, Hsieh P, Lee C, et al. 2011. Two episodes of the Indosinian thermal event on the South China Block: constraints from LA-ICPMS U-Pb zircon and electron microprobe monazite ages of the Darongshan S-type granitic suite. Gondwana Research, 19 (4): 1008-1023.

Cottingham K, 2004. Product review: ICPMS: its elemental. Analytical Chemistry, 76 (1): 35A-38A.

Coyle D A, Wagner G A. 1998. Positioning the titanite fission-track partial annealing zone. Chemical Geology, 149 (1-2): 117-125.

Crowhurst P V, Green P F, Kamp P J J. 2002. Appraisal of (U-Th)/He apatite thermochronology as a thermal history tool for hydrocarbon exploration: an example from the Taranaki Basin, New Zealand. AAPG Bulletin, 86 (10): 1801-1819.

Degens E T. 1967. Diagenesis of organic matter//Chilingar G V, Gunnar L. Diagenesis in Sediments. Amsterdam: Elsevier: 343-390.

Donelick R A. 1999. Crystallographic orientation dependence of mean etchable fission track length in apatite: an empirical model and experimental observations. American Mineralogist, 76: 83-91.

Duddy I R, Green P F, Laslett G M. 1988. Thermal annealing of fission tracks in apatite 3. Variable temperature behaviour. Chemical Geology: Isotope Geoscience Section, 73 (1): 25-38.

Dugdale R C, Wilkerson F P. 1998. Silicate regulation of new production in the equatorial pacific upwelling. Nature, 391 (6664): 270-273.

Durand B, Espitalié J. 1976. Geochemical studies on the organic matter from Douala Basin (Cameroon) —Ⅱ. Evolution of kerogen. Geochimica et Cosmochimica Acta, 40 (7): 801-808.

Duursma E K, Dawson R. 1981. Marine Organic Chemistry. Amsterdam and New York: Elsevier Press.

Eberl D D, Środoń J. 1988. Ostwald ripening and interparticle- diffraction effects for illite crystals. American Mineralogist, 73: 1335-1345.

Ehlers T A, Farley K A, Rusmore M E, et al. 2006. Apatite (U-Th)/he signal of large magnitude and accelerated glacial erosion: southwest British Columbia. Geology, 34: 765-768.

Evitt W R. 1963. A discussion and proposals concerning fossil dinoflagellates, hystrichospheres, and acritarchs, Ⅰ. Proceedings of the National Academy of Sciences, 49 (2): 158.

Farley K A. 2000. Helium diffusion from apatite: general behavior as illustrated by Durango fluorapatite. Journal of Geophysical Research, 105: 2903-2914.

Farley K A. 2002. (U-Th)/He dating: techniques, calibrations and applications. Reviews in Mineralogy and Geochemistry, 47: 819-843.

Farley K A, Wolf R A, Silver L T. 1996. The effects of long alpha stopping distances on (U-Th)/He ages. Geochimica et

Cosmochimica Acta, 60: 4223-4229.

Gehman H M. 1962. Organic matter in limestones. Geochemica et Cosmochimica Acta, 2: 885-894.

George A D, Marshallsea S J, Wyrwoll K H, et al. 2001. Miocene cooling in the northern Qilian Shan, northeastern margin of the Tibetan Plateau, revealed by apatite fission-track and vitrinite-reflectance analysis. Geology, 29 (10): 939-942.

George S C, Volk H, Dutkiewicz A. 2012. Mass spectrometry techniques for analysis of oil and gas trapped in fluid inclusions//Lee M S. Handbook of Mass Spectrometry. Manhattan: John Wiley & Sons Press.

Goodarzi F, Fowler M G, Bustin M, et al. 1992. Thermal maturity of early paleozoic sediments as determined by the optical properties of marine-derived organic matter—A review//Schidlowski M, Golubic S, Kimberley M M. Early Organic Evolution. Heidelberg: Springer.

Green P F, Duddy I R, Crowhurst P V. 2003. Integrated (U-Th)/He dating, AFTA and vitrinite reflectance results in seven Otway Basin well confirm regional Late Miocene exhumation and validate helium diffusion systematics. Salt lake City, Utah: AAPG Annual Convention.

Green P F, Duddy I R, Laslett G M, et al. 1989. Thermal annealing of fission tracks in apatite 4. Quantitative modelling techniques and extension to geological timescales. Chemical Geology: Isotope Geoscience Section, 79 (2): 155-182.

Günther D, Kuhn H R, Guillong M. 2005. Characterization of laser-induced aerosol for quantitative analysis of solids using LA-ICP-MS. Geochimica et Cosmochimica Acta, 69 (10): A372.

Hansen K, Reiners P W. 2006. Low temperature thermochronology of the southern East Greenland continental margin: evidence from apatite (U-Th)/He and fission track analysis and implications for intermethod calibration. Lithos, 92: 117-136.

Honjo S. 1976. Coccoliths: production, transportation and sedimentation. Marine Micropaleontology, 1: 65-79.

Hood A, Gutjaha C C M, Heacock R L. 1975. Organic metamorphism and the generation of petroleum. AAPG Bulletin, 59: 986-996.

House M A, Wernicke B P, Farley K A, et al. 1997. Cenozoic thermal evolution of the central Sierra Nevada, California, From (U-Th)/He thermochronometry. Earth and Planetary Scientific Letters, 151: 167-179.

House M A, Wernicke B P, Farley K A. 1998. Dating topography of the Sierra Nevada, California, using apatite (U-Th)/He ages. Nature, 396 (5): 66-69.

House M A, Farley K A, Kohn B P. 1999. An empirical test of helium diffusion in apatite: borehole data from the Otway Basin, Australia. Earth and Planetary Scientific Letters, 170: 463-474.

House M A, Kohn B P, Farley K A, et al. 2002. Evaluating thermal history models for the Otway Basin, southeastern Australia, using (U-Th)/He and fission-track data from borehole apatites. Tectonophysics, 349 (1-4): 277-295.

Hurd D C, Birdwhistell S. 1983. On producing a more general model for biogenic silica dissolution. American Journal of Science, 283 (1): 1-28.

Hurd D C, Theyer F. 1977. Changes in the physical and chemical properties of biogenic silica from the Central Equatorial Pacific: Part Ⅱ. Refractive index, density, and water content of acid-cleaned samples. American Journal of Science, 277 (9): 1168-1202.

Hurley P M. 1954. The helium age method and distribution and migration of helium in rocks//Faul H. Nuclear Geology. New York: John Wiley and Sons Inc.

Jacob H. 1989. Classification, structure, genesis and practical importance of natural solid oil bitumen (Migrabitumen). International Journal of Coal Geology, 11: 65-79.

Jehlička J, Urban O, Pokorny J. 2003. Raman spectroscopy of carbon and solid bitumens in sedimentary and metamorphic rocks. Spectrochimica Acta Part A Molecular and Biomolecular Spectroscopy, 59 (10): 2341-2352.

Ji J F, Browne P R L. 2000. Relationship between illite crystallinity and temperature in active geothermal systems of New Zealand. Clays and Clay Minerals, 48: 139-144.

Jia W, Xiao Z, Yu C, et al. 2010. Molecular isotopic compositions of bitumens in Silurian tar sands from the Tarim Basin, NW China: characterizing biodegradation and hydrocarbon charging in an old composite basin. Marine and Petroleum Geology, 27 (1): 13-25.

Khorasani G K, Murchison D G, Raymond A C. 1990. Molecular disordering in natural cokes approaching dyke and sill contacts. Fuel, 69 (8): 1037-1046.

Kilby W E. 1988. Recognition of vitrinite with non-uniaxial negative reflectance characteristics. International Journal of Coal Geology, 9 (3): 267-285.

Kisch H. 1980. Illite crystallinity and coal rank associated with lowest-grade metamorphism of the Taveyanne greywacke in the Helvetic zone of the Swiss Alps. Eclogae Geologicae Helvetiae, 73 (1): 753-777.

Kisch H J. 1991. Illite crystallinity: recommendations on sample preparation, X- ray diffraction settings, and interlaboratory samples. Journal of Metamorphic Geology, 9 (6): 665-670.

Komorek J, Morga R. 2003. Vitrinite reflectance property change during heating under inert conditions. International Journal of Coal Geology, 54 (1): 125-136.

Krumm S, Buggisch W. 1991. Sample preparation effects on illite crystallinity measurement: grain-size gradation and particle orientation. Journal of Metamorphic Geology, 9 (5): 671-677.

Largeau C, Casadevall E, Berkaloff C, et al. 1980. Sites of accumulation and composition of hydrocarbons in Botryococcus braunii. Phytochemistry, 19 (6): 1043-1051.

Larre J, Andriessen P A M, 2006. Tectonothermal evolution of the northeastern margin of Iberia since the break-up of Pangea to present, revealed by low-temperature fission-track and (U-Th)/He thermochronology: a case history of the Catalan Coastal Ranges. Earth and Planetary Scientific Letters, 243: 159-180.

Larter S R, Head I M, Huang H, et al. 2005. Biodegradation, gas destruction and methane generation in deep subsurface petroleum reservoirs: an overview. Geological Society, London, Petroleum Geology Conference Series, 6 (1): 633-639.

Laslett G M, Green P F, Duddy I R, et al. 1987. Thermal annealing of fission tracks in apatite 2. A quantitative analysis. Chemical Geology, Isotope Geoscience Section, 65: 1-13.

Lewan M D, Bjorøy M, Dolcater D L. 1986. Effects of thermal maturation on steroid hydrocarbons as determined by hydrous pyrolysis of Phosphoria Retort Shale. Geochimica et Cosmochimica Acta, 50 (9): 1977-1987.

Lippolt H J, Leitz M, Wrnicke R S, et al. 1994. (U-Th)/He dating of apatite: experience with samples from different geochemical environments. Chemical geology, 112: 179-191.

Lorencak M, Kohn B P, Osadetz K G, et al. 2004. Combined apatite fission track and (U-Th)/He thermochronometry in a slowly cooled terrane results from a 3440 m deep drill hole in the southern Canadian Shield. Earth Planet Scientific Letters, 227: 87-104.

Lynne E, Ibach J. 1982. Relationship between sedimentation rate and total organic carbon content in ancient marine sediments. AAPG Bulletin, 66 (22): 170-188.

Mango F D. 1990. Pre-steady-state kinetics at the onset of petroleum generation. Organic Geochemistry, 16 (1-3): 41-48.

Mango F D. 1997. The light hydrocarbons in petroleum: a critical review. Organic Geochemistry, 26 (7-8): 417-440.

Matthias B, Brandon M, Garver J, et al. 2002. Determining the zircon fission-track closure temperature. Abstracts with Programs-Geological Society of America, 34 (5): 18.

Moriyama R, Hayashi J I, Suzuki K, et al. 2002. Analysis and modeling of mesophase sphere generation, growth and coalescence upon heating of a coal tar pitch. Carbon, 40 (1): 53-64.

Murris R J. 1980. Middle east: stratigraphic evolution and oil habitat. AAPG Bulletin, 64 (5): 597-618.

Nichols S, Wörheide G. 2005. Sponges: new views of old animals1. Integrative and Comparative Biology, 2 (2): 333-334.

Pan C, Liu D. 2009. Molecular correlation of free oil, adsorbed oil and inclusion oil of reservoir rocks in the Tazhong Uplift of the Tarim Basin, China. Organic Geochemistry, 40 (3): 387-399.

Parnell J, Carey P F, Monson B. 1996. Fluid inclusion constraints on temperatures of petroleum migration from authigenic quartz in bitumen veins. Chemical Geology, 129 (3-4): 217-226.

Pedersen T F, Calvert S E, 1990. Anoxia vs. productivity: what controls the formation of organic- carbon- rich sediments and sedimentary rocks (1) . AAPG Bulletin, 74 (4): 454-466.

Peters K E, Ramos L S, Zumberge J E, et al. 2008. De-convoluting mixed crude oil in Prudhoe Bay Field, North Slope, Alaska. Organic Geochemistry, 39 (6): 623-645.

Pinti D L, Marty B. 1998. Separation of noble gas mixtures from petroleum and their isotopic analysis by mass spectrometry. Journal of Chromatography A, 824 (1): 109-117.

Potgieter-Vermaak S, MalediN, Wagner N, et al. 2011. Raman spectroscopy for the analysis of coal: a review. Journal of Raman Spectroscopy, 42 (2): 123-129.

Prinzhofer A A, Huc A Y. 1995. Genetic and post-genetic molecular and isotopic fractionations in natural gases. Chemical Geology, 126 (3-4): 281-290.

Prinzhofer A, Pernaton E. 1997. Isotopically light methane in natural gas: bacterial imprint or diffusive fractionation? Chemical Geology, 142 (3-4): 193-200.

Quirico E, Rouzaud J N, Bonal L, et al. 2005. Maturation grade of coals as revealed by Raman spectroscopy: progress and problems. Spectrochimica Acta Part A: Molecular and Biomolecular spectroscopy, 61 (10): 2368-2377.

Reed J S, Spotila J A, Bodnar R J, et al. 2002. Paleothermometry and thermochronology of Carboniferous strata, central Appalachian Basin, Southern West virginia: burial and geomorphic evolution of the Appalachian Plateau. Abstracts with Programs, Geological Society of America, 34 (6): 133.

Reiners P W, Farley K A. 1999. Helium diffusion and (U-Th) /He thermochronometry titanite. Geochimica et Cosmochimica Acta, 63 (22): 3845-3859.

Reiners P W, Farley K A. 2000. Helium diffusion and (U-Th) /He thermochronometry of zicron//Noble W P, OSullivan P B, Brown R W. 9th international conference on fission track dating and thermochronology. Lorne: Geological Society of Australia, Victoria Australia, 58: 283-284.

Reiners P W, Farley K A, Hickes H J. 2002. Helium diffusion and (U-Th) /He thermochronometry of zircon: initial results from Fish Canyon Tuff and Gold Butte. Tectonophysics, 349: 247-308.

Reiners P W, Zhou Z Y, Ehlers T A, et al. 2003. Post-orogenic evolution of the Dabie Shan, eastern China, from (U-Th) /He and fission track thermochronology. American Journal of Science, 303 (6): 489-518.

Robinson D, Warr L N, Bevins R E. 1990. The illite "crystallinity" technique: a critical appraisal of precisions. Journal of Metamorphic Geology, 4: 101-113.

Rocha D, Lareine C. 1997. Measurement of silicon isotope ratio variations in dissolved silicon and in biogenic silica: demonstration of isotopic fractionation by marine diatoms during opal formation and utility as a tracer of silicic acid utilization. Santa Barbara: University of California.

Sano Y, Tominaga T, Nakamura Y, et al. 1982. $^3He/^4He$ ratios of methane-rich natural gases in Japan. Geochemical Journal, 16 (5): 237-245.

Santamaría-Ramírez R E, Romero-Palazón E, Gómez-de-Salazar, et al. 1999. Influence of pressure variations on the formation and development of mesophase in a petroleum residue. Carbon, 37 (3): 445-455.

Siljeström S, Lausmaa J, Sjövall P, et al. 2010. Analysis of hopanes and steranes in single oil-bearing fluid inclusions using time-of-flight secondary ion mass spectrometry (ToF-SIMS) . Geobiology, 8 (1): 37-44.

Simmons S F, Sawkins F, Schlutter D. 1987. Mantle-derived helium in two Peruvian hydrothermal ore deposits. Nature, 329 (6138): 429-432.

Stasiuk L D, Snowdon L R. 1997. Fluorescence micro-spectrometry of synthetic and natural hydrocarbon fluid inclusions: crude oil chemistry, density and application to petroleum migration. Applied Geochemistry, 12 (3): 229-241.

Steiner M, Wallis E, Erdtmann B D, et al. 2001. Submarin-hydrothermal exhalative ore layers in black shales from South China and associated fossils: insights into a lower Cambrian facies and bio-evolution. Palaeogeography Palaeoclimatology Palaeoecology, 169: 165-191.

Stockli D, Farley K, Dumitri T A. 2000. Calibration of the (U-Th)/He thermo chronometer on an exhumed fault block, White Mountains, California. Geology, 28: 983-986.

Stuart F. 1999. Laser melting of apatite for (U-Th)/He chronology progress to date. EOS, 80 (F): 169.

Thompson K F M. 1979. Light hydrocarbons in subsurface sediments. Geochimica et Cosmochimica Acta, 43 (5): 657-672.

Tissot B P, Welte D H. 1978. Petroleum formation and occurrence: a new approach to oil and gas exploration. New York: Springer Press.

Tissot B P, Pelet R, Ungerer P. 1987. Thermal history of sedimentary basins, maturation indices, and kinetics of oil and gas generation. AAPG Bulletin, 71 (12): 1445-1466.

Treguer P, Nelson D M, Vanbennekom A J, et al. 1995. The silica balance in the world ocean: a reestimate. Science, 268 (5209): 375-379.

Wake L V, Hillen L W. 1981. Nature and hydrocarbon content of blooms of the alga Botryococcus braunii occuring in Australian freshwater lakes. Australian Journal of Marine and Freshwater Research, 32 (3): 353-367.

Warnock A C, Zeitler P K, Wolf R A, et al. 1997. An evaluation of low-temperature apatite U-Th/He thermochronometry. Geochimica et Cosmochimica Acta, 61: 5371-5377.

Warr L N, Rice A H N. 1994. Interlaboratory standardization and calibration of day mineral crystallinity and crystallite size data. Journal of Metamorphic Geology, 12 (2): 141-152.

Weber K. 1972. Notes on the determination of illite crystallinity. Neues Jahrbuch fur Mineralogie, Monatshefte: 267-276.

Wolf R A, Farley K A, Silver L T. 1996a. Assessment of (U-Th)/He thermochronometry: the low-temperature history of the San Jacinto Mountains, California. Geology, 25: 65-68.

Wolf R A, Farley K A, Silver L T. 1996b. Helium diffusion and low-temperature thermochronometry of apatite. Geochimica et Cosmochimica Acta, 60: 4231-4240.

Wolf R A, Farley K A, Kass D M. 1998. Modeling of the temperature sensitivity of the apatite (U-Th)/He thermochronometer. Chemical Geology, 148: 105-114.

Xu S, Nakai S, Wakita H, et al. 1995. Mantle-derived noble gases in natural gases from Songliao Basin, China. Geochimica et Cosmochimica Acta, 59 (22): 4675-4683.

Yang X, Li Z, Meng F, et al. 2014. Photochemical alteration of biogenic particles in wastewater effluents. Chinese Science Bulletin, 59 (28): 3659-3668.

Young E, Myers A, Munson E, et al. 1969. Mineralogy and geochemistry of fluorapatite from Cerro de Mercado, Durango, Mexico. United States Geological Survey, Professional Paper, 650 (D): 84-93.

Zartman R E, Wasserburg G J, Reynolds J H. 1961. Helium, argon, and carbon in some natural gases. Journal of Geophysical Research, 66 (1): 277-306.

Zhang S, Huang H. 2005. Geochemistry of Palaeozoic marine petroleum from the Tarim Basin, NW China: Part 1. Oil family classification. Organic Geochemistry, 36 (8): 1204-1214.

Zhang S, Hason A D, Moldowan J M, et al. 2000. Paleozoic oil-source rock correlations in the Tarim basin, NW China. Organic Geochemistry, 31 (4): 273-286.

Zhang Z, Tenger, Dan R, et al. 2013. Sample chamber for laser ablation analysis of fluid inclusions and analyzing device thereof: US9207165B2. 2013-05-23.

Zhu G, Zhang S, Liang Y, et al. 2005. Isotopic evidence of TSR origin for natural gas bearing high H_2S contents within the Feixianguan Formation of the northeastern Sichuan Basin, southwestern China. Science in China Series D: Earth Sciences, 48 (11): 1960-1971.